建筑设计资料集

(第三版)

第7分册 交通·物流·工业·市政

中国建筑工业出版社

图书在版编目（CIP）数据

建筑设计资料集 第7分册 交通·物流·工业·市政 / 中国建筑工业出版社，中国建筑学会总主编．-3版．-北京：中国建筑工业出版社，2017.8

ISBN 978-7-112-20945-3

Ⅰ．①建… Ⅱ．①中… ②中… Ⅲ．①建筑设计-资料 Ⅳ．① TU206

中国版本图书馆 CIP 数据核字（2017）第 140510 号

责任编辑：陆新之　刘　静　徐　冉　刘　丹
封面设计：康　羽
版面制作：陈志波　周文辉　刘　岩　王智慧　张　雪
责任校对：姜小莲　关　健

建筑设计资料集（第三版）

第7分册　交通·物流·工业·市政

*

中国建筑工业出版社出版、发行（北京海淀三里河路9号）
各地新华书店、建筑书店经销
北京顺诚彩色印刷有限公司印刷

*

开本：880×1230 毫米　1/16　印张：36¾　字数：1465 千字
2017 年 10 月第三版　2018 年 1 月第二次印刷
定价：**248.00** 元
ISBN 978-7-112-20945-3
　　　（25970）

版权所有　翻印必究

如有印装质量问题，可寄本社退换
（邮政编码　100037）

《建筑设计资料集》(第三版)
总编写分工

总 主 编 单 位：中国建筑工业出版社　中国建筑学会

第1分册　建筑总论
分 册 主 编 单 位：清华大学建筑学院　同济大学建筑与城市规划学院
　　　　　　　　　重庆大学建筑城规学院　西安建筑科技大学建筑学院

第2分册　居住
分 册 主 编 单 位：清华大学建筑设计研究院有限公司
分册联合主编单位：重庆大学建筑城规学院

第3分册　办公・金融・司法・广电・邮政
分 册 主 编 单 位：华东建筑集团股份有限公司
分册联合主编单位：同济大学建筑与城市规划学院

第4分册　教科・文化・宗教・博览・观演
分 册 主 编 单 位：中国建筑设计院有限公司
分册联合主编单位：华南理工大学建筑学院

第5分册　休闲娱乐・餐饮・旅馆・商业
分 册 主 编 单 位：中国中建设计集团有限公司
分册联合主编单位：天津大学建筑学院

第6分册　体育・医疗・福利
分 册 主 编 单 位：中国中元国际工程有限公司
分册联合主编单位：哈尔滨工业大学建筑学院

第7分册　交通・物流・工业・市政
分 册 主 编 单 位：北京市建筑设计研究院有限公司
分册联合主编单位：西安建筑科技大学建筑学院

第8分册　建筑专题
分 册 主 编 单 位：东南大学建筑学院　天津大学建筑学院
　　　　　　　　　哈尔滨工业大学建筑学院　华南理工大学建筑学院

《建筑设计资料集》(第三版)总编委会

顾问委员会（以姓氏笔画为序）

马国馨　王小东　王伯扬　王建国　刘加平　齐　康　关肇邺
李根华　李道增　吴良镛　吴硕贤　何镜堂　张钦楠　张锦秋
尚春明　郑时龄　孟建民　钟训正　常　青　崔　愷　彭一刚
程泰宁　傅熹年　戴复东　魏敦山

总编委会
主　任
　　宋春华

副主任（以姓氏笔画为序）
　　王珮云　沈元勤　周　畅

大纲编制委员会委员（以姓氏笔画为序）
　　丁　建　王建国　朱小地　朱文一　庄惟敏　刘克成　孙一民
　　吴长福　宋春华　沈元勤　张　桦　张　颀　周　畅　官　庆
　　赵万民　修　龙　梅洪元

总编委会委员（以姓氏笔画为序）
　　丁　建　王　漪　王珮云　牛盾生　卢　峰　朱小地　朱文一
　　庄惟敏　刘克成　孙一民　李岳岩　吴长福　邱文航　冷嘉伟
　　汪　恒　汪孝安　沈　迪　沈元勤　宋　昆　宋春华　张　颀
　　张洛先　陆新之　邵韦平　金　虹　周　畅　周文连　周燕珉
　　单　军　官　庆　赵万民　顾　均　倪　阳　梅洪元　章　明
　　韩冬青

总编委会办公室
　　主任：陆新之
　　成员：刘　静　徐　冉　刘　丹　曹　扬

第7分册编委会

分册主编单位
　　北京市建筑设计研究院有限公司

分册联合主编单位
　　西安建筑科技大学建筑学院

分册参编单位（以首字笔画为序）

　　大连市建筑设计研究院有限公司
　　中交水运规划设计院有限公司
　　中交第三航务工程勘察设计院有限公司
　　中冶京诚工程技术有限公司
　　中国五洲工程设计集团有限公司
　　中国中元国际工程有限公司
　　中国电子工程设计院
　　中国市政工程西北设计研究院有限公司
　　中国民航机场建设总公司
　　中国昆仑工程公司
　　中国京冶工程技术有限公司
　　中国建筑设计院有限公司
　　中国铁路设计集团有限公司
　　中国航空规划设计研究总院有限公司
　　中国第四勘察设计院集团有限公司
　　中南建筑设计院股份有限公司
　　中铁华东指挥部
　　中煤西安设计工程有限责任公司
　　北京市工业设计研究院
　　北京市市政工程设计研究总院有限公司
　　北京市轨道交通设计研究院有限公司
　　北京交科公路勘察设计研究院有限公司
　　北京建筑大学建筑与城市规划学院
　　北京城建设计发展集团股份有限公司
　　西安建大规划设计研究院
　　西安建筑科技大学土木工程学院
　　西安建筑科技大学环境与市政工程学院
　　西安建筑科技大学建筑设计研究院
　　华东建筑集团股份有限公司上海建筑设计研究院有限公司
　　华东建筑集团股份有限公司华东建筑设计研究总院
　　华东建筑集团股份有限公司华东都市建筑设计研究总院
　　华商国际工程有限公司
　　交通运输部公路科学研究院
　　哈尔滨工业大学建筑学院
　　泰康上海地产公司设计部
　　悉地国际设计顾问（深圳）有限公司
　　清华大学建筑设计研究院有限公司
　　深圳怡丰自动化科技有限公司

分册编委会

主　任：朱小地　刘克成

副主任：邵韦平　刘　杰　许迎新　李岳岩

委　员：（以姓氏笔画为序）

万　杰　王　哲　王长刚　王秋平　王晓群　卢风禄　乐嘉龙
师清木　朱小地　乔松年　刘　杰　刘克成　刘晓征　许迎新
李　敏　李大为　李岳岩　李春舫　李祥平　吴小虎　何　梅
陈　东　邵韦平　赵新华　晁　阳　郭建祥　黄友根　蔡昭昀
霍丽芙

分册办公室

方志萍　刘江峰　张　娟　冯　璐　张天琪

前　言

一代人有一代人的责任和使命。编好第三版《建筑设计资料集》，传承前两版的优良传统，记录改革开放以来建筑行业的设计成果和技术进步，为时代为后人留下一部经典的工具书，是这一代人面对历史、面向未来的责任和使命。

《建筑设计资料集》是一部由中国人创造的行业工具书，其编写方式和体例由中国建筑师独创，并倾注了两代参与者的心血和智慧。《建筑设计资料集》（第一版）于1960年开始编写，1964年出版第1册，1966年出版第2册，1978年出版第3册。第二版于1987年启动编写，1998年10册全部出齐。前两版资料集为指导当时的建筑设计实践发挥了重要作用，因其高水准高质量被业界誉为"天书"。

随着我国城镇化的快速发展和建筑行业市场化变革的推进，建筑设计的技术水平有了长足的进步，工作领域和工作内容也大大拓展和延伸。建筑科技的迅速发展，建筑类型的不断增加，建筑材料的日益丰富，规范标准的制订修订，都使得老版资料集内容无法适应行业发展需要，亟需重新组织编写第三版。

《建筑设计资料集》是一项巨大的系统工程，也是国家层面的经典品牌。如何传承前两版的优良传统，并在前两版成功的基础上有更大的发展和创新，无疑是一项巨大的挑战。总主编单位中国建筑工业出版社和中国建筑学会联合国内建筑行业的两百余家单位，三千余名专家，自2010年开始编写，前后历时近8年，经过无数次的审核和修改，最终完成了这部备受瞩目的大型工具书的编写工作。

《建筑设计资料集》（第三版）具有以下三方面特点：

一、内容更广，规模更大，信息更全，是一部当代中国建筑设计领域的"百科全书"

新版资料集更加系统全面，从最初策划到最终成书，都是为了既做成建筑行业大型工具书，又做成一部我国当代建筑设计领域的"百科全书"。

新版资料集共分8册，分别是：《第1分册　建筑总论》；《第2分册　居住》；《第3分册　办公·金融·司法·广电·邮政》；《第4分册　教科·文化·宗教·博览·观演》；《第5分册　休闲娱乐·餐饮·旅馆·商业》；《第6分册　体育·医疗·福利》；《第7分册　交通·物流·工业·市政》；《第8分册　建筑专题》。全书共66个专题，内容涵盖各个建筑领域和建筑类型。全书正文3500多页，比第一版1613页、第二版2289页，篇幅上有着大幅度的提升。

新版资料集一半以上的章节是新增章节，包括：场地设计；建筑材料；老年人住宅；超高层城市办公综合体；特殊教育学校；宗教建筑；杂技、马戏剧场；休闲娱乐建筑；商业综合体；老年医院；福利建筑；殡葬建筑；综合客运交通枢纽；物流建筑；市政建筑；历史建筑保护设计；地域性建筑；绿色建筑；建筑改造设计；地下建筑；建筑智能化设计；城市设计；等等。

非新增章节也都重拟大纲和重新编写，内容更系统全面，更契合时代需求。

绝大多数章节由来自不同单位的多位专家共同研究编写，并邀请多名业界知名专家审稿，以此确保编写内容的深度和广度。

二、编写阵容权威，技术先进科学，实例典型新颖，以增值服务方式实现内容扩充和动态更新

总编委会和各主编单位为编好这部备受瞩目的大型工具书，进行了充分的行业组织及发动工作，调动了几乎一切可以调动的资源，组织了多家知名单位和多位知名专家进行编写和审稿，从组织上保障了内容的权威性和先进性。

新版资料集从大纲设定到内容编写，都力求反映新时代的新技术、新成果、新实例、新理念、新趋势。通过记录总结新时代建筑设计的技术进步和设计成果，更好地指引建筑设计实践，提升行业的设计水平。

新版资料集收集了一两千个优秀实例，无法在纸书上充分呈现，为使读者更好地了解相关实例信息，适应数字化阅读需求，新版资料集专门开发了增值服务功能。增值服务内容以实例和相关规范标准为主，可采用一书一码方式在电脑上查阅。读者如购买一册图书，可获得这一册图书相关增值服务内容的授权码，如整套购买，则可获得所有增值服务内容的授权。增值服务内容将进行动态扩充和更新，以弥补纸质出版物组织修订和制版印刷周期较长的缺陷。

三、文字精练，制图精美，检索方便，达到了大型工具书"资料全、方便查、查得到"的要求

第三版的编写和绘图工作告别了前两版用鸭嘴笔、尺规作图和铅字印刷的时代，进入到计算机绘图排版和数字印刷时代。为保证几千名编写专家的编写、绘图和版面质量，总编委会制定了统一的编写和绘图标准，由多名审稿专家和编辑多次审核稿件，再组织参编专家进行多次反复修改，确保了全套图书编写体例的统一和编写内容的水准。

新版资料集沿用前两版定版设计形式，以图表为主，辅以少量文字。全书所有图片都按照绘图标准进行了重新绘制，所有的文字内容和版面设计都经过反复修改和完善。文字表述多用短句，以条目化和要点式为主，版面设计和标题设置都要求检索方便，使读者翻开就能找到所需答案。

一代人书写一代人的资料集。《建筑设计资料集》（第三版）是我们这一代人交出的答卷，同时承载着我们这一代人多年来孜孜以求的探索和希望。希望我们这一代人创造的资料集，能够成为建筑行业的又一部经典著作，为我国城乡建设事业和建筑设计行业的发展，作出新的历史性贡献。

《建筑设计资料集》（第三版）总编委会

2017年5月23日

目 录

1 交通建筑

交通建筑总论
总论 ··· 1

公路客运站
概述·规模测算 ································· 2
总体规划·站型选择 ···························· 3
车、人流线及站前区设计 ·················· 4
功能布局与进站厅 ····························· 5
站主体设计 ······································· 6
站台雨棚、落客区、驻车场、辅助区及
引导信息系统设计 ····························· 7
实例 ·· 8

铁路旅客车站
概述 ·· 11
设计原则与基本房间组成 ················ 12
站房规模 ··· 13
总体流线分析 ·································· 14
总体规划 ··· 15
换乘交通规划 ·································· 16
车站广场 ··· 17
接驳道桥·高架桥 ···························· 18
站房功能流线 ·································· 19
进站集散厅 ······································ 20
售票厅 ··· 21
候车区 ··· 22
出站集散厅 ······································ 23
客运作业用房·设备用房·行包房 ····· 24
商业服务用房 ·································· 25

站场 ·· 26
站场跨线设施·站台雨棚 ················· 27
结构·设备 ······································· 28
综合防灾·无障碍设计 ···················· 29
室内环境·室内装饰 ························ 30
引导标识与商业广告 ······················· 31
列车编组 ··· 32
实例 ·· 33

港口客运站
概述 ·· 45
规划设计·总平面设计 ···················· 46
站前广场 ··· 47
国内航线站房区 ······························ 48
国际航线站房区 ······························ 52
客运、客货滚装码头 ······················· 53
辅助设计 ··· 55
实例 ·· 56

民用机场
概述 ·· 59
总体规划 ··· 60
飞行区规划 ······································ 62
机坪布局 ··· 63
航站楼构型 ······································ 64
陆侧交通 ··· 65
交通换乘中心·机场宾馆·冷源和热
源供应中心 ······································ 67
航站楼指标测算 ······························ 68
航站楼功能流程设计 ······················· 69
航站楼流程参数 ······························ 71
航站楼剖面设计 ······························ 72

办票大厅 ··· 73
安检区 ··· 74
国际联检区 ······································ 75
候机厅·卫生间 ······························· 76
登机桥 ··· 77
行李提取大厅和迎客大厅 ················ 78
行李系统 ··· 79
行李处理机房·旅客捷运 ················· 80
标识系统 ··· 81
航站楼商业服务设施 ······················· 82
航站楼贵宾服务设施 ······················· 83
无障碍设计和室内环境设计 ············ 84
防火和防灾 ······································ 85
机电专业设计·结构专业设计 ·········· 86
塔台 ·· 87
实例 ·· 88

城市轨道交通
定义与分类 ···································· 104
常用车辆 ······································· 105
线网与站位 ···································· 106
车站概述 ······································· 107
车站形式及选择 ···························· 108
车站结构选型 ································ 109
车站规模与乘客流线 ····················· 110
车站站厅 ······································· 111
车站站台 ······································· 113
车站空间及剖面 ···························· 114
车站管理和设备用房 ····················· 115
车站附属建筑 ································ 116
换乘车站 ······································· 117

地下空间综合开发一体化……………… 118	枢纽站……………………………… 201	工业园区……………………………… 366
车站环境…………………………… 119	首末站·出租车站………………… 202	厂址选择……………………………… 374
车站装饰…………………………… 120	快速公交车站……………………… 203	总平面及场地设计 ………………… 376
车站防灾…………………………… 122	站台………………………………… 204	单层厂房……………………………… 397
指挥控制中心……………………… 124	实例………………………………… 205	动力站………………………………… 412
综合车辆基地……………………… 125		多（高）层厂房……………………… 425
实例………………………………… 126	## 2 物流建筑	洁净厂房……………………………… 436
### 综合客运交通枢纽		厂前区及服务性建筑………………… 452
定义与分类………………………… 131	### 物流建筑	构造…………………………………… 467
选址及规划要点…………………… 132	概述………………………………… 209	
设施布局·客流预测……………… 133	通用设计要求……………………… 210	## 4 市政建筑
客运车流组织……………………… 134	总平面与规划……………………… 222	
客运人流组织……………………… 135	港口物流…………………………… 236	### 市政建筑
换乘空间…………………………… 136	公路物流…………………………… 245	城镇供水工程………………………… 496
标识系统整合·系统防灾·	铁路物流…………………………… 253	城镇污水处理工程…………………… 512
控制管理中心……………………… 139	航空物流…………………………… 259	城镇供热工程………………………… 524
实例………………………………… 140	交易型物流建筑…………………… 272	变电站………………………………… 545
### 停车场库	社会物流服务……………………… 287	天然气门站和燃气储配站…………… 547
概述………………………………… 151	物资储备库………………………… 298	燃气调压站…………………………… 548
机动车场库………………………… 152	专自用物流建筑…………………… 306	垃圾转运站…………………………… 549
机动车库…………………………… 153	冷链物流建筑……………………… 318	公共厕所……………………………… 551
机械车库…………………………… 161	行业危险物品存储………………… 325	消防站………………………………… 555
机动车停车场……………………… 165	民用爆炸危险品存储……………… 331	
非机动车停车场库………………… 167	立体库……………………………… 342	**附录一　第7分册编写分工** …… 561
机动车基本尺寸…………………… 169	管理与支持服务…………………… 349	
实例………………………………… 171	常用资料…………………………… 355	**附录二　第7分册审稿专家及实例**
### 高速公路服务设施及收费天棚		**初审专家** …………………………572
服务设施…………………………… 188	## 3 工业建筑	
收费天棚…………………………… 197		**附录三　《建筑设计资料集》（第**
### 公交车站	### 工业建筑	**三版）实例提供核心单位** ……… 573
概述………………………………… 199	总论………………………………… 364	**后记** ………………………………… 574
中途站……………………………… 200		

总论 [1] 交通建筑总论

基本概念

1. 交通建筑是公交车站、轨道交通站、公路客运站、港口客运站、铁路客运站、民用机场及停车场库等供人们出行使用的公共建筑的总称，是重要的城市基础设施。通常包括外部交通连接、内部站房、交通工具运行区域等。通过交通建筑，人的活动和交通工具的活动实现连接，使人们开始、结束或转换一段行程。

2. 交通建筑和人们的日常生活密切相关。城镇的发展、公众出行需求的变化、交通工具的升级、新型交通工具的产生，都将促使交通建筑不断演变和发展。

3. 传统上，各交通方式相对独立运行和发展，当代交通系统则趋向于不同交通方式的衔接和多功能的集合，如集合多种交通方式、实现相互转换的综合交通枢纽。

建筑分类

交通建筑通常按对应的交通工具进行分类，按旅客流量和交通流量进行规模划分，还可以按使用性质、交通工具的规格等指标进行辅助分类。综合客运交通中心是一种新近出现的交通建筑种类。

交通建筑分类组成   表1

分类		分级指标	规模等级分类					其他分类
道路	公路客运站	年均日旅客发送量（人次/日）	一级 ≥10000	二级 5000~9999	三级 2000~4999	四级 300~1999	五级 ≤299	
	城市公交车站		暂无数据					枢纽站、中心站、首末站、中途站；车型
	高速公路服务区		暂无数据					公路等级/车道数量；车型
	停车场库	停车数量（辆）	特大型 >1000	大型 301~1000	中型 51~300	小型 ≤50		使用性质；车型；停车机械化程度
轨道	铁路旅客车站	最高聚集人数H（人）	特大型 H≥10000	大型 3000≤H<10000	中型 600<H<3000	小型 H≤600		高峰小时发送量
	城市轨道交通	单向高峰小时旅客运量（万人次/小时）	地铁 >3	轻轨 0.6~3	有轨电车 <0.6			
水运	港口客运站	年均日旅客发送量（人次/日）	一级站 ≥3000	二级站 2000~2999	三级站 1000~1999	四级站 ≤999		航线；使用性质
航空	民用机场	年旅客吞吐量（万人次）	1级 <10	2级 10~50	3级 50~200	4级 200~1000	5级 1000~2000	6级 ≥2000	飞行区等级；设计机型（A、B、C、D、E、F）；使用性质
综合	综合交通枢纽组级别划分	枢纽日客流量（万人次/日）	特级 ≥80	一级 40~79	二级 20~39	三级 10~19	四级 3~9	多种交通类型的组合模式

注：本表中停车场库仅表达机动车停车场库分类标准。

基本功能

1. 连接城市：建筑外部与城市交通衔接，包括道路、广场、各类车站、公共建筑等。

2. 组织客流：建筑内部处理旅客通行、等待或换乘，提供相应的各种功能区、通道等，并为旅客行李和货物提供服务。

3. 旅客服务：除交通功能外，在旅客公共空间内的商业、餐饮、卫生间及其他类型的服务设施。

4. 后勤保障：为保证主体功能运转的各类办公、机电设备用房以及库房等辅助功能设施。

5. 交通组织：供交通工具进出交通建筑、上下旅客的通行和停靠的区域。

[1] 交通建筑基本功能简图

设计条件

1. 项目定位：依据城市规划和交通系统规划，确定交通建筑的功能定位。通常包括：在交通网络中的节点等级、主要客流方向、服务/辐射区域范围、总体规模等。

2. 设计参数：旅客及货物流量、交通工具流量是交通建筑设计的基础条件，并通过一系列的参数标准和计算方法，最终确定交通建筑的设施数量、空间需求等量化设计指标。

3. 场地条件：交通建筑建设场地的城市区位、气候、气象、水文、地质、电磁、周边环境等条件，也是交通建筑选址的主要因素。

4. 外部配套：连接交通建筑场地的外部城市交通、通信、能源供应、废弃物/排放物处理等市政基础设施条件。

设计要点

1. 总体平衡：交通建筑的主体功能是处理旅客及货物与交通工具的流动和相互连接。依据旅客流量和交通流量数据，通过科学测算，合理确定各种功能设施和空间的量化指标并合理布局，保证交通运行的顺畅，避免交通流的瓶颈或空间浪费。

2. 流程便捷：流程是交通建筑设计的核心内容，通过优化的流程设计提高交通整体运行效率，为旅客通行提供最大程度的便利。

3. 安全舒适：交通建筑汇集大量流动客流，使用强度高，应有整体的防灾策略，在细节上必须保证使用的安全性。在建筑的空间环境、材料选用、导向标识设置等方面，还应考虑舒适性、耐用性，为旅客创造舒适的环境，提供准确及时的信息。

4. 人性化服务：除主体功能外，交通建筑还应充分研究旅客的构成特点和行为需求，制定合理的服务标准，为旅客提供全面到位的人性化服务，扩展交通建筑的外延功能。

5. 绿色、可持续：大型交通建筑投资巨大，建设和运行将消耗大量材料和能源，并对周边环境产生较大影响。对此，应制定全周期的绿色建筑策略。

6. 发展弹性：大型交通建筑多采用统一规划、分步实施的建设策略，同时，建筑的功能也常有变化需求。故交通建筑设计应遵循总体规划，考虑未来扩展的必要条件，并留出适应使用需求变化的弹性空间。

公路客运站 [1] 概述·规模测算

定义及站级划分

公路客运站是办理公路客运业务，为旅客和运输经营者提供公路运输站务服务的建筑和设施的总称。

客运站站级划分表   表1

分级	发车位（个）	年平均日旅客发送量（人次/日）
一级	≥20	≥10000
二级	13~19	5000~9999
三级	7~12	2000~4999
四级	≤6	300~1999
五级	—	≤299

注：1. 摘自《交通客运站建筑设计规范》JGJ/T 60-2012。
2. 重要的客运站站级可按实际需要确定，并报主管部门批准。
3. 当年平均日旅客发送量超过25000人次时，宜另建汽车客运站分站。

设计要点

1. 节约用地，为后续发展及改、扩建预留空间。
2. 外部交通流线设计与城市交通网络规划相结合。
3. 内部交通及换乘流线简洁、便捷；建筑空间具有导向性；以换乘距离和时间作为评价换乘效率的重要指标。
4. 关注与周边城市建筑环境的相互作用及影响。
5. 以人为本，以客运为主，服务流程高效、安全、舒适。

选址原则

1. 公路客运站是交通运输网络中的重要节点，它依托于所在城市及区域的交通运输网。选址时，应对该区域的交通现状及未来发展进行全面系统的分析和评估，将客运站纳入城镇总体规划，合理布局，近远期目标结合。
2. 与外埠公路、城市道路、城市公交系统和其他运输方式的场场有良好的衔接。
3. 站址便于旅客集散和换乘，有条件时可优先考虑与地铁、公交等结合形成综合交通枢纽站。
4. 具备必要的工程、地质条件。
5. 充分评估客运站对周围环境的影响。

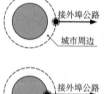
a 周边型
位于城市周边区域，外埠公路与城市主要环接节点处。

b 中心枢纽
位于城市主要环路节点处，并与公交地铁等共同形成城市换乘中心。

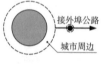
c 周边枢纽
位于城市与外埠交通节点处，与飞机、火车等形成区域换乘中心。

d 北京公路客运站分布示意
站址与城市主要环路有良好的衔接，并接近主要环路与外埠公路的衔接节点，靠近火车站等城市与外埠公路的主要换乘节点，与地铁、公交枢纽站等公共交通设施紧邻。

● 公路客运站
◉ 含公路客运的交通枢纽

1 常见选址类型及实例

测算依据

①国家公路运输枢纽规划；②当地公路交通运输总体规划；③经主管部门审批通过的项目可行性研究报告；④汽车客运站级别划分和建设要求；⑤交通客运站建筑设计规范。

测算指标

指标摘自《汽车客运站级别划分和建设要求》JT/T 200-2004及《交通客运站建筑设计规范》JGJ/T 60-2012，当两者不一致时，以《交通客运站建筑设计规范》为准。一般在可行性研究阶段确定，同时可参考交评报告进行指标测算。

1. 设计年度：车站建成投产使用后的第10年。
2. 设计年度平均日旅客发送量F：设计年度车站平均每天始发旅客的数量。
3. 旅客最高聚集人数D：设计年度中旅客发送量偏高期间内，每天最大同时在站人数的平均值，测算方法如下：

$$D = a \times F$$

式中：a—计算百分比，可按表2选取。

4. 发车位数M与旅客最高聚集人数D间的量化关系：

$$D = k \times p \times M$$

式中：p—客车平均定员人数，人/辆；
k—综合系数，一般取值1.5~2.5。

计算百分比的选取   表2

设计年度平均日旅客发送量（人次）	计算百分比（%）	设计年度平均日旅客发送量（人次）	计算百分比（%）
≥15000	8	300~2000	15~20
10000~14999	10~8	100~300	20~30
5000~9999	12~10	<100	30~50
2000~4999	15~12	—	—

车站占地面积指标（单位：m²/百人次）   表3

设施名称	一级车站	二级车站	三、四、五级车站
占地面积	360	400	500

注：客运站占地面积按每100人次日发量指标进行核定，且不低于表中所列指标的计算值，规模较小的四级车站和五级车站占地面积不应小于2000m²。

车站主要设施规模量化指标   表4

设施名称		规模量化指标
站前广场		一、二级站：≥旅客最高聚集人数×1.5m²/人（宜） 三级站：旅客最高聚集人数×1.0m²/人
停车场		28.0×发车位数×客车投影面积
发车位		4.0×发车位数×客车投影面积
普通旅客候车厅		≥1.1m²/人×旅客最高聚集人数，重点旅客候车室视需要设置
售票厅		售票窗口数=旅客最高聚集人数/120（120为每窗口售票张数/小时） 售票厅面积≥15.0m²×售票窗口数 自动售票机使用面积=4.0m²/台
	票务用房	售票室面积=5.0m²×售票窗口数（且不小于14.0m²） 总控室面积=20.0m² 票据室面积≥9.0m²
行包托运处 行包提取处		行包托运处面积=托运厅面积+受理作业室面积+行包库房面积 行包提取处按托运处面积的30%、50%计算
		托运单元数：一级站2~4个；二级站2个；三、四级站1个
		托运厅面积=25.0m²/托运单元×托运单元数
		受理作业室面积=20.0m²/托运单元×托运单元数
		行包库房面积=0.1m²/人×设计年度旅客最高聚集人数+15.0m²
综合服务处		综合服务面积=0.02m²×设计年度平均日旅客发送量 其中问讯台（室）面积≥6.0m²（宜），台前应有≥8.0m²的旅客活动场地
客运办公用房		≥4.0m²×办公人数
值班室		≥2.0m²/人×当班站务员人数（且≥9.0m²）
驾乘休息室		3.0m²×发车位数
调度室		一、二级车站≥20.0m²；三、四级车站≥10.0m²（宜）
公安值班室		公安部门根据站级、周边环境确定
广播室		≥8.0m²（宜）
医疗救护室		≥10.0m²
补票室		≥10.0m²（宜）
饮水室		20.0~30.0m²
乘客卫生间		见"公路客运站 [5] 站主体设计"
汽车安全检验台		根据检测项目及检测方式，按每个台位80.0~120.0m²计算
汽车尾气测试室		一级车站120.0~180.0m²；二级车站60.0~120.0m²
车辆清洗台		根据洗车方式和污水处理与回收系统的形式，90~120m²/个
司乘公寓		2.0m²×日发车班次数

总体规划・站型选择 [2] 公路客运站

总体规划

1. 与城市环境的协调

总体规划时应考虑客运站所处的城市环境，在遵守相关城市规划法规、规范等的前提下，针对客运站与城市不同的关系，采用不同的设计方法。

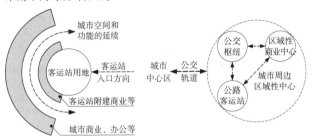

在用地面向城市主要商业、办公等区域一侧，规划为与之功能相近的建筑，保持城市空间整体性及功能延续性。

1 站址位于城市中心区

通过城市公交或轨道交通，将客运站与城市中心衔接，并在客运站用地周边配合建设一定规模的商业，形成城市周边交通及商业中心。

2 站址位于城市周边

2. 与城市道路的衔接

考虑城市规划中对基地出入口数量、宽度、位置的要求，避免将车辆进出口设在城市主要道路上。

总体规划应有利于外部车辆流线组织。同时应与城市交通、规划部门沟通，对周边路网、车流向及信号灯配识进行调整。

考虑近、远期周边道路的规划，使设计具有适应性和灵活性。当近期周边道路不完善时，应考虑分期建设。

3. 应考虑的其他因素

配套商业开发规模及建设分期：在总体规划前，应明确配套商业开发规模，及其是否可与客运站同期建设。当不能同期建设时，在设计中应为分期建设提供充分的条件，以保证分期建设实施时，不干扰客运站的正常使用。

自然条件的影响：应充分考虑并利用自然条件，特别是地形条件，如在山地或坡地条件下，可充分利用地形，采用立体式的站型设计。

站型选择

1. 公路客运站的站型划分

按空间主要分为平面式和立体式。
按平面主要分为线性和集中式。

2. 站型选择依据

根据建设用地与规模的关系选择：当用地紧张时，站型选择可以集中、立体式布局为主，节省建设用地。当用地较为宽松时，可以周边、平面式布局为主，节省造价。

根据换乘复杂程度选择：当客运站含三种以上交通工具的换乘，或客运站内包含两种以上交通工具的枢纽站（或中心站）时，可考虑立体式布局，以缩短换乘距离。

当客运站含三种以下交通工具换乘，或换乘仅以一种交通工具与其他交通工具换乘为主时，可考虑采用平面式布局，以降低建筑复杂程度，节省造价。

多用于中小型客运站设计，站前区设置公交、出租、社会车接送站点。
a 单层站型

多用于大、中型客运站设计，地下层与地铁相连，站前区设置公交、出租、社会车接送站点。
b 双层立体站型

多用于特大型客运站设计，或交通枢纽站设计，地下层与地铁相连，地面层为公交枢纽，站前区设置出租、社会车接送站区。
c 三层立体站型

充分利用特殊地形条件，将站前交通与公路客运分层设计。
d 台地立体站型

4 站型剖面示意图

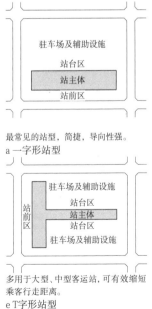

最常见的站型，简捷，导向性强。
a 一字形站型

多用于用地紧张或含多种交通工具的枢纽站。
b 集中式站型

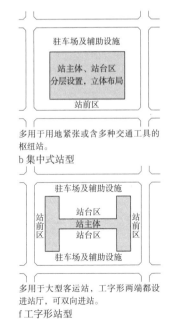

多用于城市中心区，关注城市空间完整性及功能延续性。
c 周边式站型

多用于大型、特大型客运站，可有效缩短乘客行走距离。
d π字形站型

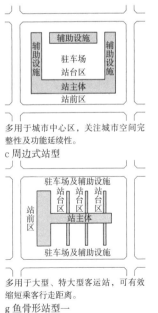

多用于大型、中型客运站，可有效缩短乘客行走距离。
e T字形站型

多用于大型客运站，工字形两端都设进出厅，可双向进站。
f 工字形站型

多用于大型、特大型客运站，可有效缩短乘客行走距离。
g 鱼骨形站型一

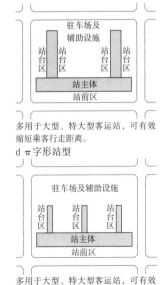

多用于大型、特大型客运站，可有效缩短乘客行走距离。
h 鱼骨形站型二

3 站型平面示意图

公路客运站 [3] 车、人流线及站前区设计

流线设计原则

流线设计直接影响客运站整体功能的发挥及其周边交通运行的效率，设计中应遵循以下原则。

1. 结合交通评估报告，分析各种交通工具的换乘量，并按照换乘量大小顺序进行设计，换乘量大的优先考虑。
2. 根据周边路网条件，通过合理设置车辆出入口及流线组织，使周边路网及道路交叉口负荷均衡。
3. 机动车交通组织尽可能便捷、流畅、高效。
4. 做到人车、车车分流。
5. 应有利于乘客最短距离换乘，换乘流线简捷易识别，充分考虑突发大客流情况下换乘的安全。
6. 换乘流线应有容错性，方便乘客及时调整路线。

车流线的划分

1. 按位置可分为外部交通流线、内部交通流线。
2. 按交通工具种类可分为长途车、公交车、出租车、自行车以及社会车辆等流线。
3. 长途车进出站流程：

进站流程：进站—落客—卸货—洗修车安检—驻车；
出站流程：驻车—装货—接客—报班—离站。

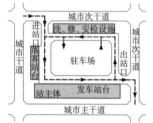

长途车进出口应避免选择在主干道上，并尽可能远离道路交叉口；进出站右转顺行；站内流线避免交叉。

[1] 长途车流线示意图

公交经过站可设在主干道辅路上；公交枢纽站及出租车进出口应设在次一级道路上，并右转顺行；避免车流线与人流线交叉。

[2] 公交出租车流线示意图

人流线的划分

人流包括两类：客运站旅客人流和城市换乘人流。

1. 客运站旅客人流：包括通过地铁、公交、出租、社会车、自行车、人行到达或离开的客运站旅客。
2. 城市换乘人流：在与客运站配套的城市公共交通工具间换乘的非客运站旅客人流。包括地铁、公交、出租、社会车、自行车、人行等之间换乘的人流。

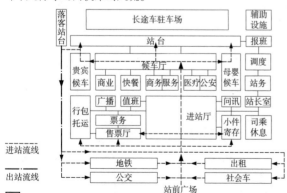

[3] 旅客进、出站流线组织示意图

站前区设计内容

站前区是公路客运站主要的集散和换乘区域，包括站前广场、公交车场、出租车场、社会车停车场、自行车停车场、与地铁衔接的换乘厅、地下通道或天桥等。

实线表示以客运站为主体的换乘关系：第一层为客运站进、出站人流与地铁、公交、出租车人流之间的换乘，换乘量最大的部分；第二层为客运站与社会车、自行车、步行人流的换乘，这是换乘量较小的部分。
虚线表示非客运站的城市公共交通之间的换乘，这部分换乘量随客运站的类型而定，在交通枢纽型客运站中这部分换乘量比较大。

[4] 换乘关系示意图

站前区常用设计方法

站前区设计要解决的核心问题是车辆的交通组织和人员的换乘，常用的设计方法有：

1. 利用站前广场组织站前区的换乘；
2. 利用垂直交通及多个换乘厅组织换乘；
3. 利用换乘大厅或通道组织站前区的换乘。

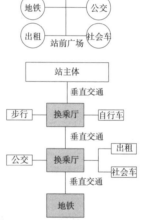

中小规模的客运站常采用站前广场换乘的形式。通过在站前广场周边布置公交、出租等公共交通换乘站点，实现换乘。站前广场既是换乘广场，也是集散广场。优点是建筑设计简单、造价低、识别性强。

a 站前广场组织站前区的换乘

在采用立体交通组织的客运站中常用的换乘形式。优点是乘客行走路线短、换乘厅面积小。

b 垂直交通及多个换乘厅组织换乘

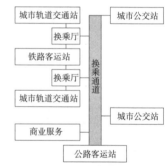

综合交通枢纽常见的换乘形式，可根据换乘的复杂程度，选择平面或立体的换乘模式。优点是换乘流线清晰、乘客行走路线短，便于人、车流线的合理组织。

c 换乘通道组织站前区的换乘

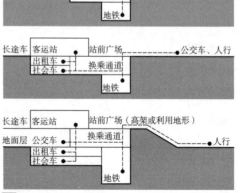

站前区的剖面设计要根据客运站的规模和换乘量来考虑，图中所示为3种典型的剖面设计方式，实际设计中可灵活选用。
如果客运站可与地铁同期规划建设，则地铁设计在客运站房正下方是最佳选择。

d 剖面设计

[5] 站前区设计示意图

功能布局的基本原则

1. 分区明确，空间简洁，识别度高。
2. 以人为本，重视人性化设计：在功能布局时，应在保障乘客安全的情况下减少乘客行走距离。
3. 重视换乘功能的设计：换乘功能是连接交通节点的纽带，它决定着交通建筑运行效率的高低。设计中应充分考虑换乘的综合性、多样性，根据换乘量的大小进行组织，换乘量大的优先考虑。
4. 重视换乘功能区的商业价值：在满足换乘便捷的前提下，将换乘功能区结合便民商业功能设置，既能做到客流为商业所用，又提供了换乘的便利性。
5. 建立各功能空间之间适当的联系：功能布局时，考虑乘客行为特点，按最佳流线设计乘客行走路线的同时，还要在行动路线间提供适当联系，方便乘客及时纠错，建立适当的空间容错率。

功能划分

客运站主要功能划分为四大部分：站前区、站主体、落客区、运营车辆驻车场及辅助设施区。有些客运站还有商业开发区。

1 主要功能关系图

站主体功能布局与设施

站主体主要包括进站厅、售票厅、候车厅、发车站台、商业餐饮区、站务用房、行包托取厅7类功能用房。

2 站主体功能分区示意图

站主体设施配置表（标准） 表1

设施名称	一级站	二级站	三级站	四级站
候车厅(室)	●	●	●	●
重点旅客候车室(区)	●	●	★	★
售票厅	●	●	●	★
行包托运厅(处)	●	●	●	●
综合服务处	●	●	★	★
站务员室	●	●	●	●
驾乘休息室	●	●	●	●
调度室	●	●	●	★
治安室	●	●	★	—
广播室	●	●	★	—
医疗救护室	●	●	★	★
无障碍通道	●	●	●	●
残疾人服务设施	●	●	●	●
饮水室	●	★	★	★
盥洗室和旅客厕所	●	●	●	●
智能化系统用房	●	★	★	—
办公用房	●	●	●	★

注：1. ●必备，★视情况设置，—不设。
2. 本表摘自《汽车客运站级别划分和建设要求》JT/T 200-2004，并根据《交通客运站建筑设计规范》JGJ/T 60-2012编制。

站主体常用的布局类型 表2

类型	图示	特点
一字形布局	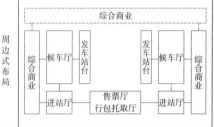	一字形布局是最常用的布局形式。特点是流线简捷、流畅，空间导向性强，布局紧凑。但是当用于特大型站时，旅客行走路线较长
周边式布局		适合站址位于城市中心的客运站。这种布置与城市界面有很好衔接，可充分利用此界面的商业价值，有效降低客运站对城市生活的干扰。但是客运站内外交通及换乘流线不易组织，辅助设施布局较难
T字形布局		流线非常简捷，乘客行走距离短；沿街（T字形的水平边）功能易于与城市功能衔接。但是由于T字形的垂直边对场地的切割，使场地不易被充分利用
π字形布局		π字形站房设计适用于大型枢纽站。这种站型流线简捷，乘客行走距离短；沿街（π字形的水平边）功能易于与城市功能衔接

进站厅

进站厅联系售票厅、候车厅、行包托取厅等功能区，主要功能是进站人流的集散，一般设置有问讯、安检、小件寄存等。

进站厅平面布置应根据整体布局确定平面形态，不宜采用圆形、扇形等汇聚性较强、方向性较弱的平面。

3 进站厅布局示例

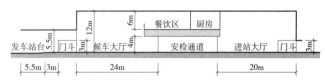

考虑到乘客心理的舒适性，空间高度不宜过低，其中候车厅室内净高宜≥3.6m（自然通风时，应≥3.6m）。在实际工程中，候车厅多采用高大空间形式，为整个客运站的核心、标志性空间。候车厅室内净高一般不低于发车站台雨棚高度。

4 进站厅、候车厅空间示例

公路客运站 [5] 站主体设计

售票厅

1. 售票厅主要包括：售票窗口、排队等候区、自动售票机位、票务用房等。

售票厅可采用集中式，也可采用多点式，即在多个换乘节点上设售票区，以方便乘客，此方式多用于大型站。

自然通风时，售票厅高度应≥3.6m；考虑到乘客心理的舒适性，通常为4~6m。

2. 售票窗口：中心距应≥1.5m；靠墙窗口中心距墙边应≥1.2m；窗口前1m处设等待提示线。一、二级站应设残疾人售票窗口，其售票台高宜为0.7~0.85m，设计常采用0.75m。

3. 售票台尺度多采用1.1m（高）×0.6m（宽），上方玻璃隔断高度宜≥2m；窗口前宜设导向栏杆，其高度宜≥1.2m。

售票室内工作区地面至售票窗口台面高度宜≤0.8m。

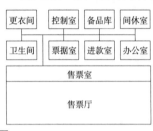
1 售票厅平面关系示意图

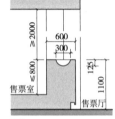
2 售票窗口剖面示意图

候车厅

1. 主要功能：候车、检票、公安值班、医疗救护等。一、二级站应设重点乘客及母婴候车室；母婴候车室宜设置婴儿服务设施及专用卫生间；厅内应设无障碍候车区。

2. 候车厅多采用线性平面，以利于发车位的布置。

3. 候车厅内座椅宜分组设置，其排列方向应有利于旅客通向检票口，检票口前通道宜放宽且应大于等于检票口宽度。每排座椅不应多于20座，座椅间走道净宽应≥1.30m，两端通道净宽应≥1.5m。

4. 每三个发车位不得少于一个检票口，检票口前设柔性或可移动式导向栏杆。

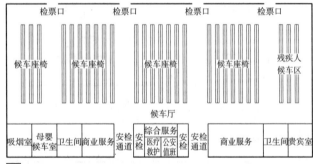
3 候车厅平面布置示例

商业餐饮区

1. 服务客运站旅客的商业，一般设在候车厅一侧，主要为小商业、快餐。

2. 既服务于客运站旅客又服务于非客运站换乘旅客的商业，一般设于换乘节点附近，其人车流线相对独立。

安检仪

一般设置在进站厅、候车厅入口处。

X光安检机规格示例 表1

外形尺寸 （长×宽×厚，mm）	1700×809×655	1700×1200×775	1800×1800×1155
通道尺寸 （宽×高×厚，mm）	270×165	420×190	620×300
功率（kW）	0.8	0.9	1.6

行包托、取运厅

行包分为两类：旅客随车行包和小件快运行包。

小件快运：一般独立设置，当与站房一起设置时，应将接送货车货流与站房人车流线分开。

旅客随车行包：宜与站务功能结合设置，一、二级站托、取应分别设置，位置既应方便乘客托、取，也应方便货物的出入库及装卸。

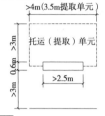
4 托取单元平面示意

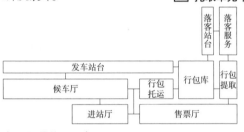
5 行包厅位置关系示意图

乘客卫生间

1. 应体现人性化设计，宜采用迷宫式设计，入口不设门。
2. 候车厅内卫生间服务半径不宜大于50m。
3. 应设前室；一、二级站应单独设盥洗室，并宜设置儿童使用的盥洗台和小便器；至少设置1个清洁池。
4. 男女厕所间应至少各设置1个无障碍厕位。
5. 应设置第三卫生间。
6. 厕所及盥洗室的卫生设施应符合《城市公共厕所设计标准》CJJ 14有关规定，其中，男女旅客人数宜各按50%计，进站旅客按最高聚集人数计，出站旅客按同时到站车辆不超过4辆计。

发车站台

发车站台设在候车厅的一侧或两侧。在立体布局的站型中也可与候车厅设在不同楼层。

站台设计应以方便旅客上下车、行包装卸、客车停靠为原则。

发车位与站台垂直、斜向或平行布置，其中斜向发车位较利于停靠。

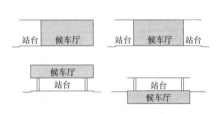
6 发车站台与候车厅的布局关系示意图

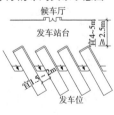
7 发车站台示意图

站台雨棚

1. 发车、落客站台均应设置雨棚。
2. 雨棚宜采用无柱雨棚，发车位宽度≥3.9m。
3. 雨棚与站台间净空应≥5m，并且其宽度应能覆盖整个站台及车门。
4. 单侧发车站台净宽≥2.5m，双侧≥4m。
5. 站台地面与发车位地面间的高差宜为150～200mm。发车位地面应坡向外侧场地，坡度应≥0.5%。

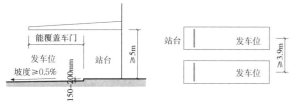

[1] 站台雨棚示意图

落客区设计

1. 落客区可独立设置，也可与站主体整体设置。设置位置的选择以方便乘客换乘为原则。
2. 落客区包括：落客站台、雨棚、落客服务设施。
3. 落客车位的数量应根据客运站运营需要确定。
4. 落客站台及雨棚设计要求与发车站台相同。

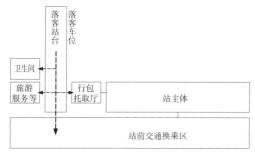

[2] 落客区功能示意图

驻车场设计

1. 一、二级站的进、出站口应分别设置，三、四级站宜分别设置。进、出站口，净宽应≥4m，净高≥4.5m；站内单车道净宽≥4m，双车道净宽≥7m。
2. 汽车进、出站口与旅客主要出入口之间应设≥5m的安全距离，并应有隔离措施。与公园、学校、托幼、残障人使用的建筑及人员密集场所主要出入口距离≥20m。
3. 驻车量>50辆时，应≥2个直通城市不同方向的疏散口；≤50辆时，可仅设1个疏散口。车辆宜分组停放，每组宜≤50辆，组间距离≥6m。
4. 发车位和停车位前的出车通道应根据停车方式计算确定，且其净宽应≥12m。
5. 洗车及安检区前应设净宽≥10m的直道。

常用车型尺寸例　　　表1

常用车型尺寸：长×宽×高（mm）	载客数（人/辆）
11600×2550×3500	53
12000×2550×3955	59
12000×2500×3700	53

辅助区设计

1. 辅助区的配置应根据客运站具体需要及表2中的配置标准选用。
2. 车辆清洁场地或洗车间的设计要按照洗车设备要求，咨询厂家后确定。
3. 车辆安检台、尾气测试室应按照《汽车客运站安检线技术规范》的要求及提供安检设备的厂家要求设计。安检车间净高≥6m，大门宽度≥4m，高度≥4.5m，地面承载力≥10t。

辅助设施配置　　　表2

设施名称	一级站	二级站	三级站	四级站
汽车安全检验台	●	●	●	●
汽车尾气测试室	★	★	—	—
车辆清洁、清洗台	●	●	★	—
汽车维修车间	★	★	—	—
材料间	★	★	—	—
门卫、传达室	★	★	★	★

注：1. ●必备，★视情况设置，—不设。
2. 本表摘自《汽车客运站级别划分和建设要求》JT/T 200-2004。

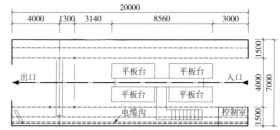

a 汽车轴重制动侧滑平板检验台车间布置图

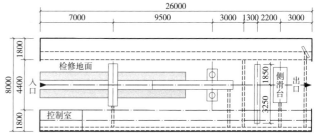

b 汽车轴重制动滚筒检验台车间布置图

[3] 安检车间布置示意图

引导标识及信息系统设计

1. 引导标识及信息系统设计是客运站设计的重要组成部分，宜委托专业的设计方完成。
2. 应结合建筑形式、流线及交通组织要求进行考虑，尽可能简洁、明了。
3. 建筑设计方宜在方案设计阶段即考虑引导标识及信息系统设计，并随初步设计、施工图设计阶段同步深化。施工图设计时应充分考虑其设计、施工要求，并预留好条件。

客运站的引导标识及信息系统设计相关主要规范　　　表3

规范编号名称
《公共信息导向系统 设置原则与要求 第1部分：总则》GB/T 15566.1-2007
《公共信息导向系统设置原则与要求 第4部分：公共交通车站》GB/T 15566.4-2007
《标志用公共信息图形符号 第1部分：通用符号》GB/T 10001.1-2012
《标志用公共信息图形符号 第3部分：客运与货运》GB/T 10001.3-2011
《标志用公共信息图形符号 第9部分：无障碍设施符号》GB/T 10001.9-2008
《城市公共交通标志 第4部分：运营工具、站（码头）和线路图形符号》GB/T 5845.4-2008
《交通客运图形符号、标志及技术要求》JT/T 471-2002

公路客运站 [7] 实例

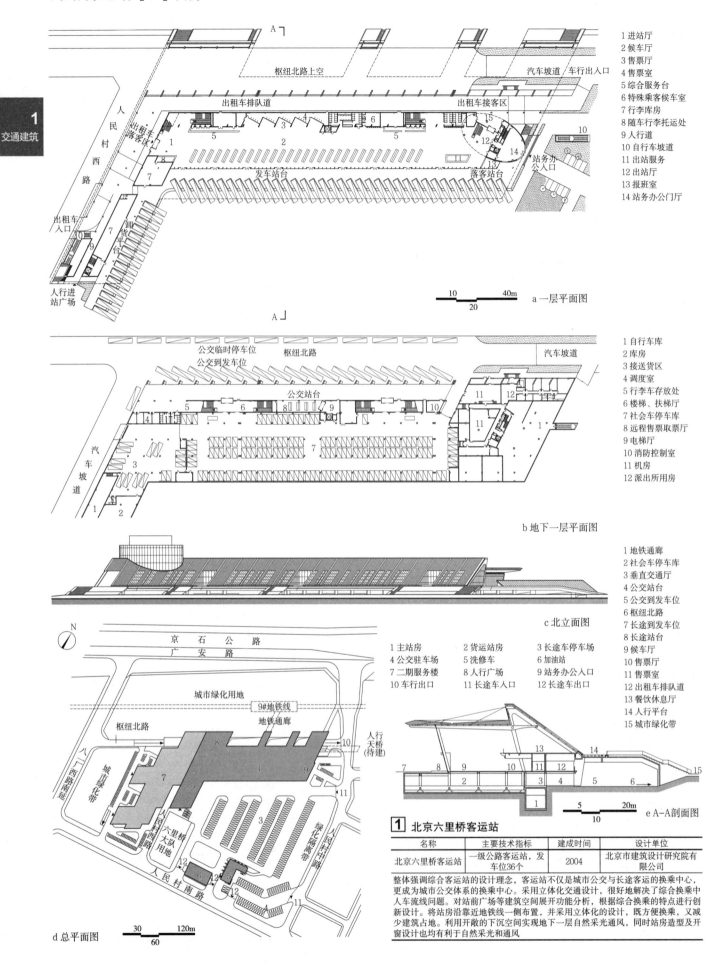

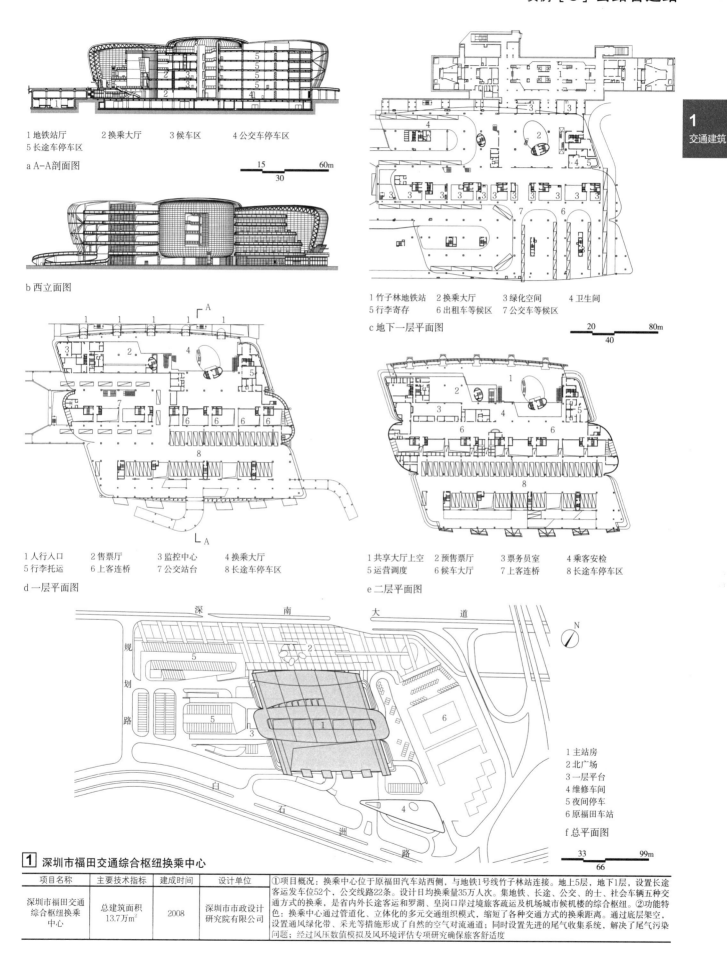

公路客运站 [9] 实例

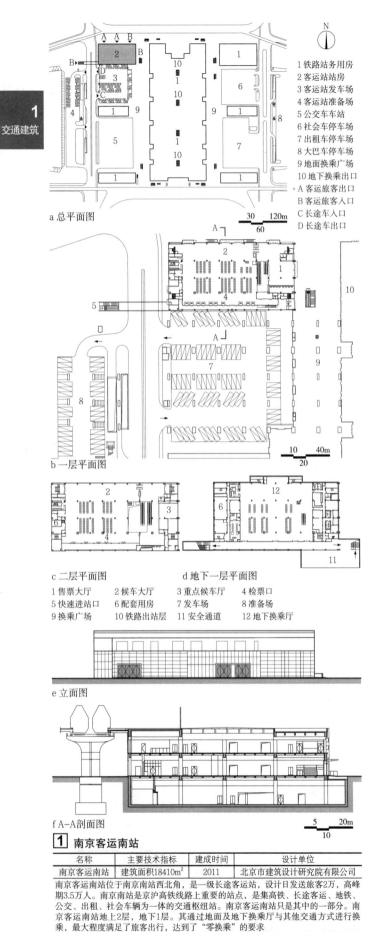

a 总平面图
1 铁路站务用房
2 客运站站房
3 客运站发车场
4 客运站准备场
5 公交车车站
6 社会车停车场
7 出租车停车场
8 大巴车停车场
9 地面换乘广场
10 地下换乘出口
A 客运旅客出口
B 客运旅客入口
C 长途车入口
D 长途车出口

b 一层平面图

c 二层平面图　　d 地下一层平面图
1 售票大厅　2 候车大厅　3 重点候车厅　4 检票口
5 快速进站口　6 配套用房　7 发车场　8 准备场
9 换乘广场　10 铁路出站层　11 安全通道　12 地下换乘厅

e 立面图

f A-A 剖面图

1 南京客运南站

名称	主要技术指标	建成时间	设计单位
南京客运南站	建筑面积18410m²	2011	北京市建筑设计研究院有限公司

南京客运南站位于南京南站西北角，是一级长途客运站，设计日发送旅客2万，高峰期3.5万人。南京南站是京沪高铁线路上重要的站点，是集高铁、长途客运、地铁、公交、出租、社会车辆为一体的交通枢纽站，南京客运南站只是其中的一部分。南京客运南站地上2层，地下1层。其通过地面及地下换乘厅与其他交通方式进行换乘，最大程度满足了旅客出行，达到了"零换乘"的要求

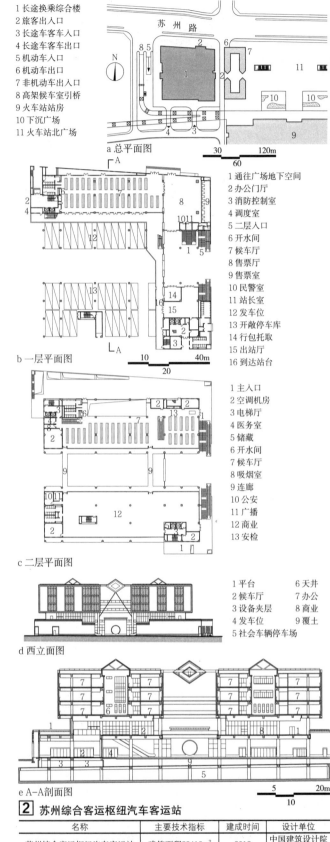

a 总平面图
1 长途换乘综合楼
2 旅客出入口
3 长途车客入口
4 长途车客出口
5 机动车入口
6 机动车出口
7 非机动车出入口
8 高架候车室引桥
9 火车站站房
10 下沉广场
11 火车站北广场

b 一层平面图
1 通往广场地下空间
2 办公门厅
3 消防控制室
4 调度室
5 二层入口
6 开水间
7 候车厅
8 售票厅
9 售票室
10 民警室
11 站长室
12 发车位
13 开敞停车库
14 行包托取
15 出站厅
16 到达站台

c 二层平面图
1 主入口
2 空调机房
3 电梯厅
4 医务室
5 储藏
6 开水间
7 候车厅
8 吸烟室
9 连廊
10 公安
11 广播
12 商业
13 安检

d 西立面图
1 平台　6 天井
2 候车厅　7 办公
3 设备夹层　8 商业
4 发车位　9 覆土
5 社会车辆停车场

e A-A 剖面图

2 苏州综合客运枢纽汽车客运站

名称	主要技术指标	建成时间	设计单位
苏州综合客运枢纽汽车客运站	建筑面积23418m²	2012	中国建筑设计院有限公司

本工程是苏州火车站改扩建工程的配套工程，位于火车站北广场西侧，旅客日发送量为1万人次/日，属于一级客运站。一、二层为客运用房，三至五层为管理办公用房。社会车辆停车库、设备机房位于地下一层的火车站广场地下空间内。建筑造型充分考虑了与火车站站房风格的协调一致，体现"苏而新"的特点，突出现代化交通建筑的特征

概述 [1] 铁路旅客车站

概念

铁路旅客车站一般由旅客站房、客运服务设施和城市交通配套设施等组成,是为旅客办理客运业务的车站。按线路性质可划分为客货共线车站和客运专线车站。

规划要点

1. 依据城市总体规划和城市设计,重点考虑与城市交通体系的整体关系,选择合理的建设地点,进行站区整体规划。
2. 研究用地的自然条件,尽量减少对自然环境的破坏;避免大规模拆迁,节约用地,节省投资。
3. 合理组织流线,注重旅客换乘流线的便捷,综合考虑车站与其他交通(地铁、公交、出租车、长途车、社会车)的衔接,力求流线简捷、流畅,布局紧凑。
4. 以方便旅客为原则,注重配套服务设施的完善。
5. 要考虑使用功能的灵活性和应变能力,以使站房既能满足近期使用要求,又兼顾长远发展。

建筑规模

客货共线和客运专线铁路旅客车站的建筑规模,应分别依据最高聚集人数和高峰小时发送量按表1确定。

铁路旅客车站建筑规模　　　　　　　　　　　　　　　　　表1

建筑规模	最高聚集人数H(人) (客货共线车站)	高峰小时发送量pH(人) (客运专线车站)
特大型	$H \geq 10000$	$pH \geq 10000$
大型	$3000 \leq H < 10000$	$5000 \leq pH < 10000$
中型	$600 < H < 3000$	$1000 \leq pH < 5000$
小型	$H \leq 600$	$pH < 1000$

基本站型划分

铁路旅客车站的类型与站场形式、站房规模、地形及城市规划、车站广场密切相关,需综合考虑上述多种因素,选择合理的站房类型。

旅客进出车站的流线是选择站型的关键因素(表2)。选择站型必须充分考虑车站与线路及站前广场的标高关系,并与车站周边城市规划条件相符合。

铁路旅客车站的基本类型　　　　　　　　　　　　　　　　　表2

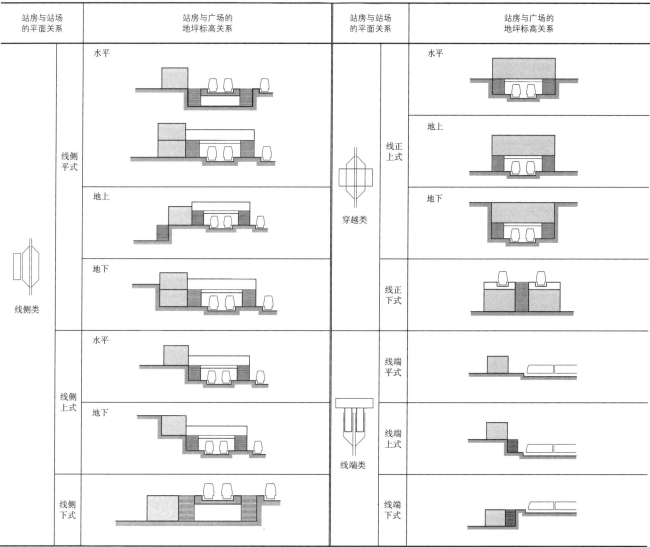

注:

铁路旅客车站 [2] 设计原则与基本房间组成

设计原则

1. 铁路旅客车站的功能围绕旅客进站（出发）、出站（到达）、票务、候车、换乘、商业服务等基本需要布置。

2. 对车站必须设置的配套管理用房进行合理布置（表1）。

3. 铁路旅客车站需对旅客提供全方位服务。商业、餐饮、电信、银行、咨询及休闲娱乐功能要统筹考虑。

4. 大型交通枢纽车站，强调旅客的换乘，强调车站与城市交通体系的衔接。

5. 车站应与当地气候环境相适应，并充分体现城市地域文化特色。

6. 室内空间设计应充分利用自然通风与自然采光，注重室内声学设计，创造安全舒适的室内环境。

铁路旅客车站基本房间组成 表1

房间分类	房间名称	小型站较小	小型站较大	中型站较小	中型站较大	大型站较小	大型站较大	特大型站	①	附设运营管理用房	附设辅助及服务用房
客运用房	综合厅	■	■	□	■				②	—	—
	进站集散厅			□	■	■	■	■		检票员室、检票闸机、安检设备	总服务台
出站集散厅	出站厅					■	■	■		—	补票室、值班室
	出站口	■	■	■	■	■	□			检票员室、检票闸机	—
售票处	售票厅		■	■	■	■	■	■	③	售票室、主任室、结账室、站进款室	票据库、售票员休息室
	售票室	■	■	■	■					售票办公室	—
	中转签票处					□	□	■	④	—	—
	自动售票机	□	■	■	■	■	■	■	⑤		
行包房	行包托取厅		□	■	■	■	■	■	⑥	行包托取作业、办公、计划、托取窗口等	装卸工人休息和更衣室、搬运车间、检修间
	到发行包房			■	■	■	■	■		行包仓库、中转仓库、特殊仓库	电瓶车充电间、蓄电池室
	行包堆场			□	□	■	■	■		过磅房、服务员室	—
候车区（室）	普通候车室	■	■	■	■	■	■	■		服务员室	厕所、盥洗室
	软席候车室		□	■	■	■	■	■		服务员室	厕所、盥洗室
	贵宾候车室			□	□	■	■	■	⑦	管理室、接待室、服务员室、保卫室	专用厕所、整容室、记者室、司机休息室、贮藏室
	团体（军人）候车室					■	■	■		服务员室	厕所、盥洗室
	无障碍（母婴）候车室			□	■	■	■	■		服务员室	专用厕所、盥洗室、食品加热室、烘干室
旅客服务用房	小件寄存处			■	■	■	■	■	⑧	小件寄存间、问讯、失物认领	失物存放处
	餐饮		□	■	■	■	■	■	⑨	备餐室、厨房、售货台	冷藏室、仓库、休息室、更衣室
	商店、书店	□	□	■	■	■	■	■		—	仓库、站台售货车存放间
	邮电服务处		□	■	■	■	■	■		—	—
	公用电话间	□	□	■	■	■	■	■		—	—
	饮水处	■	■	■	■	■	■	■		—	—
	医务室	□	□	■	■	■	■	■		—	—
	客运管理用房	■	■	■	■	■	■	■		客运值班室、客运计划室、广播室、检票员室、服务员室、公安值班室、上水工室、开水间、工具间	旅客接待室、客运交接班室、工作人员休息室、广播设备室、各种贮藏室
驻站单位用房	铁路公安派出所			□	□	■	■	■	⑩	值班室、问话室、所长室、办公室	会议室、休息室、专用厕所、盥洗室
	卫生检查站							■		化验室、值班室	—
	海关办公室			□	□	■	■	■		办公室、进出口业务、行包检查处、接待室	宿舍、违禁品贮藏室、易燃品暂存处
	军代表室					■	■	■		办公室、等候接待室、军调室	违禁品暂存库
其他用房	技术作业用房	■	■	■	■	■	■	■		通信机房、信息及信号机房、电力设备	信号维修室、技师室、运转交接班、休息室、贮藏室
	行政办公用房	■	■	■	■	■	■	■		正副站长室、秘书室、人事、劳资、会计、总务、党团、工会等办公室	会议室、电话会议室、美工、园艺、木工、油漆、电工等用房、维修贮藏室、仓库、停车场等
	职工生活用房	□	□	■	■	■	■	■	⑪	—	间休室、厕所、盥洗、食堂、理发、淋浴、医务室、图书室、文娱室
	建筑设备用房	■	■	■	■	■	■	■		—	锅炉房、开水房、通用机房、水泵房、电梯机房、暖通设备机房、变电间、配电间、热力交换室、工人休息室

注：1. ■ 需要设置，□ 可设可不设。

2. ① 设置条件系指左列基本房间，运营管理和辅助用房应根据需要和具体条件而定。
② 小型站可将进站厅、候车厅等一并设置为综合厅，根据客流量的大小而定，一般在较大站才分开设置。
③ 较大站独立设置售票厅，中小型站可在营业厅和综合厅内售票。
④ 有中转旅客的站，应设中转签票处，在中转旅客较多的情况下，可单独设中转签票处。
⑤ 自动售票机可设置在售票厅、进站厅、换乘大厅等方便旅客使用的空间，也可单独设置为"取票厅"。
⑥ 客货共线车站宜设置行李托取处。中小型站的行包托取口常设于出站厅（口）附近；行包堆场在大型站应单独设置，在中小型站一般可利用部分广场或站台。
⑦ 贵宾候车室设置的数量及大小依据站型大小而定，并设置单独出入口、停车场和车行道。
⑧ 中小型站的失物招领处可同服务处或问讯处合并。
⑨ 一般大型站均可设旅客餐厅，以快餐为主，其管理和布置可与站台合设，一般围绕候车空间布置。
⑩ 中小型站派出所可在站房内值班室。
⑪ 根据站房的具体条件设置，也可在站房之外单独设置。

测算指标

1. 最高聚集人数：旅客车站全年发送旅客最多月份中，一昼夜在候车室内瞬时出现的最大候车（含送客）人数的平均值。

测算方法1：高峰聚集系数法

$$K_{高}=K_{上}\times C$$

式中：$K_{高}$—车站旅客最高聚集人数；
$K_{上}$—车站最大月日均旅客上车人数；
C—高峰聚集系数。

测算方法2：方向系数法（主要用于沿线中间站）

$$K_{高}=K_{上}\times(\varepsilon_1+\varepsilon_2)$$

式中：$K_{高}$—旅客最高聚集人数；
$K_{上}$—最大月日均上车人数；
ε_1—客流方向不均衡系数，一般取0.6~0.8；
ε_2—车次选择系数，一般取0.4~1.0之间。

2. 高峰小时发送量：车站全年上车旅客最多月份中，日均高峰小时旅客发送量。

$$K_{高发}=K_{日发}\times\mu$$

式中：$K_{高发}$—车站高峰小时旅客发送量；
$K_{日发}$—车站日均旅客发送量；
μ—高峰小时系数，通过查定或抽样调查确定。

站房建筑面积指标参考值　　　　　　　　　　　　　　表1

站房类型	特大型	大型	中型	小型
建筑面积指标（m²/人）	8~15	4~8	3~5	5~8

注：1. 站房建筑面积按最高聚集人数计算。
　　2. 特大型交通枢纽可根据站房形式及服务功能，控制面积指标。

建筑规模

铁路旅客车站的站房建筑面积可根据车站最高聚集人数或高峰小时发送量计算确定，并符合以下原则。

1. 地铁、长途汽车、公交车、社会车、出租车等交通配套设施以及交通设施的换乘空间，其面积另行计算。

2. 与站房合并设置的城市公共空间、综合商业服务设施，其面积另行计算。

3. 站台雨棚、旅客进站天桥、地道、地下出站通廊、室外连廊、旅客专用进出站通道等旅客设施，其面积不计入站房面积内。

4. 高架候车厅下部的站台空间、站房高大挑檐下方形成的开放空间，一般不纳入建筑面积计算范围。

站房平台规模

站房平台是由站房外墙向城市方向延伸一定宽度，连接站房各部分及进出口的平台。站房平台宽度宜按表2控制。

1. 站房平台一般由行车道（停车道）及人行平台组成。通过交通流量计算确定车行道（停车道）的数量与长度。

2. 当人行平台上设置楼梯、扶梯时，人行平台的宽度应适当增加，最小通行宽度不宜小于6m。

站房平台宽度　　　　　　　　　　　　　　　　　　表2

站房类型	特大型	大型	中型	小型
平台宽度（m）	≥30	≥20	≥10	≥6

注：1. 立体车站广场的平台可分层设置，每层平台宽度一般不小于8m。
　　2. 平台长度一般不应小于站房主体建筑的总长度。

主要用房使用面积

主要用房组成及使用面积参考指标　　　　　　　　　　表3

功能分区	房间名称	特大型	大型	中型	小型
集散厅	进站集散（m²/人）	≥0.25			不设
	出站集散（m²/人）	≥0.2			仅设出站口
候车区	普通候车（m²/人）	≥1.2			1.2×1.15
	软席候车（m²/人）	≥2			不设
	团体候车（m²/人）	≥1.2			不设
	无障碍（含母婴）候车（m²/人）	≥2		≥2	不设
	贵宾候车（m²）	≥2×150	≥1×120	≥1×60	不设
售票	售票厅（m²/窗口）	24	20	16	16
服务设施	商业用房	在公共区结合站房规模适当配备			
	饮水、盥洗、吸烟	根据设施数量进行设计			
	问讯、安检、自动售票	结合集散厅、候车区、售票厅设计，一般采用活动隔间或柜台形式。			
	邮政、电信、医务、存包、自助银行	导向标识、安检仪、自动售票机、检票闸机、电扶梯、ATM机、时钟等设备配置按工艺要求，部分详见表4、表5。			
	小件寄存（m²/人）	0.05			
设备用房	通信设备	总计面积约为站房建筑总面积的10%			
	信息设备				
	信号设备				
	电力设备				
	暖通设备				
	给水设备				
客运办公	办公、会议等	3m²/客运办公定员			
售票用房	售票	6m²/窗口，且≥14m²			
	票据（m²）	≥30	≥30	≥15	≥15
	售票办公（m²）	2×15	15	15	不设
	进款（m²）	15		15	
	总账（m²）	15		15	不设
	订送票（m²）	15		15	不设
	机房（m²）	30		15	
驻站办公	特殊驻站机构（m²）	约15		不设	
	卫生防疫部门（m²）	约15		不设	
	公安值班室（m²）	≥25			

注：1. 候车室使用面积、小件寄存按最高聚集人数计算确定。
　　2. 集散厅、通道、楼梯、扶梯的宽度按高峰小时发送量计算确定。
　　3. 行包用房为独立功能用房，规模配置详见"铁路旅客车站[14]客运作业用房·设备用房·行包房"相关内容。

服务设施配置

客货共线旅客车站服务设施配置参考标准　　　　　　　表4

设施名称	特大型	大型	中型	小型
无障碍电梯	应设	应设	宜设	宜设
自动扶梯	应设	应设	宜设	宜设
人工售票窗口（个）	20~30	10~15	5~8	不少于3个
自动售票机（m²/个）	4			可不设
进站检票口（个）	按功能需求设置			2
厕位	厕位数根据最高聚集人数2个/100人确定，男女比例1:1时，厕位按1:1.5确定，且男女厕所厕位数量均不应少于2个			
小便器	男厕应布置与厕位数量相同的小便器			
盥洗池	男女厕所宜分设盥洗间，盥洗池按最高聚集人数1个/150人，并不得少于2个			

客运专线旅客车站服务设施配置参考标准　　　　　　　表5

设施名称	特大型	大型	中型	小型
无障碍电梯	应设	应设	宜设	宜设
自动扶梯	应设	应设	宜设	宜设
人工售票窗口（个）	20~30	10~20	5~10	不少于3个
自动售票机（m²/个）	4			可不设
进站检票口（个）	按每个检票口1500人/小时通过能力和15分钟检票时间计算时			
厕位	厕位数根据最高聚集人数2个/100人确定，男女比例1:1，厕位按1:1.5确定，且男女厕所厕位数量均不应少于2个			
小便器	男厕应布置与厕位数量相同的小便器			
盥洗池	男女厕所宜分设盥洗间，盥洗池按最高聚集人数1个/150人，并不得少于2个			

铁路旅客车站 [4] 总体流线分析

站房与站场、广场的关系

站房与站场、广场的关系　　　　　　　　　　　　　　　　　　　　　　　　　　　　表1

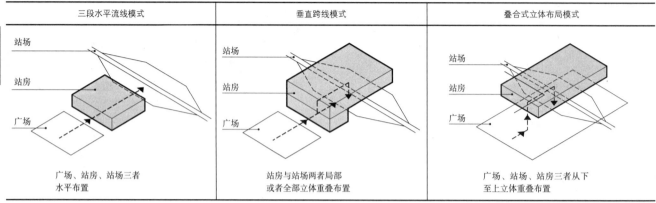

总体流线剖面形式

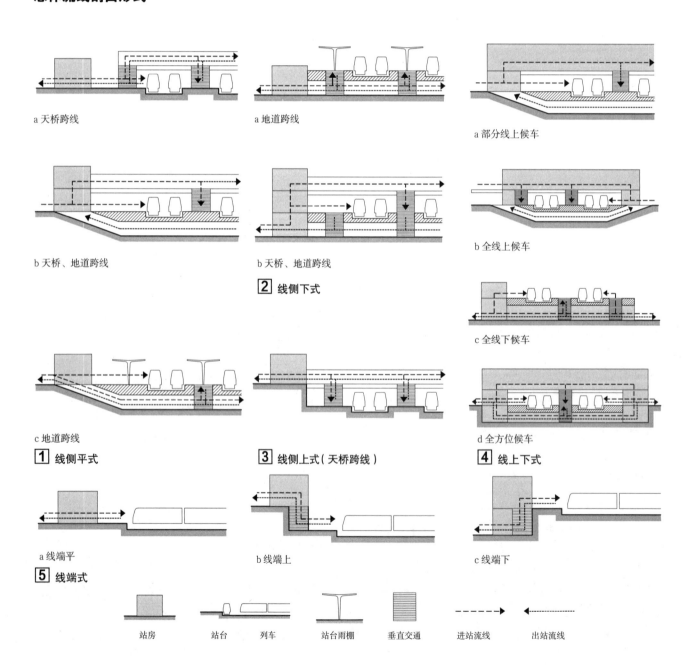

铁路旅客车站与城市的关系

铁路旅客车站与城市的区位关系受到所在地区的城市规划和铁道线路的双重制约。根据旅客车站与城市的关系可分为郊区型、城郊结合型、城市边缘型以及城市中心型四种类型，见表1。

铁路旅客车站与城市的关系   表1

分类	模式	规划要点
郊区型		注意与城市交通的衔接，特别是与城市快速交通系统的构建。合理利用土地，利用客运站的集约效应带动周边区域的发展
城郊结合型		应注意与城市近期、长期规划的协调，综合处理市内与长途交通的衔接问题
城市边缘型		应注意将客运站进出口，以及与城市衔接的公共交通布置在沿城市中心区一侧；建议设置公交枢纽或城市轨道交通站点
城市中心型		应特别注意与公交、出租、社会车辆及轨道交通等的衔接，宜采用立体交通组织。应建立完善的步行系统，连接车站与城市空间；停车场尽量利用地下空间，保持车站周边地上空间的完整性与连续性；综合考虑商业开发，完善城市功能

站前区总体规划设计原则

站前区一般指与车站广场相邻的地块和区域。

1. 站前区总体规划除满足城市总体规划要求外，应重点考虑与车站配套的城市建设项目。
2. 铁路站房未纳入的附属设施，如公安派出所、信息机房、锅炉房及变电所等，应在站前区建设中统筹考虑，尽量布置在铁路用地红线范围内，并与站房临近。
3. 在地铁线路经过站前区时，除地面建筑规划外，地下空间的规划也应纳入站前区规划之中。
4. 环境与景观因素也是站前区规划的重要内容。
5. 站前区可分为分散式或集中式，空间形态与特征见表2。

空间形态与特征   表2

分类	概念	特征
分散式	一般指站前区周边的建筑（城市公共建筑、车站配套的公共建筑）围绕车站广场与站主体共同组成的建筑群	建筑群落往往形成对车站广场的空间界定，根据其空间形态可分为U形、一形和L形三种基本形态 1a、b、c
集中式	铁路客运站与城市公共空间一体化设计	将城市公共活动与功能引入铁路客运站内部，实现公共空间的复合利用与资源的共享 1d
集中式	铁路客运站与城市公共交通建筑一体化设计	城市公共交通的优化与整合，将原先各自独立的火车、轻轨、公交、航空、航海等交通体系整合成有机整体，最大限度地实现各种交通工具间的"零换乘" 1e

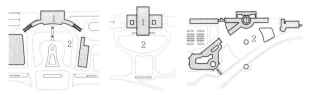

a 分散式（U形）　　b 分散式（一形）　　c 分散式（L形）

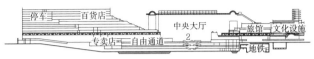

d 集中式（日本京都站剖面图）

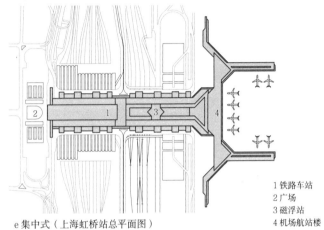

1 铁路车站　2 广场　3 磁浮站　4 机场航站楼

e 集中式（上海虹桥站总平面图）

1 站前区形态示例

站前区与城市交通的衔接

大型车站站前区往往采用立体化的方式处理城市交通与进出站交通的矛盾，形成良好的交通衔接关系。

站前区与城市交通衔接方式   表3

分类	特征
车行立交	城市干道通过车站广场时，高架或入地，实现城市车流与出入广场车流的立体交叉，既保证了干道上行车的顺畅，又使广场人流、车流集散迅速安全 2a、b
广场立交	通过广场的抬升与下沉，有效地实现人车分流，确保市民休闲、旅客活动的安全，以及城市景观功能的表现 2c
混合立交	常见于存在多种交通方式的大型站，通过多层的立体交通组织复杂的人流与车流，全方位地实现人车分流 2d

 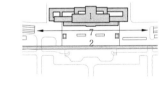

a 高架车行立交（广州站）　　b 下穿车行立交（西安站）

 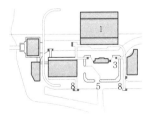

c 广场立交（武昌站）　　　　d 混合立交（深圳站）

1 站房　2 广场　3 下沉广场　4 高架广场　5 城市干道
6 高架城市干道　7 下穿城市干道　8 高架步行道

2 站前区交通组织模式

铁路旅客车站［6］换乘交通规划

基本原则

铁路旅客车站是一个城市对外交通的门户，同时也是城市各种交通方式衔接与联运的客流集散地。它与换乘交通的衔接，必须遵守以下原则。

1. 车站交通组织应与城市各类换乘交通统一规划，协调发展。
2. 应符合城市交通总体规划，优先发展与城市公共交通（含轨道交通）的衔接，以实现运输的高效、低碳和环保的目标。
3. 充分利用立体化换乘模式实现土地与空间利用的集约化、运输的高效化。
4. 重视车站广场与慢行交通的衔接规划。
5. 车站地区应有完善的信息引导系统，确保旅客在换乘时间、空间以及换乘过程中信息获取的连续性，引导旅客进行正确有效的换乘。

换乘类型

铁路旅客车站与城市交通的换乘主要涉及城市公交车辆、出租车辆、社会车辆、轨道交通和长途客运等交通方式。

1. 铁路旅客车站与公交车辆的换乘

公交车辆是旅客到达和离开车站乘坐的主要交通工具之一。其停车场应根据公交车辆的类型、数量和行驶路线，紧密结合站房的进出车口来设计，力求避免车流与主要人流的交叉。

2. 铁路旅客车站与出租车的换乘

出租车流线宜与公交完全分离，主要设计为通过式停车场及蓄车场，常采用即停即走的原则，出租车上客应尽量靠近出站口（厅）布置。

3. 铁路旅客车站与社会车辆的换乘

社会车辆通常设有独立的停车场，大型站一般设在地下停车场，应减少其对公交和出租车辆的干扰。

4. 铁路旅客车站与轨道交通的换乘

依据车站与轨道交通的布局位置及形式，换乘主要方式为：车站广场换乘、出站厅换乘、通道换乘、站台换乘。

5. 铁路旅客车站与长途客运的换乘

车站与长途客运站在城市总体规划中合理选址，以方便旅客中转换乘。可将长途客运布置于车站广场周边；也可充分利用地下与地上空间以实现铁路与公路客运站的一体化设计，从而实现"零换乘"。

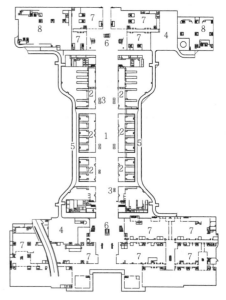

1 出站联系通道　2 出站厅　3 地铁换乘入口　4 出租车停车场
5 出租车通道及上客区　6 换乘大厅　7 商业区　8 停车库

1 换乘交通规划实例一（杭州东站利用地下空间进行换乘）

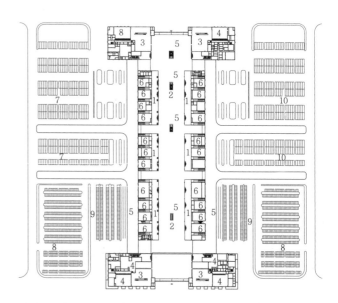

1 出站厅　2 出站通道　3 换乘大厅　4 售票厅　5 地铁口部　6 商业
7 长途车停车场　8 社会车停车场　9 出租车停车场　10 公交车停车场

2 换乘交通规划实例二（郑州东站利用架空底层进行换乘）

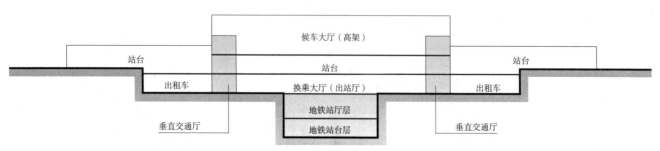

3 换乘交通剖面示意图

车站广场的组成

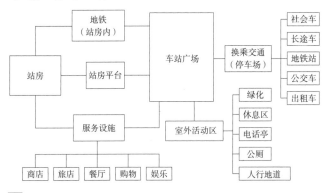

1 车站广场组成示意图

设计原则

1. 车站广场应与站区城市整体布局相协调,满足城市规划要求。
2. 使进出客站的人流和车流有序、安全和通畅地运行,尽量实现人车分流,设计步行友好的交通环境。
3. 靠近客站优先布置公共交通设施,尽量实现铁路与公交车、地铁、出租车的便捷换乘。
4. 广场内要设置适当的人群集散与活动区域,兼作避难疏散场所。
5. 受季节性或节假日影响,旅客流量大的车站,其车站广场应有设置临时候车设施的条件。
6. 大型枢纽客站通过广场与城市路网多点、多方向衔接,分散交通压力,减小干扰,过境交通不得从广场地面穿越。
7. 为避免铁路车场分割城市的情况,可利用立体交通设施联通铁路线路两侧广场,降低其对城市的分割影响。

广场面积参考指标　　　　　　　　　　　　　表1

旅客车站规模（m²/人）	各部分占总面积百分比（%）		
	旅客活动地带	停车场、车行道	绿化等
特大型 6.0	48	42	10
大型 5.0~5.5	48	42	10
中型 4.5~5.0	58	27	15
小型 4.0~4.5	64	14	22

注:本表面积不包括公交车辆停靠站,本表按最高聚集人数计。

主要车辆占地面积参考　　　　　　　　　　　　表2

车辆类型	公共汽车	电车	小汽车
车身尺寸（长×宽,m）	11.00×2.66	14.75×2.45	5.70×2.00
车位占地面积（m²）	170~200	200~250	25

注:占地面积由停车、运输和中间通道三部分面积合成计算。

机动车的流线模式

1. 立体复合式

立体复合式布局是指在地下、地面、高架等多个不同标高布置交通换乘设施与客站衔接,交通流线呈立体分布,有利于实现距离最短的便捷换乘和快速集散,同时可使土地利用集约化和客站空间紧凑化。

2. 平面排列式

平面排列式是指铁路客站的交通衔接设施布置在客站周边的衔接场地上,与客站之间采用并列式的平面布局模式。

车站广场与车流组织

车站广场与车流组织　　　　　　　　　　　　表3

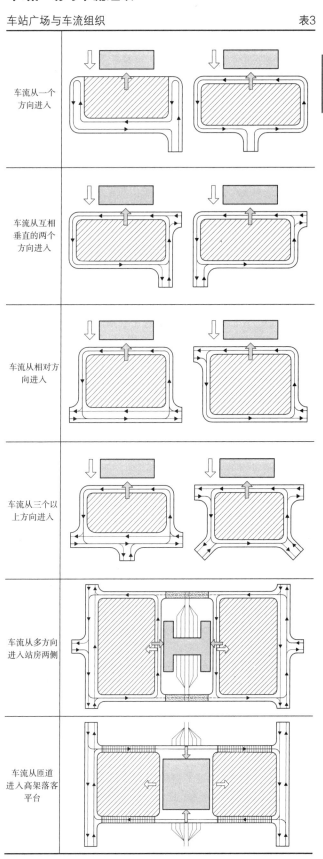

注: ▨ 站房, ▥ 广场, → 车行流线, ⇒ 进站旅客流线,
　　⊖ 站场, ░ 地下通道, ▦ 匝道, ⇒ 出站旅客流线

铁路旅客车站 [8] 接驳道桥·高架桥

接驳道桥

铁路客运站高架平台的接驳匝道（桥）按照道路类划分，属于支路范畴，是连接地面与高架落客平台的车行通道。

1. 接驳道桥线形设计应流畅，坡度平缓；接驳匝道（桥）不设非机动车道及人行道，设计行车速度不大于40km/h，每股车道宽度3.5m，匝道（桥）路面宽度不应小于7m。

2. 根据站区用地情况及交通流量分析，确定合理的建设规模，并与其相衔接道路的标准相适应。一般情况下接驳匝道（桥）应设计为单向行驶，有困难时可采用双向行驶，但应予以分隔。

3. 结构形式可采用填土路堤或者桥梁结构，且应与站房建筑造型及城市景观相协调。

4. 平面及纵断面设计应结合当地气候条件、车辆类型、爬坡能力等因素，选用适当的横坡、纵坡值。一般情况下，横坡宜为1.5%~2.0%，冰冻地区最大纵坡为4%，非冰冻地区最大纵坡度为5%。

5. 接驳匝道桥两侧必须设置防撞护栏，其宽度500mm，高度不小于1100mm，形式应与高架平台护栏相协调。

6. 接驳道桥车行部分、附属设施（防撞护栏、路或桥面铺装、照明等）应与车行落客平台统一设计。

7. 对于大型或特大型车站，接驳道桥的宽度应根据车辆流量计算确定。

高架桥（车行落客平台）

1. 车行落客平台应平整、流畅，不设影响旅客通行的花坛、台阶等，特别在站房主入口、售票厅出入口的平台处不宜设置障碍物和影响旅客通行的洞口。

2. 车行落客平台与站房之间设置人行道，宽度不宜小于6m，坡度不应大于2%。

3. 高架车行落客平台下部空间架空且作为旅客换乘空间时，与平台之间宜通过楼梯、自动扶梯连通。

4. 车行落客平台与高架车道、接驳道桥与车行落客平台等不同结构交接处和变形缝处，应进行专项防水设计和处理，避免漏水。

5. 车道应低于人行道，高差不小于150mm，且采用路缘石进行分隔。进站口、售票厅等部位需设置缘石坡道时，坡度不应大于1:12。

6. 车道临空处应设防撞栏杆；平台栏杆在保证满足防撞要求的基础上，其形式可结合隔声屏障、路灯等设施统一设计。

7. 垂直穿越铁路的高架桥，需在高架桥临空边缘设置不小于2.2m高的防护（隔声）屏障，并采用有效构造措施，防止屏障构件坠落，避免影响铁路行车安全。

8. 高架落客平台上车道数量与停车区长度，通过各类车辆（包括出租车、社会车、专线车等）的数量、类型、落客时间等应计算确定。大型车辆落客区宜分开设置。

9. 落客平台外侧宜设置通过式车道。

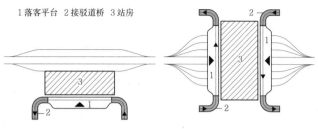

1 落客平台 2 接驳道桥 3 站房

a 线侧式A（站房位于线侧）　　c 跨线式（接驳道桥跨线）

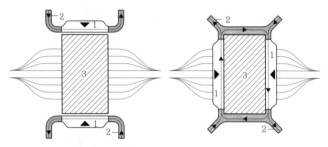

b 线侧式B（接驳道桥位于线侧）　　d 高架环绕式

1 接驳道桥平面布置图

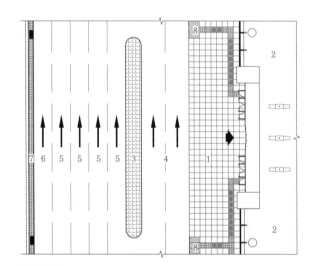

a 平面布置图

1 人行平台
2 进站广厅
3 隔离岛
4 大型车辆落客车道
5 小型车辆落客车道
6 通过式车道
7 人行道
8 无障碍坡道

b 剖面图

2 高架桥及车行落客平台

基本流线组成

铁路旅客车站的流线分为旅客流线、机动车流线及行包流线。其中旅客流线由进站流线与出站流线组成。

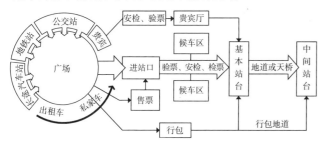

a 进站系统流线组织

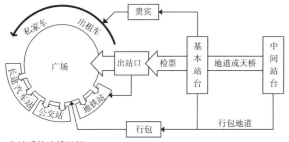

b 出站系统流线组织

1 进站、出站流线系统总体示意图

流线设计要求

按旅客进出站的顺序，要求流线便捷、通顺，避免相互交叉、干扰和迂回，能够满足瞬时大流量通行的需求，并最大限度地减少旅客的行走高差和行走距离。铁路旅客车站功能流线主要由售票区、进站区（进站门厅、进站口）、候车区、出站区四大区组成。

站房设计呈现向通过式候车模式发展的趋势，体现为：进站门厅与候车厅一体化；候车厅整体化；进、出站功能空间与其他换乘空间相融合。

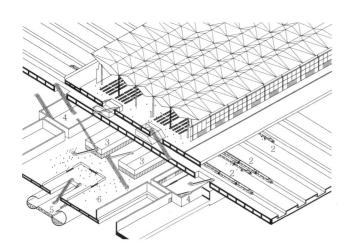

1 候车区　2 站台　3 商业　4 出站区　5 地铁站台　6 地铁付费区

2 "上进下出"式大型客站空间剖面示意图

中型及中型以上车站流线组织原则

1. 进站流线与出站流线分开；
2. 旅客流线与机动车流线分开；
3. 旅客流线与行包流线分开；
4. 一般旅客与贵宾旅客流线分开；
5. 一般旅客与出入境旅客流线分开；
6. 大型站应设置独立的工作人员出入口。

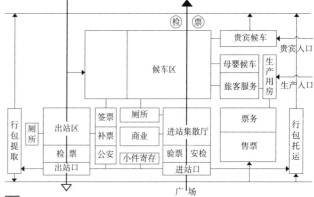

3 大型站流线关系示意

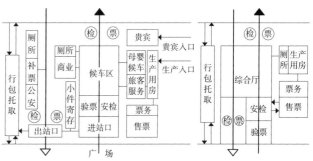

4 中型站流线关系示意　　**5** 小型站流线关系示意

a 平面错开

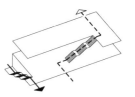

d 地面进站、出站（适用于线侧式站房）

b 高架进站、地面出站

e 线下综合厅进站、出站

c 地道进站、出站

- - -▷ 进站流线
───▶ 出站流线

6 旅客进站、出站流线示意图

铁路旅客车站 [10] 进站集散厅

设计原则

1. 进站集散厅作为主要的交通枢纽联系着车站广场以及候车室，并设置有邮政、售票、商业、小件寄存、问讯等服务设施。

2. 大型及以上站房的进站集散厅应考虑在主入口处设置安全检查设施，中小型站一般在集散厅内设置安检。

3. 严寒或寒冷地区应设置进站门斗。特大型、大型车站房的门斗宜居中设置并考虑设置自动门，门的宽度应充分考虑人流量以满足旅客的通行要求。

4. 进站集散厅使用面积按最高聚集人数或高峰小时旅客发送量确定，一般不小于0.25m²/人。

5. 进站集散厅应尽量设置到站指示牌以及导向标牌等电子设施。

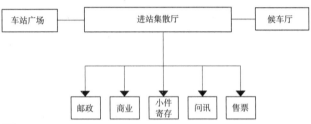

[1] 功能分析图

安检设备布置

安检技术指标　　　　　　　　　　　　　　　　　　　　表1

站房类型	安检设备距门距离（mm）
特大型	>8000
大型	>6000
中、小型	>3000

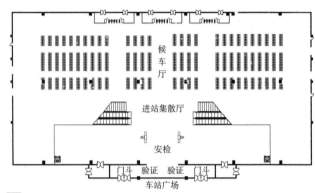

[3] 进站集散厅示例

问讯处

中型以及以上的站房应设置问讯处，小型站房可不单独设置问讯处，可与服务台合并设置。

问讯处应设置在集散厅，位置明显，方便询问，也可向广场开设窗口。

问讯处可按照问讯服务台设置，不设置独立的房间，问讯台按照高度1000mm、宽度700mm控制，其长度可根据室内空间的要求确定。

大型以及以上站房应考虑设置电视、电话问讯设施，或分设两个以及以上的问讯点。

小件寄存处

最高聚集人数在400人以下的小型客站不再单独设置小件寄存处，可以与问讯服务、行包用房等功能合并，为方便进出站旅客寄存，一般设置在进站广厅之内。当寄存量较大时，可以单独设置。

存取处需考虑供存取旅客排队等候用面积，存取口可以采用窗口式、柜台式，当晚间业务量减少时，可以进行封闭。

存取处库房需设置分层的物品存放架，库房内部要求有适当的通风，并考虑防水、防鼠、防蛀等措施。

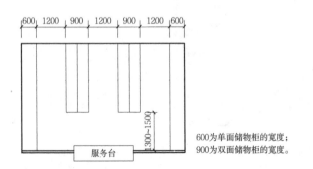

[4] 小件寄存处布置示意图

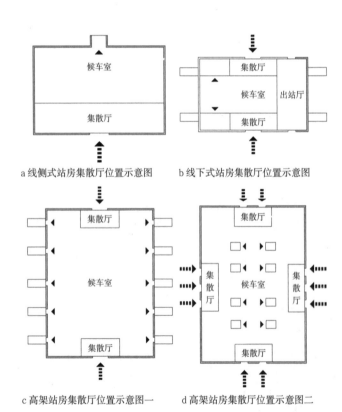

[2] 进站集散厅的位置示意图

设计原则

1. 特大型、大型站的售票处应设置在站房进站口附近。在售票厅内或换乘厅内可根据需求设置自动售票机。
2. 中型、小型站的售票处宜设置在站房内候车区附近。
3. 当车站为多层站房时,售票处宜分层设置。

售票厅的房间组成　　　　　　　　　　　　　　　　表1

房间名称	车站规模			
	特大型	大型	中型	小型
售票厅	■	■	■	■
售票室	■	■	■	■
电话订票处	■	■	□	□
中转签票处	■	■	□	□
票据室	■	■	■	□
办公室	■	■	■	□
进款室	■	■	■	□
总账室	■	■	□	
订、送票室	■	□	□	
微机室	■	■	□	

注:■应设置,□宜设置。

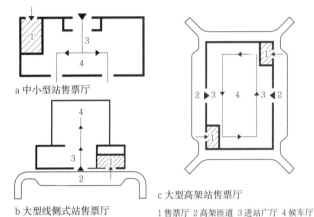

a 中小型站售票厅
b 大型线侧式站售票厅
c 大型高架站售票厅
1 售票厅 2 高架匝道 3 进站广厅 4 候车厅

1 售票厅常设位置示意图

窗口及售票室

站房规模以及相对应的售票窗口、售票室等相关房间的面积及数量请参考"铁路旅客车站[3]站房规模"。

每个售票窗口的使用面积不应小于$6m^2$,售票室的使用面积不应小于$14m^2$。

售票室不应向售票集散大厅直接开门,宜与售票室其他辅助用房相连接,有独立的出入口。

售票室室内地面高度宜高出售票厅地面0.3m,宜采用防静电架空地板,应设置防盗设施。

应在售票厅内设置无障碍售票窗口,无障碍售票窗口宜设置在售票厅入口附近。

大型站通道及旅客的逗留区域以4~5m为宜,购票排队长度约为10~13m;中型站通道及旅客的逗留区域以3~4m为宜,购票排队长度约为7~9m(购票每人排队长度为0.45m)。

自动售票机

自动售票机一般设置在售票厅、进站广厅或换乘大厅,并宜采用嵌入式安装。自动售票机的最小使用面积按$4m^2$/个确定。自动售票机布置灵活,可以结合人工售票窗口一并设置,也可在人流量较大时单独设置。

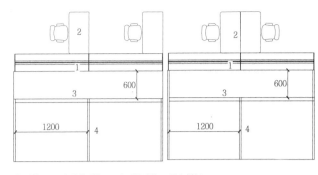

1 售票台面 2 人员售票位 3 地面提示线 4 导向栏杆

2 售票窗口布置示意图

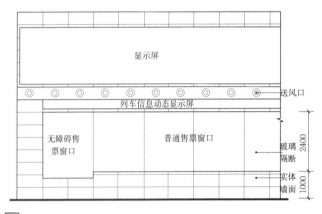

3 售票窗口立面示意图

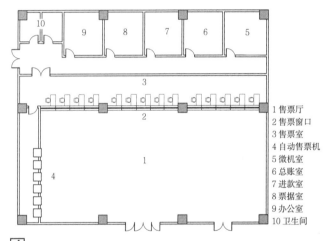

1 售票厅
2 售票窗口
3 售票室
4 自动售票机
5 微机室
6 总账室
7 进款室
8 票据室
9 办公室
10 卫生间

4 售票厅平面示意图

5 售票厅透视图

铁路旅客车站 [12] 候车区

设计原则

1. 铁路客站向高速化、公交化发展，集散状况发生改变，滞留时间变短，由原来等候式为主的静态空间逐步转变为通过式的动态空间。
2. 车站布局由原来的以候车大厅为中心，车站广场、外围服务设施分散展开的方式，向集中式、高架式的候车大厅转变。
3. 候车区应能方便地使用相关服务设施，一般应就近设置饮水处、盥洗室、卫生间、餐饮设施、商店等服务设施。
4. 普通候车区的内部空间应合理划分为安静候车区、检票列队区、通行区及服务设施区。
5. 候车区要求室内采光通风良好，窗地比不应小于1:6，上下窗宜设置开启扇并应有开闭措施。当候车室采用屋顶采光时，应避免阳光直射，宜采用漫反射的透光材料，或采取遮阳措施。
6. 候车区座椅布置区域不得影响候车厅安全疏散通道及进站检票排队通道。

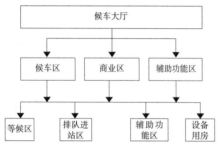

1 候车区功能分析图

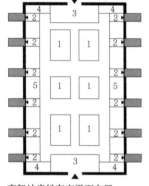

a 高架站房候车室平面布置一

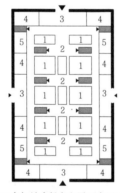

b 高架站房候车室平面布置二

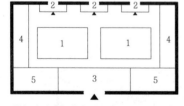

1 旅客候车区
2 进站排队区
3 进站集散厅
4 辅助功能区
5 商业区
■ 进站楼梯、扶梯

c 线侧式站房候车室平面布置

2 候车区平面示意图

进站检票口

普通候车室的检票口的数量详见"铁路旅客车站[3]站房规模"。检票通道中心距离不宜小于1m，净宽度宜为0.60~0.75m，长度不宜小于1.5m，栏杆高度应为1.1m。

检票员栏杆净宽度不宜小于0.70m，检票员位置的地面宜高出检票通道地面0.2m，检票员位置旁宜设置旅客候检空间。

高架候车室设进站检票口时，检票口距进站楼梯踏步的净距离不得小于4m。

检票布局比较　　　　　　　　　　　　　　　　　表1

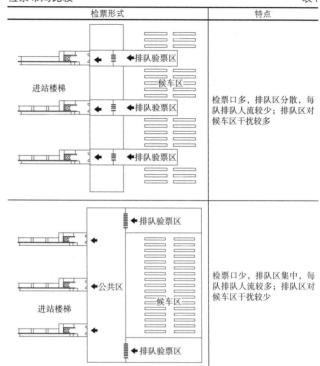

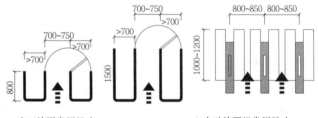

3 检票口常用尺寸

候车区座椅常用尺寸　　　　　　　　　　　　　　表2

候车区座椅排布方式		尺寸（mm）
单面座椅深度		580~750
双面座椅深度		1160~1500
座椅间通道		1200~1300
主要通道宽度	小候车室	1800~2700
	大候车室	2700~3200
单列检票队伍宽度		1000
双列检票队伍宽度		2000

其他辅助功能

随着车站建筑的发展，采用大空间一体化功能设置的候车厅，功能布置更加灵活，通常设置专用候车区代替专用候车室。

1. 专用候车区域宜靠近检票口并设置服务台。
2. 母婴候车室宜设置在卫生间、饮水处等服务设施附近。
3. 各类型VIP候车区宜通过隔断与普通候车区分开，并设服务台进行管理。

出站集散厅 [13] 铁路旅客车站

设计原则

出站集散厅是出站流线系统的中心，也可作为铁路旅客车站与城市交通之间的换乘空间，其设计原则为：

1. 需根据出站人流的规模确定出站区面积，并考虑接客人员的数量。特大型或大型站可设出站集散厅，应具备快速疏导旅客的条件，并优先考虑与地铁及其他城市交通之间的换乘。中小型站如不与地铁换乘可只设出站口，直接连接车站广场。

2. 设置出站旅客的服务设施，包括检票、补票、签票、厕所、盥洗、行李提取、行李寄存、公安、商业设施。

3. 出站厅的位置应明显，与站台、跨线设施、车站广场连通，并与地铁站、公交车站、长途汽车站等交通空间形成便捷的联系，缩短旅客步行距离。

4. 在一些客流量较小、站台数量少、车次规律性强的中小型站中，可将出站区与进站空间（进站区、候车区、售票区）合并为一个综合厅使用，提高空间的使用效率。

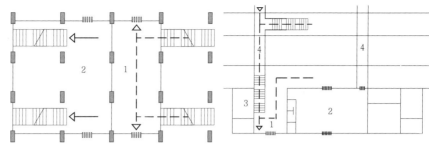

a 高架小型站：高架下围合出站区　　　b 线侧平站：地下通道出站（进站）

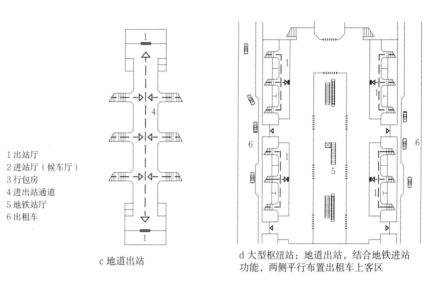

1 出站厅　2 进站厅（候车厅）　3 行包房　4 进出站通道　5 地铁站厅　6 出租车

c 地道出站　　　d 大型枢纽站：地道出站，结合地铁进站功能，两侧平行布置出租车上客区

2 各类站房出站区平面布置图

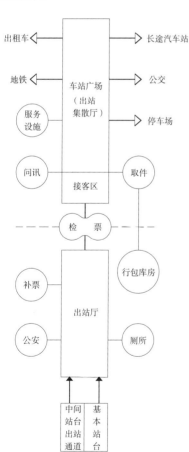

1 出站旅客流线与相关功能

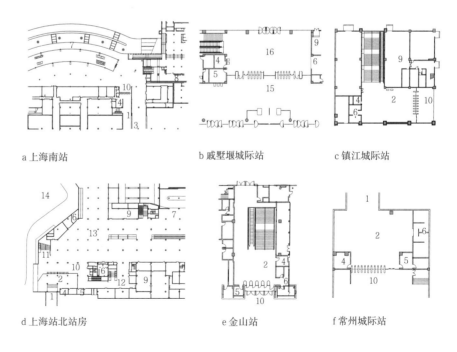

a 上海南站　　　b 戚墅堰城际站　　　c 镇江城际站

d 上海站北站房　　　e 金山站　　　f 常州城际站

1 出站通道　2 出站厅　3 社会通道　4 检、补票　5 公安值班　6 厕所　7 出租车上客区　8 地铁站　9 机房　10 接客区　11 公交站通道　12 换乘厅　13 出站集散厅　14 长途客运站　15 出站兼进站厅（非付费区）　16 出站兼进站厅（付费区）

3 出站集散厅实例

客运作业用房

客运作业用房由办公用房和辅助用房组成。除公共区客运作业用房外，一般靠近站台集中设置，有单独的出入口，方便作业和内部管理。客运作业用房使用面积参考指标和布置要求详见表1。

客运作业用房使用面积参考指标和布置要求　　　　　　表1

类别	房间名称	面积 特大、大、中型	面积 小型	布置要求
作业用房	服务员室	≥2m²/人，且≥8m²		设在公共区、站台附近
	检票室			检票口附近
	补票室	≥10m²	不设	出站口附近
	上水工室	3m²/人，且≥8m²		站台上
	清扫工具间	每个公共区≥1处	不设	站房、站台零星空间
	交接班室	1m²/人，且≥30m²	不设	
	广播室	≥10m²	≥8m²	联络公共区和站台集中布置
	会议室	约60m²	约30m²	
	行政办公	3m²/客运办公定员		
辅助用房	间休室	2/3×2m²/人，且≥8m²		
	更衣室	1m²/人		
	职工浴室	厕位和龙头各不少于2个，淋浴头不少于2个		靠近站台集中布置并设单独出入口
	职工活动室	约20m²	不设	
	就餐间	约15m²		

注：此表"人"是指客运作业定员最大班人数。

设备用房

1. 设备用房含两部分内容，包括旅客车站运营作业所需的工艺用房和站房使用水、暖、电的常规设备用房。用房组成与布置详见表2。

2. 通信、信号、信息及防灾安全监控设备房屋，10kV以下的变配电所、配电间、制冷机房、空调机房等宜与站房合建。

3. 布置较重设备或产生较大噪声和振动的设备房间，宜设置在建筑底层或地下室，且对其他房间相对影响小的位置。

4. 无人值守的生产设备房屋不宜设外窗，应采用安全门。

5. 铁路生产设备房屋防雷、电磁兼容、接地以及防振、防尘、防静电、防潮及防鼠等要求，应符合国家现行有关标准的规定。

6. 通信、信号、信息、防灾安全监控等重要设备用房应设置独立的专用空调，空调设施配置应满足维修期间工艺设备正常运行的要求。

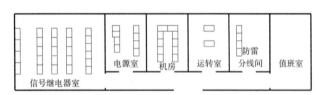

1 信号设备用房布置示意图

设备用房组成与布置要求　　　　　　表2

房间名称		布置要求
通信设备用房	客运机房、通信机械室、配线间、配电间	靠站房售票区和公共区布置
信息设备用房	广播室、综合监控室、联合机房、客运总控室	集中布置，且靠站房外侧布置
信号设备用房	信号电源室、继电器室、信号计算机室、运转室、防雷分线间	靠站台一侧布置
电力设备用房	变电所、配电所、消防控制室、接触网开关室	靠用电负荷大的一侧布置
暖通设备用房	空调机房、消防泵房	靠站房外侧布置
给水设备用房	给水泵房、直饮水设备房	靠站房外侧布置

行包房

1. 客货共线铁路旅客车站宜设置行李托取处和行包库，客运专线旅客车站一般不设置。

2. 特大型、大型站的行李托运和提取应分开设置，行李托运处应靠近售票处，行李提取处宜设置在站房出站口附近。中型和小型站的行李托、取处可合并设置。

3. 托取柜台高度不宜大于0.6m，宽度不宜小于0.6m，通道不宜小于1.5m。

4. 行包进出站通道：

行包运输跨越站台的主要方式可采用地道或平交道跨线。

客货共线铁路旅客车站行李、包裹地道通向各站台时，应设置单向出入口，其宽度不小于4.5m。当受条件限制且出入口处有交通指示时，其宽度不应小于3.5m。

行李、包裹地道出入口坡道的坡度不宜大于1:12，起坡点距主通道的水平距离不宜小于10m。

5. 特大型、大型铁路客站的行李、包裹库房宜与行包房通道相连。

6. 特大型、大型铁路客站的始发、终到和中转行包库房宜分别设计，并宜设单独行李库区。

7. 特大型铁路客站的行李提取厅可设置行李传送带。

行包用房主要组成　　　　　　表3

行包用房 \ 包裹件数	N≥2000	1000≤N<2000	400≤N<1000	N<400
包裹库（含行李）	A=N×0.35；A—包裹库面积；N—设计包裹库存件数			
包裹托取厅	25~300m²，按行包件数递增			
办公室（含计划、主任、安全）	■	■	■	□
票据室	■	■	□	
总检室	■	■		
装卸工休息室	■	■	□	
牵引车库	■	■	□	
微机室	■	■	■	■
拖车存放处	■	□		

注：■应设，□宜设。

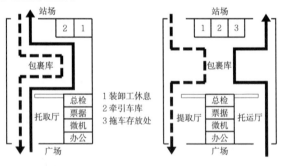

a 托、取混合布置图（适用于中小站）　　b 托、取分开布置图（适用于大型站）

→ 行包进站流线　　---▶ 行包出站流线

2 行包房平面布置示意图

托取窗口　　　　　　表4

包裹件数	N≥10000	4000≤N<10000	2000≤N<4000	1000≤N<2000	600≤N<1000	N<600
托取窗口（个）	10	7	4	2	1	1

商业服务用房 [15] 铁路旅客车站

设计原则

1. 旅客商业服务使用面积按最高聚集人数计算，每人不宜小于 $0.1m^2$，也可根据车站规模按面积的一定比例进行控制。
2. 中、小型站房在候车区内分散设置商业摊点；大型及以上站房除分散设置商业摊点外，可利用夹层集中设置商铺。
3. 最高聚集人数在1000人以上的站房内宜设置餐饮服务区，并根据需要在候车区内设置VIP候车区。
4. 商业摊位和商铺必须采用相应的消防措施。
5. 商业通道净宽充足，能保证旅客通过和短时间滞留。
6. 当代铁路旅客车站与商业结合更加紧密，客站功能逐渐成为多功能城市综合体（包含宾馆、商业、办公、购物、餐饮、娱乐）的一部分。
7. 客站内商业服务设施，宜结合旅客流线和候车空间设置。

设施类型

1. 自助式商业：自助寄存、自助银行、自助话吧、自助售货等；
2. 综合服务：咨询、人工小件寄存、邮电等；
3. 商品零售：商店、书店等；
4. 餐饮服务：餐厅、茶座、咖啡厅等；
5. 商业产品展示：展示台、展示专柜等。

用房分布

1. 进站集散厅内分散布置，不得妨碍旅客进站流线；
2. 候车区内分散布置；
3. 出站集散厅及周边空间布置；
4. 与候车区邻近的商业夹层集中布置，可设电梯或自动扶梯，便于旅客上下。

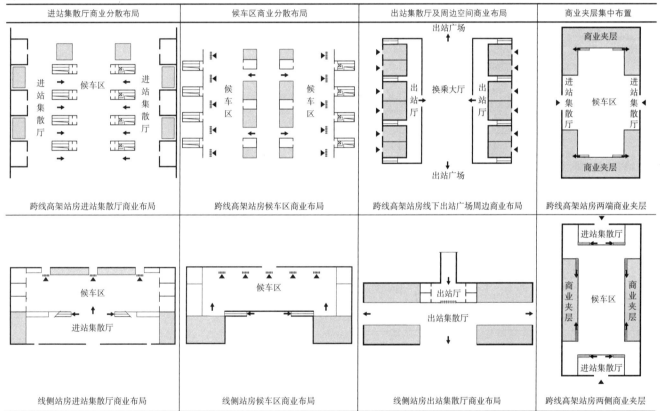

商业服务用房布局类型实例　　表1

注：▨ 商业，← 旅客流向，◂ 检票口和门禁口。

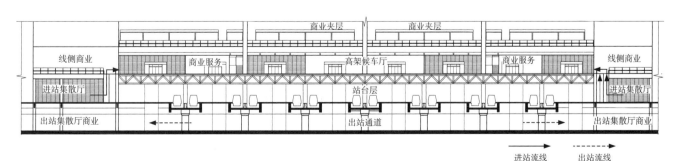

1 铁路旅客车站站房（跨线高架+线侧）商业布局剖面示意图

铁路旅客车站 [16] 站场

站场

站场内包括站台、轨道、接触网、雨棚、天桥、地道、站场排水沟等设施。

旅客站台是铁路车站内供旅客上、下车和行包、邮件装卸的设施。轨道是路基面以上的线路部分，由钢轨、道岔、轨枕、道床等组成的工程结构。

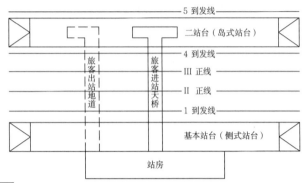

1 站场平面示意图

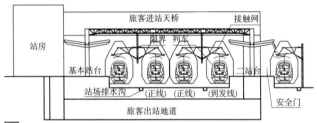

2 地面站场剖面示意图

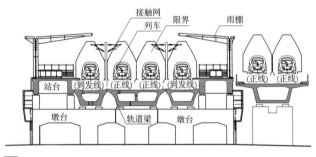

3 高架站场剖面示意图

站台

1. 站台长度是指站台沿股道方向两端部的距离。站台宽度根据车站性质、站台类型、客流密度、安全退避距离、地道或天桥出入口宽度等因素确定。一般情况可按表1采用。

旅客站台长度　　　　　　　　　　　表1

名称	客货共线铁路(m)	高速铁路(m)	城际铁路及市郊铁路(m)
站台长度	550	450/220	220

旅客站台宽度　　　　　　　　　　　表2

名称	特大型站(m)	大型站(m)	中型站(m)	小型站(m)
站房突出部分边缘至基本站台边缘距离	20~25	15~20	8~15	8.0，困难条件时可为6.0
岛式中间站	11.5~12	11.5~12	10.5~12	10~12
站台端部宽度	≥5.5	≥5.5	≥5.0	≥5.0

2. 当旅客站台上设有天桥或地道出入口、房屋等建筑物时，其至站台边缘的距离应满足如下规定：

(1) 特大型和大型站房不应小于3m；

(2) 中型和小型站不应小于2.5m；

(3) 改建车站受条件限制时，天桥或地道出入口其中一侧的距离不得小于2m。

(4) 当路段设计时速在120km/h及以上时，靠近有正线一侧的站台应按本条(1)~(3)款的数值加宽0.5m。

3. 客货共线车站站台的高度：邻靠不通行超限货物列车的到发线一侧宜采用高出轨面1250mm，必要时也可采用500mm；邻靠正线或通行超限货物列车的到发线一侧应采用高出轨面300mm。

客运专线车站站台的高度应高出轨面1250mm。

4. 站台端部应设防护栅栏，避免旅客误入轨行区，保障旅客生命财产安全。

5. 站台与站房衔接应采用坡道，不宜采用台阶。

6. 地下站站台宜设安全门[4]，邻靠正线的站台宜设安全门，其中心线距离站台的边缘为1.3m。

7. 基本站台站台面构造应能满足消防车通行要求。

8. 建筑限界最小净宽是保证车辆安全通行所需要的线路中心横断面的最小尺寸[5]。

站台边缘至线路中心线的距离为1.75m，站台曲线段距离应加宽。

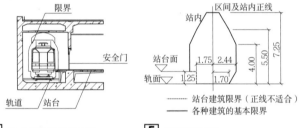

4 站台屏蔽门示意图　　5 建筑限界图

接触网

接触网是在沿钢轨上空"之"字形架设，通过受电弓供给机车(动车组)电能的高压架空输电线路，由支(吊)柱、基础、支持结构及接触悬挂组成。

接触网在敞开段(路基、桥梁)及隧道内，一般通过3种形式的独立结构安装，分别为：接触网立柱(吊柱)、软横跨、硬横跨。安装间隔一般为24~65m。

接触网在建筑物上(天桥、雨棚、高架站底部等处)，一般利用建筑物结构柱或在轨道上方建筑物底部安装接触网设备。建筑物需要预留固定接触网支柱(吊柱)或接触网设施(零部件)的结构，如预留锚栓、安装孔位等。

站场排水沟

1. 雨棚、天桥、高架站房屋面雨水应有组织排放，并应与站场排水沟排水能力相匹配。

2. 地道、电扶梯基坑内污水抽升至站场排水沟。

站场跨线设施

1. 站场跨线设施包括天桥、地道、平交道。
2. 旅客天桥、地道及行包、邮包地道高宽的常规尺寸详见表2，依据客流量大小确定。
3. 竖向交通设施布置

旅客天桥、地道通向各站台宜设双向出、入口，其宽度分别为：特大型站不小于4m，大型站不小于3.5m，中小型站不小于3m。

旅客用地道、天桥的阶梯踏步高度不宜大于0.14m，踏步宽度不宜小于0.32m，每个梯段的踏步不应大于18级，直跑阶梯平台宽度不宜小于1.5m，踏步应采取防滑措施。

旅客用地道、天桥采用坡道时应有防滑措施，坡度不宜大于1∶8。

旅客天桥、地道至站台出口应设置无障碍竖向提升设施。

楼梯、扶梯并行布置时，坡度宜一致；两台相对布置的自动扶梯工作点间距不得小于16m；自动扶梯工作点至前方影响通行的固定设施间距不得小于8m；自动扶梯与人行楼梯相对布置时，自动扶梯工作点至楼梯第一级踏步的间距不得小于12m。

4. 设计要求

（1）天桥需满足站场与接触网限界要求。

（2）旅客天桥设计应考虑防抛物、防人员坠落，其栏板上缘或可开启窗下缘高度不应小于2.2m。

（3）旅客天桥、地道装修设计应简单，不做过多装饰。

（4）正线上方天桥不宜进行外挂装饰处理，以免装饰物坠落影响行车安全。

站场跨线设施规模参考表　　表1

建筑规模	最高聚集人数H	旅客用地道或天桥（处）
特大型	H≥10000	≥2
大型	3000≤H<10000	≥2
中型	600<H<3000	≥1
小型	H≤600	≥1

注：1. 当设有高架候车室时，出站地道或天桥不应少于1处。
　　2. 特大型站可设1处地上或地下城市联络通道。

站场跨线设施尺度与站型对应表　　表2

跨线设施	站房规模	宽度（m）	净高（m）
旅客天桥、地道	特大型、大型站	≥8	≥3.5
	中型、小型站	≥6	≥2.5
行包、邮包地道	—	≥5.2	≥3

注：地道宽度为12m时，净高不低于4.5m。

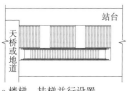

1 旅客天桥、地道出入口平面形式示意图

a 楼梯、扶梯并行设置　　b 楼梯单独设置
c 楼梯、电梯并行设置　　d 楼梯、扶梯、电梯并行设置

站台雨棚

1. 雨棚包括有站台柱雨棚和无站台柱雨棚。特大型、大型旅客车站宜设置无站台柱雨棚；中小站宜设有站台柱雨棚。

2. 客运专线铁路旅客车站、客货共线铁路的特大型和大型旅客车站，应设置与站台同等长度的站台雨棚。其他雨棚根据所在地的气候特点，可与站台同等长度或在站台局部设置雨棚，其长度可为200~300m。

3. 雨棚结构选型参考表4、表5。

4. 设计要求

（1）采用无站台柱雨棚时，铁路正线侧一般不得设置雨棚立柱；

（2）有站台柱雨棚立柱应满足站台边缘的净宽要求；

（3）雨棚高度应适宜，满足防飘雨、雪的需求；

（4）轻质雨棚屋面必须进行抗风设计，以免影响行车安全。

雨棚布置方式对应表　　表3

立柱形式	布置方式	特点
有站台柱雨棚	单臂悬挑	立柱于基本站台外侧，站台面无立柱影响旅客行进，但悬挑大，造价略高于单柱雨棚
	站台单柱双侧悬挑	立柱于站台中部，所占站台面积少，旅客和搬运车辆在柱子两侧通行方便，站台内部空间开敞，适用于宽度不大的站台
	站台双柱双侧悬挑	形式同单柱雨棚，适用于站台面较宽、跨线设施（天桥、地道）出入口较多的站台
无站台柱雨棚	立柱布置于站台范围外	旅客适用条件好，但造价偏高，通风、采光、结构处理都比较复杂

a 基本站台悬挑　　b 中间站台单柱　　c 中间站台双柱

2 有站台柱雨棚典型剖面图

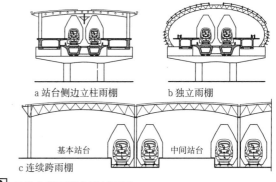

a 站台侧边立柱雨棚　　b 独立雨棚

c 连续跨雨棚

3 无站台柱雨棚典型剖面图

无站台柱雨棚结构选型参考表　　表4

跨度（m）	梁柱选型	屋面形式
10~20	钢柱、型钢梁	金属板屋面或采光屋面
20~40	钢管混凝土柱、型钢梁或钢桁架梁	
40~50	钢管混凝土柱、钢桁架梁	

有站台柱雨棚结构选型参考表　　表5

结构形式	适用范围
金属板屋面、钢柱、型钢梁结构	适用于桥式站
钢筋混凝土屋面、梁柱结构	适用于台风等风压较大、金属易腐蚀地区
钢筋混凝土金属板组合屋面、钢柱、型钢梁	适用于风压较大，但有装饰要求的客站

铁路旅客车站 [18] 结构·设备

结构

1. 进行技术经济比选,采用技术可靠、工艺成熟、安全环保、可实施性好的结构方案。

2. 站房结构耐久性:站桥一体结构,应按100年;高架站房主体结构和使用期间不可更换的结构构件,应按100年;其他站房可按50年。

3. 站房、雨棚及天桥位于线路上方的构件,连接固定应安全可靠,防止坠落,易于检修。

4. 根据跨度大小选择相应的结构形式(表1)。

5. 屋面结构和跨度应结合建筑造型,一般采用钢结构或空间钢结构,常用的形式有实腹钢梁、钢桁架结构、拱结构、张弦梁结构、悬索结构、网架结构、网壳结构等,常用跨度见表2。

6. "桥建合一"结构形式:站房下部轨道层桥梁结构的桥墩或柱,与站房上部站房结构柱直接相连。采用"桥建合一"的结构形式可减少结构断面尺寸,规整形式,改善轨道层下出站厅层的空间。根据轨道层的结构形式,合理确定结构类型,可以满足列车动荷载和候车人群荷载的要求,并保证候车人员的舒适度。

通常跨度下的结构形式　　　　　　　　　　　　　　　　表1

结构形式	常用跨度(m)	特点
混凝土柱预应力梁框架结构	15~25	一般结构,经济
混凝土柱钢桁架梁等混合结构	20~50	一般大跨结构
空间钢结构	40以上	适用大跨空间结构

常用跨度　　　　　　　　　　　　　　　　　　　　　　表2

结构形式	常用跨度(m)	适用范围
实腹钢梁	15~30	一般结构
钢桁架结构	30~50	一般结构
拱结构	40~80	大跨结构
张弦梁结构	50~100	大跨结构
悬索结构	80~150	空间大跨结构
网架结构	40~120	空间大跨结构
网壳结构	40~80	空间大跨结构

a 张弦梁结构类型一

b 张弦梁结构类型二

c 张弦梁结构类型三

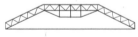
d 张弦梁结构类型四

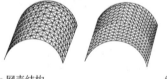
e 网壳结构

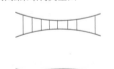
f 悬索结构

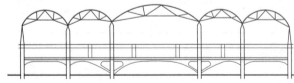
g 索拱结构

1 常用结构形式图示

设备

1. 各系统设计方案应根据铁路客运站的特点,如使用要求、冷热负荷构成、环境条件以及能源状况等,结合国家及行业有关安全、环保、节能、卫生等方针、政策,会同有关专业通过综合技术经济比较确定。应充分利用自然通风、自然采光、遮阳等方式,以利于节能。

2. 机电主要设备用房包括铁路站房相关的10kV配电所、10kV/0.4kV变配电所、消防控制中心、弱电机房、柴油发电机房、热力站、冷冻机房、空调机房、消防泵房、生活水泵房等设备用房。

3. 设备机房应尽量避免布置于集散厅、候车厅等主要空间。应预留设备、管道及配件所必须的安装、操作和维修的空间。应预留商业开发所需的机电条件。铁路站房中铁路工艺专用的信息、信号等弱电机房,应严格执行相关专业要求。除市电及发电机组的电源外,各弱电机房还应自备不间断电源。

4. 候车室、出站大厅等高大空间区域,应使大空间照明系统、消防报警及联动系统、旅客广播系统、安全防范系统、旅客信息发布系统、空调通风系统、消防水炮灭火系统等各系统的机电设施,与建筑室内设计与装修配合良好。

供暖、空调与通风专业设计要点　　　　　　　　　　　表3

空调送回风口形式	应根据建筑形式、设置场所及空间高度等因素灵活布置;对于高大空间,可设置送风单元或设备单元体,风口的高度、间距、尺寸等应经过计算确定
冬季供暖系统设置	严寒地区的铁路客运站不宜采用空气调节系统进行冬季供暖,冬季宜设热水集中供暖系统;对于寒冷地区,经技术经济分析比较后设外设热水集中供暖系统;对于不宜布置散热器的区域或高大空间等场所,可考虑采用低温热辐射地面供暖系统
空调冷热负荷确定	铁路客运站由于其外门开启频繁,应充分考虑无组织渗风对空调冷热负荷的影响
外门的设置	严寒地区铁路客运站的主要出入口应设置热风幕。设置舒适性空调的铁路客运站,因为其主要出入口开启频繁,其外门设置应符合下列规定:应设置门斗;宜避开冬季最大频率风向,不可避免时,应采取热风幕、冷风幕等防冷、热风大量渗透的措施
高大空间通风、排烟等的设置	高大开敞空间宜结合建筑形式,尽可能设置手动或电动开启的高侧窗,在过渡季进行自然通风。若消防规范允许或经消防性能化分析,利用已有高侧窗或顶窗自然排烟为宜

给水、排水专业设计要点　　　　　　　　　　　　　　表4

给水、排水系统	应充分利用市政给水管网压力直接供水。公共场所生活污水排水管径应比计算管径加大一级;污废水的排放应符合现行国家及所在地区有关环境保护标准的规定
生活热水系统	严寒地区的特大型、大型客运站内的旅客盥洗室,宜设热水供应设备
屋面雨水系统	应首先考虑重力流排水方式;对于特大及大型客运站,可考虑采用虹吸式排水系统;屋面宜考虑设置溢流口或溢流系统

电气专业设计要点　　　　　　　　　　　　　　　　　表5

站房变电室	大型、超大型铁路站房的集散厅、候车厅等,根据电气专业变配电系统的要求宜设置10/0.4kV变配电室,变配电室层高宜为4~4.5m;变配电室下设电缆夹层或电缆沟。10/0.4kV变配电室不应设在厕所、浴室、厨房或其他经常积水场所的正下方,且不宜与上述场所贴邻
站房配电间	集散厅、候车厅等功能区域内应设置配电间及弱电间,配电间及弱电间的布置应尽量避免布置于集散厅、候车厅等主要空间。配电间及弱电间宜贴邻布置且设置于专用房间内,以便维修及操作
站房照明	集散厅、候车厅等场所宜优先考虑直接照明形式,必须采用间接形式时,应采用浅色调的墙面和顶棚;当照明灯具数量较多时,灯宜考虑成组布置;灯具安装高度小于6m的照明灯具可选用三基色荧光灯或紧凑型节能荧光灯;6m的照明灯具可选用金属卤化物灯;一般灯具安装高度小于25m的照明灯具单灯功率不宜超过250W;灯具安装高度大于25m的照明灯具单灯功率不宜超过400W

综合防灾

结合铁路旅客车站建筑特点，与建筑设计密切相关的防灾设计主要灾种为火灾、风灾和水灾（其他如震灾、雪灾、恐怖袭击等，本篇未作描述，对于位于山区或丘陵地区的车站，应对周边山体或山坡的安全性进行评估，采取有效措施，防止滑坡、泥石流及山洪等自然灾害）。防灾设计应在经济合理、技术可靠、安全适用的条件下，最大限度地避免或减少灾害对车站运营的影响，防止人员伤亡，减少经济损失。

应急预案的制订应贯彻《国家突发公共事件总体应急预案》（2006年1月8日发布并实施）要求，适应铁路旅客车站特点，着眼于提高建筑本身及管理部门应对灾害和事故的能力。

通过对具体工程的灾害分析、识别、评估，从规划、设计、施工、运营等方面提出灾害预控措施，建立灾害监测与预警体系和防灾应急指挥、疏散、救援系统。

位于复杂地形环境中的车站，应从总体规划着手，预留室外安全疏散通道和场地，并设置紧急救援行车通道。

消防设计难点及设计策略　　　　　　　　　　　　　　　表1

消防设计难点	防灾设计策略
大型、特大型车站面积庞大、空间复杂、人员密集；对于高空间、以扎以不中断乘客在车站内通行的前提下，采用物理分隔防止灾害的发生与蔓延；突发灾害发生后，在时间和空间上具有高度的扩展性，人员的心理恐慌程度大、行动混乱程度高，容易导致其他衍生事件或次生灾害的发生；周边交通组织复杂，灾后疏散、救援难度大	现行规范要求候车区、集散厅单个防火分区面积不大于10000m²，不同功能空间应分别设置防火分区。对于超大空间的车站，建议采用性能化的消防设计方法，对于不同区域提供共同的消防安全措施，确保火险概率较高或火灾产生后果更严重区域的消防安全度。消防安全策略的目的是：确保发生火灾建筑内人员能安全疏散；确保消防救援通道畅通；限制火灾在建筑物内蔓延；确保结构在火灾中的完整性；防止火灾在建筑物之间蔓延；保障车站营运的连续性并保护财产。根据消防性能化设计可接受的安全疏散标准，确定站房的防火分区策略、烟气控制策略、结构抗火保护策略和疏散策略；选择合适的火灾探测报警系统、灭火系统、防排烟系统及疏散诱导系统

抗风设计难点及设计策略　　　　　　　　　　　　　　　表2

抗风设计难点	防灾设计策略
大量形式新颖、质量轻、柔性大的大跨度屋面站房不断涌现；大量沿海车站处于台风多发的建设环境；站场正线高速列车通过产生的活塞风效应；包括风力导致主体结构变形过大、围护结构破坏及脱落，造成人员伤害甚至行车安全事故	车站建筑如采用特殊体型，风压沿建筑形体各个表面的分布复杂多变，需要通过风洞试验验证确定。除了主体结构之外，屋面系统、幕墙系统、吊顶系统、标识系统及站名牌等二次结构也要进行抗风结构设计，并选择可靠的连接构造，确保人员安全；为减少安全隐患，建议正线上方尽量不设跨线金属结构构筑物，站台雨棚不宜吊顶。对于风荷载特别敏感的结构构件，如有必要可结合建筑物的永久健康监测，对结构内力进行实时监测和预警，监测预警系统具备数据统计分析和报警功能，所有监测设备的寿命都与结构设计使用寿命相匹配

防涝设计难点及设计策略　　　　　　　　　　　　　　　表3

防涝设计难点	防灾设计策略
大型、特大型车站地下空间面积庞大，与其他交通方式的地下换乘密切，地面开口数量多，受洪涝灾害的影响范围大。除了自然因素（暴雨）所引起的洪涝灾害，人为活动引发的水灾在目前城市水灾中也不可忽略，包括水管爆裂、消防喷淋所引起的次生灾害等	工程性措施包括提高站区重点区域排水标准，按规划要求及项目重要性，分区域采用不同的暴雨重现期和径流系数，设计标准不同的区域单独设干管接入泵站。通过增加绿化面积、浅层蓄渗、透水人行道面等措施降低径流系数；增强地下空间等区域的外围防护措施。非工程性措施包括加强排水系统管理、优化泵站运行等

无障碍设计

无障碍设计区域及各部位要求　　　　　　　　　　　　　表4

区域/设施	各部位设计要求
车站广场、站房平台	旅客活动区域、人行通道、站房平台与车行道的高差处理，应设置无障碍缘石坡道；联系各换乘交通节点的人行地道、天桥应设无障碍电梯或升降平台（当未设时应设轮椅坡道），并应设置行进盲道和提示盲道
旅客主要出入口	进站口、售票厅、出站口、行包托取厅等旅客主要出入口宜为无障碍入口（室内外地面坡度不宜大于1:30）；当为非无障碍入口时，需设轮椅坡道和扶手，建筑入口平台设计应符合无障碍要求
通路、走道、地面	进站厅、售票厅、安检处、候车厅（区）、检票通道、检票口、站台、旅客地道、天桥、出站厅、行包托取厅等旅客活动区域的通路、走道、地面，应符合无障碍设计的要求；上述区域的垂直交通联系宜设无障碍电梯或升降平台，当未设时应设轮椅坡道；铁路旅客车站内部空间和交通流线复杂，为了提供更为安全、人性化的服务，盲道的设置建议如下：进站厅、售票厅、出站厅的室外地坪按城市道路无障碍设计规定设置盲道，并接至进站检票口、出站检票口、问讯台或值班处，视力残障人士在站内的移动宜由服务人员协助；站内无障碍设施入口部位、楼梯、站台边缘应设置提示盲道，站台层的无障碍电梯、轮椅坡道、楼梯等出入口设置提示盲道，并设置行进盲道与站台边缘的提示盲道连接
服务台、服务窗口	售票厅应设无障碍售票窗口；车站问讯处应设无障碍服务台；行包托取厅（包括小件寄存处）应设无障碍托取口；车站内应设无障碍饮水处和无障碍公用电话
候车厅（区）	大型、特大型车站应设置无障碍候车室老、弱、残合用，并应设置专用无障碍厕所；中小型车站应设无障碍轮椅候车位，旅客用厕所应设无障碍厕位和低位小便器；无障碍候车区域宜邻近站台或检票口设置；厕所、盥洗室、饮水处的入口应设无障碍设计，厕所、盥洗室应设无障碍洗手盆，并设自动感应出水嘴
垂直升降设施	中型及中型以上车站均设置无障碍电梯。小型车站设置无障碍电梯有困难时，应设置轮椅升降平台等其他升降设施；站台上的电梯出入口、轮椅坡道出入口不应面向股道

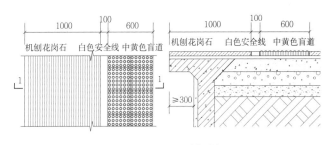

a 平面图　　　　　　　　　b 1-1剖面图

1 站台边缘提示盲道详图

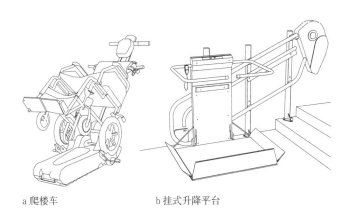

a 爬楼车　　　　　　　　　b 挂式升降平台

2 升降设施实例

铁路旅客车站 [20] 室内环境·室内装饰

室内环境

1. 室内热工环境

建筑室内热工环境由室内空气温度、湿度、气流速度和平均辐射温度四要素综合形成,以人的热舒适程度作为评价标准。影响室内热环境的因素包括主动控制的暖通空调、机械通风等设备措施,以及被动调节技术(室内外热作用、建筑围护结构热工性能等)两个主要方面。

铁路站房室内空间应通过热工计算并采取相应的技术措施,提供自然舒适的热工环境;尽量采用自然通风、采光、遮阳等被动式技术应用;同时在被动式技术应用上要充分考虑到建筑对地域气候环境的适应性。

2. 室内照明控制

铁路站房室内空间巨大,应尽量以有效日光照明为主,辅以人工照明,并尽量提供使用灵活可变的人工照明的可能性;应提供没有眩光、照度均匀适中的室内环境,避免视觉疲劳;应尽量防止有害光辐射对室内物品的破坏。

3. 室内声学环境

站房内声学环境关系到旅客使用的舒适性和安全性,要求声场分布均匀,控制混响时间,使语音信息的传递清晰明确;车站大厅的声学环境可通过合理的建筑构造进行改善,减少候车厅密集人群产生的噪声。

1 自然采光与通风一体化设计(太原南站候车大厅)

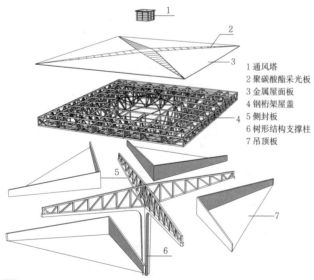

1 通风塔　2 聚碳酸酯采光板　3 金属屋面板　4 钢桁架屋盖　5 侧封板　6 树形结构支撑柱　7 吊顶板

2 室内结构单元体轴测图(太原南站)

室内装饰

1. 室内进行重点装饰设计的部位为旅客活动的主要空间。主要包括进站广厅、各类型候车厅、旅客(商业)服务设施、售票厅、出站厅(出站通道)、公共卫生间。

2. 室内装饰体现交通建筑简洁、明快的特点,注重室内空间的明确性与引导性。

3. 将室内装饰与动态标识系统、静态标识系统及广告相结合,统筹兼顾。

4. 室内装饰设计与声、光、电技术相结合,营造自然舒适的室内环境。

5. 室内建筑色彩应整合多种因素,处理好装饰色彩与动静态标识的色彩关系。

6. 在材质的选择上,以耐久性好、环保、易于维护的材料为主。

7. 对与装饰系统有关的二次结构,应进行安全性复核,确保构造的合理性和耐久性。

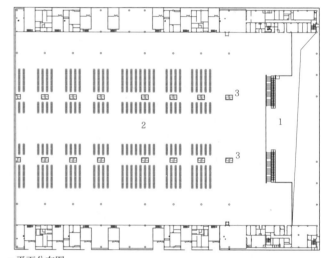

a 平面分布图

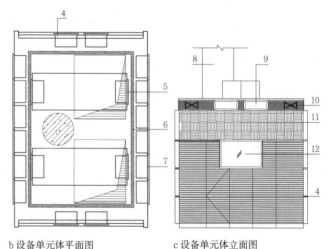

b 设备单元体平面图　　c 设备单元体立面图

1 进站广厅　2 高架候车厅　3 设备塔　4 消火栓　5 风管　6 原结构砌体　7 装修饰面　8 结构柱　9 送风口　10 音响设备　11 静态标识　12 动态显示屏

3 室内设备系统与装饰的结合(长沙南站设备单元体)

引导标识系统

引导标识系统设置的主要目的是运用一套简单、易懂的图文符号指示系统，引导各流程旅客识别，并通过站房内各类设施到达目的地。

引导标识设计原则　　　　　　　　　　　　　　表1

设计原则	连续性原则	在设置标识时，使交通主体形成连贯的通行线路
	交通组织效用原则	有利于交通组织与导向的建立与完善，保证标识设置与功能协调匹配
	区分性原则	标识与功能的性质及等级相适应
	有序服务性原则	标识在功能区变化之前应有预警和提示，在变化地点应有规律地出现

应用分类

1. 公共区域标识及引导

引导标识系统主要设置在旅客进出站及换乘的公共空间，包括车站广场、进站口、进站厅、天桥、地道、站台、候车厅、出站口、出站厅、换乘厅及售票厅、公共卫生间等。

2. 防火疏散的标识及引导

必须设置防火疏散标识及引导的区域为：疏散楼梯、疏散口、通向疏散口的道路、消防电梯等。

3. 无障碍标识及引导

必须设置无障碍标识及引导的区域为：无障碍电梯、残疾人卫生间、无障碍售票窗口等。

动态标识与静态标识　　　　　　　　　　　　　表2

标识种类		应用区域
动态标识	列车到站信息	进站广厅、候车室进站口、站台、问讯处等
	列车信息	进站广厅、售票区域
	动态广告信息	进站广厅、候车室、出站厅等公共区域
静态标识	公共区域的功能性标识	站台、候车室内进站口、售票厅、问讯处、候车公共卫生间、饮水处、小件寄存处、邮电服务处等公共区域
	无障碍标识	无障碍电梯、残疾人卫生间、无障碍问讯处、无障碍售票窗口
	消防疏散信息	疏散楼梯、疏散口、通向疏散口的道路、消火栓等

设计要点

1. 标识设计应与建筑功能及旅客流线相结合，强调标识性与引导作用，不可随意布置，多余的标识将成为视觉污染，反而降低其引导性。

2. 标识系统应设置在明显的位置，结合灯光、颜色等因素，应使标识明显，易于辨别。

3. 标识设计具有系统性的视觉面貌，结合室内装饰设计风格，在用色、字体、尺寸以及材料上形成整体。

文字与色彩要求

标识中的文字应首选中文，文字的语言种类不应多于3种。

标识中的文字应使用黑体，英文字体应使用等线字体。

标识中的文字颜色和文字衬底不应使用《安全色》GB/2893.1中规定的红色。

标识的文字应均匀布置，文字与边框的间隙为字高的0.25倍。

1 标识板式示例

2 典型标识图例示意图

3 典型标识做法

广告主要设置区域　　　　　　　　　　　　　表3

广告类型	主要设置区域
静态广告	出站通道、出站集散厅、地铁出入口、地铁站台、进站集散厅、候车区域、设备单元体表面
动态广告	出站通道、出站集散厅、到站信息显示屏、地铁出入口、地铁站台区域、进站集散厅、进出站信息显示屏、候车区域、设备单元体表面、商业夹层区域

商业广告

1. 室内设计将商业广告与装饰紧密结合，对广告牌、广告显示屏的形式及布置方式进行确定。

2. 核算广告载体的重量，在结构、电气设计方面对其进行预留、预埋，保障安全。

3. 可通过室内设计的网格化、模数化来实现对广告载体的设计控制。

4. 商业广告的设置，应避免对引导标识系统形成视觉遮挡或干扰。

铁路旅客车站［22］列车编组

列车分类

旅客列车包括动车组和普通列车两类；列车编组就是整列车的车厢配置。

动车组

动车组是自带动力、固定编组的，列车两端分别设有司机室进行驾驶操作，并配备现代化服务设施的旅客列车的单元。带动力的车辆叫动车，不带动力的车辆叫拖车。

动车组编组表　　　　　　　　　　　　　　　　　　　表1

客车分类	车辆编组	定员	总长
动车组	8辆	600~670人	200~214m
	16辆	1200~1340人	400~428m

a CRH1动车组（一等驾驶动车，定员72人）

b CRH1动车组（二等中间动车，定员101人；二等中间拖车，定员101人）

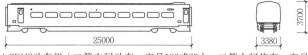

c CRH2动车组（二等驾驶拖车，定员64或55人）

d CRH2动车组（二等中间动车，定员100或85人；二等中间拖车，定员100人；一等中间动车，定员51人）

e CRH3动车组（二等驾驶动车，定员73人）

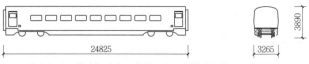

f CRH3动车组（二等中间动车，定员87人；一等中间拖车，定员56人）

1 动车组图示

机车

机车是牵引或推送铁路车辆运行，而本身不装载营业载荷的自推进车辆，俗称火车头。

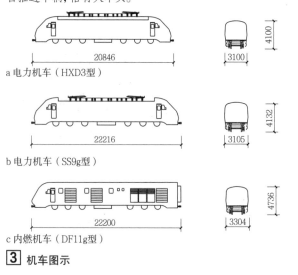

a 电力机车（HXD3型）

b 电力机车（SS9g型）

c 内燃机车（DF11g型）

3 机车图示

车辆

铁路旅客列车分类及编组表　　　　　　　　　　　　　表2

客车分类	车辆编组	定员	总长
直达特快旅客列车	18~19辆	1300~1600人	484~510m（不含机车）
特快旅客列车	16~19辆	1200~1600人	430~510m（不含机车）
快速旅客列车	16~19辆	1200~1600人	430~510m（不含机车）
普通旅客快车	16~19辆	1200~1600人	398~472m（不含机车）

注：列车编组时，行李车、邮政车或发电车通常挂于机车后及尾部作为安全隔离。

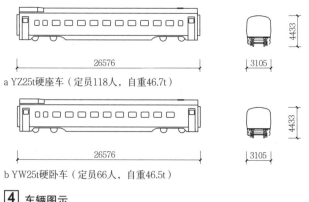

a YZ25t硬座车（定员118人，自重46.7t）

b YW25t硬卧车（定员66人，自重46.5t）

4 车辆图示

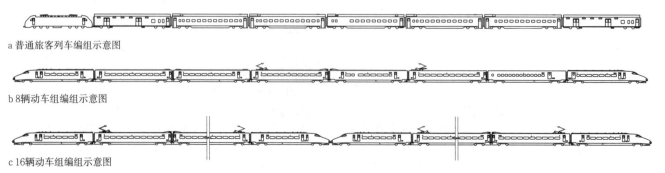

a 普通旅客列车编组示意图

b 8辆动车组编组示意图

c 16辆动车组编组示意图

2 列车编组示意图

实例[23] 铁路旅客车站

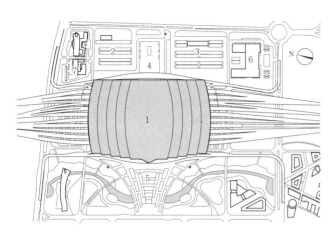

1 主站房　2 公交停车场　3 社会车停车场　4 交通广场
5 步行景观广场　6 长途汽车站　7 铁路生产用房

a 总平面图

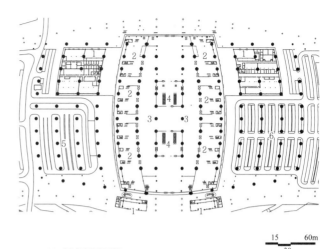

b ±0.000m标高层平面图

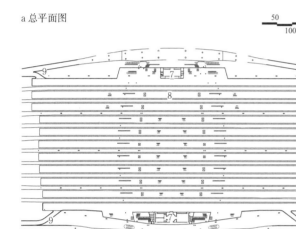

c 10.250m层平面图

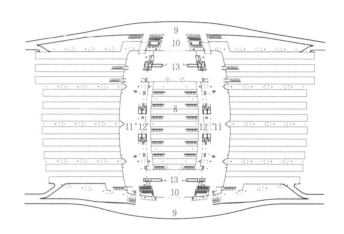

d 18.800m层平面图

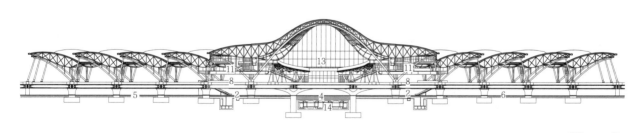

e 剖面图

1 售票厅	8 站台
2 出站厅	9 城市高架桥
3 出站通道	10 旅客活动平台
4 地铁付费区	11 候车区
5 出租车停车场	12 进站绿色通道
6 社会车停车场	13 进站广厅
7 贵宾候车区	14 地铁站台层

1 武汉站

名称	建筑面积	设计时间	设计单位	
武汉站	332196m²	2009	中铁第四勘察设计院集团有限公司、法国AREP公司	武汉站吸收了国外先进理念，结合我国国情，首创了等候式和通过式相结合的流线模式，运用了"视觉引导"设计的理念。旅客一进入中央大厅，就可以居高临下、一目了然地看清整个车站的布局。造型立意与湖北地域文化紧密结合，采用了"千年鹤归"、"中部崛起"、"九省通衢"的设计寓意

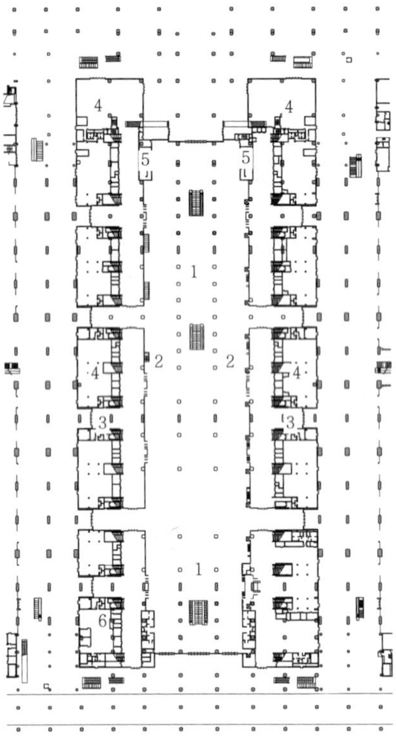

铁路旅客车站 [24] 实例

1 交通建筑

1 中央出站通道　2 东西出站通廊
3 首层出站口　4 休息室
5 卫生间　6 辅助功能用房
a 首层平面图（出站层）

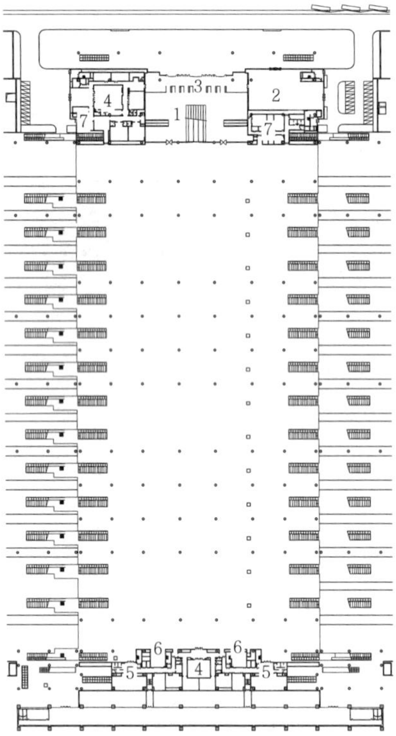

1 进站大厅　2 售票厅　3 二层进站口　4 贵宾休息室
5 休息室　6 辅助功能用房　7 办公用房
b 二层平面图（站台层）

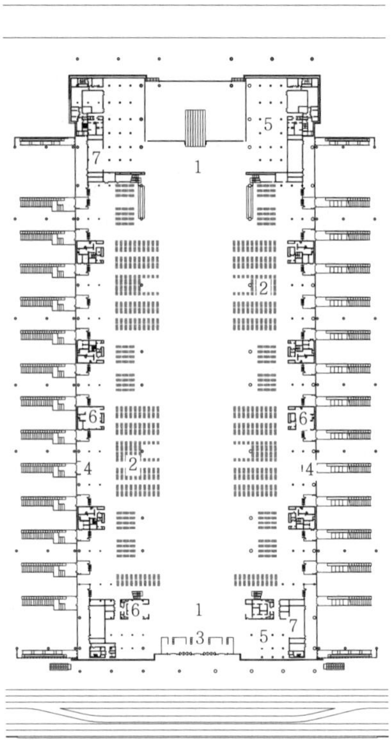

1 进站广厅　2 候车区　3 三层进站口　4 检票区
5 商业区　6 卫生间楼梯间　7 辅助功能用房
c 三层平面图（高架候车层）

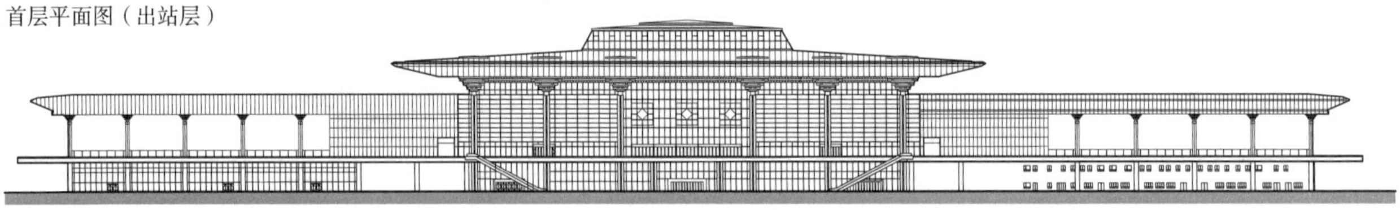

d 立面图一

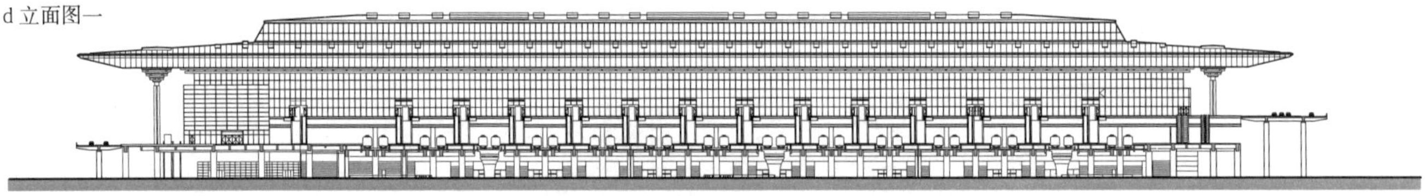

e 立面图二

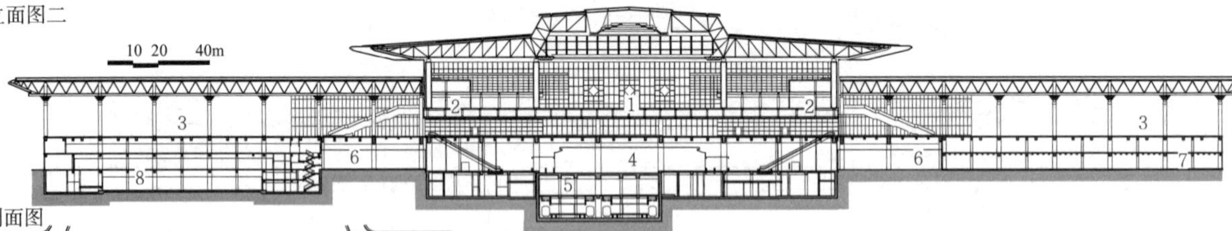

f 剖面图

1 进站候车厅　2 进站厅商业区　3 站台区
4 中央出站通道　5 地铁区域　6 出站通廊
7 停车区　8 设备用房

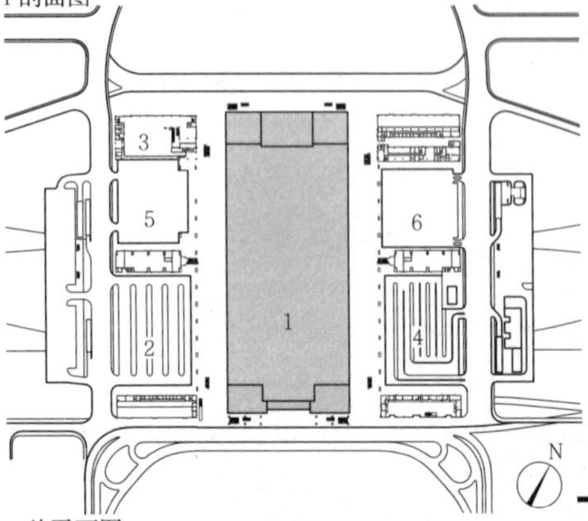

1 主站房
2 公交车站
3 长途汽车站
4 出租车候车区
5 大巴停车场
6 社会车停车场

g 总平面图

1 南京南站

名称	建筑面积	设计时间	设计单位
南京南站	387239m²	2006	中铁第四勘察设计院集团有限公司、北京市建筑设计研究院有限公司

南京南站以古城新站为创意，来源于对六朝古都南京历史文化的深刻理解。在空间序列上，独有的三重门序列空间，被应用到候车大厅的设计之中，形成了造型独特的三组藻井，空间仪式感强烈。香槟色金属板屋面、南北立面的重檐木构，将传统的木构造型与现代建筑结构技术巧妙结合，创造出承力斗栱，形成了富有新意的檐下空间。

实例 [25] 铁路旅客车站

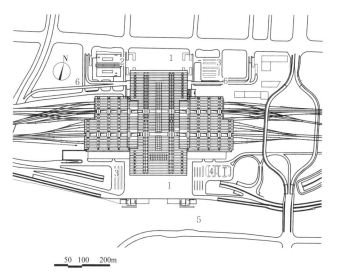

a 总平面图

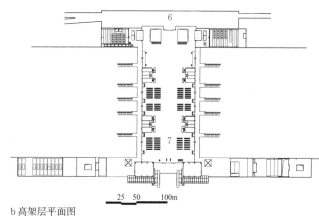

b 高架层平面图

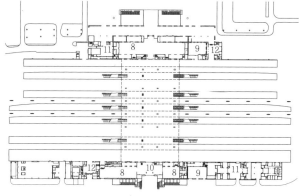

c 站台层平面图

1 出站广场　　7 高架候车厅
2 长途站　　　8 基本站台候车厅
3 公交站　　　9 售票厅
4 社会车、出租车落客区　10 进站广厅
5 河道　　　　11 贵宾休息室
6 高架车道　　12 出站通道

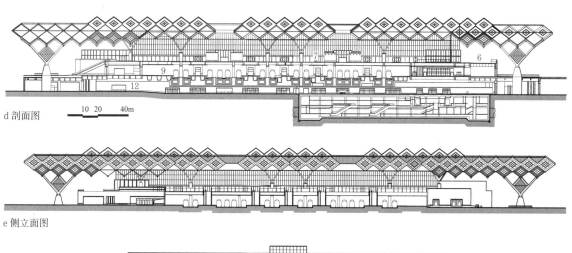

d 剖面图

e 侧立面图

f 正立面图

1 苏州站

名称	建筑面积	设计时间	设计单位	
苏州站	85000m²	2008	中国建筑设计院有限公司、中铁第四勘察设计院集团有限公司	苏州站采用高架站房形式。站房地上2层，地下1层。设计结合苏州古城风貌，探索"苏而新"的建筑风格，以菱形体为基本元素，形成富有地方特色的屋顶网架体系，并成功将下沉广场、裙房庭院等功能区域与苏式园林相结合，体现出建筑和自然景观相互融合的特色

铁路旅客车站 [26] 实例

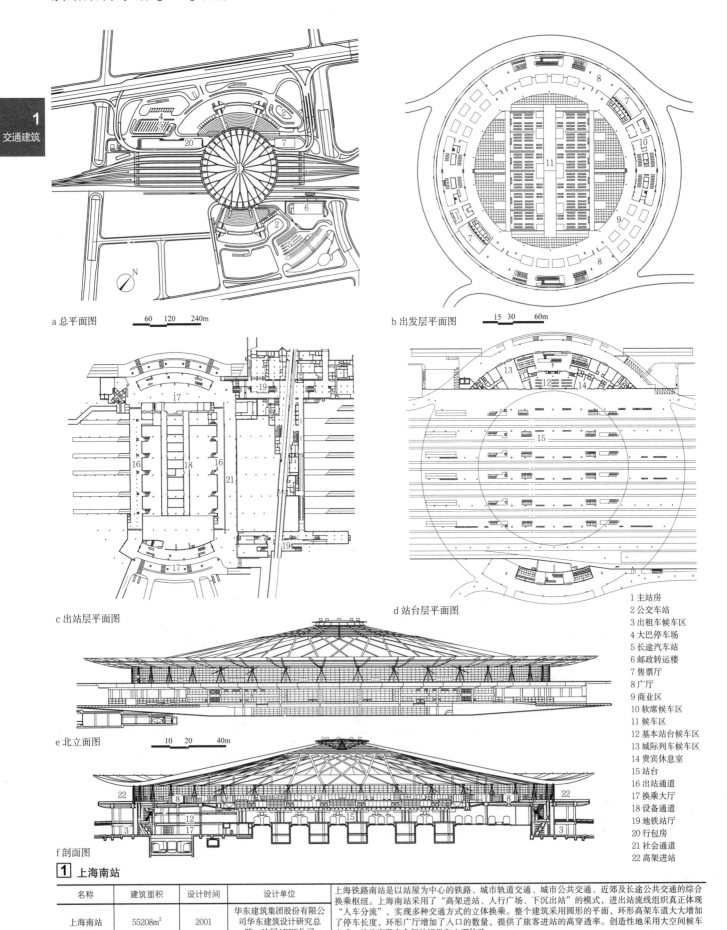

a 总平面图
b 出发层平面图
c 出站层平面图
d 站台层平面图
e 北立面图
f 剖面图

1 主站房
2 公交车站
3 出租车候车区
4 大巴停车场
5 长途汽车站
6 邮政转运楼
7 售票厅
8 广厅
9 商业区
10 软席候车区
11 候车区
12 基本站台候车区
13 城际列车候车区
14 贵宾休息室
15 站台
16 出站通道
17 换乘大厅
18 设备通道
19 地铁站厅
20 行包房
21 社会通道
22 高架进站

1 上海南站

名称	建筑面积	设计时间	设计单位
上海南站	55208m²	2001	华东建筑集团股份有限公司华东建筑设计研究总院、法国AREP公司

上海铁路南站是以站屋为中心的铁路、城市轨道交通、城市公共交通、近郊及长途公共交通的综合换乘枢纽。上海南站采用了"高架进站、人行广场、下沉出站"的模式，进出站流线组织真正体现"人车分流"，实现多种交通方式的立体换乘。整个建筑采用圆形的平面，环形高架车道大大增加了停车长度，环形广厅增加了入口的数量，提供了旅客进站的高穿透率。创造性地采用大空间候车方式，给旅客带来全新的视觉和心理体验

实例 [27] 铁路旅客车站

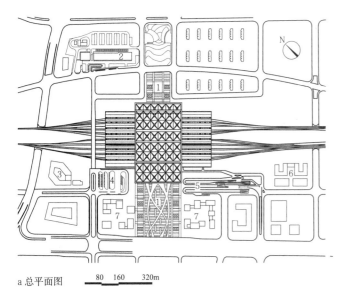

a 总平面图　80　160　320m

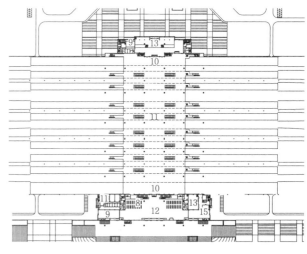

b 站台层平面图　30　60　120m

1 车站广场　　2 汽车客运站　　3 综合调度楼
4 公交车站　　5 出租车候车区　6 综合配套基地
7 商务区　　　8 基本站台候车区 9 售票厅
10 基本站台　 11 中间站台　　　12 进站广厅
13 贵宾候车室 14 高架层候车厅　15 商业服务
16 进站广厅上空 17 管理用房　　18 出站通道
19 出站厅　　 20 地铁站

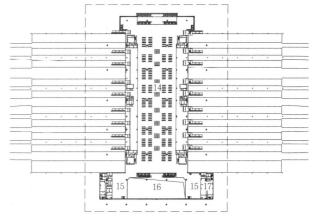

c 高架层平面图

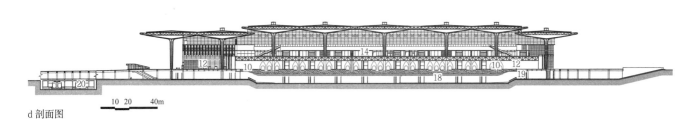

d 剖面图　10　20　40m

e 立面图　10　20　40m

1 太原南站

名称	建筑总面积	设计时间	设计单位	
太原南站	200833m²	2007	中南建筑设计院股份有限公司	太原南站为线侧+高架站型，最高聚集人数为6000人，站场规模为10台22线。站房平面设计分为3层：高架候车层、站台层及地下出站层。站房建筑采用先进的钢结构单元体系，通过结构表达建筑形式之美，建筑风格融入地域文化特点，体现"唐风晋韵"。

37

铁路旅客车站 [28] 实例

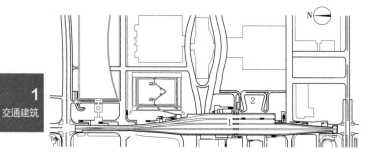

1 主站房 2 出租车候车区

a 总平面图

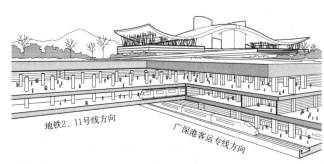

b 剖切效果图

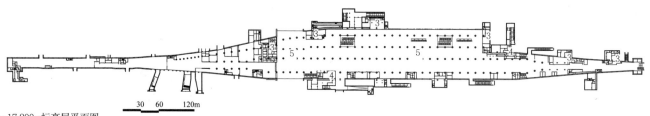

c 17.200m 标高层平面图

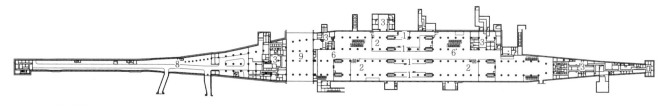

d 8.900m 标高层平面图

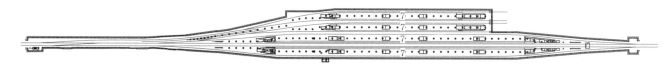

e 0.000m 标高层平面图

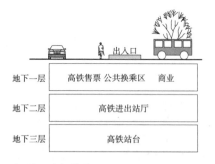

1 付费区
2 候车区
3 设备用房
4 高铁售票
5 公共换乘区
6 高铁进出站厅
7 高铁站台
8 停车场
9 地铁区间

f 客运枢纽空间关系

g 剖面图

1 深圳福田站

名称	建筑面积	设计时间	设计单位	
深圳福田站	150000m²	2013	中铁第四勘察设计院集团有限公司	福田站位于深圳市福田区，是我国首座位于城市中心区的全地下高铁车站，与5条地铁线路、33条公交线路及3个出租车场站无缝接驳换乘。福田站为地下3层，车站总长1023m，最宽处宽78.86m，平均深度32.2m，最深处39m，站场规模4台8线，总建筑面积151138.9m²。车站主体结构横向最大跨度为21.46m，纵向达12m，主要采用φ1600钢管混凝土柱和型钢混凝土纵横梁体系。福田站通过地下线路引入市中心并在市中心设站，极大地方便了城市的使用，解决了在市中心进行铁路建设所面临的选线困难、拆迁大、线路运营对城市污染大等诸多问题

实例 [29] 铁路旅客车站

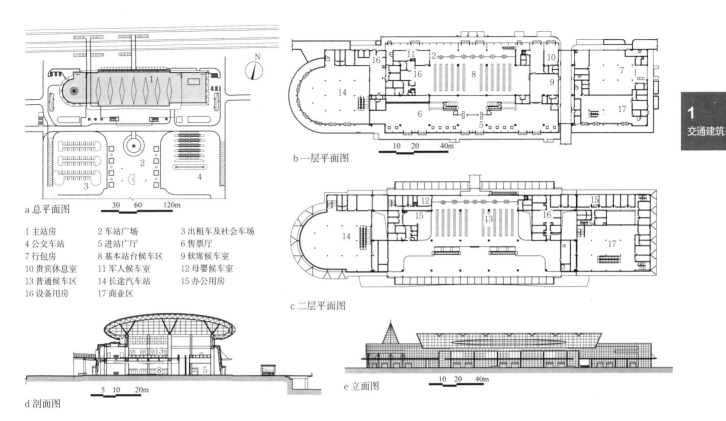

a 总平面图

1 主站房　　2 车站广场　　3 出租车及社会车场
4 公交车站　5 进站广厅　　6 售票厅
7 行包房　　8 基本站台候车区　9 软席候车室
10 贵宾休息室　11 军人候车室　12 母婴候车室
13 普通候车区　14 长途汽车站　15 办公用房
16 设备用房　17 商业区

b 一层平面图
c 二层平面图
d 剖面图
e 立面图

1 扬州站

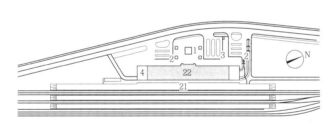

名称	建筑面积	设计时间	设计单位	
扬州站	20240.8m²	2004	中铁第四勘察设计院集团有限公司	扬州站为目前宁启铁路线上最大的客运站。站房采取线侧平行式，呈"一"字形布局，打破封闭候车室的布局模式，创新性地采用了机场化布局的公共空间，开创了第三代铁路站房布局的先河

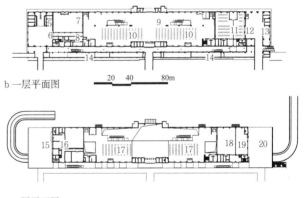

a 总平面图

1 车站广场　　2 公交车站　　3 出租车候车区　4 行包停车场　5 行包房
6 行包提取厅　7 售票厅　　　8 售票室　　　　9 进站广厅　　10 候车厅
11 软席候车区　12 无障碍候车区　13 出站厅　　14 设备用房　　15 贵宾停车场
16 贵宾休息室　17 普通候车区　18 商业区　　　19 团体候车区　20 社会车停车场
21 站台　　　　22 主站房

b 一层平面图
c 二层平面图
d 北立面图
e 纵剖面示意图

2 延安站

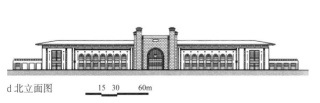

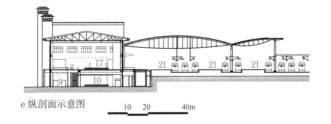

名称	建筑面积	设计时间	设计单位	
延安站	29972m²	2003	中南建筑设计院股份有限公司	该项目位于延安市西南区，是延安市重要的对外枢纽。站场规模3台5线，客运用房总建筑面积14385m²。站台与车站广场高差8.4m，站房采用下进下出的线侧下式。站房建筑外观得益于延安的地域文化，以当地窑洞为基本母体，大跨度金属屋面的结构特点，塑造出中国传统建筑大屋顶的神韵；外墙立面细节体现了秦砖汉瓦的文化底蕴

铁路旅客车站 [30] 实例

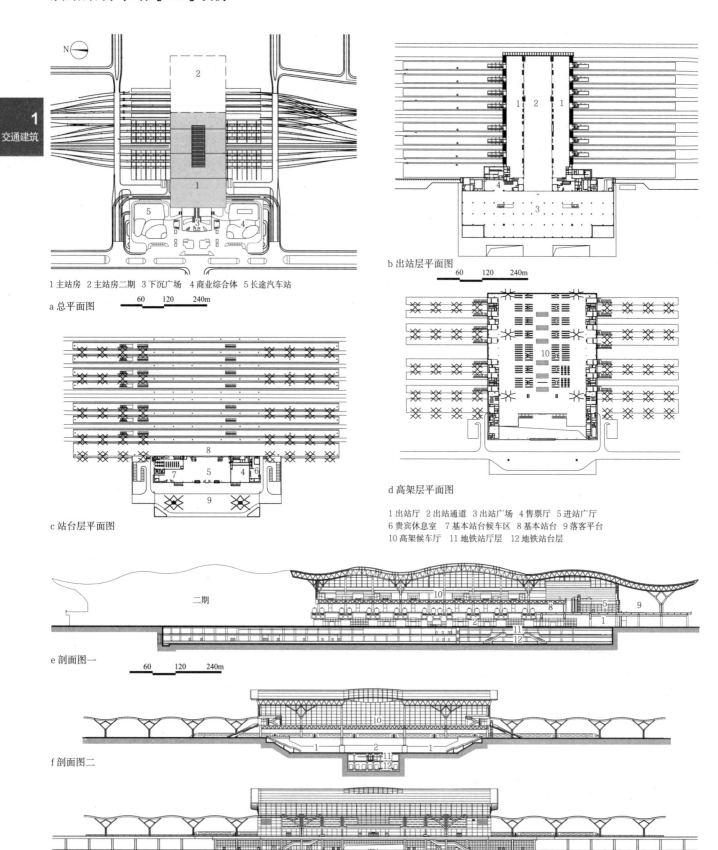

1 主站房 2 主站房二期 3 下沉广场 4 商业综合体 5 长途汽车站

a 总平面图

b 出站层平面图

c 站台层平面图

d 高架层平面图

1 出站厅 2 出站通道 3 出站广场 4 售票厅 5 进站广厅
6 贵宾休息室 7 基本站台候车区 8 基本站台 9 落客平台
10 高架候车厅 11 地铁站厅层 12 地铁站台层

e 剖面图一

f 剖面图二

g 立面图

1 长沙南站（一期）

名称	建筑面积	设计时间	设计单位
长沙南站（一期）	199720m²	2008	中南建筑设计院股份有限公司

长沙南站设有8个站台，14条到发线、2条正线，采用线侧与高架相结合的功能模式。站房平面分为出站层、站台层、高架层三部分。主站房及站台雨棚均采用树枝状支撑体系，轻巧且具有结构形式的美感。站房波浪起伏般的巨大屋顶，是对长沙这座"山水洲城"独特环境的呼应

实例 [31] 铁路旅客车站

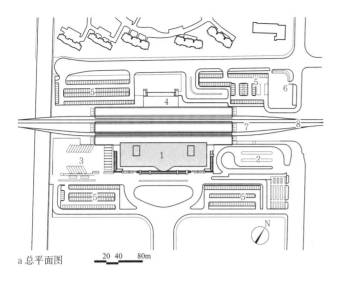

a 总平面图

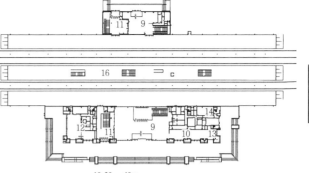

b 一层平面图

1 南站台 2 公交站场 3 长途站场 4 北站房 5 P+R停车场 6 非机动车停车场
7 站场 8 人行天桥 9 铁路候车厅 10 铁路售票厅 11 铁路出站厅
12 长途候车厅 13 公交候车厅 14 站务用房 15 出站通道 16 站台

c 剖面图一

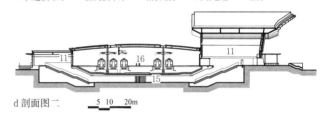

d 剖面图二

1 上海金山新城综合交通枢纽

名称	建筑面积	设计时间	设计单位	
上海金山新城综合交通枢纽	8000m²	2010	华东建筑集团股份有限公司华东建筑设计研究总院、中铁第四勘察设计院集团有限公司	金山新城综合交通枢纽位于上海市金山区，其中铁路站房建筑面积5000m²，其所属的金山支线为首条铁道部与地方共同建设的市郊快速铁路，列为轨道22号线。枢纽包括铁路站房、长途站房、公交站房。铁路站场规模为3台5线，高峰小时发送旅客4800人。流线组织为地道进站、地道出站。站房西侧为长途车站，东侧为公交车站

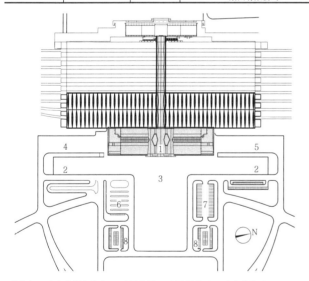

1 主站房 2 出租车接客站台 3 车站广场 4 行包停车区 5 贵宾停车区
6 公交车站 7 大巴停车区 8 出租车候车区

a 总平面图

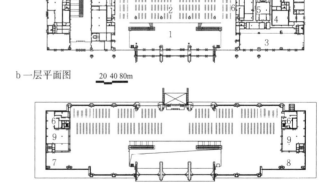

1 进站广厅 2 基本站台候车厅 3 售票厅 4 贵宾休息室 5 站务用房
6 卫生间 7 候车区 8 母婴候车区 9 服务区 10 出站厅 11 站台区

b 一层平面图

c 二层平面图

d 立面图

e 剖面图

2 银川站

名称	建筑面积	设计时间	设计单位	
银川站	30000m²	2008	北京市建筑设计研究院有限公司	整个站房在建筑造型上采用以地域与民族元素为根源、融地域文化与现代风格为一体的设计手法，并全面引入新材料、新工艺（包括清水混凝土拱壳、异型石材幕墙幕墙、超长不设缝结构设计等），将方案设计理念贯穿整个设计的全过程，实现了项目的高完成度

铁路旅客车站 [32] 实例

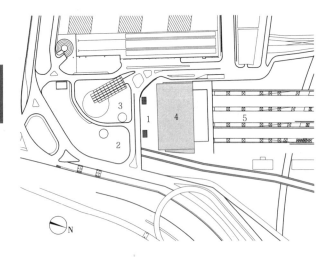

1 站前平台 2 车站广场 3 下沉式广场 4 站房 5 站台

a 总平面图

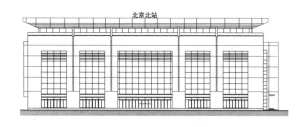

b 南立面图

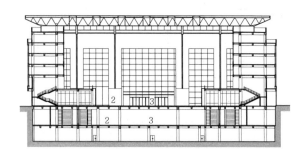

c 剖面图

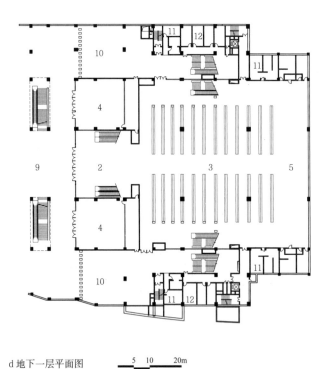

d 地下一层平面图

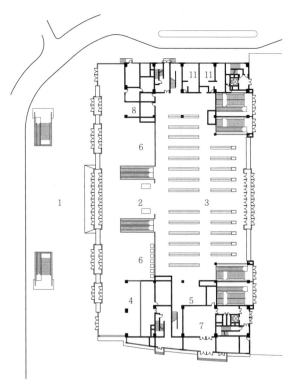

e 地上一层平面图

1 进站平台 2 进站广厅 3 候车厅 4 售票厅 5 商业服务 6 自动售票
7 贵宾休息厅 8 服务台 9 地下广场 10 出站厅 11 卫生间 12 管理用房

1 北京北站

名称	建筑面积	设计时间	设计单位	
北京北站	21000m²	2005	中国中铁二院工程集团有限责任公司	北京北站为尽端式铁路客站，南临西直门立交桥，东临二环辅道，西侧为城铁13号线起点站和西环广场。站房设地面和地下候车进站厅，以地下人行广场为核心将公交、城铁、地铁、铁路、出租车等多种交通方式联系起来，形成多层面的立体换乘体系

实例 [33] 铁路旅客车站

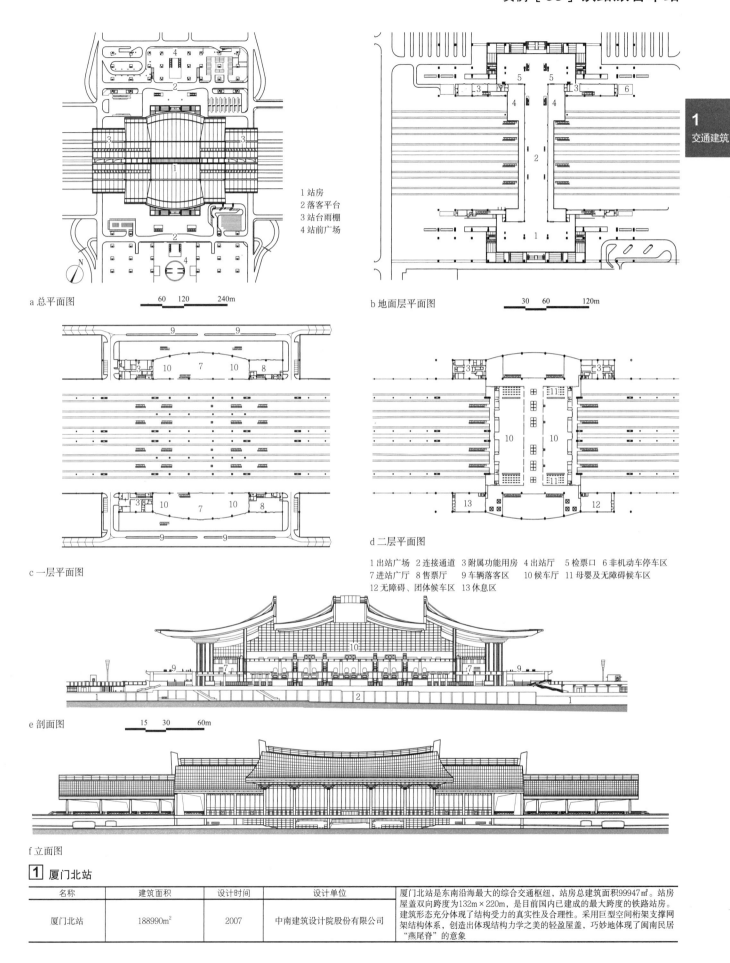

a 总平面图

1 站房　2 落客平台　3 站台雨棚　4 站前广场

b 地面层平面图

c 一层平面图

d 二层平面图

1 出站广场　2 连接通道　3 附属功能用房　4 出站厅　5 检票口　6 非机动车停车区
7 进站广厅　8 售票厅　9 车辆落客区　10 候车厅　11 母婴及无障碍候车区
12 无障碍、团体候车区　13 休息区

e 剖面图

f 立面图

1 厦门北站

名称	建筑面积	设计时间	设计单位	
厦门北站	188990m²	2007	中南建筑设计院股份有限公司	厦门北站是东南沿海最大的综合交通枢纽，站房总建筑面积99947m²。站房屋盖双向跨度为132m×220m，是目前国内已建成的最大跨度的铁路站房。建筑形态充分体现了结构受力的真实性及合理性。采用巨型空间桁架支撑网架结构体系，创造出体现结构力学之美的轻盈屋盖，巧妙地体现了闽南民居"燕尾脊"的意象

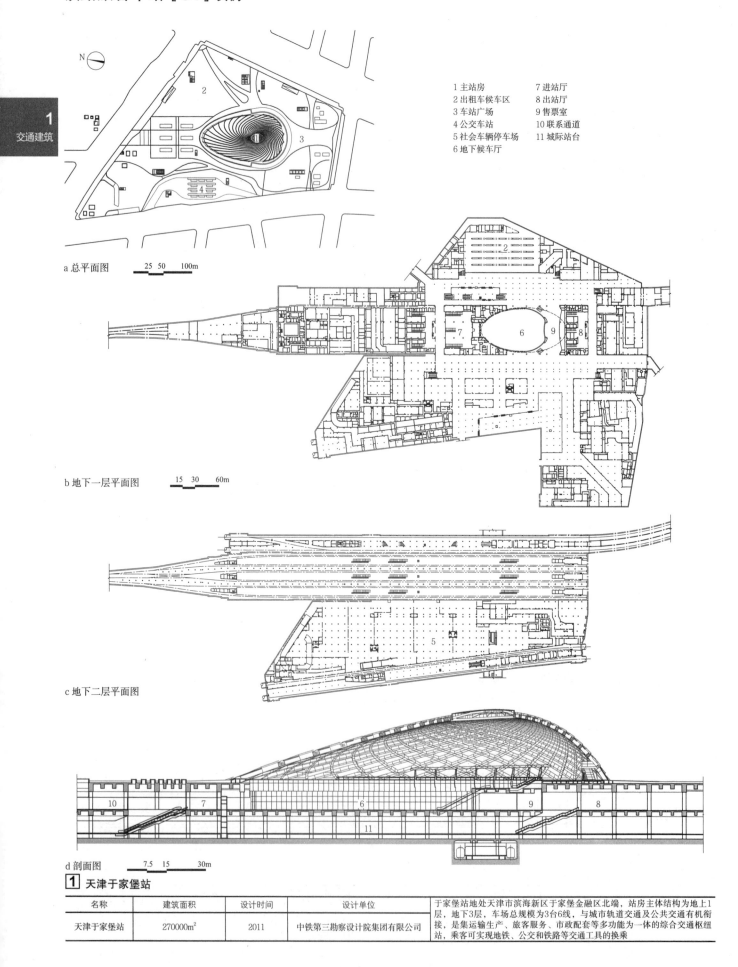

定义

港口客运站是指为旅客办理水路客运业务，为旅客提供水路运输服务的建筑和设施。

分类

1. 按航线分类：国内航线港口客运站、国际航线港口客运站。
2. 按使用性质分类：客运港口客运站、客货兼运港口客运站、客货运滚装船港口客运站、客运综合体港口客运站。

分级

国内港口客运站根据年平均日旅客发送量划分为四个等级，见表1。

港口客运站的站级分级　　　　　　　　　　　　　　表1

建筑规模等级	一级站	二级站	三级站	四级站
年平均日旅客发送量（人/日）	≥3000	2000~2999	1000~1999	≤999

注：1. 本表摘自《交通客运站建筑设计规范》JGJ/T 60-2012。
　　2. 年平均日旅客发送量是指港口客运站统计年度平均每天的旅客发送量。

规模

港口客运站建设规模采用"旅客最高聚集人数"确定：

1. 旅客最高聚集人数按下列公式计算：

$$Q_{max} = \sum_{i=1}^{n} \frac{h-h_i}{h} \cdot Q_i \quad （当h_1=0时）$$

$$Q_i = A_i - a_i$$

式中：Q_{max}—旅客最高聚集人数（人）；
　　　Q_i—第i船旅客有效额定人数（人）；
　　　A_i—第i船额定载客人数（人）；
　　　a_i—第i船额定不需经站房登船的人数（人）；
　　　h_i—第i船与首发船的检票时间间隔（小时）；
　　　h—检票前旅客有效候船时间段（取2.0小时）。

2. 设计旅客最高聚集人数是指港口客运站设计年度中旅客发送量偏高期间内，每天同时在站最多人数的平均值。

选址

港口客运站选址应根据航运部门的规划要求：

1. 宜便于旅客集散和换乘；
2. 宜与外埠公路、城市道路、城市公交系统和航空港、火车站等其他运输方式的站场有良好的衔接；
3. 应有供水、排水、供电、通信等条件；
4. 应避开易发生地质灾害的区域；
5. 应远离有污染的场地。

[1] 港口客运站选址规划要素

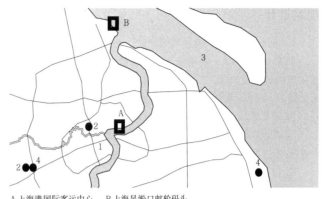

A 上海港国际客运中心　B 上海吴淞口邮轮码头
1 主城区　2 火车站　3 水域　4 民用机场

[2] 上海港选址区位示意图

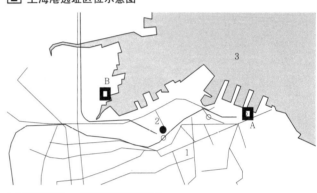

A 大连港客运站　B 新海航运港口客运站
1 主城区　2 火车站　3 水域

[3] 大连港选址区位示意图

[4] 烟台港选址区位示意图

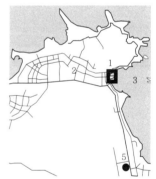

[5] 威海港选址区位示意图

[6] 西班牙巴塞罗那港选址区位示意图

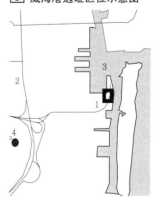

[7] 美国迈阿密罗德岱堡港选址区位示意图

1 港口客运站　2 主城区　3 水域　4 民用机场　5 火车站

港口客运站 [2] 规划设计·总平面设计

规划设计

1. 港口客运站与城市环境的协调：

集商业、旅游业和客运设施多功能用途的客运中心，可为城市功能的协调提供相应的配套设施，成为城市交通综合体建筑（如酒店、办公、商业、购物、餐饮、公寓等）。

2. 港口客运站与城市交通驳接：

高架道和地铁是现代化城市的主要组成部分。有效地利用和发展先进的交通系统是城市可持续发展的关键所在。

3. 以生态化建设为指导，推广绿色技术，使用新型能源，降低能耗；充分利用站址的地形条件，合理规划，节约用地。

4. 结合城市设计，提供更加开放的岸线空间，创造优美滨水景观的视觉可达性，体现城市特征。

总平面设计

1. 总体构成

港口客运站由站前广场、站房、客运码头、客滚码头（停车场、检验设施和待渡场）以及上下船设施等部分组成。

2. 功能流线

应功能分区明确，客货流线通顺简捷。应按客运为主兼顾货运的原则设计，进出站客流、物流、车流应分开。站房与码头距离应简短，有条件时，可建在客运码头上。

3. 港口客运站站前区站房、码头、上下船设施的关系

站前区是供旅客进出客运站的集散场所，站前广场的旅客进出客运站流线需通畅简捷，通过明显导向的标识系统，有序地进行安检、候船和通过上下船设施等行为。站房、上下船设施与码头区应有明显分隔，避免旅客误入，造成管理上的混乱。驻站办公人员出入口宜单独设置。

4. 辅助配套区（滚装船车辆等候与安检）

滚装船车辆等候与安检划定相应的区域通道，机检每小时约20辆，手检每小时约30辆。前往码头的车辆，主要是客车、旅游车与货车，车辆可进出码头区，提供接送乘客或货运服务。

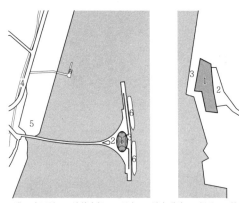

1 港口客运站　2 站前广场　3 码头　4 城市道路　5 绿地　6 轮船

客运站通过专用桥梁与城市干道连接。

客运站经隧道和高架桥与城市干道连接。

① 上海吴淞口邮轮码头规划　② 厦门国际邮轮中心规划

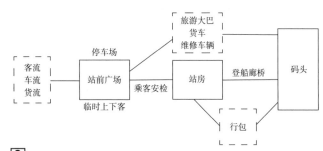

③ 总平面组成关系示意图

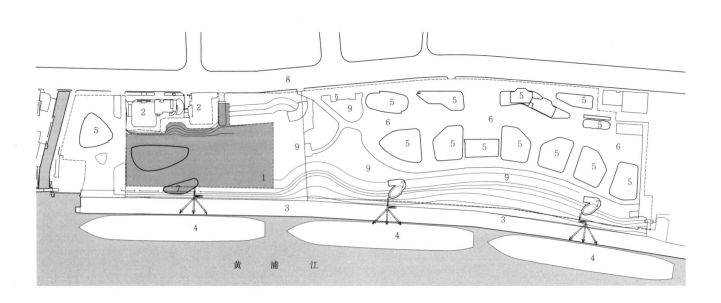

本客运站为适应城市滨江地带功能转变，主要客运设施及专用停车场均设在基地地面以下，地面以上则提供开放的公共绿地。

1 港口客运站　2 保留建筑　3 码头　4 轮船　5 办公楼
6 商业区　7 登船廊桥　8 城市道路　9 绿地

④ 上海港国际客运中心总平面图

站前广场 [3] 港口客运站

站前广场的组成

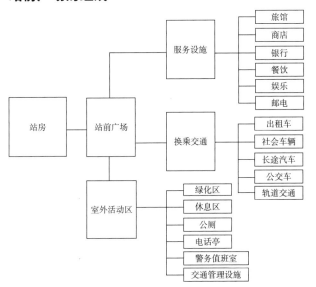

1 站前广场功能组成分析图

站前交通组织

作为旅客的集散区，站前广场需要大量各类车辆的行驶、停放空间，大型客运站也可充分利用地下空间作为停车库及上下客区。

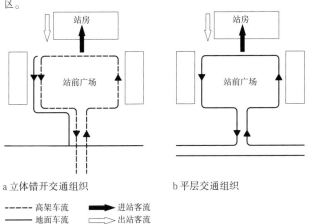

a 立体错开交通组织　　b 平层交通组织

- - - 高架车流　　■▶ 进站客流
——— 地面车流　　⇨ 出站客流

2 站前交通组织示意图

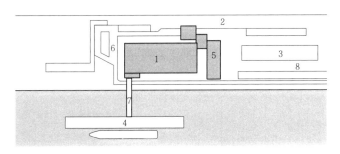

3 海南凤凰岛客运码头站前广场（平层交通组织）

1 港口客运站　2 站前广场绿化　3 停车场　4 码头
5 办公　　　　6 货运　　　　7 登船廊桥　8 城市道路

设计要点

1. 站前广场包括有公交站点，以及满足旅客需求的一些营业性服务设施和广场交通管理设施，如车辆收费站等。

2. 道路交通系统布局以加强内部功能组织和便利内外交通联系为原则。一般情况下由社会车辆构成，其次为货车及旅游车。当有客轮到港时，出租车的数量将会增多。

3. 站前环境绿化：
结合总体交通组织，布置灌木作为绿化隔离带，减少对城市主体交通的干扰，满足城市绿化要求。
绿化作为主体站房的陪衬，便于旅客集散并创造良好的城市环境品质。

4. 站前安全保障设施：
考虑警务值班室及安保监控用房。

5. 站前无障碍通行：
主要出入口、停车位等均需按无障碍标准设计。

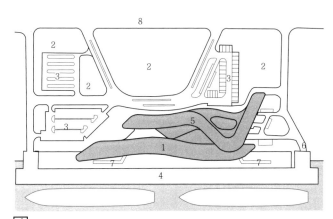

4 天津港客运大厦站前广场（平层交通组织）

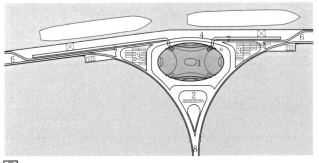

5 上海吴淞口邮轮码头站前广场（平层交通组织）

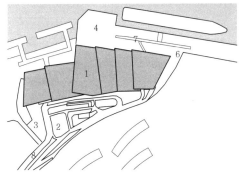

6 厦门国际邮轮中心站前广场（立体错开交通组织）

港口客运站 [4] 国内航线站房区

流线组织

1. 基本流线：旅客流线、行包流线、车辆流线。
2. 旅客主要流动方向：进站流线、出站流线。
3. 流线组织原则：
   进站流线与出站流线分开；
   旅客流线与行包流线分开；
   旅客流线与车辆流线分开；
   安检前旅客流线与安检后旅客流线分开；
   一、二级站旅客出入口与职工出入口分开。
4. 流线设计要求：功能分区明确,力求流线通顺简捷,避免流线交叉、干扰和迂回,尽可能缩短各种流线的流程。

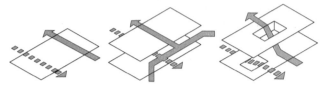

a 平面错开式　　b 立体错开式　　c 立体与平面交叉式

➡ 出站流线　　■➡ 进站流线

1 旅客进站出站流线示意图

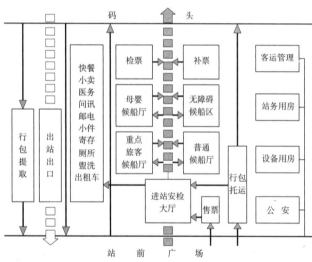

a 一、二级港口客运站流线关系示意图

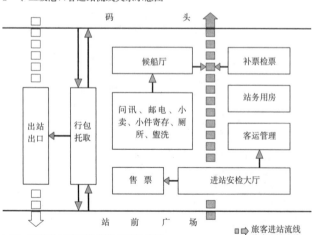

▉➡ 旅客进站流线
▢➡ 旅客出站流线
➡ 行包进出站流线

b 三、四级港口客运站流线关系示意图

2 各级港口客运站流线关系示意图

基本房间组成与使用面积参考指标　　表1

房间名称		设置要求				使用面积指标	说明
		一级站	二级站	三级站	四级站		
候船厅	普通候船厅	●	●	●	●	≥1.10m²/人	包括服务员室、厕所、盥洗室。当不设其他候船区时,旅客最高聚集人数按不小于40%计算
	母婴候船厅	●	●	○		2.00m²/人	包括服务员室、专用厕所、盥洗室
	重点旅客候船厅	●	●	○		1.30m²/人	包括军人、团体等需要提供特殊服务的旅客
	无障碍候船区	●	●	○		≥4.00m²/人	
售票用房	售票厅	●	●	○		每个窗口≥15.00m²	售票窗口按旅客最高聚集人数的1/120计算,且一、二级站应乘0.30的折减系数
	售票室	●	●	●	●	每个窗口≥5.00m²　≥14.00m²/室	包括售票员休息室、结算室
	票据室	●	●			≥9.00m²	包括计算机室
	办公室	●	●	○		4.00m²/人	
行包用房	行包托运厅	●	●			0.02m²/人	包括装卸工人休息室、更衣室
	行包提取厅	●	●			0.02m²/人	包括计算机室、牵引车库
	行包仓库	●	●			0.06m²/人	包括主任室、办公室
	行包用房合计					0.10m²/人	
站务用房	客运管理用房	●	●	●	●	4.00m²/人	包括站长室、值班室、会议室、办公室、广播室
	公安派出所	●	●				使用面积由公安部门根据站级等级确定
	广播室	●	●	●	●	8.00m²	
服务用房	小件寄存处	●	●	●		0.06m²/人	包括小件寄存仓库
	自动存包机	○	○				
	问讯台（室）	●	●	●		6.00m²/间	台前应留不小于8.0m²的旅客等候活动面积
	邮电服务部	●	●			6.00~8.00m²/人	包括办公室、电信设备室
	医务室	●	●			≥10.00m²/间	
	小卖部	●	●	●		0.02m²/人	包括仓库
	快餐	●	●	○		0.04m²/人	包括厨房、冷藏、库房、更衣
旅客厕所	男厕	●	●	●	●	厕所及盥洗室的卫生设施应符合《城市公共厕所设计标准》CJJ 14的有关规定。男女旅客宜按照旅客最高聚集人数计算。卫生设施的使用频率按照计算旅客最高聚集人数时所对应时间段确定	1.男女旅客比例按1:1计算。2.母婴候船厅设有专用厕所时,应扣除其数量。3.厕所应有前室。4.男女厕所内厕位至少设2个。5.男女厕所内洗手盆至少设2个。6.一、二级港口客运站宜设儿童使用的小便器
	女厕	●	●	●	●		
	旅客盥洗室	●	●	○			一、二级港口客运站单独设置
附属用房	建筑设备用房						应根据地区和站房建设条件确定,如锅炉房、水泵间、变配电室、仓库、职工食堂、浴室等

注：1. ● 需要设置,○ 可设可不设。
2. 候船厅内应设饮水设施,并应与盥洗间和厕所分设。
3. 站内工作人员厕所应与旅客厕所分设,四级站可合设。

进站大厅

1. 一、二级港口客运站应设进站大厅，以作为站房内外联系及内部交通枢纽之用。

2. 进站大厅联系着售票厅、行包托运厅、候船厅、小件寄存、邮电、问讯等，交通流线应简捷、明确，避免迂回交叉。

3. 进站大厅入口处设有安全检查设施，并应就近设置泄爆室或泄爆装置，同时应留有较大排队等候空间和防雨雪设施，供旅客候检。

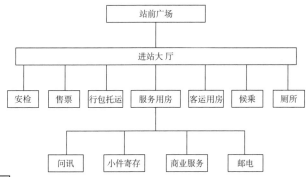

1 进站大厅关系示意图

各站级安检设施距入口门参考距离　　　表1

站级	安检设施距入口门参考距离（mm）
一、二级站	≥8000
三、四级站	≥3000

X光安检机规格示例表　　　表2

外形尺寸（长×宽×高，mm）	1580×722×1150	2040×934×1370	4436×1330×1865
通道尺寸（宽×高，mm）	500×300	650×500	1000×800
额定负荷（kg）	150	160	200
功率损耗（kW）	0.60	0.80	0.90

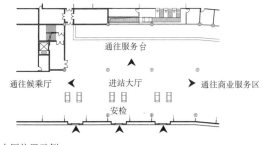

a 进站大厅位置示例一

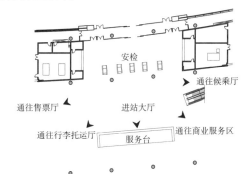

b 进站大厅位置示例二

2 进站大厅位置示例

候船厅

1. 平面布置应根据功能要求，合理划分候船区、检票区、通行区及服务设施区，使其功能分区明确、互不干扰，具有灵活布置和调剂使用的可能性。

2. 候船区可根据站级、旅客构成，设置普通旅客候船厅和重点旅客候船厅，并应有饮水设施，盥洗间和厕所应分设。根据需要可设置候船风雨廊和其他候船设施。

3. 一、二级客运站应设重点旅客候船厅和母婴候船厅，其他站级可根据需要设置。母婴候船厅应靠近检票口，宜设婴儿服务设施和专用厕所。

4. 候船厅内应在临近检票口处设置无障碍候船区。候船厅与上下船廊道之间应满足无障碍通行要求。

5. 候船厅内座椅布置及排列方式，应有利于组织旅客检票。候船厅座椅数量不宜小于旅客最高聚集人数的40%。

6. 候船厅检票口应采用柔性或可移动导向栏杆，其检票口在紧急情况时可作为安全疏散口。

7. 候船厅应有良好的天然采光和自然通风，窗地比不宜小于1/6，净高不宜低于4.50m，天棚及墙面宜作吸声处理，地面和墙面应采用防滑、易于清洁的建筑材料。

8. 候船厅应设有播音、报时和文字显示设施。

候船厅各种通道尺寸参考表　　　表3

类别		宽度（m）
主要通道（A）	一、二级客运站候船厅	2.70~3.60
	三、四级客运站候船厅	1.60~2.70
次要通道（B）		1.80~2.70
纵向排列座椅间通道（C）		1.80~2.40
座椅最大连续数量（F）		20座
检票口通道	单排	2.00~2.20
	双排	3.00~3.20

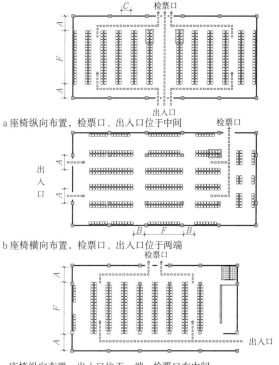

a 座椅纵向布置，检票口、出入口位于中间

b 座椅横向布置，检票口、出入口位于两端

c 座椅纵向布置，出入口位于一端，检票口在中间

3 候船厅平面布置示例

港口客运站 [6] 国内航线站房区

售票用房

1. 售票厅应方便旅客购票，宜直通站前广场，并应与候船厅、行包托运厅联系方便。

2. 售票用房由售票厅、售票室、票据室、计算机室和办公用房等组成。

3. 售票厅内应有良好的自然采光和自然通风。

4. 售票室宜面对售票厅主要出入口。售票窗口的中距不宜小于1.80m，靠墙售票窗口中心距墙边不应小于1.20m，窗台距地面高度宜为1.05~1.10m，窗台宽度不宜小于0.50m，售票窗口前宜设高度不低于1.20m导向栏杆。

5. 一、二级港口客运站应至少设置1个无障碍售票窗口。

6. 设自动售票机时，其使用面积应按 $4.00m^2$/台计算，并应预留电源。

7. 一、二级港口客运站应单独设置票据室，应与售票室联系方便，并应有通风、防火、防盗、防鼠、防水和防潮等措施。

售票厅进深尺寸参考表　　　　　　　表1

	通道及旅客逗留区L_1（mm）	购票行列长度L_2（mm）
一、二级客运站	4000~5000	10000~13000
三、四级客运站	3000~4000	6000~9000

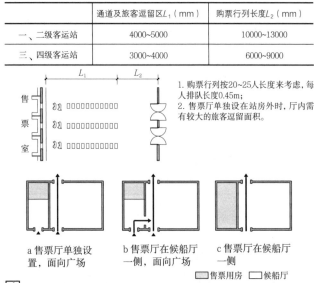

1. 购票行列按20~25人长度来考虑，每人排队长度0.45m;
2. 售票厅单独设在站房外时，厅内需有较大的旅客逗留面积。

a 售票厅单独设置，面向广场　　b 售票厅在候船厅一侧，面向广场　　c 售票厅在候船厅一侧

☐ 售票用房　☐ 候船厅

[1] 售票用房位置示意

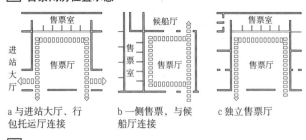

a 与进站大厅、行包托运厅连接　　b 一侧售票，与候船厅连接　　c 独立售票厅

[2] 售票厅平面布置形式

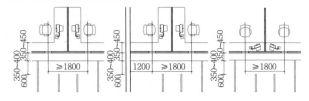

a 售票员侧面坐　　b 售票员侧面坐（尽端）　　c 售票员正面坐

[3] 售票口平面布置形式

行包用房

1. 由行包托运厅、行包提取厅、行包仓库和业务办公用房等组成。一、二级站应分别设置行包托运厅和行包提取厅，三、四级站可设于同一空间内。

2. 应结合总体流线及旅客提取行包顺序，避免与其他流线交叉和干扰，并方便旅客托取和装卸作业，行包仓库力求运输短捷，并与码头联系方便。

3. 行包托运厅应留有设置安全检测设备的位置和电源，并能就近设置泄爆室或泄爆装置。

4. 行包仓库应通风良好，并应有防火、防盗、防鼠、防水和防潮等措施。

5. 一、二级站宜有行包装卸运设施停放和维修场所。

6. 行包仓库的平面形状应完整规矩，柱网应便于运输工具作业和行包堆放，净高不应低于3.60m，窗台高度不应低于1.50m，有机械作业的行包仓库，门的净宽度和净高度均不应小于3.00m。

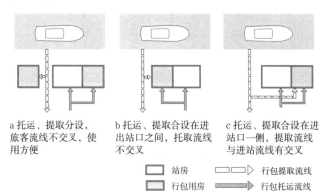

a 托运、提取分设，旅客流线不交叉，使用方便　　b 托运、提取合设在进出站口之间，托包流线不交叉　　c 托运、提取合设在进站口一侧，提取流线与进站流线有交叉

☐ 站房　☐ ⇒ 行包提取流线
☐ 行包用房　■ ⇒ 行包托运流线

[4] 行包用房在站房中的位置

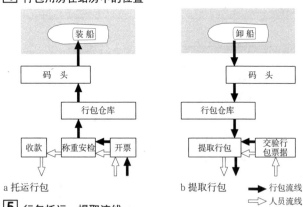

a 托运行包　　b 提取行包

■→ 行包流线　⇒ 人员流线

[5] 行包托运、提取流线

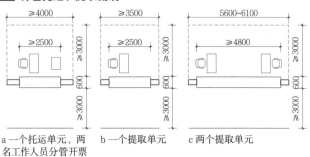

a 一个托运单元，两名工作人员分管开票称重　　b 一个提取单元　　c 两个提取单元

[6] 行包托运、提取单元尺寸

商业服务区

1. 商业服务区应和旅客流线相结合,但不应影响客运站主要流线组织。
2. 商业布局应集中与分散相结合,旅客购物方式需简捷、高效、方便。
3. 一、二级港口客运站可利用高大空间夹层设置集中的商业服务设施。
4. 商业服务区应有必要的消防设施。
5. 商业服务区宜设置库房、业务办公等辅助用房。
6. 商业服务区的营业通道净宽应比一般营业厅增加20%左右,保证旅客携带行李通过和短暂停留购物。
7. 商业服务区的商业运营模式应以服务港口客运站旅客为主。

商业服务区与站房关系

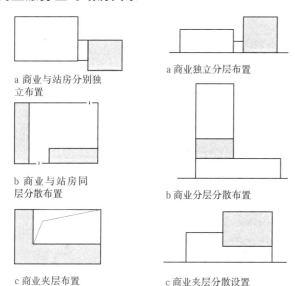

① 商业服务区与站房同层布局关系示意
② 商业服务区与站房竖向布局关系示意

■ 商业区　□ 站房

商业服务设施类型

商业服务设施的类型应结合具体的商业运营模式,既能为进出港旅客提供便利服务,又能为港口客运站运营带来经济效益。

商业服务设施业态分析表　　　表1

类别	布置特点	主要类型
零售	商业效益与旅客动线长度成正比	商店、书报、鲜花、土特产、纪念品等
餐饮	布置灵活,可通过餐饮吸引客流,提高效益	餐饮、快餐店、茶座、咖啡厅等
商品展示	多设置在人流交汇节点处,广告效应显著	展台、展示专柜、橱窗等
综合服务	集中与分散相结合	人工小件寄存、邮电、咨询、自助银行等

商业服务区与候船厅关系

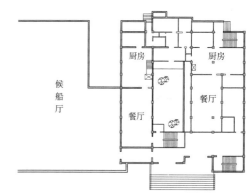

③ 商业服务区与候船厅相对独立

④ 商业服务区与候船厅同层分散布置

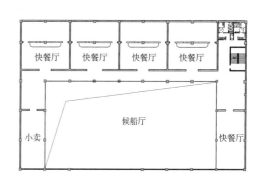

⑤ 商业服务区设置于候船厅夹层

站务用房

1. 服务人员更衣室与值班室应邻近候船厅,其使用面积应按最大班人数不小于$2.0m^2$/人确定,且最小使用面积不应小于$9.0m^2$。
2. 广播室宜设在便于观察候船厅的部位,使用面积不宜小于$8.0m^2$,并应有隔声、防潮和防尘措施。
3. 在检票口附近宜设使用面积不小于$10.0m^2$的补票室,并应有防盗设施。
4. 客运办公用房包括站长室、客运值班室、会议室、检票员室、业务办公室等,其使用面积应按办公人数计算,不宜小于$4.0m^2$/人。
5. 公安值班室应布置在与售票厅、候船厅、值班室联系方便的位置,室内应设独立的通信设施,门窗应有安全防护措施,其使用面积由公安部门根据客运站等级、周边环境等确定。

港口客运站 [8] 国际航线站房区

基本流线组成

港口客运站国际航线按照旅客、行包运送方向分为出境流线与入境流线。

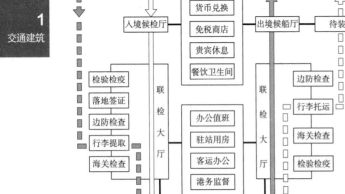

① 国际航线客运站流线关系示意图

流线组织原则及设计要求

1. 流线组织原则：在满足海关、检验检疫、边检和相关规范要求的前提下，为旅客提供高效、实用、便捷、经济的出入境设施。
2. 流线设计要求：
   (1) 必须满足相关规范提出的各项基本功能要求；
   (2) 必须满足"一关两检"❶提出的旅客、行李出入境流程的要求；综合考虑"一关两检"提出的旅客"快进快出"的要求；综合考虑"一关两检"提出的按规定配置大量勤务用房的要求；
   (3) 出境、入境流线避免交叉。

联检大厅

联检大厅包括海关、出入境检验检疫、边防检查设施及用房和行李托运、提取设施及用房。

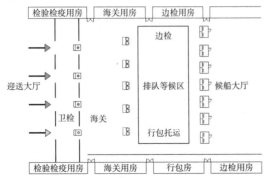

② 国际出发联检大厅示意图

❶ "一关两检"系指海关、检验检疫和边防检查。

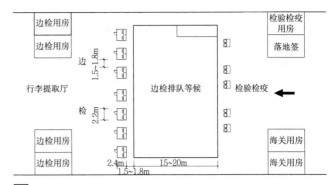

③ 国际到达联检大厅示意图（行李提取前）

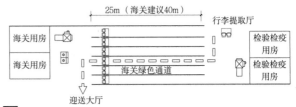

④ 国际到达联检大厅示意图（行李提取后）

联检大厅现场设施及用房　　　　　　　　　　　　　表1

联检类型	主要职能	现场设施	现场执勤用房
海关	检查出入境人员随身携带物品	申报台、弃物箱、查验台、人身检查设备	海关征税间、人身检查室、防爆室、案件审理室、客带货报关间、毒品检测室、印刷音像制品审查室、扣留物品保管仓库、技术室
检验检疫	检查出入境人员健康状况及动植物	体温检测仪、填卡台、申报台、咨询台、LED宣传栏、检查台、隔离带、放射性监测仪、化学有害物质监测仪、工作台	应急准备室、医学排查室、快速筛查室、隔离室、观察室、截留物品处理室、物品储备室、监控室、预防接种室、洗消室
边检	检查出入境人员有效证件	引导牌、告示牌、标志牌、填卡台、验证台、咨询台、投诉箱	现场值班室、临时审查室、更衣室、临时拘留室、备勤室、外事会晤室、计算机房、查控工作室、卡片档案室、监控室、存储室
行李	托运提取行李	行李托运后，进入海关监管库房，禁止与外界接触。行李提取后应过海关检查	海关监管库房
出入境管理处	办理入境人员落地签证	引导牌、标志牌申报窗口	签证用房、照相室、办公室、计算机房

旅客服务用房及设施　　　　　　　　　　　　　表2

客流方向	服务用房与设施
出境	货币兑换、免税商店、餐饮、卫生间、贵宾休息室
入境	落地签证、货币兑换、免税商店、餐饮、卫生间、贵宾休息室

驻站业务用房

驻站业务用房主要包含以下几类：港务监督、口岸办、公安、海事、船务公司。

面积规模应根据港口客运站规模与《办公建筑设计规范》JGJ 67有关规定，并参考使用单位要求进行灵活设置，尽量避免闲置浪费。

定义及分类

滚装码头是满足滚装船进行滚装装卸作业的码头。

1. 按运输方式分为：客货滚装码头、货物滚装码头、汽车滚装码头。
2. 按航线分为：国内滚装码头、国际滚装码头。

流线组织

国内滚装码头包括待渡场、大门及停车场。国际滚装码头包括待检场、待渡场、"一关两检"及大门。

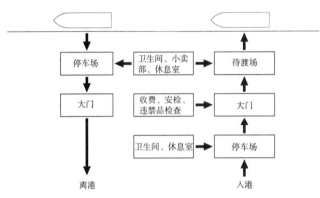

[1] 国内滚装码头流线组织

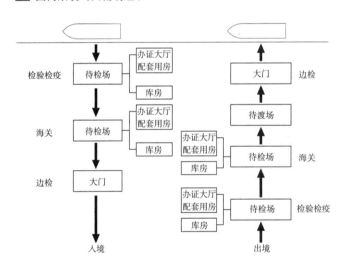

[2] 国际滚装码头流线组织

汽车待渡场

1. 规模确定

不宜小于设计船型定额载车辆数的2倍。

2. 设计要求

（1）场地平整、硬化且满足场地对车辆的荷载要求；
（2）待渡场应设计排水、照明，照度不小于20lx；
（3）满足《汽车库、修车库、停车场设计防火规范》GB 50067要求；
（4）设小卖部、卫生间。

3. 车辆停放方式

分为平行式停车与垂直式停车。

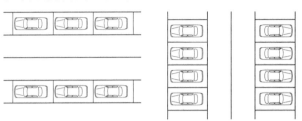

基本车辆尺寸及半径尺寸　　　表1

内容 \ 车辆类别	微型车	小型车	轻型车	中型车	大型车
长（m）	3.80	4.80	7.00	9.00	11.50~12.00
宽（m）	1.60	1.80	2.25	2.50	2.50
转弯半径（m）	4.50	6.00	6.00~7.20	7.20~9.00	9.00~10.50

注：本表根据《车库建筑设计规范》JGJ 100-2015编制。

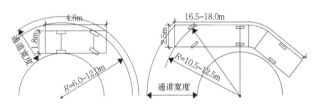

[3] 平行式停车示意图　　[4] 垂直式停车示意图

[5] 汽车最小转弯半径示意图　[6] 铰接车最小转弯半径示意图

配套建筑

1. 大门：包括道口房、隔离岛、车道、罩棚、检查平台及信息机房等。其中隔离岛的最小宽度为2.2m，长度宜在24~28m之间。

2. 海关、检验检疫库房及配套用房：海关、检验检疫库房用于违禁品存放；配套用房包括报验大厅及配套用房。

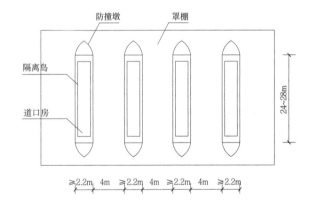

a 平面图

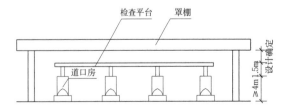

b 剖面图

[7] 大门示例

港口客运站 [10] 客运、客货滚装码头

滚装船登船方式

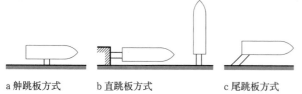
a 舢跳板方式　　b 直跳板方式　　c 尾跳板方式

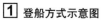
登船方式示意图

上下船设施

1. 候船厅检票口与轮船出入口之间，应以上下船设施（斜梯、引桥、平台、天桥等）相连接。设施设计应结合轮船到发班次、客运量、行包数量、地形及站房布局等具体条件，合理组织旅客流线和行包流线。

2. 上下船通道均宜设屋盖，通道净高不应低于2.5m。不设侧墙处应设栏杆，其高度不应低于1.1m。设侧墙处窗台高度不低于0.9m。墙上突出物距地面高度不应低于2.0m。通道或天桥的宽度，应根据客流密度确定，但不应小于3.0m。短途携重旅客候船处，宜设避雨设施，并设专用检票口。

3. 客运滚装码头应分别设置旅客和车辆登船设施，有条件时宜采用立体交叉形式。在客运滚装码头附近应设登船车辆的专用停车场，其设计容量宜为代表船型载车数量的1～2倍。

上下船设施类型　　　　　　　　　　　　　　表1

名称	图示	说明
斜梯	≤18步 ≥1200	每个梯段的踏步数不大于18步，不小于3步，且有防滑措施；斜梯平台宽度不小于1200mm；h＝110～140mm；b＝320～350mm
斜坡道	1:10 / 1:12	旅客用坡道不大于1:8；非机动车运送行包坡度为1:10～1:12
通道		通道净高H不小于2500mm；墙面突出物距地面高度H₁不小于2000mm

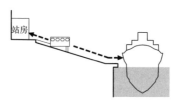

b 钢索缆车

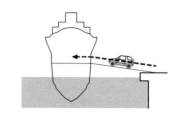
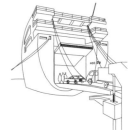
c 客滚船升降钢引桥

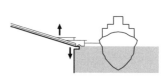

d 轨道式钢引桥

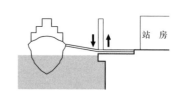

e 液压式升降通道

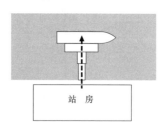
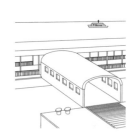
f 两铰式钢引桥

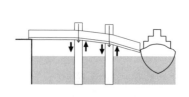
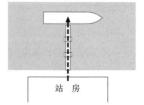

g 机械卷扬式升降通道

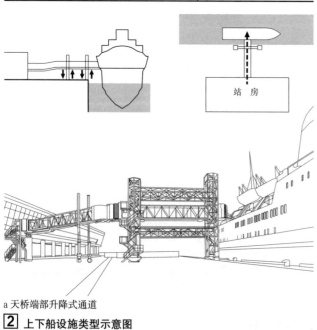
a 天桥端部升降式通道

上下船设施类型示意图

结构设计要点

1. 站房结构选型应优先采用新技术、新材料和新工艺，同时具有适当的灵活性、通用性和先进性。其中一、二级站进站大厅、候船厅、国际客运站联检厅等人员密集场所，宜采用大跨度空间结构。

2. 结构设计应注意抗台风，采用钢结构设计部位应注意防腐蚀。

机电设计要点

1. 严寒和寒冷地区的候船厅、售票厅等高大空间，宜采用低温地板辐射供暖方式，其供暖系统应独立设置，非使用时段可调至值班供暖温度。

2. 高大开敞空间宜设置手动或电动控制的高侧窗。过渡季节利用自然通风，利于节能。

3. 站房的采暖与制冷宜优先选用水源热泵技术。

4. 港口客运站的用电负荷应分为三级。

5. 国际客运站旅客入境候检使用的厕所化粪池应单独设置。

6. 国际客运站的滚装码头应设置入境车辆清洗和消毒的设施。

港口客运站用电负荷分级表　　表1

	一级负荷	二级负荷	三级负荷
选用场所	一级港口客运站的通信、监控系统设备，导航设施用电	港口重要作业区，一、二级港口客运站主要用电负荷	不属于一级和二级的用电负荷

注：本表摘自《交通客运站建筑设计规范》JGJ 60-2012。

引导标识及信息系统设计

1. 引导标识及信息系统的设置应规范、系统、协调、醒目和安全。

2. 在导向系统中，应为无障碍设施提供醒目的导向信息。

引导标识及信息系统分类与应用区域表　　表2

标识分类	应用区域
导向标识	客运站范围内设置的公共交通站点、停车场、出租车站点，城市轨道交通站点，客运站内进站大厅、售票厅、候船厅、问讯处（台）、饮水处、行包托运厅、行包提取厅、小件寄存处、检票口、邮电、小卖部、国际港口客运站和口岸站的海关、边防检查、卫生防疫、检验检疫、免税店等
轮船航班动态信息和广告信息	进站大厅、售票厅、问讯处（台）等公共区域
安全疏散标识	疏散方向指示、疏散楼梯、疏散口、疏散通道等
无障碍标识	电梯、通道、停车位、售票口、卫生间等

防火防灾设计

1. 站房的耐火等级：一、二、三级站建筑物耐火等级不应低于二级，其他站级不应低于三级。

2. 客运站与其他建筑合建时，应单独划分防火分区。

3. 候船厅的进站检票口和出站口应满足安全疏散的宽度要求。

防火防灾设计要点　　表3

建筑	1. 站房宜与海（水）岸有足够的距离和地面高度，避免受到海浪或水流冲击； 2. 设计前应充分了解站址周边的环境资料，避免不良自然条件对建筑物的破坏和影响； 3. 尽可能少设室外高空装饰性挂件、广告牌、指示牌等突出物，必须设置时，应采取安全可靠的固定措施； 4. 露天登船设施和通道地面应采取防滑措施； 5. 严寒和寒冷地区，人员出入口和机动车出入口应避开主导风向
结构	1. 应选用抗风能力强的结构形式和耐腐蚀材料； 2. 采取有效的防护措施，避免不良水文地质对结构基础的侵蚀和破坏
机电设备	1. 应采取有效措施，避免污水对自然水体的污染； 2. 室外登船设施应坚固耐用； 3. 应采取有效预防措施，加强建筑的防雷、避雷

周边环境资料参考表　　表4

水文资料	1. 50年一遇极端潮位浪高洪峰及水位频繁变动情况； 2. 水质有无侵蚀性或受污染情况； 3. 严寒和寒冷地区水域冰冻资料
海（水）岸环境资料	1. 风荷载； 2. 雨、雪强度； 3. 地区主导风向； 4. 空气湿度； 5. 雷电强度与频率
土质资料	1. 盐渍土或其他侵蚀性土环境； 2. 干湿交替环境

注：本表摘自《交通客运站建筑设计规范》JGJ 60-2012。

无障碍设计

1. 站房和室外营运区均应进行无障碍设计。

2. 无障碍出入口和轮椅通行平台应设雨棚。

港口客运站无障碍设计区域和部位　　表5

区域	部位
功能区	售票厅、候船厅、行包托运厅、行包提取厅、问讯处（台）、公共厕所、商业服务区
交通通行区	站前广场、停车位、人行通道、联检通道、登船通道、下船通道、垂直交通

室内环境设计

1. 售票厅、候船厅和联检大厅应尽可能利用自然采光和自然通风，并应满足采光、通风和卫生要求。窗地面积比应符合现行国家标准《建筑采光设计标准》GB/T 5033的规定，可开启面积应符合《公共建筑节能设计标准》GB 50189的规定。

2. 售票厅、候船厅应选用防滑、易清洁地面和耐磕碰墙面。

3. 一、二级港口客运站售票厅和候船厅应采取吸声降噪措施，背景噪声的允许噪声级（A声级）不宜大于55dB。

港口客运站 [12] 实例

1 入口门厅
2 VIP休息
3 售票处
4 共享大厅
5 行李提取大厅
6 行李分拣
7 检验检疫
8 海关通道
9 临时边检
10 临时检验检疫
11 办公室
12 办公入口
13 库房
14 贵宾入口
15 商业
16 上空
17 通关大厅
18 边检
19 登船或下船廊
20 设备用房
21 登船/下船桥
22 站前广场
23 客运大厦
24 码头区
25 邮轮停靠区
26 入口广场
27 公共绿地

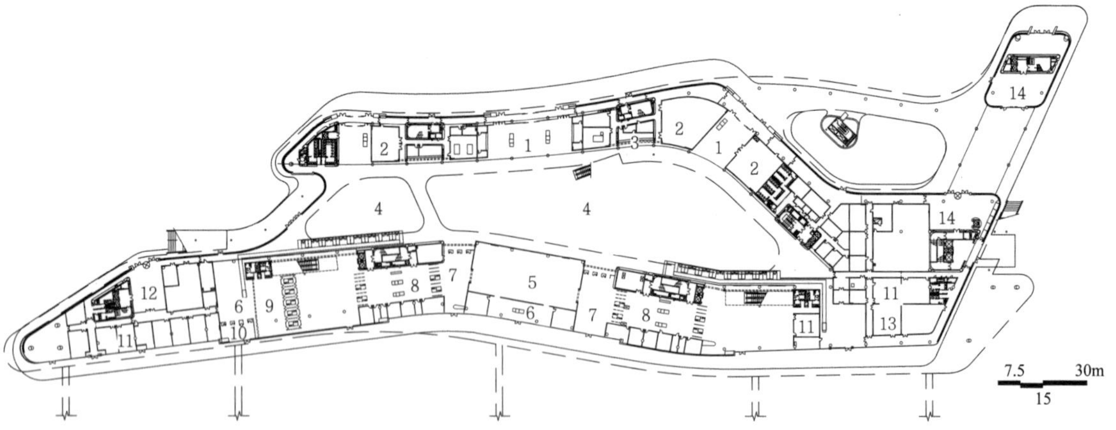

a 一层平面图

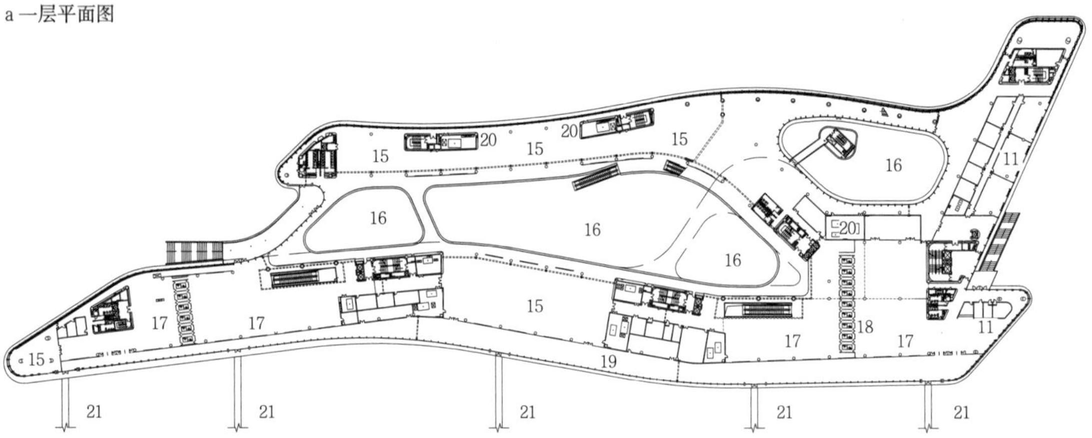

b 二层平面图

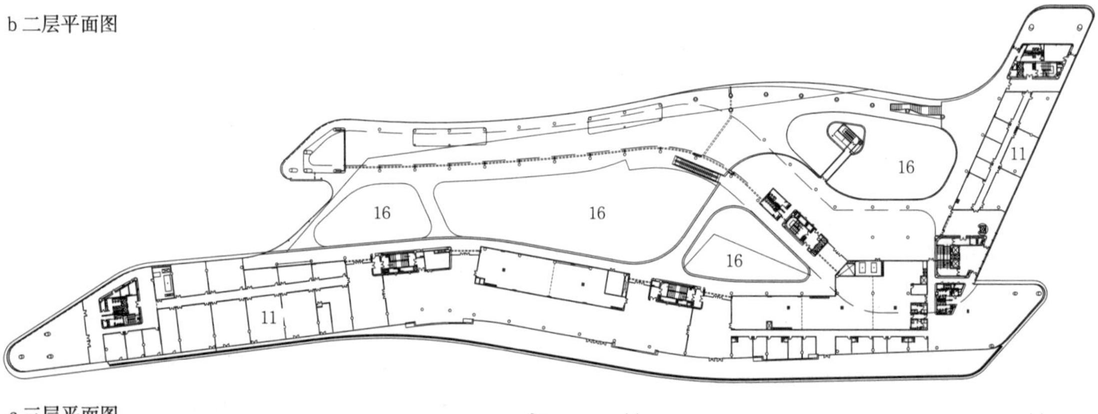

c 三层平面图

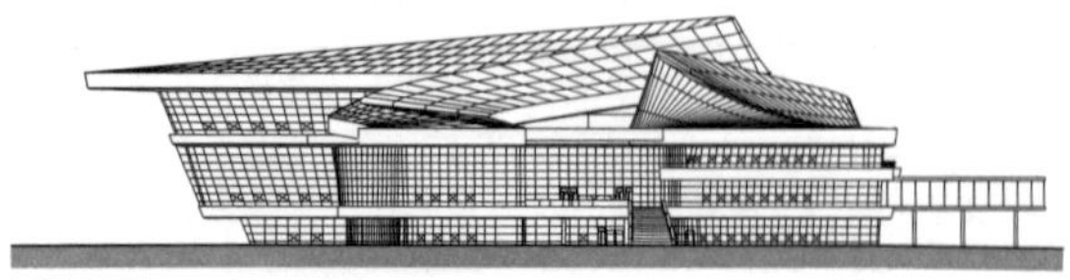

d 西立面

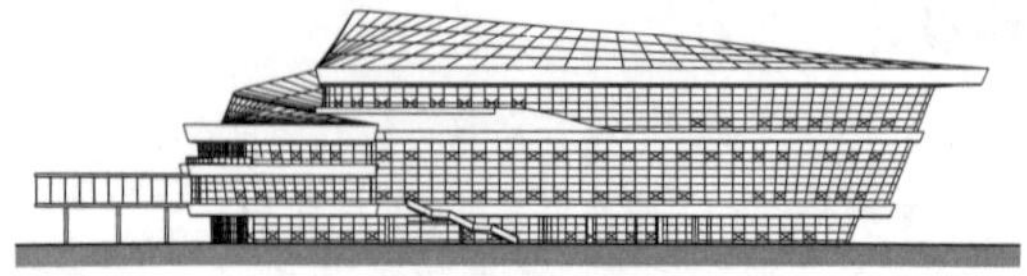

e 东立面

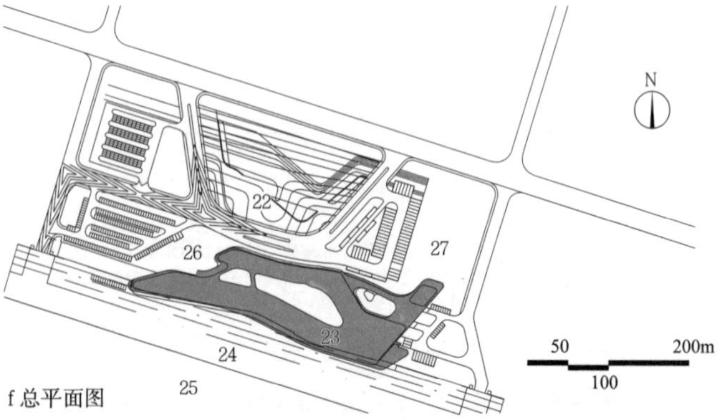

f 总平面图

1 天津港邮轮码头（客运大厦）

名称	建筑面积	建成时间	设计单位	天津港邮轮码头位于天津东疆港区南端，建筑平面布局严格遵循旅客流线设计，顺畅便捷，空间尺度准确。建筑立面大面积采用双曲面GRC挂板，造型多变。
天津港邮轮码头	57770.8m²	2010	悉地国际设计顾问有限公司（北京）	

实例［13］港口客运站

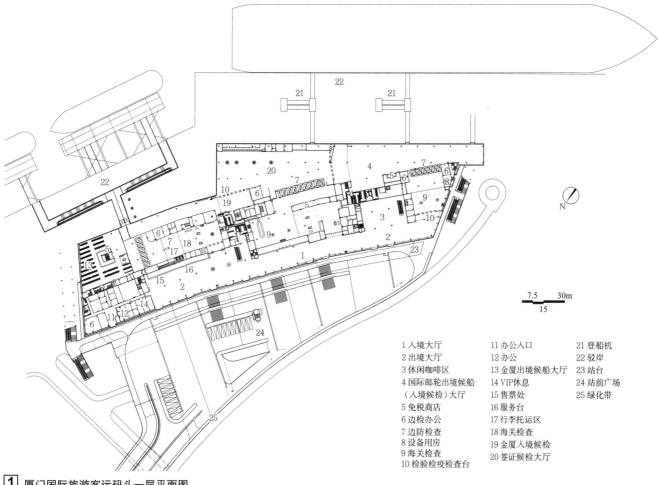

1 入境大厅　　11 办公入口　　21 登船机
2 出境大厅　　12 办公　　　　22 驳岸
3 休闲咖啡区　13 金厦出境候船大厅　23 站台
4 国际邮轮出境候船　14 VIP休息　　24 站前广场
　（入境候检）大厅　15 售票处　　　25 绿化带
5 免税商店　　16 服务台
6 边检办公　　17 行李托运区
7 边防检查　　18 海关检查
8 设备用房　　19 金厦入境候检
9 海关检查　　20 签证候检大厅
10 检验检疫检查台

1 厦门国际旅游客运码头一层平面图

名称	建筑面积	建成时间	设计单位	
厦门国际旅游客运码头	81274m²	2006	香港凯达柏涛有限公司、中国瑞林工程有限公司厦门分公司	厦门国际邮轮码头由邮轮客运大楼、酒店、人工运河、服务式公寓、展览中心、休闲广场等组成。项目位于厦门东渡0号泊位，外观呈6块堆叠状的贝壳静静地卧在港口处，陆路组织营造了一定面积的城市广场，对客运码头的遮挡较小，并引入绿地和水系，与道路东侧的狐尾山形成了良好的呼应。岸线建筑组织较好，客运流线通达性强

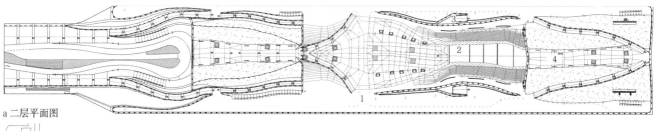

a 二层平面图

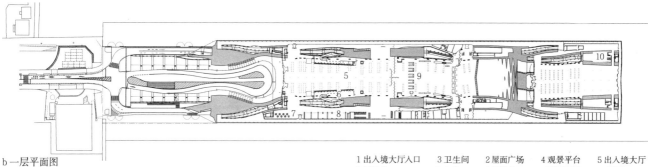

b 一层平面图

2 横滨国际码头❶

1 出入境大厅入口　3 卫生间　2 屋面广场　4 观景平台　5 出入境大厅
6 问讯处　7 咖啡　8 祈祷室　9 联检通道　10 餐厅

名称	建筑面积	建成时间	设计单位	
横滨国际码头	48000m²	2002	Foreign Office Architects	这座建筑的顶板在不同的高程上扭曲起伏，甚至入口都是在顶板上下陷形成的。这部分的顶板与城市的道路系统、公共空间完全实现无缝衔接。可以说是一座非常"亲人"的地景建筑。墙面即屋顶，屋顶即花园，建筑界面的不停转换使得建筑空间与外部环境相互融合，建筑体成为城市的"地毯"，与外部环境取得和谐统一的效果

❶ 改绘自FOA. 横滨国际码头. 城市·环境·设计, 2010（09）: 72.

港口客运站 [14] 实例

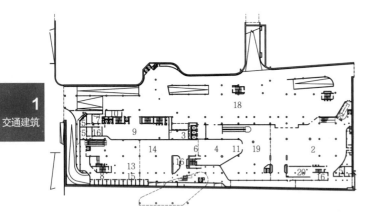

a 地下一层平面图

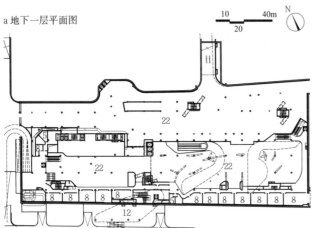

b 地下一层夹层平面图

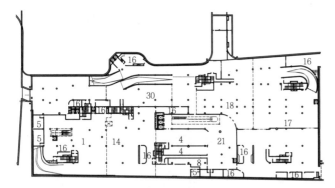

c 地下二层平面图

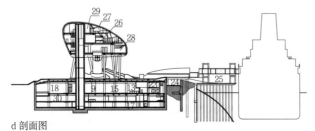

d 剖面图

1 上海港国际客运中心

名称	建筑面积	设计时间	设计单位
上海港国际客运中心	40000m²	2009	华东建筑集团股份有限公司上海建筑设计研究院有限公司、美国FR建筑设计事务所

本客运中心位于上海市虹口区浦江金三角的北外滩。客运设施设在城市滨江绿化带地下，客运中心上方在绿化中开设各式天窗，其造型与滨江整体景观相结合，上下穿梭，相互渗透。客运中心候船楼造型别致，是上海一道靓丽的风景

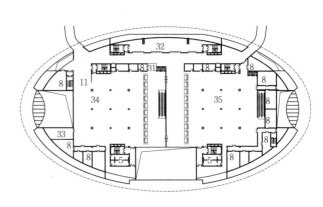

a 二层平面图

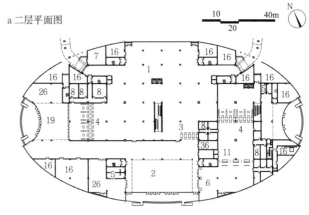

b 一层平面图

c 剖面图

2 上海吴淞口国际邮轮码头

名称	建筑面积	设计时间	设计单位
上海吴淞口国际邮轮码头	22258m²	2009	北京中外建建筑设计有限公司

本工程位于宝山区吴淞口北侧的炮台湾防波堤水域岸线（宝山支航道内），向东南距吴淞口约2km。客运中心项目建于吴淞口国际邮轮码头平台上，通过引桥与岸边相连

1 行李大厅	13 边检	25 码头
2 票务大厅	14 联检大厅	26 餐厅
3 行李托运处	15 检验检疫	27 阳台
4 海关	16 设备机房	28 观光层
5 卫生间	17 停车区	29 吧台
6 安检	18 集散广场	30 卸货区
7 消防控制中心	19 迎客大厅	31 行李寄存
8 办公室	20 票务办公室	32 免税商店
9 观光候船大厅	21 等候大厅	33 签证办理
10 安保控制中心	22 上空	34 入境边检大厅
11 卫检	23 夹层	35 出境边检大厅
12 登船大厅（位于地面）	24 服务通道	36 广播问讯

概述

民用机场是划定的一块区域，供民用航空器着陆、起飞和地面活动之用，包括各种建筑物、装置和设施，以保证对旅客和货物的接纳和转运、对航空器的停场周转和维护。

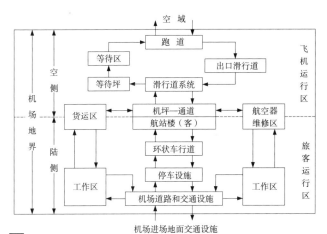

1 机场系统构成图

分类

1. 根据《国际民用航空公约附件十四》，民用机场按跑道长度可分为1~4类，按所使用飞机的特性可分为A~F类（表1）。

按跑道长度和飞机特性分类表　　　　　　　　　　　　　　　表1

第一要素		第二要素		
代码	跑道长度	代字	翼展	主起落架外轮间距
1	<800m	A	<15m	<4.5m
2	800m~1200m	B	15~<24m	4.5~<6m
3	1200~<1800m	C	24~<36m	6~<9m
4	≥1800	D	36~<52m	9~<14m
		E	52~<65m	9~<14m
		F	65~<80m	14~<16m

2. 根据我国《民用机场工程项目建设标准》，民用机场按旅客吞吐量规模可分为1~6级（表2）。

按旅客吞吐量规模分类表　　　　　　　　　　　　　　　　　表2

民用机场等级	年旅客吞吐量（万人次）
1	<10
2	10~50
3	50~200
4	200~1000
5	1000~2000
6	≥2000

3. 民用机场按航线的布局类型可分为枢纽机场、干线机场和支线机场（表3）。

按航线布局分类表　　　　　　　　　　　　　　　　　　　　表3

民用机场类型	定义	实例
枢纽机场	国内航空运输网络和国际航线的枢纽，运输业务特别繁忙的机场	北京首都国际机场、上海浦东国际机场、广州白云国际机场
干线机场	以国内航线为主，可开辟少量国际航线，可以全方位建立跨省跨地区的国内航线，运输业务较为集中的机场	武汉天河国际机场、南昌昌北国际机场、乌鲁木齐地窝堡国际机场
支线机场	分布在各省、自治区内及至邻近省区的短途航线机场，运输业务量较少的机场	恩施许家坪机场、满洲里西郊机场

实例　　　　　　　　　　　　　　　　　　　　　　　　　　表4

民用机场港名称（代码）	距市中心直线距离(km)	飞行区等级	航站区等级	航线布局类型
北京首都（PEK）	26	4F	6	枢纽
广州白云（CAN）	28	4F	6	枢纽
上海浦东（PVG）	40	4F	6	枢纽
武汉天河（WUH）	24	4F	5	干线
南昌昌北（KHN）	21	4E	4	干线
乌鲁木齐地窝堡（URC）	15	4E	5	干线
恩施许家坪（ENH）	3	4C	2	支线
满洲里西郊（NZH）	10	3C	2	支线
广元盘龙（GYS）	14	4D	1	支线

主要运营指标

主要运营指标表　　　　　　　　　　　　　　　　　　　　　表5

运营指标	定义	单位
旅客吞吐量	一定的时间内到港和出港的旅客人数	人次
货邮吞吐量	一定的时间内到港和出港的货物、邮件量	kg、t
起降架次	一定的时间内机场运输飞行起降的次数	架次
高峰小时旅客吞吐量	指"典型高峰小时旅客吞吐量"，是指将机场一年内每个小时的旅客进出港人数按大小排序，第30个高峰值的旅客进出港人数	人次
高峰小时起降架次	指"典型高峰小时起降架次"，是指将机场一年内每个小时的飞机进出港的起降架次按大小排序，第30个高峰值的起降架次	架次

选址

民用机场选址应与城市中长期发展规划相协调，与市中心距离适中，兼顾空域条件、工程地质水文条件、电磁、地磁环境、土石方工程量等因素。妥善处理好机场建设与环境保护的关系，贯彻国家节约用地的原则。机场运行应尽量避免飞机起落航线穿越城市上空，造成机场净空控制对城发展的制约。

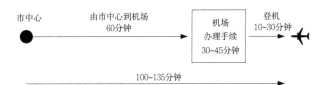

2 机场与城市连接时间控制图

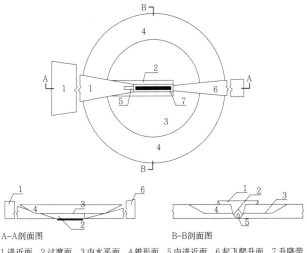

1 进近面　2 过渡面　3 内水平面　4 锥形面　5 内进近面　6 起飞爬升面　7 升降带

3 机场跑道障碍物限制面示意图

民用机场 [2] 总体规划

总体规划内容

民用机场总体规划是指导机场发展和建设的法定性文件，也是实施机场建设、运行和管理的基本依据。

民用机场总体规划内容包括：飞行区规划、空中交通管理系统规划、旅客航站区规划、货运区规划、航空器维修区规划、工作区规划、供油设施规划、公用设施及交通系统规划、机场环境保护规划（包括机场航空器噪声相容性计划）、土地使用规划、竖向规划等。进入运行阶段后，机场将始终处在不断的改进和发展中，总体规划应提供合理可行的分步实施方案。

民用机场总体规划主要内容表　　　　表1

功能分区	内容
飞行区	跑道系统、滑行道系统、机坪、目视助航系统、附属设施等
旅客航站区	航站楼、站坪、停车设施、道路、高架桥、轨道交通、综合交通中心、机场宾馆
货运区	生产用房、业务仓库、集装器库（场）、货物安检设施、联检设施、保税仓库、停车场及配套设施、货运机坪等
航空器维修区	维修机库、维修机坪、航空器及发动机维修车间、发动机试车台、外场工作间、航材库及配套设施等
工作区	机场管理机构、航空公司、民航行业管理部门、空中交通管理部门、航油公司、联检单位、公安、武警、空警、安检等驻场单位的办公和业务设施、地面专用设备及特种车辆保障设施、机上供应品及配餐设施、消防及安全保卫设施、应急救援及医疗中心、旅客住宿、餐饮、休闲娱乐等生活服务设施等

总平面图

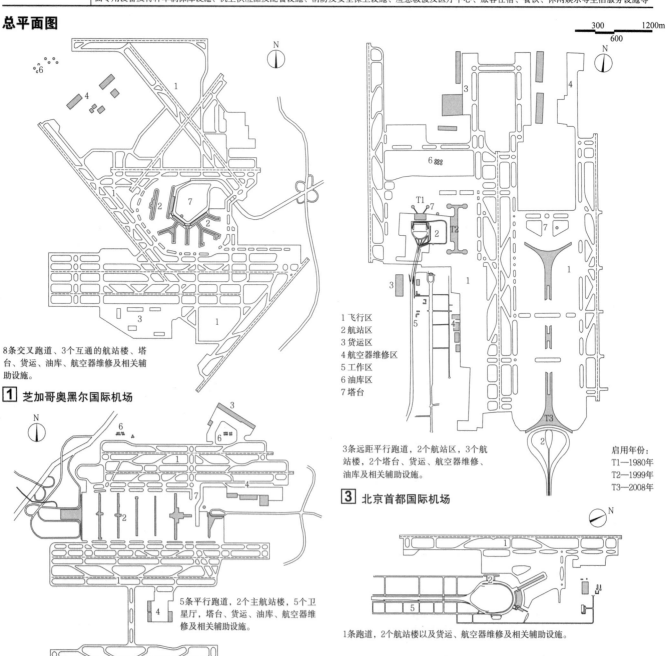

8条交叉跑道、3个互通的航站楼、塔台、货运、油库、航空器维修及相关辅助设施。

1 芝加哥奥黑尔国际机场

5条平行跑道、2个主航站楼、5个卫星厅、塔台、货运、油库、航空器维修及相关辅助设施。

2 亚特兰大哈兹菲尔德国际机场

1 飞行区
2 航站区
3 货运区
4 航空器维修区
5 工作区
6 油库区
7 塔台

3条远距平行跑道、2个航站区、3个航站楼、2个塔台、货运、航空器维修、油库及相关辅助设施。

3 北京首都国际机场

启用年份：
T1—1980年
T2—1999年
T3—2008年

1条跑道、2个航站楼以及货运、航空器维修及相关辅助设施。

4 南昌昌北国际机场

总体规划 [3] 民用机场

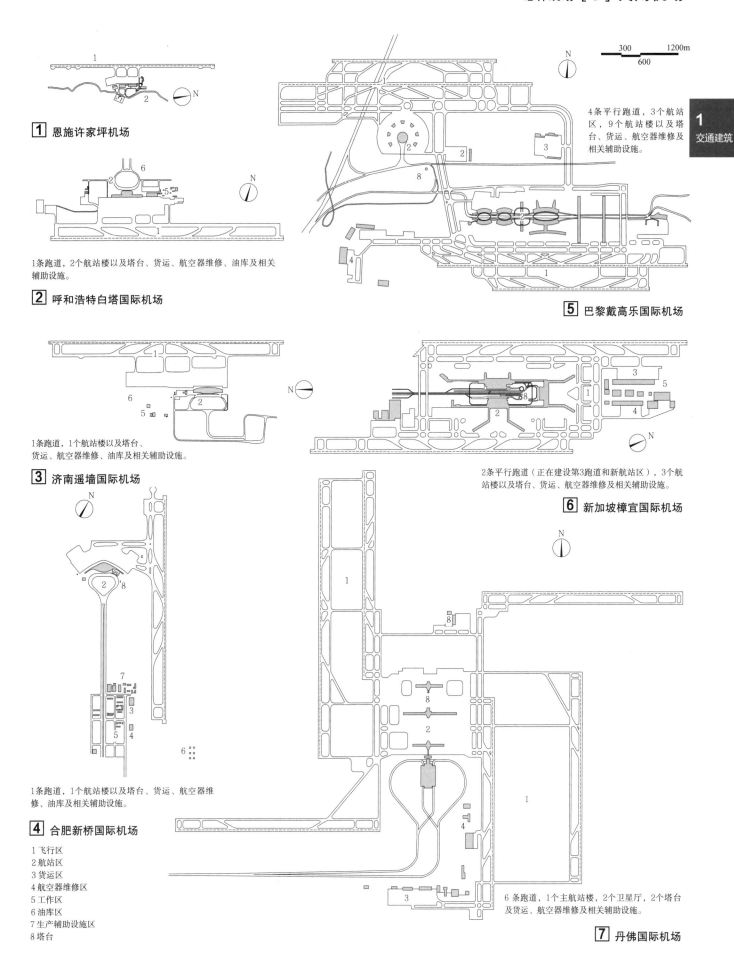

1 恩施许家坪机场

1条跑道，2个航站楼以及塔台、货运、航空器维修、油库及相关辅助设施。

2 呼和浩特白塔国际机场

1条跑道，1个航站楼以及塔台、货运、航空器维修、油库及相关辅助设施。

3 济南遥墙国际机场

1条跑道，1个航站楼以及塔台、货运、航空器维修、油库及相关辅助设施。

4 合肥新桥国际机场

1 飞行区
2 航站区
3 货运区
4 航空器维修区
5 工作区
6 油库区
7 生产辅助设施区
8 塔台

4条平行跑道，3个航站区，9个航站楼以及塔台、货运、航空器维修及相关辅助设施。

5 巴黎戴高乐国际机场

2条平行跑道（正在建设第3跑道和新航站区），3个航站楼以及塔台、货运、航空器维修及相关辅助设施。

6 新加坡樟宜国际机场

6条跑道，1个主航站楼，2个卫星厅，2个塔台及货运、航空器维修及相关辅助设施。

7 丹佛国际机场

民用机场 [4] 飞行区规划

跑道

跑道是供飞机起飞与降落的设施。跑道长度应满足使用该跑道的最大机型的起降要求。跑道基本构型有：单条跑道、平行跑道、交叉跑道和开口V形跑道等，具体案例可为这些基本构型的组合。

跑道基本结构分类表　　　　　　　　　　　　　　　　　　　　　　　　　　　　　　　　表1

跑道基本构型		说明	构型图	实例
单条跑道		一般在空港容量不大的情况下，采用这种构型。能够满足36~40架次/小时的容量需求		武汉天河国际机场
平行跑道	远距	跑道平行布置，跑道中心线间距不小于1035m，可实施独立平行仪表进近；当跑道中心线间距不小于1525m，能够满足80架次/小时的容量需求		广州白云国际机场
	近距	跑道平行布置，当915m≤跑道中心线间距<1035m时，可实施相关平行仪表进近；当760≤跑道中心线间距<915m时，可按照隔离平行模式运行。能够满足50~65架次/小时的容量需求		上海虹桥国际机场
交叉跑道		跑道交叉布置，通常用于满足不同风向的起降要求。交叉的位置和跑道使用方式对容量有影响		芝加哥奥黑尔国际机场
开口V形跑道		跑道呈V形布置，互不相交，可满足不同风向的起降要求。从V形顶端起飞时，容量更大		堪萨斯城威奇托国际机场

滑行道

滑行道系统主要包括平行滑行道、快速出口滑行道、端联络滑行道、旁通滑行道、回转滑行道、绕行滑行道、机位调度滑行道等，主要供飞机由跑道滑行至机位或从机位滑行至跑道。

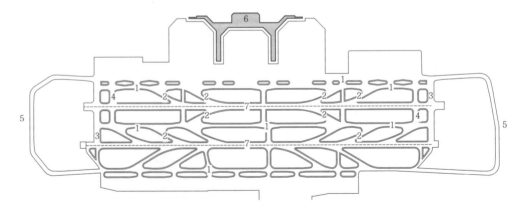

1 平行滑行道　2 快速出口滑行道　3 端联络滑行道　4 旁通滑行道　5 绕行滑行道　6 航站楼　7 跑道

1 上海虹桥国际机场滑行道布局图

机坪布局

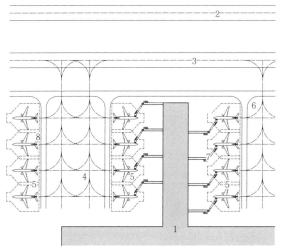

1 航站楼
2 第一平行滑行道
3 第二平行滑行道
4 机位调度道
5 机位安全线
6 服务车道
7 登机桥
8 远机位
9 牵引车
10 电源车
11 食品车
12 集装箱装载车
13 加油车
14 行李装卸车
15 客舱清洁车
16 饮水供应车
17 真空厕所
18 空调车
19 充氧车

[1] 机坪布局图

[2] 服务车辆图

滑行通道

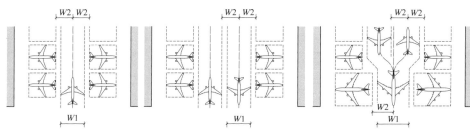

a 单滑行道   b 双滑行道   c 单双结合滑行道

机尾未设服务车道，设服务车道时相应加宽 $W1$ 为飞机翼展宽度，$W2$ 为机位滑行通道中线距物体的距离。

[3] 飞机进出"港湾"滑行道模式图

[4] 组合机位图

滑行道最小间距表（单位：m）　　　　　　　　　　　　　　　　　　　　　　　　　　　　　　表1

飞行区指标Ⅱ	滑行道中线距跑道中线的距离								滑行道中线距滑行道中线的距离	滑行道中线（不包括机位滑行通道）距物体的距离	机位滑行通道中线距物体的距离
	仪表跑道				非仪表跑道						
	飞行区指标Ⅰ				飞行区指标Ⅰ						
	1	2	3	4	1	2	3	4			
A	82.5	82.5	—	—	38.5	47.5	—	—	23.75	16.25	12
B	87	87	—	—	42	52	—	—	33.5	21.5	16.5
C	—	—	168	168	—	—	93	—	44	26	24.5
D	—	—	176	176	—	—	101	101	66.5	40.5	36
E	—	—	182.5	—	—	—	—	107.5	80	47.5	42.5
F	—	—	—	190	—	—	—	115	97.5	57.5	50.5

飞机分类表　　　　　　　　　　　　　　　　表2

飞机类型	代表机型	翼展(m)	平均座位数(个)	飞机高度(m)	转弯半径(m)
A	B100、Beechjet 400、Learjet 45	<15	30	4.5	15~20
B	DH8、CRJ-700	15~24	50	6.3	20~25
C	B737、A320	24~36	150	12.3	25~30
D	B757、B767、A310、A300	36~52	250	17	30~40
E	B747、B777、A340、B787	52~65	350	19.5	40~45
F	A380、B747-8	65~80	550	24.4	45~50

飞机安全间距表（单位：m）　　　　　　　　　　　表3

飞行区指标Ⅱ	F	E	D	C	B	A
机坪上停放的飞机与主滑行道上滑行的飞机之间的净距	17.5	15	14.5	10.5	9.5	8.75
在机坪滑行通道上滑行的飞机与停放的飞机、建筑物之间的净距	10.5	10	10	6.5	4.5	4.5
机坪上停放的飞机与飞机以及邻近的建筑物之间的净距	7.5	7.5	7.5	4.5	3	3
停放的飞机主起落架外轮与机坪道面边缘的净距	4.5	4.5	4.5	4	2.25	1.5

民用机场 [6] 航站楼构型

航站楼构型

1. 航站楼按与空侧机位的衔接方式，可分为前列式、指廊式和卫星式等三种基本构型，在具体方案中可组合使用。
2. 航站楼按单元组合方式可分为集中式和单元式两种。
3. 航站区的陆侧交通模式通常有尽端式和贯穿式两种。

按航站楼与空侧衔接方式分类表　　表1

航站楼构型	说明	构型简图	实例
前列式	航站楼空侧边线为直线或弧线，飞机停靠在航站楼旁		呼和浩特白塔国际机场
指廊式	航站楼空侧向外伸出若干个指形廊道，飞机在指廊侧面停放		武汉天河国际机场
卫星式	在航站楼主体之外的空侧，布置一座或多座卫星式建筑物，飞机围绕着卫星建筑物停放，卫星厅和主楼、卫星厅之间通过地下、地面或地上高架通道相连接		亚特兰大国际机场

按单元组合方式分类表　　表2

航站楼构型	说明	构型简图	实例
集中式	民用机场全部旅客和行李都集中在一个航站楼内处理		昆明长水国际机场
单元式	一个民用机场，设若干个航站楼单元，可分为国内航站楼和国际航站楼，也可按照航空公司及联盟划分航站楼的使用		洛杉矶国际机场

航站区陆侧交通模式分类表　　表3

航站区交通模式	说明	构型简图	实例
尽端式	航站楼作为进场道路系统的尽端，楼前形成高架桥、道路系统，车辆经航站楼前高架桥、道路折返离场		北京首都国际机场
贯穿式	道路穿过航站区，车辆可由航站区两侧进场、离场，并通过匝道进出航站楼前高架桥、道路系统		巴黎戴高乐国际机场

陆侧交通系统组成

航站区陆侧区域一般由各种交通设施、机场辅助设施和景观等部分组成。

航站区陆侧交通包括旅客进出场和机场后勤辅助区两大系统。其中旅客进出场系统又可分为大客车、出租车、社会车辆、轨道交通等交通方式和出港车道边、到港车道边、社会停车场、轨道车站等交通设施。旅客交通站点一般按不同车辆分道分区、逐级分流的方式进行组织,并与机场内部路系统相接。

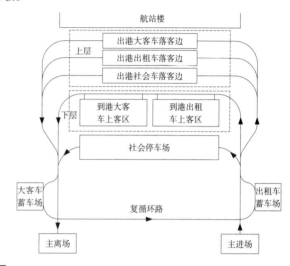

1 航站区陆侧交通组成示意图 ——联系紧密 ----联系较弱

2 航站楼前道路交通组织示意图

民用机场交通比例表 表1

机场名称	旅客吞吐量(万人)	大客车比例	出租车比例	社会车比例	轨道交通比例	其他
北京首都国际机场(PEK)	7867(2011年)	12%(2010年)	37%(2010年)	33%(2010年)	9%(2010年)	9%(2010年)
伦敦希思罗国际机场(LHR)	6589(2010年)	13%(2007年)	27%(2007年)	34%(2007年)	25%(2007年)	1%(2007年)
巴黎戴高乐国际机场(CDG)	5817(2010年)	13%(2009年)	25%(2009年)	27%(2009年)	32%(2009年)	3%(2009年)
法兰克福国际机场(FRA)	5301(2010年)	5%(2006年)	21%(2006年)	45%(2006年)	28%(2006年)	1%(2006年)
香港国际机场(HKG)	5041(2011年)	46%(2005年)	13%(2005年)	8%(2005年)	25%(2005年)	9%(2005年)
阿姆斯特丹史基浦国际机场(AMS)	4360(2009年)	5%(2009年)	15%(2009年)	41%(2009年)	39%(2009年)	1%(2009年)

道路系统设计

设计原则:道路系统设计应当简捷顺畅,实现出港到港分流、不同类型站点分开,机场道路系统应形成回路以适应各种使用模式,并提供折返条件。

系统分类:航站楼道路系统结合外部交通联系以及航站楼布局模式,基本可分为尽端式和贯穿式。

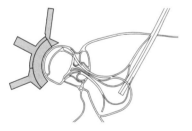
a 杜塞尔多夫国际机场(尽端式)

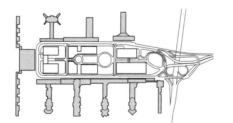
c 洛杉矶国际机场(串联多楼尽端式)

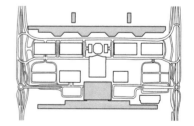
e 慕尼黑施特劳斯国际机场(组合式)

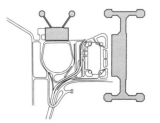
b 北京首都国际机场(多楼尽端式)

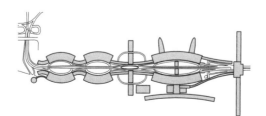
d 巴黎戴高乐国际机场(多楼贯穿式)

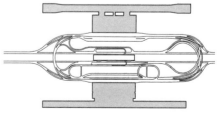
f 上海浦东国际机场(贯穿式)

3 陆侧交通实例

民用机场 [8] 陆侧交通

车道边设计

1. 设计要点

（1）航站楼进出港车道边是指在航站楼前提供旅客上下车的到港或出港车辆停靠区，进出港车道边长度需通过交通分析进行测算。

（2）车道边设计宜按照车型或车辆使用性质进行分流。

（3）楼前车辆停靠道边一般不超过3条，距楼较远的道边计算长度应折减。

（4）合理利用最内侧车道边资源，建议优先顺序为大客车、出租车、社会车。

（5）考虑高峰时段车辆集中率，如可按高峰小时有40%的旅客在20分钟内抵达进行测算。

（6）多数情况下所有出港车均可使用出港车道边；根据交管部门要求，为减少对楼前到港车道边的占用时间，可要求接人的社会车进入停车场，不允许在到港车道边接人。

2. 常用数据

车道边计算常用数据表　　　　　　　　表1

序号	分类	停靠时间（分钟）		单位车辆占用车道长度(m)	有效座位数（个）
		出港	到港		
1	大客车	3~8	10~20	16	20~32
2	中客车	2~5	3~5	10	10~16
3	社会车	2~5	0、2~3	7	1~2
4	出租车	2~5	2~3	7	1~2

注：表中数值均为经验值。

车道边计算实例

计算条件1：高峰小时陆侧客运吞吐量预测　　表2

总旅客量		始发和终到旅客		迎送旅客		陆侧客运吞吐量(人/小时)
比例(%)	数量(人/小时)	比例(%)	数量(人/小时)	比例(%)	数量(人/小时)	
15（国际）	1939	85	1648	50	824	2472
85（国内）	10990	85	9341	30	2802	12143
合计	12929	—	10989	—	3626	14615

注：始发、到港旅客数占85%，中转旅客占15%。

计算条件2：陆侧高峰小时进出旅客量　　表3

交通方式	比例(%)	陆侧客运吞吐量(人/小时)		
		到港	出港	总计
大客车	35	2557	2557	5114
社会车	25	1826	1826	3652
出租车	25	1826	1826	3652
轨道交通	15	1096	1096	2192
合计	100	7305	7305	14610

注：出港、到港旅客比例相等。

计算步骤1：陆侧高峰小时车辆计算　　表4

交通方式	比例(%)	旅客数(人/小时)	车辆座位数(个)	载客率(%)	有效座位数(个)	需要车次(辆/小时)
大客车	35	2557	30	0.6	18	142
社会车	25	1826	4	0.4	1.6	1141
出租车	15	1826	4	0.4	1.6	1141
合计	85	6209	—	—	—	2424

计算步骤2：出港层停车道边计算　　表5

交通方式	需要车次(辆/小时)	40%车辆在20分钟内抵达	停靠时间(分钟)	20分钟周转次数(辆)	所需车道数量(个)	单位车道长度(m)	车道边长度(m)
大客车	142	56	4	5	12	16	192
社会车	1141	456	2	10	46	7	322
出租车	1141	456	1.5	13	35	7	245
合计	2424	—					759

计算步骤3：到港层停车道边计算　　表6

交通方式	需要车次(辆/小时)	40%车辆在20分钟内抵达	停靠时间(分钟)	20分钟周转次数(辆)	所需车道数量(个)	单位车道长度(m)	车道边长度(m)
大客车	142	56	10	2	29	16	464
出租车	1141	456	0.75	27	18	7	126
合计	1283						590

注：到港层社会车辆不允许停靠，故不计入停车道边长度。

机场车道边布局实例

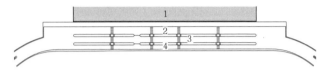

a 出港层布置

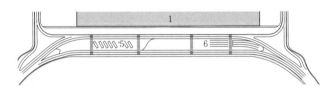

b 到港层布置

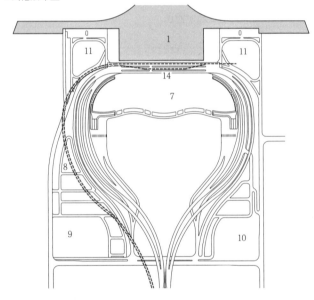

c 航站楼前交通整体布置图

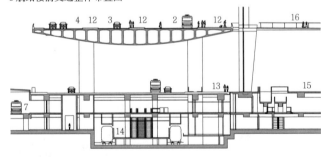

d 航站楼前剖面图

1 航站楼　2 大客车车道边　3 出租车车道边　4 私家车车道边
5 大客车上客区　6 出租车上客区　7 停车楼　8 地铁线
9 私家车停车场　10 大客车停车场　11 VIP停车场　12 出港车道边
13 到港车道边　14 轨道车站　15 迎客大厅　16 通往办票大厅

1 昆明长水国际机场

交通换乘中心

当机场规模较大时,进出机场的换乘方式更为复杂,往往包括:轨道交通,长、短途公交巴士,出租车,各类社会车辆等。楼前车道边的长度往往无法充分满足各种交通方式的送、接、蓄,交通换乘中心就是一个与航站楼紧密结合,有序组织各种交通换乘方式的场所。

	交通换乘中心设计原则 表1
1	大容量的公共交通尽可能在航站楼前换乘,轨道交通车站尽可能贴邻航站楼布置
2	人车分流,提供安全独立的步行系统,将航站楼与各交通工具换乘点相联系
3	对旅客的交通引导流程及标识系统均应便捷直观,考虑到旅客携带行李的不便,应尽量少换层,或采取电梯、自动扶梯、自动人行道等人性化的代步工具
4	按照节约用地以及减少旅客步行距离的要求,对综合交通中心内的出租车、公交车等交通换乘提倡采取"接蓄分离、远端场蓄、调度衔接"的方式。

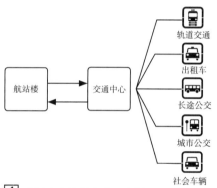

1 交通中心换乘方式示意图

2 交通中心换乘示意图

1 航站楼首层平面　6 轨道交通站厅层
2 航站楼二层平面　7 轨道交通站台层
3 架空步行连廊　　8 公交巴士接客车道边
4 商业模块　　　　9 出租车及旅游巴士接客车道边
5 停车库

图中●为竖向垂直交通位置。

机场宾馆

机场宾馆可满足航站楼旅客就近休息等要求,通常包含住宿、会议、娱乐、餐饮等功能,从而提高机场范围内的服务水平。机场宾馆主要供等候值机或值机延误旅客使用。

	机场宾馆设计原则 表2
1	机场宾馆应通过步道或接驳车与航站楼紧密联系
2	商务会议部分宜相对独立,其短时间的大量人流不应影响旅客过夜用房正常的业务活动
3	宾馆的商店娱乐部分和餐饮部分宜考虑同时为乘客及乘务人员服务,使旅客能比较方便地到达
4	应提供航站楼接送功能,宜提供航班信息、旅客办票、行李托运等服务功能

3 机场宾馆示意图

1 航站楼
2 宾馆
3 专属道路

冷源和热源供应中心

冷源和热源供应中心是集中为航站楼及相关配套建筑提供冷、热源的站房,通常设置在靠近航站楼的区域,其设计需按当地的能源及管理状况,充分考虑经济性、节能性、运行管理的安全和有效性,采用高效的控制系统。

	冷源和热源供应中心 表3
冷源和热源供应中心设置原则	冷源供应中心应尽量靠近负荷中心以减少输送能耗。供冷供热范围应考虑使用时间,建筑功能和管理的合理性
冷源和热源供应中心站房的设计	冷源和热源供应中心通常为一层式或两层式建筑,屋面上设置冷却塔。以长方形的建筑体型为主。设计需考虑室内、室外以及水蓄冷罐等设施的布局
水系统方式	水系统输送管道在总体上的敷设方式通常有:架空、半通行地沟、通行地沟、直埋四种方式。其中架空的造价最低,通行地沟的造价最高
基础要求	冷冻机组的基础高度一般为100mm,水泵基础高度为100~150mm,必要时,冷冻机和水泵需做打桩基础,管道的支吊架应经过结构计算负荷承载力,必要时要进行处理

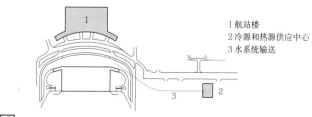

4 航站楼冷源和热源供应中心布局

1 航站楼
2 冷源和热源供应中心
3 水系统输送

民用机场 [10] 航站楼指标测算

概述

依据机场前期分析预测所提供的飞机、车辆、旅客等项基础数据，针对每个机场的具体情况选取适当的标准和调整系数，对航站楼各流程中的旅客流量、主要设施数量、主要功能区域面积等参数进行测算，量化航站楼主体功能需求，用以指导航站楼建筑设计。

旅客流量测算

研究确定机场的高峰小时进/出港单向集中率，根据基础数据和拟定的旅客流程，将总的高峰小时旅客吞吐量转化为进/出港及中转单向流程中各关键节点的高峰小时旅客流量。

高峰小时旅客流量是测算航站楼中主要流程设施数量和主要功能区域面积的基础。

进/出港单向集中率反映了机场进出港航班的峰谷波动，须视机场具体情况确定。

流程设施数量测算

内容：设施数量以满足高峰小时旅客通行为目标，测算主要包括各类办票柜台数量、各类检查通道/柜台数量、行李提取转盘数量、各功能区座位数量等。

方法：设施数量等于高峰小时通过某类设施的人数与单个该类设施处理速度的比值，并考虑设施开放率、旅客排队时间等调整因素。行李提取转盘数量应以高峰小时到港航班架次为基础进行测算。

测算应考虑按使用人员的构成（如普通旅客、贵宾、员工等）以及不同种类设施的使用比例（如传统办票与自助办票、海关红色通道与海关绿色通道等）进行细分并分别测算。

机场基础数据示例   表1

类型	项目	分项	数值
旅客	年旅客吞吐量（万人次）	国内	3230
		国际	570
		合计	3800
	高峰小时旅客吞吐量（人次）	国内	10885
		国际	2046
		合计	12930
	中转比例（%）	国内转国内	15
		国内转国际	4.5
		国际转国内	3
		国际转国际	7.5
		合计	30
	迎送比例（迎送人数与旅客人数之比）	国内	0.3
		国际	0.5
飞机	年起降架次（万架次）	国内	25.5
		国际/地区	4.5
		合计	30
	高峰小时起降架次（架次）	国内	78
		国际/地区	14
		合计	92
	站坪机位数量和机型组合		96（1B 63C 26D 4E 1F）
	航站楼近机位数量和机型组合	国内	57（20C 31D 4E 2F）
		国际/地区	11（2C 6D 2E 1F）
		合计	68（22C 37D 6E 3F）

各机型飞机平均载客人数   表2

机型代码	B	C	D	E	F
平均载客人数（人）	50	150	250	350	550

座位数测算

候机区对应所服务机型，应提供不少于飞机平均载客人数70%的候机座位数量。

对于同时服务多个停机位的集中候机区，可考虑周边登机口的同时使用率而适当下调候机座位数量比例。

航站楼内各主要功能区域，应按区域内高峰小时人数的一定比例提供座位。

航站楼内各主要功能区域座位数量比例   表3

功能区	提供座位比例 座位数/高峰小时人数×100%
入口大厅*	10%
办票大厅*	5%
行李提取厅	5%
中转过厅	5%
迎客大厅*	20%

注：*标注的陆侧功能区域的面积和座位数量，需同时考虑旅客和迎送人员。

主要功能区域面积测算

航站楼内各功能区域按照使用类型可分为排队区、等候区、通行区等，区域面积以高峰小时旅客人流量为基数，并选取适当的单人面积标准进行测算。

功能区域面积=高峰小时人数×单人面积÷最大占用率（国际航空运输协会IATA-C类标准，建议最大占用率为65%）。

航站楼内流程设施参考数据   表4

设施种类		处理速度 （人/小时·位置）	旅客排队时间（分钟）	
			中国民航标准	IATA-C类标准
国内传统办票		60	8~12	12~30
国际传统办票		30	8~14	
自助办票		90		
登机牌检查		450		
安检通道		144	5~12	3~7
检疫	普通旅客	240		
	携带物者	12		
海关	绿色通道	240	合计通关时间不大于30分钟	
	红色通道	30		
边防	出境通道	80		5~10
	入境通道	60		7~15
中转手续		160		

注：表中所列设施处理速度为国内各地机场的综合设计数值。

航站楼内各主要功能区域面积标准   表5

位置	中国民航标准	IATA-C类标准
入口大厅	1.0m²/旅客	2.3m²/旅客 0.9m²/送机者
办票大厅	1.8m²/旅客	1.7m²/旅客
国内出港安检		1.4m²/旅客
近机位候机厅	1.0m²/旅客	1.2m²/站立 1.7m²/座位
B		133m²/登机门
C		297m²/登机门
D		385m²/登机门
E		599m²/登机门
F		825m²/登机门
远机位候机厅	1.0m²/旅客	1.2m²/站立 1.7m²/座位
检验检疫	1.5m²/旅客	
海关	2.0m²/旅客	
边防	0.6m²/旅客	
安检		1.4m²/旅客
行李提取厅	1.6m²/旅客	1.7m²/旅客
迎客大厅	1.6m²/旅客	2.0m²/旅客
卫生间（I类机场）	140m²/500位旅客	
（I类以下机场）	120m²/500位旅客	
头等与公务舱休息室	5.0m²/旅客	4.0m²/旅客

概述

旅客航站楼是民用机场的主体建筑，位于航站区陆侧和空侧的分界处，向陆侧连接地面交通，向空侧连接空中交通。旅客利用航站楼实现地面和空中两种交通方式的转换，或两段空中交通之间的转换，开始、结束或中转航空旅行。航站楼内设有各种手续办理、通关检查、停留等候、公共服务、后勤支持设施，用以保障各类旅客的旅行流程，并提供良好的服务。

旅客航站楼按照运营航班的性质或服务对象的不同，可分为国内航站楼、国际航站楼、国内和国际混用航站楼、航空公司（集团）专属航站楼、专机/公务机航站楼、低成本航站楼等。

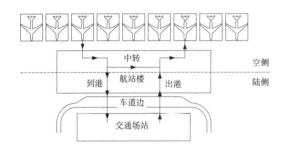

1 航站楼基本功能简图

主要旅客流程

在不同规模、不同类型的航站楼中，旅客流程的具体布置方式会有差别，但通行程序要求是大体一致的。一般来说，航站楼旅客流程主要包含以下类型：

1. 出港流程：国内出港、国际出港；
2. 到港流程：国内到港、国际到港；
3. 中转流程：国内中转国内、国内中转国际、国际中转国内、国际中转国际。

根据各机场对中转行李的监管模式不同，国内和国际相互中转旅客流程也有不同。在大型枢纽机场航站楼中，国内和国际相互中转流程，推荐采用在后区对行李进行监管的模式，以避免旅客先提行李再二次交运的不便。

功能流程设计

航站楼内的功能流程可分为旅客流程、行李流程、后勤流程等三种类型。其中旅客和行李流程又可分为出港流程、到港流程和中转流程；后勤流程主要包括员工流程、货物配送流程以及垃圾清运流程等。航站楼最基本的建筑功能是组织好各种人流和物流，实现均衡有序、便捷高效地运转。

流程组织设计要点如下。

1. 各种流程简洁顺畅、方向清晰，避免不同流线的交叉。
2. 尽量缩短旅客的步行距离，并尽量减少楼层转换。
3. 保证航空安全，严格分隔安检前后的非隔离区与隔离区；严格分隔国际与国内旅客；对进出港旅客进行必要的分流。
4. 依据旅客数量和服务标准，为主要公共区提供适宜的空间。在人流集中的候检区，应设置足够的检查通道和旅客排队等候空间，避免滞留拥堵。
5. 结合旅客流程，合理、充分、全面、系统地设置商业和服务设施。
6. 行李流程和后勤流程力求简洁高效，保证航空安全，合理配置相应空间。
7. 流程设计应具有适当的弹性，以适应机场运行过程中可能的调整。

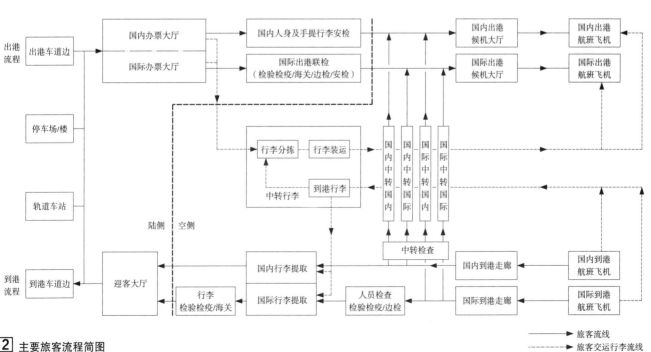

2 主要旅客流程简图

民用机场 [12] 航站楼功能流程设计

其他类型旅客流程

1. 国内经停流程：在始发站和终点站之间经过第三个城市上下旅客的国内航班旅客流程。

2. 国内和国际技术经停流程：航班因技术原因降落机场，如旅客需暂时离机，则须进入航站楼内封闭区域等候，待航班再次起飞前登机的旅客流程。

3. 国际航班国内段经停流程：该类航班是指①由国内某机场始发的国际航班，中途降落另一个国内机场上下旅客后，再续航出境的航班；②由境外机场始发的国际航班，中途降落另一个国内机场上下旅客后，再续航抵达国内终点城市的航班。对于联程飞行的旅客，他们须在中间站接受人身和随身物品行李出入境检查，他们的托运行李须在始发或终点站接受出入境检查。

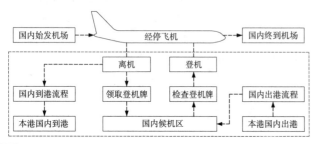

1 国内经停流程图

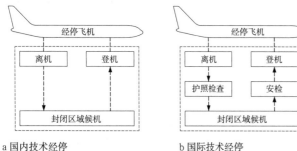

a 国内技术经停　　b 国际技术经停

2 国内和国际技术经停流程图

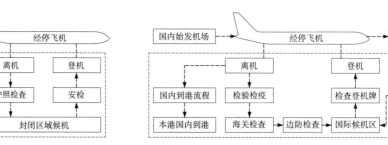

a 入境航班

b 出境航班

3 国际航班国内段经停流程图

主要后勤流程

航站楼主要后勤流程　　表1

流程类型	员工	货物配送	垃圾清运	行李手推车回收
细化分类	陆侧/空侧	陆侧/空侧/国际免税品	陆侧/空侧	出港/到港
流程对象	机场运营员工、航空公司员工、其他驻场单位员工	零售商品、免税品、餐饮/服务配送品、办公用品、物业保障品	办公垃圾、公共区垃圾、餐厨垃圾	陆侧托运行李重型手推车、空侧随身行李轻型手推车
主要设施	出入口、员工通道、检查口、员工梯、工作区、生活设施	货车通道、卸货区、检查口、库房、厨房、货梯	收集箱、暂存间、电梯、集中处理间、垃圾车通道	取车处、回收通道、电梯/坡道
设计要点	1.员工区域、设施、流线等应与旅客分开，避免交叉。如与旅客共用检查现场应有专用通道。2.需要区分不同人员、不同的工作区，进行统一规划。3.流线简捷，办公、生活设施与工作地点联系方便	1.区分空陆两侧货物，合理组织流线和检查点设置。2.库房/厨房与零售/餐饮联系方便，缩短货物输送距离。3.国际免税商品配送、库存，需由海关全程监管	1.区分空陆两侧区域，合理组织清运流线和设施配置。2.大型航站楼宜采用分级收集方式	1.须对行李手推车流量进行测算。2.留出适当的推车领取和弃置场地。3.视建筑条件规划回收通道（可采用往复、循环方式）。4.在不同楼层之间的输送应提供货梯/坡道条件

航站楼分区

航站楼内区域一般按照安全控制和运营管理范围进行划分，不同区域之间应该有严格的分隔措施和出入管理措施。主要分区有：

1. 安全控制区：指旅客或工作人员经过人身及随身物品安全检查后才能进入的区域。

2. 国际控制区：指必须经过各出入境管理部门检查和人身及随身物品安全检查后才能进入的区域。

3. 公共区—后勤区：公共区指旅客或接送人员可以进入的区域，后勤区指只有工作人员才能进入的区域。

4. 贵宾区：具有特殊身份资格或经过特殊允许才能够进入的区域。

5. 其他独立的安全控制区域：经过特殊允许和检查的工作人员/车辆才能够进入的工作区域，如站坪区、行李区、航站楼核心控制机房、塔台等。

旅客流程参数

1. 单个旅客面积和移动速度

C类服务等级对应的面积和移动速度　　　　　　　　　　表1

区域	面积	行进速度
办票前区域（大量行李车）	2.3m²/人	0.9m/s
办票后区域（少量行李车）	1.8m²/人	1.1m/s
空侧（无托运行李车）	1.5m²/人	1.3m/s

注：面积指标采用了IATA-C类服务标准。

2. 距离控制指标

距离控制指标主要包括流程最长步行距离指标和服务设施的最大间距等。IATA-C类标准建议：

主要旅客流程中的步行距离控制在250~300m；当增设自动步道时可增加到750m，其中无自动步道段不宜超过200m；超过750m时建议增加旅客捷运设施。

航站楼主要功能设施之间的距离不宜大于300m，如停车场到航站楼入口，办票到安检，行李提取到航站楼出口等。

出港区域的卫生间间距不宜超过120m，到港通道内卫生间应分段集中布置，提供充足厕位。

3. 时间指标控制

出港：从旅客在航站楼内办理登机手续起至旅客登机，国内出港不超过30分钟，国际出港不超过45分钟。

到港：从旅客的飞机着陆到离开机场的时间不超过45分钟（IATA/ICAO）；等候大客车时间不超过10分钟；等候出租车时间不超过3分钟。

中转：使用最短连接时间控制。

中转最短连接时间标准　　　　　　　　　　表2

中转类型	IATA建议标准（分钟）	中国民航标准,2006（分钟）
国内—国内	35~45	不超过60
国内—国际	35~45	不超过90
国际—国内	45~60	不超过90
国际—国际	45~60	不超过75

注：平均步行速度为1.3m/s（IATA-C类标准空侧指标），高度转换速度为22m/min。最短连接时间为离机到再登机的时间，包括办理手续时间和行进时间两部分。

中转最短连接时间建议计算参数　　　　　　　　　　表3

位置	排队等候时间（分钟）
出港安检	5
检疫	3
海关	3
边防	5
行李提取	15
中转办票	5

基本尺度

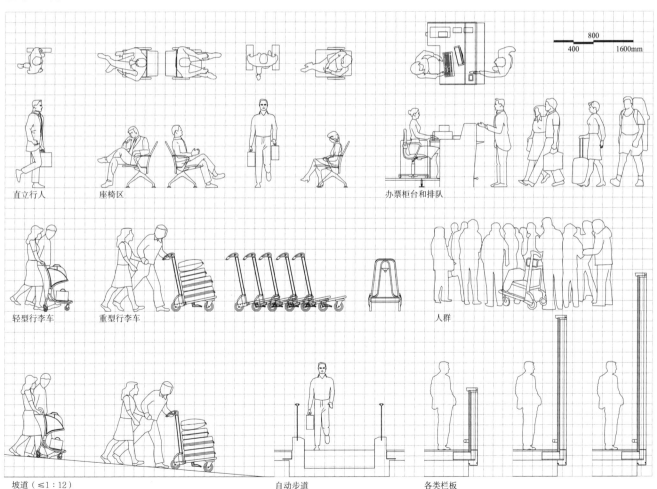

直立行人　座椅区　办票柜台和排队

轻型行李车　重型行李车　人群

坡道（≤1:12）　自动步道　各类栏板

1 基本尺度图

民用机场 [14] 航站楼剖面设计

楼层高度控制因素

1. 室内空间净高不宜小于2.5m，较大的公共空间应有合理、舒适的空间高度。
2. 进出港车道边应满足大客车4.5m的净高要求。
3. 室内楼层应与近机位飞机舱门实现顺畅连接，坡道满足最大坡度要求。
4. 登机桥固定端下的站坪服务车道净高不宜小于4.0m，满足消防车通行要求。
5. 若上部有行李系统穿行，应考虑行李系统夹层高度。

剖面流程

剖面流程主要类型和特点　　　　　　　　　　　　　　　　　　　　　　表1

类型	一层式	一层半式	两层式	两层半式	多层式
陆侧道路	单层，出港到港平面划分	单层，出港到港平面划分	两层，出港在上，到港在下	两层，出港在上，到港在下	两层或多层，出港在上，到港在下
旅客主要功能区	办票、候机、行李提取均在首层	办票、行李提取在一层，候机、到港通道在二层	出港功能在二层，到港通道局部在二层，其他到港功能在一层	出港功能在二层，到港功能在一层，到港通道采用夹层模式	出港到港功能采用多楼层模式进行组织
登机模式	无近机位，站坪步行，舷梯登机	近机位通过平层登机桥登机	近机位通过平层登机桥登机	近机位一般通过剪刀式登机桥登机	近机位一般通过剪刀式登机桥登机

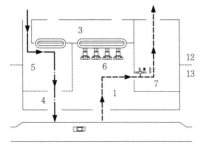

a 流线平面

b 流线剖面

1 一层式流线

1 办票大厅	11 国内出港到港混流
2 交通中心	12 空侧
3 行李机房	13 陆侧
4 迎送大厅	14 出港连桥
5 行李提取	15 到港连桥
6 出港行李托运	16 国际出港层
7 候机厅	17 国际到港层
8 贵宾厅	18 出港车道边
9 办公	19 到港车道边
10 商业	

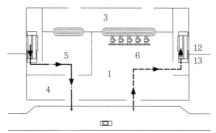

a 二层流线平面

b 一层流线平面

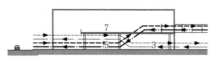

c 流线剖面

2 一层半式流线

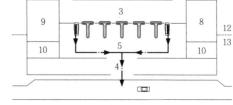

a 二层流线平面

b 一层流线平面

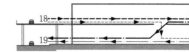

c 流线剖面

3 两层式流线

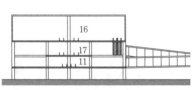

a 多层式指廊

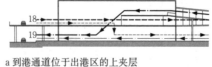

a 到港通道位于出港区的上夹层

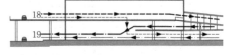

b 到港通道位于出港区的下夹层

4 两层半式流线

b 多层式主楼

5 多层式流线

｜ ----- 出港旅客　　――― 到港旅客
｜ ----- 出港行李　　――― 到港行李

办票大厅 [15] 民用机场

设计要点

办票大厅处于航站楼出港流程的最前端，一边连接着陆侧交通设施，另一边连接着国内安检和国际联检。办票大厅主要功能是为出港旅客办理乘机手续并托运行李，可分为国内、国际/地区、贵宾、专线航班等几个可相互连通的区域或相互独立的厅堂。

为了方便旅客，还可考虑在机场轨道车站/停车场/车道边、机场商务楼、市中心等处设置办票点作为航站楼办票的补充，分散办票的运营管理和行李传输系统较为复杂。

办票柜台通常成组布置，主要有岛式和前列式两种布置方式，并形成不同的办票厅形状、客流和行李流组织形式。在柜台前方需要留出旅客办票、排队等候和通行的空间，并据此确定办票岛间距等控制尺寸。

此外，办票大厅中还应考虑网上值机、自助值机、自助行李托运等设施的布置条件。

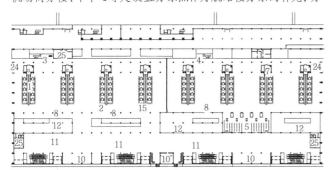

1 北京首都国际机场T2航站楼办票大厅

办票大厅主要旅客设施表　　　　　　　　　　　　　　　　表1

设施分类	设施具体内容
基本功能设施	出港航班信息显示、票务、航空保险、办票柜台（含普通舱、高舱位、贵宾、残疾人、团队等）、常规行李托运、超规行李托运、逾重行李缴费、自助办票机、国际行李海关申报、行李开包检查室等
功能辅助设施	引导标识、手推车、汇合点、行李打包、行李寄存、临时身份证办理、残疾人服务、问询、航空公司服务等
通用服务设施	零售、餐饮、电话、邮政、银行/ATM、医务室、卫生间、休息座椅等

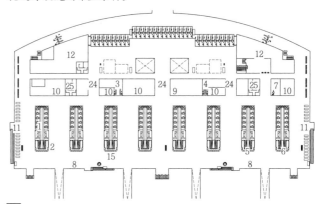

2 昆明长水国际机场航站楼办票大厅

1 办票岛　　　　2 自助办票机　　　3 国内超规行李托运
4 国际超规行李托运　5 海关申报　　　6 检疫申报
7 行李开包检查　8 行李打包　　　　9 行李寄存
10 零售、餐饮　11 休息座椅　　　　12 后勤办公
13 行李传送带　14 办票柜台　　　　15 柜台服务
16 办票岛间流通区　17 直线排队前端流通区　18 折线排队前端流通区
19 直线型排队区　20 折线型排队区　21 岛头横向通道
22 岛尾横向通道　23 走道及排队溢流区　24 通往安检区
25 卫生间　　　26 信息屏　　　　27 空托盘回收带

布局方式

每组办票柜台的数量建议控制在每组10~20个柜台为宜。在岛式或前列式办票的两端可布置票务、问讯、缴费，以及自助办票机、自助行李交运等其他功能柜台或设备。此外，行李安检X光机、CT机、判读室以及行李开包检查室等设备和用房也应靠近或组合于办票柜台组布置。

3 办票岛透视图

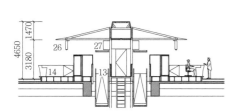

4 典型办票岛剖面图

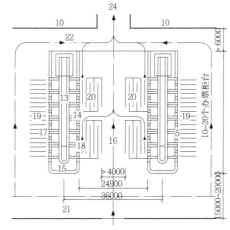

5 岛式布局办票柜台周边关系图

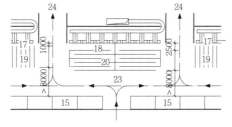

6 前列式布局办票柜台周边关系图

7 自助办票机

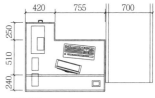

a 平面图

b 内立面图

8 普通办票柜台

民用机场 [16] 安检区

安检区位置

为保证航空安全，出港人员在进入安全控制区域之前需接受人身及随身行李及物品安全检查。根据安检区在航站楼内的位置，安检布局通常可分为集中安检、分区安检和登机门安检等方式，见表1。

安检布局形式　　　　　　　　　　　　　　　　　　　　　　　　　　表1

集中安检	分区安检	登机门安检
安检区集中设于一处，所有旅客在该处经安检后进入候机区。主要优点是设施集中、管理高效，利于安检后的集中商业。但旅客步行距离可能增加	对于候机分区明显的航站楼，可考虑分区设置安检。采用此种方式可减少人员集中压力、减少旅客步行距离。但不利于空侧集中商业，且人流导向要清晰，以免旅客走错方向	安检设在每个登机门处，或每个机位候机区围界处。此方式被称为安检后移，能最大限度保证飞机安全，安检前区域多为进出港混流区，可汇集更多商业资源、减少离港楼层、便于中转连接。但安检点分散布置，登机前需要留出充足的安检时间，员工、设施数量、管理难度都将有所增加

安检区设计要点

根据高峰小时旅客流量及旅客排队等候时间标准确定安检通道数量，并留出足够的排队候检场地，避免旅客滞留拥堵。旅客候检时间不应超过10分钟，建议排队距离为20~25m，或每条安检排队区面积不小于40m²。

1. 安检通道应区分普通旅客、头等舱及商务舱、急客、残障人士、员工/机组，并考虑为回流旅客提供专用通道。
2. 安检通道应避免其他区域人员对安检工作区的通视，并能实现单独关闭。有些机场要求在进入安检区前设置登机牌查验口，以避免非旅客人员进入安检区。
3. 安检区旁边须设置工作用房。

根据安检区场地条件，安检通道可有不同的组合方式。

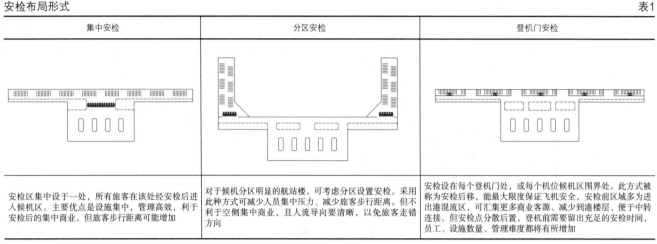

[2] 典型安检区布置

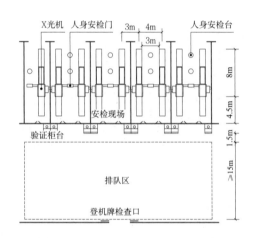

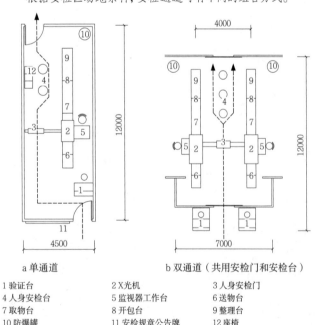

a 单通道　　　　b 双通道（共用安检门和安检台）

1 验证台　　2 X光机　　3 人身安检门
4 人身安检台　5 监视器工作台　6 送物台
7 取物台　　8 开包台　　9 整理台
10 防爆罐　　11 安检规章公告牌　12 座椅

[1] 安检通道组合方式

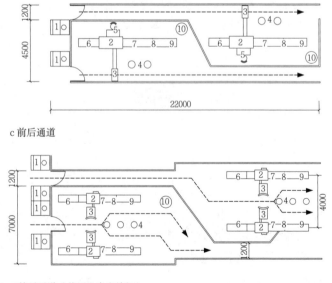

c 前后通道

d 前后通道（共用人身安检门）

设计要点

国际联检区是指国际旅客及其行李出境或入境时接受的海关、检验检疫、边防等检查程序的区域。国际出港安检一般结合出境联检区设置。

国际出港旅客联检程序通常为：海关申报/动植物出境申报—行李托运—检验检疫—海关（分为红色和绿色通道）—出境边防—安检（或为安检—边防）。

国际到港旅客联检程序通常为：旅客人身检验检疫—入境边防—行李提取—行李检验检疫—海关（分为红色和绿色通道）。

设计要点：

1. 国际联检次序各机场或有不同，须当地各联检部门协调确定。

2. 各检查现场通道/设施数量和候检场地应能满足高峰客流量，避免旅客滞留拥堵，根据机场运行特点考虑一定的冗余。旅客通过检疫海关边防的总时间不应超过30分钟。

3. 单独设置头等舱及商务舱、残疾人、员工以及回流等特殊人员通道。

4. 各现场旁边应设有足够的辅助用房，以布置检查室、值班室、监控室、隔离室、缉毒犬室等。

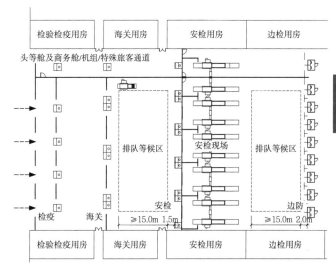

② 国际出港联检现场

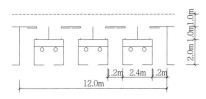

a 正向并列布置

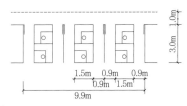

b 侧向前后布置

① 边防验证柜台图示

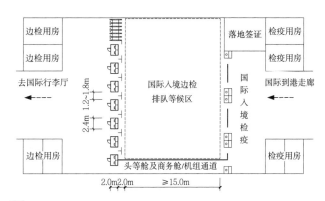

③ 国际到港联检现场（行李提取前）

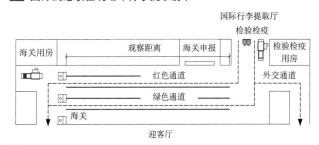

④ 国际到港联检现场（行李提取后）

布局要点

联检区布局要点　　　表1

中转类型	基本职能	现场设施	空间布置
检验检疫	依法监控传染病和有害动植物、微生物由境外传入或由境内传出，对旅客及其携带物品进行检查和处理	主要设施是申报台、通道、检查柜台，必要时需临时架设检查设备	可通过红外线监测设备对体温过高旅客进行排查。建议候检区域长度不小于10m，柜台布置对旅客行进不造成阻挡
海关	受理出入境旅客物品申报，并依法对出入境物品进行监管，控制违禁品出入境、缉私/缉毒、征税等	设施主要包括公告牌、填表台、通道（包括有申报物品的红色通道和无申报物品的绿色通道，通常按2:8考虑）、申报柜台/检查柜台、X光检查设备等	海关通道宽度应满足检查柜台和旅客通道的布置，由栏杆分隔的单人通道宽度不小于1m。绿色通道长度应满足检查人员对通关旅客的观察距离，红色通道应留出申报柜台及前方的排队场地
边防	对出入境旅客的护照及其他旅行材料进行检查，核实确认身份	主要现场设施包括验证柜台、旅客通道（通常分为本地旅客和境外旅客，并有自助通关通道）、现场指挥台等。国际机场在入境现场前应设置落地签证处	候检场地可采用直列或蛇形排队，场地进深宜大于15m。验证柜台之间的通道宽度建议为0.8~0.9m，验证柜台通常有正面、侧面/前后等布置方式

民用机场 [18] 候机厅·卫生间

候机厅

对应于航站楼外线性排布的停机位，旅客候机厅多为带状，可分为单侧候机和双侧候机。候机厅主要包括登机口、座位区、通行区、商业服务等区域。

对于岛式停机或指廊端部停机的环绕区域，可形成集中的尽端式候机厅。

远机位候机厅为通过站坪摆渡车登机的旅客服务。

机型、座位数、座位区宽度、座位区进深关系 表1

项目数据	飞机机型			
	C (A320-200)	D (B767-400)	E (B747-400)	F (A380)
飞机最大载客数（人）	150	261	400	555
候机区座位比例（%）	70	70	70	70
最大旅客数（人）	105	183	280	389
旅客服务面积指标（m²/人）	1.4	1.4	1.4	1.4
面积需求（m²）	147	256	392	544
飞机翼展宽度（m）	36	52	65	80
飞机间最小净距（m）	4.5	7.5	7.5	7.5
门位宽度（m）	40.5	59.5	72.5	87.5
可用宽度（m）	26.4	40.6	51.0	61.0
门位深度（m）	5.6	6.3	7.7	8.9

注：飞机载客数随机型及客舱布局而有区别；候机区面积常规是按照IATA-C类标准提供。

候机厅主要旅客设施表 表2

基本功能设施	登机口柜台、登机口信息显示、候机座椅、旅客通道（含自动步道）、航班信息显示
辅助设施	引导/指示标识、卫生间、饮水处、吸烟室、母婴室、贵宾候机室、残疾人服务、老人／儿童服务、便利店、餐饮店、网络服务、医务、宗教服务、长时间候机服务（康体、娱乐、钟点客房、展览等）

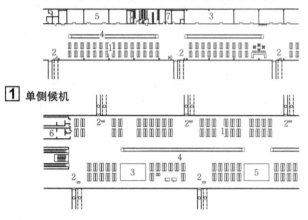

1 单侧候机

2 双侧候机

1 休息座椅　　2 登机口　　3 商业零售　　4 通行区／自动步道
5 头等舱及商务舱候机室　　6 卫生间　　7 吸烟室　　8 标识航显
9 登机口　　10 远机位登机门　　11 站坪摆渡车位

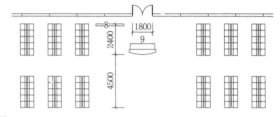

3 登机口布置图

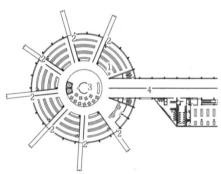

4 尽端式候机厅一

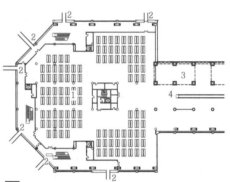

5 尽端式候机厅二

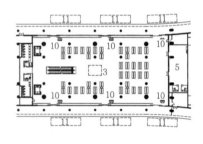

6 远机位候机厅

卫生间

公共卫生间设计应体现人性化的服务。卫生间间距不大于120m；根据所服务区域的高峰人数确定洁具数量；建议卫生间入口不设门而采用迷路式设计，方便旅客携带行李出入；洁具隔间尺寸适度放大，便于旅客放置随身行李；洗手盆、小便器间距适度放大，镜面、烘手器等设施齐全；应配置第三卫生间和母婴间、清洁室，卫生间内女厕洁具数量应适当提高比例；宜根据当地情况确定坐式与蹲式大便器的比例。

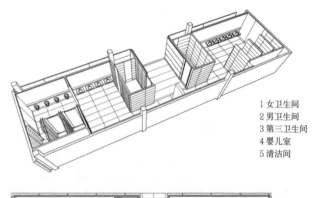

1 女卫生间
2 男卫生间
3 第三卫生间
4 婴儿室
5 清洁间

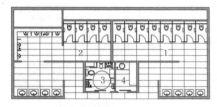

7 入口迷路式卫生间布置图

概述

登机桥是停泊在近机位的飞机与航站楼之间的联系通道，供旅客上、下飞机之用。一般由固定桥和活动桥组成，固定桥通常属航站楼建设工程，活动桥则是机场专用设备，直接接驳飞机舱门，可以水平转动、前后伸缩、高低升降。机舱门与进出港层的高度差可通过登机桥转换，还可通过航站楼内的坡道、扶梯转换。

a 单通道平桥平面

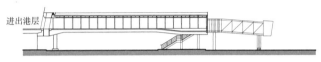

b 单通道平桥剖面

c 双通道剪刀桥平面

d 双通道剪刀桥剖面

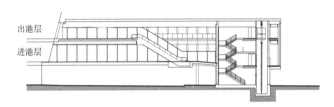

1 固定桥
2 活动桥

e 混合桥平面（带有自动扶梯，可同时服务组合机位的两个航班）

f 混合桥剖面

1 固定登机桥形式

设计要点

1. 协调确定航站楼进出港层标高、固定桥坡度与长度、桥下车道净高、固定桥与活动桥间的连接点高度、活动桥坡度、飞机舱门高度、站坪标高之间合理的剖面关系。
2. 固定桥和活动桥连接点相对站坪高度建议取值：4.0m（小飞机）~5.5m（大飞机）。
3. 固定桥下一般有机坪服务车道通过，净高通常要求大于4.0m。
4. 活动桥与固定桥坡度均不宜大于1:12、不应大于1:10。在坡度段应增设两侧扶手，地面考虑防滑措施。
5. 固定桥内净宽1.8~2.1m（单通道），桥内净高2.4~2.6m。
6. C、D类飞机需接驳1条活动桥；E类飞机宜接驳2条活动桥；F类飞机如要接上层舱门则需3条旅客桥。
7. 登机桥须设置楼梯连接站坪，通常设置在固定桥桥头。

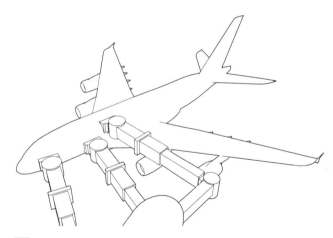

2 F类飞机（A380）的登机桥接驳示意图

飞机舱门高度　　　　　　　　　　　　　　　　　　表1

机位类型	舱门高度	典型机型
C类	2.59~3.47m	A319、A320、A321、B737-300~900WL、B737-300、B737-800、B737-900WL
D类	最大高度4.60m	A300-600、A310、B757-200、B767-200、B767-300
E类	最大高度5.36m	A330-200、A330-300、A340-200、A340-300、A340-600、B747-400、B777-200、B777-300、B787-8、B787-9
F类	最大高度8.10m	A380-800（是指上舱门高度）

注：除C类外，D、E、F类机位和登机桥应考虑至少兼容下一级飞机的停靠和接驳。

活动登机桥的性能参数　　　　　　　　　　　　　　表2

项目		旋转伸缩式	其他形式
通道内部最小截面	宽度	≥1450mm	
	高度	≥2100mm	
接机时，通道地板整体坡度		≤10%	
接机口最大旋转角度	左转	≥90°	≥15°
	右转	≥30°	≥15°
轮架最大旋转角度	机电驱动（左、右转）	≥88°	—
	液压驱动 左转	≥88°	—
	右转	≥15°	—
水平左右最大旋转角度		≥88°	—

民用机场 [20] 行李提取大厅和迎客大厅

概述

行李提取大厅是到港旅客提取行李的区域，分为国内厅和国际/地区厅，基本设施包括：到港航班行李转盘分配信息显示屏、行李手推车、行李提取转盘、大件行李提取处、行李查询，以及休息座椅、卫生间、吸烟室、更衣间等辅助服务设施，在国际行李厅附近可考虑安排免税品商店。

迎客大厅主要服务于到港旅客和接站人员，主要功能设施包括：到港航班信息、接站口、城市交通连接以及零售/餐饮/旅游/酒店/行李寄存/银行等服务设施。迎客大厅与办票大厅之间须有方便的连通条件。

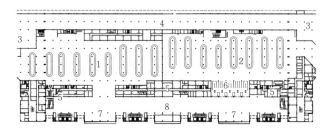

[1] 北京首都机场T2航站楼行李提取厅和迎客大厅

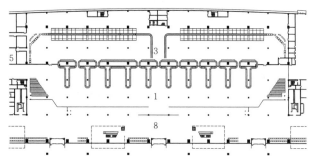

[2] 武汉天河机场T3航站楼行李提取厅和迎客大厅

1 国内行李提取厅　2 国际行李提取厅　3 行李处理机房　4 专用通道
5 业务用房　6 海关　7 商业零售　8 迎客大厅

行李提取转盘

行李提取转盘的数量和长度取决于高峰小时到港飞机的架次、机型和行李数量。行李转盘是一个匀速(0.15~0.3m/s)转动的封闭输送环，通常有岛式和附壁的半岛式两种布置方式，并分为旅客提取段和位于行李机房中的行李上载段。行李提取转盘上的输送带有倾斜式和水平式两种形式。

行李转盘外需提供不小于3.5m宽的区域供旅客等待、提取、装车。考虑停放行李车区及旅客通道，两个行李转盘之间区域的建议宽度为11~13m。

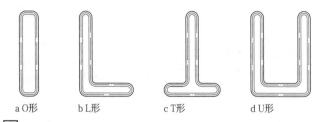

a O形　b L形　c T形　d U形

[3] 行李提取盘的典型形状

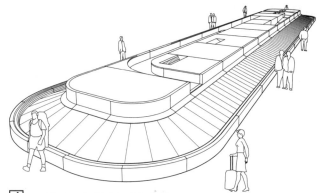

[4] O形岛式—倾斜式行李提取盘透视图

行李提取转盘设计参数　　　　　　　　　　　　　　　表1

机型	旅客提取段长度	行李上载段长度	每航班占用时间
B、C（1~2架次）	40~70m	20~40m	15~20分钟
D、E	70~90m	30~40m	30~45分钟
F	95~115m		45分钟

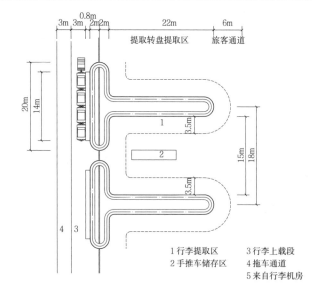

a T形行李提取转盘的典型布局

1 行李提取区　　3 行李上载段
2 手推车储存区　4 拖车通道
　　　　　　　　5 来自行李机房

b O形岛式行李提取转盘的典型布局

[5] 行李提取盘的典型布局

托运行李箱常规尺寸　　　　　　　　　　　　　　　　表2

最大		最小	
长（L）	0.90m	长（L）	0.30m
宽（W）	0.35m	宽（W）	0.30m
高（H）	0.70m	高（H）	0.30m

行李系统简介

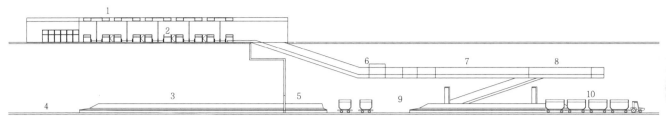

1 行李系统剖面简图

| 1 办票大厅 | 2 出港行李收集、安检 | 3 到港行李提取 | 4 行李提取大厅 | 5 到港行李上载 |
| 6 行李传输汇集 | 7 早到行李储存 | 8 出港行李分拣 | 9 行李处理大厅 | 10 出港行李装运 |

机场航站楼行李系统是指对旅客托运行李进行称重、安全检查、输送、识别、分拣、监控等处理的一套机械化输送和处理系统。

行李系统一般由若干子系统组成：始发系统、到港系统、中转系统、分拣系统、早到行李储存系统、大件行李系统、自助办票系统、安检系统、控制系统、信息系统等。按分拣系统自动化程度不同可分为人工分拣、自动+人工混合分拣、自动分拣等三种形式。

设计要点

1. 办票大厅处的行李系统主要完成称重、贴标签、安检（选项）、汇集、输送等功能。办票岛布置设计与柜台数量、安检模式、办票岛的形式、建筑柱网等因素相关。

2. 行李房内，始发行李系统装卸方式有输送机、滑槽、转盘三种方式。到港行李系统的装卸方式有输送机、转盘两种方式。中转行李系统一般采用输送机传输。

3. 为保证飞行安全，出港行李需进行安全检查。安检系统是采用扫描设备，对托运行李进行检查。安检系统通常有单机安检、柜台式安检、多级安检等模式。

(1) 单机安检：在旅客办票前，由集中设置的安检机对旅客的行李进行安检。

(2) 柜台式安检：在每个办票柜台，对托运行李进行安检。

(3) 多级安检：对旅客交运行李进行多级安检。如X光机及CT扫描，通常在每组办票岛或办票区的后台集中设置。

4. 建筑柱距与行李系统的布置和行李车辆运行关系密切，不同的柱距对行李系统有不同的适应性。常用的建筑柱距与行李系统的适应关系参考表2。

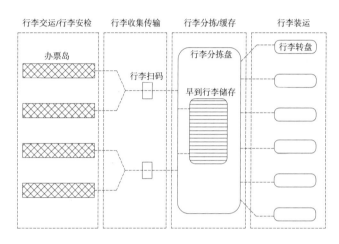

2 出港行李系统简图（自动分拣）

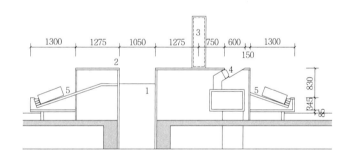

3 行李提取转盘剖面图

1 行李输送口	2 装饰盖板	3 到港行李信息
4 送风口	5 行李传输带	6 称重段
7 安检扫描段	8 上线段	9 办票柜台

建筑柱距与行李系统关系图表　　表1

建筑柱距(m)	18	15	12
岛式办票	√		
前列式办票	√	√	√
出行行李输送线装卸方式	√	√	√
出港行李转盘装卸方式	√		
出港行李滑槽装卸方式	√	√	
到港行李转盘装卸方式	√		
到港行李输送机装卸方式	√	√	√

一组办票柜台的典型尺寸范围　　表2

宽度W: 3620~4620 mm	W1: 400~600 mm	W2: 900~1200 mm	W3: 1420~1620 mm
长度L: 4700~5000 mm（有安检时）2700~3000 mm（无安检时）	L1: 1500 mm	L2: 2000 mm	L3: 1200~1500 mm

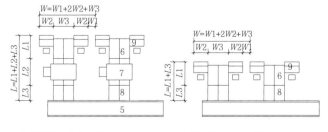

a 有安检的柜台布置图　　b 无安检的柜台布置图

4 办票柜台布置图

民用机场 [22] 行李处理机房·旅客捷运

行李处理机房

行李处理机房平面取决于行李处理系统、行李装卸、行李拖车运行等设备和区域的综合布置。行李处理机房高度主要取决于行李系统布置方案，行李系统应与建筑设计同步进行。

行李机房层高=结构高度+公用管网高度+行李设备高度+行李拖车高度。

公用管网高度：暖通管网、强弱电管网、消防管网、照明设备等高度。

行李设备高度：行李输送机、分拣机等行李设备高度之和，具体取决于行李系统方案。人工分拣行李系统留一层输送机设备的高度，约1.6m。自动分拣系统或组合分拣系统的高度一般要考虑二层设备的高度，约在3.9~5.7m范围。

行李拖车高度：行李拖车装卸和运行需要的高度，不低于3m。

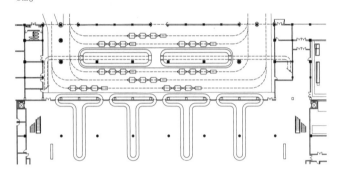

[1] 银川机场T2航站楼行李处理机房

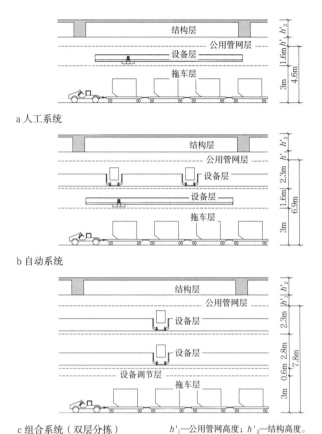

[2] 分拣行李系统高度

旅客捷运

旅客捷运指自动驾驶的、按固定轨道线路行驶的、在固定站点之间运输人员的短程列车。在大型机场中用于在相距较远的几个站点之间频繁运输大量人员。可设置在不同的航站楼之间、在航站楼和卫星厅之间、航站楼和停车场或轨道车站等相距较远的陆侧交通设施之间等。

国际航空运输协会建议在大量旅客步行距离超过750m时，考虑使用旅客捷运系统，并根据旅客类型、高峰流量、往返频度、是否携带行李等条件，选择适当的旅客捷运技术系统和配置。建筑设计中需考虑旅客站台、轨道线路、维修设施、动力能源、控制中心等条件。

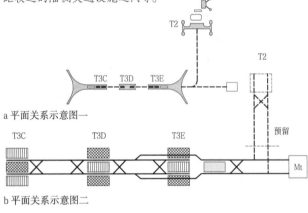

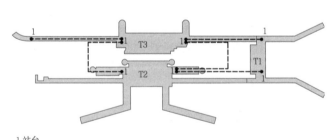

1 站台

[4] 新加坡樟宜机场旅客捷运系统简图

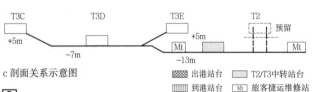

■ 出港站台　▨ T2/T3中转站台
▥ 到港站台　 Mt 旅客捷运维修站

[3] 首都机场旅客捷运系统简图

1 站台
2 车站屏蔽门
3 旅客捷运车厢

[5] 旅客捷运车图示

概述

标识系统设置的主要目的就是运用一套简单、规范的图文符号指示系统，引导旅客识别各流程，识别有关设施位置，最终到达目的地（如登机口、迎客厅或中转处等）。在航站楼设计的初期就应该对标识进行系统设计。

标识系统分类 表1

按信息重要级别	按信息类型	按安装方式
重要级：流程指示和指向；次要级：辅助服务设施指示和指向；第三级：规章宣传或警示	动态信息：航班信息/通道状态显示/规章滚动显示；静态信息：持久固定的信息；互动信息：电子查阅	地面站立式、顶部吊挂式、墙面嵌入或出挑式、可移动式；其他方式

设计要点

1. 使用一套标准的术语、图形、符号、字体、色彩，以及标牌式样。
2. 区分信息的重要级别，突出重要信息。
3. 结合流程，精选点位布置，使整个系统简明、清晰、避免歧义，并保证流程引导的连续。
4. 主要工作内容：设施命名、点位布置、标牌形式设计、标牌版面设计、各标牌信息内容。

版面和文字

字体的高度与观察距离有关：3m的观察距离对应不小于1cm的英文小写字母高度，即字体的高度为观察距离的1/300。建议中文字的高度与英文小写字母的高度之间的比例是2.0∶1，最小字高不小于1.6cm。

文字字体一般采用无衬线字体，例如中文的"黑体"或"华康黑体W5-A"等，英文的"Frutiger"或"Univers"等。

[1] 标识牌字体及版式示例

色彩

1. 国际航空运输协会推荐三类常用标识色彩搭配方式：
   (1) 组合一：黑色字体/背景，黄色背景/字体；
   (2) 组合二：深蓝色字体/背景，白色背景/字体；
   (3) 组合三：红色字体/背景，白色背景/字体。
2. 应在国标和国际常用做法的基础上进行设计和选择。国内通常的做法是深蓝色背景和白色字体。标识色彩宜用两种配色方案以区分机场导向系统内重要的流程信息与次要的非流程信息。应避免使用《图形符号安全色和安全标志》GB/T 2893.1-2013规定的安全色中的红色和黄色。
3. 所有颜色方案应考虑当地传统、用色习惯或敏感事物。

颜色指标（以pantone色彩体系确定） 表2

颜色	色相	饱和度	亮度
黄色	41	255	122
深蓝色	170	255	84
红色	8	255	122

主要区域的重点标识设置

1. 入口大厅：航站楼入口标识，航站楼平面示意图及出港流程图，航站楼导向印刷品，出港航班信息、票务、问讯等标识。
2. 办票大厅：办票岛（区）及办票柜台的位置与编号，出港航班信息，超规行李托运、出港导向标识。
3. 候机区：候机区平面图，登机口导向标识，专用候机室位置及导向标识，航班信息显示屏。
4. 到港通道：出口和行李提取导向标识，中转导向标识。
5. 行李提取厅：行李提取位置标识，行李转盘编号，各个转盘到港航班行李信息显示屏，超规行李提取、行李查询标识，行李提取厅出口标识。
6. 迎客大厅：接站口标识，到港航班信息，市区交通图，公共交通站、停车场导向标识，航站楼出口标识。

[2] 图标体例示例

典型做法

除特殊要求外，标识牌一般应使用光源发光或自发光材料。标识亮度应与环境协调，并经过测算以满足清晰度要求，且不应过亮，避免光污染和能源浪费。

标识安装和灯箱构造应提供光源电源和信号线路由，并具备方便的检修、更换条件。

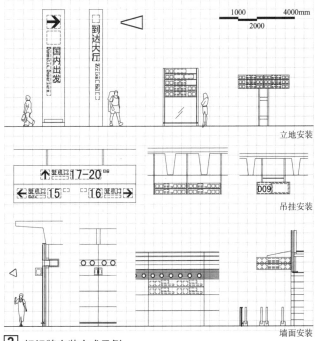

[3] 标识牌安装方式示例

民用机场 [24] 航站楼商业服务设施

航站楼商业要点

航站楼商业策划相比一般商业策划有以下特点：辐射面大，人流量大，客流性质相对单一，在国际机场具有免税店商业。

航站楼商业设施布置应遵循以下原则。

1. 布点：商业设施应和旅客动线相结合，且不影响航站楼主流程；商业应秉承集中和分散相结合的原则，集中商业区应考虑连续有节奏的布置，分散布置的商业则充分考虑所处区域的旅客类型和旅客心理。

2. 可见度：旅客的购物方式需简便、直接，商业店面应对旅客清晰呈现并便于旅客从商铺外获取内部商品信息。

3. 灵活性：机场内的商业需求不断变化，商业布局需具有灵活性以保持持续的服务和盈利能力，并考虑到未来扩容的可能性。

4. 风格：航站楼内商业设计应契合航站楼室内设计风格，并体现商业特有氛围。

商业业态分析与布置建议

商业业态设置建议　　　　　　　　　　　　　　　表1

序号	业态	布置特点	商品主要类型
1	零售	商业效益与经过的旅客数量成正比；在各类店铺组合布置时，应适当考虑同一出行团体内个体的消费目的	服装、鞋帽类品牌；土特产、纪念品、工艺美术、礼品；手表、珠宝；箱包、化妆品和个人护理；药店保健品专卖店
2	免税店	宜集中设置，通常位于国际出境联检之后和国际行李厅内	
3	餐饮	餐饮设置较为灵活，与零售及其他业态相互组合，可通过餐饮的吸引力适当增加旅客流线范围，并有效提高商业区的人气	咖啡、茶室、甜品、冷饮、面包房、快餐类（中式/日式/西餐）、自助餐、中型餐饮（中餐）、中型餐饮（西餐）、大型餐饮（中餐）等
4	休闲娱乐	与零售和其他业态相组合	理疗、美容、诊所、儿童游戏场地等
5	服务	分布在空侧和陆侧区域，根据所在区域的特定需求进行配置	自助银行、银行网点；书店、报亭；便利店、专业超市

商业区设置建议　　　　　　　　　　　　　　　表2

序号	商业布置位置	商业特征
1	出发（陆侧区）	在办票前可适当设置与旅行有关的服务类业态，如行李寄存、箱包出售等，适当地设置小超市、小吃零食等商铺；对于商务客较多的机场，也可在办票前设置中高档餐饮，办票后如有条件，可适当增加零售商业，以及一些中低端餐饮
2	到达（陆侧区）	根据到达旅客的特征，陆侧到达大厅需设置服务性的业态，如货币兑换、自助银行、旅游产品、酒店预订、租车服务等；针对接机人员在该区域可设置能观察到达出口的餐饮和零售，零售的种类应以礼品类为主
3	出发（空侧区）	空侧出发区域是航站楼商业设施集中区，几乎所有的航站楼商业业态都可以在此区设置；在空侧还可提供大量的服务性商业，如SPA、书吧、计时旅馆等
4	到达（空侧区）	此区域可设置少量服务性设施或小型零售商业

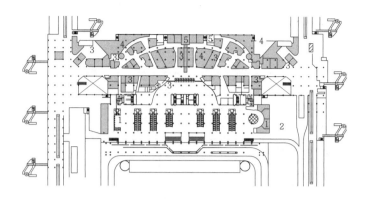

1 机场出发层商业布置　　1 陆侧餐饮　2 陆侧零售　3 空侧零售　4 空侧休闲式商业　5 空侧餐饮

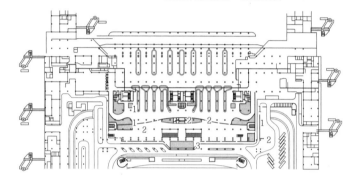

1 空侧零售　2 陆侧餐饮　3 陆侧咨询服务

2 机场到达层商业布置

商业布置规模与比例设置建议　　　　　　　　　表3

序号	比例
1	旅客航站楼内，空侧商业面积大于陆侧商业，比例约为陆侧30%~40%，空侧60%~70%
2	一般航站楼国内商业最佳面积指标为每百万旅客700~1000m²，国际商业最佳为每百万旅客900~1300m²。且商业区面积约占机场候机区域的8%~12%

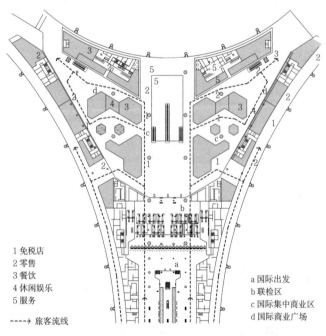

1 免税店
2 零售
3 餐饮
4 休闲娱乐
5 服务

----→ 旅客流线

a 国际出发
b 联检区
c 国际集中商业区
d 国际商业广场

3 首都国际机场T3航站楼国际出发层集中商业布局示意图

贵宾的分类

现行航站楼中的贵宾通常分为机场贵宾和航空公司贵宾等两类。

机场贵宾通常由机场当局为其提供专用的外部交通、流程设施、休息室以及站坪接送等条件。机场贵宾区通常集中设置在航站楼首层。

航空公司贵宾(也称两舱旅客)主要由其所承运的头等舱、商务舱、高等级常旅客等人员组成,由航空公司为其提供专用的流程设施或检查通道、候机厅等条件。航空公司贵宾区通常在各种公共的功能区中分隔出独立的专用区域。

贵宾的通行流线

旅客类别及流程服务表　　表1

旅客类别		流程及服务
出港旅客流程	航空公司贵宾	专用的办票区或办票柜台; 服务人员陪同办票和行李托运; 专用的检查通道; 专用候机区或候机室; 提供简餐、报刊等增值服务; 提供专用的登机通道或优先登机条件
	机场贵宾	专用的通行道路和停车场; 专用的办票区或办票柜台; 服务人员代理办票或行李托运; 专用候机室; 提供简餐、报刊等增值服务; 专用的检查通道; 可通过站坪专车送达机位直接登机; 亦可在主楼提供专用登机通道
进港旅客流程	航空公司贵宾	提供专用通道和行李提取区域,提取行李后进入到达大厅离开
	机场贵宾	贵宾由专车接送至贵宾休息室,由服务人员代为提取行李,国际到港旅客接受边检后从陆侧专用出口离开

贵宾区设置

1. 基本功能区

包括入口、前台接待、餐区、休息区、卫生间等。贵宾休息区可集中设置,也可分散设置。其面积大小通常根据使用单位的要求进行设计。

2. 增值服务区

包括独立贵宾房、洗浴、新闻阅读、酒吧、商务区、健康中心、氧吧等。

航空公司贵宾区建议设计参数表　　表2

头等/商务舱旅客逗留时间	60分钟
头等/商务舱旅客人均占用面积 (旅客使用面积)	4.0~7.0m²/人
头等/商务舱旅客占总旅客量比例	10%

注:1. 高舱位旅客的面积需求可以按照相关的机场设计规程进行测算。
　　2. 不包括厨房、卫生间等辅助空间。

航空公司贵宾候机区位置

1. 与公共区平层。特点:流线简捷、占地面积较大。
2. 在公共区上层。特点:视野较好,有专用电梯或自动扶梯。
3. 双层布置。特点:有效利用空间。

后勤员工通道均需与贵宾活动区域分开,避免与贵宾通道的冲突。

贵宾候机区应布置在可以便捷、就近为贵宾提供服务的位置。

航站楼贵宾服务设施 [25] 民用机场

1 交通建筑

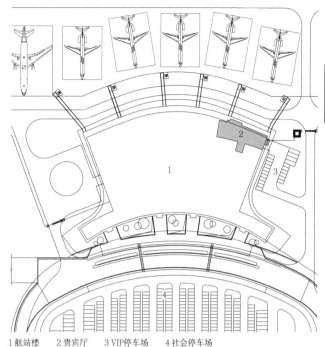

1 航站楼　2 贵宾厅　3 VIP停车场　4 社会停车场

1 扬州泰州机场贵宾厅(0.00m标高)区位图

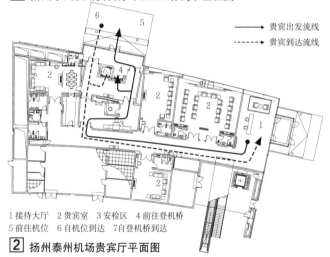

→ 贵宾出发流线
--→ 贵宾到达流线

1 接待大厅　2 贵宾室　3 安检区　4 前往登机桥
5 前往机位　6 自机位到达　7 自登机桥到达

2 扬州泰州机场贵宾厅平面图

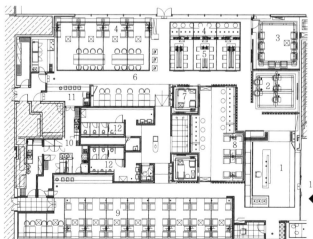

1 接待区　2 影音区　3 包房　4 沙发区　5 上网区　6 独立就餐区　7 小憩区
8 高端旅客商务休闲区　9 旅客沙发区　10 厨房　11 自助吧台　12 卫生间　13 入口

3 上海虹桥机场T1航站楼贵宾区平面图

民用机场 [26] 无障碍设计和室内环境设计

无障碍设计

航站楼各个功能区均需按相关规范为旅客配备全面的无障碍设施，包括：

1. 出发及到达车道边及停车楼需设有无障碍停车位；
2. 航站楼楼内盲道应引导至问讯服务中心，服务中心负责为残疾人提供售票、办票、安检直至送上飞机等服务；服务台局部应留出为残疾人服务的位置，其高度应方便轮椅者使用；
3. 联检区域应有1个联检通道可供乘轮椅者通行；
4. 设置残疾人专用或带残疾人功能的客梯、卫生间、坡道，使得残疾人士无论出发、到达、中转还是使用公用设施都通行无阻；
5. 候机区、行李提取厅设置轮椅席位，旅客登机桥坡度固定端坡度不应大于1:10，条件允许的情况下宜不大于1:12，由专人负责帮助旅客登机；
6. 饮水处、问讯处、公用电话、旅客求助设施等公共服务设施的设计考虑方便残疾人的使用；
7. 各出入口、通行通道、检查通道等，均需满足残疾人士通行条件。

室内环境设计原则

航站楼室内设计应继承建筑设计的原则和理念，是建筑设计的延续。整体形象应体现交通建筑的建筑性格：高效、简洁、大气，并秉承安全、方便、耐久、绿色的设计原则。

室内设计空间分类　　　　　　　　　　　　　　　　　　表1

公共区	普通旅客直接使用的各个功能区域	公共区通常有连续贯通的整体空间、相对独立的功能区连接为系列空间等模式。需综合研究空间的形态、色调、光照、环境控制等设计要素
非公共区	工作人员使用的区域	通常为功能化、普通装修的各类房间和通道
贵宾区	各类贵宾使用的区域	以休息区或休息室为主体，按管理方要求进行室内设计

公共空间室内设计要点　　　　　　　　　　　　　　　　表2

统一性	统一规划室内的材料、模数、色彩，形成室内空间环境的整体感
识别性	结合空间形态，通过材料组合和家具小品、引导标识的运用，形成清晰的流程导向性和特定空间的识别性
协调性	整合各类技术系统和室内设计因素成为一个协调的整体，突出旅客通道、引导标识、商业服务等主体功能
材料和构造	体现室内设计原则，综合控制材料构造的种类和造价，以及使用维护、调整改造的便利条件

室内环境设计实例

1 上海虹桥机场T2航站楼出发大厅室内设计

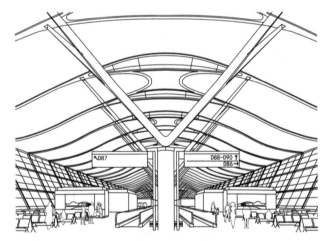

2 上海浦东机场T2航站楼候机区室内设计

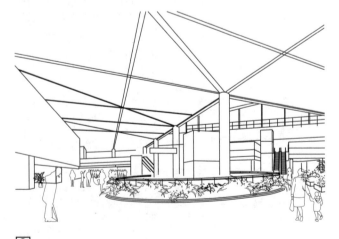

3 上海虹桥机场T2航站楼商业区室内设计

4 南京禄口机场T2航站楼迎客大厅室内设计

公共区与非公共区

航站楼内部运营功能复杂，人流密度大，因而其安全性被列为主要的考虑因素。

航站楼根据使用特点分为公共区和非公共区两部分，公共区指供旅客使用的区域，含旅客出发大厅、安检区、商业区、候机区、到达区、行李提取区、迎客区；非公共区则包括设备区、后勤办公区等。其中，公共区是航站楼防火防灾需要考虑的重中之重。

防烟与排烟

在旅客使用的大空间区域建议采用自然排烟；需划分防烟分区时，防烟分区不应跨越防火分区。

防烟分区应采用高度不低于500mm的挡烟垂壁分隔，挡烟垂壁宜采用隔墙、顶棚下凸出不小于500mm的结构梁等不燃烧体。

商业消防

1. 每间商店的建筑面积不大于200m²，并宜相隔一定距离分散布置；餐饮等其他服务设施的建筑面积不应大于500m²。当商店或休闲、餐饮等服务设施连续成组布置时，每组的总建筑面积不应大于2000m²。

2. 房间之间应采用耐火极限不低于2.00h的防火隔墙分隔。

3. 房间与其他部位之间应采用耐火极限不低于2.00h的防火隔墙和耐火极限不低于1.00h的顶板分隔；对不能设置墙体的部位，应采用耐火极限不低于2.00h的防火卷帘或防火玻璃等分隔，且在房间与其他部位的分隔处两侧应设置总宽度不小于2.0m的实体墙。门应采用C2.00防火门。

4. 当房间的建筑面积小于20m²且连续布置的房间总建筑面积小于200m²时，房间之间可采用耐火极限不低于1.00h的防火隔墙分隔或保持不小于6.0m的间距，商店与公共区内的其他空间之间可不采取防火分隔措施。

5. 连续成组布置的商店或休闲、餐饮等服务设施，组与组的间距不应小于9.0m。

防火分区

由于公共区与非公共区的火灾特点不同，需制定不同的防火策略。

非公共区应独立设置防火分区。防火分区的允许建筑面积，应符合现行国家标准《建筑设计防火规范》GB 50016有关一、二级耐火等级公共建筑的规定。

航站楼公共区宜按其功能用途划分不同的功能区，指廊宜与航站楼主楼划分为不同的防火分区。

行李机房应单独划分防火分区：当航站楼采用人工分拣托运行李时，应满足多层丙类厂房的要求划分防火分区；采用机械分拣托运行李时，可按工艺要求确定防火分区；当国际国内使用两套独立分拣设施时，应划分为两个防火分区。

安全疏散

疏散距离建议遵循：公共区内任一点均应有2条不同方向的疏散路径，公共区内任一点至最近安全出口的直线距离不宜大于40m。当公共区的室内净高大于15m时，其内部任一点至最近安全出口的最大直线距离可为60m。

公共区疏散人数计算：根据不同功能区内高峰小时人数计算各区域人员数量。

疏散宽度计算遵循现行国家标准《建筑设计防火规范》GB 50016有关公共建筑规定。

功能区与安全疏散人数表　　　　　　　　　　　　　　表1

功能区		设计疏散人数
出发区		[国内进港高峰小时人数×（国内集中系数+国内迎送比）+国际进港高峰小时人数×（国际集中系数+国际迎送比）]/2+核定工作人员
候机区	近机位	0.8×设计机位的飞机满载人数之和+核定工作人员
	远机位	固定座位数之和+核定工作人员
到达区		（国内进港高峰小时人数×国内集中系数+国际进港高峰小时人数×国际集中系数）/3+核定工作人员
行李提取区		（国内进港高峰小时人数×国内集中系数+国际进港高峰小时人数×国际集中系数）/4+核定工作人员
迎客区		（国内进港高峰小时人数×国内集中系数+国际进港高峰小时人数×国际集中系数）/6+国内进港高峰小时人数×国内迎送比+国际进港高峰小时人数×国际迎送比+核定工作人员

消防给水

航站楼的全部消防用水量应为其室内外消防用水量之和，并应符合下列规定：

1. 航站楼在同一时间内的火灾次数可按1次考虑，当建筑面积大于500000m²时，应按2次考虑；

2. 室外消防用水量应按同一时间内的火灾次数和一次灭火用水量确定，一次灭火的室外消火栓用水量为30L/s；

3. 室内消防用水量应按需要同时开启的消火栓系统、自动喷水灭火系统和水喷雾灭火系统等消防系统的用水量之和计算。

防恐设计

恐怖袭击方式一般包括爆炸、纵火、动能性袭击（如车辆撞击等）、生化袭击、电子袭击等，对于空港项目的防恐设计，首先需通过防恐安全风险评估，确定工程防恐设防标准。然后通过总体规划提供安全分区防护和保证安全距离、布置避难场地、预留临时车辆安检场地和人员安检空间。最后通过具体的技术措施提高项目的防恐能力，包括：①监控系统；②门禁系统；③安检系统；④防撞墩、防撞墙、防撞门等车辆进入阻挡装置；⑤爆炸物开包检查间和防爆桶；⑥结构抗爆能力评估与防护设计；⑦结构防连续性倒塌设计；⑧玻璃幕墙抗爆防护；⑨安全照明系统；⑩空气监测系统；⑪进风口的防护等。

机电专业设计

1. 以被动式节能为主，充分利用自然通风、自然采光、遮阳以及围护结构节能，同时在投资可控的前提下，采用合理的机电节能系统及措施。

2. 机电的主要设备用房有冷热源中心站房、10kV变配电房、柴油发电机房、消防及生活水泵房、空调机房、消防控制室等机房，各机房应按相应要求设置送排风条件、地沟、地漏及隔声和吸声措施。

3. 弱电机房通常有航站楼运营中心（含联合设备机房）、消防中心、汇聚网络机房、电信机房、移动覆盖机房、有线电视机房、弱电间、泊位引导控制机房、商业监控控制机房等。

4. 候机厅、办票大厅等大空间区域应关注空调送风方式、虹吸雨水系统、消防报警、大空间照明、消防水炮灭火系统、广播系统、航显系统、安防系统等各机电点位应与建筑装修配合，在满足机电要求的前提下，达到协调效果。

5. 机电消防设计应与建筑充分配合，满足消防要求和建筑整体要求。

机电各专业主要技术点

给排水专业设计要点表　　　　　　　　　　　　　　表1

生活给水系统	充分利用室外给水管网压力采用直供方式，合理设置给水分区
生活热水系统	宜采用分散式的热水供应。在VIP或餐饮区域可设置太阳能生活热水系统或其他可再生能源热水系统
排水系统	公共卫生间卫生洁具采用壁挂式或采用同层排水技术，便于检修清洁
屋面雨水系统	航站楼屋面雨水排放可采用虹吸式雨水排水系统，屋面必须设置溢流口或溢流系统
高压细水雾系统的应用	航站楼共同沟电气舱可采用高压细水雾灭火系统
大空间消防系统的选择	可根据大空间高度，按规范设置自动喷水灭火系统、大空间智能型主动灭火系统或水炮灭火系统。不满足规范要求处需要进行消防性能化分析

空调与通风专业要点表　　　　　　　　　　　　　　表2

空调冷、热水系统	空调冷、热水系统通常采用二管制或四管制系统；应关注内区用房和贵宾室的使用要求
大空间空调系统	高大空间空调以采用全空气系统为主，也可结合项目所在地特点采用其他空调方式，送风方式以分层空调为主，送风口以喷口送风为主，上送下回
商业空调及消防系统	大空间商业可采用全空气系统，小空间商业以风机盘管+新风系统为主，商业一般采用机械排烟系统
空调机房及大型风管道井的设置要求	空调机房应尽量靠近服务区域布置，以减少风系统输送能耗，同时应有利于室外风的引入；大型空调机房应有降噪声的措施，风管道井宜设有检修门
大空间消防系统	候机厅、办票厅等大空间区域按照规范采取自然排烟或机械排烟方式，可利用顶侧或侧窗进行自然排烟。不满足规范要求时需要进行消防性能化分析

强电专业要点表　　　　　　　　　　　　　　　　　表3

	建筑等级	消防负荷等级	供电方式
供配电系统形式	III类及以上	一级	两路独立电源
	III类以下	二级	两路电源

弱电专业要点表　　　　　　　　　　　　　　　　　表4

联合设备机房	整合机场专业信息系统与常规弱电系统，为机场的安全、高效运行提供强有力的保障
机场关键信息系统	主要体现在航班信息集成、离港、航显、安检信息、安防与广播系统等方面

结构专业设计

1. 航站楼结构特点

（1）相对一般的民用建筑，航站楼体量较大，结构超长。

（2）主体结构较多采用钢筋混凝土结构，屋盖较多采用钢结构。屋盖结构跨度较大，与主体结构相比刚度相对较小。

2. 结构缝的设计

由于航站楼的体量较大，主体结构一般需设置结构缝划分为若干个独立单元，结构缝兼作抗震及伸缩缝；对于较大的结构单元需设置后浇带以及采用预应力等措施，解决温度变化带来的不利影响。

3. 主体结构选型

主体结构选型应根据建筑使用功能要求、抗震设防要求、施工建设周期等综合考虑，一般可采用钢筋混凝土框架结构、型钢混凝土框架结构、带钢支撑的钢筋混凝土框架结构、钢筋混凝土框架—剪力墙结构、钢框架结构、带支撑的钢框架结构等结构形式。

1 主体结构设缝示意图

2 屋盖钢结构设缝示意图

主体结构选型　　　　　　　　　　　　　　　　　　表5

	抗震设防要求	主体结构形式	备注
主体结构选型	所在区域抗震设防烈度较低时	钢筋混凝土或型钢混凝土框架结构	柱距较大时，框架梁采用预应力梁，可适当降低梁高，以利于布置设备管道，提高建筑净高
	所在区域抗震设防烈度较高，钢筋混凝土框架结构无法满足抗震设防要求时	带钢支撑的钢筋混凝土框架结构、钢筋混凝土框架—剪力墙结构	在框架结构的基础上，可增设钢支撑或利用楼电梯间设置剪力墙，提高结构的抗侧性能
		钢框架结构、带支撑钢框架	施工安装速度较快，具有良好的抗震性能，但工程造价较高

4. 屋盖结构选型

屋盖结构选型应根据建筑造型要求、水平跨越的距离、下部结构支承条件等综合考虑。根据结构原理不同，将屋盖水平跨越结构分为以下几类：梁桁截面抗弯类、拱壳类、悬索类及网架类。各种结构类型的适用形式，详见表6。

屋盖结构选型表　　　　　　　　　　　　　　　　　表6

屋面形式	结构类型	屋面跨度	适用形式
比较平坦时	梁桁截面抗弯类	较小	梁式结构
		较大	桁架式（平面或空间）及其演变形式、张弦式结构及其演变形式
有条件实现且边界条件允许的拱形时	拱壳类	较大	无铰拱、两铰拱（壳）、三铰拱等
有条件实现下凹（或内部下凹）的形状且边界条件允许时	悬索类	较大	单层索网、双层索网、索桁架、索穹顶等
平坦或不规则选型	网架类	适中	双层或三层网架，及与其他结构组合演变形式

功能需求及设计要素

塔台或称控制塔，是一种设置于机场中的航空运输管制设施，用来监看以及控制飞机起降的建筑物。塔台作为空港的眼睛，指挥着该机场进出港范围内空中和地面的飞机活动。因此，塔台的高度必须超越机场内其他建筑，以便让航空管制员能看清楚跑道、滑行道以及机坪的动态。完整的塔台建筑，最高的顶楼通常四面皆为透明的窗户，能保持360°的视野。

塔台主要功能一般分为三部分：下部是辅助用房，主要有入口门厅、值班室、倒班室、塔台准备室、卫生间、讲评室等用房；中部主要为交通空间，包括电梯及疏散楼梯；上部为主要功能用房，包括有：指挥管制室、塔台讲评室、塔台带班主任办公室、管制员休班室、塔台设备机房、气象观测室、塔台值班休息室、UPS机房、配电小间、卫生间等。具体设计可以与相关需求专业的技术人员相互配合进行。

塔台指挥室的平面布置一般根据所在的位置和跑道的数量来确定，一般有双跑道布置、单跑道布置，也分环形布置和靠窗布置方式。

航管楼是机场的指挥调度中心，是实施航行调度，空中交通管制和航空通信、气象的综合建筑物。

在机场的总体布局中，塔台和航管楼一般是组合在一起，作为一个整体服务于机场，也可以根据设计需要分开设置。塔台在总体规划中的位置既要便于观察机坪、跑道和飞机进近空域，又要根据该机场的最终发展规模而与航站楼保持一定的位置关系。

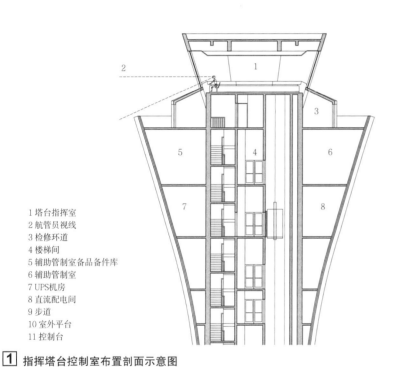

1 塔台指挥室
2 航管员视线
3 检修环道
4 楼梯间
5 辅助管制室备品备件库
6 辅助管制室
7 UPS机房
8 直流配电间
9 步道
10 室外平台
11 控制台

[1] 指挥塔台控制室布置剖面示意图

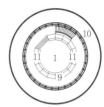

a 指挥塔台控制室环形双跑道布置示意图

b 指挥塔台控制室单跑道布置示意图

c 指挥塔台控制室靠窗布置示意图

[2] 指挥塔台控制室布置平面示意图

实例

a 维也纳国际机场

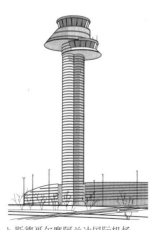

b 斯德哥尔摩阿兰达国际机场

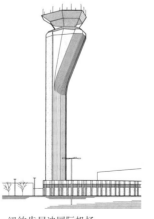

c 纽约肯尼迪国际机场

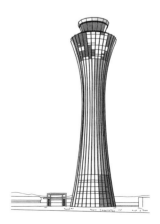

d 北京首都国际机场

[3] 塔台实例

民用机场 [30] 实例

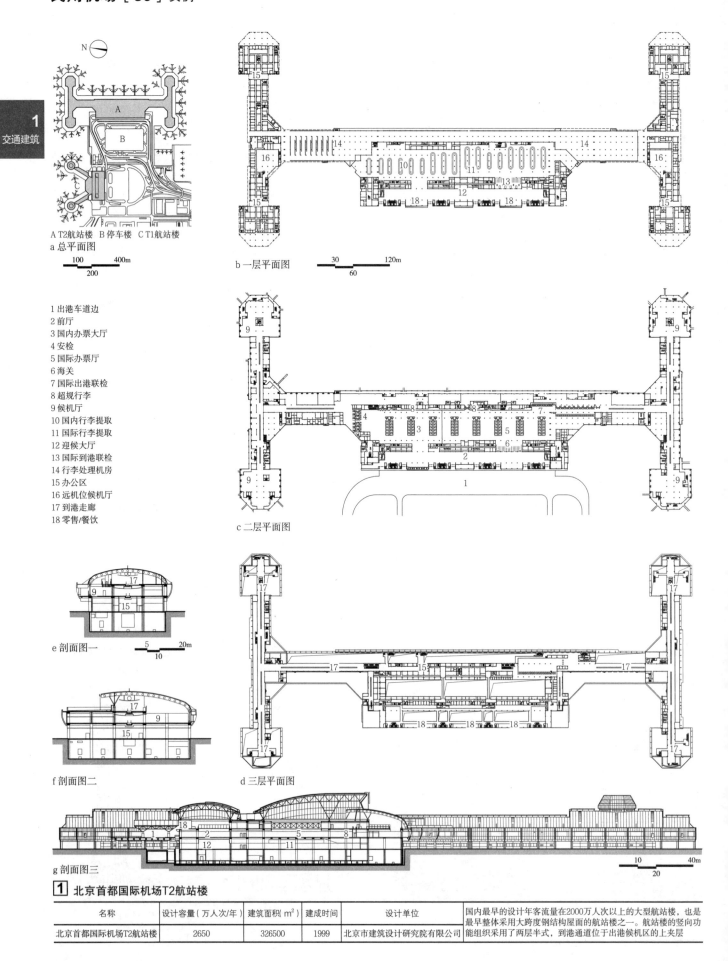

A T2航站楼 B 停车楼 C T1航站楼
a 总平面图

b 一层平面图

1 出港车道边
2 前厅
3 国内办票大厅
4 安检
5 国际办票厅
6 海关
7 国际出港联检
8 超规行李
9 候机厅
10 国内行李提取
11 国际行李提取
12 迎候大厅
13 国际到港联检
14 行李处理机房
15 办公区
16 远机位候机厅
17 到港走廊
18 零售/餐饮

c 二层平面图

e 剖面图一

f 剖面图二

d 三层平面图

g 剖面图三

1 北京首都国际机场T2航站楼

名称	设计容量（万人次/年）	建筑面积（m²）	建成时间	设计单位	
北京首都国际机场T2航站楼	2650	326500	1999	北京市建筑设计研究院有限公司	国内最早的设计年客流量在2000万人次以上的大型航站楼，也是最早整体采用大跨度钢结构屋面的航站楼之一。航站楼的竖向功能组织采用了两层半式，到港通道位于出港候机区的上夹层

实例 [31] 民用机场

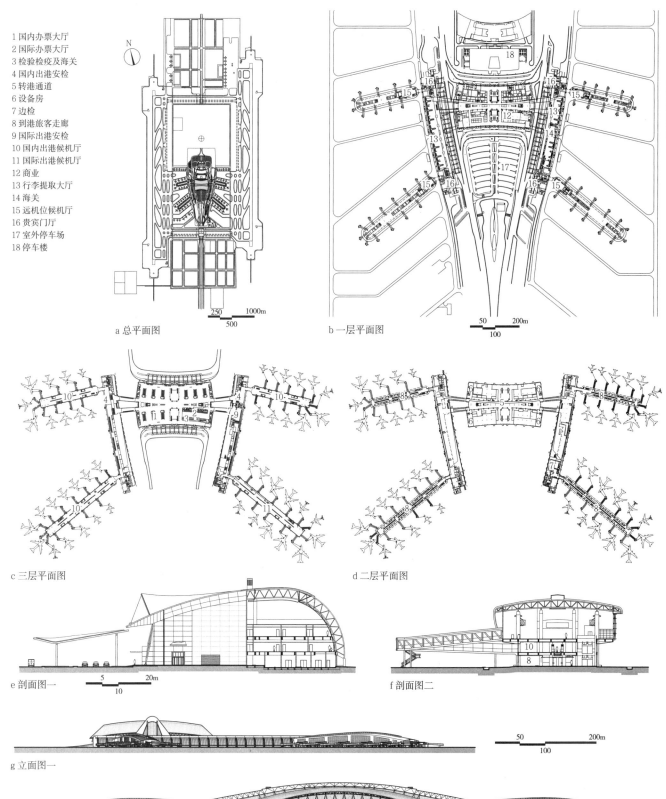

1 国内办票大厅
2 国际办票大厅
3 检验检疫及海关
4 国内出港安检
5 转港通道
6 设备房
7 边检
8 到港旅客走廊
9 国际出港安检
10 国内出港候机厅
11 国际出港候机厅
12 商业
13 行李提取大厅
14 海关
15 远机位候机厅
16 贵宾门厅
17 室外停车场
18 停车楼

a 总平面图　　b 一层平面图

c 三层平面图　　d 二层平面图

e 剖面图一　　f 剖面图二

g 立面图一

h 立面图二

1 广州新白云国际机场T1航站楼

名称	设计容量(万人次/年)	建筑面积(m²)	建成时间	设计单位	
广州新白云国际机场T1航站楼	2500	353042	2004	广东省建筑设计研究院、法国巴黎机场公司	航站楼构型采用主楼、连接楼和指廊的组合，功能分区明确，便于扩建。到港功能分两侧布置，在主楼和连廊之间有地面道路穿过，连接新扩建的航站设施

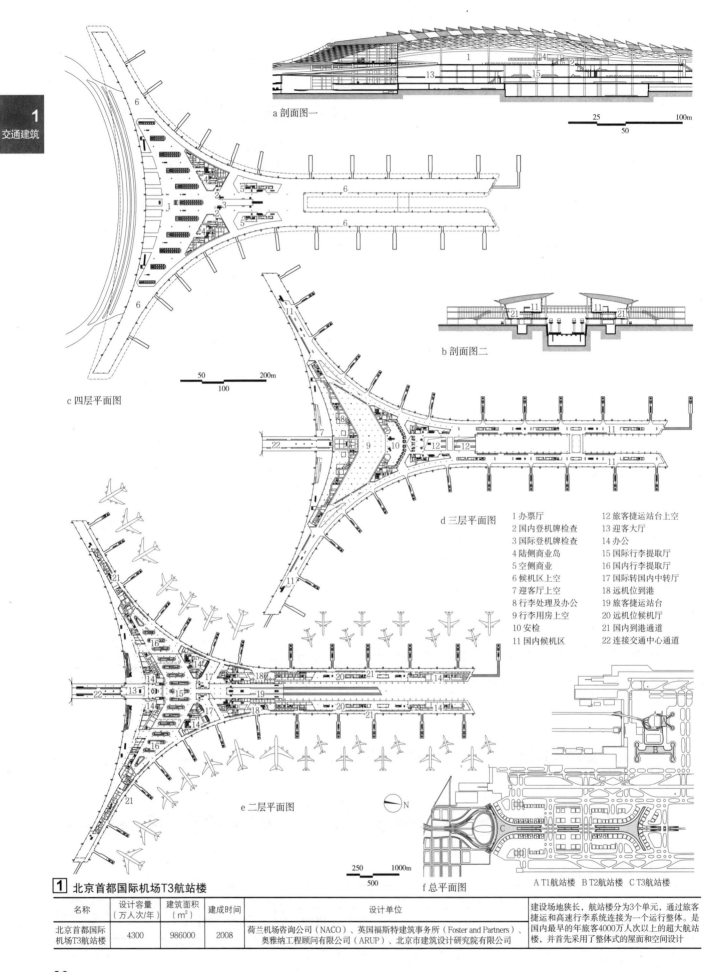

实例 [33] 民用机场

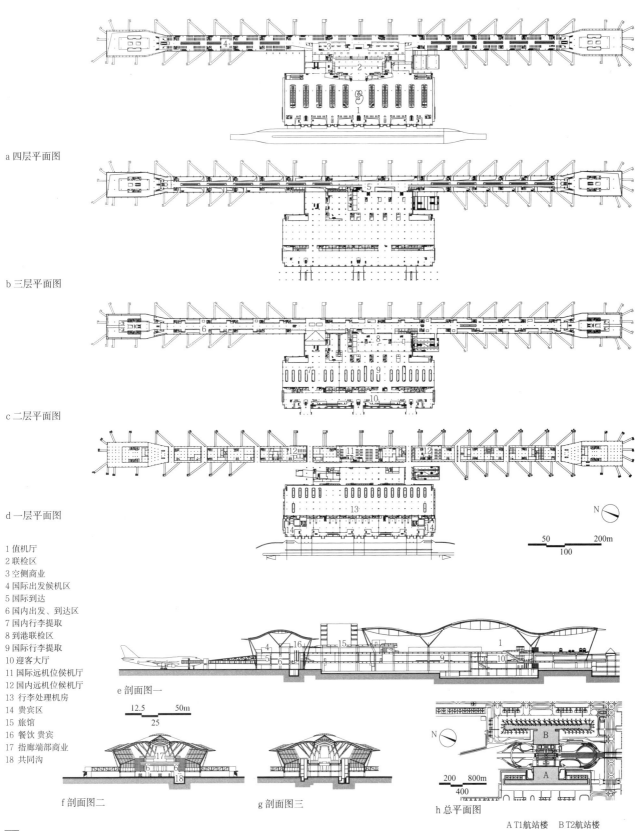

a 四层平面图
b 三层平面图
c 二层平面图
d 一层平面图

1 值机厅
2 联检区
3 空侧商业
4 国际出发候机区
5 国际到达
6 国内出发、到达区
7 国内行李提取
8 到港联检区
9 国际行李提取
10 迎客大厅
11 国际远机位侯机厅
12 国内远机位候机厅
13 行李处理机房
14 贵宾区
15 旅馆
16 餐饮 贵宾
17 指廊端部商业
18 共同沟

e 剖面图一
f 剖面图二
g 剖面图三
h 总平面图

A T1航站楼　B T2航站楼

1 上海浦东国际机场T2航站楼

名称	设计容量（万人次/年）	建筑面积（m²）	建成时间	设计单位	浦东T2航站楼以枢纽航空港为建设目标，采用了3层候机模式，即顶层为国际出港、中层为国际进港、底层为国内进出港混流。这种模式方便旅客中转，并提供了多达26个国内—国际可转换使用的机位，提高了近机位的使用效率
上海浦东国际机场T2航站楼	主楼4000，指廊2200	546000	2008	华东建筑集团股份有限公司华东建筑设计研究总院	

民用机场 [34] 实例

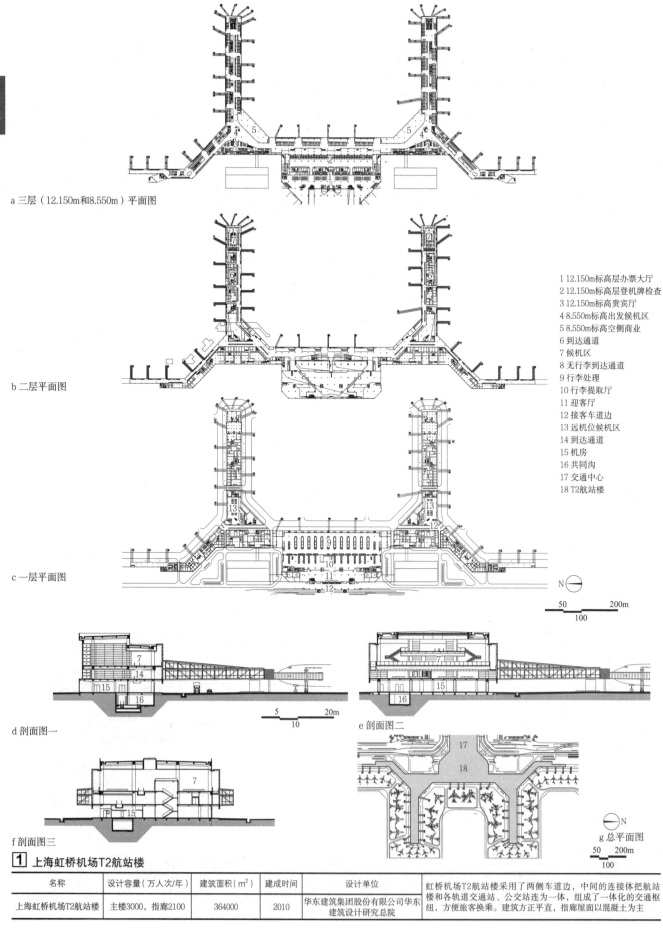

a 三层（12.150m和8.550m）平面图

b 二层平面图

c 一层平面图

d 剖面图一

e 剖面图二

f 剖面图三

g 总平面图

1 12.150m标高层办票大厅
2 12.150m标高层登机牌检查
3 12.150m标高贵宾厅
4 8.550m标高出发候机区
5 8.550m标高空侧商业
6 到达通道
7 候机区
8 无行李到达通道
9 行李处理
10 行李提取厅
11 迎客厅
12 接客车道边
13 远机位候机区
14 到达通道
15 机房
16 共同沟
17 交通中心
18 T2航站楼

1 上海虹桥机场T2航站楼

名称	设计容量（万人次/年）	建筑面积（m²）	建成时间	设计单位
上海虹桥机场T2航站楼	主楼3000，指廊2100	364000	2010	华东建筑集团股份有限公司华东建筑设计研究总院

虹桥机场T2航站楼采用了两侧车道边，中间的连接体把航站楼和各轨道交通站、公交站连为一体，组成了一体化的交通枢纽，方便旅客换乘。建筑方正平直，指廊屋面以混凝土为主

实例 [35] 民用机场

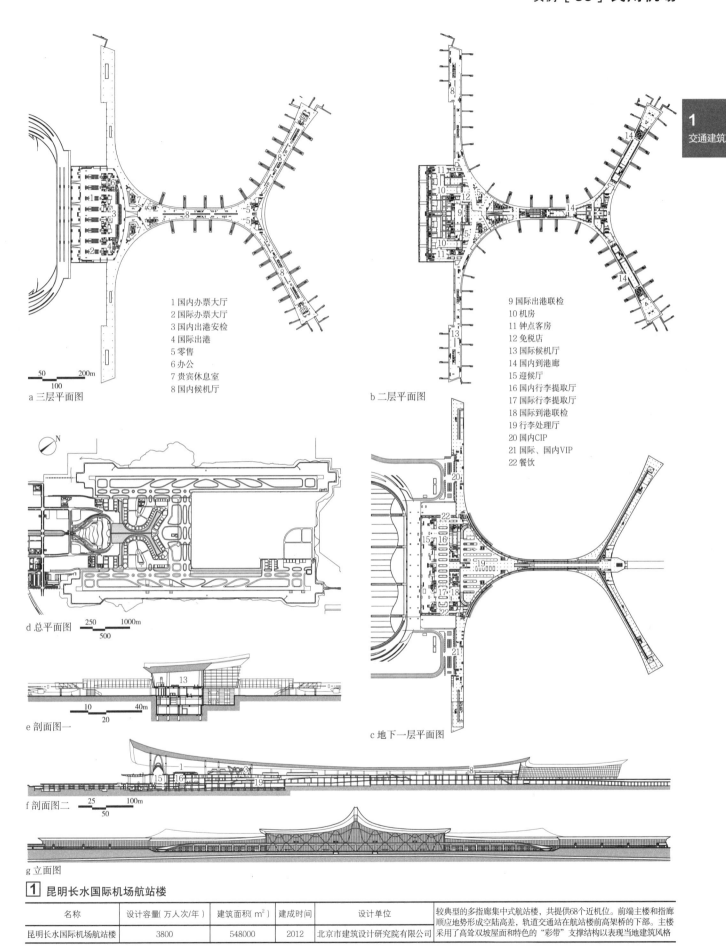

1 国内办票大厅
2 国际办票大厅
3 国内出港安检
4 国际出港
5 零售
6 办公
7 贵宾休息室
8 国内候机厅
9 国际出港联检
10 机房
11 钟点客房
12 免税店
13 国际候机厅
14 国内到港廊
15 迎候厅
16 国内行李提取厅
17 国际行李提取厅
18 国际到港联检
19 行李处理厅
20 国内CIP
21 国际、国内VIP
22 餐饮

a 三层平面图
b 二层平面图
c 地下一层平面图
d 总平面图
e 剖面图一
f 剖面图二
g 立面图

1 昆明长水国际机场航站楼

名称	设计容量(万人次/年)	建筑面积(m²)	建成时间	设计单位
昆明长水国际机场航站楼	3800	548000	2012	北京市建筑设计研究院有限公司

较典型的多指廊集中式航站楼，共提供68个近机位。前端主楼和指廊顺应地势形成空陆高差，轨道交通站在航站楼前高架桥的下部。主楼采用了高耸双坡屋面和特色的"彩带"支撑结构以表现当地建筑风格

民用机场 [36] 实例

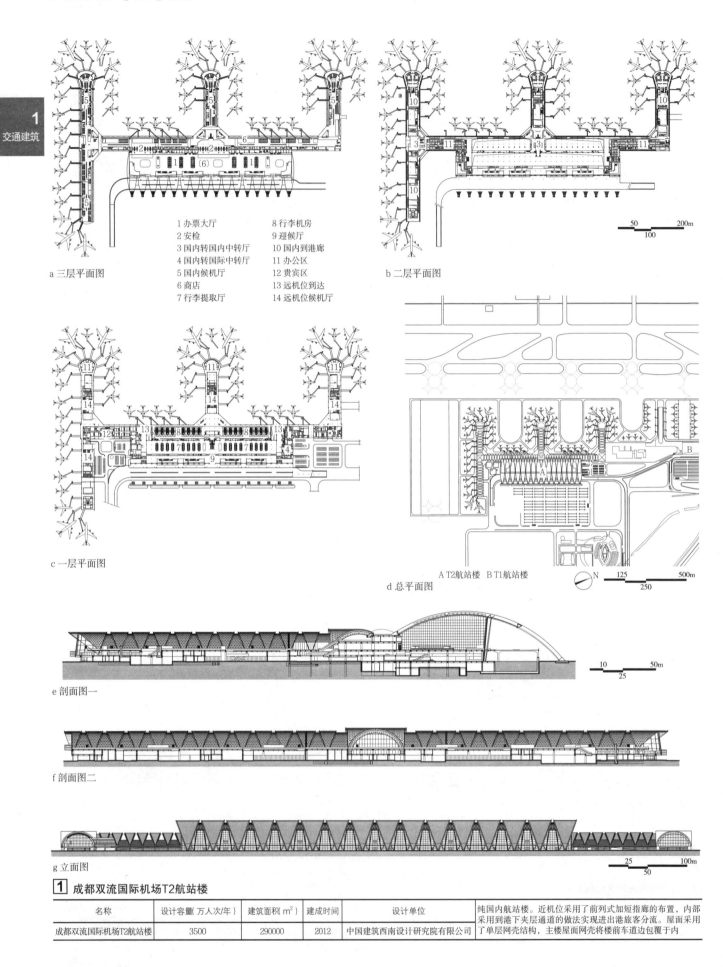

1 办票大厅　　8 行李机房
2 安检　　　　9 迎候厅
3 国内转国内中转厅　10 国内到港廊
4 国内转国际中转厅　11 办公区
5 国内候机厅　12 贵宾区
6 商店　　　　13 远机位到达
7 行李提取厅　14 远机位候机厅

a 三层平面图
b 二层平面图
c 一层平面图
A T2航站楼　B T1航站楼
d 总平面图
e 剖面图一
f 剖面图二
g 立面图

1 成都双流国际机场T2航站楼

名称	设计容量(万人次/年)	建筑面积(m^2)	建成时间	设计单位	
成都双流国际机场T2航站楼	3500	290000	2012	中国建筑西南设计研究院有限公司	纯国内航站楼。近机位采用了前列式加短指廊的布置,内部采用到港下夹层通道的做法实现进出港旅客分流。屋面采用了单层网壳结构,主楼屋面网壳将楼前车道边包覆于内

实例 [37] 民用机场

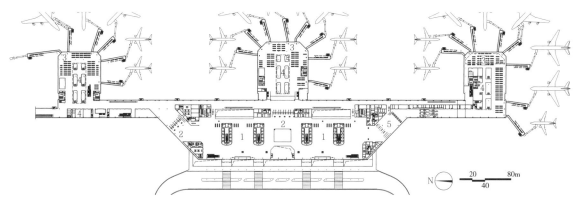

a 三层平面图

1 办票厅
2 安全检查
3 候机厅
4 商业、餐饮
5 国际出境联检
6 行李提取厅
7 迎候大厅
8 远机位出发厅
9 国际入境检查
10 行李处理机房
11 办公

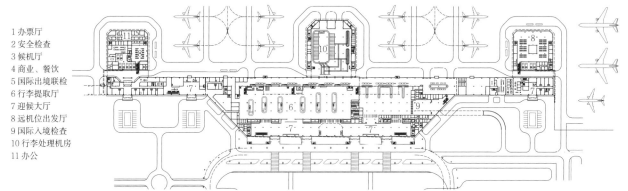

b 一层平面图

c 立面图

1 长沙黄花国际机场T2航站楼

名称	设计容量(万人次/年)	建筑面积(m²)	建成时间	设计单位	主楼通过连廊连接起3个集中的候机单元，提供了22个近机位，国际区位于南侧。剖面为两层半式，到港通道位于出港的下夹层
长沙黄花国际机场T2航站楼	1560	213000	2011	湖南省建筑设计研究院	

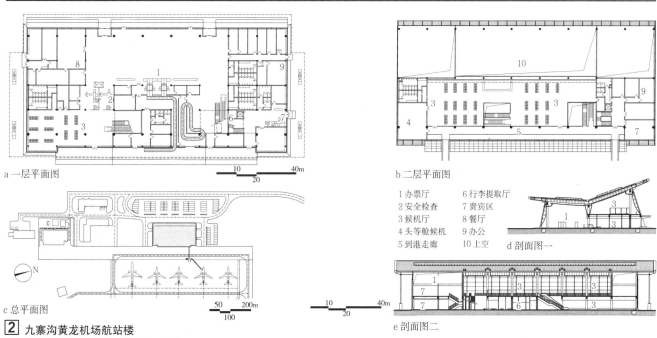

1 办票厅
2 安全检查
3 候机厅
4 头等舱候机
5 到港走廊
6 行李提取厅
7 贵宾区
8 餐厅
9 办公
10 上空

2 九寨沟黄龙机场航站楼

名称	设计容量(万人次/年)	建筑面积(m²)	建成时间	设计单位	支线机场、一层半式航站楼，上部半层以隔断分隔出港候机区和到港通道，共可提供2个近机位登机口。建筑以体量的收分和重点的装饰以求体现藏式风格
九寨沟黄龙机场航站楼	80	5000	2003	中国民航机场建设集团公司	

民用机场 [38] 实例

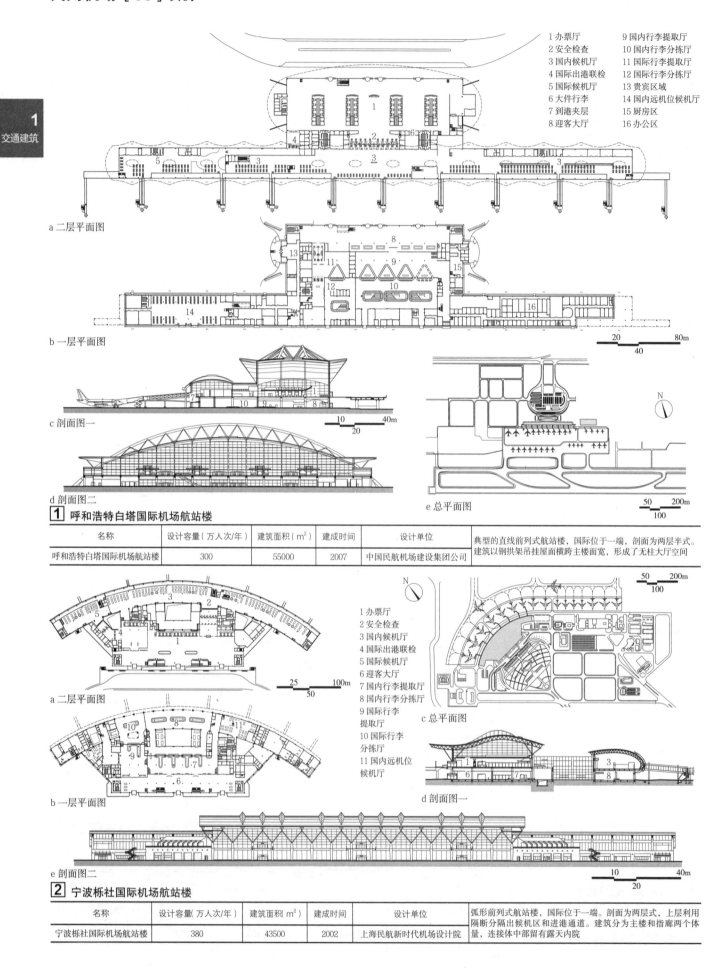

1 呼和浩特白塔国际机场航站楼

名称	设计容量（万人次/年）	建筑面积（m²）	建成时间	设计单位
呼和浩特白塔国际机场航站楼	300	55000	2007	中国民航机场建设集团公司

典型的直线前列式航站楼，国际位于一端，剖面为两层半式。建筑以钢拱架吊挂屋面横跨主楼面宽，形成了无柱大厅空间

2 宁波栎社国际机场航站楼

名称	设计容量（万人次/年）	建筑面积（m²）	建成时间	设计单位
宁波栎社国际机场航站楼	380	43500	2002	上海民航新时代机场设计院

弧形前列式航站楼，国际位于一端。剖面为两层式，上层利用隔断分隔出候机区和进港通道。建筑分为主楼和指廊两个体量，连接体中部留有露天内院

实例 [39] 民用机场

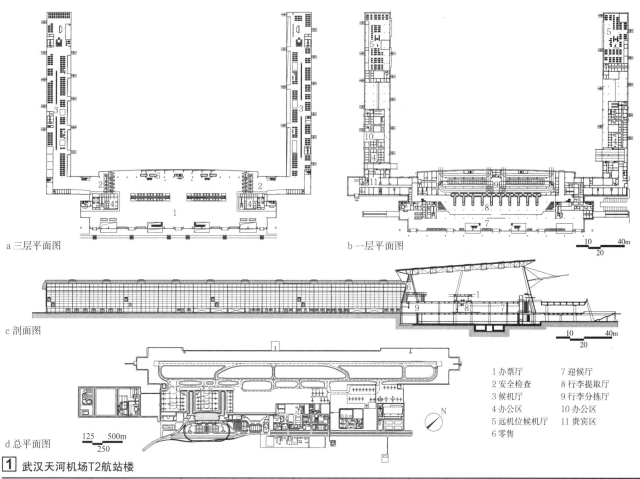

1 办票厅　7 迎候厅
2 安全检查　8 行李提取厅
3 候机厅　9 行李分拣厅
4 办公区　10 办公区
5 远机位候机厅　11 贵宾区
6 零售

a 三层平面图　b 一层平面图　c 剖面图　d 总平面图

1 武汉天河机场T2航站楼

名称	设计容量(万人次/年)	建筑面积(m²)	建成时间	设计单位	纯国内航站楼，双指廊停机，安检区随之分置两侧。主楼屋面为三排支撑的桁架，并带有底层夹层以处理空陆两侧的地势高差
武汉天河机场T2航站楼	1300	149800	2008	中国民航机场建设集团公司	

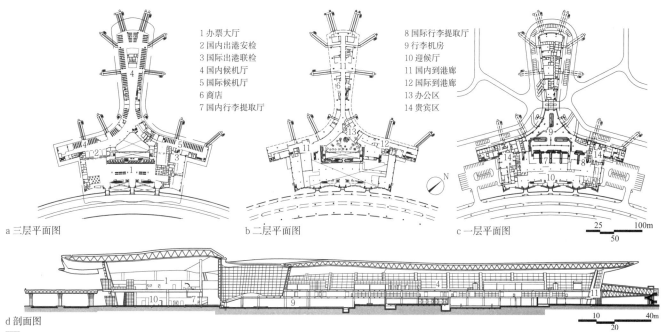

1 办票大厅　8 国际行李提取厅
2 国内出港安检　9 行李房
3 国际出港联检　10 迎候厅
4 国内候机厅　11 国内到港廊
5 国际候机厅　12 国际到港廊
6 商店　13 办公区
7 国内行李提取厅　14 贵宾区

a 三层平面图　b 二层平面图　c 一层平面图　d 剖面图

2 揭阳潮汕机场航站楼

名称	设计容量(万人次/年)	建筑面积(m²)	建成时间	设计单位	Y形指廊停机，一端设有国际，下夹层的到港走廊中置于指廊。值机采用前列式柜台，在主楼和指廊之间设有室外庭院，为建筑中心区提供采光通风
揭阳潮汕机场航站楼	450	56811	2011	广东省建筑设计研究院	

民用机场 [40] 实例

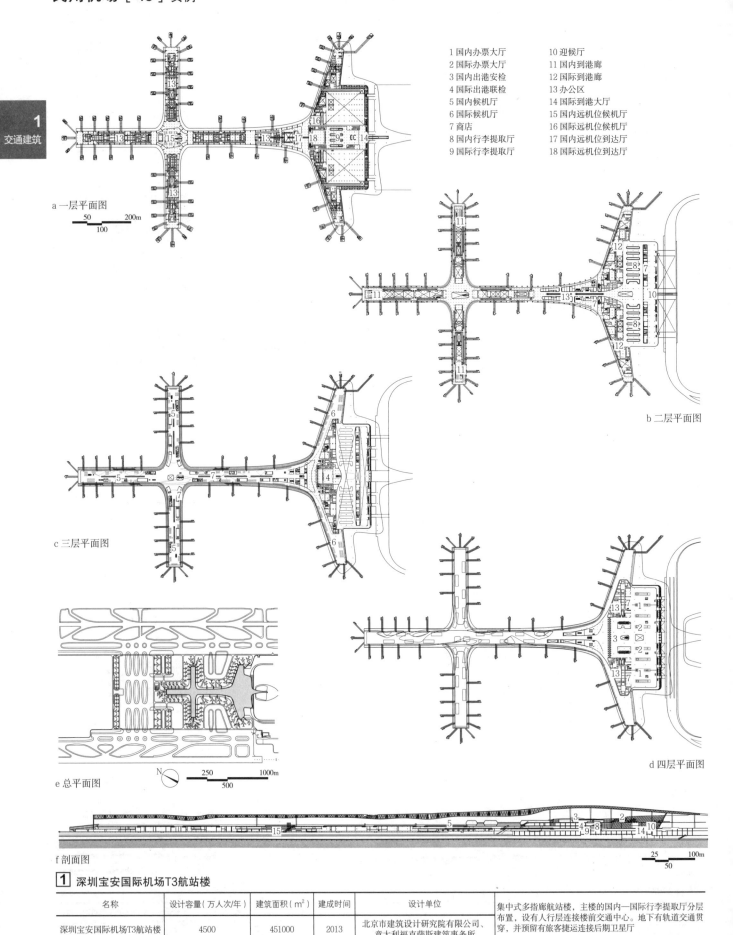

1 深圳宝安国际机场T3航站楼

名称	设计容量（万人次/年）	建筑面积（m²）	建成时间	设计单位
深圳宝安国际机场T3航站楼	4500	451000	2013	北京市建筑设计研究院有限公司、意大利福克萨斯建筑事务所

集中式多指廊航站楼，主楼的国内—国际行李提取厅分层布置，设有人行层连接楼前交通中心。地下有轨道交通贯穿，并预留有旅客捷运连接后期卫星厅

实例 [41] 民用机场

1 交通建筑

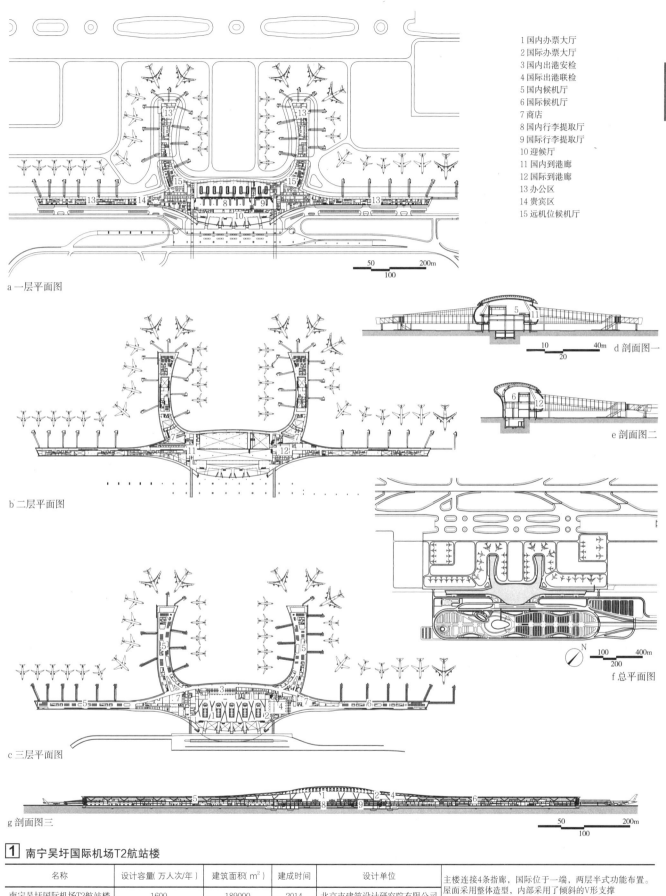

1 国内办票大厅
2 国际办票大厅
3 国内出港安检
4 国际出港联检
5 国内候机厅
6 国际候机厅
7 商店
8 国内行李提取厅
9 国际行李提取厅
10 迎候厅
11 国内到港廊
12 国际到港廊
13 办公区
14 贵宾区
15 远机位候机厅

a 一层平面图
b 二层平面图
c 三层平面图
d 剖面图一
e 剖面图二
f 总平面图
g 剖面图三

1 南宁吴圩国际机场T2航站楼

名称	设计容量(万人次/年)	建筑面积(m²)	建成时间	设计单位	
南宁吴圩国际机场T2航站楼	1600	189000	2014	北京市建筑设计研究院有限公司	主楼连接4条指廊，国际位于一端，两层半式功能布置。屋面采用整体造型，内部采用了倾斜的V形支撑

民用机场 [42] 实例

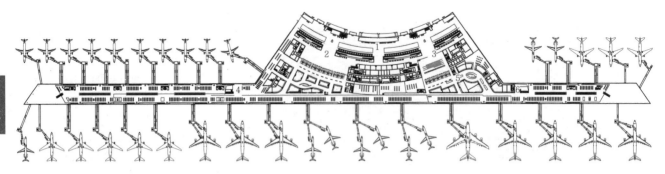

a 三层平面图

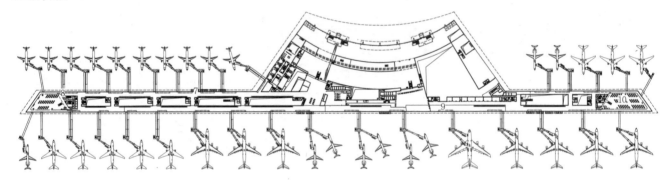

b 二层平面图

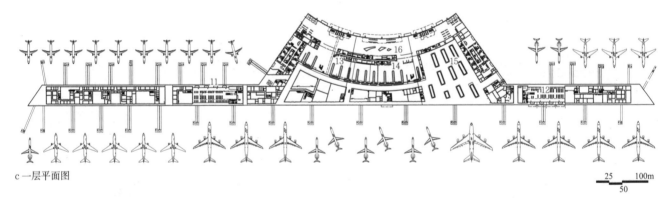

c 一层平面图

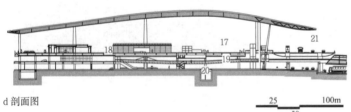

d 剖面图

1 办票大厅　　　　9 国际到达通道　　　17 9.00m标高层
2 国内安检　　　　10 国际端部候机厅　　18 4.25m标高层
3 国际联检　　　　11 国内远机位候机　　19 0.00m标高层
4 国内候机厅　　　12 国际远机位候机　　20 −5.200m、−6.000m标高层
5 商业广场　　　　13 国内行李提取厅　　21 出发车道边
6 国际候机厅　　　14 国际行李提取厅
7 国内到达　　　　15 行李机房
8 国内端部候机厅　16 迎客大厅

e 总平面图　A T2航站楼 B 交通中心 C 车库 D T1航站楼

1 南京禄口机场T2航站楼

名称	设计容量（万人次/年）	建筑面积（m²）	建成时间	设计单位	
南京禄口机场T2航站楼	1800	260000	2014	华东建筑集团股份有限公司 华东建筑设计研究总院	典型的前列式航站楼构型，国际区位于一端，两层半式楼层组织。主楼采用了前列式办票柜台布置，并设有人行夹层通道连接楼前的交通设施和T1航站楼

实例[43] 民用机场

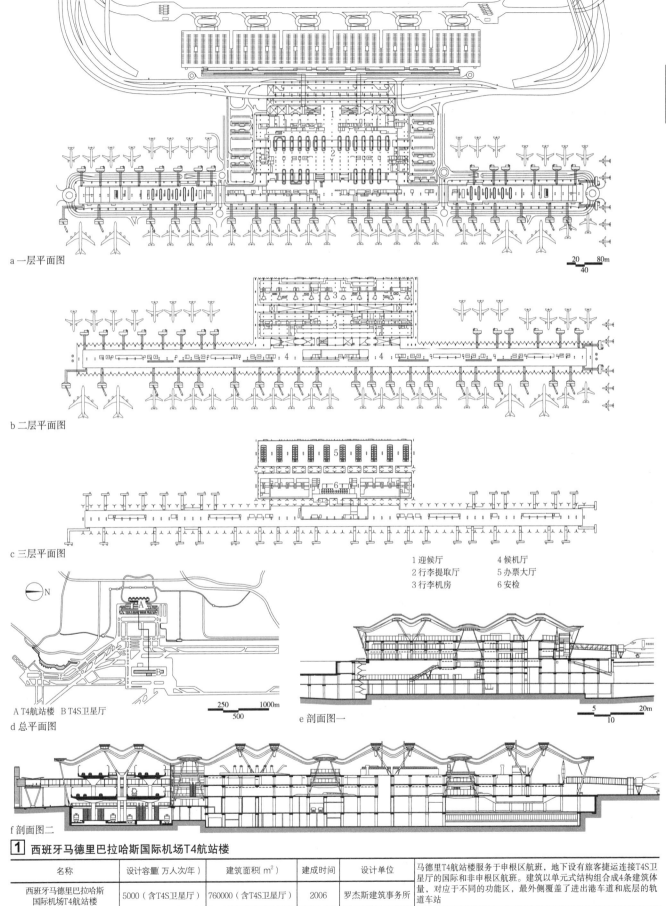

a 一层平面图

b 二层平面图

c 三层平面图

1 迎候厅　4 候机厅
2 行李提取厅　5 办票大厅
3 行李机房　6 安检

A T4航站楼　B T4S卫星厅
d 总平面图

e 剖面图一

f 剖面图二

1 西班牙马德里巴拉哈斯国际机场T4航站楼

名称	设计容量（万人次/年）	建筑面积（m²）	建成时间	设计单位	马德里T4航站楼服务于申根区航班，地下设有旅客捷运连接T4S卫星厅的国际和非申根区航班。建筑以单元式结构组合成4条建筑体量，对应于不同的功能区，最外侧覆盖了进出港车道和底层的轨道车站
西班牙马德里巴拉哈斯国际机场T4航站楼	5000（含T4S卫星厅）	760000（含T4S卫星厅）	2006	罗杰斯建筑事务所	

民用机场 [44] 实例

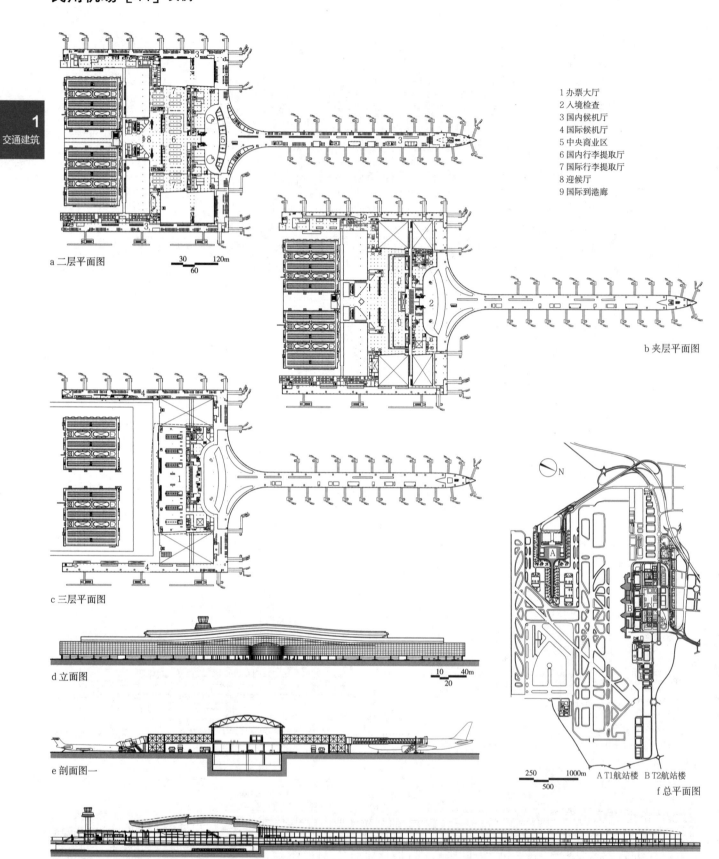

1 办票大厅
2 入境检查
3 国内候机厅
4 国际候机厅
5 中央商业区
6 国内行李提取厅
7 国际行李提取厅
8 迎候厅
9 国际到港廊

a 二层平面图
b 夹层平面图
c 三层平面图
d 立面图
e 剖面图一
f 总平面图 A T1航站楼 B T2航站楼
g 剖面图二

1 西班牙巴塞罗那国际机场T1航站楼

名称	设计容量(万人次/年)	建筑面积(m^2)	建成时间	设计单位	
西班牙巴塞罗那国际机场T1航站楼	3800	545000	2009	里卡多波菲建筑事务所	分为申根和非申根两个区域运行,其中申根区在下层,为进出港混流,非申根区以一条指廊为主,设在上层。申根区设有集中商业,行李提取厅外平台设置连接各交通站点的换乘中心。地下预留有连接以后卫星厅的旅客捷运条件

实例 [45] 民用机场

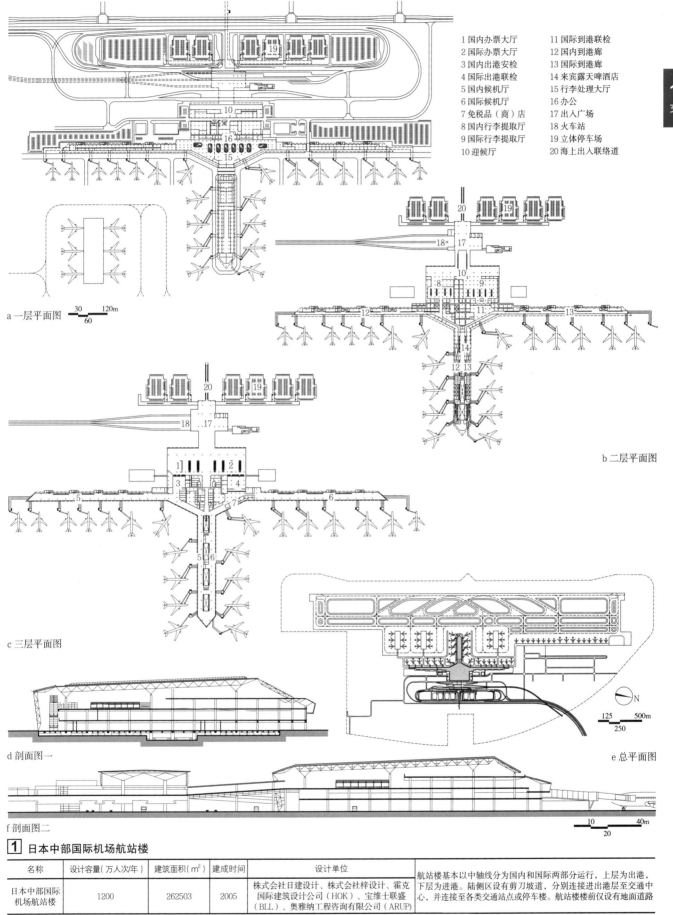

1 国内办票大厅　　　11 国际到港联检
2 国际办票大厅　　　12 国内到港廊
3 国内出港安检　　　13 国际到港廊
4 国际出港联检　　　14 来宾露天啤酒店
5 国内候机厅　　　　15 行李处理大厅
6 国际候机厅　　　　16 办公
7 免税品（商）店　　17 出入广场
8 国内行李提取厅　　18 火车站
9 国际行李提取厅　　19 立体停车场
10 迎候厅　　　　　　20 海上出入联络道

a 一层平面图
b 二层平面图
c 三层平面图
d 剖面图一
e 总平面图
f 剖面图二

1 日本中部国际机场航站楼

名称	设计容量（万人次/年）	建筑面积（m²）	建成时间	设计单位	
日本中部国际机场航站楼	1200	262503	2005	株式会社日建设计、株式会社梓设计、霍克国际建筑设计公司（HOK）、宝维士联盛（BLL）、奥雅纳工程咨询有限公司（ARUP）	航站楼基本以中轴线分为国内和国际两部分运行，上层为出港，下层为进港。陆侧区设有剪刀坡道，分别连接进出港层至交通中心，并连接至各类交通站点或停车楼。航站楼前仅设有地面道路

城市轨道交通 [1] 定义与分类

定义

城市轨道交通是城市公共交通的一种，主要是指在城市中沿轨道运行的乘客运输系统。

城市轨道交通建筑，是为城市轨道交通服务的各类建筑总称，包含车站、指挥控制中心和综合车辆基地三大类型。

轨道交通建筑常用类型　　　　表1

项目	车站	指挥控制中心	综合车辆基地
选址	随线路布设，一般1~2km一座	在线路中部或便于设置的位置	在线路两端或便于运营组织的位置
形式	特殊的交通建筑类型	民用多层或高层建筑，有特殊工艺要求	工业厂房，场地布置有特殊工艺要求

分类

1. 地铁

地铁（railway或subway）是地下铁道的简称，一般是指建设在城市中，单向高峰小时客运量在3~6万人次/小时以上的轨道交通系统，并不局限于地下运行，但必须享有专用路权，适合大中城市建设。也称"大容量轨道交通系统"、"城市铁路"或"快速轨道交通系统"。

2. 轻轨

轻轨是介于有轨电车和地铁之间的城市轨道交通系统，单向高峰小时客运量在0.6万~3万人次/小时，不必享有专用路权，适合大中城市的边缘集团、区域内交通或中小城市的骨干交通系统。现在的许多新型轨道交通系统可纳入轻轨范畴，如跨座式单轨、磁悬浮系统等。

3. 有轨电车

有轨电车是使用电力牵引、轮轨导向、单辆或多辆编组运行在城市路面线路上的低运量轨道交通系统。一般单向高峰小时客运量在0.6万人次/小时，在城市路面上运行时，可以有专用路权，也可以与其他交通方式混行。

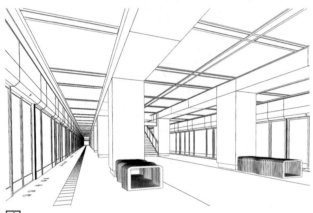

[1] 地铁车站

1 安检　　7 指挥大厅
2 接待　　8 地下车库
3 餐厅　　9 空调机房
4 会议　　10 控制值班室
5 配电　　11 设备电源室
6 ACC展厅　12 变电所夹层

[2] 指挥控制中心

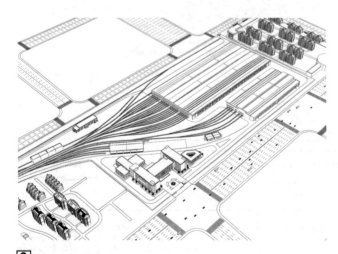

[3] 综合车辆基地

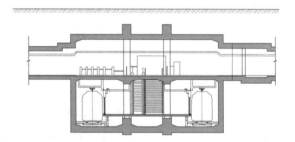

[4] 典型地下车站

[5] 典型高架车站

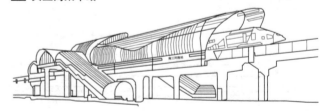

[6] 轻轨车站

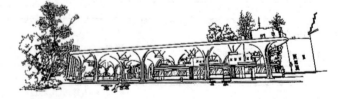

[7] 有轨电车车站

地铁系统常用车辆

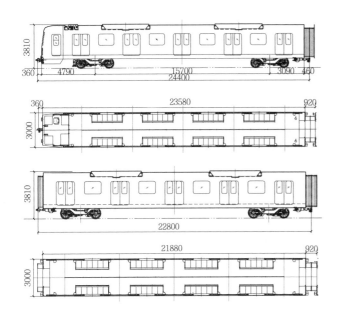

[1] A型车正面图、平面图

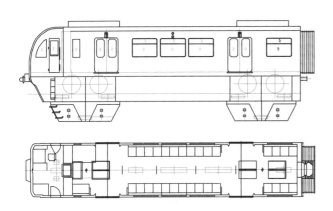

[2] 跨座式单轨正面图、平面图

地铁车辆建筑控制尺寸　　　　　　　　　　表1

项目	A型车	B型车	轻轨车
车辆长度（m）	22.0	19.0	19.0
车辆宽度（m）	3.0	2.8	2.6
车辆高度（m）	3.81	3.81	3.7
地板高度（m）	1.13	1.1	0.95
车门数量（个）	5	4	4
载客人数（人）	310	有司机室230 无司机室245	有司机室200 无司机室210
常用编组（辆）	6、8	4、6、8	4、7
主要应用城市	上海、广州、深圳、南京、北京	北京、天津、广州、武汉、沈阳、西安、成都、重庆、苏州、佛山、深圳	上海
站台边缘到线路中心线尺寸（m）	1.6	1.5	1.4
车站外墙到线路中心线距离（m）	2.25	2.15	2.15
配套站台高度（到轨道顶面尺寸, m）	1.08~1.03	1.08~1.03	0.95
常用站台长度（m）	6节编组：142 8节编组：184	6节编组：120 8节编组：160	6节编组：120 7节编组：140

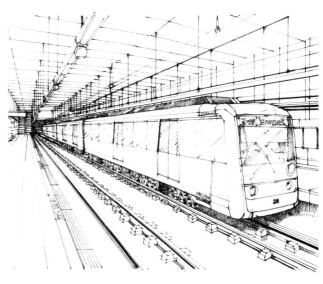

[3] 地铁列车

[4] 跨座式单轨

[5] 有轨电车

城市轨道交通 [3] 线网与站位

线网概述及基本类型

轨道交通线网是根据城市总体规划、综合交通规划,结合城市远景发展战略和公共交通发展战略编制的,具有该城市特点的多条轨道交通组成的网络,一般在城市规划中需要编制专项线网规划。需根据城市现状客流走向、城市各区域优先发展次序编制近期建设规划,并可作为城市轨道交通建设项目立项依据。

不同的城市形态,线网也将呈现不同的类型,线网特征对于车站的客流特征和运营存在较大影响。

轨道交通线网形态结构中,最常见、最基本的有网格式、无环放射式、有环放射式、有环网络式、有环网络加对角线式等。

a 网格式　　　　b 无环放射式　　　　c 有环放射式

[1] 常见轨道交通线网形态结构

轨道交通站位选择

轨道交通车站的站址选择是以轨道交通线网及每条线路自身的规划方案作为依据。

建筑师在某条线路规划方案阶段的主要任务是配合线路工艺专业,根据线网规划、区域详细规划和区域城市现状和城市设计确定车站的具体站位,并保证今后详细设计的可行性。

影响站位选择的几个因素

1. 线路走向及线路条件

线路走向是车站站位选择的根本因素,车站必须位于线路技术条件允许的地点,该段线路技术条件符合相应设置条件方可设置车站。

[2] 不同的线路走向对车站方案的影响

轨道交通设站线路条件　　　　　　　　　　　表1

项目	地铁	轻轨	有轨电车
线路平面	直线段或半径不小于800m的曲线段(设站台门时不小于半径1100m)	—	—
线路纵坡	地下站设在不大于0.2%的纵坡上;地面和高架站设在平坡上	地下站设在不大于0.2%的纵坡上;地面和高架站设在平坡上	

2. 站址现状建设条件

(1)车站所在道路应具有一定的宽度,且周边有设置地面附属设施的条件,设置的地块内应具有结合建设条件。

(2)车站一般应跨十字路口设置,高架车站一般偏离路口设站,所在路口地下管线条件应尽可能简单,如路口管线复杂可考虑偏离路口设站。

(3)与其他线路相交的交点一般应设置换乘车站。

(4)当周边有现状大型城市公共设施、对内对外交通枢纽等较大客流集散地时,车站应尽量靠近设置。

(5)车站应尽量结合周边地下空间开发和地下过街系统设置。

3. 周边规划条件

(1)车站站位应尽量靠近规划核心区域设置,避免出现在居住区边缘绿化带、高速交通走廊等限制城市发展的区域。

(2)在规划商业区内,应结合周边开发评估进行车站和周边地块一体化开发条件。车站结合地下过街和地下空间开发设置。

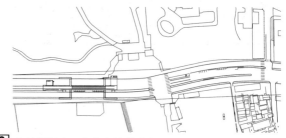

[3] 车站设置在一定宽度的道路上

[4] 车站设置在开发地块内

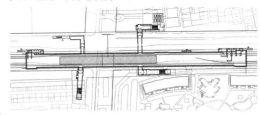

[5] 跨路口设站

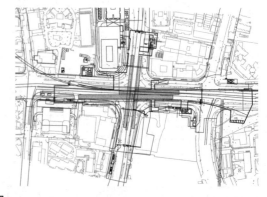

[6] 线路交点应设置换乘车站

车站概述 [4] 城市轨道交通

车站定义

车站是乘客集散的主要设施,是连接其他交通设施的枢纽或接口的重要组成部分,承担轨道交通运行,对城市发展有一定促进作用。

不同轨道交通系统车站的复杂程度不同,根据不同的系统制式,车站的规模和复杂程度存在较大差异,以地铁、轻轨和特殊制式轨道交通车站最为复杂,需纳入专门的交通建筑类别。

有轨电车车站的设计,可参照快速公交或一般公交车站进行设计,地铁、专有路权轻轨及特殊制式轻轨车站是本节主要内容。

车站功能组成

1. 地铁车站建筑根据功能,主要分为车站公共区和设备用房区,公共区主要供乘客使用,设备用房区主要满足车站运营相关功能和内部管理使用。

2. 轻轨车站的功能组成较为简单,只需提供供乘客候车和乘降使用的站台,以及供乘务人员使用的值班室等设施,满足基本的乘降功能。

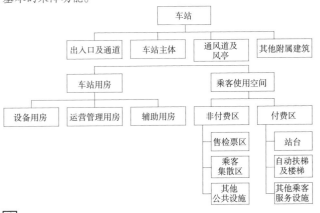

[1] 典型车站设施组成示意图

车站主体功能一览表　　　　　表1

分类	组成	说明
公共区	出入口及通道	乘客进出车站的通路
	站厅公共区	乘客完成售检票到达乘车区及出站的区域
	站台公共区	乘客上下列车的区域
设备管理区	管理用房区	为地铁管理人员提供的办公、休息区域
	设备用房区	为地铁运营提供通风、供电、通信、信号等设备放置的区域
	风道及风亭	由通风机房延伸至地面,满足车站及区间通风、排烟要求的区域
	其他附属设施	无障碍电梯井、冷却塔等

不同类型的轨道交通车站特点　　　　　表2

项目	地铁及特殊制式轻轨	无专用路权轻轨及有轨电车
出入口及通道	需设置专门的出入口地下通道或高架桥	一般与城市过街系统合用
乘客售检票设施	需设置专门的站厅供乘客进出站使用,售检票系统设置在站厅内	可与站棚结合设置或设在车上
站台	需设置专门的封闭站台公共区	一般站台区域可不封闭或部分封闭
管理用房和设备用房	需独立设置,并满足运营管理要求	一般不需要设置
近似建筑类型	需专门设计,遵守专用建筑设计规范	快速公交或一般公交车站

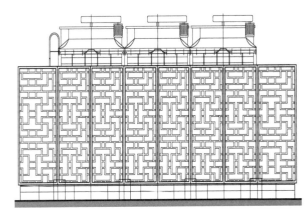

a 风亭立面造型

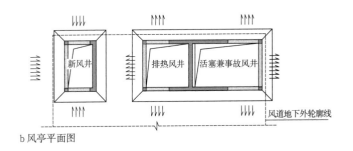

b 风亭平面图

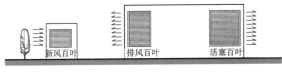

c 风亭立面图

[2] 典型地铁车站附属建筑

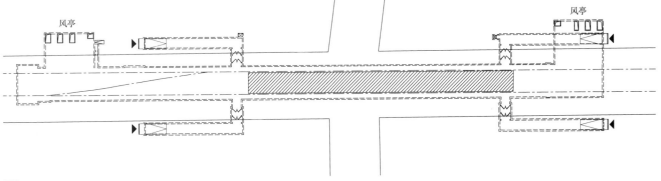

[3] 典型地铁车站总平面布置

城市轨道交通 [5] 车站形式及选择

车站的分类

1. 按运营功能进行分类，可分为中间普通站、中间配线站、尽端折返站、换乘站。
2. 按车展站台形式可分为侧式、岛式、组合式等。
3. 按线路敷设形式分类可分为地下站、地面站、高架站。

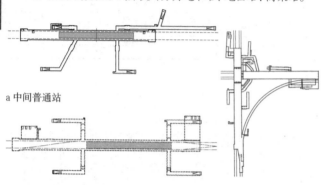

a 中间普通站
b 中间配线站
c 尽端折返站
d 换乘站

1 按运营功能分类

车站站台基本布置形式　　　　　　　　　　　表1

站台类型	类型示意图	类型特点
侧式		乘客乘降在车行方向右侧
岛式		乘客乘降在车行方向左侧
组合式		多种类型的站台组合使用

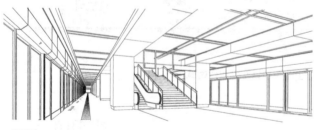

a 地下站

b 高架站

2 按站台形式分类

车站选型

1. 车站选型影响因素

车站形式选择影响因素　　　　　　　　　　　表2

影响因素	选择条件	车站选型原则
运营组织	一般中间站	岛式或侧式，优先选择岛式
	小交路折返站，站后设置折返线	双岛式、岛式、一岛一侧式车站
	站后设置故障列车存车线的车站	一岛一侧、站后设停车线的岛式车站
	线路近期或远期起点终点站	岛式、侧式、一岛两侧式车站
用地实施条件	管线较少，交通流量不大，周边用地拆迁量不大，没有其他控制因素	根据运营组织要求，可以选择占地较大的车站形式，如双岛式、一岛一侧、一岛两侧，一般采用明挖施工的地下车站，或选择地面和高架车站
	有少量管线，不是交通咽喉地带，用地具有一定拆迁量	可以选择较标准的岛式或侧式地下明挖车站
	地下管线量大，交通咽喉地带，城市中心地区建筑密集，周边有文物，或城市景观要求高	叠摞侧式、分离岛式等形式的地下车站，一般地质条件时优先选择暗挖施工的地下车站
区间施工条件	受两端盾构施工要求，需要占用大量场地和地下施工临时竖井，车站优选明挖岛式地下车站，暗挖施工时需考虑盾构进出条件	
	地面场地开阔，区间具备明挖施工条件	优选明挖岛式或侧式地下车站
	场地狭窄，区间具备矿山法施工条件	车站优选明挖或暗挖岛式地下车站

2. 车站站台形式与选型

(1) 岛式站台

线路终点站选用岛式站台有利；

在路面狭窄的街道下及结构埋深又较深的情况下，选用岛式车站有利；

当车站与两条单线盾构区间相接时应设岛式车站。

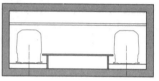

a 岛式站台

(2) 侧式站台

在路面狭窄的街道下及结构埋深较浅的情况下，选择侧式站台有利；

当车站与复线盾构施工的区间隧道相接时应设侧式站台。

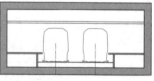

b 侧式站台

(3) 组合式站台

多出现在换乘站、折返站、分叉站或联运站（轨道交通与铁路联运）。

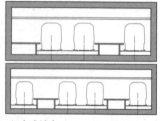

c 组合式站台

(4) 叠摞式站台

该形式实际上是变相的侧式站台，多建在街道极为狭窄，无法平面布置区间的车站，造价昂贵。

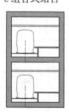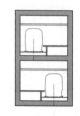

d 叠摞式站台

3 站台形式

车站结构选型

1. 地下车站施工方法选择对地下车站方案的影响

对轨道交通车站建筑形式和功能设计影响较大的是地下敷设方式，在这种敷设方式下，车站的外轮廓线受地形场地水文地质条件、周边建构筑物条件限制较大。

地下车站常用施工方法 表1

地下车站施工方法	工法特点	适用范围	优缺点
明挖法施工	直接在地面向地下开挖土体，施工地下结构，完成后回填土方恢复地面的施工方法。分为明挖顺作法和盖挖逆作法等几种	线路浅埋，地面交通和环境条件允许，结合物业开发，结合旧城改造。空间创作手法相对灵活丰富	优点：作业面多、速度快、工期短、造价低等；缺点：往往涉及大量的征地拆迁和地下管线迁改
矿山法暗挖施工	利用围岩的自承受能力和开挖面的空间约束作用，通过必要的支护、加固、测量、监控等措施进行施工的方法	地层稳定性好，线路埋深大、配线地段、地面交通和地面环境不允许采用明挖法	优点：可多工作面开展，容易控制工期，单价较低；缺点：工艺流程多，工艺复杂，施工难度大，质量难保证
盾构法暗挖施工	以盾构机为核心施工机械，在盾构机保护下完成土体开挖、土渣外运、整机推进和隧道衬砌拼装的一种工厂流水化施工方法	软土和地质条件较差、无法实现降水的施工环境下	优点：工程地质和水文地质适用条件广泛，安全、快速、环保、质量优良；缺点：前期设备投资大，工作井准备时间长，施工方案对盾构机的依赖性强

地下车站常见结构断面选型 表2

施工方法	车站断面形式	典型横剖面示意图		对车站建筑布局的影响
明挖施工	明挖顺作法或盖挖逆作法	(图)	多跨框架结构	车站主体建筑空间受围护结构的影响；车站横断面多为矩形框架结构，易于进行平面布局；采用单层时比较灵活，采用多层时上下层应尽量对齐；在地面条件许可时，可采取开设天窗等特殊手法，建筑空间创作手法相对灵活丰富
暗挖施工	矿山法暗挖施工	(图)	多跨拱形框架结构	车站主体建筑空间受暗挖工法限制较大，需要与结构专业密切配合方可实现空间布局；车站横断面多为横向曲面，建筑柱网必须规则，纵向空间有较强烈的特色，建筑空间设计需顺应上述特征，创作灵活性较差
暗挖施工	PBA暗挖工法施工	(图)	多跨拱形框架结构	车站主体建筑空间受暗挖工法限制较大，需要与结构专业密切配合方可实现空间布局；车站横断面多为直墙，顶面为横向拱形断面，建筑柱网必须规则，纵向拱顶空间特色明显，建筑空间设计灵活性较差
暗挖施工	盾构法暗挖施工	(图)	多跨拱形框架结构	只能完成有限的站台空间，附属设施需结合其他空间另行设计；车站横断面多为曲面，中跨顶面为横向拱形断面，建筑柱网必须规则，纵向拱顶空间特色明显，建筑空间设计灵活性较差

2. 高架车站结构形式

高架车站结构形式 表3

高架车站结构形式	示意图	结构特点	适用范围	优缺点
站桥分离结构方案	(图)	列车走行部分结构与车站服务用房结构分离	预留站位后期增建的高架车站，路侧的站厅落地车站	优点：结构受力清晰，便于计算和设计；缺点：结构空间刚度小，体量大，占地多，经济性差
站桥合一结构方案	(图)	列车走行部分结构与车站服务用房结构结合为一体	路侧和路中的高架车站都适用	优点：刚度大，适合在抗震烈度较高的地区，体量较小，经济性好；缺点：结构计算复杂，设计难度较大

高架车站常用断面形式 表4

高架车站典型结构形式	示意图	断面特点	对车站建筑布局的影响	高架车站典型结构形式	示意图	断面特点	对车站建筑布局的影响
路侧高架	(图)	站厅直接坐落于地面	线路浅埋，地面交通和环境条件允许，结合物业开发，结合旧城改造。空间创作手法相对灵活丰富	路中高架	(图)	站厅和站台设在路中高架桥上	地层稳定性好，线路埋深大、配线地段、地面交通和地面环境不允许采用明挖法

城市轨道交通 [7] 车站规模与乘客流线

车站规模

车站规模是指车站建筑面积的大小，其主要影响因素有车辆选型、列车编组、客流预测、服务标准、设备系统及管理用房等，详见表1。

影响车站规模的主要因素一览表　　　　　　　　　　表1

主要因素	说明
车辆选型	车辆采用不同车型的限界不同，从而影响车站宽度及高度的规模控制
列车编组	列车编组不同，直接影响车站长度方向的规模控制
客流预测	客流预测量直接影响侧站台、站台宽度，同时也影响车站各部位楼扶梯的宽度
服务标准	如站台至站厅或出入口是否设置上下行扶梯，将直接影响车站主体和附属设施的规模
设备系统	车站通风、供电等系统的选择直接控制车站主体及附属设施规模
管理用房	车站管理用房的数量及面积要求直接控制车站主体规模

客流与车站规模的关系

1. 车站各部位的规模：一般按高峰期1小时内的预测客流量控制，通常以早、晚高峰的客流量取较大者乘以超高峰系数进行计算获得。

2. 侧站台宽度：车站的侧站台宽度应该能够满足乘客候车以及上下车客流交换的需要，因此需要通过早晚或控制时段高峰小时上车、下车的客流量计算，确定车站侧站台的宽度。

3. 楼扶梯宽度及数量：选定布局后，需要验算楼扶梯的通行能力是否同时满足正常状态下乘客上下车及事故状态下乘客疏散的需要，验算时楼扶梯宽度及数量应按上述两个状态的计算取值较大者作为控制条件。在这一计算中，车站高峰小时上下车客流量、进站断面的流量起决定作用。

4. 站台宽度：站台宽度主要由侧站台、楼（扶）梯、柱子及屏蔽门等因素决定。

5. 出入口通道宽度：出入口通道的宽度以及楼扶梯数量，应满足正常状态下不同方向客流的进出站需要，并满足事故状态下的疏散需要。因此分向的进出站客流、高峰小时上下车客流量、进站断面的流量，将控制车站出入口通道的规模。

6. 换乘通道：换乘通道应满足换乘客流通行的需要，因此不同工况下换乘客流量将控制换乘通道的规模。

车站客流的识别和分析

《客流预测报告》提供的车站客流包括全日、早晚高峰小时各车站上下车客流、站间单向断面流量、高峰小时单向最大断面流量、每站参考超高峰系数以及相应客流断面图；换乘车站还会提供各换乘站的早高峰换乘客流，并应按照车站位置给出各个方向的分向进、出站客流量。

这些数据需经过客流特征分析，方可在车站规模计算中采用。

一般客流预测分初期、近期、远期三期，初期为建成通车后第3年，近期为第10年，远期为第25年。通常车站的规模应按照预测的远期客流量和列车通过能力确定，特殊情况下也可以初期、近期作为车站规模的确定控制条件。

一般客流预测的早晚高峰小时上下车客流、断面客流，已经包含了换乘的流量，设计选取时应注意。

车站乘客流线

乘客在车站内主要的使用过程，包含进出站、购票两项主要活动，涉及车站内出入口、公共区、进出站闸机、站厅与站台等各部分，其实用功能流线如下。

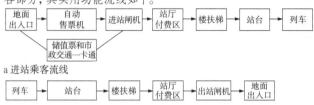

a 进站乘客流线

列车 → 站台 → 楼扶梯 → 站厅付费区 → 出站闸机 → 地面出入口

b 出站乘客流线

1 乘客流线示意图

车站规模估算方法

规划和方案设计阶段，车站长度可以按照有效站台长度加60m来估算，车站宽度一般12m，站台车站按照21m总宽度控制，其他站台宽度在此基础上增减。

初步设计和施工图设计阶段，应根据客流预测数据，对车站各部位的宽度进行计算，从而选择合理的站台宽度、楼扶梯数量及宽度，并根据设备及管理用房的具体要求进行布置，从而对车站的规模进行精确控制。

初步设计和施工图阶段车站规模估算方法　　　　　　表2

主要因素	说明
站台宽度	根据客流通过经验公式计算确定，并不小于各部位最小宽度
楼扶梯数量及宽度	根据客流通过经验公式计算确定，并不小于各部位最小宽度
进出站通道及换乘通道宽度	根据客流通过经验公式计算确定，并不小于各部位最小宽度
设备管理用房规模	根据客流预测，由行车专业提供相应规模要求

车站各种设施通过能力取值（单位：人/h）　　　　　表3

部位名称		每小时通过人数
1m宽楼梯	下行	4200
	上行	3700
	双向混行	3200
1m宽通道	单向	5000
	双向混行	4000
1m宽自动扶梯	输送速度0.5m/s	6720
	输送速度0.65m/s	7300
0.65m宽自动扶梯	输送速度0.5m/s	4320
	输送速度0.65m/s	5265
人工售票口		1200
自动售票机		300
人工检票口		2600
自动检票机	三杆式	非接触IC卡 1200
	门扉式	1800
	双向门扉式	非接触IC卡 1500

某线早高峰预测客流表（单位：人/h）　　　　　　　表4

年限	预测客流	东行方向		西行方向	
		上车	下车	上车	下车
远期2037年	32730	3358	10412	3852	15018

换乘客流量（单位：人/h）　　　　　　　　　　　　表5

年限 2037	预测客流	MA西行换MB		MA东行换MB		MB南行换MA		MB北行换MA	
		向南	向北	向南	向北	向西	向东	向西	向东
八列编组	17105	2880	4695	1889	3507	1181	640	1700	615

注：高峰小时客流量包含换乘客流，超高峰系数取1.4。
东行：(3358+10412)×1.4=19278（人/h）；
西行：(3852+15108)×1.4=26544（人/h）；
上车：(3358+3852)×1.4=10094（人/h）；
下车：(10412+15108)×1.4=35728（人/h）；
进站：10094-(1181+640+1700+615)×1.4=4304（人/h）；
出站：35728-(2880+4695+1889+3507)×1.4=17569（人/h）；
换乘：17105×1.4=23947（人/h）；
总客流：32730×1.4=45822（人/h）。

站厅的组成

站厅也称车站大堂，主要供乘客进出站，完成售票、检票的整个过程，内部布置售票、检票设施、乘客服务设施和垂直交通设施等，一般设在站台上方、下方，或贴邻站台，并应集中布置。

1. 付费区

付费区是供乘客检票后使用的站厅公共空间，应保持与非付费区的完全分隔。

付费区内不宜布置与乘客集散功能无关的商铺等设施。

付费区隔离栏杆上应考虑乘客紧急疏散和消防救援设备使用的平开栅栏门。

2. 非付费区

非付费区是乘客进站安检、售检票和出站疏散的区域。

非付费区应便于运营管理，具有一定封闭的空间。

站厅非付费区内通常还布置电话、自助售票机、商铺等供乘客使用，但这些辅助设施不能布置在影响疏散的区域。

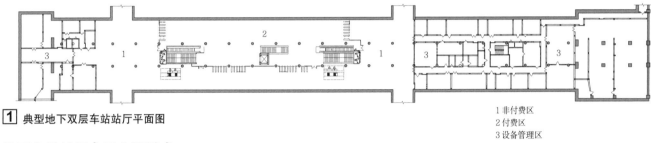

[1] 典型地下双层车站站厅平面图

1 非付费区
2 付费区
3 设备管理区

地下车站站厅布置主要形式

1. 贯通式站厅

这是最为常用的站厅布置方式，站厅设在地下一层。

2. 分离式站厅

站厅设在地下一层，每个站厅设置一组楼梯。

3. 分区式站厅

站厅设在地下一层，多组楼（扶）梯沿纵向布置，由自动售票、检票系统和栅栏划分为多个付费区或非付费区。

4. 站厅与地下商业街连通（一体化布置）

站厅设在地下一层。站厅加宽后作为多功能地下人行过街通道，在多处设有出入口，地铁站厅实际为地下开发的一部分。

5. 地面和高架车站站厅平面布置

站厅设在地面，用检票机群划分付费区和非付费区，付费区分为两个分区。

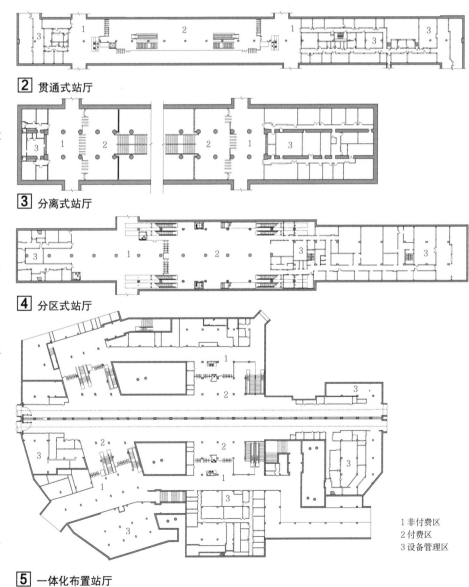

[2] 贯通式站厅

[3] 分离式站厅

[4] 分区式站厅

[5] 一体化布置站厅

1 非付费区
2 付费区
3 设备管理区

城市轨道交通 [9] 车站站厅

站厅内乘客服务设施

1. 售票机械

自动售票机布置在乘客进站流线上，前部应留有一定的排队的空间。

自动售票机背面与墙面的距离应满足工艺要求。

2. 检票闸机、售票亭和乘客服务中心

（1）检票闸机

（2）售票亭及乘客服务中心

售票亭内设置半自动售票机、查询机等设施，平时兼顾乘客问询处，部分城市独立设置乘客服务中心。

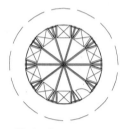

a 环绕独立布置

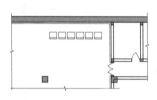

b 单排独立布置

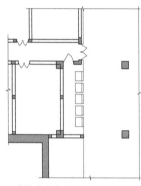

c 单排贴墙布置

1 自动售票机布置方式

2 闸机样式

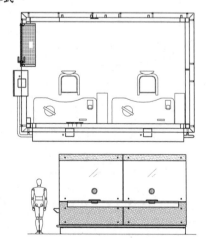

3 售票亭实例

（3）布置原则

售票亭和乘客服务中心应设置在站厅内明显的地方，便于乘客找到。

检票机应布置在乘客进出站主要流线上，一般与售票亭或乘客服务中心成组布置。

人工售票亭和自动售票机的数量N_1计算公式如下：

$$N_1 = M_1 k / m_1$$

式中：M_1—上下行进站客流总量（高峰小时计）；
k—超高峰系数，选用1.2~1.4；
m_1—售票设施每小时能力。

检票闸机的数量N_2按以下公式计算：

$$N_2 = M_2 k / m_2$$

式中：M_2—上下行进站客流总量（高峰小时计）；
k—超高峰系数，选用1.2~1.4；
m_2—检票闸机设施每小时能力。

3. 公用电话及自动售货机

公用电话、银行柜员机和自动售货机应布置在站厅内非付费区且不影响乘客疏散的部位。

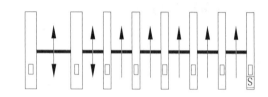

4 检票闸机典型组合

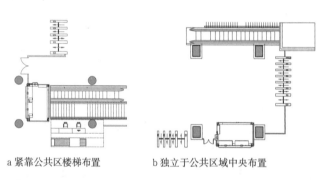

a 紧靠公共区楼梯布置　　b 独立于公共区域中央布置

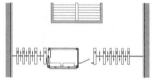

c 闸机中间并排布置

5 售票亭与闸机典型布置

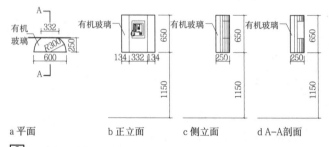

a 平面　　b 正立面　　c 侧立面　　d A-A剖面

6 公用电话亭实例

站台平面形式

轨道交通车站站台由乘客乘降区、乘客集散区和垂直交通设施构成。

站台平面布置形式　　　　　　　　　　　表1

站台类型	设置适用条件
侧式	进出站楼梯设在中央，设备用房设在站端部
鱼腹岛式	进出站楼梯设在中央最宽处，机电用房设在站端
双跨岛式	较为常用，采用两跨结构，多组楼梯沿纵向布置，机电用房设在端头内
三跨岛式	较为常用，采用两跨结构，多组楼梯沿纵向布置，机电用房设在端头内
分离岛式	有粗大塔柱，侧站台要适当加宽，使用自动扶梯
组合式	多种类型的站台组合使用，可作为终点站和中间折返站，站台间通过站厅、天桥或地道连接
喇叭岛式	一般布置在线路不平行的曲线上，多组楼梯沿纵向布置，机电用房设在两端

站台规模的确定

1. 站台计算长度的确定

当站台侧不设置站台门时，站台计算长度取远期列车编组长度加停车误差。对于国内常用编组，一般站台长度为120~184m。

当站台侧设置站台门时，应取站台门内侧总长作为站台计算长度。

2. 站台宽度的计算

（1）经验估算法

通过客流预测的公式计算法并不能完全反映所设计车站客流真实情况，尚应根据车站在线网中的重要性和车站所处地区规划和现状限制条件，对车站站台宽度适当放宽，以便应对潜在的突发客流风险。

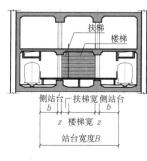
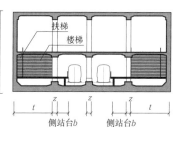

1 站台宽度组成

北京地铁部分车站站台宽度一览表　　　　表2

车站名称	所属线路	站台形式	站台宽度（m）	加宽考虑因素
西单站	1号线	岛式	16	近期换乘客流及商圈突发客流
天安门东站	1号线	岛式	16	集会突发客流
东单站	5号线	岛式	14	近期换乘客流
雍和宫站	5号线	岛式	23	区间施工条件限制
国贸站	10号线	分离岛式	8.25	区间施工条件限制
北土城站	10号线	岛式	16	突发换乘客流较大
北京南站	4号线	岛式	18.5	火车站突发客流较大及车站结构限制

其他城市地铁部分车站站台宽度一览表　　　　表3

车站名称	所属线路	站台形式	站台宽度（m）	加宽考虑因素
人民广场站	上海1号线	岛式	14	换乘及突发客流
罗湖站	深圳罗宝线	一岛一侧	2×4+12	对外交通客流
公园前站	广州1号线	一岛两侧	2×14+12	换乘客流
天府广场站	成都1号线	岛式	14	换乘客流及商圈突发客流
虹桥枢纽站	上海2、10号线	双岛式	28	换乘客流和对外交通客流

（2）公式计算法

典型车站站台由侧站台、柱子和楼（扶）梯三部分组成，计算的基本方法是计算其宽度和，即采用下列计算公式。

岛式站台宽度：$B_d = 2b + n \times z + t$

侧式站台宽度：$B_c = b + z + t$

式中：b—站台乘降区宽度(m)；

n—横向柱列数；

z—横向柱宽（含柱子的装修面层厚度，m）；

t—每组人行楼梯与自动扶梯宽度之和（包括扶梯间的宽度和梁、柱与楼、扶梯，楼梯和扶梯间所留缝隙宽度，m）。

轨道交通车站乘降区宽度b可根据给定的车站设计客流资料，按下列公式计算获得：

$$b = \frac{Q_{上下} \times \rho}{L} + M$$

式中：$Q_{上下}$—客流控制方向的每次列车，超高峰小时单方向的上、下车设计客流量，数值由给定的车站设计客流资料计算获得；

ρ—站台上人流密度，一般推荐采用0.5m²/人；

L—安全门或屏蔽门两端门之间站台有效候车区长度(m)；

M—站台门体立柱内侧至站台边缘的距离，无安全门的时候，$M=0$。

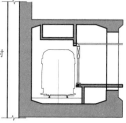

2 站台平面形式

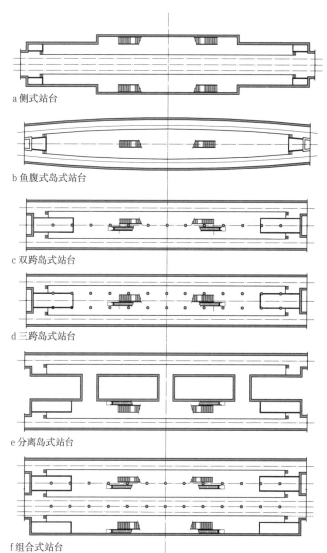

a 侧式站台

b 鱼腹式岛式站台

c 双跨岛式站台

d 三跨岛式站台

e 分离岛式站台

f 组合式站台

3 站台平面形式

城市轨道交通 [11] 车站空间及剖面

站台设施

1. 站台门（屏蔽门与安全门）

站台门是指在站台上以玻璃幕墙的方式包围轨行区与列车上落空间。列车到达时，再开启玻璃幕墙上电动门供乘客上下列车，依据空调系统的不同要求分为安全门与屏蔽门两类。

近年为保证乘客及时安全疏散，国内轨道交通车站采用站台门较多，在可能的条件下，在多跨站台上需要布置立柱时，可参照下表考虑站台门与车站纵向柱网建立模数对应关系。

轨道交通站台门间距与多跨站台柱网对应关系　　表1

车辆类型	站台门间距（mm）	推荐柱网模数（mm）
A型车	4650	9120
B型车（平均）	4895	9750

2. 车站楼（扶）梯

（1）车站楼（扶）梯的布置原则

车站楼扶梯应对应列车停靠位置均匀布置，一般2~3节车厢对应布置一组楼（扶）梯。

车站楼（扶）梯布局时，前部应留有一定的集散空间，保证乘客顺利集散。

对于站台上横向流动乘客较多的站台，一般在楼梯侧面应留有通行空间。

（2）车站楼扶梯设置数量的验算

自动扶梯和楼梯总数及总宽度的计算，以出站客流乘自动扶梯向上到达站厅考虑。

自动扶梯台数N_3的计算：

$$N_3 = Nk/n_1$$

式中：N——预测上下车客流总量，如站台设置换乘通道或楼梯时，扣除该换乘方向客流量（人次/小时）；
k——超高峰系数；
n_1——自动扶梯每小时输送能力（人次/小时）；

楼梯或通道总宽度B的计算：

$$B = Q/N + M$$

式中：Q——控制期高峰小时通过流量（人次/小时）；
N——1m宽楼梯或通道通过能力（人次/小时）；
M——楼梯或通道扶手等附属物占用宽度（m）。

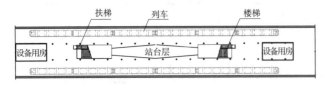

a 岛式站台

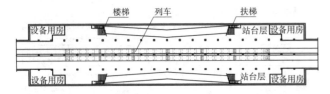

b 侧式站台

1 楼扶梯典型布置

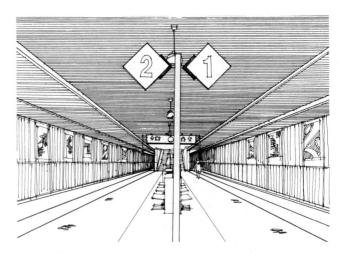

2 站台空间示意图

车站各层层高和设计高度确定原则　　表2

	控制层高的因素	说明
站厅层	公共区净高	站厅公共区净高一般不小于3.0m
	公共区吊顶高度	公共区吊顶高度取决于设备管线的布置
	设备区用房净高	管理用房高度一般不小于2.4m
	设备区吊顶高度	设备区吊顶高度取决于设备管线的布置，尤其是走廊内管线的综合布局。通常这是控制站厅层层高的主要因素
	设备区用房地面厚度	部分设备用房采用架空地板（如车站控制室），架空高度直接影响站厅层层高
站台层	公共区净高	地下车站站台公共区净高一般不小于3.0m，地面、高架站一般不小于2.6m
	公共区吊顶高度	公共区吊顶高度取决于设备管线的布置，因站台公共区管线只能布置在侧站台，通常此处比较紧张，是控制站台层层高的主要因素
	车辆限界、轨顶排热风道	轨顶排热风道的高度与车辆限界共同控制了站台层层高

车站各部位最小宽度及高度尺寸

车站各部位的最小宽度（单位：m）　　表3

名称		最小宽度
岛式站台		8.0
岛式站台的侧站台		2.5
侧式站台（长向范围内设梯）的侧站台		2.5
侧式站台（垂直于侧站台开通道口设梯）的侧站台		3.5
站台计算长度不超过100m且楼（扶）梯不伸入站台计算长度	岛式站台	6.0
	侧式站台	4.0
通道或天桥		2.4
单向楼梯		1.8
双向楼梯		2.4
与上、下均设的自动扶梯并列设置的楼梯（困难情况下）		1.2
消防专用楼梯		1.2
站台至轨道区的工作梯（兼疏散梯）		1.1

车站各部位的最小高度（单位：m）　　表4

名称	最小高度
地下站厅公共区（地面装饰层面至吊顶面）	3
高架车站站厅公共区（地面装饰层面至梁底面）	2.6
地下车站站台公共区（地面装饰层面至吊顶面）	3
地面车站、高架车站站台公共区（地面装饰层面至风雨棚底面）	2.6
站台、站厅管理用房（地面装饰层面至吊顶面）	2.4
通道或天桥（地面装饰层面至吊顶面）	2.4
公共区楼梯和自动扶梯（踏步面沿口至吊顶面）	2.3

管理用房

1. 车站管理用房由车站管理用房、车站生活和仓储用房、线路运营用房等组成。
2. 车站管理用房一般集中在车站某一部位，互相靠近，以压缩规模、防灾和便于管理。
3. 轨道交通车站内部管理用房与各城市运营管理企业内部体制相关，各条线路总体技术有详细需求。
4. 各城市轨道交通运营单位管理机构、管理办法不同，车站行车、管理、技术用房组成内容和面积也不同。

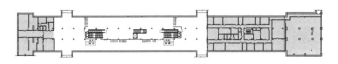

1 车站管理用房相对集中在车站一端布置

日本大阪车站主要管理用房　　　　　　　　　　表1

名称	面积(m²)	说明	名称	面积(m²)	说明
站长室	83	含办公、更衣、值班、茶水室	清扫员值班室	18	车站清扫工作人员使用
工作人员室	108	茶水间与站长室茶水间合用	垃圾堆存间	13	兼清扫工具存放处
暂宿更衣室	93	分为暂宿和男女更衣室	仓库	61	分为几处设置
售票室	58	分为人工和自动售票	厕所	62	分公共和内部厕所
定期票售票处	34	不是每站都设	警察值班室	16	按需设置或兼会议室

国内地铁车站主要管理用房参考要求　　　　　　表2

房间名称	面积(m²)	备注
车站控制室	35~50	一般设在站厅层通信信号机房集中的一端，面向公共区。换乘站两线共用的车站控制室取上限，一般站取下限
站长室	10~15	与车站控制室相邻并设门连通
站务室	10	宜靠近站长室
安全室	10~12	站厅层
交接班室(兼会议室)	25~30	设在站厅层管理用房较多一端，近站长室
更衣室	10×2	设在站厅层管理用房较多的一端
票务处	8×n	含售票、监票、补票功能，根据AFC综合布局安排
车站备品库	20	宜设在站厅层
清洁工具间	8×2	站厅、站台层各设1处
垃圾间	2~4	每层设1处
工务用房	12~15	有道岔站设，设在站台有岔线一端
司机轮休室	6	设在站台层折返线端

设备用房

车站设备用房一般按各系统工艺要求，布置在车站两端相应的部位。车站设备用房组成根据各条线路总体设计技术要求设置。

日本大阪车站主要技术用房　　　　　　　　　　表3

名称	面积(m²)	说明	名称	面积(m²)	说明
行车调度所	86	一条线仅设一处	送风机室	222	包括电器室送风
AFC、CTC机械室	175	包括更衣、暂宿、空调机房	分电盘室	80	各层1处，站台厅2处
信号继电器室	86	仅在终点站、交叉站设置	排水泵房	75	一般设在站台两端
继电器室	45	—	电器室	270	含变压器、变组架
断路器室	41	—	消防水泵房	35	设1处
空压机室	80	仅设在有转辙机车站	污水泵房	63	一般设在厕所下层
通信机械室	47	—	水表室	15	一般各层1处
蓄电池室	22	—			

日本东京地铁三田线日辟谷车站管理技术用房　　表4

序号	房间名称	面积(m²)	序号	房间名称	面积(m²)
1	站务室	138	14	电气室B	67
2	售票室A、B、C	221	15	排风机室	22
3	补票室A	29	16	仓库A、B、C、D、E	159
4	补票室B	3.5	17	仓库F、G	102
5	工作人员室A、B、C、D	219	18	消防水泵房	40
6	休息室	66	19	厕所	58
7	会议室	97	20	广播室	27
8	保安人员值班室	20	21	乘务员休息室	28
9	乘务室A、B、C	126	22	信号员休息室	22
10	信号员、运转助理室	22	23	信号所	56
11	检车人员休息室	22	24	空压机房	50
12	通风机房A、B	870	25	污水泵房	21
13	电气室A	81	26	水泵房	14

我国现行规范车站设备用房布置参考要求　　　　表5

房间名称	面积(m²)	设置位置	备注
综合监控设备室	30~40	一般站设置，邻近车站控制室	监控系统使用
AFC设备室	15	临近AFC票务室	供自动售检票系统使用
AFC票务室	20	邻近车站控制室	
通信设备室	30	设在站厅层车站控制室一端，尽量靠近车控室	供通信系统使用
通信电源室	17	邻通信设备室	
信号设备室 有岔站	60	设在站厅层与车站控制室同一端，尽量靠近车控室和通信设备室	供信号系统使用
信号设备室 无岔站	40	设在站厅层与车站控制室同一端	
信号电源室	30	有岔站设，邻信号设备室	供信号系统使用
公安通信设备室	18	同通信设备室	供公安通信系统使用
公共通信设备室	45	设在站厅层车站控制室一端	供公共通信系统使用
照明配电室	12	设于站厅站台层，每端各设一间	供低压配电系统使用
通风空调电控室	50~70	邻通风空调机房，每端各设1间	供空调系统使用
屏蔽门控制室	15~20	设在站台层，与信号设备室同端	供屏蔽门系统使用
气瓶室	15~18	邻近被保护房间，可分层设置	供气体灭火系统使用
消防泵房	15	当市政供水不满足消防要求时，邻近消防专用通道设置	供站内消防系统使用
污水泵房	12	邻近厕所布置，内设污水池	供排水系统使用
废水泵房	12	设于车站纵坡最低处	供排水系统使用
电缆井	按需要设置		面积按设备工艺要求
通风空调机房	按设备布置	按工艺要求设置。冷冻机房应设置在靠近空调负荷中心的位置	供空调系统使用
变电所	320~350	尽量设在站台层，含牵引、降压所	
降压变电所	180~200	尽量设在站台层	

城市轨道交通 [13] 车站附属建筑

附属建筑组成

轨道交通车站一般由车站主体和车站附属设施组成,地下车站附属设施由出入口、风道、紧急疏散出口、无障碍电梯厅、冷却塔、电阻小室等构成;地面和高架车站则主要是指附属设备用房建筑和进出站天桥等进出站设施。

地下车站附属设施　　　　　　　　　　　　　　　　　　表1

项目		部位	功能
出入口	地面厅	地下车站出入口通道出地面部分	供乘客出入轨道交通车站使用的进出设施。
	通道	地下车站中部站厅两端或中部,与公共区相连的主体建筑外与地面厅之间	地面厅为出入口地面部分围护结构,提供遮蔽功能
风道	风亭	地下车站风道出地面部分	供车站公共区、设备用房区通风、空调引入新风和排除废气使用,事故时作为排烟口使用
	风道	地下车站两端主体一侧	
紧急疏散出口		地下车站设备管理用房区集中一端主体外侧	供地下车站设备管理用房区防灾安全疏散和必要时工作人员进出使用
无障碍电梯厅		地下车站出入口、地面厅附近	供残障人士和其他有需求人士进出地铁使用
冷却塔		地下车站靠近主体内冷冻站一端,风亭附近	使站内空调系统与室外环境发生热交换,完成空调功能
电阻小室		地下车站一端,风亭附近	供地铁列车再生制动系统电阻散热使用

地面和高架车站附属设施　　　　　　　　　　　　　　　表2

项目	部位	功能
附属用房建筑	地面和高架车站主体内或附近	供轨道交通车站运营管理和设备使用的用房
进出站天桥	地面和高架车站跨越城市道路等设施的出入口外部	供乘客出入轨道交通车站使用的进出设施

车站出入口

1. 设计原则

(1)出入口是供乘客进出轨道交通车站的设施,应根据所在位置地面规划和道路具体情况布置,一般应布置在道路两侧道路红线外或路口拐角处。

(2)轨道交通车站出入口可结合城市规划统一考虑,设置成独立出入口或与周边建筑物地下空间结合建设。有条件时应结合地下过街通道设置。

(3)车站出入口根据客流方向的需求设置,每座车站不少于2处,分离站厅的车站,每个站厅不少于2处。

(4)出入口地面厅形式应结合当地气候条件设置。

(5)出入口分为通道段和扶梯段,扶梯段一般由自动扶梯和楼梯组成,根据不同的高度和需求进行不同的排列组合。

2. 出入口通道形式

出入口通道的形式结合地形设置,可分为[1]中所列形式,此外还有组合形式。

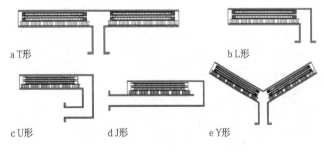

a T形　　b L形　　c U形　　d J形　　e Y形

[1] 出入口平面形式

3. 出入口宽度

出入口宽度一般根据经验判定,并经通过能力计算校核。

车站出入口自动扶梯设置要求　　　　　　　　　　　　表3

提升高度	设置要求	功能要求
小于等于10m	设置上行扶梯和下行楼梯	楼梯宽度不小于2.4m
大于10m小于19m	设置上下行两台自动扶梯和备用楼梯	楼梯宽度不小于1.8m
大于19m	设置上下行扶梯和备用自动扶梯	埋深较大的出入口宜另设疏散楼梯间

车站出入口和通道最小宽度参考值　　　　　　　　　　表4

设上下行扶梯和楼梯			设上行扶梯和楼梯		
出入口通道	出入口地面厅	出入口楼梯	出入口通道	出入口地面厅	出入口楼梯
5m	6m	1.8m	4.5m	5.4m	2.4m

车站出入口楼梯踏步参考尺寸　　　　　　　　　　　　表5

名称	高×宽(mm)	名称	高×宽(mm)
北京	150×300 172×300*	东京	160×320 172×300*
莫斯科	140×320	伦敦	180×280
巴黎	160×320	鹿特丹	160×280
纽约	180×280		

注:*表示楼梯与自动扶梯并行设置,采用30°倾角时的尺寸。

4. 出入口通道通过能力验算

$$b_1 \geq \frac{R \times \alpha}{C_1}$$

式中:R——出入口分向进出站客流(人次/小时);
b_1——出入口通道设计净宽度(m);
α——出入口客流不均匀系数,一般取1~1.25;
C_1——1m宽通道混行通行能力(人次/小时)。

5. 出入口通过能力计算:

$$R \times \alpha \leq (b_2 \times C_2) + (n \times C_3)$$

式中:R——出入口分向进出站客流(人次/小时);
α——出入口客流不均匀系数,一般取1~1.25;
b_2——出入口楼梯设计净宽度(m);
n——出入口自动扶梯设置台数;
C_2——1m宽楼梯混行通行能力(人次/小时);
C_3——1台自动扶梯通过能力(人次/小时)。

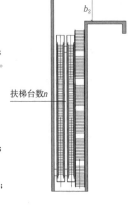

[2] 出入口通道平面示意图

出入口地面建筑

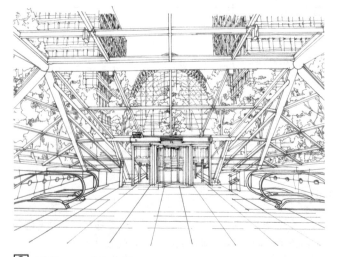

[3] 某地面厅一体化空间

定义

换乘车站是指在地铁线网中,两条或多条线路相交时,各线路设置相互连通的供乘客转乘其他线路的车站。

分类

车站间的换乘形式,可划分为节点换乘、同台换乘、通道换乘。

换乘车站组合方式,节点换乘包括十字换乘、T形换乘、L形换乘;同台换乘包括叠摞平行换乘、平行双岛同台换乘;通道换乘包括单通道换乘、多通道换乘等。

几种主要换乘形式 表1

换乘形式		特点
节点换乘	十字换乘 岛岛换乘	岛式站台与岛式站台相互换乘,上层是岛式站台
	侧岛换乘	侧式站台与岛式站台相互换乘,上层是侧式站台
	岛侧换乘	岛式站台与侧式站台相互换乘,上层是岛式站台
	侧侧换乘	侧式站台与侧式站台相互换乘,上层是侧式站台
	T形换乘	上层站台中央与下层站台端部换乘
	L形换乘	上下层站台都在端部相交换乘
同台换乘	叠摞平行换乘	站台双层重叠布置,同方向(或反方向)同站台换乘
	平行双岛同台换乘	单层双站台同站台同方向换乘
通道换乘	单通道换乘	两个车站站厅用单个换乘通道连接付费区
	多通道换乘	两个车站站厅用两个以上换乘通道连接付费区

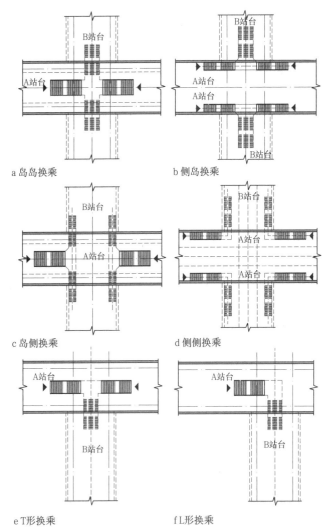

a 岛岛换乘   b 侧岛换乘

c 岛侧换乘   d 侧侧换乘

e T形换乘   f L形换乘

1 节点换乘形式示意图

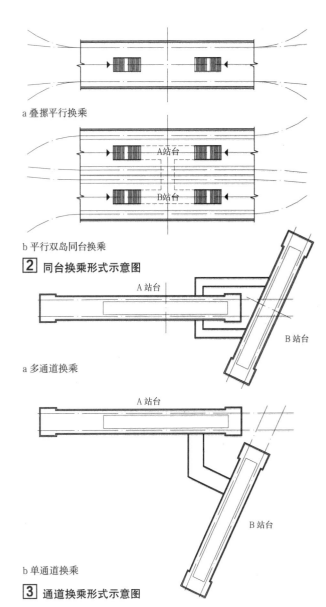

a 叠摞平行换乘

b 平行双岛同台换乘

2 同台换乘形式示意图

a 多通道换乘

b 单通道换乘

3 通道换乘形式示意图

换乘形式选择原则

1. 车站换乘形式和组合方式的设计原则是方便乘客,缩短换乘距离,减少高差,直达便捷。换乘流线与进出站流线分开。换乘客流较大时,可适当拉长换乘距离,使换乘客流自然疏解。

2. 同站台换乘,T形、十字形、L形节点换乘,易造成站台局部人流集中,站台和换乘楼梯应保证足够的宽度。

3. 采用通道换乘形式比较灵活,但长度宜控制在100m以内。

4. 线网中与规划线路的换乘车站,一般可根据建设周期差异选择同步实施、预留换乘节点、预留换乘通道接口等不同条件。

4 换乘站示意图

城市轨道交通 [15] 地下空间综合开发一体化

常见开发方式及特点

地铁地下空间的综合开发和一体化建设，对土地资源集约利用、提升地下空间价值等方面起积极作用。常见地下空间开发方式及特点如下

1. 利用地铁车站富余空间综合开发

明挖施工的地下轨道交通车站，为减少回填，利用明挖施工后富余覆土空间，把地下轨道交通车站建成多层、多功能、综合性的地下综合设施，车站内部空间局部进行地下综合利用。

此类开发一般不刻意扩大开挖深度和范围。开发部分的出入口、通风设施、各种设备用房与地铁车站相应设施应独立设置，不应合设。

2. 车站与地下商业街及建筑物地下空间连通或结合

此种连接方式俗称一体化，是轨道交通与城市地下空间开发的趋势。

此类开发的商业部分与地铁部分的防灾疏散必须完全分开，内部设备独立设置，防灾信息应互通，地铁部分对外应有独立的出入口，并保证在地下商业停止营业后地铁的独立使用权。

[1] 便捷的综合开发一体化

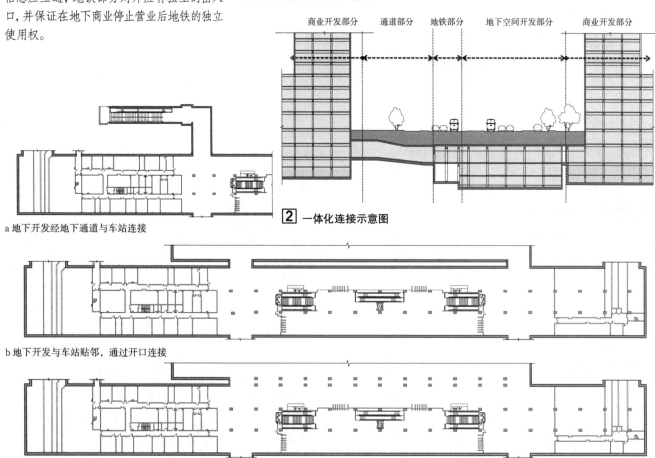

a 地下开发经地下通道与车站连接

[2] 一体化连接示意图

b 地下开发与车站贴邻，通过开口连接

c 地下开发与地铁车站通过打开侧墙连接

[3] 一体化连接方式

车站光环境

1. 地铁的照明设计应满足照度标准的要求、便于维护，并应依据不同场合要求与装修相配合。地下车站照度标准见表1。

2. 公共区照明应以高效率直接照明为主，局部辅以反射光、暗藏光等形式的照明。

3. 灯具布置应满足均匀性要求，公共区照度均匀度不应小于0.7。

4. 灯具选型应便于长期维护、更换。

5. 光源应尽量选用节能灯具，并考虑长期使用的衰减。

6. 运用LED光源、阳光导入等新技术。

7. 可根据建筑功能需求进行分区分层次照明设计。

8. 广告、艺术墙及标识照明设计应纳入整体照明设计。

9. 随着轨道交通的发展，照明设计应更重视视觉心理学在照明设计及节能设计中的潜力。通过分层次的照明设计，材料、色彩与照明的有机结合，构造地下空间的视觉焦点，打破缺乏变化的光环境设计。

地铁内照度标准值　　　　　　　　　　　　　　　　表1

名称	参考平面及高度	平均照度（lx）			事故照明（lx）
		低	中	高	
车站站厅	地面	100	150	200	10
车站站台	地面	100	150	200	10
出入口通道、楼梯、自动扶梯	地面	100	150	200	10
站长室、控制室	台面	150	200	250	100
配电室	台面	≥100		150	15
各种机房	地面	50	75	100	5
渡线、岔线、折返线轨面	轨面	5	10	15	1~2
区间隧道	地面	2	3	5	0.5

常用灯具发光效率（单位：lm/W）　　　　　　　　表2

灯具	效率
低压钠灯	200
高压钠灯	130
金卤灯	90
节能灯	85
一般日光灯	70
白炽灯	15

公共区装修对光环境质量的影响

1. 装修表面的颜色深浅对空间的光环境有一定程度的影响，不宜选用大面积的深色装修材料。

2. 装修的色彩与光环境应相辅相成，装修造型上的曲面和折面需要光线来塑造，装修颜色上的冷暖也需要具有良好显色性的灯光来体现，一般选用显色指数Ra85以上的光源。

3. 光源的色温对营造良好气氛起关键作用，其主要规律及适用场所见表3。

4. 装修材料表面的光泽度是构成光环境的要素，所有表面若都选择光泽度过高、反射强烈的材料，眩光强烈，不利于营造舒适的视觉效果。

光源色表　　　　　　　　　　　　　　　　　　　表3

色表特征	相关色温（K）	场所
暖	≤3300	休息室、厕所
中性	3300~5300	站厅、站台、通道
冷	≥5300	机房、控制室等

车站声环境

1. 公共区噪声控制

（1）由于车辆的频繁出入，站台噪声来源主要是车辆噪声和人群噪声。

（2）站厅噪声来源主要是人群噪声，在吊顶、墙、柱面等装修表面运用微孔吸声板等声学处理，吸收语言类人声的中高频噪声。

（3）通道应解决窄壁间声音的来回反射。

2. 设备用房噪声控制

（1）空调机房等房间，墙壁应进行隔声处理。

（2）轨行区墙壁应进行大拉毛处理，吸收车辆行进噪声。

地下铁道车站站台噪声、混响时间限值　　　　　　表4

噪声限值等级	限值（dB）	混响时间限值等级	限值（s）
一级	80	一级	1.5
二级	85	二级	2.0

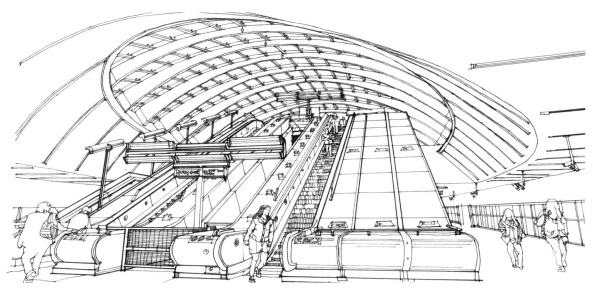

1 英国金丝雀码头站自然采光效果图

城市轨道交通 [17] 车站装饰

概念设计原则

1. 定位应符合城市特点，包括城市地理、历史、人文特点。
2. 定位应符合城市总体规划及城市轨道交通规划要求。
3. 根据线路沿途区域特点进行线路装饰风格的定位，即"一线一景"；同时结合个别特色车站进行个性化设计，即"一站一景"。

概念设计分类

[1] 巴黎地铁全网概念（以文化属性定位）

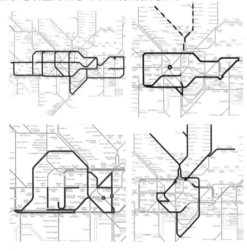

[2] 伦敦地铁线路图的趣味化诠释（以多种属性综合定位）

装饰方案设计原则

1. 满足地铁车站建筑基本使用功能，即快捷疏导人流的要求，装修造型不应过分突出于表面，阻碍人流的通行。
2. 导向系统设计应结合装饰设计，使各个空间易于辨识，快捷有序地引导人流乘车和疏散。
3. 吊顶、墙面等装饰表面造型、材料、色彩的选用，应符合运营管理和设备维护检修的需要。
4. 地铁车站装饰涉及的相关专业较多，与通风环控、照明、消防、AFC、FAS、BAS、PIS、通信、信号等多个专业有接口关系，装饰专业应整合各个专业在装饰界面的设备终端，使其合理地布置和定位，并与装饰形式良好地结合。
5. 满足地下建筑中材料防灾性能的要求，车站内吊顶、墙面、地面的材料应采用燃烧性能A级的材料；公共区内的广告、座椅、电话亭、售补票亭、售检票机等固定服务设施，应采用低烟、无卤的阻燃材料。

[3] 重庆小龙坎站公共区装饰设计

[4] 瑞典斯德哥尔摩地铁

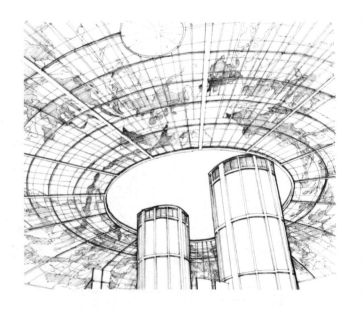

[5] 高雄美丽岛地铁车站

车站装饰 [18] 城市轨道交通

1 无锡市民中心站

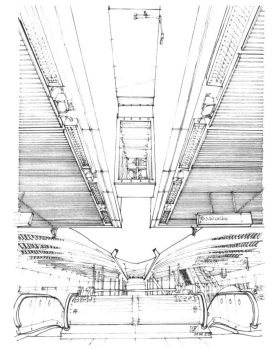

2 英国伦敦金丝雀码头站

3 加拿大蒙特利尔地铁站

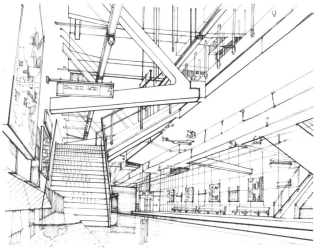

装修材料

地铁装修工程的材料选择必须是安全、耐用的，必须满足以下要求：燃烧性能要求为A级不燃材料，较高的强度硬度，抗冲击耐刮擦，防霉防潮，易于清洁、保养、更换等。宜采用标准化模式化设计。

常见材料一览表　　　　　　　　　　　　　　　　　　　表1

部位	材料
吊顶材料	铝单板、冲孔铝板、铝垂片、铝方通、铝圆通等
	GRC、GRG等
	不锈钢板
	防霉防潮涂料
墙面、柱面材料	铝单板、阳极氧化铝板等
	搪瓷钢板
	玻璃墙面
	瓷砖墙面、马赛克墙面等
	不锈钢板
	天然石材墙面
	硅酸钙板墙面
	防霉防潮涂料
地面材料	天然花岗石
	瓷砖
	橡胶地板（高架站）
拉杆扶手、座椅、垃圾桶等	不锈钢等金属材料
	石材等

城市轨道交通 [19] 车站防灾

车站防火设计

防火灾设备的设计能力,按所在轨道交通线路全线同一时间内发生一次火灾考虑。

车站人行通道的宽度、数量及出入口通过能力,应保证远期高峰小时客流量时,发生火灾及其他事故的情况下,能在6分钟内将一列车乘客、车站候车人员和车站工作人员疏散到地面或安全地点。

1. 防火等级及耐火极限

车站、区间及车站地面附属设施建筑防火等级按表1所列指标控制。

车站、区间及车站地面附属设施的建筑防火等级　　　表1

部位	耐火等级	备注
地下车站主体	一级	
地下车站出入口通道	一级	
地下车站风道	一级	
地下区间	一级	
地下车站出入口地面厅	二级	地下车站地面站厅为二级
地下车站地面风亭	二级	
地面车站主体	二级	
高架车站主体	二级	

注:根据《地铁设计规范》GB 50157-2013版第28章规定汇总。

2. 防火、防烟分区及防火分隔

(1)地下车站站台和站厅乘客疏散区划分为一个防火分区;站厅层、站台层两端设备用房按不大于1500m²划分防火分区。其中,有人区设直通地面的安全出口;无人员长期停留或人员少于3人的按无人区考虑,可不设直通地面的安全出口。

(2)地面车站或高架车站按不大于2500m²划分防火分区。

(3)防火分区之间的防火墙采用耐火极限不低于3h的砌块墙分隔,防火墙上的门为甲级防火门且向疏散方向开启,窗为甲级防火窗(采用C类甲级防火玻璃)。位于设备管理区的车站控制室、通信和信号机房、通风和空调机房、消防泵房、变电所、配电室、气体消防室等主要设备房间,均采用耐火极限不低于3h的隔墙,和耐火极限不低于2h的楼板与其他部位隔开,墙体砌筑到结构板底,房间门窗均采用甲级防火门和甲级防火窗。位于站台层的变电所隔墙按不低于4h防火墙设计,设备运输门及与车站连通门均采用甲级防火门或特级防火卷帘。

(4)车站划分防烟分区,按防烟分区不应跨越防火分区划分。站厅层两端设备管理区(除风道外)按不大于750m²划分防烟分区;站厅、站台层公共区按不宜超过2000m²各划分为一个防烟分区。站台层在安全门端门至轨行区处设挡烟垂壁,将车站与区间分开。

(5)每个防烟分区采用挡烟垂壁进行分隔,站厅层公共区与出入口通道之间、站台层公共区的楼、扶梯口周围也应设挡烟垂帘。挡烟垂帘、垂壁的高度不少于500mm(吊顶面下)。挡烟垂壁应采用燃烧性能为A级且耐火极限不低于0.5h的材料。

(6)埋深超过10m的地下车站消防专用通道设置为防烟楼梯间。

(7)若公共区吊顶材料的透空率≥30%时,则防烟垂壁需升至结构板底。车站管理和设备用房区可以用到顶的隔墙进行防烟分隔。

车站安全疏散及计算

1. 防火分区的安全出入口设置应符合下列规定。

(1)车站站厅和站台防火分区其安全出口的数量不少于2个,并应直通车站外部空间 [1]。

(2)设备用房区(有人区)防火分区安全出口数量不应少于2个,并应有1个安全出口直通外部空间。与相邻防火分区连通的防火门可作为第二个安全出口。竖井爬梯出入口和垂直电梯不得作为安全出口 [2]。

(3)与车站相连开发的地下商业等公共场所,通向地面的安全出口不应与地铁出入口共用,并符合现行《建筑设计防火规范》GB 50016的规定。

2. 安全出口的门、疏散通道的最小净宽见表2。

3. 站台事故疏散时间应按下列公式计算:

$$T = 1 + \frac{Q_1 + Q_2}{0.9[A_1(N-1) + A_2 B]} \leq 6\,\text{min}$$

式中:Q_1—超高峰时段一列车进站的断面流量(取上下行方向中较大者)(人);
Q_2—超高峰时段站台两侧候车乘客和站台上工作人员(人);
A_1—自动扶梯通过能力[人/(min·m)];
A_2—人行楼梯通过能力[人/(min·m)];
N—自动扶梯台数;
B—人行楼梯总宽度(m)。

4. 车站站台公共区的任一点,距疏散楼梯口或通道口不得大于50m。在站台每端均应设置到达区间的楼梯或疏散通道。

5. 设备管理用房区房间位于2个安全出口之间时,房间门距最近的安全出口不超过35m,位于尽端封闭通道两侧房间的门距最近安全出口不超过上述距离的一半。

6. 车站装修材料燃烧性能等级要求:

地下车站的所有装修材料均应采用A级不燃材料;地面车站的所有装修材料均应采用不低于B1级的难燃材料;管道穿过隔墙和楼板时应采用不燃材料将缝隙填塞密实。

[1] 车站公共区安全出口示意图

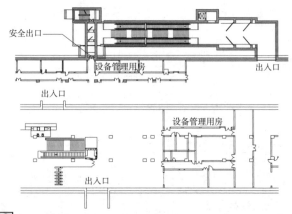

[2] 设备用房防火分区安全出口示意图

安全出口的门、疏散通道的最小净宽(单位:m)　　表2

名称	安全出口门	疏散通道	
		单面布置房间	双面布置房间
车站公共区	一般不设置防火门	—	—
车站管理用房区	1.20	1.20	1.50

区间防火疏散

1. 当两条行车隧道间设有不少于3h耐火极限的中隔墙或两条隧道完全分开时，其中一条隧道发生火灾则另一条隧道可为乘客提供足够的安全保障。地下区间隧道火灾时乘客疏散方案采用在隧道左右线间每隔一定距离（按600m控制）设置一个联络通道，和在联络通道两端设并列两扇反向开启的甲级防火门，同时沿行车方向的左侧设置净宽不小于600mm、高度低于车辆地板面100~150mm的疏散平台。

2. 列车在区间隧道发生火灾时，应尽可能驶向前方车站，在车站疏散乘客，利用车站消防设施进行灭火和排烟；如果列车因火灾不能行驶到前方车站而停在区间隧道时，乘客按由列车侧门下车至疏散平台的原则进行疏散。

3. 区间疏散分为地下区间疏散、高架区间疏散、地面线路疏散。地下区间和高架区间均设置疏散平台。疏散平台高度应按低于车辆地板面100~150mm确定。

（1）地下区间：在行车方向的左侧设有纵向的疏散平台，连贯长度超过600m时应设联络通道，且两个联络通道间距不大于600m。

（2）高架区间：高架区间疏散平台的设置有两种形式：第一种为在两条线路的中间设置疏散平台；第二种为在两条线路的两侧设置疏散平台。

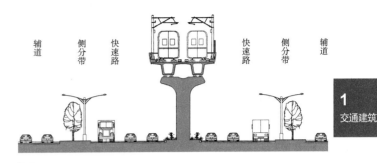

3 高架区间的两侧疏散平台示意图

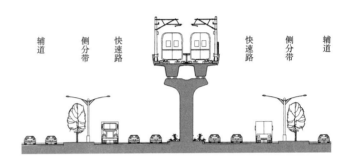

4 高架区间的中间疏散平台示意图

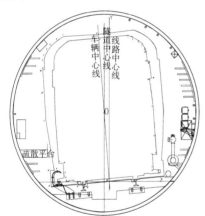

1 地铁地下区间疏散平台示意图

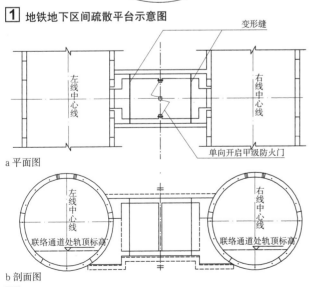

2 地下区间联络通道疏散方案示意图

其他灾害防治

1. 防洪和防涝

地下车站按当地100年一遇的洪水频率标准进行防洪设计。

地下车站地面出入口平台面的标高，以及能通至车站内的其他开口的平台面的标高，均应高于设防要求，同时，还应根据本区域水涝资料对其进行综合考虑和处理，下沿应高出室外地面300~450mm。如不满足防淹高度时则必须加设防淹闸槽。

2. 防风

地面及高架车站结构在最大风力的作用下，应具有足够的强度、刚度和稳定性，确保建筑物的安全。

3. 抗震

车站和区间等有关建筑物的抗震设计烈度应根据当地的标准执行，并符合国家相关抗震设计规范及其他规定。

4. 防雷

每个车站或独立的辅助建筑均设防雷接地装置，接地电阻不大于1欧姆。接地装置均接入综合接地系统。地面建筑应按照相关的国家规范设置防雷装置。

室内外用电缆的通信及信号的电子设备，要求防雷的设备，应设屏蔽地线、防雷地线、安全地线。室外无线系统的天线要求设防雷单元与防雷地线。室外轨道设备要求可以防雷，要有防雷单元与防雷地线。

变电所设防雷装置和防过电压装置。

5. 防恐安全

根据城市防恐形势，设置车站安检系统。安检系统是地铁安全防范系统的重要组成部分，可针对火、爆等威胁起检测防范作用，有力震慑恐怖活动。

城市轨道交通［21］指挥控制中心

概述

轨道交通指挥中心是集中、智能的城市轨道交通网络化运营、管理平台，融合了轨道交通网络化管理的现代理念，一般以线路控制中心集中设置的方式进行建设。

轨道交通指挥中心的建设，将分散设置的各线路控制中心（OCC）集中整合，并在其基础上建立网络化的指挥中心（TCC）、清算管理中心（ACC），保证了轨道交通指挥控制系统的协调统一、信息共享，实现了控制中心的统一规划、分期实施的格局。

指挥控制中心的选址应方便地铁线路信息电缆的引入，距离地铁车站较近或有可实施的路由。

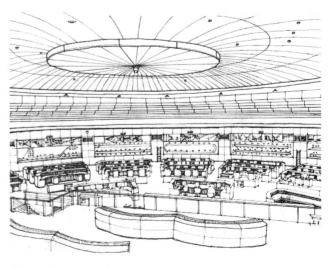

3 指挥控制中心内景

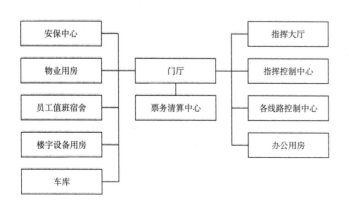

1 平面布置关系

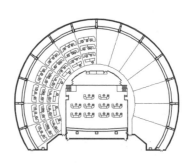 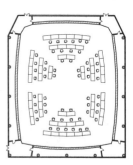

a 环绕式（14条线）　　b 环绕式（6条线）

4 指挥大厅（OCC&TCC）布置

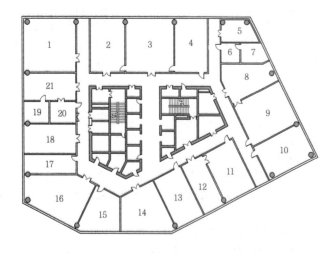

1 公共通信设备室　　12 AFC电源室
2 通信设备电源室　　13 AFC操作室
3 通信设备用房　　　14 AFC网络管理室
4 网络管理设备室　　15 OA系统设备房
5 弱电系统电缆井　　16 PIS编辑/预览室
6 资料室　　　　　　17 AFC票库
7 计划运行图室　　　18 AFC车票分发室
8 信号电源室　　　　19 通风空调设备用房
9 信号设备用房　　　20 ISCS网管室
10 AFC软件维护室　　21 ISCS电源室
11 AFC设备室

2 OCC设备机房布置

房间设计要点

1. 需要设置精密空调的房间：OCC设备室、PIS设备室、MLC设备室、信息中心综合机房、AFC检测中心实验室机房、UPS电源室。

2. 需要设置气体消防自动灭火系统的房间：各线路设备机房、电源室、综合机房、MLC机房、PIS机房、安防中心、研发测试机房。

3. 需要设置高压细水雾灭火系统的房间：控制大厅、网管室、实验室机房、PIS编播制作、PIS控制室、MLC业务室、系统综合维护、维修测试、运营图室、信号/ISCS培训等。与该房间相通的通风管上均设有电动风阀，火灾时电控关闭。

4. 采用气体灭火的房间，应设置泄爆口。若房间有外窗，应设置甲级防火窗。

5. 指挥大厅气流组织可采用侧送下回与顶送下回结合的方式（净高6m以下）或地下旋流风口式（净高6m以上）。

6. 指挥大厅的装修设计需要避免眩光对人眼的刺激，控制设备噪声的混响时间。

定义

轨道交通车辆基地是地铁车辆停放、检查、整备、运用和修理的管理中心所在地。

除承担全线车辆的运用、检修工作外，尚配有负责全线机电设备等维修的维修中心、负责物资的管理及存放的材料总库和职工技术培训中心等。

功能与组成

车辆基地主要负责车辆的运用及检修，主要功能如下。

1. 车辆停放及日常保养功能：地铁列车的停放和管理，司乘人员每日出、退勤前的技术交接，对运用车辆的日常维修保养及一般性临时故障的处理，车辆内部的清扫、洗刷及定期消毒等。

2. 车辆的检修功能：依据地铁列车的检修周期，定期完成对地铁列车的月修、定修、架修和厂修任务。

3. 列车救援功能：列车发生事故（如脱轨、颠覆）或接触轨中断供电时，能迅速出动救援设备起复车辆，或将列车迅速牵引至临近车站或地铁车辆基地，并排除线路故障，恢复行车秩序。

4. 设备维修功能：对地铁各系统，包括供电、环控、通信、信号、防灾报警、自动售检票、给水排水、自动扶梯等机电设备和房屋、轨道、隧道、桥梁、车站等建筑物进行维护、保养等。

分类

根据承担功能、任务范围不同，车辆基地一般划分为车辆段和停车场，其中车辆段又划分为定修车辆段和厂架修车辆段。

1. 停车场主要配备停车列检库等设施，停放规模超过12列车时设置洗车库和月修库、临修库等必要的检修设施。根据线路长度，有必要时可设置镟轮库。

2. 定修车辆段在停车场的基础上，设置定修库、临修库和静调库、吹扫库等，并设试车线。

3. 厂架修车辆段在定修车辆段的基础上，增加厂架修库、油漆库等车辆检修设施。

选址原则

1. 用地性质应符合城市总体规划要求，并具有远期发展余地。

2. 车辆段应有良好的车站接轨条件，便于运营和管理。

3. 车辆基地应具有良好的自然排水条件，宜避开工程地质和水文地质的不良地段，并应避让保护建筑、自然保护区、风景区、高压走廊、铁路、城市主干道等。

4. 选址应便于市政管线的引入和道路连接。

5. 车辆厂宜与国家或地方铁路接轨。

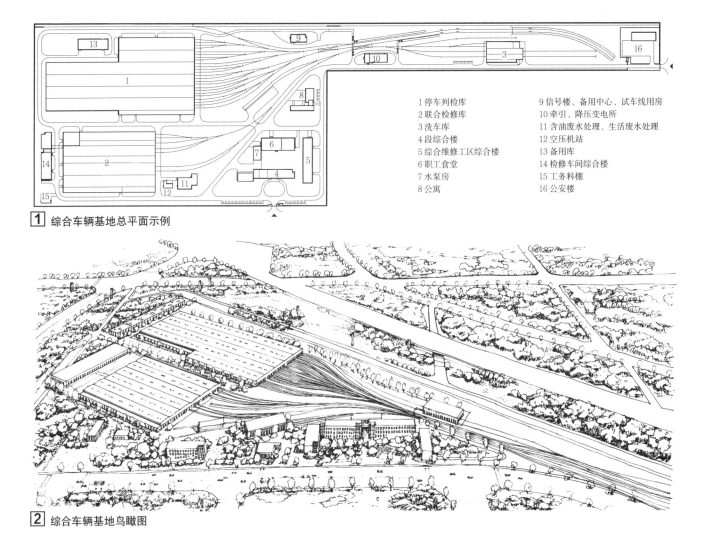

1 停车列检库
2 联合检修库
3 洗车库
4 综合楼
5 综合维修工区综合楼
6 职工食堂
7 水泵房
8 公寓
9 信号楼、备用中心、试车线用房
10 牵引、降压变电所
11 含油废水处理、生活废水处理
12 空压机站
13 备用库
14 检修车间综合楼
15 工务料棚
16 公安楼

1 综合车辆基地总平面示例

2 综合车辆基地鸟瞰图

城市轨道交通 [23] 实例

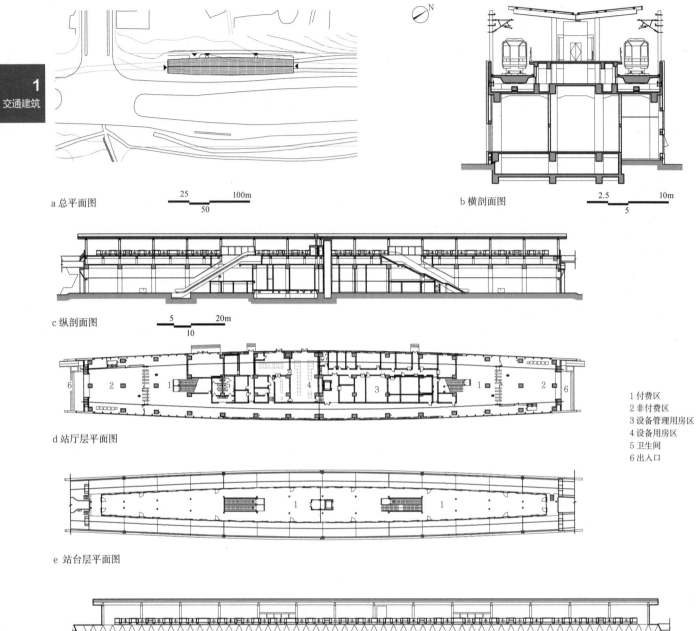

a 总平面图

b 横剖面图

c 纵剖面图

d 站厅层平面图

e 站台层平面图

1 付费区
2 非付费区
3 设备管理用房区
4 设备用房区
5 卫生间
6 出入口

f 北立面图

g 南立面图

1 南京2号东延仙鹤门站

名称	总建筑面积	设计时间	设计单位	
南京2号东延仙鹤门站	5312m²	2008	北京城建设计发展集团股份有限公司	仙鹤门站位于南京市仙林大学城，位于景观大道仙林大道北侧，高架2层岛式站。本站是国内率先采用鱼腹岛式站台的高架站，区间桥梁采用U形梁，和车站在整体造型上连续流畅，契合了仙林大道蜿蜒曲折的形态，与其相辅相成、融为一体，建成后成为一条地铁景观观光线，极大地提升了地铁的城市景观价值

实例 [24] 城市轨道交通

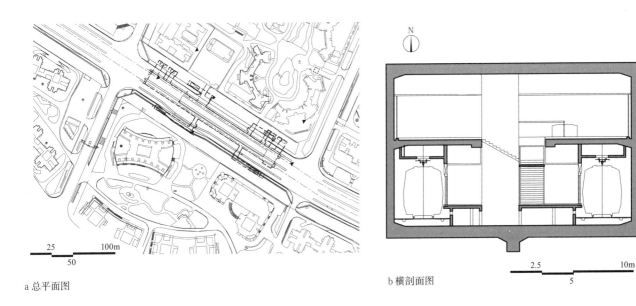

a 总平面图

b 横剖面图

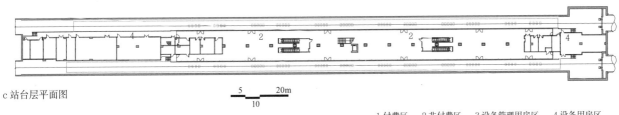

c 站台层平面图

1 付费区　　2 非付费区　　3 设备管理用房区　　4 设备用房区
5 风道　　6 出入口　　7 卫生间

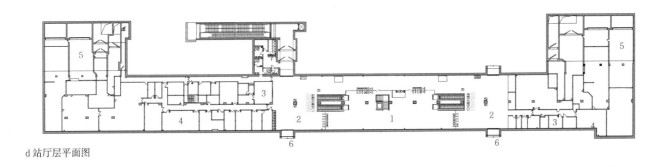

d 站厅层平面图

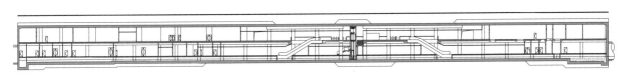

e 纵剖面图

1 深圳桃源村站

名称	总建筑面积	设计时间	设计单位	
深圳桃源村站	11700m²	2013	中国铁路设计集团有限公司	桃源村站位于深圳市南山区龙珠大道下，龙珠六路及龙珠七路交会处路段之间。车站形式为地下2层标准岛式车站，车站主体长211.7m，计算站台长140m，标准段宽20m、高13.29m，车站整体0.2%单坡坡向车站小里程端

城市轨道交通 [25] 实例

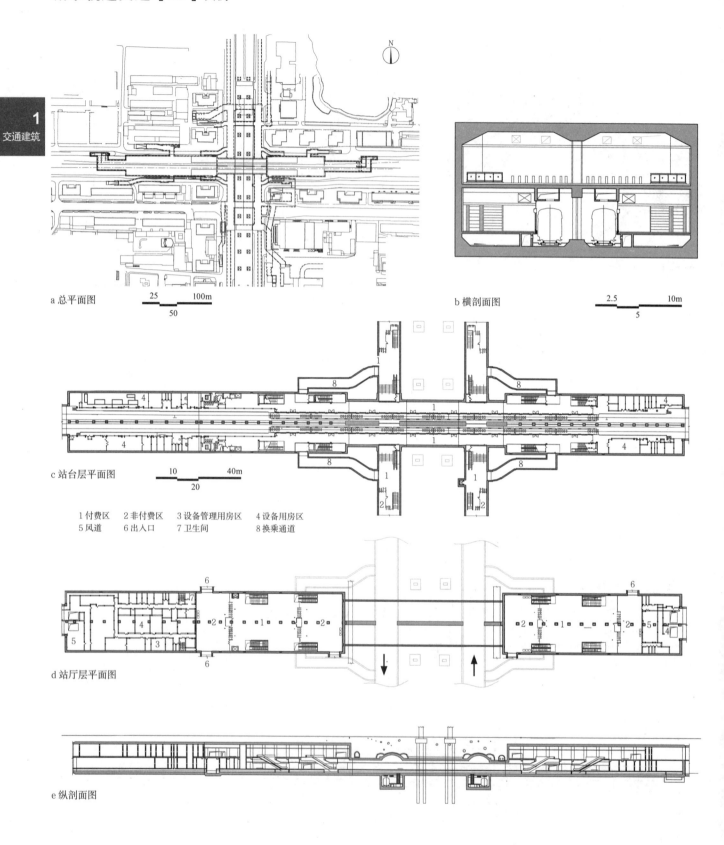

a 总平面图

b 横剖面图

c 站台层平面图

1 付费区　2 非付费区　3 设备管理用房区　4 设备用房区
5 风道　　6 出入口　　7 卫生间　　　　　8 换乘通道

d 站厅层平面图

e 纵剖面图

1 北京6号线呼家楼站

名称	总建筑面积	设计时间	设计单位	
北京6号线呼家楼站	20357m²	2009	北京市市政工程设计研究总院有限公司	呼家楼站位于朝阳北路与东三环交叉路口处，受京广桥、管线、地上建筑等的影响，10号线车站为地下2层分离岛式暗挖车站，位于高架桥两侧，6号线车站沿朝阳北路东西向布置，车站为端厅侧式车站，利用10号线预留条件，与10号线车站十字相交，6号线站台层在上，10号线站台层在下，两车站换乘方式为侧岛换乘。设计中对10号线车站换乘节点进行了加宽改造，换乘距离仅33m，转身即到，为乘客提供了快捷、舒适的换乘环境。本站是侧岛换乘一个较为成功的实例

实例 [26] 城市轨道交通

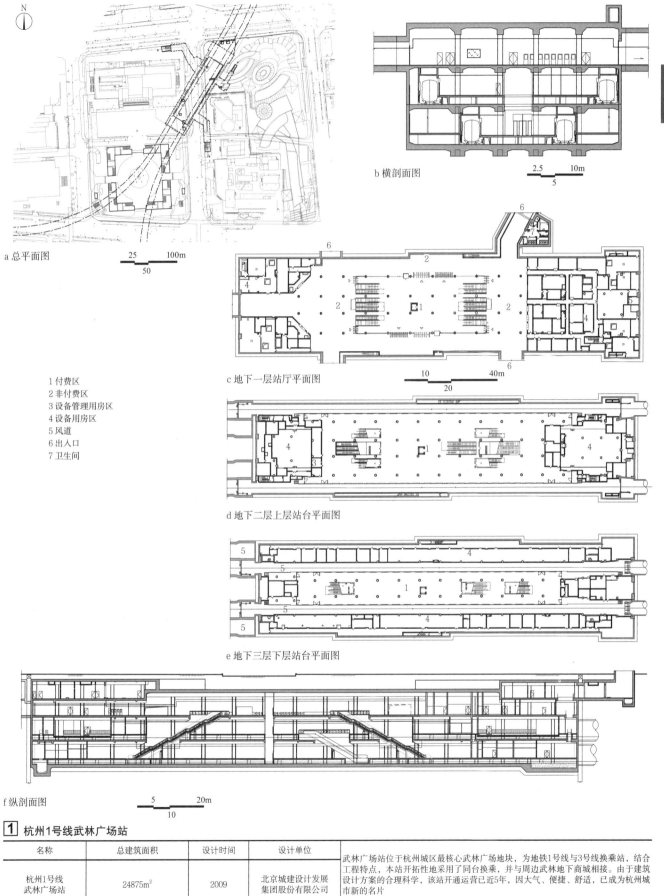

a 总平面图

b 横剖面图

c 地下一层站厅平面图

d 地下二层上层站台平面图

e 地下三层下层站台平面图

f 纵剖面图

1 付费区
2 非付费区
3 设备管理用房区
4 设备用房区
5 风道
6 出入口
7 卫生间

1 杭州1号线武林广场站

名称	总建筑面积	设计时间	设计单位	
杭州1号线武林广场站	24875m²	2009	北京城建设计发展集团股份有限公司	武林广场站位于杭州城区最核心武林广场地块，为地铁1号线与3号线换乘站，结合工程特点，本站开拓性地采用了同台换乘，并与周边武林地下商城相接。由于建筑设计方案的合理科学，该站开通运营已近5年，因大气、便捷、舒适，已成为杭州城市新的名片

城市轨道交通 [27] 实例

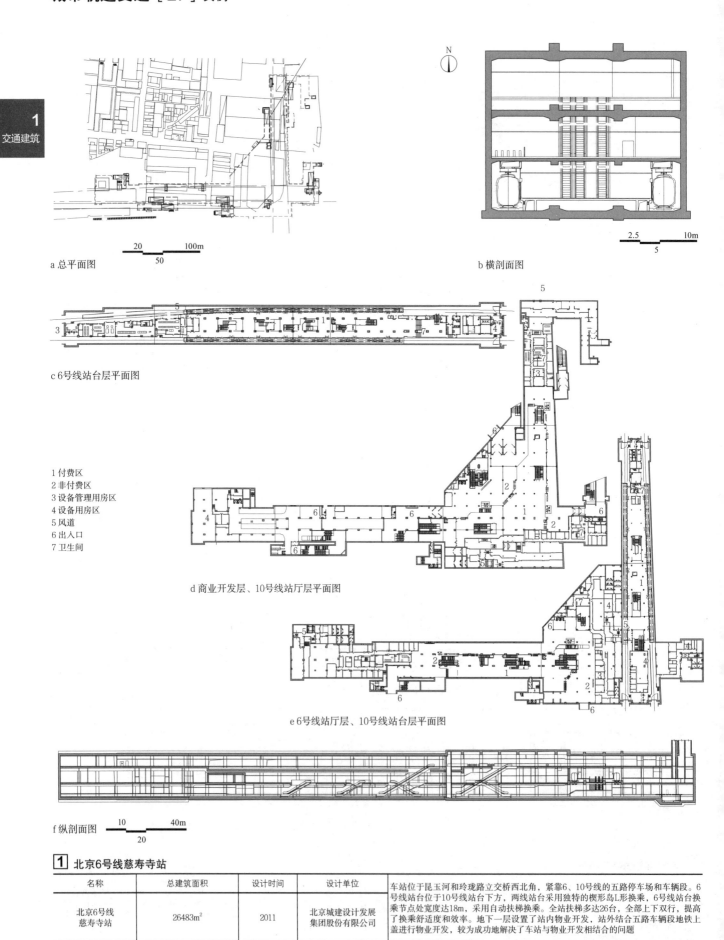

a 总平面图

b 横剖面图

c 6号线站台层平面图

1 付费区
2 非付费区
3 设备管理用房区
4 设备用房区
5 风道
6 出入口
7 卫生间

d 商业开发层、10号线站厅层平面图

e 6号线站厅层、10号线站台层平面图

f 纵剖面图

1 北京6号线慈寿寺站

名称	总建筑面积	设计时间	设计单位	
北京6号线慈寿寺站	26483m²	2011	北京城建设计发展集团股份有限公司	车站位于昆玉河和玲珑路立交桥西北角,紧靠6、10号线的五路停车场和车辆段。6号线站台位于10号线站台下方,两线站台采用独特的楔形岛L形换乘,6号线站台换乘节点处宽度达18m,采用自动扶梯换乘。全站扶梯多达26台,全部上下双行,提高了换乘舒适度和效率。地下一层设置了站内物业开发,站外结合五路车辆段地铁上盖进行物业开发,较为成功地解决了车站与物业开发相结合的问题

定义与分类 [1] 综合客运交通枢纽

综合客运交通枢纽定义

1. 定义

综合客运交通枢纽(以下简称:交通枢纽)是指以几种交通运输方式交会,并能处理旅客联运功能的各种技术设备的集合体。它是以旅客始发、终到为基本功能,强调并突出旅客换乘的交通网络中的重要环节。

2. 与枢纽型交通建筑的区别

枢纽型交通建筑包括:铁路枢纽站、公路枢纽站、航空枢纽港、城市公交枢纽站、城市轨道交通枢纽站等由多条线路组成的单一型交通方式网络,其注重同一交通方式多线路之间的中转联运。而综合客运交通枢纽则注重不同交通方式之间的换乘联运。这两种交通方式虽然都存在较大规模交通工具间的旅客转换,但其基本内涵是不同的。

交通枢纽分类

交通枢纽根据其交通方式主体侧重的不同,一般体现为3种形式。

1. 多主体城际综合交通枢纽——以机场、火车站、长途客运站等城际交通中两种或以上为主体交通运营方式,其他多种辅助交通方式与城市或地区换乘衔接的枢纽模式。

2. 单一主体城际综合交通枢纽——以机场、火车站、长途客运站等单一大型城际交通为主体交通运营方式,其他多种辅助交通方式与城市或地区换乘衔接的枢纽模式。

3. 多主体城市综合交通枢纽——在城市中心或副中心,集合城市地面公交及城市轨道公交等多种市内交通运营方式的枢纽模式。

交通枢纽分级

交通枢纽应根据枢纽日客流量进行分级。

交通枢纽级别划分　　　　　　　　　　　　　　　表1

级别	枢纽日客流量 P(万人次/日)
特级	$P \geq 80$
一级	$40 \leq P < 80$
二级	$20 \leq P < 40$
三级	$10 \leq P < 20$
四级	$3 \leq P < 10$

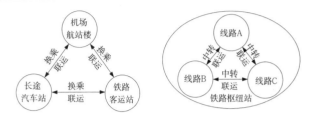

[4] 综合客运交通枢纽示意图　　[5] 枢纽型交通建筑示意图

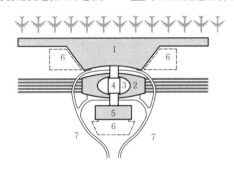

1 机场航站楼　2 火车站　3 交通换乘厅及通道　4 城市轻轨站(尽端式)
5 多层停车楼　6 停车场　7 客运集散道路

[6] 以机场与铁路客运为主体交通方式的某枢纽布局示意图

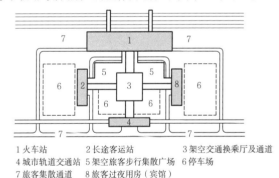

1 火车站　2 长途客运站　3 架空交通换乘厅及通道
4 城市轨道交通站　5 架空旅客步行集散广场　6 停车场
7 旅客集散通道　8 旅客过夜用房(宾馆)

[7] 以铁路与长途客运为主体交通方式的某枢纽布局示意图

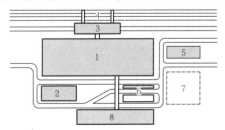

1 交通售票及换乘大厅　2 长途客运站台　3 地铁站
4 城市铁路站台　5 城市公交车终点站　6 出租车蓄车场
7 停车场　8 旅客过夜用房(宾馆)

[8] 多主体交通枢纽布局示意图

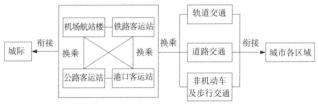

根据条件确定两种或以上城际交通运营模式为主体运营模式。

[1] 多主体城际综合交通枢纽

主体城际交通场站包括机场航站楼、铁路旅客车站、公路客运站、港口客运站等城际交通设施。

[2] 单一主体城际综合交通枢纽

确定多种市内交通运营方式为主体运营方式。

[3] 多主体城市综合交通枢纽

综合客运交通枢纽［2］选址及规划要点

选址要点

1. 一般位于城市的中心区或副中心区，通过枢纽强大的交通换乘组织功能，满足旅客出行需求。

2. 宜贴邻通畅而多向的外围集疏运路网（如有条件，最好与城市快速路系统封闭衔接）；宜位于大客运量的城市轨道交通线路节点上。

3. 也可布局于城市规划新兴区的核心位置，通过交通枢纽的建立带动城市新兴区的发展，但在规划时应进行充分的预测论证。

规划要点

交通枢纽的实施是一种集约化的土地利用模式，其设计要点包括以下内容。

1. 对于多主体交通枢纽，其辅助的换乘交通工具及设施在科学定量基础上宜多主体共享。如客流集散道路、换乘设施、停车场库、城市公交场站、城市轨道交通站等。

2. 对于交通枢纽内某些交通方式有特殊要求的旅客集散空间，可与交通枢纽换乘集散公共空间集约合并。如火车站或长途客运站的集散广场。

3. 对于某些需要提供较大规模停蓄车场站的交通方式，提倡采取"场站分离"的布局模式，即在交通枢纽旅客换乘核心区布置站点及上客、落客车道边，在距离核心区较偏远位置或枢纽之外布置停蓄车场站，通过加强管理手段进行调度运营。如城市公交、长途客运、出租车停蓄车场。

4. 对于需求量特大的停车场库，提倡采取"长、短时停蓄车分离"模式。即在交通枢纽核心区布置短时停车场库；在较偏远位置布置过夜长时停车场库，以穿梭巴士接驳旅客。

5. 各主体或辅助交通设施之间应尽可能采用与车行系统完全独立的旅客步行系统串联。

枢纽开发规划要点

1. 在交通枢纽核心建筑内部，结合旅客换乘通道及集散空间，宜布置为来往旅客提供服务的商业设施网点。包括便利店、书店、邮局、银行、旅行社、快餐等设施。

2. 依托交通枢纽大容量的客流特点，使其成为商业、物流、信息流的聚集地，以带动周边区域及城市产业发展。产业业态包括办公、会展、酒店、购物中心等，或者以城市综合体的形式体现。

不同类型交通枢纽选址与规划布局特点　　　　表1

交通枢纽类型	与商业设施关系（1）	与商务设施关系（2）	与居住设施关系（3）	与城市中心关系
以机场为主体客运方式的交通枢纽	☆	☆☆☆	—	与城市中心车行距离不宜大于20km
以铁路为主体客运方式的交通枢纽	☆☆	☆☆☆	☆	宜与城市中心或副中心紧密结合
以长途汽车为主体客运方式的交通枢纽	☆☆	☆	☆☆☆	位于城市中心或副中心主要交通节点上

注：1. 交通枢纽与城市相关设施的贴合度："☆☆☆"贴合度紧密；"☆☆"有一定贴合度；"☆"贴合度较弱；"—"基本无贴合度。
2. 可满足表中（1）、（2）、（3）项其中一项或几项。

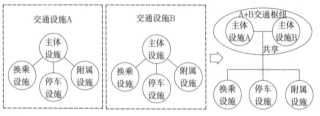

2 多主体交通枢纽功能布局整合演进示意图

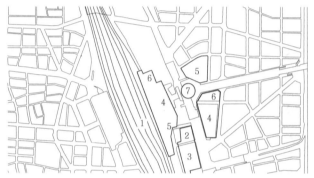

a 平面示意图

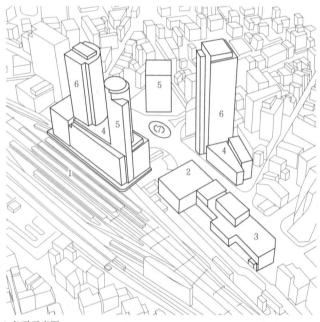

b 鸟瞰示意图

1 火车站　2 轻轨站　3 地铁站　4 综合型商业
5 酒店及旅馆　6 商务办公楼　7 交通疏导广场

3 日本名古屋轨道交通站及周边建筑

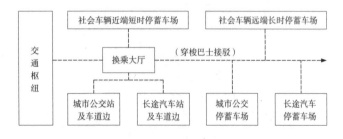

1 交通枢纽停蓄车场场站分离模式布局示意图

设施布局

1. 周边交通设施

（1）交通枢纽周边交通设施包括道路网、轨道网和外围场站设施。

（2）道路网包含3个层级：外围集疏运路网、客运集散道路系统、枢纽服务路网。

外围集疏运路网能承接枢纽道路的交通集散，为枢纽提供一个稳定可靠的快速集疏运路网体系。

客运集散道路系统宜剥离过境交通，封闭专用，人车分流；对于规模较大、交通情况复杂的枢纽，宜通过多点、多路径与枢纽外围快速（高速）路网连接。

枢纽服务路网宜与客运集散道路系统分离，同时保证两者可便利联系。

周边交通设施分类　　　　　　　　　　　　　　　表1

分类		内容
周边交通设施	道路网 外围集疏运路网	邻近枢纽的一条或多条已建和规划新建的为枢纽服务的城市主干道、快速路或高速公路
	客运集散道路系统	支撑枢纽客运交通系统最重要的骨架，是衔接枢纽建筑本体与外围集疏运路网间的专用的快速集散道路系统，为枢纽客运提供快速集散服务
	枢纽服务路网	枢纽区域内部为枢纽后勤和货运服务，为配套设施和地块综合开发服务的市政配套道路网
	轨道网	为枢纽服务的轨道交通线路或网络，轨道交通作为载客量最大的公共交通方式，其线路布局应与城市重要的区域及交通节点相连接
	外围场站设施	在枢纽外围，为交通枢纽配套服务的相关停蓄车场、库、加油、加气站等设施。这些设施的布局既要满足枢纽的需要，同时要符合区域市政规划的统筹安排

2. 交通枢纽本体设施

包括主体设施、换乘设施、停蓄车设施、附属开发设施。

交通枢纽本体设施分类　　　　　　　　　　　　　表2

枢纽本体设施分类	枢纽内容
主体设施	枢纽内部主要交通方式的主体场站，如机场航站楼、铁路客运站、公路客运站等
换乘设施	枢纽内部主要交通方式之间的旅客换乘步行通道、交通换乘大厅等设施
停蓄车设施	为枢纽旅客、枢纽工作人员等服务的机动车或非机动车停车场、停车库
附属开发设施	枢纽内部的配套商业服务设施，可分为结合式、分离式

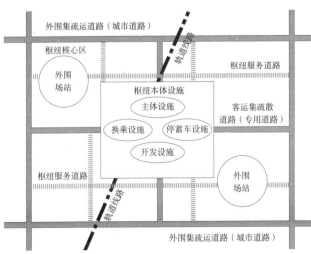

[1] 枢纽本体及周边交通设施布局示意图

客流预测

1. 预测目的

结合功能定位、选址和服务范围，以控制"用地和投资"，同时确定枢纽内外部设施规模。

2. 预测内容

全日客流总量；枢纽内各交通方式客流换乘量；高峰小时客流总量；高峰小时各交通方式客流换乘量。

3. 预测方法

（1）根据枢纽内不同交通方式服务范围的不同，分别研究不同服务范围客流的吸引量和产生量；

（2）先对枢纽内不同交通方式的总量进行客流预测，然后利用数学方式预测不同交通方式之间的换乘量。

4. 预测流程

（1）枢纽服务范围分析；

（2）枢纽客流总量预测；

（3）枢纽内各交通方式换乘量预测。

5. 预测结果

预测结果使用原则：枢纽内各种交通空间、通道及服务设施等都应以矩阵表数据为计算依据，建议采用动态模拟进行验算。

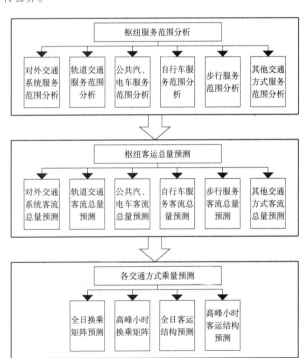

[2] 预测流程示意图

2020年某枢纽早高峰小时客运交通构成预测（单位：人次）　表3

	地铁	公交车	长途汽车	出租车	小汽车	自行车	步行	合计
地铁	—	7047	901	183	82	327	239	8779
公交车	14709	1739	258	57	—	131	78	16972
长途汽车	901	258	—	77	52	—	67	1355
出租车	183	57	77	—	—	—	27	344
小汽车	654	—	52	—	—	—	—	706
自行车	981	392	—	—	—	—	—	1373
步行	716	233	67	27	—	—	—	1043
合计	18144	9726	1355	344	134	458	411	61144

综合客运交通枢纽 [4] 客运车流组织

客运车辆典型流程

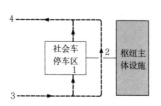

1 出租车枢纽上客
2 出租车枢纽下客
3 出租车进场
4 出租车离场

a 出租车流线

1 城市公交车枢纽上客
2 城市公交车枢纽下客
3 城市公交车进场
4 城市公交车离场

b 城市公交车流线

1 长途车辆枢纽上客
2 长途车辆枢纽下客
3 长途车辆进场
4 长途车辆离场

c 长途客运车流线

1 社会车辆枢纽上客
2 社会车辆枢纽下客
3 社会车辆进场
4 社会车辆离场

d 社会车辆流线

1 客运车辆典型流线示意图

车流组织分类

1. 按照空间系统的车流组织分为：
 （1）平面模式；
 （2）立体模式。
2. 按照车行区域的车流组织分为：
 （1）方向分区模式；
 （2）到发分区模式；
 （3）车辆性质分区模式；
 （4）组合模式。

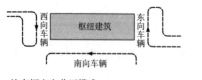

a 按车辆方向分区模式

b 按车辆到发分区模式

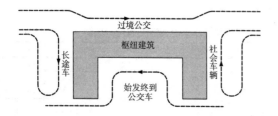

c 按车辆性质分区模式

2 车流组织分类示意图

车流组织设计原则

1. 人车分流，避免冲突。
2. 公共交通优先。
3. 减少绕行距离，避免迂回、交叉、干扰。
4. 与枢纽主交通方式的流线相匹配。
5. 进出流线在空间上分开。
6. 综合开发的车流与枢纽换乘的车流相对分离。

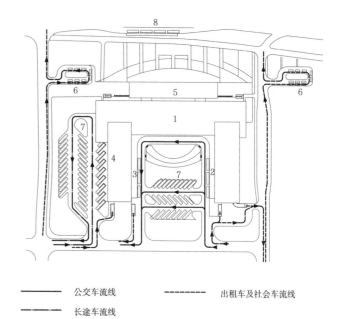

——— 公交车流线　　---- 出租车及社会车流线
——— 长途车流线

3 某枢纽平面车流组织示意图

1 换乘大厅　　6 出租车区
2 公交到车区　7 临时驻车场
3 公交发车区　8 过境公交区域
4 长途到发车区 9 坡道
5 地铁站厅层

---- 行车流线

4 某枢纽立体车流组织示意图

客运人流组织 [5] 综合客运交通枢纽

人流组织设计原则

1. 枢纽设计应注意人车分流,避免冲突。
2. 枢纽交通组织应保证内部交通与外部交通衔接顺畅、主次分明、组织有序。
3. 枢纽交通的功能布局应以换乘客流量为基础。
4. 枢纽人行流线组织应遵循主客流优先,平均换乘距离最小的原则。
5. 枢纽包含综合开发时,综合开发的人流应与枢纽换乘的客流相对分离,并合理衔接。

人流换乘设计要点

1. 乘客的最远换乘距离宜符合下列规定:
（1）公交与公交间的客流换乘距离不宜大于120m;
（2）公交与地铁间的客流换乘距离不宜大于200m;
（3）其他交通方式间的客流换乘距离不宜大于300m;
（4）超过以上换乘距离时宜使用自动人行道或采用立体换乘形式。
2. 乘客步行速度取值为1.0~1.2m/s。
3. 枢纽公共区应按要求设置楼梯、上下行自动扶梯及电梯等垂直换乘设施。

典型枢纽人流组织

1 典型枢纽人流流线组织示意图

不同主客流时人流组织设计要点的重要程度　　　表1

主客流	人车分流	进出站分离	换乘距离敏感度	VIP流线	候车
铁路	☆☆☆	☆☆☆	☆☆	☆☆☆	☆☆☆
机场	☆☆☆	☆☆☆	☆☆	☆☆☆	☆☆☆
港口	☆☆☆	☆☆☆	☆☆	☆☆☆	☆☆☆
地铁	☆☆	—	☆☆☆	—	☆
长途	☆☆	☆☆	☆☆☆	☆☆	☆☆
公交	☆☆	☆☆	☆☆☆	—	☆

注：☆☆☆强，☆☆普通，☆弱，—无。

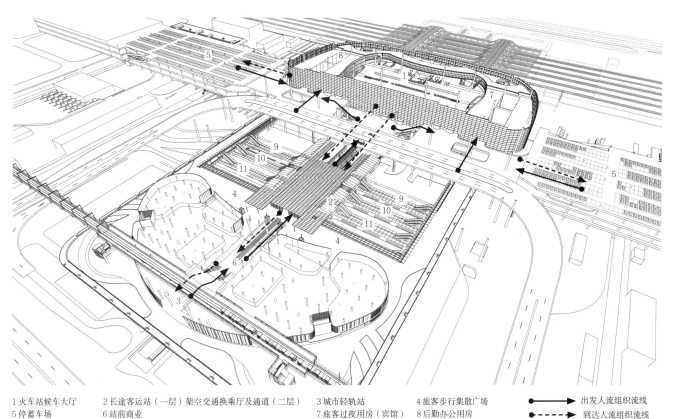

1 火车站候车大厅　2 长途客运站（一层）架空交通换乘厅及通道（二层）　3 城市轻轨站　4 旅客步行集散广场　→ 出发人流组织流线
5 停蓄车场　6 站前商业　7 旅客过夜用房（宾馆）　8 后勤办公用房　⇢ 到达人流组织流线
9 出租车车道边　10 长途汽车及公交车道边　11 私家车车道边

2 综合交通枢纽功能布局与人流组织实例

综合客运交通枢纽 [6] 换乘空间

综合换乘厅

1. 概念

综合换乘厅是交通枢纽内乘客换乘不同交通工具的步行交通的交汇节点。它是转换各种交通方式的必经之地，也是为乘客提供便利服务的重要场所。

交通枢纽的综合换乘厅应处于各种换乘方式的核心，以便换乘距离最短。各种交通方式之间最佳换乘的距离宜控制在5分钟内，可接受换乘距离宜控制在10分钟之内。

2. 功能组成

综合换乘厅为乘客提供两种服务：

（1）围绕换乘的服务，如安检、信息、售检票及与便捷性有关的服务；

（2）多元化的服务，如休闲、商业等，提供舒适的环境。

前一种是枢纽必须提供的服务，后者可根据枢纽的规模选择设置。并且综合换乘厅要靠近主客源进出站位置设置。

3. 规模计算

综合换乘厅最小需求面积=高峰小时旅客流量×人均逗留时间（根据调查获得预测数据）×人均占有空间。

福勒音行人服务水平参照表（见后页表1）提供了行人空间的参考标准，但由于交通枢纽的交通换乘厅是多种功能的空间集合，其实际空间要求往往大于计算标准。依据美国交通运输研究委员会编著的《公共交通通行能力和服务质量手册（原著第2版）》对人行通道服务水平分级标准，C级为1.4~2.3m²/人，适用于有空间制约、有明显高峰时段的交通枢纽、公共建筑、公共空间，此处宜取2m²/人。

枢纽换乘厅同一时刻内的换乘人数与换乘厅大小、行人步行速度有关。通过换乘厅的乘客最高聚集人数计算方式为：

$$Q_{换-max} = \frac{Q_{换-s}}{2} \times \frac{t_换}{60} = \frac{Q_{换-s} \times t_换}{120}$$

式中：$Q_{换-max}$——通过换乘厅的乘客最高聚集人数（人）；
$Q_{换-s}$——通过换乘厅的各交通方式超高峰小时乘客运量（人次/h）；
$t_换$——乘客在换乘厅的平均停留时间（分钟）。

$$S_换 = Q_{换-max} \times S_i$$

式中：$S_换$——枢纽换乘厅内用于交通换乘的使用面积；
S_i——人均面积，对外时，$S_i \geq 2.8m^2/$人，对内时，$S_i \geq 1.8m^2/$人。

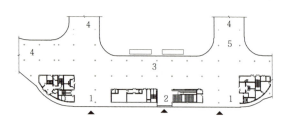

1 枢纽出入口　2 地铁出入口　3 综合换乘厅　4 公交站台　5 旅客会面点

a 二层平面图

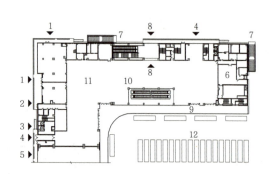

1 配套商业出入口　2 地下商业出入口　3 办公出入口　4 枢纽出入口
5 二层出入口　6 公交调度　7 自行车坡道出入口　8 地铁出入口
9 公交站台　10 综合换乘厅　11 旅客会面点　12 公交驻车

b 首层平面图

1 综合换乘厅　2 配套商业　3 配套服务　4 公交站台
5 地铁出入口　6 地铁大厅　7 地铁风亭

c 地下一层平面图

[2] 北京宋家庄交通枢纽换乘厅功能平面图

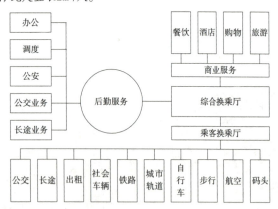

[1] 综合换乘厅与其他换乘及配套服务关系图

综合换乘厅功能组成　　　　　　　　　　　表1

换乘厅功能组成（设置机能及细化内容）		是否设置
围绕换乘的服务功能	交通换乘空间	应设
	提供交通综合信息	应设
	提供乘客服务功能：如电梯、电话、寄存箱、问讯台、失物招领处、行路指南图等服务设施	应设
	旅客会面点	应设
多元化服务	吃、穿、用品	根据需要设置
	小品、绿化、阳光厅	宜设
	音乐会、展示会、娱乐活动等设施	根据需要设置

换乘空间 [7] 综合客运交通枢纽

换乘通道

1. 定义
换乘通道是交通枢纽内衔接不同交通工具的旅客步行通道。

2. 旅客行为尺寸
不同乘客具有不同特点和需求，如短途旅客携带行李的占用空间与长途旅客（甚至跨国际旅客）携带行李的占用空间不同 1。

3. 影响换乘通道有效宽度的因素
旅客在通道中可用的有效宽度，应考虑旅客避免靠近通道边缘以及与对面而来的行人保持一定距离的心理需求 2。

4. 换乘通道的有效宽度计算
换乘通道宽度是通过行人服务水平确定的。服务水平需要综合考虑旅客的行走速度、流量，行人空间（人均密度）等。目前，国内多采用约翰·J·福勒音（John J Fruin）的行人服务水平的评价体系。

通道有效宽度=高峰小时旅客滞留量/行人流率。

例如，客流量较大的枢纽，服务水平选用C级，即行人流率等于33~49人/(min·m)。例如：高峰小时通过通道的人数是10000人，则通道宽度=10000/60min×(33~49)=5.1~3.4m。

5. 换乘通道的总设计宽度计算
换乘通道的总设计宽度应综合考虑通道有效宽度、通道几何宽度、是否有自动步道等情况。综合换乘厅的服务级别，应根据项目交通方式、项目规模等因素，合理确定。对于人流大而且复杂的换乘空间，建议采用专业软件进行验算。

a 单侧行李旅客

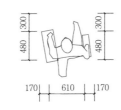
b 双侧行李旅客

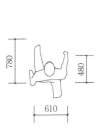
c 标准旅客

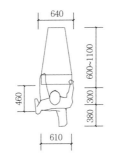
d 携带手推车旅客

1 旅客行为尺寸图

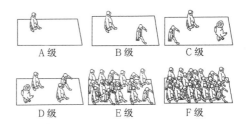

2 A-F级服务水平定义图

福勒音行人服务水平参照表　　　　表1

服务水平	行人流率 [人/(min·m)]	人行空间 (m²/人)	推荐场所
A	<23	>3.3	较大规模的公共广场
B	23~33	2.3~3.3	客流量较小的交通枢纽
C	33~49	1.4~2.3	客流量较大的交通枢纽
D	49~66	0.9~1.4	客流密集的公共场所
E	66~82	0.5~0.9	客流拥挤的场所
F	>82	<0.5	排队区域

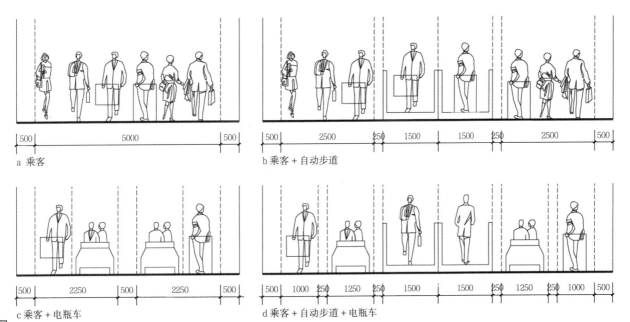

3 换乘通道建议最小有效宽度（双向）

综合客运交通枢纽 [8] 换乘空间

组织模式

按照换乘空间形式的不同，枢纽换乘可以分为：通道换乘、厅换乘；按照乘客换乘区域不同，枢纽换乘可分为：垂直换乘、水平换乘。不同换乘方式各有特点，可根据枢纽的情况灵活使用其中一种或多种。

按照乘客换乘区域划分 表1

	做法及适用情况	适用特点
垂直换乘	在同一建筑内通过自动扶梯、楼梯和站厅层，实现多种交通方式的换乘，国外一些大型航空港、铁路客运枢纽站多采用此种形式	体现了现代交通一体化的概念。便于集约使用土地，换乘较便捷。乘客方向识别性较差，不便于携带行李，对规划的前瞻性要求高，并且工程最好能同时进行，一次建成，以减少运营与施工的矛盾
水平换乘	在交通枢纽区域内，通过水平层的衔接，使人流可在同一层面上方便地集散、流动。适用于综合性的大型枢纽站	这种方式可使乘客方便地在同一层面上实现换乘。需要有大的场地，增加旅客换乘距离

枢纽设施

自动扶梯设计要点 表2

设施内容	设计要点
合理布点	人流量大的旅客换层部位均应设置自动扶梯，自动扶梯的运行方向应该与人流方向一致；对于人流量大且提升高度高的，应尽可能一次提升到位，减少转换
宽度	交通建筑应选择净宽不小于1m的自动扶梯，以利于部分人流可以快速通行
水平梯级	当选择速度为0.5m/s的自动扶梯实，水平梯级数宜为3级，当选择速度为0.65m/s的自动扶梯水平梯级数宜为4级
高峰小时处理能力	对于大型综合交通枢纽，有大量人流携带行李，建议选用倾角为30°、名义速度为0.65m/s的自动扶梯，1m宽自动扶梯实际高峰小时处理能力宜按照5400人/小时进行核算

枢纽电梯设计要点 表3

设施内容	设计要点
布点	枢纽电梯主要为残障人士、老年人、带婴儿车出行的人，以及使用手推车的人提供无障碍服务，因此所有楼层转换的位置无法设置坡道的都应设置旅客电梯
吨位尺寸选择	枢纽内旅客有携带行李或使用行李手推车的需求，在设计时应考虑大吨位的电梯，一般2t合适。

自动步道设计要点 表4

设施内容	设计要点
布点	枢纽中步行距离大于300m时宜设自动步道，自动步道应分段设置
速度	建议水平自动步道可选用速度为0.65~0.75m/s的产品
宽度	交通枢纽的自动步道，由于较多旅客携带大件行李或行李手推车，建议采用净宽不小于1.4m的步道
高峰小时处理能力	对于自动步道，使用行李车时将导致输送能力下降，宜按照折减80%考虑

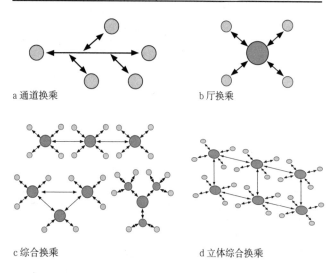

a 通道换乘　　b 厅换乘

c 综合换乘　　d 立体综合换乘

⟷ 换乘通道　○ 各类交通设施　● 综合换乘厅

1 枢纽换乘组织模式示意图

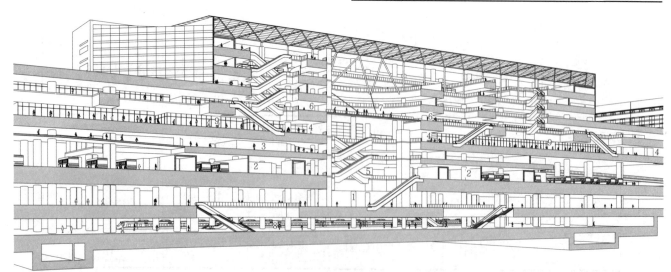

1—9m层，通往地铁2号线、10号线站厅　2—0m层，通往公交车站候车厅　3—6m接客层，通往P6、P7停车楼　4—12m层，通往虹桥T2航站楼办票大厅　5—换乘中庭　6—上盖商业　7—彩虹桥　8—地铁站台层　9—12m层，连廊商业

2 上海虹桥枢纽东交通换乘中心

标识系统整合

交通枢纽的换乘过程需跨越不同的交通方式，各种交通方式的信息标识布置有其自身的特点及行业标准、规范。枢纽公共空间作为实现各种交通方式换乘的主要场所，宜统一规划设计，保证标识的布点原则、编码、颜色设计、尺寸设计、图形设计、文字排版设计等在枢纽的不同部位一致。在交通枢纽扩建后，也应保证扩建前后标识风格的连贯性。

标识系统设计要点　　　　　　　　　　　　　　　　表1

类别	内容
一般设计要点	1. 引导信息完整、连续，避免信息缺失和误导 2. 对信息应分层管理，主次分明，强调主流程信息，弱化非主流程信息 3. 标牌设计要按照观看距离考虑适当的尺寸与形态，易于识别 4. 标识语言、文字、图案符合有关标准、规范，易于理解
特殊设计要点	1. 命名的系统性整合：目的地命名应统一，在不同区域保持一致；楼层命名应统一规划 2. 资源编码的系统性整合：对枢纽内多栋交通建筑、多个出入口、多个停车区域、多个旅客会面点等的资源进行同类规划及编码，一般都以简单、有序、易记的数字和字母来表达 3. 表达形式的系统性整合：不同交通方式在枢纽公共区应实现规划统一的标识表达形式和风格，保证统一的布点原则、编码、颜色设计、尺寸设计、图形设计、文字排版设计等

系统防灾

综合客运交通枢纽客流的疏散和转移量大，人流、物流集聚，多设备系统共存。其灾害事件具有突发性、高度扩散性、对公共安全具有重要影响等特点。

1. 消防：交通枢纽人流密集空间具有流线复杂、空间高大通透、不宜物理分隔的特点，在获得消防审批部门同意的前提下，可运用消防性能化设计方法进行分析和评估。

该方法主要针对火灾风险、火灾发展状况、防火措施的实际效果等，通过专业的动态模拟软件评估、验证相应消防措施的合理性。

性能化设计通常利用的消防加强措施包括：①高大交通空间应加强排烟、智能监控、智能疏散引导、智能灭火等措施；②对可燃物较多的商业、办公或机房等功能模块，应按防火单元进行严格的防火分隔；③重要交通空间的人员疏散量应根据高峰小时旅客量推算最高聚集人数，并可运用动态模拟软件辅助确定安全出口布置。

2. 防洪和防涝：枢纽防洪、防涝主要措施包括：①防洪设防标准要适当提高；②地下敞开空间周边加强防护；③地道、地下空间出入口设防淹设施。

3. 防风：钢结构连廊、钢结构屋顶、雨棚、幕墙等需重点进行抗风设计。

4. 抗震：枢纽的重要结构部位进行加强，包括地下铁路联络线、地下换乘空间、高架结构系统等。满足抗震规范的前提下，重点考虑旅客公共区域及逃生通道。

5. 反恐安全：根据反恐等级，反恐设计主要措施包括：①通过场地规划增加安全距离；②采用防撞墙、防撞门及防撞杆系统；③采用进入探测控制设施；④采用安全分区防护；⑤提供通道控制及监控；⑥防连续倒塌措施；⑦提供安全照明；⑧提供受保护避难场所；⑨提供防爆桶和警务室。

控制管理中心

枢纽控制管理中心简称HOC(hub operating center)，承担综合交通枢纽的日常运营管理职能和应急指挥职能，是枢纽行车指挥、电力监控、环境监控、防灾监控和调度指挥的中心。

1. 枢纽控制管理中心日常运营管理职能：
（1）负责日常监控、预警信息的采集；
（2）与各种交通方式的协调，警情的再确认和通报；
（3）负责枢纽的调度，包括防控措施的协调和联动。

2. 应急指挥管理职能：
（1）应急调度人员和领导集中处理重大事件，同时不影响运营指挥中心的其他工作；
（2）应急指挥室内具有全部的枢纽客流管理调度手段，有大屏幕显示灾害信息和决策信息；
（3）在应急指挥室内，通过内通系统与各交通方式及政府应急处置部门协调。

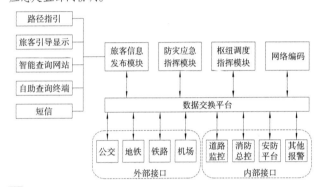

[1] 某枢纽控制管理中心控制内容示意图

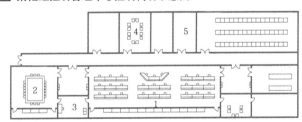

1 HOC运营指挥中心大厅（日常监视、调度、协调功能）
2 防灾应急指挥中心
3 操作室（对音响、大屏、集控、视频等系统进行操作功能）
4 VIP休息室（VIP和运营中心工作人员休息功能）
5 机房

[2] 某枢纽控制管理中心平面布局图

[3] 某HOC运营指挥中心室内透视图

综合客运交通枢纽［10］实例

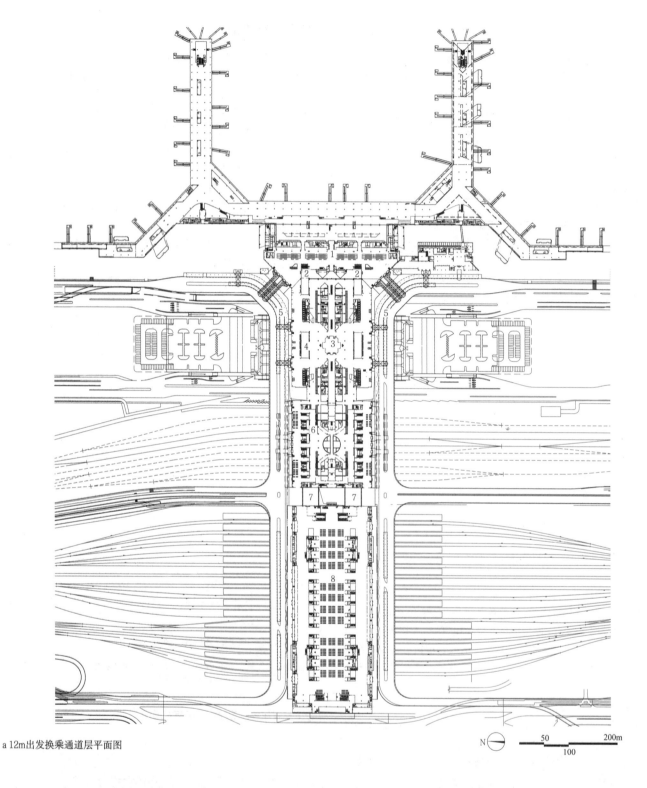

a 12m出发换乘通道层平面图

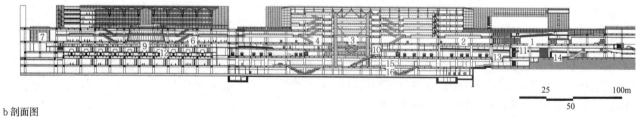

b 剖面图

1 办票大厅　2 航站楼与东交通中心联系通道　3 东交通中心换乘中庭　4 东交通中心　5 出发车道边　6 磁悬浮车站　7 磁悬浮车站与高铁站联系通道　8 高铁候车大厅　9 磁悬浮出站夹层　10 东交通中心6m换乘中心　11 无行李通道　12 磁悬浮站台层　13 到达车道边　14 行李提取大厅　15 轨道交通站厅层　16 轨道交通站台层

实例 [11] 综合客运交通枢纽

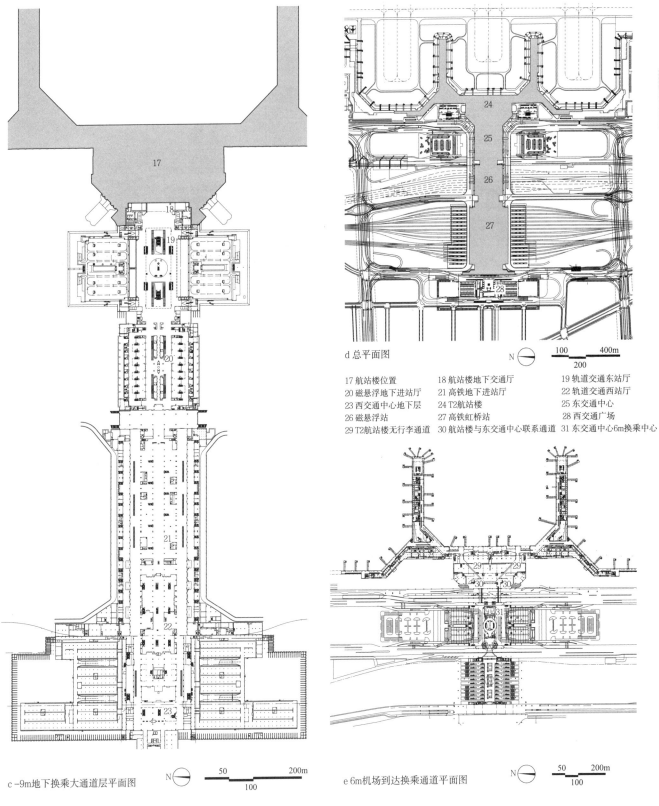

17 航站楼位置　18 航站楼地下交通厅　19 轨道交通东站厅
20 磁悬浮地下进站厅　21 高铁地下进站厅　22 轨道交通西站厅
23 西交通中心地下层　24 T2航站楼　25 东交通中心
26 磁悬浮站　27 高铁虹桥站　28 西交通广场
29 T2航站楼无行李通道　30 航站楼与东交通中心联系通道　31 东交通中心6m换乘中心

d 总平面图

c -9m地下换乘大通道层平面图

e 6m机场到达换乘通道平面图

1 上海虹桥综合交通枢纽

名称	主要技术指标	建成时间	设计单位	
上海虹桥综合交通枢纽	占地面积26.3km²，总建筑面积约142万m²，其中：虹桥T2航站楼建筑面积36.4万m²，东交通中心建筑面积30.8万m²，磁浮虹桥站建筑面积16.6万m²，高铁虹桥站建筑面积28.9万m²，西交通中心建筑面积17.4万m²	2009	华东建筑集团股份有限公司华东建筑设计研究总院、上海市政工程设计研究(总院)集团有限公司、中铁勘察设计院集团有限公司、上海隧道工程轨道交通设计研究院、中船第九设计研究院工程有限公司等	上海虹桥综合交通枢纽集民用航空、高速铁路、城际铁路、高速公路、磁悬浮、地铁、地面公交、出租汽车等功能于一体，日均旅客吞吐量为110万人次，是具有集中换乘的特大型城市交通基础设施，形成了水平向"五大功能模块"(由东至西分别是虹桥机场T2航站楼、东交通中心、磁悬浮车站、高铁车站、西交通中心)；垂直向"三大步行换乘通道"(由上至下分别是12m出发换乘通道、6m机场到达换乘通道、-9m地下换乘大通道层)的枢纽格局

综合客运交通枢纽 [12] 实例

1 交通建筑

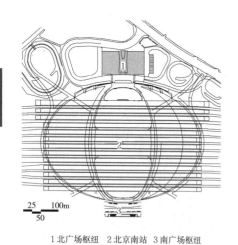

1 北广场枢纽　2 北京南站　3 南广场枢纽

a 北京南站枢纽总平面示意图

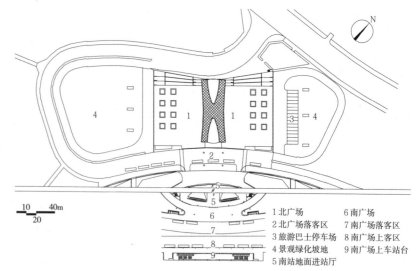

1 北广场　　　6 南广场
2 北广场落客区　7 南广场落客区
3 旅游巴士停车场　8 南广场上客区
4 景观绿化坡地　9 南广场上车站台
5 南站地面进站厅

b 枢纽首层（±0.000m）平面图

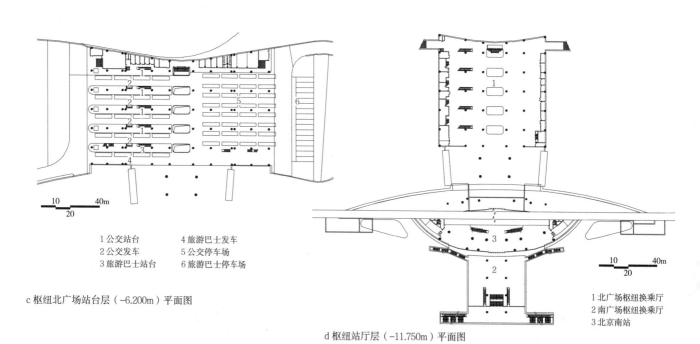

1 公交站台　　4 旅游巴士发车
2 公交发车　　5 公交停车场
3 旅游巴士站台　6 旅游巴士停车场

c 枢纽北广场站台层（-6.200m）平面图

1 北广场枢纽换乘厅
2 南广场枢纽换乘厅
3 北京南站

d 枢纽站厅层（-11.750m）平面图

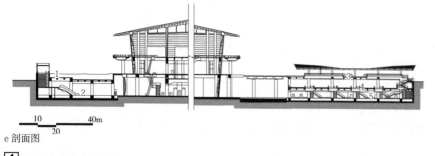

1 南广场
2 南广场枢纽换乘厅（-11.750m）
3 北广场
4 北广场枢纽站台层（-6.200m）
5 北广场枢纽换乘厅（-11.750m）

e 剖面图

1 北京南站综合交通枢纽

名称	主要技术指标	设计时间	设计单位	
北京南站综合交通枢纽	占地面积26558m²，总建筑面积约1.44万m²，北广场枢纽建筑面积11275m²，南广场枢纽建筑面积3118m²	2011	北京市市政工程设计研究总院（集团）有限公司	北京南站北广场公交枢纽位于北京南站北侧与站前街之间，南广场位于北京南站南侧，主要承担南站出站人流与公交的换乘功能

实例 [13] 综合客运交通枢纽

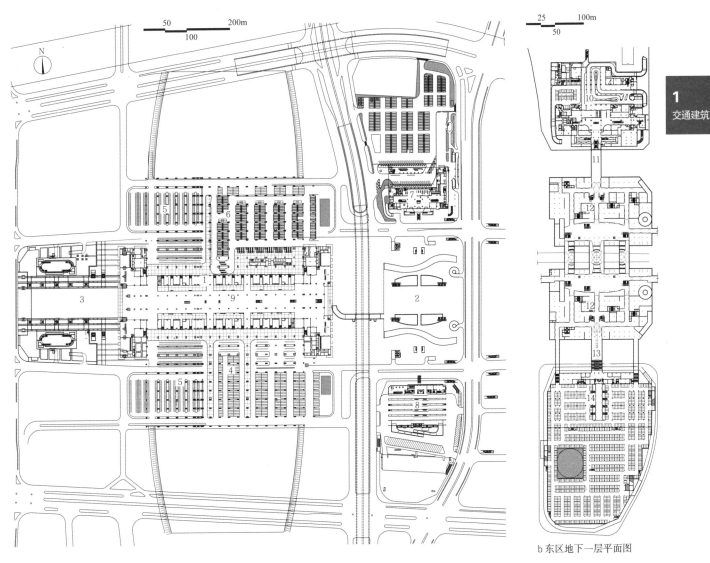

1 火车东站　2 东广场　3 西广场　4 公交车停车场　5 社会车辆停车场　6 长途车停车场　7 公路客运站　8 公交枢纽站
9 地铁　10 公路客运站地下层　11 联系公路客运站通道　12 东广场地下商业　13 联系公交枢纽站通道　14 公交枢纽站地下层

a 一层平面图

b 东区地下一层平面图

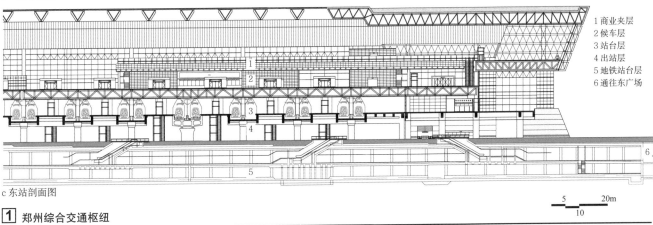

1 商业夹层
2 候车层
3 站台层
4 出站层
5 地铁站台层
6 通往东广场

c 东站剖面图

1 郑州综合交通枢纽

名称	主要技术指标	建成时间	设计单位	
郑州综合交通枢纽	占地面积约2km²，郑州东站建筑面积41.2万m²，公路客运站建筑面积8.3万m²	2012	中南建筑设计院股份有限公司（郑州东站）、华东建筑集团股份有限公司华东建筑设计研究总院（公路客运站）	郑州东站是国家新规划的京港高铁、徐兰高铁、郑渝高铁等高速铁路客运专线"十字"交会枢纽。郑州综合交通枢纽即以郑州东站为核心，集客运专线、城际铁路、公路客运、地铁和城市公交等多种交通方式为一体，实现了公铁零距离换乘，站房按5层布置，其中地上3层（候车层、站台层、转换层），地下2层（轨道交通站厅层、站台层）

综合客运交通枢纽 [14] 实例

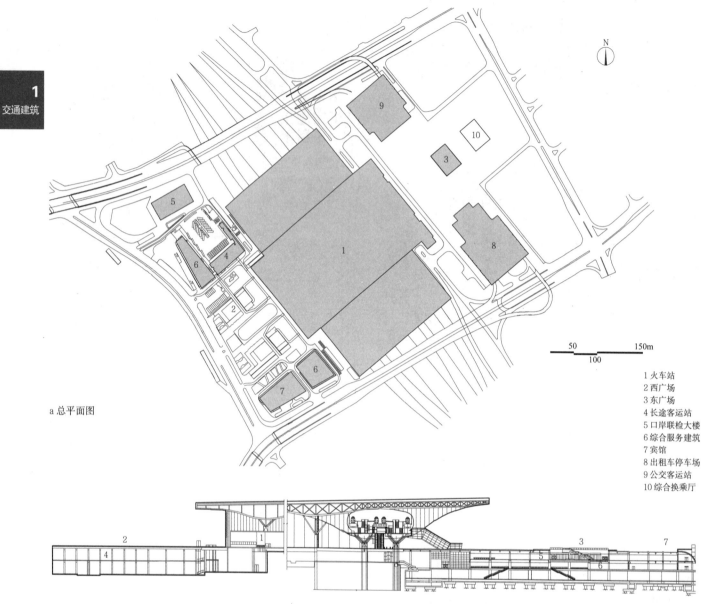

a 总平面图

1 火车站　2 西广场　3 东广场　4 地下停车场　5 综合换乘厅　6 商业　7 天桥

b 横剖面图

1 火车站　2 地下停车场　3 长途客运站　4 五号地铁站　5 平南铁路

c 西广场纵剖面图

1 火车站
2 西广场
3 东广场
4 长途客运站
5 口岸联检大楼
6 综合服务建筑
7 宾馆
8 出租车停车场
9 公交客运站
10 综合换乘厅

1 深圳北站综合交通枢纽

名称	主要技术指标	设计时间	设计单位	
深圳北站综合交通枢纽	东西广场用地面积24hm²，建筑面积约40万m²（不含火车站站房）；地下3层	2008	北京城建设计发展集团股份有限公司	枢纽分为东西2个广场、4个象限、东西2个综合换乘厅；采用多层次立体化布局，公交及出租车上客、落客分层布置；快速公交—干线公交—支线公交实现"三层次"布置。西广场包括口岸联检大楼、长途客运站、枢纽配套建筑、广场、地下车库部分；东广场包括出租车场站、公交车场站、综合换乘厅、地铁5号线站厅层、配套商业服务区以及配套设备管理区、物业自用停车库、人防地下室、自行车停车场等

实例 [15] 综合客运交通枢纽

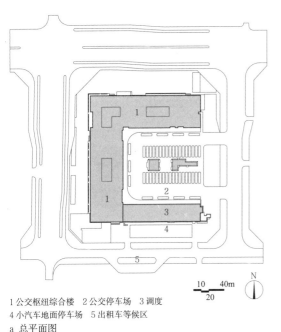

1 公交枢纽综合楼 2 公交停车场 3 调度
4 小汽车地面停车场 5 出租车等候区
a 总平面图

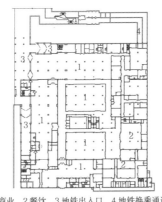

1 商业 2 餐饮 3 地铁出入口 4 地铁换乘通道
b 地下一层平面图

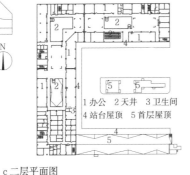

1 办公 2 天井 3 卫生间
4 站台屋顶 5 首层屋顶
c 二层平面图

1 公交乘客入口 2 公交站台入口 3 地铁出入口
4 商业入口 5 办公入口 6 换乘大厅
7 站台 8 站务用房 9 消防控制室
10 无障碍出入口 11 进货口
d 首层平面图

1 公交站台 2 换乘大厅 3 商业 4 办公
e 横剖面图

1 北京宋家庄交通枢纽

名称	主要技术指标	设计时间	设计单位	
北京宋家庄交通枢纽	用地面积3.1315hm²,建筑面积52600m²(其中:地上建筑面积29000m²,地下建筑面积23600m²);容积率1.1;绿化率15%	2008	北京城建设计发展集团股份有限公司	北京宋家庄交通枢纽是一座集轨道交通、市区公交于一体,包括自行车等多种方式相互衔接的综合客运枢纽,是以地铁与公交换乘功能为主的大型交通枢纽。枢纽设置换乘功能厅、配套商业、枢纽停车设施、枢纽业务用房等。地上主体4层,地下1层(局部设有1层夹层)。首层为公交站台及换乘大厅;地下一层为地铁站及商业;二层及以上为办公管理用房。停车数量:公交车40辆;非机动车2000辆;小轿车101辆(含临时停车45辆)

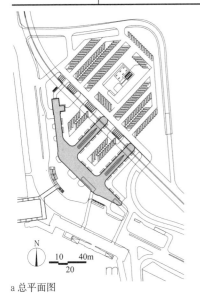

a 总平面图

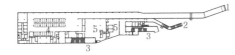

1 车库出入口 2 自行车库出入口 3 地铁出入口
4 地下汽车库 5 自行车库
b 地下一层平面图

1 公交乘客入口 2 地铁车站入口 3 换乘大厅
4 站台 5 站务用房
c 首层平面图

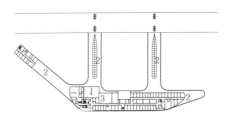

1 调度中心 2 站台顶棚 3 办公用房
d 二层平面图

1 公交站台 2 换乘大厅 3 地下停车库 4 办公用房
e 纵剖面图

2 北京一亩园公交枢纽

名称	主要技术指标	设计时间	设计单位	
北京一亩园公交枢纽	用地面积1.32545hm²,建筑面积约18067m²(其中地上建筑面积10747m²,地下建筑面积7320m²),容积率0.131,绿化率13.95%,建筑密度30.2%	2008	北京城建设计发展集团股份有限公司	北京一亩园公交枢纽是服务于北京西北部地区、市区与郊区公交车换乘的枢纽站,同时兼顾周边旅游服务功能,能满足18条线公交车运营。该枢纽站以换乘为主,兼有业务用房、维修等功能。公交枢纽地上2层,地下1层。首层为公交站台及换乘大厅;地下一层为停车库及自行车库;二层为办公管理用房

综合客运交通枢纽 [16] 实例

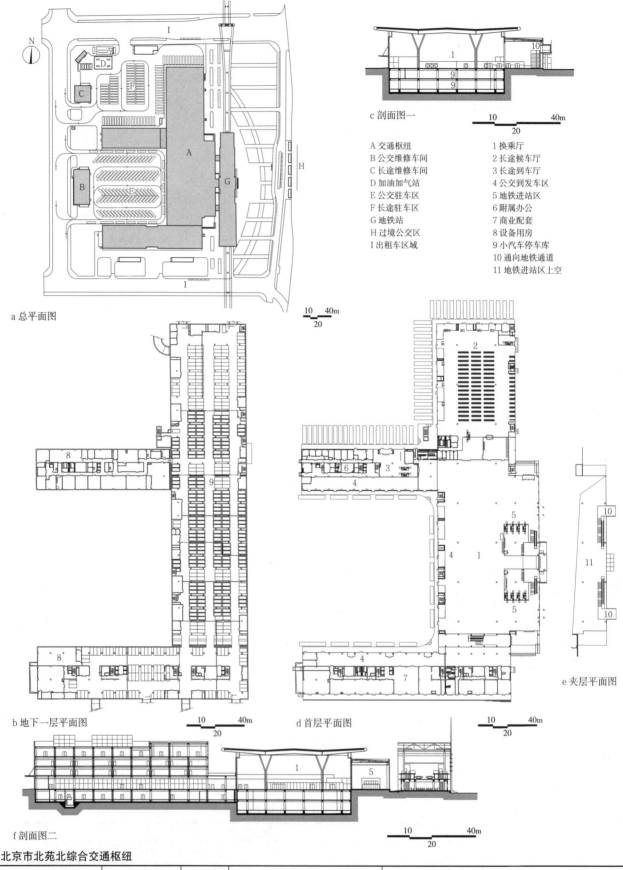

a 总平面图

c 剖面图一

A 交通枢纽
B 公交维修车间
C 长途维修车间
D 加油加气站
E 公交驻车区
F 长途驻车区
G 地铁站
H 过境公交区
I 出租车区域

1 换乘厅
2 长途候车厅
3 长途到车厅
4 公交到发车区
5 地铁进站区
6 附属办公
7 商业配套
8 设备用房
9 小汽车停车库
10 通向地铁通道
11 地铁进站区上空

b 地下一层平面图

d 首层平面图

e 夹层平面图

f 剖面图二

1 北京市北苑北综合交通枢纽

名称	主要技术指标	设计时间	设计单位	
北京市北苑北综合交通枢纽	建筑面积90798m²	2016	北京市市政工程设计研究总院有限公司	北京市北苑北综合交通枢纽是一座集公交、长途、P+R小汽车及地铁等多种交通方式换乘为一体的综合性大型交通枢纽，是北京北部区域对外交通系统的重要组成部分

实例 [17] 综合客运交通枢纽

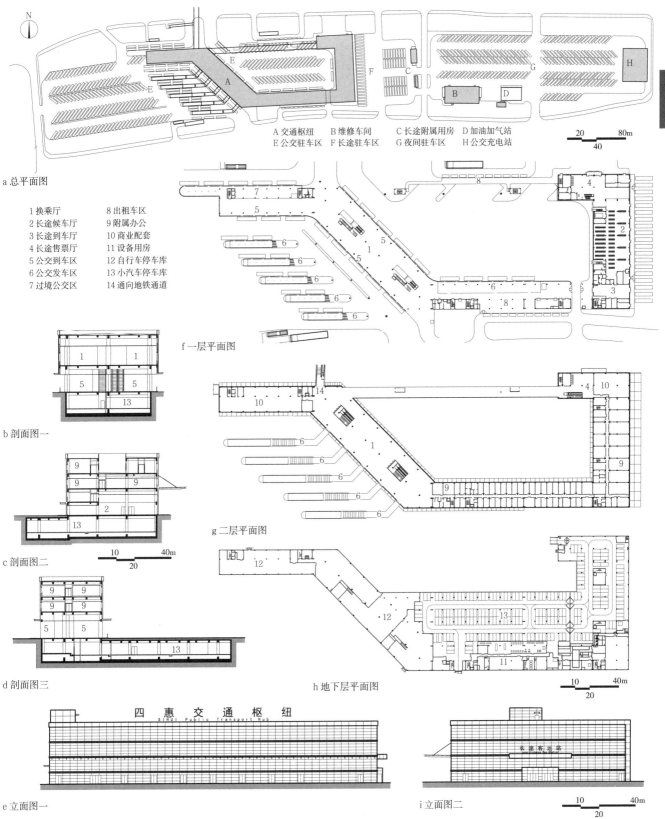

a 总平面图

A 交通枢纽　B 维修车间　C 长途附属用房　D 加油加气站
E 公交驻车区　F 长途驻车区　G 夜间驻车区　H 公交充电站

1 换乘厅　　8 出租车区
2 长途候车厅　9 附属办公
3 长途到车厅　10 商业配套
4 长途售票厅　11 设备用房
5 公交到车区　12 自行车停车库
6 公交发车区　13 小汽车停车库
7 过境公交区　14 通向地铁通道

b 剖面图一
c 剖面图二
d 剖面图三
e 立面图一
f 一层平面图
g 二层平面图
h 地下层平面图
i 立面图二

1 北京市四惠综合交通枢纽

名称	主要技术指标	建成时间	设计单位	
北京市四惠综合交通枢纽	建筑面积4.03万m²	2012	北京市市政工程设计研究总院有限公司	枢纽位于北京市市区东部，是一座集地面公交、轨道交通、长途汽车、出租车等多种交通方式于一体的综合交通枢纽。枢纽地上3层，地下1层。枢纽采用分区、分层的方式组织各交通流线换乘。其中公交区域位于场区西部，长途区域位于场区东部，出租车区域位于场区南、北两侧，自行车及小汽车位于地下。主要换乘大厅位于枢纽建筑主体首层、二层中部，方便各种交通方式换乘

综合客运交通枢纽 [18] 实例

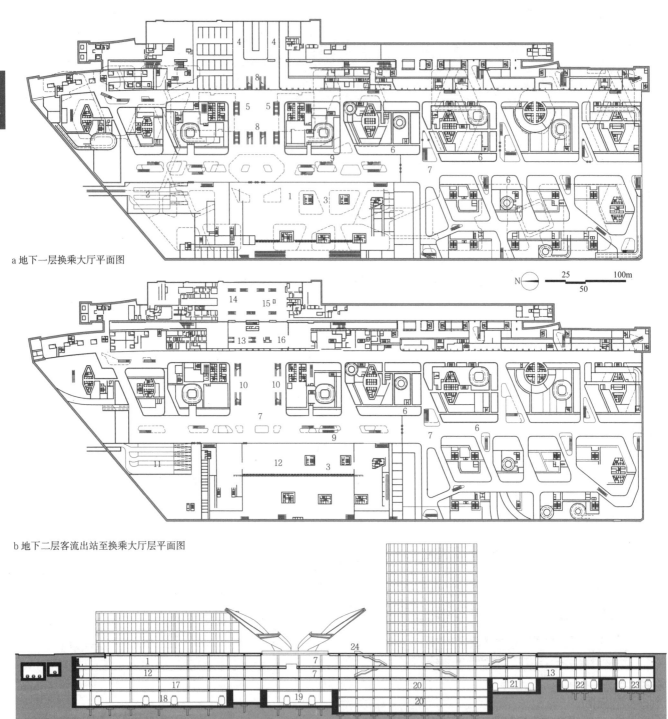

a 地下一层换乘大厅平面图

b 地下二层客流出站至换乘大厅层平面图

c 剖面图

1 香港边境口岸出境层 2 出租车送客区 3 垂直交通—去往地下三层港深西部快线站厅 4 周边地块联系通道 5 垂直交通—去往地下私家车库 6 商业 7 换乘通道 8 自动扶梯去往地面层 9 自动扶梯去往地下三层穗莞深城际线 10 垂直交通—去往地下一层 11 出租车接客区 12 香港边境口岸入境层 13 地铁1、5、11号线站厅层 14 自动扶梯—去往地铁1号线站台 15 自动扶梯—去往地铁5号线站台 16 自动扶梯—去往地铁11号线站台 17 港深西部快线站厅 18 港深西部快线站台 19 穗莞深城际线站台 20 社会车辆车库 21 地铁11号线站台 22 地铁5号线站台 23 地铁1号线站台 24 地面步行层

1 深圳前海综合交通枢纽

名称	主要技术指标	设计单位	
深圳前海综合交通枢纽	建筑面积约115万m²	德国GMP建筑师事务所、中国建筑科学研究院	前海综合交通枢纽是集穗莞深城际线，港深西部快线，深圳地铁1号线、5号线、11号线，常规公交线路，出租车及社会车辆等多种交通接驳方式于一体的综合性交通枢纽

实例 [19] 综合客运交通枢纽

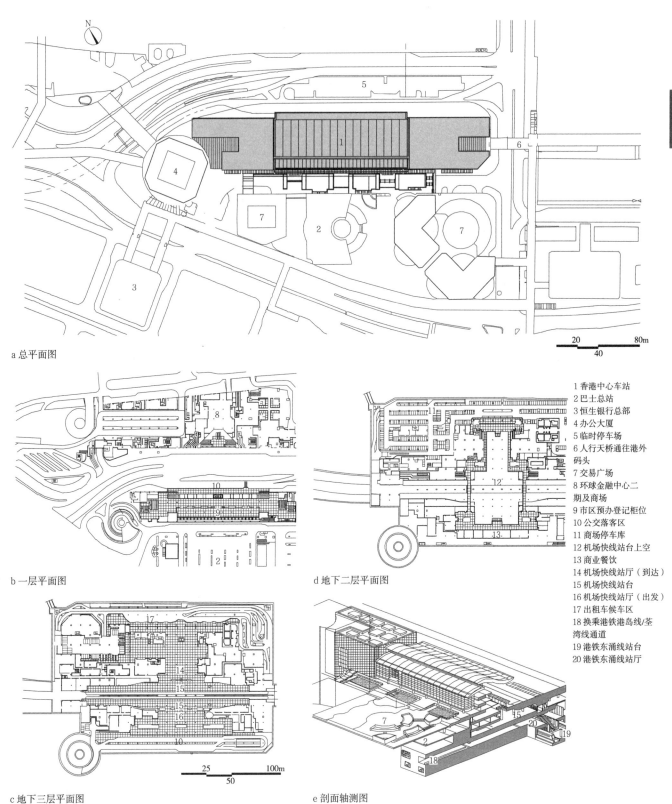

a 总平面图
b 一层平面图
c 地下三层平面图
d 地下二层平面图
e 剖面轴测图

1 香港中心车站
2 巴士总站
3 恒生银行总部
4 办公大厦
5 临时停车场
6 人行天桥通往港外码头
7 交易广场
8 环球金融中心二期及商场
9 市区预办登记柜位
10 公交落客区
11 商场停车库
12 机场快线站台上空
13 商业餐饮
14 机场快线站厅（到达）
15 机场快线站台
16 机场快线站厅（出发）
17 出租车候车区
18 换乘港铁港岛线/荃湾线通道
19 港铁东涌线站台
20 港铁东涌线站厅

1 香港香港站枢纽

名称	主要技术指标	建成时间	设计单位	
香港香港站枢纽	总建筑面积约41.6万m²	1998	奥雅纳工程咨询（香港）有限公司	香港香港站是机场快线与东涌线的终点站，是一个集机场线、地铁线、公交、小巴、出租车、过海渡轮、港内码头等的综合换乘站

综合客运交通枢纽 [20] 实例

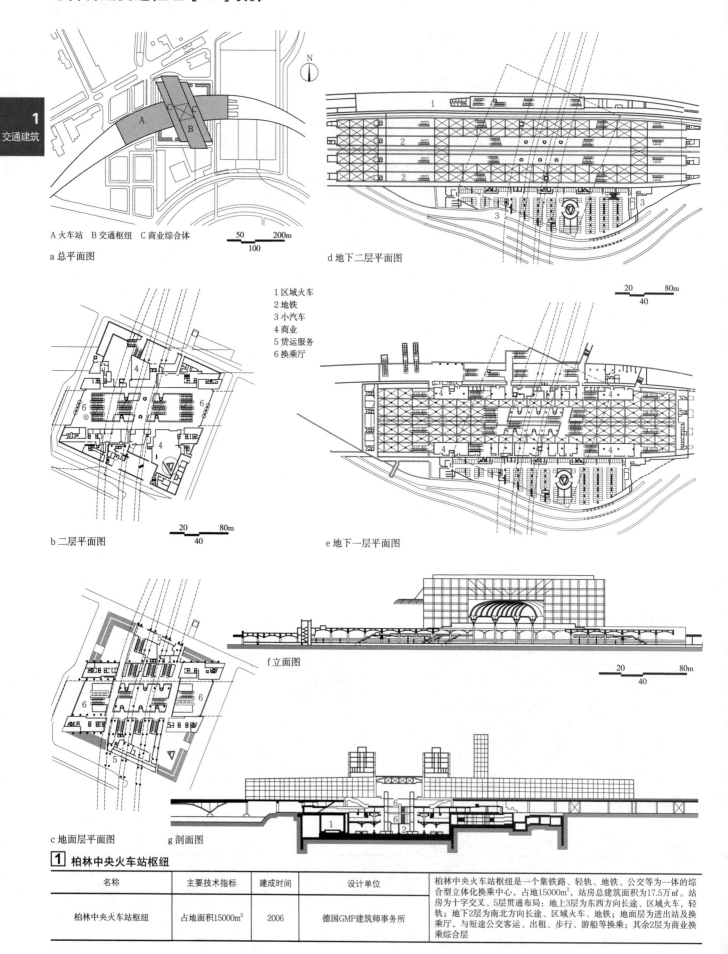

A 火车站　B 交通枢纽　C 商业综合体

a 总平面图

1 区域火车
2 地铁
3 小汽车
4 商业
5 货运服务
6 换乘厅

b 二层平面图

d 地下二层平面图

e 地下一层平面图

c 地面层平面图

f 立面图

g 剖面图

1 柏林中央火车站枢纽

名称	主要技术指标	建成时间	设计单位	
柏林中央火车站枢纽	占地面积15000m²	2006	德国GMP建筑师事务所	柏林中央火车站枢纽是一个集铁路、轻轨、地铁、公交等为一体的综合型立体化换乘中心，占地15000m²，站房总建筑面积为17.5万㎡。站房为十字交叉、5层贯通布局；地上3层为东西方向长途、区域火车、轻轨；地下2层为南北方向长途、区域火车、地铁；地面层为进出站及换乘厅，与短途公交客运、出租、步行、游船等换乘；其余2层为商业换乘综合层

概述

停车场库是使用最广泛的交通建筑之一，包括机动车和非机动车停车场库两大类。

随着城市建设的发展，汽车在为人们带来出行方便的同时，也带来了停车难的问题，车辆的停放是行驶的延续，机动车停车场系统对缓解城市交通拥堵起着不可替代的作用。另一方面，停车场库不仅是机动车的寄存处，也是交通合理化的一种方式，其位置、规模、使用便利程度、经济调节手段等，可以起到适当抑制机动车交通量过量发展的作用。因此，机动车停车场库不再被看作是单纯满足机动车交通出行的设施，越来越多的现代新型停车场库逐渐成为影响与组织动态交通的手段。

非机动车是慢行系统中的重要一环。慢行交通有灵活、方便、无污染等独特优势，发展慢行交通，有利于缓解机动车交通压力，减少城市资源浪费和汽车尾气排放，从而实现城市交通系统的可持续发展。非机动车停车场库建设是最简单、易行、有效的积极措施，是构建非机动车慢行系统的基础性工作。

停车配建指标

1. 公共建筑的停车位配建数量主要取决于服务对象的使用功能、建筑面积、客流量等，住宅区配建的停车位数量与居住户数、居住对象、居住区域等有关。

2. 独立式机动车库，小型车每车位建筑面积一般为 $35\sim45m^2$，一般车库规模越大每车位面积越小。停车场每车位占地面积约为 $25\sim30m^2$。非机动车每车位建筑面积一般为 $1.5m^2$。

大城市大中型公建及住宅停车位配建参考指标下限值　表1

建筑物大类	建筑物子类	机动车	非机动车	单位
居住	别墅	1.2	2.0	车位/户
	普通、限价商品房	1.0	2.0	车位/户
	经济适用房	0.8	2.0	车位/户
	公共租赁住房	0.6	2.0	车位/户
	廉租住房	0.3	2.0	车位/户
医院	综合医院	1.2	2.5	车位/100m²建筑面积
	其他医院	1.5	3.0	车位/100m²建筑面积
学校	幼儿园	1.0	10.0	车位/100师生
	小学	1.5	20.0	车位/100师生
	中学	1.5	70.0	车位/100师生
	中等专业学校	2.0	70.0	车位/100师生
	高等院校	3.0	70.0	车位/100师生
办公	行政、商务办公	0.65	2.0	车位/100m²建筑面积
	其他办公	0.5	2.0	车位/100m²建筑面积
商业	宾馆、旅馆	0.3	1.0	车位/客房
	餐饮、娱乐	1.0	4.0	车位/100m²建筑面积
	商场	0.6	5.0	车位/100m²建筑面积
	配套商业	0.6	6.0	车位/100m²建筑面积
	大型、仓储式超市	0.7	6.0	车位/100m²建筑面积
	批发、综合、农贸市场	0.7	5.0	车位/100m²建筑面积
文化体育设施	体育场馆	3.0	15.0	车位/100座位
	展览馆	0.7	1.0	车位/100m²建筑面积
	图书馆、博物馆、科技馆	0.6	5.0	车位/100m²建筑面积
	会议中心、剧院、音乐厅、电影院	7.0	10.0	车位/100座位
工业和物流	厂房、仓库	0.2	2.0	车位/100m²建筑面积
交通	火车站	1.5	—	车位/100高峰乘客
	港口、机场	3.0	—	车位/100高峰乘客
	长途客车站	1.0	—	车位/100高峰乘客
	交通枢纽	0.5	3.0	车位/100高峰乘客

注：1. 本表摘自《城市停车规划规范》GB/T 51149-2016。
　　2. 如当地规划部门有与停车配建指标相关的规定时，应执行当地规定。

分类

机动车停车场库分类　表2

分类方式	适用类型	分类情况	备注
按建设方式	机动车库	附建式	—
		独立式	—
按建设规模	机动车库	特大型	>1000辆
		大型	301~1000辆
		中型	51~300辆
		小型	≤50辆
按停车机械化程度	机动车库	常规 平层板式	—
		错层式	—
		斜楼板式	—
		机械式 复式	—
		机械式立体	—
按停放位置	机动车库	地上 封闭式	—
		敞开式	—
		地下	—
	机动车场	路内	—
		路外	—
按防火类别	机动车场	I类	>400辆
		II类	251~400辆
		III类	101~250辆
		IV类	≤100辆
	机动车库	I类	>300辆或>10000m²
		II类	151~300辆或5000~10000m²
		III类	51~150辆或2000~5000m²
		IV类	≤50辆或≤2000m²
按使用性质	机动车场、库	公共	—
		专用	—
按停放车辆的类别	机动车场、库	小型	—
		大型	—
		混合	—
		特定尺寸	—

注：表格中按建设规模依据分类的停车数量为当量数。停车当量是用于协调各种不同车型，便于统计与计算停车数量、停车位大小等数据而设定的标准参考车型单元。

机动车换算当量系数　表3

车型	微型车	小型车	轻型车	中型车	大型车
换算系数	0.7	1.0	1.5	2.0	2.5

注：本表摘自《车库建筑设计规范》JGJ 100-2015。

基本组成和流线

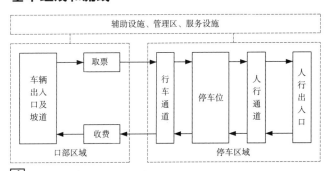

1 机动车停车场库流线示意

机动车基本尺寸

机动车外廓设计尺寸　表4

设计车型	外廓设计尺寸（m）		
	总长	总宽	总高
微型车	3.80	1.60	1.80
小型车	4.80	1.80	2.00
轻型车	7.00	2.25	2.75
中型车	9.00	2.50	3.20（4.00）
大型客车	12.00	2.50	3.50
大型货车	11.50	2.50	4.00

注：1. 本表摘自《车库建筑设计规范》JGJ 100-2015。
　　2. 括号内尺寸用于中型货车。

停车场库 [2] 机动车场库

规划要点

1. 特大、大、中型机动车停车场库基地应临近城市道路。
2. 特大、大型和交通繁忙地区的停车场库，在选址阶段应进行交通影响分析，对其出入口设置、交通组织、周边城市道路通行能力进行交通影响评价。
3. 学校、医院、风景文物区等附近，除为项目自身服务的停车设施，不宜建设其他的大型停车场库。
4. 大型公共建筑、交通枢纽、集中居住区、公交及轨道交通首末站等场所附近，宜布置适当容量的公共停车场库。

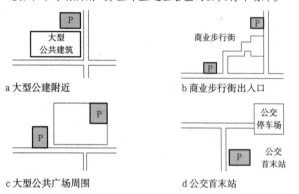

a 大型公建附近　　b 商业步行街出入口

c 大型公共广场周围　　d 公交首末站

[1] 基地选择示意图

场地设计要点

1. 基地出入口应具有良好的通视条件。
2. 需办理车辆出入手续的基地出入口，应设置至少能停2辆车的候车道。
3. 基地出入口应设置减速安全设施。
4. 单向行驶的机动车道宽度不应小于4m，双向行驶的小型车道不应小于6m，双向行驶的中型车以上车道不应小于7m。
5. 机动车道路转弯半径应根据通行车辆种类确定。小型车道路转弯半径不应小于3.5m；消防车道转弯半径应满足消防车最小转弯半径要求。
6. 场地内宜设置电动车辆的充电设施。

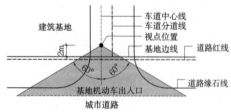

[2] 基地出入口通视条件示意图

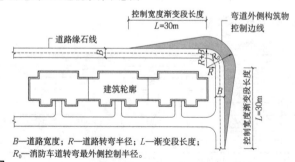

B—道路宽度；R—道路转弯半径；L—渐变段长度；
R_0—消防车道转弯最外侧控制半径。

[3] 消防车道转弯半径示意图

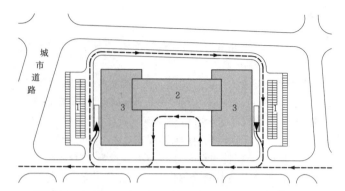

1 室外停车场　2 高层办公　3 多层裙房　■ 地下停车库　--→ 车行流线　◀ 车库出入口

[4] 办公楼停车库总平面示意图

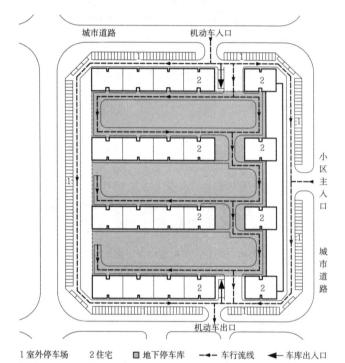

1 室外停车场　　2 住宅　　■ 地下停车库　--→ 车行流线　◀ 车库出入口

[5] 住宅小区停车库总平面示意图

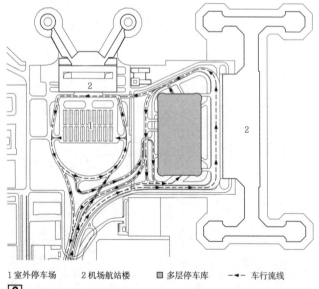

1 室外停车场　　2 机场航站楼　　■ 多层停车库　--→ 车行流线

[6] 机场总平面示意图

机动车库设计要点

1. 机动车库设计可根据车库规模、场地条件、建造方式、使用要求等具体情况，采用不同的形式，具体分类形式见机动车停车场库分类表。

2. 机动车库应根据其停放车辆的车型或具体外廓尺寸进行设计。

3. 附建式和独立式停车库适用于不同的建造情况和使用要求。独立式车库布局和结构形式应充分满足停车功能要求，附建式停车库的布局和结构形式会受到主体建筑的限制。

4. 机动车库由停车区、管理区、服务设施和辅助设施组成。

5. 停车区由出入口和停车区域两部分组成，是机动车停车库最重要的功能空间，出入口和停车区域形式多样，可进行组合设计。

6. 管理区包括管理办公室、值班室、监控室等。机动车库根据管理方式可设置独立或与其他管理用房合用的控制室，控制室宜设于机动车库中心或出入口附近。

7. 服务设施包括卫生间、休息室、清洗保养设施等。

8. 辅助设施包括给排水、采暖通风、电气系统和交通工程设施等。

9. 管理区和服务设施可根据需要设置；管理室可结合收费设置；清洗保养设施应与停车位分区设置，宜单独设洗车房。

10. 车库内应有完善的交通标识系统和交通安全设施；对社会开放的机动车库宜设置停车信息系统、电子收费系统、广播系统等。

11. 4层及以上的多层机动车库或地下3层及以下机动车库应设置乘客电梯，电梯的服务半径不宜大于60m。

12. 车库内行车流线设计应简洁、流畅、便捷。

13. 柱网的选择对机动车库设计非常重要，柱网单元的种类不宜太多，应尽可能统一。除满足停车和行车的使用要求外，合理的柱网布置直接关系到设计的经济性。大跨柱网的优点是车库内柱子数量少，布置灵活，适应性强，但结构占用高度较大，空间浪费。

14. 地下车库的平面布局和柱网尺寸往往会受到上层建筑限制，柱间停放3辆小型机动车时，车库结构柱网尺寸一般采用8.4~8.7m，柱间停放4辆车时，车库结构柱网尺寸一般可采用10.8~11.0m。当结构柱尺寸较小时，停放3辆车可考虑采用8.1m柱网。

15. 地下车库排风口宜设于下风向，并应做消声处理。排风口不应朝向邻近建筑的可开启外窗；当排风口与人员活动场所的距离小于10m时，朝向人员活动场所的排风口底部距人员活动地坪的高度不应小于2.5m。

16. 封闭式地上车库分为封闭式和开敞式，封闭式应注意采光通风、排烟、消防设计。

17. 当机动车库采取天然采光时，天然采光系数不宜小于0.5%或其窗地面积比宜大于1:15，且车库及坡道应设有防眩光设施。

18. 车库楼地面面层应选用耐磨、防滑的非燃烧体材料。

机动车库类型

按建设方式分类　　　　表1

类型	基本要求	图示
附建式地下车库	是住宅和办公、商业、医疗等各类公共建筑地下室部分，平面布局和结构形式受上层建筑限制。一般采用平层式车库，需有出入口管理设施，按需设置卫生间和清洗保养等服务设施	
附建式中间车库	一般设置于综合建筑的不同功能楼层分界部位，一般需有出入口管理设施，按需要设置服务设施	
附建式屋顶车库	一般附建于商业、办公等公共建筑顶部，结构形式受下层建筑限制，一般需有出入口管理设施，按需要设置卫生间和清洗保养等服务设施	
附建式车位车库	附建用于别墅等居住类建筑，停车数量少、规模较小，功能简单，辅助设施内容少，不需要设置管理区和服务设施	
独立式地下车库	公共绿地、广场等地下的车库一般结合城市民防和防灾工程设置，结构和形式受到一定限制。车库出入口与景观的结合十分重要	
独立式地上车库	可充分满足停车功能需求，布局和结构形式多样、灵活，一般需有出入口管理设施，按需要设置卫生间和清洗保养等服务设施	
独立式组合车库	为独立式地上车库和独立式地下车库的组合，结构形式受到地下部分的限制，一般需有出入口管理设施，按需要设置卫生间和清洁保养服务设施	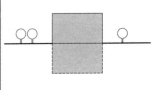
独立式贴建车库	是独立式车库的一种，形式多样，结构形式不受贴建建筑的影响，与服务对象建筑在每层或部分楼层的平面有联系，可根据需要设置出入口管理设施，不需设置卫生间等服务设施	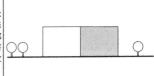

停车场库 [4] 机动车库

停车区域设计要点

1. 停车区域按停车楼板的形式有平层式、错层式和斜楼板式三种形式。包括行车通道、停车位和停车通道、人行系统等。
3. 停车通道的双侧布置停车位，有利于节约建筑面积。
4. 小型车行车通道和停车位最小净高2.2m，微型车停车位最小净高2.0m。
5. 设备用房应尽量设在不利于布置停车位的边角位置。
6. 需考虑楼地面排水措施，地漏（或集水坑）的间距不宜大于40m；地漏周围1m半径范围应有1%地面排水找坡设计。
7. 电动车停车位应集中布置，并宜设置在变配电室附近。
8. 电动车停车位应就近设置充电桩，并宜为一位一桩形式，以便使用和管理；应考虑充电桩的安装和操作空间。
9. 充电桩可采用壁挂式或落地式安装方式。壁挂式应靠墙柱布置；落地式应远离排水沟、地漏等地面排水点，安装基础应高出地面200mm。

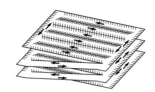
a 平层式车库一

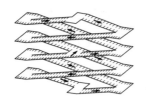
d 斜楼板式车库一

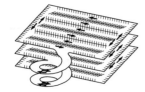
b 平层式车库二

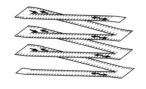
e 斜楼板式车库二

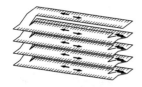
c 错层式车库

f 斜楼板式车库三

[1] 典型常规车库示意图

1 停车位　2 停车通道　3 行车通道　4 人行出入口　5 车行出入口　6 辅助用房

[2] 停车区域示意图

停车区域行车通道

1. 行车通道指停车区域内供车辆行驶的通道，应满足车辆行驶的车道宽度。行车通道有直线和曲线两种形式。
2. 单向行驶行车通道宽度不应小于3.0m，双向行驶行车通道宽度不应小于5.5m。
3. 应注意墙、柱等障碍物对车辆回转的影响，其环形车道半径可按公式计算求得，小型车通道转弯内半径 R 不得小于3.0m。

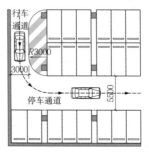

[3] 停车区域内行车通道　　[4] 停车区域尽端式回转方式

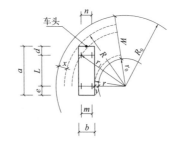

$$R=\sqrt{(L+d)^2+(r+b)^2} \qquad R_0 = R+x$$

$$R=\sqrt{r_1^2-L^2}-\frac{b+n}{2} \qquad r_0 = r-y$$

a—机动车长度；
b—机动车宽度；
d—前悬尺寸；
e—后悬尺寸；
L—轴距；
m—后轮距；
n—前轮距；
r_1—机动车最小转弯半径；
R_0—环道外半径；
R—机动车环行外半径；
r_0—环道内半径；
r—机动车环行内半径；
W—环道最小宽度；
x—机动车环行时最外点至环道外边距离宜≥250mm；
y—机动车环行时最内点至环道内边距离宜≥250mm。

[5] 环形车道半径及其计算公式

停车区域人行系统

1. 人行系统包括人行出入口和人行通道。
2. 人行出入口开向通车道时，应设置缓冲空间和安全防护设施，电梯不应直接开向行车通道。
3. 电梯厅宜结合楼梯间设置。
4. 附建式地下车库的电梯应设封闭候梯厅，防止有害气体污染上部楼层室内环境，减轻电梯井道内压差作用。
5. 人行出入口宜强调照明，可起到引导人流和保证安全的作用。
6. 大型停车库宜设人行通道，通道宽度可按1m取值。

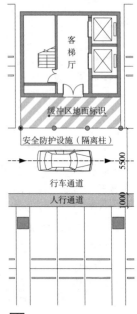

[6] 人行出入口示意图

机动车库 [5] 停车场库

停车位与停车通道

1. 停车位尺寸由车辆外廓尺寸和四周所需距离组成。停车通道是指与停车位相连，并能满足车辆进出停车位所需回转空间要求的通道。停车通道同时具有行车通道功能。

2. 停车位的布置方式需根据停车库平面尺寸及车辆出入停车位的速度要求等进行设计。停车位的布置方式决定停车通道的宽度尺寸。

3. 停车位的布置方式有三种：平行式、垂直式、斜列式。斜列式一般采用的停放角度为30°、45°、60°。斜列式45°交叉停放方式也被称为鱼骨式停放。

4. 平行式一般采用倒车进顺车出方式，平行式与斜列式和垂直式停车相比，相同长度通车道的可停车数量最少。

5. 垂直式是车库设计中最常使用的车位布置方式，与平行式和斜列式停车相比，相同长度通车道的可停车数量最多。

6. 斜列式停车带和通道的宽度要求以及停车数量，随停车角度的变化而有所不同。

7. 大型和车辆出入频繁的停车库，适当放大停车位及停车通道的设计尺寸，便于车辆快速进出车位。停车位宽度尺寸应比最小宽度尺寸增加200mm，停车通道宽度增加500~1000mm，即可满足车辆快速进出要求。

8. 机动车最小净距要求见表2，墙、柱外有突出时，应从凸出部分外缘算起。纵向、横向分别指机动车长度和宽度方向。

9. 除小型以外的其他车型最小停车位和停车通道尺寸，可采用公式计算求得。

10. 停车位应设车轮挡，小型车倒入式停车位车轮挡宜设于停车位端线1000mm处，高度150~200mm，车轮挡不得阻碍楼地面排水。

停车方式 表1

倒车进顺车出	顺车进倒车出	顺车进顺车出
倒车进顺车出方式所需通车道宽度小；停车较慢，出车快；停车位前部的通车道需保证足够长度；车辆之间需留有一定空间	顺车进倒车出方式所需通车道宽度较大；进车方便，出车较慢	顺车进顺车出方式停车位先后均需有通车道，所需通道面积大；进车方便，出车快

停车位布置方式 表2

平行式	斜列式60°	斜列交叉式（鱼骨式）45°
斜列式45°	斜列式30°	垂直式

注：W_d—通车道宽度；W_{e1}—垂直于通车道的停车位尺寸（靠墙车道）；W_{e2}—垂直于通车道的停车位尺寸（中间车位）；L_t—平行于通车道的停车位尺寸。

停车带、停车通道尺寸计算公式 表3

顺车进倒车出计算公式（前进停车）	倒车进顺车出计算公式（后退停车）
$W_d = R_e + Z - \sin\alpha[(r+b)\cot\alpha + e - L_t]\cot\alpha$ $L_t = a + \sqrt{(R+S)^2 - (r+b+c)^2} - (c+b)\cot\alpha$ $R_e = \sqrt{(r+b)^2 + e^2}$ 本公式适用于停车倾角60°~90°，45°及45°以下可用作图法	$W_d = R + Z - \sin\alpha[(r+b)\cot\alpha + (a-e) - L_t]\cot\alpha$ $L_t = (a-e) - \sqrt{(r-s)^2 - (r-c)^2} + (c+b)\cot\alpha$

注：W_d—通车道宽度；S—出入口处与邻车的安全距离可取300mm；Z—行驶车与车或墙的安全距离可取500~1000mm；L_t—机动车回转入位后轮回转中心的偏移距离；R_e—机动车回转中心至机动车后外角的水平距离；c—车与车的距离；r—机动车环行内半径；a—机动车长度；b—机动车宽度；e—机动车后悬尺寸；R—机动车环行外半径；α—机动车停车角。

停车场库 [6] 机动车库

停车位与停车通道

停车库机动车最小停车位、停车通道宽度（单位：m）　　　表1

宽度 停车方式		垂直通道方向的 最小停车位宽度W_e					平行通道方向的最小停车位宽度 L_t				停车通道 最小宽度W_d				
		小型车		轻型车	中型车	大货车	小型车	轻型车	中型车	大货车	大客车	小型车	轻型车	中型车	大货车	大客车
		W_{e1}	W_{e2}													
平行式	后退停车	2.4	2.1	3.0	3.5	3.5	3.5	6.0	8.2	11.4	12.4	14.4	3.8	4.1	4.5	5.0	5.0
斜列式	30° 前进停车	4.8	3.6	5.0	6.2	6.7	7.7	4.8	5.8	7.0	7.0	7.0	3.8	4.1	4.5	5.0	5.0
	45° 前进停车	5.5	4.6	6.2	7.8	8.5	9.9	3.4	4.1	5.0	5.0	5.0	3.8	4.6	5.6	6.6	8.0
	60° 前进停车	5.8	5.0	7.1	9.1	9.9	12.0	2.8	3.4	4.0	4.0	4.0	4.5	7.0	8.5	10.0	12
	60° 后退停车	5.8	5.0	7.1	9.1	9.9	12.0	2.8	3.4	4.0	4.0	4.0	4.2	5.5	6.3	7.3	8.2
垂直式	前进停车	5.3	5.1	7.7	9.4	10.4	12.4	2.4	2.9	3.5	3.5	3.5	9.0	13.5	15.0	17.0	19
	后退停车	5.3	5.1	7.7	9.4	10.4	12.4	2.4	2.9	3.5	3.5	3.5	5.5	8.0	9.0	10.0	11

注：W_{e1}为靠墙车位，W_{e2}为中间车位。

机动车之间以及机动车与墙、柱、护栏之间的最小净距（单位：m）　　　表2

净距 机动车类型		微型、小型	轻型	大型、中型
平行式机动车间纵向净距		1.20	1.20	2.40
垂直式、斜列式机动车间纵向净距		0.50	0.70	0.80
机动车间横向净距		0.60	0.80	1.00
机动车与柱间净距		0.30	0.30	0.40
机动车与墙、护栏其他 构筑物间净距	纵向	0.50	0.50	0.50
	横向	0.60	0.80	1.00

注：1. 本表摘自《车库建筑设计规范》JGJ 100—2015。
2. 纵向指机动车长度方向，横向指机动车宽度方向；净距指最近距离，当墙、柱外有突出物时，从其凸出部分外缘算起。

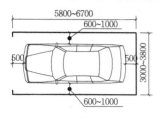

a 平面图

b 剖面图

1 单独车位式车库示意图

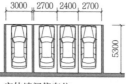

a 结构柱间停车位

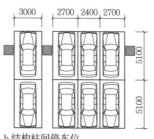

b 结构柱间停车位

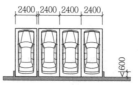

c 实体墙间停车位

d 实体墙垛间停车位

2 停车区域车位布置示意图

3 电动车位充电设备布置示意图

无障碍设计

应设置适当数量的无障碍车位，车位应设在距服务对象最为便捷之处。

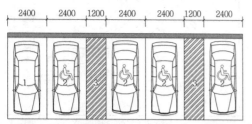

1 普通停车位　2 无障碍停车位　3 无障碍通道　4 人行通道兼无障碍通道

4 无障碍车位示意图

安全设施

1. 安全设施设置在机动车通行和停放之处，它对保障行车和行人安全、提高行驶舒适性等起到十分重要的作用。

2. 停车场库常用的安全设施有：广角镜、减速带、挡车器、挡车杆、防撞块、护墙角、护栏、隔离栅等。

3. 无实墙的坡道边缘应设置护栏和道牙。

4. 双行坡道内，宜在两车道之间施划地面分道线。

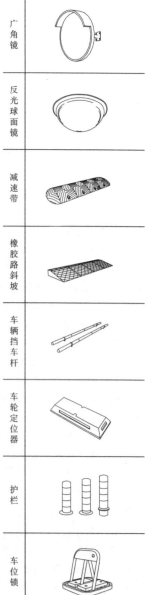

安全设施示意　　　表3

出入口设计要点

出入口是停车区域和场地之间的连接部位,也是保证车辆进出车库流线畅通的重要部位,按出入方式可分为平入式、坡道式、升降梯式。

1. 机动车库的人员出入口与车辆出入口应分开设置,机动车升降梯不得替代乘客电梯作为人员出入口,并应设置标识。
2. 出入口宜与基地内部道路相连通,如直接开向城市道路,应满足基地出入口的各项要求。
3. 出入口应设缓冲段与道路相连通。
4. 双向行驶出入口宽度不应小于7m,单向行驶出入口宽度不应小于4m。
5. 出入口及车道数量要求见表1。
6. 各汽车出入口之间的净距应大于15m。

机动车库出入口及车道数量　　　　　　　　　表1

出入口和车道数量		特大型	大型	中型		小型	
停车当量		>1000	501~1000	301~500	101~300	51~100	25~50	<25
出入口数量		≥3	≥2	≥2	≥1	≥1	
出入口车道数量	非居住	≥5	≥4	≥3	≥2	≥2	≥1
	居住	≥3	≥2	≥2	≥2	≥1	

注:1. 本表摘自《车库建筑设计规范》JGJ 100-2015。
　　2. 超过1000时,机动车出入口数量可采用交通模拟软件计算确定。

平入式出入口

1. 单层车库、首层设置的车库采用平入式出入口。
2. 出入口室内外地坪高差不宜小于150mm。
3. 出入口与室外道路的最小距离不宜小于5m。

升降梯式出入口

1. 口部留回转空间并留有适当的等候车位。
2. 等候车辆应避免堵塞行车通道和遮挡停车位。
3. 门洞口最小尺寸为2250mm×1800mm。
4. 单侧出入口升降梯一般在条件有限时使用。

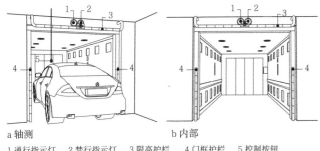

a 轴测　　　　　　　　　　b 内部
1 通行指示灯　2 禁行指示灯　3 限高护栏　4 门框护栏　5 控制按钮

1 汽车升降梯示意图

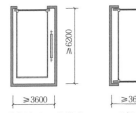 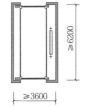 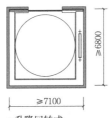

a 单侧出入口升降式　　b 双侧出入口升降式　　c 升降回转式

2 升降梯式出入口形式示意图

坡道式出入口

1. 单向坡道的通行能力一般可按300辆/小时进行计算。
2. 坡道内机动车与自行车、行人不可混用。行人或自行车利用机动车坡道时,必须采用隔离设施与机动车流线分开。
3. 应注意保证坡道端部满足转弯半径尺寸要求。
4. 坡道净高需满足停车区域内最高车型的车辆通行高度要求。
5. 通往地下车库的坡道,在地面出入口处应设置不小于0.1m高的返坡,并在坡道两端及坡道开口位置设置截水沟。
6. 严寒地区的车库出入口室外坡道应采取防雪和防滑措施。
7. 坡道出入口与城市道路之间距离不应小于7.5m。

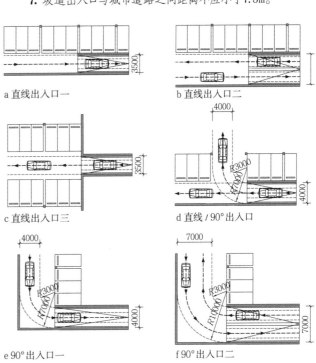

a 直线出入口一　　　　b 直线出入口二

c 直线出入口三　　　　d 直线/90°出入口

e 90°出入口一　　　　f 90°出入口二

g 90°出入口三　　　　h 90°出入口四

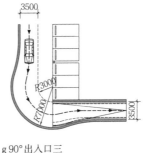  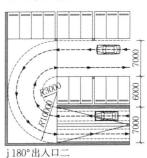

i 180°出入口一　　　　j 180°出入口二

3 小型车坡道口部设计示意图

停车场库 [8] 机动车库

坡道设计要点

1. 坡道可分为内置式和外置式两类。外置式出入口车辆进出流线完全独立，内置式出入口车辆进出的部分流线需利用停车区域内的通车道。

2. 坡道按形状可分为直线坡道和曲线坡道两种，在设计中还经常采用两者相结合的坡道形式。

3. 坡道最小宽度要求和建议设计宽度值见表1，当车道内半径大于15m时，可按直线宽度进行设计。

4. 直线和曲线结合坡道的宽度设计值可分段取值，也可统一采用曲线坡道宽度设计值。

5. 两段坡道交接处应采用曲线相切的方式进行平缓过渡，坡道纵坡最大值见表2。

6. 小型车坡道最小转弯半径不应小于表3。使用频繁的坡道，设计尺寸应适当放大。除小型车外的其他车型应根据使用要求，采用机动车回转轨迹计算公式进行计算。

7. 当坡道纵坡大于10%时，坡道上、下端应设缓坡。直线缓坡坡长不应小于3.6m，坡度为纵坡坡度的1/2。曲线缓坡长度不应小于2.4m，曲率半径不应小于20m。大型车坡道应根据车型确定缓坡坡度和长度。

8. 曲线坡道横向超高与车速成正比，与道路转弯半径成反比。车速较低的曲线坡道可不考虑横向超高。当车速高于10km/h时，可采用2%~6%的横向超高。

9. 天然采光的坡道应设有防眩光设施。

10. 房间门不得开在机动车坡道区域内。

坡道宽度（单位：m） 表1

坡道形式 \ 类型	微型、小型车		中型、大型车	
	最小宽度	建议宽度	最小宽度	建议宽度
直线单行	3.0	3.5~4.0	3.5	4.0
直线双行	5.5	6.0	7.0	7.5
曲线单行	3.8	4.0	5.0	5.5
曲线双行	7.0	7.0	10.0	10.0

注：本表摘自《车库建筑设计规范》JGJ 100-2015。

坡道最大纵向坡度 表2

坡道形式 \ 车型	直线坡道		曲线坡道	
	百分比（%）	比值（高：长）	百分比（%）	比值（高：长）
微、小型车	15	1:6.67	12	1:8.3
轻型车	13.3	1:7.50	10	1:10
中型车	12	1:8.3	10	1:10
大型客、货车	10	1:10	8	1:12.5
铰接客、货车	8	1:12.5	6	1:16.7

注：1. 本表摘自《车库建筑设计规范》JGJ 100-2015。
2. 曲线坡道以车道中心线计。

小型车最小环形车道内半径 表3

内径 \ 角度	坡道转弯角度		
	α≤90°	90°<α≤180°	α>180°
最小环形车道内半径	4m	5m	6m

注：本表摘自《车库建筑设计规范》JGJ 100-2015。

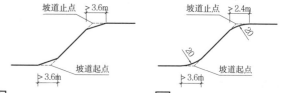

[3] 折线型缓坡　　[4] 弧线型缓坡

a 典型内置式　　b 典型外置式

[1] 内置式坡道和外置式坡道示意图

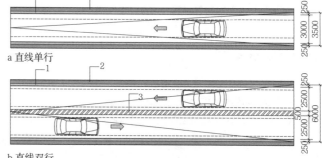

a 直线单行

b 直线双行

a 直线式一　　d 直线与曲线结合式一

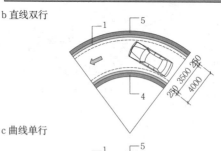

c 曲线单行

b 直线式二　　e 直线与曲线结合式二

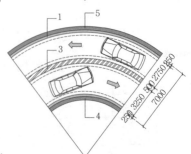

c 曲线式　　f 直线与曲线结合式三

d 曲线双行

1 矮道牙80~100高（选设）　2 坡道实墙　3 地面分隔带标线
4 曲线坡道内侧实墙　5 曲线坡道外侧实墙

[2] 直线式坡道和曲线式坡道示意图

[5] 小型车坡道示意图

防火设计

1. 机动车疏散口的设置原则上不考虑火灾发生时的车辆疏散，设计应在满足车库平时使用要求的基础上，适当考虑火灾时车辆的安全疏散要求。
2. 机动车库的人员安全出口和汽车疏散出口应分开设置。
3. 除Ⅳ类汽车库、设置双车道疏散出口的Ⅲ类地上车库和停车数量小于或等于100辆且建筑面积小于4000m²的地下或半地下停车库外，机动车库的车辆疏散出口总数不应少于2个。
4. 除室内无车道且无人员停留的机械式汽车库外，相邻两个汽车疏散出口之间的水平距离不应小于10m。
5. 车库内任一点至最近人员安全出口的疏散距离不应超过45m，当设置自动灭火系统时，其距离不应超过60m。
6. 室内无车道且无人员停留的机械式汽车库可不设置人员安全出口，但应设置供灭火救援用的楼梯间。
7. 建筑高度大于32m的高层汽车库、室内地面与室外出入口地坪的高差大于10m的地下汽车库，应采用防烟楼梯间，其他汽车库、修车库应采用封闭楼梯间。
8. 除机械式立体汽车库外，建筑高度大于32m的汽车库应设置消防电梯。

机动车库的防火间距要求（单位：m）　　　　表1

名称	耐火等级	汽车库、修车库、厂房、仓库、民用建筑		
		一、二级	三级	四级
一、二级汽车库、修车库		10	12	14
三级汽车库、修车库		12	14	16

注：本表摘自《汽车库、修车库、停车场设计防火规范》GB50067-2014。

机动车库的耐火等级要求　　　　表2

车库位置	防火分类	Ⅰ	Ⅱ	Ⅲ	Ⅳ
地上停车库		不低于二级			不低于三级
地下、半地下、高层停车库		一级			

注：本表摘自《汽车库、修车库、停车场设计防火规范》GB 50067-2014。

机动车库防火分区最大允许建筑面积（单位：m²）　　　　表3

耐火等级	位置	单层汽车库	多层汽车库	地下汽车库或高层汽车库
一、二级		3000	2500	2000
三级		1000	不允许	不允许

注：1. 本表摘自《汽车库、修车库、停车场设计防火规范》GB 50067-2014。
    2. 复式汽车库的防火分区最大允许建筑面积应按本表规定值减少35%。
    3. 设置自动灭火系统的汽车库，其每个防火分区的最大允许建筑面积不应大于本表规定2倍。

供暖通风设计

1. 严寒地区机动车库内应设集中供暖系统；寒冷地区机动车库内宜设供暖设施，供暖室内设计温度应符合表4规定。

车库内供暖室内设计温度　　　　表4

名称	室内计算温度（℃）
停车区域	5~10
管理办公室、值班室、卫生间等	16~18

2. 机动车库送风、排风系统宜独立设置。车库的送风、排风系统应使室内气流分布均匀，送风口宜设在主要通道上。
3. 对于设有机械通风系统的机动车库，机械通风量应按容许的废气量计算，且排风量不应小于按换气次数法或单台机动车排风量法计算的风量。机动车库换气次数商业类建筑为6次/h，住宅类建筑为4次/h，其他类建筑为5次/h。

给水、排水设计

1. 机动车库应按停车层设置楼地面排水系统，排水点的服务半径不宜大于20m。当采用地漏排水时，地漏管径不宜小于DN100。
2. 车库内车辆清洗区域应设给排水设施，洗车排水应经隔油沉淀池处理后排放。
3. 严寒地区车库，给水排水设施应采取防冻措施。
4. 敞开式车库排水设施应满足排放雨水的要求。

建筑电气设计

1. 特大型和大型车库应按一级负荷供电，中型车库应按不低于二级负荷供电，小型车库可按三级负荷供电。机械式停车设备应按不低于二级负荷供电。电动汽车充电装置的负荷等级应按照其重要程度划分。各类附建式车库供电负荷等级不应低于该建筑物的供电负荷等级。
2. 车库停车位地面的照明标准值为30lx，行车道和坡道找平标准值为50lx。
3. 车库内照明应亮度分布均匀，避免眩光。坡道内照明灯具宜竖向排布。
4. 坡道式地下车库出入口处应设过渡照明。

建筑智能化设计

1. 车库应根据需要设置通信系统、广播系统、建筑设备监控系统和安全防范系统。
2. 车库内停车区域照明应集中控制，特大型和大型车库宜采用智能控制。
3. 公共场所大型和特大型车库宜设置停车引导系统。
4. 大型和特大型机动车库应设置出入口管理系统，中型和小型类机动车库宜设置出入口管理系统。
5. 停车诱导系统：适用于大型和特大型公共停车库。信息显示牌显示空余泊位，从而提供有效空位信息。引导单元通常放置于拐角、分岔口、尽端式通车道等位置，区域引导单元通常设置在停车场库楼层入口处等大的停车区域入口处。
6. 反向寻车系统：适用于大型公共停车库，可自动查询车辆停放位置，并提供当前点到达目标车辆的最优路线图。

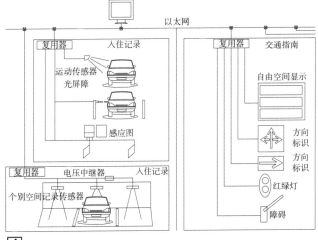

1　管理系统工作原理示意图

停车场库 [10] 机动车库

管理系统

1. 管理及收费设施应设置在直线通车道处，见 1 。
2. 大型和特大型机动车库应设置出入口管理系统，中型和小型机动车库宜设置出入口管理系统，见 2 。

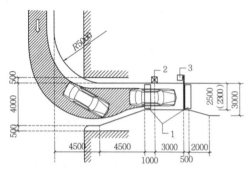

1 感应线圈　2 自助缴费终端　3 出口自控路闸

[1] 管理收费设施设置位置

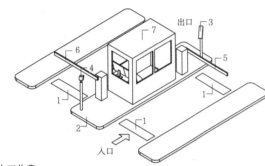

a 人工收费

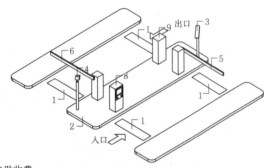

b 自助收费

1 感应线圈　2 混凝土安全岛　3 入口摄像机　4 出口摄像机　5 入口自控路闸
6 出口自控路闸　7 收费亭　8 入口控制机　9 自助缴费终端

[2] 出入口管理系统

管理及收费设施　　　　　　　　　　　　　　表1

	自助缴费终端	道闸	出入口控制机
设施功能	可完成纸钞识别、硬币识别、自动找零、条码扫描、报表打印等功能	专门用于道路上限制机动车行驶的通道出入口管理设备	停车场通道出入口管理系统的核心部件，可认证停车卡权限并自动控制道闸
示意图			

标识系统

1. 按标识使用对象分为车行流线标识系统及人行流线标识系统；按标识定点位置分为地面标识系统及地上标识系统。
2. 车行流线的标识系统设计需强调简洁明确的要求。
3. 标识系统设计应保持流线的连续性。
4. 标识系统设计应保持高度的一致性。
5. 确定路径中的关键点和重要区域，在此进行标识引导的设置。
6. 引导标识与其可视点连线与行进方向习惯视线夹角不宜过大。
7. 标识定点位置需恰当，定点位置的规律宜保持一致。
8. 两个连续标识之间距离较长时，宜设置再次确认标识。
9. 按标识信息的重要性进行分级，车行流线方向、出入口信息等重要标识在定点位置、色彩、尺度等方面均应突出。
10. 标识系统设计采用数字编码是简单实用的方式之一。
11. 停车位边线较设计尺寸宜短15~25cm，以利于车辆的准确定位。
12. 大型停车场库的停车区域宜进行分区标识，可采用颜色、编号、图案等方式，便于使用者记忆停车位置。
13. 地面标识系统一般采用白色或黄色，分区标识宜采用柔和色彩。
14. 标识宜采用图形符号配中英文文字形式，文字内容要采用标准术语。
15. 图形符号和文字的尺寸、颜色、形式等应协调、美观。
16. 重要级别标识的尺寸可比次要级别标识的尺寸大一个系列。
17. 保证标识色彩与环境和背景之间的对比度，使信息内容清晰可见。

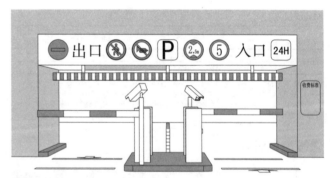

[3] 出入口标识系统示意图

1 地上标识　2 地面标识　3 分区标识

[4] 停车区域标识系统示意图

机械车库 [11] 停车场库

定义及分类

机械车库按停车自动程度可分为复式车库和机械式立体车库。复式车库在停车区域有车道，有人员停留，仅在停车位使用机械设备传送车辆。机械式立体车库内不设置通车道，无人员停留，在出入口使用提升设备来实现车辆的存取。

机械车库分类表　　　　　　　　　　　　　　　　　　　　　表1

分类	设备类型	单套设备停车数量	单车最大进出时间参考值(s)
复式车库	升降横移类	3~35	240
	简易升降类	1~3	170
机械式立体车库	平面移动类	12~300	270
	巷道堆垛类	12~300	270
	垂直升降类	12~100	210
	垂直循环类	8~34	120
	水平循环类	10~40	420
	多层循环类	10~40	540

出入口设计要点

1. 复式车库出入口形式和要求与常规机动车库相似。
2. 机械式立体车库出入口需设置1~2个候车车位。
3. 机械式立体车库出入口管理室内的视线应看到出入口。
4. 机械式立体车库出入口根据需要设置水平回转平台。

机械式停车库出入口形式　　　　　　　　　　　　　　　　　　表2

出入口形式		适用范围	图示
复式车库		升降横移类、简易升降类车库均需驾驶员将车开到出入口层的载车板上，或从载车板上把车开出。要求出入口区的通车道宽度不小于5.8m，宜大于6m	室外或室内通车道
机械式立体车库	标准式出入库	当出入口单侧有道路，且车辆出入口尺寸受限制时，可采用此类型出入口形式，司机存车时前进入库，取车时需由司机将车辆倒出出入口	管理室
	贯穿式出入库	当出入口两侧均有道路可供车辆通行时，出入口宜按此形式设计，车辆只能从一侧进入，另一侧出库	管理室
	回转式出入库	当出入口单侧有道路，出车受限或需提高停车舒适度时，可按此形式做出入口设计。出车时转盘会自动调转车头方向。司机可前进入库，前进出库	管理室

停车区域设计要点

1. 复式车库停车通道宽度宜≥6m。
2. 机械式立体车库内需设置检修通道及检修梯。
3. 一个停车单元内车位数不应超过3辆。

相关技术要求

1. 附件式车库的机械式停车设备与建筑主体结构间应采取减振、隔声措施。
2. 室内机械式停车设备正常工作温度为-5℃到40℃。
3. 室外机械式停车设备正常工作温度为-25℃到40℃。
4. 底坑式车库坑底应设排水沟或其他排水设施。
5. 车库内各区域应设置不低于30lx的照明和应急照明。

升降横移类

定义：利用车载板升降和横向平移存取汽车的机械式停车设备。

特点：可根据不同的地形和空间进行随意组合、排列，空间利用率高，存取车快捷，使用、维护便捷，费用较低。

适用范围较广，对土建要求低，可进行多种组合。

升降横移类参数表　　　　　　　　　　　　　　　　　　　　表3

	长度L(mm)	宽度W(mm)	高度H(mm)		停车数量
停放车辆尺寸	≤5000	1750~1850	≤1550		—
车位尺寸	5800~6300	2350~2600	≥3600 2层设备净高	地上停车设备	N×2-1
			≥5400 3层设备净高		N×3-2
			≥7100 4层设备净高		N×4-3
			≥9400 5层设备净高		N×5-4
			≥-2000 负一层坑深	底坑一层停车设备	N×1+地上车位

注：此类机械设备为用存车板或其他载车装置升降和横向平移存取汽车的机械式停车设备。N为平层车位数量。

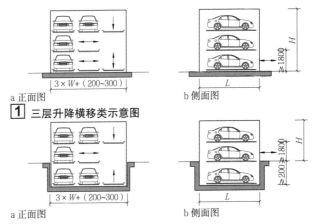

a 正面图　　　　　　　　b 侧面图

[1] 三层升降横移类示意图

[2] 底坑三层升降横移类示意图

简易升降类

定义：使用升降或俯仰机构使汽车存入或取出的机械式停车设备。

特点：结构简单，操作容易。

适用范围：地上室外广场、地下室、小别墅住宅等。

简易升降类参数表　　　　　　　　　　　　　　　　　　　　表4

	长度L(mm)	宽度W(mm)	高度H(mm)	备注
停放车辆尺寸	≤5000	≤1850~1950	≤1550	—
车位尺寸	5500	2400~2500	≥3600	地面式安装
	5250	2600~2700	≤-2300	底坑式安装

注：此类机械设备为使用升降或俯仰机构使汽车存入或取出的机械式停车设备。

a 正面图　　　b 侧面图

[3] 地上简易升降类示意图

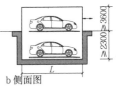

a 正面图　　　b 侧面图

[4] 底坑一层简易升降类示意图

停车场库 [12] 机械车库

平面移动类

定义：在同一水平层上用搬运器平面移动汽车或载车板，实现存取汽车的机械式停车设备。多层平面移动类的停车设备还需使用升降机来实现不同层面的升降。

特点：可以减少车道面积，增加停车密度，提高空间利用率，设备安全、可靠，自动化程度高，存取车效率高，空间利用率高。

适用范围：主要用于大型车库、室外停车场、地下停车库，对既要求解决停车位又要求地面可作绿地的情况，可设计成独立式车库建筑或室内复式车库。按照车辆交接方式不同可分为：梳架式、载车板式、直接承载式。

平面移动类参数表　　　　　　　　　　　　　表1

项目		长度L（mm）	宽度W（mm）	高度H（mm）
1	停放车辆尺寸	5200	1950	1550~1950
2	车位尺寸	5800	2200	1950~2350
3	升降井道	5900	3400	—
4	出入口 无转盘	6900	4400	2800
	转盘式	6900	6200	3500
5	巷道	700+L+700	6000	基坑深350

巷道堆垛类

定义：使用有轨巷道堆垛机，将汽车水平且垂直移动到停车位旁，并用存取交接机构存取汽车的机械式停车设备。

特点：根据场地的不同可设置在室外（一般采用全封闭式）、室内、地上或地下，存车效率高，安全可靠。一部巷道堆垛机和搬运器所负责的车辆在50~100辆之间比较合适，每一层的停车数量在20辆以上，层数一般为2~6层，选择4层左右较为合适。

适用范围：地上、地下独立建设或与主体建筑物组合建设。半自动化，存取车效率略低于平面移动类。

巷道堆垛类参数表　　　　　　　　　　　　　表2

项目		长度L（mm）	宽度W（mm）	高度H（mm）
1	停放车辆尺寸	5200	1950	1550~1950
2	车位尺寸	5800	2200	1950~2350
3	升降井道	5900	3400	—
4	出入口 无转盘	6900	4400	2800
	转盘式	6900	6200	3500
5	巷道	700+L+2300	6000	基坑深1000

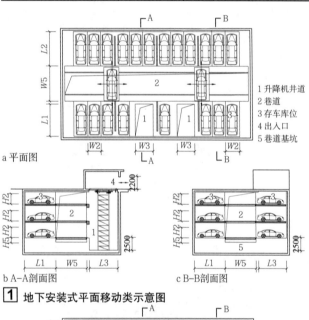

1 地下安装式平面移动类示意图

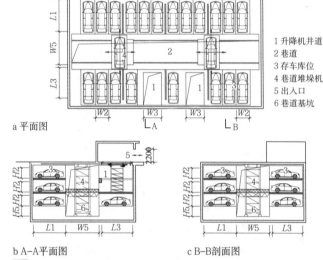

3 地下安装式巷道堆垛类示意图

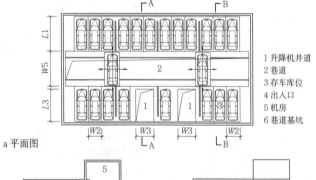

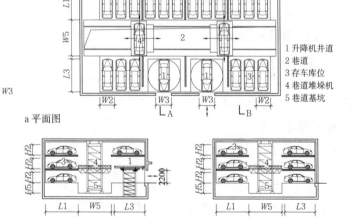

2 地上安装式平面移动类示意图

4 地上安装式巷道堆垛类示意图

垂直升降类

定义：使用升降机将汽车升降到指定层，并用存取交换机构存取汽车的机械式停车设备。

特点：用提升机构将车辆或载车板升降到指定层，然后用安装在提升机构上的横移机构将车辆或载车板送入存车位；或是相反，通过横移机构将指定存车位上的车辆或载车板送入提升机构，提升机构降到车辆出入口处，打开库门，驾驶员将车开走。一般以两辆车位为一个平面，整个存车位可多达20~25层，即可停放40~50辆车，占地面积≤50m²，因此在各类车库中其空间利用率最高。

适用范围：适用于高层办公楼、住宅、医院、综合商业建筑等用地紧张的工程、新建独立车库及老机械改造。按照车辆交接方式不同可分为载车板式、梳架式两种停车方式。

垂直升降类参数表　　　　　　　　　　　　表1

项目		长度L（mm）	宽度W（mm）	高度H（mm）
1	停放车辆尺寸	5200	1950	1550~1950
2	车位尺寸	5800	2200	1950~2350
3	升降井道	5900	3400	—
4	出入口 无转盘	6900	4400	2800
	转盘式	6900	6200	3500
5	巷道	400+L+400	6000	基坑深1500

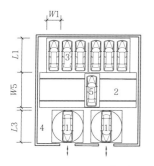

1 出入口　2 升降井道　3 存车库位
4 控制室　5 升降机　6 升降机机房
7 升降机基坑

a 平面图　　　　　　　　　　b 剖面图

1 大型垂直升降类示意图

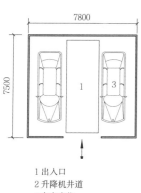

1 出入口
2 升降机井道
3 存车库位
4 升降机机房
5 升降机基坑

a 平面图　　　　　　　　　　b 剖面图

2 小型垂直升降类示意图

垂直循环类

定义：使用垂直循环机构使车位垂直循环运动到达出入口层面的机械式停车设备。

特点：以垂直方向做循环运动，来完成存取车辆。占地面积小，设备动力单一，控制简单灵活，一次运转即可完成存取车，布局灵活。自动化程度高，存取效率高，能耗大。可分为小型循环与大型循环，小型循环一般设置车位8~10辆，大型循环一般设置车位20~34辆。

适用范围：地上独立建设或与主体建筑物组合建设，小型循环设备尺寸小，布局灵活，适于狭小场地，多安装在室外。大型循环可与主体建筑连在一起，或在室外设置独立的车库。

小型垂直循环类参数表　　　　　　　　　　表2

停放车辆尺寸（mm）		≤ 5000 × 1850 × 1550		
停车质量（kg）		≤ 1700		
停车数量		8~10		
相关尺寸（mm）		A	B	H
适停车数	8	7000	5800	8900
	10	7000	5800	10550
出入口尺寸（宽×高，mm）		2400 × 2000		

注：A为设备长度，B为设备宽度，H为设备高度。

大型垂直循环类参数表　　　　　　　　　　表3

停放车辆尺寸（mm）		≤ 5000 × 1850 × 1550							
停车质量（kg）		≤ 1700							
停车数量		20~34							
停车数		20	22	24	26	28	30	32	34
相关尺寸（m）	H1	15.938	17.841	19.744	21.647	23.550	25.453	27.356	29.259
	H2	11.888	13.791	15.694	17.597	19.500	21.403	23.306	25.209
	H3	22.808	24.711	26.614	28.517	30.420	32.323	34.226	36.129
出入口尺寸（宽×高，mm）		2400 × 2400							

注：H1、H2、H3图示见 **4**。

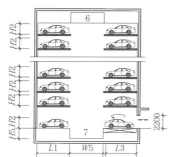

a 平面图　　b 侧面图　　c 正面图

3 小型垂直循环类示意图

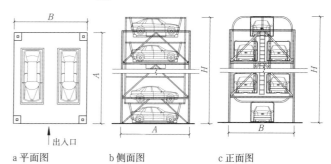

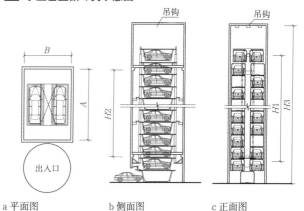

a 平面图　　b 侧面图　　c 正面图

4 大型垂直循环类示意图

停车场库 [14] 机械车库

水平循环类

定义：使用水平循环机构使车位水平循环运动到达升降机或出入口层的机械式停车设备。

特点：用水平循环运动的车位系统存取车辆，按操作方式分为无人方式和准无人方式。无人方式是人员完全不进入存车装置内，只使汽车移动的方式；准无人方式是人与车一起驶入存车装置，等人离开后，再移动汽车的方式。

适用范围：适于地形复杂的场地，并希望尽可能多停车。存取车效率低。

设备装置尺寸（单位：mm） 表1

适用车型载车板	长L	宽W
小型车载车板	5000~5300	2250~2300
中型车载车板	5300~5600	2310~2450
大型车载车板	5600~6100	2400~2550

注：L、W图示见1、2。

高度要求（单位：mm） 表2

形式	停车设备层数	设备尺寸（高H）
地面上或半地下	1层停车库	2000~2200
	2层停车库	3500~4400
	3层停车库	5650~5900

注：H图示见2。

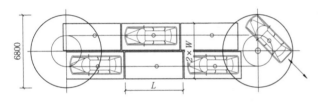

[1] 地面单层水平循环类示意图

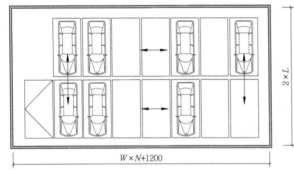

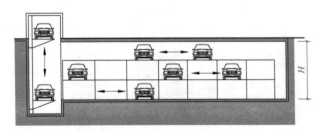

[2] 地下3层水平循环类示意图

多层循环类

定义：使用上下循环机构或升降机将汽车在不同层的车位之间进行循环换位，从而实现汽车存取的机械式停车设备。

特点：车库无需坡道，节省占地面积，自动存、取车，方便快捷，最适宜建于地形狭长的区域。

适用范围：可建在建筑物的地下、广场以及高架桥的下面等，适于地形复杂的场地，并希望尽可能多停车，单车库容量大，但存取车效率低。

多层圆形循环类口部尺寸（单位：m） 表3

出入口	无回转盘		内置回转盘	
	L	H	L	H
	≥7.0	≥2.5	≥7.1	≥2.5
库门	宽≥2.4，长≥1.8		宽≥2.4，长≥1.8	

多层方形循环类口部尺寸（单位：m） 表4

出入口	无回转盘		内置回转盘	
	L	H	L	H
	≥7.0	≥2.5	≥7.1	≥2.5
库门	宽≥2.4，长≥1.8		宽≥2.4，长≥1.8	

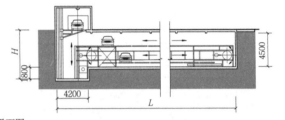

a 平面图

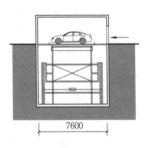

b 剖面图

[3] 地下2层圆形循环类示意图

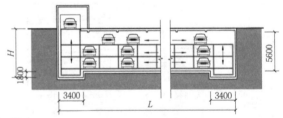

a 平面图

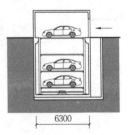

b 剖面图

[4] 地下3层方形循环类示意图

设计要点

1. 停车场按照停放位置分为路内停车场和路外停车场。

2. 停车场的车位和设施布置应使人流与车流分开,一般来说行车通道方向与人行方向应保持一致,能够减少人流与车流的交叉。人行专用通道宽度不宜小于1.2m。

3. 居住区内停车用地面积以小型车计算,停车场设置应行车方便,距建筑外墙面一般应有6m距离,并尽量减少噪声,考虑地段环境景观。

4. 残疾人停车位应有明显指示标识,其位置应考虑停车场中临近建筑物出入口处,残疾人停车位与相邻车位之间留有轮椅通道,其宽度不小于1.2m。

5. 停车场照明设计应根据其性质、夜间人流、车辆集散活动规模、路面铺装材料及绿化布置等情况,可分别采用双侧对称布灯、周边式布灯等常规照明或高杆照明。停车场通道、出入口与人群集中活动区的照明水平及均匀度,应略高于与其衔接的道路。

6. 停车场应避免出现隐蔽处,尽可能在停车场里减少高度在0.8~2.2m范围内的植被和其他障碍物。

7. 停车场周围、停车带之间宜布置绿化带,加强人车分隔,减少干扰,增加美化效果,避免夏日暴晒,但不应影响夜间照明。

机动车停车场的防火间距要求　　　　表1

耐火等级	一、二级	三级	四级
防火间距(m)	6	8	10

注:本表摘自《汽车库、修车库、停车场设计防火规范》GB 50067-2014。

出入口

1. 停车场的进出入口由车辆进出口和人员出入口组成,两者必须分开设置,各行其道。人员出入口可在车辆进出口的一侧或两侧设置,其使用宽度应大于1.6m。

2. 停车场出入口应符合行车视点要求,并应右转出入车道,与城市道路连接的缓坡段坡度不宜大于5%。

3. 停车场出入口处的道路转弯半径不宜小于6m,且应保证基地通行车辆最小转弯半径的要求。

4. 停车场出入口的缘石转弯曲线切点距铁路道口的最外侧钢轨外缘应大于或等于30m。距人行天桥应大于或等于50m。停车场出入口及停车场内应设置交通标识、标线,以指明场内通道和停车车位。

5. 道路沿线出入口安全视距计算公式。

$$S = S_1 + S_2 = \frac{v \cdot t}{3.6} + \frac{v^2}{254(\varphi + \psi)}$$

式中:S_1—反应距离,是指驾驶员发现前方的阻碍物,经过判断决定采取制动措施的那一瞬间到制动器真正开始作用的那一瞬间汽车所行驶的距离(m);
　　S_2—制动距离,是指汽车从制动生效到汽车完全停住,这段时间内所走的距离(m);
　　v—车辆的行驶限速(m/s);
　　t—反应时间,一般取$t=2.5$s;
　　φ—路面与轮胎间的附着系数,一般按路面在潮湿状态下的φ值计算;
　　ψ—道路阻力系数。

布置形式

1. 路外停车场以港湾式布局为主,根据停车数量及停车场位置确定其出入口数量及出入口与道路的关系。

2. 路内停车场的停车位排列形式,根据道路宽度和形式,可分为平行式、斜列式、垂直式。大型车辆的停车泊位不应采用斜列式和垂直式的停放方式。

3. 城市道路范围内,在不影响行人、车辆通行的情况下,可设置路内停车场(泊位)。距路外停车场出入口200m以内,不宜设置路内停车场(泊位)。

 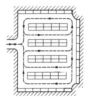 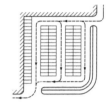

a 车辆垂直通道布置　　b 车辆平行通道布置　　c 转角部港湾式停车场

1 港湾式停车场示意图

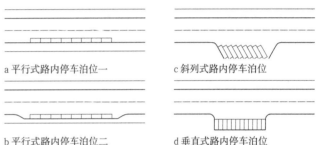

a 平行式路内停车泊位一　　　c 斜列式路内停车泊位

b 平行式路内停车泊位二　　　d 垂直式路内停车泊位

2 路内停车泊位示意图

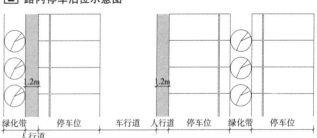

3 人行通道宽度

机动车的最小转弯半径　　　　表2

车辆类型	小型车	轻型车	中型车	大型车	铰接车
转弯半径(m)	6.00	6.50~8.00	8.00~10.00	10.50~12.00	10.50~12.50

设置路内停车泊位的道路宽度　　　　表3

通行条件	车行道路路面实际宽度W(m)	泊位设置
机动车双向通行道路	W≥12	可两侧设置
	8≤W<12	可单侧设置
机动车单向通行道路	W≥9	可两侧设置
	6≤W<9	可单侧设置

人行道设置停车泊位后剩余宽度　　　　表4

位置	人行道剩余宽度(m)	
	大城市	中、小城市
各级道路	3	2
商业或文化中心区以及大型商店或大型文化公共机构集中路段	5	4
火车站、码头附近路段	5	4
长途汽车站	4	4

停车场库 [16] 机动车停车场

停车区域

1. 停车场平面设计应有效地利用场地，合理安排停车区及通道，便于车辆进出，满足防火安全要求，并留出附属设施的位置。

2. 停车场车位宜分组布置，每组停车数量不宜超过50辆，组与组之间距离不小于6m。

3. 特大型停车场残疾人停车位数量应按总停车位的1%考虑，大型停车场为4个，中型停车场为1个。路内停车泊位残疾人专用停车位数量应不少于总数的2%。

4. 路内多个停车泊位相连组合时，每组长度宜在60m，每组之间应留有不低于4m的间隔。

5. 停车场竖向设计应与排水设计结合，坡度不宜超过3%，以免发生溜滑。最小坡度与广场要求相同（0.3%），与通道平行方向的最大纵坡度为1%，与通道垂直方向为3%。

6. 当考虑后退停车时，车轮挡宜设于距停车位端线1m处，当考虑前进停车时，车轮挡宜设于距停车端线0.6m处。

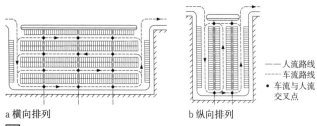

1 停车区的排列和人、车流线的组织

2 路内停车泊位组合间距要求

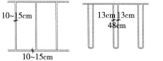

3 停车场车位线画法　　**4** 车轮挡位置

停车场内车辆净距要求　　表1

项目间距和尺寸（m） 机动车类型	微型机动车、小型机动车	大、中型机动车
平行式停车时机动车间纵向净距	2.00	4.00
垂直式、斜列式停车时机动车间纵向净距	1.00	
机动车间横向净距	1.00	
机动车与墙、护栏其他构筑物间净距　纵向	0.50	
机动车与墙、护栏其他构筑物间净距　横向	1.00	

注：纵向指机动车长度方向，横向指机动车宽度方向。

停车场最小停车位（带）、停车通道宽度（单位：m）　　表2

车位尺寸 停车方式	垂直通道方向的车位尺寸 W_v					平行通道方向的车位尺寸 L_p					通道宽度 W_g				
	Ⅰ	Ⅱ	Ⅲ	Ⅳ	Ⅴ	Ⅰ	Ⅱ	Ⅲ	Ⅳ	Ⅴ	Ⅰ	Ⅱ	Ⅲ	Ⅳ	Ⅴ
平行式 前进停车	2.6	2.8	3.5	3.5	3.5	5.2	7.0	12.7	16.0	22.0	3.0	4.0	4.5	4.5	5.0
斜列式 30° 前进停车	3.2	4.2	6.4	8.0	11.0	5.2	5.6	7.0	7.0	7.0	3.0	4.0	5.0	5.8	6.0
斜列式 45° 前进停车	3.9	5.2	8.1	10.4	14.7	3.7	4.0	4.9	4.9	4.9	3.0	4.0	6.0	6.8	7.0
斜列式 60° 前进停车	4.3	5.9	9.3	12.1	17.3	3.0	3.2	4.0	4.0	4.0	4.0	5.0	8.0	9.5	10.0
斜列式 60° 后退停车	4.3	5.9	9.3	12.1	17.3	3.0	3.2	4.0	4.0	4.0	3.5	4.5	6.5	7.3	8.0
垂直式 前进停车	4.2	6.0	9.7	13.0	19.0	2.6	2.8	3.5	4.2	4.2	5.7	9.7	13.0	19.0	19.0
垂直式 后退停车	4.2	6.0	9.7	13.0	19.0	2.6	2.8	3.5	4.2	4.2	4.2	6.0	9.7	13.0	19.0

注：表中Ⅰ类为微型汽车，Ⅱ类为小型汽车，Ⅲ类为轻型汽车，Ⅳ类为中型汽车，Ⅴ类为大型汽车。

回转空间设计

回转空间出现在弯道两侧没有连续障碍物的情况下。当车辆变换方向时，其回转空间的大小主要取决于汽车最小转弯半径。回转空间的形式和大小，应根据车辆种类和场地条件来确定。在实际设计时，室外停车场或场地内回转空间的尺寸较室内停车库略大。

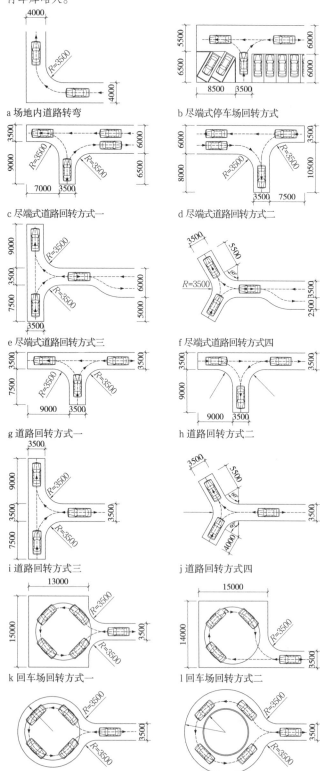

5 不同场地情况下小型机动车回转方式示意图

概述

非机动车是以人力驱动,在道路上行驶的交通工具,以及虽有动力装置驱动但设计最高时速、空车质量、外形尺寸符合国家有关标准的电动自行车、残疾人机动轮椅车等交通工具。

常见非机动车类型及概念　　　　　　　　　　　　表1

类型	概念
自行车	自行车,又称脚踏车或单车,通常是二轮的小型陆上车辆
三轮车	安装三个轮的、以脚踩踏板为动力的脚踏车,装置车厢或平板,用来载人或装货。三轮车是一种由自行车改造而成的交通工具,可以载人也可运货
电动自行车	以蓄电池作为辅助能源,在普通自行车的基础上安装电机、蓄电池、控制器等操纵部件和显示仪表系统的电助动功能的机电一体化交通工具,能实现人力骑行、电动或电助动功能的交通工具。电动自行车最主要的4个国家标准为:必须有脚踏能实现人力骑行;最高设计车速不大于20km/h;整车质量不大于40kg;电动机输出功率不大于240W
机动轮椅车	内燃机提供动力的轮椅车。机动轮椅车分为轻便机动轮椅车和普通机动轮椅车
电动轮椅车	电动轮椅车是在传统手动轮椅的基础上,叠加高性能动力驱动装置、智能操纵装置、电池等部件,改造升级而成的。具备人工操纵智能控制器,能驱动轮椅完成前进、后退、转向、站立、平躺等多种功能的新一代智能化轮椅

非机动车设计尺寸　　　　　　　　　　　　　　　表2

类型	车辆几何尺寸（m）		
	长	宽	高
自行车	1.90	0.60	1.20
三轮车	2.50	1.20	1.20
电动自行车	2.00	0.80	1.20
机动轮椅车	2.00	1.00	1.20
电动轮椅车	2.00	0.80	1.30

注:二轮摩托车可按机动车进行管理,停放在非机动车车库里;其长×宽×高的尺寸为:2.0mm×1.0mm×1.2mm。

非机动车及二轮摩托车车辆换算当量系数　　　　表3

车型	非机动车					二轮摩托车
	自行车	三轮车	电动自行车	电动轮椅车	机动轮椅车	
换算当量系数	1.0	3.0	1.2	1.2	1.5	1.5

注:本表摘自《车库建筑设计规范》JGJ 100-2015。

分类

非机动车停车场库分类及概念　　　　　　　　　　表4

分类方式	分类情况
按使用性质	公用停车场（库）
	专用停车场（库）
按建设方式	独立式停车库
	附建式停车库
	停车场
按建设规模	大型（停车数量>500车辆当量）
	中型（停车数量为251~500车辆当量）
	小型（停车数量≤250车辆当量）
按停车方式	常规停放
	有辅助设施停放（单层车架停放、双层车架停放）
	机械式停放（复式停放、机械式停放）
按停车地点	停车场
	停车棚
	底层架空
	单层停车库
	停车楼
	地下停车库

功能组成

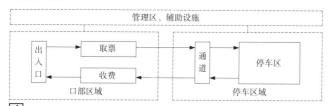

〔1〕非机动车停车场库流线示意

设计要点

1. 大型非机动车场库车辆应分组设置,且每组不应超过500个当量停车位。

2. 非机动车库不宜设在地下二层及以下,当地下停车层地坪与室外地坪高差大于7m时,应设机械提升设施。

3. 机动轮椅车、三轮车宜停放在地面层,当条件限制需停放在其他楼层时,应设符合无障碍设计要求的坡道式出入口或设置机械提升设施。

出入口及坡道

1. 非机动车库停车当量数量不大于500辆时,可设置1个直通室外的带坡道的车辆出入口;超过500辆时应设2个或以上出入口,且每增加500辆增设1个出入口。

2. 非机动车库出入口与机动车库出入口宜分开设置,其出地面处的最小距离不应小于7.5m。

3. 中小型非机动车库受条件限制,其出入口坡道需与机动车出入口设置在一起时,可设置混凝土墙分隔,且在地面出口7.5m范围内设置不遮挡视线的安全隔离栏杆。

4. 自行车和电动自行车车库出入口净宽不应小于1.8m,机动轮椅车和三轮车车库单向出口净宽不应小于车宽加0.6m。

5. 非机动车库出入口宜采用直线形坡道,当坡道长度超过6.8m或转换方向时,应设休息平台,平台长度不应小于2m,并应能保持非机动车推行的连续性。

6. 踏步式出入口推车斜坡坡度不宜大于25%,单向净宽不应小于0.35m,总净宽度不应小于1.8m。坡道式出入口的斜坡坡度不宜大于15%,坡道宽度不应小于1.8m。

7. 非机动车库通往地下的坡道在地面出入口处应设置不小于0.15m高的反坡,并宜设置与坡道同宽的截水沟。

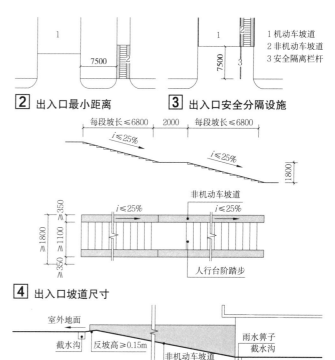

〔2〕出入口最小距离　　〔3〕出入口安全分隔设施

〔4〕出入口坡道尺寸

〔5〕出入口截水沟

停车场库 [18] 非机动车停车场库

停车区域

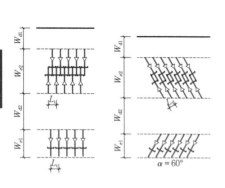

a 垂直停放　　b 60° 停放

c 45° 停放　　d 30° 停放

[1] 无停车设施存放方式

自行车停车架停放

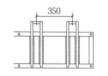

a 单排车架一

b 单排车架二

c 双排车架

d 自行车存放架

[2] 单层自行车架停放

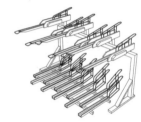

[3] 复式双层自行车架

[4] 机械式自行车停车库

无停车设施自行车停车位宽度及通道宽度　　表1

停车方式		停车带宽度（m）		车辆间距（m）L_t	通道宽度（m）	
		单排停车W_{e1}	双排停车W_{e2}		一侧停车W_{d1}	两侧停车W_{d2}
垂直排列		2.00	3.20	0.60	1.50	2.60
斜排列	60°	1.70	3.00	0.50	1.50	2.60
	45°	1.40	2.40	0.50	1.20	2.00
	30°	1.00	1.80	0.50	1.20	2.00

注：1. 有停放设施的自行车停车位及通道宽度根据上表及厂家提供的尺寸调整。
　　2. 其他类型非机动车应参照本表相应调整。
　　3. 非机动车停车位净高不宜小于2.0m。

管理、收费设施

1. 大中型非机动车停车库，宜在出入口附近设管理用房及相应的服务设施。
2. 中小型停车场库可不设管理、出租、收费、服务设施，利用停车设施或管理员流动收费。
3. 条件许可的情况下可增设充电桩、计费器等。

标识引导系统

1. 出入口及停车场内可设置交通标识、标线以指明场内通道和停车车位。
2. 大型车库的停车区域采用颜色、编号、图案等方式进行位置标识，便于记忆。
3. 标识引导系统设计宜简洁明确。

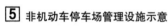

1 出入口
2 停车架
3 管理处
4 打气筒
5 监视器

[5] 非机动车停车场管理设施示意　　[6] 充电桩　　[7] 计费器　　[8] 非机动车停车标识

机动车的基本尺寸

机动车的尺寸（单位：mm） 表1

车型		最小转弯半径 r_1	汽车参数						
			车长 a	车宽 b	车高 c	前悬 d	后悬 e	轴距 L	前轮距 n
微型车 3800×1600×1800	HX6300A（交叉型乘用车 河北红星）	4500	3010	1605	1600	560	425	2025	1390
	JNJ7082（江南奥拓）	4500	3300	1405	1410	555	570	2175	1215
	SC6345B（交叉型乘用车 河北长安）	4500	3420	1475	1920	480	730	2210	1280
	SQR6340Q217（交叉型乘用车 奇瑞）	4500	3436	1481	1875	447	589	2400	1290
	LZW7080G3（轿车 上海通用五菱）	4500	3495	1495	1523	655	500	2340	1315
	LF6350B（交叉型乘用车 重庆力帆）	4500	3500	1395	1925	990	670	1840	1205
	LZW1010PLNC3（微型载货汽车 上海通用五菱）	4500	3500	1395	1690	780	710	2010	1214
	LZW6360E3（交叉型乘用车 上海通用五菱）	4500	3515	1445	1895	990	745	1780	1222
	SC7102A（奔奔）	4500	3525	1650	1550	655	505	2365	1400
	CC7130MM02（精灵）	4500	3548	1580	1544	722	527	2299	1370
	SQR7110S116（QQ3）（轿车 奇瑞）	4500	3550	1495	1485	700	510	2340	1295
	HFJ7100E（哈飞路宝）	4500	3588	1563	1533	678	575	2335	1360
	HFJ1011GBD4（微型载货汽车 哈飞）	4500	3639	1492	1797	783	896	1960	1235
	LF1010B（微型载货汽车 重庆力帆）	4500	3640	1400	1760	855	775	2010	1205
	SC1010M（微型载货汽车 南京长安）	4500	3690	1395	1815	760	940	1990	1205
小型车 4800×1800×2000	LZW1020PLNE3（轻型载货汽车 上海通用五菱）	6000	3500	1395	1690	780	710	2010	1214
	SC6361J（交叉型乘用车 南京长安）	6000	3595	1395	1925	937	668	1990	1205
	CH7101BE（爱迪尔）	6000	3600	1600	1670	675	590	2335	1360
	EQ6361PF（交叉型乘用车 东风）	6000	3640	1560	1925	555	725	2360	1310
	CRC6361（交叉型乘用车 重庆瑞驰）	6000	3640	1560	1925	555	725	2360	1310
	DC7148A（雪铁龙）	6000	3878	1676	1438	787	648	2443	1435
	BJ2020CFD1（轻型越野汽车 北京）	6000	3900	1750	1990	735	865	2300	1478
	EQ6390PF（交叉型乘用车 东风）	6000	3905	1635	1950	570	820	2515	1410
	SGM7160AT（轿车 上海通用东岳）	6000	3920	1680	1499	844	596	2480	1450
	SC6402B3（交叉型乘用车 河北长安）	6000	3965	1580	2120	585	880	2500	1280
	SMA7133（轿车 上海华普）	6000	3980	1710	1430	835	605	2540	1423
	SVW7148ARD（晶锐）	6000	3992	1642	1500	852	675	2465	1429
	CA6400A（轻型客车 一汽吉林）	6000	3995	1515	1880	510	1055	2430	1300
	LZW6407B3（交叉型乘用车 上海通用五菱）	6000	3995	1620	1900	525	770	2700	1386
	FV7164ATF（高尔夫）	6000	4149	1735	1444	861	777	2511	1513
	CAF7180B（福克斯两厢）	6000	4342	1840	1500	870	832	2640	1535
	CH7160AC（利亚纳）	6000	4350	1690	1545	865	1005	2480	1450
	LF7130A（力帆）	6000	4370	1700	1473	824	1006	2540	1423
	FV7162ATG（宝来）	6000	4383	1742	1446	890	980	2513	1513
	HMC7186A3（普力马）	6000	4384	1718	1609	849	865	2670	1465
	YZK6482E（SUV 安徽长丰扬子）	6000	4775	1800	1890	760	1290	2725	1460
	JX6480K（SUV 江西江铃）	6000	4790	1800	1750	830	1200	2760	1465
	SY6482N1（轻型客车 沈阳华晨金杯）	6000	4935	1690	1935	1190	1155	2590	1460
	SY6492XS1H（轻型客车 沈阳华晨金杯）	6000	4935	1690	1935	1190	1155	2590	1460
	NHQ1021A3（轻型载货汽车 广东福迪）	6000	4920	1690	1630	720	1175	3025	1450
	EQ1020G44D1AC（轻型载货汽车 东风）	6000	5490	1900	2120	1032	1458	3000	1412
	KMC1026P（轻型载货汽车 山东凯马）	6000	5900	1920	2250	1150	1650	3100	1456
轻型车 7000×2250×2750	QL1020NGDRA（轻型载货汽车 庆铃）	7200	4945	1690	1640	785	1135	3025	1460
	CC6500HJ03（轻型客车 长城）	7200	4950	1700	1970	1220	1140	2590	1450
	SY6504HS1BH（轻型客车 沈阳华晨金杯）	7200	4980	1690	2040	1230	1160	2590	1460
	ZN2022UBG（轻型越野汽车 郑州日产）	7200	4980	1820	1715	880	1150	2950	1545
	SZS6510EB（轻型客车 中顺）	7200	5080	1820	1960	885	1195	3000	1570
	XML6510E13（轻型客车 厦门金龙旅行车）	7200	5080	1820	1960	885	1195	3000	1570
	BQ2030M（轻型越野汽车 河北中兴）	7200	5080	1750	1775	840	1340	2900	1472
	YZK6510C（SUV 安徽长丰扬子）	7200	5085	1800	1865	820	1240	3025	1430
	GA6510（SUV 郴州吉奥南燕驰峰）	7200	5095	1780	1850	840	1230	3025	1480
	DN6510（MPV 东南（福建））	7200	5096	1997	1803	954	1112	3030	1600
	DN6510M（MPV 东南（福建））	7200	5096	1997	1803	954	1112	3030	1600
	JX1060TG23（轻型载货汽车 江铃）	7200	5955	1880	2140	1015	1580	3360	1385
	EQ1060GZ20D3（轻型载货汽车 东风）	7200	5970	1980	2200	1032	1638	3300	1506
	FJ1030M（轻型载货汽车 福建新龙马）	7200	5980	2160	2460	1110	1620	3250	1750
	CDW1040A1B3（轻型载货汽车 成都王牌）	7200	5980	1950	2270	1090	1640	3250	1570
	FD6601A5（轻型客车 浙江飞碟）	7200	5980	2180	2720	1222	1450	3308	1830
	HFX6601QK（轻型客车 安徽安凯）	7200	5980	2260	2740	1180	1500	3300	1830
	WG6600CQN（轻型客车 东风扬子江）	7200	5980	2300	2990	1150	1530	3308	1750
	TX6601A3（轻型客车 长沙梅花）	7200	5980	2260	2760	1180	1500	3308	1750
	BJ1040P1S4（轻型载货汽车 北京）	7200	5985	1950	2200	1075	1710	3200	1460
	CDL6606DC（轻型客车 一汽客车 成都）	7200	5990	2025	2610	1135	1655	3200	1660
	HK6700K3（轻型客车 安徽江淮）	7200	7030	2050	2650	1180	1915	3935	1665
	YS6708（轻型客车 江苏常隆）	7200	7045	2190	2850	980	2115	3950	1683

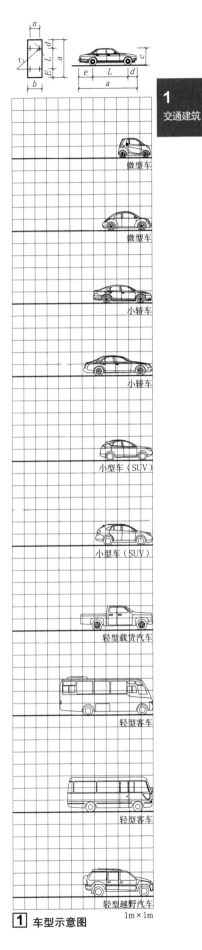

1 车型示意图

1m×1m

停车场库 [20] 机动车基本尺寸

机动车的基本尺寸

机动车基本尺寸（单位：mm） 续表

车型		汽车参数						
		最小转弯半径	车长	车宽	车高	前悬	后悬	轴距	前轮距
		r_1	a	b	c	d	e	L	n
中型车 9000×2500×3200	EQ1070G35D3AC（中型载货汽车 东风）	9000	5995	2090	2260	1115	1580	3300	1586
	ZB1070LDDS（中型载货汽车 山东唐骏欧铃）	9000	6090	2070	2185	1150	1740	3200	1450
	KMC1082D3（中型载货汽车 山东凯马）	9000	6480	2100	2370	1140	1880	2460	1465
	DNC1070GN-30（中型载货汽车 东风南充）	9000	6760	2200	2920	1160	1750	3850	1750
	NJ1070DCJS（中型载货汽车 南京）	9000	6950	2090	2285	1050	2100	3800	1780
	SSF1070HGP76（中型载货汽车 山东时风）	9000	6980	2200	2435	1170	2010	3800	1600
	SLG6720C3E（中型客车 河南少林）	9000	7220	2240	2840	1235	2335	3650	1750
	CAT6720DET（中型客车 成都安达）	9000	7220	2340	2870	1782	2138	3300	1854
	CNJ6720GB（中型客车 四川南骏）	9000	7220	2370	2830	1830	2090	3300	1825
	EQ6730P3G（中型客车 东风特种汽车）	9000	7255	2300	2930	1185	2270	3800	1860
	JS6811GHA（中型客车 扬州亚星）	9000	8135	2360	3100	1865	2470	3800	1910
	STQ1141CL10Y43（中型载货汽车 湖北三环）	8950	2470	2770	1095	2555	5300	1940	
	ND1160A52J（重型载货汽车 包头北奔）	9000	8980	2500	3030	1410	2370	5200	1940
	CA1160K28L6-E3（重型载货汽车 长春一汽）	9000	8980	2490	2620	1232	2648	5100	1800
	HFC1161K1R1T（重型载货汽车 安徽江淮）	9000	8980	2495	2600	1235	2445	5300	1830
	HFC1121K1R1GZT（中型载货汽车 安徽江淮）	9000	8980	2495	2600	1235	2445	5300	1830
	ZB1120TPXS（中型载货汽车 山东唐骏欧铃）	9000	8990	2480	2670	1280	2710	5000	1740
	EQ1160GZ12D7（重型载货汽车 东风）	9000	8995	2430	2620	1280	2515	5200	1845
	CZ1125（中型载货汽车 河北长征）	9000	9000	2490	2760	1240	2560	5200	1950
	FJ1120MB（中型载货汽车 福建新龙马）	9000	9000	2495	2950	1302	2598	5100	1810
	XML6895J13CN（中型客车 厦门金龙）	9000	8930	2460	3340	1930	2750	4250	2020
	SLK6891UF3G3（中型客车 上海申龙）	9000	8930	2390	3120	1930	2750	4250	2020
	SXC6890G3（中型客车 上海万象）	9000	8940	2420	3050	2020	2720	4200	1910
	DD6890K01（中型客车 丹东黄海）	9000	8945	2440	3141	1885	2760	4300	1910
大型客车 12000×2500×3500	XML6957J13（中型客车 厦门金龙）	10500	9545	2500	3480	1970	2875	4600	1900
	YTK6960B（中型客车 烟台舒驰）	10500	9570	2490	3540	1980	2890	4700	1922
	LCK6960H-3（中型客车 中通）	10500	9640	2500	3530	1990	3000	4650	2040
	SQJ6961B1N3（中型客车 四川）	10500	9640	2500	3150	2300	2640	4500	1900
	SWB6110（大型客车 上海申沃）	10500	10630	2500	3600	2260	3200	5170	2020
	YTK6110G（中型客车 烟台舒驰）	10500	10730	2500	3380	2680	3050	5000	1922
	KLQ6115H（大型客车 金龙联合）	10500	10740	2500	3410	2150	3170	5170	2020
	YCK6117HP（大型客车 盐城中威）	10500	10760	2500	3630	2240	3120	5170	2020
	SXC6110C（大型客车 上海万象）	10500	10810	2500	3370	2150	3160	5500	2020
	GDW6119H2（大型客车 桂林大宇）	10500	10810	2500	3370	2150	3160	5500	2020
	CCQ6110E（大型客车 吉林金航）	10500	10880	2490	3640	2350	3360	5000	1900
	JNP6110F-1E（大型客车 金华青年）	10500	11000	2500	3430	2500	3200	5300	2080
	XML6111J13（大型客车 厦门金龙）	10500	11000	2540	3530	2320	3180	5500	2020
	BJ6120U8MHB-1（大型客车 北汽福田）	10500	11980	2500	3600	2450	3380	6150	2066
	CHH6120G2Y7H（大型客车 常州黄海）	10500	11980	2485	3200	2430	3450	6100	2037
	YCK6126HG（大型客车 盐城中威）	10500	11980	2540	3800	2330	3450	6200	2020
	DHZ6120RC6（大型客车 东风杭州）	10500	11980	2490	3150	2545	3335	6100	2054
	HFX6120HK2（大型客车 安徽安凯）	10500	11980	2500	3650	2670	3410	5900	2060
	LCK6120GHEV（大型客车 中通）	10500	11990	2500	3200	2600	3490	5900	2095

车型		r_1	a	b	c	备注
油罐车	5253GYYD（湖北奥龙）	10500	12600	2500	3180	有效容积20~25.5m³
	BJ5163GYY-S（山东福田运油车）	9000	8310	2300	2700	效容积13.2m³
液化石油气罐车	CLW5311GYQ（程力威液化气体运输车）	10500	11700	2490	3690	罐体有效容积35.5m³
救护车	CQK5031XJH3（长庆救护车）	7200	5420	1970	2430	
邮政车	LZW5026XYZA3（五菱邮政车）	4500	3730	1510	2100	
电视转播车	NJK5056XTX（雨花通信车）	9000	7130	2000	3310	
洒水车	BSP5120GSS（驰远洒水车）	9000	7766	2470	2690	罐体有效容积:5.7m³
清扫车	SZD5060TSL（炎帝扫路车）	7200	5830	1990	2380	垃圾箱容积4m³
垃圾自动装卸车	SHW5121ZLJ（上环自卸式垃圾车）	7200	6820	2400	2760	
	QJS5050GCY（洁神餐厨垃圾收集车）	7200	6875	1950	2460	
吸粪车	BQJ5120GXED（亚洁吸粪车）	7200	6550	2400	2870	罐体容积6.69m³
集装箱运输车	FXC5122XXYP9L1E（凤凰厢式运输车）	9000	8650	2500	3530	额定载质量6t
	NPQ5111XXY（灵桥厢式运输车）	9000	8990	2470	3610	额定载质量4.6t
冷藏车	GDY5045XLCKT（上元冷藏车）	7200	5990	1950	2850	
	ZJL5080XLCA（飞球冷藏车）	9000	8400	2300	3380	
高空作业车	KFM5073JGK（凯帆高空作业车）	9000	7440	2140	3450	
散装水泥车	HZZ5312GSN（宏宙散装水泥车）	9000	8600	2480	3650	罐体有效容积为22m³
	BJZ9340GSN（中环半挂散装水泥车）	9000	7440	2140	3450	罐体有效容积为26m³
囚车	HB5120XQC（长鹿囚车）	10500	10195	2460	3230	额定载人数36~46人

注：本表依据《中国汽车车型手册》2009年版的各车型数据编制。

1 车型示意图 1m×1m

实例 [21] 停车场库

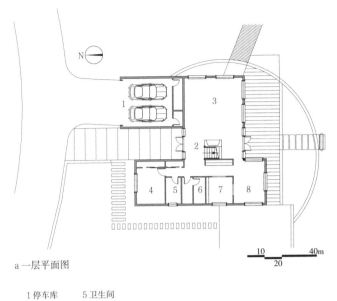

a 一层平面图

1 停车库　5 卫生间
2 门厅　　6 洗衣房
3 主客厅　7 厨房
4 卧室　　8 餐厅

b 剖面图

1 杭州金都·富春山居住宅停车库

名称	主要技术指标	设计时间	设计单位
杭州金都·富春山居住宅停车库	建筑面积350m²	2002	清华大学建筑设计研究院有限公司

该车库为服务于住宅建筑的小型附建式车库，车库面积为38m²，停车数量为2辆，停车区域楼板形式为平层式，出入口形式为平入式

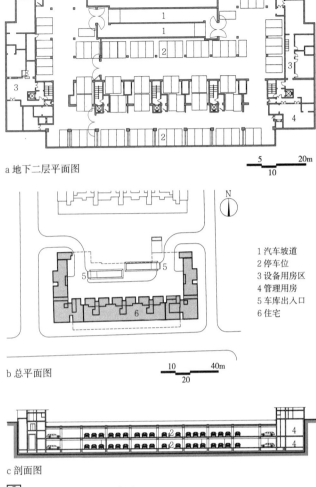

a 地下二层平面图

1 汽车坡道
2 停车位
3 设备用房区
4 管理用房
5 车库出入口
6 住宅

b 总平面图

c 剖面图

2 北京德外F1住宅停车库

名称	主要技术指标	设计时间	设计单位
北京德外F1住宅停车库	建筑面积26334m²	2009	北京市建筑设计研究院有限公司

该车库为服务于住宅建筑的中型附建式地下车库，车库面积为6996m²，停车数量为162辆，停车区域楼板形式为平层式，出入口形式为坡道式

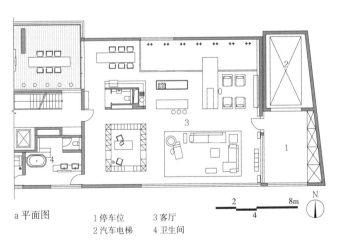

a 平面图　1 停车位　3 客厅
　　　　　2 汽车电梯　4 卫生间

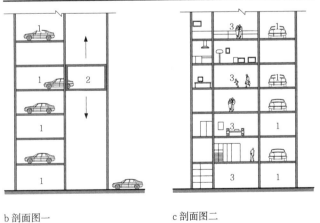

b 剖面图一　　　c 剖面图二

3 Paul Lincke Hofe Car Parking（德国柏林）

名称	设计时间	设计单位
Paul Lincke Hofe Car Parking	2009	Manfred Dick，Johannes Kauka 等

该车库为服务于住宅建筑的小型附建式机械立体停车库，每车库面积约28m²，停车数量为1辆，停车区域楼板形式为平板式，出入口形式为升降梯式

停车场库 [22] 实例

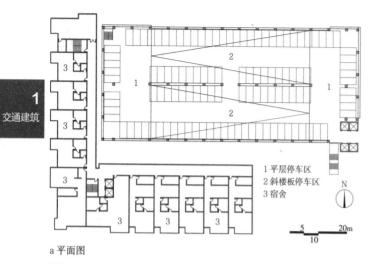

a 平面图

1 平层停车区
2 斜楼板停车区
3 宿舍

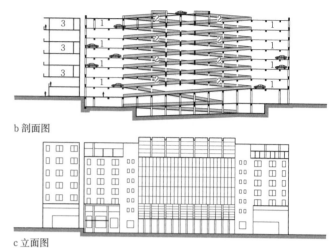

b 剖面图

c 立面图

1 Ballpark District Public Parking（美国圣迭戈）

名称	主要技术指标	设计时间	设计单位
Ballpark District Public Parking	建筑面积32330m²	2004	Studio E 建筑师事务所、London and Roesling Nakamura 建筑师事务所等

该车库为服务于体育建筑的特大型独立式组合车库，车库面积32330m²，停车数量为1120辆，停车区域楼板形式为平层式和斜楼板式相组合，出入口形式为平入式和坡道式相组合

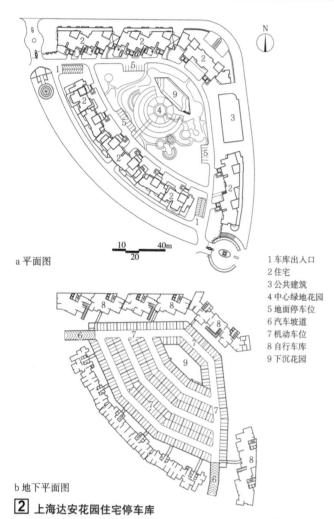

a 平面图

b 地下平面图

1 车库出入口
2 住宅
3 公共建筑
4 中心绿地花园
5 地面停车位
6 汽车坡道
7 机动车位
8 自行车库
9 下沉花园

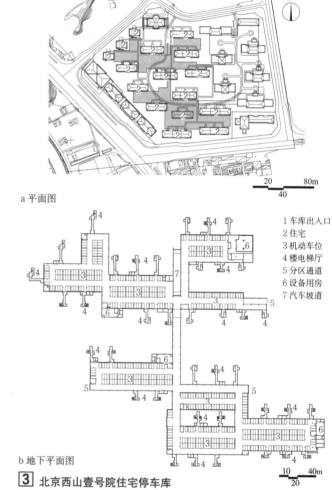

a 平面图

b 地下平面图

1 车库出入口
2 住宅
3 机动车位
4 楼电梯厅
5 分区通道
6 设备用房
7 汽车坡道

2 上海达安花园住宅停车库

名称	主要技术指标	设计时间	设计单位
上海达安花园住宅停车库	建筑面积 337653m²	2001	华东建筑集团股份有限公司上海建筑设计研究院有限公司

该车库为服务于住宅建筑的中型附建式地下车库，地下1层，车库面积为38345m²，停车数量为768辆，停车区域楼板形式为平层式，出入口形式为坡道式

3 北京西山壹号院住宅停车库

名称	主要技术指标	设计时间	设计单位
北京西山壹号院住宅停车库	建筑面积97646m²	2001	北京市建筑设计研究院有限公司

该车库为服务于住宅建筑的大型附建式地下车库，地下1层，车库面积为24053m²，停车数量为541辆，停车区域楼板形式为平层式，出入口形式为坡道式

实例 [23] 停车场库

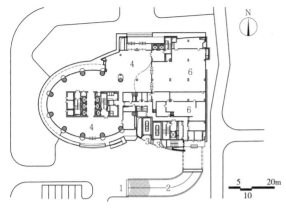

a 一层平面图

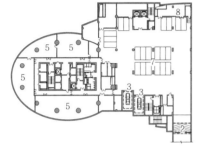

b 地下一层平面图

1 车库出入口
2 汽车坡道
3 汽车电梯
4 大厅
5 餐厅
6 厨房
7 机动车位
8 设备用房

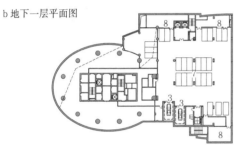

c 地下二层平面图

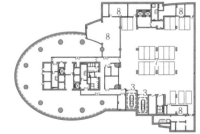

d 地下三层平面图

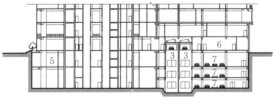

e 剖面图

1 西安银河大厦停车库

名称	主要技术指标	设计时间	设计单位
西安银河大厦停车库	建筑面积 51456m²	2000	华东建筑集团股份有限公司 上海建筑设计研究院有限公司

该车库为服务于办公建筑的中型附建式地下车库，车库共 3 层，由两个小型车库组成，停车区域楼板方式为平层式。其中，地下一层车库面积为 1059m²，停车数量为 21 辆，出入口形式为坡道式；地下二层、三层车库面积为 1893m²，停车数量为 45 辆；出入口形式为升降梯式

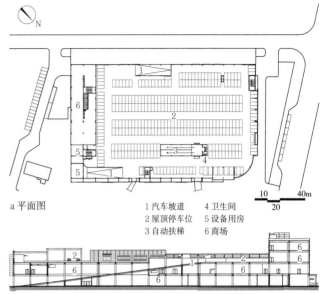

a 平面图

1 汽车坡道　4 卫生间
2 屋顶停车位　5 设备用房
3 自动扶梯　6 商场

b 剖面图

2 某商场停车库

名称	主要技术指标	设计时间	设计单位
某商场停车库	建筑面积 26657m²	2009	苏州苏园建筑设计有限公司

该车库为服务于商业建筑的大型附建式屋顶停车库，车库面积为 12113m²，停车数量为 334 辆，停车区域楼板形式为平层式，出入口形式为坡道式

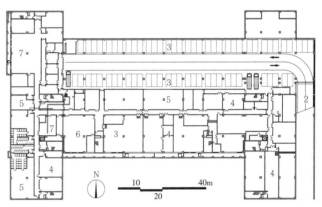

a 地下平面图

1 车库出入口　5 后勤用房区
2 车库坡道　6 职工餐厅
3 机动车位　7 厨房备餐区
4 设备用房区　8 客房

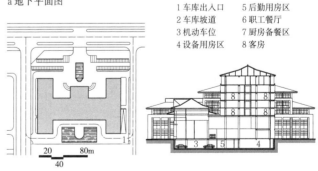

b 总平面图　　c 剖平面图

3 儋州迎宾馆停车库

名称	主要技术指标	设计时间	设计单位
儋州迎宾馆停车库	建筑面积 40744m²	2011	中国建筑标准设计研究院有限公司

该车库为服务于酒店建筑的中型附建式地下车库，车库面积为 2980m²，停车数量为 69 辆，停车区域楼板形式为平层式，出入口形式为坡道式

停车场库 [24] 实例

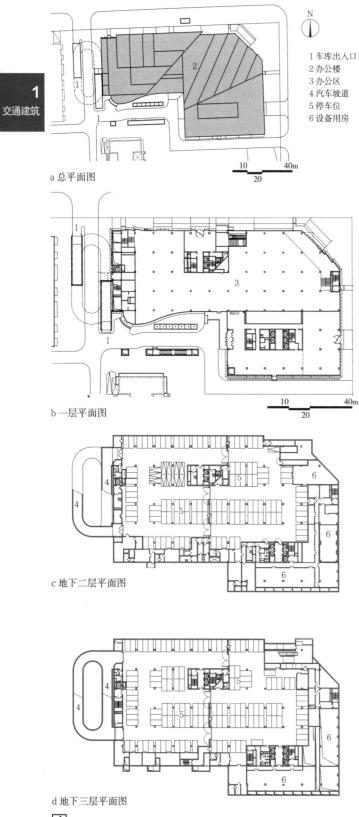

a 总平面图

1 车库出入口
2 办公楼
3 办公区
4 汽车坡道
5 停车位
6 设备用房

b 一层平面图

c 地下二层平面图

d 地下三层平面图

1 航空工业信息中心科研办公楼停车库

名称	主要技术指标	设计时间	设计单位
航空工业信息中心科研办公楼停车库	建筑面积 53039m²	2007	北京市建筑设计研究院有限公司

该车库为服务于办公建筑的中型附建式地下车库,地下共3层,其中地下二、三层为车库,车库面积约8000m²,停车数量为252辆;停车区域楼板形式为平层式,出入口形式为坡道式

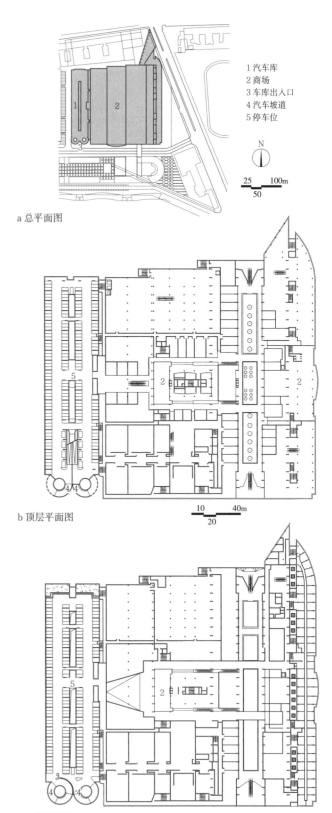

a 总平面图

1 汽车库
2 商场
3 车库出入口
4 汽车坡道
5 停车位

b 顶层平面图

c 二层平面图

2 Hallen am Borsigturm Car Parking(德国柏林)

名称	主要技术指标	设计时间	设计单位
Hallen am Borsigturm Car Parking	建筑面积 88700m²	1999	巴黎 Vasconi Associes 建筑师事务所

该车库为服务于商场的特大型独立式贴建车库,车库面积为36000m²,停车数量为1600辆,停车区域楼板形式为平层式,出入口形式为平入式和坡道式相组合

实例 [25] 停车场库

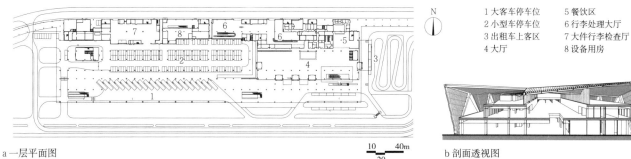

a 一层平面图

1 大客车停车位　5 餐饮区
2 小型车停车位　6 行李处理大厅
3 出租车上客区　7 大件行李检查厅
4 大厅　　　　　8 设备用房

b 剖面透视图

1 青岛邮轮港停车场

名称	主要技术指标	设计时间	设计单位	
青岛邮轮港停车场	建筑面积 59920m²	2015	悉地国际设计顾问有限公司	该车库为服务于交通建筑的中型附建式车库，其中小型车库面积为8137m²，停车数量为172辆，大客车车库面积为4294m²，停车数量为20辆，停车区域楼板形式为平层式，出入口形式为平入式

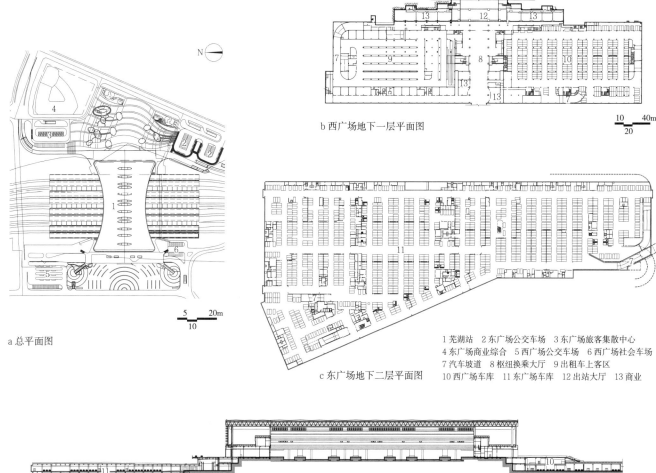

a 总平面图
b 西广场地下一层平面图
c 东广场地下二层平面图
d 剖面图

1 芜湖站　2 东广场公交车场　3 东广场旅客集散中心
4 东广场商业综合　5 西广场公交车场　6 西广场社会车场
7 汽车坡道　8 枢纽换乘大厅　9 出租车上客区
10 西广场车库　11 东广场车库　12 出站大厅　13 商业

2 芜湖站东西广场枢纽停车库

名称	主要技术指标	设计时间	设计单位	
芜湖站东西广场枢纽停车库	建筑面积 161157m²	2011	悉地国际设计顾问有限公司	该组车库为服务于交通建筑的特大型附建式地下车库，其中西广场车库面积为26368m²，停车数量为614辆；东广场车库面积为54531m²，停车数量为1249辆；停车区域楼板形式均为平板式，出入口形式均为平入式

停车场库 [26] 实例

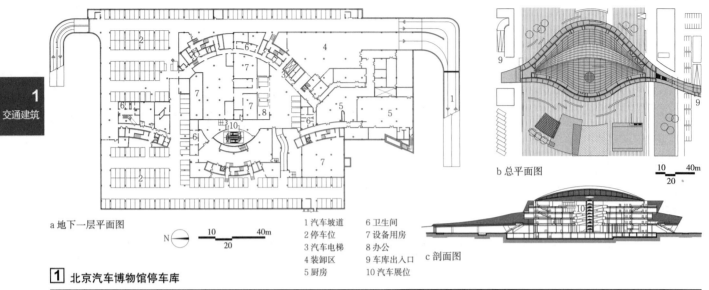

a 地下一层平面图

1 汽车坡道　6 卫生间
2 停车位　　7 设备用房
3 汽车电梯　8 办公
4 装卸区　　9 车库出入口
5 厨房　　　10 汽车展位

b 总平面图

c 剖面图

1 北京汽车博物馆停车库

名称	主要技术指标	设计时间	设计单位	该车库为服务于博览建筑的中型附建式地下车库，车库面积为7691m²，停车数量为224辆，停车区域楼板形式为平层式，出入口形式为坡道式
北京汽车博物馆停车库	建筑面积 50459m²	2005	北京市建筑设计研究院有限公司	

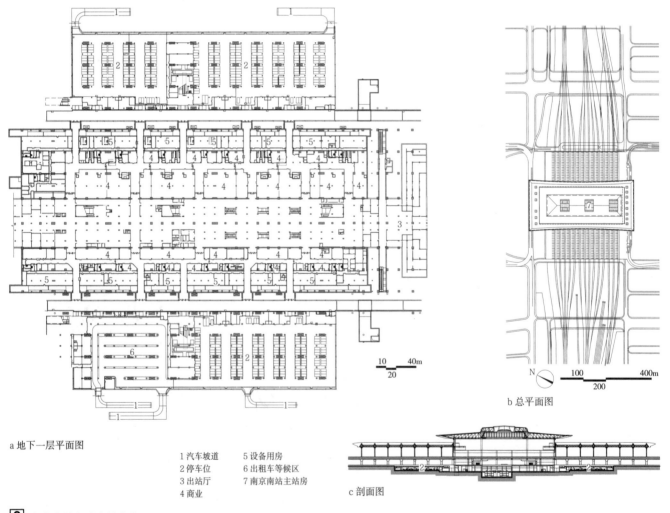

a 地下一层平面图

1 汽车坡道　　5 设备用房
2 停车位　　　6 出租车等候区
3 出站厅　　　7 南京南站主站房
4 商业

b 总平面图

c 剖面图

2 南京南站主站房停车库

名称	主要技术指标	设计时间	设计单位	该车库为服务于交通建筑的大型附建式地下车库，车库面积约22900m²，停车数量为440辆，停车区域楼板形式为平层式，出入口形式为坡道式
南京南站主站房停车库	建筑面积 281021m²	2011	中铁第四勘察设计院集团有限公司、北京市建筑设计研究院有限公司	

实例 [27] 停车场库

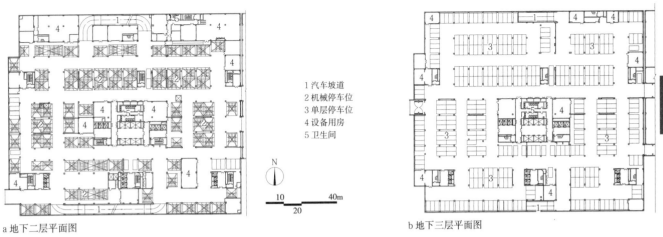

a 地下二层平面图　　b 地下三层平面图

1 汽车坡道
2 机械停车位
3 单层停车位
4 设备用房
5 卫生间

1 北京协和医院改扩建停车库

名称	主要技术指标	设计时间	设计单位
北京协和医院改扩建停车库	建筑面积44897m²	2009	中国中元国际工程有限公司

该车库为服务于医疗建筑的大型附建式地下车库。其中地下二层为机械车库，车库面积为13296m²，停车数量为516辆；地下三层为小型车库，车库面积为13250m²，停车数量为333辆；停车区域楼板形式为平层式，出入口形式为坡道式

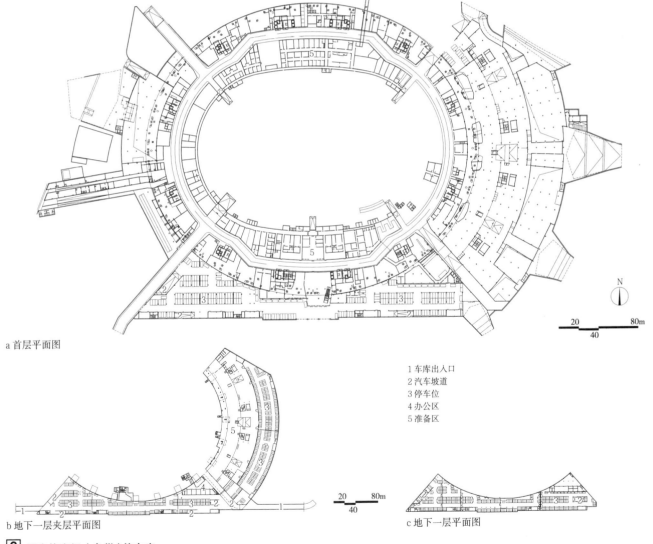

a 首层平面图

b 地下一层夹层平面图　　c 地下一层平面图

1 车库出入口
2 汽车坡道
3 停车位
4 办公区
5 准备区

2 国家体育场（鸟巢）停车库

名称	主要技术指标	设计时间	设计单位
国家体育场（鸟巢）停车库	建筑面积258000m²	2002	中国建筑设计院有限公司

该车库为服务于体育建筑的特大型附建式地下车库，车库面积为31300m²，停车数量为1000，共3个出入口；停车区域楼板形式为平层式，出入口形式为平入式与坡道式相组合

停车场库 [28] 实例

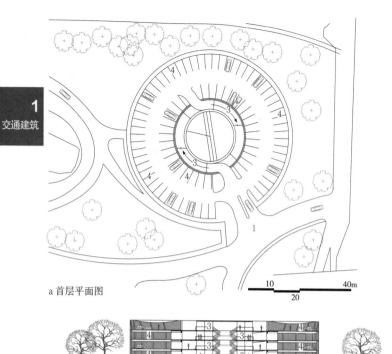

a 首层平面图

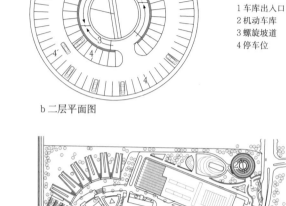

b 二层平面图

1 车库出入口
2 机动车库
3 螺旋坡道
4 停车位

c 剖面图

d 总平面图

1 Burda Company Car Parking（德国奥芬堡）

名称	主要技术指标	设计时间	设计单位	
Burda Company Car Parking	建筑面积 15420m²	2002	Ingenhoven Architekten, Dusseldorf	该车库为服务于办公建筑的大型独立式地上车库，车库面积为15420m²，停车数量为474辆，停车区域楼板形式为平层式，出入口形式为平入式和坡道式相组合

a 首层平面图

c 二层平面图

1 车库出入口
2 车库坡道
3 大巴停车位
4 大巴临时停车位
5 小型机动车位
6 卫生间
7 变电站

b 剖面图

d 三层平面图

2 海昌极地海洋公园停车库

名称	主要技术指标	设计时间	设计单位	
海昌极地海洋公园停车库	建筑面积 30015m²	2016	悉地国际设计顾问有限公司	该车库为服务于主题建筑的特大型独立式地上车库，车库面积为30015m²，大巴停车数量为162辆，小型车停车数量为612辆，停车区域楼板形式为平层式，出入口形式为平入式和坡道式相组合

实例 [29] 停车场库

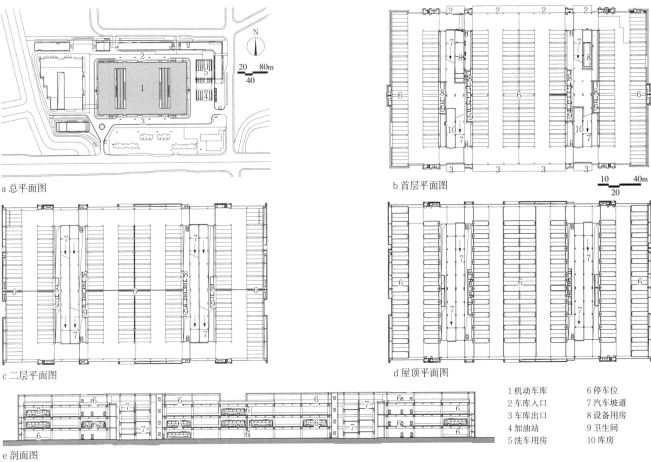

a 总平面图　b 首层平面图　c 二层平面图　d 屋顶平面图　e 剖面图

1 机动车库　6 停车位
2 车库入口　7 汽车坡道
3 车库出口　8 设备用房
4 加油站　　9 卫生间
5 洗车用房　10 库房

1 杭州公交专用停车库

名称	主要技术指标	设计时间	设计单位	该车库为公交专用大型独立式地上车库，车库面积为95178m², 停车数量为696辆（大型车），停车区域楼板形式为平层式，出入口形式为平入式和坡道式相组合
杭州公交专用停车库	建筑面积95178m²	2012	北京城建设计发展集团股份有限公司	

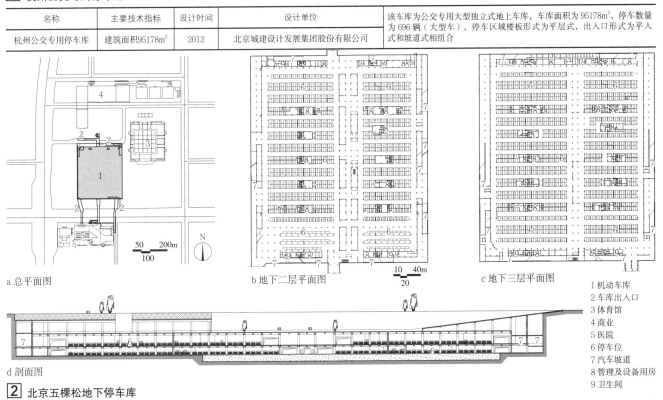

a 总平面图　b 地下二层平面图　c 地下三层平面图　d 剖面图

1 机动车库
2 车库出入口
3 体育馆
4 商业
5 医院
6 停车位
7 汽车坡道
8 管理及设备用房
9 卫生间

2 北京五棵松地下停车库

名称	主要技术指标	设计时间	设计单位	该车库为服务于体育建筑的特大型独立式地下车库，车库面积为129223m², 停车数量为2646辆，停车区域楼板形式为平层式，出入口形式为坡道式
北京五棵松地下停车库	建筑面积142850m²	2013	北京城建设计发展集团股份有限公司	

179

停车场库 [30] 实例

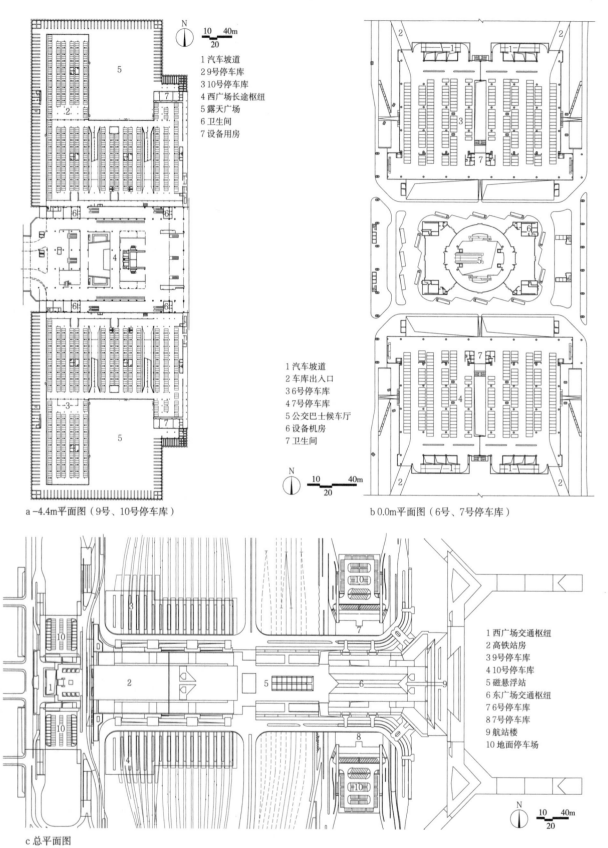

1 汽车坡道
2 9号停车库
3 10号停车库
4 西广场长途枢纽
5 露天广场
6 卫生间
7 设备用房

1 汽车坡道
2 车库出入口
3 6号停车库
4 7号停车库
5 公交巴士候车厅
6 设备机房
7 卫生间

a -4.4m平面图（9号、10号停车库）

b 0.0m平面图（6号、7号停车库）

1 西广场交通枢纽
2 高铁站房
3 9号停车库
4 10号停车库
5 磁悬浮站
6 东广场交通枢纽
7 6号停车库
8 7号停车库
9 航站楼
10 地面停车场

c 总平面图

1 上海虹桥综合交通枢纽停车库

名称	主要技术指标	设计单位	
上海虹桥综合交通枢纽停车库	建筑面积 179487m²（6号、7号）， 145500m²（9号、10号）	华东建筑集团股份有限公司华东建筑设计研究总院（6号、7号）、上海市政工程设计研究总院（9号、10号）	该组车库为服务于交通建筑的特大型车库，其中6号、7号停车库为虹桥机场2号航站楼的配套车库，地上3层、地下1层，车库面积为138105m²，停车数量为2612辆，共4个出入口，停车区域楼板形式为平层式，出入口形式为平入式和坡道式相组合。9号、10号为虹桥高铁站配套车库，地上1层、地下3层，车库面积为145500m²，停车数量为3052辆，共4个出入口，停车区域楼板形式为平层式，出入口形式为坡道式

实例 [31] 停车场库

1 交通建筑

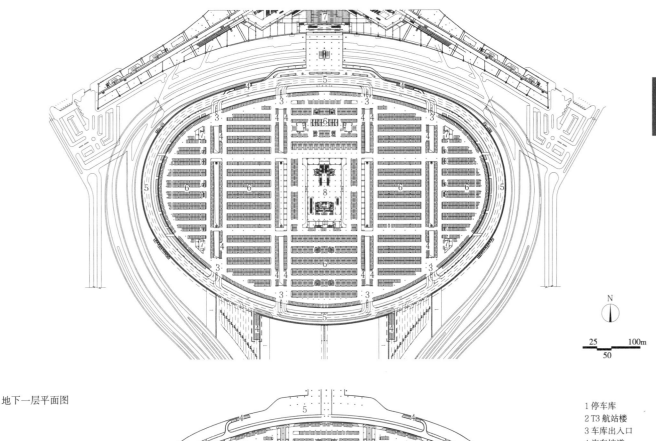

a 地下一层平面图

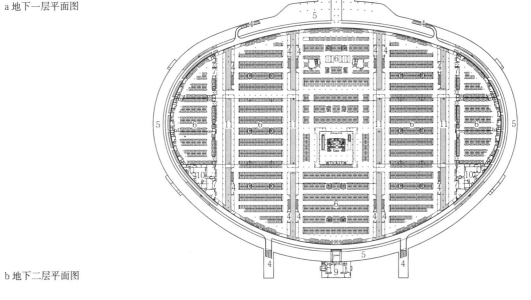

b 地下二层平面图

1 停车库
2 T3航站楼
3 车库出入口
4 汽车坡道
5 主环形车道
6 停车区
7 卫生间
8 服务中心
9 开闭站
10 设备用房区
11 绿地

c 剖面图

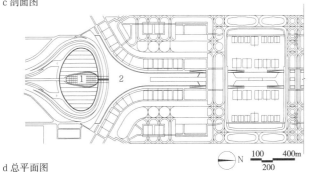

d 总平面图

1 北京首都国际机场T3航站楼交通中心停车库

名称	主要技术指标	设计时间	设计单位
北京首都国际机场三号航站楼交通中心停车库	建筑面积 348310m²	2007	北京市建筑设计研究院有限公司

该车库为服务于交通建筑的特大型独立式地下车库，地下2层，车库面积为303587m²，停车数量为6834辆，共8个出入口，停车区域楼板形式为平层式，出入口形式为平入式和坡道式相组合

181

停车场库 [32] 实例

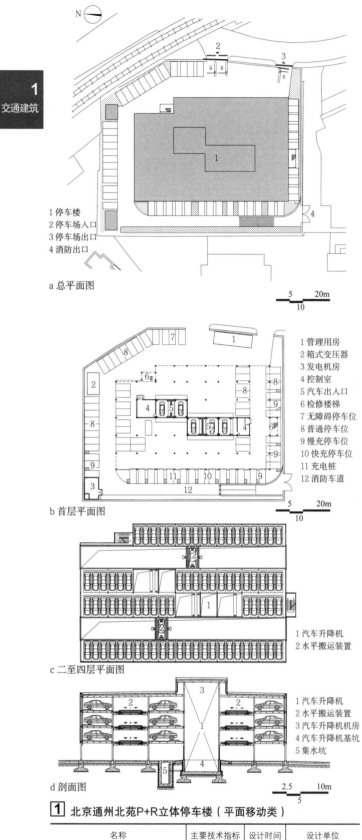
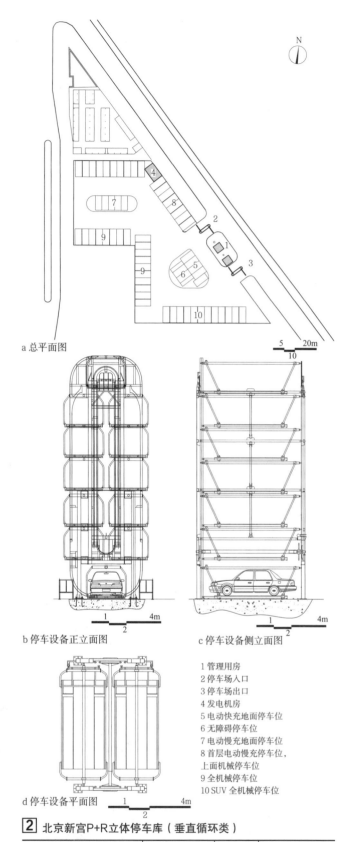

1 北京通州北苑 P+R 立体停车楼（平面移动类）

名称	主要技术指标	设计时间	设计单位
北京通州北苑 P+R 立体停车楼	建筑面积 6286m²	2014	北京城建设计发展集团股份有限公司

机械式立体停车位 231 个，地面停车位 66 个，其中无障碍停车位 6 个，快速充电车位 5 个，普通充电车位 20 个，普通地面停车位 35 个。立体停车库地上 4 层，建筑高度 12.05m。

2 北京新宫 P+R 立体停车库（垂直循环类）

名称	主要技术指标	设计时间	设计单位
北京新宫 P+R 立体停车库	建筑面积 42m²	2014	北京城建设计发展集团股份有限公司

项目采用垂直循环类机械停车设备，总停车位 227 个。场地内设垂直循环类机械立体停车设备 18 组，每组停车位 12 个，机械车位共 216 个，其中地面层停车位为充电车位；同时设地面停车位 12 个，其中 2 个无障碍停车位，10 个充电停车位。

实例 [33] 停车场库

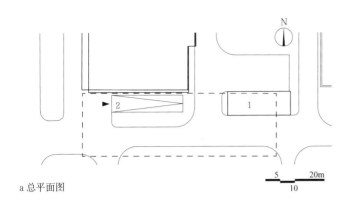

a 总平面图

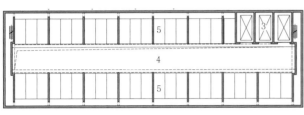

b 地下三层平面图

1 地面管理用房
2 地下机械停车库入口
3 汽车升降机
4 堆垛机+搬运设施
5 停车位

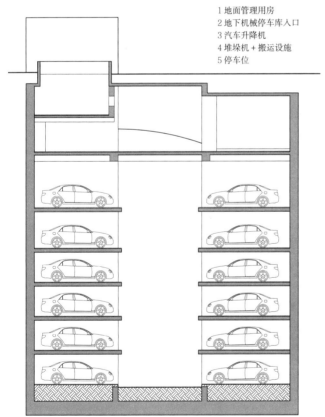

c 剖面图

1 北京安贞医院地下机械停车库（巷道堆垛类）

名称	主要技术指标	设计时间	设计单位
北京安贞医院地下机械停车库	建筑面积 10765m²	2008	中国中元国际工程有限公司

项目位于北京安贞医院门诊综合楼地下室，共2个全自动机械式停车库，其中B库从地下一层进出，机械停车位258个

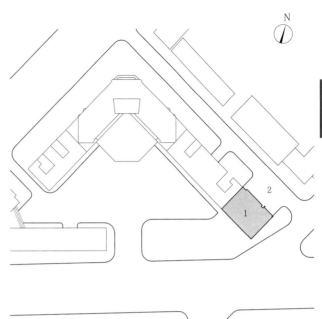

a 总平面图

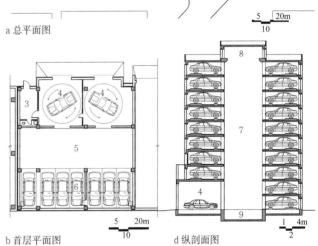

b 首层平面图　　d 纵剖面图

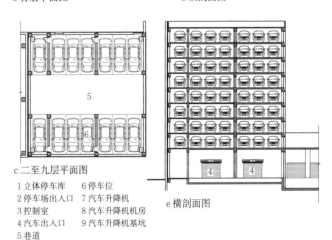

c 二至九层平面图　　e 横剖面图

1 立体停车库　6 停车位
2 停车场出入口　7 汽车升降机
3 控制室　8 汽车升降机机房
4 汽车出入口　9 汽车升降机基坑
5 巷道

2 辽宁电力有限公司沈阳供电公司停车库（垂直升降类）

名称	主要技术指标	设计时间	设计单位
辽宁电力有限公司沈阳供电公司停车库	建筑面积 2792.76m²	2007	辽宁省建筑设计研究院

该停车库类型为垂直升降类，总停车位110个。机械停车库汽车出入口与该地块自走式地下停车库出入口贴建，共设垂直升降梯1部，停车库建筑共10层，建筑高度23.85m

停车场库 [34] 实例

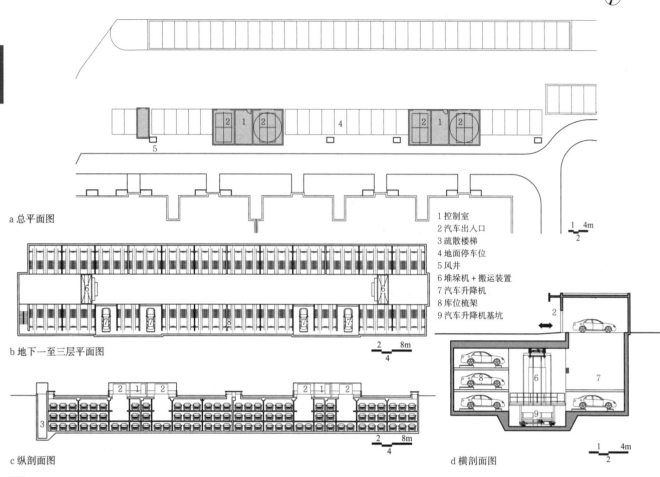

图例：
1 控制室
2 汽车出入口
3 疏散楼梯
4 地面停车位
5 风井
6 堆垛机+搬运装置
7 汽车升降机
8 库位梳架
9 汽车升降机基坑

a 总平面图
b 地下一至三层平面图
c 纵剖面图
d 横剖面图

1 北京畅清园小区地下机械立体停车库（巷道堆垛类）

名称	主要技术指标	设计时间	设计单位	
北京畅清园小区地下机械立体停车库	建筑面积1487m²	2006	中外建工程设计与顾问有限公司	本工程位于北京市朝阳区花虎沟8号，为畅清园小区的地下机械立体停车库，停车库类型为巷道堆垛类，建筑层高8.65m，顶板覆土0.35m，底板埋深9.00m，地下机械立体停车库车位200个

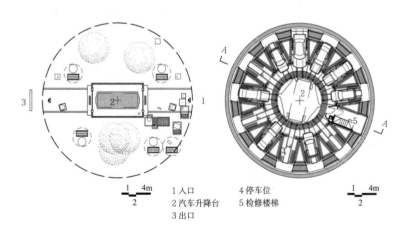
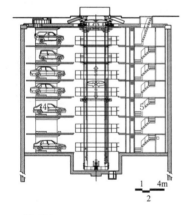

图例：
1 入口
2 汽车升降台
3 出口
4 停车位
5 检修楼梯

a 首层平面图
b 标准层平面图
c A-A剖面图

2 地下智能停车库（TREVI PARK）

名称	主要技术指标	设计时间	设计单位	
地下智能停车库（TREVI PARK）	建筑面积2460m²	1998	意大利TREVI公司	TREVI PARK是机械师马克西姆先生发明的地下机械车库，属于垂直升降类机械车库的一种，TREVI PARK在意大利被称之为"停车公园"，单体圆形车库可停放72~108台车，占地面积小

实例 [35] 停车场库

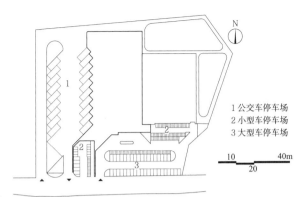

1 公交车停车场
2 小型车停车场
3 大型车停车场

1 印度瓦尔波伊公交车站

名称	主要技术指标	设计时间	设计单位
印度瓦尔波伊公交车站	总建筑面积 2863m²	2013	Rahul Deshpande and Associates

该项目为公交车站结合社区中心的设计，室外设立专门公交停车场和普通停车场，停车空间丰富。通过公交站流线进行停车场的布局，共停车150辆

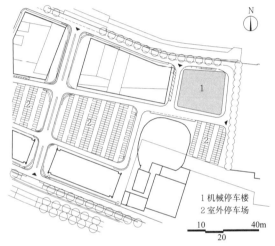

1 机械停车楼
2 室外停车场

2 荷兰 Veranda Multi-storey Car Park

名称	主要技术指标	设计时间	设计单位
荷兰 Veranda Multi-storey Car Park	总建筑面积21000m²	2003	Paul de Ruiter

项目以多层停车场和室外停车场相结合，将很大一部分停车空间放入地下。停车场以9层通高空间为中心展开，多层停车场能容纳650辆车辆

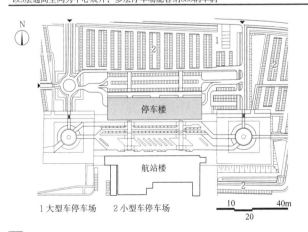

1 大型车停车场
2 小型车停车场

3 丹麦比隆机场停车场库

名称	主要技术指标	设计时间	设计单位
丹麦比隆机场停车场库	总建筑面积19000m²	2002	丹麦C.F.Moller建筑事务所

该项目为停车库与室外停车场相结合。室内可容纳537个停车位，并配置行政、安全和车间等设施。距离主入口设立室外停车场，并分出大型车和小型车停车场的区域，共约2000个停车位

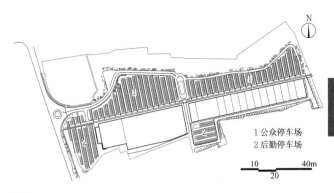

1 公众停车场
2 后勤停车场

4 美国 Retail Park "B-Park"

名称	主要技术指标	设计时间	设计单位
美国 Retail Park "B-Park"	总建筑面积6.2万m²	2008	BURO II & BONTINCK

该项目的建筑卖场与停车场在中央景观轴线上对称分布，室外停车场共1850个停车位，并在狭长的地形分出不同区域停车空间

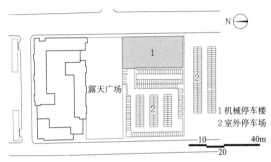

1 机械停车楼
2 室外停车场

5 美国 UCF Mission Bay Parking

名称	主要技术指标	设计时间	设计单位
美国UCF Mission Bay Parking	总建筑面积27000m²	2003	Stanley Saitowitz

此项目为占地面积3000m²的9层停车场库，内配置办公及设备用房，共360个室内停车位，室外停车场为附属停车场，场地规划规整均匀，共165个室外停车位

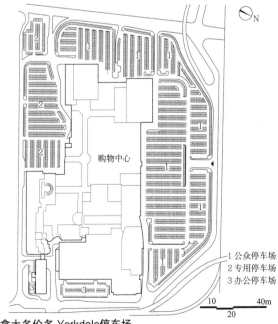

1 公众停车场
2 专用停车场
3 办公停车场

6 加拿大多伦多 Yorkdale停车场

名称	主要技术指标	设计时间	设计单位
加拿大多伦多 Yorkdale停车场	总建筑面积9.3万m²	2007	EllisDon建筑公司

Yorkdale购物中心体量庞大，内有长度达到91.4m的玻璃采光中庭，是国外典型的shopping mall模式。建筑外部留有大面积室外停车场，并进行分区设置和管理。共约4500个停车位

停车场库 [36] 实例

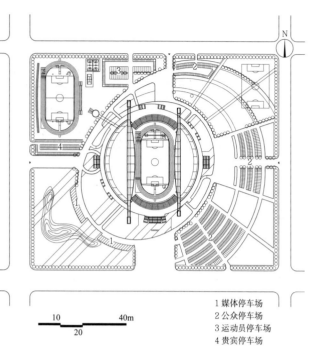

1 媒体停车场
2 公众停车场
3 运动员停车场
4 贵宾停车场

1 加蓬共和国体育场停车场

名称	主要技术指标	设计时间	设计单位
加蓬共和国体育场停车场	总占地30万m²	2008	工程设计咨询集团有限公司、北京建筑大学

该体育场坐落在加蓬首都利伯维尔市西北部近郊,总占地面积30万m²。项目规模为40000座,核心建筑为中心圆形场馆,结合地形,路网呈放射状,分割出不同停车区域,如媒体停车场、公众停车场、运动员停车场和贵宾停车场。

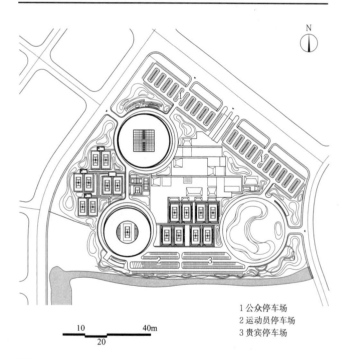

1 公众停车场
2 运动员停车场
3 贵宾停车场

2 天津团泊新城国际网球中心(一期工程)停车场

名称	主要技术指标	设计时间	设计单位
天津团泊新城国际网球中心(一期工程)停车场	总建筑面积82848m²	2009	美国KDG、悉地国际设计顾问有限公司

网球中心由座主体建筑组成,分别为规模最大的万人规模决赛场馆,4000人半决赛场馆和国际网球会所,停车场主要布置在东北向的主入口和主场馆的南侧,分设不同停车区,以保证公共流线畅通。

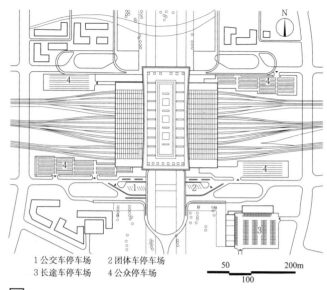

1 公交车停车场 2 团体车停车场
3 长途车停车场 4 公众停车场

3 南京南站停车场

名称	主要技术指标	设计时间	设计单位
南京南站停车场	总建筑面积6万m²	2008	中铁第四勘察设计院集团有限公司、北京市建筑设计研究院有限公司

南京南站车站客运用房面积约6万m²,总设计规模15台28线。在主客运南四角设有公众停车场,紧邻南出口设有公交停车场和团体停车场,并单独设有长途客运站。

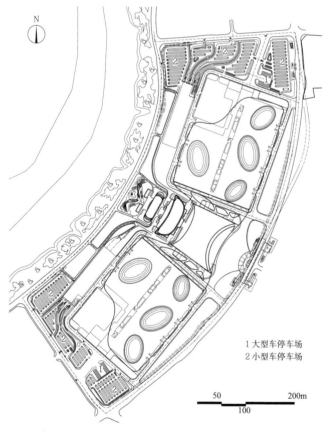

1 大型车停车场
2 小型车停车场

4 重庆国际博览中心停车场

名称	主要技术指标	设计时间	设计单位
重庆国际博览中心停车场	总建筑面积60万m²	2011	北京市建筑设计研究院有限公司、葡源德路工程设计(北京)有限公司

该项目为单体巨型场馆的室外停车场。场馆室内展览面积20万m²,体量庞大占据大半个场地。停车场分设主场馆两侧尽头,相对集中,并可兼作室外展场,停车位共计约1.1万辆。

实例 [37] 停车场库

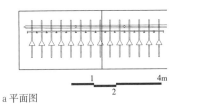

a 平面图　　　　　　　　b 立面图

1 某高校单排停放自行车棚

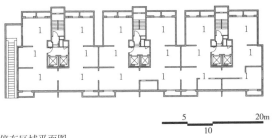

a 停车区域平面图

1 自行车库
2 机动车库

b 剖面图

2 某住宅小区地下自行车库

名称	车库面积	设计时间	设计单位
某住宅小区地下自行车库	612m²	2010	清华大学建筑设计研究院有限公司

本项目为某住宅小区地下自行车库，地上为住宅单元，地下一层为自行车库，地下二、三层为机动车库

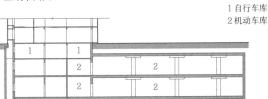

1 停车
2 走道

a 一层平面图

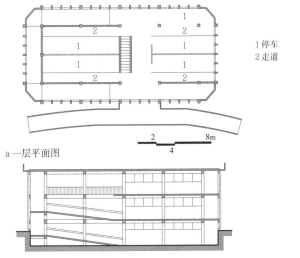

b 剖面图

3 上海彭浦新村东区自行车停车楼

名称	车库面积
上海彭浦新村东区自行车停车楼	585m²

该自行车停车楼共有3层，地面以上2层，半地下室设1层。停车楼中间为人行走道，两侧为停车空间

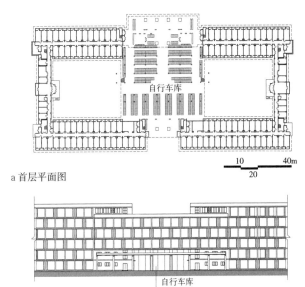

a 首层平面图

b 剖立面图

4 某高校宿舍楼间自行车库

名称	车库面积	设计时间	设计单位
某高校宿舍楼间自行车库	2405m²	2012	清华大学建筑设计研究院有限公司

本项目为6层高学生宿舍楼，东西两侧呈U形布置学生宿舍，首层在院落中心布置地上自行车库

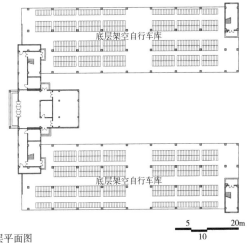

a 首层平面图

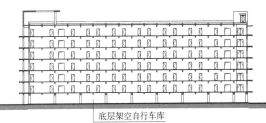

b 剖面图

5 某高校底层架空自行车库

名称	车库面积	设计时间	设计单位
某高校底层架空自行车库	2525m²	2014	清华大学建筑设计研究院有限公司

本项目为7层高学生宿舍，由南北两条一字形学生宿舍楼和中间的学生活动中心组成。南北两侧首层架空，用作自行车库

高速公路服务设施及收费天棚 [1] 服务设施/定义·分类·选址原则·用地规模

定义及分类

高速公路服务设施指按一定间距要求设置在高速公路上，为司乘人员、车辆、货物等提供休息、餐饮、住宿、如厕、购物、停车、车辆维修和加油等功能的设施。根据设置规模和功能的不同，可分为服务区、停车区、公共汽车停靠站等，本节内容涉及的服务设施主要针对服务区和停车区。

服务设施功能一览表　　　　　　　　　　　表1

服务对象	主要功能	设施名称	服务区	停车区
司乘人员	如厕、洗漱等	公厕	■	■
	购物等	商店	■	□
	餐饮	餐厅	■	□
	住宿	客房	■	—
	临时休息	室内、外休息区	■	■
	休闲、理发、洗浴等	休闲中心	□	—
	值班、办公	办公室	■	□
	职工住宿	宿舍	■	—
	信息服务	信息站	□	—
	金融服务	自动(存)取款机、ETC卡充值点	□	—
	汽车停靠站、客运节点	接驳站	□	□
	医疗救护	医疗站	□	—
车辆	加油	加油站	■	□
	降温、加水	加水站	□	□
	修理、保养、加注机油等	车辆维修站	■	□
	停车、检查、整理货物等	停车场	■	■
货物	物流节点	仓库	□	—

注：■应设置，□可设置。

选址原则

1. 服务区平均间距宜为50km左右；当沿线城镇布置稀疏，水、电供给困难时，可增大服务区间距。服务区之间可设一处或多处停车区，停车区与服务区或停车区之间的间距宜为15~25km。

2. 服务设施选址时，应避免将服务设施布置在主线的小半径曲线路段或陡坡路段内，同时应避开高填深挖路段，并且满足路线设计标准规范的相关要求。

3. 服务设施选址应选择在供电、给水排水、上下班、物资供应容易解决的地点，同时，所选地点应尽量与公路扩宽和设施扩建规划相适应，并尽量避开征地费用高的地方。服务设施一般采用分离式对称布置的形式，选址较困难时可采用集中单侧布置，或者上下行方向错开布置的形式。

4. 交通的性质对服务区功能设置有重要影响，在具有旅游性质和以客车为主的公路，应设置功能比较全面的服务区，加强为司乘人员提供服务的功能。在货车比例较高的公路上，需加强车辆加油、加水和司乘人员休息的功能。

车型分类标准

服务设施用地规模主要受所在路段的交通流量及车型构成比例影响，根据《公路工程项目建设用地指标》要求，大型车在路段交通量中的绝对比例为控制性因素。

服务设施规模计算车型分类表　　　　　　　表2

车型	汽车代表车种	说明
小型车	小型货车、小型客车、中型客车	座位≤19座的客车、载重量≤2t的货车
中型车	中型货车、大型客车	座位>19座的客车、2t<载重量≤7t的货车
大型车	大型货车、铰接列车	载重量>7t的货车

注：目前驶入服务设施的车辆可分为小型客车、小型货车、中型客车、中型货车、大型客车、大型货车（含铰接列车）等6类，结合《公路工程技术标准》JTG B01-2014关于汽车代表车型的说明，将6类车分为小型车、中型车和大型车。

服务区用地指标

服务区用地指标的基准值按表3取值，当实际建设的服务区所在路段交通量和大型车比例与基准值的编制条件不同时，按表4系数进行调整。

服务区用地指标基准值　　　　　　　　　　表3

公路技术等级	车道数	用地指标基准值（hm²/处）	编制条件	
			路段交通量Q（pcu/d）	大型车比例μ（%）
高速公路	8	9.5333	60000≤Q<80000	20<μ≤30
	6	7.6000	45000≤Q<60000	20<μ≤30
	4	6.5333	25000≤Q<40000	20<μ≤30
一级公路	6	4.8667	30000≤Q<55000	20<μ≤30
	4	4.2667	15000≤Q<30000	20<μ≤30
二级公路	2	1.6667	Q<15000	20<μ≤30

注：表中路段交通量应采用服务区所在路段第20年的预测交通量。

服务区用地指标调整系数　　　　　　　　　表4

公路技术等级	车道数	路段交通量Q(pcu/d)	大型车比例μ（%）				
			μ≤10	10<μ≤20	20<μ≤30	30<μ≤40	μ>40
高速公路	8	80000≤Q<100000	0.65	0.93	1.09	1.24	1.36
		60000≤Q<80000	0.59	0.82	1.00	1.14	1.24
	6	60000≤Q<80000	0.73	0.99	1.20	1.38	1.51
		45000≤Q<60000	0.59	0.85	1.12	1.25
	4	40000≤Q<55000	0.64	0.90	1.09	1.25	1.35
		25000≤Q<40000	0.6	0.85	1.00	1.15	1.25
一级公路	6	30000≤Q<55000	0.59	0.86	1.14	1.20
	4	15000≤Q<30000	0.61	0.84	1.00	1.16	1.23
二级公路	2	Q<15000	0.79	0.91	1.00	1.08	1.12

注：以上用地规模不包括进出服务设施的加减速车道、服务设施场地外侧护坡和排水沟以及公共汽车停靠站等设施的占地面积。

停车区用地规模

停车区用地规模的基准值按表1取值,当实际建设的停车区所在路段交通量和大型车比例与基准值的编制条件不同时,按表2系数进行调整。

停车区用地指标基准值　　　　　　　　　　　表1

公路技术等级	车道数	用地指标基准值（hm²/处）	编制条件	
			路段交通量Q（pcu/d）	大型车比例μ（%）
高速公路	8	2.5000	60000≤Q<80000	20<μ≤30
	6	2.1333	45000≤Q<60000	20<μ≤30
	4	1.6667	25000≤Q<40000	20<μ≤30
一级公路	6	1.3333	30000≤Q<55000	20<μ≤30
	4	0.6667	15000≤Q<30000	20<μ≤30
二级公路	2	0.3333	Q<15000	20<μ≤30

注：表中路段交通量应采用停车区所在路段第20年的预测交通量。

停车区用地指标调整系数　　　　　　　　　　　表2

公路技术等级	车道数	路段交通量Q（pcu/d）	大型车比例μ（%）				
			μ≤10	10<μ≤20	20<μ≤30	30<μ≤40	μ>40
高速公路	8	80000≤Q<100000	0.92	1.02	1.11	1.19	1.26
		60000≤Q<80000	0.87	0.93	1.00	1.06	1.10
	6	60000≤Q<80000	0.97	1.04	1.12	1.19	1.25
		45000≤Q<60000	0.82	0.91	1.00	1.09	1.16
	4	40000≤Q<55000	1.01	1.11	1.20	1.30	1.39
		25000≤Q<40000	0.81	0.92	1.00	1.08	1.16
一级公路	6	30000≤Q<55000	0.80	0.90	1.00	1.05	1.10
	4	15000≤Q<30000	0.80	0.90	1.00	1.10	1.15
二级公路	2	Q<15000	1.00	1.00	1.00	1.00	1.00

注：以上用地规模不包括进出服务设施的加减速车道、服务设施场地外侧护坡和排水沟以及公共汽车停靠站等设施的占地面积。

一侧停车车位数

高速公路两侧服务设施的建筑规模,主要由进入服务设施停车的车辆数以及相应的载客数量控制。因此,需根据服务设施所在路段预测的远景年交通量及车型构成比例,分别按照不同车型的驶入率、高峰小时比例、假日不均匀系数和平均停留时间算出不同车型的停车车位数,以此作为基本参数,计算主要设施的建筑规模。

$$P_i = \frac{1}{2} Q \times \gamma_i \times \mu_i \times G_i \times \alpha_i \times Z_i \div 60$$

式中：P_i——服务区第i类车停车车位数（个）；
　　　Q——主线通车20年预测交通量,绝对交通量（辆/d）；
　　　γ_i——第i类车在交通量中的绝对比例（%）；
　　　μ_i——驶入服务区第i类车驶入率（%）；
　　　G_i——驶入服务区第i类车高峰小时比例（%）；
　　　α_i——驶入服务区第i类车假日不均匀系数；
　　　Z_i——驶入服务区第i类车平均停车时间（min）。

不同车型的驶入率、高峰小时比例、假日不均匀系数和平均停留时间按表3取值。

驶入率、高峰小时比例、假日不均匀系数和平均停留时间　　表3

设施种类	类型	驶入率（%）	高峰小时比例（%）	假日不均匀系数	平均停留时间（min）
服务区	小型车	20~30	9~10	1.2	20
	中型车	5~10		1.1	30
	大型车	12~15		1.0	120
停车区	小型车	15	9~10	1.2	15
	中型车	4		1.1	20
	大型车	12		1.0	30

注：国家高速公路宜按上限取值,市域高速公路或连接线高速公路宜按下限取值。一、二级公路服务区平均停车时间按小型车10分钟、中型车20分钟、大型车45分钟取值；停车区按小型车10分钟、中型车15分钟、大型车20分钟取值。

各主要设施建设规模

1. 与服务区一侧停车位数量相对应的建筑设施最小规模详见表4,停车区可按60~110m²考虑公共厕所面积。
2. 服务区公共厕所便器数量见表5。
3. 住宿、办公功能包括客房、职工宿舍、办公室等。职工总人数可以服务区总建筑面积为基准,按不小于50m²/人考虑。
4. 加油站按不小于二级加油站规模考虑。
5. 服务设施内水、暖、电等附属设施规模,按需配置。
6. 对位于城市近郊、游览地,或者有特殊要求的服务设施,可另行考虑功能及规模。

与服务区一侧停车车位相对应的主要设施规模（单位：m²）　表4

一侧停车位（个）	公共厕所	餐厅	免费休息大厅	商店	住宿、办公	维修车间
50	280	400	200	100	1000	120
100	350	600	300	150	1500	120
150	400	650	350	200	1600	120
200	400	700	400	250	1800	120

服务区公共厕所便器数量　　　　　　　　　　表5

一侧停车位数（个）	便器数（个）			
	男（小）	男（大）	女	无障碍卫生间
250辆以上	50	25	45	2
250~201	50	25	45	2
200~151	45	20	45	1
150~101	39	12	39	1
100辆以下	39	12	39	1

基本流线

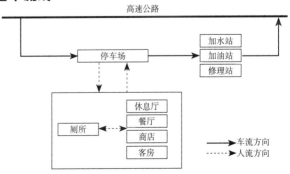

1 服务区基本流线示意图

高速公路服务设施及收费天棚 [3] 服务设施 / 基本形式·设计要点

总平面布置形式

总平面布置形式　表1

停车场	主要建筑位置	说明	图例
分离式（停车场分两侧布置）	外向型	服务设施各类建筑物布置在最外侧，停车场布置在高速公路和建筑之间	
	内向型	每侧停车场布置在远离高速公路的外侧，服务设施各类建筑物布置在停车场和高速公路之间	
	中间型	每侧停车场根据车型分为两个，一个布置在远离高速公路的外侧，一个设置在靠近高速公路的内侧，两个停车场之间是服务区各类建筑物	
	单侧聚集型	加油站、修理站分两侧布置，将服务设施综合楼集中在一侧布置	
	上跨主线型	加油站、修理站分两侧布置，服务设施综合楼横跨在高速公路上空，同时供两侧司乘人员使用	
	下穿主线型	加油站、修理站分两侧布置，服务设施综合楼设置在高速公路底部，同时供两侧司乘人员使用	

总平面布置形式　续表

停车场	主要建筑位置	说明	图例
中央式（停车场集中布置在中央）	集中型	服务区内所有建筑集中布置在高速公路中央，两侧停车场中间通过硬隔离完全分开	
单侧式（停车场集中布置在一侧）	集中型	服务设施内所有建筑集中布置在一侧。两侧停车场中间通过硬隔离完全分开	综合楼合建 / 综合楼分建

注：P 停车场，G 加油站，W 公共厕所，S 综合楼（包括餐厅、商店、休息大厅、办公、住宿等），------车流及行车方向。

停车位尺寸

公路设计所采用的设计车辆分别为小客车、大型客车、铰接客车、载重汽车以及铰接列车。停车场车位类型分为小型车车位、中型车车位和大型车车位三类，其外轮廓参考尺寸见表2。

停车场车位还需要保留适当的横向和纵向间距，以满足上下车及开关车门取物的需要。停车场车位推荐尺寸见表3。

设计车辆外廓参考尺寸（单位：m）　表2

车辆类型	设计车辆	总长	总宽	总高	前悬	轴距	后悬
小型车	小客车	6.0	1.8	2.0	0.8	3.8	1.4
中型车	大型客车	13.7	2.55	4.0	2.6	6.5+1.5	3.1
	载重汽车	12.0	2.5	4.0	1.5	6.5	4.0
大型车	铰接客车	18.0	2.5	4.0	1.7	5.8+6.7	3.8
	铰接列车	18.1	2.55	4.0	1.5	3.3+11.0	2.3

停车场车位尺寸（单位：m）　表3

车辆类型	车位尺寸	最小转弯半径
小型车	6.5×2.5	6.0
中型车	14.0×3.5	12.0
大型车	20.0×3.5	24.0

停车位布置形式

停车位布置形式应考虑车位利用效率及车辆出入性能两方面因素，同时需要根据服务设施地形情况有针对性进行设计。原则上，小型车宜采取后退停车、前进出车或前进停车、后退出车的停车方式；中型车宜采取前进停车、前进出车的停车方式；大型车宜采取前进停车、前进出车的平行式停车方式。

停车位布置应考虑在靠近残疾人坡道处设置残疾人专用停车位；应设置危险品运输车辆专用停车位，危险品运输车辆专用停车位应远离其他停车场和公共设施。

设计要点

1. 综合服务楼

餐厅、商店、室内休息等用房宜设在同一栋综合楼内，以减少占地，方便旅客。其中，餐厅宜按三级餐馆标准进行设计，以经营快餐及自助餐类饮食为主；商店以经营日常用品、食品、报刊等为主，部分地区可结合当地特点设置土特产转售窗口；室内休息区宜结合商场、大堂设置，可提供公共电话、信息查询、椅凳和免费开水。

2. 职工宿办楼

职工生活、办公区宜独立集中设置，并采取有效的隔声防噪措施。职工宿舍住宿标准不宜小于4人/间，且人均住宿面积不宜小于$8m^2$。

3. 公共厕所

公共厕所宜靠近大客车停车场，便于大批旅客使用，如服务区规模较大，可分设几处。长途货运车辆比例较大路段的服务区，宜在公共厕所旁边设置简易洗漱及淋浴间，满足货车司机洗漱及淋浴需求。

4. 加油站

加油站宜设置在服务设施出口侧，并应留出不加油车辆的通道。加油站加油机之间应留有合理间距，并采用大、小车分区加油的模式。

5. 车辆维修站

车辆维修站为过往车辆提供检修、保养的功能，提供至少同时停放1辆大车（12m长）和1辆小车（6m长）的空间，以及设置值班、库房的要求。车辆维修站应选择距主体建筑较远的位置，且不宜与加油站并排设置。

6. 广场及室外休息区

综合服务楼与停车场之间宜设置人行广场，以便于人车分流，保证各类服务设施间的人流安全转换，服务区广场进深不宜小于5m，停车区广场进深不宜小于3m。室外休息区用于司乘人员观景、短暂休憩，宜设休息椅凳，可与人行广场结合设置。

7. 停车场及道路

停车场布置应注意客、货分离，且小型车与中、大型车的停车场分开布置；停车场内的顺车辆停放方向的纵坡应小于2%，横向坡度应小于3%，合成坡度不宜小于0.2%。场区内行车路线应按主、次车道分开，主车道宽度≥8.0m，次车道宽度≥4.5m。场区内道牙宜采用平道牙，以减少因车辆转弯、碾压而造成的损坏。

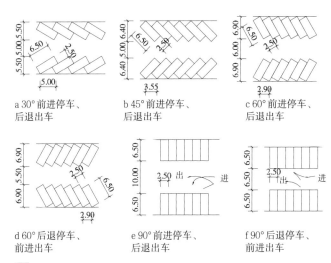

1 小型车停车位布置示意图

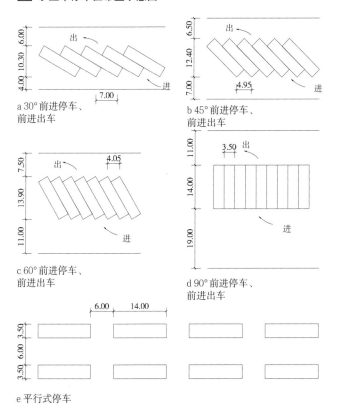

2 中型车停车位布置示意图（单位：m）

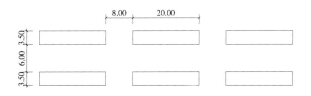

3 大型车停车位布置示意图（单位：m）

高速公路服务设施及收费天棚 [5] 服务设施 / 实例

1 交通建筑

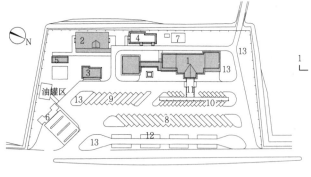

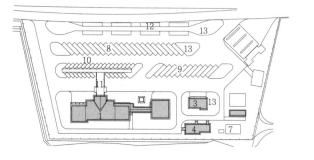

1 综合楼　　　　2 宿舍楼　　　　3 维修车间
4 变配电室及泵房　5 生活污水处理站　6 加油站站房
7 消防水池　　　　8 大车、货车停车区　9 大客车停车区
10 小车停车区　　11 室外停车棚　　12 超长车位
13 绿化

a 总平面图

1 门厅　　　2 超市　　　3 快餐店
4 设备间　　5 值班室　　6 卫生间
7 库房　　　8 洗碗间　　9 副食间
10 主食间　11 更衣室　　12 主食加工
13 备餐　　14 连廊　　　15 清洁间
16 女厕所　17 男厕所

b 综合楼一层平面图

1 休息区　　2 门厅上空　　3 活动室
4 包间　　　5 备餐　　　　6 卫生间
7 标准间　　8 餐厅

c 综合楼二层平面图

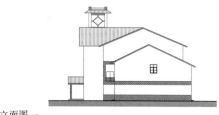

d 立面图一

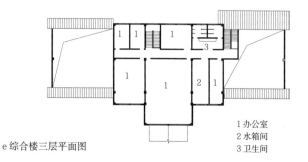

1 办公室
2 水箱间
3 卫生间

e 综合楼三层平面图

f 立面图二

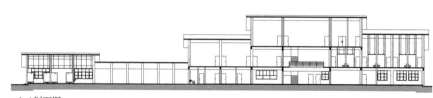

g 1-1 剖面图

1 贵阳南环线摆门服务区（分离式外向型）

名称	建筑面积	设计单位
贵阳南环线摆门服务区	6160m²	北京交科公路勘察设计研究院

服务区总平面分两侧布置，为分离式外向型。场地内设有停车场、综合服务楼、公厕、加油站、汽车修理间、水泵房、发电机房、变配电房等配套设施。综合服务楼设置在场地中间靠高速公路外侧位置，停车场地设置在综合楼与高速公路之间的广场中。停车场靠近高速公路一侧设置货车停车区，靠近综合楼内侧设置为小客车与大客车停车区，其中大客车停车区靠近公共厕所，便于交通流线的组织，缩短乘客的行走距离，增加便利性。综合服务楼共3层，首层为公共厕所、超市、休息厅、餐厅和厨房，二层为住宿、餐厅，三层为办公

实例/服务设施 [6] 高速公路服务设施及收费天棚

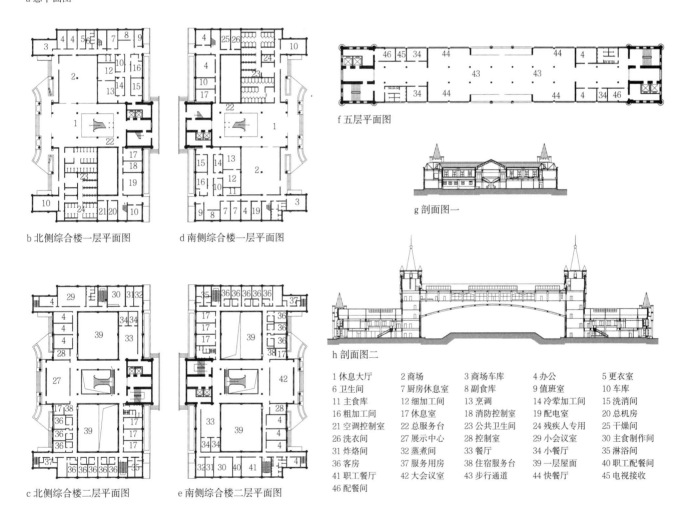

a 总平面图

1 跨线餐厅塔楼　7 动力站
2 跨线餐厅　　　8 变电所
3 综合楼　　　　9 欧式景观广场
4 水泵房及储水　10 一期欧式花园，
5 加油站　　　　　二期停车场
6 修理间　　　　11 喷泉广场

b 北侧综合楼一层平面图
d 南侧综合楼一层平面图
f 五层平面图
g 剖面图一
c 北侧综合楼二层平面图
e 南侧综合楼二层平面图
h 剖面图二

1 休息大厅　　2 商场　　　　3 商场车库　　4 办公　　　　5 更衣室
6 卫生间　　　7 厨房休息室　8 副食库　　　9 值班室　　　10 车库
11 主食库　　 12 细加工间　 13 烹调　　　 14 冷荤加工间　15 洗消间
16 粗加工间　 17 休息室　　 18 消防控制室 19 配电室　　　20 总机房
21 空调控制室 22 总服务台　 23 公共卫生间 24 残疾人专用　25 干燥间
26 洗衣间　　 27 展示中心　 28 控制室　　 29 小会议室　　30 主食制作间
31 炸烙间　　 32 蒸煮间　　 33 餐厅　　　 34 小餐厅　　　35 淋浴间
36 客房　　　 37 服务用房　 38 住宿服务台 39 一层屋面　　40 职工配餐间
41 职工餐厅　 42 大会议室　 43 步行通道　 44 快餐厅　　　45 电视接收
46 配餐间

1 京哈高速兴城服务区（分离式上跨主线型）

名称	建筑面积	设计单位
京哈高速兴城服务区	11786m²	辽宁省交通规划设计院有限公司

京哈高速兴城服务区地处京哈高速辽宁段葫芦岛市的兴城境内，是上跨主线型服务区，其净宽70.8m。该服务区以综合服务楼为中心，将场区划分成两大区域，分别为人员和车辆服务。综合服务楼两侧裙房首层为公共厕所、休息厅、商场、厨房和快餐厅，二层为住宿、办公、食品制作间和餐厅。在塔楼五层设置横跨高速的餐厅，两侧的人员既可以通过横跨在主线上的跨线餐厅相互联通，也可以通过下穿主线的通道相互联系。

高速公路服务设施及收费天棚 [7] 服务设施/实例

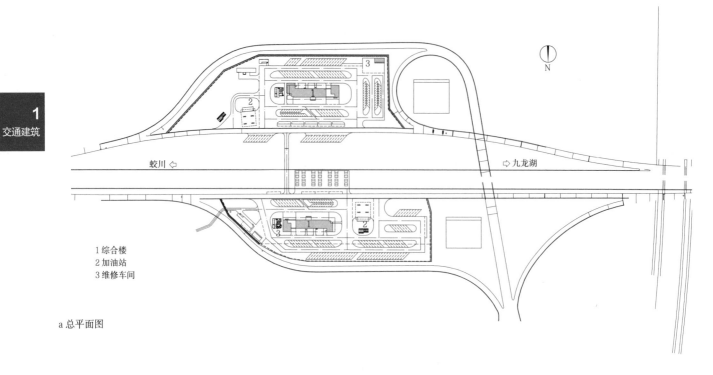

1 综合楼
2 加油站
3 维修车间

a 总平面图

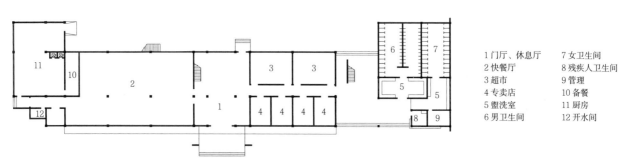

1 门厅、休息厅　7 女卫生间
2 快餐厅　　　　8 残疾人卫生间
3 超市　　　　　9 管理
4 专卖店　　　　10 备餐
5 盥洗室　　　　11 厨房
6 男卫生间　　　12 开水间

b 一层平面图

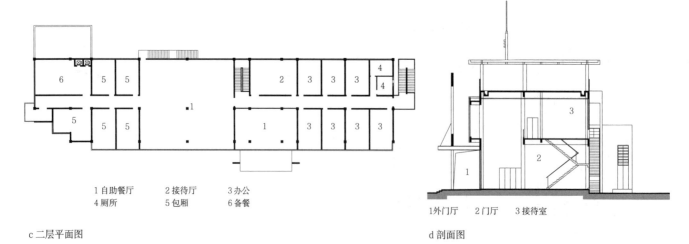

1 自助餐厅　2 接待厅　3 办公
4 厕所　　　5 包厢　　6 备餐

c 二层平面图

1 外门厅　2 门厅　3 接待室

d 剖面图

1 宁波绕城高速镇海服务区（分离式中间型）

名称	建筑面积	设计单位
宁波绕城高速镇海服务区	6531m²	浙江省交通规划研究院

本服务区为分离式中间型，汽车维修站和加油站分别设置在服务区的出入口。该服务区用地进深较大，综合服务楼位于场地中央，停车场根据不同的车型，划分为不同区域，布置在综合服务楼的前后方，使服务区保持了良好的停车环境。因该服务区与互通合并设置，为了避免进出服务区的车辆与上下高速公路的车辆之间产生交通干扰，互通匝道环绕服务区设置在场地外围，并做硬隔离进行有效分离。服务区建筑主体被分为若干个区域，通过连廊和过道与门厅进行连接

实例 / 服务设施 [8] 高速公路服务设施及收费天棚

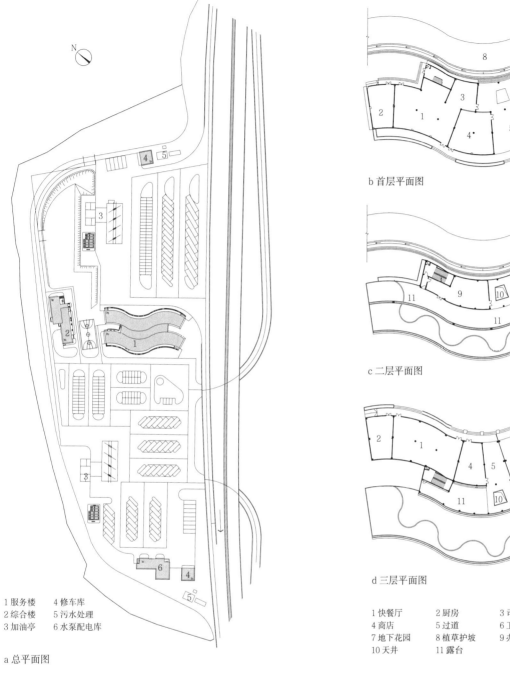

b 首层平面图

c 二层平面图

d 三层平面图

1 服务楼　　4 修车库
2 综合楼　　5 污水处理
3 加油亭　　6 水泵配电库

a 总平面图

1 快餐厅　　2 厨房　　　3 司机餐厅
4 商店　　　5 过道　　　6 卫生间
7 地下花园　8 植草护坡　9 办公室
10 天井　　 11 露台

e 立面图　　f 剖面图一　　g 剖面图二

1 广梧高速葵洞服务区（单侧式集中型）

名称	建筑面积	设计单位
广梧高速葵洞服务区	5600m²	广东名都设计有限公司

葵洞服务区位于广梧高速河口至平台段，临山而建，根据地形设计为单侧式集中型服务区，将单栋服务楼跨于不同标高的平台上，通过竖向交通来引导双向旅客人流。高速公路双向行驶的车辆分别停放在不同平台的停车场内，并各自设置独立的出入口，分区配置不同的加油站和汽车修理间，避免双方向车辆在场地内穿插、调转。综合服务楼在各自平台上设公共厕所、商店、餐厅和休息厅，连接部分设办公用房。服务区住宿部分独立设置在场地最外围，远离停车场位置

高速公路服务设施及收费天棚［9］服务设施／实例

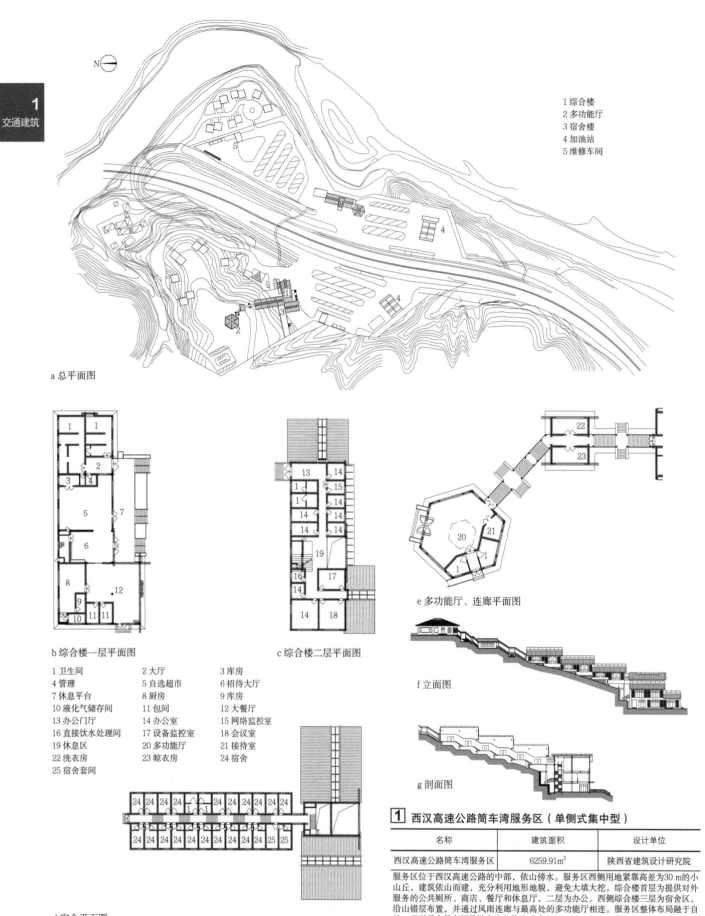

a 总平面图

1 综合楼
2 多功能厅
3 宿舍楼
4 加油站
5 维修车间

b 综合楼一层平面图
c 综合楼二层平面图
d 宿舍平面图
e 多功能厅、连廊平面图
f 立面图
g 剖面图

1 卫生间　　2 大厅　　　3 库房
4 管理　　　5 自选超市　6 招待大厅
7 休息平台　8 厨房　　　9 库房
10 液化气储存间　11 包间　12 大餐厅
13 办公门厅　14 办公室　15 网络监控室
16 直接饮水处理间　17 设备监控室　18 会议室
19 休息区　　20 多功能厅　21 接待室
22 洗衣房　　23 晾衣房　　24 宿舍
25 宿舍套间

1 西汉高速公路筒车湾服务区（单侧式集中型）

名称	建筑面积	设计单位
西汉高速公路筒车湾服务区	6259.91m²	陕西省建筑设计研究院

服务区位于西汉高速公路的中部，依山傍水。服务区西侧用地紧靠高差为30 m的小山丘，建筑依山而建，充分利用地形地貌，避免大填大挖。综合楼首层为提供对外服务的公共厕所、商店、餐厅和休息厅，二层为办公。西侧综合楼三层为宿舍区，沿山错层布置，并通过风雨连廊与最高处的多功能厅相连。服务区整体布局融于自然，吸引了大量车辆及游客在此休息观光

定义

收费天棚是为高速公路收费人员及收费亭等提供遮阳避雨的设施，同时给驾驶员醒目的视觉效果，提示驾驶员注意前方有收费站。

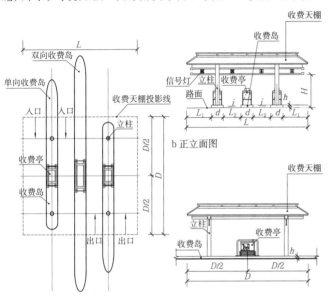

a 平面图　　c 侧立面图

L—收费天棚长度；
L_1—最外侧超宽车道宽度；
L_2—内侧车道宽度；
D—收费天棚宽度；
H—收费天棚通行净空高度，一般为5.5~6.0m，对于大型收费广场，为了避免产生压抑感，可适当增加其净空高度；
i—收费广场路面横向坡度，一般控制在1.5%~2.0%；
d—收费岛宽度，一般为2.2m；
h—收费岛高度，一般不小于0.25m。

1 收费天棚基本参数

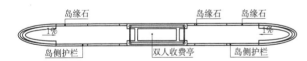

a 双向岛平面图

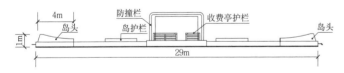

b 双向岛立面图

c 单向岛平面图

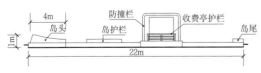

d 单向岛立面图

2 收费岛基本参数（单位：m）

基本参数

1. 收费天棚长度 L

$$L = 2 \times L_1 + n \times L_2 + m \times d$$

式中：L_1—最外侧超宽车道宽度；
　　　L_2—内侧车道宽度；
　　　n—内侧车道数量；
　　　m—收费岛数量；
　　　d—收费岛宽度。

收费天棚的总长度原则上与广场宽度保持一致，并能覆盖广场最外侧超宽车道。

2. 收费天棚宽度

收费天棚宽度最小值不小于16m，天棚的投影面积应大于收费岛长度与收费广场宽度之积的60%为宜，以保证良好的防雨、防晒效果。

收费天棚宽度（单位：m）　　表1

地区	宽度
一般地区	16~18
华东、华南、西南沿海地区	18~20
大型收费站	20~24

3. 收费车道宽度

收费车道宽度（单位：m）　　表2

收费方式	电子不停车收费	人工半自动收费	
	标准值	标准值	高寒积雪地区
内侧车道	3.5	3.2	3.5
最外侧超宽车道宽度	4.0	4.0	4.0~4.5

设计要点

1. 收费天棚整体构造应美观、醒目、简洁明快，体现当地建筑风格和特色，其构造应有利于排除收费站范围的汽车尾气，同时防止声波反射形成共振腔。

2. 收费天棚推荐采用钢管网架结构、钢筋混凝土桁架或拱架等大跨径结构形式，以尽量减少天棚立柱的数量和立柱断面尺寸，使收费员便于观察来车的情况。立柱横向间距宜≥7.0m，立柱直径宜≤0.7m。立柱位置应避开收费天棚地下通道出入口，并方便收费人员通行。

3. 收费天棚屋面排水应统一排向收费广场路基边沟，并与收费广场及站房区周边公路的排水系统统一设计。天棚排水不得流入收费车道而影响收费业务。

4. 收费天棚正立面的前后屋面应考虑收费站名的设置位置；每条收费通道的上方檐口应设置通行信号灯；天棚下部应设置照明灯具，并且需要综合考虑各类设施管线的布置，缆线敷设应隐蔽，不得采用明线敷设方式。

高速公路服务设施及收费天棚 [11] 收费天棚 / 实例

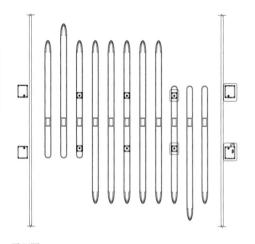

a 平面图

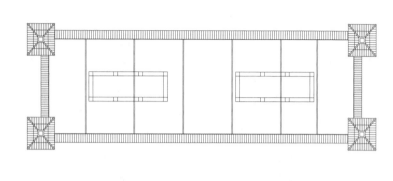

b 屋顶平面图

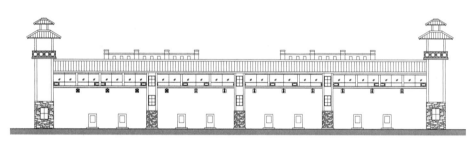

c 正立面图

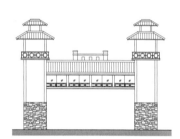

d 侧立面图

1 丽江机场高速公路收费站

名称	建筑面积	设计单位
丽江机场高速公路收费站	1739.8m²	北京交科公路勘察设计研究院

收费天棚位于丽江机场通往古城的高速公路主线上，整体为钢筋混凝土组合结构，设有4入4出4往复共12个车道，天棚屋面设置有太阳能风光互补发电系统，蓄电池设置在立柱内部，建筑四角采用了传统的箭楼形式，内有通往屋顶的楼梯

a 侧立面图　　b 正立面图

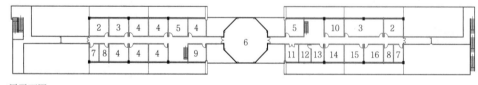

c 二层平面图

1 玻璃长廊　　9 投包机房
2 休息室　　　10 主管室
3 会议室　　　11 设备间
4 办公室　　　12 库房
5 站长室　　　13 票据室
6 监控室　　　14 点票室
7 男更衣室　　15 站务管理室
8 女更衣室　　16 稽查室

2 京珠高速公路太和收费站

名称	建筑面积	设计单位
京珠高速公路太和收费站	5582.67m²	广东名都设计有限公司

太和收费站是京珠高速公路广州段的主线站，具有收费和监控办公、员工休息的功能，为了节省建造成本和充分利用土地资源，将两项功能合二为一，布置在收费棚的上下两层

概述 [1] 公交车站

定义及分类

公交车站主要为乘客提供上下车、候车、换乘等服务，并为车辆运行调度、管理维护等活动提供场所和空间。

公交车站分类及定义　　　　　　　　　　　　　表1

分类		定义
公交车站	中途站	除起点站和终点站以外，沿公交线路设置的车站
	首末站	公交线路起点端和末端的车站
	枢纽站	有多条公交线路汇集，供乘客集散、转换交通方式或交通线路的车站
	出租车站	供出租车候客或上下客的营业站、候客点及停靠点

公交车站站距表　　　　　　　　　　　　　　　表2

公共交通方式	市区线或市区内站距（m）	郊区线或市区外站距（m）
常规公共汽车与电车	500~800	800~1000
公共汽车大站快车	1500~2000	1500~2500
快速公共汽车	400~600	800~2000

首末站建设规模参考表　　　　　　　　　　　　表3

运营车辆数（标台）	<20	20~50	50~200	>200
停车数（标台）	7	7~18	18~70	>70
总建设用地面积（m²）	730~740	1000~2200	2200~7500	>7500

注：1. 标准车长度取12m。
2. 表内数据均不含绿化用地、维修、保养等辅助设施面积。
3. 采用架空输电线供电方式的无轨电车车站用地面积应乘以1.2的系数。
4. 在用地狭小或高低错落等情况下，可适当增加用地面积。

枢纽站建设规模参考表　　　　　　　　　　　　表4

运营车辆数（标台）	200~400	400~600	>600
停车数（标台）	60~120	120~180	>180
总建设用地面积（m²）	8600~16300	16300~24000	>24000

注：1. 标准车长度取12m。
2. 表内数据均不含绿化用地、维修、保养等辅助设施面积。
3. 采用架空输电线供电方式的无轨电车车站用地面积应乘以1.2的系数。
4. 在用地狭小或高低错落等情况下，可适当增加用地面积。

公交车站站内道路最小尺寸　　　　　　　　　　表5

项目	行车道		停车道
	设计速度>60km/h	设计速度≤60km/h	
公交车道宽度（m）	3.75	3.50	3.00
公交车道高度（m）	4.50	4.50	4.50
小客车专用车道宽度（m）	3.50	3.25	3.00
小客车专用车道高度（m）	3.50	3.50	3.50

常用车型基本尺寸　　　　　　　　　　　　　　表6

类别	外廓尺寸			转弯半径（m）
	总长（m）	总宽（m）	总高（m）	
出租汽车	4.8	1.80	2.00	6.00
小型公共汽车	7.0	2.25	2.75	6.00~7.20
中型公共汽车	9.0	2.50	3.20	7.20~9.00
大型公共汽车	12.00	2.50	3.50	9.00~10.50
特大型（铰接）公共汽车	18.00	2.50	3.50	10.50~12.50
双层公共汽车	12.00	2.50	4.20	9.00~10.50

城市道路公共交通分类　　　　　　　　　　　　表7

分类名称		主要指标及特征		
大类	小类	车长范围（m）	定员数（人）	客运能力（人次/h）
常规公共汽车	小型公共汽车	5~7	≤40	≤1200
	中型公共汽车	7~10	≤80	≤2400
	大型公共汽车	10~14	≤110	≤3300
	特大型（铰接）公共汽车	14~18	135~180	≤5400
	双层公共汽车	10~12	≤120	≤3600
快速公共汽车	大型公共汽车	10~14	≤110	≤11000
	特大型（铰接）公共汽车	14~18	110~150	≤15000
	超大型（双铰接）公共汽车	≥23	≤200	≤20000
无轨电车	中型公共电车	7~10	≤80	≤2400
	大型公共电车	10~14	≤110	≤3300
	特大型（铰接）公共电车	14~18	120~170	≤5100
出租汽车		—	4.8	≤5	—

车站选址

1. 车站选址应符合城市总体规划、城市交通规划要求，结合城市交通发展，方便旅客集散、换乘。

2. 中途站应设置在公共交通线路沿途所经过的客流集散点处，并宜与人行过街设施、其他交通方式衔接。

3. 首末站应选择在紧靠客流集散点和道路客流主要方向的同侧；临近城市公共客运交通走廊，且应便于与其他客运交通方式换乘；并宜设置在居住区、商业区或文体中心等主要客流集散点附近。

4. 枢纽站应设置在多条公共交通线路共用首末站处。

5. 出租车站应设置在火车站、客运码头、机场、公路客运站等对外交通枢纽以及医院、大型宾馆、商业中心、文化娱乐和游览活动中心、大型居住区和市内交通枢纽等地。

设计要点

1. 车站设计应以方便乘客为原则，为乘客创造安、舒适、快捷的乘车及换乘环境。

2. 应合理组织流线，力求流线明确、简捷、顺畅。车站内宜采用单行的交通方式组织车辆运行。公交车辆宜采用右进右出的方式进出车站。

3. 车站的入口和出口应分别设置，且必须设置明显的标识。出入口宽度应为7.5~10m。当站外道路的车行道宽度小于14m时，进出口宽度应增加20%~25%。

4. 公共汽车停放宜采用垂直式或斜列式，以架空输电线供电方式的无轨电车应采用平行式。

5. 铰接车及无轨电车的停车方式宜采用顺进顺出。

6. 车站停车坪应有排水、照明设施，坡度宜为0.3%~0.5%。

7. 应符合安全、卫生、节能和环保等国家现行有关标准。

公交车站功能构成表　　　　　　　　　　　　　表8

功能	说明	首末站	中途站	枢纽站
上下客功能	供乘客上、下车的功能	☆☆☆	☆☆	☆☆☆
到发功能	供公交车辆运营时到达及驶离站点的功能	☆☆☆	—	☆☆☆
便民服务功能	为乘客提供问讯、小型商业、餐饮及其他便民服务的功能	☆☆	☆	☆☆☆
换乘功能	提供多条线路的转换，以及公交车辆与其他交通方式转换的功能	☆☆	☆	☆☆☆
调度功能	根据运营作业计划，组织、指挥、监督、协调车辆运行的功能	☆☆	—	☆☆☆
管理功能	进行运营管理、行政管理、安全管理及内部服务保障的功能	☆☆	—	☆☆
停车功能	供公交车辆短时停车或长时驻车的功能	☆		☆
维修养护功能	维持车辆完好技术状况或工作能力的功能	☆		☆

注："☆☆☆"强，"☆☆"普通，"☆"弱，"—"无。

公交车站 [2] 中途站

设计要点

1. 中途站站距宜为500~800m，市中心区站宜选择下限值，城市边缘地区和郊区宜选择上限值。
2. 几条公交线共用同一路段时，中途站宜合并设置。车站通行能力应与各线路最大发车频率总和相适应。
3. 路段设站时，同向换乘不应大于50m，异向不应大于100m；对置设站，应在车辆前进方向迎面错开30m。
4. 道路平面及立体交叉口设站，换乘距离不宜大于150m，并不得大于200m。郊区站与平交口的距离，一级公路宜设在160m以外，二级及以下宜设在110m以外。
5. 中途站的停靠区，在大城市和特大城市，线路行车间隔在3分钟以上时，长度宜为30m；线路行车间隔在3分钟以内时，长度宜为50m；若多线共站，长度宜为70m。
中途站的停靠区宽度不应小于3m。
6. 中途站宜采用港湾式车站，快速路和主干路应采用港湾式车站。

中途站设施 表1

	设施	配置
信息设施	站牌	√
	无障碍设施	√
便利设施	候车亭	√
	站台	√
	座椅	○
	自行车存放	√
安全环保	候车廊	○
	照明	√

注：√应有的设施，○可选择的设施。

基本类型

中途站基本类型有直列式、港湾式及双港湾式三类。

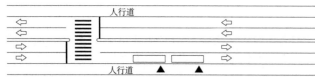

a 直列式中途站

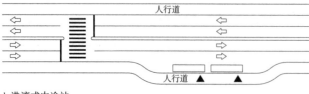

b 港湾式中途站

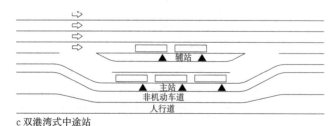

c 双港湾式中途站

1 中途站基本形式

站点布置 表2

站点布置基本类型	设置位置及优点	图例
路口后（出口道）	公交车在通过一个十字交叉口后马上停靠。公交车和右转车辆交叉最小化；利用边缘道路提供额外的右转能力；减少公交车的减速距离	
路口前（进口道）	公交车在一个十字交叉口前优先停靠。多用于有公交专用道的道路；便于公交发车；消除二次排队；允许红灯时的乘客登降	
路口间	公交车在两个十字交叉口中间停靠。减少行人与小汽车的视距问题；乘客的候车空间得到保证	

站区车道设计参数（单位：m） 表3

驶入段	停靠段	驶出段	港湾长度 L（m）
≥18	$(L_v+3)+(L_v+1.5)×(n-1)$	≥12m	$≥(L_v+3)+(L_v+1.5)×(n-1)+30$

注：1. L_v为车辆长度；n为车站停靠泊位数。
2. 停靠段长度按公交车顺序进站设计。

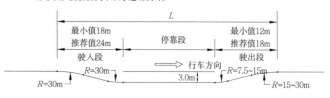

1. 长度为12m的标准车所需停靠长度为15m，每增加一个泊位需增加13.5m停靠段。
2. 长度为18m的标准车所需停靠长度为21m，每增加一个泊位需增加19.5m停靠段。

2 站区车道设计示意图

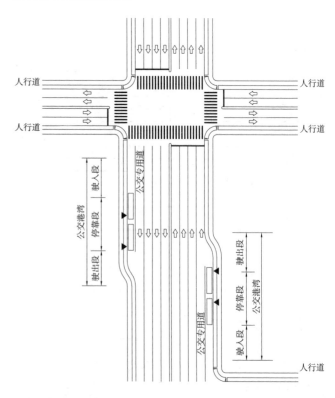

3 站点设计示意图

设计要点

1. 枢纽站可按到达和始发线路条数分类，2~4条为小型枢纽站，5~7条为中型枢纽站，8条线以上为大型枢纽站，多种交通方式之间换乘为综合枢纽站。
2. 枢纽站进出车道应分离，车辆宜右进右出。站内宜按停车区、小修区、发车区等功能分区设置，分区之间应有明显的标识和安全通道，回车道宽度宜不少于9m。
3. 当汽、电车共用枢纽站时，还应布置电车的避让线网和越车通道。
4. 公交枢纽站出入口附近道路宜设置公交专用道。
5. 枢纽站应设置适量的停车坪，其规模应根据用地条件确定。具备条件的，停车坪用地面积不应小于每辆标车58m²，还宜增设与换乘基本匹配的小汽车和非机动车停车设施用地。不具备条件的，停车坪应按每条线路2辆运营车辆折合成标台后乘以200m²累积计算。
6. 办公用地应根据枢纽站规模确定。小型枢纽站不宜小于45m²；中型枢纽站不宜小于90m²；大型枢纽站和综合枢纽站不宜小于120m²。
7. 大型枢纽站和综合枢纽站应在显著位置设置公共信息导向系统，条件许可时宜设置电子信息显示服务系统。

枢纽站设施　　　　　　　　　　　　　　　　　表1

设施		配置		
		大型枢纽站	中、小型枢纽站	综合枢纽站
信息设施	公共信息牌	√	√	√
	站牌	√	√	√
	区域地图、公交线路图	√	√	√
	公交时刻表	√	√	√
	实时动态信息	√		√
便利设施	无障碍设施	√	√	√
	候车亭	√	√	√
	站台	√	√	√
	座椅	○	○	○
	人行通道	√	√	√
	非机动车存放	√	√	√
	机动车停车换乘	○		○
	候车廊	○		○
安全环保	照明	√	√	√
	监控	√	√	√
	消防	√	√	√
	绿化	√	√	○
运营管理	站场管理室	√	√	√
	线路调度室	√	√	√
	智能监控室	√		○
	司机休息室	√	√	√
	卫生间	√	√	√
	餐饮间	√	○	○
	清洁用具杂物间	√	√	√
	停车坪	√	√	√
	回车道	√	√	√
	小修和低保	√	√	○

注：√应有的设施，○可选择的设施。

1 枢纽站构成要素

换乘厅

换乘厅是枢纽站的主要部分，应考虑其位置恰当，流线合理，并能方便地使用有关服务设施。

 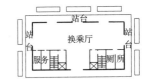

2 换乘厅示意图

换乘形式

根据需要和条件，可选择平面换乘和立体换乘两种设计形式。

a 平面换乘　　　　b 立体换乘

3 换乘形式示意图

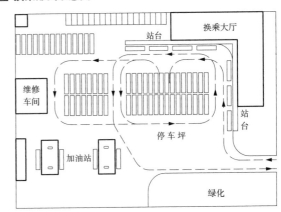

a 总平面示意图一

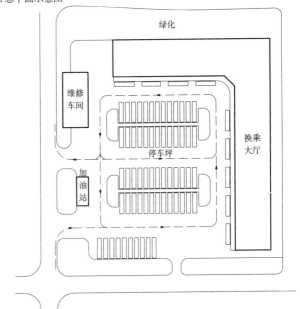

b 总平面示意图二

4 枢纽站总平面示意图

公交车站 [4] 首末站·出租车站

首末站

1. 首末站用地不宜小于1000m²。
2. 首末站的规模应按线路所配运营的车辆总数确定，每辆标准车首末站用地面积应按100~120m²计算。
3. 当首站不用作夜间停车时，用地面积应按该线路全部运营车辆的60%计算；当首站用作夜间停车时，用地面积应按该线路全部运营车辆计算。首站办公用地面积不宜小于35m²。
4. 末站用地面积应按全部运营车辆的20%计算。末站办公面积不宜小于20m²。
5. 电动汽车首末站应设置充电设施，并应符合相关规范、规定及标准要求。
6. 首末站设置加油、加气、充电机整流设施时，应符合相应规范、规定及标准要求。
7. 在高寒地区应设置公交车停车库，入库率不应低于45%。

首末站设施　　　　　　　　　　　　　　　　　　表1

设施		配置	
		首站	末站
信息设施	站牌	√	√
	区域地图、公交线路图	○	○
	公交时刻表	○	○
	实时动态信息	○	○
便利设施	无障碍设施	√	√
	候车亭	√	○
	站台	√	○
	座椅	○	—
	非机动车存放	√	○
	机动车停车换乘	○	—
	候车廊	○	○
安全环保	照明	√	√
	监控	√	○
	消防	√	√
	绿化	√	○
运营管理	站场管理室	○	—
	线路调度室	√	○
	智能监控室	○	—
	司机休息室	√	○
	卫生间	√	○
	餐饮间	○	○
	清洁用具杂物间	○	○
	停车坪	√	○
	回车道	√	√
	小修和低保	√	—

注：√应有的设施，○可选择的设施，—不设的设施。

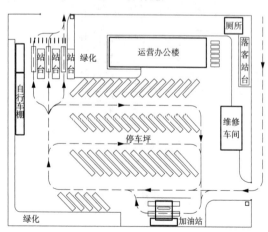

[1] 首末站总平面示意图

出租车站

1. 当出租汽车采用网点式营业服务时，营业站的服务半径不宜大于1km，其用地面积宜为250~500m²。
2. 营业站应配套相应的服务设施，服务设施可包括营业室、司机休息室、餐饮间、卫生间等。
3. 营业站用地宜按每辆车占地不小于32m²计算。其中，停车场场地不宜小于每辆车26m²，建筑用地不宜小于每辆车6m²。
4. 当出租车采用路抛制服务时，应在商业繁华地区、对外交通枢纽和人流活动频繁的集散地附近设置候客点。
5. 候客点宜设置在具备条件的道路两侧或街头巷尾；候客点应划定车位，树立候车标牌；候客点单向距离不宜大于500m，每个候客点车位设置不宜少于5个。
6. 在城市主要干道人流集中路段应设置出租车停靠点，可根据道路交通条件采用直列式或港湾式。停靠点间距宜控制在1km以内，每个停靠点宜设置2~4个车位。

[2] 路抛式出租车停靠点示意图　　[3] 路抛式出租车候客点示意图

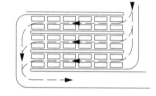

分组型布局特点：流线简捷、高效；绕行距离短，司机不需多次起步停车；运营时需增设管理设施来方便管理。

顺序型布局特点：空间导向性强，但当蓄车区面积较大时，车辆绕行距离较长，等待中司机需多次起步停车；运营时管理设施较少。

a 分组排队、分组放行　　　b 顺序排队、依次放行

[4] 出租车排队等候区典型平面示意图

a 直列式发车

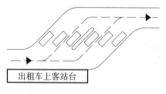

b 行列式发车+水平上客

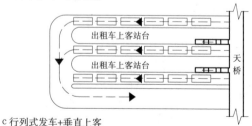

c 行列式发车+垂直上客

[5] 出租车上客组织方式平面示意图

组成及分级

1. 快速公交系统应由专用车道或专用路、车站、车辆、调度与控制系统、运营组织及运营设备、停车场等组成。
2. 快速公交系统应具有下列特征：
(1) 专用路权的车道或道路；
(2) 车外售检票、水平乘降，有服务设施齐全的车站；
(3) 便于乘降、节能、环保、多门、大容量的公交车辆；
(4) 智能调度、信号优先；
(5) 运送速度快、客运能力强、正点率高；
(6) 完善的乘客信息服务。
3. 快速公交系统的级别划分

系统级别划分　　　　　　　　　　　　表1

特征参数	级别		
	一级	二级	三级
运送速度 v (km/h)	≥25		≥20
单向客运能力（万人次/h）	≥1.5	≥1.0	≥0.5

车站总体设计

1. 车站可采用双侧停靠（岛式）或单侧停靠（侧式）的形式。
2. 车站客流组织应结合过街设施统一设计，可采用人行横道、天桥或地下通道。
3. 车站应按功能分区设计，进出站流线及换乘流线之间不应相互干扰。
4. 车站内应设置视频监控、售检票、雨棚、座椅、垃圾箱等设施和设备；宜设电子信息屏、信息广播设备、车站区域地图、公用电话、站台屏蔽门、工作间等设施和设备。

站台设计

1. 站台应包括付费区和非付费区。
付费区的有效面积应按下式计算：

$$S = \frac{Q \times F \times V}{60M}$$

式中：S—付费区有效面积（m²）；
Q—高峰小时上下客流量（人次/h）；
F—高峰小时行车间隔（min）；
V—超高峰系数，一般取值1.25；
M—车站人流密度（人/m²），按2人/m²计。

2. 站台高度应与车辆地板高度相匹配，且应水平乘降。
3. 双侧停靠的站台宽度不应小于5m，单侧停靠的站台宽度不应小于3m。
4. 站台屏蔽门与检票口（机）之间的距离不宜小于6m。
5. 车站候车区的建筑可采用全封闭或半封闭。
6. 站台上建构筑物与车道边的距离不应小于0.25m。

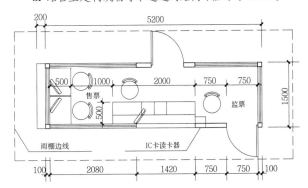

[2] 售检票亭的布置与尺寸

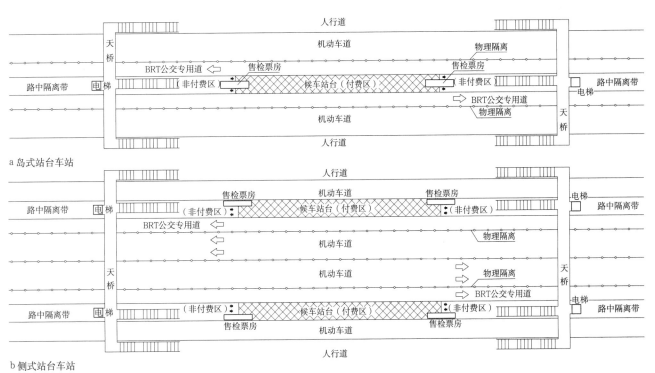

[1] 典型车站平面示意图

公交车站 [6] 站台

设计要点

1. 站台发车位数=高峰小时发车数×高峰小时发车间隔/60。
2. 站台到车位数可按发车站台数的1/2~1/3计算。
3. 站台长度最短应按同时停靠两辆车布置，最长不应超过同时停靠4辆车的长度（快速公交站台除外），否则应分开设置。
4. 站台高度宜采用0.15~0.20m，站台宽度不宜小于2m；当条件受限时，站台宽度不得小于1.5m。
5. 站台上设置的安全护栏，其高度不小于1.1m，水平荷载能力不小于1kN/m，与站台边线净距应≥0.25m。
6. 站台地面应平整、防滑、排水顺畅、便于通行（无树坑等障碍）。站台所用材料应耐用、易于维护。
7. 站台到发车位、加减速区域和车辆出入口等，宜进行路面强化设计。
8. 候车亭
   (1) 候车亭设施必须防雨、抗震、防风、防雷；
   (2) 候车亭内应设夜间照明装置；
   (3) 候车亭高度不宜低于2.5m，顶棚宽度不宜小于1.5m，且与站台边线竖向缩进距离应≥0.25m。

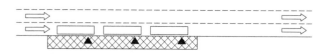

a 直列站台边

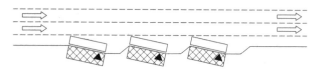

b 锯齿形站台边

1 站台边基本形式

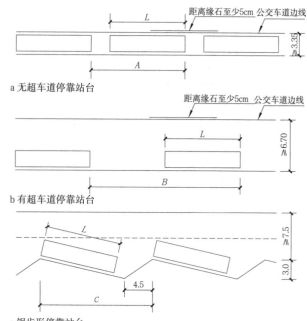

a 无超车道停靠站台

b 有超车道停靠站台

c 锯齿形停靠站台

平面尺寸说明（单位：m）

项目	单机车	铰接车	项目	单机车	铰接车
L	12	18	A	13.5	19.5
B	24.5	30.5	C	18	24

2 停靠站台平面示意图

乘客候车站台服务水平　　　　　　　　　　　表1

服务水平	人均占有面积（m²/人）	平均人间距（m）
A	>1.2	>1.2
B	0.9~1.2	1.1~1.2
C	0.7~0.9	0.9~1.1
D	0.3~0.7	0.6~0.9
E	0.2~0.3	<0.6
F	<0.2	不定

注：候车站台服务水平不宜低于0.5m²/人。

站台基本形式　　　　　　　　　　　　　　表2

站台形式	图示	说明
周边式	（图示）	1.适合公交线路间换乘量较大的车站。 2.适合与其他交通方式水平或垂直换乘。 3.发车位数超过8个时建议结合行列式布置，否则平面换乘距离过远。 4.到发车区占地面积较大，可考虑结合周转停车用地使用。 5.人车分流，无相互干扰。
岛式	（图示）	1.适合集中客流特征明显，公交线路间换乘量大的车站。 2.适合与其他交通方式垂直换乘。到发车频率不高时，也可考虑与其他交通方式水平换乘。 3.到发车位数不宜过多，否则占地较大，平面换乘距离过远。 4.站台及到发车区占地面积较大。 5.人车分流，无相互干扰。
行列式	（图示）	1.适合公交线路间换乘量不大的车站。 2.适合与其他交通方式垂直换乘。到发车频率不高时，也可考虑水平换乘。 3.站台及到发车区占地面积较小。 4.结合垂直换乘设施，可做到人车分流，无相互干扰。

实例［7］公交车站

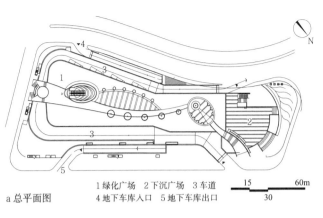

a 总平面图　　1 绿化广场　2 下沉广场　3 车道
　　　　　　　4 地下车库入口　5 地下车库出口

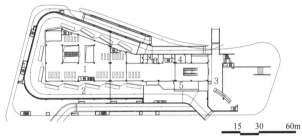

b 地下一层平面图　1 公交站点候客区　2 公交行车区　3 下沉广场
　　　　　　　　　4 会议室　5 设备间　6 卫生间

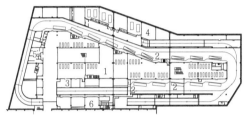

c 地下二层平面图　1 旅游车候客区　2 旅游车行车区　3 商铺
　　　　　　　　　4 设备间　5 卫生间　6 办公室

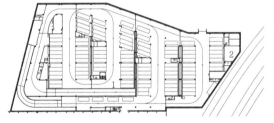

d 地下三层平面图　　1 停车区　2 设备间

e 剖面图一

f 剖面图二

1 上海十六铺公交枢纽

名称	主要技术指标	设计单位
上海十六铺公交枢纽	用地面积1.46hm²，建筑面积37802m²	上海市政工程设计研究总院（集团）有限公司

公交枢纽位于上海市黄浦区南外滩，是一座集公交车、旅游车为一体的交通枢纽。地下一层主要功能为公交枢纽及下沉式广场，通过基地北侧下沉式广场将地面人流引入，进而进行交通换乘；地下二层为旅游车上下客位及候车区；地下三层为驻车区

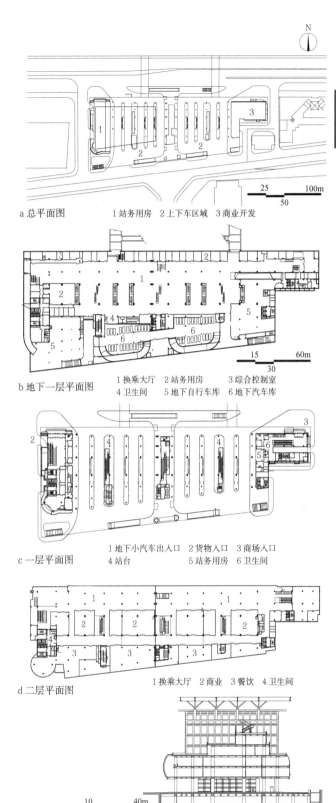

2 北京动物园公交枢纽

名称	主要技术指标	设计单位
北京动物园公交枢纽	用地面积1.57hm²，建筑面积100865m²	北京城建设计发展集团股份有限公司

公交枢纽位于北京市动物园地区，是一座服务于北京市区的公交车换乘的枢纽站。首层为公交站台，地下一层为换乘大厅及地下停车库、自行车地下停车场、站务用房等；地下二层为地下停车场；二层为换乘大厅及商业开发；三层以上为商业开发。规划公交线路为10条

公交车站 [8] 实例

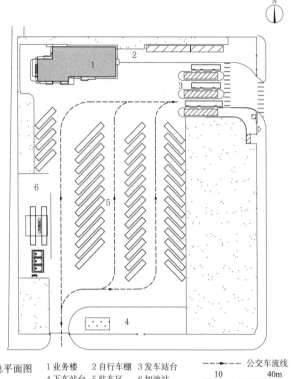

a 总平面图　1 业务楼　2 自行车棚　3 发车站台
　　　　　　4 下车站台　5 驻车区　6 加油站
　　　　　　　　　　　　　　　　　 --→ 公交车流线
　　　　　　　　　　　　　　　　　　 10　　40m
　　　　　　　　　　　　　　　　　　　　20

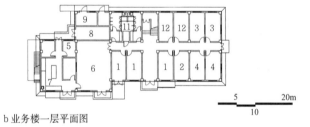

b 业务楼一层平面图

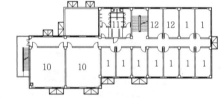

c 业务楼二层平面图

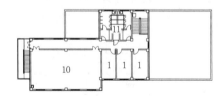

d 业务楼三层平面图　1 业务　2 票务　3 司售备室　4 调度室
　　　　　　　　　　5 工具间　6 餐厅　7 厨房　8 电锅炉房
　　　　　　　　　　9 电瓶室　10 会议室　11 卫生间　12 更衣室

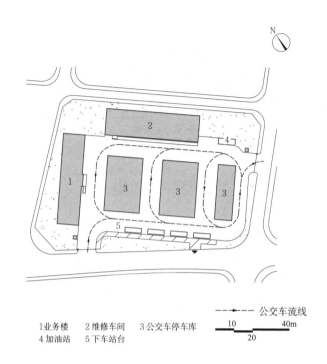

1 业务楼　2 维修车间　3 公交车停车库
4 加油站　5 下车站台
　　　　　　　　　　　　--→ 公交车流线
　　　　　　　　　　　　　10　　40m
　　　　　　　　　　　　　　20

a 总平面图

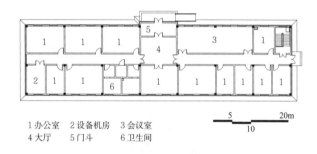

1 办公室　2 设备机房　3 会议室
4 大厅　5 门斗　6 卫生间

b 业务楼首层平面图

c 业务楼东立面图

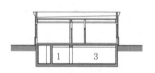

d 业务楼东剖面图

1 北京市石景山区玉泉路公交场站

名称	主要技术指标	设计单位
北京市石景山玉泉路公交场站	用地面积约0.13hm²，建筑面积约540m²	北京市市政工程设计研究总院有限公司

玉泉路公交场站位于北京市西部，用地内布置了发车区、停车区、车队业务用房，并预留内部使用加油站用地，是涵盖6条公交线路的场站

2 玉树新寨中心站

名称	主要技术指标	设计单位
玉树新寨中心站	用地面积约0.34hm²，建筑面积约8400m²	北京市市政工程设计研究总院有限公司

新寨中心站位于结古镇的北部新寨组团东侧，是公交线路的运营管理中心，多条线路首末站的汇集中心

实例 [9] 公交车站

1 出租车驻车场
2 出租行车区
3 乘客上客站台
4 设备用房
5 场站管理用房
6 绿化

- - - → 出租车流线

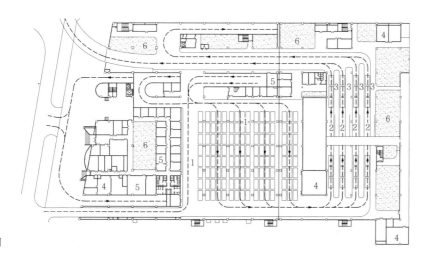

a 平面图

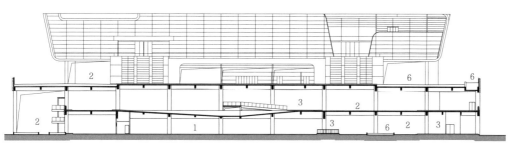

b 剖面图

1 深圳北站综合交通枢纽东广场

名称	主要技术指标	设计时间	设计单位	
深圳北站综合交通枢纽东广场	占地面积10200m²；总建筑面积约30507m²	2008	北京城建设计发展集团股份有限公司	深圳北站综合交通枢纽东广场采用人、车立体交叉流线及矩阵式发车的上客模式，出租场站发车效率极高，可满足高铁火车站大流量出站人流的乘车要求，避免乘客等车时间过长

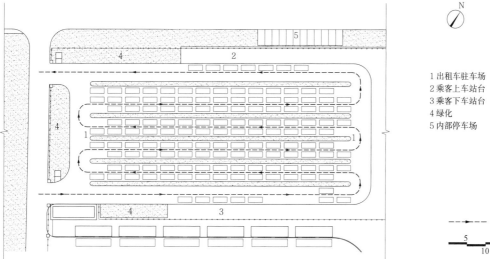

1 出租车驻车场
2 乘客上车站台
3 乘客下车站台
4 绿化
5 内部停车场

- - - → 出租车流线

2 北戴河火车站出租车站总平面图

名称	主要技术指标	设计时间	设计单位	
北戴河火车站出租车站	占地面积30700m²，停车场总面积约29750m²	2010	北京市市政工程设计研究总院有限公司	北戴河火车站出租车站位于北戴河火车站站前广场

公交车站 [10] 实例

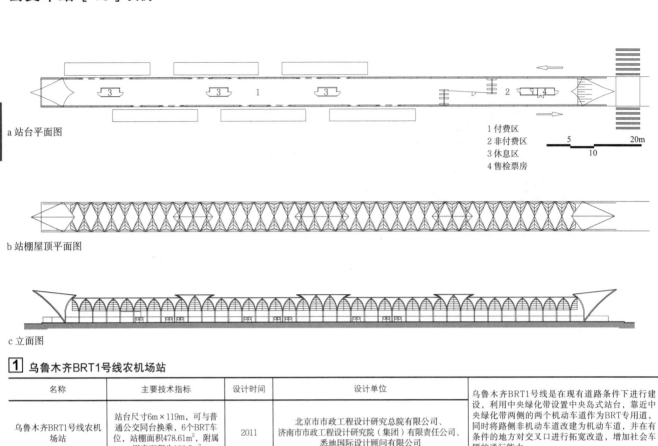

a 站台平面图

1 付费区
2 非付费区
3 休息区
4 售检票房

b 站棚屋顶平面图

c 立面图

1 乌鲁木齐BRT1号线农机场站

名称	主要技术指标	设计时间	设计单位	
乌鲁木齐BRT1号线农机场站	站台尺寸6m×119m，可与普通公交同台换乘，6个BRT车位，站棚面积478.61m²，附属用房面积为109.5m²	2011	北京市市政工程设计研究总院有限公司、济南市市政工程设计研究院（集团）有限责任公司、悉地国际设计顾问有限公司	乌鲁木齐BRT1号线是在现有道路条件下进行建设，利用中央绿化带设置中央岛式站台，靠近中央绿化带两侧的两个机动车道作为BRT专用道，同时将路侧非机动车道改建为机动车道，并在有条件的地方对交叉口进行拓宽改造，增加社会车辆的通行能力

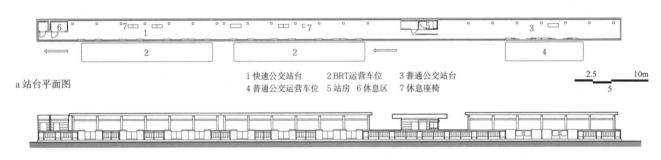

a 站台平面图

1 快速公交站台　2 BRT运营车位　3 普通公交站台
4 普通公交运营车位　5 站房　6 休息区　7 休息座椅

b 立面图

1 售票
2 监票
3 设备机

c 站房平面图　　d 站房立面图　　e 站房侧立面图　　f 站房剖面图

2 北京阜石路BRT甘家口站

名称	主要技术指标	设计时间	设计单位	
北京阜石路BRT甘家口站	站台尺寸3m×80m，可与普通公交同台换乘，2个BRT车位，1个普通公交车位，站棚面积156m²，3个附属用房：售检票、更衣室、卫生间，附属用房面积为11.5m²	2012	北京市市政工程设计研究总院有限公司	阜石路快速公交系统与其他快速交通方式一起构成市区中西部可持续发展的公共交通骨干网络。通过连接门头沟、石景山区、城市中心区以及沿线其他办公、商业、居住区，带动门头沟经济建设发展；该线路的建成不仅完善了北京市的城市基础设施，为乘客提供安全、快速、舒适、便捷的交通工具，而且在促进城市合理布局、改善交通结构、保护生态环境，有效缓解交通拥堵，促进经济发展等方面，具有重要意义

定义

1. 物流

根据实际需要，将物品的运输、储存、装卸、搬运、物流加工、配送、信息处理等基本功能实施有机结合，实现物品从供应地向接收地的实体流动过程。

2. 物流加工

指根据顾客的需要，在物流过程中对物品实施的简单加工作业活动的总称，如分割、包装、贴标签等。

物流加工和一般的生产型加工在以下方面有较大区别。

（1）加工目的不同：生产型加工目的是创造物品价值及使用价值，而物流加工目的则在于完善其使用价值，并在不作大改变情况下提高物品价值。如将大包装的商品改为适合销售的小包装、在包装上粘贴或涂刷品牌及说明；对原始农副产品进行清洗、消毒、分割、去皮根茎等初加工等。

（2）加工对象不同：物流加工的对象是商品，而生产型加工对象不是本企业最终产品，而是上游企业的产品、原材料、零配件、半成品。

（3）加工程度不同：物流加工大多是简单加工，是对生产型加工的辅助及补充，而生产型加工是专设生产加工过程的复杂加工，形成人们所需的商品。

（4）加工组织者不同：物流加工由流通企业完成，而生产型加工则由制造企业完成。

3. 物流建筑

指进行物品收发、储存、装卸、搬运、分拣、物流加工等物流活动的建筑设施。

由物流加工与生产型加工的区别可知，物流建筑不同于一般的工业建筑。

4. 物流建筑群

物流建筑与配套建设的管理建筑（运营管理、商务办公、口岸办公用房等）、支持服务建筑（设备维修间、备件库、检查与通行卡口建筑等）组成的建筑群或建筑组合体，可称为物流园、物流中心、物流基地等。

分类

1. 总体分类

物流建筑覆盖各行业，因服务行业和处理对象不同、物流活动范围不同，建筑功能组成与特征也不尽相同，按工程服务对象及功能特征分类称为工程总体分类。

物流建筑工程总体分类　　　　　　　　　　　　　表1

类别	物流建筑服务对象与功能特征
港口运输物流建筑	适宜港口船舶运输货物的处理
公路运输物流建筑	适宜公路车辆运输货物的处理
铁路运输物流建筑	适宜铁路机车运输货物的处理
航空运输物流建筑	适宜航空运输货物的处理
交易型物流建筑	适宜物流交易活动过程中各种大宗物品的处理
社会服务物流建筑	适应为社会各界提供开放式的物流服务
物资储备物流建筑	适应各类国有物资的存储保管
专自用型物流建筑	适应具有特定或内部物流管理活动个性化要求的行业、企业，包括机械电子、烟草行业
冷链物流服务建筑	适应物品处于低温环境下，安全开展冷链物流活动
危险品存储物流建筑	适应危险品的安全保管，包括行业自用危险品库和民用爆炸危险品库

2. 单体物流建筑分类

由于"物流中心"等通用物流建筑名称不能明确反映建筑设计特点，因此需要对物流建筑单体进行分类。

按处理物品性质分类　　　　　　　　　　　　　　表2

类型	分类原则
普通物流建筑	处理的物品对操作及保管环境、包装、运输条件、保安无特殊要求，且火灾危险性类别属于现行国家标准《建筑设计防火规范》GB 50016规定的丙、丁、戊类
特殊物流建筑	处理的物品对操作及保管环境、包装、运输条件、保安有特殊要求且不属于危险品
危险品物流建筑	处理的物品为在运输、储存、生产、经营、使用和处置中，容易造成人身伤害、财产损毁或环境污染而需要特别防护的危险品

按使用功能分类　　　　　　　　　　　　　　　　表3

类型	分类原则
作业型	同时满足下列条件： 1.建筑内存储区的面积与该建筑的物流生产面积之比不大于15%； 2.建筑内存储区的容积与该建筑的物流生产区容积之比不大于15%； 3.货物在建筑内的平均滞留时间不大于72h； 4.建筑内存储区的占地面积总和不大于现行国家标准《建筑设计防火规范》GB 50016规定的每座仓库的最大允许占地面积
存储型	满足下列条件之一： 1.建筑内存储区的面积与该建筑的物流生产面积之比大于65%； 2.建筑内存储区的容积与该建筑的物流生产区容积之比大于65%
综合型	除作业型物流建筑、存储型物流建筑之外的物流建筑

规模等级划分

单体物流建筑规模等级划分　　　　　　　　　　　表4

规模等级	单体建筑面积A（m²）	
	存储型物流建筑	作业型、综合型物流建筑
超大型	$A>100000$	$A>150000$
大型	$20000<A\leq100000$	$40000<A\leq150000$
中型	$5000<A\leq20000$	$10000<A\leq40000$
小型	$A\leq5000$	$A\leq10000$

注：1.表中为通用数据，当行业另有规定时，可选行业规范规定的取值。
2.本表不包括危险品物流建筑规模等级划分。

物流建筑群规模等级划分　　　　　　　　　　　　表5

规模等级	占地面积S（km²）
超大型	$S>5$
大型	$2<S\leq5$
中型	$1<S\leq2$
小型	$S\leq1$

安全等级划分

安全等级划分表　　　　　　　　　　　　　　　　表6

等级	特征	建筑类型
一级	重要建筑	1.国家物资储备库、应急物流中心、存放贵重物品及管制物品等的库房； 2.对外开放口岸一类国际机场、港口、公路、铁路特等站货运工程； 3.国家及区域城市的大、超大型邮政枢纽分拣中心
	超大型建筑规模	所有超大型物流建筑
	危险保管	储存各类危险品的库房
二级	较重要建筑	1.区域型机场、港口、铁路、公路的货运枢纽工程； 2.保税仓库或物流园区； 3.国家及区域城市的中、小型邮政分拣中心
	中、大型建筑规模	所有中型、大型普通货运工程
	特殊保管要求	1.食品、医药类的仓库、物流中心或配送中心； 2.较重要的特殊物流建筑、区域、部位
三级		一、二级安全等级以外的物流建筑、区域、部位

物流建筑 [2] 通用设计要求 / 功能与建筑组成

一般工艺流程

物流建筑的工艺流程应围绕基本功能要素进行。

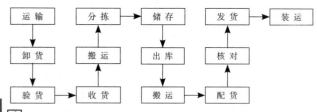

1 物流建筑典型工艺流程图

基本功能要素

建筑基本功能要素　　　　　　　　　　　　　　　表1

功能要素	活动定义	表达符号
运输	物品的场外道路运输	⇨
操作	对物品进行分拣等作业	○
检验	对物品的品名、数量、质量等进行核实查验	□
存储	存放保管物品	▽
等待	物品进行下一处理活动的暂时排队等候	◠
搬动	对物品进行场内起讫点间的移动	◇

基本功能分区

物流建筑的功能分区,根据工艺要求的物流活动要素,结合运作模式需求确定,基本功能区见下图。

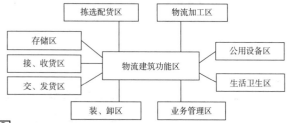

2 物流建筑基本功能区组成示意

功能组成要点

1. 具有食品安全和药品安全要求的物流建筑应设置防护围界或安全监控设施。

2. 中型及以上规模等级的物流建筑和物流建筑群、进行农副产品物流交易活动的物流建筑,应根据需要设置集中的废弃物及可回收物品收集与处理站。

3. 在冷链、洁净环境中进行生鲜、动物、植物、食品、药品等物品作业或存储物流建筑,应配置污水、废弃物、排泄物的集中处理设施。

4. 社会运输服务类物流建筑应具有对外开放营业厅等公共用房。面向社会提供物流服务的物流建筑应根据业务需要配置洽商、物流交易等建筑用房。

5. 处理种畜、种禽和活体动物、鲜活水产品的物流设施,宜设饮水、通风降温、排泄物处理及洗刷、消毒等设施。

6. 物流建筑群可按表2进行功能设置。

功能设施配置

物流建筑功能复杂,应根据具体情况选择建筑形式,并进行完善的单体建筑功能区域和群体建筑功能设施的配置。

物流建筑群的功能组成　　　　　　　　　　　　　表2

组成部分		物流建筑群规模等级				备注
		超大型	大型	中型	小型	
物流建筑	作业型物流建筑	●	●	●	●	3种物流建筑至少配置1种
	存储型物流建筑					
	综合型物流建筑					
	特殊物流建筑	○	○	○	○	有特殊物品储运业务时应配置
	危险品物流建筑	○	○	○	○	有危险品储运业务时应配置
	除害熏蒸处理房	○	○	○		有口岸业务时应配置
场坪	货物堆场或装卸场地	○	○	○	○	
	集装箱坪	○	○	○	○	有集装箱业务时应配置
	海关/检疫查验场所	○	○	○		有口岸业务时应配置
辅助生产设施	地磅房	○	○	○	○	
	设备、车辆维修站	○	○	○	○	可选择社会化服务
	备件库、包装材料库	○	○	○	○	
	门卫室	●	●	●	●	
	废弃物和可回收物收集站点	○	○	○	○	按废弃物产生量配置
公用设施	开闭站及变配电所	●	●	●	○	
	消防水泵房	●	●	●		
	消防水池	●	●	●		
	雨水站房	△	△	△	△	可利用市政资源
	污水处理站	△	△	△	△	
	热交换站或制冷站	○	○	○		
	消防报警及监控中心	●	●	●		
	安保、安防监控中心	●	●	●		
	楼宇自控和设备监控中心	●	●			
办公建筑	营业厅	○	○	○	○	运输服务类应配置
	业务与管理办公用房	●	●	●	●	
	安防、安保执勤用房	○	○	○	○	可附于门卫或安保监控中心
	代理等单位驻场办公用房	○	○	○	○	可利用社会资源
	海关业务办公用房	○	○	○		有口岸业务时应配置
	检疫业务办公用房	○	○	○		
	进出境查验业务与办公用房	○	○	○		
	通信和信息中心	●	●	●		
	综合业务楼	○	○			
生活服务设施	卫生间	●	●	●	●	
	更衣室、淋浴间	●	●	●	●	淋浴间可选择社会化服务
	司驾人员休息室	○	○	○	○	
	倒班宿舍	○	○	○	○	有夜间作业时宜配置
	公共厕所	●	○	○	○	运输服务类应配置
	单身宿舍、公寓	△	△	—	—	可选择社会化服务
	食堂、餐饮、酒店	△	△	—	—	
	急救包扎点/医务室	●	●	●	●	医务室可选择社会化服务
	商业、银行、邮政营业点	△	△	—	—	可选择社会化服务
交通运输设施	停车场	●	●	●		包括货运车辆停车场
	公交乘降站点	●	○	○		可利用市政资源
	铁路专线	○	○			按年进出货运量和高峰量配置
	直升机起降场点	○	○			仅供应急救援业务时配置
其他配套设施	展示及交易建筑	○	○			
	培训或研发建筑	○	○			
	公共加油站	△	△	△		可利用市政资源
	消防站及执勤点	○	○	○		当地无消防服务时配置

注:●必须具备,○根据业务需要配置,△根据当地基础设施条件配置,—不配置。

设计要点

1. 物流建筑设计首先要按建筑功能和处理物品的性质进行基本分类,确定其设计标准。
2. 建筑功能与形式应符合运营模式和工艺使用要求,应以工艺设计确定的总体规模、功能组成、工艺流程为设计基础依据。
3. 设计需满足物品安全养护与保管的条件要求,建筑应有防潮、防晒、防鼠虫、防干燥、防盗等建筑条件。
4. 国际监管货物与国内货物的处理,需具备建筑分区隔离的条件。
5. 物流发展具有明显的随机性特点,设计应具有前瞻性,采用适应发展变化、具有可改扩建、弹性的建筑设计方案。
6. 物流建筑设计应综合考虑影响设计的各种因素,整合工艺系统要求,实现总体优化。

物流建筑设计选用设计标准要求　　　　　　　　　　　表1

类别		选用标准要求
功能性质类别	储存型物流建筑	执行标准对仓库或库房的设计规定
	作业型物流建筑	参考执行标准对厂房的设计规定
	综合型物流建筑	作业区执行建筑设计相关标准中对厂房的设计标准,存储区执行建筑设计相关标准对仓库或库房的设计规定
物品性质类别	普通物流建筑	按物品火灾危险性要求设计
	特殊物流建筑	按物品火灾危险性要求和保管养护特殊条件要求的相应标准设计
	危险品库	执行规范、标准对危险品仓库或库房的设计规定,不得设计为作业型和综合型危险品物流建筑
工艺及建筑形式类别	平库	按功能性质和物品特性类别,选用相应的单层建筑设计标准
	立体库	根据其单层及多层建筑的定性,按照建筑设计防火标准要求设计
	高层	超过24m高的多层物流建筑按高层建筑设计

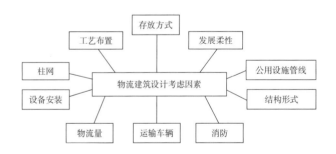

1 物流建筑设计应考虑因素框图

面积、容积计算

1. 物流建筑的面积应根据物流量、企业生产能力发展需求等确定。
2. 物流建筑的总建筑面积应包括物流生产面积及配套建设的业务与办公建筑面积、辅助生产建筑面积、生活服务建筑面积。
3. 物流建筑的物流生产面积的确定应符合下列规定。
(1) 物流建筑的面积计算应符合现行国家标准《建筑工程建筑面积计算规范》GB/T 50353的规定。
(2) 物流建筑的存储面积应包括货物存储区的面积以及存储区的作业通道面积。
(3) 物流建筑的作业面积应包括固定和活动作业设施、人员作业、货物暂存等所占区域的面积。
(4) 物流建筑的物流生产面积应为物流建筑的作业面积、存储面积之和。
(5) 物流建筑的货物存储容积应为建筑内能够实际存储货物的区域空间,并应按设计存储货物高度计算。
(6) 物流建筑的物流生产区容积应为物流生产区域所占的建筑空间,并应按建筑净高计算。
(7) 物流建筑的物流生产面积可按下式计算:

$$S = \frac{QtK}{qT\alpha}$$

式中:
S—物流生产面积(m^2);
Q—物流总量(t);
t—操作期,指存储期或进行物品处理过程的时间,其单位与完成物流总量的时间单位一致;
K—不平衡系数,根据物品进出的高峰波分析取值,无高峰特征可取值1;
q—单位面积处理物流量指标(t/m^2),其取值按行业规定标准选定,无行业标准时,可根据物品的单位面积堆积重量计算得出;
T—完成物流总量的时间,可以根据行业情况或生产特征选定,可为年或日等;
α—面积利用系数,为作业或仓储有效使用面积与该区域建筑面积之比。

存储区、作业区划分

物流建筑的存储区、作业区的划分应符合下列规定:

1. 存储区应满足下列条件之一:
(1) 物品平均堆放高度大于1m、面积利用系数大于0.4且物品平均滞留时间大于24h的堆存区域;
(2) 物品存放高度不大于2m且物品平均滞留时间大于24h的货架区;
(3) 物品存放高度大于2m的货架区;
(4) 物品平均滞留时间大于72h的区域。

2. 作业区应同时满足下列条件:
(1) 用于对物品进行物流作业的区域;
(2) 不属于本条第(1)款的区域;
(3) 物品在该区域的最长滞留时间不大于72h。

物流建筑面积统计范围　　　　　　　　　　　表2

类别		说明
物流建筑	房屋建筑	各类库房	可称为物流中心、配送中心等
		各类物流厂房	
		装卸或查验作业站台	—
	场坪建筑	各类生产用场坪	包括堆场、作业场、特种运输设备停放场、装卸场

物流建筑的面积比例　　　　　　　　　　　表3

	建筑面积类别	比例	说明
单体物流建筑	物流生产面积	≥65%	包括场坪面积
	业务与管理办公用房、生活服务用房面积	5%~15%	仅指物流企业自用房
	辅助生产面积	≤5%	包括变配电站、建筑智能化管理与控制中心、水泵房及消防控制中心、制冷及供热机房、门卫室等
物流建筑群	物流生产面积	≥65%	
	公共办公、生活服务建筑面积	15%~35%	公共办公、生活服务建筑是指面向社会开放使用的营业、通关、金融、信息、商务等业务办公用房及执勤休息、餐饮、公共厕所、盥洗、垃圾处理等生活服务设施
	辅助生产面积	≤3%	—

注:1. 大型、超大型的综合性单体物流建筑可按物流建筑群的面积比例确定。
2. 本表摘自现行国家标准《物流建筑设计规范》GB 51157—2016。

物流建筑 [4] 通用设计要求 / 建筑形式

建筑形式

建筑形式　　表1

	建筑形式	示图	优点	缺点	适用条件
单层	平库		1.结构简单； 2.建造工期较短； 3.土建造价较低	土地与建筑空间利用不充分	有足够的土地资源
	起重机库				1.有足够的土地资源； 2.适用于重大件、散料与料箱堆存
	高架仓库		1.土地与建筑空间利用率高； 2.有利于实现工艺自动化	1.建造技术复杂； 2.地质条件较差时会增加总体造价	1.土地资源稀缺； 2.地耐力较好； 3.物流自动化水平要求高
	台地平库		1.充分有效利用地形条件； 2.降低建筑造价	建筑各层需分别设有直接连接室外的消防道路	高差较大的山坡地、台地地形或类似的场地
多层	垂直运输		1.节约土地； 2.有利于货物楼层间机械化搬运	1.采用货梯运输时，进出货速度受限； 2.采用大跨度柱网时，土建造价较高	1.用地规模限制； 2.可采用货梯、升降机等楼层间垂直运输设备
	平层运输		1.节约土地； 2.平层装卸作业简便、快捷	1.采用大跨度柱网时，土建造价较高； 2.货车上楼坡道需占用场地	1.用地规模限制； 2.大量装卸作业的多用户入驻； 3.不适宜采用楼层间垂直运输的工况
地下	地下仓库		1.提高地下空间使用效率； 2.有利于避光及有温湿度或安全要求的物品保管	1.防水处理复杂； 2.通风排湿运行费用增加	1.建筑限高； 2.有特殊保管要求
	地下直埋油罐库		1.经济安全可靠； 2.火灾扑灭容易； 3.减少油的挥发； 4.卸油可自流	1.油罐检查困难； 2.维修不方便	贮存汽油、煤油、柴油及其他易燃液体
洞库	土洞库		利于安全保管	1.通风效果差； 2.受地形条件影响较大	特殊需求的安全储存形式
货棚	棚库	四周有半墙	可防一般湿雨，结构简单、造价低	1.不宜长期储存货物； 2.建筑外观受影响	有防湿雨要求时采用
		四周无墙体	结构简单、造价低	1.不宜长期储存货物； 2.建筑外观受影响； 3.不能防止湿雨	仅有一般防晒、防雨要求
场坪	露天起重机堆场		1.作业方便，灵活性大； 2.造价与运行费用较低	1.受气候影响大； 2.场地面积利用系数低	1.室外存放的大宗原材料、散料、集装箱存储； 2.大宗货物散料或集装箱交接、保管和安全检查
	露天堆场	露天操作场地，场地地坪高于路面标高，粉料储存场地外围设置挡墙			

注：1. 建筑形式应符合物流工艺及运营模式需求，可采取单层、多层、高层建筑形式或组合形式。
　　2. 物流量大的多层建筑，宜采用坡道式或退台式建筑形式，经济合理地利用土地。

建筑空间尺度

1. 影响建筑空间尺度的因素

物流建筑的空间尺度取决于工艺对建筑空间高度、宽度和进深的要求，设计需考虑 1 所示的影响因素。

2. 高度确定

物流建筑室内空间净高应根据货架高度、工艺设备与作业需求空间等因素，经济合理地确定。

3. 宽度与进深

建筑面宽应满足工艺布置及高峰时装卸车辆停靠泊位需求。物流建筑进深应根据物品处理工艺流线和流量确定。

宽度与进深受装卸作业面布置形式的影响，2 为常用布置形式。

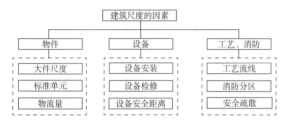

1 建筑空间尺度影响因素

物流建筑室内净高（单位：m） 表1

工艺方式	建筑类型	存储型	作业型
平面操作		≥5.5	≥5.5
使用普通货架		≤7.0	—
使用高货架		≥9.0	—
使用分拣系统等大型设备		按设备安装与检修高度空间确定	

注：物流建筑的室内高度可在满足工艺条件下，结合当地气候、施工条件、经济性等适当进行调整。

物流建筑参考进深（单位：m） 表2

工艺形式	建筑进深尺寸
单侧进出货作业	不宜超过60
双侧进出货作业	不宜超过120
高架库或其他形式的立体库	根据工艺设备选型进行计算确定

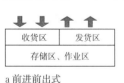
a 前进前出式

b 侧进前出式

c 前进后出式

d 侧进侧出式

2 进货、出货作业面布置示意图

4. 柱网

确定柱网需考虑的因素及常用数据（单位：m） 表3

影响因素	常用数据
处理物品的形状尺寸；搬运方式及搬运设备运行空间；集中作业时最大物流量；工艺布置与防火分区	跨度12~48 柱距12~24（不包括边柱）

柱网应适合处理物品的形状及搬运设备安全作业对场地尺度的要求，应根据防火分区和货架布置等要求控制建筑柱网尺寸。当货架布置无法避让建筑立柱时，应尽可能采用货架包立柱的形式，提高建筑空间利用率。

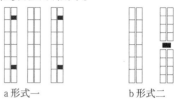

a 形式一　　　　　b 形式二

3 柱网与货架关系排列示意图

门窗

1. 大门的数量应满足高峰时装卸物流量的要求，1000m² 的物流单元不宜少于2樘门。

2. 提升门应有足够的建筑安装与提升空间，应合理地进行管线综合布置，避免发生管线遮挡。

3. 装卸门封：安装在封闭式装卸货口的用以封闭厢式货车和进出口货口的装置，包括垫式门封、帘式门封和充气式门封三种类型。在现代物流作业中，由于对存储区环境及货物本身的保护越来越重视，这种装卸系统多被采用。

4. 窗的设置：物流建筑内存储的物品有避光要求时，该存储区的外窗不应设置在会使物品受到光照或热辐射影响的部位。窗的日照光线不应直射货物。

5. 屋顶平天窗应长向顺坡连贯布置，并有防水、安全防护和防眩光等措施。建筑设置屋顶平天窗时，室内宜采用浅色顶棚。

门窗要求表 表4

项目	工况	数据	要求
侧墙窗下沿高出室内地坪的高度（m）	库房或物流厂房	≥1.8	外开、避光直射
	危险品库	≥2.2	避光
大门净高（m）	无轨运输工具通行	≥2.4	应比运输工具的载货高度高出0.3m以上
	铁路线进入	≥5.4	
门净宽（m）	无轨运输工具通行	≥2.1	应比运输工具的载货宽度增加0.6m以上
	铁路车辆进入	≥4.5	

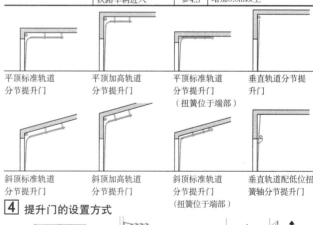

4 提升门的设置方式

a 帘板式门封透视图

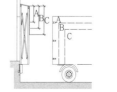
b 帘板式门封剖面示意图

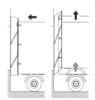
c 可伸缩门封示意图

5 装卸门封样式

装卸站台

装卸站台装卸方式示意及设置要求　　　表1

站台类型	汽车站台			铁路站台	
	直线形	锯齿形	梳子形	普通站台	尽端式
装卸方式	直列停车, 后车门装卸	可侧、后车门装卸	可侧、后车门装卸	与装卸线平行, 侧面装卸	与铁路线垂直, 后门装卸自行开动的机动车辆
示图					
站台宽度（m）	人工搬运≥2.5 叉车搬运≥4.0	人工搬运≥2.5 叉车搬运≥4.0	人工搬运≥2.5 叉车搬运≥4.0	人工搬运≥3.5 叉车搬运≥4.0	≥4.5
站台高度（m）	高出地面0.9~1.2			高出轨顶1.1	
雨棚高度（m）	根据站台部位建筑外墙门洞高度确定			轨顶至屋檐≥5.0	
站台边至铁路中心线间距（m）	—	—	—	1.75	—

通道

1. 坡道

物流建筑的坡道坡度　　　表2

车辆类型	坡度（%）		坡道宽度（m）
	直线坡道	曲线坡道	
轻型货车（车长7.0m）	13.3	10.0	3.5
中型货车（车长9.0m）	12.0	10.0	3.5
大型货车（车长10.0m）	10.0	8.0	3.5
铰接货车（车长16.5m）	8.0	6.0	4.2
叉车	8.0	8.0	3
航空货运集装板/箱拖车	3.0	—	6

2. 作业通道

存储型物流建筑的作业通道占其生产面积的30%以下，作业型物流建筑约占其生产面积的50%。

作业通道设置参考数据　　　表3

通道功能		通道宽度（m）
手动搬运车通道		2.0~2.5
汽车单行道		3.6~4.5
货架间通道	人工取取	1.0~1.2
	设备存取	根据货载单元尺寸和设备操作空间确定
堆垛间过道		约1.0

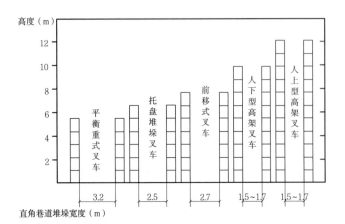

1 典型叉车通道设置图示

3. 货物滑道

单一包装规格的货物从二层及以上楼层出库，可采用建筑滑道出库。若滑道布置在建筑外墙，底层滑道出口的高度应比汽车的车厢底板高1.2~1.5m。出口应尽可能伸至汽车车厢板边，以减轻装卸工人的劳动强度，并应根据摩擦系数确定滑道面缓冲角，确保出货安全。

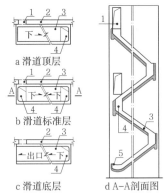

a 滑道顶层　b 滑道标准层　c 滑道底层　d A-A剖面图
1 下包口　2 墙体　3 滑槽　4 跌落口　5 出口

2 楼库建筑层叠式出货滑道

地面

楼、地面要求与做法　　　表4

物流建筑区域	使用要求	常用构造
载重汽车、叉车等装卸车通行及装卸区域	高强、耐磨、防滑、不起尘	现浇配筋混凝土地面、金属骨料混凝土地面、混凝土密封固化剂耐磨层
通行金属轮车、托运尖锐金属物件等区域	耐磨、防滑、不起尘	现浇混凝土垫层兼面层、金属或非金属耐磨面层、混凝土密封固化剂耐磨面层
长期处在潮湿或有水环境下的区域	防锈	不宜采用金属骨料耐磨层
储存有爆炸和易燃危险品的房间地面、搬运车辆充电区	防静电	不发火地面
储存腐蚀性危险品库	干燥、防腐蚀	耐酸碱地面
冷链环境中进行生鲜、动物、植物、食品、药品等物品作业或存储的物流建筑	防滑、清洁、易清洗	非金属耐磨面层或混凝土密封固化剂耐磨面层
无轨堆垛机和自动导向搬运车等自动化设备的作业运行区	地坪精度和平整度应符合设备安装及运行的要求	自流平地面
设计温度等于或低于15℃的冷库、冷加工间	地面应保温	增加聚苯乙烯挤塑泡沫板隔热层
设计温度低于0℃的冷库	防止地面冻胀、结露	地坪架空、隔热地坪下面埋通风管道或采用地面下加热等方法
金属材料堆存、重型配件储存、集装箱货区	坚硬、耐冲击	现浇配筋混凝土地面、钢纤维混凝土地面
一般场坪	满足货物性质、荷载、地质条件以及装卸运输设备安装、运行要求	采用水泥混凝土面层或者连锁块铺面、沥青铺面
堆放具有腐蚀性、易污染物质的杂货或散货场坪	防腐蚀、易清洗	不宜选用沥青类面层

建筑安全防范

1. 物流建筑的安全防范系统设置应与物流建筑安全等级相适应，并应符合下列规定：

（1）安全等级为一级的物流建筑应设置安全防范系统，并应通过监控中心和安全管理系统对物流建筑物进行监控和管理，且宜实现对全部货物处理区域实时监控。

（2）安全等级为二级的物流建筑应设置安全防范系统，并宜通过监控中心和安全管理系统对物流建筑物进行监控和管理，且宜实现对重要及较重要的货物作业部位的实时监控。

（3）安全等级为三级的物流建筑宜设置安全防范系统。

2. 物流建筑中的贵重物品存放房间及重要的库房内应采取防盗报警措施。

3. 大型、超大型物流建筑宜设置出入口控制系统，并应具备身份识别、门钥等功能。

4. 处于沿海地区的场坪，宜设置暴风雨声光警示系统。

5. 除害熏蒸处理房、危险品库宜设手动应急报警按钮；应根据物品存放的要求，选择可燃气体、有毒气体探测器以及放射性物质检测等与环境相适应的探测装置，并应符合现行国家标准《爆炸危险环境电力装置设计规范》GB 50058的规定。

安全防护措施　　　　　　　　　　　　　　　　　　　　表1

项目\安全等级	一级	二级	三级
抗震	重点设防	适度设防	一般设防
耐火等级	一级	一级或二级	二级或三级
洪水重现期	50年以上	50年	
消防供电	一、二级负荷	二级负荷	二级负荷
生产供电	二级负荷	二级或三级	三级负荷
自动灭火系统	必备	必备	自定
火灾自动报警	必备	必备	必备
消防联动	必备	必备	自定
安全防范系统	全覆盖	重点覆盖	自定
保管养护环境	根据物品对操作环境温度、湿度、洁净等特殊要求确定		

抗震设防

物流建筑应根据现行国家标准《建筑工程抗震设防分类标准》GB 50223的规定，按其存放物品的经济价值和地震破坏所产生的次生灾害，划分抗震设防类别，并应按物流建筑安全等级采取相应的防护措施。

1. 存放放射性物质及剧毒物品的库房不应低于重点设防类。

2. 存放贵重物品的库房以及存放易燃、易爆物质等具有火灾危险性的危险品库，应划为重点设防类。

3. 重要的大型、超大型物流建筑以及存放抗震救灾物资的应急物流建筑，宜划分为重点设防类。

4. 存放物品价值低、人员活动少、无次生灾害的单层物流建筑，可划为适度设防类。

建筑设备监控

1. 对于中型及以上规模等级的物流建筑，建筑设备监控系统宜实现对物流建筑内的空调、通风、电力、动力、给水排水、热力、照明等系统的监控。

2. 对于中型及以上规模等级的物流建筑内的作业区，建筑设备监控系统宜具备照明分区监控功能、通道门（提升门或卷帘门）监控功能。

3. 对于作业人员密集及污染废气较多的货物处理区，建筑设备监控系统宜具备通风自动监控功能。

4. 对温湿度、洁净度有要求的物流建筑内，宜根据相关工艺要求，设置温湿度、洁净度等自动监测及控制设施。

建筑防撞保护

物流建筑应在表2所列部位设置防撞构件，并应在表面涂刷警示色或贴黄色反光膜。

建筑防撞安全保护措施　　　　　　　　　　　表2

部位	措施
装卸站台侧面及外边缘	角钢护边
车辆运行路线内磕碰撞到的墙体及构筑物	护栏杆、板
易受到撞击的结构构件	护栏
易受到撞击的设备	护栏
车辆进出口处	防撞柱

现场作业人员安全卫生保护

1. 危险品库、生物制品库、充电间（区）及引发物品飞溅或粉尘伤害的物流作业区，应设置作业人员紧急救护洗眼器、洗手盆等冲淋设施。

洗眼器分为：立式洗眼器、复合式洗眼器等，一般直接安装在地面上使用 [1]。

2. 充电间、危险物品储存间的入口部位设置防爆型人体静电排除器 [2]。

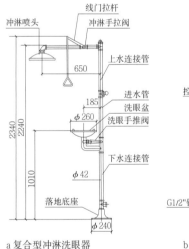

a 复合型冲淋洗眼器　　　　　b 台式移动双口洗眼器

[1] 洗眼器

[2] 人体静电消除器

建筑设计

1. 物流建筑形式应简洁、规整,与使用功能相适应,跨度种类宜少,高度宜统一,并宜采用矩形等规则平面布置。

2. 物流建筑立面及室内各部位的色彩应简洁明快、协调,除有警示或其他提示外,不宜采用对环境和人员产生强烈刺激的色彩。

3. 物流建筑不宜采用大面积反射玻璃幕墙。

4. 物流建筑内货物运输车辆通过的区域应有降噪措施。

5. 采用自动化工艺系统设备的物流建筑和有环境温度与清洁度要求的特殊物流建筑,应根据所处地域的环境条件,采取阻止室外灰尘、热浪、冷风侵入建筑室内的保护措施。

6. 天然采光与自然通风

作业型物流建筑、综合型物流建筑的作业区应优先采用天然采光及自然通风。

物流建筑的窗地面积比宜为1:10~1:18,窗应均匀布置并应符合下列规定:

(1)窗功能以采光为主的物流建筑,宜用固定窗,窗地面积比宜取大值;

(2)窗功能以通风为主的物流建筑,宜用中悬窗,窗地面积比宜取小值,且取值应按自然通风换气次数验算核定。

当物流建筑采用顶部采光时,相邻两天窗中心线间的距离不宜大于工作面至天窗下沿高度的2倍。

当物流建筑以自然通风为主时,进风面(开口面)应符合下列规定:

(1)应按夏季主导风向、最有利进风的方位布置;

(2)主导进风面与夏季最多风向交角宜为60°~90°,并不应小于45°。

供暖

供暖温度要求 表1

区域			室内设计温度(℃)
作业区	人均占用面积≤50m²	轻劳动强度	18~21
		中劳动强度	16~18
		重劳动强度	14~16
	人均占用面积>50m²	轻劳动强度	≥10
		中劳动强度	≥7
		重劳动强度	≥5
采用湿式自动喷水灭火系统的存储区			≥5
充电间			根据电池充电工艺确定,且不低于0℃

注:作业区室内设计温度是指作业地点供暖设计温度。

通风

1. 动物房、除害熏蒸房、检验检疫作业用房、气瓶间以及公共卫生间,应分别设置局部机械排风系统,并应经过滤等无害化处理后高空排出。换气次数宜符合下列规定:

(1)动物房不宜小于4次/h;
(2)气瓶间、检验检疫作业用房不宜小于6次/h;
(3)公共卫生间不宜小于10次/h;
(4)充电间的换气次数不应小于8次/h。

2. 搬运车辆蓄电池充电间(区)应设置独立的机械通风系统,通风量应按充电时产生的气体量和余热量计算确定。

3. 物流建筑内汽车装卸区域、汽车保养维修用房应设置尾气排除系统和尾气自动探测报警系统。燃油叉车或拖车行驶区域宜设置尾气排除系统和尾气自动探测报警系统。尾气排除系统宜与尾气自动探测报警系统联动。

照明

物流建筑应按建筑功能性质和操作要求合理确定照度。

物流建筑各区域照度标准 表2

物流建筑区域		参考平面及高度	照度标准值(lx)	Ra	备注
业务与管理办公区		0.75m水平面	300	80	—
营业厅		0.75m水平面	300	80	高档区域500lx
单货核对作业区域		0.75m水平面	300	80	—
拣选、理货、组装、物流加工等作业区		0.75m水平面	300	80	精细件作业区500lx
仓库、存储区、暂存区	大件库(如钢材、大成品)	1.0m水平面	50		
	一般件库	1.0m水平面	100		
	精细件库(如工具、小零件)	1.0m水平面	200	80	精细件拣选500lx
装卸作业区		地面	100		
维修车间		0.75m水平面	200	60	特种车辆等维修
货场、货棚		1.0m水平面	50		局部照明100lx
主要道路		地面	10		
露天停车场		地面	50		

注:1.本表的照度标准值为一般照明的平均照度。
2.本表中未列出的物流建筑的配套公共建筑、辅助生产用房的照度标准按现行国际标准《建筑照明设计标准》GB 50034的规定执行。

用电设备的负荷分级

物流建筑用电负荷分级,应符合现行国家标准《供配电系统设计规范》GB 50052的规定,并应符合下列规定。

1. 下列用电负荷应按一级负荷供电:

(1)贵重物品库用电;
(2)危险品库的通风设备;
(3)安全等级为一级的应急物流中心、邮政枢纽分拣中心,及其他重要的大型、超大型物流建筑的物品自动搬运、输送、分拣设备用电及作业区、存储区的照明用电;
(4)安全等级为一级的特殊物流建筑的制冷、空调、通风设备;
(5)中型及以上规模等级的物流建筑的安全防范系统、通信系统、计算机管理系统。

2. 消防电源的负荷分级应符合现行国家标准《建筑设计防火规范》GB 50016的有关规定。

排水与排污

下列建筑的排水和排污不得通过管道直接排放到室外管网,应在污染区设置积污坑,且污物收集后应进行专门处置。

1. 危险品物流建筑的易燃液体间、易腐物品间、有毒物品间等的排污;
2. 医药和食品类物流建筑洗消设施和设备的排水;
3. 运输车辆的洗消设施和设备的排水;
4. 牲畜、动物的粪便排放;
5. 熏蒸室、充电间(区)的冲洗排水。

设计基本要求

1. 物流建筑的防火设计应符合下列规定：
   （1）当建筑功能以分拣、加工等作业为主（作业型）时，应按《建筑设计防火规范》GB 50016有关厂房的规定确定，其中仓储部分应按中间仓库确定；
   （2）当建筑功能以仓储为主（存储型）或建筑难以区分主要功能（综合型）时，应按《建筑设计防火规范》GB 50016有关仓库的规定确定，但当分拣等作业区采用防火墙与储存区完全分隔时，作业区和储存区的防火要求可分别按《建筑设计防火规范》GB 50016有关厂房和仓库的规定确定。

2. 为物流建筑服务的办公、生活服务等配套建筑，应执行民用建筑的相关规范和标准。

防火分区

1. 存储型、综合型物流建筑，当分拣等作业区采用防火墙与储存区完全分隔且符合下列条件时，除自动化控制的丙类高架仓库外，储存区的防火分最大允许建筑面积和储存区部分建筑的最大允许占地面积，可按现行国家标准《建筑设计防火规范》GB 50016-2014表3.3.2（不含注）的规定增加3.0倍：
   （1）储存除可燃液体、棉、麻、丝、毛及其他纺织品、泡沫塑料等物品外的丙类物品且建筑的耐火等级不低于一级；
   （2）储存丁、戊类物品且建筑的耐火等级不低于二级；
   （3）建筑内全部设置自动水灭火系统和火灾自动报警系统。

2. 用于物流作业及货物存储的平台、建筑夹层应计入防火分区面积。当建筑夹层面积小于多、高层厂房或仓库防火分区面积的30%时，可不计入建筑层数；当超过多、高层厂房或仓库防火分区面积的30%时，应在单层与多、高层之间划分不同的防火分区，且仓库的占地面积不应超过1座仓库的最大允许占地面积。

3. 当作业型物流建筑和综合型物流建筑的作业区内布置存储区时，存储区应执行现行国家标准《建筑设计防火规范》GB 50016中仓库的规定，但当存储区面积符合下列规定时，储存区与作业区之间可不采用墙分隔，但应设置宽度不小于8m的室内防火隔离带，防火隔离带内不应布置影响人员疏散和导致火灾蔓延的物品和设施：
   （1）丙类物品存储区面积不大于1500m²；
   （2）丁类、戊类物品存储区面积不大于3000m²。

4. 除高层物流建筑外，用于物品自动分拣的作业型物流建筑内，布置密集自动分拣系统设备的区域的最大允许防火分区建筑面积可按表1执行。

布置密集自动分拣系统区域最大允许防火分区面积表　　表1

建筑类型	耐火等级	每个防火分区最大允许建筑面积（m²）
单层	一级	不限
	二级	16000
多层	一级	12000
	二级	8000

注：建筑设自动灭火系统时，最大允许防火分区面积按本表增加1.0倍。

建筑结构防火隔离措施

1. 为物流建筑服务的办公建筑和丙类物流建筑贴邻建造时，其耐火等级不应低于二级，并应采用耐火极限不低于2.0h的不燃烧体墙与物流建筑隔开，并应设置独立的安全出口。当隔墙上需开设互相联通的门时，应采用乙级防火门。

2. 办公楼与丙类作业型物流建筑合建时，其耐火等级不应低于二级，丙类作业型物流建筑与办公楼之间采用耐火极限不低于2.0h的楼板分隔，丙类物流建筑与办公楼的安全出口和疏散楼梯应分别独立设置。办公楼与物流建筑外墙上、下层开口之间的墙体高度不应小于1.2m，或设置挑出宽度不小于1.0m、长度不小于开口宽度的防火挑檐。

3. 在丙类物流建筑内设置的办公室、休息室，应采用耐火极限不低于2.5h的不燃烧体隔墙和不低于1.0h的楼板与其他部位分隔，隔墙上的门应为乙级防火门；当办公室、休息室面积大于200m²时，应至少设置1个独立的安全出口。

4. 当物流建筑之间设货物运输连廊时，连廊的一端应采取防止火灾在相邻建筑间蔓延的分隔措施。

5. 对于只有一个巷道的高货架存储区，当面积超过一个防火分区最大允许建筑面积时，若同时满足下列条件，其防火分区之间可不设防火墙：
   （1）出入库设备需要在整个巷道范围内作业；
   （2）货架内设置自动灭火系统；
   （3）各防火分区的货架独立，相邻的货架区的间距不小于10m。

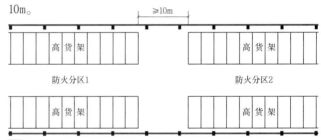

①　单巷道高货架防火分区隔离措施

6. 连续结构单元之间设置下沉带要求及做法：
   （1）下沉带为相对独立的结构单元体系；
   （2）下沉带两侧可设置起到自然采光、自然通风作用的高侧窗；
   （3）下沉带下可设置人员及车辆通道，当不堆存可燃物时，可起到防火隔离带作用。

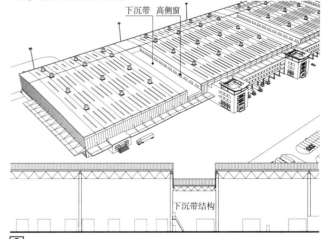

②　下沉带结构形式的物流厂房

连续输送设备穿越防火墙的隔离措施

如有传输线(输送带)穿越防火分区时,应在防火分区分隔处设防火卷帘断开。

连续输送设备穿越防火墙的隔离措施　　　　　表1

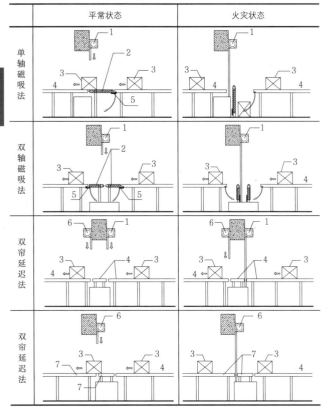

注:1 防火卷帘;2 高配置传送带;3 配送货物;4 普通传送带;5 电磁铁;6 延迟下落防火卷帘;7 延迟停止传送带。

组合建筑消防措施

当多座多层或高层物流建筑由楼层货物运输通道连通时,其防火设计应符合下列规定。

1. 每座物流建筑的占地面积、防火分区面积及防火间距,应符合现行国家标准《建筑设计防火规范》GB 50016的规定。

2. 每座建筑及楼层货物运输通道的耐火等级不应低于二级;通道的顶棚材料应采用不燃或难燃材料,其屋顶承重构件的耐火极限不应低于1.0h。

3. 汽车通道两侧进行装卸作业时,通道的最小净宽不应小于30m;楼层货物运输通道仅作为车辆通行时,多层物流建筑之间不应小于10m,高层物流建筑之间不应小于13m。

4. 每个防火分区应设2个安全出口,当在楼层货物运输通道上设置直通首层的疏散楼梯时,人员可以疏散到楼层货物运输通道;当通道两侧布置物流建筑时,通道上的任一点至直通首层的疏散楼梯的距离不应大于60m。

5. 顶层的楼层货物运输通道向室外敞开面积不应小于该层通道面积的20%;其他楼层自然排烟面积不应小于该层通道面积的6%;当通道高度大于6m时,通道内与自然排烟口距离大于40m的区域,应设机械排烟设施。

6. 楼层货物运输通道内应设置消火栓和自动灭火设施。

7. 楼层货物运输通道应设应急照明和疏散指示标识。

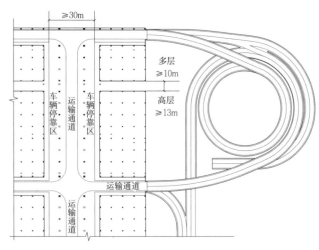

1 组合式多层建筑间运输通道示意图

安全疏散

1. 物流建筑的安全疏散应按其使用功能,分别执行现行国家标准《建筑设计防火规范》GB 50016中有关厂房和仓库疏散的规定。当丙2类作业型物流建筑层高超过6m,且设有自动喷水灭火系统时,其任一点至安全出口的最大疏散距离不应超过规定值的1.25倍。分拣、输送设备的布置应满足人员疏散通行要求。

2. 对于一级、二级耐火等级的作业型物流建筑,当受到用地和工艺布置限制,疏散距离难以满足规定时,可采用疏散通道进行疏散。疏散通道应符合下列规定。

(1) 可设置在楼地面或建筑上部空间;当设在建筑上部时,应采用封闭形式,其承重构件和围护材料应为不燃材料,且耐火极限不应低于0.5h。

(2) 由建筑内任一点至疏散通道的入口水平距离不应大于25m,由疏散通道任一点至安全出口的水平距离满足第(1)条的要求。

(3) 疏散通道内应设自动喷水灭火设施。

3. 物流建筑的疏散门应为平开门,不应采用提升门、卷帘门、推拉门。

灭火救援

1. 物流建筑周围应设置环形消防车道,当小型物流建筑无条件设置时,可在两个长边设消防通道。消防车道的宽度不应小于4m。

2. 车辆进入物流建筑各楼层作业的运输车辆引道,其宽度、坡度、转弯半径应满足消防车通行的要求。

3. 除存储型冷链物流建筑外,大型、超大型丙类存储型物流建筑的二层及以上各层,应沿建筑长边设置灭火救援平台,平台的长度和宽度分别不应小于3m和1.5m,平台之间的水平距离不应大于40m,平台宜与室内楼面连通,并应设置消防救援窗口或乙级防火门。

4. 建筑面积大于1500m²且高度大于24m的单层高架仓库应靠外墙布置,并应有周边长度的1/4作为消防救援面,消防救援面应设消防救援窗口以及直通室外的安全出口,该范围内不应布置进深大于4m的裙房,并应设置消防救援场地。

消防给水

1. 当存储型物流建筑净空高度超过设置早期抑制快速响应喷头的控制高度时，宜采用固定消防炮灭火系统。

2. 物流建筑的一个防火分区内有2个及2个以上不同危险等级区域时，较高危险等级区域建筑顶部的喷淋保护应向外延伸4.6m。

3. 储存或装卸可燃物品的货棚棚顶下应安装喷头；对于宽度超过1.2m的室外挑檐下，当堆放货物时，应设置喷头；当仅供货物装卸等作业使用时，可不设置喷头。喷头宜选用快速响应喷头。屋顶下设置的喷头应避开屋顶排烟窗。

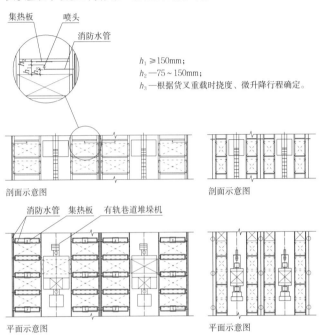

$h_1 \geq 150mm$；
$h_2 = 75 \sim 150mm$；
h_3——根据货叉重载时挠度、微升降行程确定。

a 货位顶部喷头布置示意图　　b 货位侧部喷头布置示意图

1 高架库消防喷淋管线布置示意图

排烟

1. 符合表1所列条件的物流建筑和场所应设置排烟设施。

应设置排烟设施的物流建筑及场所　　　　　　　　表1

建筑、场所	条件
丙类作业区	任一层建筑面积>1500m² 或总建筑面积>3000m²
丙类作业区的地上房间	建筑面积>300m²
丙类存储型物流建筑	占地面积>1000m²
丁类存储型物流建筑	占地面积>5000m²

2. 物流建筑宜采用自然排烟方式。当用自然排烟时，排烟面积占排烟区建筑面积的比例应符合表2的规定。

排烟面积占排烟区建筑面积的比例　　　　　　　　表2

建筑区域 自然排烟方式	作业区	存储区
自动开启排烟窗	≥2%	≥4%
手动开启排烟窗	≥3%	≥6%
顶部易熔采光带（窗）	≥5%	≥10%

注：1. 物流建筑室内净高超过6m时，净高每增加1m，排烟面积可减少5%，但不应小于排烟区建筑面积的1%，且存储区排烟面积不应小于存储区建筑面积的1.5%。
　　2. 室内净高大于12m的物流建筑，采用自然排烟时，宜采用自动开启排烟窗。

3. 净高大于6m的物流建筑，可不划分防烟分区，且排烟口距最远点的水平距离可不大于40m。

4. 每个防烟分区的排烟量应符合表3的规定。

每个防烟分区的排烟量　　　　　　　　表3

物流建筑房间、场所		排烟量
房间	建筑面积≤500m²	按60m³/(h·m²)计算或设置不小于室内面积2%的排烟窗
	500m²<建筑面积≤2000m²，并设有自动喷水灭火系统	按6次/h换气计算且不应小于30000m³/h，或设置不小于室内面积2%的排烟窗
其他场所		排烟量或排烟窗面积应按照烟羽流类型、根据火灾功率、清晰高度、烟羽流质量流量及烟羽流温度等参数计算确定

火灾探测与报警

1. 下列物流建筑或场所应设置火灾自动报警系统，火灾自动报警系统的设计应符合《火灾自动报警系统设计规范》GB 50116的规定：

（1）每座占地面积大于1000m²的丙类存储型建筑；

（2）任一层建筑面积大于1500m²或总建筑面积大于3000m²的丙类作业型建筑；

（3）存储贵重物品、易燃易爆物品的库房；

（4）物流建筑内的搬运车辆充电间（区）。

2. 搬运车辆充电间（区）应设置氢气探测器。

3. 物流建筑高度大于12m的室内空间、低温场所及需要进行火灾早期探测的场所，宜设置吸气式感烟火灾探测器。在货架内部的垂直方向上，每隔12m应至少设置一层采样管网。

4. 高大空间火灾探测器的设置：

高大空间的火灾探测器主要有红外光束感烟探测器、火焰探测器、吸气式感烟探测器、光截面图像感烟探测器等，差别见表4。

火灾探测装置对比表　　　　　　　　表4

探测系统	适宜保护场所	响应时间	对保护场所的要求	投资
吸气式感烟探测器	火灾初期有阴燃阶段，产生大量的烟和少量的热，很少或没有火焰辐射的场所： 1.具有高空气流量的场所； 2.低温场所； 3.肮脏、多灰尘的恶劣场所； 4.需要进行隐蔽探测的场所； 5.需要进行火灾早期探测的重要场所（适用于对货物安全有较高要求的场所）	短	—	高
红外光束感烟探测器	火灾初期有阴燃阶段，产生大量的烟和少量的热，很少或没有火焰辐射的场所（适用于物流建筑内人员较少，疏散较畅通，对火灾探测器的报警时间无特别高的要求）	中	1.无遮挡的大空间； 2.不能有大量粉尘、水雾滞留； 3.需考虑固定探测器的钢结构位移的影响； 4.探测器的设置应保证其接收端避开日光和人工光源照射	低
光截面图像感烟探测器	1.火灾初期有阴燃阶段，产生大量的烟和少量的热，很少或没有火焰辐射的场所； 2.火灾发展迅速，有强烈的火焰辐射和少量的烟、热的场所	中	1.应考虑探测器的探测视角及最大探测距离，避免出现探测死角； 2.探测器的探测区内不应存在固定或流动遮挡物	高
火焰探测器	1.火灾发展迅速，有强烈的火焰辐射和少量的烟、热的场所； 2.液体燃烧火灾等无阴燃阶段的火灾	短	3.应避免光源直接照射在探测器的探测窗口	高

物流建筑 [12] 通用设计要求 / 口岸货物监管设施

概述

口岸货物监管是指海关、检验检疫机构对海港、空港、公路、铁路口岸进出境货物、运输工具进行查验、监管。

口岸物流建筑的设计应设置查验、监管设施，并符合海关、检验检疫机构的监管要求。

检验检疫设施组成

检验检疫建筑设施组成　　　　　　　　　　　　　　　　　　表1

设施	建筑功能要求
查验场所	对出入境货物、物品、交通运输工具等受理申报以及开展咨询、检验、检疫、查验、监测、监管（含查封、扣押货物储存）等工作所需的场所
专业技术用房	运用专业技术和设备，开展检验、检疫、测试、鉴定、医学留验、隔离、预防接种、检疫处理、媒介生物监测、本底媒介存放、实验室检测、样品预处理、样品存放、截留物品存放、药品器械存储、检疫犬圈养、驯养、信息化工程、视频监控等业务所需的用房和场所
检疫处理场所	为消除疫情疫病风险或潜在危害，防止传染病传播、动植物病虫害传入传出，对检验检疫对象采取生物、物理、化学等处理措施的工作场所
监管配套设施	货物隔离监管的监管库、查验平台；感染有害物的除害熏蒸处理库房；监管区入口标识牌与告示牌
检验检疫管理办公业务用房	行使管理职能所需的办公、会议、接待、文印、报检、值班、计算机管理、资料存放、档案存放、物品存储等用房

注：本表依据国家质检总局颁发的《国家对外开放口岸出入境检验检疫设施建设管理规定》（国质检通 [2007] 149号）编制。

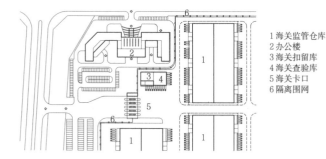

1 海关监管仓库　2 办公楼　3 海关扣留库　4 海关查验库　5 海关卡口　6 隔离围网

1 海关监管场所布局示意图

海关监管建筑条件要求

海关监管场所设置标准

海关监管场所设施配置要求表　　　　　　　　　　　　　　表2

场地、设施	配置要求
监管区域	为独立封闭区
隔离围网（墙）	高度不低于2.5m
卡口	符合海关监管要求的通道出入卡口及设备
视频监控系统	具有存储功能，满足海关实施全方位24小时监控需要
海关监管仓	具有专门储存、堆放、装卸海关监管货物的仓库、场地及设施，并设置明显区分标识
海关查验货物场地	提供满足海关查验货物要求的场地，并配备便于海关实施查验的相关设备
大型集装箱检查设施	根据海关需要，提前预留大型集装箱检查设备等所需的场地和设施
海关扣留货物仓库	存放海关扣留货物的专用仓库
办公场所	办公场所应具备网络、通信、取暖、降温、休息和卫生等条件

注：本表依据《中华人民共和国海关监管场所管理办法》（海关总署令171号）制作。

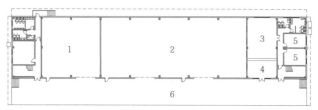

1 海关扣留库　2 监管仓库　3 海关工作区　4 等待厅　5 海关办公　6 装卸站台

2 海关查验及扣留库平面示意图

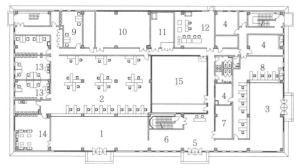

1 报关厅　2 申报作业区　3 检验检疫大厅　4 检疫办公室　5 出租办公门厅
6 过厅　7 ATM机　8 检验检疫作业区　9 备勤室　10 物流监控室
11 网通机房　12 消防控制室　13 业务办公室　14 谈话室　15 天井

3 联检及海关业务办公用房平面图

海关监管建筑条件要求　　　　　　　　　　　　　　　　　表3

国际货物监管建筑名称		功能	建筑要求
国际货物监管仓		存放待进出口货物的仓库，在完成报关后就可以安排进出口运输的货物，一般进行拆散货、拼箱等	国际货物必须与国内货物严格分离，监管仓建筑需隔离封闭，进出口货物需隔离存放，应设动物房、冷藏等特殊物品库
出口监管仓	出口配送型	对已办结海关出口手续的货物进行存储、保税物流配送、提供流通性增值服务的海关专用监管仓库	出口配送型仓库面积不得低于5000m²
	国内结转型		国内结转型仓库面积不得低于1000m²
保税仓库	公用型	由主营仓储业务的中国境内独立企业法人经营，专门向社会提供保税仓储服务	公用型保税仓库面积最低为2000m²；液体危险品保税仓库容积最低为5000m³；寄售维修保税仓库面积最低为2000m²
	自用型	由特定的中国境内独立企业法人经营，仅存储供本企业自用的保税货物	
保税物流中心	A型	由一家企业法人经营，专门从事保税仓储物流业务的海关监管场所	公共型向社会提供保税仓储物流服务	选址在靠近海港、空港、陆路交通枢纽及内陆国际物流需求量较大地区，交通便利	公用型物流中心的仓储面积，东部地区不低于20000m²，中西部地区不低于5000m²；自用型物流中心的仓储面积（含堆场），东部地区不低于4000m²，中西部地区不低于2000m²
			自用型向本企业提供保税仓储物流服务		
	B型	由一家企业法人经营，多家物流企业进入并从事保税仓储物流业务的封闭海关集中监管场所，是若干个A型的聚集；货物可以在中心内企业之间进行转让、转移		仓储面积，东部地区不低于100000m²，中西部地区不低于50000m²；物流中心内只能设立仓库、堆场和海关监管工作区，不得建立商业性消费设施
保税物流园区		专门发展现代国际物流业的海关特殊监管区域	毗邻港区的保税区规划面积内或者毗邻保税区的特定港区内；海关在园区派驻机构，对进出园区的货物、运输工具、个人携带物品及园区内相关场所实行24小时监管；设置符合海关监管要求的卡口、围网隔离设施；园区内设立仓库、堆场、查验场和必要的业务指挥调度操作场所，不得建立工业生产加工场所和商业性消费设施

注：本表依据《中华人民共和国海关对保税仓库及所存货物的管理规定》海关总署令第105号，以及海关总署对出口监管仓、保税物流中心、保税物流园区的指令文件等编制。

查验平台

单侧查验平台宽度大于5m，与集装箱拖车架等高（约1.50m），长度至少可停靠5辆集装箱卡车。

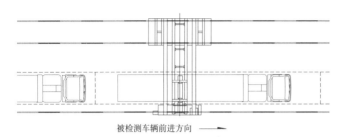

[1] 车辆检查平台（桥）示意图

[2] 双侧车辆查验平台示意图

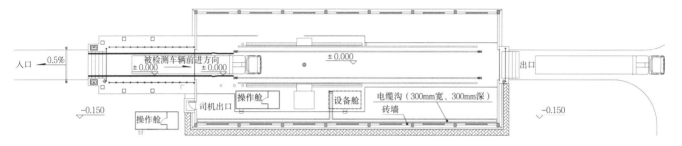

[3] 大型集装箱查验建筑示意图

熏蒸处理库

熏蒸处理库应包括熏蒸室、施药室、控制室，并应根据业务需要设置药品室、器械室、更衣室等用房。

1. 熏蒸库房要求密闭性能良好，墙壁、顶棚和地面无裂缝，表面光滑坚实，墙面披2cm以上水泥层，墙体、顶棚、地面需进行防水处理，保证库房内墙面不吸附熏蒸剂以及被熏蒸剂穿透。
2. 库房内部高度不低于3m，库房顶层建设隔热层，内部地面比库房外地面至少高0.15m。
3. 施药室面积不小于6m²，密闭性能要求良好，设置双重铁门，向室外开启，并符合防火、防盗要求。
4. 施药室内设置排气设备、照明设备用电源，照明设施应具备防爆功能。排气和照明设施控制开关设在相邻的控制室。
5. 根据需要，一个施药室可对应多个熏蒸库房使用。
6. 控制室面积不小于15m²，与熏蒸库房、施药室相邻建设。
7. 控制室与熏蒸库房、施药室之间的间隔墙设置密封的防爆观察玻璃窗，窗体长2m，高1m，窗下离地面1.2m。通过观察窗应能观察库房、施药室内排气设施运作情况。控制室内靠近熏蒸库房观察窗一侧设置电源接口，用于安装温度、浓度监测等仪器设备。
8. 控制室内设置排气、照明和空调设备电源，其中，排气开关设在控制室外。控制室内安装熏蒸库房、施药室的排气、照明设施控制开关。
9. 熏蒸库房应配套建设消防水池、沙池、消防栓等消防设施，满足消防安全要求。

熏蒸处理库建筑平面设计可参考示意图[5]。

货车轮胎消毒池

货车轮胎消毒池的宽度等同于道路宽度，并在道路两侧设置挡水墙。长度及坡度见[4]。消毒池应配建60m²的配药间，墙厚30cm。

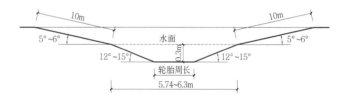

[4] 货车轮胎消毒池示意图[1]

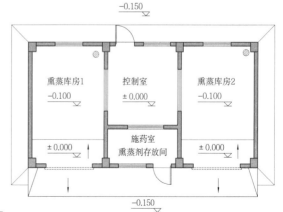

[5] 熏蒸处理库建筑基本功能区组成平面示意图

[1] 本图依据《国家对外开放口岸出入境检验检疫设施建设管理规定》（国质检通[2007]149号）绘制。

场址选择要点

1. 符合上一级土地使用功能总体规划要求。
2. 符合城市及行业产业结构调整与市场空间定位要求。
3. 靠近主要服务地，或靠近铁路、公路等主要货流运输场所，交通条件便利。
4. 合理的用地面积及用地尺寸，满足物流建筑建设的规模及物流工艺作业的需求。
5. 适宜的自然地形坡度，不宜大于5%。
6. 工程地质和水文地质条件良好。
7. 考虑用地的远期发展及分期使用条件。
8. 有利于降低建造与运营费用。
9. 属于二类物流用地的项目选址，应远离居住与公建区。
10. 属于三类物流用地性质的项目选址，应远离城镇居住区、公建区、国家和省级道路、国家和地方铁路干线、河海海港区、军事设施、机场等人员密集场所和国家重要设施；远离江、河、湖、海、供水水源防护区；应避开易形成逆温层及全年静风频率超过60%的地区。
11. 应收集地块资料，做多方案经济比较。
12. 不应选为场址的地段和地区参见《工业企业总平面设计规范》GB 50187。

按用地类别分　　　　　　　　　　　表1

用地代号	用地类别名称	选址要求
W	物流仓储用地	物资储备、中转、配送、批发、交易等用地，包括大型批发市场以及货运公司车队的站场（不包括加工）等用地
W1	一类物流仓储用地	对居住和公共环境基本无干扰、污染和安全隐患
W2	二类物流仓储用地	对居住和公共环境有一定干扰、污染和安全隐患
W3	三类物流仓储用地	存放易燃、易爆和剧毒等危险品的专用仓库用地
M	工业用地	—
M1	一类工业用地	对居住和公共设施等环境基本无干扰和污染
M2	二类工业用地	对居住和公共设施等环境有一定干扰和污染
M3	三类工业用地	对居住和公共设施等环境有严重干扰和污染

按建筑类型分　　　　　　　　　　　表2

建筑类型	选址要求
货物运输物流枢纽	适当远离城市中心区，降低对城市交通和生活的影响
货运站	靠近港口、铁路、公路、机场等运输场站
配送服务	宜位于网络服务重心位置，有利于构建服务网络
交易型	位于城市边缘地带或产地
危险货物储存	远离居住区
应急物资储备库	需综合考虑可调配资源总量、调配距离、调配时间、调配成本以及调配的可行性等各种因素
大型物流园	符合地区产业发展规划

应急物资储备库选址特殊要求

1. 选址应遵循储存安全、调运方便的原则。
2. 市级及市级以上救灾物资储备库宜临近铁路货站或高速公路入口，场址有利于直升机起降。
3. 救灾物资储备库的建设用地应根据节约用地的原则，用地的建筑系数控制宜为35%~40%，其中专用堆场面积宜为库房建筑面积的30%。
4. 多候选地方案比选时，应对总危险度、环境危险度、交通危险度、管理危险度及至补充点的距离等参数进行分析论证。

危险品库选址特殊要求

1. 注意避免所储存的易燃、易爆、有毒、有害物资对周围环境的影响。
2. 项目用地的边缘。
3. 地势低洼处。
4. 全年最小风频的上风向。
5. 满足《建筑设计防火规范》GB 50016中与其他建筑、铁路、道路等的防火间距的相关规定。

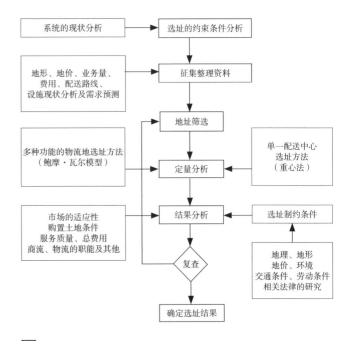

1 物流建筑选址流程图

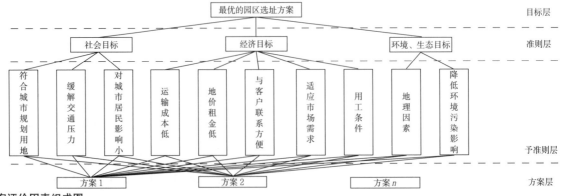

2 选址方案评价因素组成图

场地选择 / 总平面与规划 [15] 物流建筑

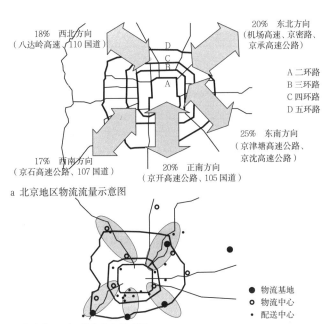

a 北京地区物流流量示意图

b 北京市三环五带多中心示意图

北京城市铁路物流园区的选址方案,与城市空间和既有铁路布局相结合;符合城市总体规划,具有较好的空间覆盖度,满足城市货物流通的需求。与《北京铁路局物流发展规划》基本吻合,符合将在京九线、京包线、京承线、京广线、京山线等进出北京地区的主要铁路干线处规划若干个铁路物流园区的指导思想。

1 北京城市铁路物流园区的选址

北京首都机场大通关基地,由航空货运站、快件中心、货运代理仓库、监管仓库、保税物流仓库等组成,以航空货物运输物流为主导,根据功能与流程需求,选址区域与机场机坪相接。空港物流依托空港经济发展,选址在与机场不相邻的城市道路另一侧区位。

2 北京首都机场大通关基地与空港物流园选址

A 高新物流园区 B 唯亭物流园区 C 陆慕物流园区 D 太仓物流园区
E 张家港物流园区 F 常熟物流园区 G 东南物流园区 H 盛泽物流园区

苏州白洋湾物流园,选址苏州市区西北侧,是根据有利于实现苏州市现代物流发展规划及物流业发展目标综合分析确定的。依托港口和开发区,以区域物流为重点,以国际物流和室内物流为补充,以公路运输为主体,兼顾水、铁、航空等运输方式,以建成综合运输枢纽为发展目标。

3 苏州白洋湾物流园区选址

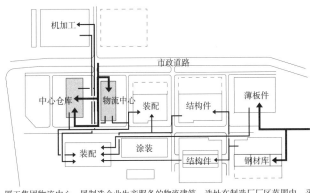

厦工集团物流中心,属制造企业生产服务的物流建筑,选址在制造厂厂区范围内。采用物流系统分析方法,按物流关系及物流强度,确定合理的建筑位置。

4 厦工集团内物流中心选址

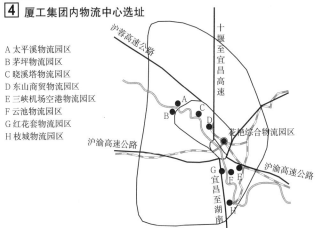

A 太平溪物流园区
B 茅坪物流园区
C 晓溪塔物流园区
D 东山商贸物流园区
E 三峡机场空港物流园区
F 云池物流园区
G 红花套物流园区
H 枝城物流园区

宜昌三峡物流中心花艳综合物流园,选址于三峡物流中心范围内。按三峡物流中心"一线、两点和三区"的辐射范围,以工商产业与物流业联动发展系统建设为基本原则,充分整合和利用既有物流基础设施,形成由综合物流园区、城市配送中心及综合运输网络系统构成的网络化物流基础设施发展格局,经过综合选址对比而确定。

5 宜昌三峡物流中心花艳综合物流园选址

A 烟台市中心区
B 开发区中心
C 开发区副中心
D 蓬莱市
E 福山区
F 莱山区

a 区域位置图

A 中日韩自由贸易区
B 公铁海联运区
C 物流装备区
D 商贸物流区
E 物流总部经济区
F 会展商务区
G 行政服务核心区
H 高端物流区
I 生活服务区
J 大型工业企业物流区

b 平面布置图

烟台国际综合物流园,选址于烟台经济技术开发区,总规划面积23km²。与烟台港西港区和烟台潮水国际机场相邻,德龙烟铁路在园区内设立货运编组站,206国道及多条高速公路环绕,构筑起"海、陆、空、铁"四位一体、四通八达的物流网。规划区域组成有:企业物流区、物流总部经济区、商贸物流区、物流装备区、高端物流区、公铁海联运区、中日韩自由贸易区、会展商务区、行政服务核心区、生活服务区。

6 烟台国际综合物流园选址

物流建筑 [16] 总平面与规划 / 总平面设计

总平面设计要点

1. 土地利用合理、经济。功能应分区布置，建设近、远期相结合。

2. 占地面积。合理分配物流建筑占地与道路、广场占地面积的比例，避免因道路及广场设计面积偏小，限制物流企业运营模式的改变与业务量的变化发展。

3. 合理组织场区的内部交通，减少货车流、小汽车流、非机动车流及人流的交叉干扰，保证货物通行及人员出入的便利和安全。

4. 协调场内货物运输与城市外部交通的关系，优化分流措施。

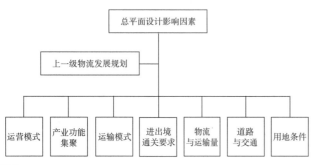

1 总平面设计影响因素

建筑布置要求 表1

功能区（设施）名称	典型功能建筑	布置要求
生产作业区	仓库、分拣、配送、物流加工、货运站房、转运站、集装箱堆场、露天库等物流建筑	用地居中布置，在站台或货物出入口侧应留有满足工艺作业及车辆通行所需面积的场地
生产管理区	卡口、围墙	卡口的设置数量及位置应根据区域物流管理的方式而定，且需设有监控室及通道景量设施。围墙应闭合；海关保税区围网及空防围网设计需满足相关标准要求
支持服务配建区	危险品库	存放危险品的仓库，设在用地边缘，远离居住等重要建物，远离明火和散发火花的地点，避免架空电力线路跨越
安保围界设施	熏蒸房	为满足检验检疫功能需而设，结合气象条件宜在用地边缘
停车区	停车场地	停车场地需考虑货车、小汽车、大客车、电动车、非机动车的停放。货车停车分站台停车位及停车等待车位，车位数量应满足工艺设计要求

建筑物与道路及构筑物的间距

建筑物之间的最小间距可参考《建筑设计防火规范》GB 50016。建筑物与道路及构筑物之间的最小间距见表2。

建筑物与道路及构筑物间距控制 表2

建筑物		最小间距（m）
道路	建筑物面向道路一侧无出入口	1.5
	建筑物面向道路一侧有出入口，但不通行机动车	3.0
	建筑物面向道路一侧有出入口，且通行机动车	6.0~9.0（根据车型）
货物堆场边缘		1.5
地上管线支架、柱、杆等边缘		1.0
围墙		5.0

注：1. 本表摘自《建筑设计防火规范》GB 50016-2014。
2. 建筑物自外墙凸出部分外缘算起，道路自公路型道路路肩边缘或城市型道路路面边缘算起，围墙自墙中心线算起。
3. 建筑至围墙间距，当条件困难时，可适当减少；当作为消防通道时，间距不小于6m；传达室与围墙间距不限。

建筑物、构筑物至围墙的最小间距

建筑物、构筑物至围墙的最小间距 表3

名称	最小间距（m）
建筑物	5.0
道路	1.0
露天甲乙类货物堆场	10.0
标准轨距铁路线中心线	5.0
排水明沟边沿	1.5

注：1. 本表摘自《建筑设计防火规范》GB 50016-2014。
2. 表中间距，围墙自中心线算起；建、构筑物自外墙皮算起；道路为城市型时，自路面边缘算起；为公路型时，自路肩边缘算起。
3. 围墙至建筑物的间距，当条件困难时，可适当减少间距；当作为消防通道时，其间距不应小于6.0m。
4. 传达室、警卫室与围墙的间距不限。
5. 当条件困难时，标准轨距铁路中心线至围墙的间距：有调车作业时，可为3.5m，无调车作业时，可为3.0m。

甲类仓库与其他建筑、铁路、道路的防火间距

危险品库为甲类仓库，以储存甲类物品第1、2、5、6项居多。其与其他建筑、铁路、道路之间的最小间距应符合《建筑设计防火规范》GB 50016，见表4。

甲类仓库与建筑、道路及铁路间距控制 表4

名称		甲类储存物品第1、2、5、6项		甲类储存物品第3、4项	
		储量≤10t	储量>10t	储量≤5t	储量>5t
高层民用建筑、重要公共建筑		50			
裙房、其他民用建筑		25	30	30	40
甲类仓库		20			
厂房乙、丙、丁、戊类仓库	一、二级	12	15	15	20
厂内道路		5（次要道路），10（主要道路）			
厂外道路		20			
厂内铁路		30			
厂外铁路		40			

注：1. 本表摘自《建筑设计防火规范》GB 50016-2014。
2. 甲类仓库之间的防火间距，当第1、2、5、6项物品储量不大于5t，第3、4项物品储量不大于2t时，不应小于12m。
3. 甲类仓库与高层仓库的防火间距不应小于13m。

部分主要技术经济指标的计算

$$建筑系数 = \frac{建、构筑物用地面积 + 露天设备用地面积 + 露天堆场及露天操作场用地面积}{总用地面积} \times 100\%$$

$$建筑密度 = \frac{建、构筑物用地面积}{总用地面积} \times 100\%$$

$$容积率❶ = \frac{总建筑面积}{总用地面积}$$

$$投资强度❷ = \frac{项目固定投资总资产}{项目总用地面积} \times 100\%$$

行政办公及生活服务设施用地所占比重❸

$$= \frac{行政办公生活服务设施用地面积}{项目总用地面积} \times 100\%$$

❶ 当建筑物层高超过8m，计算容积率时按该层建筑面积加倍计算（项目所在地另有规划管理技术规定时，按其规定计算）。
❷ 投资强度单位为万元/hm²，项目固定资产总投资包括厂房、设备和地价款（万元）。
❸ 工业项目所需行政办公及生活服务设施用地面积，不得超过工业项目总用地面积的7%（摘自《工业项目建设用地控制指标》国土资发〔2008〕24号）。

围（栏、墙）网设置

1. 隔离围网为不间断全封闭式隔离设施。
2. 距地面总净高度不低于3m。
3. 隔离围网内、外5m范围内不得有永久性建筑物，不得设置电线杆、路灯等，不得种植高度超过0.5m的植物。
4. 应对距隔离网内、外5m内的配电设施另进行独立围网。
5. 隔离围网通过河道应不间断，河道两边地面以上高度不低于2.5m，河道围网或金属槛栅应至河床。

海关围网类型　　　　　　　　　　　　　　　　表1

类型	形式	组成
永久性围墙	金属网状式	由基座、金属网状钢管架、铁丝网组成
	金属槛栅式	由基座、金属槛栅组成
	实体墙	由底座、实体建筑材料组成
过渡性围墙		由水泥桩和铁丝网组成

海关围网做法　　　　　　　　　　　　　　　　表2

围墙形式		工程做法
金属网状式	上部	横排列3根带刺铁丝，每根间距0.1m或高0.3m
	中部	中部为金属菱形网状钢管架结构，钢管与金属网间距、金属网与底部基台间距，均不大于50mm
		钢管（或方钢）高度不低于2.5m，直径不小于70mm；金属网高2.2m，宽1.5m，网丝直径不小于5mm；网眼见方不大于0.0025m²
	底部	内砖外水泥砂浆罩面或浇筑水泥式基台，高0.35~0.5m
金属槛栅式	中部	槛栅实体水泥柱（0.35~0.4）m×（0.35~0.4）m，柱间距5~6m；金属槛栅为直径不小于15mm的方、圆钢加顶端枪尖组成，金属槛栅间距不超过0.1m
	底部	同金属网状式围墙的底部做法
实体墙	上部	横排列3根带刺铁丝网，每根间距0.1m
	实中部	内砖外水泥砂浆罩面或为水泥浇筑式，厚度不小于0.25m
过渡性围墙		由水泥桩和铁丝网组成

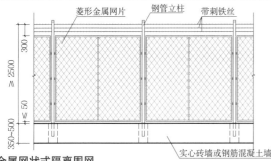

1 金属网状式隔离围网

卡（闸）口设置

为保证海关对进出保税物流中心或国际快件中心的货车（包括货物）、客车及人员的有效监管，需设置供车辆和人员进出的专用通道。

1. 专用通道至少3条，分别是：货车入口通道、货车出口通道、客车及人员通道。供客车及人员出入的通道可合为一条，但要留出空间，预留客车和人员进、出通道分开的可能性。专用通道间需有隔离设施，并设有明显标识。
2. 货物通道应设置卡口。在卡口安装电子闸门放行系统、车辆自动识别系统、单证识别系统、与海关联网的电子地磅系统和视频监控系统。设在两条货车通道中间的监管用房，面积不小于20m²，宽度不小于3m。
3. 卡口附近应设有验货专用场地。验货场地应配有验货平台，配置电子地磅系统。

4. 中心内应设有符合监管要求、可供海关使用的监管仓库，验货平台应与监管仓库相连。
5. 沿隔离围网设置供海关监管巡逻的专用通道，道路宽度不小于4m。巡逻通道应安装照明设施，确保海关24小时监管。
6. 根据海关监管及功能需求，卡口可分级设置。

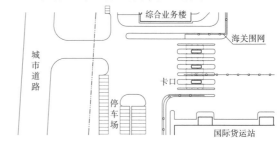

a 成都空港保税物流中心海关卡口

名称	卡口通道数量	设计时间	设计单位
成都空港保税物流中心海关卡口	8	2011	中国中元国际工程有限公司

海关卡口共8条专用通道，由两部分功能组成。其中5条通道为保税物流中心专用，3条通道为国际快件中心专用

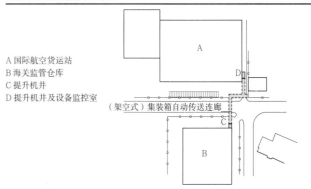

A 国际航空货运站
B 海关监管仓库
C 提升机井
D 提升机井及设备监控室
（架空式）集装箱自动传送连廊

厦门高崎国际机场，现状国际航空货运站与海关监管仓库分别位于城市交通运输主干道的两侧，规划空间布局采用架空式集装箱自动传送连廊，实现了国际货物的统一监管和封闭隔离运输的快捷和高效。

b 厦门高崎国际机场海关卡口

2 一级卡口示例

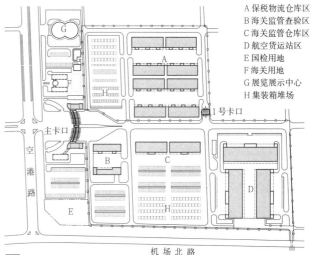

A 保税物流仓库区
B 海关监管查验区
C 海关监管仓库区
D 航空货运站区
E 国检用地
F 海关用地
G 展览展示中心
H 集装箱堆场

3 二级卡口示例（喀什综合保税区启动工程）

名称	卡口通道数量	设计时间	设计单位
喀什综合保税区启动区工程	22+6	2012	中国中元国际工程有限公司

喀什综合保税区总规划用地353hm²。启动区用地面积83hm²，卡口分二级设置，主卡口及1号卡口。主卡口为喀什综合保税区主要出入口，设有22条专用通道。1号卡口为保税物流仓库区域的专用出入口，设有6条专用通道

物流建筑 [18] 总平面与规划 / 竖向设计

设计原则

1. 生产、运输顺畅便捷，与外部道路连接顺畅便捷。
2. 有利于场内雨、污水的排出，场地不应受到洪水、潮水和内涝水的威胁，还应防止界外雨水的侵入。
3. 尽量减少土（石）方工程量，使物流用地内的填挖方量平衡或接近平衡。
4. 考虑软土地区、冲积地区的沉降问题。

设计要点

1. 建筑物室内地面标高，应高出室外场地地面设计标高，且一般不应小于0.15m；设有自动化传送交接搬运或运输设备的建筑物，室内地面标高应根据系统设备安装要求确定。
2. 位于不良排水条件地段的建筑物、贵重物品库及有特殊防潮要求的建筑物，应根据需要加大建筑物的室内外高差。
3. 符合飞机场建筑限高的要求。
4. 根据运输车型需要，确定装卸站台高度。
5. 确定铁路、道路的坡度和标高，使场内外铁路、道路、公路合理衔接。
6. 拟定厂区排水系统及排水方式，保证雨水顺利排除。
7. 确定场地整平方案，力求填挖平衡。
8. 合理确定厂区内由于填、挖及处理排水而必须建造的工程构筑物和设备。

影响设计标高的因素　　　　　　　　　　　　　　　表1

类别	内容
外部条件	在山区及江河湖海沿岸的建筑，设计高程应高出设防洪水位 0.5m
	注意地下水位和地质条件
	用地范围内的出入口的路面标高宜高出用地外路面标高
	注意场地内的管线与市政管线的衔接
	用地内道路及广场最低点的标高，宜高于周边市政道路最低点的标高
	考虑厂内外铁路、道路的连接
内部条件	场地平整，坡度、坡向应有利于排水
	结合地形，合理确定标高，宜高于该处自然地面标高；设计标高的确定应尽量减少土石方工程量和设备基础工程量
	应根据物流建筑的重要性、规模、使用年限以及所处位置等因素，合理确定防洪标准，详见《防洪标准》GB 50201
	满足生产和运输要求，考虑内建筑物、构筑物及露天设施的运输联系，保证建、构筑物直接的交通运输条件适应需要

竖向布置的方式

竖向布置方式可分为：平坡式、阶梯式、混合式。

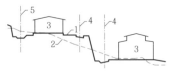

a 平坡式　　b 阶梯式　　c 混合式
1 设计地形　2 自然地形　3 建筑物　4 道路中心线　5 铁路中心线

竖向布置示意图

竖向布置方式　　　　　　　　　　　　　　　　　　　　　　　　表2

布置方式	适用范围	说明	特点
平坡式	自然地形坡度 <3%；或坡度为3%～4%，厂区宽度较小	用于场地内建筑密度较大，铁路、道路较多，地下管线复杂的地段	将厂区用地做成一个或几个带缓坡的整平面，坡度不大，标高没有剧烈变化
阶梯式	场地地形≥4%；或物流建筑高差1.5m以上的地段；或自然地形坡度较小，但厂区宽度较大	避免大量填、挖工程的手段；应根据地形特征、生产作业运输方式、建筑物密度及建筑物的长度及宽度等因素综合考虑	由几个高差较大的不同标高的整平面连接而成；台阶高度不宜大于4m
混合式	根据生产工艺要求和运输条件，结合地形特点，将场地分别按平坡式和台阶式布置		场地的整平面由缓坡与台阶相连

土方平衡

初步定出建、构筑物的室内地坪及铁路、道路等标高后，需进行土方概略计算，使土方工程大致平衡（表3）。

如超过表3数量，宜对已定标高作适当调整，方法如下：

1. 场地起伏较大时，可在填方或挖方较集中地区，对标高进行局部调整。
2. 自然地形比较平坦、填挖方相差不大时，可将全厂标高一律提高或降低。标高调整量h可参考下式：

$$h = \frac{Q_{挖} - Q_{填}}{F}$$

式中：h—调整高度（m）；正值为标高提高数值，负值为标高降低数值；
$Q_{挖}$—厂区挖方量；
$Q_{填}$—厂区填方量；
F—厂区整平面积。

土方平衡的条件　　　　　　　　　　　　　表3

土方工程量	填、挖方之差
填方或挖方数量>10万m³	不宜超过5%
填方与挖方数量≤10万m³	不宜超过10%

台阶边坡

边坡或挡土墙与建、构筑物的距离要求　　　　表4

序号	台阶边坡坡顶	台阶坡脚或挡土墙底部
1	满足建筑外的附属设施、道路、铁路、管线、排水沟、围墙和绿化等的布置需要	
2	满足建筑物、构筑物及上述设施的施工、安装需要	
3	考虑建、构筑物基础侧力对边坡的影响	—
4	—	满足建筑物采光、通风需要
5	—	挡土墙底部与建筑之间的距离，不宜小于挡土墙的垂直高度；在困难条件下，不宜小于4m
6	基础底面外缘不得小于2.5m	视边坡土质情况而定；岩石类不得小于2.0m，一般土壤不得小于3m，湿陷性黄土不得小于5m

竖向布置图的表示方法

1. 设计标高法：用设计标高和箭头来表示场地的设计地面变坡点和控制点的标高、坡度和雨水流向；表示铁路轨顶、道路、明沟的变坡点和坡向，并注明变坡点之间的距离，在适当位置画出示意断面。

2. 设计等高线法：用设计等高线来表示场地设计地面及道路的标高和坡向（一般采用0.1m、0.2m、0.25m或0.5m高程的等高线）。

竖向设计／总平面与规划 [19] 物流建筑

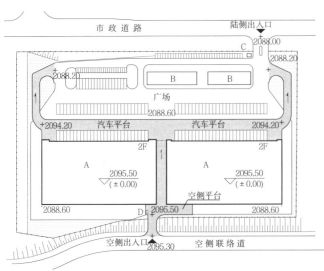

A 生产主楼 B 综合楼 C 门卫 D 岗亭
a 竖向布置图

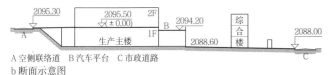

A 空侧联络道 B 汽车平台 C 市政道路
b 断面示意图

1 昆明新机场邮政处理中心

名称	主要技术指标	设计时间	设计单位
昆明新机场邮政处理中心	用地面积6.3hm²，建筑面积35900m²	2009	中国中元国际工程有限公司

昆明新机场邮政处理中心充分利用山地地形高差，解决了处在不同标高建筑间的物流与运输，便于生产主楼与邮航和其他航空公司的货运飞机实现空侧邮件快速交接

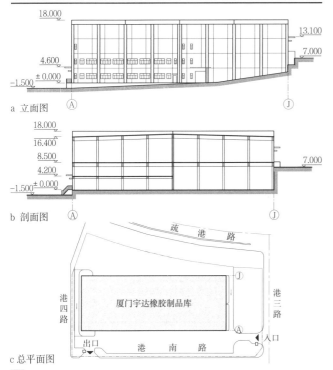

a 立面图

b 剖面图

c 总平面图

2 厦门宇达橡胶制品库

名称	主要技术指标	设计时间	设计单位
厦门宇达橡胶制品库	用地面积8.09hm²，建筑面积51733m²	2000	中国中元国际工程有限公司

厦门宇达橡胶制品库是以储存塑胶类休闲器材及运动器具为主的中转仓储设施。工程充分利用坡地地形高差，在用地高低两侧不同标高位置布置道路和装卸站台，实现了多层建筑空间的分层出入库，提高了土地和建筑空间的利用率，生产操作快捷、经济

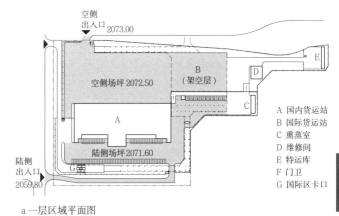

A 国内货运站
B 国际货运站
C 熏蒸室
D 维修间
E 特运库
F 门卫
G 国际区卡车

a 一层区域平面图

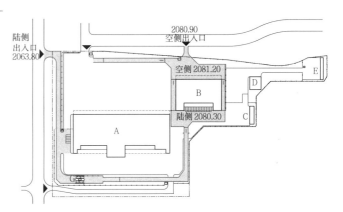

b 二层区域平面图

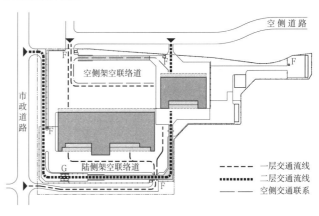

― ― ― 一层交通流线
━━━ 二层交通流线
― ― 空侧交通联系

c 一、二层交通组织分析图

3 昆明新机场货运区工程

名称	主要技术指标	设计时间	设计单位
昆明新机场货运区工程	用地面积11.5hm²，建筑面积38500m²	2011	中国中元国际工程有限公司

昆明新机场货运区工程为典型的台阶式竖向立体空间布置，其竖向设计特点：
①同一建筑内不同标高层的平层独立作业；
②实现与不同标高的其他建筑物间的运输联系；
③形成与市政山地道路在不同标高位置的自然等高对接

道路技术指标

物流建筑的车道宽度，应根据车型、设计车速以及高峰小时的车流量设置，单车道的最小宽度应不小于4.0m，双车道不小于7.0m。

场区道路主要技术指标 表1

指标名称		主干道	次干道/支路
计算行车速度（km/h）		15（25）	15（25）
路面宽度（m）	一般货运站	9~15	7~9
	集装箱货运站	15~30	9~15
最小圆曲线半径（m）	行驶单辆汽车	15	15
	行驶拖挂车	20	20
交叉口路面内缘最小转弯半径（m）	载重4~8t单辆汽车	9	9
	载重10~15t单辆汽车	12	12
	集装箱拖挂车、载重15~25t平板挂车	16	16
	载重40~60t平板挂车	18	18
停车视距（m）		15	15
会车视距（m）		30	30
交叉口停车视距（m）		20	20
最大纵坡（%）		6	6
竖曲线最小半径（m）		100	100

注：1. 路面宽度应根据物流操作要求、通行车辆和搬运车辆类型及交通负荷等确定。
2. 当运输繁忙作业频繁时，所在路段应设置人行通道，宽度不小于1m。
3. 道路纵坡应满足大型货车运输和排水要求，其纵坡应不小于0.3%，不宜大于6%；困难地段可增加1%~2%，坡长不超过100m；寒冷地区纵坡不应大于5%，坡长不超过300m。

道路、广场、场地坡度限制值 表2

名称		纵坡坡度 i
道路广场	电瓶车道	$i ≤ 4\%$；困难时可取值6%，坡长 ≤ 60m
	内燃叉车道	$i ≤ 8\%$；困难时可取值9.5%，坡长 ≤ 20m
	自行车道	$i = 3\%$ 时，坡长 ≤ 200m；$i ≤ 3.5\%$ 时，坡长 ≤ 150m
	车间引道	$i ≤ 9\%$，困难时可取值11%
	手推车	$i ≤ 2\%$，受地形限制时 $i ≤ 3\%$
	人行道	$i ≤ 8\%$，超过时设粗糙面层或踏步
	广场	$0.4\% ≤ i ≤ 3\%$
场地	黏土	$0.3\% ≤ i < 5\%$
	砂土	$i ≤ 3\%$
	轻度冲刷细砂	$i ≤ 1\%$
	湿陷性黄土	建筑物周围6m范围内 $i ≥ 2\%$，6m以外 $i ≥ 0.5\%$
	膨胀土	建筑物周围2.5m范围内，不宜小于2%

注：行驶汽车的道路坡度见《厂矿道路设计规范》GBJ 22。

车型参数

车型参数 表3

车型		主要特征参数		折算系数
		额定荷载 Q（t）	外廓及轴数	
小型车	中小客车	额定座位 ≤ 19座	车长 < 6m, 2轴	1
	小型货车	$Q ≤ 2$		1
中型车	大客车	额定座位 > 19座	6m ≤ 车长 ≤ 12m, 2轴	1.5
	中型货车	$2 < Q ≤ 7$		1.5
大型车	大型货车	$7 < Q ≤ 20$	6m ≤ 车长 ≤ 12m，3轴或4轴	3
特大车	特大型货车	$Q > 20$	车长 > 12m 或 4轴以上；且车高 < 3.8m 或 车高 > 4.2m	4
	集装箱车		车长 > 12m 或 4轴以上；且 3.8m ≤ 车高 ≤ 4.2m	4

货运车辆停放方式

货运车辆停放方式按停车位置分为停车场停车和装卸站台停车。

货运车辆停车场出入口不应少于2个，其净距应大于10.0m；条件困难或停车小于50辆时，可设1个出入口，但其进出通道的宽度不应小于9.0m。

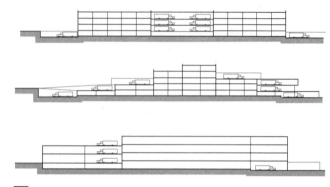

1 装卸站台停车方式

车辆停放特点 表5

车辆类型	停放特点	进出车位方式	停放方式
特大型货车	车身长，拐弯、后退非常不方便	前进式进车，前进式出车	平行式
大型货车	车身长，拐弯非常不方便	前进式进车，前进式出车	平行式或斜列式
中型货车	介于大型车和小型车之间	后退式进车，前进式出车	斜列式
小型货车	车身小，行驶灵活	后退式进车，前进式出车	垂直式

车辆停放间距参考指标 表6

项目		微型车和小型汽车（m）	大、中型汽车和铰接车（m）
车间纵向净距		2.00	4.00
车背对停车时尾距		1.00	1.00
车间横向净距		1.00	1.00
车与围墙、护栏及其他构筑物之间	纵	0.50	0.50
	横	1.00	1.00

车辆装卸站台边线距道路边线的最小距离 表7

车位宽度（m）	站台边线至道路边线的最小距离（m）		
	直列式	60°斜侧式	45°斜侧式
≤ 4	24	22~23	20~21
> 4	24	22	20
≥ 4.5	21	20	19

停车场防火间距 表8

名称和耐火等级	汽车库、修车库		厂房、仓库、民用建筑		
	一、二级	三级	一、二级	三级	四级
停车场	6	8	6	8	10

注：本表根据《汽车库、修车库、停车场设计防火规范》GB 50067-2014编制。

停车位尺寸 表4

停车方式		垂直通道方向的停车带宽（m）					平行通道方向的停车带长（m）					通道宽（m）					单位停车面积（m²）				
		I	II	III	IV	V	I	II	III	IV	V	I	II	III	IV	V	I	II	III	IV	V
平行式	前进停车	2.6	2.8	3.5	3.5	3.5	5.2	7.0	12.7	16.0	22.0	3.0	4.0	4.5	4.5	5.0	21.3	33.6	73.0	92.0	132.0
斜列式	30° 前进停车	3.2	4.2	6.4	8.0	11.0	5.2	5.6	7.0	7.0	7.0	3.0	4.0	5.0	5.8	6.0	24.4	34.7	62.3	76.1	78.0
	45° 前进停车	3.9	5.2	8.1	10.4	14.7	3.7	4.0	4.9	4.9	4.9	3.0	4.0	6.0	6.8	7.0	20.0	28.8	54.4	67.5	89.2
	60° 前进停车	4.3	5.9	9.3	12.1	17.3	3.0	3.2	4.0	4.0	4.0	4.0	8.0	9.5	10.0	10.0	18.9	26.9	53.2	67.4	89.2
	60° 后退停车	4.3	5.9	9.3	12.1	17.3	3.0	3.2	4.0	4.0	4.0	4.5	6.0	6.5	7.3	8.0	18.2	26.1	50.2	62.9	85.2
垂直式	前进停车	4.2	6.0	9.7	13.0	19.0	2.6	2.8	3.5	3.5	3.5	6.0	9.0	10.0	13.0	19.0	18.7	30.1	51.5	68.3	99.8
	后退停车	4.2	6.0	9.7	13.0	19.0	2.6	2.8	3.5	3.5	4.2	6.0	9.7	13.0	19.0	16.4	25.2	50.8	68.3	99.8

注：表中Ⅰ类指微型汽车，Ⅱ类指小型汽车，Ⅲ类指中型汽车，Ⅳ类指大型汽车，Ⅴ类指铰车。

物流园概述

物流园区是一家或多家物流服务企业在土地空间上聚集的场所，是进行规模化集中建设与发展的具有经济开发性质的城市物流功能区域。

物流园的主要类型　　　　　　　　　　　　　　　　表1

序号	类型	建筑功能特征
1	区域物流组织型园区	物资储备、配送
2	商贸型物流园区	大宗商品交易性的存储、分拨
3	运输枢纽型园区	海关监管下的境内关外货物处理园区
4	产业基地型物流园区	制造业原材料、部件、成品等物流管理
5	保税物流园	海关监管下的境内关外货物处理园区
6	综合型物流园区	非专门功能类别指向性的多功能物流建筑

基本功能组成　　　　　　　　　　　　　　　　　　表2

服务功能	类型					
	区域物流组织型园区	商贸型物流园区	运输枢纽型物流园区	产业基型物流园区	保税物流园	综合型物流园区
存储	●	●	●	●	●	●
分拣分拨	●	●	●	○	●	●
配送	●	●	○	●	○	●
保管	●	●	●	●	●	●
转运	●	○	●	○	○	●
包装	○	●	○	●	○	●
物流加工	○	○	○	●	○	●
信息服务	●	●	●	●	●	●
报关联检	○	○	●	○	●	●
金融	☆	☆	☆	○	○	○
交易展示	☆	●	—	○	○	○
研发	☆	—	—	○	○	○
商务办公	●	●	●	○	○	●

注: 1. 凡有国际货物的储存、报关等货物处理的建筑区域，必须具有海关监管功能。
　　2. ● 基本服务功能；○ 可选服务功能；☆ 增强型服务功能；— 不需要。

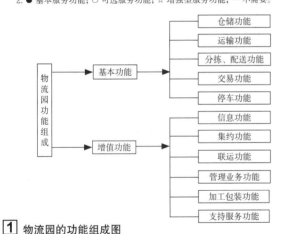

[1] 物流园的功能组成图

园区功能与用地关系

由于物流园区具有多种功能需求，其用地性质组成也会多种多样。从用地功能角度看，主导功能为仓储、物流、配送，其他辅助功能为装卸、加工、包装、信息咨询与处理、通关等。这些功能分别是《城市用地分类与规划建设用地标准》GB 50137中规定的物流仓储用地、对外交通用地、工业用地、道路用地、行政办公用地、商业服务用地、市政服务设施用地等[2]。

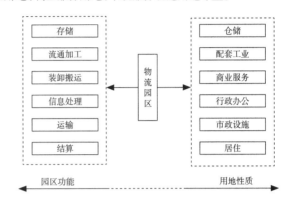

[2] 物流园区功能与用地关系示意图

布局模式

物流园区布局模式，主要是通过主干道路与园区功能区域的组合关系并结合地形进行划分的，主要的布局模式见表3。

物流园区布局模式对比　　　　　　　　　　　　　　表3

布局模式	优点	缺点	适用情况
功能区式	利用同类公共设施的统一规划和建设，可提高公共设施的共享率，节约一次性总体投入，利于同类企业间协作	灵活性较差，可能出现供给与需求的不适应，二次改造可能造成初始设施投入浪费	适合依托大型枢纽的物流园区和专业性物流园区
地块式	用地的灵活性高，可减少基础设施的超前投入	物流流程链缺乏统一规划，可能造成土地过分零散，利用率低；物流企业初期建设周期长、投入高	适合现代物流市场发育良好的区域，以园区内几家大型物流企业为主导
概念园式	结合了地块式和功能区式模式的特点，在用地集中性和灵活性方面可有效协调	监控的不利，可能造成过多非物流设施和非物流业务占用物流用地	经济发达、物流高端需求旺盛地区，对先进物流业和技术起到孵化器的作用
混合式	—	—	大型综合性物流园区

物流园总体布置形式与示例　　　　　　　　　　　　表4

布置形式	平行式	双面式	分离式
特征	园区各功能分区及园区外干道与港区或铁路站场平行布置	园区内的交通主轴与园区外交通相接，园区各功能分区在区内交通主轴两侧排列	将区内的综合管理区、展示展销区、配套服务区及休息场所，与其他功能区分离，中间由绿化带分隔
特点	园区与区外道路和港区（或铁路站场）充分贴近，有利于充分利用交通基础设施资源。占用道路面积多，平面形式呈窄条形。因道路设施比例过大，投资过大，不利于节约用地。适用于物流量较大的物流园区	充分利用园区内交通主轴，交通设施占地面积相对较少，利于管理和保安。适用于物流量较小、货物较轻巧的园区	该布局形式易取得安静的办公和休息环境，但不便于管理与监督
示意图			

物流建筑 [22] 总平面与规划 / 物流园规划

规划原则

物流园规划应遵循：前瞻性原则、集约化原则、可操作性原则、分期建设原则、合理布局原则、专业园区特殊性原则。

功能布局

功能布局设计要点　　　　　　　　　　　　　　　　　表1

序号	设计要点
1	有效地利用空间，发挥土地利用的最大价值，便于与外部交通设施衔接
2	运营成本最小，使货物的运输路线尽量短捷，尽量避免运输的往返
3	符合物流园区核心作业流程的要求，尽量使物资流动顺畅
4	最大程度地方便各单位的业务联系与商务联系
5	满足柔性要求，使之适应服务需求的变化
6	重视人的因素，为职工提供方便、舒适、安全和卫生的工作环境，使之合乎生理、心理的要求，为提高生产效率、保证员工身心健康创造条件

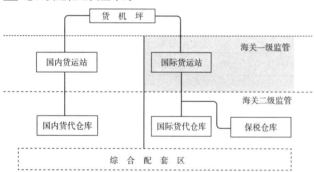

1 保税区　2 物流服务区　3 综合配套服务区　4 辅助作业区　5 危险品作业区

[1] 港口货运枢纽典型布局

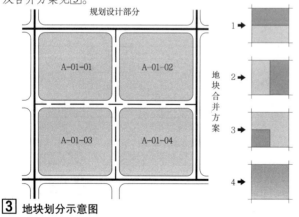

航空物流园功能布局应注重：规划与货运量预测吻合；充分利用空侧开面，货运站和机库紧邻空侧；按单元式、模块化的基本原则划分。

[2] 航空物流园功能布局示意

地块单元划分

功能分区地块单元的划分，宜有一定的灵活性，其基本划分及合并方案见[3]。

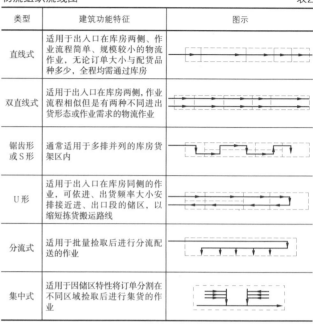

[3] 地块划分示意图

园区物流组织

物流组织流线图　　　　　　　　　　　　　　　　　　表2

类型	建筑功能特征	图示
直线式	适用于出入口在库房两侧、作业流程简单、规模较小的物流作业，无论订单大小与配货品种多少，全程均需通过库房	
双直线式	适用于出入口在库房两侧，作业流程相似但是有两种不同进出货形态或作业需求的物流作业	
锯齿形或S形	通常适用于多排并列的库房货架区内	
U形	适用于出入口在库房同侧的作业，可依进、出货频率大小安排接近进、出口段的储区，以缩短拣货搬运路线	
分流式	适用于批量拣取后进行分流配送的作业	
集中式	适用于因储区特性将订单分割在不同区域拣取后进行集货的作业	

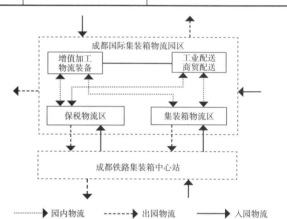

[4] 成都国际集装箱物流园物流关系图

地块尺度划分

地块划分，应依据货运仓库特点及工艺要求而定，同时结合市场及招商需求，灵活分隔与布置。

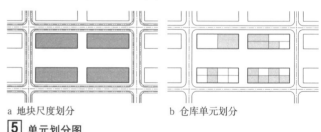

a 地块尺度划分　　　　b 仓库单元划分

[5] 单元划分图

地块面积及尺度划分参考　　　　　　　　　　　　　　表3

划分类别	划分参考
地块的划分	地块面积一般在15~30hm², 根据实际开发需求进行划分，但仓储地块的最小地块单元不宜小于3hm²
仓库单元的划分	地块间距450m×250m，主要考虑进货仓库最大进深110m，最大面长210m，同时尽量集约土地，两排仓库中间共用一条道路，进而形成[5]所示的布局形式和地块模数

交通规划布局

物流园区的交通分为对外交通和内部交通。交通规划应涵盖园区对外衔接的一切交通方式，结合城市综合交通规划，统筹考虑物流园区货运车辆行驶路线主要与城市哪些快速路、主干路相接，形成有效的主环状路网。根据园区内的交通需求，结合上位规划（总体规划、控制性详细规划）的要求，对园区内道路网络进行规划。

停车位的配建，需参见项目所在城市规划管理技术规定，并根据物流特征及物流量计算确定车辆停放的规划指标。

交通规划要点　　　　　　　　　　　　　　　　　　　　表1

要点	说明
运输区域与货物处理区域道路分离	道路按功能划分，如空港物流园内空侧路直接联系机坪，具有不被干扰的特性，故空侧与陆侧要分离
货运性道路与生活性道路分离	物流园以大货车货运交通为主，规划中应做到货运性道路和生活性道路分离、避免交叉
建立海关封闭围网，统一监管、专用卡口	国际区为处理国际、国内航空货运的综合性物流园区，国际货物处理区均为海关监管，需要按海关相关要求设置封闭的围网；用地范围内的出入口的路面高程宜高出用地外路面高程
平时、高峰时相结合，近期、远期相结合	物流园的交通规划中，要考虑平时、高峰时的货运交通量变化，以及远期发展带来的额外交通量，以满足整个园区未来的正常运行
满足特殊运输需求	园区内主要以货运交通为主，辅以配套区的小汽车交通；道路转弯半径、停车场尺寸等细节上均要满足特殊需求
静态交通规划	在静态交通规划中，结合海关、检验检疫等部门及园区管委会的实际需求，在园区的卡口处、海关监管区及检验检疫检查区设置停车场；各地块内部停车泊位应满足不同功能用地的使用要求；因物流作业模式、建筑物建造模式、作业站台数量等因素，直接影响停车场规模，故对物流建筑货运车辆的配建指标不作限定

物流园区交通规划布局，可归纳为3种形式：网格状路网结构、带状结构及放射状结构。

1. 网格状路网结构

主干路网由多条横向、纵向主要道路组成，将物流园区分隔成若干网格，各功能区布置在网格中，这是多数物流园区采用的布局方式。特点是道路布局整齐，有利于建筑物的布置，平行道路多，便于交通分散，便于机动灵活地进行交通组织。

2. 带状结构

规模较小且功能较专一的物流园区，往往以一条主要干道为主轴，各功能区排列在主要干道的两侧，运输主出入口在一个道路一端或相对的两端。这种布局结构简单，运输容易组织。

3. 放射状结构

放射状布置是网格状的一种变化，往往有一个布置核心或顶点，功能区围绕布置核心或顶点扩展，与核心区的关联度由内向外逐渐减弱，路网呈现由中心区向外放射的形态。

道路宽度与通行能力

物流园区道路等级可分为：主干道、次干道、支路和人行道。依据道路等级的划分和物流工艺要求及货运流程特点，来确定道路相应的宽度和分幅情况。道路横断面的选择见表2。

结合园区内部交通量测算及分配到各条道路上的交通流量，确定园区内道路的功能、等级、宽度，合理组织交通。要整体考虑园区的背景交通量、潜在交通量、道路通行能力、饱和度和道路服务水平等内容。车道宽度对通行能力的影响见表3。

道路横断面的选择标准　　　　　　　　　　　　　　　　表2

用地强度（万t/km²·年）	主干道	次干道	支路
≤100	双向两车道	双向两车道	双向两车道或单车道
100~500	双向四车道	双向四车道	双向两车道或单车道
500~2000	双向六车道或四车道	双向四车道或两车道	双向两车道或单车道
≥2000	双向八车道或六车道	双向四车道	双向两车道或单车道

注：物流园区单位用地强度指单位时间、园区单位面积用地的物理量处理能力。

车行道宽度对通行能力的影响　　　　　　　　　　　　表3

道路类型	路面宽度（m）	修正系数
多车道道路（每车道宽度）	3.75	1.00
	3.50	0.96
双车道道路（双方向车道宽度）	6	0.52
	7	0.56
	8	0.84
	9	1.00
	10	1.16
	11	1.32
	12~15	1.48

注：1. 当标准车道宽度取3.75m时，在道路设计速度为20km/h、服务水平为公路二级、服务水平负荷度取0.67、方向分布取1.0、横向干扰为5级的情况下，一条标准车道的设计通行能力为315辆/h。
2. 当双车道宽度设计为9m时，在道路设计速度为20km/h、服务水平负荷度取0.67、方向分布取0.97、横向干扰为5级的情况下，设计通行能力为602辆/h。

货运专用道的设置

当城市道路上高峰小时货车交通量大于600辆标准货车，或每天货运交通量大于5000辆标准货车时，应设置货运专用车道。当昼夜过境货运车辆大于5000辆标准货车时，应在市区边缘设置过境货运专用车道。货运专用车道，应满足特大货物运输的要求。标准货车的折算见表4。

车辆种类划分及折算系数　　　　　　　　　　　　　　表4

车辆类别	划分标准	折算系数
小型车	小轿车、小于1.5t的轻型客货车及12座以下面包车	0.8
中型车	载重量1.5~5t的轻型、中型货车和大于12座的大中型客车	1.0
大型车	载重量5~14t的重型货车、半挂货车等大型货车和大于50座的大型客车	1.5
特大型车	载重量大于14t的重型货车、全挂货与集装箱等特大型货车	2.5

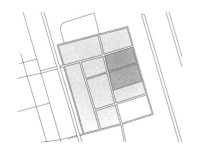

1 网格状路网结构

2 带状路网结构

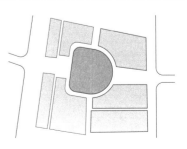

3 放射状路网结构

物流建筑 [24] 总平面与规划 / 物流园规划

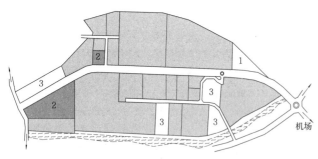

1 办公区　2 可选地块　3 不可用区域

比利时CARGOVIL物流园，用地轮廓呈枣核状，占地73hm²，园区主干道与通往机场的市政道路相接。规划按客户需求弹性划分地块，每一用地单元均可直接连接对外运输道路。

1 比利时CARGOVIL物流园

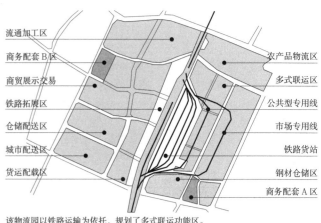

该物流园以铁路运输为依托，规划了多式联运功能区。

2 某物流园空间布局规划

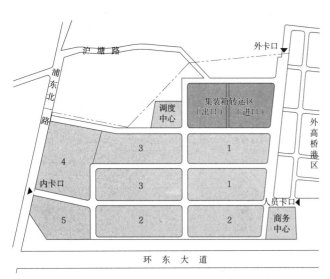

1 国际中转区　2 国际采购区　3 国际配送区　4 仓储区　5 检查区

外高桥保税物流园，以港口为依托，构成陆港运输相结合的开发布局方式。

3 上海外高桥保税物流园

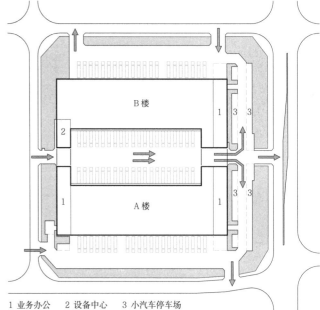

1 业务办公　2 设备中心　3 小汽车停车场

普洛斯物流仓库，4层，柱网尺寸10m×10m。首层中间设贯穿通道，宽15m；单向交通组织设计，保证了物流装卸作业和车辆行驶的安全；通道双车道，使得两侧的仓库共享交通空间；配套设施齐全，有利于出租。

4 日本普洛斯Prologis Parc Urayasu III 物流园

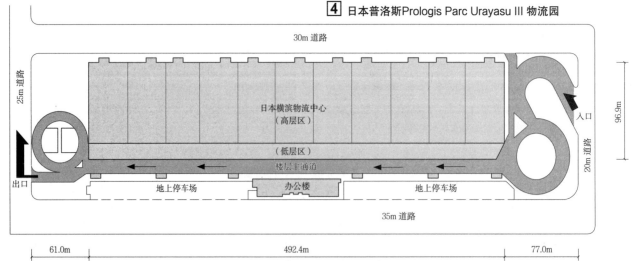

日本横滨物流中心，主体建筑为5层仓库，钢筋混凝土结构，总建筑面积30.5万m²，建筑占地面积55596m²。库区分11个模块区，每个模块区尺度划分为96.6m×44.4m，面积约4300m²。环形坡道分设在物流中心的两端，屋顶设停车场。各楼层的水平交通流线相对独立，层内主通道为4条车道，总宽度16m。

5 日本横滨物流中心

规划指标

为实现规划对项目建设用地的有效指导，在对设计用地指标的控制上，应采取刚性与柔性相结合的原则。

国外的物流园区规划注重弹性和适宜性，在规划中主张粗放式控制，但也坚持"粗中有细"的原则：核心的物流功能用地（包括配套产业用地）采取弹性控制的原则，用以保证开发建设中更大的适应性和灵活度，为将来园区的招商引资留有余地；园区基础设施、生活配套设施的用地可以刚性控制，保证物流园区对基础设施及配套设施的需求，同时兼顾土地使用的多样性。

上述这些用地控制方式是物流园区用地控制的大原则，具体项目涉及用地的开发强度控制指标体系，如容积率、建筑密度、绿地率等，需要根据国家、地区的实际情况进行确定。

用地指标的控制原则　　表1

用地类别		控制原则	设计目的
核心功能用地	生产建筑用地	弹性控制	保证开发建设中更大的适应性与灵活度
	作业场坪用地		
园区基础设施用地	道路广场用地	刚性控制	保证园区对基础设施及配套设施的需求，保证园区的品质
生活配套设施用地	生活设施用地		
	市政设施用地		

规划用地结构控制参考指标　　表2

指标名称	计算公式	指标值
建设用地指标	使用面积/园区总面积	40%~60%
人员配备指标	园区总人数/园区总面积	20~120人/hm²
货运站面积指标	货运站面积/园区总面积	15%左右
仓储面积指标	仓储面积/园区总面积	20%~25%
办公面积指标	办公区域面积/园区总面积	1%左右
停车场面积指标	停车场面积/园区总面积	1%~2%
物流园区单位面积年吞吐量	总吞吐量/园区总面积	3000t/hm²
铁路货运枢纽单位面积年吞吐量	货运站吞吐量/货运枢纽面积	约60t/m²
铁路货运中心平均发货量	年发货量/365	800~1000车皮/d

物流园区建议用地构成及比例　　表3

用地类别		比例
生产建筑用地		>50%
作业场坪用地		>10%
道路广场用地		10%~30%
公用与生活辅助建筑用地		5%~10%
公共建筑用地		≤15%
绿地	生产区用地范围	≤15%
	办公生活区用地范围	≥20%

注：以场坪作业为主的物流建筑，其生产建筑用地与作业场坪用地的比例指标可合并。

物流园建筑面积比例分配参考值　　表4

建筑面积分类	比例	说明
生产面积	≥65%	包括操作场坪与生产辅助用房面积
公共建筑面积	15%~35%	公共建筑是指面向社会开放使用的营业、通关、金融、信息、商务等业务办公用房；执勤休息、餐饮等生活设施；公厕、盥洗、垃圾处理等卫生设施
公用设备用房	≤3%	

国外物流园参考数据

国外物流园区规划建议：建筑系数控制在0.45以下，超过0.45会对相接的城市市政道路造成阻塞；仓库接货站台个数宜为4~10个/10000m²。

各国物流园区发展指标　　表5

项目指标	德国	丹麦	法国	英国	意大利	荷兰	西班牙
园区平均面积（hm²）	135.7	139.6	30.5	88.5	198.1	331.0	42.1
园区平均入驻企业个数	31	48.3	27.4	—	51.1	98	68.2
企业面积占园区面积比例	59.2	—	46.7	—	55.8	56.2	55.9
每公顷面积雇员数	7	7	20.8	—	3.8	10.6	23.5
每公顷面积雇员数	11.2	—	44.6	—	6.9	—	45.7

国外物流园区单个物流企业用地规模参考　　表6

国家	单个物流企业平均用地规模（hm²）
日本	2
荷兰	2.4
德国	3.3
英国	2.4
美国	1~5

部分物流园区面积分配　　表7

面积类型	面积比例
企业面积	35.3%
园区内道路交通面积	5.8%
综合运输设施面积	4.4%
其他面积	1.8%
内部生态平衡面积	12.3%
外部生态平衡面积	25.6%
扩建面积	14.5%

东京物流园区建设和营运规划面积参考指标　　表8

物流园区名称	占地面积（km²）	日均物流量（t/d）	货流量占地面积（1000t/km²）
足立（Adachi）	0.33	8335	0.040
哈柏斯特（Habashi）	0.31	7262	0.043
京滨（Keihin）	0.63	10150	0.062
越古（Koshigaya）	0.49	7964	0.062

德国部分物流园数据　　表9

序号	物流园名称	占地面积（hm²）	生产使用面积（hm²）	兼有的运输方式	仓库总面积（m²）	入驻公司
1	不来梅（Bremen）	200	120	公铁水空	330000	110
2	武斯特马克（Wustermark）	202	84	公铁水空	—	13
3	沃尔夫斯堡（Wolfsburg）	82.5	35	公铁水空	—	—
4	莱茵河畔威尔（Weil am Rhein）	25.9	6	公铁水空	3000	20
5	特里尔（Trier）	64	36	公铁水空	15000	20
6	图林根（Thuringen）	340	100	公铁水空	—	50
7	萨尔茨吉特（Sailzgitter）	11	10	公铁水空	—	1
8	罗斯托克（Rostock）	151	45	公铁水空	—	18
9	赖讷（Rheine）	76	24	公铁水空	35000	8
10	班贝格（Numberg）	255	25.6	公铁水空	406000	200
11	马格德堡（Magdeburg）	307	135	公铁水	—	15
12	莱比锡（Leipzig）	96	28.2	公铁空	126000	—
13	科布伦茨（Kobenz）	70	12	公铁水	—	2
14	汉诺威（Hannover）	36	24	公铁空	—	2
15	大贝伦（Grossbeeren）	260	68.4	公铁空	—	33
16	格劳豪（Glauchau）	171.8	59.9	公铁空	—	1
17	Eascher	23		公铁水		
18	勃兰登堡（Freienbrink）	149	58	公铁空	—	20
19	法兰克福（Frankfurk）	121.5	58.2	公铁		
20	Emslan	48	—	公铁水	35000	21
21	德雷斯顿（Dresden）	39	8	公铁水空	31000	40
22	奥格斯堡（Augsburg）	112		公铁空		

物流建筑 [26] 总平面与规划 / 实例

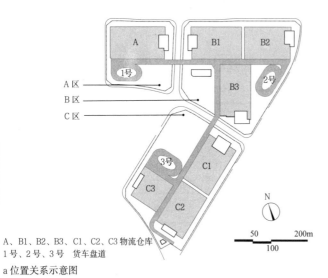

A、B1、B2、B3、C1、C2、C3 物流仓库
1号、2号、3号 货车盘道

a 位置关系示意图

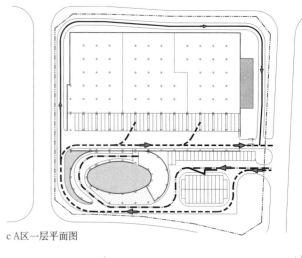

c A区一层平面图

——— 二层货车通道

b 二层交通组织图

1 盐田港现代物流中心

名称	主要技术指标	设计时间	设计单位
盐田港现代物流中心	用地面积 19.66hm², 总建筑面积 48.73 万 m²	2008	中国华西工程设计建设有限公司

本项目为多层建筑，其场区物流与车流组织独具特色，复杂地形采取多层库和多层道路的布置。仓库及办公楼设计为一栋栋相对独立的建筑物，仓库之间由室外交通环廊进行连接，立体水平交通空间与停车卸货空间形成一个开敞的整体，竖向交通盘道共有3处，设置于水平交通空间的端头，A、B、C地块各一处。
货车垂直交通以盘道进行组织，所有车辆(包括货柜车)均可直接驶入物流中心各层。
一层交通与其他层分道而设

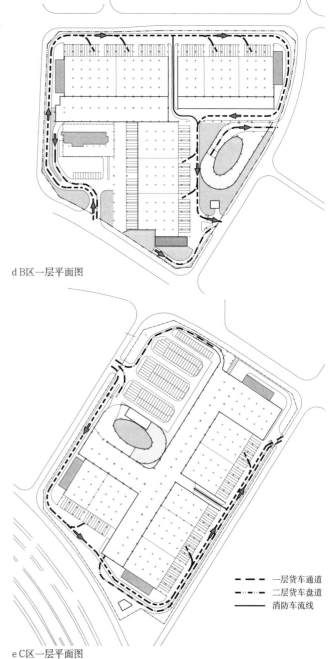

d B区一层平面图

e C区一层平面图

——— 一层货车通道
——— 二层货车盘道
——— 消防车流线

实例 / 总平面与规划 [27] 物流建筑

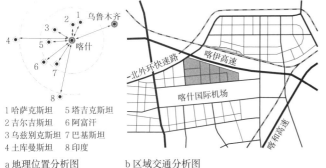

1 哈萨克斯坦　5 塔吉克斯坦
2 吉尔吉斯斯坦　6 阿富汗
3 乌兹别克斯坦　7 巴基斯坦
4 土库曼斯坦　8 印度

a 地理位置分析图　　b 区域交通分析图

喀什地区地处中国西部边陲，毗邻8个国家，周边有5个一类口岸对外开放，具有"五口通八国、一路连欧亚"的独特优势。未来5年间，喀什拟新开放中巴和中吉乌2个铁路口岸，并将把喀什国际航空口岸扩大开放为喀什至中亚、南亚、西亚、东欧各国首府国际航线。将伊尔克什坦口岸列入喀什经济开发区，使喀什的货物出口更为便利。

用地平衡表

序号	用地性质	用地性质代码	规划用地面积（hm²）	百分比（%）
1	商业设施用地	B1	10.17	2.86
2	二类工业用地	M2	78.40	22.04
3	行政办公用地	A1	5.88	1.65
4	三类居住用地	R3	5.02	1.41
5	交通场站用地	S4	6.65	1.87
6	二类物流仓储用地	W2	175.79	49.43
7	防护绿地	G2	34.86	9.80
8	城市道路用地	S1	38.94	10.94
	合计		355.71	100.00

地块开发强度指标表

用地性质	建筑类型	建筑密度（%）	容积率	绿地率（%）
行政办公	高层	24	2.5	35
商业金融	高层	24	2.0	30
二类工业	—	30~45	1.5	10
仓库用地	单层	30~45	1.2	10
堆场用地	—	25	0.5	10
其他市政设施	单层	15	0.2	25

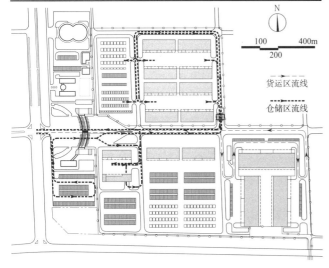

c 交通流线组织图

W2 二类物流仓储用地　　M2 二类工业用地　　S42 社会停车场用地
A1 行政办公用地　　　　B1 商业用地　　　　R3 三类居住用地

d 用地性质规划图

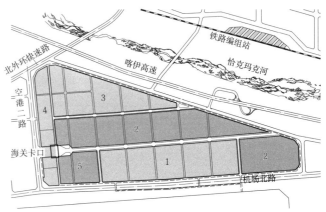

1 航空货运区　2 保税仓储区　3 保税加工区　4 配套服务区　5 口岸操作区

e 功能布局规划图

1 海关卡口　　　　　　━━━ 园区主干路
2 园区入口　　　　　　- - - 园区次干路
3 机场专用线出口　　　-·-·- 园区支路
4 停车场　　　　　　　▨▨▨ 园区巡场路（支路）

f 道路交通规划图

1 新疆喀什综合保税区

名称	主要技术指标	设计时间	设计单位
新疆喀什综合保税区	规划面积356hm²，投资估算29亿元	2012	中国中元国际工程有限公司

喀什综合保税区，北靠中吉乌铁路编组站，南邻喀什国际机场。主要规划了保税仓储、保税物流、展览展示、增值加工、监管服务和口岸操作等6项功能，具有保税区、出口加工区及保税物流园区等各项功能的叠加优势，是集国际中转、配送、采购、转口贸易和出口加工等业务为一体，开放程度高、优惠政策多、功能齐全、手续简化的海关特殊监管区域。喀什综合保税区建成并封关运行后，将成为我国向西开放的重要载体和促进南疆经贸发展的重要平台。喀什综合保税区是集陆路、铁路及航空三种运输方式为一体的边贸型综合保税区。规划形成"两轴、一环、五大功能区、一中心节点"的总体布局结构。"两轴"指以纬一路、纬二路为综合保税区的发展主轴，沿轴线自西向东推进建设开发；"一环"指按照海关监管要求围绕综合保税区围网形成环状的巡逻道；"五大功能区"指依据海关监管要求、交通流线和业务需求，在综合保税区西部围网外形成以配套办公、商业服务、配套居住为主体功能的配套服务区，围网内紧邻卡口，纬一路南侧形成综合保税区口岸操作区、航空货运区，在纬一路北侧形成保税区、仓储区及保税加工区；"中心节点"指在综合保税区西端设置集海关卡口、查验、停车、办公和服务为一体的综合管理服务节点

物流建筑 [28] 港口物流 / 分类与功能

定义与分类

港口物流建筑是以港口为依托，信息技术为支撑，为内外贸货物提供物流活动的场所，具有仓储、保税、流通加工、金融服务等功能。

依据物流的活动特性及海关、国检等部门对货物的监督管理，港口物流分类图见1。

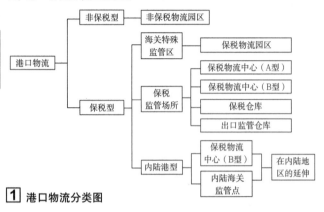

1 港口物流分类图

非保税物流功能

1. 依托港口，具有运输、仓储、堆场、配送、加工、包装、分拣、信息处理、金融服务等功能。
2. 通过多式联运完善港口物流的运输体系，扩大港口物流的辐射范围。
3. 海关、国检等部门对物流过程不进行监管，不享受国家对进出口货物的免税、退税政策。

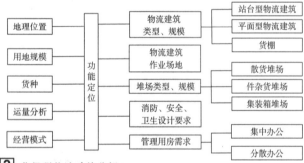

2 非保税物流功能分析

3 非保税物流工艺流程

非保税物流主要功能配置　　　　　　　　　　　　　　　　表1

设置内容	需求	备注
闸口或大门	●	—
物流建筑	●	按装卸工艺分类有站台型和平面型物流建筑，按建筑层数分类有单层和多层物流建筑
堆场	○	集装箱堆场、件杂货堆场、散货堆场
管理生活用房	●	办公用房根据经营管理模式可集中设置或分散设置
辅助设施用房	●	—
围墙	●	—
停车场	○	—
消防站	○	按照上一级规划及消防站设置规定配建

注：●必须设置，○可根据业务需要设置。

保税物流功能

1. 保税物流园区功能

（1）经国务院批准，在保税区规划面积或者毗邻保税区的特定港区内设立的、专门发展现代国际物流业的海关特殊监管区域。

（2）海关在保税物流园区派驻机构，对进出保税物流园区的货物、运输工具、个人携带物品及保税物流园区内相关场所实行24小时监管。

2. 保税物流中心（A型）功能

（1）经海关批准，由中国境内企业法人经营、专门从事保税仓储物流业务的海关监管场所。

（2）按照服务范围分为公用型物流中心和自用型物流中心。

公用型物流中心是指由专门从事仓储物流业务的中国境内企业法人经营，向社会提供保税仓储物流综合服务的海关监管场所。自用型物流中心是指中国境内企业法人经营，仅向本企业或者本企业集团内部成员提供保税仓储物流服务的海关监管场所。

（3）海关采取联网监管、视频监控、实地核查等方式对进出物流中心的货物、物品、运输工具等实施动态监管。

3. 保税物流中心（B型）功能

（1）经海关批准，由中国境内一家企业法人经营，多家企业进入并从事保税仓储物流业务的海关集中监管场所。

（2）海关采取联网监管、视频监控、实地核查等方式对进出货物、运输工具实施监管，必要时可以实施闸口监管、核查、验放进出货物、运输工具。

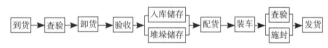

4 保税物流工艺流程

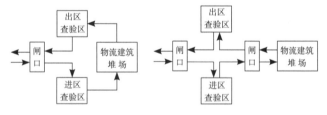

a 单闸口监管模式　　　　b 双闸口监管模式

注：查验区车辆进出不影响闸口交通时，可将进区查验和出区查验合并。

5 保税物流监管流程

保税物流主要功能配置　　　　　　　　　　　　　　　　表2

配置内容	需求	配置内容	要求
货物闸口	●	辅助设施用房	●
行政闸口	○	隔离围网（墙）	●
海关查验所	●	巡关道	●
国检查验所	●	停车场	○
国检检疫处理场所	●	货物X光机检	○
物流建筑	●	工业性生产加工场所	—
堆场	○	商业性消费设施	—
业务指挥调度室	●	居住设施	—
管理生活用房	●	消防站	●

注：●必须设置，○可根据业务需要设置，—不得设置。

非保税物流总平面设计要点

1. 出入口设置

分析用地周边的市政道路等级、交通流向及交通流量,确定主出入口位置。主出入口宜设在城市次干路和支路上并远离交叉口,同时宜组织车辆右进右出园区,避免进出车辆横穿城市道路。与城市道路直接相连的货运出入口,距道路红线应留有足够的缓冲段。

2. 按照货种的储存、装卸工艺、集运车型要求,布置物流建筑、物流建筑作业场地及堆场。

3. 建筑物、构筑物、露天设施的布置应满足防火、安全防护、卫生间距的要求。

4. 办公用房根据园区的经营模式集中布置或分散设置。集中布置可设在出入口附近,分散设置可设在物流建筑附近。

5. 总平面布置应符合国家、地方现行颁布的有关规范、标准的要求。

主要建构筑物参考　　　　　　　　　　　　　　表1

名称		设施组成
出入口	闸口	隔离岛、道口房、地磅
	大门	大门、门卫
物流建筑	站台型物流建筑	库房、装卸站台、辅助办公、辅助设施(厕所、充电间、配电室、报警阀室等)
	平面型物流建筑	库房、辅助办公、辅助设施(厕所、充电间、配电室、报警阀室等)
堆场	集装箱堆场	空箱堆场、重箱堆场、冷藏箱堆场
	普通堆场	件杂货堆场、散货堆场
管理生活用房		办公、食堂、浴室等
辅助设施用房		变电所、消防泵房、消防水池、充电间、机修车间、污水处理设施等
围墙		—
停车场		—

实例

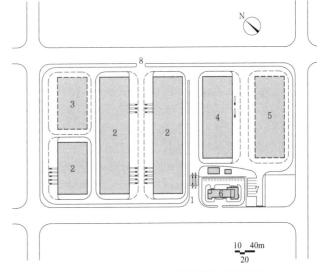

1 主出入闸口　　　　5 件杂货堆场或平面型仓库
2 站台型仓库　　　　6 办公楼
3 集装箱堆场或站台仓库　7 停车场
4 平面型仓库　　　　8 备用出入口

[2] 天津某物流园区总平面图

名称	储存物品火灾危险性分类	项目用地面积	建筑面积	设计单位
天津某物流园区	丙类2项	12.46hm²	40575.8m²	中交第三航务工程勘察设计院有限公司

进出口设闸口,闸口东侧布置供物流公司和现场物业管理的办公楼,以及平面型物流建筑和件杂货堆场,闸口西侧为站台型物流建筑和集装箱堆场

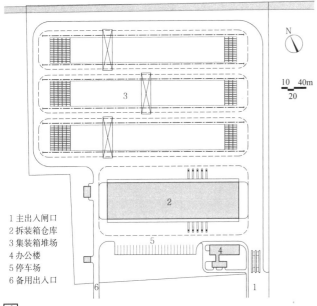

1 主出入闸口
2 拆装箱仓库
3 集装箱堆场
4 办公楼
5 停车场
6 备用出入口

[1] 宁波某集装箱堆场项目总平面图

名称	储存物品火灾危险性分类	项目用地面积	建筑面积	设计单位
宁波某集装箱堆场项目	丙类2项	15.35hm²	17282.2m²	中交第三航务工程勘察设计院有限公司

为物流公司自主经营的集装箱堆场项目,主要布置集装箱堆场,配套建设一幢站台型拆装箱物流建筑

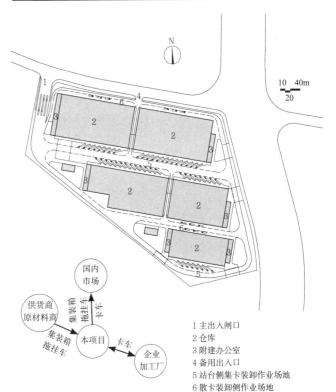

1 主出入闸口
2 仓库
3 附建办公室
4 备用出入口
5 站台侧集卡装卸作业场地
6 散卡装卸侧作业场地

[3] 苏州某物流园区总平面图

名称	储存物品火灾危险性分类	项目用地面积	建筑面积	设计单位
苏州某物流园区	丙类2项	11.07hm²	66608.1m²	中交第三航务工程勘察设计院有限公司

该项目主要租赁给周边工厂作为原材料或成品的仓储仓库。仓库一侧设满足集装箱拖挂车装卸货物的站台,另一侧为满足短驳货物的卡车装卸货物的作业场地。仓库山墙侧贴建办公室,供承租方现场管理办公

物流建筑 [30] 港口物流／总平面设计

保税物流总平面设计要点

1. 保税物流设置标准

(1) 具有独立的封闭区域；

(2) 设立隔离围网(墙)，总净高不小于3m；

(3) 建立出入通道闸口，配置符合海关监管要求的设备(道杆、监控设备、地磅等)并与海关联网；

(4) 提供满足海关、国检查验货物、暂扣货物的场地和设施(查验平台、监管仓库、查验场地等)；

(5) 设置或预留大型集装箱检查设备等场所的场地和设施；

(6) 具有专门储存、堆放、装卸海关、国检监管货物的物流建筑、堆场及设施；

(7) 为海关、国检、边防提供必要的办公场所；

(8) 设置综合办公区作为现场报关、报检及现场管理办公、入驻企业办公等。

2. 出入口设置

分析用地周边的市政道路等级、交通流向及交通流量，确定货物闸口位置。货物闸口宜设在城市次干路和支路上且远离交叉口，距道路红线应留有足够的缓冲段。有条件的情况下货物闸口附近、围网外设置集装箱拖挂车停车场。

货物闸口依据海关对货物的监管、查验和放行的信息处理要求，有设一道货物闸口和设两道货物闸口两种设置方式。

3. 查验区位于货物闸口附近，由进区查验区和出区查验区组成。进区查验区主要作为海关、国检对进口货物进行查验的场所，有海关查验平台监管仓库、国检查验平台监管仓库、国检检疫处理场所、查验场地和候检停车场。国检检疫处理场所由国检检疫平台和熏蒸房组成，应位于项目的下风向且与周边建筑距离不小于50m，相对独立，作业时能完全封闭。检疫处理场所应根据项目所在位置的主导风向、项目周边设施情况选择合理的位置布置。出区查验区主要作为海关对出口货物进行查验和施封的场所，由海关查验平台监管仓库和停车场组成。

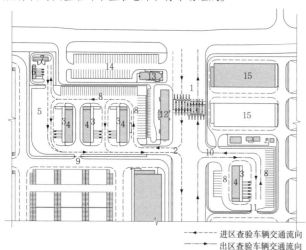

1 货物闸口　2 进区查验区出入口　3 查验平台
4 监管仓库　5 查验场地　6 检疫平台
7 熏蒸房　8 候检停车场　9 进区查验区备用出口
10 出区查验区出入口　11 出区查验区备用出口　12 综合楼
13 食堂　14 外部停车场　15 物流建筑

1 连云港保税物流园区闸口、查验区

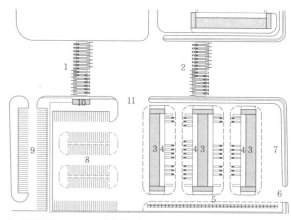

1 第一道货物闸口　2 货物第二道闸口　3 监管仓库
4 查验平台　5 暂扣箱落箱区　6 进区查验区备用出口
7 查验场地　8 候检停车场　9 外部停车场
10 业务指挥调度室　11 进区查验区出入口

2 某综合保税区闸口、进区查验区

4. 沿隔离围网(墙)内侧设置海关巡逻的专用通道，宽度不小于4m。

5. 按照货种的储存、装卸工艺、集运车型要求，布置物流建筑、物流建筑作业场地及堆场。

6. 业务指挥调度室宜设在货物闸口附近。综合办公区宜设在用地红线内、隔离围网(墙)外及行政闸口附近。

7. 总平面布置应符合国家、地方现行有关规范、标准的要求。

8. 主要建构筑物构成、堆场配置见表1、表2。

主要建构筑物构成参考　　表1

主要建构筑物		设施组成
闸口	货物闸口	防撞岛、道口房、地磅
	行政闸口	防撞岛、道口房
查验区	海关查验场所	查验平台、监管仓库、现场业务用房、辅助设施(厕所、司机等候室、配电室、叉车充电间等)、候检停车场、地磅、货物X光机检区、查验场地
	国检检验、检疫场所 国检检验场所	查验平台、监管仓库、现场业务用房、辅助设施(厕所、司机等候室、配电室、叉车充电间等)、查验场地
	国检检疫处理场所	检疫查验平台、熏蒸处理库、标识牌、告示牌
物流建筑	站台型物流建筑	库房、装卸站台、辅助办公、辅助设施(厕所、充电间、配电室、报警阀室等)
	平面型物流建筑	库房、辅助办公、辅助设施(厕所、充电间、配电室、报警阀室等)
堆场	集装箱堆场	重箱堆场、空箱堆场、冷藏箱堆场
	普通堆场	件杂货堆场、散货堆场
业务指挥调度室		现场监控室、现场海关、国检、边防等人员办公室
管理生活用房		海关报关厅、海关行政办公；国检报检厅、国检行政办公、专业技术用房；园区企业及其他机构的办公、商务、商品展示；食堂、浴室
辅助设施用房		变电所、消防泵房、消防水池、充电间、机修车间、污水处理设施等
隔离围网(墙)		—

堆场配置参考　　表2

类型	需求	类型	要求
重箱堆场	●	散货堆场	○
空箱堆场	○	件杂货堆场	○
冷藏箱堆场	○		

注：● 必须设置，○ 可根据业务需要设置。

建筑形式选择

物流建筑按照货物运输车型、装卸工艺要求分为站台型物流建筑和平面型物流建筑；按照建筑层数分为单层物流建筑、多层物流建筑。

1. 站台型物流建筑根据站台设置位置分为外站台型和内站台型。主要用于集装箱拖挂车直接停靠在站台边缘、叉车能直接进出集装箱内装卸货物的装卸工艺要求而设置；常用站台高度约1.2~1.4m；站台边缘设置调节渡板。

2. 平面型物流建筑主要用于卡车进入仓库内或仓库外装卸货物，叉车在地面上能直接装卸卡车内的货物，或集装箱拖挂车通过集装箱吊运机械将集装箱直接放置地面上装卸货物；室内外高差一般为0.15~0.30m。

物流建筑类型参考 表1

物流建筑类型		剖面示意
平面型物流建筑	仓库内装卸货物	
	仓库外装卸货物	
站台型物流建筑	外站台型物流建筑	
	内站台型物流建筑	

常用站台类型参考 表2

站台类型		说明
矩形站台		1.集装箱拖挂车与站台呈90°布置； 2.卸装作业场地大； 3.适用于车流量大，集装箱拖挂车装卸作业繁忙的物流建筑
锯齿形站台		1.集装箱拖挂车与站台呈30°、45°或60°布置； 2.节约装卸作业场地； 3.站台叉车作业宽度小，影响叉车在站台上通行
局部矩形站台		1.仓库局部位置设置站台，适用于集装箱拖挂车装卸作业量较小的物流建筑； 2.节约装卸作业场地

物流建筑的主要功能组成 表3

配置内容	站台仓库	平面仓库
库房	●	●
装卸站台	●	—
辅助办公	○	○
厕所	●	●
充电间	○	○
配电室	○	○
报警阀室、消防泵房、消防水池	○	○

注：●必须设置，○可根据业务需要设置，—不需要设置。

多层物流建筑

国内外土地日益紧缺地区的物流建筑更多地向空中发展，建造多层物流建筑以更有效地利用土地。

1. 多层物流建筑平面组合形式

多层物流建筑的平面组合形式有：内作业通道式、外作业通道式、鱼骨式。

2. 多层物流建筑内货物的垂直运输

多层物流建筑内货物常用的垂直运输方式有：电梯式、坡道式、盘道式等。

国内外多层物流建筑 表4

名称	层数	用地面积（m²）	仓库建筑面积（m²）	容积率
中国香港亚洲货柜	8	13	87	6.69
日本横滨港YCC	5	8.5	32	3.76
上海外高桥保税物流中心K3、K5仓库	2	19	28	1.47
上海外高桥保税物流中心K6仓库	3	9.7	21.4	2.2
义乌内陆港一期仓库	3	23.0	34.9	1.52
天运多功能国际物流中心	2	7.5	12.2	1.63

多层物流建筑平面组合形式参考 表5

组合形式		说明
内作业通道式		1.作业通道面积占整个建筑面积的比例较小，仓库的利用率高。 2.当整个建筑长度较长时，车辆在通道内的通行时间较长。 3.通道内汽车尾气和噪声污染较大，采光、通风条件差
外作业通道式		1.作业通道面积占整个建筑面积的比例较大，仓库的利用率低。 2.作业通道的一侧敞开或有可开启的外窗，作业通道内采光、通风、排烟条件较好
鱼骨式		1.车辆从汽车通道进入后向两侧的作业通道分流，适用于车流量较大的物流建筑。 2.汽车通道、作业通道占用整个建筑的面积比例较大，建筑的利用率较内作业通道式低。 3.通道内汽车尾气和噪声污染较大，采光、通风条件差

多层物流建筑内常用的货物垂直运输方式参考 表6

方式	工艺流程	说明
电梯式	1.货物在底层装卸； 2.货物通过电梯运送至楼层库房存储	1.工程造价低，垂直交通面积小，土地利用率高； 2.货物垂直运送速度慢，装卸作业时间长； 3.适用于储存周转时间长的货物
坡道式	1.运输货物的车辆通过坡道进入楼层装卸货物； 2.货物在存储层装卸	1.工程造价高，坡道占用部分用地面积； 2.货物装卸作业速度快； 3.常用于两层物流建筑
盘道式	1.运输货物的车辆通过盘道进入楼层装卸货物； 2.货物在存储层装卸	1.工程造价高，盘道占用的用地面积较坡道式大； 2.货物装卸作业速度快； 3.常用于多层物流建筑，适用性广

物流建筑 [32] 港口物流 / 内陆海关监管点

内陆海关监管点功能

1. 内陆海关监管点指在货源生成地建设"内陆港",将港口的物流功能延伸到内陆地区,为内陆地区承运海关监管货物的运输工具进出、停靠以及从事进出境货物装卸、储存、交付、发运、办理海关监管业务等活动而设置的符合海关设置标准的特定区域。

2. 内陆海关监管点为内陆地区提供订舱、报关、报检、拼箱、多式联运等服务,构建以沿海港口为中心、辐射内陆的物流链,实现内陆地区与沿海港口之间的无缝对接。

3. 海关监管货物在内陆海关监管点通过海关查验施封后经港口口岸或内陆边境口岸出境。

4. 内陆海关监管点选址在靠近陆路交通枢纽及内陆国际物流需求量较大、交通便利、设有海关机构且便于海关集中监管的地方。

1 内陆海关监管点工艺流程

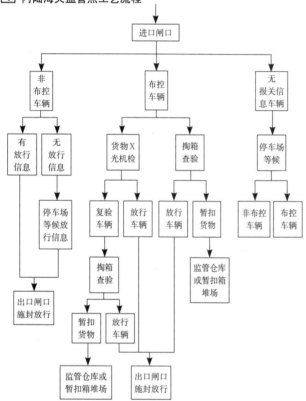

2 内陆海关监管点监管流程

内陆海关监管点主要功能配置　　　　　　　　　　　表1

配置内容	要求	配置内容	要求
货物闸口	●	辅助设施用房	○
行政闸口	○	隔离围网(墙)	●
海关查验场所	●	候检停车场	●
国检检验场所	●	货物X光机检	●
国检检疫处理场所	○	工业生产加工场所	—
物流建筑	○	商业性消费设施	—
堆场	○	居住设施	—
业务指挥调度室	●	消防站	○
管理生活用房	●		

注:● 必须设置,○ 可根据业务需要设置,— 不得设置。

主要建构筑物构成

主要由货物闸口、行政闸口、查验场所、候检停车场、业务指挥调度室、辅助设施用房与管理生活用房组成。

主要建构筑物构成参考　　　　　　　　　　　　　　表2

主要建构筑物		设施组成
闸口	货物闸口	防撞岛、道闸房、地磅
	行政闸口	防撞岛、道闸房
查验区	海关查验场所	查验平台、监管仓库、现场业务用房、辅助用房(厕所、司机等候室、配电室、叉车充电间等)、候检停车场、地磅、货物X光机检区、查验场地
	国检检验场所	查验平台、监管仓库、现场业务用房、辅助用房(厕所、司机等候室、配电室、叉车充电间等)、查验场地
	国检检疫处理场所	检疫查验平台、熏蒸处理库、标识牌、告示牌
业务指挥调度室		现场监控室、现场海关、国检、边防等人员办公室
管理生活用房		海关报关厅、海关行政办公;国检报检厅、国检行政办公、专业技术用房;园区企业及其他机构的办公、商务、商品展示;食堂、浴室
辅助设施用房		变电所、消防泵房、消防水池、充电间、机修车间、污水处理设施
隔离围网(墙)		—

实例

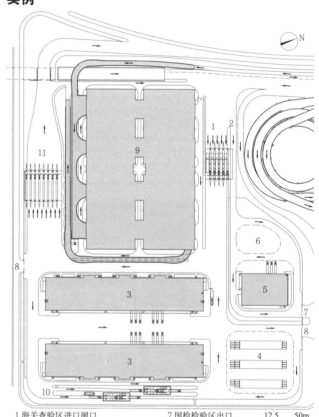

1 海关查验区进口闸口　　7 国检检验区出口
2 国检检验区进口　　　　8 海关查验区备用出口
3 海关查验平台、监管仓库　9 集装箱拖挂车停车库
4 暂扣箱落箱区　　　　　　(屋顶为集装箱拖挂车停车场)
5 国检查验平台监管仓库　 10 FS3000机检
6 查验场地　　　　　　　11 海关查验区出口闸口

3 义乌内陆港海关监管点总平面图

名称	储存物品火灾危险性分类	项目用地面积	建筑面积	设计单位
义乌内陆港海关监管点	丙类2项	17.03hm²	76068.7m²	中交第三航务工程勘察设计院有限公司

主要为海关、国检对出口货物进行查验、施封或暂扣货物的场所

集装箱堆场

国际标准集装箱有10英尺、20英尺、30英尺、40英尺、45英尺5种规格，常见的规格有20英尺、40英尺两种。20英尺集装箱的外观尺寸有2.438m（W）×6.058m（L）×2.438（2.591）m（H）两种，40英尺集装箱的外观尺寸有2.438m（W）×12.192m（L）×2.438（2.591、2.896）m（H）三种。

集装箱堆场有重箱堆场、冷藏箱堆场、空箱堆场三种类型。作业机械有空箱堆高机、集装箱正面吊运车、轮胎式集装箱龙门起重机（RTG，ERTG）、轨道式集装箱龙门起重机（RMG）、集装箱跨运车、集装箱叉车等。

本节集装箱堆场布置不包括危险品集装箱堆场。危险品堆场应根据其运量和危险品种类，按照国家有关危险品装卸和存放的条例确定存放地和存放方式，并按照国家有关规定配置相应的消防和安全设施。

集装箱堆场分类参考　　　　　　　　　　　　　　表1

类型	常用作业机械	备注
重箱堆场	轨道式集装箱龙门起重机（RMG） 轮胎式集装箱龙门吊运机（RTG）（ERTG） 集装箱正面吊运机 集装箱叉车	
冷藏箱堆场	轨道式集装箱龙门起重机（RMG） 轮胎式集装箱龙门吊运机（RTG）（ERTG） 集装箱正面吊运机	布置在重箱堆场内
空箱堆场	空箱堆高机	

1. 轮胎式集装箱龙门起重机作业堆场

轮胎式集装箱龙门起重机（RTG）：进行集装箱堆垛和装卸的专用机械，可在堆场行走，并可作90°直角转向，从一个堆场移到另一个堆场，作业灵活。

2. 轨道式集装箱龙门起重机作业堆场

轨道式集装箱龙门起重机（RMG）：用于集装箱堆垛和装卸，有无悬臂、单悬臂、双悬臂三种机型。在轨道上运行阻力小，定位准，采用城市电网、高压上机供电，节能减排、营运经济。

3. 正面吊运车作业堆场

集装箱正面吊运车：用于集装箱装卸、堆垛和水平运输作业，有机动性强、操作简便、可隔箱作业等特点。

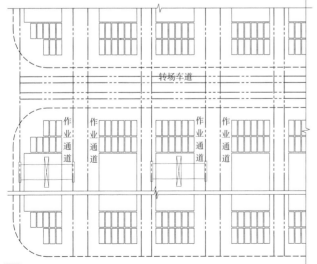

1 轮胎式（跨距23.47m）集装箱龙门起重机作业的平面箱位（20英尺国际标准集装箱）布置参考

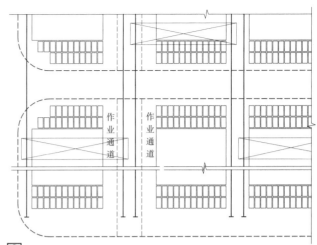

2 轨道式集装箱龙门起重机作业的平面箱位（20英尺国际标准集装箱）布置参考——单侧作业通道

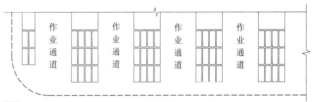

3 集装箱正面吊运车作业的平面箱位（20英尺国际标准集装箱）布置参考

空箱堆场

空箱堆高机：主要用于堆场内的集装箱空箱堆垛和转运，具有堆码层数高、堆垛和搬运速度快、作业效率高、机动灵活、节约场地等特点。

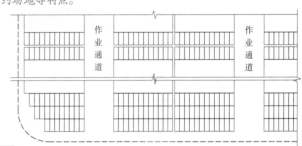

4 空箱堆高机作业的平面箱位（20英尺国际标准集装箱）布置参考

冷藏箱堆场

冷藏箱堆场：布置在重箱堆场区，当作业通道内车辆沿单向通行时，每排冷藏箱设电源插座架，当作业通道内车辆双向通行时，可每两排冷藏箱间设电源插座。冷藏箱的箱位数根据冷藏箱的运量确定。冷藏箱的堆高为2~4层。

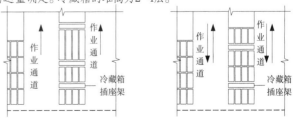

5 冷藏箱平面箱位布置参考

物流建筑 [34] 港口物流 / 实例

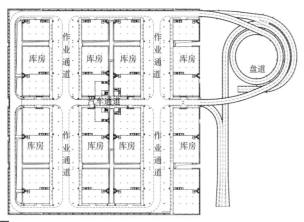

1 义乌内陆港一期仓库三层平面图

名称	储存物品 火灾危险性分类	项目 用地面积	建筑面积	设计单位
义乌内陆港 一期仓库	丙类2项	11.2hm²	348832.8m²	中交第三航务工程勘察 设计院有限公司

为3层物流仓库。该工程货物周转速度快，车流量大，采用鱼骨式平面组合，盘道式货物垂直运输方式

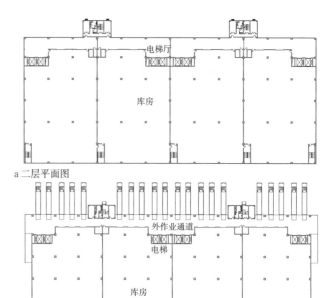

a 二层平面图

b 一层平面图

3 温州保税物流中心（B型）3号仓库

名称	储存物品火灾 危险性分类	项目 用地面积	建筑面积	设计单位
温州保税物流中心 （B型）3号仓库	丙类2项	0.94hm²	348832.8m²	中交第三航务工程勘察 设计院有限公司

为2层物流仓库，采用外作业通道式平面组合，电梯式货物垂直运输方式

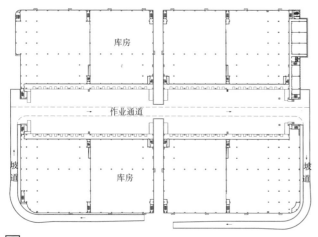

2 天运多功能国际物流中心二层平面图

名称	储存物品火灾 危险性分类	项目 用地面积	建筑面积	设计单位
天运多功能 国际物流中心	丙类2项	5.8hm²	122395.6m²	中交第三航务工程勘察 设计院有限公司

为2层物流仓库，采用内作业通道式平面组合，坡道式货物垂直运输方式

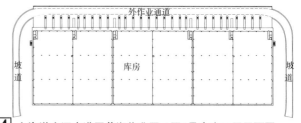

4 上海洋山深水港区芦潮作业区 A区1号仓库二层平面图

名称	储存物品火灾 危险性分类	项目 用地面积	建筑面积	设计单位
上海洋山深水港芦潮作 业区A区1号仓库	丙类2项	0.94hm²	348832.8m²	中交第三航务工程勘 察设计院有限公司

为2层物流仓库，采用外作业通道式平面组合，坡道式货物垂直运输

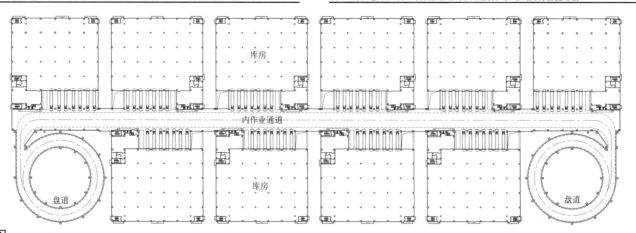

5 上海外高桥保税物流园区K6仓库三层平面图

名称	储存物品火灾危险性分类	项目用地面积	建筑面积	设计单位
上海外高桥保税物流园区K6仓库	丙类2项	6.63hm²	505253.7m²	中交第三航务工程勘察设计院有限公司

为3层物流仓库，采用内通道式平面组合，盘道式货物垂直运输方式

实例 / 港口物流 [35] 物流建筑

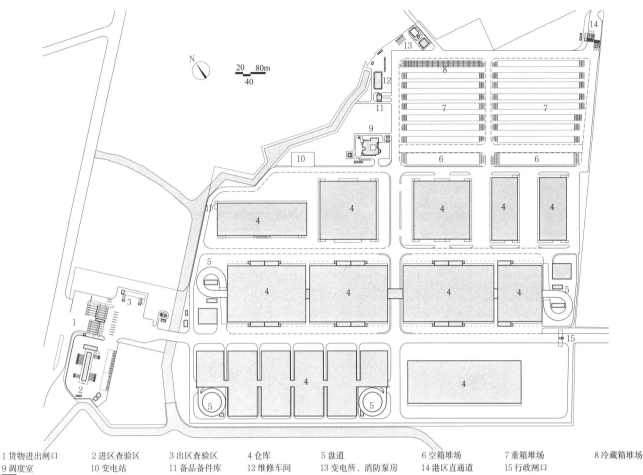

1 货物进出闸口　2 进区查验区　3 出区查验区　4 仓库　5 盘道　6 空箱堆场　7 重箱堆场　8 冷藏箱堆场
9 调度室　10 变电站　11 备品备件库　12 维修车间　13 变电所、消防泵房　14 港区直通道　15 行政闸口

1 上海外高桥保税物流园区

名称	储存物品火灾危险性分类	项目用地面积	建筑面积	设计单位
上海外高桥保税物流园区	丙类2项	103hm²	38.0万m²	中交第三航务工程勘察设计院有限公司

我国第一个区港联动的保税物流园区，设有国际国内中转、国际配送分拨、国际采购中心、国际转口贸易四大功能

1 货物进出闸口　2 进区查验区　3 出区查验区　4 外部停车场　5 食堂　6 综合楼　7 站台仓库　8 冷藏库
9 空箱堆场　10 重箱堆场　11 冷藏箱堆场　12 平面仓库　13 变电所、消防泵房　14 污水处理站　15 件杂货堆场　16 行政闸口

2 连云港保税物流中心（B型）

名称	储存物品火灾危险性分类	项目用地面积	建筑面积	设计单位
连云港保税物流中心（B型）	丙类2项	132hm²	23.0万m²	中交第三航务工程勘察设计院有限公司

以外贸货物进出口为主的保税物流中心（B型），设有进出口查验区、集装箱堆存区、仓储区、件杂货储存区

物流建筑 [36] 港口物流 / 实例

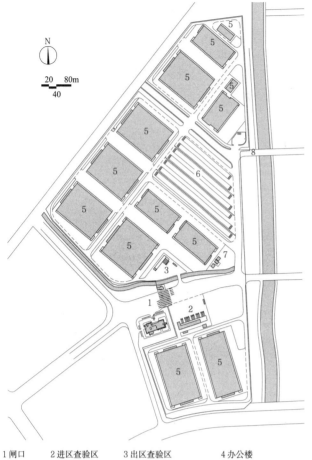

| 1 闸口 | 2 进区查验区 | 3 出区查验区 | 4 办公楼 |
| 5 仓库 | 6 集装箱堆场 | 7 消防泵房、变电所 | 8 备用出口 |

1 进口闸口		
2 出口闸口		
3 查验棚	8 空箱堆场	
4 查验场地	9 调度楼	13 变电所
5 重箱堆场	10 箱修棚	14 综合楼
6 冷藏箱堆场	11 备品备件库	15 油污水处理站
7 仓库	12 食堂、浴室	16 冲洗场地

1 南京龙潭港海关保税物流中心（B型）

名称	储存物品火灾危险性分类	项目用地面积	建筑面积	设计单位
南京龙潭港海关保税物流中心（B型）	丙类2项	79.7hm²	24.4万m²	中交第三航务工程勘察设计院有限公司
设有进出闸口、进区查验区、出区查验区、物流建筑、集装箱堆场、办公楼				

2 上海港浦东集装箱物流有限公司浦东物流园区

名称	储存物品火灾危险性分类	项目用地面积	建筑面积	设计单位
上海港浦东集装箱物流有限公司浦东物流园区	丙类2项	31.8hm²	15.26万m²	中交第三航务工程勘察设计院有限公司
设有转运中心、物流仓库、集装箱堆场、海关监管仓库、箱修设施等				

1 一期进口	2 一期北出口	3 一期南出口	4 一期管理楼	5 一期仓库	6 一期仓库盘道
7 综合服务楼	8 综合服务区北进出口	9 综合服务区东进出口	10 一期临时查验场地	11 一期查验场地车辆临时出口	12 海关监管点
13 二期仓库区进出闸口	14 二期管理楼	15 二期仓库区北出口	16 二期仓库	17 二期仓库盘道	18 集装箱拖挂车停车场

3 义乌内陆港

名称	储存物品火灾危险性分类	项目用地面积	建筑面积	设计单位
义乌内陆港	丙类2项	70.1hm²	77.0万m²	中交第三航务工程勘察设计院有限公司
设有两幢3层大型物流仓库、综合配套楼、海关监管区及配套的进出闸口、管理用房等				

定义

公路物流建筑是依托公路货物运输,提供停车、仓储、配载、装卸、维修、中转、信息服务等物流服务活动的建筑场所。

分类及要求

1. 综合型公路货运站

综合型公路货运站主要业务功能应体现以运输和仓储等物流多环节服务的功能,同时符合以下要求:

(1)从事物流多环节服务业务,可以为客户提供运输、货运代理、仓储、配送、流通加工、包装、信息等多种服务,且具备一定规模;

(2)按照业务要求,具有或租用必要的装卸设备、仓储设施及设备;

(3)配置专门的机构和人员,建立完备的客户服务体系,能及时、有效地提供客户服务;

(4)具备网络化信息服务功能,应用信息系统可对服务全过程进行状态查询和监控。

综合型公路货运站分级标准　　　　表1

级别	占地面积(亩)	货物处理能力(万t/年)
一级	≥600	≥600
二级	≥300	≥300
三级	≥150	≥100

2. 运输型公路货运站

运输型公路货运站主要业务功能应体现以运输服务为主的中转服务功能,同时符合以下要求:

(1)以从事道路货物运输业务为主,包括公路干线运输和城市配送,具备一定规模;

(2)可以提供门到站运输、站到门运输、站到站运输等多种服务;

(3)具有一定数量的装卸设备和一定规模的场站设施。

运输型公路货运站分级标准　　　　表2

级别	占地面积(亩)	货物处理能力(万t/年)
一级	≥400	≥400
二级	≥200	≥200
三级	≥100	≥100

3. 仓储型公路货运站

仓储型公路货运站主要业务功能应体现以道路运输为主的仓储服务功能,同时符合以下要求:

(1)以从事货物仓储业务为主,可以为客户提供货物储存、保管等服务,具备一定规模;

(2)具有一定规模和数量的仓储设施、设备。

仓储型公路货运站分级标准　　　　表3

级别	占地面积(亩)	仓储设施面积(万m²)
一级	≥500	≥20
二级	≥300	≥10
三级	≥100	≥3

4. 信息型公路货运站

信息型公路货运站主要业务功能应体现以道路运输为主的信息服务功能,同时符合以下要求:

(1)以从事货物信息服务业务为主,可以为客户提供货源信息、车辆运力信息、货流信息及配载信息等服务,具备一定规模;

(2)具有网络化的信息平台,或为客户提供虚拟交易的信息平台;

(3)具有必要的货运信息交易场所和一定规模的停车场所;

(4)具备网络化信息服务功能,应用信息系统可对交易过程进行状态查询、监控。

信息型公路货运站分级标准　　　　表4

级别	占地面积(亩)	交易次数(次/日)
一级	≥200	≥500
二级	≥100	≥300
三级	≥50	≥100

工艺流程

1. 尽量避免站内车辆流线、货物流线与装卸作业机具流线之间产生交叉、干扰,合理组织单向环行交通,保证流线顺畅。

2. 流程设计满足站内各功能区域、作业环节的最佳衔接配合,作业流线最短,避免迂回。

3. 最大限度地合理利用场地内空间。

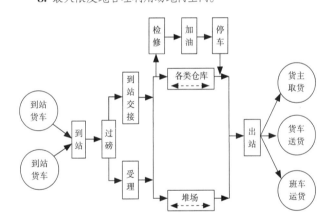

[1] 工艺流程图

总平面布置

1. 根据公路货运站的功能定位和生产规模统一布局,分期规划实施。

2. 优先考虑生产区域,优先库、场位置布局。

3. 分期实施的建设项目,应考虑分期建设过程中相互的衔接要求。

4. 与现有场站设施的改造利用相结合,节约用地和投资。

5. 按货运核心业务的不同,根据功能区分布设置相应设施,并具有合理的生产关系,生产设施、设备符合生产工艺的要求。

6. 站内道路统一规划,合理使用,使站内车流、货流、机械流、人流便捷通畅,互不干扰。

物流建筑 [38] 公路物流 / 总平面布置

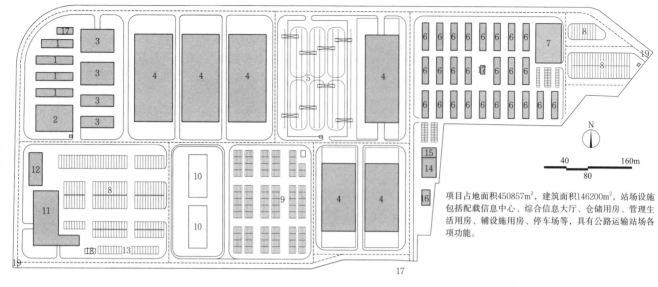

项目占地面积450857m²，建筑面积146200m²，站场设施包括配载信息中心、综合信息大厅、仓储用房、管理生活用房、辅设施用房、停车场等，具有公路运输站场各项功能。

1 配载信息中心　2 综合信息大厅　3 零担中转库　4 仓储库　5 钢材堆场　6 交易中心　7 展示交易大厅
8 大货车停车场　9 集装箱堆场　10 拆装箱货棚　11 综合办公服务大楼　12 汽车安全检测中心　13 小货车停车场　14 锅炉房
15 煤棚　16 消防水池及泵房　17 变电站　18 污水处理池　19 出入口

1 呼和浩特国家公路运输枢纽白塔（恼包）公路物流中心

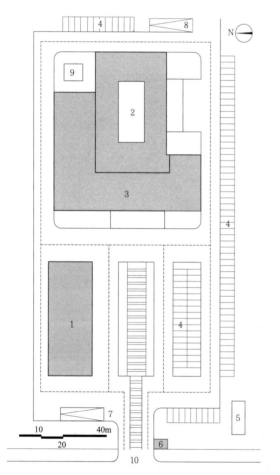

1 办公楼　2 总部大楼　3 信息中心　4 办公车辆停车场　5 污水处理池
6 门卫　7 地下车库入口　8 地下车库出口　9 水池及消防水泵　10 出入口

站场设施包括信息中心、智能化仓库、办公大楼、停车场等，其中信息中心占总建筑面积的41%，站场主要提供信息服务功能。

2 福州盛辉物流中心

1 综合服务楼　2 加油站　3 维修车间　4 办公楼　5 停车场
6 仓储库　7 零担中转库　8 作业区　9 配电室　10 消防水池
11 水泵房　12 污水处理池　13 出入口

项目占地面积100000m²，建筑面积22666m²，站场设施包括综合服务楼、仓储库、零担中转库、加油站等，其中仓储面积为17636m²，占总建筑面积的78%，站场主要提供仓储配送功能。

3 海天国际物流园区

库（棚）设施基本要求

包括中转库、零担库、集装箱拆装箱库、仓储库，分别用作货物的短期存放、集装箱拆装作业和待收待发货物仓储；货棚则用于堆放不便进库但又不宜露天存放的货物。

库（棚）设施基本要求　　　　　　　　　　　　　　　表1

项目	参数	备注
仓库内货位宽度	2.50~3.00m	货位间隔和操作通道宽度根据货物装卸方式和所用机械的型号、规格而定
仓库进出仓门数量	按每一仓门日均货运吞吐量30~50t设置	仓门设置方式根据仓库吞吐量大小而定，吞吐量较大仓库的进、出仓门可双向设置或分开设置，仓门宽度不小于2.50m
仓库窗地面积比	宜为1:10~1:18	窗功能以采光为主的仓库，采用固定窗，窗地面积比取较大值；窗功能以通风为主的仓库，采用中悬窗，窗地面积比取较小值
货棚、零担库、仓储库的面积比	1:4~1:5	其货位宽度、间隔和操作通道宽度按表中第1条的规定。各类仓库应分区设置并以道路衔接，保持良好作业联系。零担货棚和仓储货棚应与相应仓库位于同一区域

零担库和集装箱拆装箱库技术要求

应建成高站台仓库，站台宽度不小于3m，高度取1.2~1.3m，两端设置斜坡，并装设货物装卸升降台。

中转库技术要求

1. 中转、换装作业量大的一、二级货运站，可设置具有监控、传输、分拣设备的中转库。中转作业量小的三级以下货运站，可用相应仓库内的一定区域作为理货场地，不设中转库。

2. 具有铁路专用线的货运站，中转库一侧设铁路装卸站台，宽度不小于13.5m；另一侧或多侧设汽车装卸站台，站台高度1.2~1.3m，宽度不小于3m。

仓储库技术要求

1. 按建筑层数不同，仓储库可分为单层和多层仓储库。存放外形尺寸较小、单件重量较轻货物的仓储库可建成高架库。为适应各种外形尺寸货物的存放，高架库与单层库可连接成建筑群体。

2. 仓储库的仓储面积依据日均仓储货物最大吞吐量计算。

3. 多层仓储库的楼梯及货梯的位置应处于中央部位，储存货物出入库的水平运输距离不应大于30m。一幢仓储库设置两台货梯时，应集中布置，货梯多于两台的，应分两处设置。多层仓储库除设主楼梯外，还应设置疏散楼梯。

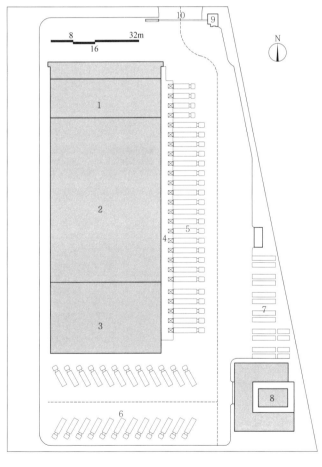

1 中转库　2 仓储库　3 保税仓库　4 装卸平台　5 作业区
6 停车场　7 集装箱堆场　8 办公大楼　9 门卫　10 出入口

项目占地面积30000m²，建筑面积9275m²，中转库、仓储库和保税仓库形成一体，在建筑体内进行隔断和功能区分，充分利用土地资源。

1 日照上海路仓储配送中心

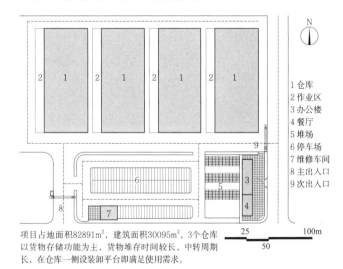

1 仓库　2 作业区　3 办公楼　4 餐厅　5 堆场　6 停车场　7 维修车间　8 主出入口　9 次出入口

项目占地面积82891m²，建筑面积30095m²，3个仓库以货物存储功能为主，货物堆存时间较长，中转周期长，在仓库一侧设装卸平台即满足使用需求。

2 菏泽交通集团有限公司甩挂运输站场

1 冷库　2 普通仓储库　3 零担快运库　4 堆场　5 作业区　6 停车场　7 综合大楼　8 维修车间　9 洗车台　10 检车台　11 污水处理　12 配电室　13 水泵房　14 出入口

项目冷库、存储库、中转库等类型仓库分开设置，功能明确。

3 商丘奥通物流中心

物流建筑 [40] 公路物流 / 场地设施

场地设施要求

主要包括集装箱堆场、货场、装卸（作业）场、停车场、道路设施和危险品运输设施。

集装箱堆场

1. 集装箱堆场应靠近装箱作业区，并与站内的主要道路相衔接。
2. 场地强度应满足集装箱堆码的需要，并有一定坡度以利排水。
3. 存量较大的集装箱堆场应划分空箱、重箱、冷藏箱及危险品箱堆存区。

货场

1. 货场应与仓储库一同位于仓储作业区内。
2. 货场面层应根据货物性质、荷载、水文地质等因素和就地取材原则，通过技术经济比较确定。
3. 货场排水应与站区总体排水系统衔接。货场应采用有组织排水，其竖向布置尽可能呈龟背式向四周分散排水。较小货场也可设计成坡向一侧或坡向两侧，排水沟置于水线上。

装卸（作业）场

1. 各类仓库、货场、铁路专用线一侧或两侧应设置装卸（作业）场，并与主要道路衔接。
2. 铁路专用线装卸场宽度不宜小于13.5m，汽车装卸货场宽度应满足车辆调头、装卸作业要求。
3. 装卸（作业）荷载设计值应满足装卸作业和车辆行驶的承载要求。

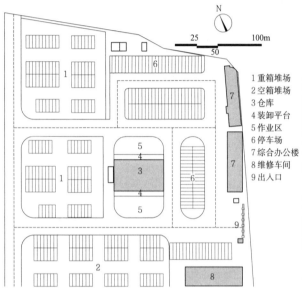

1 重箱堆场 2 空箱堆场 3 仓库 4 装卸平台 5 作业区 6 停车场 7 综合办公楼 8 维修车间 9 出入口

项目占地面积81534m²，建筑面积10439m²，站场西侧集中为集装箱堆场，又分为空箱堆场、重箱堆场两个功能区。

1 晋江陆地港甩挂运输站场

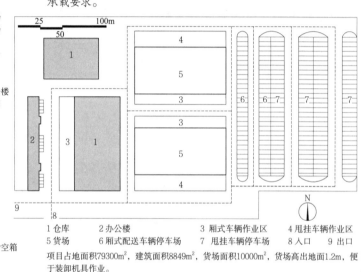

1 仓库 2 办公楼 3 厢式车辆作业区 4 甩挂车辆作业区 5 货场 6 厢式配送车辆停车场 7 甩挂车辆停车场 8 入口 9 出口

项目占地面积79300m²，建筑面积8849m²，货场面积10000m²，货场高出地面1.2m，便于装卸机具作业。

2 北明全程物流园区

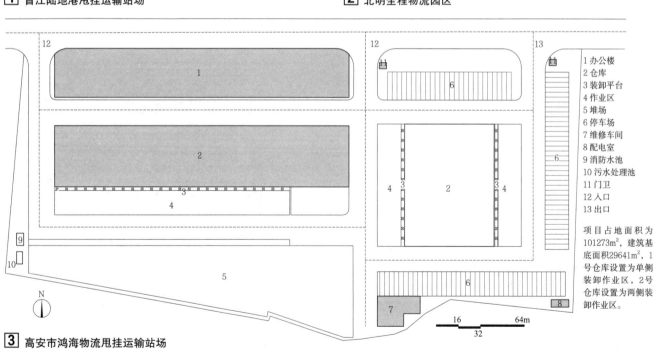

1 办公楼 2 仓库 3 装卸平台 4 作业区 5 堆场 6 停车场 7 维修车间 8 配电室 9 消防水池 10 污水处理池 11 门卫 12 入口 13 出口

项目占地面积为101273m²，建筑基底面积29641m²，1号仓库设置为单侧装卸作业区，2号仓库设置为两侧装卸作业区。

3 高安市鸿海物流甩挂运输站场

停车场

1. 停车场可集中设置，也可在不同作业区域内分别设置，站内自备车辆和外来车辆应分区停放。
2. 停车场宜临近装卸（作业）场布置。

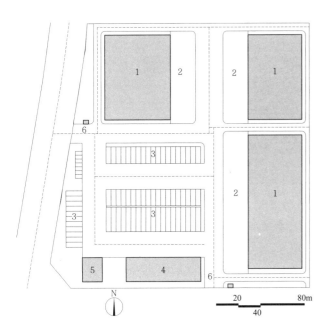

1 仓库　　2 装卸作业区　　3 停车区　　4 维修车间　　5 洗车台　　6 出入口

项目占地面积39700m²，建筑面积10810m²，停车场面积为9800m²，站场设施包括仓库、停车场、维修车间、洗车台等，整体布局上停车场较集中，可为以后改作其他用途留有余地。

[1] 云南省玉溪通力汽车运输有限公司甩挂运输站场

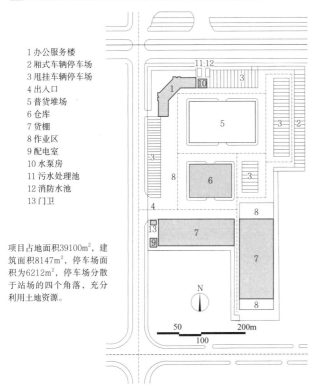

1 办公服务楼
2 厢式车辆停车场
3 甩挂车辆停车场
4 出入口
5 普货堆场
6 仓库
7 货棚
8 作业区
9 配电室
10 水泵房
11 污水处理池
12 消防水池
13 门卫

项目占地面积39100m²，建筑面积8147m²，停车场面积为6212m²，停车场分散于站场的四个角落，充分利用土地资源。

[2] 新疆生产建设兵团第五师阿拉山口华宇物流园区

道路设施

1. 在临近铁路线并有较大公铁联运作业量的一、二级公路货运站，可引设铁路专用线。三、四级货运站或无条件的货运站可不设置。
2. 站内道路需采用无交叉的环形行驶路线。

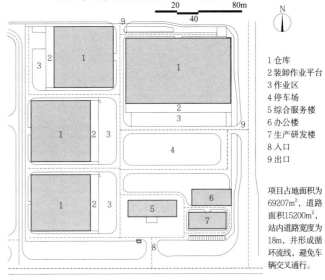

1 仓库
2 装卸作业平台
3 作业区
4 停车场
5 综合服务楼
6 办公楼
7 生产研发楼
8 入口
9 出口

项目占地面积为69207m²，道路面积15200m²，站内道路宽度为18m，并形成循环线路，避免车辆交叉通行。

[3] 贵州铭宇龙洞堡物流园区

生产辅助和生活服务设施

1. 生产辅助设施主要包括维修维护设施、动力设施、供水供热设施、环保设施等。
2. 生活服务设施主要包括食宿设施和其他服务设施。
3. 生产辅助和生活服务设施应按需设置。

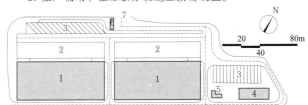

1 仓储库　2 作业区　3 停车场　4 办公楼　5 配电室及水泵房　6 门卫　7 出入口

[4] 云南玉溪腾银物流有限公司昆明甩挂运输站场

公路站场设施基本要求　　　　　　　　　　　　　表1

项目		货运站类型	综合服务型	仓储配送型	信息服务型
办公设施		货运站站房	●	●	●
		生产调度办公室及联合办公室	●	●	●
		信息管理中心	●	○	●
		会议室	●	○	●
生产设施	库(棚)设施与信息交易中心	中转库	●	●	●
		仓储库	●	●	○
		信息交易中心	○	—	●
	场地与道路设施	集装箱堆场	○	—	—
		货场	●	●	○
		装卸(作业场)	●	●	●
		停车场	●	●	●
		道路	●	●	●
生产辅助设施		维修维护设施	●	●	●
		动力设施	●	●	●
		供水供热设施	●	●	●
		环保设施	○	○	○
生活服务设施		食宿设施	○	○	○
		其他服务设施	○	○	○

注：● 必选，○ 视条件而定，— 无需配备。

物流建筑 [42] 公路物流 / 实例

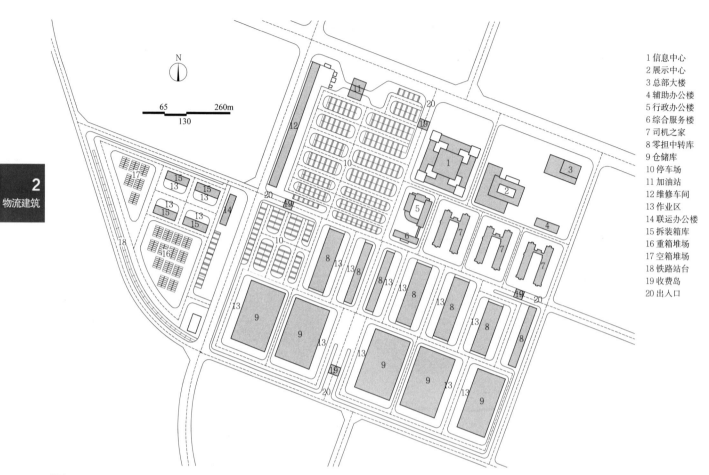

1 沈阳陆港物流园区

名称	主要技术指标	设计时间	设计单位	
沈阳陆港物流园区	占地面积1106226m²	2012	交通运输部公路科学研究院	提供仓储、运输、分拣、配送、装卸、搬运、包装、称重、停车、交易等基本物流服务功能，提供结算功能、物流系统方案设计、保险、法律咨询和业务培训等增值服务，提供公铁水联运、总部商务以及辅助配套服务

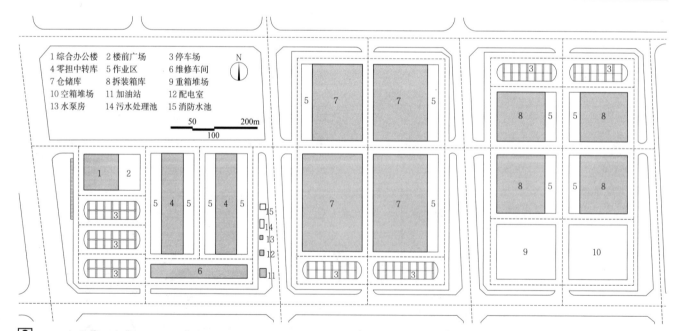

2 辽宁（营口）沿海产业基地交通物流中心

名称	主要技术指标	设计时间	设计单位	
辽宁（营口）沿海产业基地交通物流中心	占地面积607043m²，总建筑面积333285m²	2013	交通运输部公路科学研究院	提供运输组织、中转换装、装卸仓储、集装箱集疏、信息化处理、物流增值服务等综合型现代物流服务功能

实例 / 公路物流 [43] 物流建筑

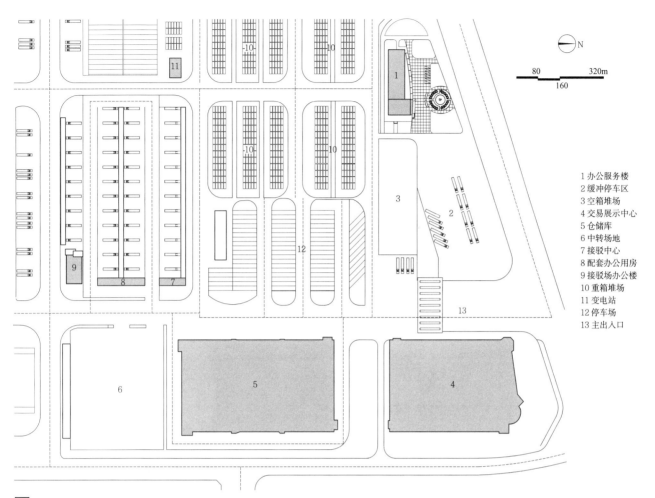

1 办公服务楼
2 缓冲停车区
3 空箱堆场
4 交易展示中心
5 仓储库
6 中转场地
7 接驳中心
8 配套办公用房
9 接驳场办公楼
10 重箱堆场
11 变电站
12 停车场
13 主出入口

1 深圳华南国际物流中心（改建工程）

名称	主要技术指标	设计时间	设计单位	
深圳华南国际物流中心（改建工程）	改建面积125515m²	2011	交通运输部公路科学研究院	提供物流策划、采购、加工、包装、仓储、分销、回收服务等增值服务，提供车源、货源信息交流、电子商务、资金结算、报关、清关等综合服务。总建筑面积50200m²，仓库面积49000m²，停车场4140m²

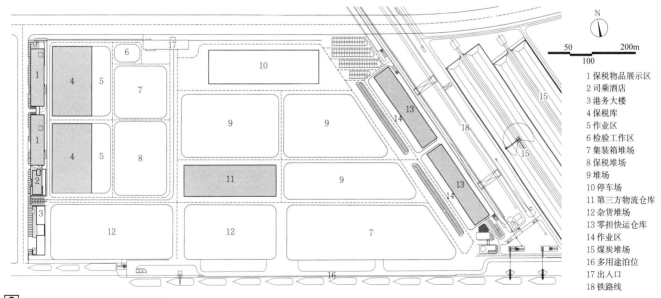

1 保税物品展示区
2 司乘酒店
3 港务大楼
4 保税库
5 作业区
6 检验工作区
7 集装箱堆场
8 保税堆场
9 堆场
10 停车场
11 第三方物流仓库
12 杂货堆场
13 零担快运仓库
14 作业区
15 煤炭堆场
16 多用途泊位
17 出入口
18 铁路线

2 淮海经济区现代物流服务枢纽

名称	主要技术指标	设计时间	设计单位	
淮海经济区现代物流服务枢纽	规划面积358044m²	2012	交通运输部公路科学研究院	本项目由公路货运站国内货物处理区和保税货物监管与查验区、管理办公区等组成

物流建筑 [44] 公路物流 / 实例

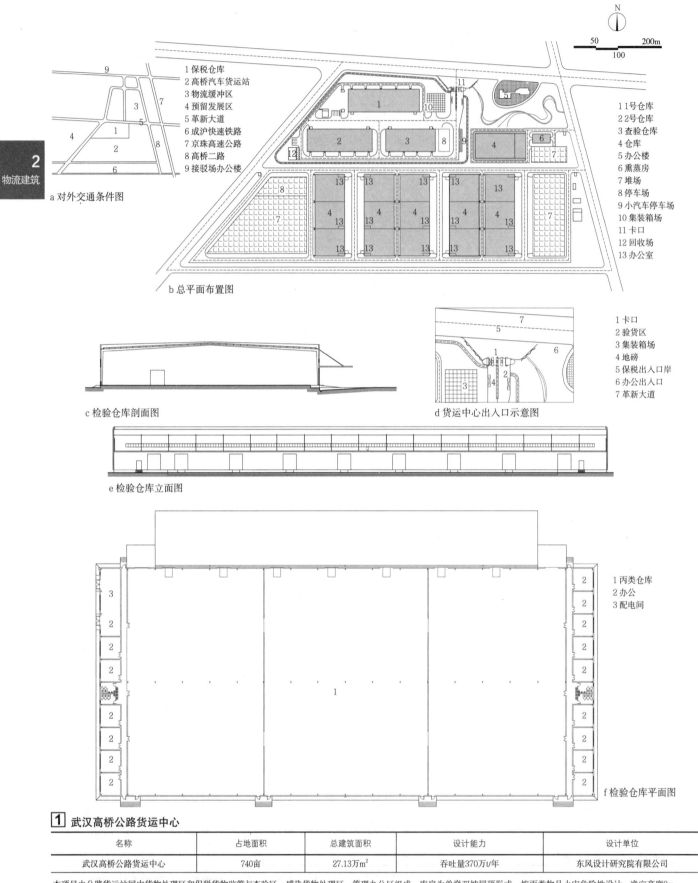

a 对外交通条件图
b 总平面布置图
c 检验仓库剖面图
d 货运中心出入口示意图
e 检验仓库立面图
f 检验仓库平面图

对外交通条件图图例：
1 保税仓库
2 高桥汽车货运站
3 物流缓冲区
4 预留发展区
5 革新大道
6 成沪快速铁路
7 京珠高速公路
8 高桥二路
9 接驳场办公楼

总平面布置图图例：
1 1号仓库
2 2号仓库
3 查验仓库
4 仓库
5 办公楼
6 熏蒸房
7 堆场
8 停车场
9 小汽车停车场
10 集装箱场
11 卡口
12 回收场
13 办公室

货运中心出入口示意图图例：
1 卡口
2 验货区
3 集装箱场
4 地磅
5 保税出入口岸
6 办公出入口
7 革新大道

检验仓库平面图图例：
1 丙类仓库
2 办公
3 配电间

1 武汉高桥公路货运中心

名称	占地面积	总建筑面积	设计能力	设计单位
武汉高桥公路货运中心	740亩	27.13万m²	吞吐量370万t/年	东风设计研究院有限公司

本项目由公路货运站国内货物处理区和保税货物监管与查验区、感染货物处理区、管理办公区组成，库房为单脊双坡屋顶形式，按丙类物品火灾危险性设计，净空高度9m。采用库房内站台装卸货物，设置9m宽雨棚，高度4.5m。保税物流中心区卡口前端布置有货车待验等缓冲区，感染货物独立隔离，分区处理。

定义与分类

铁路物流建筑是依托铁路货物运输，进行铁路运输货物的装卸、仓储、保管、搬运、包装、代理货主运输销售的货物、货物信息咨询、交易等物流活动的建筑场所。

1. 铁路物流建筑工程总体分类

铁路物流建筑工程总体上可分为铁路货场（铁路货运中心）和铁路物流园（铁路物流中心）两大类。

2. 铁路货场分类

铁路货场是铁路物流建筑主体，按办理货物品类铁路货场主要分为综合性货场和专业性货场。此外还有一种由非铁路运输企业建设经营的铁路专用线货场。

铁路物流建筑工程总体分类　　表1

分类	特征
铁路货场 铁路货运中心	由铁路线及货运站房和装卸区组成，进行铁路运输货物的集、疏、运的装卸、搬运、仓储、保管、收发货等，其中铁路货运中心专门进行集装箱、行邮包、小汽车的物流服务
铁路物流园 铁路物流中心	由铁路货场和加工配送、附加功能等配套物流功能区组成

铁路货场分类　　表2

分类		功能特点	选址特点
综合性货场		办理多种品类的货场。场内设有集装箱货区、长大笨重货区、包装成件货区、零担仓储货区等	一般位于大中城市边缘物流园区内，结合城市规划进行布局
专业性货场	集装箱货场	集装箱货物	一般位于大型物流园区内，结合区域铁路布局设置
	快运货场	高铁快运	与高速铁路货运网络相接
	散货货场	原材料等散料	一般位于矿山港口企业
	危险品货场	危险品货物	
铁路专用线		由非铁路运输企业建设经营的铁路货场	

建筑功能与组成

铁路物流建筑的基本功能包括装卸搬运、多式联运、仓储、信息服务、加工配送及其他附加、配套功能等。

铁路物流建筑功能表　　表3

功能	说明
装卸搬运功能	专业化装载、卸载、搬运
多式联运功能	铁路公路联运、铁路水路联运、铁路管道联运等
仓储功能	中转仓库、堆场、物流仓库
信息服务功能	数据与通信管理中心
加工配送功能	包装、配送、流通加工
附加功能	口岸监管功能、商品展示与交易
配套功能	设备维修、加油、物业、商务、金融等商贸综合服务

选址原则

1. 铁路物流中心选址要结合铁路规划、城市物流规划、港口规划、厂矿规划等要求综合考虑。

2. 铁路物流中心宜设在城市规划区边缘，与铁路接轨站接轨方便，周围公路交通发达。

3. 应有足够的场地满足铁路装卸长度要求和坡度要求。

4. 一般宜采用长方形用地，运量较大时宜整列装卸，装卸区长度一般需1200~1500m。

5. 接轨站应符合铁路与地区规划，宜靠近铁路枢纽或地区主要技术作业站，避免折角运输，具有改扩建条件。

6. 受用地条件限制，需要在分离地块建设铁路物流园时，各功能区地块间应具备良好的货物对接运输的道路交通条件。

设计要点

1. 铁路物流中心平面布置应以铁路装卸区为核心，配套设置其他物流设施。

2. 铁路物流中心各功能区的位置设置要求：

（1）长大笨重货物装卸区宜靠近集装箱装卸区布置；

（2）商品汽车装卸区宜邻近集装箱装卸区，其道路及出入口宜单独设置；

（3）有扬尘污染的散堆装货物装卸区宜单独设置，远离其他功能区，并位于物流中心主导风向下方侧；

（4）危险品货物装卸区应单独设置，远离其他功能区，并满足规定的安全距离；

（5）不需要邻靠铁路装卸线的仓储配送功能区和加工功能区，宜远离铁路装卸区。

3. 包装成件装卸作业区铁路装卸线侧一般设置站台、仓库、站台道路侧作业场地。站台位于库内时，其宽度不应小于16m。仓库位于站台上时，其宽度根据货物中转或仓储为主选用18~36m。仓库外两侧站台宽度应满足叉车作业要求，一般不小于4m。站台道路侧作业场地宽度不宜小于30m，相邻仓库之间场地不应小于45m。

4. 仓库或货棚边跨外侧应设雨棚，铁路侧雨棚伸出站台边缘的宽度不应小于2.05m。

5. 当仓库(棚)内有机车铁路线进入卸车时，仓库(棚)跨度不应小于24m，抓斗起重机轨顶高与铁路轨顶高差应不小于8m；起重机轨顶标高应控制在13m以内。铁路中心线至柱子内边缘净距离应不小于2.5m；车辆为单侧卸料时，起重机司机室应设置在铁路线一侧。

6. 火灾危险性为甲、乙类的物料仓库内不应布置铁路线。

7. 应根据需要设置铁路轨道衡进行整车称重，轨道衡宜设在铁路装卸场出入口或专用线上适当位置，并设在平直线上，困难条件下坡度不应大于2‰，轨道衡采用贯通式布置 1 。

8. 为保证轨道衡的稳定性，整个称量区和两端引轨区采用整体道床。

1 单合面轨道衡系统组成示意图

装卸区与仓储物流区的布置形式

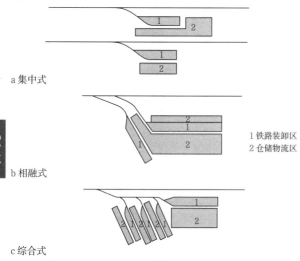

① 装卸区与仓储物流园区布置形式

仓库与线路位置关系

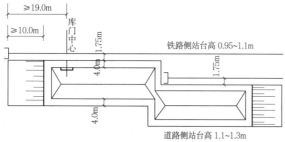

② 仓库、站台与线路配置示意图

布局示例

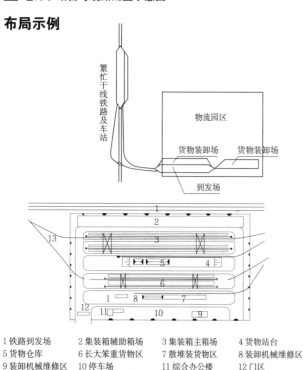

1 铁路到发场　2 集装箱辅助箱场　3 集装箱主箱场　4 货物站台
5 货物仓库　6 长大笨重货物区　7 散堆装货物区　8 装卸机械维修区
9 装卸机械维修区　10 停车场　11 综合办公楼　12 门区
13 铁路装卸线

③ 某铁路物流园铁路装卸区

铁路线平面竖向要求

1. 货物装卸场铁路线平面竖向要求

(1) 货物装卸线应设在直线上,在困难条件下可设在半径不小于600m的曲线上;非装卸作业地段线路最小曲线半径宜采用300m,不办理到发作业时最小曲线半径可采用200m。

(2) 货物装卸线应设在平道上,在困难条件下,可设在不大于1‰的坡道上,危险品货物装卸线和漏斗仓线应设在平道上。

2. 专用线走行线平面竖向要求

(1) 专用线走行线主要技术条件应与运量和接轨的国家铁路线协调一致,走行线曲线半径一般不小于600m,困难地段一般不小于300m。

(2) 走行线最大坡度通常与接轨铁路限制坡度一致,一般为4‰~6‰。

3. 铁路货场与仓储物流区的位置关系,一般采用集中布置形式④。

4. 装卸线与其他场地位置关系

(1) 集装箱主箱场、笨重货物堆场:沿装卸线布置,与装卸线一般要求等高。

(2) 包装成件货物:沿铁路装卸线布置铁路站台和仓库。

(3) 固体散货:通过"漏斗仓(翻车机)+皮带"与附近堆场输送。

(4) 液体散货:可以通过"油鹤+油管"输送到附近油罐区。铁路装卸区与油罐区的位置和高程关系并不密切,可根据地形合理确定。

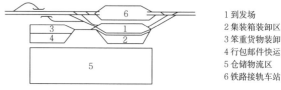

1 到发场
2 集装箱装卸区
3 笨重货物装卸区
4 行包邮件快运装卸区
5 仓储物流区
6 铁路接轨车站

④ 某铁路物流中心布置关系图

铁路货场接轨形式

铁路货场与车站接轨,一般有4种接轨形式⑤。

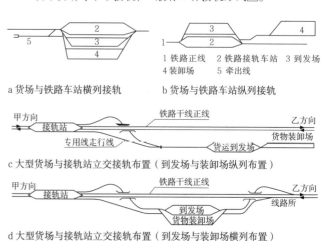

⑤ 铁路货场与车站接轨方式

功能

1. 具备集装箱车列整列到发功能，具备各种集装箱装卸、堆存功能。
2. 内设有辅助箱区，可以提供冷藏箱、框架箱等特种集装箱的装卸堆存服务；同时具备铁路空箱调配、自备箱还箱等功能。
3. 具有铁路拆装箱、物流配送、门到门服务等物流增值功能。
4. 具备集装箱业务受理、查询、咨询、结算等多式联运客户服务功能。
5. 内设有综合维修车间，具备装卸机械和水平运输机械检修能力；具备集装箱修理、清洗功能。

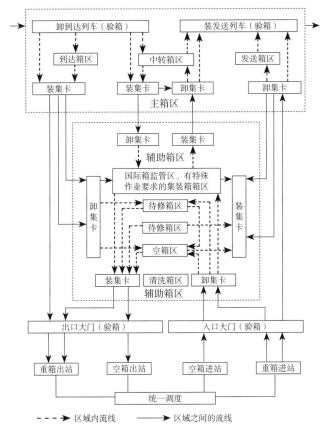

[1] 作业流程图

集装箱龙门起重机跨度与有效悬臂长度（单位：m）　　表1

跨度	有效悬臂长度
26	6.0
30	7.5~9.0
35	10~15
40	—

集装箱货场设计主要尺寸（单位：m）　　表2

参数	数值
铁路线中心至起重机走行轨中心	3.5
铁路线中心至道路边缘	2.5~3.0
货位边缘至道路边缘	1.5
货位边缘至起重机走行轨中心	2.3~2.8
货位边缘至铁路线中心	2.5~3.0
道路宽度	7.0

建筑面积计算

1. 铁路集装箱货场可分为主箱场、辅助箱场、场内道路系统、停车场、门区 [2]。
2. 主箱场根据需要设不同数量的集装箱装卸作业区。每一装卸作业区根据装卸机械，一般设1~2条整列或半列铁路装卸线；作业量大的铁路装卸线一般按整列装卸布置，有贯通式和尽头式布置形式，也可混合布置。
3. 辅助箱场主要包括空箱区、待修区、特殊作业需要的专用箱区、待洗箱区、清洗箱区、冷藏箱、国际箱监管区、备用箱。辅助箱场内各区根据需要设置。
4. 主箱场装卸机械采用轨道式集装箱门式起重机（龙门吊）时，每一装卸作业区一般宽度为50~65m [3]。
5. 主箱场装卸机械采用集装箱正面吊运起重机时，每一装卸作业区两侧设两排箱位，每一装卸作业区一般宽度为55~60m [4]。
6. 场内道路可分为三级，见表3。

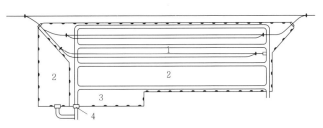

1 主箱场　2 辅助箱场　3 停车场　4 门区

[2] 铁路集装箱货场平面布置示意图

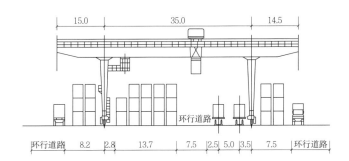

[3] 龙门吊装卸区横断面示例（单位：m）

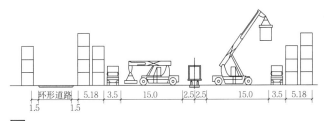

[4] 正面吊装卸区横断面示例（单位：m）

道路设计标准　　表3

道路等级	设置场所	路面宽（m）
主干道	出入口、车流量大地段	15~30
次干道	主箱场内、辅助箱场环形路	15
支道	通往辅助生产设施	3.5~7

类型

散货分固体散货和液体散货。煤炭、矿石为固体散货;原油、成品油、液体化工品为液体散货。

根据铁路装卸设施的不同可分为:

1. 铁路散货装车货场:主要设在煤矿、集运站、矿石码头、换装站附近;
2. 铁路散货卸车货场:主要设在煤炭码头、钢铁厂、电厂、散货物流中心附近;
3. 铁路石化装卸货场:主要设在石化加工基地、石化码头附近。

竖向布置要求

1. 靠近江河湖海的堆场库区,场地设计标高应高于计算水位0.5m,堆场地面高程宜高出周围地面或道路高程0.20~0.30m。
2. 散货露天堆场宜采用独立雨水排水系统,并排入污水处理站,排水沟与雨水口应设置在堆场用地范围之内,排水坡度宜采用2.0‰。
3. 散货应分类储存,料堆底间距不宜小于5.0m,有作业机械通过时,不宜小于8.0m。
4. 散货堆场采用地面轨道式机械时,料堆底与堆取设备钢轨中心距离不应小于2.0m,采用门式抓斗起重机卸车时,行车轨道内侧的料堆底距轨道内侧距离不应少于1.0m。
5. 设在装卸线一侧的堆场,料堆底距线路中心不小于2.5m。
6. 当设置沿铁路站台的地面带式输送机时,移动式受料斗高度不宜超过铁路敞篷车上缘,并设置篦子板,篦子板尺寸应符合料斗下部给料机的工作要求。
7. 起重机跨度范围内设置铁路装卸站台时,铁路中心至柱子边距离不应小于2.5m,起重机司机室宜布置在靠近铁路站台一侧。

散货装车货场

1. 小型装车站,用于铁路支线上,年装车量在500万t以下,纵列式整列装车 [1]。
2. 中型装车站,用于铁路支线上,年装车量在500万~1000万t,纵列式整列环形装车 [2]。
3. 大型装车站,年装车量在1000万t宜设单环装车线。大于1000万t宜设双环或多环装车线。位于港口等附近、用地紧张区域,可纵列布置。

矿石装车场与码头、堆场横列布置;与铁路到发场纵列布置。4条矿石装车线,装车楼装车。装车能力为4000万t/年,参见 [3]。

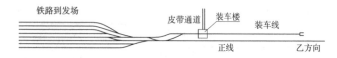

1 大同某站煤炭装车站示意图

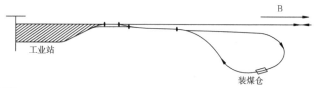

2 大同某站煤炭装车站示意图

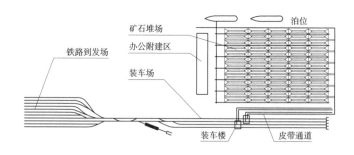

3 某港矿石装车场示意图

散货卸车货场

散货卸车一般采用翻车机,根据列车长度情况,1条卸车线上可设1台一次翻1~5辆车的翻车机。

1. 小型卸车站,一般采用折返式翻车机卸车场,翻车机采用两线单翻或两线双翻,年运量200~600万t,一般用于电厂、钢铁厂、煤化工厂,参见 [4]。
2. 中型卸车站,一般采用贯通式翻车机卸车场,翻车机采用两线双翻一组,年运量2000万~4000万t,适用于一般港口、散货物流中心,参见 [5]。
3. 大型卸车站,一般采用环线翻车机卸车场,翻车机采用2~3线双翻或多翻一组,年运量4000万t以上,适用于大型煤炭码头或铁路运煤专线港口。唐山京唐港煤炭卸车站,接卸2万t列车。2个房车机房,5条卸车线,每线一次翻车3~4辆,卸车能力1亿t/年。

1 重车线 2 空车线 3 翻车机 4 驳车机

4 某电厂煤炭卸车场示意图

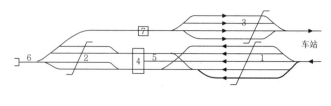

1 到达推送线 2 空车集结线 3 出发线 4 翻车机
5 机待线 6 牵出线 7 卸车沟

5 某港煤炭卸车场示意图

实例 / 铁路物流 [49] 物流建筑

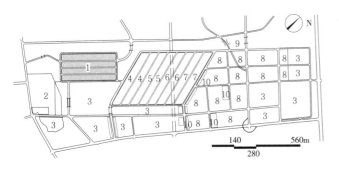

1 大弯铁路货运中心　2 多式联运区　3 远期发展用地　4 鲜活物流区
5 机电物流区　6 工业原料配送区　7 物流加工区　8 配送展销区
9 周边防护绿地　10 道路广场用地　11 园区配套服务用地

a 功能布局规划图

d 配送与交易展示区功能布局图

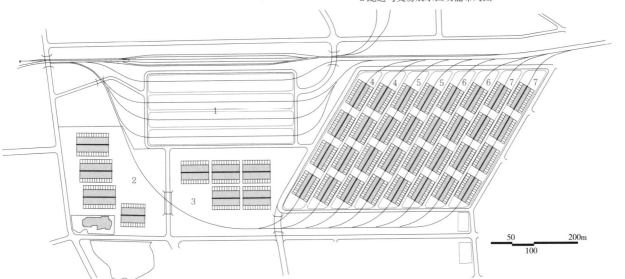

b 铁路货运枢纽布局图

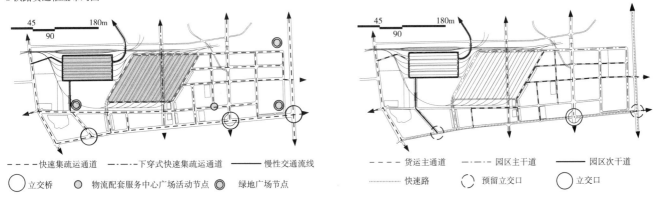

----- 快速集疏运通道　—·—·— 下穿式快速集疏运通道　——— 慢性交通流线
○ 立交桥　● 物流配套服务中心广场活动节点　◎ 绿地广场节点

c 城市设计导引图

----- 货运主通道　—·—·— 园区主干道　——— 园区次干道
········ 快速路　⊙ 预留立交口　○ 立交口

e 园区综合交通系统规划图

1 成都青白江物流园区（大宗散货物流园）

名称	用地面积	设计时间	设计单位
成都青白江物流园区	243.4万m²	2009	深圳市城市规划设计研究院

成都市青白江区位于成都市城区东北部，距成都25km，全区面积392.41km²。东邻金堂县，西界新都区，南连龙泉驿区，北与广汉市接壤，处于四川省最具经济活力的成（都）德（阳）绵（阳）乐（山）经济发展带中心及成渝经济区、攀西经济圈交会点；该区处在宝成铁路、沪汉蓉大通道（达成铁路）、成渝铁路、成都北编组站、成南高速、成绵高速的交会处，是华北、华东、华南地区物资进入成都及西部地区的集散地，是国际公认发展现代物流之最佳区域。该园区为运输枢纽型综合物流园区，由货物处理能力1100万t/年的大弯铁路货运中心与1250万t/年大宗散货物流园两大功能区组成，园区内各功能区依照其与铁路货站的关联度呈梯度布局。物流园铁路货运中心与物流园多式联运区、城市配送区等组成运输枢纽。铁路货场与散货物流园专用线采用独特的斜T形布局，车站的技术作业车场为正线中穿，两侧设横列式到发场，货场调车线共16条；按4束8线横列贯通式布置；仓库跨度36m、站台宽36m，均为2台夹2线布置；笨大货区龙门吊跨度30m。园区铁路两端牵入线咽喉部位规划了立交疏解线。
主要功能：公铁联运、鲜活物流、汽车（整车）物流；区域中转分拨、增值加工配送、机电物流、建材物流、钢铁物流、散货展销、公路货运枢纽；物流信息服务、现代仓储及堆存、中央办公、海关出口监管仓、铁路普通散货运输、粮食物流、木材物流；办公、银行、酒店、餐饮、邮局、汽车维修、加油、停车、配套居住等服务功能，对应用地功能分区分别为多式联运区、鲜活物流区、工业原料加工配送区、机电物流区、散货展销区和配套居住区

物流建筑 [50] 铁路物流 / 实例

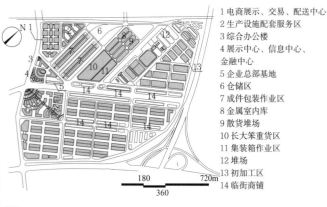

1 电商展示、交易、配送中心
2 生产设施配套服务区
3 综合办公楼
4 展示中心、信息中心、金融中心
5 企业总部基地
6 仓储区
7 成件包装作业区
8 金属室内库
9 散货堆场
10 长大笨重货区
11 集装箱作业区
12 堆场
13 初加工区
14 临街商铺

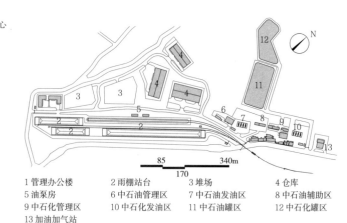

1 管理办公楼	2 雨棚站台	3 堆场	4 仓库
5 油泵房	6 中石油管理区	7 中石油发油区	8 中石油辅助区
9 中石化管理区	10 中石化发油区	11 中石化罐区	12 中石化罐区
13 加油加气站			

1 陕西东大现代综合物流园区

名称	用地面积	设计时间	设计单位
陕西东大现代综合物流园区	66.7万m²	2013	中物策（北京）工程技术研究院

拥有国际化智能化控制系统的10万m³大型油库一座，实现了自动化接卸、装运、测容、监控等操作。油库配有现代化自控系统的48座铁路卸发油平台和14座汽车卸发油平台；铁路专用支线1.1km，其中铁路卸发油平台可同时卸发一整列铁路罐车，铁路接卸年吞吐量即可达300万t；汽车卸发油平台可在20分钟内独立完成一辆标准公路油罐车的卸发油作业。拥有9条铁路货运专线；货场占地面积30万m²，配备有大型龙门吊、轮胎吊、叉车、开平机、调直机等硬件设施；同时拥有两个大型专业停车场、高科技安防系统、智能化办公系统等配套设施。
主要功能：集贸易、加工、石油仓储等为一体的综合型物流园区

2 达州双龙铁路仓储物流园

名称	用地面积	设计时间	设计单位
达州双龙铁路仓储物流园	31.9万m²	2015	中物策（北京）工程技术研究院

利用达州作为西安铁路局与成都铁路局的铁路结合部区位，扩充现有铁路货运专线，打造出川、入川货物公铁联运的无缝衔接枢纽，打造川东公铁联运枢纽、大宗物资转运基地、四川货物出川及北方货物入川的货物集散中心。
主要功能：物资流通加工、仓储、转运基地，电商展示、交易、配送基地，城市配送基地，物流企业总部办公基地，物流科技研发基地

1 冷链交易商铺　　8 仓库
2 水果展示交易区　9 综合大楼
3 冷链区服务中心　10 物流交易服务区
4 保鲜库　　　　　11 企业办公
5 海关监管区　　　12 企业会所
6 物流交易区　　　13 信息交易大厅
7 物流仓储及公铁联运区　14 商务酒店

3 中国西部（遂宁）现代物流港

名称	用地面积	设计时间	设计单位
中国西部（遂宁）现代物流港	88.3万m²	2012	中物策（北京）工程技术研究院

建铁路到发线各1条，贯通式货物装卸线2条，尽头式装railway线2条，设计年运输吞吐量500万t，预留贯通后，最大年运输吞吐量可达到800万t以上。根据货物类别、吞吐量及转运周期测算，园区配置各类仓储面积共约20万m²，露天堆场约10万m²。其中站台仓库4万m²，加工仓库2万m²，堆场3万m²。
主要功能：铁路物流区、物流仓储及公铁联运区（可拓展为B型保税物流中心）、海关监管区、物流交易区、冷链物流区、综合服务区、生活配套区

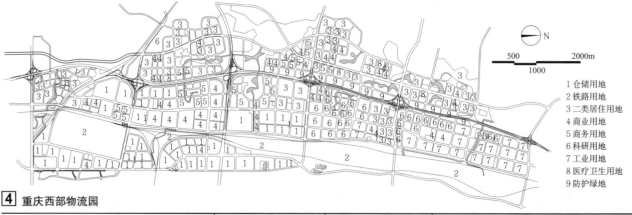

1 仓储用地
2 铁路用地
3 二类居住用地
4 商业用地
5 商务用地
6 科研用地
7 工业用地
8 医疗卫生用地
9 防护绿地

4 重庆西部物流园

名称	用地面积	设计时间	设计单位
重庆西部物流园	4000万m²	2015	北京清华同衡规划设计研究院有限公司

物流园纵向以一纵线为边界，东侧重点安排城市功能服务组团，部分地区混合布局已规划社区；西侧主要安排生活服务组团。横向上通过开放空间廊道的划分，进一步形成横向产城融合分区；规划以精细化的保护水体景观格局、保护山体景观格局、保障生态循环系统、保证安全限制要素、梳理规划限制性要素等工作为基础，划定不可触碰的建设边界，反推城市可建设用地边界。
主要功能：物流、跨境商贸、工业制造

定义与分类

航空物流是使用航空器运送货物、邮件的一种运输过程，具有快速、机动的特点，是现代货物运输的重要方式，国际贸易中贵重物品、鲜活货物和精密仪器的运输更不可缺。

航空物流建筑通常包括航空货物运输的地面货物处理建筑和延伸物流服务的相关建筑。建筑类型分别见表1、表2。可根据功能组成需求，由表中不同类型的建筑组成具有综合性功能的航空物流园或空港物流园。

航空货物运输服务建筑　　　　　　　　　　　　　　表1

建筑类型	货物特点	功能特点	建筑特点
航空货运站	普通运输货物为主，兼有特殊与危险品货物，每件货物不得小于5cm×10cm×20cm	各种普通运输货物的进出港交接与地面处理服务，国际货物监管	高大空间的单层建筑或多层建筑
航空快件转运站	时效性要求高的快递运输快件，单件一般不超过20kg	对专门运输的快件货物进行快速分拣、集散与转运、国际货物监管	复杂分拣系统的单层或多层建筑
航空邮件转运站	符合邮政法规定的信函/包裹等，每件不超过20kg	邮件的分拣与交运	分拣复杂的单层或多层建筑

航空货物运输延伸服务建筑　　　　　　　　　　　　表2

建筑类型	货物特点	功能特点	建筑特点
货运代理库	代理货主委托运输的各类货物	货物收集、保管、托运、国际货物报关等	单层或多层库房，限定在货物交接作业范围内
保税仓	国际运输的保税货物	保税货物的监管	单层或多层库房，需符合海关规定
配送或物流中心	各类与航空运输物流服务相关的货物	货物的保管、加工、配送等物流服务	单层或多层、高层建筑

货运站区组成

1. 站区由空侧场区、陆侧封闭区、陆侧公共区组成。
2. 辅助设施根据需要包含维修车间、特运库。还可包含为经营者货机服务的支持服务车间等。
3. 公共设施可包含食堂、宿舍以及机电设备用房。

[1] 货运站区组成示意

工艺流程

航空货物根据其流向分为出港、进港、中转货物，主要流程如[2]所示。

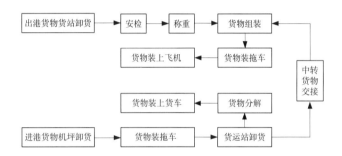

[2] 进港、出港及中转货物作业流程图

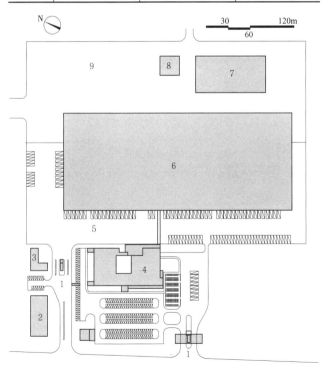

1 门卫　　2 发变电站　　3 管理室　　4 综合楼　　5 陆侧场坪
6 分拣大楼　　7 中转作业棚　　8 支持服务间　　9 空侧场坪

[3] 某国际快递公司货运站区

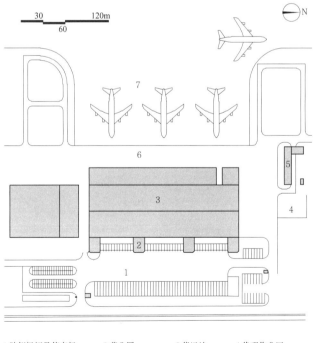

1 陆侧场坪及停车场　　2 营业厅　　3 货运站　　4 代理作业区
5 危险品库　　6 空侧场坪　　7 货机坪

[4] 某航空公司货运站区

物流建筑 [52] 航空物流 / 航空货运站

总平面布置

1. 货运站房通常沿机坪方向布置，站房两侧分别为空侧与陆侧，其中空侧还需要满足机场空防要求。
2. 合理组织货运及业务人员流线，对于陆侧收发货装卸区域应留有足够停车位置，满足高峰收发货需求。

设计要点

1. 站房火灾生产类别一般为丙类2项。建筑耐火等级一般为一级或二级。
2. 站房规模根据所在机场年货物吞吐量计算确定，根据货站自动化程度的高低决定货站面积，具体指标参见表1。
3. 货运站内出港区与进港区、国际与国内区需要进行物理分隔，满足货物进出港流程的需求。

设计参数

1. 面积参考指标：国际民用航空运输协会（IATA）建议的参考数值，见表1。
2. 柱网、大门参考尺寸：货运站柱网尺寸参考见表2，货运站大门参考尺寸见表3。
3. 道路与作业场坪参考指标见表4。

面积参考指标　表1

作业方式	指标（t/m²）
自动化程度低	5
自动化程度中	10
自动化程度高	17

货站柱网参考尺寸　表2

位置	柱距	跨度
站房区域	7~12m	≥18m
集装存储系统	—	≥22m

货站大门参考尺寸　表3

位置	规格（宽×高）
空侧拖车通过大门	>5m×4m
陆侧货车装卸大门	>4m×4m
危险品库房大门	>1.5m×2.2m

道路与作业场坪参考指标　表4

部位	参数	备注
空侧道路	12m	通过超宽集装器
陆侧道路	≥10m	双车公用道路
陆侧停车场进深	≥18m	
作业场坪	>站房面积1倍	空、陆侧分别计算

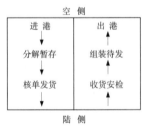

[1] 货运站房组成示意图

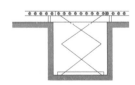

集装货辊道台需要与拖车交接货物，货物输送辊道面至地面的高度为508mm。

[3] 集装货辊道台

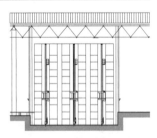

用于散货存储和管理，建设散货立体存储系统，散货放入规定大小的散货框后，进入散货立体存储系统存储。

[2] 散货立体存储系统

陆侧收发货站台的高度是根据装卸货车的类型统计决定的，一般为0.9~1.2m高。

[4] 陆侧收发货站台

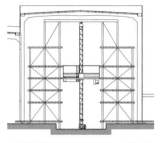

当货架高度在5层以上时，堆垛机（ETV）宜采用单轨形式。　　当货架高度在5层以下时，堆垛机（ETV）可采用双轨形式。

a 单轨ETV系统　　b 双轨ETV系统

[5] 集装货立体存储系统

典型布置实例

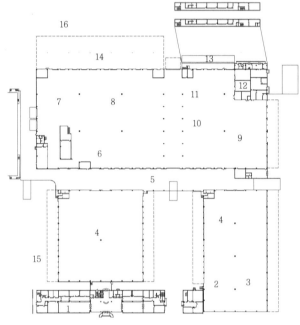

a 货运站平面图

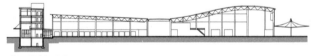

b 货运站剖面图一

c 货运站剖面图二

1 陆侧业务办公　　2 保税库　　3 物流加工　　4 国际代理库
5 代理交接区　　6 进港散货处理区　　7 进港集装货分解作业区
8 出港集装货组合作业区　　9 出港散货处理区　　10 出港集装货组合作业区（预留）
11 出港集装货组合作业区　　12 特殊物品库　　13 空侧业务办公　　14 空侧等待棚
15 陆侧场坪　　　　　　　　16 空侧场坪

[6] 南京禄口国际机场货运站区

名称	主要技术指标	设计时间	设计单位
南京禄口国际机场货运站区	年货物处理量25万t	2005	中国中元国际工程有限公司

工程总占地面积9.5万m²，总建筑面积3.8万m²。
特点：将原有建筑、代理与现有建筑优化整合

航空货运站 / 航空物流 [53] 物流建筑

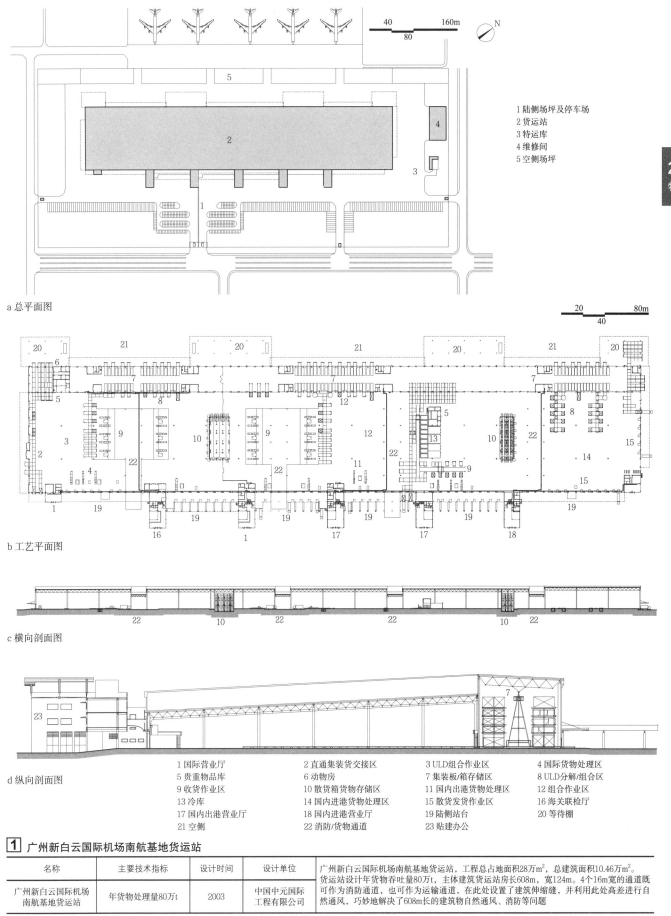

a 总平面图

1 陆侧场坪及停车场
2 货运站
3 特运库
4 维修间
5 空侧场坪

b 工艺平面图

c 横向剖面图

d 纵向剖面图

1 国际营业厅　　2 直通集装货交接区　　3 ULD组合作业区　　4 国际货物处理区
5 贵重物品库　　6 动物房　　　　　　　7 集装板/箱存储区　　8 ULD分解/组合区
9 收货作业区　　10 散货箱货物存储区　　11 国内出港货物处理区　12 组合作业区
13 冷库　　　　　14 国内进港货物处理区　15 散货发货作业区　　16 海关联检厅
17 国内出港营业厅　18 国内进港营业厅　　19 陆侧站台　　　　　　20 等待棚
21 空侧　　　　　22 消防/货物通道　　　23 贴建办公

1 广州新白云国际机场南航基地货运站

名称	主要技术指标	设计时间	设计单位	广州新白云国际机场南航基地货运站，工程总占地面积28万m²，总建筑面积10.46万m²。货运站设计年货物吞吐量80万t，主体建筑货运站房长608m，宽124m。4个16m宽的通道既可作为消防通道，也可作为运输通道，在此处设置了建筑伸缩缝，并利用此处高差进行自然通风，巧妙地解决了608m长的建筑物自然通风、消防等问题
广州新白云国际机场南航基地货运站	年货物处理量80万t	2003	中国中元国际工程有限公司	

物流建筑 [54] 航空物流/航空货运站

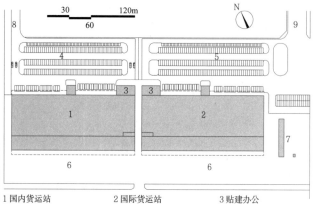

1 国内货运站	2 国际货运站	3 贴建办公
4 国内陆侧场坪及停车场	5 国际陆侧场坪及停车场	6 空侧场坪
7 特运库	8 国内出入口	9 国际出入口

a 总平面图

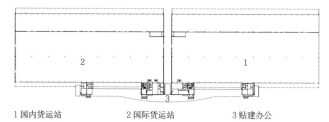

1 国内货运站　　2 国际货运站　　3 贴建办公

b 货运站平面图

1 消防监控室　　2 管理室及前厅　　3 陆侧站台

c 一层平面图

1 营业大厅　　2 办公室

d 二层平面图

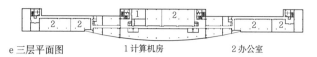

1 计算机房　　2 办公室

e 三层平面图

1 多功能厅　　2 健身房　　3 贵宾室
4 会议室　　5 办公室

f 四层平面图

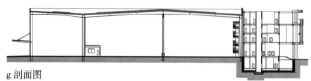

g 剖面图

1 首都机场BGS货运站

名称	主要技术指标	设计时间	设计单位
首都机场BGS货运站	年货物处理量40万t	2007	中国中元国际工程有限公司

总建筑面积为61935m²，其中国内货运/国际货运站面积均为23882m²，贴建办公面积14171m²。货站按大空间设计，为集装货高架区及散货高架区作了充分考虑和预留，为今后工艺设备布置提供灵活性。将营业厅放置在贴建办公二层，使营业厅布置更充分，同时陆侧一层可为货车装卸提供更多空间

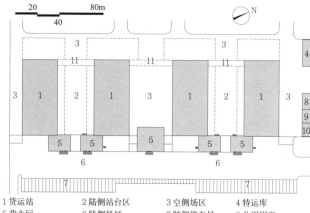

1 货运站	2 陆侧站台区	3 空侧场区	4 特运库
5 营业厅	6 陆侧场坪	7 陆侧停车场	8 公用用房
9 值班室	10 食堂	11 空侧办公	

a 总平面图

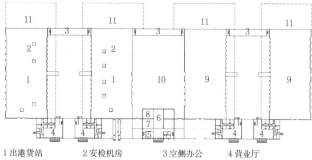

1 出港货站	2 安检货房	3 空侧办公	4 营业厅
5 消防控制室	6 冷库	7 动物房	8 贵品库
9 进港货站	10 配货/理货区	11 空侧等待棚	

b 货运站一层平面图

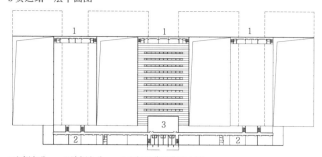

1 空侧办公　　2 陆侧办公　　3 空侧配货理货区大棚

c 货运站二层平面图

d 空侧剖面图

e 陆侧剖面图

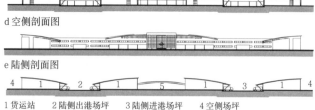

1 货运站　　2 陆侧出港场坪　　3 陆侧进港场坪　　4 空侧场坪
5 空侧配货理货区大棚

f 剖面示意图

2 成都机场货运站

名称	主要技术指标	设计时间	设计单位
成都机场货运站	年货物处理量25万t	2005	中国中元国际工程有限公司

总建筑面积为32770m²，其中货运站面积31800m²（含营业及综合办公4360m²），特运库面积270m²，其他公用辅助用房700m²。货站平面采用指廊式布置，加大了空侧开面长度，有效提升了货物吞吐能力。单体货站进深采用单跨48m设计，实现货运站房区内无柱子，为工艺灵活布置提供良好条件

总平面布置

1. 总体布局符合快件转运流程需求，满足高峰时段车辆集中、量大时运行线路顺畅的要求，避免行人与车辆交叉，确保快速、安全生产。
2. 转运站建筑一般由生产用房、生产管理用房和生产辅助用房组成，各类用房建筑条件，需符合夜间繁忙作业的工艺特性要求。
3. 装卸站台、装卸回车场地应满足生产要求，回车场地宽度对于转运交换量较小的转运站不宜小于18.5m。
4. 转运站内停车场的设置应根据转运交换量大小，满足车辆和停放要求。对于转运交换量较小的转运站，停车场可与装卸站台前的装卸场地合并使用；对于转运量较大、车辆较多的转运站，除装卸场外，还宜设有专用停车场。
5. 站内道路类型和路面宽度指标参考表2。货运车辆转弯半径数据参考表3。路边至建筑物最小距离见表4。
6. 进出转运车间的通道最小宽度：叉车通道不宜小于3m，集装箱拖车通道不宜小于6m。
7. 场内地坪标高应较场外地坪高150mm以上。路面和地坪应选用耐久和不起灰材料，对于航空转运站，应能承受5t以上汽车的运行和停放。

各类车辆停车场面积参考　　　　　　　　　　　　　　表1

车辆类别	数量	停车场面积（m²）
箱式卡车	5辆以下	250
	5辆以上	每辆增加45
牵引车和微型汽车	每一辆	25
包裹拖斗	每一辆	6
叉车（3t以下）	每一辆	13

站内道路类型和宽度　　　　　　　　　　　　　　　　表2

道路类型	路面宽度（m）
双行车路面	6.5~7
单行车路面	3.5~4
人行路面	1.2~1.5

货运车辆转弯半径　　　　　　　　　　　　　　　　　表3

车辆类型	半径（m）
4t以下汽车（含牵引车）	≥6
4~5t汽车	≥9
5t以上汽车和平板车	≥11

路边至建筑物最小距离　　　　　　　　　　　　　　　表4

类型	距离（m）
至围墙和无出入口建筑物外墙面	≥1.5
至有人员出入口建筑物外墙面	≥4.5
至有汽车出入的建筑物外墙面	≥7~8

设计要点

1. 平面设计

站房宜为单层，如条件所限，也可设计为多层建筑，根据工艺方案合理排布各层功能。

站房内生产用房与辅助生产用房、生产管理用房应相对集中，彼此隔开，设公用走廊相连，以便实行封闭作业。

柱网应满足工艺设备安装要求和工艺设计要求。

2. 房屋层高

转运站房的层高应根据工艺要求的净高、梁高、建筑层和管道高度计算确定，转运站各类用房净高参考表5。

转运站各类房间参考净高　　　　　　　　　　　　　　表5

房间名称		净高(m)	备注
转运车间		5.7	安装机械化分拣设备
		4.0	人工分拣
信息监控室		3.0	
油机房	设备容量≤80kW	3.5	按设备要求定
	设备容量＞80kW	≥4.0	
高压配电室		≥4.0	
低压配电室		4.0	按进线方式和设备要求定
变压器室		4.0~5.6	
生产性辅助房间		3.0	设在夹层、梁下可降至2.2m

3. 门洞尺寸

门洞尺寸应满足各种设备的搬运和运输车辆的通行要求，其常用尺寸参考见表6。

常用门洞尺寸参考　　　　　　　　　　　　　　　　　表6

位置	门宽（m）	门高（m）
转运车间机动车通行门	≥3.3	2.5~2.7
装卸站台	≥2.5	2.5~3.5
辅助生产用房	0.9~2.4	2.1
其他用房的门	0.9	2
转运站空侧门	≥4	≥4

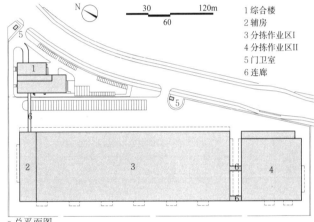

1 综合楼
2 辅房
3 分拣作业区I
4 分拣作业区II
5 门卫室
6 连廊

a 总平面图

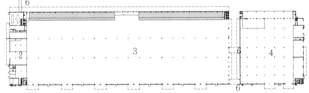

b 分拨中心一层平面图

c 分拨中心横向剖面图

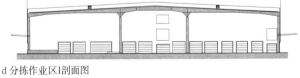

d 分拣作业区I剖面图

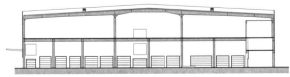

e 分拣作业区II剖面图

1 某航空快件转运站

物流建筑 [56] 航空物流 / 航空快件与邮件转运站

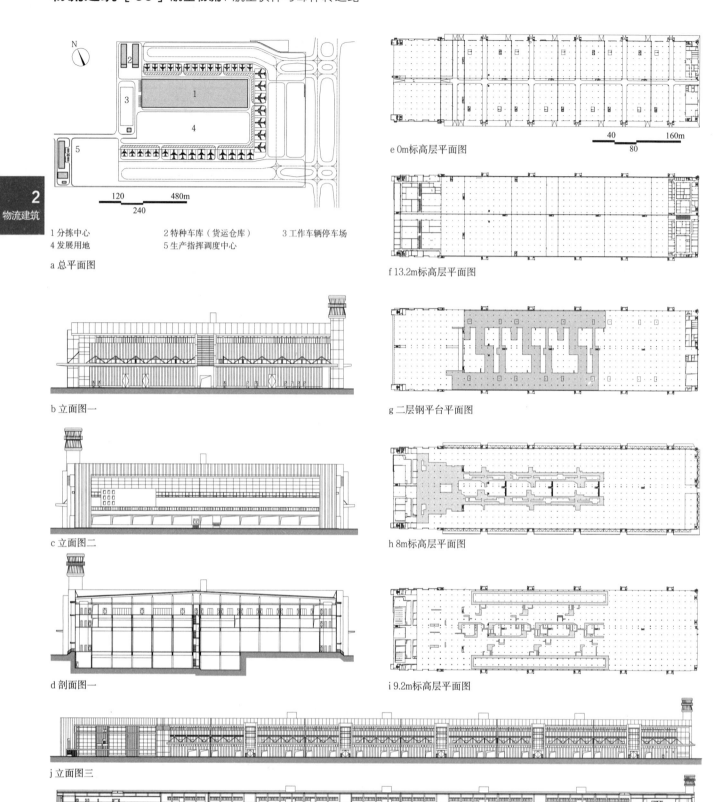

1 分拣中心　　　2 特种车库（货运仓库）　　3 工作车辆停车场
4 发展用地　　　5 生产指挥调度中心

a 总平面图

b 立面图一

c 立面图二

d 剖面图一

e 0m标高层平面图

f 13.2m标高层平面图

g 二层钢平台平面图

h 8m标高层平面图

i 9.2m标高层平面图

j 立面图三

k 剖面图二

1 南京中邮航空物流速递集散中心

名称	主要技术指标	设计时间	设计单位	
南京中邮航空物流速递集散中心	年货物处理量 40万t	2007	上海民航新时代机场设计研究院有限公司	该工程为集航空枢纽、分拣中心、国际国内快件物流邮政集散"三位一体"的现代化邮件快递集散中心。用地面积80万m²，建筑面积17.39万m²。主楼长546m，进深139m；主体建筑高24m，塔台高度33m。建筑平面形式为一字形布局，按工艺流程的特点将建筑按辅助办公区、生产工作区、地面指挥中心分为三大功能区。用房的布置均按与生产过程联系的紧密程度安排其位置，并考虑对生产工程的影响。在一个相对紧凑的空间中着重解决工业建筑中生产与后勤之间的矛盾

定义

航空物流园是以信息平台及现代物流高新技术为重要支撑，为多家航空公司、航空货运代理、综合物流服务企业等提供的公共航空物流的建筑集群。

分类

1. 依托航空货运型：由航空货运站等物流生产建筑和运营、管理等功能建筑组成，一般贴邻机场工作或飞行区建设，称为航空物流园。
2. 依托航空港发展型：在航空货运型上扩展物流加工、服务、保税等功能建筑，一般可建设在机场区以外，原则上不包括具有空侧作业的航空货运站，称为空港物流园。

布局模式

现代航空物流园的布局是按照货物处理流程分三个层级进行，按照离空侧机坪的等级分为货运站区、货运代理区、物流服务区，以实现货物在物流园的高效流通。

	空侧机坪		
第一层级：货运站区	货运站	快件中心	邮件中心
第二层级：货运代理区	海关监管仓库	保税物流库	国内货代库
第三层级：物流服务区	保税物流加工	展示交易	配送中心
	地面配送网络		

[1] 航空货运型物流园组成及功能布局

选址要求

1. 航空物流园宜选址在与机场货运区相邻位置。
2. 空港物流园一般可选址在空港经济辐射范围区内。

设计要点

1. 遵循机场总体规划，满足航空物流园区功能性、设计总体性、协调性及统一性，集约化、高效率使用土地。
2. 根据可持续发展原则，物流园区的功能分区和布局应与分期建设有机结合。
3. 按最简洁的快速物流路线合理安排物流园区内各功能设施布局，各功能分区明确且有机联系。
4. 结合周边空、陆侧规划条件，将陆侧交通与空侧交通合理组织与分流，使物流园区空、陆侧路网与周边自然、合理、顺畅地连接。
5. 航空物流园不宜建在城市道路两侧，避免影响运输。城市道路必须穿越园区时，宜采取立体道路系统。
6. 航空物流园第一层级的货运站区，宜靠近装卸机坪。
7. 航空物流园内处理普通与快件的货运站区，应有与城市运输主干道顺畅衔接的条件。
8. 航空物流园内的建筑需要严格遵守机场限高控制要求，规划中需要考虑机场噪声带来的影响。

建筑组成

航空物流园主要建筑　　　　　　　　　　　　　　　表1

层级	类型	园区位置	功能特点
货运站区	航空货运站	接近机坪，按国际、国内货物分区	为航空公司提供货物运输地面服务，主要处理航空普通货物
	快件转运站		为航空公司或货运代理提供高时效性货物地面处理服务
	邮件转运站		为邮政或邮政航空部分操作邮件空运提供地面处理服务
货运代理区	货代库	靠近货运站，按国际、国内货物分区	为货主提供航空运输货物的代理服务
	监管保税库	靠近货运站，货代库需隔离分区	为国际或保税货物提供口岸、联检、通关等国际货物监管服务
物流服务区	物流加工配送中心	靠近上游货物起点位置或输出口部位，保税物流加工中心应设在海关监管区内	提供物流加工、配送组织、库存管理、展示交易等物流服务

注：依托航空港发展型的空港物流园一般不包括货运站区。

实例

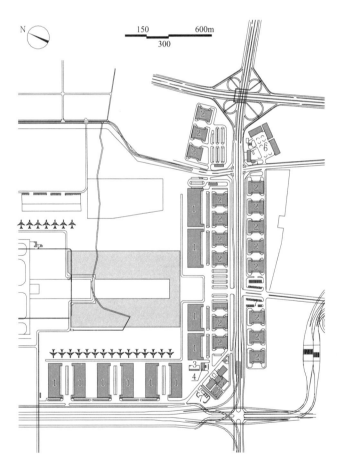

1 国内货运站　　2 国内货代库　　3 特运库　　4 维修间
5 运营管理中心　6 配套服务区　　7 加油站

[2] 深圳机场航空物流园总平面图

名称	主要技术指标	设计时间	设计单位
深圳机场航空物流园	年货物处理量150万t	2009	中国中元国际工程有限公司
位于深圳机场T3新航站区南侧，基地总占地面积约120万m²，主要建筑包括一级货运站及其特运库、代理仓库、运营管理中心等			

物流建筑 [58] 航空物流 / 实例

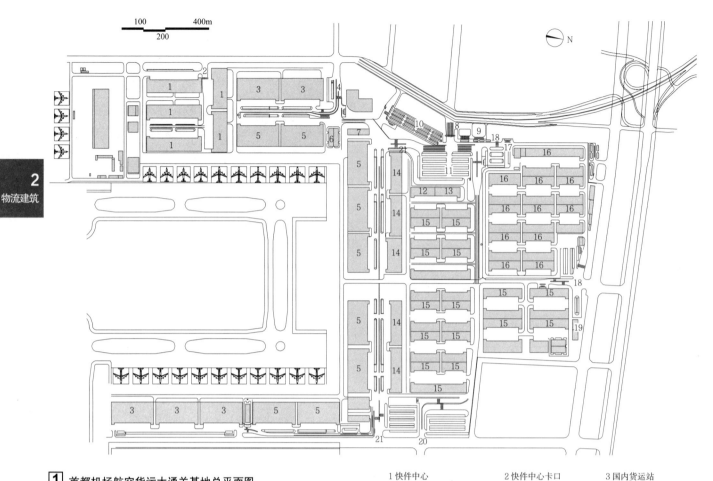

1 首都机场航空货运大通关基地总平面图

1 快件中心	2 快件中心卡口	3 国内货运站
4 国内货运站出入口	5 国际货站	6 维修间
7 特运库	8 基地卡口	9 加油站
10 小汽车存放场	11 货车存放场	12 卡车航班
13 查验中心	14 出口监管站	15 进口监管站
16 保税物流中心	17 查验车位	18 保税B型卡口
19 动力中心	20 进口监管站卡口	21 货运及出口监管站卡口

名称	主要技术指标	设计时间	设计单位
首都机场航空货运大通关基地	年货物处理量 280万t	2006	中国中元国际工程有限公司

位于首都机场2号跑道北端延长线上,与停机坪直接相邻,实现航空货运与物流功能区的无缝连接,提高通关效率。基地总占地面积约185万m²,共设有航空货运站、快件中心、进出口货物海关监管区、保税物流中心和综合办公配套等5个功能区

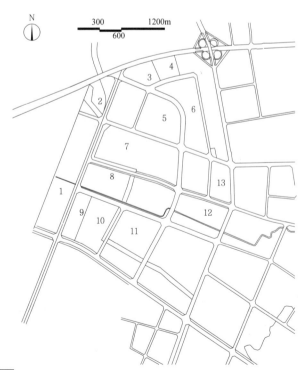

2 成都航空物流园总平面图

1 口岸作业区	2 查验场地	3 口岸管理区
4 快件区	5 特货代理区	6 货运代理区
7 监管保税区	8 仓储配送区	9 快赈灾物资储备区
10 物资集散区	11 中转分拨区	12 货运中转区
13 物流配套服务区		

名称	主要技术指标	设计时间	设计单位
成都航空物流园	年货物处理量 180万t	2012	中国中元国际工程有限公司

西南物流区域中重要的物流节点之一,基地总占地面积约340万m²,是成都国际航空物流枢纽,是以航空货运为主线,集航空货运监管配送、保税仓储、物流加工、邮政快件分拨、卡车航班等增值服务于一体,融合了空路联运、路运仓储、配送、路运集配等综合物流业务的货物集散和分拨中心。
园区涵盖"航空物流园区"和"双流物流中心"两大功能片区,包括查验场地、口岸作业区、口岸管理区、监管保税区、特货区、货运代理区、保税商品展示区、物流配套服务区、赈灾物资储备区、仓储配送区10个功能区

实例 / 航空物流 [59] 物流建筑

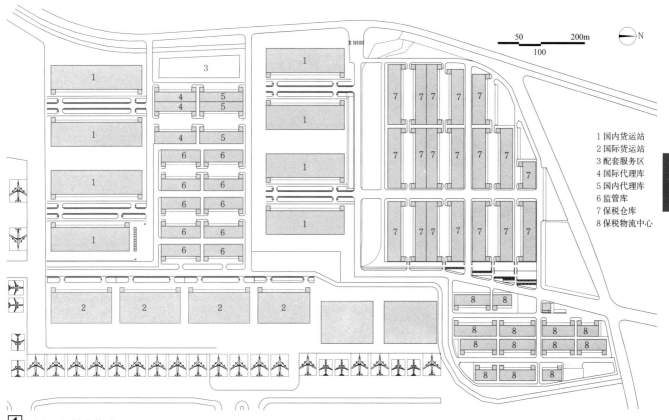

1 国内货运站
2 国际货运站
3 配套服务区
4 国际代理库
5 国内代理库
6 监管库
7 保税仓库
8 保税物流中心

[1] 重庆机场航空物流园总平面图

名称	主要技术指标	设计时间	设计单位	重庆机场航空物流园区由国际国内货运站区、货代区、货运管理区、保税物流加工区等组成。保税区的国际货物通过隔离的高架道路与机坪货运站进行交接，货物封闭运输
重庆机场航空物流园	年货物处理量180万t	2011	中国中元国际工程有限公司	

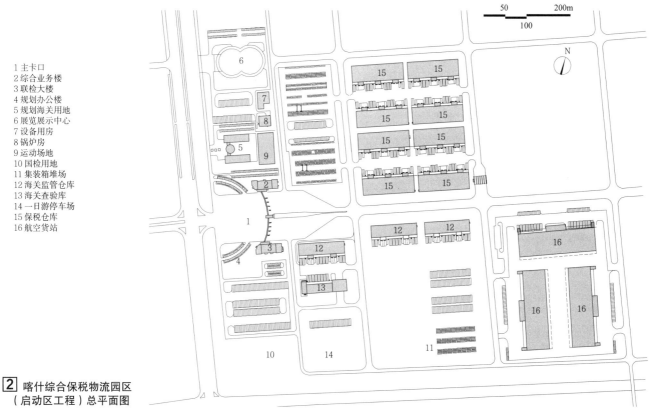

1 主卡口
2 综合业务楼
3 联检大楼
4 规划办公楼
5 规划海关用地
6 展览展示中心
7 设备用房
8 锅炉房
9 运动场地
10 国检用地
11 集装箱堆场
12 海关监管仓库
13 海关查验库
14 一日游停车场
15 保税仓库
16 航空货站

[2] 喀什综合保税物流园区（启动区工程）总平面图

名称	主要技术指标	设计时间	设计单位	喀什综合保税物流园区由保税仓库、海关监管库、集装箱堆场、航空货站等组成
喀什综合保税物流园区（启动区工程）	年货物处理量80万t	2014	中国中元国际工程有限公司	

物流建筑 [60] 航空物流 / 实例

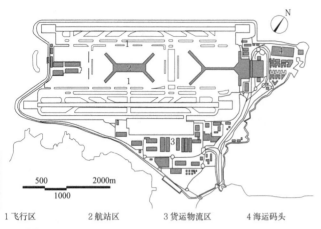

1 飞行区 2 航站区 3 货运物流区 4 海运码头

a 区域位置图

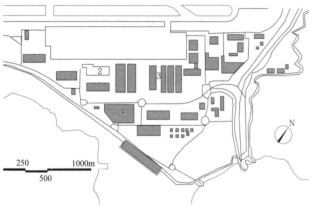

1 速递货运站 2 亚洲空运中心 3 香港空运货站 4 机场空运中心
5 物流中心

b 货运物流区平面示意图

香港赤鱲角国际机场货运物流区数据

设施名称	功能	主要技术指标	处理能力和物流强度
香港空运货站（HACTL）	特殊货物处理设施：鲜活货、牲畜、马匹及贵重货物运中心，冷藏及危险品货运中心，以及快递中心等	占地面积约17万m²，总建筑面积约33万m²	设计容量年处理货物260万t；物流强度15.3t/年·m²
亚洲空运中心（AAT）	特殊货物处理设施：保险库、冷藏及冷冻库、危险物品室、放射物品室、鲜活货及牲畜货物中心	占地面积约8万m²，总建筑面积约16.6万m²	设计容量年处理货物151万t；物流强度超过20t/年·m²
DHL中亚区枢纽中心	扩建后该超级枢纽中心将成为亚太地区最大的自动化快递中心	占地面积约3.5万m²	每小时35000个包裹及4万份文件
空邮枢纽中心	先进的邮件处理系统	占地面积约2万m²	每天可处理70万件邮件
海运码头	连接珠江三角洲17个港口，提供一站式联运服务	码头长450m	24小时运作，年货运量15万t
机场空运中心	提供货物仓储设施和物流服务，实现货运代理人能够在机场对货物进行集散处理	占地面积约6万m²，总建筑面积约13.9万m²	—
商贸港物流中心	全面且量身定制的物流服务，如仓储管理、订单处理及延迟装配等	占地面积约1.38万m²，总建筑面积约3.14万m²	—
国泰新货站	提供货物仓储设施和物流服务	建筑面积约24万m²	年货运量260万t
联邦快递操作中心	联邦快递先进的快件处理系统	建筑面积约2万m²	

1 香港赤鱲角国际机场航空货运区

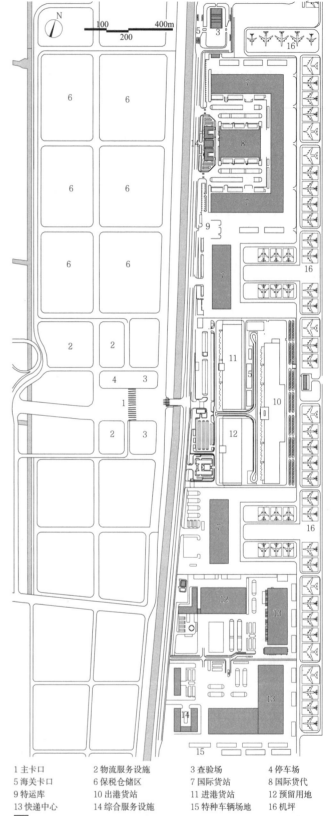

1 主卡口 2 物流服务设施 3 查验场 4 停车场
5 海关卡口 6 保税仓储区 7 国际货站 8 国际货代
9 特运库 10 出港货站 11 进港货站 12 预留用地
13 快递中心 14 综合服务设施 15 特种车辆场地 16 机坪

2 上海浦东国际机场西货运区平面图

名称	主要技术指标	设计时间	设计单位
上海浦东国际机场西货运区	年货处理量400万t	2007	中国中元国际工程有限公司

西货运区由货运站区、快递中心、货代区、保税物流区、物流综合服务区等组成。
西货运区呈南北狭长地形，城市主要道路与园区相连，需跨A30高速公路

实例 / 航空物流 [61] 物流建筑

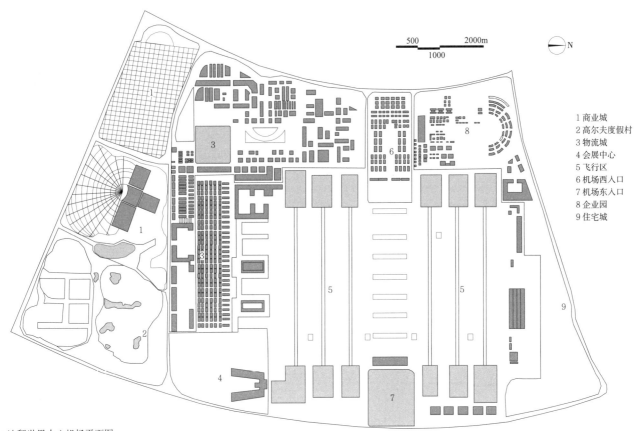

1 商业城
2 高尔夫度假村
3 物流城
4 会展中心
5 飞行区
6 机场西入口
7 机场东入口
8 企业园
9 住宅城

a 迪拜世界中心机场平面图

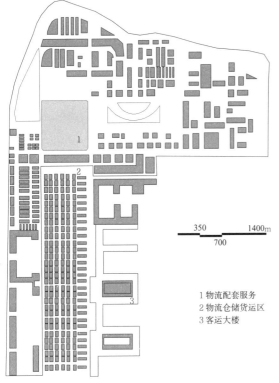

1 物流配套服务
2 物流仓储货运区
3 客运大楼

b 迪拜世界中心机场物流城平面图

1 阿联酋迪拜世界中心

名称	主要技术指标	
阿联酋迪拜世界中心	占地面积约 14km²	迪拜世界中心依托迪拜重要的战略位置,建设港口—自由区—机场的物流走廊,打造世界一流的基础设施,强化迪拜作为地区贸易、航空、物流中心的地位,推动迪拜经济发展

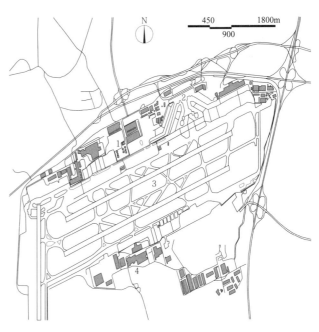

1 北货运区 2 航站区 3 飞行区 4 南货运区

2 德国法兰克福美茵机场航空物流园区平面图

名称	主要技术指标	
德国法兰克福美茵机场航空物流园区	占地面积约 1.49km²	物流园区聚集了80家航空运输公司、100家运输服务公司专业从事物流服务。物流园分为南、北两个货运区,其中北货运区占地0.51km²,是汉莎航空公司的货运基地;南货运区占地0.98km²,包括货运站、货代仓库、鲜活处理中心、快件服务中心、危险品处理站和动物处理站等

物流建筑 [62] 航空物流 / 实例

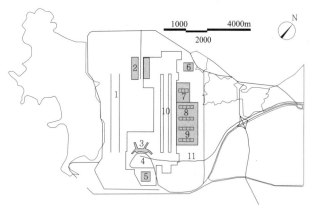

1 规划跑道　　　2 机库　　　3 航站楼　　　4 停车场及交通中心
5 国际商务中心　6 加油站　　7 配餐中心　　8 辅助配套用房
9 货运物流区　　10 跑道　　　11 货运铁路线

a 区域位置图

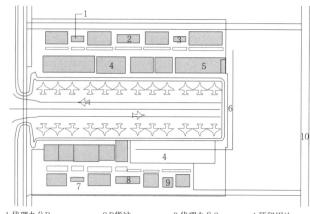

1 代理办公B　　2 B货站　　　3 代理办公C　　4 预留用地
5 Hazmat仓库　 6 国际服务通道 7 代理办公A　　8 A货站
9 仓储大楼　　 10 机场东路

b 货运物流区平面图

1 韩国仁川机场货运区总平面图

名称	主要技术指标	
韩国仁川机场货运区	占地面积约 1.1km²	韩国仁川机场占地面积47.43km²，是一座多功能现代化国际空港。货运区共有6个货运航站楼、5个独立的货仓、36个停机位，以及行政办公楼。航空货运物流园区规划在机场自由贸易区内

韩国仁川机场货运物流区数据

货站	营运商	货物吞吐量（万t/年）	货站面积（m²）	办公室面积（m²）	总计（m²）
A货站	大韩航空	97	57863	7810	65910
B货站	韩亚	45	39433	8222	47655
C货站	仁川国际机场对外货站	40	66954	6459	73413
Hazmat仓库	韩亚机场服务	用于危险货物存放			2133
仓储大楼	DHL和其他的货代公司	10	—	—	15842

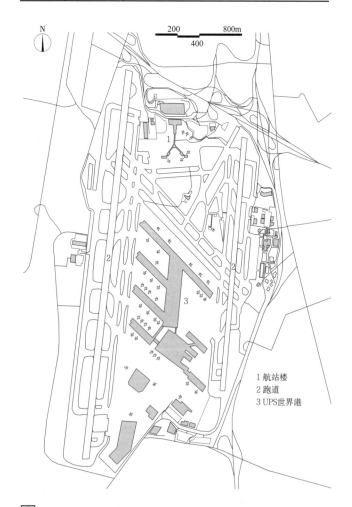

1 航站楼
2 跑道
3 UPS世界港

2 美国肯塔基州路易斯维尔机场总平面图

名称	主要技术指标	
UPS世界港	占地面积约 2km²	UPS世界港（Worldport）是UPS机队的航空基地，UPS世界港位于机场两跑道间，具有4层楼高的核心处理中心，连接到44个货运站的3个侧翼，每小时轮班能供多达100架飞机起降

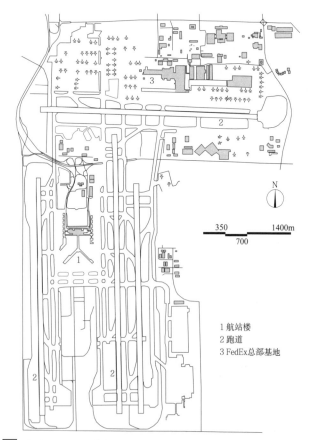

1 航站楼
2 跑道
3 FedEx总部基地

3 美国田纳西州孟菲斯国际机场总平面图

名称	主要技术指标	
FedEx总部基地	占地面积约 3.2km²	孟菲斯国际机场是目前世界最大的货运机场。该机场是美国西北航空的第三大转运中心，也是联邦快递的总部

实例 / 航空物流 [63] 物流建筑

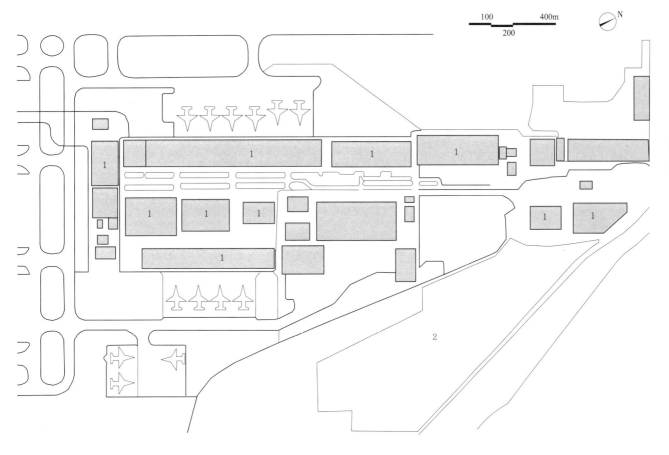

1 空运中心物流设施　　　2 物流中心

a 新加坡樟宜机场航空物流园区平面图

樟宜机场航空物流园区部分功能区规模和处理量

名称	建筑面积（m²）	处理能力和物流强度	设施设备
新加坡机场货运服务处	库区203000	年处理货运量约150万t	自动化储存系统；专用冷藏库（0~4℃）及冷冻库（0~-12℃）可作温度弹性调整
樟宜际机场服务处	—	年处理货运量50万t	半自动控制方式作业，以符合弹性需求
美国万络环球公司	12994	—	Menlo公司亚太地区首个区域物流中枢
英运物流	26490	年货物吞吐量达18万t	专用枢纽是樟宜机场唯一的航空快递转运设施
瑞士国际空港服务有限公司	17600	年处理货运量25万t	配备有最新IT技术的全自动化的ULD存储和处理系统

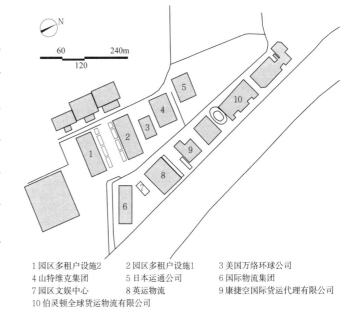

1 园区多租户设施2　　2 园区多租户设施1　　3 美国万络环球公司
4 山特维克集团　　　　5 日本运通公司　　　　6 国际物流集团
7 园区文娱中心　　　　8 英运物流　　　　　　9 康捷空国际货运代理有限公司
10 伯灵顿全球货运物流有限公司

b 物流中心物流设施平面图

1 新加坡樟宜机场物航空物流园区

名称	主要技术指标	
新加坡樟宜机场航空物流园区	占地面积约4.7km²	樟宜机场航空物流园区拥有9个货运楼，每年可运输300万t行李，这也使其成为全球最大的货运站之一。该货运站拥有2个快运中心，每年可处理货物4万t，还拥有12.5万m²的办公及仓储面积，以及12个货运飞机停泊港，每个都能符合超大型货运飞机波音747LCF的要求

物流建筑 [64] 交易型物流建筑 / 定义

定义

为大宗货物的公共交易环节提供现场展示、储存、转运、配送、加工、结算等功能的建筑，统称为交易型物流建筑。

一些类型的大宗货物在流转过程中，需要在公共平台上进行现货交易才能流转到下一环节，此类交易的购销双方一般需要在现场见证大宗货品的品貌，当场商定交易价格和数量。

交易型物流建筑与商场、展示馆的区别是交易现场都形成大宗货流的转运，且买方一般为非个人客户。这一特点也是交易型物流建筑与商场、展示馆、交易所等公共建筑的区别。

交易型物流工程按交易品种分为农副产品和工业产品两大类，通常会形成一定规模的交易型物流园区，也称"交易中心"或"批发市场"，简称"市场"。交易型物流园区都为人口聚集的销售地服务或为某类产品较为集中的生产地服务，有的也兼顾大宗货品的中转。表2反映了世界各地一些典型交易型物流园区的主要运营参数和技术指标，供前期选址、供地、规划、投资、设计、管理等部门参考。

常见交易型物流园区类型　　表1

农副产品类			工业产品类	
产地市场	销地市场		金属类	其他类
	单一型	综合型		
一般含有右侧一个或数个品种，同时都有生产资料交易	果品市场 蔬菜市场 水产市场 肉类市场 禽类市场 粮油市场 花卉市场	含有左侧数个或全部交易品种	普通钢市场 特种钢市场 不锈钢市场	大型建材批发市场 石材市场 木材市场

国内外交易型物流建筑设计参考技术指标　　表2

	地点	交易类型	物流中心（市场）名称	供应与周转范围	供应人口（万人）	用地规模（hm²）	营业额	总建筑面积（万m²）	容积率	车流量	总停车位（个）	工作人员数量（万人）	入驻商户	数据年份	备注
国外	法国巴黎	农副产品	翰吉斯国际市场	大巴黎地区、法国全境及周边国家	1800	232	78.64亿欧元	72.7	0.3	约660万辆/年		1.2	1200余家	2011年	业主官方公开资料
	西班牙巴塞罗那	农副产品	Mercabarna市场	西班牙全境、法国南部、意大利北部	1000	90	2751万欧元	81	0.9	约355万辆/年	约9000	2.5	700余家	2012年	业主官方公开资料
	葡萄牙里斯本	农副产品	Marl市场	里斯本地区	370	100	14127万欧元	8.4			900		600余家	2011年	业主官方公开资料
	美国纽约	农副产品	Hunts Point农产品批发市场	纽约市	2200	24.3	约240亿美元	9.3		2700节火车车厢/年		1	2000家	2011年	业主官方公开资料
	澳大利亚悉尼	农副产品	Sydney Markets	悉尼、新南威尔士州、首府领地	约500	43	30亿澳元			7.5万辆/周	2000	0.5	846家	2012年	业主官方公开资料
国内	重庆江津	农副产品	重庆双福国际农贸城	重庆全市	约2000	333.5	300~500亿元	232			8000	10	40000家	2014年45%开业	官方整体规划数据
	上海青浦	农副产品	上海西郊国际农产品交易中心	上海西部	约1500	110.6		49.5	0.45					2013年	业主官方公开资料
	江苏南京	农副产品	南京农副产品物流中心	南京市	800	200	300亿元	150	0.75	3.5万辆/天			3000家	2013年	业主官方公开资料
	江苏南通	农副产品	南通农副产品物流中心	南通市	300	71.1	100亿元	100	1.4	6000辆/天（一期）		2（一期）	120余家	2014年	业主官方公开资料
	浙江杭州	农副产品	杭州农副产品物流中心	杭州及周边城市、长江三角洲	700	271	200亿元	181	0.7			0.6		2011年	业主官方公开资料
	广东深圳	农副产品	海吉星国际农产品物流园	深圳市	1900	30.3	300亿元	82	2.7	2.0万辆/天			2000余家	2014年	业主官方公开资料
	山东潍坊	蔬菜水果	中国寿光农产品物流园	华东、华北及东北部分地区		200	200亿元	已建52.144	已建部分0.55			1	数千家	2014年	业主官方公开资料
	广东广州	水果蔬菜	广州江南果菜市场	广州及周边地区	1120	40	176亿元	35	0.875				固定3000家流动1000家	2009年	业主官方公开资料
	上海松江	钢材	上海松江钢材城	长江三角洲地区			500亿元	64.7	44	0.68		2	2000家	2014年	业主官方公开资料
	广东佛山	钢材	广东乐从钢铁世界	珠江三角洲地区		266.7	交易2000万吨加工1000万吨	250	0.94				2700家	2014年	业主官方公开资料
	江苏无锡	不锈钢	江苏东方钢材城一、二期	长江三角洲地区		29.47	360亿元	42.1	1.45			1.5	1200家	2011年	业主官方公开资料

注：1. 大型建材批发市场、石材市场等把交易型物流园区分为展示区与集中仓储加工区两大部分，其展示区为看样订货兼零售功能，应按商场、展示馆等公共建筑考虑；仅提供发货和提货功能的仓储区建筑，应按其他物流建筑考虑；含大型机械设备的加工区应按工业建筑考虑；上述情况的单体建筑均不在本节论述。

2. 一些种类的批发市场以展示区、店面等形式供看样订货兼零售，不在交易现场形成大宗货流，如小型建材批发市场、五金批发市场、灯具批发市场、小商品批发市场、服装批发市场、皮革批发市场、办公用品批发市场等，这类建筑应按商场、展示馆等公共建筑考虑。商户各自分散的仓储区不作统一论述。

规模控制

1. 发展特性：交易型物流园区普遍具有"生长"特性，其发展年限为50~100年，因此选址与控制规模应考虑足够的土地预留，避免频繁搬迁，重复建设。

2. 用地规模：对于销售地交易型物流园区，其规模可根据城市人口总量结合园区的服务范围来估算。当特大型城市设有多个同品种交易型物流园区时，其用地面积可累计；生产地交易型物流园的规模根据地区总产能和交易量来估算。

3. 建筑容量控制：物流园区内的作业，客观上要求道路、卸货场地、停车场、堆场等占有较大比例的土地；交易型物流园区的主要作业流程，如展示、转运、配送、加工、结算等大部分工作需要在建筑首层完成，"快进快出"的储存方式也要求作业尽可能发生在建筑首层，这是交易型物流作业的高效性要求。

从上述交易型物流作业的客观性与高效性要求考虑，交易型物流园区的容积率宜设定为0.4~0.9。若容积率过高，将会降低物流园区的工作效率。

选址

1. 产地农产品市场、工业品市场等：选址应在各个生产基地集中的片区或关键的中转地，相互之间有便捷的交通；同时选址应靠近连接外省市的高速公路，附近有铁路、通航河道和机场时，应贴邻取地。

2. 销地农产品市场：市场的位置应选择主城区的外环路附近或城郊接合部，并与各个方向的高速路相结合，方便来自产地的农产品到达市场；偏离市中心可以避免夜间作业噪声与车流影响城区居民休息。从市场到达市中心的路程应以中小型购货车凌晨行驶情况来计算，控制在30分钟到1小时之间。

3. 选址与城市交通：地块周边应有便利的城市道路，地块边界可以由大型河道、铁路提供多种运输方式；地块中间应避免出现城市道路、大型河道、铁路，不可避免时应采用立交方式解决。

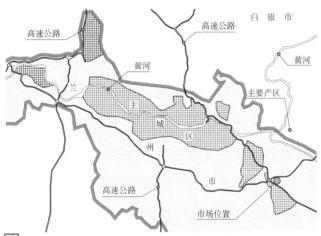

1 兰州国际高原夏菜副食品采购中心选址示意

2 南通农副产品物流中心选址示意

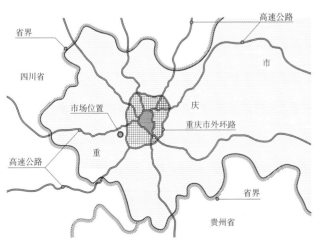

3 重庆双福国际农贸城选址示意

4 杭州农副产品物流中心选址示意

总体设计原则

1. 为便于整体监管、避免与城市交通互相干扰，同一大类的交易应在完整的地块内实行封闭管理，切忌将城市道路与园区道路混用，主营交易不得直接面向城市道路进行。地块若无法避免城市道路穿越，应采用立交方式解决。

2. 地形要求：交易型物流建筑体量一般较大，大部分交易流线要求在一个水平面上进行，因此园区应建在比较平坦的地形上。当原始地形凹凸不平时，应作土方平整。如选址无法避免丘陵地形，园区宜设计为台地状，台地个数应尽量少。

3. 功能分区：在园区或地块内部，交易区与非交易区应适当分开；不同品种的交易、配送建筑之间应适当分开；金属、石材、木材等噪声大的加工区应相对独立布置，远离展示区；常温交易与冷链交易宜适当分开；果蔬类与荤腥类宜适当分开；特殊品种（如活禽、活畜）宜单独布置，并与大部分交易区拉开一定距离，以便应对不时之需。日常服务配套如餐饮服务、公共厕所等，应按一定的服务半径考虑，均匀地布置在各个分区内。

4. 绿化养护难免使用农药，对农产品安全不利。农产品类交易园区内部的绿地率宜为5%~8%，绿地布置应尽可能避开农产品物流与检测流线。

5. 园区内树种布局应避免干扰货车驾驶视线。

功能区构成

按建筑功能所属的性质，园区内的建筑大致分为以下三大功能区。

1. 市场主体：各类交易建筑、常温库、高低温冷库、制冰车间、气调库、配送中心、集中停车场、露天堆场、电子商务交易、展示展销等。

2. 管理与服务：出入口管理、招商处、市场办公、安保监控、行政管理（办公）、检验检疫、工商管理、海关、金融服务、警务室、消防站、信息中心、职工食堂、中心机房、废弃物处理中心、短驳车服务站等。

3. 生活配套：餐饮、公共厕所、医务室、招待所、便利店、洗浴、娱乐等布局应考虑合理的服务半径，应尽可能在园区内解决。宿舍、经济型酒店、加油站、汽修等可考虑内外兼营。

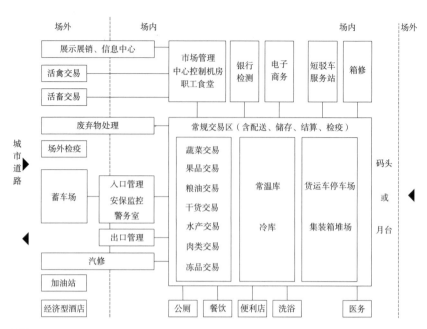

1 销地农产品市场功能构成分析图

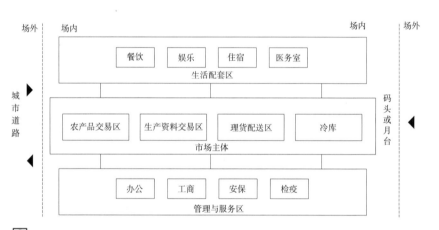

2 产地农产品市场功能构成分析图

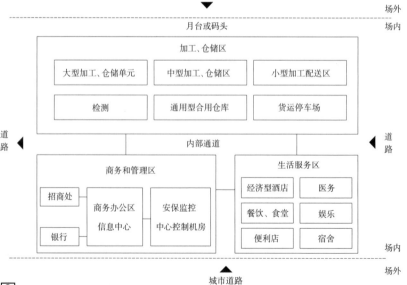

3 物资交易型物流园区功能构成分析图

外部交通

交易型物流园区外部车流量、内部联系的车流量都很大，其外部交通必须避免与城市交通发生相互干扰，因此园区应布置在一个完整的地块内，实行封闭式的管理。当城市道路的穿越为不可避免时，应以立交方式解决。

主营交易不得直接面向城市道路进行。园区周边道路除设置必要的服务性建筑外，不应设置大量商铺或商业街。

园区出入口位置应根据供货车、购货车的主要来源方向、路线，结合周边道路条件来选择。货车通行的入口与出口宜分开布置。

出入口的通行总宽度（车道数量）应通过计算确定。

内部交通

1. 通行道路：交易型物流园区内部道路应设计为井格形对齐道路，忌异形布局；大型园区宜设计外环道路。在园区出入口、区域连通口等容易形成拥堵的地带，应将道路作特别放宽处理。

2. 停车：除沿物流建筑卸货区设停车卸货带以外，应另设集中的停车场地。

3. 节地：应根据作业车辆尺寸规律，将不同大小的车辆分别停放在宽度不同的停车卸货带、停车带内；停车（卸货）场应采用两侧停车（卸货）带共用中间一条道路通行的布局。

4. 对于农副产品交易类型，大宗物流的流线布局要求将供货与购货通道完全分开，否则物流量无法扩大。

5. 对于工业产品类交易，应设有专门卸货通道或区域，采用合适的机械搬运与道路交通连接，避免在园区公共道路上停车搬运。

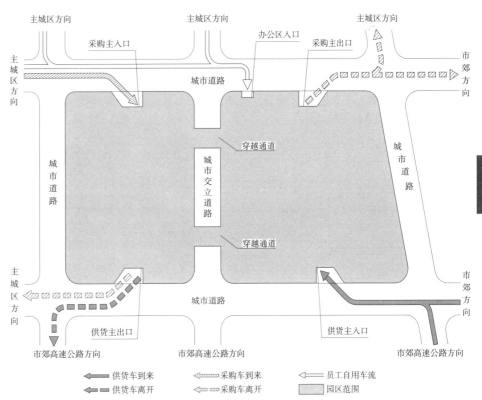

[1] 外部交通组织与入口布置

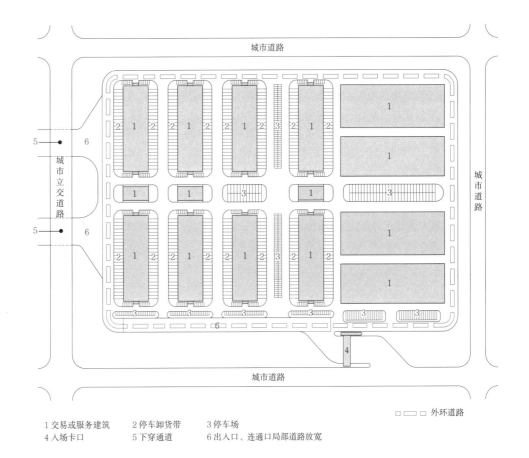

1 交易或服务建筑　2 停车卸货带　3 停车场
4 入场卡口　5 下穿通道　6 出入口、连通口局部道路放宽

[2] 内部交通组织

总体布局

1. 农副产品类交易型物流园区

封闭型布局对政府监管下的检疫和经营秩序的管理都带来极大好处，但应注意将禽类、活畜交易相对独立布置，单独设出入口。肉类、水产、冻品等应与冷库相对集中布置。交易区与服务、管理区应保持适当的距离。

2. 工业产品类交易型物流园区

应将商务区和管理、服务区，加工配送与物流仓储区等几大功能进行合理的分区。物流出入口应与管理、服务区的人员和小车出入口分开设立。有噪声、气味的加工区应避开周边居住建筑。

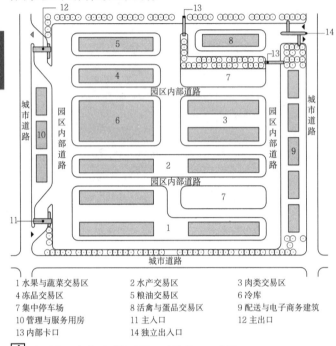

1 水果与蔬菜交易区　2 水产交易区　3 肉类交易区
4 冻品交易区　5 粮油交易区　6 冷库
7 集中停车场　8 活禽与蛋品交易区　9 配送与电子商务建筑
10 管理与服务用房　11 主入口　12 主出口
13 内部卡口　14 独立出入口

1 农副产品类交易型物流园区功能分区示意图

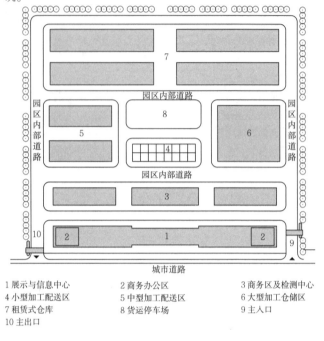

1 展示与信息中心　2 商务办公区　3 商务区及检测中心
4 小型加工配送区　5 中型加工配送区　6 大型加工仓储区
7 租赁式仓库　8 货运停车场　9 主入口
10 主出口

2 工业产品类交易型物流园区功能分区示意图

主入口布局

1. 交易型物流园区的主要出、入口宜分开设置。根据园区规模和周边城市道路条件，可设置多对（个）出入口。出入口总宽度、总车道数大体一致。出入口卡口总车道数按满足交易高峰时段需求估算，所有卡口进出车道总数取值为：$0.2 \sim 0.28$ 个/hm² （封闭园区用地面积）。

2. 出入口蓄车场：需要对入场车辆进行计量、刷卡、收费的，应在园区出入口卡口前设置足够的蓄车场地，不应出现排队车辆溢出到城市道路或堵塞园区道路的现象。

3. 卡口：出入口卡口一般设有称重计量、刷卡、监控等功能，可单建，也可结合园区安保监控、消防控制室、招生处、公共厕所等辅助设施一并建设。

4. 带场外检疫的入口：将场外检疫站、主入口和废弃物处理站结合在一起的方式，可以高效、节地、方便地应对食品安全问题。其方法是：在供货车到达入口蓄车场时先行检疫，货品经检疫后，合格品的供货车前往入场卡口进场，不合格品的供货车前往废弃物处理站，不合格品按国家有关规定进行处理。

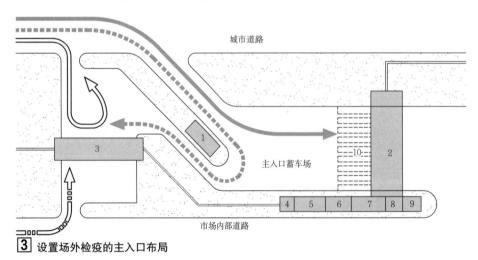

1 场外检疫站
2 主入口收费站（卡口）
3 废弃物处理站
4 厕所
5 招商
6 海关
7 安保监控、消防控制室
8 财务
9 变配电所
10 地磅

➡ 正常进场车流
⇢ 检疫不合格货车流线
⇨ 城市环卫清运流线
⇨ 市场内废弃物清运流线

3 设置场外检疫的主入口布局

总体布置实例 / 交易型物流建筑 [69] 物流建筑

1 接待中心　　　　2 肉类质量控制部　　3 包装材料处理站　　4 警属特惠商店
5 商场　　　　　　6 酒店　　　　　　　7 邮局　　　　　　　8 银行
9 社会医疗中心　　10 管理中心　　　　　11 警察局　　　　　　12 消防队
13 宪兵警察总队　　14 保安部队营房　　　15 修车厂　　　　　　16 公交站
17 铁路站场　　　　18 钟塔　　　　　　　19 供热站　　　　　　20 汽车站
21 鲜花与园艺交易区　22 水果蔬菜交易区　　23 乳制品交易区　　　24 肉类交易区
25 海产品交易区　　26 副食品交易区　　　27 仓库　　　　　　　P 停车场

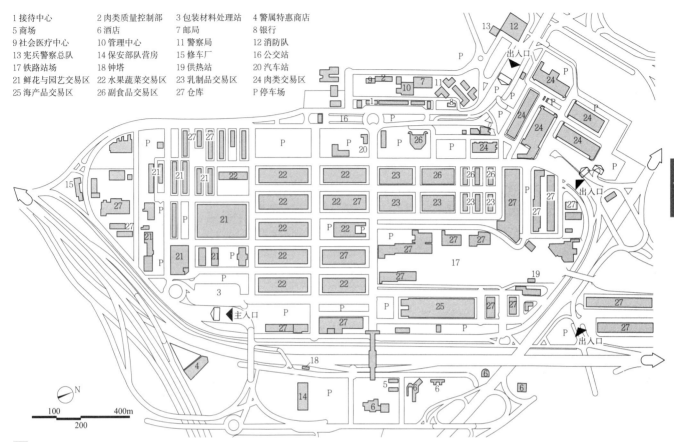

1 法国巴黎翰吉斯国际市场（Rungis International Market）❶

名称	交易类型	占地面积	供应人口	供应范围
法国巴黎翰吉斯国际市场	农副产品	232hm²	1800万	巴黎大区：65%；其他地区和出口：35%

翰吉斯国际市场占地232hm²，距巴黎市中心7km，高速公路和铁路直达园区内部，临近奥利机场，是全球交易量最大、最著名的批发市场之一。按照"国家公益性市场"的理念建设，投资与管理方由国家、产权投资集团、地方政府、国有银行及社会资本共同组成，于1969年开业，经不断改扩建，形成了一套能适合市场动态发展变化的模式。交易品种有果蔬、肉类、水产、乳制品和熟食、花卉五大领域，驻场企业1200家，从业人员近1.2万人，总营业额达78.64亿欧元（2011年）。市场拥有金融、检疫、卫生、车辆服务、废弃物处理等齐全的配套设施，为工作人员服务的多样化餐厅就有18个

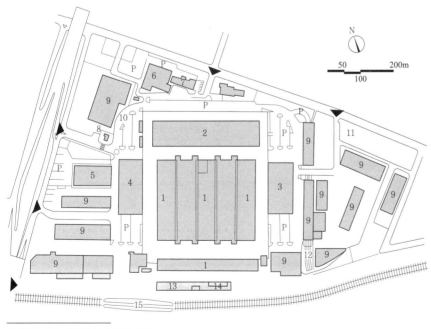

1 农产品批发区　　　9 配送与仓储
2 零售区大厅　　　　10 巴士站
3 小型车停车楼　　　11 加油站
4 停车楼用作跳蚤市场　12 叉车桥
5 花卉交易区　　　　13 附属用房
6 管理和商业服务中心　14 "绿点"回收利用中心
7 汽车旅馆　　　　　15 火车站
8 入口控制中心　　　P 停车场

2 澳大利亚悉尼弗莱明顿（Flemington）市场❷

名称	交易类型	占地面积	供应人口
澳大利亚悉尼弗莱明顿市场	农副产品	43hm²	500万

悉尼弗莱明顿市场为澳大利亚最大市场，起源于老市中心，自1842年起由市政府控制，1975年搬迁至悉尼市弗莱明顿地区。市场继承传统交易模式，吸引普通市民参与交易，其核心由批发区与零售区组成，相邻布置，并采用错时对外营业的方式：晚间进行批发交易，一部分货品发往市场外，另有一部分鲜货直接批到相邻的零售菜大厅；白天批发区关闭，零售菜大厅开市，吸引大量市民涌入。两个时段的交易相互促进、互补，相得益彰。市场内还包括鲜花市场、"跳蚤"市场（旧货和廉价品市场）

❶ 改绘自法国巴黎翰吉斯国际市场官网。
❷ 改绘自澳大利亚悉尼弗莱明顿市场官网。

物流建筑 [70] 交易型物流建筑 / 总体布置实例

1 园区出入口
2 园艺五金
3 特产
4 水果和园艺
5 禽类
6 果蔬
7 加工配送
8 管理及服务综合楼
9 管理房
10 鲜花
11 海产品
12 冷库
13 设备用房
14 停车场
15 预留用地

1 葡萄牙里斯本地区批发市场（MARL）❶

名称	葡萄牙里斯本地区批发市场
交易类型	农副产品
占地面积	100hm²
供应人口	370万

里斯本地区批发市场建成于2000年7月。主要投资方为各批发商（占88.87%股份）和里斯本市政府（占9.90%股份）。主要经营品种有水果、花卉、肉类、乳制品、海产品等。其建设参考了相邻欧洲国家中多个既有市场的历史经验和教训，市场的用地划拨和建设工程采用一次规划、分期建成的模式，园区内道路网格和功能分区在初期规划中一次定型。市场拥有900个供大中型货车使用的停车位、1个次级变电站、1个10000m³的储水池、1个独立的对外信息光纤网络、1个内部技术管理的网络，1套为批发商运营配套的服务设施、冷库、常温库以及各处分布着的酒吧和餐馆

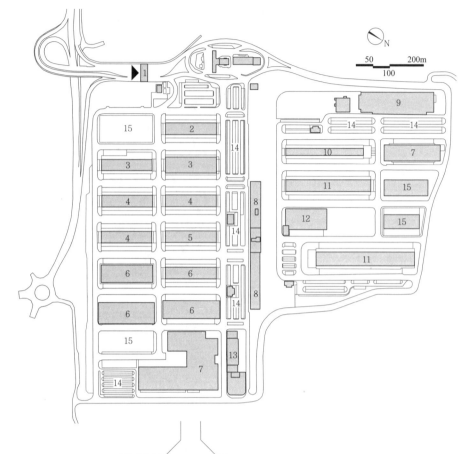

1 蔬菜水果大厅
2 鱼类海鲜大厅
3 肉类交易大厅
 与屠宰场
4 综合食品大厅
5 商务中心
6 餐饮服务
7 仓库出租
8 冷库出租
9 加工配送租用区
10 综合服务楼
11 加油站
12 汽车修理厂
13 公交车站
14 银行
15 管理办公
16 宾馆
17 "绿点"回收利用中心
P 停车场

2 西班牙巴塞罗那农产品批发市场（Mercabarna）❷

名称	西班牙巴塞罗那农产品批发市场
交易类型	农副产品
占地面积	90hm²
供应人口	1000万

巴塞罗那农产品批发市场是欧洲南部最有影响力的大型农产品批发市场，由巴塞罗那批发市场以及大量从事生鲜和冷鲜农副产品生产、销售、配送、进出口的企业共同建立。驻场企业700家，日常工作人员共计2.5万人。其供应范围覆盖西班牙全境、法国南部和意大利北部，约1000万人口。市场本部由水果和蔬菜交易中心、水产交易中心、屠宰和肉类中心、餐饮加工部、物流配送区及辅助用房构成。Mercabarna在巴塞罗那机场旁另有一块飞地，建有一个著名的花卉交易中心

❶ 改绘自葡萄牙里斯本地区批发市场官网并结合Google网页航拍图。
❷ 改绘自西班牙巴塞罗那农产品批发市场（Mercabarna）官网。

总体布置实例/交易型物流建筑 [71] 物流建筑

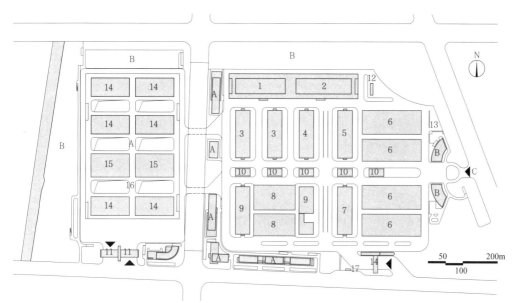

1 粮油大厅与仓储楼
2 综合交易大厅与配送楼
3 水产大厅
4 冻品大厅
5 综合肉类大厅
6 蔬菜大棚
7 蔬菜大厅
8 水果大棚
9 水果大厅
10 服务楼
11 收费站
12 场外检疫
13 短泊车停车场
14 交易大厅
15 综合冷库
16 二层平台
17 公交车站
A 建设中地块
B 预留配套用地
C 办公出入口

1 江苏南通农副产品物流中心

名称	交易类型	占地面积	供应人口	供应范围	设计单位
江苏南通农副产品物流中心	农副产品	71.1hm²	300万	南通市及周边地区	华东建筑集团股份有限公司华东都市建筑设计研究总院

项目规划总建筑面积106万m²,整个园区的空间布局为"十区二街八中心","十区"分别为蔬菜、果品、粮油、南北货副食品、水产品、肉类家禽、豆制品、花卉交易区,仓储冷藏区,物流配载及加工配送区;"八中心"分别为生活配套后勤服务街、绿色食品街;废弃物处理、农产品检验检测、农产品会展拍卖、电子结算、商务、信息管理、物业管理、旅客集散中心。一期工程日均进出车辆6000辆,从业者约20000人

1 水果大棚
2 水果大厅
3 水产大棚
4 水产大厅
5 冻品大厅
6 蔬菜大棚
7 蔬菜大厅
8 肉类大厅
9 冷库
10 配套商业住宅
11 服务楼
12 公交车站
A 规划中的预留用地
B 配套小区

2 重庆双福国际农贸城

名称	重庆双福国际农贸城
交易类型	农副产品
占地面积	333.5hm²
供应人口	2000万
设计单位	华东建筑集团股份有限公司华东都市建筑设计研究总院

重庆双福国际农贸城位于江津区双福开发区。基地东临外环高速,西至津马路,南至珊瑚大道,北接福城二路。
园区设有商品交易区、配套功能区、管理办公区、生活服务区四大功能。初期建成的为南部的蔬菜交易区、水果交易区、水产交易区等,北部为预留发展用地,预期建设功能为肉类、冻品、水产、乳制品等交易区及配套的冷库群等。
项目的一期工程(约占总体规划45%)于2014年7月开业

物流建筑 [72] 交易型物流建筑 / 总体布置实例

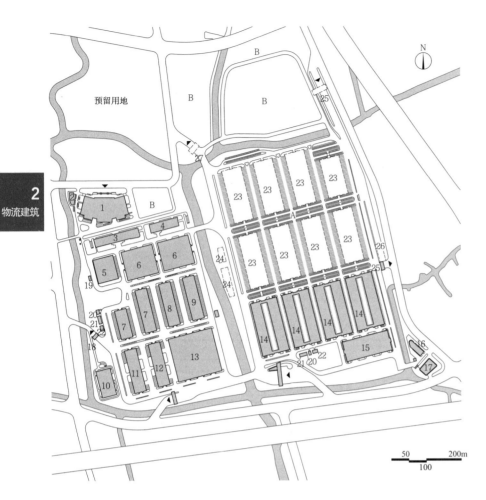

1 展示直销中心
2 食堂
3 职工食堂 配送中心
4 综合办公 配套服务
5 冷库
6 进口果蔬大棚
7 水产大厅
8 禽类大厅
9 冻品大厅
10 宿舍
11 牛羊肉白条大厅
12 猪肉白条大厅
13 果蔬大棚
14 蔬菜交易大厅
15 蔬菜交易大棚
16 汽修服务
17 加油站
18 应急入口
19 服务配套用房
20 变配电站
21 垃圾收集站
22 公厕
23 果品大厅
24 服务配套用房
25 收费站（货车入口）
26 收费站（货车出口）
27 应急出口
A 建设中地块
B 预留用地

1 上海西郊国际农产品交易中心

名称	上海西郊国际农产品交易中心
交易类型	农副产品
占地面积	110.6hm²
供应人口	约1500万
设计单位	华东建筑集团股份有限公司华东都市建筑设计研究总院

上海西郊国际农产品交易中心位于上海市青浦区华新镇，规划建筑面积49.5万m²。工程按区域性的国际农产品交易中心标准建设，规划与建筑设计采用现代农产品物流园区先进的建设理念。项目由交易中心、展示直销中心、检测中心等组成。其中交易中心分为交易区、加工配送区、仓储区、展示直销区、行政管理区、综合生活服务区六大功能区块。

1 一号交易大厅
2 二号交易大厅
3 三号交易大厅
4 四号交易大厅
5 五号交易大厅
6 六号交易大厅
7 理货一区
8 理货二区
9 理货三区
10 理货四区
11 环岛理货一区
12 环岛理货二区
13 环岛理货三区
14 环岛理货四区
15 物流门市
16 物流调度中心
17 业主仓库
18 农资农膜交易
19 电子商务结算中心
20 种子交易大厅
21 综合机电房
22 锅炉房
23 综合服务楼
24 综合服务楼
25 配送中心
26 业主仓库
27 酒店规划用地
28 市场规划用地
29 市场规划用地

2 山东寿光农产品物流园❶

名称	交易类型	占地面积	年交易量
山东寿光农产品物流园	农副产品	200hm²	1000万t

山东寿光农产品物流园区，位于寿光市文圣街以北，菜都路以西，地处中国南菜北运、北菜南调的中心地带，交通十分便利。总投资20亿元，主要交易品种有蔬菜、水果等农副产品。2009年一期已建设完成蔬菜果品交易区、蔬菜电子商务交易区、农资交易区、农产品加工区、物流配送区及配套服务区六大功能区。

❶ 改绘自Google网页航拍图。

总体布置实例 / 交易型物流建筑 [73] 物流建筑

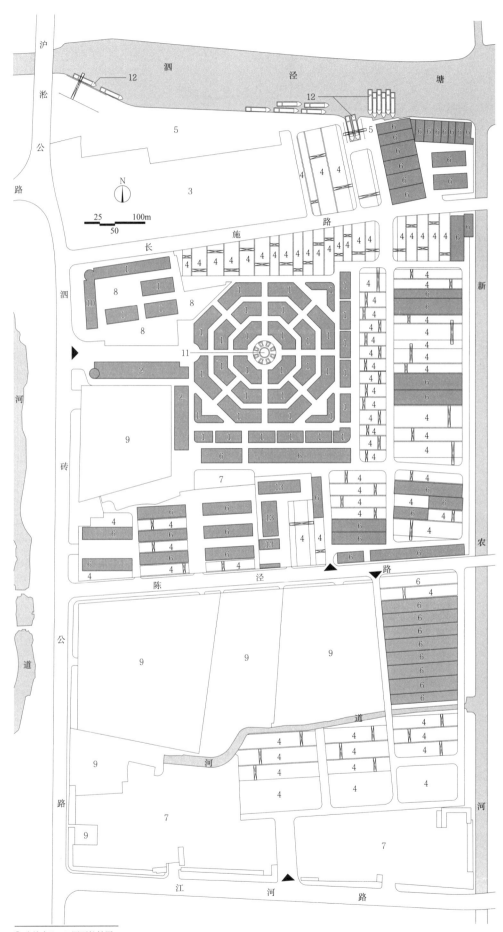

1 商务交易
2 金融与商务服务
3 服务配套区
4 堆场
5 水运码头区
6 室内仓库
7 货运车停车场
8 小客车停车场
9 区外单位
10 管理
11 喷水池
12 内河货运船舶
13 其他
 门式起重机

1 上海松江钢材城总平面图 ❶

名称	上海松江钢材城
交易类型	钢材
占地面积	64.67hm²
年交易量	1000万t

上海松江钢材城位于上海松江区泗泾镇，为国内规模最大、功能最全、设施先进、运行成功的大型钢铁加工、配送的物流基地之一。钢材城采取产权与管理权分离的方式，是办公区和货物仓储区相对分置、人流和物流相对分离的钢材大型物流基地。

上海松江钢材城东起新农河，南到江河路，西至泗砖公路，北临泗泾塘。该位置与轻轨、内河航道及多条高速公路、铁路相邻。拥有地理位置好、交通便捷、物流成本低、辐射区域广等得天独厚的区位与交通优势。

上海松江钢材城实行项目分期滚动开发，概算总投资16亿元，总占地面积970亩（其中自有产权土地630亩），已累计完成投资约11亿元（全部由股东自筹投入），已建成建筑面积37万m²，室内仓库7万m²，货物堆场560亩。于2005年6月28日试营业，同年8月8日正式营业，入驻经营企业近2000家，常住人口约2万人。

上海松江钢材城融铁矿粉、生产原材料、加工制作、成型配套、物流配送及销售为一体。其钢材交易的设施配套齐全，配备了大、小吨位龙门吊130台、移动吊机5台，大、小铲车10台，150吨位地磅2台；并在钢材城内自建500~800吨级内河码头3座。同时，在场内建设了构件成型、开平切边、线材拉丝等车间，实现了仓储、配送、销售、钢件加工等一条龙服务。

2010年末，钢材城各类钢材库存量约为60万t，全年钢材城市场钢材交易额达500亿，交易量突破1000万t。钢材城对过磅、收银、出入库、结算等过程实行系统性管理操作，接入电信宽带，开设市场网站，为企业提供高速、通畅的电子交易信息发布的商务平台

❶ 改绘自Google网页航拍图。

物流建筑 [74] 交易型物流建筑 / 总体布置实例

1 现货区
2 加工区
3 仓储区
4 商务办公
5 现货区预留用地
6 仓储区预留用地
7 商务办公预留用地
8 后勤服务预留用地

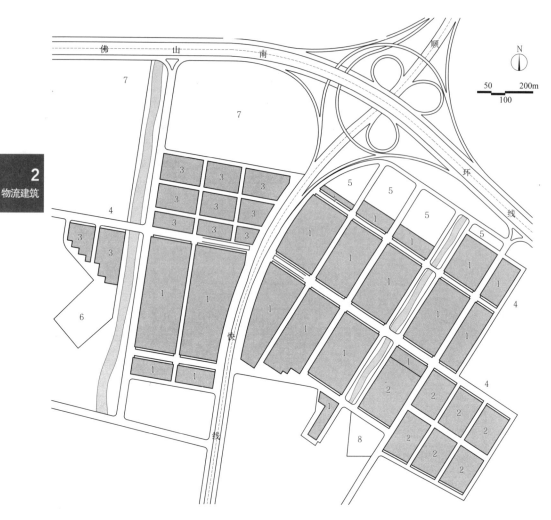

1 广东乐从钢铁世界❶

名称	广东乐从钢铁世界
交易类型	钢材
占地面积	266.64hm²
年营业量	交易2000万t，加工1000万t

广东乐从钢铁世界基地东西全长约2000m。市场分为现货区、仓储区、加工区、商务办公区。东西区域交通连接佛山南一环，南北贯通325国道，远期还将通过顺德快线连接珠二环。

现货区：占地面积87万m²；商铺分为300m²到1806m²不等的11种规格，均为有盖商铺。

加工区：占地面积约16万m²。为各类钢铁提供各项深加工服务。

仓储区：占地面积约22万m²。为客户提供仓储、分拨、集并、理货、配送等服务。

商务区：占地面积约73万m²，总建筑面积达150万m²

---

1 钢材交易市场　4 高层办公楼
2 仓储加工　　　5 电子交易中心
3 小型粗加工　　6 服务配套

2 江苏东方钢材城❶

名称	江苏东方钢材城
交易类型	不锈钢
占地面积	29.47hm²
年营业额	360亿（2011年）

江苏东方钢材城坐落于无锡市新312国道锡山段北环路旁，建筑面积421000m²。项目选址于京沪（沪宁）、沿江、锡澄、锡宜（宁杭）四条高速公路纵横交会处，交通便利。项目具备不锈钢展示交易、仓储物流、商务办公、加工配套、电子交易、金融服务等六大功能。其中电子商务以高层办公楼形式出现，展示交易区为组团式低层建筑为主，物流加工区则以扁平化的冷加工厂房结合仓储的形式布局，分区合理，使用方便

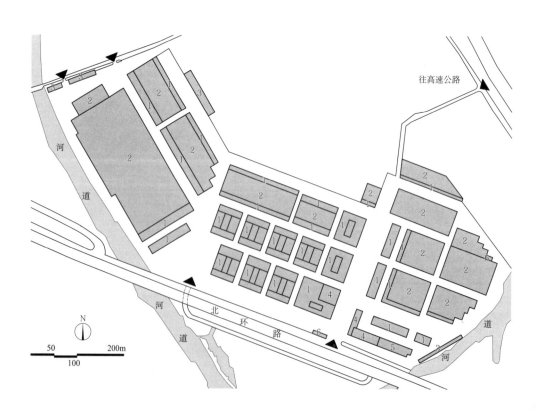

❶ 改绘自Google网页航拍图。

交易大厅与交易大棚

交易型物流园区内，一般将四周有维护墙体系的交易建筑称作交易大厅；将部分或全部敞开、不能完全封闭的交易建筑称作交易大棚。交易大厅可以陈列对温度、气候有调节需要的货品，而交易大棚则只能陈列对温度、气候等条件无特别要求的货品。

建筑形式与交易量的匹配

初级阶段的交易，供货、装卸、交易在一个合用通道内进行。当物流量趋于饱和时，其交通与交易容易陷于瘫痪，交易模式随之得以逐步进化。现有的交易型物流园区中，各种模式都存在。[1]中列举了三种发展阶段的典型交易模式，以及交易与交通的相互适应关系。

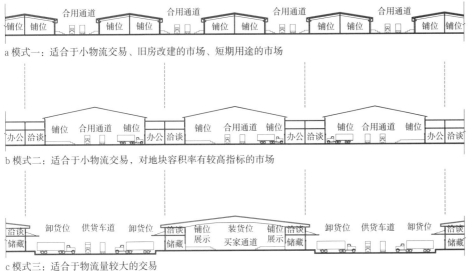

模式一主要特性
1. 初期投入低；
2. 买家在室外，不利于雨天交易；
3. 装卸货、交易、交通三者严重干扰；
4. "大开间、小进深"模式，导致通道倍增，用地效率低。

模式二主要特性
1. 所有活动在屋盖下进行；
2. "小开间、大进深"模式，用地高效；
3. 装卸货、交易、交通三者相互干扰，物流饱和后容易拥堵；
4. 平屋顶部分用房采光、通风差；
5. 大面积连体布局存在消防隐患。

模式三主要特性
1. 交通、卸货与买家通道分开，物流饱和也不影响交易；
2. "小开间、大进深"模式，用地高效；
3. 采光、通风、遮雨等工作条件分配恰当，各得其所；可实现冷链交易；
4. 每单元的面积较大。

[1] 从剖面看不同交易模式的建筑布局、货流通道与交通的相互影响

通用型交易大厅

通用型交易大厅是物流园区形成整齐划一的道路体系的先决条件，这种模块化的设计为园区节省用地、适应市场变化以及为经营管理提供了可能。建筑内部空间的模块化、标准化让建筑功能具备了很大的通用性、多功能性，当某一类型交易量发生变化，建筑稍加改造即可适应另一品种的交易，避免重复建设。

通用型交易大厅应采用供货与购货两种通道分开的方式，以适应大宗物流的交易，当物流量饱和后仍有足够的卸货、停车位置，避免市场因流量饱和而瘫痪。铺位布局宜采用"小开间、大进深"方式，提高土地利用率，缩短买家浏览路线。

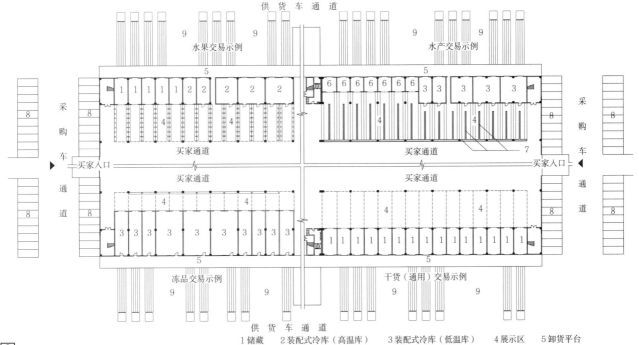

1 储藏　2 装配式冷库（高温库）　3 装配式冷库（低温库）　4 展示区　5 卸货平台
6 结算、办公　7 地沟　8 买家停车带　9 供货车停车卸货带

[2] 通用型交易大厅平面布局及其通用性示例

物流建筑 [76] 交易型物流建筑 / 常见类型

肉类（肉类酮体）交易大厅

交易大厅必须设置全面的导轨系统与供货车导轨系统对接，猪、牛、羊等白条肉物流依次经过接货、理货、称重、信息录入、展示、分拣、储存、结算、出货等过程。物流从供货车到购货车应全部在挂钩上进行，全程实现不落地交易。交易大厅内需布置进出货口、理货称重区、展示铺位区、买家通道、检疫、结算等功能。导轨一般分区设立，承重系统与导轨系统联动布置。导轨与挂钩承重体系应布置在主体结构上。肉类交易应在低温环境下进行。

猪肉交易必须和牛羊肉交易在分开的大厅内布置。

1 进货　2 检疫　3 理货称重　4 展示　5 结算
6 出货　7 临时停车　8 导轨和挂钩系统

1 肉类（肉类酮体）交易大厅平面图

钢材现货交易大棚

钢材现货交易采用商流与物流分离的理念，以梁式起重机取代汽吊车装卸货物的方式，确保交通顺畅，实现客货车分流，提升了市场的运作效率。

铺位中间通行的内部道路在15m以上，可以满足双向四车通行，从而实现每家商铺均有独立的货车停车位，以梁式起重机悬挑在道路的上方，行进方向和道路垂直，装卸货物时，货车停靠在自家商铺前，不会影响整个道路的畅通。

1 现货区　2 商务办公　3 梁式起重机

2 钢材现货交易大棚平面图

钢材仓储加工大棚

钢材仓储加工区每个铺位设有独立的商务办公用房，可满足商户日常的商务洽谈、后勤服务及商务办公的需求。

仓储区内的平面设计成货车通过式，中间部分是车道也是装卸货的吊装区，货车可以直接开进库区，作业完成后直接向前驶出库区，中间的车道部分可供两辆货车并行，仓库的机械设备有平衡重式叉车和梁式起重机，配合使用，梁式起重机的服务区域基本覆盖整个库区。

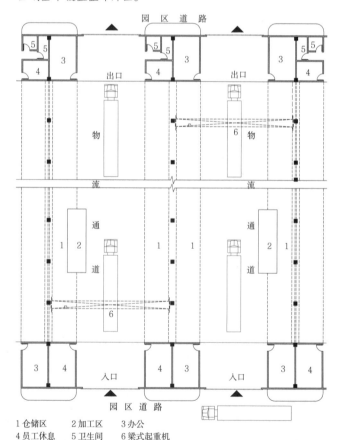

1 仓储区　2 加工区　3 办公
4 员工休息　5 卫生间　6 梁式起重机

3 钢材仓储加工大棚平面图

常见类型实例 / 交易型物流建筑 [77] 物流建筑

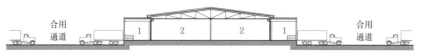

a 剖面图

1 卸货平台兼展示台　2 装配式冷库

1 原北京新发地市场某水果交易大厅

名称	建筑面积	层数	物流通道方式
原北京新发地市场某水果交易大厅	2500m²	单层	合用通道

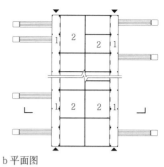

b 平面图

a 剖面图

1 储藏　2 展示台　3 洽谈室　4 公共厕所

2 上海西郊国际农产品交易中心（一期）某交易大厅

名称	建筑面积	层数	物流通道方式
上海西郊国际农产品交易中心（一期）某交易大厅	13000m²	单层，局部2层	供方、买方通道分离

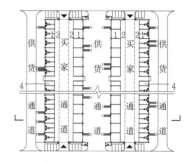

b 平面图

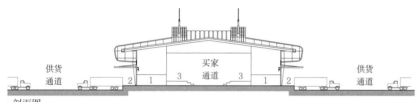

a 剖面图

1 储藏　2 卸货平台　3 展示区　4 公共厕所

3 上海西郊国际农产品交易中心（二期）某交易大厅

名称	建筑面积	层数	物流通道方式
上海西郊国际农产品交易中心（二期）某交易大厅	6000m²	单层，局部2层	供方、买方通道分离

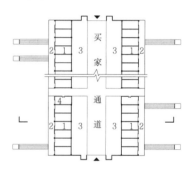

b 平面图

a 剖面图

1 永久铺位　2 临时铺位　3 卸货平台　4 办公、洽谈　5 展示区　6 设备机房

4 葡萄牙里斯本地区批发市场（培育期）某水产交易大厅

名称	建筑面积	层数	物流通道方式
葡萄牙里斯本地区批发市场（培育期）某水产交易大厅	13000m²	单层，局部2层	合用通道

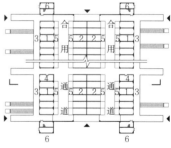

b 平面图

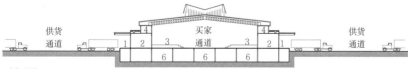

a 剖面图

1 卸货平台　2 储藏　3 展示区　4 办公、洽谈　5 垃圾处理间　6 装配式冷库

5 法国巴黎翰吉斯国际市场某果蔬交易大厅

名称	建筑面积	层数	物流通道方式
法国巴黎翰吉斯国际市场某果蔬交易大厅	13000m²	地上1层，地下1层	供方、买方通道分离

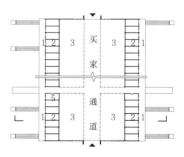

b 平面图

物流建筑 [78] 交易型物流建筑 / 常见类型实例

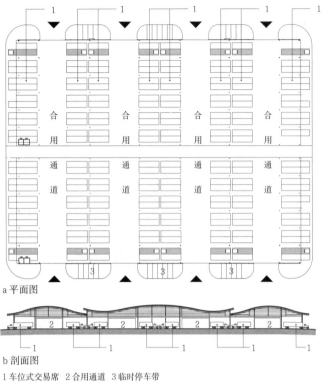

a 平面图

b 剖面图

1 车位式交易席　2 合用通道　3 临时停车带

1 重庆双福国际农贸城蔬菜交易大棚

交易型园区名称	建筑名称	建筑面积	层数	结构形式
重庆双福国际农贸城	蔬菜交易大棚	10000m²	1	钢结构

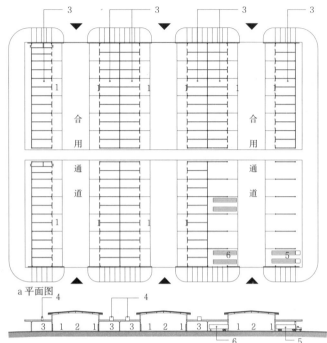

a 平面图

b 剖面图

1 货品展示　2 合用通道　3 装配式冷库　4 制冷设备
5 冷藏集装箱货车　6 甩挂运输冷藏集装箱

2 重庆双福国际农贸城水果交易大棚

交易型园区名称	建筑名称	建筑面积	层数	结构形式
重庆双福国际农贸城	水果交易大棚	10000m²	1	钢结构

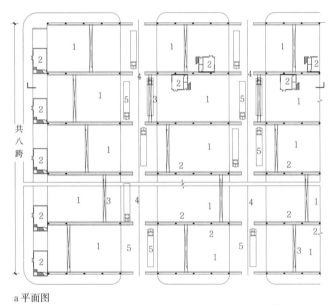

a 平面图

b 剖面图

1 仓储区　2 商务办公　3 梁式起重机
4 车行道　5 装卸位

3 广东乐从钢铁世界现货区局部

交易型园区名称	建筑名称	层数	结构形式
广东乐从钢铁世界	现货交易大棚	1	钢结构

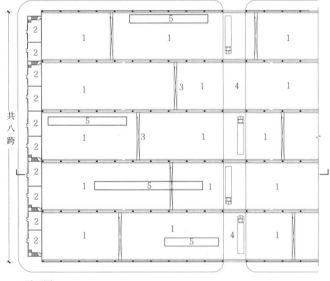

a 平面图

b 剖面图

1 堆放区　2 商务办公　3 梁式起重机
4 装卸通道　5 冷加工机械示意

4 广东乐从钢铁世界加工区局部

交易型园区名称	建筑名称	层数	结构形式
广东乐从钢铁世界	加工区大棚	1	钢结构

定义与分类

社会物流服务建筑是面向全社会提供物品装卸、存储、保管与库存管理、流通加工、配送、物流信息处理等商业化专门物流服务的功能建筑设施。

社会物流服务建筑分类　　　　　　　　　　　　　表1

类型	功能特征
货物代理型	具有货物运输代理服务资质的物流服务商开展货物集散代理等业务活动的建筑场所，大多为存储型物流建筑，国际货物代理需在监管仓或保税仓等具有口岸查验功能的物流建筑场所运作。常见建筑名称为代理库（仓）、监管仓、保税仓等
综合服务型	提供物品保管、养护与补、退货服务，配送与物流加工，库存管理等专业化物流服务，功能不一，建筑形式多样，常见建筑名称有物流中心、配送中心等，是适应众多物流企业集约化、规模化运作的现代建筑形式，一般占地与建筑规模较大，功能建筑组成复杂
商品流通型	商品行业在商品销售过程中，进行商品的集货与保管、分拨等物流活动的建筑场所，多为存储型与综合型物流建筑，常用建筑名称为商品物流中心或流通中心

建筑功能区组成

社会物流服务建筑功能区组成　　　　　　　　　　表2

建筑功能区		功能说明		
		代理服务型	配送服务型	存储服务型
生产作业区	装卸区	●	●	●
	收货区	●	●	●
	理货区	●	●	●
	储存区	○	○	●
	分拣区	○	●	○
	加工区	—	○	○
	出货区	●	●	●
	验货区	○	●	○
	发货区	●	●	●
	补货区	—	●	○
	退货区	—	●	—
	器具存放区	●	●	●
	监管区	○	—	—
	国际区	○	—	—
	充电区	○	●	○
	维修区	○	●	○
业务管理区	业务办公	●	●	●
	管理办公	○	○	○
	监管办公	○	—	—
公用机电设施区	供配电	●	●	●
	暖通空调	●	●	●
	给水排水	●	●	●
	消防与监控	●	●	●
	弱电与现场监控	○	○	○
生活区	更衣室	○	○	○
	卫生间	●	●	●
	休息室	○	○	○

注：● 必须具备，○ 根据业务需要选择，— 不配置。

荷载取值参考数据

荷载参考取值　　　　　　　　　　　　　　　　　表3

部位		参考数值（kN/m²）
货车装卸站台		30
作业区		30~50
存储区	普通货架区	30
	堆存区	≥50
高货架区		≥50
露天堆场		50
楼层地板		10~30

典型流程

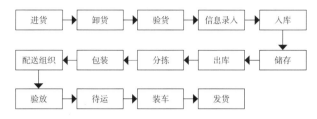

[1] 社会物流建筑典型流程示意

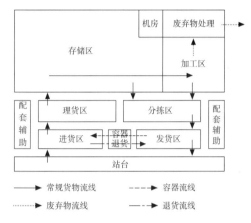

[2] 社会物流建筑功能布局及内部物流组织示例

设计要点

1. 货运代理库临近航空、铁路、港口、公路交通枢纽地带，转运、配送中心等临近主要服务地区，有条件时位于服务中心。

2. 根据储存物品品类，进出库频率，包装、货架、作业方式，作业流程，消防要求等，进行社会物流建筑的平面布置。

3. 站台前应具备足够装卸货车辆进出的停靠场地。场地进深设计详见"物流建筑"专题"总平面与规划"。

4. 建设和运营模式分为自建自用、建设后对外出租或部分出租，设计时需考虑不同类型的用户进驻对库房面积和业务办公面积的要求，满足灵活分隔要求。

常用设计参数

社会物流服务建筑常用设计参数　　　　　　　　　表4

参数项	说明
跨度	单跨建议45m左右，多跨建议20~30m
柱距	7~12m
站台高度	1.2~1.5m
站台宽度	4~6m，建议大于45m
站台雨棚净高	大于4.5m
地面荷载	30kN/m²
库门数量	单面站台形式不少于6扇/万m² 双面站台形式不少于10扇/万m²
库门尺寸	内站台形式：2.8m×3.5m左右 外站台形式：4.0m×4.0m左右
地面处理	耐磨、耐冲击、不起砂； 若配备净高超过9m的立体货架时，需进行超平处理
室内照度	雨棚下150lx 库内距离库门10m进深以内的范围：200lx 库内距离库门10m进深以外的范围：150lx

物流建筑 [80] 社会物流服务 / 货物代理型

概述

1. 定义：货运代理是货主与承运人之间的中间人、经纪人和运输组织者。货运代理服务商开展运营操作的场所，一般称为货物代理库。

2. 功能：货运代理服务商，处于货主与承运人之间，接受货主委托，代办租船、订舱、配载、缮制有关证件、报关、报验、保险、集装箱运输、拆装箱、签发提单、结算运杂费，乃至交单议付和结汇。

3. 流程：订舱→制单→包装→储存→检验→办理保险→办理国际货通关→交付运输→外汇交易→支付运费。

设计要点

1. 基本属于存储型物流建筑。

2. 代理库可根据储存期、货物特点等因素，采用适用的平库、立体库和单层、多层的建筑形式。

3. 采用多层物流建筑形式时，根据物流量和出入库频率，选择采用垂直运输货梯及垂直提升设备。建筑高度超过24m时，应按高层建筑防火设计要求配置货梯。

4. 高峰时段货车运输量大时，宜采用楼层坡道运输方式的分层装卸站台。

5. 货物代理库房长宽尺度比例应有利于组织最简捷物流流线与最短搬运距离。

货物代理库类型　　　　　　　　　　　　　　　表1

类型		常见名称	特有功能区
国内	货物代理库	货代库	具有独家或多家货物代理商进行国内货物的物流操作活动的条件
国际	海关监管库	监管仓	处于海关监管下的隔离封闭场所，独家或多家代理商进行国际货物物流操作活动
	保税仓	保税仓 保税物流中心	在海关监管的封闭隔离建筑内，海关、货代进行进出口、国际贸易货物等物品物流操作活动的场所

货物代理型库房长宽比例　　　　　　　　　　　表3

仓库总面积S（m^2）	宽/长
$S \leq 500$	1/2~1/3
$500 < S \leq 1000$	1/3~1/5
$1000 < S \leq 2000$	1/5~1/6

仓库常用设备的选择　　　　　　　　　　　　　表2

	堆存	托盘货架	驶入式货架	密集式货架	重力式货架	梭式小车货架	高货架
普通起重机	○	—	—	—	—	—	—
普通叉车	○	○	○	○	○	○	—
巷道堆垛叉车	○	○	—	—	—	—	○
桥式堆垛起重机	○	○	—	—	—	—	○
巷道式堆垛起重机	—	—	—	○	—	—	○

注：○表示适用。

货运汽车装卸站台布局

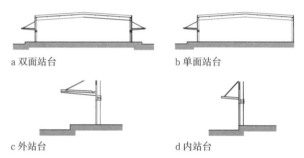

a 双面站台　　　　　　　　b 单面站台

c 外站台　　　　　　　　d 内站台

1 货运汽车装卸站台布局形式

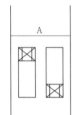 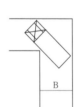 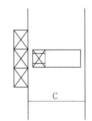 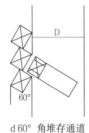 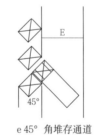 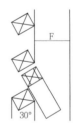 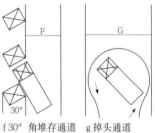

a 双行通道　　b 直角转弯通道　　c 直角堆存通道　　d 60°角堆存通道　　e 45°角堆存通道　　f 30°角堆存通道　　g 掉头通道

2 叉车最小通道宽度

注：图中A-G取值见表4。

通道宽度表　　　　　　　　　　　　　　　　　表4

通道宽度 (mm)	内燃叉车					电瓶叉车					
	CPD0.5 平衡重式	CPQ1 平衡重式	CPQ1.5 平衡重式	CPQ2 平衡重式	CPQ3 平衡重式	CPD0.5 平衡重式	CPD1 平衡重式	CPD1.5 平衡重式	CPD2 平衡重式	CPD3 平衡重式	DC-1 平衡重式	CQD1 前移式
	托盘尺寸（mm）					托盘尺寸（mm）						
	1000×800	1000×800	1000×800	1200×1000	1200×1000	800×600	1000×800	1000×800	1200×1000	1200×1000	1000×800	1000×800
A	2700	2900	3040	3200	3400	2470	2980	3100	3200	3400	2740	2900
B	1700	2000	2180	2330	2500	1800	1930	2080	2260	2400	1950	2900
C	3000	3200	3500	3900	4280	2700	3150	3350	3830	4180	3200	2900
D	2600	2830	3030	3380	3710	2340	2730	2900	3320	3620	2770	2000
E	2120	2310	2500	2760	3030	1910	2230	2370	2710	2960	2260	1630
F	1500	1630	1750	1950	2140	1350	1580	1680	1920	2090	1600	1150
G	3350	3680	3900	4410	4920	3040	3580	3790	4340	4820	3580	2900

注：通道宽度与叉车宽度、转弯半径以及托盘尺寸等有关。

货物代理型 / 社会物流服务 [81] 物流建筑

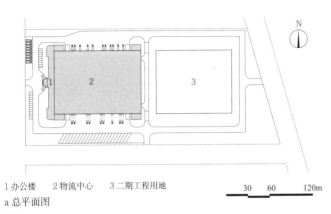

1 办公楼　2 物流中心　3 二期工程用地

a 总平面图

1 嘉里大通北京物流中心

名称	主要技术指标	设计时间	设计单位
嘉里大通北京物流中心	建筑面积 33475m², 用地面积 65694m²	2000	中国中元国际工程有限公司

项目位于北京市顺义区。一期建筑采用库房与管理用房相邻贴建的形式，汽车装卸站台布置在建筑两侧的出入库区，采用9m高货架与高位叉车货物存取工艺，以防火墙分隔成国际封闭隔离区

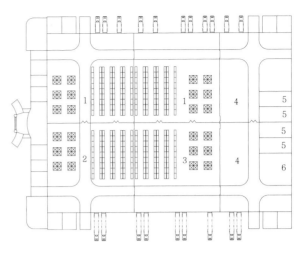

1 海关监管区　2 普货区　3 物流货区
4 配货区　5 冷冻冷藏库　6 设备维修间

b 物流中心平面图

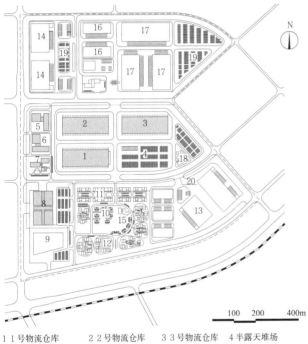

1 1号物流仓库　2 2号物流仓库　3 3号物流仓库　4 半露天堆场
5 物流信息管理中心　6 电商区　7 商务中心　8 展示馆
9 交易展示中心大楼　10 物流企业研发区　11 职工公寓　12 企业基地
13 空港物流中心　14 物流增值仓库　15 生态绿岛　16 加工仓库
17 标准仓库　18 能源中心　19 堆场　20 首发区用地红线
21 收发货区　22 大件存放区

a 中白商贸物流园总平面图

2 中白商贸物流园首发区

名称	主要技术指标	设计时间	设计单位
中白商贸物流园首发区	建筑面积 78360m²	2015	中国中元国际工程有限公司

中白工业园位于明斯克市郊外亚中心区东部，占地91.5hm²。中白商贸物流园首发区项目是中白工业园的第一个建设项目，对全区的建设起到引领和示范的作用。
中白商贸物流园占地25.92hm²，总建筑面积78360m²，分为物流仓库、商务中心和展示馆三部分。
1~3号物流仓库总建筑面积50300m²，可供货代等多家物流服务企业入驻，每个物流仓库内按照租户需求分块设计，并设置必要的业务用房，同时在1号仓库端头设置集中办公区域，满足物流仓储管理人员集中办公的需要

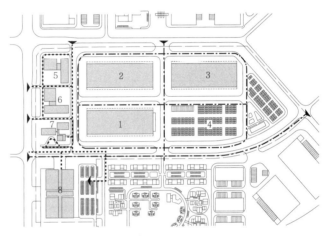

▲ 出入口　—·— 货运流线　······ 客运流线

b 首发区交通流线图

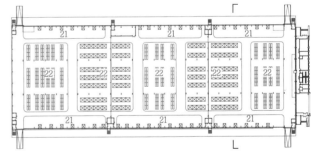

c 1号物流仓库平面图

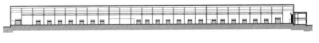

d 1号物流仓库立面图一

e 1号物流仓库立面图二　　f 1号物流仓库剖面图

物流建筑 [82] 社会物流服务 / 货物代理型

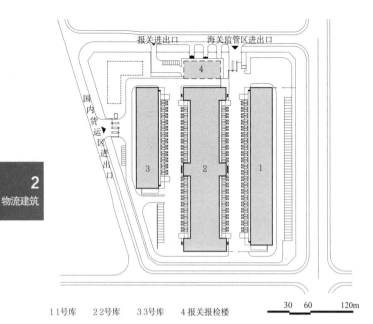

1 1号库　2 2号库　3 3号库　4 报关报检楼

a 总平面图

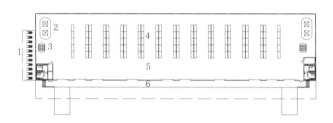

1 叉车充电区　2 大件货暂存区　3 堆存区
4 货架存储区　5 收发货作业区　6 站台

b 3号库平面图

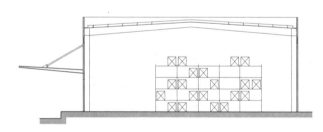

c 3号库剖面图

1 昆明新机场货运代理区工程

名称	主要技术指标	设计时间	设计单位
昆明新机场货运代理区工程	建筑面积36539m²，占地面积63435m²	2010	中国中元国际工程有限公司

本工程位属昆明新机场南工作区范围，地块呈梯形，南北向最长274m，东西向长270m。利用台地地形组织场内物流。
1号库建筑面积为6758m²，单层建筑，主要存储国际航空货物；2号库建筑面积为23058m²，2层建筑，一层存储国内航空货物，二层存储国际航空货物，通过货梯输送货物；3号库建筑面积4353m²，单层建筑，主要存储国内货物

❶摹绘自企业介绍资料。

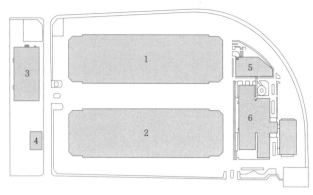

1 物流大楼A栋　2 物流大楼B栋　3 物流大楼C栋
4 物流大楼D栋　5 停车场　6 商务楼

a 总平面图

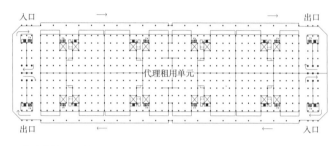

b 物流大楼A、B栋一层平面图

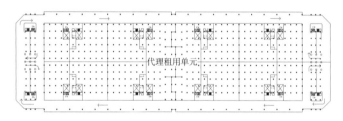

c 物流大楼A、B栋二至六层平面图

一层车辆在建筑外流转，经左右两侧坡道进入二至六层，二至六层车辆在建筑内流转。

2 日本东京物流中心（TRC）❶

名称	主要技术指标	设计时间
日本东京物流中心（TRC）	建筑面积48.12万m²，占地面积15.07万m²	1967

本项目商品年处理量300万t，占地15万m²，总建筑面积41.2万m²。由物流大楼、商务楼、立体停车场等设施构成。
物流大楼A栋和B栋长312m、宽90m、高33m，每层建筑面积达2.9万m²，6层钢筋混凝土结构。大楼的南北两端各布置平面呈"回"字形的卡车上下楼坡道，出入分离、单向行驶，可上5t以下卡车。5t以上大型卡车在底层装卸货物，用货梯上下运输。大楼东西两侧设有8m的外廊式车道，柱外悬臂1m宽的人行安全走道。整个大楼共有客梯4台、1.5t客货两用梯8台、3t货梯8台，每个楼面划分成8个单元，每个单元使用面积为2000m²。
物流大楼C栋建筑面积为35943m²，5层建筑，钢筋混凝土结构，通过8部3t货梯输送货物。
商务楼建筑面积78000m²，地上11层，地下2层，钢与钢筋混凝土混合结构，含办公、展示、生活、会议、饮食、银行、医疗诊所、便利店等完善的服务设施。
物流中心建有室内停车场、室外停车场、楼顶停车场、立体停车库等，合计可提供1760个车位，可满足各种类型客货车的停放需要。同时，在每幢物流大楼各有货车停靠装卸车位520个。流通中心每天出入货车约6000辆、客车约2000辆

综合服务型 / 社会物流服务 [83] 物流建筑

定义与分类

综合服务型物流建筑是指一家或多家物流企业，开展面向社会的物流服务业务的建筑场所。常见称谓为物流中心或配送中心等。

综合服务型物流建筑类型与特征　　　　　　　　　　表1

特点 分类	存储型	配送型	加工型
建筑功能性质	存储型	作业型或综合型	综合型或存储型
建筑空间布置	以提高建筑面积与利用率为主	以提高单位面积的物流量和速度为主	以提高货物的加工效率并保证加工完成的货物及时送出为主
常用工艺及设备	堆存、货架或立体存储与搬运设备	大型分拣机、包装设备等	加工设备、分拣包装设备

工艺流程

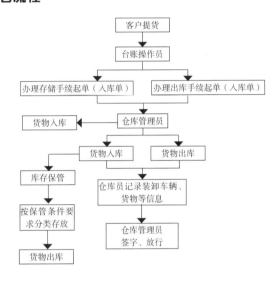

[1] 储存型物流建筑工艺流程图

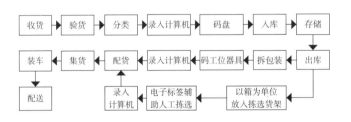

[2] 配送与加工型物流建筑工艺流程

面积指标参考值

存储与配送型物流中心面积参考指标　　　　　　　　表2

功能区	货物处理工艺	单位面积指标
收发货与验货	平堆	$0.2t/m^2$
存储保管	平库	$0.2\sim1.0t/m^2$
分类与拣选		$0.2\sim0.35t/m^2$
理货与配货	人工辅助机械	$0.2t/m^2$
物流加工		$0.2t/m^2$
管理与辅助	上述面积的5%~8%	

设计要点

1. 综合型物流服务建筑需按建筑功能性质分别执行仓库和厂房的建筑设计规范。

2. 综合服务型物流建筑服务社会，所以建筑形式多样，多采取集物流作业设施与管理、商务等功能为一体的大型物流中心组合式建筑形式。

3. 处理国际贸易物品的物流建筑，需设海关监管仓，并配建监管、查验等国际口岸管理建筑设施。

各类型综合物流服务建筑条件　　　　　　　　　　　表3

建筑类型	建筑条件要求
存储型	避光、通风、封闭、有利于物品养护和安全保管
配送型	通道宽敞、装卸面宽、进深适宜，满足高峰时装卸车辆停靠泊位

等效均布荷载参考值（单位：kN/m^2）　　　　　　表4

结构构件 区域	密肋楼板	井字梁楼板		主次梁楼板		代表货物
		板	梁	板	梁	
仓储区	17.5	18.0	15.0	18.0	15.0	可乐、啤酒、果酱
食品杂货区	7.5	16.5	7.5	16.5	7.5	可乐、啤酒、米面、油
百货区	7.5	16.5	7.0	16.5	7.0	书、纸、洗涤剂、碗碟
	3.5	6.0	3.5	6.0	3.5	其他
纺织品区	6.0	11.5	5.0	11.5	5.5	竹席、床单
	3.5	6.0	3.5	6.0	3.5	其他
电器区	3.5	6.0	3.5	6.0	3.5	电视机、空调
生鲜区	3.5	4.0	3.5	4.0	3.5	除设备外所有

注：1. 对于生鲜区设备的荷载，设计时按实际的设备形式和重量计算。
2. 对于密肋楼板以及边长小于1.2m的板，在仓储区和卖场应分别以40kN和18kN的集中力进行其截面验算，集中力的作用应取最不利位置。

叉车登车桥

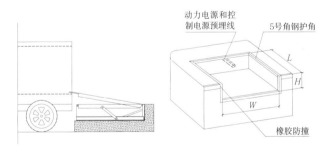

[3] 叉车登车桥示意图

叉车登车桥型号及规格　　　　　　　　　　　　　　表5

型号		DCQ 6-0.55	DCQ 6-0.7	DCQ 10-0.55	DCQ 10-0.7
载荷（kg）		6000	6000	10000	10000
平台尺寸（mm）		2000×2000	2500×2000	2000×2000	2500×2000
唇板厚度		400	400	400	400
行程（mm）	上倾	300	400	300	400
	下倾	250	300	250	300
功率（kW）		0.75	0.75	0.75	0.75
地坑尺寸（mm）	长（L）	2080	2580	2080	2580
	宽（W）	2040	2040	2040	2040
	高（H）	600	600	600	600

物流建筑 [84] 社会物流服务 / 综合服务型

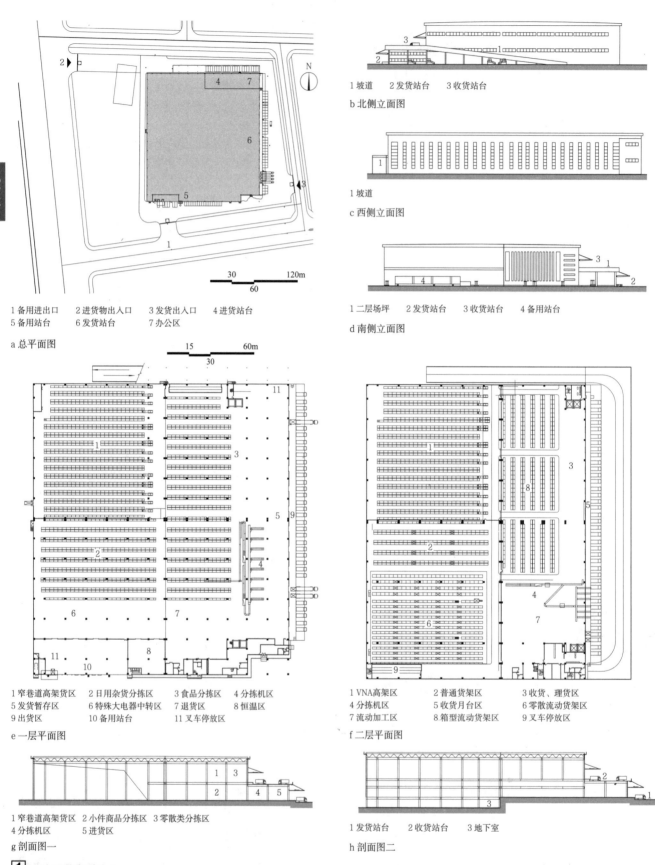

1 备用进出口　2 进货物出入口　3 发货出入口　4 进货站台
5 备用站台　　6 发货站台　　7 办公区

a 总平面图

1 坡道　2 发货站台　3 收货站台

b 北侧立面图

1 坡道

c 西侧立面图

1 二层场坪　2 发货站台　3 收货站台　4 备用站台

d 南侧立面图

1 窄巷道高架货区　2 日用杂货分拣区　3 食品分拣区　4 分拣机区
5 发货暂存区　　　6 特殊大电器中转区　7 退货区　　　8 恒温区
9 出货区　　　　　10 备用站台　　　　11 叉车停放区

e 一层平面图

1 VNA高架区　2 普通货架区　　3 收货、理货区
4 分拣机区　　5 收货月台区　　6 零散流动货架区
7 流动加工区　8 箱型流动货架区　9 叉车停放区

f 二层平面图

1 窄巷道高架货区　2 小件商品分拣区　3 零散类分拣区
4 分拣机区　　　　5 进货区

g 剖面图一

1 发货站台　2 收货站台　3 地下室

h 剖面图二

1 北京万佳配送中心

名称	建筑面积	设计时间	设计单位
北京万佳配送中心	4.5万m²	2000	中国中元国际工程有限公司

万佳配送中心配送范围可达300多公里。中心采用钢筋混凝土及网架结构，地面为金刚砂地面。该配送中心集合了先进的物流设备：RF货架、VAN货架、4层横梁货架、轻型货架、VNA叉车、前移式叉车、电动托盘车等；投入使用了自动化分拣设备

综合服务型 / 社会物流服务 [85] 物流建筑

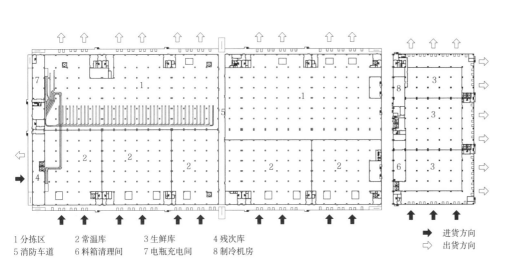

a 立面图

| 1 分拣区 | 2 常温库 | 3 生鲜库 | 4 残次库 |
| 5 消防车道 | 6 料箱清理间 | 7 电瓶充电间 | 8 制冷机房 |

➡ 进货方向
⇨ 出货方向

b 一层平面图

1 料箱投入口	2 清洗机
3 吹水炉	4 料箱堆叠机
5 计数器	6 料箱提升机
7 料箱取用口	

d 料箱清理间工艺布置

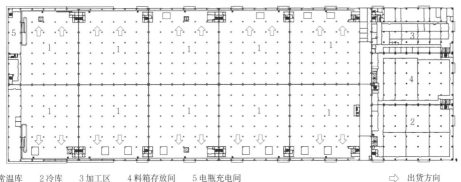

| 1 常温库 | 2 冷库 | 3 加工区 | 4 料箱存放间 | 5 电瓶充电间 |

⇨ 出货方向

c 二层平面图

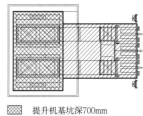

▨ 提升机基坑深700mm
▨ 传送机基坑深700mm

e 托盘升降机示意

1 常温库	2 生鲜库	3 办公楼
4 机修间	5 水泵房	6 锅炉房
7 洗衣房	8 开关站	9 垃圾房
10 卫生间	11 门卫	12 蓄车操作区
13 消防车道	▣ 货车停车区	▣ 小型车停车区

1 上海联华江桥物流基地配送中心

名称	上海联华江桥物流基地配送中心
主要技术指标	占地面积13.4hm²,建筑面积18万m²
设计时间	2012
设计单位	华东建筑集团股份有限公司华东都市建筑设计研究总院

该项目是一个为大型连锁超市供货的配送中心。主体建筑为一栋3层的配送中心,南北长137m,东西长416m;另有两栋4层的办公楼及一些辅助用房。
总体布局进、出货口分开设置,有利于车流单向行驶,避免出现车行逆流。基地内部货车主要通行道路20m,车辆转弯半径15m,卸货区域及临时停车区道路放宽。
进货、出货月台分开设置在建筑的不同方向上。
该项目有不同性质的库区及分拣区,其中常温库与生鲜库分开设置,并考虑了残次库位置。

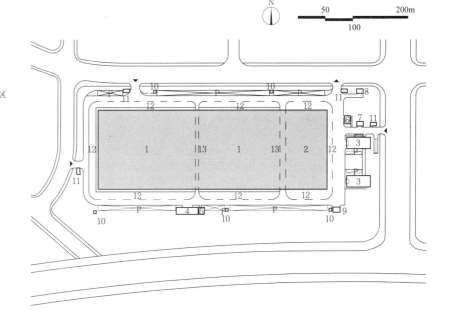

f 总平面图

物流建筑 [86] 社会物流服务 / 综合服务型

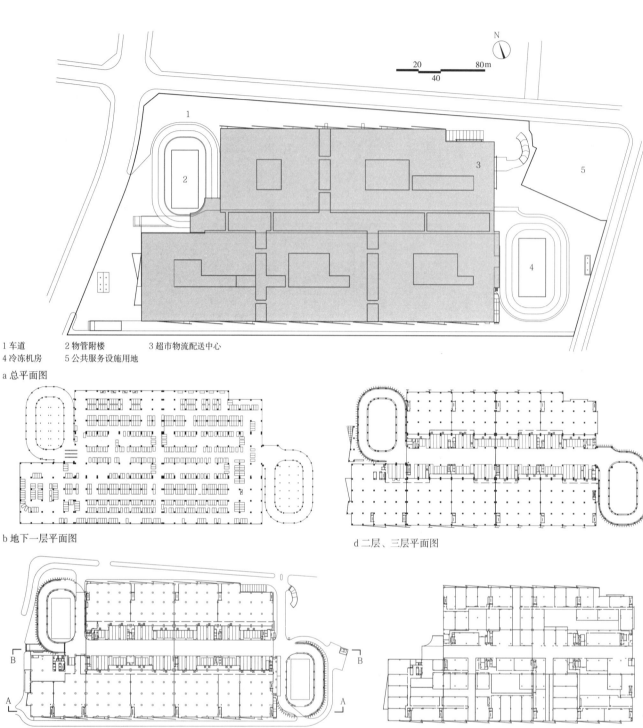

1 车道　2 物管附楼　3 超市物流配送中心
4 冷冻机房　5 公共服务设施用地

a 总平面图

b 地下一层平面图

d 二层、三层平面图

c 一层平面图

e 四层平面图

f A-A 剖面图

g B-B 剖面图

1 西南物流中心

名称	技术指标	设计时间	设计单位
西南物流中心	用地面积55573.5m², 建筑面积195967.7m²	2003	四川省建筑设计研究院

本工程为高层物流配送中心建筑，耐火等级为一级，设计等级为特级，楼上5层，地下1层，总高度33m，位于成都市武侯区三环路内侧。
地下为停车位及部分设备用房，停车位600个。一层为展示区、冷冻库、分拣区等，展示区位于西南角，面积4000m²，为夹层设计；二、三层为存储区、分拣区及车道；四、五层为配送区。
建筑通过楼梯、电梯和货车坡道实现了各类流线的分离。共设置21部疏散楼梯，14台客梯，2台货梯。2部货车坡道满足使用和疏散需要。
建筑上运用现代设计理念，采用局部玻璃幕墙与实墙的虚实对比，斜向墙体亦做了美化，使其能够融入城市建筑中

概述

1. 商品物流中心就是为独立从事商品流通活动的企业服务的具有仓储、转运、分拣或配送加工功能的建筑。
2. 商品物流中心按行业类型不同分为：商业、粮食、物资、供销、外贸、医药商业、石油商业、烟草商业、图书发行以及其他物流中心。
3. 为电子商务服务的仓储转运中心就是典型的商品物流中心。

商品物流中心规模　　　　　　　　　　　　　　表1

分类	仓间面积（m²）
大型	≥ 30000
中型	10000 ~ 30000
小型	< 10000

选址与总平面布置

商品物流中心选址应保证交通运输方便，商品储存流向合理。商品转运仓库应靠近城乡道路干线，宜具备铁路或水路运输条件；配送中心应靠近市区；食品物流中心应有良好的卫生环境。

商品物流中心用地面积应根据建设规模、物流建筑形式和内容合理确定。其建筑密度：多层应不低于35%，单层应不低于45%。

其建设应根据不同的使用性质和建设规模确定其项目内容，并尽量利用社会设施。改、扩建工程应尽量利用原有设施。

普通仓库单位储存量建筑面积估算（单位：m²/t）　　　表2

建筑形式	储备型	批发零售型	中转和配送型
单层	1.2~1.4	1.6~1.9	2.8~3.7
多层	1.5~1.8	2.0~2.4	3.1~4.2

商品物流中心组成　　　　　　　　　　　　　　表3

分项	建筑单体
主要物流设施	仓间、物流配送与加工间、通道、滑道、固定的起重装卸设备等
辅助配套设施	叉车充电间、修理间、车库、专用码头、铁路专用线、露天货场、装卸站台、锅炉房、变配电室、消防、给水排水设施以及装卸搬运设备等
行政生活设施	管理用房、食堂、浴室、门卫室等

设计要点

1. 主要物流设施的建筑面积应控制在总面积的80%以上。
2. 辅助配套设施的建筑面积应控制在总建筑面积的5%范围内。
3. 行政生活设施的建筑面积占总建筑面积的比例应控制在库房总建筑面积的8%~12%。
4. 多层库房多用于批发零售型商品物流中心，以新建为主；单层建筑适于储存大件笨重商品的仓库、中转仓库和配送中心。
5. 普通仓库仓间层高：多层一般为3.9~5.7m，单层一般为5.4~10.2m。
6. 商品物流中心的建设应根据不同的使用功能和商品特性，合理利用建筑空间，提高储存能力，方便商品进出。
7. 必须重视消防和商品防护，保证商品储存安全。

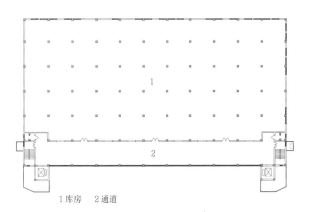

1 库房　2 通道

2 杭州五丰肉类冷藏交易市场多层干货仓标准层平面

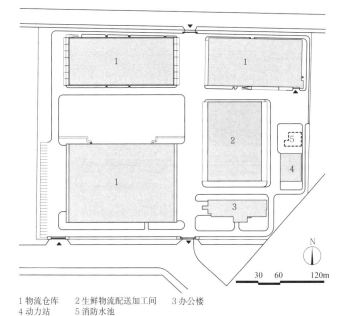

1 物流仓库　2 生鲜物流配送加工间　3 办公楼
4 动力站　5 消防水池

1 北京顺鑫农业物流中心总平面图

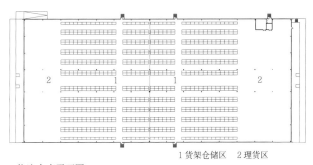

1 货架仓储区　2 理货区

a 物流仓库平面图

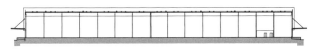

b 物流仓库剖面图

3 北京顺鑫农业单层物流仓库

物流建筑 [88] 社会物流服务 / 商品物流中心

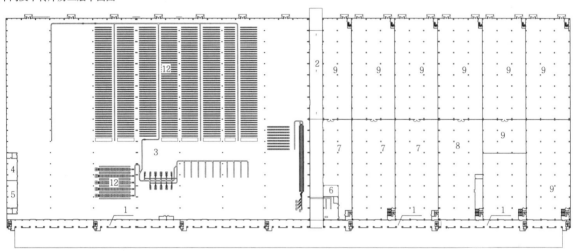

a 拣选车间及中转库房二层平面图

b 拣选车间及中转库房一层平面图

c 东立面图

d 剖面图

1 卸货平台　　　　7 现货出货作业区
2 消防通道　　　　8 进货暂存区
3 系统内物流配送　9 仓库
4 数据录入区　　　10 系统内物流配送上空
5 信息采集部　　　11 办公室
6 变电所　　　　　12 书架

1 北京出版发行物流中心物流仓储配送中心

名称	主要技术指标	设计时间	设计单位
北京出版发行物流中心物流仓储配送中心	建筑面积126200m²	2005	北京市建筑设计研究院有限公司

物流仓储配送中心位于北京市通州区北京出版发行物流中心园区内的西侧，园区总用地面积241330m²，是全国最大的出版发行物流配送中心。
为节约用地，全部车间、库房和管理用房被整合在一栋平面尺寸473m×73m的超大单体内。设计中强化了"473m"这一在都市中罕见的尺度，让这一元素完整地展现在东侧立面。建筑外观材料选用了最为常见廉价的彩钢板，通过局部颜色的变化，模拟书籍装帧"条码"的效果，同时也最为直观地表达了库房的不同功能区

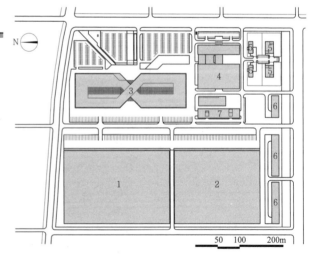

1 拣选车间及管理用房　2 中转库房及管理用房　3 图书展销中心　4 配套服务中心
5 接待中心　　　　　　6 配套服务　　　　　　7 宿舍

e 总平面图

商品物流中心/社会物流服务 [89] 物流建筑

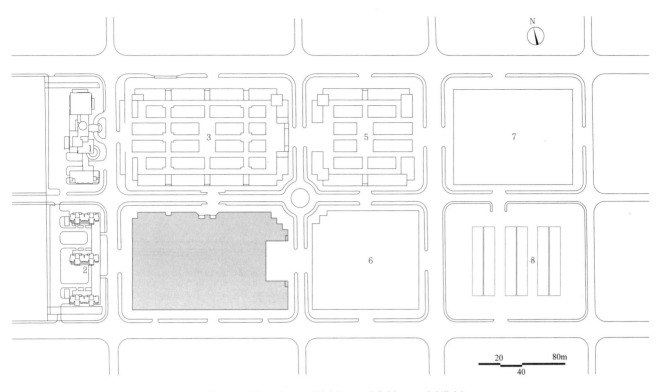

1 酒店式公寓　2 住宅　3 副食品市场　4 冻品市场　5 副食品市场　6 水产市场　7 蔬菜市场　8 规划停车场

a 总平面图

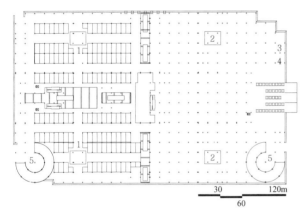

1 普通商铺　2 冻品商铺　3 自助银行　4 保安保洁办公　5 盘车道

b 冻品市场一层平面图

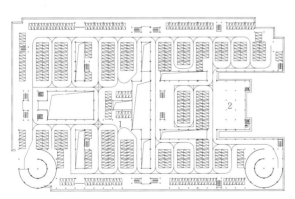

1 停车位　2 配送中心

c 冻品市场顶层平面图

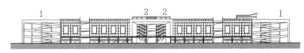

1 盘车道　2 室外楼梯

d 冻品市场南立面图

e 冻品市场北立面图

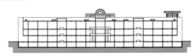

f 冻品市场剖面图

1 浙江新农都现代农产品物流中心

名称	主要技术指标	设计时间	设计单位
浙江新农都现代农产品物流中心	总征地面积301335m²，代征用地面积23330m²，地上总建筑面积363968m²，地下总建筑面积87575m²，容积率1.6，建筑密度58.6%，停车位2867个	2006	浙江东方建筑设计有限公司

浙江新农都现代农产品物流中心选址于杭州市萧山区新街镇新盛村，该项目定位为具有农副产品批发交易、检测、信息发布、加工、仓储、物流配送及电子商务等多功能于一体的、有形市场与网络市场相结合的现代农产品物流中心。项目主要由水产、蔬菜、副食品、冻品等农副产品批发交易专区以及物流配套、公共配套组成。副食品交易市场均是街铺型市场形态，特征为标准商铺和商业步行街的组织形式；流线分明，结合休憩空间形成宜人、高效的购物环境；冻品市场为大空间的集中式市场，地下室主要功能为汽车库；水产市场及蔬菜市场地块都是大开间集中式市场，柱网为12~14m，层高7m，市场南北各有汽车坡道上至二楼，满足交易车辆直达二楼交易区；冻品市场及水产市场地块设置屋顶停车。
酒店式公寓及住宅地块为市场配套服务区。

物流建筑 [90] 物资储备库／定义与分类·建筑标准·综合物资储备库·棉花储备库

定义与分类

物资储备库一般用于国家和行业应对经济运行、灾害、国家安全等特殊或紧急情况发生时的备用物资储存。

物资储备库根据储存物品分为综合物资储备库、棉花储备库、糖储备库、粮食储备库、储备肉冷库、金属材料储备库和应急物资储备库等。

物资储备库一般组成　　　　　　　　　　　　　　　　表1

分项	建筑单体
主要储藏设施	库房、货场（货场罩棚）、观察场（观察场罩棚）、铁路站台罩棚及装卸设备
辅助配套设施	设备间、车库、机修间、叉车充电间、物料库及动力消防管理设施等
行政生活设施	办公、警消宿舍、食堂、搬运工休息室等

物资储备库设施及功能　　　　　　　　　　　　　　　表2

设施	功能
主体设施	存放储备物资，主要有库房、货棚和露天货场等。库房多采用封闭式的建筑，存放对自然环境要求较高的货物；而货棚是半封闭式建筑，简易的仓库；露天货场主要堆存不怕雨淋风吹的货物
辅助设施	指各种办公室、车库、修理间、工人休息间、装卸工具的存储间、卫生间等建筑物；布局上与存货区需要保持一定的安全距离
附属设施	主要有通风设施、照明设施、供暖设施、提升设施、地秤以及避雷设施等
信息管理系统设施	仓库应引入先进技术进行管理储备物资，可以采用条码技术或RFID技术，利用相应的技术设备进行统一的数据管理和物资管理，从而避免由于重复、繁琐的人工操作所造成的信息错乱，快速准确地实现采购控制、仓库收发盘作业、先入先出、缺货报警、物资调拨等管理

物资储备库设备分类　　　　　　　　　　　　　　　　表3

类型	具体设备
装卸堆垛设备	桥式起重机、轮胎式起重机、门式起重机、叉车、堆垛机、滑车跳板以及滑板等
搬运传送设备	电瓶搬运车、内燃搬运车、拖车、汽车、皮带输送机、电梯以及手推车等
成组搬运工具	托盘、网袋等

建筑标准

物资储备库的建筑标准主要从建筑的库底、库表、库防及其他几方面来确定。

1. 库底包括基础、地坪。基础用于承受房屋的重量，所用砖、块石和水泥都要符合一定的标准。地坪要坚固、耐久、有承载能力（5~10t/m²）以及平坦。

2. 库表包括墙壁、库门、库窗、柱。墙壁高度一般为3~4m，起到有效防盗作用。对于较长的库房，每隔20~30m应在其两侧设置库门，库门的间距以14m为宜。柱网确定要综合考虑堆码方式和仓库面积。

3. 库防主要是防火、防潮、防水、防振和防雷，应有灭火设备和安全出口，必要时应具有自动报警系统。

4. 其他方面包括库顶、站台、层数、净高。库顶的主要作用是防雨、雪和保温隔热，应安全、坚固和耐久。站台宽度根据储备物资种类和数量来确定，一般是6~8m。考虑到物资装卸的方便性和效率，物资储备库库房多采用单层。其净高主要由物资的码垛高度决定。

综合物资储备库

综合物资储备库是储备两种及以上物资的库房。物资品种根据国家物资调控需要来确定，一般可以有金属、木材或食品等。储存金属的库房内应设置桁车，货场上应设有龙门吊等起重设备。

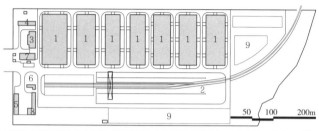

1 库房　2 露天堆场　3 办公楼　4 警消宿舍　5 物料库　6 变配电　7 综合楼　8 车库　9 货棚

1 某综合物资储备库总平面图

棉花储备库

1. 棉花库房应远离污染源及易燃易爆场所。棉花储备库房周围应设环形消防车道。卸货观察区靠近主入口及铁路站台，辅助设施用房与管理生活用房在主入口附近集中设置。一、二类库应建铁路专用线。

2. 库房宜采用单层，占地不超过2000m²。库房跨度为18~24m，净高为9~10m。库房及主要生产设施应采用相应防火、防潮防水、隔热遮阳及通风设施。库内温度不宜超过35℃，相对湿度不宜超过75%。

棉花储备库的分类　　　　　　　　　　　　　　　　　表4

类别	总储存量（t）
一类	50000~100000
二类	30000~50000
三类	10000~30000

2 棉花储备库工艺流程

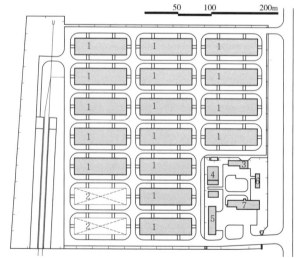

1 库房　2 露天堆场　3 办公楼　4 警消宿舍　5 物料库　6 变配电　7 综合楼

3 某储备棉花库总平面布置

糖储备库

1. 一般糖储备库为单层，成组布置，周围设环形消防车道。辅助设施用房与管理生活用房在主入口附近集中设置。
2. 单层每栋库房占地1500~6000m²，净高9~10m；多层一般为3层以上，占地不超过4800m²。
3. 库房要求密闭、防潮、通风良好。应设置除湿设备，并加强强制通风。应有防鼠、虫和鸟类进入库房的措施。
4. 库内储存温度应不高于32℃，相对湿度应控制在50%左右。
5. 中央直属储备库仓储量要求≥50000t。

1 糖储备库工艺流程

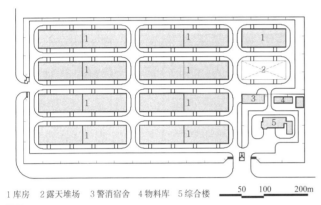

1 库房 2 露天堆场 3 警消宿舍 4 物料库 5 综合楼

2 某糖储备库总平面布置

粮食储备库

1. 建在城市附近的粮食主销区和交通方便的粮食主产区；库点布局要合理，粮库规模要适当。粮库的建筑系数不宜低于30%。
2. 粮食储备库仓型以平房仓与浅圆仓为主。仓房应采取防水、防潮、防火、防虫、防鼠、防雀等措施。储备仓应采取气密、通风、隔热等措施，满足长期储粮要求。
3. 用于储备的粮仓应设熏蒸装置、粮情测控及其他保粮设施。

粮食储备库规模   表1

类别	总储存量（t）
一类	≥ 150000
二类	50000 ~ 150000
三类	5000 ~ 50000

1 粮食平房仓 8 铁路专用线
2 粮食浅圆仓 9 器械器材库
3 油罐区   10 变配电
4 钢板仓   11 综合楼
5 大米加工车间 12 宿舍
6 罩棚   13 食堂
7 站台仓   14 泵房及水池

3 云南某中央直属粮食储备库

粮食筒仓

1. 筒仓设计应分为深仓和浅仓。矩形浅仓应分为漏斗仓、低壁浅仓和高壁浅仓。其划分标准应符合下列规定：

当筒仓内贮料计算高度与圆形筒仓内径或与矩形筒仓的短边之比大于或等于1.5时为深仓，小于1.5时为浅仓；

矩形浅仓，当无仓壁时为漏斗仓，当仓壁高度与短边之比小于0.5时为低壁浅仓，大于或等于0.5时为高壁浅仓。

2. 按结构分为钢筒仓、混凝土筒仓及混合材料筒仓。
3. 对存放谷物及其他食品的筒仓，严禁在混凝土中掺入有害人体健康的添加剂及涂层。

散装物料的堆积密度和安息角   表2

物料名称	堆积密度（t/m³）	静止安息角
稻谷	0.45~0.6	40°
大米	0.78~0.8	30°~44°
小麦	0.6~0.78	28°
大豆	0.6~0.75	21°~28°

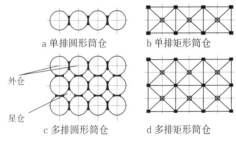

a 单排圆形筒仓　　b 单排矩形筒仓

c 多排圆形筒仓　　d 多排矩形筒仓

4 仓群平面布置示意图

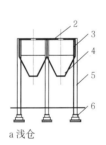
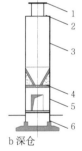

1 仓上建筑物
2 仓顶
3 仓壁
4 仓底
5 仓下支撑结构（筒壁或柱）
6 基础

a 浅仓　　b 深仓

5 钢筋混凝土筒仓结构示意图

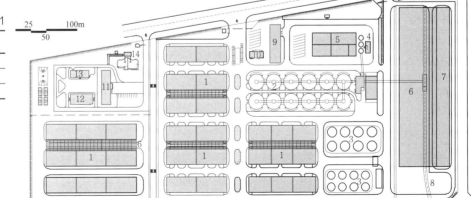

名称	用地面积	平房仓容	浅圆仓容	油罐仓容	设计时间	设计单位
云南某中央直属粮食储备库	20.0万m²	14.8万t	10.0万t	5万t	2010~2013	国贸工程设计院

物流建筑 [92] 物资储备库 / 应急物资储备库

概述

应急物资储备库是指储存突发性事件所需的，为保障民众生活和正常社会秩序的应急物资储备建筑。其性能特征包括：
1. 存放应急救灾物资的库房，属于存储型物流建筑；
2. 物资储备期不确定，需具有物品安全保管养护的条件；
3. 适应紧急快速出库、装运。

救灾应急物资储备库各类用房构成　　　　　　　　　　表1

建筑功能区		储备库类型	中央级（区域性）			省级	市级	县级
			大	中	小			
库房			●	●	●	●	●	●
生产辅助用房	加工用房		●	●	●	●	●	合建
	清洗消毒用房		●	●	●	●	●	
管理用房	办公室		●	●	●	●	●	合建
	会议室		●	●	●	●	●	
	财务室		●	●	●	●	●	●
	档案室		●	●	●	●	●	合建
	监控室		●	●	●	●	●	
	警卫室		●	●	●	●	合建	合建
	活动室		●	●	●	●	●	○
	值班宿舍		●	●	●	●	●	
附属用房	车库		●	●	●	●	●	○
	变配电室		●	●	●	●	●	
	水泵房		●	●	●	●	●	
	锅炉房		●	●	●	○	○	○
	食堂		●	●	●	●	●	○
	浴室		●	●	●	●	●	合建
	卫生间		●	●	●	●	●	

注：● 必备，○ 根据需要。

救灾物资储备库各类用房建筑面积（单位：m²）　　　　表3

用房类别	储备库类型	中央级（区域性）			省级	市级	县级
		大	中	小			
库房		19563~23368	14673~17661	9781~11648	3995~6641	2213~3321	394~552
生产辅助用房		616	616	462	308	277	77
管理用房		1015~1093	856~933	678~750	422~495	228~285	73~95
附属用房		563~609	543~552	506~518	292~304	179~192	85
合计		21800~25700	16700~19800	11500~13500	5000~7800	2900~4100	630~800

设计要求

救灾应急物资储备库设计要求　　　　　　　　　　表4

项目	设计要求
库区围墙	设置≥3.0m的实体围墙
库房形式	宜为单层，多层库时，不宜超过3层
库房层高	库房净高不应低于6m
库房地坪	首层地面应作防潮处理；室内地坪高度应高于室外地坪，且不小于0.3m
出入口	方便运输、装卸设备的出入，并设置防鼠板，高度宜为0.5m
货梯载重	不低于2t
防洪标准	不低于50年一遇
建筑系数	35%~40%
场地面积	为库房建筑面积的30%
场地组成	货场（货»罩棚）、观察场、晾晒场、停车场等
直升机停机坪	省级及省级以上库的观察场应满足起降要求
铁路专用线	省级及省级以上有条件时可设
粮食应急储备库距污染源的防护距离	距有害元素的矿山、炼焦、炼油、煤气、化工（包括有毒化合物的生产）、塑料、橡胶制品及加工、人造纤维，尤其农药、化肥等排放有毒气体的生产单位，不小于2000 m
	距屠宰场、集中垃圾堆场、污水处理站等单位不小于1000 m
	距砖瓦厂、水泥厂、混凝土及石膏制品厂等粉尘污染源，不小于500 m

直升机停机坪

救灾应急物资储备库停机坪可与堆场、停车场合建。停机坪设计需符合《民用直升机场飞行场地技术标准》MH 5013的规定。

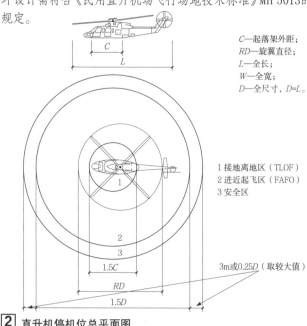

C—起落架外距；
RD—旋翼直径；
L—全长；
W—全宽；
D—全尺寸，$D=L$。

1 接地离地区（TLOF）
2 进近起飞区（FAFO）
3 安全区

3m或0.25D（取较大值）

2 直升机停机位总平面图

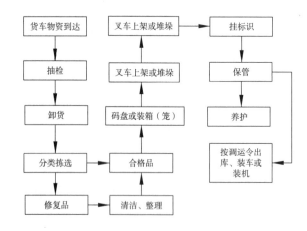

1 应急物资储备库工艺流程

规模分类

应急物资储备库规模分类　　　　　　　　　　表2

规模分类		紧急转移人口数（万人）	总建筑面积（m²）
中央级（区域性）	大	72~86	21800~25700
	中	54~65	16700~19800
	小	36~43	11500~13500
省级		12~20	5000~7800
市级		4~6	2900~4100
县级		0.5~0.7	630~800

典型平面布置

应急物资储备库要求操作简捷、出库迅速，通常采用适应一体化存取和搬运的仓笼或笼车装货，通常采用贯通式货架等密集式存储工艺。

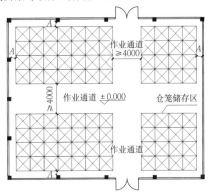

A 为检查通道宽度，A≥800mm。

1 仓笼（车）式工艺平面布置图

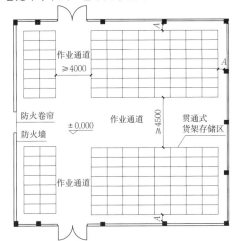

A 为检查通道宽度，A≥800mm。

2 贯通式货架存储工艺示意图

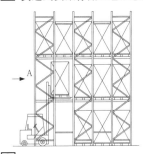

3 贯通式货架

4 笼车

5 仓笼

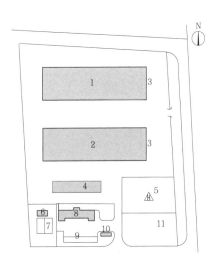

1 1号库房
2 2号库房
3 装卸场地
4 生产辅助用房
5 专用机场停机坪
6 消防泵房
7 消防水池
8 管理用房
9 停车场
10 门卫
11 货车停车场

6 应急储备库总平面典型布置图

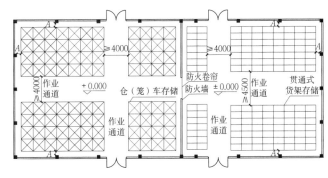

A 为检查通道宽度，A≥800mm。

7 应急物资储备库平面典型布置图

8 应急物资储备库生产辅助用房平面布置图

挡鼠板安装

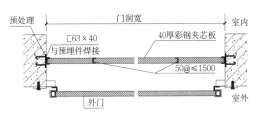

9 直立式挡鼠板平面图

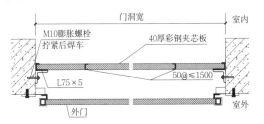

10 倾斜式挡鼠板平面图

物流建筑 [94] 物资储备库 / 实例

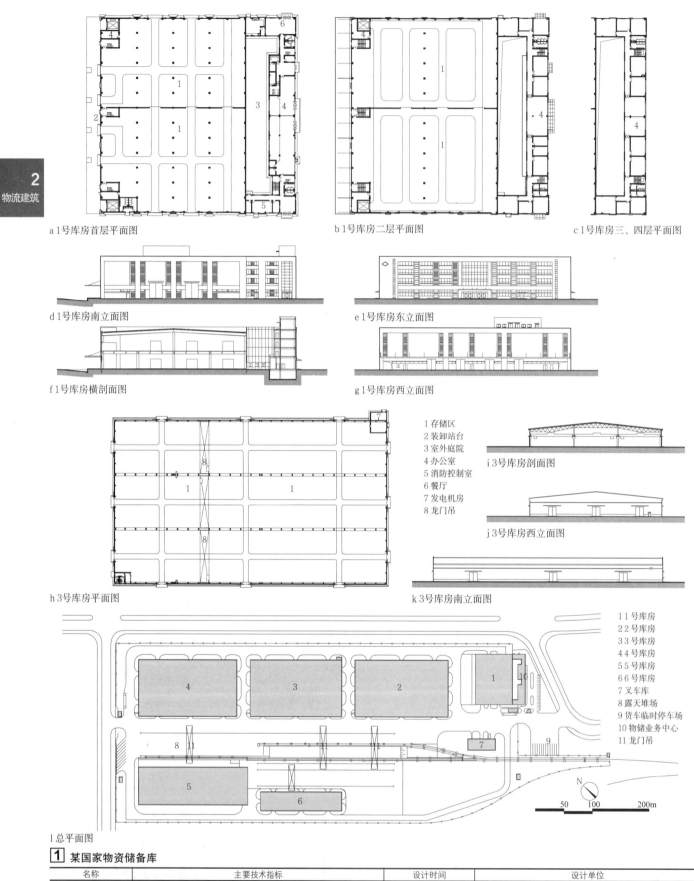

a 1号库房首层平面图
b 1号库房二层平面图
c 1号库房三、四层平面图
d 1号库房南立面图
e 1号库房东立面图
f 1号库房横剖面图
g 1号库房西立面图
h 3号库房平面图
i 3号库房剖面图
j 3号库房西立面图
k 3号库房南立面图
l 总平面图

1 存储区
2 装卸站台
3 室外庭院
4 办公室
5 消防控制室
6 餐厅
7 发电机房
8 龙门吊

1 1号库房
2 2号库房
3 3号库房
4 4号库房
5 5号库房
6 6号库房
7 叉车库
8 露天堆场
9 货车临时停车场
10 物储业务中心
11 龙门吊

1 某国家物资储备库

名称	主要技术指标	设计时间	设计单位
某国家物资储备库	项目用地面积 20.1435hm², 总建筑面积 72672m²	2012	机械工业第二设计研究院

该库的铁路专用线设计在可利用线径围内，最大限度地建设可装卸车位，并尽可能实现专用线及堆场起吊设备的有效衔接。为方便不同型号车辆的物资装卸，库区设置了集装箱车或一般货车可以直接靠站的卸货平台（下沉式或高站台）。此外还根据地块和铁路线布置特点设置了高站台库房，库房东侧与铁路站台实现无缝连接

实例 / 物资储备库 [95] 物流建筑

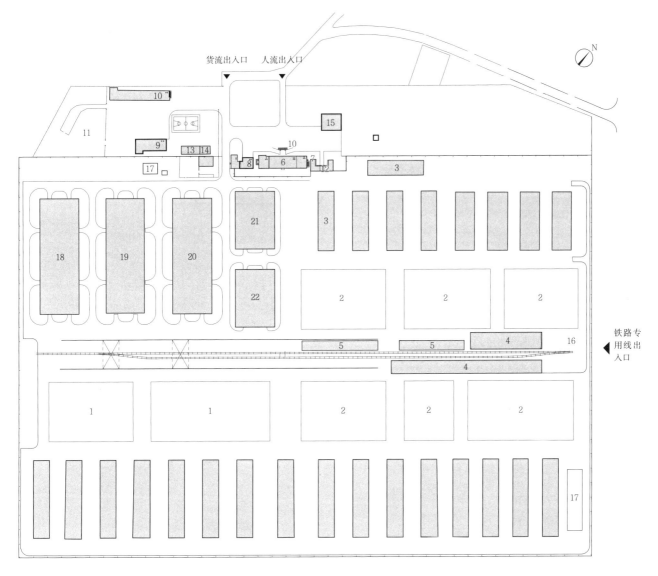

1 集装箱货场区　2 货场区　3 库房　4 站台货棚
5 站台遮雨棚　6 综合业务楼　7 变配电室　8 警消室
9 工勤用房　10 车库及停车场　11 油库　12 修理间
13 浴室　14 锅炉房　15 食堂　16 铁路专用线
17 泵房及水池　18 1号仓库　19 2号仓库　20 3号仓库
21 4号仓库　22 5号仓库

a 河北省某国家物资储备库总平面布置图

1 河北省某国家物资储备库

名称	主要技术指标	设计时间	设计单位
河北省某国家物资储备库	建筑面积6.7479万m²，用地面积33.17万m²	2008	中元国际工程有限公司

本项目属大型国有存储型综合仓库，年储存量10万t，吞吐量68万t。
本次安全改造工程在利用原有条件的基础上，达到先进实用、安全可靠、管理方便、经济节约的要求。新建仓库20768m²，维修改造仓库9324m²，拆除现有库房35470m²；铁路专用线6.9km大修，铁路站台加固维修改造；新建站台遮雨棚1500m²；更新围墙2093m；新建警消楼296m²；打深水井一座，新建水源井泵房29m²，水塔一座，容积为50m²，新建消防水泵房37m²；新建工勤用房1110m²；翻建食堂370m²；新建库区门卫15m²及行政区门卫25m²。
库区总图布置有库房、库棚、堆场、专用铁路线等。
其中（库房＋棚＋露天作业、堆场）库区布置2条铁路作业线，作业线货场面积5600m²，采用起重量为32t、20t门式起重机，轨道长度为350m。
1号仓库主要储备金属材料，按原包装地面堆存，5t桥式起重机，最大轮压9.8t。地面负荷均为12t/m²。
2号仓库采用10t桥式起重机，最大轮压12.9t。地面负荷均为12t/m²。
3、4号仓库主要储备金属材料，按原包装地面堆存。地面负荷均为12t/m²。

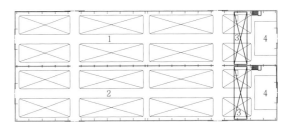

1 丁类物资存储区　2 丙类物资存储区
3 桥式起重机　4 出入库作业区

b 1号仓库平面图

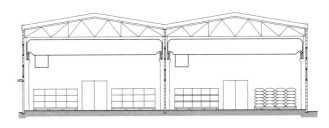

c 1号仓库剖面图

物流建筑 [96] 物资储备库 / 实例

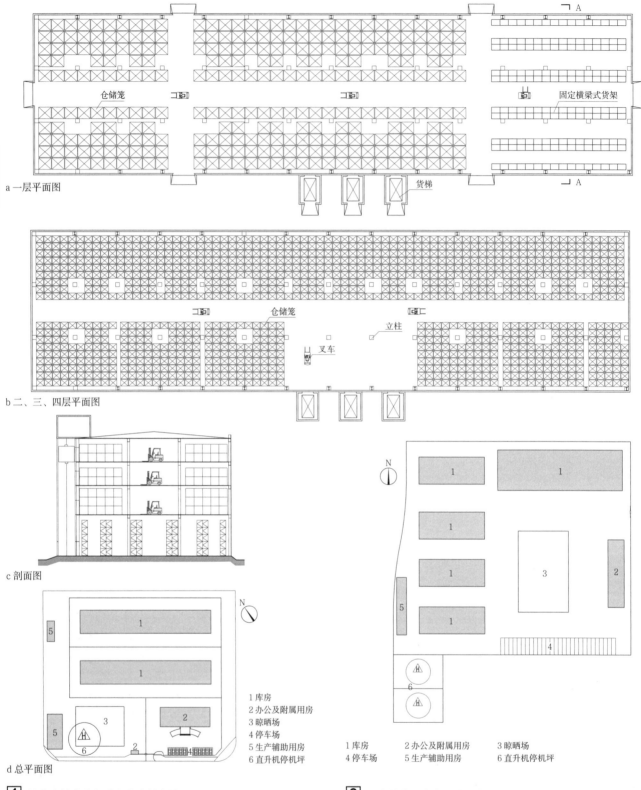

a 一层平面图
b 二、三、四层平面图
c 剖面图
d 总平面图

1 库房　2 办公及附属用房　3 晾晒场
4 停车场　5 生产辅助用房　6 直升机停机坪

1 库房　2 办公及附属用房　3 晾晒场
4 停车场　5 生产辅助用房　6 直升机停机坪

1 甘肃省某中央级应急物资储备库

名称	主要技术指标	设计时间	设计单位
甘肃省某中央级应急物资储备库	占地面积18563m²，建筑面积16764m²	2007	机械工业第一设计研究院

储备帐篷、棉被褥、棉衣裤等救灾物资。规划最大服务人口170万人。库房建筑面积15120m²、综合楼1200m²、车库和变电室324m²、水泵房和发电机房96m²、门卫24m²，晾晒场及停车场2200m²，可兼作起降直升机停机坪使用。库房配置载重3~4t货梯3部。一层地坪荷载4t/m²，楼层荷载1~1.5t/m²。大门设防鼠板。配置独立运行的发电机组作为备用电源，采用移动式货架内设仓储笼的存储方式。

2 云南某省级应急物资储备库

名称	主要技术指标	建成时间
云南省某省级应急物资储备库	占地面积108.76亩，建筑面积26000m²	2010

云南省级应急物资储备库占地108.76亩，由5个库房、办公兼附属用房、生产辅助用房、晾晒场、配电房、停机坪、室外道路、绿化地、管网及消防系统、安防系统等配套功能设施组成，可满足紧急转移安置70万人的物资需求。
项目总建筑面积2.6万m²，其中库房面积2.1万m²；直升机停机坪占地4800m²；晾晒场6000m²；生产辅助用房面积800m²。

实例 / 物资储备库 [97] 物流建筑

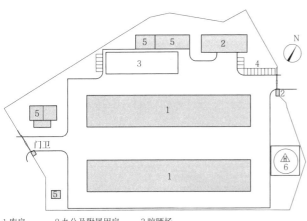

1 库房　　2 办公及附属用房　　3 晾晒场
4 停车场　　5 生产辅助用房　　6 直升机停机坪

1 哈尔滨某中央级应急物资储备库

名称	主要技术指标	设计时间	设计单位
哈尔滨某中央级应急物资储备库	占地面积32896m²，建筑面积17389m²，道路及广场面积15390m²	2007	机械工业第一设计研究院

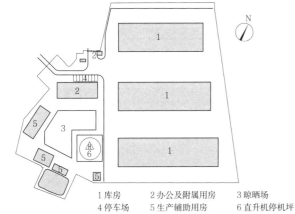

1 库房　　2 办公及附属用房　　3 晾晒场
4 停车场　　5 生产辅助用房　　6 直升机停机坪

2 武汉某中央级应急物资储备库

名称	主要技术指标	设计时间	设计单位
武汉某中央级应急物资储备库	占地面积30861m²，建筑面积19396m²，道路及广场面积13200m²，绿化面积3450m²，绿地率11.18%	2007	机械工业第一设计研究院

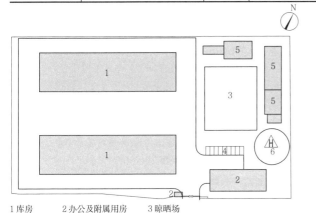

1 库房　　2 办公及附属用房　　3 晾晒场
4 停车场　　5 生产辅助用房　　6 直升机停机坪

3 长沙某中央级应急物资储备库

名称	主要技术指标	设计时间	设计单位
长沙某中央级应急物资储备库	占地面积21946m²，建筑面积23035m²，道路及广场面积13000m²，绿化面积3232m²	2007	机械工业第一设计研究院

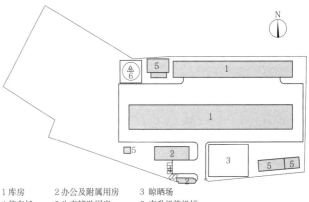

1 库房　　2 办公及附属用房　　3 晾晒场
4 停车场　　5 生产辅助用房　　6 直升机停机坪

4 沈阳某中央级应急物资储备库

名称	主要技术指标	设计时间	设计单位
沈阳某中央级应急物资储备库	占地面积28504m²，建筑面积22186m²，道路及广场面积14310m²，绿化面积6683m²，绿化率15%	2007	机械工业第一设计研究院

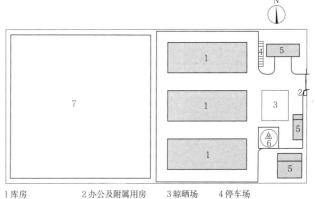

1 库房　　2 办公及附属用房　　3 晾晒场　　4 停车场
5 生产辅助用房　　6 直升机停机坪　　7 预留发展

5 格尔木某中央级应急物资储备库

名称	主要技术指标	设计时间	设计单位
格尔木某中央级应急物资储备库	占地面积33413m²，建筑面积12240m²，道路及广场面积14310m²，绿化面积6683m²，绿地率15%	2007	机械工业第一设计研究院

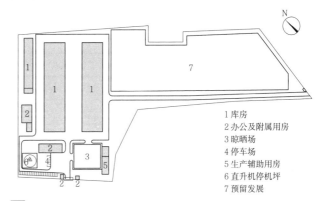

1 库房
2 办公及附属用房
3 晾晒场
4 停车场
5 生产辅助用房
6 直升机停机坪
7 预留发展

6 乌鲁木齐某中央级应急物资储备库

名称	主要技术指标	设计时间	设计单位
乌鲁木齐某中央级应急物资储备库	占地面积39066m²，建筑面积13920m²，道路及广场面积13500m²，绿化面积8500m²，绿地率21.76%	2007	机械工业第一设计研究院

物流建筑 [98] 专自用物流建筑 / 概述

概述

专自用物流建筑指企业或行业自用、特有、专属物流建筑。其建筑功能特征有：

1. 物流建筑由企业自建或租赁，具有专用和自用封闭性；
2. 通常在企业内、靠近企业或企业物流网络重心区建设；
3. 所处理的物品归属企业，种类基本固定，指向性较强；
4. 建筑按企业所需功能配置，建设规模按企业需求确定；
5. 以存储型物流特征为主，兼有存储型和作业型特征。

专自用物流建筑按行业分类　　　　　　　　　　　表1

代表性行业	行业代表产品	强制规定
机械制造业	机床、汽车、各类机械产品	
电气/电子产品	电气、电子产品	
医药类生产	中西成药和原料	医药业GMP、GSP规定
烟草类生产	卷烟和烟草制品	烟草行业专业规范
冷链类加工	食品、饮料、制罐	食品安全法和HACCP
其他行业	服装、鞋帽、图书和其他	

专自用物流建筑工程总体分类　　　　　　　　　　表2

序号	运营方式	特征	说明
1	生产型物流	物流在企业内部流动	生产企业内部所需仓储、生产性协作和运送等物流建筑
2	配送型物流	物流在企业与客户间流动	企业为客户服务所需存储、分拣、包装、配送等物流建筑

流程

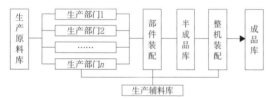

[1] 生产型物流在企业内流动

[2] 配送型物流在企业与客户间流动

专自用物流建筑按存储物品分类　　　　　　　　　表3

库房	典型用途	备注
原料库房	各种原材料，如金属材料库、钢材库、毛坯库等	生产企业常附设下料工部
普通库房	配套、辅料、五金、电气、工具库等	
半成品库	各类在制品、半成品	通常附设或嵌入于厂房内
成品库	成品、产品备配件库	
油化库	油料库、化学材料库（非危险品物资）	
危险品库	各类危险品	必须独立建筑

建筑功能特点　　　　　　　　　　　　　　　　　表4

功能类型	建筑特点
储备库	典型的战略、应急、季节、流通调节性物资等较长时间的存储型库房
中间库	暂时存放的待加工、待销售、待运输的物品库，根据存储期和储量划分为存储型或作业型
特殊库	储存物品对库房有温湿度、光照、保管安全等特殊要求；根据物品保管条件要求分为冷链、恒温、气调、贵重库等
综合库	需符合储存多种不同属性物品的存储保管条件
专业库	需符合储存一种或同属性物品的存储保管条件

建筑组合形式

厂房与库房的组合有独立建筑及贴建、嵌入形式。

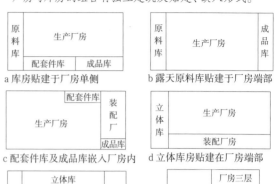

a 库房贴建于厂房单侧　　b 露天原料库贴建于厂房端部

c 配套件库及成品库嵌入厂房内　　d 立体库房贴建在厂房端部

e 立体库嵌入厂房内　　f 立体库贴建

[3] 建筑组合形式

库房与厂房组合形式　　　　　　　　　　　　　　表5

行业	建筑形式	物流建筑与厂房组合			备注
		独立	贴建	嵌入	
机械制造	露天库	√	√	√	允许露天存放的原材料
	单层库	√	√	√	钢材、毛坯等多用货棚
	多层库	√	√	√	
	高架库	√	√	√	
电气/电子	露天库	—	—	—	不允许露天存放和作业
	单层库	√	√	√	不采用货棚
	多层库	√	√	√	
	高架库	√	√	√	近年采用普遍
医药物流	露天库	—	—	—	不允许露天存放和作业
	单层库	√	√	√	不允许采用货棚
	多层库	√	√	√	
	高架库	√	√	√	近年采用普遍
烟草物流	露天库	—	—	—	不允许露天存放和作业
	单层库	√	√	√	不允许采用货棚
	多层库	√	√	√	
	高架库	√	√	√	近年采用普遍
其他物流	露天库	√	√	—	露天库极少采用
	单层库	√	√	√	食品类不允许采用货棚
	多层库	√	√	√	
	高架库	√	√	√	

一般要求

1. 设计需要确定物流建筑功能、类型和火灾危险性。
2. 建筑依功能类别可分为存储型、作业型和综合型。
3. 建筑间距、占地面积、建筑面积、防火分区面积等执行现行国家标准《建筑设计防火规范》GB 50016规定。
4. 存储丙、丁、戊类物品的库房可设计成多种物料的综合仓库。存储具有火灾危险性的甲类、乙类物品库房见本册"物流建筑"专题"行业危险物品存储"章节。

特殊专用库房设计要求　　　　　　　　　　　　　表6

类型	设计要点
贵重物品库	出入口安全防盗门需不低于现行国家标准《防盗安全门通用技术条件》GB 17565中乙级标准要求，金库等特殊贵重物品库应采用可防盗的六面墙体整体结构
医药品库	符合《药品生产质量管理规范（GMP）》要求：冷库温度 2~10°C，阴凉库温度不超过20°C，常温库温度为0~30°C；各库房相对湿度应保持在45%~75%之间
葡萄酒库	符合现行行业标准《葡萄酒运输、贮存技术规范》SB/T 10712，储存温度范围为12~15°C，湿度70%左右，避光、通风

露天库

1. 有行车柱梁的露天库可贴建于厂房端部或一侧。
2. 厂房侧面的露天库吊车梁柱距应与厂房柱间距协调并考虑与厂房间的运输衔接,还需协调地面标高和行车轨高。
3. 露天库地面设计标高应高于周边地势,避免积水。

单层库房

1. 库房间及库房与厂房间的运输通道按最短距离布置。
2. 库房应布置面积适宜的收发货作业区和待发货区。
3. 建筑柱网布局应与货架布置统一协调。
4. 有防盗要求的库房窗台高度一般应不低于2m。
5. 单层库房内采用混凝土或钢材搭建的不通透建筑堆货平台应计入防火分区面积。
6. 单层库房设有立体库时,应依据防火规范、自动喷水规范等设防。

多层库房

1. 多层库房为2~5层,库房跨度见表5,库房顶层可加大柱距,如采用18m、24m大跨度。
2. 设计应按上轻下重的原则分配各层功能和用途,楼板荷载按存储方式和存储物品计算,单位荷载常采用10~30kN/m²,底层库房可采用更高的单位荷载。
3. 多层库房应考虑楼层间垂直运输,采用载货电梯、升降机、输送机等。
4. 建筑高度超过24m的多层库房,按高层建筑规定设防。

库房各层适宜安排的功能 表1

层数	功能
底层	适于存放单位重量大、体积大、收发作业频繁、对保管条件要求不严格的物品
中间层	因受楼板承载限制,建筑净空不宜过高。楼板干燥,采光通风等保管条件较好,适于存放体积较小、重量较轻的物品,如工具、电气电子器材、仪表等
顶层	屋顶受阳光照射,温度影响较大,易于存放收发不频繁、重量较轻的物品

常用设计参数

库房建筑常用形式 表2

建筑形式	说明
独立库房	当机械工厂的油料库、化学品库只储存非甲、乙类火灾危险性的物品时,可组建成油化库
厂房内附属仓库	厂房内可设丙类、丁类、戊类物品仓库,但必须耐火极限不低于3小时隔墙和1.5小时非燃烧体楼板与厂房隔开。厂房内设甲、乙类物品库,火灾危险性大,仅作为中间库,限制储量不超过当班用量,中间库应沿外墙布置,用耐火极限不低于4小时隔墙与厂房隔开
多层仓库	可设计成单栋建筑或与车间组成多层建筑,常为2~5层。跨度通常采用7.5m、8m、9m、12m,也有15~18m跨度。楼板荷载通常采用1000kg、1500kg、2000kg。底层地坪承载能力大,建筑净空较高,适于存放单位重量大、单件体积大的物品。中间层存放体积小、重量轻物料,如工具库、器材库、电气及电子类物品
立体仓库	通常采用建筑承重结构与货架承重结构分设的建筑形式,丁、戊类独立建筑单体可用货架作为建筑承重结构

企业常用库房组成 表3

仓库种类	主要代表性物料
金属材料库	板材、管材、型材、棒料等
铸造材料库	各类铸件及铸造用原材料
器材库、配套件库、协作件库	标准件、电气电工器材、金属与非金属制品、外购和外协件等
中央工具库	标准及非标工具、量具、刃具、夹具辅具、磨具和磨料等
成品及外销备件库	待发外销产品、随机工具及备品备件
油料化学品库	各种润滑油料、化学品、油漆溶剂、酸类、碱类
铸造模型库	木模及金属模型
木材库	原木、板材等
毛坯及半成品库	铸锻件、毛坯及半成品
煤库	煤炭、焦炭
利废仓库	废品、废料及再加工用材料

存储工艺与建筑形式选择 表4

常用存储方式	适用建筑	存储工艺
室内地面堆存	库房	托盘货箱叉车堆存
		原包装叉车堆存
		起重机堆存
货架存储	库房	横梁、搁板货架等
高货架存储	高层库房	高层货架、重力货架等
其他立体存储		密集、移动、重力式等
自动化立体存储	立体库	采用自动导向车、无人堆垛机、输送带等
露天堆存	露天堆场	露天堆存或散料存储
罐式存储	储罐	地上及地下储罐堆存
筒仓存储	筒仓	水泥、矿物等散料存储,机械或气力输送

库房常用跨度柱距及高度 表5

库房类型	跨度(m)	柱距(m)	高度(m)	备注
单层	9.0~30.0	4.0~9.0	3.6~8.0	无吊车
			6.0~12.0	有吊车
			9.0~24.0	立体库
多层	7.5、9.0、12.0	6.0、7.5、8.0、9.0	5.0、6.0、7.0	—

注:建议跨度、柱距以3m为模数,层高以0.3m为模数。

各类仓库地面荷载与设计要求 表6

名称	地坪承载(kN/m²)	设计要求
金属材料库原料/毛坯库	30~160	
配套件库	30~100	防尘、防火
工具总库	30~100	防尘、防火
电气五金库	30~100	防尘、防火
成品库	30~100	防尘、防火
辅助材料库	30~50	
工艺装备库	30~50	
油料库	30	防尘、防火、耐腐蚀、耐油、防静电
化学品库	20	防尘、防火、耐腐蚀、耐油、防静电
甲、乙类化学品	20	防尘、防火、耐腐蚀、耐油、防静电
丙类油料	30	防尘、防火、耐腐蚀、耐油、防静电
腐蚀品	20	防尘、耐腐蚀
压缩气体库	20	防尘、防火

仓库面积指标 表7

仓库	概略指标
中央工具库	按全厂金属切削机床台数:0.4~0.5m²/台;磨料:0.15~0.20m²/台
维修配备件库	按全厂金属切削机床台数:4~4.5m²/台
中央器材库	按全厂金属切削机床台数:0.5m²/台(不含配套、外协件)

物流建筑 [100] 专自用物流建筑 / 机械电子类

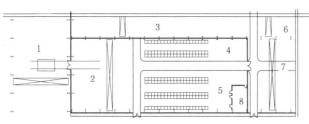

a 总装配配套件库平面图

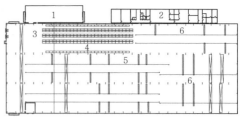

1 卸货区 2 辅助用房 3 分拣区 4 货架存放区 5 装配车间 6 部件装配车间

a 总装配车间配套件库平面图

b 露天跨剖面图

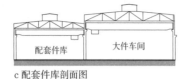

c 配套件库剖面图

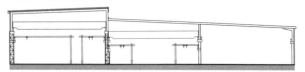

b 配套件库剖面图

	9		
1	2	3	5
		4	

d 区划图

1 露天材料库 6 总装部装车间
2 钢材库 7 总装配车间
3 大件加工车间 8 配件库办公
4 总装配配套件库 9 油漆车间
5 配套件库下料工段

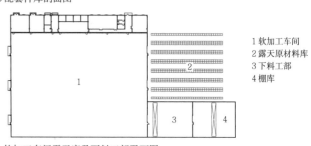

1 软加工车间
2 露天原材料库
3 下料工部
4 棚库

c 软加工车间露天库及下料工部平面图

1 长江挖掘机厂总装厂配套件库和露天库

名称	建筑面积	建筑形式	设计时间	设计单位
长江挖掘机厂总装厂配套件库和露天库	3000m²	库房贴建于厂房端部和嵌入厂房内	1968	中国中元国际工程有限公司

火灾危险性分类：丁戊类。
结构形式：钢屋架、钢柱

3 西门子机械传动有限公司装配车间仓库

名称	建筑面积	建筑形式	设计时间	设计单位
西门子机械传动有限公司装配车间仓库	1500m²	库房嵌入厂房	2010	中国中元国际工程有限公司

火灾危险性：丁戊类。
结构形式：门式钢架。
特点：库房贴建在总装配厂房一侧，库房内设货架存放区和大件存放区，各种零部件可用吊车/行车直接进入部件装配和总装配车间。
用途：存放装配前的自制零部件、协作件、外购零部件等

1 电瓶体维护间 2 电池修理间 3 电池修理间 4 风机电机修理间 5 厨房设备维修间
6 烘干室 7 滑梯翻修间 8 危险品区 9 生产准备室 10 喷砂间
11 清洗间 12 化学品库存放 13 阁楼式航材货架库 14 中转库房
15 收料区 16 待修库 17 包装区 18 运输发料办公室
19 领料间 20 管理办公室 21 发动机、大件航材存放

a 航材库一层平面图

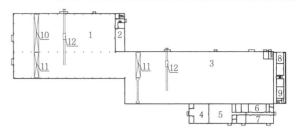

1 材料库 2 仪表存放间 3 材料库及下料区 4 焊接试验区
5 焊接培训区 6 试样存放间 7 力学实验室 8 光谱室
9 制样室 10 20t/5t行车 11 10t行车 12 60t电动平车

a 原材料库平面图

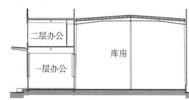

b 航材库剖面图

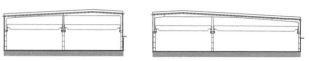

b 材料库剖面一   c 材料库剖面二

2 海航集团北京新华航基地航材库

名称	建筑面积	建筑形式	设计时间	设计单位
海航新华航基地航材库	2000m²	独立建筑	2008	中国中元国际工程有限公司

火灾危险性分类：丁戊类。
结构形式：门式钢架、钢柱。
特点：库房为多跨独立建筑，其中，货架区采用横梁货架和二层阁楼货架，飞机发动机和大件库采用垂直跨，以安装10t梁起重机便于进出库，库房设自动喷水灭火系统，屋顶设采光带，发动机存放跨与库房之间用防火墙隔断。
用途：存储保管各类飞机维修用零件、部件、仪器仪表、发动机、座舱备件等

4 山东核电设备制造有限公司原材料库

名称	建筑面积	建筑形式	设计时间	设计单位
山东核电设备制造有限公司原材料库	16300m²	独立建筑	2010	中国中元国际工程有限公司

火灾危险性分类：丁戊类。
结构形式：门式钢架、钢柱。
特点：该库房（单层）适应地块采用阶梯外形，内部划分为2个库区，焊接培训实验室（单层）贴建库房一侧，便于通风，库房端部贴建生活办公（2层），库房内部采用行车（20/5t、10t、5t）搬运物料，库房不设站台，卡车直接驶入库房，行车装卸物料，库房内有2条50t平车轨道通向下料车间，便于运输大量钢材料

机械电子类 / 专自用物流建筑 [101] 物流建筑

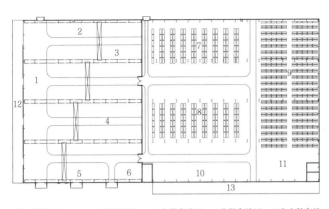

1 进出货作业区　2 大件存放区　3 大件存放区　4 中件存放区　5 中小件存放
6 叉车充电及停放　7 托盘货架区　8 托盘货架区　9 阁楼栋选货架区（2层）
10 发货装卸区　11 配货区作业区　12 收货站台　13 发货站台

1 厦门工程机械集团物流配送中心平面图

名称	建筑面积	建筑形式	设计时间	设计单位
厦门工程机械集团物流配送中心	11420m²	独立建筑	1992	中国中元国际工程有限公司

火灾危险性分类：丁戊类。
结构形式：门式钢架。
特点：库房为多跨独立建筑，进出库站台分设高度1.0m，库房屋顶设采光带。
用途：存储保管各类工程机械零部件、外协外购件、仪表、五金件等；除集团自用外还发展第三方物流。

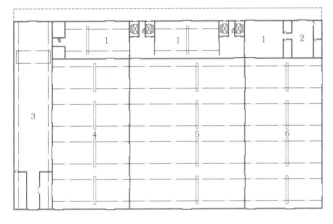

a 库房一层平面图

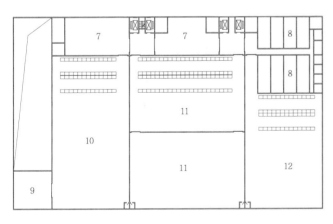

1 收发作业区　2 充电间　3 设备库　4 设备库
5 配套大件库　6 前后桥库　7 电动葫芦　8 作业区
9 检验区　10 平台　11 国产化件库　12 零件总库

b 库房二层平面图

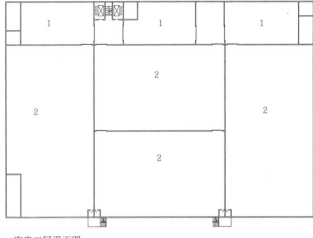

c 库房三层平面图

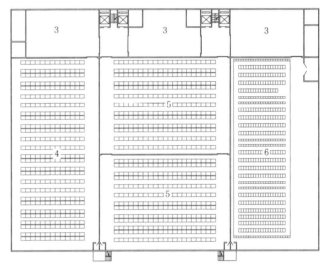

d 库房四层平面图

1 收发作业区　2 配套件库　3 四层收发作业区
4 标准件库　5 配套小件库　6 中央备件库

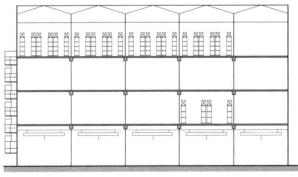

e 库房剖面图

2 北京吉普车有限公司综合仓库

名称	建筑面积	建筑形式	设计时间	设计单位
北京吉普车有限公司综合仓库	32486m²	多层独立建筑	1989	中国中元国际工程有限公司

火灾危险性分类：丙2类。
结构形式：钢筋混凝土框架。
特点：该库房为4层建筑，按存储件类型分类，其中一层用于存放前后桥等大件和金属材料，其余各层采用货架存储中小件，各层均设收发货区，采用4部货梯垂直运输。
用途：存储生产用外协件、外购件、配件等机械和电气件，随车修理工具、生产工具

309

物流建筑 [102] 专自用物流建筑 / 机械电子类

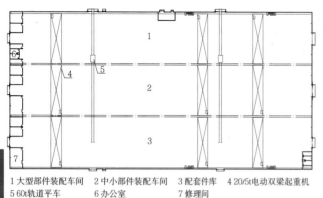

1 大型部件装配车间　2 中小部件装配车间　3 配套件库　4 20/5t电动双梁起重机
5 60t轨道平车　6 办公室　7 修理间

a 配套件库平面图

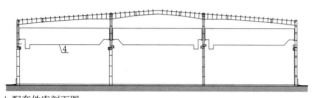

b 配套件库剖面图

1 某风电产业基地部装车间配套件库

名称	建筑面积	建筑形式	设计时间	设计单位
某风电产业基地部装车间配套件库	6088m²	独立建筑	2010	中国中元国际工程有限公司

火灾危险性分类：丙类。
结构形式：门式钢架、钢柱。
特点：柱网尺寸30m×12m，配套件库布置在厂房侧的边跨。配套件库设电动行车，库房与装配车间之间采用平车运输，厂房一端贴建办公。
用途：存放装配前的加工件和配套件等

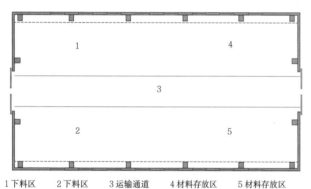

1 下料区　2 下料区　3 运输通道　4 材料存放区　5 材料存放区

a 库房平面图

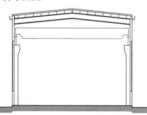

b 库房剖面图　　c 区域位置

2 某研究所秦城基地五金原料库

名称	建筑面积	建筑形式	设计时间	设计单位
某研究所秦城基地五金原料库	2×473m²	独立建筑	2005	中国中元国际工程有限公司

结构形式：门式钢架。
特点：柱网尺寸15m×（5~6）m，库房为多幢相同结构的通用库房建筑，既可采用地面堆存大件，也可安装货架存放中小件；其中金属材料库房内部设下料区，内设5t单梁行车。
用途：存放安检设备生产所用机械五金等原材料和零件

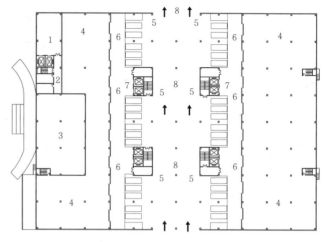

a 一层平面图

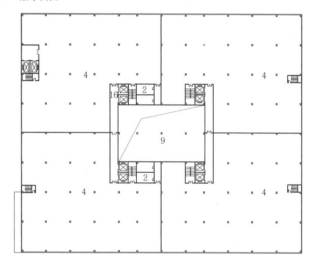

b 库房二至五层平面图

1 一层门厅　2 电梯和卫生间　3 一层营业厅　4 库房　5 停靠站台
6 装卸货站台　7 运输货梯　8 一层行车道　9 采光通风井

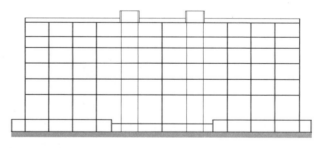

c 库房剖面图

3 深圳前海湾电子产品物流中心

名称	建筑面积	建筑形式	设计时间	设计单位
深圳前海湾电子产品物流中心	61652.8m²	多层独立建筑	2011	深圳市北方设计研究院有限公司

火灾危险性分类：丙2类。
结构形式：钢筋混凝土框架。
特点：库房建筑7层，一至六层为库房，地下一层为车库和设备用房。一层西侧为营业厅，西北侧为员工门厅，库房装卸区设在建筑中部，一层平面分东西两部分，站台两侧对称布置。建筑中部设天井用于库房通风采光。电梯及疏散楼梯围绕天井布置。二层为库房。三至五层平面东西两侧挖空成空中花园。建筑北侧局部6/7层，布置少量库房，中间屋顶花园。库房首层设1.4m高站台，一层8.0m，二至五层层高5.4m，六至七层层高为4.5m。
用途：存放电子类产品，中小件货架存放

机械电子类 / 专自用物流建筑 [103] 物流建筑

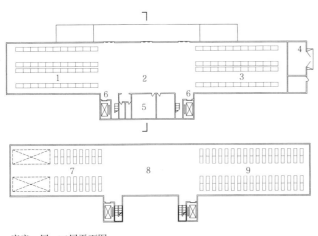

a 库房一层、二层平面图

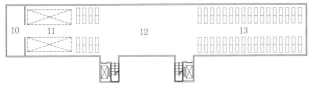

b 库房三层、四层平面图

c 库房剖面图

1　一层中小件存储区　　8　二层收发待验区
2　一层收发作业区　　　9　二层配套件库
3　一层配套件库　　　　10　三层焊丝存放间
4　一层充电间　　　　　11　三层辅料库
5　一层夹层办公　　　　12　三层收发待验区
6　垂直运输货梯　　　　13　三层辅料库
7　二层中小件存放区

1 厦门工程机械厂总仓库

名称	建筑面积	建筑形式	设计时间	设计单位
厦门工程机械厂总仓库	4436m²	多层独立建筑	1993	中国中元国际工程有限公司

火灾危险性分类：丁戊类。
结构形式：钢筋混凝土框架。
特点：该库房为多层独立建筑，柱网尺寸8m×8m，其中一层布置库房管理室，办公设在一层局部夹层，垂直运输采用货梯，单侧装卸站台，站台设雨棚。
用途：存储外购件、协作件、五金件、电气材料、备件等，小件货架存储，大件地面堆存

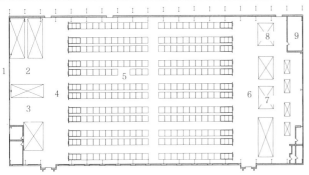

1　装卸站台　2　入库等待区　3　出库待发区　4　作业区　5　货架存储区
6　配货作业区　7　码盘区　　8　包装区　　　9　控制室

2 山东滨州活塞厂原料成品库平面图

名称	建筑面积	建筑形式	设计时间	设计单位
山东滨州活塞厂原料成品库	2000m²	贴建于厂房内侧	2002	中国中元国际工程有限公司

火灾危险性分类：丁戊类。
结构形式：门式钢架、钢柱。
特点：库房为3巷道自动化立体库，贴建于厂房一侧，进出货为一侧进，另一侧出。
用途：综合库，存储成品、原料、外协外购件、维修备件、五金件、电气材料等

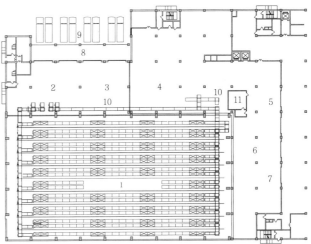

1　立体库货架区　　2　成品出库区　　3　缓存区　　　4　入库组盘区
5　成品入库组盘区　6　出入库缓冲区　7　拆包区　　　8　装卸货站台
9　卡车停车位　　　10　出入库辊道输送机　11　设备控制室

3 联想北方厂成品库一层平面图

名称	建筑面积	建筑形式	设计时间	设计单位
联想北方厂成品库	2000m²	贴建/嵌入厂房端侧	2000	北京市建筑设计研究院有限公司、中国中元国际工程有限公司

火灾危险性分类：丙2类。
结构形式：钢筋混凝土框架。
特点：该立体库建于组装厂房一侧，为9巷道自动化立体库，库房用防火墙与厂房隔断，进出货形式为一层的端部进货，二层出货位置紧邻组装车间，出货平台与二层楼板同高，输送机进出货。
用途：存储台式机、笔记本电脑成品、显示器、主板和板卡、硬盘等外协外购件、随机备件以及装配用原辅料等

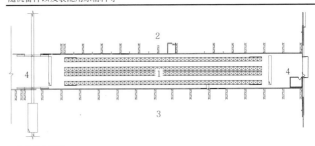

a 库房平面图

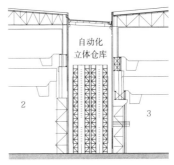

1　立体库货架区
2　一号联合厂房
3　二号联合厂房
4　出入库区

b 库房剖面图

4 大连第一重机厂立体仓库

名称	建筑面积	建筑形式	设计时间	设计单位
大连第一重机厂立体仓库	20006m²	嵌入式立体库	2009	中国中元国际工程有限公司

火灾危险性分类：丁戊类。
结构形式：门式钢架、钢柱。
特点：该库房利用两座高大厂房之间的夹空嵌入自动化立体库，同时为两侧厂房提供服务。
用途：存储、保管全厂协作、外购零部件等

物流建筑 [104] 专自用物流建筑 / 企业自用小型油化库（非危险品）

存放物品限定

1. 存储物品不包括《建筑设计防火规范》GB 50016规定的甲类、乙类火灾危险性物品和《危险货物分类和品名编号》GB 6944规定的危险品。

2. 存储企业生产使用的自备化学用品。基本存储酸、碱、盐、粘结剂、胶液、油漆、油料等。

3. 汽油类危险品存储在燃油库，见"物流建筑"专题"行业危险物品存储"章节。

建筑设计要求

1. 企业自用的油料、化学品宜按独立建造油料库、化学品库设计，两者的面积符合建筑设计防火规范规定时，可组建成综合型油化库。

2. 宜采用单层独立建筑，润滑油、普通化学品火灾危险性为丙类。必要时可建两层建筑，但耐火等级不应低于二级。

3. 不同性质的物品或有不同存放条件的物品应分隔间存放。凡物理和化学性质要求特殊保管的化学品，应单独隔间。

4. 润滑油料需要量较大时，一般采用油箱或卧式油罐贮存，可设置在地上或半地下室内，但应按规范配置通风系统。

设计参考数据

小型油料和化学品库储量规定　　　　　　　　表1

序号	库房类型	储量规定
1	中间库	厂房内供生产使用的中间库存量不应超过一昼夜的用量
2	全厂库	全厂性的油料库和化学品库不能超量贮存；存超过3个月的生产用量
3	油料	柴油等油料贮存间最大存量不宜超过50m³；润滑油料存储间最大储量不宜超过250m³

小型油料和化学品库建筑设计要求　　　　　　表2

序号	库房类型	功能需求
1	供暖温度	油料、化学品库通常供暖温度为5～8℃
2	通风	库房要求干燥、通风，通风换气次数：临时有人时2～3次/时，经常有人时3～6次/时
3	避光	库房应阴凉防日光直射，窗宜用毛玻璃或一般玻璃涂白漆
4	地面	油库内地面标高低于室外15cm，应设有集油坑，地坪相应以1%的坡度坡向集油坑；地面要求耐油、光滑、不起火花
5	面积限制	润滑油属丙类油品。单栋建筑最大面积：耐火等级一、二级时不大于2100m²；三级时不大于1200m²
6	大门	润滑油间面积大于或等于100m²时，门的数量不得少于2个；门宽不应小于2m
7	百叶窗	设置通风百叶洞口时，需有安全防护措施

常用设计指标　　　　　　　　　　　　　　　表3

库房类型	房间类型	面积指标(t/m²)	面积利用系数	代表物品
化学品库	普通化学品间	0.5	0.4～0.6	漂白粉、普通盐、卤砂类
	普通毒品间	0.5	0.35	热处理盐类
	试剂化学品间	0.4	0.35	有毒电镀液，各种试剂
	酸碱类存储间	0.2	0.2	硫酸、盐酸类、烧碱、纯碱类
油料库	油料存储间	0.6	0.4～0.6	柴油和重油等
	润滑油料存储间	0.6	0.4	润滑油、变压器油
	油漆存储间	0.4	0.4	油漆（不含溶剂）
	油料溶剂存储间	0.4	0.35	煤油、香蕉水

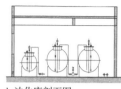

a 油化库平面图

b 油化库剖面图

1 油桶存放区
2 油罐区
3 化学品间
4 油漆间
5 集油坑

1 北京蒙诺汽车减振器有限公司油化库

名称	建筑面积	建筑形式	设计时间	设计单位
北京蒙诺汽车减振器有限公司油化库	520m²	独立建筑	2003	中国中元国际工程有限公司

火灾危险性分类：丙二类（减震器油）。
结构形式：混凝土框架。
特点：油化库用管道输运至车间内加油工位，油化库与酸洗、空压站组合为一幢建筑。
用途：存放汽车减振器用油

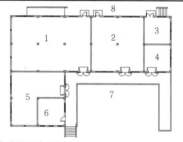

a 油化库平面布置图

1 油料存放间
2 除冰剂存放间
3 氧气瓶存放间
4 涂料溶剂间
5 报废品存放间
6 收发料操作间
7 收发货站台
8 平台

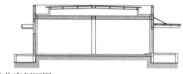

b 油化库剖面图

2 新华航空公司北京基地油化库

名称	建筑面积	建筑形式	设计时间	设计单位
新华航空公司北京基地油化库	690m²	独立建筑	2008	中国中元国际工程有限公司

火灾危险性分类：丙类。
结构形式：门式钢架、钢柱。
特点：综合油料化学品仓库，库房净高3.8m；进出库形式单侧站台装卸，油料间室内地面低于站台0.15m，油料、涂料、气瓶间为耐油不起火花地面，窗下均设透气窗。
用途：存储飞机维修用桶装、瓶装油料、除冰剂、涂料、溶剂、气瓶

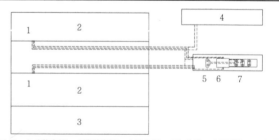

1 加油机　2 总装车间　3 涂装车间　4 油化库　5 加油站　6 油泵间　7 地下油库

3 北京汉拿工程机械公司加油站油料库

名称	建筑面积	建筑形式	设计时间	设计单位
北京汉拿工程机械公司加油站油料库	500m²	独立建筑	1995	中国中元国际工程有限公司

火灾危险性分类：丙2类（润滑油）。
结构形式：钢筋混凝土框架。
特点：库内设半地下油罐、加油泵等，埋地管线进入总装车间，为装配线上起重机加油

定义与分类

烟草物流是烟草农业→工业→商业整条物流供应链的总称。满足烟草物流全过程各种功能的建筑叫作烟草物流建筑。

烟草物流分类与特点　　　　　　　　　　　　表1

类型	特点
烟叶收购物流	烟叶原料的仓储与醇化
烟叶仓储物流	
卷烟工业生产仓储物流	仓储与生产结合紧密,一般结合生产厂房一体建设。采用自动化物流系统设备
打叶复烤生产仓储物流	
卷烟商业仓储、分拣、配送物流	成品卷烟的仓储、分拣、配送

流程

1. 烟叶收购物流

烟叶收购是保证卷烟质量的重要步骤。涉及的物流建筑主要包括:烟叶收购站、验级大棚、原烟库等。原烟运输及储存要求防潮、防霉、防烧心。

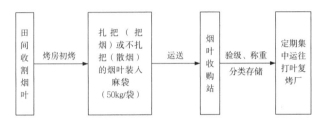

[1] 烟叶收购物流流程图

2. 打叶复烤生产仓储物流

打叶复烤厂对原烟复验合格后送至原烟库分类存放。

涉及的物流建筑主要包括:验级大棚、原烟库或堆场、原烟配方高架库、片烟周转(高架)库、辅料库、副产品库等。

[2] 打叶复烤生产仓储物流流程图

片烟及烟梗的包装规格　　　　　　　　　　　　表2

类型		规格
片烟		以纸箱包装,外形尺寸1136mm×720mm×725mm
	烤烟	每箱200kg
	白肋烟	每箱180kg
复烤烟梗		可以用纸箱包装,每箱180kg,也可以麻袋包装,每袋25kg、50kg或60kg

3. 烟叶仓储物流

涉及的物流建筑主要包括:片烟醇化库、杀虫房、地磅房、水分检验间等。

片烟的储存保管要求:片烟醇化仓库应确保干燥、清洁、无异味,库内应有良好的通风条件,防止片烟受潮、霉变,同时应定期杀虫,防止虫害造成损失。

一般季节库内温度应控制在30℃以下,相对湿度控制在55%~65%;高温、高湿季节库内温度控制在35~38℃以下,相对湿度控制在70%以下。

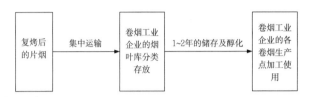

[3] 烟叶仓储物流流程图

4. 卷烟工业生产仓储物流

涉及的物流建筑主要包括:原料周转库、片烟配方高架库、辅料库、辅料平衡高架库、成品周转(高架)库等。

卷烟的包装规格及贮存保管要求:卷烟以纸箱包装,普通卷烟每件50条,高档卷烟每件25条。卷烟存储应控制环境温度不高于38℃、相对湿度不大于70%。

[4] 卷烟工业生产仓储物流流程图

5. 卷烟商业仓储、分拣、配送物流

涉及的物流建筑主要包括:电访中心、卷烟仓储(高架)库、卷烟分拣工房、配送车库等。

配送卷烟的包装方式及规格:分拣后的卷烟通常用塑料裹膜包装或塑料周转箱包装,每包或每箱25条。

[5] 卷烟商业仓储物流流程图

6. 补充说明

由于卷烟工业生产仓储物流和打叶复烤生产仓储物流与生产结合较为紧密,多数情况下是结合生产工房一体建设,并采用自动化物流系统设备,一般不会按单体建设物流建筑,因此这两部分不做详述。

物流建筑 [106] 专自用物流建筑／烟草物流

烟叶收购与仓储物流

1. 烟叶收购与仓储是卷烟工业原料储备中心，具有原料采购、到货集散、储存及醇化、供应各卷烟厂的中心作用。
2. 新建的单栋烟叶仓库面积约在5000～24000m²左右，根据不同存储形式，每栋库房烟叶存储量约在4～20万担左右。

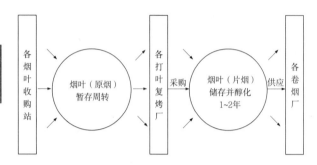

1 烟叶收购与仓储物流流程图

烟叶仓库的类型（按建筑高度划分） 表1

类型	建筑高度（m）
单层库	5～10
多层库	10～24
高层库	>24

烟叶仓库的类型（按堆码方式与货架高度划分） 表2

类型	堆码方式与货架高度（m）
平堆库	直接堆码
低货架库	货架高度<7
高货架库	7<货架高度<24

厂址选择

1. 库区选址必须符合城市规划的要求，应选择在交通运输便利，卫生条件良好的地带，避开有害气体、烟雾、粉尘、异味等污染。
2. 应选址在不受洪水、潮水或内涝威胁的地带，库区防洪应具备防御50年一遇洪水的能力。
3. 复烤片烟的库址宜选择在复烤厂或卷烟厂所在地，由于气候对烟叶醇化的影响较大，所以应优先选择在气候条件适宜复烤片烟自然醇化的地区。

总平面设计要求

1. 功能分区合理，符合仓储流程。
2. 节约用地，方便运输，利于管理。
3. 结合当地气象，考虑仓库朝向和通风。
4. 主要道路应为环形双车道。
5. 配套设施：值班室、消防控制室、配电室、叉车库、充电间、杀虫设施、污水处理、生活设施及消防设施。
6. 烟叶库火灾危险性分类按《建筑设计防火规范》GB 50016中丙类储存物品进行防火设计。

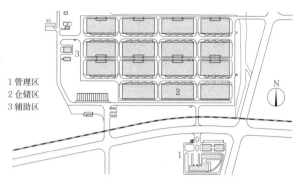

1 管理区 2 仓储区 3 辅助区

场址面积约550亩，总建筑面积8.9万m²，主要建筑物为片烟醇化库15栋及综合管理用房1栋，烟叶存量120万担。

2 浏阳烟叶醇化库总平面图

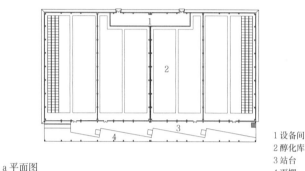

1 设备间 2 醇化库 3 站台 4 雨棚

a 平面图

b 剖面图

单层库，排架结构，建筑物高15.5m，建筑面积5500m²，货架堆放，烟叶存量9万担。

3 浏阳烟叶醇化库单层仓库

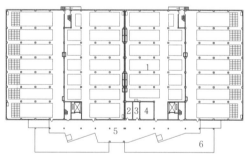

1 烟叶醇化库 2 电气间 3 值班房 4 叉车充电间 5 站台 6 雨棚

a 平面图

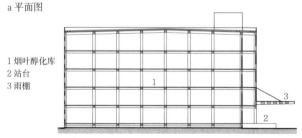

1 烟叶醇化库 2 站台 3 雨棚

b 剖面图

5层库，框架结构，建筑物高23.9m，建筑面积22000m²，地面堆放，烟叶存量23万担。

4 浏阳烟叶醇化库多层仓库

烟草生产性仓储物流

生产性仓储物流包括卷烟工业生产仓储物流和打叶复烤生产仓储物流。

卷烟工业生产仓储物流

卷烟工业生产仓储类型与特点　　　　　　表1

类型		特点
多层库		4~5层独立建设，用于生产周转
高架库	片烟配方高架库	建在联合工房中，直接服务生产，采用自动化物流系统设备
	辅料平衡高架库	
	成品周转高架库	

打叶复烤生产仓储物流

分类形式与卷烟工业生产仓储物流类似，分为单层库、多层库与联合工房中的高架库等。

打叶复烤生产仓储物流以原烟和成品片烟为主，另有少量烟梗和辅料周转。

厂区物流规划须做到人流与车流分离，客车（小车）流与货车流分离，物流车辆进出和装卸应不影响工厂的综合布局效果。

打叶复烤生产仓储类型与特点　　　　　　表2

类型		特点
单层原烟库		单层独立建设，用于生产周转
多层片烟库		4~5层独立建设，用于生产周转
高架库	原烟高架库	建在联合工房中，直接服务生产，采用自动化物流系统设备
	片烟高架库	

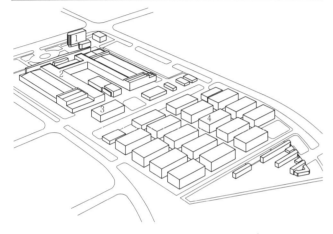

卷烟厂厂区，生产规模100万箱/年，占地950亩，总建筑面积59万m²。

1 办公综合楼　2 联合工房（含高架库）　3 动力中心　4 烟草原料和辅料成品多层库

1 徐州卷烟厂厂区鸟瞰图

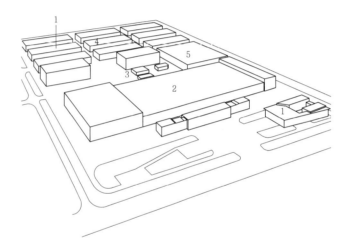

复烤厂厂区，生产规模120万担/年，占地470亩，总建筑面积19万m²。

1 办公综合楼　　　　　4 单层原烟库
2 联合工房（含高架库）　5 多层片烟库
3 动力中心

3 打叶复烤厂厂区鸟瞰图

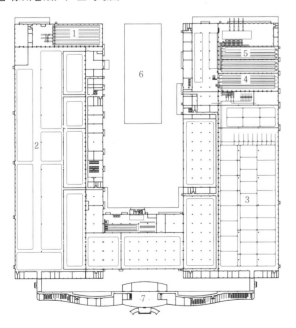

卷烟厂联合工房高架库，生产规模100万箱/年，建筑面积13.5万m²。

1 片烟配方高架库　2 制丝车间　3 卷接包车间　4 辅料平衡高架库
5 成品周转高架库　6 动力中心　7 生活辅房

2 徐州卷烟厂联合工房中的高架库平面图

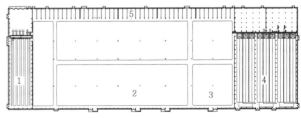

复烤厂联合工房高架库，生产规模120万担/年，建筑面积6.5万m²。

1 原烟配方高架库　4 成品片烟高架库
2 打叶复烤车间　　5 生产辅房
3 预压打包车间

4 打叶复烤厂联合工房中的高架库平面图

物流建筑 [108] 专自用物流建筑 / 烟草物流

卷烟商业仓储物流

1. 卷烟商业仓储物流，是以地市级烟草公司为经营主体，满足统一管理、集中仓储、一次分拣、配送到户的业务需求。

2. 按照各地市卷烟消费市场规模、经济发展水平和人口变化趋势，卷烟商业仓储规模按预测年销售量划分为3类。

卷烟商业仓储物流分类　　　　　　　　　　　　　　表1

分类	年销售量
一类	预测年销售量≥20万箱
二类	10万箱≤预测年销售量<20万箱
三类	预测年销售量<10万箱

卷烟商业仓储物流建设项目分类指标及要求　　　　表2

项目	控制标准		
	一类	二类	三类
联合工房建筑面积（m²）	预测年产量×440（m²/万箱）		
卷烟仓库建筑面积（m²）	1层：存量需求÷2.2箱/m²；3层：存量需求÷3.0箱/m²；9层：存量需求÷7.3箱/m²		
分拣及暂存区建筑面积（m²）	预测年销量×160（m²/万箱）		预测年销量×220（m²/万箱）
办公及配套用房建筑面积（m²）	领导部门正、副职人均9m²；办事人员人均6m²；操作人员人均4m²		
仓储设备形式	3层托盘货架或高架立体库	3层托盘货架，区域中心城市可采用高架立体库	新建设施采用3层托盘货架
分拣设备形式	自动分拣，人工补货	电子标签辅助人工分拣，区域中心城市可自动分拣，辅助人工补货	电子标签辅助人工分拣

厂址选择

1. 卷烟商业仓储一般在分公司辖区的销售中心设一个卷烟配送中心（重心法）。

2. 卷烟配送中心选择在城郊便捷的主干道路附近。

3. 卷烟配送中心应符合城市规划的要求，需考虑卷烟的流向和对配送成本的影响。

4. 卷烟配送中心要有完善的配套设施和适宜的水文地质条件，并尽量利用存量资产。

总平面设计要求

1. 应做到合理使用土地资源，满足装卸运输、车辆停放、消防安全等要求，实现功能分区明确，人货分流，管理区与作业区动静隔离。

2. 联合工房布置方式应优先选择集进货整理、仓储、分拣、发货暂存、配送等功能于一体的形式。联合工房一般应采用单层建筑结构。

实例

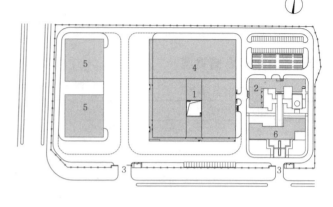

总体规划：蚌埠市卷烟配送中心，一期实施15万箱/年，二期实施50万箱/年（高架库扩建），三期实施多元化物流库及办公楼，项目占地80亩。

1 联合工房　　　　4 预留50万箱高架库用地
2 辅助办公楼　　　5 多元化物流库规划用地
3 人、物流门卫　　6 主办公楼规划用地

1 蚌埠市卷烟物流配送中心总平面图

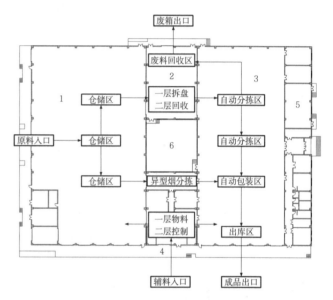

1 仓储区　　　　　　　　　　4 物料控制区（一层物料、二层控制）
2 备货回收区（一层拆盘、二层备货）　5 动力辅助区
3 分拣区　　　　　　　　　　6 中庭绿化区

2 蚌埠市卷烟物流配送中心工艺流程图

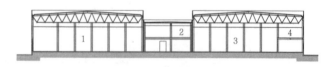

两侧仓储、分拣工房为单层网架结构，网架下弦底标高10m；中间部分建筑为两层框架结构。

1 仓储区　　　　　　　　　　3 分拣区
2 物料控制区（一层物料、二层控制）　4 动力辅助区

3 蚌埠市卷烟物流配送中心建筑结构示例图

烟草物流 / 专自用物流建筑 [109] 物流建筑

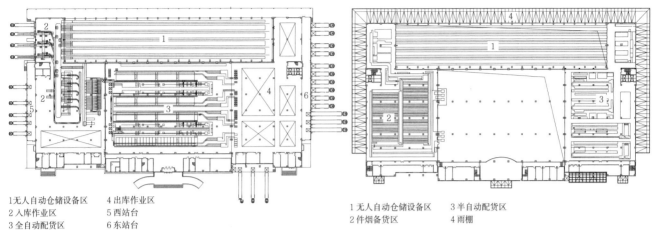

1 无人自动仓储设备区　　4 出库作业区
2 入库作业区　　　　　　5 西站台
3 全自动配货区　　　　　6 东站台

a 联合工房一层工艺平面布置图

1 无人自动仓储设备区　　3 半自动配货区
2 件烟备货区　　　　　　4 雨棚

b 联合工房二层工艺平面布置图

1 联合工房　2 入口广场　3 停车场

c 总平面图

d 西立面图

e 东立面图

f 正立面图

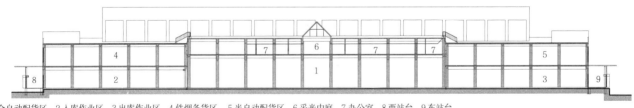

1 全自动配货区　2 入库作业区　3 出库作业区　4 件烟备货区　5 半自动配货区　6 采光中庭　7 办公室　8 西站台　9 东站台

g 剖面图

1 北京烟草物流中心

名称	主要经济指标	设计时间	设计单位	首次在现有物流中心内进行"就地不停产"技术改造，二层新增半自动分拣线，进行无缝产能替换，保证技改期间生产经营正常进行；一层新增全自动分拣线，提高技术水平和配送能力
北京烟草物流中心	设计年销量100万箱，改造面积33200m²	2016	中国五洲工程设计集团有限公司	

物流建筑 [110] 冷链物流建筑 / 概述与工艺流程

定义与分类

冷链物流建筑是处理生鲜动植物、食品、药品等冷链物品的作业或存储建筑，具备调节、控制作业与存储环境温度、湿度的建筑功能。

冷链物流建筑分类与功能   表1

分类	功能举例
存储配送型	采用人工制冷降温并具有保冷功能的仓储建筑群，如冷库、冰库等
加工配送型	以加工、配送为主的生产性冷链物流建筑，如蔬果与花卉加工间、肉类分割车间、超市与餐厅配送加工间、制冰间等

选址与总平面设计要点

1. 选址应综合考虑城市布局、交通网络与运输方式。到市区应交通便捷。
2. 场址宜选在地势较高、干燥和地质条件良好的地方，其周围应有良好的卫生条件。
3. 以配送功能为主的冷链物流建筑其选址应考虑配送距离，配送时间尽量短。
4. 应根据规划要求、运输条件及使用功能确定建筑面积与层数。建筑密度一般控制在35%~50%。
5. 应有足够的车辆回转和装卸场地。供40英尺集装箱车垂直停靠装卸的回车场进深一般不小于36m。
6. 加工车间总平面应分区明确，人流、物流洁污分开，洁净区应位于全年主导风向的上风侧。

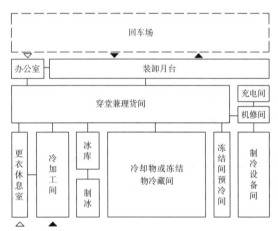

1 冷链物流建筑功能关系图

冷间特性分类   表2

冷间名称	房间温度（℃）	加工或储存功能
冻结间	-18~-30	肉、禽类制品及副产品，水产或海产品等的冻结加工
冻结物冷藏间	-18~-25	冷藏经冻结加工的肉、禽类制品及副产品，水产或海产品等
冰库	-4 或 -10	储存盐水制冰或快速制冰的冰块
预冷间	-5~15	蔬菜、水果气调冷藏前的预冷
冷却物冷藏间	-2~16	蔬菜、水果、奶制品、花卉及药品的冷藏
降温穿堂	1~15	装卸月台与冷藏间之间的过渡兼分拣理货
冷加工间	8~15	肉类、水产品的分割整理及冻结物的包装，或蔬果的分拣、清洗与物流加工

冷链加工配送建筑

1. 加工间平面布置应符合物流加工工艺流程要求。
2. 车间设计应符合相关食品卫生规范。
3. 车间脏区、净区，生区、熟区及人流、物流应彻底分开，不能交叉。
4. 污水排水方向、空调气流组织均应由净区指向脏区，净区房间的空调气压设计应高于脏区。
5. 车间生产的火灾危险性类别、耐火等级、防火分区划分与人员疏散，应符合现行国家标准《建筑设计防火规范》GB 50016的有关要求。

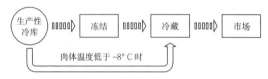

a 肉类、水产品冷库

b 果蔬冷库

2 冷库工艺流程

肉类分割车间的规模   表3

类别	小时分割量或班分割量
一级	猪 200 头/小时以上； 牛 150 头/班以上；羊 2000 只/班以上； 鸡 6000 只/小时以上；鸭、鹅 3000 只/小时以上
二级	猪 50~200 头/小时； 牛 50~150 头/班；羊 1000~2000 只/班以上； 鸡 3000~6000 只/小时；鸭、鹅 1500~3000 只/小时
三级	猪 30~50 头/小时； 牛 30~50 头/班；羊 200~1000 只/班； 鸡 3000 只/小时以下；鸭、鹅 1500 只/小时以下

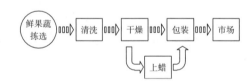

a 蔬菜、水果加工

b 肉类分割加工

c 超市配送食品加工

3 典型食品加工工艺流程

冷库

这里冷库主要指分配性冷库，一般包括：冷却物或冻结物冷藏间、站台或穿堂、制冷机房及动力设备间。

1. 平面应方正，尽量减少外围护结构的面积。
2. 高、低温分区应明确。
3. 冷藏间进深一般在40~60m，双面穿堂或自动堆垛机方式可做到80~100m。穿堂进深一般在6~18m。
4. 冷库冷藏间柱距根据储货方式及层数确定。若托盘堆垛，应使柱距与托盘堆放尺寸相符；若采用货架储货，应根据货架形式及尺寸，确定合理的柱距，以充分利用空间。
5. 冷藏间净高：单层≥5m，多、高层≥4.5m，单层高架冷库一般在12~27m。
6. 库房围护结构传入热量计算的室外计算温度，应采用夏季空气调节日平均温度。
7. 冷藏间应做好保温和隔汽，保温层热阻应满足《冷库设计规范》GB 50072最低要求，在经济许可的情况下，尽量减少围护结构热流量，以利节能。
8. 隔汽层的设置应保证水蒸气在使用期内不在保温层中大量积聚。

[1] 几种平面组合形式

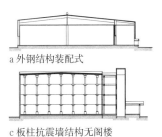

[2] 几种常用结构形式剖面比较

每座冷库冷藏间耐火等级、层数和面积 表1

冷藏间耐火等级	最多允许层数（层）	冷藏间的最大允许占地面积和每个防火分区中冷藏间的最大允许建筑面积（m²）			
		单层、多层		高层	
		冷藏间占地	防火分区	冷藏间占地	防火分区
一、二级	不限	7000	3500	5000	2500
三级	3	1200	400	—	—

注：1. 当设地下室时，地下冷藏间占地面积不应大于地上冷藏间的最大允许占地面积，每个防火分区建筑面积不应大于1500m²。
2. 本表中"—"表示不允许建高层冷库。
3. 两座一、二级耐火等级的以钢筋混凝土结构或砌体结构为主体结构的冷库，贴邻时总长度不应大于150m，总占地面积不应大于10000m²。

冷藏容量计算

$$G = \frac{\sum V_1 \rho_s \eta}{1000}$$

式中：G—冷库或冰库贮藏量（t）；
V_1—冷藏间或冰库的公称容积（m³）＝冷藏间或冰库净面积×净高；
η—冷藏间或冰库的容积利用系数；
ρ_s—食品的计算密度（kg/m³）。

食品计算密度 表2

食品类别	密度（kg/m³）	食品类别	密度（kg/m³）
冻肉	400	冻分割肉	650
冻牛、羊肉	330	冻羊腔	250
冻鱼	470	篓装、箱装鲜蛋	260
鲜蔬菜	230	篓装、箱装鲜水果	350
冰蛋	700	机制冰	750

注：1. 同时存放猪、牛、羊肉（包括禽兔）时，密度可按400kg/m³确定。
2. 其他储存品种应按实际密度采用。

冷藏容积利用系数 表3

序号	公称容积（m³）	容积利用系数 η
1	500~1000	0.40
2	1001~2000	0.50
3	2001~10000	0.55
4	10001~15000	0.60
5	>15000	0.62

注：1. 对于既有冻结产品又有冷却产品的冷库，公称容积之和应分别计算。
2. 蔬菜冷库的容积利用系数应按表中数值乘以修正系数0.8。
3. 采用货架或有特殊使用要求时，容积利用系数应按具体情况核算。

冰库容积利用系数 表4

序号	冰库净高（m）	容积利用系数 η
1	≤4.20	0.40
2	4.21~5.00	0.50
3	5.01~6.00	0.60
4	>6.00	0.65

冷库隔热层厚度计算

$$d = \lambda \left[R_0 - \left(\frac{1}{\alpha_w} + \frac{d_1}{\lambda_1} + \frac{d_2}{\lambda_2} + \cdots \frac{d_n}{\lambda_n} + \frac{1}{\alpha_n} \right) \right]$$

式中：d—隔热材料的厚度（m）；
λ—隔热材料的热导率（W/m℃）；
R_0—围护结构总传热阻（m²℃/W）；
α_w—围护结构外表面换热系数（W/m²℃）；
α_n—围护结构内表面换热系数（W/m²℃）；
d_1、d_2……—围护结构除隔热层外各层材料的厚度（W/m²℃）；
λ_1、λ_2……—围护结构除隔热层外各层材料的热导率（W/m²℃）。

$$\lambda = \lambda' \cdot b$$

式中：λ—设计采用的热导率（W/m℃）；
λ'—正常条件下测定的热导率（W/m℃）；
b—热导率修正系数（PU：b=1.4；XPS：b=1.3）。

储存配送型冷库的规模 表5

类别	冷藏间公称容积（m³）
大型	≥20000
中型	5000~20000
小型	<5000

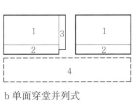
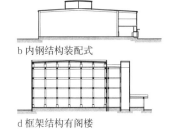

制冰间

1. 制冰间制冰方式包括盐水制冰和快速制冰两种方式。
2. 盐水制冰间平面尺寸及净高应根据日制冰能力及冰桶起吊设备种类确定。快速制冰间应根据快速制冰设备大小确定。
3. 盐水制冰池外围应做保温,下部应设通风间层。制冰池长8~11m,深约1.2m。
4. 倒冰台应紧靠冰库布置,制冰间应采光通风良好。
5. 冰块可能撞击的柱与墙面应设护壁,常用护壁材料为木骨架钉竹片。

a 制冰间剖面图

b 制冰间平面图

[1] 盐水制冰间

盐水制冰间参考尺寸　　　　　　　　　　　　　　表1

制冰能力(t/24h)	房间净长(m)	房间净宽(m)	房间净高(m)
10	20	7	3.7
15	23	13	3.9
20	20	7	3.7
30	23	13	3.9

两种制冰方式比较　　　　　　　　　　　　　　表2

制冰方式	优点	缺点
盐水制冰	冰块坚硬、耐用	投资较大、冻结时间长
快速制冰	投资小、冻结时间短	冰块多孔、易溶化

冰块参考尺寸　　　　　　　　　　　　　　　　表3

类别	重量(kg)	大端(mm)	小端(mm)	高度(mm)
快速制冰	50	290×195	270×175	1200
盐水制冰	50	435×175	405×155	1040
	100	595×290	577×265	810
	125	560×280	535×255	1080

冰库

1. 冰库宜设于公路或铁路站台旁,以方便冷藏车或保温列车的加冰或外运。
2. 冰库既可与制冰间紧邻单独布置,也可与冷藏间组合在一起。
3. 在堆冰高度范围内的墙或柱均应设置防护设施,以防冰块撞击的损坏。
4. 冰块堆高按所堆冰块的侧竖高度计算。人工堆冰高度约为2.4m,采用机械提升则堆高可达5m。冰库顶排管至堆冰顶面应留1.2m高空间,以方便堆冰操作。
5. 冰库储存量一般为日制冰能力的15~20倍。

冻结间

1. 冻结间的冻结能力是指每昼夜能冻结食品的总量,单位为t/24h。在冷链物流环节中常用于对高于冷库设计进货温度冻结物的复冻加工。复冻能力一般取冻结物冷藏间储存量的1%~2%。
2. 由于冻结间货物进出频繁,冷风机经常冲霜,房间内温度波动大,冻融循环多,围护结构易遭损坏,一般除复冻外,应与冷藏间分开布置,以免冻结间维修影响冷藏间正常使用。
3. 冻结间的平面尺寸和净高应根据冻结能力、制冷方式、装载设施和出入口布置确定,宽度一般为5~6m。
4. 冻结间冷风机有吊顶式和落地式两种,宜设冷风导流板,以提高制冷的均匀性和效率。
5. 冻结间地面应采用标号不小于C30的混凝土,以延长其使用寿命。
6. 日冻结能力G计算公式:

(1) 吊轨式冻结间:

$$G = L \times g \times N = \frac{L \times g \times 24}{t}$$

式中:L——吊轨有效长度(m);
g——吊轨单位长度载货量(t/m);
N——冻结周转次数(次/24h);
t——冻结时间(h)。

(2) 搁架式或小车式冻结间:

$$G = U_p m_1 n_1 N$$

式中:U_p——每盘或每听食品的净重;
m_1——搁架或小车的层数;
n_1——一层搁架或小车每层可搁置的总盘数或听数;
N——冻结周转次数(次/24h)。

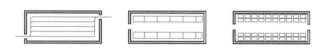

a 双侧开门吊轨式　　b 单侧开门搁架式　　c 双侧开门小车式

[2] 冻结间几种平面布置形式

制冷机房

1. 制冷方式根据制冷剂的不同分为氨制冷、氟利昂制冷和二氧化碳复迭制冷三种。三种制冷方式各有特点,应根据项目建设地点、规模等合理选用。
2. 氨制冷机房生产火灾危险性类别属乙类,要考虑防爆、泄爆。氟利昂和二氧化碳复迭制冷机房为戊类厂房。
3. 制冷机房和变、配电室应靠近负荷中心布置。
4. 控制室紧邻氨制冷机房时,应甲级防火墙分隔。
5. 氨制冷机房进深根据规模,一般为6~18m。

氨制冷机房净高　　　　　　　　　　　　　　表4

冷库类别	净高(m)
大型	≥6.0
中型	≥5.0
小型	≥4.0

实例 / 冷链物流建筑 [113] 物流建筑

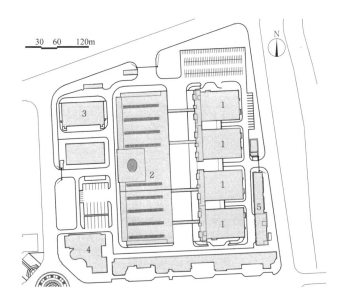

1 冷库 2 冷冻食品交易厅 3 鲜肉交易市场及干货仓
4 综合楼 5 制冷机房及变配电室

a 总平面图

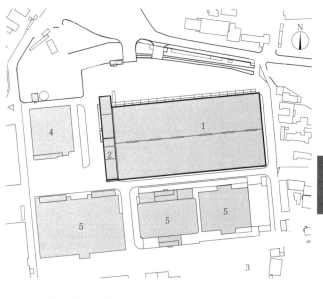

1 冷库 2 制冷机房及变配电室 3 码头
4 原有仓库 5 原有冷库

a 总平面图

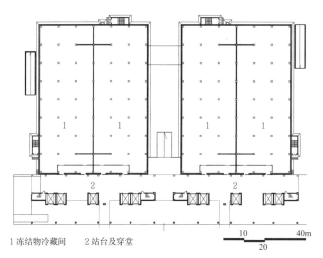

1 冻结物冷藏间 2 站台及穿堂

b 冷库一层平面图

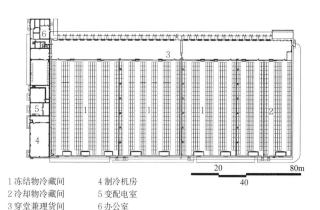

1 冻结物冷藏间   4 制冷机房
2 冷却物冷藏间   5 变配电室
3 穿堂兼理货间   6 办公室

b 冷库一层平面图

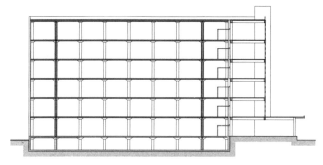

c 冷库剖面图

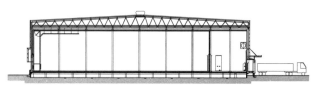

c 冷库剖面图

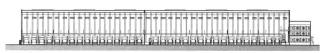

d 冷库北立面图

1 杭州五丰肉类冷藏交易市场冷库

名称	主要技术指标		设计时间	设计单位
杭州五丰肉类冷藏交易市场冷库	建筑面积60000m²		2007	华商国际工程有限公司

该冷库位于冻品市场内，共4座，可存冻分割肉约7万t。由于用地紧张，地下一层设小汽车停车库，为客户提供私家泊位。
该冷库主要服务于冻品市场的批发、零售商。冷库与冻品市场间设有连廊，方便展示样品的取用

2 广州太古冷链物流有限公司冷库

名称	主要技术指标		设计时间	设计单位
广州太古冷链物流有限公司冷库	建筑面积13900m²		2009	华商国际工程有限公司

该冷库为单层装配式结构，库内净高13m，冷藏间设计温度-25℃。为配送中心型冷库，服务对象为食品物流商，可为亚运会、大型超市配送冷藏、冷冻食品。
采用货架储货，高位叉车存、取货，库容约2万托盘。
由于地处夏热冬暖地区，冷藏间冷风机采用空气融霜方式，节能环保，为国内首次采用

321

物流建筑 [114] 冷链物流建筑 / 实例

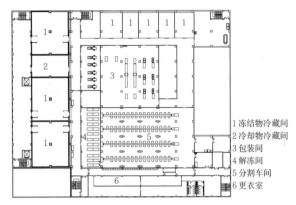

1 冻结物冷藏间
2 冷却物冷藏间
3 包装间
4 解冻间
5 分割车间
6 更衣室

1 北京得利斯分割加工车间平面图

名称	主要技术指标	设计时间	设计单位
北京得利斯分割加工车间	建筑面积6890m²	2012	华商国际工程有限公司

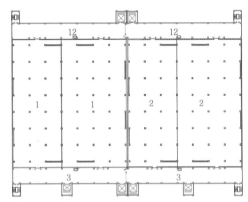

a 冷库二层平面图
1 冻结物冷藏间　2 冷却物冷藏间　3 收货穿堂　4 常温暂存间
5 白条猪加工间　6 更衣室　　　7 制冷机房　8 变配电室
9 中转区　　　10 理货区　　　11 空调机房　12 发货穿堂

b 冷库一层平面图

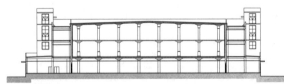

c 冷库剖面图

2 长治市潞卓鲜活农产品配送中心冷库

名称	主要技术指标	设计时间	设计单位
长治市潞卓鲜活农产品配送中心冷库	建筑面积22700m²	2012	华商国际工程有限公司

该冷库首层用于配送、理货，也有白条分割加工功能，上面两层为约1.5万t的冷库

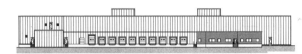

a 冷库西立面图

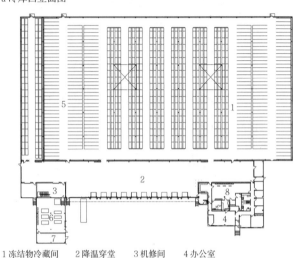

1 冻结物冷藏间　2 降温穿堂　3 机修间　4 办公室
5 冻结物冷藏间　6 制冷机房　7 配电室　8 休息室

b 冷库平面图

3 美国某HIGHWOOD COLD STORAGE冷库

名称	主要技术指标	设计时间	设计单位
美国某HIGHWOOD COLD STORAGE 冷库	建筑面积8970m²	2008	FOOD TECH 公司

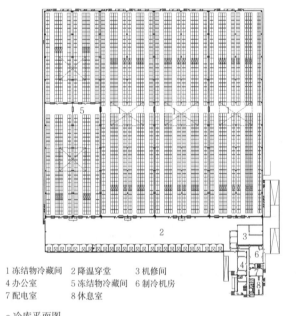

1 冻结物冷藏间　2 降温穿堂　3 机修间
4 办公室　　　5 冻结物冷藏间　6 制冷机房
7 配电室　　　8 休息室

a 冷库平面图

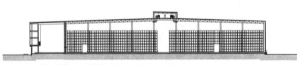

b 冷库剖面图

4 太古冷链物流廊坊项目

名称	主要技术指标	设计时间	设计单位
太古冷链物流廊坊项目	冷藏间公称容积37.6万m³	2012	华商国际工程有限公司

该冷库为单层高架库，冷藏间净高18m。采用8层货架，约5.1万托盘

实例 / 冷链物流建筑 [115] 物流建筑

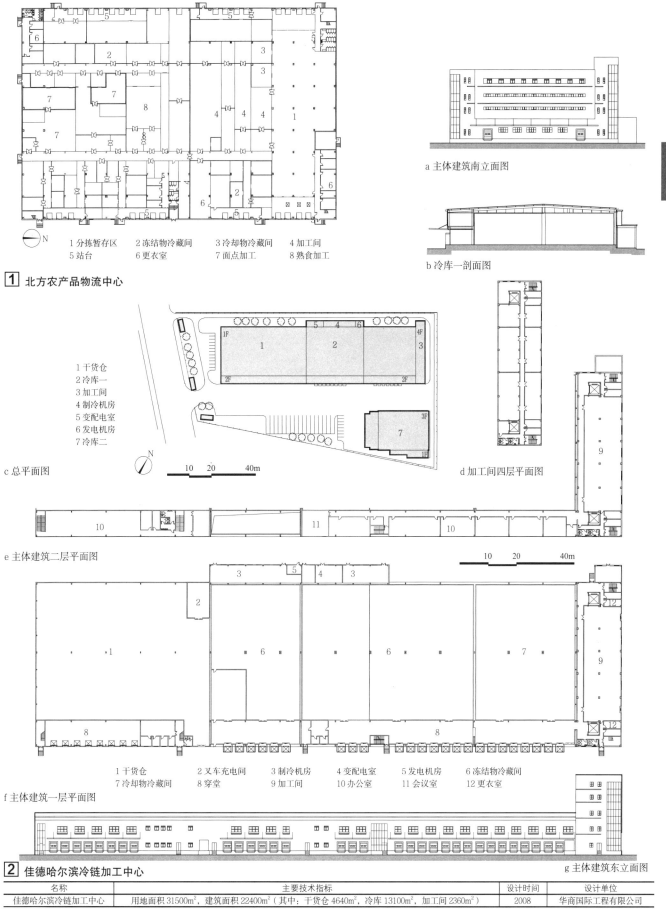

1 分拣暂存区　2 冻结物冷藏间　3 冷却物冷藏间　4 加工间
5 站台　　　　6 更衣室　　　　7 面点加工　　　8 熟食加工

a 主体建筑南立面图
b 冷库一剖面图

[1] 北方农产品物流中心

1 干货仓
2 冷库一
3 加工间
4 制冷机房
5 变配电室
6 发电机房
7 冷库二

c 总平面图

d 加工间四层平面图

e 主体建筑二层平面图

1 干货仓　　　　2 叉车充电间　3 制冷机房　　4 变配电室　　5 发电机房　　6 冻结物冷藏间
7 冷却物冷藏间　8 穿堂　　　　9 加工间　　　10 办公室　　　11 会议室　　　12 更衣室

f 主体建筑一层平面图

g 主体建筑东立面图

[2] 佳德哈尔滨冷链加工中心

名称	主要技术指标	设计时间	设计单位
佳德哈尔滨冷链加工中心	用地面积 31500m²，建筑面积 22400m²（其中：干货仓 4640m²，冷库 13100m²，加工间 2360m²）	2008	华商国际工程有限公司

323

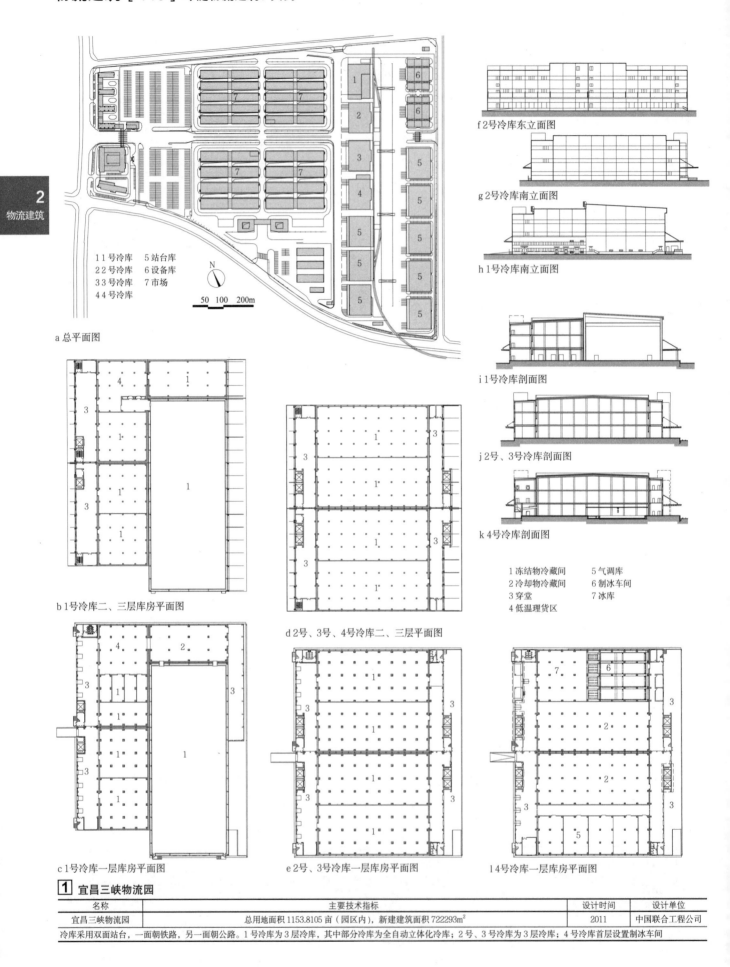

危险品库定义[1]

凡存储下列规定物品的建筑均属于危险品库：

1. 《危险货物分类和品名编号》GB 6944规定的危险物品；
2. 《危险化学品重大危险源辨识》GB 18218规定的危险品；
3. 《建筑设计防火规范》GB 50016定义的火灾危险性甲、乙类物品；
4. 《烟花爆竹工程设计安全规范》GB 50161、《民用爆破器材工程设计安全规范》GB 50089规定的爆炸危险性物品；
5. 对环境和生命财产具有潜在危害的物品。

危险品分类

危险品按危险特征分为9类，按火灾危险性分为甲、乙类。

危险品危险性分类　　　　　　　　　　　　　　　　表1

类别	项别	
1 爆炸品	1.1	有整体爆炸危险的物质和物品
	1.2	有迸射危险、无整体爆炸危险的物质和物品
	1.3	具有燃烧危险和局部爆炸危险或局部迸射危险或这两种危险都有，但无整体爆炸危险的物质和物品
	1.4	不呈现重大危险的物质和物品
	1.5	有整体爆炸危险的非常不敏感物质
	1.6	无整体爆炸危险极端不敏感物品
2 气体	2.1	易燃气体
	2.2	非易燃无毒气体
	2.3	毒性气体
3 易燃液体	—	—
4 易燃固体、易于自燃的物质、遇水放出易燃气体的物质	4.1	易燃固体、自反应物质和固态退敏爆炸品
	4.2	易于自燃的物质
	4.3	遇水放出易燃气体的物质
5 氧化性物品和有机过氧化物	5.1	氧化性物质
	5.2	有机过氧化物
6 毒性物质和感染性物质	6.1	毒性物质
	6.2	感染性物质
7 放射性物品	—	—
8 腐蚀性物品	—	—
9 杂项危险物质和物品	—	—

注：本表分类依据国家标准《危险货物分类和品名编号》GB 6944-2012。

危险品火灾危险性分类　　　　　　　　　　　　　　表2

类别	项别	特征	代表物品
甲类	1	闪点<28℃的液体	丙酮-20℃、乙醇12℃
	2	爆炸下限<10%的气体，遇水产生爆炸下限<10%气体固体物质	丁烷1.9%、甲烷5.0%、乙炔2.8%~81%
	3	常温下能自行分解或在空气中氧化即能导致迅速自燃或爆炸的物质	硝化棉、黄磷
	4	常温下受空气中或空气中水蒸气作用，产生可燃气体并燃烧或爆炸的物质	金属钠、金属钾
	5	遇酸、受热、撞击、摩擦、催化以及遇有机物或硫磺等易燃的无机物，极易引起燃烧或爆炸的强氧化剂	氯酸钾、氯酸钠
	6	受撞击、摩擦或与氧化剂、有机物接触时能引起燃烧或爆炸的物质	五硫化磷、三硫化磷
	7	在密闭设备内操作温度大于等于物质本身自燃点的生产	
乙类	1	28℃≤闪点温度<60℃的液体	松节油35℃、异丁醇28℃
	2	爆炸下限≥10%的气体	氨气、液氨
	3	不属于甲类的氧化剂	重铬酸钠、铬酸钾
	4	不属于甲类的化学易燃危险固体	硫磺、工业萘
	5	助燃气体	氧气
	6	能与空气形成爆炸性混合物的浮游态粉尘、纤维，闪点≥60℃液体雾滴	

危险品库规模控制

单座危险品库规模　　　　　　　　　　　　　　　　表3

储存物品的火灾危险性类别		耐火等级	允许层数	每座仓库最大允许占地面积（m²）		
				单层仓库	多层仓库	高层仓库
甲	3,4项	一级	1	180	—	—
	1,2,5,6项	一、二级	1	750	—	—
乙	1,3,4项	一、二级	3	2000	900	—
		三级	1	500	—	—
	2,5,6项	一、二级	5	2800	1500	—
		三级	1	900	—	—

注：本表数据摘自《建筑设计防火规范》GB 50016-2014 表3.3.2。

危险品经营企业库场规模和建筑间距　　　　　　　　表4

规模等级	库房或货场总面积S（m²）	建筑间距要求
小型	S<550	符合《建筑设计防火规范》GB 50016的规定
中型	550≤S≤9000	与周围公共建筑、交通干线（公路、铁路、水路）、工矿企业间距≥1000m
大型	S>9000	

注：1. 本表数据摘自《危险化学品经营企业开业条件和技术要求》GB 18265-2010，该标准适用于我国境内从事危险化学品交易和配送的任何经营企业。
2. 大中型库区需分设库区、生活区，二者用2m以上实体墙分隔，围墙与库区建筑间距大于5m，满足防火间距要求。

使用企业危险品库储量控制　　　　　　　　　　　　表5

企业类型	仓库面积（m²）	储量	
小型	≤550	压缩气体和液化气体	≤50瓶
		易燃液体	≤3t
		易燃固体、自燃物品和遇湿易燃物品	≤1t
		氧化剂和有机过氧化物	≤0.5t
		有毒品（不包括剧毒化学品）	≤0.5t
		腐蚀品	≤10t
大中型	—	≤50%Q	

注：1. 本表依据北京市地方标准《危险化学品仓库建设及储存安全规范》DB 11/755-2010编制。
2. Q为危险化学品临界量，大中小型企业依据《统计上大中小型企业划分办法》（国统字[2003]17号）划分。

危险品库风险控制

凡单项危险品或危险品总储量超过《危险化学品重大危险源辨识》GB 18218规定的危险品临界点，则属重大危险源，必须按重大危险源设防要求设计和进行风险评估。

危险品库选址

1. 大中型危险品库应设在远离城市中心和人员稀少区域，应远离风景名胜和自然保护区、军事管理区等。
2. 危险品库禁止设在住宅、商业、公共建筑和交通枢纽核心区以及人员密集活动区附近。
3. 企业自备小型危险品库或危险品综合库应设在厂区边缘安全地带。
4. 危险品仓库应设在常年主导风向的下风向，并应远离饮用水源，避免泄漏产生的次生灾害危及周边区域。
5. 存放甲、乙类物品的专用仓库，存放甲、乙、丙类液体储罐区，易燃材料堆场等，宜设在地势较低的安全地。
6. 危险品库应避开地质条件不良和易发地质灾害区，库区和库房不应设在断裂带上或位于断裂带附近。
7. 危险品库设计标高应高于当地潮水（洪水）淹没最高水位0.5m以上。

[1] 本章节危险品库仅指机械、电子、轻工等制造企业、运输企业（航空、公路、铁路、水运）自用危险品库，不包含石油、化工、军工行业的危险品库。

危险化学品储量与安全距离

建筑安全距离表（单位：m） 表1

名称 \ 储量	甲类3、4项 ≤5t	甲类3、4项 >5t	甲类1、2、5、6项 ≤10t	甲类1、2、5、6项 >10t
重要公共建筑	50.0			
甲类仓库	20.0			
民用建筑明火或散发火花地点	30.0	40.0	25.0	30.0
其他建筑 一、二级耐火	15.0	20.0	12.0	15.0
其他建筑 三级耐火	20.0	25.0	15.0	20.0
其他建筑 四级耐火	25.0	30.0	20.0	25.0
室外变电、配电站	30.0	40.0	25.0	30.0
厂外铁路线中心线	40.0			
厂内铁路线中心线	30.0			
厂外道路路边	20.0			
厂内道路路边 主要	10.0			
厂内道路路边 次要	5.0			

注：本表数据摘自《建筑设计防火规范》GB 50016-2014。

危险品库设计要点

1. 所有危险品库功能仅限于存储或暂存，严禁在危险品库内设计有关加工处理作业间和与生产有关的作业活动（如加工、拆解或组装、改换包装等）。

2. 危险品库各类危险品必须按各类危险品设分间，用防火墙（防护墙）分隔，严禁将不同性质的危险品混合存放，化学性质、防护方法或灭火方法相互抵触的危险品，应单独隔间存放。

3. 各隔间需针对每类危险品设防，设防措施应能有效地避免事故时产生次生灾害或扩大事故，且不允许污染环境。

4. 当少量不同类物品存储在同一房间内时，应按所存物品中最高危险性物品设防。

5. 危险品库建筑应为单层，其建筑分隔、防火、防爆、建筑间距等应符合国家标准和专业防护标准。存储甲、乙类危险品库房严禁布置在建筑物的地下室、半地下室。

6. 储存易爆、易燃、可燃液体的建筑应设泄压面，泄压面积与库房容积之比应符合《建筑设计防火规范》GB 50016规定。

7. 危险品库房应避免阳光直射，地面应采取静电消除措施且采用不发火地面。

8. 储存易燃、可燃液体房间的室内地面标高应低于房间门口标高0.15m，应设置防止液体流散的防泄排液堤。室内地面应设排液槽，末端应设室内或室外集液池。集液池容积应能容纳事故排出的全部液体。

9. 库房组合：当企业危险品总存量远低于临界值时，可将油料、化学品、气瓶库组合为油化库，在库内分隔间存放零星化学危险品和少量火灾危险性甲类、乙类物品。

10. 当企业仅存放少量油料、化学品、气瓶、放射、有毒、磁性等危险品时，可组合建筑为危险品综合库，但各类危险品应分隔间存放。

11. 当运输服务型及工业企业仅存储不具火灾和爆炸危险性的有毒、感染、放射、磁性等危险性等物品时，可不配建独立的危险品库建筑，允许在站房或厂房内配建专用危险品库，但其建筑总面积不宜大于180m²。

12. 危险品库应设安全防范系统，火灾报警、气体浓度检测、射线探测、灭火等系统；配套人员防护、洗消装置和值守设施。

储存原则

应根据危险品特性分区、分类、分库贮存，各类危险品不应与其相禁忌化学品混合储存，存放方式和相互间距见表5、表6，危险化学品储存禁忌见《化学危险物品混存性能互抵表》（后页表1），允许特例确定生产火灾危险性类别的危险品最大允许量见后页表2。

存储方式 表2

储存方式	说明
露天储存	桶装、瓶装甲类液体以及遇水产生火灾、爆炸的物质不应露天布置
隔离储存	不同品种的非禁忌物料，在同一房间、区域，以通道隔开一定距离储存
隔开储存	在同一房间、区域，以隔板或墙，将禁忌物品分离储存
分离储存	储存在不同的独立建筑或外部区域的储存方式

不同存储方式的存储量及最小安全距离要求 表3

项目 \ 存储方式	露天	隔离	隔开	分离
单位面积平均储存量（t/m²）	1.0~1.5	0.5		0.7
单一储存区最大储存量（t）	2000~2400	200~300		400~500
垛距（m）	2	0.3~0.5		
通道宽（m）	4~6	1~2		5
墙距（m）	2	0.3~0.5		
禁忌距离（m）	10	不得在同一隔间储存		7~10

危险品综合库隔间设防要求 表4

危险品类别	隔间名称	设防要求
1	易爆物品间	
2	易燃固体间	防火、泄爆、防潮、可燃气体浓度探测
3	易燃气体间	
4	易燃液体间	防火、泄爆、防潮、可燃气体浓度探测、排放集污坑
5	氧化物品间	防火、泄爆、防潮
6	腐蚀物品间	防腐蚀、集污坑
7	有毒物品间	防潮、集污坑
8	放射物品间	防射线辐射、泄漏及屏蔽
9	其他物品间	防潮

注：有存储温度要求的危险品可设空调、冷库、冰箱。

危险品库设计参考数据

危险品库耐火等级、层数、防火分区面积 表5

储存物品的火灾危险性类别	耐火等级	允许层数	每个防火分区最大允许建筑面积（m²） 单层仓库	多层仓库	高层仓库
甲 3、4项	一级	1	60	—	—
甲 1、2、5、6项	一、二级	1	250	—	—
乙 1、3、4项	一、二级	3	500	300	—
乙 1、3、4项	三级	1	250	—	—
乙 2、5、6项	一、二级	5	700	500	—
乙 2、5、6项	三级	1	300	—	—

注：1. 本表数据摘自《建筑设计防火规范》GB 50016-2014。
2. 采用自动灭火设备的库房防火分区面积可增加一倍。

危险品库地坪荷载和要求 表6

名称	地坪荷载（kN/m²）	基本要求
油料库	30	防火、泄爆、耐油、防静电
丙类油料库	30	防火、耐油、防静电
化学品综合库	20	防火、泄爆、防静电
甲乙类化学品库	20	防火、泄爆、防静电
腐蚀品	20	耐腐蚀
气瓶库	20	防火、泄爆、防静电

危险品库通风换气 表7

名称	通风换气次数（次/小时）	备注
易燃油库	≥12	排出气体应作无害化处理
润滑油库	≥3	
酸碱类储存间	≥12~15	排出气体应作无害化处理
化学品库	≥12	排出气体应作无害化处理
气瓶库	≥6	

化学危险物品混存性能互抵表

表1

化学危险性分类	小类	爆炸性物品				氧化剂				压缩气体及液化气体				自燃物品		遇水燃烧物品		易燃液体		易燃固体		毒害性物品				腐蚀性物品				放射性物品
		点火器材	起爆器材	爆炸及爆炸性物品	其他爆炸性物品	一级无机	一级有机	二级无机	二级有机	剧毒	易燃	助燃	不燃	一级	二级	一级	二级	一级	二级	一级	二级	剧毒无机	剧毒有机	有毒无机	有毒有机	酸性		碱性		
																										无机	有机	无机	有机	
爆炸性物品	点火器材	○																												
	起爆器材	○	○																											
	爆炸及爆炸性物品	○	×																											
	其他爆炸物品	○	×	×	○																									
氧化剂	一级无机	×	×	×	×	①																								
	一级有机	×	×	×	×	×	○																							
	二级无机	×	×	×	×	○	×	②																						
	二级有机	×	×	×	×	○	○	○																						
压缩气体及液化气体	剧毒	×	×	×	×	×	×	×	×	○																				
	易燃	×	×	×	×	×	×	×	×	×	○																			
	助燃	×	×	×	×	×	×	分	×	○	×	○																		
	不燃	×	×	×	×	分	消	分	分	○	○	○	○																	
自燃物品	一级	×	×	×	×	×	×	×	×	×	×	×	×	○																
	二级	×	×	×	×	×	×	×	×	×	×	×	×	×	○															
遇水燃烧物品	一级	×	×	×	×	×	×	×	×	×	×	×	消	×	×	○														
	二级	×	×	×	×	×	×	×	×	×	×	×	消	×	消	×	○													
易燃液体	一级	×	×	×	×	×	×	×	×	×	×	×	×	×	×	×	×	○												
	二级	×	×	×	×	×	×	×	×	×	×	×	×	×	×	×	×	○	○											
易燃固体	一级	×	×	×	×	×	×	×	×	×	×	×	×	×	×	×	×	消	消	○										
	二级	×	×	×	×	×	×	×	×	×	×	×	×	×	×	×	×	消	消	○	○									
毒害性物品	剧毒无机	×	×	×	×	分	×	分	消	分	分	分	分	×	分	消	消	消	消	分	分	○								
	剧毒有机	×	×	×	×	×	×	×	×	×	×	×	×	×	×	×	×	×	×	×	×	○	○								
	有毒无机	×	×	×	×	分	×	分	×	分	分	分	分	×	分	消	消	消	消	分	分	○	○	○							
	有毒有机	×	×	×	×	×	×	×	×	×	×	×	×	×	×	×	×	分	分	消	消	○	○	○	○						
腐蚀性物品	酸性 无机	×	×	×	×	×	×	×	×	×	×	×	×	×	×	×	×	×	×	×	×	○	×	×	×	○				
	酸性 有机	×	×	×	×	×	×	×	×	×	×	×	×	×	×	×	×	×	×	×	×	×	×	×	×	×	○			
	碱性 无机	×	×	×	×	分	消	分	分	分	分	分	分	×	分	消	消	分	分	分	分	○	×	○	×	×	×	○		
	碱性 有机	×	×	×	×	×	×	×	×	×	×	×	×	×	×	×	×	×	×	消	消	×	×	×	×	×	×	×	○	
放射性物品		×	×	×	×	×	×	×	×	×	×	×	×	×	×	×	×	×	×	×	×	×	×	×	×	×	×	×	×	○

注：1. 表中符号说明：
　　○—可以混存；×—不可以混存；
　　"分"—指应按化学危险品的分类进行分区分类贮存，如果物品不多或仓位不够时，因其性能并不互相抵触，也可以混存；
　　"消"—指两种物品性能并不互相抵触，但消防施救方法不同，条件许可时最好分存；
　　①—说明过氧化钠等氧化物不宜和无机氧化剂混存。
　　②—说明具有还原性的亚硝酸钠等亚硝酸盐类，不宜和其他无机氧化剂混存。
　2. 凡混存物品，货垛与货垛之间，必须留有1m以上的距离，并要求包装容器完整，不使两种物品发生接触。
　3. 数据摘自《易燃易爆性商品储藏养护技术条件》GB 17914-2013。

可不按物质火灾危险特性确定生产火灾危险性类别的最大允许量

表2

火灾危险性		火灾危险性的特性	物质名称举例	最大允许量	
				与房间容积的比值	总量
甲类	1	闪点＜28℃的液体	汽油、丙酮、乙醚	0.004L/m³	100L
	2	爆炸下限＜10%的气体	乙炔、氢、甲烷、乙烯、硫化氢	1L/m³（标准态）	25m³（标准态）
	3	常温下能自行分解导致迅速自燃爆炸的物质	硝化棉、硝化纤维胶片、喷漆棉、火胶棉	0.003kg/m³	10kg
		在空气中氧化即导致迅速自燃的物质	黄磷	0.006kg/m³	20kg
	4	常温下受到水和空气中水蒸气的作用能产生可燃气体并能燃烧或爆炸物质	金属钾、钠、锂	0.002kg/m³	5kg
	5	遇酸、受热、撞击、摩擦、催化以及遇有机物或硫磺等易燃的无机物能引起爆炸的强氧化剂	硝酸铵、高氯酸铵	0.006kg/m³	20kg
		遇酸、受热、撞击、摩擦、催化以及遇有机物或硫磺等极易分解引起燃烧的强氧化剂	氯酸钾、氯酸钠、过氧化钠	0.015kg/m³	50kg
	6	与氧化剂、有机物接触时能引起燃烧或爆炸的物质	赤磷、五硫化磷	0.015kg/m³	50kg
	7	受水或空气中水蒸气的作用能产生爆炸下限＜10%的气体的固体物	电石	0.075kg/m³	100kg
乙类	1	28℃≤闪点温度＜60℃的液体	煤油、松节油	0.02L/m³	200L
	2	爆炸下限≥10%的气体	氨	5L/m³（标准态）	50m³（标准态）
	3	助燃气体	氧、氟	5L/m³（标准态）	50m³（标准态）
		不属于甲类的氧化剂	硝酸、硝酸铜、铬酸、发烟硫酸、铬酸钾	0.025kg/m³	80kg
	4	不属于甲类的化学易燃危险固体	赛璐珞板、硝化纤维色片、镁粉、铝粉	0.015kg/m³	50kg
			硫磺、生松香	0.075kg/m³	100kg

注：1. 数据摘自《建筑设计防火规范》GB 50016-2014条文说明。
　2. 一般情况下，当储存的危险物品量不超过本表规定时，可不按其物质火灾危险特性确定建筑的生产火灾危险性类别。

气瓶库概述

气瓶库指存储瓶装压缩与液化气体的库房，其中具有燃烧、爆炸、有毒、腐蚀性的气体都属于危险品类，即使钢瓶内气体无毒、不燃、无腐蚀，但液化后瓶内气体大多是高压和液化态，钢瓶属压力容器，因此，用量较大的企业都配建专业化气瓶库（间）存放气瓶。

国内外通常将瓶装气体分为三大类，即永久气体、液化气体、溶解气体，其分组特性见表1，瓶装气体详细分类规定见《瓶装压缩气体分类》GB 16163。

瓶装气体分类　　　　　　　　　　　　　　　表1

大类	临界温度T		FTSC分组
永久气体	$T<-10℃$	a组	不燃和不燃有毒气体
		b组	可燃和可燃有毒气体
液化气体	高压液化气体 $-10℃≤T≤70℃$	a组	不燃和不燃有毒气体
		b组	可燃和可燃有毒气体
		c组	化学性质不稳定易燃气体
	低压液化气体 $T>70℃$	a组	不燃和不燃有毒气体
		b组	可燃和可燃有毒气体
		c组	化学性质不稳定易燃气体

注：1. FTSC编码（F—燃烧性、T—毒性、S—气体20℃状况、C—腐蚀性）。
2. 一些气体同时具有易燃、易爆、有毒、腐蚀性。
3. 瓶装气体详细分类规定见《瓶装压缩气体分类》GB 16163-2012。

气瓶库设计要点

1. 气瓶库应为单层建筑，耐火等级不低于二级。室内净高不低于4m，不允许布置在地下或半地下建筑内。

2. 通常单座气瓶库最大容量不应超过3000瓶，且必须采用防火墙分隔成若干间，每间限存可燃或有毒气体500瓶，不燃或无毒气体1000瓶。

3. 当某类气瓶存量较大时，宜采用独立建筑。当中小型企业仅存放少量气瓶时，可在油化库中设气瓶间，但不同种类气瓶应在建筑物内设分间存放，以无门、窗、洞的防火墙隔开。

4. 气瓶库和相邻的厂房、公共建筑、居住建筑以及铁路、公路之间的距离应符合表2的规定。

气瓶库房与相邻建筑物的安全间距　　　　　　表2

瓶库最大储存量	相邻建筑物和道路	最小间距(m)
500只以下	气瓶库、厂房、库房	20
501～1500只		25
1501～3000只		30
与储存量无关	民用建筑	50
	公共场所	100
	铁路（厂外/厂内）	40/30
	道路（厂外/厂内/次要）	20/10/5

注：储存量按40L气瓶折合。

5. 不同种类气瓶应按瓶装气体分类分间存放，严禁将化学、物理性质相抵触的气瓶同间存放，混合储存。

6. 储存气体的爆炸下限小于10%时，库房应设计泄压面，泄压面积与库房容积之比符合国家标准《建筑设计防火规范》GB 50016规定，泄压面应避开人员集中区域和交通要道。

7. 气瓶库门窗应向外开，每间应有直通室外的出口。

8. 地面应平坦而不打滑，可燃易爆气体间采用不发火和泄静电材料，宜采用铝板、沥青、水泥或木砖铺设。

9. 为便于装卸气瓶和减少气瓶损伤，运输量较大的气瓶库应设站台，站台高度按运输工具高度确定，站台进深应不少于2m。

10. 室内标高一般应高出室外地坪0.2m，设装卸站台库房的室内地坪宜应比站台面高出50mm。

11. 库房温度应根据气瓶内介质确定，一般应在5℃以上、35℃以下，高于35℃时，应采取喷淋冷却等降温措施。可燃、易爆气瓶库严禁明火，相对湿度控制在70%~80%。代表气体适宜存储温度见表3。

代表物品适宜存储温度　　　　　　　　　　表3

代表物质名称	温度（℃）
乙胺	≤10
光气、氯甲烷、溴甲烷、氯乙烯	≤30
乙烷、甲醚、丁烷、丁二烯	≤30
一甲胺、二甲胺、三甲胺	≤30
环氧乙烷	≤32
氯炔、氟化氰、二氧化硫	≤35

12. 各隔间应采用通风换气装置，风量以事故排气量为基数，每小时换气量为基数的7倍以上。

13. 存放可燃气瓶的库房属爆炸危险场所，内部所有照明灯具、用电装置应采用防爆安全型。电气开关和熔断器等应装在库房外。

14. 储存可燃气体气瓶的库房必须装设避雷装置。

15. 气瓶库应设计完善的安全措施，防盗、防火、防爆、防泄漏和防污染。有毒、可燃或窒息性气体间应安装气体浓度自动探测和报警系统，凡有条件者，均应安装火灾报警、气体浓度探测、自动灭火等安全防范系统。

有毒物品贮存

有毒物品分为两类：毒害性化学品和感染性物品。

1. 毒害性化学品储存环境应符合《毒害性商品储藏养护技术条件》GB 17916，必须专库储存，存放间应避免阳光直射，干燥，通风良好，地面宜用水磨石、瓷砖等铺设。室内设1.8m高墙裙或油漆刷墙。门窗应为密闭的防盗门窗，宜采用机械通风。通风系统应有阻止有毒物质外溢的安全过滤措施，有毒物品存间排水必须设置独立的集水坑，不允许直接排放。

2. 感染性物品主要指疫苗、病毒、菌株类，其存放间除具备前述条件外，还应配置提供低温存储条件的设备。

放射性物品库

放射性物品库的地面、墙、屋顶、门等建筑，必须具有防射线穿透的功能。门口设阻挡射线屏风，配放射剂量报警装置。

腐蚀性物品库

1. 腐蚀性化学危险品库应满足《腐蚀性商品储藏养护技术条件》GB 17915，应避免阳光直射，阴凉、通风、干燥，建筑地面、墙面与顶棚均经防腐蚀处理。

2. 腐蚀性物品间应设集污坑，室内地坪应低于门栏0.15m。库内地面可铺0.10m厚砂层保护地面。

化学危险品库 / 行业危险物品存储 [121] 物流建筑

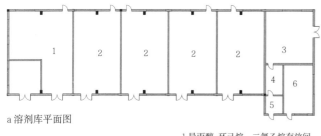

a 溶剂库平面图

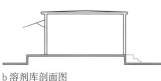

b 溶剂库剖面图

1 异丙醇-环己烷、二氯乙烷存放间
2 甲醇、乙醇存放间
3 空调机房
4 仪表间
5 管理间
6 消防间

1 北京制药厂溶剂库

名称	建筑面积	建筑形式	设计时间	设计单位
北京制药厂溶剂库	942m²	独立建筑	1988	中国中元国际工程有限公司

业务类型：企业自用危险品库。
危险性：甲类及乙类。
结构形式：混凝土框架。
特点：库房为独立建筑，各类危险品分间存放，容器包装，地面堆存。
用途：存储无水乙醇、甲醇等溶剂，属甲类易燃危险品，其余少量属乙类危险品。
库房高度：4.2m

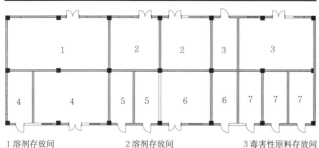

1 溶剂存放间　　2 溶剂存放间　　3 毒害性原料存放间
4 碱性物品存放间　5 碱性物品存放间　6 酸性物品存放间
7 酸性腐蚀品存放间

2 北京制药三厂危险品综合库平面图

名称	建筑面积	建筑形式	设计时间	设计单位
北京制药三厂危险品综合库	456m²	独立建筑	1993	中国中元国际工程有限公司

业务类型：企业自用危险品库。
危险性：甲类及乙类。
结构形式：混凝土框架。
特点：库房为单层危险品库，顶泄压；危险品分类分间存放，容器或木箱包装，地面堆存。
用途：主要存储生产用危险和管制品原料，溶剂等甲类易燃危险品。
库房高度：4.5m

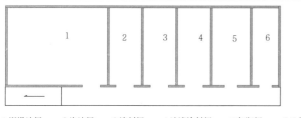

1 润滑油间　2 汽油间　3 溶剂间　4 油漆涂料间　5 气瓶间　6 乙炔间

3 北京某汽车制造公司油料化学品综合库平面图

名称	建筑面积	建筑形式	设计时间	设计单位
北京某汽车制造公司油料化学品综合库	456m²	独立建筑	1989	中国中元国际工程有限公司

业务类型：企业自用油化危险品库。
危险性：甲类及乙类。
结构形式：砖混。
特点：单层危险品库，屋顶泄压；各类危险品分间存放，油料、化学品容器包装，地面堆存。
用途：存储生产用油料和化学品，其中的汽油、溶剂甲类危险品，润滑油丙类。
库房高度：4.2m

a 特运库平面图

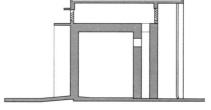

b 特运库剖面图

1 易爆物品间
2 杂项危险品间
3 易腐蚀物品间
4 放射物品间
5 氧化物品间
6 有毒物品间
7 易燃固体物品间
8 易燃液体物品间
9 易燃气体间

4 郑州新郑国际机场二期建设项目货运站工程

名称	建筑面积	建筑形式	设计时间	设计单位
郑州新郑国际机场二期建设项目货运站工程	195.48m²	单层危险品库，独立建筑	2014	中国中元国际工程有限公司

业务类型：危险品综合库。
危险性：甲类。
结构形式：钢筋混凝土框架结构。
特点：库房为独立建筑，屋顶泄压；9类危险品分间存放，地面堆存，危险品包装满足航空运输规定。
用途：暂存因天气原因和航班延误不能及时运输的9类危险品。
库房高度：6.35m

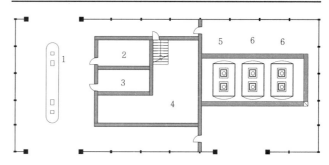

a 地下油库及加油站平面图

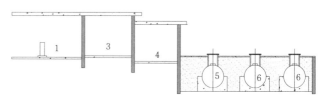

1 加油机　2 控制室　3 管理室　4 油泵间　5 汽油储罐　6 柴油储罐

b 地下油库及加油站剖面图

5 北京某工程机械公司加油站及地下油罐

名称	建筑面积	建筑形式	设计时间	设计单位
北京某工程机械公司加油站及地下油罐	525m²	单层危险品库，独立建筑	1995	中国中元国际工程有限公司

业务类型：企业自用危险品库。
危险性：甲类。
结构形式：钢筋混凝土框架。
特点：加油站由地下汽油储罐和柴油储罐供油。加油站在地面，油罐埋地，油料通过泵房管道泵入车间内总装线上的加油站，对下线试车的车辆加油。
用途：主要存储生产用汽油和柴油。
库房高度：6.5m

物流建筑 [122] 行业危险物品存储 / 化学危险品库

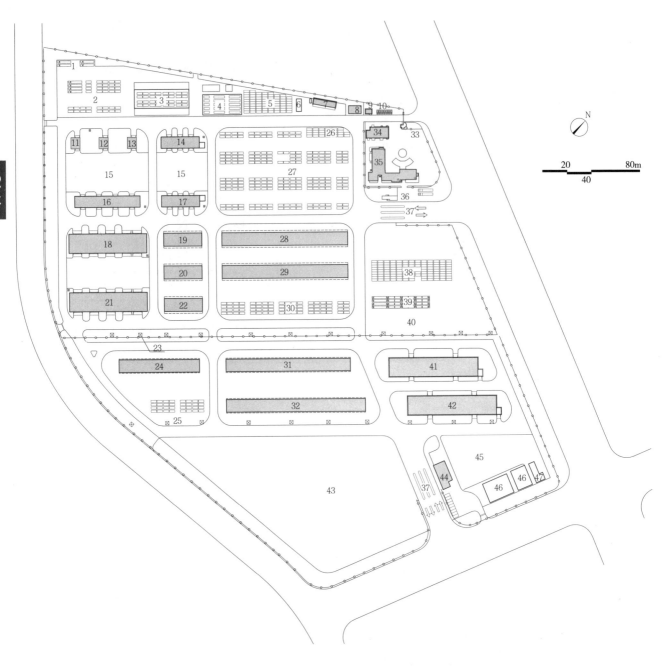

1 冷藏、冷冻集装箱中转场	2 整集装箱中转场	3 货棚	4 集装箱冲洗场地	5 空箱场地	6 冲洗场地
7 作业机械保养间	8 消防水泵房	9 生活水泵房	10 停车场	11 1号仓库	12 2号仓库
13 3号仓库	14 5号仓库	15 拆装箱场地	16 4号仓库	17 6号仓库	18 7号中转库
19 2号货棚	20 3号货棚	21 8号中转库	22 4号货棚	23 避雷塔	24 1号货棚
25 重箱堆放区	26 空箱场地	27 重箱堆箱	28 5号货棚	29 6号货棚	30 综合楼
31 7号货棚	32 8号货棚	33 门卫室	34 变电所	35 综合楼	36 闸口控制室
37 卡扣	38 空箱场地	39 集装箱堆场	40 冷藏箱场地	41 1号中转库	42 2号中转库
43 预留场地	44 检查值班室	45 空箱堆场	46 消防水池	47 加压泵房	

1 芦潮港危险品作业区总平面布置图

名称	建筑面积	建筑形式	设计时间	设计单位
芦潮港危险品作业区	15.0万m²	独立建筑	2008	中交第三航务工程勘察设计院有限公司

业务类型：港口运输化学危险品货场。
危险性：存放甲类、乙类、爆炸、有毒化学品，属重大危险源。
建筑形式：危险品货场由露天货场、货棚、危险品库等组成。
结构形式：危险品库混凝土框架；货棚：钢架无围护；集装场：硬化地坪。
特点：海运港口危险品货场，由危险品存放场、集装箱堆场、拆箱场、空集装箱堆场、危险品货棚、危险品库房、消防水池、加压泵房、变配电和综合办公楼等组成。工程规划分三期建设，其中一、二期已经建成。
用途：主要存储海运的各类化学危险品。
数据：陆域占地面积15.0万m²，其中货场面积30970m²；货场三期预留面积16250m²；库房面积9539m²，道路面积12579m²。

定义

1. 爆炸危险性物流建筑指用于储存非军事定义的各种炸药（起爆药、猛炸药、火药、烟火药等）及其制品（油气井及地震勘探用或其他用途的爆破器材等）、火工品（雷管、导火索、导爆索等）、烟花爆竹的各类型仓库。
2. 物流建筑中危险品物品库指危险品、危化品从生产厂运出后，运往使用单位、销售单位的仓储库房。

分类

1. 爆破作业单位储存民用爆炸物品的最大储存量不大于表1所规定，简称小型库。

小型民用爆炸物品储存库单库单一品种最大允许储存量　表1

序号	产品类别	最大允许储存量
1	工业炸药及制品	5000kg
2	黑火药	3000kg
3	工业导爆索	5000m（计算药量600kg）
4	工业雷管	20000发（计算药量20kg）
5	塑料导爆索	10000m

2. 地面火药、炸药仓库：在地面建设，四周设有门、窗，用于储存火药、炸药的建筑，简称地面库。
3. 覆土火药、炸药仓库：简称覆土库，分两种形式，一种是仓库后侧长边紧贴山丘，顶部覆土，在前侧长边覆土至顶部，两侧山墙为仓库出入口及装卸站台；另一种是其顶部覆土至仓库两侧及背后，前墙设有仓库出入口及装卸站台。
4. 地下火药、炸药仓库：由山体表面向山体内水平掘进的用于储存火药、炸药的洞室。主要由引洞、主洞室组成，部分包括排风竖井、进风地沟，简称洞库（岩石洞库、黄土洞库）。

设计规范

《小型民用爆炸物品储存库安全规范》GA 838；《民用爆破器材工程设计安全规范》GB 50089；《烟花爆竹工程设计安全规范》GB 50161；《地下及覆土火药炸药仓库设计安全规范》GB 50154。

爆炸危险品及库房的等级

1.1级：危险品具有整体爆炸危险性。
1.2级：危险品具有迸射破片的危险性但无整体爆炸危险性。
1.3级：危险品具有燃烧危险和较小爆炸或较小迸射危险，或两者兼有，但无整体爆炸危险性。
1.4级：危险品无重大危险性，但不排除某些危险品在外界强力引燃、引爆条件下的燃烧爆炸危险作用。

爆炸危险品仓库选址

1. 选择地面库、覆土库的库址在地形地质方面应符合下列要求：
（1）库址宜为浅山区或深丘地带；
（2）库址不应选在防治措施困难的滑坡地带及有泥石流通过的沟谷地带；
（3）地面库宜设置在偏僻地带或边缘地带，远离居住区。
2. 选择岩石洞库的库址在地形地质方面应符合下列要求：
（1）洞库所在山体宜山高体厚、山形完整，不应有大的地质构造，以及滑坡、危岩和泥石流危害；

（2）地下水应少，岩体中不应有有害气体和放射性物质。
3. 选择黄土洞库的库址在地形地质方面宜符合下列要求：
（1）所选山谷宜稳定，土体应完整，不应有浅表水系；
（2）进洞土层宜为晚更新世马兰黄土、中更新世离石黄土；
（3）库址上游的雨水汇水面积宜小。

小型库危险品的存放规定

1. 堆垛之间应留有检查、清点民用爆炸物品的通道，通道宽度不应小于0.6m，堆垛边缘与墙的距离不应小于0.2m。
2. 各种民用爆炸物品整箱堆放高度，工业雷管、黑火药不应超过1.6m，炸药、索类不应超过1.8m，宜在墙面画定高线。

小型库建筑设计要点

1. 1.1级储存库的耐火等级应符合《建筑设计防火规范》GB 50016中二级耐火等级的规定，1.4级和面积小于20m²的1.1级储存库的耐火等级可为三级。
2. 储存库应为单层建筑，可采用砖墙承重，屋盖宜为钢筋混凝土结构，净高度不宜低于3m。
3. 储存库的门均应向外开启，外层门应为防盗门，内层门应为加金属网的通风栅栏门。
4. 储存库内任一点到门口的距离不应大于15m，门的宽度不宜小于1.5m，高度不宜小于2.0m，不应采用侧拉门、弹簧门、卷闸门，不应设置门槛。
5. 储存库的窗应能开启并应配置铁栅栏和金属网，视情况可在窗下靠近地面的适当部位设置通风孔并配铁栅栏和金属网。
6. 储存库地面宜采用不发生火花的地面，当以包装箱方式储存且不在储存库内开箱时，储存库地面可采用一般地面。

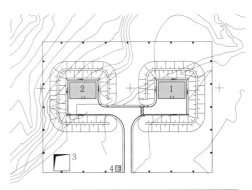

图例	
防护屏障	运输道路
建筑物	涵洞
排水明沟	密砌围墙

总图编号	名称	危险等级	计算药量（kg）
1	工业炸药库	1.1(TNT当量<1)	3000
2	工业雷管库	1.1(TNT当量=1)	20（2万发）
3	消防水池		
4	岗哨及大门		

1 小型库区总平面示例图

注：值班室在库区外安全范围内设置。

小型库区最小内部允许距离要求

工业炸药及制品、工业导爆索、黑火药地面储存库之间最小允许距离不应小于20m，上述储存库与雷管储存库之间最小允许距离不应小于12m。

小型库防护屏障

防护屏障的形式，应根据总平面布置、运输方式、地形条件等因素确定。

防护屏障可采用防护土堤、钢筋混凝土挡墙等形式。

1. 当防护屏障内为单层建筑物时，不应小于屋檐高度；防护屏障内建筑物为单坡屋面时，不应小于低屋檐高度。
2. 防护土堤的顶宽，不应小于1m，底宽应根据土质条件确定，但不应小于高度的1.5倍。
3. 钢筋混凝土防护屏障的顶宽、底宽，应根据计算药量设计确定。
4. 防护屏障的内坡脚与建筑物外墙之间的水平距离不宜大于3m。
5. 在有运输或特殊要求的地段，其距离应按最小使用要求确定，但不应大于15m。有条件时该段防护屏障的高度宜增高2~3m。

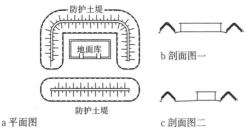

[1] 小型库防护屏障示例图

小型库区最小外部允许距离要求

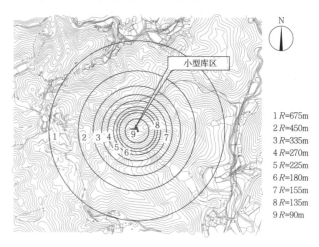

1 R=675m
2 R=450m
3 R=335m
4 R=270m
5 R=225m
6 R=180m
7 R=155m
8 R=135m
9 R=90m

[2] 小型库区最小外部允许距离示例图

1. 人数大于10万人的城市市区规划边缘不得在此范围内。
2. 人数不大于10万人的城镇规划边缘、国家或省级文物保护区、铁路车站不得在此范围内。
3. 高压输电线（500kV）不得在此范围内。
4. 高压输电线（330kV）不得在此范围内。
5. 高压输电线（220kV）、人数大于50人的居民点边缘、企业住宅区建筑物边缘、其他单位围墙不得在此范围内。
6. 二级（含）以上公路、国家铁路不得在此范围内。
7. 高压输电线（110kV）不得在此范围内。
8. 人数不大于50人的零散住户边缘、三级公路、通航汽轮的河流航道、铁路支线不得在此范围内。
9. 高压输电线（35kV）不得在此范围内。

1.1级小型库最小外部允许距离（单位：m） 表1

序号	项目	单个建筑物内计算药量Q（kg）						
		3000<Q≤5000	2500<Q≤3000	2000<Q≤2500	1500<Q≤2000	1000<Q≤1500	500<Q≤1000	Q≤500
1	人数大于50人的居民点边缘，企业住宅区建筑物边缘、其他单位围墙	300	285	265	250	225	195	155
2	人数不大于50人的零散住户边缘	180	170	159	150	135	115	90
3	三级公路、通航汽轮的河流航道、铁路支线	170	170	159	150	135	115	90
4	二级（含）以上公路、国家铁路	225	225	210	200	180	156	120
5	高压输电线（500kV）	600	430	400	375	335	290	232
6	高压输电线（330kV）	570	345	320	300	270	230	186
7	高压输电线（220kV）	540	285	265	250	225	195	155
8	高压输电线（110kV）	200	200	185	175	155	135	105
9	高压输电线（35kV）	120	115	105	100	90	75	60
10	人数不大于10万人的城镇规划边缘、国家或省级文物保护区、铁路车站	600	570	530	500	450	390	310
11	人数大于10万人的城市市区规划边缘	900	855	795	750	675	585	465

注：1. 引自《小型民用爆炸物品储存库安全规范》GA 838-2009。
2. 当危险性建筑物紧靠山脚布置，山高大于20m，山的坡度大于15°时，其与山背后建筑物之间的外部距离可减少30%。
3. 表中二级（含）以上公路系指年平均双向昼夜行车量不小于2000辆者；三级公路系指年平均双向昼夜行车量小于2000辆且不小于200辆者。
4. 在一条山沟中，当两侧山高为30~60m，坡度20°~30°、沟宽40~100m、纵坡4%~10%时，沿沟纵深和出口方向布置的建筑物之间的内部最小允许距离，与平坦地形相比，可适当增加10%~40%；对可能沿山坡脚下直行布置的两座建筑物之间的最小允许距离，与平坦地形相比，可增加10%~50%。
5. 1.4级储存库外部距离不应小于100m。

地面库危险品存放规定

1. 危险品应成垛堆放。堆垛与墙面之间、堆垛与堆垛之间宜设置不小于0.8m宽的检查通道和不小于1.2m宽的装运通道。

2. 堆放炸药类、索类危险品堆垛的总高度不应大于1.8m，堆放雷管类危险品堆垛的总高度不应大于1.6m。

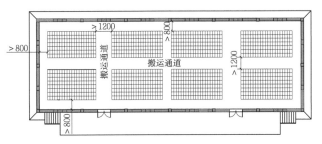

1 危险品成垛存放示意图

地面库防护屏障

防护屏障的设置，应能对本建筑物及周围建筑物起到防护作用。防护屏障的形式，应根据总平面布置、运输方式、地形条件等因素确定。

防护屏障可采用防护土堤、钢筋混凝土挡墙等形式。

1. 当防护屏障内为单层建筑物时，不应小于屋檐高度；防护屏障内建筑物为单坡屋面时，不应小于低屋檐高度。

2. 防护土堤的顶宽不应小于1m，底宽应根据土质条件确定，但不应小于高度的1.5倍。

3. 钢筋混凝土防护屏障的顶宽、底宽，应根据计算药量设计确定。

4. 防护屏障的内坡脚与建筑物外墙之间的水平距离不宜大于3m。

5. 在有运输或特殊要求的地段，其距离应按最小使用要求确定，但不应大于15m。有条件时该段防护屏障的高度宜增高2~3m。

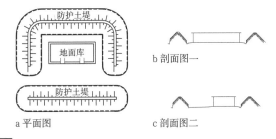

2 地面库防护屏障示意图

地面库建筑设计要点

1. 地面库的建筑构造要求：

地面库安全出口不应少于2个，当仓库面积小于220m²时，可设1个安全出口。库房内任一点到安全出口的距离不应大于30m。

2. 地面库门的设计，应符合下列规定：

（1）地面库的门向外平开，门洞宽度不宜小于1.8m，不应小于1.5m，且不应设置门槛；

（2）当地面库设置门斗时，应采用外门斗，此时的内外两层门均应向外开启；

（3）地面库的门宜为双层，内层门为通风用门，外层门为甲级防火门且具有防盗功能；两层门均应向外开启。

3. 地面库和仓库窗的设置应符合下列规定：

（1）地面库房、仓库的窗宜为窗底距室内地面1.8m的高窗；

（2）地面库的窗，应设置铁栅、金属网和能开启的窗扇，在勒脚处宜设置可开关的活动百叶或带活动防护板的固定百叶窗，并应装设金属网。窗宜向内开启，铁栅设在外侧，金属网设在铁栅与窗之间。金属网的网格宜不大于5mm×5mm。

4. 地面库房和仓库的地面，应符合下列规定：

（1）地面库房、仓库宜采用不发生火花地面。当危险品以包装箱方式存放且在库房和仓库内不出现危险品撒落时，可采用一般地面；

（2）有防静电要求的地面库房和仓库应采用防静电地面，且应符合现行国家标准《导（防）静电地面设计规范》GB 50515的要求。

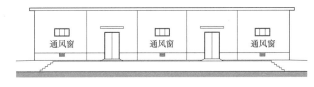

a 立面图一

b 立面图二

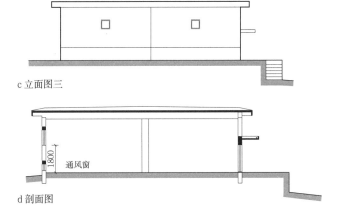

c 立面图三

d 剖面图

3 地面库建筑示意图

物流建筑 [126] 民用爆炸危险品存储 / 地面库

库区总平面

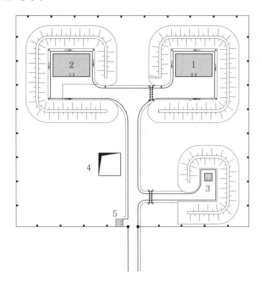

1 炸药库　2 雷管库　3 雷管发放间　4 消防蓄水池　5 大门

总图编号	名称	危险等级	计算药量（kg）
1	工业炸药库（覆土）	1.1（TNT当量<1）	30000
2	工业雷管库（地面）	1.1（TNT当量=1）	400（40万发）
3	雷管发放间	1.1（TNT当量=1）	一箱
4	消防水池		
5	岗哨及大门		

1 地面库区总平面示例图

地面库区最小外部允许距离要求

危险品总仓库区内的危险性建筑物与其周围居住区、公路、铁路、城镇规划边缘等的外部距离，应根据建筑物的危险等级和计算药量确定。

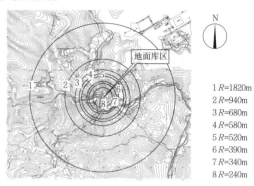

1 $R=1820m$
2 $R=940m$
3 $R=680m$
4 $R=580m$
5 $R=520m$
6 $R=390m$
7 $R=340m$
8 $R=240m$

2 地面库区最小外部允许距离示意图

1. 人数>10万人的城市市区规划边缘不得在此范围内。

2. 人数≤10万人的城镇区规划边缘、220kV以上架空输电线路、220kV及以上的区域变电站围墙不得在此范围内。

3. 人数≤2万人的乡镇规划边缘、220kV架空输电线路、110kV区域变电站围墙不得在此范围内。

4. 人数>500人且≤5000人的居民点边缘、职工总数<5000人的工厂企业围墙不得在此范围内。

5. 人数>50人且≤500人的居民点边缘、职工总数<500人的工厂企业围墙、有摘挂作业的铁路中间站站界或建筑物边缘不得在此范围内。

6. 国家铁路线、二级以上公路，通航的河流航道、110kV架空输电线不得在此范围内。

7. 人数≤50人或户数≤10户的零散住户边缘、职工总数<50人的工厂企业围墙、本厂危险品生产区、加油站不得在此范围内。

8. 非本厂的工厂铁路支线、三级公路、35kV架空输电线路不得在此范围内。

1.1级有防护屏障的地面库距有防护屏障各级仓库的最小内部允许距离（单位：m）　　　　表1

序号	危险品名称	单个建筑物内计算药量（kg）								
		200000	150000	100000	50000	30000	10000	5000	1000	500
1	黑索金、奥克托今、太安、黑梯药柱				80	70	50	40	30	25
2	梯恩梯及其药柱、苦味酸、太乳炸药、震源药柱（高爆速）		45	40	35	30	20	20	20	20
3	雷管、继爆管、爆裂管、导爆索					70	50	40	30	25
4	铵梯（油）类炸药、粉状铵油炸药、铵松蜡炸药、铵沥蜡炸药、多孔粒状铵油炸药、膨化硝铵炸药、粒状粘性炸药、水胶炸药、浆状炸药、胶状和粉状乳化炸药、震源药柱（中低爆速）、射孔弹、穿孔弹、黑火药及其制品	45	40	35	30	25	20	20	20	20

注：1. 本表摘自《民用爆破器材工程设计安全规范》GB 50089-2007。
　　2. 单个计算药量≤1000kg，在两仓库间各自设置防护屏障的部位难以满足构造要求时，该部位处应设置一道防护屏障。
　　3. 危险品总仓库区，不设置防护屏障的1.4级建筑物最小允许距离，不应小于20m。
　　4. 硝酸铵库与其邻近建筑物的最小允许距离，不应小于50m。
　　5. 有防护屏障1.1级建筑物与其邻近无防护屏障建筑物的最小允许距离，应按表中的规定数值增加一倍。

1.1级有防护屏障的地面库距仓库值班室的最小允许距离（单位：m）　　　　表2

序号	值班室设置防护屏障情况	单个建筑物内计算药量（kg）								
		200000	150000	100000	50000	30000	10000	5000	1000	500
1	有防护屏障	220	210	200	170	140	130	90	70	50
2	无防护屏障	350	325	300	250	200	180	120	90	70

注：1. 本表摘自《民用爆破器材工程设计安全规范》GB 50089-2007。
　　2. 当计算药量为中间值时，最小允许距离采用线性插入法确定。

1.1级地面库最小外部允许距离（单位：m） 表1

序号	项目	单个建筑物内计算药量（kg）													
		200000	180000	160000	140000	120000	100000	90000	80000	70000	60000	50000	45000	40000	35000
1	人数小于等于50人或户数小于等于10户的零散住户边缘、职工总数小于50人的企业围墙、本厂危险品生产区、加油站	720	700	670	640	610	570	550	530	510	490	460	440	420	400
2	人数大于50人且小于500人的居民点边缘、职工总数小于500人的企业围墙、有摘挂作业的铁路中间站站界或建筑物边缘	1110	1070	1030	980	930	880	850	820	780	740	700	670	650	620
3	人数大于500人且小于等于5000人的居民点边缘、职工总数小于5000人的企业围墙	1250	1210	1160	1110	1050	990	960	920	880	840	790	760	730	700
4	人数小于等于2万人的乡镇规划边缘、220kV架空输电线路、110kV区域变电站围墙	1470	1420	1360	1300	1240	1160	1120	1080	1030	980	920	900	860	820
5	人数小于等于10万人的城镇区规划边缘、220kV以上架空输电线路、220kV及以上的区域变电站围墙	2000	1930	1850	1760	1680	1580	1530	1480	1400	1330	1260	1210	1170	1120
6	人数大于10万人的城市市区规划边缘	3890	3750	3610	3430	3260	3080	2980	2870	2730	2590	2450	2350	2280	2170
7	国家铁路线、二级以上公路、通航的河流航道、110kV架空输电线路	830	800	770	740	700	660	640	620	590	560	530	500	490	470
8	非本厂的工厂铁路支线、三级公路、35kV架空输电线路	500	490	470	450	420	400	390	370	360	340	320	310	300	280

序号	项目	单个建筑物内计算药量（kg）															
		30000	25000	20000	18000	16000	14000	12000	10000	9000	8000	7000	6000	5000	2000	1000	500	300	100
1	人数小于等于50人或户数小于等于10户的零散住户边缘、职工总数小于50人的企业围墙、本厂危险品生产区、加油站	380	360	340	330	310	300	280	270	260	250	240	230	220	200	180	160	150	130
2	人数大于50人且小于500人的居民点边缘、职工总数小于500人的企业围墙、有摘挂作业的铁路中间站站界或建筑物边缘	590	550	520	500	480	460	430	410	400	380	360	350	330	250	200	170	160	140
3	人数大于500人且小于等于5000人的居民点边缘、职工总数小于5000人的企业围墙	670	630	580	560	540	520	490	460	450	430	410	390	370	270	220	190	170	160
4	人数小于等于2万人的乡镇规划边缘、220kV架空输电线路、110kV区域变电站围墙	780	740	680	660	630	610	580	540	520	500	480	460	430	320	250	220	190	170
5	人数小于等于10万人的城镇区规划边缘、220kV以上架空输电线路、220kV及以上的区域变电站围墙	1060	990	940	900	860	830	770	740	720	680	650	630	590	430	380	310	290	280
6	人数大于10万人的城市市区规划边缘	2070	1930	1820	1750	1680	1610	1510	1440	1400	1330	1260	1230	1160	830	700	600	500	350
7	国家铁路线、二级以上公路、通航的河流航道、110kV架空输电线路	440	410	390	380	360	350	320	310	300	290	270	260	250	190	160	140	110	90
8	非本厂的工厂铁路支线、三级公路、35kV架空输电线路	270	250	240	230	220	210	200	190	180	170	160	150	140	110	90	80	70	60

注：1. 本表摘自《民用爆破器材工程设计安全规范》GB 50089-2007。
2. 计算药量为中间值时，外部距离采用线性插入法确定。
3. 表中二级以上公路系指年平均双向昼夜行车量≥2000辆者；三级公路系指年平均双向昼夜行车量<2000辆且≥200辆者。
4. 新建危险品工厂的外部距离应满足表中序号1~8的规定。现有工厂如在市区或城镇规划范围内，其外部距离应满足表中除序号5、6外的规定。
5. 表中外部距离适用于平坦地形，遇有利地形可适当折减，遇不利地形宜适当增加。

烟花爆竹库危险品堆放规定

库房（仓库）内危险品的堆放应符合下列规定：

1. 危险品堆垛间应留有检查、清点、装运的通道。堆垛之间的距离不宜小于0.7m，堆垛距内墙壁距离不宜少于0.45m；搬运通道的宽度不宜小于1.5m。

2. 烟火药、黑火药堆垛的高度不应超过1.0m；成箱成品堆垛的高度不应超过2.5m。

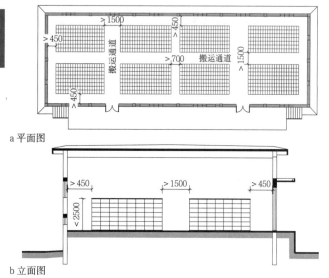

1 危险品成垛堆放示意图

烟花爆竹库建筑危险等级划分

危险性建筑物的危险等级，应按下列规定划分为1.1、1.3级。

1.1级建筑物为建筑物内的危险品在制造、储存、运输中具有整体爆炸危险或有迸射危险，其破坏效应将波及周围。

1.3级建筑物为建筑物内的危险品在制造、储存、运输中具有燃烧危险。偶尔有较小爆炸或较小迸射危险，或两者兼有，但无整体爆炸危险，其破坏效应局限于本建筑物内，对周围建筑物影响较小。

根据破坏能力划分为1.1^{-1}、1.1^{-2}级。

1.1^{-1}级建筑物为建筑物内的危险品发生爆炸事故时，其破坏能力相当于TNT的仓库。

1.1^{-2}级建筑物为建筑物内的危险品发生爆炸事故时，其破坏能力相当于黑火药的仓库。

烟花爆竹库建筑设计要点

1. 烟花爆竹库应根据当地气候和存放物品的要求，采取防潮、隔热、通风、防小动物等措施。

2. 烟花爆竹库宜采用现浇钢筋混凝土框架结构，也可采用钢筋混凝土柱、梁承重结构或砌体承重结构。屋盖宜采用现浇钢筋混凝土屋盖，也可采用轻质泄压或轻质易碎屋盖。1.3级仓库屋盖当采用现浇钢筋混凝土屋盖时，宜多设置门和高窗或采用轻型转护结构等。

3. 当仓库（或储存隔间）的建筑面积大于100m²（或长度大于18m）时，安全出口不应少于2个。

4. 当仓库（或储存隔间）的建筑面积小于100m²，且长度小于18m时，可设1个安全出口。

5. 仓库内任一点至安全出口的距离不应大于15m。

6. 仓库的门应向外平开，门洞的宽度不宜小于1.5m，不得设门槛。

7. 当仓库设计门斗时，应采用外门斗，且内、外两层门均应向外开启。

8. 总仓库的门宜为双层，内层门为通风用门，通风用门应有防小动物进入的措施。外层门为防火门，两层门均应向外开启。

9. 危险品总仓库的窗宜设可开启的高窗，并应配置铁栅和金属网。在勒脚处宜设置可开关的活动百叶窗或带活动防护板的固定百叶窗。窗应有防小动物进入的措施。

10. 当危险品已装箱并不在库内开箱时，可采用一般地面。

烟花爆竹库区最小内部允许距离要求

1.1^{-1}级仓库与邻近危险品仓库的内部最小允许距离（单位：m） 表1

计量药量Q(kg)	单有屏障	双有屏障
9000<Q≤10000	65	40
7000<Q≤9000	62	37
5000<Q≤7000	56	33
3000<Q≤5000	50	30
1000<Q≤3000	40	25
500<Q≤1000	30	20
100<Q≤500	25	15
Q≤100	20	12

注：本表摘自《烟花爆竹工程设计安全规范》GB 50161-2009。

1.3级仓库与邻近危险品仓库的内部最小允许距离（单位：m） 表2

计量药量Q(kg)	单有屏障
15000<Q≤20000	56
10000<Q≤15000	50
5000<Q≤10000	40
1000<Q≤5000	30
500<Q≤1000	25
Q≤500	20

注：本表摘自《烟花爆竹工程设计安全规范》GB 50161-2009。

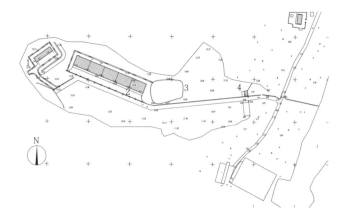

序号	名称	危险等级	计算药量(t)	备注
1	1.1级仓库	1.1	1	新建
2	1.3级仓库	1.3	5	新建
3	消防水池			利用水塘
4	库区值班室			新建

2 烟花爆竹库区总平面示意图

烟花爆竹库区最小外部允许距离要求

1. 村庄边缘、学校、职工人数在50人及以上的企业围墙,有摘挂作业的铁路车站界及建筑物边缘、220kV以下的区域变电站围墙、220kV架空输电线路不得在此范围内。

2. 10户或50人以下零散住户、50人以下的企业围墙、本企业生产区建筑物边缘、无摘挂作业铁路中间站界及建筑物边缘、110kV架空输电线路不得在此范围内。

3. 铁路线、二级及以上公路路边、通航的河流航道边缘不得在此范围内。

4. 三级公路路边、35kV架空输电线路不得在此范围内。

5. 城镇规划边缘、220kV及以上的区域变电站围墙、220kV以上的架空输电线路不得在此范围内。

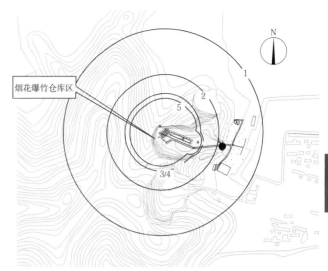

[1] 烟花爆竹库区最小外部允许距离示意图 1 R=400m 2 R=220m 3/4 R=145m 5 R=125m

1.1级烟花爆竹库最小外部允许距离（单位：m） 表1

序号	项目	单个建筑物内计算药量Q（kg）										
		9000<Q≤10000	8000<Q≤9000	7000<Q≤8000	6000<Q≤7000	5000<Q≤6000	4000<Q≤5000	3000<Q≤4000	2000<Q≤3000	1000<Q≤2000	500<Q≤1000	Q≤500
1	10户或50人以下零散住户、50人以下的企业围墙、本企业生产区建筑物边缘、无摘挂作业铁路中间站界及建筑物边缘、110kV架空输电线路	310	300	290	275	260	250	230	210	185	145	115
2	村庄边缘、学校、职工人数在50人及以上的企业围墙、有摘挂作业的铁路车站站界及建筑物边缘、220kV以下的区域变电站围墙、220kV架空输电线路	480	460	440	420	400	380	350	320	280	220	175
3	城镇规划边缘、220kV及以上的区域变电站围墙、220kV以上的架空输电线路	170	830	800	760	720	690	630	580	510	400	315
4	铁路线、二级及以上公路路边、通航的河流航道边缘	270	255	245	235	220	210	195	180	155	125	100
5	三级公路路边、35kV架空输电线路	190	180	170	160	150	140	130	120	110	90	80

注：本表摘自《烟花爆竹工程设计安全规范》GB 50161-2009。

1.3级烟花爆竹库最小外部允许距离（单位：m） 表2

序号	项目	单个建筑物内计算药量Q（kg）										
		9000<Q≤10000	8000<Q≤9000	7000<Q≤8000	6000<Q≤7000	5000<Q≤6000	4000<Q≤5000	3000<Q≤4000	2000<Q≤3000	1000<Q≤2000	500<Q≤1000	Q≤500
1	10户或50人以下零散住户、50人以下的企业围墙、本企业生产区建筑物边缘、无摘挂作业铁路中间站界及建筑物边缘、110kV架空输电线路	310	300	290	275	260	250	230	210	185	145	115
2	村庄边缘、学校、职工人数在50人及以上的企业围墙、有摘挂作业的铁路车站站界及建筑物边缘、220kV以下的区域变电站围墙、220kV架空输电线路	480	460	440	420	400	380	350	320	280	220	175
3	城镇规划边缘、220kV及以上的区域变电站围墙、220kV以上的架空输电线路	170	830	800	760	720	690	630	580	510	400	315
4	铁路线、二级及以上公路路边、通航的河流航道边缘	270	255	245	235	220	210	195	180	155	125	100
5	三级公路路边、35kV架空输电线路	190	180	170	160	150	140	130	120	110	90	80

注：本表摘自《烟花爆竹工程设计安全规范》GB 50161-2009。

物流建筑 [130] 民用爆炸危险品存储／洞库

类型

洞库类型 表1

名称		定义
黄土洞库		在黄土地区中开挖出的毛洞中采用喷射素混凝土支护、喷射钢筋网混凝土支护或贴壁式衬砌的储存洞库
岩石洞库	缓坡地形岩石洞库	洞体爆炸后，洞体所在山体上部地表面产生掀顶抛掷现象和洞库覆盖层厚度小于等于30倍装药等效直径的洞库的统称
	陡坡地形岩石洞库	洞体爆炸后，洞体所在山体上部地表面不产生掀顶和洞库覆盖层厚度大于30倍装药等效直径的洞库的统称
离壁式洞库		在山体中开凿出的毛洞中做离壁式衬砌的储存洞库
贴壁式洞库		在山体中开凿出的毛洞中采用喷射素混凝土支护、喷射钢筋网混凝土支护或贴壁式衬砌的储存洞库

注：装药等效直径是指将实际装药截面积换算成相同截面积的半圆形装药的直径。

洞库建筑设计要点

1. 洞库的建筑形式宜为直通式，每一个洞库可设一个出入口，并应符合下列规定：
   (1) 洞库洞口前应设装卸站台，装卸站台进深不宜小于3.5m，宽度不宜小于6m；
   (2) 引洞净跨不宜小于2.5m，拱顶处净高宜为3~3.5m。
   (3) 洞库的覆盖层厚度应符合防护要求。

2. 洞库门的设置应符合下列规定：
   (1) 引洞内从引洞口起应依次向内设钢网门、密闭门，钢网门网孔部分宜设置可开启的密闭装置；
   (2) 防护密闭门应设在主洞室前墙上；
   (3) 离壁式岩石洞库，引洞末端侧墙或主洞室墙上应设密闭检查门；
   (4) 密闭门和钢网门应向外开启。

3. 洞库的进风设施应符合下列规定：
   (1) 采用前排风竖井形式时，宜在洞库地面下设进风地沟，地沟应通至主洞末端，并应在地面上设进风口，进风口应设置钢盖板、铁栅栏和铁丝网；
   (2) 进风管或进风地沟室外入口处应设置防护门、铁栅栏、铁丝网等防护和保卫设施。

4. 洞库应根据地质、地形条件设排风竖井，并应符合下列规定：
   (1) 排风竖井与主洞室后墙或侧墙间，应设一段水平通风道，水平通风道的净跨不应小于2m，拱顶净高不应小于2.5m；
   (2) 水平通风道内应设防护密闭门和通风门，防护密闭门和通风门应向排风竖井方向开启；用于生产经营单位的洞库可只设钢网门和密闭门；

(3) 水平通风道地面高出主洞室地面不应小于1m；排风竖井底应设防爆坑，防爆坑底应低于水平通风道地面1m以上；当岩石洞库排风竖井有裂隙时，应采取排水措施；
(4) 排风竖井应高出山体表面2.5m，且高出山体表面部分应采用钢筋混凝土结构，出风口应设置铁栅栏，竖井中段应设置水平钢筋网。

5. 洞库和覆土库可采用普通水泥地面。有可能洒落火药、炸药药粉的仓库，宜采用不发生火花的地面。

6. 洞库及覆土库的外部允许距离，应符合下列要求：
   (1) 缓坡地形岩石洞库，应按爆炸飞石、爆炸空气冲击波、爆炸地震波三种外部允许距离中的最大值确定；
   (2) 陡坡地形岩石洞库和黄土洞库，应按爆炸空气冲击波、爆炸地震波两种外部允许距离中的最大值确定。

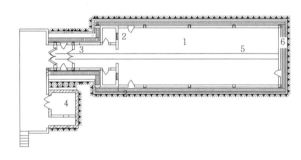

1 主洞室　2 灯室　3 引洞室　4 风机室　5 盲沟　6 排水沟

a 平面图

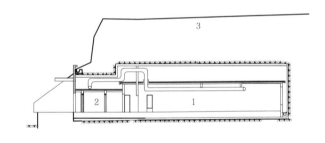

1 主洞室　2 引洞室　3 山体

b 纵剖面图

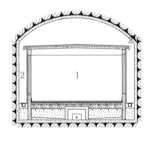 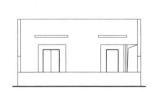

1 主洞室　2 排水沟

c 横剖面图　　　　　　d 正立面图

1 洞库示意图

缓坡地形岩石洞库爆炸飞石最小外部允许距离要求

1. 人口大于10万人城市的规划边缘不得在此范围内；

2. 县城的规划边缘、职工总数大于等于50人的企业围墙不得在此范围内；

3. 750kV高压输电线路不得在此范围内；

4. 500kV高压输电线路不得在此范围内；

5. 330kV高压输电线路不得在此范围内；

6. 220kV高压输电线路不得在此范围内；

7. 乡、镇的规划边缘不得在此范围内；

8. 110kV高压输电线路不得在此范围内；

9. 大于100户并少于或等于200户的村庄边缘、本库区的行政生活区的边缘和职工总数小于50人的企业围墙、国家Ⅰ级铁路线及其车站不得在此范围内；

10. 一级公路不得在此范围内；

11. 大于50户并少于或等于100户的村庄、警卫大队和中队居住建筑物的边缘、国家Ⅱ级铁路线及其车站不得在此范围内；

12. 大于10户并少于或等于50户的零散住户边缘、二、三级公路、通航河流的航道不得在此范围内；

13. 少于或等于10户并少于等于50人的零散住户、警卫排居住建筑物的边缘、国家Ⅲ、Ⅳ铁路线及其车站、35kV高压输电线路不得在此范围内；

14. 四级公路不得在此范围内；

15. 砖混结构建筑物不得在此范围内；

16. 砖木结构建筑物不得在此范围内；

17. 夯土墙木结构建筑物不得在此范围内；

18. 土坯墙木结构建筑物不得在此范围内。

其他形式洞库的外部距离要求详见《地下及覆土火药炸药仓库设计安全规范》GB 50154。

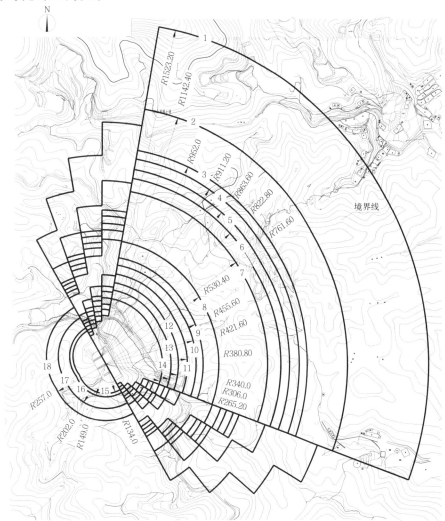

1 缓坡地形岩石洞库爆炸飞石最小外部允许距离示例图

缓坡地形岩石洞库爆炸飞石最小内部允许距离要求

洞库内部距离要求详见《地下及覆土火药炸药仓库设计安全规范》GB 50154。

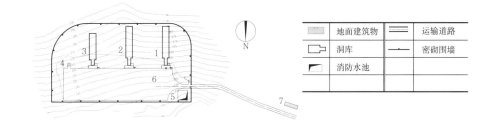

总图编号	名称	危险等级	计算药量（kg）
1	工业炸药库（洞库）	1.1（TNT当量<1）	52（折合TNT40）
2	工业炸药库（洞库）	1.1（TNT当量<1）	52（折合TNT40）
3	工业雷管库	1.1（TNT当量=1）	400（40万发）
4	雷管发放间	1.1（TNT当量=1）	一箱
5	消防水池		
6	岗哨及大门		
7	值班室		

2 缓坡地形岩石洞库总平面示意图

物流建筑 [132] 民用爆炸危险品存储 / 覆土库

覆土库建筑设计要点

1. 覆土库屋面覆土厚度不应小于0.5m，覆土墙顶部水平覆土厚度不应小于1m，坡向地面或外侧挡墙坡度应为1:1~1:1.5。

2. 覆土库出入口外侧宜设进深不小于2.5m的装卸站台。山墙设出入口的覆土库，山墙至出入口前防护屏障之间的距离不宜大于6m。防护屏障不应低于山墙高度，顶宽不宜小于1m。

3. 覆土库门窗的设置应符合下列规定：
  （1）覆土库出入口宜设外门斗，门斗外端起从外向内应依次设密闭门、钢网门，应向外开启；
  （2）山墙设出入口的覆土库，应根据通风需要在山墙上设通风窗；
  （3）前墙设出入口的覆土库，在覆土库后端应设通风口，可在库房后端顶部设置直通库内的竖直排风管；
  （4）通风窗由内向外依次设能开启的密闭玻璃窗、铁丝网。

4. 库房（仓库）内危险品的堆放应符合下列规定：
  （1）库内垛位的间隔不应小于0.1m，运输道宽度不应小于1.0m，沿墙内壁检查道宽不应小于0.8m；
  （2）堆放炸药类、索类危险品堆垛的总高度不应大于1.8m，堆放雷管类危险品堆垛的总高度不应大于1.6m。

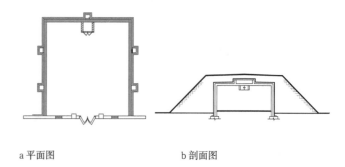

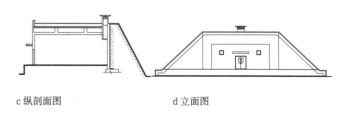

a 平面图　　　　b 剖面图

c 纵剖面图　　　d 立面图

1 覆土库示例图

覆土库区最小内部允许距离要求

覆土库库间允许距离（单位：m）　　　　　　　　　　　　　　　　　　　　　　　　　　　　　表1

覆土形式	两侧山墙设出入口，后墙靠山丘，顶部及前墙覆土的覆土库				前墙设出入口，顶部、两侧墙和后墙均覆土的覆土库					
相互关系	前墙对前墙		前墙对山墙 山墙对山墙		后墙对后墙 侧墙对侧墙 后墙对侧墙		前墙对后墙		前墙对侧墙	
火药、炸药分类	TNT当量值		TNT当量值		TNT当量值		TNT当量值		TNT当量值	
存药量(t)	>1	≤1	>1	≤1	>1	≤1	>1	≤1	>1	≤1
	库间允许距离(m)									
10	41	19	50	24	41	13	43	17	50	24
20	52	24	63	30	52	16	54	22	63	30
30	59	28	72	35	59	19	62	25	72	35
40	65	31	79	38	65	20	68	27	79	38
50	70	33	85	41	70	22	74	30	85	41
100	88	42	107	52	88	28	93	37	107	52
150		48		59		32		43		59
200		53		65		35		47		65

注：1. 本表摘自《地下及覆土火药炸药仓库设计安全规范》GB 50154-2009。
2. 表中存药量指TNT当量，当为其他火药、炸药时，应按相应当量值换算。
3. 当相邻两库存放不同类别的火药、炸药时，其库间允许距离应分别查本表所规定的距离并应取其最大值。
4. 表中距离指水平投影距离，由覆土库外墙算起。

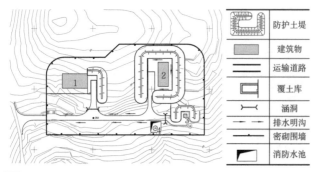

总图编号	名称	危险等级	计算药量(kg)	备注
1	工业炸药库（覆土）	1.1（TNT当量<1）	20000	新建
2	工业雷管库（地面）	1.1（TNT当量=1）	400（40万发）	新建
3	雷管发放间	1.1（TNT当量=1）	一箱	新建
4	消防水池			新建

注：值班室在库区外安全范围内设置。

2 覆土库总平面示例图

覆土库区最小外部允许距离要求

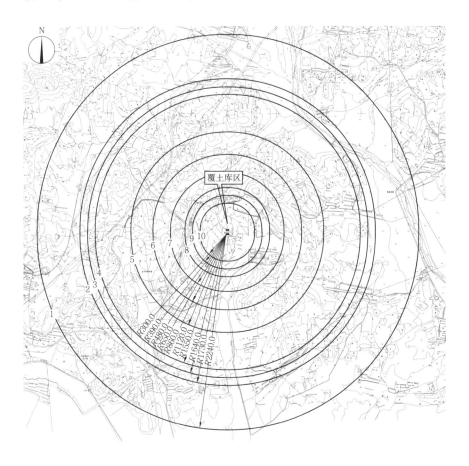

1 覆土库区最小外部允许距离示例图

1. 人口大于10万人城市的规划边缘不得在此范围内。
2. 县城的规划边缘、职工总数大于或等于50人的企业围墙、500kV以上输电线路不得在此范围内。
3. 330kV输电线路不得在此范围内。
4. 220kV输电线路不得在此范围内。
5. 乡、镇的规划边缘不得在此范围内。
6. 大于100户并小于或等于200户的村庄边缘、本库区地行政生活区的边缘和职工总数小于50人的企业围墙不得在此范围内。
7. 大于50户并小于或等于100户的村庄边缘、警卫大队和中队居住建筑物的边缘、国家I级铁路及其车站不得在此范围内。
8. 大于10户并小于或等于50户的零散住户边缘、国家II级铁路及其车站、一级公路不得在此范围内。
9. 小于或等于10户并小于或等于50人的零散住户、警卫排居住建筑物边缘、国家III、IV级铁路及其车站、二、三级公路、通航河流的航道、110kV输电线路不得在此范围内。
10. 四级公路、35kV输电线路不得在此范围内。

覆土库爆炸空气冲击波最小外部允许距离（单位：m） 表1

序号	存药量（TNT）（t） 保护对象	10	20	30	40	50	100	150	200
1	少于等于10户并少于等于50人的零散住户、警卫排居住建筑物的边缘	150	200	230	250	270	340	390	430
2	大于10户并少于等于50户的零散住户边缘	195	245	280	310	330	420	480	530
3	大于50户并少于等于100户的村庄边缘、警卫大队和中队居住建筑物的边缘	265	330	380	420	450	570	650	720
4	大于100户并少于等于200户的村庄边缘、本库区的行政生活区的边缘和职工总数小于50人的企业围墙	350	440	500	550	590	750	860	940
5	乡、镇的规划边缘	455	570	660	720	780	980	1120	1230
6	县城的规划边缘、职工总数大于等于50人的企业围墙	700	880	1010	1110	1200	1510	1730	1900
7	人口大于10万人城市的规划边缘	910	1140	1320	1440	1560	1960	2240	2460
8	I级铁路线	265	330	380	420	450	570	650	720
9	II级铁路线	195	245	280	310	330	420	480	530
10	III、IV级铁路线	180	200	230	250	270	340	390	430
11	一级公路	195	245	280	310	330	420	480	530
12	二、三级公路	160	200	230	250	270	340	390	430
13	四级公路	120	150	175	190	210	260	300	330
14	通航河流的航道	160	200	230	250	270	340	390	430
15	35kV输电线路	120	150	175	190	210	260	300	330
16	110kV输电线路	160	200	230	250	270	340	390	430
17	220kV输电线路	630	790	900	990	1060	1350	1550	1690
18	330kV输电线路	665	840	950	1050	1120	1430	1640	1790
19	500kV及以上输电线路	700	880	1010	1110	1200	1510	1730	1900

注：1. 本表摘自《地下及覆土火药炸药仓库设计安全规范》GB50154-2009。
2. 表中存药量指TNT（梯恩梯）当量，当为其他火药、炸药时，应按相应当量值换算。
3. 存药量为中间值时，其外部允许距离应采用线性插入法确定。
4. 表中距离指水平投影距离，由建筑物外墙算起。

物流建筑 [134] 立体库/概述

定义

立体库是指充分利用存储空间、提高单位面积存储效率、采用专用存储工艺的仓库形式。

货架高度大于7m且采用机械化操作或者自动化控制的货架仓库为高架仓库。

采用自动控制机械设备进行货物存取作业的高架仓库属于自动化立体库。

立体库主要由货架、装载单元、存取设备、出入库台及输送系统等组成。

立体库分类

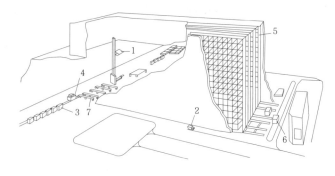

1 堆垛机　　2 场内AGV　　3 中转货位　　4 场外RGV
5 横梁式托盘货架　　6 场内RGV　　7 出入库输送机

1 自动化立体库示例

立体库分类　　　　　　　　　　　　　　　　　　表1

分类依据	类别	特点
功能	储存式立体库	整装载单元入库、整装载单元出库
	拣选式立体库	整装载单元入库，拆零出库
货架高度	高层立体库	货架高度大于15m
	中层立体库	货架高度5～15m
	低层立体库	货架高度小于5m
建筑构造	库架一体式立体库	货架兼仓库的支撑结构，仓库不再单设柱、梁，货架顶部铺设屋面，货架也兼作屋架；货架不能单独拆装。该种仓库节约用地和投资
	独立货架式立体库	建筑物与货架分别建造。一般是在仓库建筑建成后，在仓库内安装货架及相关的机械装备
货架布置方式	巷道式立体库	货架之间有存取作业通道，货格开口面向作业通道，存取货设备在通道中行驶并能对左、右两边的货架上的装载单元进行存取作业。每个货格中可存放一个或多个装载单元。货架形式有横梁式、牛腿式、悬臂式等
	密集式立体库	货架间不留存取设备作业通道。货架形式有驶入式货架、重力式货架、流利式货架、压入式货架、移动式货架、旋转式货架、自动化升降柜。 1.驶入式货架：用于储存少品种、大批量的物品，叉车可以驶入货架区域进行存取作业； 2.重力式货架：装载单元在重力作用下沿设置在货架上的滚筒组成的滚道下滑； 3.流利式货架：小型载货单元等靠自重沿流利条下滑的货架； 4.压入式货架：把装有装载单元的小车，从出入口沿轨道依次压入到货架中存放，在重力的作用下取货时，小车沿轨道下滑，再依次发出装载单元；也称后推式货架；货物存放方式为先进后出； 5.旋转式货架：装载单元能在垂直和水平方向循环移动； 6.移动式货架：可在轨道上移动的货架； 7.自动化升降柜：货物在柜体内升降、出柜、入柜、存货；其主要特点是小型化、轻量化、智能化；适用于贵重的电子元件、贵金属、首饰、资料文献、档案材料、音像制品、证券票据等的储存
自动化程度	人工或机械化立体库	人工寻址、人工或机械存取
	半自动立体库	自动寻址、人工或机械存取
	全自动立体库	自动寻址、机械自动存取
存取设备	叉车存取作业立体库	采用普通叉车、高位叉车进行装载单元存取作业
	堆垛机存取作业立体库	采用有轨巷道式堆垛机、无轨巷道式堆垛机进行装载单元存取作业
使用环境	普通立体库	在常温常湿条件保存单元货物的立体库
	低温立体库	在0℃以下环境中保存单元货物的立体库
	高温立体库	在0～15℃以上的环境中保存单元货物的立体库
	防爆立体库	在防爆环境中保存单元货物的立体库
出入库层数	单层出入库立体库	设置一层出入库台及输送系统
	多层出入库立体库	设置多层出入库台及输送系统

立体库设计要点

1. 立体库货架布局需考虑的要素

（1）总储存货量（t、m³），储存单元（托盘、料箱）数量；

（2）出入库吞吐量高峰值（t/h、盘/h）；

（3）收、发货工作时段分布特性；

（4）收发货需求作业工位与立体库货架位置关系。

2. 货架布局设计要点

（1）堆垛机存取作业立体库，货架巷道长度应根据使用效率计算确定；

（2）叉车作业立体库货架巷道单段长度应小于18m，布局需求大于18m时，应当有回车通道，以提高作业效率，减少隧道效应影响；

（3）货架排列方向应考虑出入库位置及出入口数量；

（4）有拆零作业的仓库应设拆零作业区；

（5）采用堆垛机作业的立体库，需设堆垛机检修区；

（6）出入库输送系统宜采用架空方式，解决地面物流路线交叉问题。

3. 建筑设计基本要求

立体库设计时需符合总体规划的要求，满足建筑功能要求，并有良好的视觉效果；采用合理的技术措施，在经济上可行。建筑设计基本要求见表2。

4. 建筑形式选择需考虑的要素

（1）市政规划条件；

（2）物品特征、货物吞吐量、存储量；

（3）经济条件。

建筑设计基本要求　　　　　　　　　　　　　　表2

项目	设计要求
建筑空间	立体库的建筑空间应满足货架与堆垛、存取机械的安装、运行、检修空间的尺度要求
结构	满足货架及存取设备承载要求
照明	高架存储区照明一般采用75～100lx；拣选作业区大于300lx
电气	搬运设备及输送设备作业的货架区域，需设置电力接入点
综合布线	搬运设备及输送设备作业的货架区域、仓库管理工位，需设置网络信息点
通风	宜设置机械通风
消防	执行《建筑设计防火规范》GB 50016的规定

货架形式 / 立体库 [135] **物流建筑**

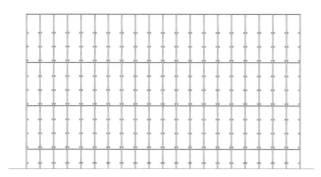

1 牛腿式货架

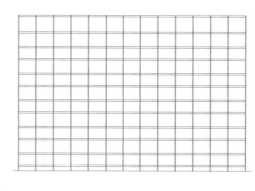

2 横梁式货架

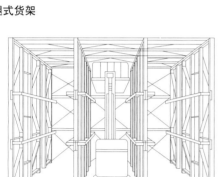

3 驶入式货架

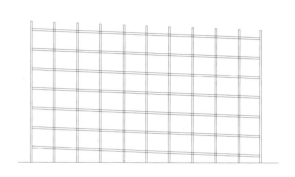

4 重力式货架

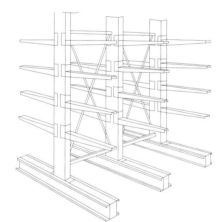

5 悬臂式货架

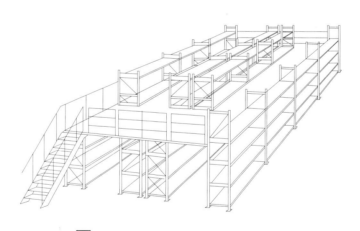

6 阁楼式货架

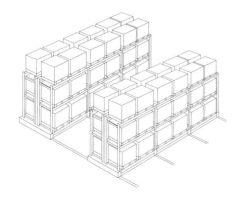

7 移动式货架

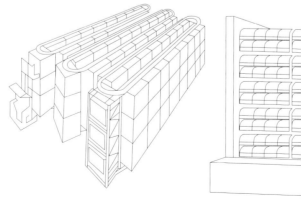

8 水平旋转式货架

9 垂直旋转式货架

货架结构

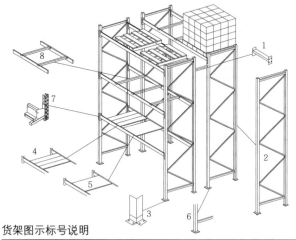

1 货架结构示意图

货架图示标号说明

编号	组件名称	说明	备注
1	隔撑	用于货架与货架背靠背连接	必备组件
2	立柱片	用于支撑货架的全部重量	必备组件
3	护角	保护货架不受叉车等撞击	必备组件
4	钢板	平放在横梁之间摆放货物	选配组件
5	木板	平放在横梁之间摆放货物	选配组件
6	地脚	连接货架与地面，使货架更加牢固	必备组件
7	横梁	连接立柱片支撑货物，形式有横梁式、牛腿式和悬臂式三种	必备组件
8	隔挡	用于支撑货物	选配组件

货架结构设计

货架结构上的荷载包括恒荷载、货架活荷载、竖向冲击荷载、水平荷载以及可能有的风载、屋面活荷载（或雪载）和地震作用，货架结构应按上述荷载效应的最不利组合设计。

（1）恒荷载是指货架结构的自重，库架合一式货架还应包括屋面和墙面的自重。

（2）货架的活荷载是指搁置在货架结构上的货物和货箱（或托盘）的重量，设计库架合一式货架结构时应计及屋面活荷载或雪载的影响。

（3）竖向冲击荷载是指搬运机械存放货物时产生的对横梁的冲击力，通常可取作一个货箱或托盘（含货物重）静载设计值的50%。

（4）作用于组装式货架结构的水平荷载，系指由货架结构构件的初弯曲安装偏差荷载偏心以及储运机械的轻度碰撞等因素所引起的水平力。

（5）货架结构的抗震设计可仅考虑水平地震作用的影响，不计竖向地震作用。计算地震作用时，货架结构的重力荷载代表值应取其自重的标准值和所有活荷载组合值之和。各活荷载的组合值系数应按表1采用。

货架活荷载的组合值系数 　　　　　　　　　表1

活荷载种类	组合系数
雪荷载	0.5
屋面活荷载	0
按实际情况考虑的货架各层活荷载	1.0
按等效均布载荷考虑的货架各层活荷载	0.8

立体库地面荷载计算

1. 货架集中荷载计算公式：

$$T = \frac{M \times n \times h}{2}$$

式中：h—货架层数；
n—货格货位数；
M—货物单元重。

2. 货架区域的平均荷载计算公式：

$$E = \frac{\gamma D_L + \delta P_L}{A}$$

式中：D_L—货架自重；
P_L—货物重；
A—货架所占区域平面面积；
γ、δ—大于1的安全系数。

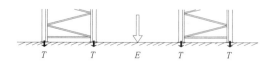

T—货架集中载荷；E—货架区域的平均载荷。

2 货架荷载示意图

立体库地面与基础变形控制

立体库地面与基础应能满足货架及存取设备运行的承载要求，其变形控制参数见表2。

立体库地面与基础变形控制参数 　　　　　　表2

参数	控制要求	
地面平整度	长宽尺寸≤50m	±10mm
	长宽尺寸≤150m	±15mm
	长宽尺寸>150m	±20mm
货架基础沉降变形	在最大工作载荷下，沉降变形小于1‰	

货架基础形式

货架基础形式 　　　　　　　　　　　　　　表3

简图	特点
（柱，货架基础）	厂房柱基与货架基础分开，基础下均设桩基
（柱）	桩基与货架基础一体，刚性基础
（柱，货架基础）	厂房柱为扩底柱，货架基础为桩基库架合一，投资大、要求高
（±0.00）	货架基础设在地下，以减少基础附加应力

注：1. 厂房货架均采用端承柱。
　　2. 采用箱型基础，工程造价高。
　　3. 采用何种基础形式，主要依据地块报告提供的地基持力层的能力及深度确定。

高架仓库结构形式

高架仓库的建筑结构形式有独立式货架和库架一体式。

1. 独立式货架高架仓库：货架自成一体，货架和其外围建筑为两个独立的受力体系，两个受力体系间不存在绝对相互依存的关系。

2. 库架一体式高架仓库：货架既作为货物存储的构架，同时也作为建筑的主支撑件成为建筑的一部分，建筑与货架的受力体系合二为一。

高架仓库结构形式　　　　　　　　　　　　　　　表1

高架仓库形式	建筑形式	图示	备注
库架一体式高架仓库	单层建筑		适宜高度为12~20m，货架高度不高时，其经济性可能受到货架立柱加大的影响得不到体现，不宜采用。在地震力影响较小，而风力较大地区，由于抗风带来的立柱截面增大较多，经济性相对较差，不宜采用
独立式货架高架仓库	一般为单层建筑		建筑高度≥9m

建筑结构、货架、堆垛机之间的相关尺寸

1. 在堆垛机水平运行终端（堆垛机与车挡处于压缩状态时），堆垛机最外侧和建筑物之间的最小距离应大于500mm，见其在轨道端部与建筑最小距离示意图1。

2. 独立式货架高架仓库的货架顶面至屋架下弦的距离应满足安装要求，但不应小于300mm。

3. 堆垛机沿巷道宽度方向最外侧与货架立柱或货物之间的间隙一般在50~100mm范围内选用，但不应小于50mm。

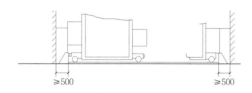

1 堆垛机在轨道运行端部与建筑最小距离示意图

搬运设备

1. 高位叉车

托盘单元型高位叉车，由货叉进行托盘货物的堆垛作业，一类为司机室地面固定型，起升高度较低，因而视线较差；另一类是司机室和货叉一同升降，视野好。

拣选型高位叉车，无货叉作业机构，司机室随作业货叉升降，由司机向两侧高层货架内的物料进行拣选作业，起升高度较高，视线好。

2. 巷道式堆垛机

巷道式堆垛机又叫巷道堆垛起重机，是自动化高架仓库中最重要的搬运设备，它是随着立体库的出现而发展起来的专用起重机，专用于高架仓库2~4。

巷道式堆垛机一般由机架、运行机构、升降机构、司机室、货叉伸缩机构、电气控制设备等组成。载物台形式可以分为单立柱载物台和双立柱载物台5~6。

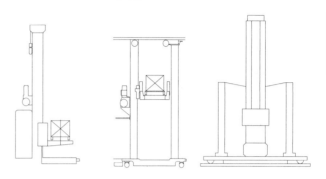

2 单立柱堆垛机　　3 双立柱堆垛机　　4 转轨车

5 单立柱载物台　　　　6 双立柱载物台

有轨巷道式高架仓库轨道典型布局

有轨巷道式高架仓库的轨道典型布局见表2。

堆垛机轨道布局形式　　　　　　　　　　　表2

布局形式	图示	安装要求
直线轨道式		考虑堆垛机检修的空间
U形轨道式		需统一控制相邻两巷道的安装精度
道岔式转轨		应考虑堆垛机专用检修区
转轨车式转轨		转轨车运行与货架区的基础变形要求一致

物流建筑 [138] 立体库/实例

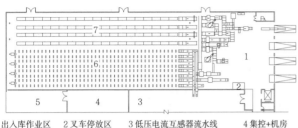

1 出入库作业区　2 叉车停放区　3 低压电流互感器流水线　4 集控+机房
5 室外架空区　6 周转箱库区　7 托盘库区

a 一层平面图

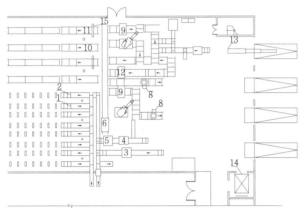

1 出库辊道输送机　2 入库辊道输送机　3 叠箱机　　　4 RFID
5 拆箱机　　　　6 穿梭车　　　　7 机器人　　　　8 缠绕机
9 拆盘机　　　　10 入库皮带输送机　11 出库皮带输送机　12 叠盘机
13 伸缩皮带机　　14 货梯　　　　15 检测装置

b 一层作业区

1 四川电力公司计量中心自动化库

项目名称	主要技术指标	建成时间	设计单位
四川电力公司计量中心自动化库	占地88m×24m，托盘货位1216个，周转箱货位13600个	2012	重庆大学建筑设计研究院有限公司

本项目包括托盘库和周转箱库，分别采用钢制托盘和周转箱为存储单元，存放电表和互感器，存储量120万只电度表。系统共分成3层出入库，是四川省内所有电度表的检测、存储和配送中心。设备包括：6台巷道堆垛机、120余台链条及辊道输送机、3台机器人、2台自动导引AGV车、1套库房管理和监控系统。货架包含横梁式货架1216托盘位；牛腿式货架的周转箱储位13600个

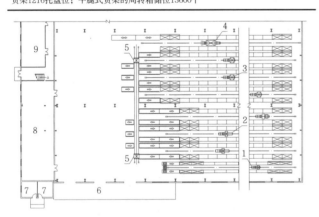

1 堆垛机（0.2t）　2 堆垛机（0.5t）　3 堆垛机（1.0t）　4 堆垛机（2.0t）
5 穿梭车　　　　6 卸货站台　　　　7 卫生间　　　　　8 密封件存放间
9 存放室

2 陕西煤业集团自动化立体库平面图

名称	主要技术指标	建成时间	设计单位
陕西煤业集团自动化立体库	16000个货位	2012	中煤西安设计工程有限责任公司

采用钢制托盘和货架为存储单元，存放备品备件，共16000货位。设备包括：8台巷道堆垛机、38台链条及辊道输送机、2台RGV小车、1套库房管理和监控系统

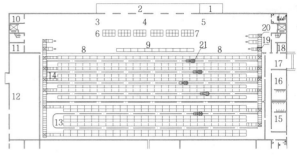

1 叉车坡道　　2 卸货平台　　3 发货作业区　　4 前作业区
5 入库作业区　6 出库暂存区　7 入库作业区　　8 托盘暂存区
9 多余成品货架　10 维修间　　11 检修室　　　12 制冷机房
13 阴凉库　　14 常温库　　15 男休息室　　16 女休息室
17 门厅　　　18 控制值班室　19 尺寸检查设备　20 顶升移栽机
21 堆垛机

3 山东鲁南制药有限公司自动化立体库一层平面图

项目名称	主要技术指标	建成时间	设计单位
山东鲁南制药有限公司自动化立体库	占地88m×33m，货架高21m，6800个货位	2007	临沂市建筑设计研究院有限公司

自动化立体库高度为21m，仓库分为常温库和阴凉库，采用钢制托盘为存储单元，存放药品，共存放6800货位。设备包括：5台巷道堆垛机、60台链条及辊道输送机、1套库房管理和监控系统

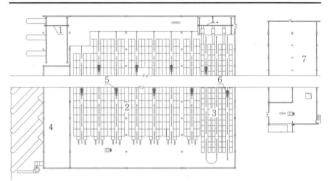

1 天车　　　　2 半钢子午胎库　3 工程子午胎库　4 站台
5 堆垛机（0.5t）　6 堆垛机（1.8t）　7 工程胎成品检测车间

a 出库平面图

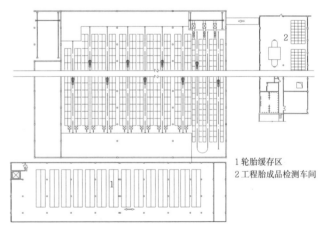

1 轮胎缓存区
2 工程胎成品检测车间

b 入库平面图

4 威海三角轮胎有限公司自动化成品库

名称	主要技术指标	建成时间	设计单位
威海三角轮胎有限公司自动化成品库	占地110m×95m，14000个货位	2007	三角轮胎公司设计院

仓库包括子午轮胎库和工程轮胎库，采用钢制货笼为存储单元，共存放14000货位约30万条轮胎。设备包括：9台巷道堆垛机、140余台输送机、9台RGV小车、1套库房管理和监控系统

实例 / 立体库 [139] 物流建筑

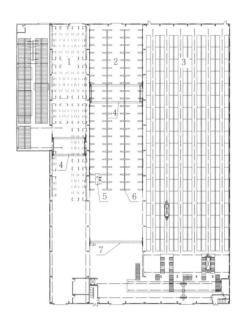

a 平面图

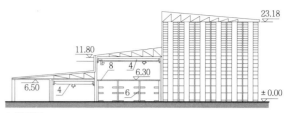

b 剖面图

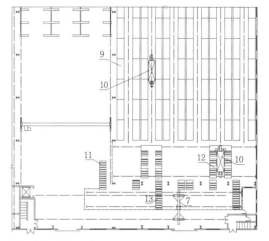

c 高架仓库设备平面布置图

1 某飞机制造公司综合仓库

名称	主要技术指标	建成时间	设计单位
某飞机制造公司综合仓库	高架仓库5184个货位	2003	机械工业第四设计研究院

该仓库用于外包业务中进口原材料及外协外购件的接收、储存和发放。主要包括高架仓库区、超长件存放区、超大件存放区。超长件存放区主要设备包括双联电动单梁起重机、悬臂货架、侧面式叉车。超大件存放区配置双联电动单梁起重机和薄板搬运车。
高架仓库为库架合一结构，货架为12排18列24层，共5184个货位。轨顶标高22.88m，货格长、宽为4000mm×1500mm，高度有300mm、400mm、500mm、1000mm四种。出入库设备包括有轨巷道堆垛机、转轨车、出入库辊道输送机、电动单梁起重机等。堆垛机为双立柱形式，额定起重量2000kg

1 超大件存放区　　2 超长件存放区　　3 高架仓库区
4 双联电动单梁起重机　5 侧面式叉车　　6 长料悬臂货架
7 电动单梁起重机　　8 钢平台　　　　9 高货架
10 有轨巷道堆垛机　　11 辊道输送机　　12 转轨车
13 RGV（有轨穿梭小车）

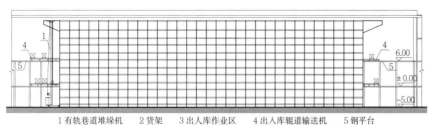

a 平面图

b A-A剖面图　　1 有轨巷道堆垛机　2 货架　3 出入库作业区　4 出入库辊道输送机　5 钢平台

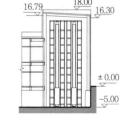

c B-B剖面图

2 北京空港配餐有限公司2号配餐楼高架仓库

名称	主要技术指标	建成时间	设计单位
北京空港配餐有限公司2号配餐楼高架仓库	货架高20.6m，1364个货位	2008	中国中元国际工程有限公司

北京空港配餐有限公司2号配餐楼为首都机场出港航班提供配餐和机供品服务，高架仓库位于配餐生产厂房东侧，主要用于干货原料、餐具和机供品的存储，仓库长99m、高18m、宽15m。一层和二层的2个端部布置有钢平台和出入库辊道输送机，其中一层主要为原料入库，二层用于原料、餐具类出库。货架为4排31列11层，长74.6m、高20.6m，共1364个货位，每个货位存放两个货载单元，最大载重为1600kg。货载单元尺寸为1000mm×1200mm×1000mm

物流建筑 [140] 立体库 / 实例

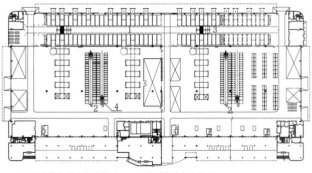

1 航空集装板/箱高架存储区　2 散货箱高架存储区
3 升降式集装箱转运车（ETV）　4 堆垛机

a 货运站平面图

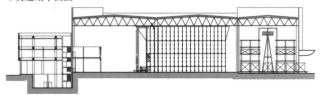

b 货运站剖面图（放大）

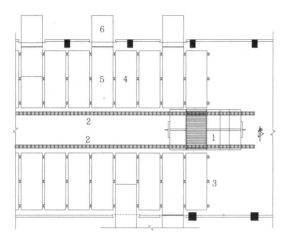

g 集装箱存储系统平面图

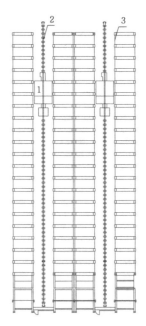

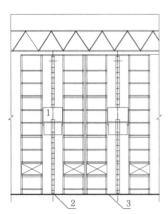

d 散货箱存储系统剖面图

1 堆垛机　2 堆垛机下导轨　3 货架立柱

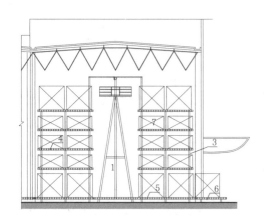

h 集装箱存储系统剖面图

1 升降式集装箱转运车（ETV）　2 ETV导轨　3 货架立柱
4 无动力辊道输送机　5 有动力辊道输送机　6 集装箱出入库交接台
7 集装箱

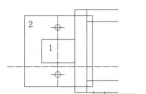

c 散货箱存储系统平面图

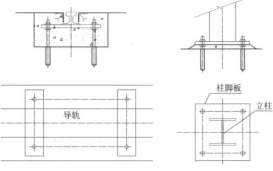

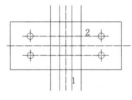

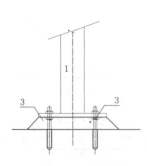

i ETV地轨安装节点　　　　j 集装箱箱货架立柱安装节点

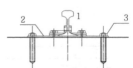

1 导轨　2 柱脚板　3 地脚螺栓　　1 货架立柱　2 柱脚板　3 地脚螺栓

e 堆垛机地轨安装节点图　　f 散货箱货架立柱安装节点图

1 北京首都机场（BGS）航空货运站高架仓库

项目名称	主要技术指标	建成时间	设计单位
北京首都机场（BGS）航空货运站高架仓库	货架高16m	1999	中国中元国际工程有限公司

北京首都国际机场（BGS）航空货运站的集装货物及散货采用高架存储方式，集装板/箱存储货架5层，高16m。散货存储货架10层，高16m。首次采用先进自动的可搬运翼形ULD的16英寸集装板/箱升降转运车（载重量6.8t）。散货的出入库作业采用全自动的有轨巷道堆垛机，其载重量为1.5t，货载单元尺寸为2400mm×1200mm×1200mm。

对于集装货物，本项目采用全自动处理工艺，采用了空、实集装板/箱分别进行出入库作业的双通道集装板/箱分解/组合工艺，实现了集装货物处理系统的多出入口及多台ETV的协同作业

定义与分类

管理与支持服务建筑是现代物流建筑的重要配套建筑，包括物流企业与驻场单位的管理与商务办公建筑、生产辅助建筑、生活服务建筑等。

管理与支持服务建筑分类　　　　　　　　　　　　表1

建筑分类	典型建筑
管理与商务办公	业务、行政、驻场办公，营业厅与联检厅，信息管理中心，职工培训中心等办公设施
生产辅助建筑	查验设施、公用设备用房、维修间、材料库、门卫室或通行闸口等
生活服务建筑	值班休息、餐食、卫生等生活设施

设计原则

1. 应根据物流建筑运营模式和功能要求等综合因素，确定配套建设的管理与支持服务建筑范围。
2. 货运站场等具有向公众开放营业需要的物流建筑工程，应配建对外开放的营业厅。
3. 国际口岸的货运站场需配建有利于快速通关的海关、商检、动植物检等检验检疫通关管理作业用房及报关厅。
4. 具有交易活动的物流建筑，应配建结算中心等建筑设施。
5. 物流园区的管理办公建筑风格，一般与物流生产建筑简洁、明快的风格相协调。
6. 综合性的管理办公建筑，应具有可独立分区使用、分区间联系方便的功能特点。

建筑形式分类

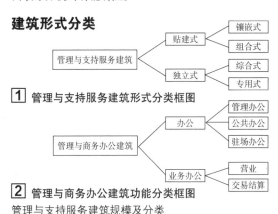

[1] 管理与支持服务建筑形式分类框图

[2] 管理与商务办公建筑功能分类框图

管理与支持服务建筑规模及分类　　　　　　　　表2

类别	规模占总面积的比例	规模类别		
		小型	中型	大型
单体组合建筑	5%~15%	<5000m²	5000~20000m²	>20000m²
群体独立建筑	15%~35%			

注：单体组合建筑指与一栋物流建筑组建的管理与支持服务建筑，群体独立建筑指物流园区的独立管理与支持服务建筑，总面积为物流中心总建筑面积。

贴建式办公建筑

1. 贴建式办公一般用于办公面积不大，需同物流厂房有较密切联系的情况，可采用将办公用房置于厂房或库房的贴邻或夹层空间内的建筑形式。这种模式便于节约空间及建设成本，使用较为广泛。
2. 现行《建筑设计防火规范》GB 50016-2014规定：甲、乙类仓库内严禁设置办公与休息室等，并不应贴邻建造；丙、丁类仓库内设置的办公、休息室，应采用耐火等级不低于2.5h的不燃烧体隔墙和不低于1h的楼板与库房隔开，并应设置独立的安全出口；如隔墙上需开设相互连通的门时，应采用乙级防火门。
3. 办公、休息室等不应设置在甲、乙类厂房内，必须与其贴邻建造时，耐火等级不应低于二级，并应采用耐火极限不低于3h的不燃烧体防爆墙隔开，并设置独立的安全出口。丙类厂房、丙丁类库房内设置的办公、休息室，应采用耐火极限不低于2.5h的防火隔墙和1h的楼板与其他部位分隔，并应至少设置1个独立的安全出口。隔墙上开设的连通门，应采用乙级防火门。
4. 独立办公一般采用综合楼的形式，节约用地且便于形成具有一定规模的建筑形象；有利于物流企业集约化运作。

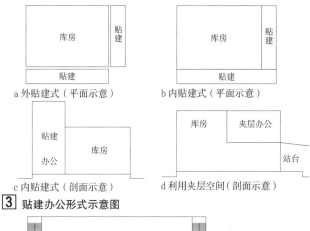

[3] 贴建办公形式示意图

[4] 贴建办公独立安全出口示意图

生活服务建筑

1. 物流园区可按需要设置独立宿舍和餐厅等，宿舍特点、男女比例、标准等执行相关规范要求。
2. 物流企业应根据作业特点布置休息、卫生等设施，如在建筑内，卫生设施距离最远作业点不宜超过80m，建筑外可适当加大。
3. 物流企业应根据作业特点及当地习惯布置更衣及洗浴设施。

[5] 8(4)人间宿舍布置示意图　　[6] 2(3)人间宿舍布置示意图

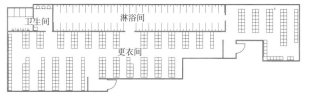

[7] 大型物流企业更衣淋浴间布置示意图

物流建筑 [142] 管理与支持服务 / 建筑设计

建筑设计要点

1. 物流建筑的管理与支持服务用房应设置在不影响工艺流线的合理位置。

2. 贴建在物流建筑周边的辅助用房不能影响消防扑救，并应符合防火规范的相关要求。

3. 物流建筑应在入口处配建场区货车专用检查通行闸口。货车流量大的物流园区与大型货运站场等，应根据需要配建多列式货车通行闸口。

4. 支持服务建筑可利用自身特点为企业塑造良好形象。

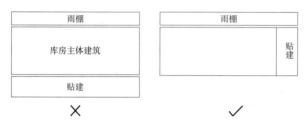

a 贴建位于长边不利于消防扑救　　b 贴建位于短边利于消防扑救

1 贴建位置影响消防扑救

物流建筑的卫生设施

卫生设施配置参考表　　　　　　　　　　　　　　　　表1

数量（人）	大便器数量	洗手盆数量
1～5	1	1
6～25	2	2
26～50	3	3
51～75	4	4
76～100	5	5
>100	增建卫生间的数量或按每25人的比例增加设施	
其中男职工的卫生设施		
男性人数	大便器数量	小便器数量
1～5	1	1
16～30	2	1
31～45	2	2
46～60	3	2
61～75	3	3
76～90	4	3
91～100	4	4
>100	增建卫生间的数量或按每50人的比例增加设施	

注：1. 本表摘自《城市公共厕所设计标准》CJJ 14-2005。
2. 洗手盆设置：50人以下，每10人配一个，50人以上每增加20人增配1个；
3. 男女性别的厕所必须各设1个；
4. 该表卫生设施的配置适合任何种类职工使用；
5. 该表如考虑外部人员使用，应按多少人可能使用一次的概率来计算；
6. 库房内工作人员5人以下时，设1个卫生间。

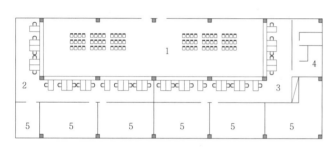

1 报关大厅　2 海关柜台办公　3 检验检疫柜台办公　4 卫生间　5 业务用房

2 报关服务大厅布置示意图

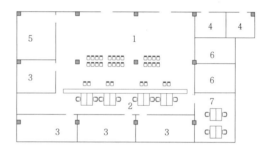

1 国际出港营业厅　　2 柜台办公　　3 检验、检疫业务室　　4 卫生间
5 海关业务室　　　　6 更衣室　　　7 业务用房

3 货运站场营业厅布置示意图

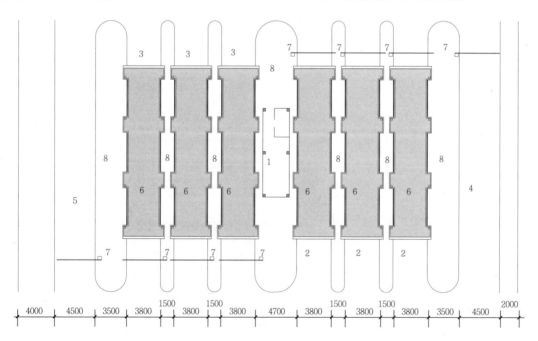

1 监管室
2 进场闸口
3 出场闸口
4 进场超宽闸口
5 出场超宽闸口
6 电子汽车衡
7 电子自动挡杆
8 安全隔离岛

4 典型检查通行闸口布置示意图

实例 / 管理与支持服务 [143] 物流建筑

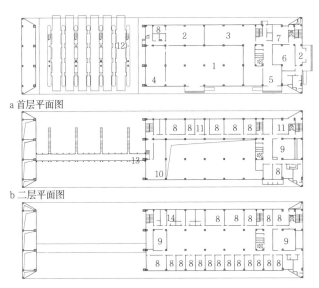

a 首层平面图

b 二层平面图

c 标准层平面图 1 联检大厅 2 检验检疫作业区 3 海关办公作业区 4 海关监控室
5 办公门厅 6 消防控制室 7 单据室 8 办公 9 大会议室
10 休息区 11 网络核心机房 12 卡口 13 连廊 14 宿舍

1 北京亦庄保税物流中心卡口办公楼

工程名称	主要功能	建筑面积	物流中心总面积	建成时间	设计单位
北京亦庄保税物流中心卡口办公楼	海关办公楼监管中心	9500m²	52600m²	2011	中国中元国际工程有限公司

1 办公服务区　2 分拣车间　3 设备用房
4 办公用房　　5 休息室　　6 卫生间
7 车间　　　　8 储藏间　　9 备料间
10 安保用房　 11 变电站　 12 海关办公
13 冷藏区　　 14 危险品区 15 设备分发区
16 工作服分发室 17 柴油发电机房

a 转运中心首层平面图

a 首层平面图

b 二层平面图

c 标准层平面图

1 入口大厅
2 更衣淋浴
3 员工活动室
4 消防控制中心
5 办公
6 员工休息
7 员工餐厅
8 安检大厅
9 连廊（通分拣车间）

2 顺丰速运华南转运中心综合楼

工程名称	功能	建筑面积	物流中心面积	建成时间	设计单位
顺丰速运华南转运中心综合楼	综合楼	23510m²	73000m²	2014	中国中元国际工程有限公司

b 办公服务区首层平面图

c 办公服务区二层平面图

1 大厅　　　　2 安全检查　　3 卫生检查　　4 服务中心大厅　5 来访接待
6 货物追踪代理 7 控制中心　　8 安防　　　　9 消防控制室　　10 机组人员行李室
11 更衣室　　 12 办公室　　 13 会议室　　14 设备分发　　15 餐厅
16 庭院　　　17 护理区　　 18 热水房　　19 班车司机室　20 飞行操作室
21 培训室　　22 休息室　　 23 培训中心

3 美国联邦快递某转运中心管理大楼

工程名称	主要功能	建筑面积	物流中心总面积	建成时间	设计单位
美国联邦快递转运中心管理楼	管理与办公	9500m²	52600m²	2011	中国中元国际工程有限公司

物流建筑 [144] 管理与支持服务 / 实例

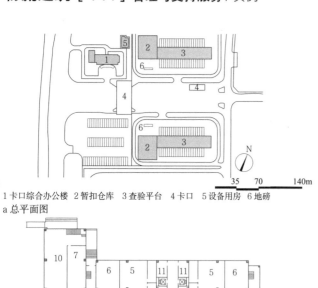

1 卡口综合办公楼　2 暂扣仓库　3 查验平台　4 卡口　5 设备用房　6 地磅
a 总平面图

b 首层平面图

c 二层平面图

1 入口大厅　2 办事大厅　3 海关办事厅　4 服务窗口　5 办公室
6 监控机房　7 业务室　8 共享平台　9 消防控制室　10 服务大厅
11 卫生间　12 会议室　13 大堂上空

1 东莞保税物流中心卡口

工程名称	主要功能	建筑面积	物流中心总面积	建成时间	设计单位
东莞保税物流中心卡口	卡口综合办公楼	7780m²	91000m²	2010	湖南省建筑设计院有限公司

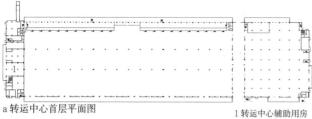

a 转运中心首层平面图

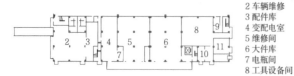

b 转运中心贴建辅助用房首层平面图

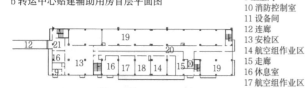

c 转运中心贴建辅助用房二层平面图

1 转运中心辅助用房　2 车辆维修　3 配件库　4 变配电室　5 维修间
6 大件库　7 电瓶库　8 工具设备间　9 卫生间　10 消防控制室
11 设备间　12 连廊　13 安检区　14 航空组作业区　15 走廊
16 休息室　17 航空组作业区　18 配载室　19 航材库　20 库区走廊

2 顺丰速运华南转运中心

工程名称	主要功能	建筑面积	物流中心总面积	建成时间	设计单位
顺丰速运华南转运中心	管理中心	6620m²	73000m²	2014	中国中元国际工程有限公司

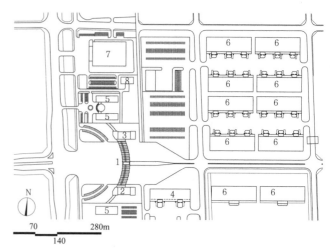

1 卡口　2 联检大楼　3 综合业务楼　4 海关监管库
5 办公楼　6 保税仓库　7 展览展示中心　8 锅炉房
a 总平面图

b 首层平面图

c 二层平面图

d 标准层平面图

1 入口大厅　2 商务空间　3 值班室　4 办公室　5 消防控制室　6 卫生间
7 大厅上空　8 洽谈室　9 会议室　10 档案室　11 网络机房　12 休息厅

e 立面图

3 喀什综合保税区综合业务楼

工程名称	主要功能	建筑面积	物流中心总面积	建成时间	设计单位
喀什综合保税区综合业务楼	海关和国检及相关公司办公	22400m²	750000m²	2015	中国中元国际工程有限公司

实例 / 管理与支持服务 [145] 物流建筑

2 物流建筑

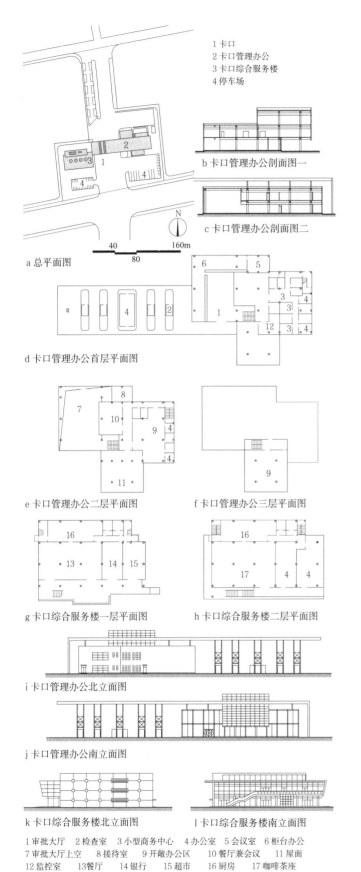

1 卡口　2 卡口管理办公　3 卡口综合服务楼　4 停车场

a 总平面图
b 卡口管理办公剖面图一
c 卡口管理办公剖面图二
d 卡口管理办公首层平面图
e 卡口管理办公二层平面图
f 卡口管理办公三层平面图
g 卡口综合服务楼一层平面图
h 卡口综合服务楼二层平面图
i 卡口管理办公北立面图
j 卡口管理办公南立面图
k 卡口综合服务楼北立面图
l 卡口综合服务楼南立面图

1 审批大厅　2 检查室　3 小型商务中心　4 办公室　5 会议室　6 柜台办公
7 审批大厅上空　8 接待室　9 开敞办公区　10 餐厅兼会议　11 屋面
12 监控室　13 餐厅　14 银行　15 超市　16 厨房　17 咖啡茶座

1 苏州工业园保税物流园区卡口

工程名称	主要功能	建筑面积	建成时间	设计单位
苏州工业园保税物流园区卡口	卡口办公服务	4900m²	2004	中衡设计集团股份有限公司

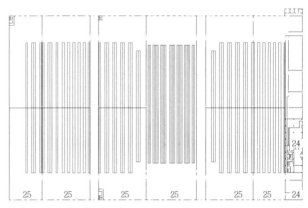

a 天津宜家分拨中心首层平面图

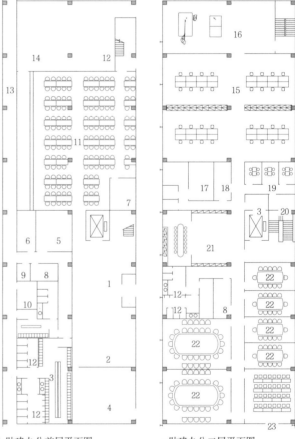

b 贴建办公首层平面图　　c 贴建办公二层平面图

1 大厅　　2 展示区　　3 更衣　　4 消防控制室　5 服务器室
6 医务室　7 吸烟室　　8 储藏间　9 配电室　　　10 清洁间
11 餐厅　　12 卫生间　13 通廊　　14 厨房　　　　15 开敞办公区
16 休闲运动区　17 交换机室　18 打印区　19 聊天室　20 母婴室
21 阅览区　22 小会议室　23 培训室　24 贴建办公　25 物流仓储区

d 贴建办公立面图

2 天津宜家分拨中心工程贴建办公

工程名称	主要功能	建筑面积	服务面积	建成时间	设计单位
天津宜家分拨中心工程贴建办公	贴建办公	2400m²	77000m²	2016	中国中元国际工程有限公司

353

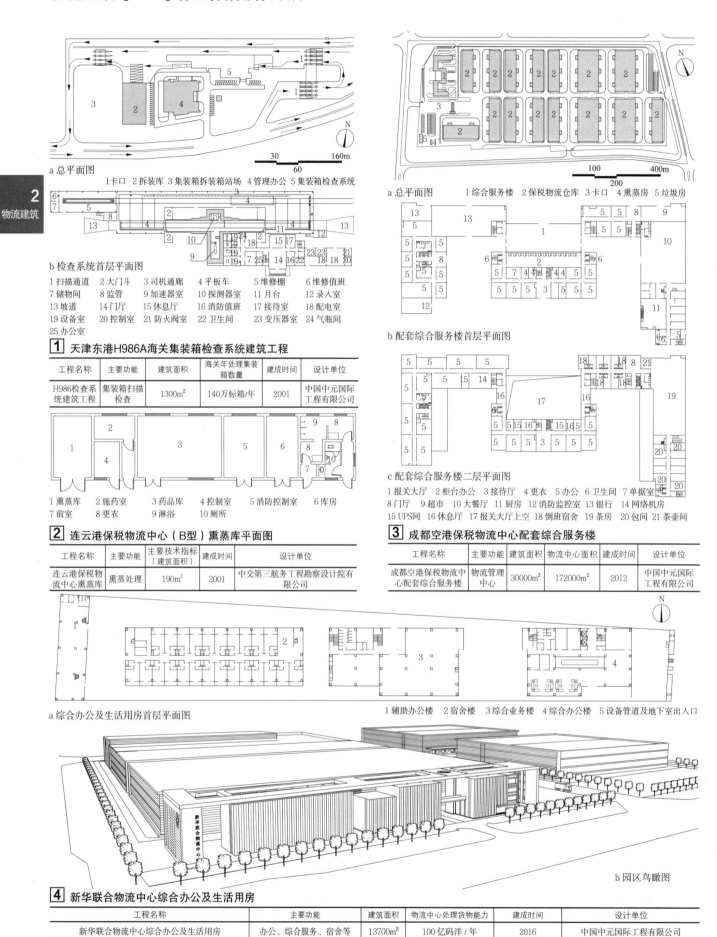

危险物品储藏适宜温湿度 表1

类别		品名	温度（℃）	相对湿度(%)
易燃易爆性物品	爆炸品	黑火药、化合物	≤32	≤80
		水做稳定剂的	≥1	<80
	压缩气体和液化气体	易燃、不燃、有毒	≤30	—
	易燃液体	低闪点	≤29	—
		中高闪点	≤37	—
	易燃固体	易燃固体	≤35	—
		硝酸纤维素酯	≤25	≤80
		安全火柴	≤35	≤80
		红磷、硫化磷、铝粉	≤35	<80
	自燃物品	黄磷	>1	—
		烃基金属化合物	≤30	≤80
		含油制品	≤32	≤80
	遇湿易燃物品	遇湿易燃物品	≤32	≤75
	氧化剂和有机过氧化物	氧化剂和有机过氧化物	≤30	≤80
		过氧化钠、镁、钙等	≤30	≤75
		硝酸锌、钙、镁等	≤28	≤75
		硝酸铵、亚硝酸钠	≤30	≤75
		盐的水溶液	>1	—
		结晶硝酸锰	<25	—
		过氧化苯甲酰	2~25	—
		过氧化丁酮等有机氧化剂	≤25	—
毒害性物品		易挥发的毒害品	<32	≤85
		易潮解的毒害品	≤35	≤80
		其他毒害品	≤35	≤85
放射性物品		金属钛、硝酸铀、夜光粉等	—	—
腐蚀性物品	酸性腐蚀品	发烟硫酸、亚硫酸	0~30	≤80
		硝酸、盐酸、氢卤酸、氟硅（硼）酸、氢氟硫、磷酸等	≤30	≤80
		磺酰氯、氯化亚砜、氧氯化磷、氯磺酸、溴乙酰、三氯化磷等多卤化物	≤30	≤75
		发烟硝酸	≤25	≤80
		溴素、溴水	0~28	—
		甲酸、乙酸、乙酸酐等有机酸类	≤32	≤80
	碱性腐蚀品	氢氧化钾（钠）、硫酸钾（钠）	≤30	≤80
	其他腐蚀品	甲醛溶液	10~30	—

注：本表依据国家标准《常用化学危险品贮存通则》GB 15603-1995、《易燃易爆性商品储存养护技术条件》GB 17914-2013、《腐蚀性商品储存养护技术条件》GB 17915-2013、《毒害性商品储存养护技术条件》GB 17916-2013编制。

部分腐蚀性物品消防方法 表2

品名	灭火剂	禁用
发烟硝酸、硝酸	雾状水、砂土、二氧化碳	高压水
发烟硫酸、硫酸	干砂、二氧化碳	水
盐酸	雾状水、砂土、干粉	高压水
磷酸、氢氟酸、氢溴酸、溴素、氢碘酸、氟硅酸、氟硼酸	雾状水、砂土、二氧化碳	
高氯酸、氯磺酸	干砂、二氧化碳	水
氯化硫	干砂、二氧化碳、雾状水	高压水
磺酰氯、氯化亚砜	干砂、干粉	水
氯化铬酰、三氯化磷、三溴化磷	干砂、干粉、二氧化碳	水
五氯化磷、五溴化磷	干砂、干粉	水
四氯化硅、三氯化铝、四氯化钛、五氯化锑、五氧化磷	干砂、二氧化碳	水
甲酸	雾状水、二氧化碳	高压水
溴乙酰	干砂、干粉、泡沫	高压水
苯磺酰氯	干砂、干粉、二氧化碳	
乙酸、乙酸酐	雾状水、二氧化碳、泡沫	高压水
氯乙酸、三氯乙酸、丙烯酸	雾状水、砂土、二氧化碳、泡沫	高压水
氢氧化钠、氢氧化钾、氢氧化锂	雾状水、砂土	高压水
硫化钠、硫化钾、硫化钡	砂土、二氧化碳	水或酸、碱式灭火机
水合肼	雾状水、泡沫、干粉、二氧化碳	
氨水	水、砂土	
次氯酸钙	水、砂土、泡沫	
甲醛	水、泡沫、二氧化碳	

注：本表依据国家标准《腐蚀性商品储存养护技术条件》GB 17915-2013编制。

部分易燃易爆性物品消防方法 表3

类别	品名	灭火剂	禁用
爆炸品	黑火药	雾状水	
	化合物	雾状水、水	
压缩气体液化气体	压缩气体和液化气体	大量水	
易燃液体	中、低、高闪点	泡沫、干砂	
	甲醇、乙醇、丙酮	抗溶泡沫	
易燃固体	易燃固体	水、泡沫	
	发乳剂	水、干粉	酸碱泡沫
	硫化磷	干粉	水
自燃物品	自燃物品	水、泡沫	
	烃基金属化合物	干粉	水
遇湿易燃物品	遇湿易燃物品	干粉	水
	钠、钾	干粉	水、二氧化碳、四氯化碳
氧化剂和有机过氧化物	氧化剂和有机过氧化物	雾状水	
	过氧化钠、钾、镁、钙等	干粉	水

注：本表依据国家标准《毒害性商品储存养护技术条件》GB 17916-2013编制。

部分毒害性物品消防方法 表4

类别	品名	灭火剂	禁用
无机剧毒品	砷酸、砷酸钠	水	
	砷酸盐、砷及其化合物、亚砷酸、亚砷酸盐	水、砂土	
	亚硒酸盐、亚硒酸酐、硒及其化合物	水、砂土	
	硒粉	砂土、干粉	水
	氯化汞	水、砂土	
	氰化物、氰熔体、淬火盐	水、砂土	酸碱泡沫
	氢氰酸溶液	二氧化碳、干粉、泡沫	
有机剧毒品	敌死通、氯化苦、氟磷酸异丙酯、1240乳剂、3911、1440	水、砂土	
	四乙基铅	干砂、泡沫	
	马钱子碱	水	
	硫酸二甲酯	干砂、泡沫、二氧化碳、雾状水	
	1605乳剂、1059乳剂	水、砂土	酸碱泡沫
无机有毒品	氟化钠、氟化物、氟硅酸盐、氧化铅、氯化钡、氧化汞、汞及其化合物、碲、碲化合物、碳酸铍、铍及其化合物	水、砂土	
有机有毒品	氯化二氯甲烷、其他含氰的化合物	二氧化碳、雾状水、砂土	
	苯的氯代物（多氯代物）	砂土、泡沫、二氧化碳、雾状水	
	氯酸酯类	泡沫、水、二氧化碳	
	烷烃（烯烃）的溴代物，其他醛、醇、酮、酯、苯等的溴化物	泡沫、砂土	
	各种有机物的钡盐、对硝基苯氯（溴）甲烷	砂土、泡沫、雾状水	
	砷的有机化合物、草酸、草酸盐类	砂土、水、泡沫、二氧化碳	
	草酸酯类、硫酸酯类、磷酸酯类	泡沫、水、二氧化碳	
	胺的化合物、苯胺的各种化合物、盐酸苯二胺（邻、间、对）	砂土、泡沫、雾状水	
	二氨基甲苯、乙萘胺、二硝基二苯胺、苯肼及其化合物、苯酚的有机化合物、硝基苯酚钠盐、硝基苯酚、苯的氯代物	砂土、泡沫、雾状水、二氧化碳	
	糠醛、硝基萘	泡沫、二氧化碳、雾状水、砂土	
	滴滴涕原粉、毒杀酚原粉、666原粉	泡沫、砂土	
	氯丹、美曲膦酯、马拉松、烟雾剂、安妥、苯巴妥钠盐、异戊巴比妥及其钠盐、赛力散原粉、1-萘甲腈、炭疽芽苗、乌来糖甲酯、粗盐、依米丁、盐类盐、苦杏仁酸、戊巴妥及其钠盐	水、砂土、泡沫	

注：本表依据国家标准《毒害性商品储存养护技术条件》GB 17916-2013编制。

危险化学品临界量

危险化学品名称及其临界量 表1

序号	类别	品名	临界量(t)
1	爆炸品	叠氮化钡	0.5
2		叠氮化铅	0.5
3		雷酸汞	0.5
4		三硝基苯甲醚	5
5		三硝基甲苯	5
6		硝化甘油	1
7		硝化纤维素	10
8		硝酸铵(含可燃物>0.2%)	5
9	易燃气体	丁二烯	5
10		二甲醚	50
11		甲烷,天然气	50
12		氯乙烯	50
13		氢	5
14		液化石油气(含丙烷、丁烷及其混合物)	50
15		一甲胺	5
16		乙炔	1
17		乙烯	50
18	毒性气体	氨	10
19		二氟化氧	1
20		二氧化氮	1
21		二氧化硫	20
22		氟	1
23		光气	0.3
24		环氧乙烷	10
25		甲醛(含量>90%)	5
26		磷化氢	1
27		硫化氢	5
28		氯化氢	20
29		氯	5
30		煤气(CO,CO和H_2、CH_4的混合物等)	20
31		砷化三氢(胂)	1
32		锑化氢	1
33		硒化氢	1
34		溴甲烷	10
35	易燃液体	苯	50
36		苯乙烯	500
37		丙酮	500
38		丙烯腈	50
39		二硫化碳	50
40		环己烷	500
41		环氧丙烷	10
42		甲苯	500
43		甲醇	500
44		汽油	200
45		乙醇	500
46		乙醚	10
47		乙酸乙酯	500
48		正己烷	500
49	易于自燃的物质	黄磷	50
50		烷基铝	1
51		戊硼烷	1
52	遇水放出易燃气体的物质	电石	100
53		钾	1
54		钠	10
55	氧化性物质	发烟硫酸	100
56		过氧化钾	20
57		过氧化钠	20
58		氯酸钾	100
59		氯酸钠	100
60		硝酸(发红烟的)	20
61		硝酸(发红烟的除外,含硝酸>70%)	100
62		硝酸铵(含可燃物≤0.2%)	300
63		硝酸铵基化肥	1000
64	有机过氧化物	过乙酸(含量≥60%)	10
65		过氧化甲乙酮	10
66	毒性物质	丙酮合氰化氢	20
67		丙烯醛	20
68		氟化氢	1
69		环氧氯丙烷(3-氯-1,2-环氧丙烷)	20
70		环氧溴丙烷(表溴醇)	20
71		甲苯二异氰酸酯	100
72		氯化硫	1
73		氰化氢	1
74		三氧化硫	75
75		烯丙胺	20
76		溴	20
77		乙撑亚胺	20
78		异氰酸甲酯	0.75

注:1. 未在本表范围内的危险化学品的临界量依据其危险性按表2确定。
2. 若一种危险化学品具有多种危险性,按其中最低的临界量确定。
3. 本表依据《危险化学品重大危险源辨识》GB 18218-2009编制。

未在表1中列举的危险化学品类别及其临界量 表2

序号	类别	危险性分类	临界量(t)
1	爆炸品	1.1A项爆炸品	1
2		除1.1A项外的其他1.1项爆炸品	10
3		除1.1项外的其他爆炸品	50
4	气体	易燃气体:危险性属于2.1项的气体	10
5		氧化性气体:危险性属于2.2项非易燃无毒气体且次要危险性为5类的气体	200
6		剧毒气体:危险性属于2.3项且急性毒性为类别1的毒性气体	5
7		有毒气体:危险性属于2.3项的其他毒性气体	50
8	易燃液体	极易燃液体:沸点≤35℃且闪点<0℃的液体;或保存温度一直在其沸点以上的易燃液体	10
9		高度易燃液体:闪点<23℃的液体(不包括极易燃液体);液态退敏爆炸品	1000
10		易燃液体:23℃≤闪点<61℃的液体	5000
11	易燃固体	危险性属于4.1项且包装为Ⅰ类的物质	200
12	易于自燃的物质	危险性属于4.2项且包装为Ⅰ或Ⅱ类的物质	200
13	遇水放出易燃气体的物质	危险性属于4.3项且包装为Ⅰ或Ⅱ类的物质	200
14	氧化性物质	危险性属于5.1项且包装为Ⅰ类的物质	50
15		危险性属于5.1项且包装为Ⅱ或Ⅲ类的物质	200
16	有机过氧化物	危险性属于5.2项的物质	50
17	毒性物质	危险性属于6.1项且急性毒性为类别1的物质	50
18		危险性属于6.1项且急性毒性为类别2的物质	500

注:1. 若一种危险化学品具有多种危险性,按其中最低的临界量确定。
2. 本表依据《危险化学品重大危险源辨识》GB 18218-2009编制。
3. 表中危险化学品危险性类别及包装类别根据GB 12268确定,急性毒性类别依据GB 3000.18确定。

重大危险源辨识

单元❶内存在的危险化学品为单一品种,其数量等于或超过相应的临界量,则被定为重大危险源。

单元内存在多种危险化学品时,则按下式计算,满足下式则定为重大危险源。

$$\frac{q_1}{Q_1}+\frac{q_2}{Q_2}+\cdots+\frac{q_n}{Q_n} \geq 1$$

式中:q_1, q_2, ...q_n——每种危险化学品实际存在量(t);
Q_1, Q_2, ...Q_n——与各危险化学品相对应的临界量(t)。

❶ 单元是指一个(套)生产装置、设施或场所,或同属一个生产经营单位的且边缘距离小于500m的几个(套)生产装置、设施或场所。

物料存放1m高时每m²有效面积货载 q   表1

类别	物品名称	密度(t/m³)	储存方法	堆积重量(t/m³)	堆积利用系数	q(t/m²)
黑色金属	钢板	7.8	分层隔开平堆	3.5~4.5	0.7	2.4~3.1
	槽钢、工字钢	7.8	堆垛在垫板上	2.2~2.5	0.7	1.5~1.7
	角钢、扁钢	7.8	堆垛在垫板上	3.5~4.0	0.7	2.4~2.8
	圆钢、方钢	7.8	悬臂料架	3.5~4.5	0.3~0.4	1.0~1.6
	带钢	7.8	堆垛在垫板上	4.0~4.5	0.8	3.2~3.6
	线材	7.8	堆垛在垫板上	0.9~1.2	0.7	0.6~0.8
	钢管<φ50	7.8	分层隔开堆垛	1.2~1.5	0.7	0.8~1.0
	钢管≥φ50	7.8	分层隔开堆垛	0.8~1.0	0.7	0.6~0.7
	生铁块	7.2	散装堆垛	3.5~5.0	0.8	2.8~4.0
	碎切屑		散装料仓	1.0	0.8	1.0
有色金属	有色型材		悬臂料架	—	—	0.8~1.5
	有色铸锭		堆垛	—	—	1.5~3.0
	铁合金		散堆	—	—	1.2~2.0
机电设备及五金制品、电器	电动机		堆垛	—	—	0.6~0.8
	泵类		堆垛	—	—	0.5~0.7
	滚珠轴承		箱堆	0.8~1.5	0.8	0.6~1.2
	标准件		堆存和货架	—	—	0.6~1.0
	小五金		层格式货架			0.4~0.5
	电焊条		箱堆	1.2~1.5	0.8	0.9~1.2
	各种电线		堆垛、货架	—	—	0.35~0.5
	电气元件		盒装在货架	0.4~0.6	0.3~0.4	0.1~0.3
	照明灯具		盒装在货架	0.15~0.18	0.3~0.4	0.05~0.08
	仪表		盒装在货架	0.3~0.4	0.3~0.4	0.1~0.15
	绝缘材料		堆垛、货架	—	—	0.3~0.5
非金属材料	橡胶石棉板		平堆	0.6~0.8	0.8	0.5~0.6
	厚纸板		平堆	0.5	0.8	0.4
	成卷纸张	0.6~0.8	平放堆垛	—	—	0.5~0.7
	橡胶制品		层格货架	0.3~0.5	0.3~0.4	0.1~0.2
	胶管		成盘堆垛	0.2	0.8	0.15
	轮胎		立放堆垛	—	—	0.1~0.2
	塑料薄膜		成卷堆存	0.7		0.7
	聚氯乙烯	1.4	袋装堆存	0.9	0.8	0.6~0.8
化工材料	油漆		堆垛、货架	—	—	0.4~0.6
	稀释剂		桶立放一层	—	—	0.4~0.45
	化学品		堆垛在垫板上	—	—	0.5~0.6
	烧碱	2.13	桶立放一层	—	—	0.5~0.6
	纯碱	2.5	袋装堆垛	0.8~1.0	0.8	0.6~0.8
	酸类		坛装放一层	—	—	0.15~0.2
	乙炔瓶		瓶立放一层	—	—	1.6
	氧气瓶		瓶立放一层	—	—	1.6
	电石	2.22	桶立放一层	—	—	0.7
	化肥		袋装堆垛	—	—	0.5~0.8
油料	汽油	0.74	桶立放一层	—	—	0.4
	煤油	0.81	桶立放一层	—	—	0.45
	柴油	0.84	桶立放一层	—	—	0.46
	润滑油	0.88	桶立放一层	—	—	0.48
固体燃料	无烟煤		散装堆垛	0.7~1.0	0.8	0.6~0.8
	烟煤		散装堆垛	0.8~1.0	0.8	0.6~0.8
	泥煤		散装堆垛	0.29~0.5	0.8	0.3~0.4
	焦炭		散装堆垛	0.36~0.53	0.8	0.3~0.4
建筑材料	砂、石、砖		散装堆垛	1.5~1.8	0.8	1.2~1.5
	水泥		袋装堆垛	1.0~1.4	0.8	0.8~1.1
	石灰（生）	1.27	散堆料仓	0.8~1.0	—	0.8~1.0
	玻璃		箱装堆垛	1.0~1.5	0.8	0.8~1.2
	油毡纸		成卷立放	0.3~0.6	0.8	0.3~0.6
	沥青	1.05	堆垛	—	—	1.0~1.1
木材	原木		散堆垫木上	0.5~0.7	0.8	0.4~0.6
	板材		散堆垫木上	0.3~0.5	0.8	0.24~0.4
	胶合板		散堆垫木上	0.55~0.6	0.8	0.45~0.5
	纤维板		散堆垫木上	0.8~1.0	0.8	0.6~0.8
其他	棉花		成捆堆垛	0.4		0.4
	纺织品		堆垛和货架	—	—	0.15~0.3
	工作服		堆垛和货架	—	—	0.1~0.15
	办公文具		货架	—	—	0.1~0.15
	纸张		货架	—	—	0.1~0.2
	食盐	2.15	袋装堆垛	0.7~0.8	0.8	0.5~0.7
	日用百货		堆垛和货架	—	—	0.2~0.3

注：堆积利用系数=货物实际体积÷货物堆积占用空间体积。

散状物料的堆积密度和安息角   表2

物料名称	堆积密度(t/m³)	安息角(°)运动	安息角(°)静止
稻谷	0.45~0.6	—	40
大米	0.78~0.8	—	30~44
小麦	0.6~0.78	—	28
大豆	0.6~0.75	—	21~28
无烟煤（干、小）	0.7~1.0	27~30	27~45
烟煤	0.8	30	35~45
褐煤	0.6~0.8	35	35~50
泥煤	0.29~0.5	40	45
泥煤（湿）	0.55~0.65	40	45
焦炭	0.36~0.53	35	50
无烟煤粉	0.84~0.89	—	37~45
烟煤粉	0.4~0.7	—	37~45
粉状石墨	0.45	—	40~45
磁铁矿	2.5~3.5	30~35	40~45
赤铁矿	2.0~2.8	30~35	40~45
褐铁矿	1.2~2.1	30~35	40~45
锰矿	1.7~1.9	—	35~45
镁砂（块）	2.2~2.5	—	40~42
粉状镁砂	2.1~2.2	—	45~50
铜矿	1.7~2.1	—	35~45
铜精矿	1.3~1.8	—	40
铅精矿	1.9~2.4	—	40
锌精矿	1.3~1.7	—	40
铅锌精矿	1.3~2.4	—	40
铁烧结块	1.7~2.0	—	45~50
锌烧结块	1.4~1.6	35	—
平炉渣（粗）	1.6~1.85	—	45~50
高炉渣	0.6~1.0	35	50
铅锌水碎渣（湿）	1.5~1.6	—	42
干煤灰	0.64~0.72	—	35~45
煤灰	0.70	—	15~20
粗砂（干）	1.4~1.9	—	50
细砂（干）	1.4~1.65	30	30~35
细砂（湿）	1.9~2.1	—	30~35
造型砂	0.8~1.3	30	45
石灰石（大块）	1.6~2.0	30~35	40~45
石灰石（中、小块）	1.2~1.5	30~35	40~45
生石灰	1.7~1.8	25	45~50
水泥	0.9~1.3	35	40~45
碎石	1.32~2.0	35	45
白云石（块）	1.2~2.0	35	—
碎白云石	1.8~1.9	35	—
砾石	1.5~1.9	30	30~45
黏土（小块）	0.7~1.5	40	50
黏土（湿）	1.7	—	27~45

注：1. 堆积密度是指松散物料在自然状态下堆积时单位体积的质量。安息角是指散料堆能够保持稳定状态的最大坡度。
2. 该表数据主要摘自闻邦椿.机械设计手册，第五版，第1卷.北京：机械工业出版社，2010。

物料堆积体积计算   表3

图形	计算公式
	$V = \left[ab - \dfrac{h}{tga}(a+b - \dfrac{4h}{tga}) \right] \times h$
	$V = \dfrac{ah}{6}(3b-a)$
	$V_0 = \dfrac{h^2}{tga} + bh - \dfrac{b^2}{4} tga$

注：a—物料的堆积角；V—物料堆积体积；V_0—物料堆积延米体积。

货物重量换算

特殊货物重量换算　　表1

货物名称	计算单位	换算重量（kg）
骆驼、牛、马、骡、驴	头	1000
猪、羊、狗、牛犊、马驹、骡驹、驴驹	头（条、只）	200
散装的猪崽、羊羔	头（只）	30
笼装的猪崽、羊羔、家禽、家畜、野兽、蛇、卵蛋	m³	500
藤、竹制的椅、凳、几、书架	个	30
鱼苗（秧、种）	m³	800
其他不能确定重量的货物	m³	1000
家具（折叠的除外）		自重加两倍
各种材料制成的空容器（折叠的以及草袋、布袋、纸袋、麻袋、塑料袋除外）		自重加两倍

注：1. 自重加两倍是指货物本身毛重再加两倍。
2. 本表依据交通运输部、国家发展改革委印发的《港口收费计费办法》（交水发[2015]206号）编制。

集装器标准规格

国际标准集装箱规格　　表2

型号	公称长度(ft/m)	外部尺寸（mm）			额定总质量（t）
		长	宽	高	
1EEE	45/13.716	13716	2438	2896	30.48
1EE				2591	
1AAA	40/12	12192	2438	2896	30.48
1AA				2591	
1A				2438	
1AX				<2438	
1BBB	30/9	9125	2438	2896	30.48
1BB				2591	
1B				2438	
1BX				<2438	
1CC	20/6	6058	2438	2591	30.48
1C				2438	
1CX				<2438	
1D	10/3	2991	2438	2438	10.16
1DX				<2438	

注：本表依据国家标准《系列集装箱 分类、尺寸和额定质量》GB/T 1413-2008编制。

我国铁路集装箱规格　　表3

箱型	箱类	箱主代码	自重(t)	总重(t)	外部尺寸（mm）			容积(m³)
					长	宽	高	
2ft	通用集装箱	TBJ	1.86~2.98	30.48	6058	2438	2591	33.2
	35t通用集装箱	TBJ	2.5	35	6058	2550	2896	39.2
	干散货集装箱	TBB	3.1	30.48	6058	2438	2591	32.5
	框架罐式集装箱	TBG	4~4.64	30.48	6058	2438	2591	26~29
	弧形罐式集装箱	TBG	6.3	30.48	6058	2438	2896	33.5
	散装水泥罐式集装箱	TBG	4.95	30.48	6058	2438	2896	22
	折叠式台架集装箱	TBP	2.1~2.5	30	5610	3155	3400	
	石油沥青罐式集装箱	TBG	6.3	30.48	6058	2438	2591	24
25ft	板架式汽车集装箱	TBP	4.68	34.48	7675	3300		348
40ft	通用集装箱	TBJ	3.88	30.48	12192	2438	2896	76.4
45ft	冷藏集装箱	TBL	7.18	30.48	13716	2438	2896	74.5
50ft	板架式汽车集装箱	TBQ	10.9	60	15400	3300		270

注：本表数据源自网站http://www.12306.cn。

常用空运集装器规格　　表4

类型	IATA编码	最大毛重(kg)	底板尺寸 长×宽（In/cm）	最大外形尺寸 长×宽×高（In/cm）
集装箱	AAF	6033	125×88/318×224	160×88×64/406×224×163
	AAP AMP RAP	6033	125×88/318×224	125×88×64/318×224×163
	AAU RAU	4626	125×88/318×224	186×88×64/472×224×163
	AGA	11340	238.5×96/606×244	238.5×96×96/606×244×244
	AKC	1588	61.5×60.4/156×153	92×60.4×64/234×153×163
	AKE AVE AKN RKE RKN	1588	61.5×60.4/156×153	79×60.4×64/201×153×163
	AKH RKN	1588	61.5×60.4/156×153	96×60.4×45.5/244×153×116
	ALF	3175	125×60.4/318×153	160×60.4×64/406×153×163
	ALP	3175	125×60.4/318×153	125×60.4×64/318×153×163
	AMA	6800	125×96/318×244	125×96×96/318×244×244
	AMD	6800	125×96/318×244	125×96×118/318×244×300
	AMF	5035	125×96/318×244	160×96×64/406×244×163
	AMJ	6800	125×96/318×244	125×96×96/318×244×244
	AMP	6800	125×96/318×244	125×96×64/318×244×163
	DPE	1225	47×60.4/120×153	61.5×60.4×64/156×153×163
	DQF DQN	2449	96×60.4/244×153	125×60.4×64/318×153×163
	DQP	2449	96×60.4/244×153	96×60.4×64/244×153×163
	HMJ	3000	125×96/318×244	125×96×92.5/318×244×235
	FQA	2449	96×60.4/244×153	96×60.4×64/244×153×163
	FXG	2000	98×55/244×140	98×55×64/244×140×163
集装板	P1P PAG	6033	125×88/318×224	125×88×64（96，118）/318×224×163（244，300）
	P6P PMC	6800	125×96/318×244	125×96×64（96，118）/318×244×163（244，300）
	PAD XAW	5000	125×96/318×244	157×96×64/398×244×163
	PEB	1800	53×88/135×224	53×88×84/135×224×213
	PGA P7E	11340	238.5×96/606×244	238.5×96×96（118）/606×244×244（300）
	PKC	1588	61.5×60.4/156×153	92×60.4×64/234×153×163
	PLA FLA PLB	3175	125×60.4/318×153	125×60.4×64/318×153×163
	PRA	11340	196×96/498×244	196×96×118/498×244×300

注：1. IATA为国际航空运输协会的缩写，IATA编码首位字母R表示保温集装箱，H表示马厩。
2. 集装板的最大外形尺寸是指装载货物后的尺寸。
3. 最大毛重是指集装器装载货物后的最大允许重量，含集装器自重。

托盘规格　　表5

国家或地区	标准规格尺寸（mm）
中国	1200×1000[①]，1100×1100
日本、韩国、新加坡、中国台湾地区等	1100×1100
英国、德国、荷兰	1200×800，1200×1000
欧洲其他国家	1200×800
美国	1219×1016
加拿大、墨西哥	1200×1000
澳大利亚	1067×1067
洲际联运	1200×1000，1200×800，1219×1016，1140×1140，1100×1100，1067×1067

注：表中①表示优选推荐尺寸。本表依据国家标准《联运通用平托盘主要尺寸及公差》GB/T 2934-2007、国际标准《洲际物料输送用平托盘主要尺寸和公差》ISO 6780-2003等编制。

常用货运车辆分类

常用货运车型及图示　　　　　表1

类型		示意图	说明
普通货车			在敞开（平板式）或封闭（厢式）载货空间内载运货物的汽车
牵引车	全挂牵引车		不具有载货结构，专门用于牵引全挂车的载货汽车
	半挂牵引车		不具有载货结构，专门用于牵引半挂车的载货汽车
挂车	全挂车	厢式	挂车：设计和制造上需由汽车或拖拉机牵引，才能在道路上正常使用的无动力车辆；
		栏板式	全挂车（牵引杆挂车）：至少有两根轴，通过角向移动的牵引杆与牵引车联结的挂车；
	中置轴挂车	厢式	中置轴挂车：均匀受载时挂车质心紧靠车轴位置，牵引装置相对于挂车不能垂直移动，与牵引车连接时只有较小的垂直载荷作用于牵引车的挂车；
	半挂车	厢式	半挂车：均匀受载时挂车质心位于车轴前面，装有可将垂直力或水平力传递到牵引车的联结装置；
		栏板式	集装箱半挂车：载货部位为框架结构且无地板，专门运输集装箱的半挂车；
		平板式	基本形式：一轴、二轴、三轴
		集装箱半挂车	
汽车列车	铰接列车		汽车列车：由汽车牵引挂车组成的机动车，包括乘用车列车、货车列车和铰接列车；
	货车列车	全挂汽车列车	铰接列车：一辆半挂牵引车与具有角向移动联结的半挂车组成的车he；
		中置轴挂车列车	货车列车：货车和牵引杆挂车或中置轴挂车的组合；全挂汽车列车：货车与牵引杆挂车的组合；中置轴列车：货车和中置轴挂车的组合

注：本表依据《汽车和挂车类型的术语和定义》GB/T3730.1-2001、《货运挂车系列型谱》GB/T 6420-2004及《机动车类型术语和定义》GA 802-2014编制。

常用货运车辆主要参数

仓栅式、栏板式、平板式、自卸式货车及其半挂车外廓尺寸的最大限值　　　表2

车辆类型			长（m）	宽（m）	高（m）
仓栅式货车 栏板式货车 平板式货车 自卸式货车	二轴	$Q\leq 3.5t$	6	2.55	4
		$3.5t<Q\leq 8t$	7		
		$8t<Q\leq 12t$	8		
		$Q>12t$	9		
	三轴	$Q\leq 20t$	11		
		$Q>20t$	12		
	双转向轴的四轴汽车		12		
仓栅式半挂车 栏板式半挂车 平板式半挂车 自卸式半挂车	一轴		8.6	2.55	4
	二轴		10		
	三轴		13		

注：1. 表中Q为车辆最大设计总质量。
2. 本表依据国家标准《汽车、挂车及汽车列车外廓尺寸、轴荷及质量限值》GB1589-2016编制。

其他汽车、挂车及汽车列车外廓尺寸的最大限值　　　表3

车辆类型		长（m）	宽（m）	高（m）	备注
汽车	低速货车	6	2	2.5	指最大设计速度小于70km/h的四轮载货汽车
	货车及半挂牵引车	12	2.55	4	
挂车	半挂车	13.75	2.55	4	运送45英尺集装箱的半挂车长度限值为13.95m
	中置轴、牵引杆挂车	12	2.55	4	车厢长度限值为8m（中置轴车辆运输挂车除外）
汽车列车	铰接列车	17.1	2.55	4	长头铰接列车长度限值为18.1m
	货车列车	20	2.55	4	中置轴车辆运输列车长度限值为22m

注：1. 冷藏车宽度最大限值为2.6m。
2. 本表依据国家标准《汽车、挂车及汽车列车外廓尺寸、轴荷及质量限值》GB 1589-2016编制。

半挂牵引车和半挂车其他尺寸参数　　　表4

参数		数值
半挂车前回转半径		>2.04m
半挂车牵引销中心轴线到半挂车车辆长度最后端的水平距离（运送45英尺集装箱的半挂车除外）		>12m
运送标准集装箱的半挂牵引车鞍座空载时高度	集装箱高度为2591 mm	≤1.32m
	集装箱高度为2896 mm	≤1.11m

货车及挂车最大允许轴荷限值　　　表5

车辆类型		限值（t）	备注
单轴	每侧单轮胎	7	安装名义断面宽度不小于425mm轮胎时，限值为10t；安装名义断面宽度不小于445mm轮胎时，限值为11.5t
	每侧双轮胎	非驱动轴 10	装备空气悬架时，限值为11.5t
		驱动轴 11.5	
二轴组	轴距<1m	11.5	二轴挂车限值为11t
	1m≤轴距<1.3m	16	
	1.3m≤轴距<1.8m	18	驱动轴为每轴每侧双轮胎且装备空气悬架时，限值为19t
	轴距≥1.8m（仅挂车）	18	
三轴组	相邻两轴间距≤1.3m	21	
	1.3m<相邻两轴间距≤1.4m	24	

注：1. 汽车或汽车列车驱动轴的轴荷不应小于汽车或汽车列车最大总质量的25%。
2. 其他类型的车轴，其最大允许轴荷不应超过该轴轮胎数乘以3t。
3. 本表依据国家标准《汽车、挂车及汽车列车外廓尺寸、轴荷及质量限值》GB 1589-2016编制。

半挂牵引车、挂车最大允许总质量限值　　　表6

车辆类型			限值（t）	备注
半挂牵引车	二轴		18	驱动轴为每轴每侧双轮胎且装备空气悬架时，限值增加1t
	三轴		25	
挂车	半挂车	一轴	18	
		二轴	35	
		三轴	40	
	中置轴挂车	一轴	10	
		二轴	18	
		三轴	24	
	牵引杆挂车	二轴，每轴每侧为单轮胎	12	安装名义断面宽度不小于425mm轮胎时，限值为18t
		二轴，一轴每侧为单轮胎，另一轴每侧为双轮胎	16	
		二轴每侧为双轮胎	18	

注：1. 车辆的最大允许总质量不应超过各轴最大允许轴荷之和。
2. 本表依据国家标准《汽车、挂车及汽车列车外廓尺寸、轴荷及质量限值》GB 1589-2016编制。

货车、汽车列车最大允许总质量限值　　表1

车型	轴数	示意图	限值(t)
载货汽车	二轴		18
载货汽车	三轴		25
载货汽车	三轴		25
载货汽车	四轴		31
中置轴挂车列车	三轴		27
中置轴挂车列车	四轴		36
中置轴挂车列车	四轴		35
中置轴挂车列车	五轴		43
中置轴挂车列车	五轴		43
中置轴挂车列车	六轴		49
中置轴挂车列车	六轴		46
中置轴挂车列车	六轴		49
中置轴挂车列车	六轴		46
铰接列车	三轴		27
铰接列车	四轴		36
铰接列车	五轴		43
铰接列车	五轴		43
铰接列车	五轴		42
铰接列车	六轴		49
铰接列车	六轴		46
铰接列车	六轴		46
全挂列车	四轴		36
全挂列车	五轴		43
全挂列车	五轴		43
全挂列车	六轴		49
全挂列车	六轴		46

注：1. 除驱动轴外，示意图中的二轴组、三轴组以及半挂车和全挂车，每减少两个轮胎，其总质量限值减少3t；驱动轴为每轴单侧双轮胎且装备空气悬架时，三轴和四轴货车的总质量限值各增加1t；驱动轴为每轴每侧双轮胎并装备空气悬架、且半挂车的两轴之间的距离≥1.8m的四轴铰接列车，总质量限值为37t。
2. 本表依据交通运输部办公厅、公安部办公厅2016年8月18日发布的《公路货运车辆超限超载认定标准》编制。

货运车辆主要参数及说明　　表2

参数名称	图中代号	说明
车辆长度	a	车辆前后最外端点垂直于X和Y平面的两平面间的距离（X平面、Y平面分别为车辆支撑平面和车辆对称平面的简称）
车辆宽度	b	车辆两侧固定突出部位的最外侧点平行于Y平面的两平面间的距离
车辆高度		车辆最高点至X平面的距离
前悬尺寸	c	车辆最前端至前轴中心线的距离
后悬尺寸	d	车辆最后端至后轴中心线的距离
轴距	L	车辆相邻两轴中心线之间的距离
前/后轮距	n/m	轮距是指车轴两端的车轮在支承平面上留下的轨迹中心线之间的距离。
最大转向角		转向轮转到极限位置时而不发生偏转时中心线之间的角度
最小通道外圆半径	R	转向盘转至极限位置时，车辆所有点（后视镜、下视镜和天线除外）在平整地面上的投影形成一个圆环，分别称为通道外圆和通道内圆。汽车、汽车列车的通道圆外径半径限值为12.5m，内圆半径限值为5.3m。
最小通道内圆半径	r	
最小转弯通道宽度	W	$W=R-r$
最小转弯半径	r_1	转向盘转至极限位置时，车辆以最低稳定车速转向行驶时，外侧转向轮的中心在支承平面上滚过的轨迹圆半径

注：1. 本表依据国家标准《汽车、挂车及汽车列车外廓尺寸、轴荷及质量限值》GB 1589-2016、《汽车最小转弯直径、最小转弯通道圆直径和外摆值测量方法》GB/T 12540-2009及行业标准《汽车库建筑设计规范》JGJ 100-2015编制。
2. "图中代号"指 1、2 中字母代号。

车辆转弯参数计算

1. 车辆最小转弯半径

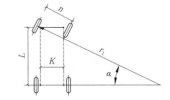

$$r_1 = \frac{L}{\sin\alpha} + \frac{n-K}{2}$$

α—外转向轮最大转向角；
K—主销中心距；
L—轴距；
n—前轮距。

1 车辆最小转弯半径计算示图

2. 车辆转弯通道圆半径

$$r = \sqrt{r_1^2 - L^2} - \frac{b+n}{2}$$

$$R = \sqrt{(L+d)^2 + (r+b)^2}$$

3. 车辆转弯环形车道半径及宽度

外半径：$R_0 = R + x$

内半径：$r_0 = r + y$

宽度：$W_0 = R_0 - r_0$

式中：x为汽车环行时最外点至环道外边距离，$x \geq 250$mm；y为汽车环行时最内点至环道内边距离，$y \geq 250$mm。

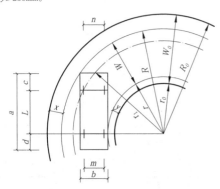

2 车辆转弯通道圆及道路半径、宽度计算示意图

常用搬运车辆分类

搬运车辆分类   表1

分类			示意图	说明
按作业方式分	起升车辆	固定平台搬运车		载货台不能起升的搬运车辆
		牵引车		装有牵引连接装置，专门用于在地面上牵引其他车辆
		堆垛用高起升车辆 平衡重叉车		具有承载货物（有托盘或无托盘）的货叉或其他装置，载荷相对于前轮呈悬臂状态，且依靠车辆质量来进行平衡
		前移式叉车		带有外伸支腿，通过门架或货叉架移动进行荷载搬运
		插腿式叉车		带有外伸支腿，货叉位于两支腿之间，荷载重心始终位于稳定性好的支撑面内
		侧面式叉车		门架或货叉架位于两车轴之间，垂直于车辆的运行方向横向伸缩，在车辆的一侧进行堆垛或拆垛作业
		三向堆垛叉车		能够在车辆的运行前方及任一侧进行堆垛或取货
		托盘堆垛车		货叉位于外伸支腿正上方
		平台堆垛车		载货平台位于外伸支腿正上方
		操作台可升降车辆		操作台可随载荷一起升降进行分层堆垛作业
		非堆垛用起升车辆 托盘搬运车		装有货叉的步行式或乘驾式低起升车辆
		平台搬运车		装有载货平台或载货架的步行式或乘驾式低起升车辆
		拣选车		操作台随平台或货叉一起升降，允许操作者将载荷从承载属具上堆放到货架上，或从货架上取出载荷，放在承载属具上的高起升车辆
按运行方式分		无导向运行		借助外界的方法在规定的路线上运行
		导向运行		借助外界的方法在规定的路线上运行
按控制方式分	乘驾式	坐驾式		—
		站驾式		—
	步行式			
	无人驾驶			
按动力方式分	内燃车辆		—	
	电动车辆	蓄电池车辆		
		外接电源车辆		
	内燃电动车辆			

注：本表依据国家标准《机动工业车辆术语》GB/T 6104-2005编制。

起升车辆基本参数

起升车辆额定起重量   表2

参数名称	数值
额定起重量（t）	0.2, 0.25, 0.32, 0.4, 0.5, 0.63, 0.8, 1, 1.25, (1.5), 1.6, (1.75), 2, (2.25), 2.5, (2.75), 3, 3.5, 4, 4.5, 5, 5.5, 6, 7, 8, 9, 10, 12, 14, (15), 16, 18, 20, 22, 25, 28, 32, 37, (38), 42

注：括号内的数值不优先选用。本表依据机械行业标准《起升车辆 基本型式和额定起重系列》JB/T 7313-1994编制。

平衡重式叉车基本参数   表3

参数名称		数值
额定起重量Q（t）		0.2, 0.25, 0.32, 0.4, 0.5, 0.63, 0.8, 1, 1.25, (1.5), 1.6, (1.75), 2, (2.25), 2.5, (2.75), 3, 3.5, 4, 4.5, 5, 5.5, 6, 7, 8, 9, 10, 12, 14, (15), 16, 18, 20, 22, 25, 28, 32, 37, (38), 42
载荷中心距（mm）	$Q<1t$	400, (500)
	$1t \leq Q \leq 5t$	500, (600)
	$5t<Q \leq 10t$	600, (900)
	$10t<Q \leq 18t$	(600), 900, (1250)
	$18t<Q \leq 45t$	(900), 1250
起升高度（m）		1.4, 1.6, 1.8, 2, 2.24, 2.5, 2.65, 2.8, 3, 3.15, 3.3, 3.5, 3.7, 4, 4.25, 4.5, 4.75, 5, 5.3, 5.6, 6, 6.3, 6.5, 6.7, 6.9, 7.1, 7.3, 7.5, 7.75, 8, 8.25, 8.5, 8.75, 9
蓄电池叉车的蓄电池电压（V）		24, 36, 48, 72, 80, 96, 120, 144, 160, 192, 240

注：括号内的数值不优先选用。本表依据机械行业标准《平衡重式叉车 基本参数》JB/T 2390-2005编制。

侧面式叉车基本参数   表4

参数名称		数值
额定起重量Q（t）		0.5, 0.8, 1, 1.5, 2, 2.5, 3, 3.5, 4, 4.5, 5, 5.5, 6, 7, 8, 9, 10
载荷中心距（mm）	$Q<1t$	400, (500)
	$1t \leq Q<5t$	500, (600)
	$5t \leq Q \leq 10t$	600, (900)
起升高度（m）		1.6, 1.8, 2, 2.24, 2.5, 2.65, 2.8, 3, 3.3, 3.6, 4, 4.25, 4.5, 4.75, 5, 5.3, 5.6, 6
蓄电池叉车的蓄电池电压（V）		24, 36, 48, 72, 80, 96

注：括号内的数值不优先选用。本表依据机械行业标准《侧面式叉车》JB/T 9012-2011编制。

插腿式叉车基本参数   表5

参数名称	数值
额定起重量（t）	0.5, 0.8, 1, 1.25, 1.5, 1.75, 2, 2.5, 3
载荷中心距（mm）	400, 450, 500, 600
起升高度（m）	1.5, 2, 2.5, 2.7, 3, 3.15, 3.3, 3.6, 4, 4.5, 5
货叉长度（mm）	800, 900, 1000, 1150, 1200
蓄电池叉车的蓄电池电压（V）	12, 24, 48, 72

注：表中的数值为优先选用数值。本表依据机械行业标准《插腿式叉车》JB/T 3340-2005编制。

蓄电池前移式叉车基本参数   表6

参数名称	数值
额定起重量（t）	0.5, 0.8, 1, 1.25, 1.5, 1.75, 2, 2.5, 3, 3.5, 4, 4.5, 5
载荷中心距（mm）	400, 450, 500, 600, 900
起升高度（m）	2, 2.5, 2.7, 3, 3.15, 3.3, 3.6, 4, 4.5, 5, 5.5, 6
前移距离（mm）	500, 560, 600, 685, 800
货叉长度（mm）	800, 900, 1000, 1150, 1200
蓄电池电压（V）	24, 48, 72, 80

注：表中的数值为优先选用数值。本表依据机械行业标准《蓄电池前移式叉车》JB/T 3244-2005编制。

常用起重机

常用起重机类别 表1

划分依据	类别		示意图	说明
按构造	桥架型	桥式起重机		桥架梁通过运行装置直接支撑在轨道上的起重机
		门式起重机		桥架梁通过支腿支撑在轨道上的起重机
		半门式起重机		桥架梁一端直接支撑在轨道上,另一端通过支腿支撑在轨道上的起重机
	臂架型	门座起重机		安装在门座上,下方可通过铁路或公路车辆的移动式回转起重机
		半门座起重机		安装在半门座上,下方可通过铁路或公路车辆的移动式回转起重机
		悬臂起重机		取物装置悬挂在刚性固定的悬臂(臂架)上,或悬挂在可沿悬臂(臂架)运行的小车上的臂架起重机
		流动型起重机		能在带载或不带载情况下沿无轨路面行驶,且依靠自重保持稳定的臂架起重机
按支撑方式	支撑式起重机			运行在高架或地面轨道上的桥架型起重机
	悬挂式起重机			悬挂在轨道下翼缘上的桥架型起重机
按取物装置	吊钩起重机			用吊钩作为取物装置的起重机
	抓斗起重机			用抓斗作为取物装置的起重机
	电磁起重机			用电磁吸盘作为取物装置的起重机
	桥式堆垛起重机			装备有悬吊立柱且带有堆垛货叉的桥式起重机
	挂梁起重机			装备有带吊钩、电磁吸盘或其他取物装置的吊梁,搬运长条形重物的桥架式起重机
	集装箱起重机			装有集装箱吊具,用于搬运集装箱的起重机
按驱动方式	手动起重机			工作机构为人力驱动的起重机
	电动起重机			工作机构为电力驱动的起重机
	液压起重机			工作机构为液压驱动的起重机

注:本表依据国家标准《起重机术语 第1部分:通用术语》GB/T 6974.1-2008编制。

桥式起重机

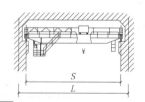

① 通用桥式起重机

② 桥式堆垛起重机

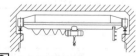

③ 电动单梁起重机

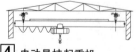

④ 电动悬挂起重机

应优先采用的通用桥式起重机额定起重量 表2

取物装置		额定起重量 G_n(t)
吊钩	单小车	3.2、5、6.3、8、10、12.5、16、20、25、32、40、50、63、80、100、125、140、160、200、250、280、320
	双小车 等量	2.5+2.5、3.2+3.2、4+4、5+5、6.3+6.3、8+8、10+10、12.5+12.5、16+16、20+20、25+25、32+32、40+40、50+50、63+63、80+80、100+100、125+125、140+140、160+160
	双小车 不等量	小车的起重量应符合单小车起重机起重量系列,总起重量不应超过320
	多小车	各小车的起重量应符合单小车起重机起重量系列,总起重量不应超过320
抓斗		3.2、5、6.3、8、10、12.5、16、20、25、32、40、50
电磁		3.2、5、6.3、8、10、12.5、16、20、25、32、40、50

注:本表依据国家标准《通用桥式起重机》GB/T 14405-2011编制。

应优先采用的通用桥式起重机标准跨度 S (单位:m) 表3

额定起重量 G_n(t)	轴线间距 L(m)	12	15	18	21	24	27	30	33	36	39	42
$G_n \leq 50$	无通道	10.5	13.5	16.5	19.5	22.5	25.5	28.5	31.5	34.5	37.5	40.5
	有通道	10	13	16	19	22	25	28	31	34	37	40
$50 < G_n \leq 125$		—	—	16	19	22	25	28	31	34	37	40
$125 < G_n \leq 320$		—	—	15.5	18.5	21.5	24.5	27.5	30.5	33.5	36.5	39.5

注:1. 轴线间距指建筑物跨度定位轴线间距。有通道、无通道是指建筑物上沿着起重机运行线路是否有人行安全通道。
2. 建筑物跨度定位轴线间距和起重机跨度超过表中给值时,按每3m一档延伸。
3. 本表依据国家标准《通用桥式起重机》GB/T 14405-2011编制。

应优先采用的通用桥式起重机起升高度 (单位:m) 表4

额定起重量 G_n(t)	吊钩				抓斗		电磁
	一般起升高度		加大起升高度		一般起升高度	加大起升高度	一般起升高度
	主钩	副钩	主钩	副钩			
$G_n \leq 50$	12~16	14~18	24	26	18~26	30	16
$50 < G_n \leq 125$	20	22	30	32	—	—	—
$125 < G_n \leq 320$	22	24	32	34	—	—	—

注:本表依据国家标准《通用桥式起重机》GB/T 14405-2011编制。

桥式堆垛起重机主要特征 表5

特征		说明
结构组成		由起重机、悬臂机构、桥架、回转小车、叉车以及立柱等组成
结构分类及特点	带固定立柱的支撑式桥式堆垛起重机	由带立柱的小车和桥架组成,结构简单,使用方便
	带伸缩立柱的支撑式桥式堆垛起重机	具有伸缩式立柱,可以越过障碍物进行装卸和堆垛
	带固定立柱的悬挂式桥式堆垛起重机	桥架质量较轻,起重机的轨道固定在屋顶的杆架上
	带伸缩立柱的悬挂式桥式堆垛起重机	具有伸缩式立柱,质量较轻,轨道固定在屋顶杆架上
用途		桥式堆垛主要适用于12m以下中等跨度的仓库,巷道的宽度较大,适于笨重和长大件物料的搬运和堆垛
主要技术参数		额定起重量:0.5~5t;最大起升高度:12m;最大工作跨度:20m

电动单梁起重机优先选用参数 表6

参数名称	数值
额定起升载荷(t)	1、1.6、2、2.5、3.2、4、5、6.3、8、10、12.5、16、20
跨度(m)	7.5、8、10.5、11、13.5、14、16.5、17、19.5、22.5、25.5、28.5、31.5
起升高度(m)	3.2、4、5、6.3、8、10、12.5、16、20、25、32、40

注:本表依据机械行业标准《电动单梁起重机》JB/T 1306-2008编制。

电动悬挂起重机优先选用参数 表7

参数名称	数值
额定起升载荷(t)	0.5、1、1.6、2、2.5、3.2、4、5、6.3、8、10、12.5、16、20、25、32、40
跨度(m)	3、4、5、6、7、8、9、10、11、12、13、14、15、16、17、18、19、20、21、22、23、24、25、26
起升高度(m)	3.2、4、5、6.3、8、10、12.5、16、20、25、32、40
悬臂端长度(m)	0.25、0.5、0.75、1、1.25、1.5

注:本表依据机械行业标准《电动悬挂起重机》JB/T 2603-2008编制。

门式起重机

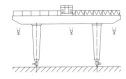

1 通用门式起重机

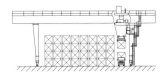

2 轨道式集装箱门式起重机

应优先采用的通用门式起重机额定起重量　　　表1

取物装置		额定起重量G_n(t)
吊钩	单小车	单主梁	3.2, 5, 6.3, 8, 10, 12.5, 16, 20, 25, 32, 40, 50
		双梁	3.2, 5, 6.3, 8, 10, 12.5, 16, 20, 25, 32, 40, 50, 63, 80, 100, 125, 140, 160, 200, 250, 280, 320
	双小车	等量	2.5+2.5, 3.2+3.2, 4+4, 5+5, 6.3+6.3, 8+8, 10+10, 12.5+12.5, 16+16, 20+20, 25+25, 32+32, 40+40, 50+50, 63+63, 80+80, 100+100, 125+125, 140+140, 160+160
		不等量	小车的起重量应符合单小车起重机起重量系列，总起重量不应超过320
	多小车		各小车的起重量应符合单小车起重机起重量系列，总起重量不应超过320
抓斗			3.2, 5, 6.3, 8, 10, 12.5, 16, 20, 25, 32, 40, 50
电磁			3.2, 5, 6.3, 8, 10, 12.5, 16, 20, 25, 32, 40, 50

注：本表依据国家标准《通用门式起重机》GB/T 14406-2011编制。

应优先采用的通用门式起重机标准跨度　　　表2

额定起重量G_n(t)	跨度(m)								
$G_n\leq50$	10	14	18	22	26	30	35	40	50	60
$50<G_n\leq125$	—	—	18	22	26	30	35	40	50	60
$125<G_n\leq320$	—	—	18	22	26	30	35	40	50	60

注：1. 跨度超过表中给定值时，按每10m一档延伸。
2. 本表依据国家标准《通用门式起重机》GB/T 14406-2011编制。

通用门式起重机起升范围（单位：m）　　　表3

额定起重量G_n(t)	跨度(m)	吊钩起重机起升高度	抓斗起重机		电磁起重机	
			起升高度	下降深度	起升高度	下降深度
$G_n\leq50$	10~26	12	8	4	10	2
	30~60		10	2		
$50<G_n\leq125$	18~60	14	—	—	—	—
$125<G_n\leq320$	18~60	16	—	—	—	—

注：本表依据国家标准《通用门式起重机》GB/T 14406-2011编制。

轨道式集装箱门式起重机参数　　　表4

参数	数值
吊具下额定起重量(t)	5, 10, 30.5, 35.5, 40, 50, 65
跨度(m)	24, 30, 35.5, 39, 45, 50, 56, 60
起升高度(m)	11, 12.2, 13.5, 15, 16.2, 18, 18.8, 21.5, 23
悬臂最大工作伸距(m)	5, 6, 7.5, 9, 11, 12.5, 15, 18

注：本表依据国家标准《轨道式集装箱门式起重机》GB/T 19683-2005编制。

门座起重机

a 圆筒式门架　　　b 交叉式门架

3 港口门座起重机

门座起重机常用额定起重量　　　表5

取物装置		额定起重量G_n(t)
吊钩	固定吊具	3.2, 5, 8, 10, 16, 20, 25, 32, 40, 50, (56), 63, 80, (90), 100, 125, 160, 200, 250, (280), 320, 400, (450), 500
抓斗	可分吊具	3.2, 5, 8, 10, 16, 20, 25, 32, 40
电磁吸盘	可分吊具	3.2, 5, 8, 10, 16, 20, 25, 32, 40, 50, 63
集装箱吊具	可分吊具	25, 32, 40, 50
吊罐	可分吊具	10, 20, (30), 32

注：1. 对于固定吊具，额定起重量中不含吊具自重；对于可分吊具，额定起重量中包含吊具自重。括号内的数值不优先选用。
2. 本表依据国家标准《门座起重机》GB/T 29560-2013编制。

门座起重机常用起升范围　　　表6

取物装置	起升高度(m)	下降深度(m)
吊钩	12, 13, 15, 16, 18, 19, 20, 22, 25, 26, 28, 30, 32, 35, 45, 55, 60, 65, 70, 90, 95, 100	5, 8, 10, 12, 15, 16, 18, 20, 22, 25, 30, 40, 50, 60, 70
抓斗 电磁吸盘	12, 13, 15, 16, 18, 19, 20, 22, 23, 24, 25, 26, 28, 30	8, 10, 12, 15, 16, 18, 20, 22, 25
集装箱吊具	12, 13, 15, 16, 18, 19, 20, 22, 23, 24, 25	8, 10, 12, 15, 16, 18, 20, 22, 25
吊罐	12, 13, 15, 16, 18, 19, 20, 22, 25, 26, 28, 30, 32, 35, 40, 55, 60, 65, 70, 90, 95, 100	8, 10, 12, 15, 16, 18, 20, 22, 25, 30, 40, 50, 60, 70

注：本表依据源自国家标准《门座起重机》GB/T 29560-2013编制。

港口流动式起重机、集装箱堆高机

4 港口轮胎起重机

5 集装箱正面吊运起重机

6 原木正面吊运起重机

7 空集装箱堆高机

港口轮胎起重机基本参数　　　表7

参数名称	数值										
额定起重量(t)	3.2	5	8	10	16	20	25	32	40	50	63	80
起升高度(m)不小于	10	11	12	13	17	18	20	24	24	26	28	32

注：本表依据国家标准《港口轮胎起重机》GB/T 14743-2009编制。

正面吊运起重机典型参数　　　表8

类型	规格		参考尺寸(m)						整车重量(t)
	最大吊载(t)	堆码层数	长	宽	高	最大起升高度	轴距	最小转弯半径	
集装箱吊运	45	5	11.258	4.188	4.77	15.1	6	8	70
空集装箱吊运	10	6	11	4.118	4	16.2	5	6.8	39
原木吊运	31		12.46	4.188	7.29	9.5	6	8	72

注：表中堆码层数是指堆垛高度为9'6"实集装箱及高度为8'6"空集装箱的最大层数。

空集装箱堆高机典型参数　　　表9

规格		参考尺寸(m)						整车重量(t)
最大吊载(t)	堆码层数	长	宽	最小高度	吊架最大起升高度	轴距	最小转弯半径	
8	6	6.62	4.1	9.57	16.1	4.2	5.66	37
9	6	6.9	4.1	9.68	16.1	4.55	6	37
	7	6.9	4.1	10.93	18.8	4.55	6	39
	8	6.9	4.1	11.89	21.3	4.55	6	40
10	8	7.41	4.1	10.89	18.64	5	6.6	42

注：表中堆码层数是指堆垛8'6"空集装箱的最大层数。

工业建筑 [1] 总论 / 概述・设计原则・分类・采光设计

概述

1. 工业建筑是从事工业生产和为生产服务的建筑物、构筑物的总称,一般称为"厂房"。常将从事某种主要生产加工的厂房称为"某某车间"。

2. 现代工业生产技术发展迅速,生产体制变革和产品更新换代频繁,厂房在向大型化和微型化两极发展;同时普遍要求工业建筑在使用上具有更大的灵活性,以利发展和扩建,并便于生产、运输机具的设置和改装。

3. 为满足生产向专业化发展的需求,出现了不同规模的工业区(或称工业园区),其集中一个行业的各类厂房,或集中若干行业的工厂,在小区总体规划的要求下进行设计。

4. 随着时代的发展,大量的工业建筑已改变了使用功能,其作为建筑文化遗产需要合理利用和妥善保护。

设计原则

1. 满足生产工艺要求;
2. 选择合理的结构形式;
3. 合理布置各类用房,保证安全卫生的生产环境;
4. 注重工业建筑绿色设计相关措施;
5. 注重工业建筑人性化设计。

分类

工业建筑分类　　　　　　　　　　　　　　　　　　　表1

分类	类型	适用举例
按厂房用途	主要生产厂房	产品从原料到成品加工的主要工艺过程所用的厂房,如机械厂的铸造、锻造、热处理、铆焊、冲压、机加工和装配车间
	辅助生产厂房	为主要生产车间服务的各类厂房,如机修和工具等车间
	动力用厂房	为工厂提供能源和动力的各类厂房,如发电站、锅炉房等
	储藏类用房	储存各种原料、半成品或成品的仓库,如材料库、成品库、危险品库房等
	运输工具用房	停放、检修各种运输工具的库房,如汽车库和电瓶车库等
	生活福利用房	包括生产、生活卫生用房,行政办公用房等,具体内容包括浴室、存衣室、卫生间、盥洗室、休息室、保健室,以及办公、会议、计量、调度等用房
按生产环境	冷加工厂房	在正常温湿度状况下进行生产的车间,如机械加工、装配等车间
	热加工厂房	在高温或熔化状态下进行生产的车间。在生产中产生大量的热量及有害气体、烟尘,如冶炼、铸造、锻造和轧钢等车间
	恒温恒湿厂房	在稳定的温湿度状态下进行生产的车间,如纺织车间和精密仪器等车间
	洁净厂房	为保证产品质量,在无尘无菌、无污染的洁净状况下进行生产的车间,如集成电路车间,医药工业、食品工业的车间
	有侵蚀的厂房	在生产过程中会受到酸、碱、盐等侵蚀性介质的作用,对厂房耐久性有影响的车间。这类厂房在建筑材料选择及构造处理上应有可靠的防腐蚀措施,如化工厂和化肥厂中的某些生产车间,冶金工厂中的酸洗车间等
按建筑层数	单层厂房	广泛应用于机械、冶金等工业。用于有大型设备及加工件、有较大动荷载和大型起重运输设备,需要水平方向组织工艺流程和运输的生产项目
	多(高)层厂房	用于电子、精密仪器、食品和轻工业。适用于设备、产品较轻、竖向布置工艺流程的生产项目
	混合层数厂房	同一厂房内既有多层也有单层,单层或跨层内设置大型生产设备,多用于化工和电力工业
按专业用途	通用厂房	建筑柱距较大、跨度尺寸也较大的生产厂房,可以满足工艺要求,并可以随时进行设备调整的工业厂房
	联合厂房	把几个车间合并成一个面积较大的车间,目前世界上最大的联合车间面积可达200000m²
	专业厂房	某些特定行业生产所需的厂房

采光设计

根据工业建筑生产类型、光气候区划分不同,采用表2中参数加以设计。各地区采光系数标准值乘以相应地区系数K。

顶部采光时,Ⅰ～Ⅳ采光等级的采光均匀度不宜小于0.7,相邻两天窗中线间的距离不宜大于参考平面至天窗下沿高度的1.5倍,并应考虑采取减小窗的不舒适眩光措施。

各采光等级参考平面上的采光标准值　　　　　　表2

采光等级	侧面采光		顶部采光	
	采光系数标准值(%)	室内天然光照度标准值(lx)	采光系数标准值(%)	室内天然光照度标准值(lx)
Ⅰ	5	750	5	750
Ⅱ	4	600	3	450
Ⅲ	3	450	2	300
Ⅳ	2	300	1	150
Ⅴ	1	150	0.5	75

注:本表摘自《建筑采光设计标准》GB 50033-2013。表中所列采光系数标准值适用于Ⅲ类气候区,采光系数标准值是按室外设计照度值15000lx划定的。

光气候系数K值　　　　　　　　　　　　　　　　表3

光气候区	Ⅰ	Ⅱ	Ⅲ	Ⅳ	Ⅴ
K值	0.85	0.90	1.00	1.10	1.20
室外天然光照度值E_s(lx)	18000	16500	15000	13500	12000

注:本表摘自《建筑采光设计标准》GB 50033-2013。

工业建筑的采光标准值　　　　　　　　　　　　　表4

采光等级	车间名称	侧面采光		顶部采光	
		采光系数标准值(%)	室内天然光照度标准值(lx)	采光系数标准值(%)	室内天然光照度标准值(lx)
Ⅰ	特精密机电产品加工、装配、检验、工艺品雕刻、刺绣、绘图	5.0	750	5.0	750
Ⅱ	特精密机电产品加工、装配、检验、通信、网络、试听设备、电子元器件、电子零部件加工、抛光、复材加工、纺织品精纺、织造、印染、服装裁剪、缝纫及检验、精密理化实验室、计量室、测量室、主控制室、印刷品的排版、印刷、药品制剂	4.0	600	3.0	450
Ⅲ	机电产品加工、装配、检修、机库、一般控制室、木工、电镀、油漆、铸工、理化实验室、造纸、石化产品后处理、冶金产品冷轧、热轧、拉丝、粗炼	3.0	450	2.0	300
Ⅳ	焊接、钣金、冲压剪切、锻工、热处理、食品、烟酒加工与包装、饮料、日用化工产品、炼铁、炼钢、金属冶炼、水泥加工与包装、配、变电所橡胶加工、皮革加工、精细库房(及库房作业区)	2.0	300	1.0	150
Ⅴ	发电厂主厂房、压缩机房、风机房、锅炉房、泵房、动力站房、电石库(乙炔库、氧气瓶库、汽车库、大中件贮存库)一般库房、煤的加工、运输、选煤配料间、原料间、玻璃退火、熔制	1.0	150	0.5	75

注:本表摘自《建筑采光设计标准》GB 50033-2013。

窗地面积比和采光有效进深　　　　　　　　　　　表5

采光等级	侧面采光		顶部采光
	窗地面积比	采光有效进深(m)	窗地面积比
Ⅰ	1/3	1.8	1/6
Ⅱ	1/4	2.0	1/8
Ⅲ	1/5	2.5	1/10
Ⅳ	1/6	3.0	1/13
Ⅴ	1/10	4.0	1/23

注:本表摘自《建筑采光设计标准》GB 50033-2013。

防火设计

厂房的防火设计涉及生产、火灾危险性、耐火等级、防火间距、防火分区、安全疏散及防爆等相关内容。表1~表9均摘自或根据《建筑防火设计规范》GB 50016-2014编制。

生产的火灾危险性分类 表1

生产的火灾危险性类别	使用或产生下列物质生产的火灾危险性特征
甲	1.闪点小于28℃的液体； 2.爆炸下限小于10%的气体； 3.常温下能自行分解或在空气中氧化能导致迅速自燃或爆炸的物质； 4.常温下受到水或空气中水蒸气的作用，能产生可燃气体并引起燃烧或爆炸的物质； 5.遇酸、受热、撞击、摩擦、催化以及遇有机物或硫磺等易燃的无机物，极易引起燃烧或爆炸的强氧化剂； 6.受撞击、摩擦或与氧化剂、有机物接触时能引起燃烧或爆炸的物质； 7.在密闭设备内操作温度不小于物质本身自燃点的生产
乙	1.闪点不小于28℃，但小于60℃的液体； 2.爆炸下限不小于10%的气体； 3.不属于甲类的氧化剂； 4.不属于甲类的化学易燃固体； 5.助燃气体； 6.能与空气形成爆炸性混合物的浮游状态的粉尘、纤维、闪点不小于60℃的液体雾滴
丙	1.闪点不小于60℃的液体； 2.可燃固体
丁	1.对不燃烧物质进行加工，并在高温或熔化状态下经常产生强辐射热、火花或火焰的生产； 2.利用气体、液体、固体作为燃料或将气体、液体进行燃烧作其他用的各种生产； 3.常温下使用或加工难燃烧物质的生产
戊	常温下使用或加工不燃烧物质的生产

厂房（仓库）建筑构件的燃烧性能和耐火极限（单位：h） 表2

构件名称		一级	二级	三级	四级
墙	防火墙	不燃性3.00	不燃性3.00	不燃性3.00	不燃性3.00
	承重墙	不燃性3.00	不燃性2.50	不燃性2.00	难燃性0.50
	楼梯间和前室的墙、电梯井的墙	不燃性2.00	不燃性2.00	不燃性1.50	难燃性0.50
	疏散走道两侧的隔墙	不燃性1.00	不燃性1.00	不燃性0.50	难燃性0.25
	非承重外墙房间隔墙	不燃性0.75	不燃性0.50	不燃性0.50	难燃性0.25
柱		不燃性3.00	不燃性2.50	不燃性2.00	难燃性0.50
梁		不燃性2.00	不燃性1.50	不燃性1.00	难燃性0.50
楼板		不燃性1.50	不燃性1.00	不燃性0.75	难燃性0.50
屋顶承重构件		不燃性1.50	不燃性1.00	难燃性0.50	可燃性
疏散楼梯		不燃性1.50	不燃性1.00	不燃性0.75	可燃性
吊顶（包括吊顶搁栅）		不燃性0.25	难燃性0.25	难燃性0.15	可燃性

厂房仅设一个安全出口的条件 表3

厂房类别	甲类	乙类	丙类	丁、戊类	地下或半地下厂房（包括地下或半地下室）
每层建筑面积（m²）	≤100	≤150	≤250	≤400	≤50
允许人数	≤5	≤10	≤20	≤30	≤15

厂房内任一点至最近安全出口的直线距离（单位：m） 表4

生产的火灾危险性类别	耐火等级	单层厂房	多层厂房	高层厂房	地下、半地下厂房、厂房的地下室、半地下室
甲	一、二级	30	25	—	—
乙	一、二级	75	50	30	—
丙	一、二级	80	60	40	30
	三级	60	40	—	—
丁	一、二级	不限	不限	50	45
	三级	60	40	—	—
	四级	50	—	—	—
戊	一、二级	不限	不限	75	60
	三级	100	75	—	—
	四级	60	—	—	—

厂房内疏散楼梯、走道和门的疏散净宽度指标（单位：m/百人） 表5

厂房层数	1层、2层	3层	≥4层
宽度指标	0.60	0.80	1.00

厂房之间及与乙、丙、丁、戊类仓库、民用建筑的防火间距（单位：m） 表6

名称			甲类厂房 单、多层	乙类厂房 单、多层		丙、丁、戊类厂房 单、多层			民用建筑 裙房，单、多层		
			一、二级	一、二级	三级	一、二级	三级	四级	一、二级	三级	四级
甲类	单、多层	一、二级	12	12	14	12	14	16		25	
乙类	单、多层	一、二级	12	10	12	10	12	14		25	
		三级	14	12	14	12	14	16			
	高层	一、二级	13	13	15	13	15	17			
丙类	单、多层	一、二级	12	12	14	10	12	14	10	12	14
		三级	14	12	14	12	14	16	12	14	16
		四级	16	14	16	14	16	18	14	16	18
	高层	一、二级	13	13	15	13	15	17	13	15	17
丁、戊类	单、多层	一、二级	12	10	12	10	12	14	10	12	14
		三级	14	12	14	12	14	16	12	14	16
		四级	16	14	16	14	16	18	14	16	18
	高层	一、二级	13	13	15	13	15	17	13	15	15
室外变压器总油量（t）	≥5, ≤10		25	25	25	12	15	20	15	20	25
	>10, ≤50					15	20	25	20	25	30
	>50					20	25	30	25	30	35

甲类厂房与铁路、道路等的防火间距（单位：m） 表7

名称	厂外铁路线路中心线	厂内铁路线路中心线	厂外道路路边	厂内道路路边 主要	厂内道路路边 次要
甲类厂房	30	20	15	10	5

厂房的层数和防火分区的最大允许建筑面积（单位：m²） 表8

生产类别	厂房的耐火等级	最多允许层数	每个防火分区最大允许建筑面积 单层厂房	多层厂房	高层厂房	地下、半地下厂房、厂房的地下室、半地下室
甲	一级	宜采用单层	4000	3000	—	—
	二级		3000	2000	—	—
乙	一级	不限	5000	4000	2000	—
	二级	6	4000	3000	1500	—
丙	一级	不限	不限	6000	3000	500
	二级	不限	8000	4000	2000	500
	三级	2	3000	2000	—	—
丁	一、二级	不限	不限	不限	4000	1000
	三级	3	4000	2000	—	—
	四级	1	1000	—	—	—
戊	一、二级	不限	不限	不限	6000	1000
	三级	3	5000	3000	—	—
	四级	1	1500	—	—	—

厂房内爆炸性危险物质的类别与泄压比规定值C值（单位：m²/m³） 表9

厂房内爆炸性危险物质的类别	C值
氨、粮食、纸、皮革、铅、铬、铜等$K_{尘}$<10MPa·m·s⁻¹的粉尘	≥0.030
木屑、炭屑、煤粉、锑、锡等10MPa·m·s⁻¹≤$K_{尘}$≤30MPa·m·s⁻¹的粉尘	≥0.055
丙酮、汽油、甲醇、液化石油气、甲烷、喷漆间或干燥室以及苯酚树脂、铝、镁、锆等$K_{尘}$>30MPa·m·s⁻¹的粉尘	≥0.110
乙烯	≥0.160
乙炔	≥0.200
氢	≥0.250

工业建筑 [3] 工业园区／定义·发展演变·类型·选址

定义

工业园区是一个国家或区域的政府根据自身经济发展的内在要求,通过行政、市场等手段划出一块区域,聚集各种生产要素,在一定空间范围内进行科学整合,提高工业化的集约强度,突出产业特色,优化功能布局,使之成为适应市场竞争和产业升级的现代化产业分工协作生产区。联合国环境规划署(UNEP)认为工业园区是在一大片的土地上聚集若干工业企业的区域。

发展演变

工业园区是技术、经济、政策等多种因素共同作用的结果,作为现代新兴工业发展的主要空间载体,它的发展与近现代工业发展密不可分。18世纪60年代产业革命的兴起开始出现大量工业建筑,此时多为简单的厂房,各自分散布局。随后,产业的集聚效应推动单一或多个工业部门集聚发展,形成早期的工业区。随着第三次科技革命的兴起以及新技术、新兴产业的出现,生产要素聚集、功能复合,现代工业园区应运而生。

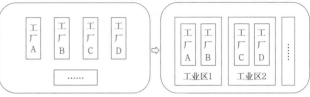

a 早期工业建筑(各类自成一体,布局分散) b 传统的工业区(工业建筑集群化、组团化)

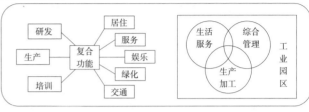

c 现代工业园区(园区功能复合,新型空间应运而生)

1 工业园区的发展演变历程示意图

类型

现代工业园区的类型及特征 表1

类型	实例	基本特征	分布及独立性	产业类型
高新技术产业园区	苏州工业园区、西安高新技术区	科研机构、高校和企业相对集中,具有知识密集和人才密集型的特征	城中、城郊及远郊都有分布,交通条件便利,配套设施建设均衡,独立性很强	以高新技术产业为主,集科研、教育、生产、生活为一体的综合性基地
经济技术开发区	天津经济技术开发区、大连经济技术开发区	在开放城市划定的一块较小的区域,集中建设完善的基础设施,投资环境良好,是对外开放地区的组成部分	主要分布在城郊。配套设施相对完善,独立性较强,有些形成独立的卫星城	产业类型较丰富,有几种相对优势产业,利用外资形成以高新技术产业为主的现代工业结构
一般加工型工业园	东莞市黄江裕园工业区	中小企业聚集,专业门类的工业突出,地方特色资源丰富,有相关产业发展的基础	一般分布在城郊,也有城市内。基础设施的建设较独立,公共服务设施规模较小,对城镇的依赖性较强	以制造加工业为主的劳动密集型产品产业,也有综合加工型的,也有专门从事某一类产品生产的专类园区
生态工业园区	丹麦卡伦堡"工业共生体"、武汉佛祖岭生态工业园区	依据清洁生产要求、循环经济理念和工业生态学原理设计建立的一种生态循环型工业园区,是未来工业园区发展的一个趋势	新建生态园区一般独立性较强,配套服务设施较完善,对城镇有一定的依赖性	以低碳、生态、环保型为主,在生态系统内建立生产型、消费型、分解型企业间的资源投入与废物产出的良性循环发展
特色工业园区	国家保税区	大连保税区	经国务院批准,开展国际贸易和保税业务的区域,是中国经济与世界经济融合的新型连接点	分布在特定的地域,如海关和边境出口贸易区等,为利于运作,常将出口加工区设在已建成的开发区内。依托本地特有的优势,结合国家的相关政策,有较大的开放度和自由度。统一配建生产和储存使用的厂房等配套设施,公共服务设施的配建规模较小,数量较少,对外依赖性较大	类似于国际上的自贸区,区内允许外商投资经营,以发展国际贸易、加工和仓储、商品展示等服务为主的特殊经济区域
	边境经济合作区	黑河边境经济合作区	我国沿边开放的重要一翼,对发展与周边国家或地区贸易和睦邻友好关系、繁荣少数民族地区有积极作用		
	出口加工区	大连出口加工区	由海关监管,为企业提供更宽松的经营环境,加工贸易从分散型向相对集中型管理转变,鼓励扩大外贸出口		
其他工业园区		如教育产业园、珠澳跨境工业园区等。此类园区科技含量较高,与城市现代技术结合紧密,一般分布在城市重要位置或者独立成为城市新区		

选址

工业园区与城市的空间关系 表2

类型	城中型	城郊型	远郊型
空间示意	⊙	◐	○ ●
优劣特征分析	可充分利用母城的物质条件,降低建设成本,利于旧城更新;但规模受到限制,自由度低	用地充分,可依赖母城基础设施与生活设施,带动城市周边发展,推进城镇化进程	用地布局自由,不受城市扩张影响;但无法利用母城资源,前期投入大,吸引力与发展速度受限
主要适用类型	污染较小、占地较小,货运量不大,与城市关系紧密的园区,如一些知识密集型的现代工业园区、科技孵化中心等	对城市有一定污染或货运量较大,但与城市其他部门如科研、高教等有密切联系的园区,如高新区、经济技术开发区等	一些污染较大的工业园区或一些需要大规模土地的工业园区,往往形成独立的工业城镇,即工业卫星城或新城
形成原因	①需利用城市中智能资源;②随着城市的扩张被纳入城市中心区,属更新型工业园区	①规模相对较大,与城市关系密切,但中心区无足够用地;②污染产业必须向外转移	①规模较大,自身各种功能齐全,对城市依赖较小;②重污染产业必须远离城市
综合分析	远郊型前期投入较大、发展较慢;城中型受城市影响较大,虽能利用母城资源,又不受城市限制,区位上也较靠近智力集聚区。因此,城郊型是工业园区最常见的选择。但在实际规划中也要根据具体实践具体分析		

注:○城市主城区,◐工业园区。

工业园区在城市中的选址要求 表3

选址要求		基本概述
外部要求	战略政策	综合考虑国家和地区发展战略及政策
	城市环境	为减少和避免"三废"及噪声污染,园区应布置在城市常年主导风向的下风向;群山环抱的盆地中、谷地中,园区规模不宜过大,布局宜适当分散,不宜布置重工业;园区不宜布置在水源及河流上游;园区与居住区之间应设立卫生隔离带
	交通运输	为节省运输成本,吸引外资,保证生产顺利进行,园区应多沿公路、铁路、水运及航空等对外交通便捷处布置
	智力资源	现代工业园区的选址最好能在高等学校及科研机构集中处
自身要求	地质地貌	避开不良地质地段,选择有较高的地基承载力且满足防洪要求的用地;用地的自然坡度要和工业生产、运输方式及排水坡度相适应
	水源、能源	用水量大及对水质要求特殊的工业,需要充沛可靠的水源,注意用地和水源地高差问题,如食品业、造纸业、纺织业等;工业园区必须有可靠的能源供应,如电源、热电站等
	基础设施	有良好的运输设施、市政设施、公共设施、科技服务和科技信息等基础设施
	对外联系	要有良好的对外通信条件;要跟市场接近,考虑地区对产品和服务的需求情况,市场能力要和产品及服务相适应
	其他要求	园区应避开:军事用地、水利枢纽、采空区和有用的矿物蕴藏地区;文物古迹埋藏区以及生态保护区;埋有地下设备的地区等

功能组成·规划布局 / 工业园区 [4] 工业建筑

功能组成

1. 用地构成

现代工业园区以工业用地为主，兼具科研、服务、经贸、办公管理及生活服务、仓储物流等用地，功能复合，与传统工业区区别很大，有的则成为城市新区。

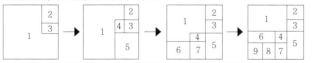

1 工业用地　2 仓储物流用地　3 办公管理用地　4 绿地　5 科技研发用地　6 居住用地
7 商业用地　8 文化娱乐用地　9 教育用地

1 工业园区用地构成演变过程示意图

2. 功能组成

A——生产加工区，包括工业生产、仓储物流及预留用地等。

B——综合管理区，即厂前区，主要为园区的生产、研发和销售提供各种服务，是科研、办公的集中地。

C——生活服务区，为企业生产和管理提供基础服务，包括居住、商业娱乐等服务用地。

D——动力中心区，保障水、电、暖、气等的供应及设备的安全运行。

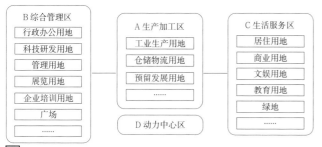

2 工业园区功能组成示意图

规划布局

1. 空间发展模式

经历了从"工业区—工业组团—工业新城—工业聚集区"的发展过程，主要有以下几种典型的发展模式。

工业园区的几种典型发展模式　表1

发展模式	特征	发展模式示意
产业外延扩张与内涵提升模式	开发区的普遍发展模式，以产业聚集为起点，通过园区边界不断膨胀，经过"外围工业组团发展—工业区规模扩大—城市新区"发展过程	原始产业集群 → 集群扩张 → 产业新城形成
分级组团式发展模式	加工工业园区的理想模式，是一种能满足外来人员多方面生活所需的城市社区综合体，一定程度上聚合生活、休憩、交流等社区功能	早期工业园区 → 初级组团划分 → 二级组团划分
理想新城渐进模式	开发区的理想的发展模式，在明确的发展边界基础上有一个理想的、超前的综合发展规划实现城区的平稳过渡，典型代表为苏州工业园区	明确发展边界 → 制订发展规划 → 城区平稳过渡
聚集连绵发展模式	产业聚集、成群发展，形成利于国家经济实力提升的城市工业走廊、工业带、工业圈等，如美国的五大湖区、德国鲁尔工业区	产业集聚 → 成群发展 → 城市工业走廊

2. 规划布局模式

各工业园区按照产业特征、地形地貌、园区规模及企业需求等，各功能组成的布局结构也相应不同，主要有平行式、环状式、组团式和混合式四种布局结构模式。

工业园区规划布局结构模式　表2

类型	模式示意	释义	特征
平行式		企业群与公共中心沿一条城市道路一字形串联式布置，即研发生产与公共中心平行布置，形成平行发展的态势	使管理、居住等配套服务区与工业生产区长边相接，既能保持密切联系，又互不干扰。此模式适用于规划区域呈带状，且发展规模不大的工业区
环状式		企业从一个公共中心向四周作环状辐射式展开，路网作环状布置，形成中心向四周辐射的布局秩序	利于工业拓展，但当生产区发展到一定程度超出公共中心的服务半径时，生产区的发展将会受到限制。此模式适用于分区明确、重点突出、位于城市边缘、规模较小的工业园区
组团式		企业围绕一个公共中心以组团的方式集聚，每个组团都是一个相对独立的片区，它是环状式结构模式的一种衍生模式	此模式可实现分期建设，滚动开发，共享公共设施，节约投入费用；各组团也能相对独立运作，灵活经营，实现企业内部之间、组团之间的副产品和废物循环
混合式		将多种结构模式相结合，根据具体地形和区域条件，将科研生产、居住生活有机地结合在一起	此模式通常是设定一轴或多轴，且围绕轴线相隔一定的距离布置多个工业组团，每个组团都较为独立完整，是工业园区较为理想的一种规划结构

注：■公共中心，▨生产加工区，▤生活服务区，□配套设施。

以下列出几种典型工业园区的规划布局模式，分别包括高新技术产业园及经济技术开发、一般加工型工业园、生态工业园区、特色工业园区。

几种典型工业园区的规划布局模式　表3

园区类型	规划布局模式	理想布局模式示意
高新技术产业园及经济技术开发区	一般围绕高新技术的研发、生产展开，功能齐全，其比较理想的发展模式为新城渐进模式	▨研发机构　▤教学机构　▦生产机构　■公共中心
一般加工型工业园区	以非正式自发的中小型企业为主的产业聚集为主，一般围绕主企业区进行相关产业的布局，用地一般大于20hm²	▨制造业　▤直接相关产业　▦间接相关产业　■公共中心
生态工业园区	一般以某生产型企业为中心，配合其进行循环产业的布局与发展。其比例为生产型企业：消费型企业：分解型企业=1:2:1	▨分解型企业　▤消费型企业　▦生产型企业　■公共中心
特色工业园区	围绕一种或几种相对优势产业进行园区布局，重点发展国际贸易、加工及仓储、商品展示等服务，有较大开放度和自由度	▨自由贸易区　▤加工及仓储区　▦商品展示区　■公共中心

工业建筑 [5] 工业园区/规划布局

分区规划布局

1. 生产加工区

工业园区得以生存和运转的动力，规划中应在位置、规模、对外联系、环境等方面满足企业生产、运输的需要，其开发指标按照《工业项目建设用地控制指标》（国土资发[2008]24号）规定执行。

工业用地应按照不同门类、项目需要进行地块的划分，一般分"生产单元—标准生产单元"两个层次。首先，根据各企业的交通需求和厂区的环境容量要求，一般将用地大约以300m×500m的标准划分成15hm²左右大小的生产单元。其次，根据标准厂房的建设需要和相关生产要求，对生产单元再进一步细分，一般可划分成50m×100m、100m×100m、100m×150m的标准生产单元。

2. 综合管理区

现代工业园区的重要组成部分，产业园区的智慧集中区，一般设有管理办公大楼、科技中心、信息中心、展览中心、培训中心、产业孵化中心等办公楼。

3. 生活服务区

主要包括居住、商业服务、休闲娱乐等功能，一般处于园区的附属位置，其区位选择应尽量避免受工业的污染，且自身应集中布置，以便于生活及配套设施的组织。

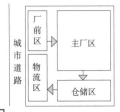
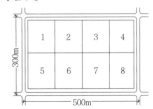

① 生产加工区功能流线图　　② 生产单元划分示意图

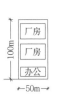

③ 工业园区标准生产单元划分示意图

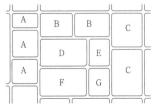

A 职工培训中心
B 管理办公大楼
C 展览中心
D 科技中心
E 广场绿地
F 企业孵化中心
G 信息管理中心

④ 工业园区综合管理区规划示意图

A 高档住宅区
B 单身宿舍
C 教育用地
D 公园绿地
E 住区服务中心
F 一般住宅区

⑤ 工业园区生活服务区规划示意图

土地利用

1. 用地比例

城市中，工业用地占城市建设用地的比值一般为15%~30%（《城市用地分类与规划建设用地标准》GB 50137-2011）。

园区内部，传统工业区用地构成相对单一，工业用地比例相对较高；现代工业园区用地构成相对综合，工业用地比例有所下降，其他配套设施用地比例有所提升。

部分工业园区内部各用地比例举例（%）　　表1

园区名称	工业仓储用地	居住用地	公建用地	道路用地	绿地	其他
大连卧龙工业区	55.8	7.6	4.1	18.5	13.7	0.3
天津经济技术开发区	48.7	8.1	12.7	11.0	17.2	2.3
苏州工业园区	33.2	24.1	6.2	16.3	10.1	10.1
甘肃武威工业园区	53.9	—	4.0	21.0	18.8	2.3
陕西蔡家坡经济技术开发区	40.5	19.3	12.0	17.7	9.3	1.2
昆山德国工业园	59.3	11.9	4.8	19.9	4.0	0.1

工业园区内部各用地所占比例参考值　　表2

用地类型	工业仓储用地	居住用地	公建用地	道路用地	绿地
所占比例	35%~55%	10%~20%	10%~20%	10%~15%	15%~20%

注：以上数据为根据多篇相关学术论文及实例数据总结所得。

2. 开发强度

工业建筑多以单层和多层标准化厂房为主，因此整体开发强度相对低于城区，容积率一般控制在0.5~1.5。现代工业园区由于功能综合，建筑形式与层数相对灵活，开发强度有所提高，如经济技术开发区或高新区的开发强度相对较高，类似于城市的新区开发。

某工业园区开发强度空间模型解析　　表3

用地类型	参考建筑密度（系数）	空间形态示意	容积率	参考用地比例	总体开发强度
工业用地	40%	平均层数=3	1.2	40%	0.8∈(0.5,1.5)开发强度0.8，介于开发强度下限0.5和上限1.5之间
居住用地	25%	平均层数=6	1.5	15%	
公建用地	30%	平均层数=3	0.9	10%	
道路用地			—	12%	
绿地				18%	
未预见用地	10%			5%	

注：1. 建筑系数不同于建筑密度，它是指项目用地范围内各种建筑物、用于生产和直接为生产服务的构筑物占地面积总和占总用地面积的比例。计算公式：建筑系数=（建筑物占地面积+构筑物占地面积+堆场用地面积）÷项目总用地面积×100%。上表中，只有工业用地一栏所示指标为建筑系数，其余均为建筑密度。
2. 工业用地中均用建筑系数说明建筑物分布的疏密程度、卫生条件及土地利用率。《工业项目建设用地控制指标》（国土资发[2008]24号）规定工业项目的建筑系数应不低于30%。

部分工业园区开发强度指标统计表　　表4

园区名称		建筑系数	容积率	备注
大连华堡钢格板厂区		35%	0.87	以厂房为主的工业区
河北邯郸纺织机工业园		46%	1.0	
上海张江高新科技园区	1999年	—	0.42	产业相对粗放，多为加工厂房
	2002年		0.85	产业升级改造，土地集约利用
	2007年		0.99	城市功能加强，工业比例下降
陕西澄城工业园区		30%~40%	0.7~1.2	工业生产、仓储物流为主
浙江永康五金科技工业园		40%	1.3	二类工业用地
深圳福田上步工业区		44%	1.5	综合性工业区
深圳南山高新技术产业园区		35%	1.2	现代化工业新城及中心区
深圳龙岗LG303-01号片区		35%~45%	1.2~1.5	

规划布局／工业园区［6］工业建筑

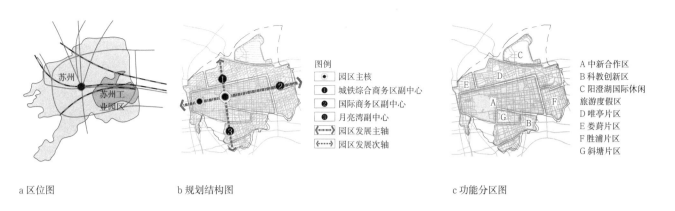

a 区位图　　b 规划结构图　　c 功能分区图

d 用地布局规划示意图

1 苏州工业园区

名称	区位	行政区规划面积（km²）	建设用地面积（km²）	设立时间
苏州工业园区	苏州古城区东部	288	62.03	1994

苏州工业园区于1994年2月经国务院批准设立，同年5月实施启动，行政区划面积288km²。其中，中新合作区80km²，下辖3个镇，户籍人口32.7万人（常住人口72.3万人）。园区定位为"苏州东部新城"、国家级高新技术产业园区和服务外包基地、长三角地区现代商贸物流运营中心和文化创意产业中心之一、苏州中央商务区和重要的城市服务中心。苏州工业园区开发之初，就借鉴新加坡和国际先进城市规划建设经验，编制完成富有前瞻性和科学性的总体发展规划，并先后制定300余项专业规划，形成了严密完善的规划体系。园区采用发达国家通行的办法，只有授权规划师可以审批各类规划申请，政府批准的规划必须公之于众。对不符合规划要求的项目，坚决实行"一票否决制"

规划用地平衡表

序号	代码	用地名称	面积（hm²）	比例（%）
1	M	工业用地	1889.70	30.46
2	A	公共管理与公共服务用地	330.20	5.32
3	R	居住用地	1650.50	26.61
4	B	商业服务业设施用地	116.00	1.87
5	W	物流仓储用地	162.60	2.62
6	S	道路与交通设施用地	903.00	14.56
7	U	公用设施用地	217.00	3.50
8	G	绿地与广场用地	934.00	15.06
		可建设用地	6203.00	100.00

工业建筑 [7] 工业园区 / 规划布局

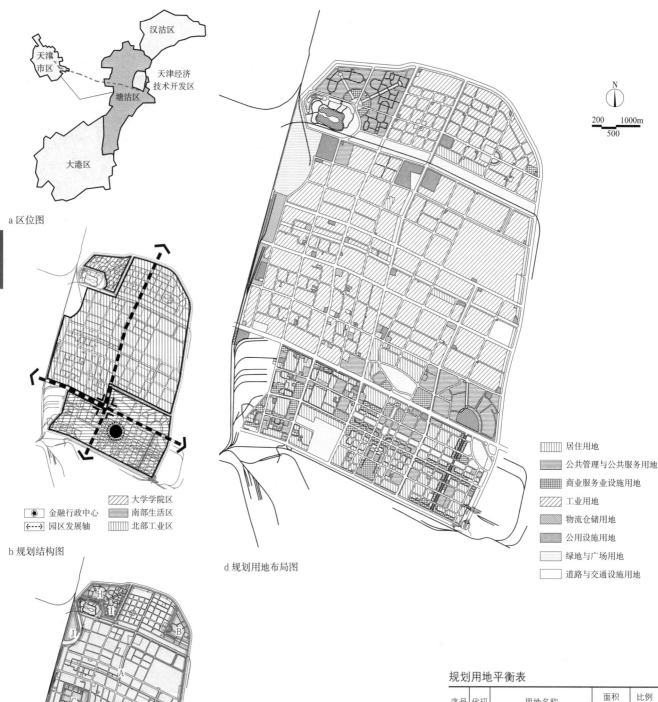

a 区位图

b 规划结构图
- ⬤ 金融行政中心
- ⇠⇢ 园区发展轴
- ▨ 大学学院区
- ▤ 南部生活区
- ▥ 北部工业区

d 规划用地布局图

图例：
- 居住用地
- 公共管理与公共服务用地
- 商业服务业设施用地
- 工业用地
- 物流仓储用地
- 公用设施用地
- 绿地与广场用地
- 道路与交通设施用地

A 先进制造业区 B 出口加工区 C 研发孵化产业园区
D 服务外包园区 E 居住配套服务区 F 时尚休闲生活区
G 现代服务产业区 H 学院区 I 生物医药园区
J 泰达物流园区

c 功能分区图

1 天津经济技术开发区

名称	区位	总规划面积（km²）	建设用地面积（km²）	创立时间
天津经济技术开发区	天津市东部，紧邻塘沽区	40.87	40.11	1984

园区坐落于环渤海经济圈的中心地带，通过京津塘高速公路和铁路与北京（130km）、天津（40km）相连，区位优势明显。园区定位为高水平的加工制造产业化基地、高新技术的研发转化基地、现代化的宜居生态城区，主导功能为科技研发、服务外包、电子信息、机械制造、生物医药、食品饮料等现代服务产业。规划将开发区划分为多个功能片区，每个功能片区由多个产业园区组成，形成"一心两轴三区"的空间结构

规划用地平衡表

序号	代码	用地名称	面积（hm²）	比例（%）
1	R	居住用地	320.48	7.99
2	A	公共管理与公共服务用地	352.85	8.80
3	B	商业服务业设施用地	196.46	4.90
4	M	工业用地	1950.40	48.62
5	W	物流仓储用地	40.70	1.01
6	S	道路与交通设施用地	351.47	8.76
7	U	公用设施用地	48.09	1.20
8	G	绿地与广场用地	750.98	18.72
9	E	非建设用地	76.19	—
		总用地	4087.62	100.00

规划布局 / 工业园区 [8] 工业建筑

a 区位图

名称	区位	规划面积（km²）	建设用地面积（km²）
大连开发区卧龙工业区	大连经济技术开发区东北部	14.17	9.91

大连开发区卧龙工业区主要由中心服务区、居住区、5个工业组团及外围生态防护绿地组成。中心服务区位于园区地理中心，靠近区内东西主干道，交通便利；居住区位于中心区以南，大黑山以北，自然环境优越；5个工业组团分为电子工业园区和综合工业园区两大类；生态防护绿地周边保留永久性绿化防护林地，起到隔离作用

规划用地平衡表

序号	代码	用地名称	面积（hm²）	比例（%）
1	M	工业用地	536.09	54.10
2	A	公共管理与公共服务用地	54.83	5.53
3	B	商业服务业设施用地	16.61	1.68
4	R	居住用地	70.39	7.10
5	W	物流仓储用地	12.92	1.30
6	S	道路与交通设施用地	141.22	14.5
7	U	公用设施用地	3.17	0.32
8	G	绿地与广场用地	155.62	15.71
		可建设用地	990.85	100.00
		规划总用地	1417.49	—

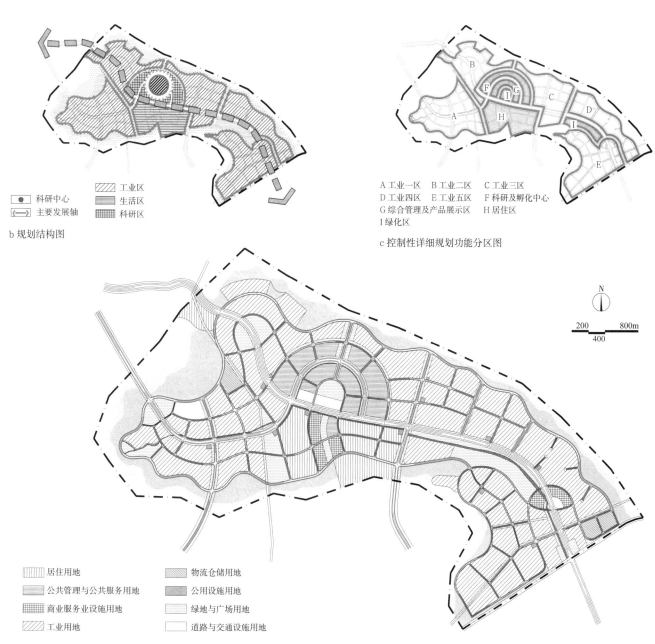

b 规划结构图

● 科研中心　▨ 工业区
↔ 主要发展轴　▤ 生活区
　　　　　　　▦ 科研区

A 工业一区　B 工业二区　C 工业三区
D 工业四区　E 工业五区　F 科研及孵化中心
G 综合管理及产品展示区　H 居住区
I 绿化区

c 控制性详细规划功能分区图

居住用地　　　　　物流仓储用地
公共管理与公共服务用地　公用设施用地
商业服务业设施用地　绿地与广场用地
工业用地　　　　　道路与交通设施用地

d 控制性详细规划土地利用图

1 大连开发区卧龙工业区

工业建筑 [9] 工业园区 / 旧工业区改造

改造思路

随着城市的发展与扩张，有些旧工业区极大地制约了城市综合功能的发挥与发展，对发展滞后或废弃的旧工业区，有必要进行功能置换，或在原有功能基础上进行升级改造。

1. 对自身园区现状进行分析，找到园区衰退的原因；
2. 对发展条件进行分析，包括政策及周边条件，确定改造目标与策略；
3. 进行分类改造。

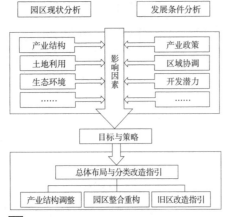

1 旧工业区的更新改造思路框架

改造分类

按照上述改造思路，从目标改造的角度将旧工业区改造分为3种不同类型：功能置换、工贸混合、升级改造。

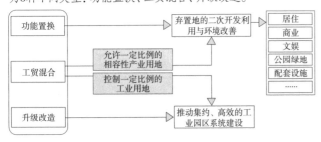

2 旧工业区改造分类

旧工业区分类改造指引　　　　　　　　　　　表1

类型	特征	改造指引	典型代表
功能置换	对废弃的工业园区进行二次开发，改变成其他用途的用地。主要是指一些已经废弃或土地利用效益较低、空置率较高的工业用地和成片厂房，或与周围的居住、商业、交通等城市环境不相协调，以及根据需求已经在规划中做功能调整的现状工业用地和成片厂房	注重保护与创意相结合，保留有历史价值的建筑、景观，保留工业遗产等历史见证物。如对大空间可利用，改造成博物馆、文化展览馆、艺术展厅、公园（溜冰场、滑雪场）等；对一些有趣的小空间改造成创意产业空间、酒吧文化街等	德国鲁尔工业区、美国西雅图煤气厂公园、北京798艺术区、上海8号桥创意园区等
工贸混合	按照功能混合及其相容性要求，根据弹性改造原则，将一部分有条件的工业用地改造成商贸等经济活动用地。在园区内一些现状规模较大、区位条件良好、工业生产和商贸、办公等活动均很活跃的旧工业用地和成片厂房	将产业研发与市场运作有机结合，增强工业科技园区内的活力	北京中关村国家自主创新示范区、深圳八卦岭工业园区、保山工贸园区
升级改造	对发展滞后、不能满足新的工业发展需求的园区进行改造，改造后功能不变。通过完善相关配套设施、一定程度的重建满足工业发展和产业升级需求，包括一些有特殊记忆或需要保留的年代较早、建设档次较低、需要进行整合的工业区	调整工业结构和优化工业布局，根据地区特征，进行适当规模的、合适尺度的"有机更新"，提倡渐进式更新，反对大拆大建	深圳蛇口工业区、深圳宝安F518时尚创意园、海尔工业园

改造出路及具体措施

根据工业区功能用途、厂房形式、区位等的不同，旧厂房/工业区通常的改造出路见表2。

旧工业区的改造出路　　　　　　　　　　　表2

类别		实例	规模（hm²）	产业特色	
功能置换型	创意产业园区	北京798艺术区	23	艺术工作室、展示空间	以创意办公及展览馆、博物馆为主
		上海8号桥创意园区	1.2	建筑设计、设计咨询、影业制作	
		上海1933老场坊	3.15	会馆、设计、教育、文化创意等	
		田子坊	2.0	文化艺术体验	以商业休闲为主，商业比重高于50%
		上海同乐坊	1.93	酒吧、艺术创意与时尚休闲	
		上海老码头	2.5	商业休闲、时尚消费	
	公园、绿地等休闲空间	美国西雅图煤气厂公园	8	对废弃工业场地及设施的整体结构保护与综合再利用，利用废弃遗迹建成"后工业景观"、游乐场及攀岩训练基地等	
		德国鲁尔杜伊斯堡景观公园	230		
工贸混合型	优化产业布局	保山工贸园区	5000	优化产业布局，建立"园中园"，引入轻纺、云服务、建材、小商品以及木材教工交易园区，形成以工促贸，工贸引领的新局面	
升级改造型	工艺提升、功能展示	海尔工业园	53.33	将生产厂房、装配基地对公众开放，了解生产过程的同时快速反馈信息，企业根据反馈进行升级改造及产品设计，满足多样化需求	

注：创意产业园的规模为建筑面积，公园等公共空间的规模为占地面积。

旧工业区的改造措施举例　　　　　　　　　　　表3

实例	改造手法	改造措施
上海同乐坊	整旧如旧+后现代设计元素	拆除破旧水泥厂，保留钢筋框架和人字形、众字形、齿轮状等带有工业机器时代标志的建筑构件，再加以鲜亮的色块、大面积的玻璃幕墙和质感的金属装饰
上海8号桥创意园区	创新设计+适当改造	对原有厂房进行保留，摒弃了原厂房的白粉涂墙，改用旧厂房青砖重新组合，以凹凸相间的砌造方式突显墙面的纹理，配合不锈钢及反光玻璃贴面等现代材料；增建大量创新构筑物，如天桥等，以加强各建筑间的联系
上海老码头	原码头元素+现代化的手法	对裸露在外的砖石墙体和钢架结构保留和修复，并大量运用玻璃的元素，使大面积的红色与钢体的沉稳、玻璃的灵动透亮形成对比，整体风格大气
德国鲁尔工业区杜伊斯堡景观公园	工业遗产的保护与再利用	通过整体厂区的"博物馆模式"、建筑物的"体育休闲活动模式"、户外花园的"攀岩、儿童游乐与展览模式"，将鲁尔工业区改造为以"煤—铁"工业背景为主的大型工业旅游主题公园
北京798艺术区	风貌保护+艺术产业引入	园区内的生产厂房进行严格保护，内部空间适当改造以满足艺术活动；园区内新增构筑物均为烘托艺术氛围；对厂区内破损房屋进行改造，符合厂区整体氛围
海尔工业园	以工业旅游形式促进产品升级改造	开放生产车间、制造厂房让公众可以近距离参观，感受生产加工过程，及时获取反馈信息并进行产品改造；园区内建设海尔大学，为员工提供培训基地，学习最新技术和管理理念

旧工业区的改造方法　　　　　　　　　　　表4

序号	方法	图示模式	
		改造前	改造后
1	大空间、大厂房改造为影剧院、展览厅、艺术部、博物馆等		
2	低层小尺度厂房结合公共空间改造为商业娱乐等；宽敞、灵活的空间改造为创意办公等		
3	多层以上相对安静的独栋建筑改造为会所、酒店或住宅		
4	废弃的场地结合工业遗产改造为城市绿地、公园、广场等休闲开放空间		

旧工业区改造 / 工业园区 [10] 工业建筑

 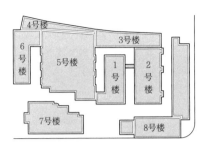 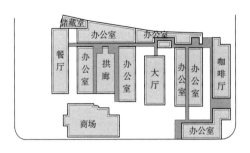

a 区位图　　　　　　　　b 改造前平面示意图　　　　　　　c 改造后平面示意图

1 上海8号桥创意园区

名称	区位	占地面积（hm²）	建筑面积（m²）	改造时间	改造前功能/产业	改造后功能/产业
上海8号桥创意园区	卢湾区建国中路	0.7	12000	2003	功能：上海汽车制动器厂；产业：硬管、软管、热处理器、板金等	功能：创意产业集聚区；产业：创意类、艺术类及时尚类企业，如建筑设计、服装设计、影视制作、画廊、广告、媒体等公司

8号桥共有20世纪50~80年代厂房8栋，更新改造中保留8栋厂房，对其内部空间和建筑立面进行适当改造，为创意产业提供开放性的办公环境，在厂房原来的设施上改造出极富设计感的天桥；厂房之间由天桥相连，造型各异的桥成为办公楼相互联系的纽带

1. 中部多为1~2层旧厂房改造，结合南北两广场分布餐饮和俱乐部，易于聚集人气；
2. 西侧多为5~6层厂房，改建为LOFT办公，集中了影视、杂志等文化传媒类企业；
3. 东侧以芷江梦工厂为核心，聚集画廊、琴坊等零售店，形成艺术文化的聚落。

a 区位示意图　　　　　　　　　　　　b 更新改造平面示意图

2 上海同乐坊

名称	区位	占地面积（hm²）	建筑面积（m²）	
上海同乐坊	靠近南京西路商业圈	1.00	19300	上海同乐坊周边分布有达安锦园、静安晶华苑等几十个高档住宅区，具有很大的消费潜力；规划定位为集国际性、文化性、互动性于一体的艺术创意和时尚休闲空间；以酒吧+俱乐部为休闲商业的特色，锁定时尚人群，并与媒体合作，定期举办各类时尚发布、访谈等活动

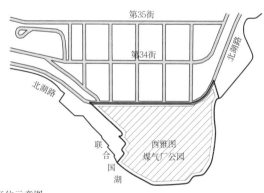 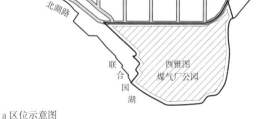

A 停车场
B 背部盆地大草地
C 西部斜坡
D 大型人造土山
E 炼油厂设备废墟（现为市民游乐场地）
F 儿童游乐场
G 日光草坪

a 区位示意图　　　　　　　　　　　　b 平面示意图

3 西雅图煤气厂公园

名称	区位	占地面积（hm²）	分区组成	改造前情况	改造后情况	改造方法
西雅图煤气厂公园	美国联合国湖的北面山顶，是眺望西雅图中央区优美天际线的最佳之地	10.00	停车场、盆地大草地、人造大山、市民游客场地、儿童游乐场、日光草坪	1906年西雅图石油公司建立一个主要用于从煤和石油中提炼石油的工厂，土壤污染严重，环境恶劣	1970年，理查德·哈格尊重并利用基地现有的资源，从已有的元素出发进行设计，将其改造为西雅图中央公园	重视场地历史，保留工业遗迹，工业设备作为巨大的雕塑和工业遗迹被保留下来，并改造成为餐饮、休闲、儿童游乐等设施；尊重自然生态和地域文化，以当地植物种植方式替代单纯从视觉出发的设计方法，保留当地自然生态特征，形成独特的"自然风景模式"

工业建筑 [11] 厂址选择

厂址选择的原则及要求

工业建筑设计应遵循的工程咨询设计总程序：①项目建议书阶段；②可行性研究阶段；③立项批文阶段；④厂址选择阶段；⑤规划设计阶段。厂址选择是在前阶段已批准的相关文件基础上开展工作，并根据政治、自然、经济、地理、技术条件、社会环境等进行综合比较后，形成选址意见报告。

厂址选择的原则及要求 表1

厂址选择的基本原则	1.必须符合国家工业布局及城镇（乡）总体规划要求，按照国家有关法律、法规及建设项目前期工作的规定执行。 2.配套的居住用地、交通运输、动力公用、废物处理等用地，应与工厂用地同时选择。 3.选择应贯彻国家的方针政策，不占基本农田，节约用地，提高土地利用率，因地制宜地合理利用荒地、坡地或低产地。 4.具有较好的建厂条件（如可靠的水源，足够的电源，方便的交通等，尽可能地靠近原料、燃料基地，节约物流成本），要适度考虑以后的发展余地。 5.有利于保护环境及景观，尽量远离风景名胜区和自然保护区，能利用三废处理、不污染环境
厂址选择的一般要求	1.选择工厂用地时，应符合工艺流程和厂内外运输条件要求，用地紧凑，外形简单，尽量选择起伏较小的场地，以减少土石方。厂基地面坡度一般5%为宜，丘陵不宜大于40‰。 2.厂址的外部运输条件应便利通畅，接线接轨方便。 3.地质条件良好，地基承载力不低于100kPa，建筑物荷载较大的工厂，不宜低于150kPa，地下水位宜在建筑物地基以下。 4.厂址不被洪水、潮水淹没。高出当地最高洪水位0.5m以上，防洪应满足现行国家《防洪标准》GB 50201的有关规定。 5.对气压、湿度、空气含尘量、防磁、防电磁波、防辐射等有特殊要求的工厂，在厂址选择时应考虑周围已有工厂生产的影响。 6.在山区或丘陵地区建厂，应因地制宜综合考虑，当厂址位于山坡或山脚时，应采取防止山洪、泥石流等自然灾害的危害加固措施，必须对山体的稳定性做出地质灾害性危险性评估报告，防止切坡、滑坡引起的危害。 7.场地不应布置在下列地区：①有用矿藏的矿床上或因地下开采而被破坏的区域；②有泥石流、滑坡、流沙、溶洞等直接危害的地段；③活动断层且抗震烈度大于9度的地区；④爆破危险范围内；⑤有严重放射性物质污染影响区；⑥国家规定的风景区及森林、自然保护区、温泉、疗养区、生活居住区、文教区、水源保护区和其他需要特别保护的区域；⑦受海啸或潮涌危害的地区；⑧历史文物保护区；⑨自重湿陷性黄土地区和1级膨胀土地区；⑩具有开采价值的矿藏区

厂址选择的程序

1. 准备阶段

（1）组织选厂工作组，一般主管部门组织设计、筹建、施工、勘测、城市规划、环保等部门参加；

（2）明确厂址选择的具体任务和要求，按厂址选择的原则及一般要求进行工作；

（3）根据选厂工作的任务及要求拟定选厂工作计划；

（4）各专业对选厂的各项主要指标进行估算。工程选厂址时，则应根据可行性研究报告或产品方案，对选厂的主要指标进行详细估算；

（5）了解厂址所在地区的情况和协作条件，如铁道、交通、水利、电力、城建等，以确定协作工程项目；

（6）拟出选厂资料收集提纲。

2. 现场踏勘阶段

（1）向当地主管部门汇报新建企业的生产性质，规模和选厂要求，和工作准备情况。对当地工业布局、城市规划、已有工业情况和选厂地点调研；

（2）收集指定选厂地区城乡规划、地形、工程地质、气象、交通运输、供水、供电燃料供应、洪水位等技术经济、自然和社会有关资料；

（3）在现场踏勘的过程中，及时核对有关原始资料，最后确定几个厂址，以供方案比较。

资料收集

资料收集是为厂址选择阶段和后续的厂址方案比较阶段提供必要的基础资料的过程。其包含内容广泛，主要涉及当地的地形、地貌、水文地质条件、工程地质条件、气象资料、道路交通、给水排水条件、能源供应等基本信息。一般资料收集的内容详见表2。

基础资料收集提纲 表2

项目	要求
地形	1.地理位置地形图：比例尺1：25000~1：50000。 2.区域位置地形图：比例尺1：5000~1：10000。 3.厂址地形图：比例尺1：500、1：1000、1：2000。 4.厂外工程地形图：比例尺1：500~1：2000。 厂外铁路、道路、供水、排水管线、热力管线、输电线路、原料、成品运输廊道等带状地形图
水文	1.如有河流，收集最高洪水位、百年、五十年一遇洪水位，洪水淹没区范围。 2.地下水特性、水质分析资料、含水深度、对基础的侵蚀性、能否作为水源（必要时打探井）。 3.了解收集当地防洪要求
地质	1.地质构造、地层岩层的成因及地质年代；土壤种类、性质和耐压力。 2.人为的地表破坏现象：如坑道、地洞、地下古墓、文物保护等。 3.历年来地震情况及地震破坏情况。 4.泥石流、滑坡、流沙、地下断裂带等情况
气象	1.气温及湿度基础数据。 2.降水量资料、最大冻土深度资料、最大降雪量资料。 3.历年各风向频率（全年、夏季、冬季）、风玫瑰图。 4.收集当地最大冻土深度等
交通运输	1.临近的铁路、车站位置至厂区的距离。 2.可能接轨的坐标、标高（系统和换算）。 3.铁路部门对设计铁路的技术条件（最小曲线半径、坡度和道岔型号及协议）。 4.运输至厂区的桥梁等级及隧道、立交桥大小、限高。 5.临近公路等级、路面、路基宽度、路面结构、最小半径、桥梁等级及防洪标准。 6.道路进厂连接位置。 7.当地路面结构、桥涵习惯做法及造价。 8.通航河流通航里程、通航密度，通航最大船只深度和吃水深度。 9.现有码头的地点、装卸能力、码头可利用情况。 10.可建码头地点、地形等相关资料
给排水	1.除在水文地质方面收集资料外，若利用城市自来水作水源还应收集供水地点、供水能力、供水方式、供水条件及要求（条件指：供水水质、供水压力、供水水价）。 2.雨水、污水排放接口资料及出口标高等。 3.收集当地污水（发达国家对雨水也有要求）排放标准
供电	1.供电电源位置及距厂区的距离。 2.可能供电的电量、电压、电源回路数（专用或带其他单位负荷）。 3.线路敷设方式及长度。 4.供电部门的协议文件
能源供应	1.热力供应情况。 2.燃气供应情况。 3.氧气、乙炔及其他气体供应情况。 4.允许自建站的条件（对燃气要求）
材料供应	1.生产过程中主要材料、燃料供应情况。 2.主要原材料的运输距离、运输方式、供应量及价格
电信电视	1.电话系统形式、可接入的数量。 2.网络接入地点及距厂区的距离。 3.电视系统接入的地点、距离、线路方式。 4.与有关部门的供应协议
环保人防规划	1.当地环保部门对建厂的要求及选厂址的意见。 2.对污染的排放及治理要求。 3.当地人防部门对建厂的意见和要求。 4.当地规划部门的意见和要求。 5.文物部门对拟建厂址的要求（文物情况及保护范围）。 6.了解特殊情况：现有机场、电台、雷达导航、天文观察及重要军事设施等，上述特殊对象与厂址的关系、相互有无影响
当地概况	收集当地概况资料

厂址选择方案的比较

将踏勘和现场收集的资料进行整理，加以对证和鉴别，力求准确和完善，对初步选定的厂址做出技术经济比较分析和统计工作，并绘出各厂址的规划方案总平面图。对土石方工程量进行计算，对铁路、公路、路基土石方进行估算，列表进行比较。

厂址方案技术条件比较 表1

序号	项目名称	厂址		
		甲方案	乙方案	丙方案
1	区域位置			
2	面积及土地			
3	地势及坡度			
4	风向、日照			
5	地质条件、土壤、地下水、地耐压力			
6	土石方工程量			
7	用地的拆迁、赔偿情况			
8	铁路接轨情况			
9	公路连接情况			
10	与城市的距离及交通条件			
11	风向及卫生条件			
12	供电供热情况			
13	供水			
14	排水			
15	地震			
16	防洪措施			
17	协作条件			
18	建厂速度			

建设费及经营费的比较 表2

序号	项目名称	单位	甲方案		乙方案		丙方案	
			数量	金额	数量	金额	数量	金额
1	区域开拓费							
	(1) 土石方及场地平整							
	(2) 建、构拆除赔偿							
	(3) 土地购置及农作物赔偿							
	(4) 公用设施配套费							
	(5) 城市建设配套费							
	(6) 土地使用开发费							
2	交通运输费							
	(1) 铁路及桥涵							
	(2) 道路及桥涵							
	(3) 码头建设费用							
	(4) 其他费用							
3	供水、排水站房、管道费							
4	防洪措施费用							
5	供电供热费用							
6	施工临时设施费							
7	住宅及配套设施费用							
8	原材料、燃料、成品运输							
9	供水排水费用							
10	供电费用（生产用电费用）							
11	动力费用							
12	其他							

环境影响比较（该报告由环保部门为主完成） 表3

序号	内容	甲方案	乙方案	丙方案
1	厂址的污染现状			
2	主要污染源和污染物			
3	建厂可能引起的生态变化			
4	设计采用的环保标准			
5	控制污染和生态变化的初步方案			
6	环境保护投资的费用			
7	环境影响的结论			
8	存在的问题及建议			

选厂报告的编写

根据以上比较内容，经济部门可以作初步的经济效益分析，进而编写选厂报告。

1. 对各个厂址的综合分析和结论，写明确定厂址的理由、存在的缺点和有待解决的主要问题。

2. 当地部门对厂址的意见(含环保部门)。

3. 附件：

(1) 项目协议文件(或会议纪要的复印件)，及选厂有关的其他单位材料；

(2) 区域位置规划图(含厂区位置、工厂备用地、住宅区位置、水源及雨污水排放接口、各种外接管线位置，厂外运输线路规划等)；

(3) 企业总平面示意图(1:1000~1:2000)。

特殊地区厂址选择要点

山区及江、河、湖、海边等特殊地区厂址选择时，需详细调查收集资料，尤其在做土石方计算时，要充分考虑初定标高的合理性。下面就山区及江、河、湖、海边选厂址列明要点。

1. 山区建厂

山区建厂的突出问题是防洪，有的项目由于设计时未详细计算防洪断面造成洪水断面偏小，引起厂房进水，设备被淹，造成停工停产。

(1) 详细收集地形资料，确定汇水面积，计算防洪断面；

(2) 设计防洪方案，确定截洪沟、防洪沟位置、形式、大小。与拟用地总平面初步方案同步规划设计；

(3) 总平面初步方案确定后，设计场地初平标高，确定截洪沟、排洪沟坡度，复算排洪能力；

(4) 三面环山用地，重点解决用地冒水问题，采用较深明沟，切断裂隙水源。

2. 江、河、湖、海边建厂选址

江、湖、河、海由于有较便利的运输条件，工厂项目较多，但这些地区多为冲积滩地，一般地势较低，地基较弱，地下水位较高，需慎重对待。

(1) 详细了解用地范围地形，作高程分析；

(2) 收集了解最大洪水位标高，最大涌浪高度；

(3) 根据地形做出初步总平面方案，规划排水方案，确定初平标高；

(4) 根据地形及初平标高，计算土石方工程量，便于进行厂址建设费用比较。

工业建筑 [13] 总平面及场地设计 / 厂区总平面布置

概述

厂区总平面布置是指：结合工厂厂址所处自然环境和人工物质环境，合理确定厂内及厂外相关建筑物、构筑物、堆场、运输及动力设施等的平面位置。

厂区总平面布置的主要作用是：全面协调各种工厂组成要素之间的布局关系，保证生产的安全、连续、高效；同时创造良好的劳动、工作环境，达到必要的建筑群体艺术效果。

布置原则

1. 符合现行的国家相关规范、标准。
2. 符合厂址所在地相关城市规划、工业区规划及重大基础设施规划等的要求。
3. 结合场地条件，使用功能分区等，合理布置建、构筑物，使工艺流程、道路管线、物流人流均短捷、顺畅。
4. 满足操作要求和使用功能的前提下，将设施、装置联合集中布置，以节约用地。
5. 依据自然条件因地制宜布置单体建构筑物，同时注意解决它们的相互关系，使之间距安全并避免污染侵扰。
6. 总平面设计应从技术水平、经济效益、环境生态、社会影响等方面进行多方案比选。
7. 努力形成富有现代工业美感、激励人奉献和创造精神的厂区空间景观效果。
8. 改、扩建厂应合理地利用原有设施，尽量减少对现有生产的影响，分期建设的企业应合理地处理近远期关系。

布置要点

1. 结合当地地形、地质条件，因地制宜布置（1、表1、表2）。
2. 注意利用自然、气象条件确定建、构筑物的朝向方位，并有利于环保（2、3、表3）。
3. 符合各类规范规定，保证安全防护间距（表4、表5）。

不同地形的布置形式及布置要点　　　　　　　表1

地形类型	布置形式	布置要点
平坦地形	平坡式	建筑物长轴线沿等高线或与等高线呈一定角度
丘陵坡地	阶梯式	利用地形高差采用自溜运输

1 山坡地选矿厂主要车间总图布置剖面示意

1 球团厂室外地坪标高
2 球团厂/铁精矿输送皮带廊
3 精矿仓及铜精矿、硫精矿脱水厂室外地坪标高
4 精矿仓及铜精矿、硫精矿脱水厂室内地坪标高
5 铁精矿脱水厂室内地坪标高
6 铁精矿脱水厂室外地坪标高

布置不同类型厂房的工程地质与水文地质要求　　表2

厂房类型	工程地质或水文地质方面的布置要求
重型装置、设备厂房	选在土质均匀、地基承载力较大的地段
大面积联合厂房	选在具有连续、完整持力层的地段
带有地下构筑物的厂房	选在地下水位较低地段
位于山脚、低洼地的厂房	选在整平标高高于计算洪水位0.5m的地段
存在腐蚀性介质的厂房	选在土壤隔水性强，不易下渗污染地下水的地段

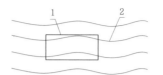

1 厂区范围　2 等高线　3 厂区方位与等高线的夹角

a 厂区方位与等高线大致平行　　b 厂区方位与等高线之间有夹角

2 厂区方位与等高线的关系

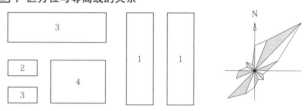

1 产生废气或噪声的厂房　2 环保要求高的厂房
3 环保要求较高的厂房　　4 环保要求一般的厂房

3 风玫瑰图与不同环保要求厂房的布置关系

不同地区建筑物的朝向、通风及采光要求　　表3

地区类型	方位确定	建筑朝向	采光要求	通风要求
寒冷地区	与等高线平行或成一定夹角	南北向	尽可能保证日照间距要求	与风向夹角为0~45°
炎热地区		避免西晒		产生有害物位于下风侧

总平面布置应考虑的防护间距类别及其参照标准　　表4

需考虑的防护间距类别		执行标准
防火	厂房之间及其与仓库、民用建筑的距离	《建筑设计防火规范》GB 50016
	甲类厂房、仓库之间及其与其他建筑、明火或散发火花地点、铁路之间的距离	
	乙、丙、丁、戊类厂房、仓库之间及其与民用建筑之间	
	库房、储罐、堆场与铁路、道路之间的距离	
防爆	产生易燃、可燃蒸汽或粉尘纤维的车间与建筑的间距	《民用爆破器材工厂设计安全规范》GB 50089
防振		《动力机器基础设计规范》GB 50040
防噪		《工业企业噪声控制设计规范》GB/T 50087

注：按最新国家标准规定执行。

围墙至建、构筑物等的最小距离（单位：m）　　表5

围墙至	最小距离	围墙至	最小距离
一般建、构筑物外墙	3.0	准轨铁路中心线	5.0
厂房、库房	5.0	窄轨铁路中心线	3.5
道路路面或路肩边缘	1.0	排水沟边缘	1.5

注：1. 传达室、警卫室与围墙距离不限。
2. 有通行消防车要求时，应沿围墙设宽度≥6m的平坦空地。
3. 在困难条件下，厂房距围墙≥3m。

技术经济指标

总平面布置主要技术经济指标　　表6

指标类别	单位	指标类别	单位
厂区占地面积	hm²	建、构筑物占地面积	m²
建筑系数	%	铁路长度	km
道路、广场及人行道占地面积	m²	工程管线占地面积	m²
场地利用系数	%	绿化用地面积	m²
绿化率	%	土石方工程量	m³

注：1. 建筑系数=$(J+S+C)/Z\times 100\%$；
2. 场地利用系数=$(J+S+C+T+D+G)/Z\times 100\%$；
3. Z—厂区占地面积；J—建、构筑物占地面积；S—露天设备占地面积（按设备基础外缘+1.2m）；C—固定的堆场及操作场面积（按堆场或操作场边缘计算）；T—铁路占地面积（按线路长度×5m）；D—道路、广场、人行道占地面积（按实际面积计算）；G—工程管线占地面积（地下直埋管按管径+1.0m，管沟按内壁宽度+0.5m，电缆按敷设宽度，电杆及单柱管架按0.5m，管墩按宽度+1.0m）。

厂区功能区划

总平面布置应将工厂的组成内容（建筑物、构筑物及设施等），按性质相同、功能相近、联系密切、对环境要求一致的原则，划分为不同的功能区域，即厂区功能区划。

厂区主要功能区域分类及其典型组成内容　　　　　表1

功能区域	包含的典型建、构筑物
仓库区	原料、燃料及成品的仓库及堆场
备料区	制备毛坯、零部件、中间产品或创造生产所需中介条件的厂房
加工装配区	加工或装配不同类别产成品的厂房
辅助车间区	工具、机械修理、电机修理厂房、辅助材料库等
动力设施区	热电站、变电所、锅炉房、氧气站、乙炔站、煤气发生站等
厂前区	办公楼、研发中心、食堂、值班宿舍、应急救援站、车库等

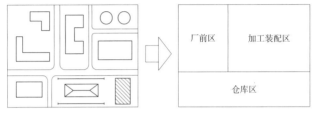

1 厂区功能区划示例

厂区通道

厂区通道可用于划分厂区内各功能区域。一般将它设置于两相邻主要建筑物之间或主要建筑物与构筑物之间，并达到一定的宽度；从而使各种防护间距的要求得到满足，同时亦可用以布置多种交通线路和工程管线。

布置厂区通道时除应考虑厂内道路、铁路、皮带机、各种管线、排水沟的占地宽度外，尚应注意满足车间引道的接入技术条件，并符合消防、卫生、绿化及景观等方面的要求。

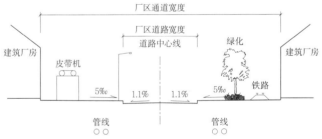

2 厂区通道示意图

厂区通道宽度推荐取值　　　　　表2

厂区占地面积（hm²）	通道宽度（m）	
	主要通道	一般通道
>300	60~75	42~51
101~300	48~60	30~48
61~100	36~54	24~42
31~60	30~42	18~36
11~30	24~33	15~30
≤10	18~27	12~24

注：1. 通道宽度不应小于通道两侧最高建筑物高度，但通道宽度<20m的地段不受此限制。
2. 当通道内布置管线、铁路多，设有台阶及绿化设施等或其他特殊要求的设施时，通道宽度可适当加大。
3. 当通道内铁路、道路、管线较少，或扩建、改建工程场地受限制时，通道宽度可取低值，反之宜取高值。

厂区预留发展

不同厂区预留发展形式的布置特点及适应性　　　　　表3

预留类别		布置特点	适应性
厂外预留		在原厂区范围外预留可容纳多个存在生产工艺联系的功能区域的大片用地	企业新增一条完整生产线
厂内预留	分部门预留	在厂区范围原有各功能区域内部预留可容纳新机组、设备或厂房的零散用地	企业工艺流程各个环节产能增加
	按整体预留	在厂区范围内原有功能区域附近穿插预留可容纳新功能区域的整片用地	企业工艺流程新增某个环节

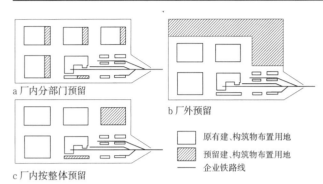

3 厂区预留发展的不同类型

总平面常见布置形式

1. 周边式布置，主要适用于选址在工业园区的中小型企业。因其建筑体量适中，物流强度不大，可按城市规划的土地利用尺度划分布置成规整的工业场地。

2. 区带式布置，主要适用于相对城市建成区独立布局的大型联合企业。此类企业建构筑物繁多、运输方式复杂且运输量大，应先根据工艺流程，妥善处理区带间关系，然后再进行区内详细布置。

3. 自由式布置，多适用于因企业生产特点、工艺和运输要求以及地形变化，致使布置难以做到均齐的情况。

4. 整片式布置，即将企业各生产车间、辅助生产车间、行政管理及生活福利等建筑物，尽可能集中布置在一个联合厂房里。多适用于现代化制造企业。

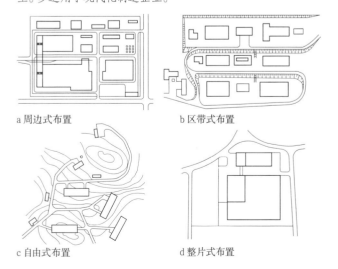

4 常见总平面布置形式示例

工业建筑 [15] 总平面及场地设计 / 厂区总平面布置

总平面布置实例

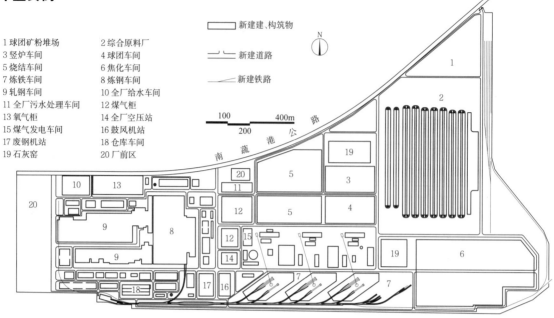

1 沧州中铁装备制造材料有限公司新区工程（一、二期）总平面图

名称	地点	设计规模	投产时间	总体设计单位
沧州中铁装备制造材料有限公司新区工程（一、二期）	河北沧州	1000万t/年	2010	中冶京诚工程技术有限公司

中铁装备制造材料有限公司新区工程选址于河北省沧州渤海新区，距黄骅港5km、天津港130km。设计规模为最终年产材1000万t。厂区总体规划分三期建设，总占地约8km²。其中一期、二期年产材600万t，占地面积约为4.1km²，相关设施主要包括：一期工程综合原料场，1座240m²烧结机，1座10m²竖炉，1座2350m³高炉，1座150t转炉，1条1250mm热连轧机组；二期工程2座240m²烧结机，1套年产200万t的球团系统，2座2350m³高炉，2座150t转炉，1条1780mm热连轧机组。

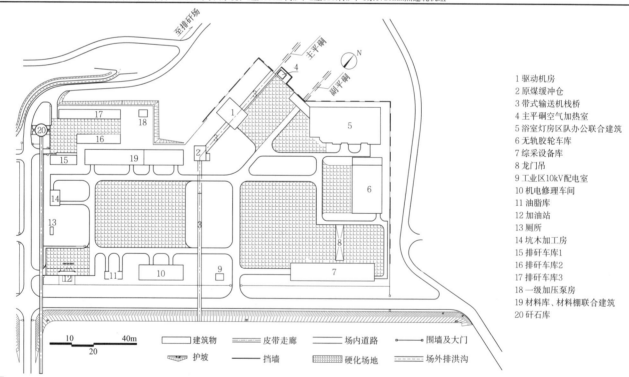

2 山西中煤华晋能源有限公司王家岭矿井工业场地总平面图

名称	地点	设计规模	投产时间	总体设计单位
山西中煤华晋能源有限公司王家岭矿井工业场地	山西运城	600万t/年	2012	中煤西安设计工程有限责任公司

王家岭矿井及选煤厂位于山西省运城市河津市及临汾市乡宁县境内，井田面积118.5 km²。矿井设计生产能力600万t/年，矿井服务年限82.4年，其中2、3号煤层服务年限61.8年。井田采用平硐开拓，主平硐长度12677m，副平硐长度12444m。井下由2个综放工作面和4个综掘工作面保证矿井设计生产能力。矿井及选煤厂联合工业场地位于河津市北15km处的阶地上，主要分为矿井区、选煤厂区、电厂区、厂前区、材料堆场区和铁路专用线。场地依据地形分为不同的功能台阶。

定义及布置原则

厂区竖向设计是指：合理确定建设项目用地范围的空间开拓方式及其内部各种建构筑物、运输线路等的高程。

1. 保证企业内、外部各种运输方式的连续性和可靠性。
2. 创建完整、有效的厂区雨水排水系统。保证生产及服务性建筑、各种交通运输线路与排水设施的标高相互适应，均不受洪水威胁，同时降雨积水能顺利排出。
3. 利用地形因地制宜，尽量减少土石方工程量，填挖就近平衡。
4. 地形平整时应避开不良工程地质地段或对其加以整治。

设计形式

竖向设计形式的选择依据　　　　　　　　　　表1

设计形式 选择依据	平坡式	阶梯式
自然地形及厂区宽度	自然地形坡度<3%，且厂区宽度不大的平原地区	自然地形坡度>3%的山区，以及丘陵或自然地形坡度虽<3%，但厂区宽度较大的地区
铁路、道路和管线敷设的技术条件	良好	较差
土方和基础工程量	多出现大填、大挖和大量的深基础	工程量显著降低，仅局部需设深基础，需设置边坡、挡墙等
排水条件	排水条件一般，需设置完善排水管网	排水条件较好，但需设置防、排洪构筑物

平土方式及其适用性　　　　　　　　　　表2

平土方式	适用范围
连续式：整个场地连续进行平土作业，不保留原自然地面	用于场地内建构筑物多，铁路、道路较密集，管网纵横地段
重点式：只对建、构筑物有关的场地进行平土工作，其余地段保留原自然地面	用于场地内建构筑物不多，铁路、道路及管网均较稀疏地段

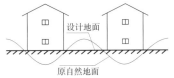

1 连续式平土示意

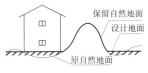

2 重点式平土示意

场地平整

厂区土石方工程量的常用计算方法　　　　　　　　　　表3

计算方法	基本原理	特点及适用性
方格网法	将场地划分成若干个正方格网，然后计算每个四棱柱的体积，从而将所有四棱柱的体积汇总得到总的土方量	数据量小，计算速度快，精度较高；适用于地形起伏较小、坡度变化平缓的大面积场地
断面法	按一定的长度将场地截取为若干横断面，先求得相邻断面间柱体的体积，后汇总得到总的土方量	计算精度取决于断面间长度，适用于用地范围狭长地带，如铁路、公路、水渠等
不规则三角网法	直接利用野外实测的地形特征点（离散点）构造出邻接的三角形，组成不规则三角网结构，对计算区域按三棱柱法计算土方	计算精确，但需采集、处理、存储的地形信息量很大；适用于地形起伏较大而精度要求高的山区建厂
平均高程法	测量时隔20m测1个碎步点，把所有的碎步点高程相加平均，作为测区平均高程来计算土方	方便易行，但误差较大；通常被施工单位采用

厂区附加土石方工程量计算方法　　　　　　　　　　表4

计算项目	计算公式	符号说明
基槽余土工程量	$V_1 = K_1 \times A_1$	V_1—基槽余土工程量（m^3）； A_1—建筑占地面积（m^2）； K_1—基础余方量参数
地下室挖方工程量	$V_2 = K_2 \times n_1 \times V_1$	V_2—地下室挖方工程量（m^3）； K_2—地下室挖方时的参数（包括垫层、放坡、室内外高差），一般取1.5~2.5，地下室位于填方多的地段取下限值，位于挖方少或挖方地段取上限值； n_1—地下室面积与建筑物占地面积之比； V_1—基槽余土工程量（m^3）
道路路槽（指平整场地后再做路槽）余方量	$V_3 = K_3 \times F \times h$	V_3—道路路槽挖方量（m^3）； K_3—道路系数； F—建筑场地总面积（m^2）； h—拟设计路面结构层厚度（m）
管线地沟余方量	$V_4 = K_4 \times V_3$	V_4—管线地沟的余方量（m^3）； K_4—管线地沟系数； V_3—道路路槽挖方量（m^3）

基础余方量参数 K_1 取值　　　　　　　　　　表5

名称		K_1（m^3/m^2）	备注
车间	重型（有大型机床设备）	0.3~0.5	建筑场地为软弱地基时，基础余方量系数应乘以1.1~1.2倍
车间	轻型	0.2~0.3	
居住建筑		0.2~0.3	
公共建筑		0.2~0.3	
仓库		0.2~0.3	

道路系数 K_3、管线地沟系数 K_4 取值　　　　　　　　　　表6

场地地形特征		平坦	有一定坡度		
			$i=5‰~10‰$	$i=10‰~15‰$	$i=15‰~20‰$
道路系数 K_3		0.08~0.12	0.15~0.20	0.20~0.25	>0.25
管线地沟系数 K_4	无地沟	0.15~0.12	0.12~0.10	0.10~0.05	≤0.05
	有地沟	0.40~0.30	0.30~0.20	0.20~0.08	≤0.08

确定标高

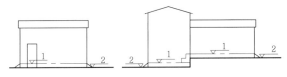

a 单一室内地坪厂房的标高关系　　b 多室内地坪厂房的标高关系
1 室内地坪标高　2 室外地坪标高

3 厂房的标高关系

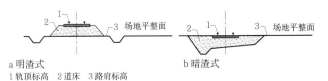

a 明渠式　　b 暗渠式
1 轨顶标高　2 道床　3 路肩标高

4 厂内铁路断面的标高关系

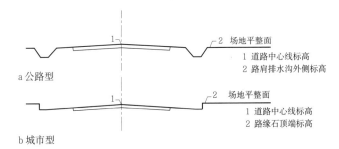

a 公路型
　　1 道路中心线标高
　　2 路肩排水沟外侧标高

b 城市型
　　1 道路中心线标高
　　2 路缘石顶端标高

5 厂内道路标高关系

工业建筑 [17] 总平面及场地设计 / 厂区竖向设计

局部竖向处理

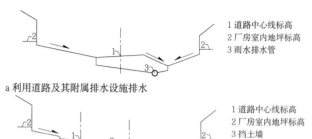

a 利用道路及其附属排水设施排水
1 道路中心线标高
2 厂房室内地坪标高
3 雨水排水管

b 高差较大时，采用台阶的竖向形式
1 道路中心线标高
2 厂房室内地坪标高
3 挡土墙

1 厂房与厂房之间的竖向处理

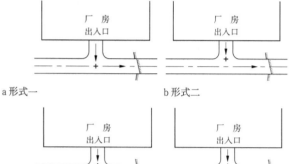

a 形式一　b 形式二　c 形式三　d 形式四

2 厂房与城市型道路连接形式

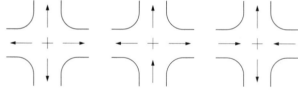

a 行车比较平稳，不易积水

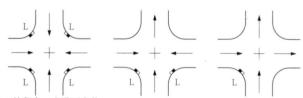

b L处积水，应设雨水井

3 厂内道路交叉口的竖向处理

露天堆场的竖向设计要点　表1

考虑因素	设计要求
横坡	一般0.5%~2.0%向外倾斜；堆放松散料时，坡度减至0.5%~1.0%
明沟	距堆场一般≥5.0m，困难时可减至3.0m，明沟纵坡应取最小值，沟壁应铺砌，以利沉淀、清理
雨水口	雨水口距堆场一般≥15.0m，并于连接处设沉渣井

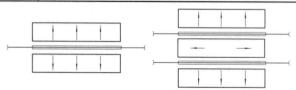

a 有一条轨道引入　　b 有多条轨道引入

4 有高路堤铁路或门式起重机引入的露天堆场竖向处理

开挖土质边坡坡度容许值　表2

土的类别	密实度或状态	坡度容许值（高宽比）	
		坡高≤5m	坡高5~10m
碎石土	密实	1：0.35~1：0.50	1：0.50~1：0.75
	中密	1：0.50~1：0.75	1：0.75~1：1.00
	稍密	1：0.75~1：1.00	1：1.00~1：1.25
粉土	$S_r≤0.5$	1：1.00~1：1.25	1：1.25~1：1.50
黏性土	坚硬	1：0.75~1：1.00	1：1.00~1：1.25
	硬塑	1：1.00~1：1.25	1：1.25~1：1.50
黄土（坡高≤20m）	老黄土	1：0.30~1：0.75	
	新黄土	1：0.75~1：1.25	

注：1. 表中碎石土的填充物为坚硬或硬塑状态的黏性土。
2. 对于砂土或填充物为砂土的碎石土，边坡坡度容许值按自然休止角确定。
3. S_r 为饱和度。
4. 开挖黄土边坡，如垂直高度≤12m，可采用一坡到顶；如垂直高度>12m，应在边坡中部设平台。

开挖岩石边坡坡度容许值　表3

岩石类别	风化程度	坡度容许值（高宽比）	
		坡高≤8m	坡高8~15m
硬质岩石	微风化	1：0.10~1：0.20	1：0.20~1：0.35
	中等风化	1：0.20~1：0.35	1：0.35~1：0.50
	强风化	1：0.35~1：0.50	1：0.50~1：0.75
软质岩石	微风化	1：0.35~1：0.50	1：0.50~1：0.75
	中等风化	1：0.50~1：0.75	1：0.75~1：1.00
	强风化	1：0.75~1：1.00	1：1.00~1：1.25

注：遇有下列情况之一时，边坡坡度应另行计算：
(1) 边坡高度大于本表规定的数值时；
(2) 地下水比较发育或具有软弱结构面的倾斜地层时；
(3) 岩层层面或主要节理面的倾向与边坡开挖面的倾向一致，且走向交角<45°时。

场地排水与防洪

厂区不同类型室外场地的排水坡度取值　表4

场地地段		排水坡度（‰）		
		一般	最小	最大
一般露天场坡度		10	5	40
露天储煤场		10	5	20
露天储罐堆场		—	10	—
露天装置地段	纵坡	5	—	10
	横坡	—	5	20
变电所露天场		—	3	—
冷却喷水池周围5.0m范围内		15~20	—	—
广场	高级或次高级路面	—	4	30
	过渡式或低级路面	—	6	40
汽车停车场	水泥路面	10	5	—
	沥青路面	15	—	30~40
	碎石路面	20	—	—
铁路装卸场地横坡		20	—	40
运动场地		—	2	—
绿地		—	5	—

工业厂区雨水口设置要求　表5

道路条件	雨水口间距(m)	连接管串联雨水口	雨水口顶面标高(cm)
道路纵坡≤2%时	宜为25~50m	个数不宜超过3个，连接管长度不宜超过25m	设计地面标高-3cm；四周地面坡向雨水口
道路纵坡>2%时	间距可大于50m	个数不宜超过3个，路段较短时可在最低点集To中收水	
高架道路	间距宜为20~30m	每个雨水口单独立管引至地面排水系统	

工矿企业的等级和防洪标准　表6

等级	工矿企业规模	防洪标准（重现期，年）
Ⅰ	特大型	200~100
Ⅱ	大型	100~50
Ⅲ	中型	50~20
Ⅳ	小型	20~10

注：各类工矿企业的规模，按国家现行规定划分；如辅助厂区（或车间）和生活区单独进行防护的，其防洪标准可适当降低。

定义

为使厂内各种地面和地下工程管线并行不悖，需从平面和竖向上妥善安排它们的位置关系，即厂区管线综合设计。

布置要点

1. 厂区管线敷设方式的选择，应根据管线输送介质的性质及工艺要求，结合生产安全、交通运输、施工检修、绿化布置要求及自然、场地条件等因素，经技术经济综合比较后确定。

2. 在符合技术、安全要求的条件下，地下直埋、地下综合管沟、地面、架空管架等敷设方式均有采用，且多采用共架、共杆、共沟、同槽直埋以及管廊(架)下布置地下管沟或电缆隧道等多层布置方式。

3. 地面和架空管线的敷设应不影响厂内主要物流、人流线路；不遮蔽主要厂房的自然采光；不影响厂容整洁；保证铁路限界及跨越道路和人行道时的必要高度。

4. 管线输送有毒有害及危险介质时，严禁穿越与该管线无关的建筑物、构筑物、工艺装置、生产单元及贮罐区等。

5. 山区建厂时，管线敷设应充分利用地形，并避开山洪、泥石流、滑坡以及其他不良的工程地质危害地段。分期建厂或企业改、扩建时，注意协调新建管线与原有管线的关系。

直埋布置

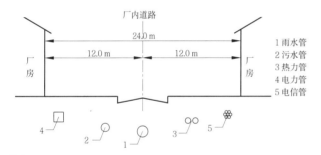

1 地下直埋管线布置方式示意

直埋敷设时厂区主要工艺管线之间的最小水平净距（单位：m） 表1

管线名称及规格	液态液化石油气管	甲、乙、丙类液体管	压缩空气管	乙炔管	氧气管	氢气管
液态液化石油气管	—	2.0	2.0	2.0	2.0	2.0
甲、乙、丙类液体管	2.0	—	1.5	1.5	1.5	1.5
压缩空气管	2.0	1.5	—	1.5	1.5	1.5
乙炔管	2.0	1.5	1.5	—	1.5	1.5
氧气管	2.0	1.5	1.5	1.5	—	1.5
氢气管	2.0	1.5	1.5	1.5	1.5	—

注：表列数值系指管沟、管道、管道保温层、最外一根电缆等外壁之间的水平距离。

直埋敷设时厂区各类管线与铁路、道路的最小垂直净距 表2

管线名称	铁路轨面（m）	道路路面（m）
热力管（沟）、压缩空气管、氧气管、乙炔管、油管、通信电缆	1.20	0.70
给水管、排水管、煤气管	1.35	0.80
电力电缆	1.15	1.00

注：1. 最小垂直净距，应从管线或管沟（包括防护措施）外缘算起。
2. 通信电缆采用塑料、石棉及混凝土套管时，与铁路轨面的最小垂直净距为1.7m；采用钢管套管时，与道路路面的最小垂直净距可减少到0.4m。

直埋敷设时厂区主要工艺管线与公用工程管线之间的最小水平净距（单位：m） 表3

公用工程管线种类及规格		工艺管线种类	液态液化石油气管	甲、乙、丙类液体管	压缩空气管	乙炔管	氧气管	氢气管
给水管管径DN(mm)		DN<75	1.5	1.5	0.8	0.8	0.8	0.8
		75≤DN≤150	1.5	1.5	1.0	1.0	1.0	1.0
		150<DN≤400	1.5	1.5	1.2	1.2	1.2	1.2
		DN>400	1.5	1.5	1.5	1.5	1.5	1.5
排水管管径DN(mm)	清净雨水管	DN<800	2.0	1.5	0.8	0.8	0.8	0.8
		800≤DN≤1500	2.0	1.5	1.0	1.0	1.0	1.0
		DN>1500	2.0	1.5	1.2	1.2	1.2	1.2
	生产与生活污水管	DN<400	2.0	1.5	0.8	0.8	0.8	0.8
		400≤DN≤600	2.0	1.5	1.0	1.0	1.0	1.0
		DN>600	2.0	1.5	1.2	1.2	1.2	1.2
煤气管、天然气管压力P（MPa）		P<0.01	2.0	1.0	0.8	0.8	1.0	1.0
		0.01≤P≤0.2	2.0	1.5	1.0	1.0	1.2	1.2
		0.2<P≤0.4	2.0	1.5	1.0	1.0	1.5	1.5
		0.4<P≤0.8	2.0	1.5	1.2	1.2	2.0	2.0
		0.8<P≤1.6	2.0	2.0	1.5	2.0	2.5	2.5
热力管		直埋	2.0					
		管沟	4.0					
电力电缆		10kV及以下	2.0	1.0	0.8	0.8	0.8	0.8
		10kV以上	2.0					
电缆沟			4.0		1.5	1.5	1.5	1.5
通信电缆		直埋电缆	2.0	1.0	0.8	0.8	0.8	0.8
		电缆管道	2.0	1.0	1.0	1.0	1.0	1.0

直埋敷设时厂区主要工艺管线与建、构筑物之间的最小水平净距（单位：m） 表4

建、构筑物类别		工艺管线种类	液态液化石油气管	甲、乙、丙类液体管	压缩空气管	乙炔管	氧气管	氢气管
标准轨距铁路中心线			①	3.85	2.5	2.5	2.5	2.5
窄轨铁路中心线	600mm轨距		10.0	3.4	2.9	2.9	2.9	2.9
	762mm/900mm轨距			3.55	3.1	3.1	3.1	3.1
城市型道路路缘石或公路型道路路肩边缘			②	1.0	0.8	0.8	0.8	0.8
建筑物基础边缘			③	④	⑤	⑥	⑦	
管线支架基础边缘			2.0	0.8	0.8	0.8	0.8	0.8
照明及通信杆柱中心			2.0	1.5	0.8	⑧	0.8	0.8
围墙基础外缘			1.5	1.0	1.0	1.0	1.0	1.0
高压线塔（柱）基础外缘	≤35kV		2.0	2.0	1.2	1.9	1.9	2.0
	>35kV		5.0					
排水沟及铁路、道路边沟边缘			1.0	1.0	0.8	0.8	0.8	0.8
综合管沟基础边缘			⑨	6.0	1.5	2.5	⑩	3.0

注：1. ①至国家铁路为25.0m，至企业专用线为10.0m。
2. ②至高速、一、二级公路，城市快速路为10.0m；至其他道路为5.0m。
3. ③P≤1.6MPa时为10.0m；1.6MPa<P≤4.0MPa时为15.0m；P>4.0MPa时为25.0m。
4. ④至有地下室的建筑物基础为6.0m，建筑物无地下室的为4.0m。
5. ⑤至有地下室及生产火灾危险性为甲类的建筑物基础或通行沟道的外沿为2.5m；至无地下室的建筑物基础外沿为1.5m。
6. ⑥至有地下室的建筑物基础或通行沟道的外沿：P≤1.6MPa时，为2.0m；P>1.6MPa时，为3.0m；至无地下室的建筑物基础外沿：P≤1.6MPa时，为1.2m；P>1.6MPa时，为2.0m。
7. ⑦至有地下室的建筑物基础外沿为3.0m，至无地下室的建筑物基础外沿为2.0m。
8. ⑧至照明电线0.8m；至电力线（220V、380V）及通信线1.5m，至高压电力线及通信线1.9m。
9. ⑨P≤1.6MPa时为10.0m；1.6MPa<P≤4.0MPa时为15.0m；P>4.0MPa时为25.0m。
10. ⑩P≤1.6MPa时为2.0m；P>1.6MPa时为3.0m。

综合管沟布置

进行厂区综合管沟布置时，应注意下列要求：

1. 一般压力供水管线(给水管、中水管等)对综合管沟影响小，宜优先置于综合管沟内；
2. 普通重力排水管线若敷设在综合管沟内，会增加管沟的埋深和造价，因此不宜设在管沟内；
3. 常规电力电缆与通信电缆之间存有相互干扰，若共沟布置应分设在沟内两侧，并保持一定的安全距离；
4. 综合管沟净宽应首先根据管线安装使用及维修检修等要求综合确定。当在沟内两侧设置支架时，人行通道附加宽度不宜小于1.0m；当单侧设置支架时，人行通道附加宽度不宜小于0.9m 1。

不应共沟敷设的管线   表1

管线名称	不应与其共沟敷设的管线	备注
热力管	冷却水管、饮用水管、电缆、易燃液体管、煤气管	电缆应离热力管2.0m以外，如间距不足应采取隔热措施
消防水管	易燃液体管、高压电线(缆)、加热液体管、可燃液体管	—
给水管	易燃液体管、可燃液体管、气体管、高压电线(缆)、排水管	生活给水管与排水管宜分设于道路两侧，以免给水负压时排水渗入，污染给水
煤气管	电缆、液体燃料管、油管、氧气管、乙炔管	—
石油产品管(汽油、煤油)	热石油产品管(重油、沥青)	—
氧气管(管径大于150mm)	各种管线	在有通风装置、管道密闭、禁火的情况下才可同设
电缆(电力、通信)	易燃液体管、可燃液管、煤气管、乙炔管、油管	电缆应远离振动车间，以免影响其机械强度
通行管沟	煤气管、排水管、氧气管、乙炔管、石油管；有毒、有臭味的及有坡度限制的管道；易产生干扰的管线	—

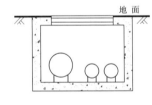

a 盖板露出地面，检修人员不通行　　b 整体埋于地下，检修人员可通行

① 综合管沟布置类型示意

架空布置

满足下述条件之一，可架空布置厂区管线：

1. 有压、易腐蚀、易燃、温度高，需经常检修、油漆及安全保护的管线；
2. 需跨越河流、铁路、道路等障碍物；
3. 厂区所在范围地下水位高，地下敷设管线有很大技术困难或费用过高；
4. 厂区所在范围地质条件差(如流砂、滑动岩层等)，不宜于地下布置管线；
5. 管线管径较大，地下敷设开挖基槽后附加土方量大，不利于节约投资。

架空管线至铁路、道路的最小垂直净距 (单位：m)   表2

名称		架空管道		架空通信线路
		一般管道	易燃、可燃气体和液体管道	
标准轨距铁路轨顶		5.5	6.0	7.0
窄轨铁路轨顶	762mm轨距	4.4	4.9	5.5
	600mm/900mm轨距	机车和车辆装载货物后的最大高度另加1.0m	机车和车辆装载货物后的最大高度另加1.5m	
道路路面(当车辆装载货物后的高度不超过4.0m时)		5.0		5.5
人行道路面		2.5		4.5

架空管线与建、构筑物之间的最小水平净距 (单位：m)   表3

名称		架空管道	
		管廊宽度<4m	管廊宽度≥4m
一般建筑物	至有门窗建筑物外墙	3.0	
	至无门窗建筑物外墙	1.5	
易燃、可燃气体甲类生产厂房	至有门窗建筑物外墙	3	10.0
	至无门窗建筑物外墙	1.5	
易燃、可燃物品库房；易燃材料堆场；易燃、可燃液体储罐；可燃气体储罐	甲类物品库房(棚)	7.5	15.0
	甲、乙类物品浮顶罐及丙类物品固定顶罐	5.0	10.0
	甲、乙类物品固定顶罐	7.5	15.0
	水槽式可燃气体储罐	5.0	10.0
	干式可燃气体储罐	6.5	12.5
	液化石油气储罐	10.0	20.0
	乙、丙类物品库房(棚)	6.0	11.5
标准轨铁路中心线		3.8	
窄轨铁路中心线		①	
铁路边沟外缘		1.0	
城市型道路路缘石或公路型道路路肩边缘		1.0	
人行道面边缘		0.5	
厂区围墙(中心线)		1.0	
架空电力线路(kV)	3以下	1.5	
	3~10	2.0	
	35~110	4.0	
架空通信线路(照明及通信柱、杆)		1.0	

注：1. ①机车或车辆最大宽度的一半加1.0m，有调车作业时适当增加。
　　2. 表中净距除注明者均从架空管线的管外壁及建筑物外墙面最突出部分算起。

架空电力、通信线路与建、构筑物间最小水平净距 (单位：m)   表4

名称		架空电力线路(kV)				通信线路
		<3	3~10	35	66~110	
一般建筑物	至有门窗建筑物外墙	1.0	1.5	3.0	4.0	2.0
	至无门窗建筑物外墙					
易燃、可燃气体甲类生产厂房	至有门窗建筑物外墙	不应小于柱(塔)高度的1.5倍，并应大于30.0m				
	至无门窗建筑物外墙					
易燃、可燃物品库房；易燃材料堆场；易燃、可燃液体储罐；可燃气体储罐		杆(塔)高度的1.5倍				
标准轨铁路中心线		最高杆(塔)高加3.0m				①
窄轨铁路中心线		最高杆(塔)高加3.0m				
城市型道路路缘石或公路型道路路肩边缘		0.5	0.5	②		0.5
人行道面边缘		0.5	0.5	5.0		0.5
厂区围墙(中心线)		1.0	1.0	1.0		1.0
熔化金属、熔渣出口及其他火源		10.0	10.0	10.0		10.0
架空电力线路(kV)	3以下	2.5	2.5	5.0		2.0
	3~10	2.5	2.5	5.0		2.0
	35~110	5.0	5.0	5.0		3.0
架空通信线路(照明及通信柱、杆)		1.0	2.0	4.0		1.0
架空管道						

注：1. ①距铁路最近钢轨的水平距离为电杆高度加1.0m；②杆或塔外缘至路基边缘的水平净距为5.0m。
　　2. 表中电力、通信线路与道路、人行道、厂区围墙的净距从电杆基础外缘算起；与其他建、构筑物的净距除注明者外，均从最大计算风偏情况时的边导线算起。

绿化布置的一般要求

1. 根据工厂的绿化立地条件和工厂对绿化的功能要求进行；形成点、线、面相结合，单层、多层、垂直相结合，功能明确，布置合理的绿化系统。
2. 充分利用厂区的边角地带、管线区的覆土层地带、管架和架空通廊下的地面、建构筑物墙面和场地护坡等进行绿化，扩大绿化面积。
3. 充分利用绿化植物的覆盖作用，进行不露土绿化。
4. 要有利于消除或减轻生产过程中所产生的粉尘、气体和噪声对环境的污染，以创造良好的生产和生活环境。
5. 要因地制宜地选用植物材料，尽快发挥绿化效益。
6. 不得影响地面交通和地上、地下管线的运行和维修，避免发生相互干扰。
7. 在保护和净化环境的前提下，根据美学要求，在布置形式、空间组织、植物配置等方面进行艺术处理。

绿化用地率、绿化覆盖率[1] 表1

名称	新建工厂	改扩建工厂
绿化用地率(%)	15~20	10~15
绿化覆盖率(%)		12~20

注：1. 绿化用地率=工厂绿化用地面积÷工厂用地总面积×100%。
2. 绿化覆盖率=绿化覆盖总面积÷工厂用地总面积×100%。

绿化用地及覆盖面积计算(单位：m²)[1] 表2

绿化种类	用地面积	覆盖面积
单株大乔木	2.25	16.0
单株中乔木	2.25	10.0
单株小乔木	2.25	6.0
单株乔木或行道树	1.5×长度	4.0×长度(株距4.0~6.0)
多行乔木	(1.5+行距总宽度)×长度	(4+行距总宽度)×长度
单株大灌木	1.0	4.0
单株小灌木	0.25	1.0
单行大灌木	1.0×长度	2.0×长度(株距1.0~3.0)
单行小灌木	0.5×长度	1.0×长度(株距0.3~0.8)
单排绿篱	0.5×长度	0.8×长度
多排绿篱	(0.5+行距总宽度)×长度	(0.8+行距总宽度)×长度
垂直绿化	不计	按实际面积
草坪、苗圃、小游园、水面、花坛	按实际面积	按实际面积

注：1. 绿化用地面积：小游园、水面、花坛、苗圃、成带或成块以及单株种植等用地面积总和（不包括厂区外的苗圃、防护林带等的用地面积）。
2. 绿化覆盖面积：小游园、水面、花坛用地面积及地面绿化植物垂直投影面积，以及建、构筑物顶面和侧面绿化植物投影面积的总和。
3. 用地率、覆盖率、苗圃地比率按下式计算。绿化用地率=L/Z×100%；绿化覆盖率=F/Z×100%；苗圃地比率=M/L×100%；L—绿化用地面积；F—绿化覆盖面积；M—苗圃用地面积；Z—厂区用地面积。

树木与建构筑物、设施设备的间距

树木栽植间距(单位：m)[1] 表3

名称		栽植间距	
		株距	行距
乔木	大	8.0	6.0
	中	5.0	3.0
	小	3.0	3.0
灌木	大	1.0~3.0	≤3.0
	中	0.75~1.5	≤1.5
	小	0.3~0.8	≤0.8
乔木与灌木		>0.5	—

[1] 摘自傅永新，彭学诗，杨欣蓓. 钢铁厂总图运输设计手册. 北京：冶金工业出版社，1996.

树木配比[1] 表4

地区	常绿树与落叶树配比		乔木与灌木配比
	乔木	灌木	
南方	2:1	2:1	1:3~1:5
北方	1:1	3:1	

种植树木与建筑、构筑物水平间距(单位：m)[1] 表5

名称	最小间距	
	至乔木中心	至灌木中心
有窗建筑物外墙	3.0	1.5
无窗建筑物外墙	2.0	1.5
道路侧面外缘、挡土墙脚、陡坡	1.0	0.5
人行道边缘	0.75	0.5
高2m以上的围墙	2.0	1.0
高2m以下的围墙	1.0	0.75
天桥、栈桥的柱及架线塔、电线杆的中心	2.0	不限
烟囱基础边缘	2.0	不限
冷却塔边缘	1.5倍塔高	不限
排水明沟边缘	1.0	0.5
厂内准轨铁路中心线	5.0	3.5
厂内窄轨铁路中心线	3.0	1.5
排水沟边缘	1.0	0.5
冷却水池边缘	40.0	不限
测量水准点	2.0	1.0
邮筒、路牌、站标	3.0	2.0
岗亭边缘	2.0	1.0

注：1. 本表适用于树冠直径不大于5m的树木。
2. 树木与铁路、道路弯道内侧的间距，应满足视距要求。

种植树木与地下工程管道水平间距(单位：m)[1] 表6

名称	至中心最大净距	
	乔木	灌木
给水管、闸井	1.5	不限
污水管、雨水管、探井	1.0	不限
电力管(沟)	1.5	1.5
电力电缆、电信电缆、探井	1.5	1.0
热力管	1.5	1.0
电力、电信杆及路灯杆	2.0	不限
消防龙头	2.0	1.2
煤气管、探井	1.5	1.5
乙炔氧气管	2.0	2.0
压缩空气管	2.0	1.5
石油管	1.5	1.0
甲、乙、丙类液体管	1.5	1.0

注：煤气管压力50kPa为1m，压力大于50kPa为2m。

树木与架空电力线的间距(单位：m)[1] 表7

电线电压	树木至电线的水平距离	树冠至电线的垂直距离
1 kV以下	1.0	1.0
1~20 kV	3.0	3.0
3.5~110 kV	4.0	4.0
154~220 kV	5.0	5.0

防护林带

防护林带的平面形式[1] 表8

平面形式	使用地段	数量
条带式	企业与生活区之间	1条或数条
外围式	企业厂界	1条
网格式	企业内道路	依据道路数量定
楔式	利用企业内外现有防护林带	不限

防护林带的结构[1] 表9

类型	紧密结构	疏透结构	通风结构
结构	乔木、灌木搭配	中间乔木，两侧灌木	若干行乔木
一般宽度(m)	20~30	10~15	10~15

工业建筑 [21] 总平面及场地设计 / 工业企业道路设计

概述

工业企业道路分为厂外道路、厂内道路和露天矿山道路。厂外道路为厂矿企业与公路、城市道路、车站、港口、原料基地、其他厂矿企业等相连接的对外道路；或本厂矿企业分散的厂（场）区、居住区等之间的联络道路；或通往本厂矿企业外部各种辅助设施的辅助道路。厂内道路为厂（场）区、库区、站区、港区等的内部道路。露天矿山道路为矿区范围内采矿场与卸车点之间、厂区之间行驶自卸汽车的道路；或通往附属厂（车间）和各种辅助设施行驶各类汽车的道路。

路线设计要点

1. 坚持节约用地的原则，因地制宜、就地取材，降低工程造价。满足厂矿企业生产和其他交通运输的需要。

2. 道路等级及其主要技术指标的采用，应根据厂矿规模、企业类型、道路性质、使用要求（包括道路服务年限）、交通量（包括行人）、车种和车型，并综合考虑将来的发展确定。当道路较长且沿线情况变化较大时，可按不同的等级和技术指标分段设计。

3. 符合厂矿企业总体规划或总平面布置的要求。根据道路性质和使用要求，合理利用地形，正确运用技术指标。

4. 应综合考虑平、纵、横三方面情况，做到平面顺适、纵坡均衡、横面合理。且应绕避地质不良地段。

5. 厂外道路，宜绕避地质不良等地段。

6. 厂内道路平面布置，宜与建筑轴线相平行，并符合人防、防振动等有关规定的要求；厂内道路纵断面设计，应与厂内竖向设计和厂内建（构）筑物、管线、铁路设计相协调。

7. 路基设计应根据厂矿道路性质、使用要求、材料供应、自然条件等，提出技术先进、经济合理的设计；应具有足够的强度和良好的稳定性。

8. 路面设计应根据厂矿道路性质、使用要求、交通量及其组成、自然条件、材料供应、施工能力、养护条件等，结合路基进行综合设计；应具有足够的强度和良好的稳定性，其表面应平整、密实，粗糙度适当。

厂外道路

国家重点厂矿企业区的对外道路，需供汽车分道行使，并部分控制出入、部分立体交叉，年平均日双向汽车交通量在5000辆以上时，宜采用一级厂外道路。

大型联合企业，钢铁厂、油田、煤田、港口等的主要对外道路，其各种车辆折合成载重汽车的年平均日双向交通量在2000~5000辆时，宜采用二级厂外道路。

大、中型厂矿企业的对外道路、小型厂矿企业运输繁忙的对外道路、运输繁忙的联络道路其各种车辆折合成载重汽车的年平均日双向交通量在200~2000辆时，宜采用三级厂外道路。

小型厂矿企业的对外道路、运输不繁忙的联络道路，其各种车辆折合成载重汽车的年平均日双向交通量在200辆以下时，宜采用四级厂外道路。

厂外道路主要技术指标表 表1

厂外道路等级	一		二		三		四	
技术指标 \ 地形	平原微丘	山岭重丘	平原微丘	山岭重丘	平原微丘	山岭重丘	平原微丘	山岭重丘
计算行车速度（km/h）	100	60	80	40	60	30	40	20
路面宽度（m）	2×7.5	2×7	9	7	7	6	3.5	3.5
路基宽度（m）	23	19	12	8.5	8.5	7.5	6.5	6.5
极限最小圆曲线半径（m）	400	125	250	60	125	30	60	15
一般最小圆曲线半径（m）	700	200	400	100	200	65	100	30
不设超高最小圆曲线半径（m）	4000	1500	2500	600	600	350	600	150
最大纵坡（%）	4	6	5	7	6	8	6	9
缓和曲线最小长度（m）	85	50	70	35	50	35	35	20
平曲线最小长度（m）	170	100	140	70	100	50	70	40
纵坡最小长度（m）	250	150	200	120	150	100	120	80
最大合成坡度值（%）	10	10.5	10.5	11	10.5	11	11	11
最大合成坡度推荐值（%）	8	8.5	8	8.5	8.5	9	8.5	9.5

注：1. 表中路面宽度系指车行道宽度。
2. 辅助道路的圆曲线半径，在工程艰巨的路段可采用12m。
3. 其他要求见《厂矿道路设计规范》GBJ 22-87。

弯道加宽（单位：m） 表2

圆半径	轴距加前悬		
	5	4	5.2+8.8
200~260	0.4	0.6	0.8
150~<200	0.6	0.7	1.0
100~<150	0.8	0.9	1.5
80~<100	0.9	1.1	1.7
70~<80	1.0	1.2	2.0
60~<70	1.1	1.4	2.1
50~<60	1.2	1.5	2.5
40~<50	1.3	1.9	3.0
30~<40	1.4	2.5	3.8
25~<30	1.8	3.0	4.6
20~<25	2.2	3.6	—
15~<20	2.5	—	—
12~<15	2.9	—	—

注：1. 采用的汽车轴距加前悬值在5~8m之间时，可按内插法计算加宽值。
2. 汽车轴距加前悬栏内的5.2m系半挂车的主车轴距加前悬，8.8m系主车后轴至半挂车双后轴中心的距离。
3. 其他要求见《厂矿道路设计规范》GBJ 22-87。

圆曲线半径对应超高横坡度表（单位：m） 表3

厂外道路等级	一		二		三		四	
超高横坡（%） \ 地形	平原微丘	山岭重丘	平原微丘	山岭重丘	平原微丘	山岭重丘	平原微丘	山岭重丘
2	1710~<4000	810~<1500	1210~<2500	390~<600	780~<1500	230~<350	390~<600	105~<150
3	1220~<1710	570~<810	840~<1210	270~<390	530~<780	150~<230	270~<390	70~<105
4	950~<1220	430~<570	630~<840	200~<270	390~<530	110~<150	200~<270	55~<70
5	770~<950	340~<430	500~<630	150~<200	300~<390	80~<110	150~<200	40~<55
6	650~<770	280~<340	410~<500	120~<150	230~<300	60~<80	120~<150	30~<40
7	560~<650	230~<280	320~<410	90~<120	170~<230	50~<60	90~<120	20~<30
8	500~<560	200~<230	250~<320	60（50）~<90	125~<170	30（25）~<50	60（50）~<90	15~<20
9	440~<500	160~<200	—	—	—	—	—	—

注：1. 表中括号内的数值，仅适用于改建道路时利用原有路段。
2. 其他要求见《厂矿道路设计规范》GBJ 22-87。

厂内道路

厂内道路宜划分为主干道、次干道、支道、车间引道和人行道。主干道为连接厂区主要出入口的道路，或交通运输繁忙的全厂性主要道路；次干道路为连接厂区次要出入口的道路，或厂内车间、仓库、码头等之间交通运输较繁忙的道路；支道为厂区内车辆和行人都较少的道路以及消防道路等；车间引道为车间、仓库等出入口与主、次干道或支道相连接的道路；人行道为行人通行的道路。

厂内道路最小曲线半径，当行使单辆汽车时，不宜小于15m；当行使拖挂车时，不宜小于20m。

厂内道路在平面转弯处和纵断面变坡处的视距不应小于表4规定。

表1~表9除表中所列内容，其他要求见《厂矿道路设计规范》GBJ 22-87。

厂内路面宽度（单位：m） 表1

场内道路类别	厂矿规模	I类企业	II类企业	III类企业
主干道	大型	12.0~9.0	9.0~7.0	7.0~6.0
	中型	9.0~7.0	7.0~6.0	7.0~6.0
	小型	7.0~6.0	7.0~6.0	6.0~4.5
次干道	大型	9.0~7.0	7.0~6.0	7.0~4.5
	中型	7.0~6.0	7.0~4.5	6.0~4.5
	小型	7.0~4.5	6.0~4.5	6.0~3.5
支道	大、中、小型	4.5~3.0		
车间引道	—	与车间大门宽度相适应		
人行道		1.0~2.5		

注：1. 各类企业划分如下：I类企业——大型联合企业、钢铁厂、港口等；II类企业——重型机械（包括冶金矿山机械、发电设备、重型机床等）、有色冶炼、炼油、化工、橡胶、造船、机车车辆、汽车及拖拉机制造厂等；III类企业——轻工、纺织、仪表、电子、火力发电、建材、食品、一般机械、邮电器材、制药、耐火材料、林产（工业）、选矿、商业仓库、露天矿山机修场地及矿井井口场地等。
2. 当混合交通干扰较大时，宜采用上限；当混合交通干扰较小或沿干道设置人行道时，宜采用下限。
3. 当混合交通干扰特大或经常行驶车宽2.65m以上大型车辆时，路面宽度应经验算确定。

厂内道路最大纵坡 表2

厂内道路类别	主干路	次干路	支路、车间引道
最大纵坡（%）	6	8	9

注：1. 当场地条件困难时，次干道的最大纵坡可增加1%，主干道、支道、车间引道的最大纵坡可增加2%；在海拔2000m以上地区，不得增加；在寒冷冰冻、积雪地区，不应大于8%，交通运输繁忙的车间引道的最大纵坡，不宜增加。
2. 经常运输易燃、易爆危险品专用道路的最大纵坡不得大于6%。

厂内道路交叉口路面内边缘最小转弯半径（单位：m） 表3

行驶车辆类别	路面内边缘最小转弯半径
载重4~8t单辆汽车	9
载重10~15t单辆汽车	12
载重4~8t汽车带一辆载重2~3t挂车	12
载重15~25t平板挂车	15
载重40~60t平板挂车	18

注：1. 车间引道及场地条件困难的主、次干道和支道，除陡坡处外，表列路面内边缘最小转弯半径，可减少3m。
2. 行驶表列以外其他车辆时，路面边缘最小转弯半径，应根据需要确定。

厂内道路视距表（单位：m） 表4

视距类别	停车视距	会车视距	交叉口停车视距
视距	15	30	20

注：1. 当受场地条件限制，采用会车视距困难时，可采用停车视距，但必须设置分道行使的设施或其他设施（如反光镜、限制速度标识、鸣喇叭标识等）。
2. 当受场地条件限制时，交叉口停车视距可采用15m。

厂内道路边缘至相邻建（构）筑物的最小净距（单位：m） 表5

相邻建（构）筑物名称		最小净距
建筑物外墙	当建筑物面向道路一侧无出入口时	1.5
	当建筑物面向道路一侧有出入口但不通行汽车时	3.0
管线支架	—	1.0
围墙	—	1.0

注：1. 表中最小净距：城市型厂内道路自路面边缘算起，公路型厂内道路自路肩边缘算起。
2. 跨越公路型厂内道路的单个管线支架至路面边缘最小净距，可采用1m。
3. 当厂内道路与建（构）筑物之间设置边沟、管线等或进行绿化时，应按需要另行确定其净距。

人行道主要技术指标 表6

名称	内容	指标
路面宽度（m）	沿主干道设置时	—
	其他地方设置时	1.5
最大纵坡（%）	沿干道设置时	同干道纵坡不大于8
	位于其他位置时	
路面横坡（%）	—	1~2
路面边缘至建筑物外墙最小净距（m）	屋面无组织排水时	1.5
	屋面有组织排水时	视具体情况而定

直交路口弯道面积 表7

转弯半径 R(m)	面积 A(m²)	转弯半径 R(m)	面积 A(m²)	转弯半径 R(m)	面积 A(m²)
4	3.43	10	21.46	16	54.94
5	5.37	11	25.97	17	62.02
6	7.73	12	30.90	18	69.53
7	10.52	13	36.27	19	77.47
8	13.73	14	42.06	20	85.84
9	17.38	15	48.29	21	94.64

内燃叉车道 表8

技术指标名称	单位	指标	
		≤3t叉车	5t叉车
计算行车速度	km/h	15	15
单车道路面宽度	m	2.5	3.5
双车道路面宽度	m	4	6
内边缘最小转弯半径	m	6	8
停车视距	m	15	15
会车视距	m	30	30
最大纵坡	%	8	8
竖曲线最小半径	m	100	100

注：1. 当场地条件困难时，列表路面内边缘最小转弯半径可减少2cm。
2. 行驶5t以上叉车或侧向叉车时，道路主要技术指标，应按其主要技术性能确定。
3. 除车间引道外，在道路纵坡变更出的相邻两个坡度代数差大于2%时，应设置竖曲线。
4. 路面结构宜采用水泥混凝土路面或沥青路面。

电瓶车道 表9

技术指标名称	单位	指标
计算行车速度	km/h	8
单车道路面宽度	m	2
双车道路面宽度	m	3.5
内边缘最小转弯半径	m	4
停车视距	m	5
会车视距	m	10
最大纵坡	%	4
竖曲线最小半径	m	100

注：1. 当地条件困难时，当场地条件困难时，列表路面内边缘最小转弯半径可减少1cm。
2. 除车间引道外，在道路纵坡变更出的相邻两个坡度代数差大于2%时，应设置竖曲线。
3. 路面结构宜采用水泥混凝土路面或沥青路面。

工业建筑 [23] 总平面及场地设计 / 工业企业道路设计

露天矿山道路

露天矿山道路等级划分 表1

道路等级	适用条件
一	汽车的小时单向交通量在85辆以上的生产干线，可采用一级露天矿山道路
二	汽车的小时单向交通量在85~25(15)辆的生产干线、支线可采用二级露天矿山道路
三	汽车的小时单向交通量在25(15)辆以下的生产干线、支线和联络线、辅助线可采用三级露天矿山道路

注：1. 当二级道路条件较好且交通量接近上限时，可采用一级露天矿山道路；反之，可采用三级。
2. 表中括号内的数值，适用于运量较小的矿山。

露天矿山道路主要技术指标 表2

主要技术指标 \ 露天矿山道路等级		一级		二级		三级	
计算车宽（m）		3.0	3.5	3.0	3.5	3.0	3.5
双车道路面宽度（m）		9.5	11.0	9.0	10.5	8.0	9.5
单车道路面宽度（m）		5.0	6.0	5.0	6.0	4.5	5.5
露肩宽度（m）	填方	0.50	0.75	0.50	0.75	0.50	0.75
	挖方	1.25	1.50	1.25	1.50	1.25	1.50
计算行车速（km/h）		40		30		20	
最小圆曲线半径（m）		45		25		15	
不设超高最小圆曲线半径（m）		250		150		100	
停车视距（m）		40		30		20	
会车视距（m）		80		60		40	
最大纵坡（%）		7		8		9	
纵坡限制坡长	>5%~6%	500		600		—	
	>6%~7%	300		400		500	
	>7%~8%	—		250(300)		350	
	>8%~9%	—		150(170)		200	
	>9%~11%	—		—		100(150)	
缓和坡段最小长度（m）	地形一般	100		80		60	
	地形困难	80		60		50	
最大合成坡度（%）		8.5		8.5		9.5	
竖曲线最小半径（m）		700		400		200	
竖曲线最小长度（m）		35		25		20	

注：1. 当挖方路基外侧无堑壁、填方路基的填土高度大于1m时，路肩宽度应按车型大小增加0.25~1m。
2. 在工程艰巨或受地形条件限制的路段，可采用停车视距，但必须设置分道行驶的设施或其他设施（如反光镜、限制速度标识、鸣喇叭标识等）。
3. 当受地形条件限制或需要适应开采台阶高时，限制坡长可采用括号内的数值。
4. 地形条件困难时，缓和坡段最小长度，不得连续采用。
5. 在工程艰巨或开采条件限制时，二、三级露天矿山道路的最大合成坡度值可分别增加1%、2%。在寒冷冰冻、积雪地区，露天矿山道路的合成坡度值不应大于8%。
6. 当露天矿山道路纵坡变更处的相邻两个坡度代数差大于2%时，应设置竖曲线。

双车道路面加宽值（单位：m） 表3

圆半径	轴距加前悬				
	5	6	7	8	8.5
200	—	—	—	0.3	0.4
150	—	—	0.3	0.4	0.5
100	0.3	0.4	0.5	0.6	0.7
80	0.3	0.5	0.6	0.8	0.9
70	0.4	0.5	0.7	0.9	1.0
60	0.4	0.6	0.8	1.1	1.2
50	0.5	0.7	1.0	1.3	1.4
45	0.6	0.8	1.1	1.4	1.6
40	0.6	0.9	1.2	1.6	1.8
35	0.7	1.0	1.4	1.8	2.1

圆曲线半径对应超高横坡度表 表4

超高横坡（%） \ 露天矿山等级 圆曲线半径（m）	一级	二级	三级
2	<250~195	<150~115	<100~80
3	<195~130	<115~75	<80~50
4	<130~90	<75~55	<50~35
5	<90~60	<55~35	<35~20
6	<60~45	<35~25	<20~15

路基横断面

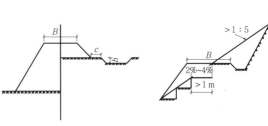

a 填方路基   b 半填半挖路基

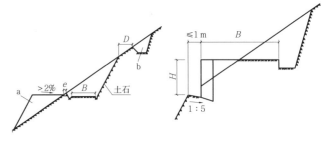

c 挖方路基   d 护肩路基

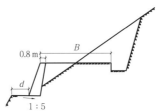 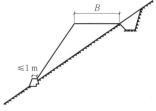

e 砌石路基   f 护脚路基

1. 图示中B—路基宽度；D—设计边坡线与截水沟的距离；H—护肩高度；a—弃土堆；b—截水沟；c—护坡道宽度；d—襟边宽度；e—设计边坡线与弃土堆的距离；h—取土坑的深度。
2. 当路基地基为整体岩石或受洪水影响时，其技术要求见《公路路基设计规范》JT 013-86。
3. 挡土墙路基（图中未示出）设计时，应符合挡土墙标准图或特殊挡土墙设计的有关规定。
4. 图示中各种路基横断面的要求及说明见：傅永新，彭学诗，杨欣蓓.钢铁厂总图运输设计手册.北京：冶金工业出版社，1996。

1 路基横断面图

路基排水

1. 在挖方、低填方以及不填不挖的路段，应设置边沟。一般梯形和矩形边沟的底部宽度，宜采用40cm，深度不宜小于40cm。边沟靠近路基一侧的边坡，梯形宜采用1:1~1:1.5；边沟外侧的边坡，可与路堑边坡坡度相同。边沟沟底纵坡不宜小于0.5%，但在平坡路段可减小到0.2%。

2. 当有较大的山坡地面水流向路基时，宜在离路堑坡顶5m以外或在离路堤脚2m以外设置截水沟。截水沟的横断面形式，宜采用梯形。底部宽度可采用50cm，深度可采用40~60cm。截水沟边坡宜采用1:1~1:1.5，沟底纵坡不宜小于0.5%。截水沟内的水，应引到路基范围以外排泄；当受地形条件限制需要通过边沟排泄时，应采取防止冲刷路基或淤塞边沟的措施。

3. 排水沟的横断面形式，宜采用梯形，其尺寸应按流量计算确定。排水沟沟底纵坡不宜小于0.5%。

路基边坡

路基应具有足够的压实度，一、二级厂外道路的路基压实度，不宜小于表3的规定；其他厂矿道路的路基压实度，不应小于表4的规定。

弃土堆宜设在路堑的下坡一侧。当地面横坡缓于1:5时，可设在路堑两侧。弃土堆边坡坡度，宜采用1:1~1:1.5。弃土堆顶面应设置背向路基的不小于2%的横坡。

取土坑的边坡，可根据土质确定。取土坑靠近路基一侧的边坡，不宜陡于1:1.5。

路堑边坡坡度 表1

土石类别		边坡最大高度(m)	边坡坡度
一般土		20	1:0.5~1:1.5
黄土及类黄土		20	1:0.1~1:1.25
碎石土、卵石土、砾石土	胶结和密实	20	1:0.5~1:1.0
	中密	20	1:1.0~1:1.5
风化岩石		20	1:0.5~1:1.5
一般岩石		—	1:0.1~1:0.5
坚石		—	直立~1:1.0

路堤边坡坡度 表2

土石类别	边坡最大高度(m)			边坡坡度		
	全部高度	上部高度	下部高度	全部高度	上部高度	下部高度
一般土、黏性土	20	8	12	—	1:1.5	1:1.75
砾石土、粗砂、中砂	12	—	—	1:1.5	—	—
碎石土、卵石土	20	12	8	—	1:1.5	1:1.75
不易风化石块	8	—	—	1:1.3	—	—
	20	—	—	1:1.5	—	—

注：1. 用大于25cm的石块填筑路堤且边坡采用干砌者，其边坡坡度应根据具体情况确定。
2. 浸水部分的路堤边坡坡度应采用1:2。
3. 修筑在地面横坡陡于1:5的山坡上的路堤，应将原地面挖成台阶，其宽度不宜小于1m。
4. 其他要求见《厂矿道路设计规范》GBJ 22-87。

路基最小压实度（采用重型压实标准） 表3

填挖类别	深度(cm)	路基最小压实度(m)		
		一般地区	干旱地区	潮湿地区
填方	0~80	0.95~0.93	0.93~0.91	0.93~0.91
	80~150	0.93~0.91	0.91~0.89	0.89~0.87
	>150	0.93~0.91	0.91~0.89	0.87~0.85
低填方、零方及挖方	0~40	0.95~0.93	0.93~0.91	0.93~0.91

注：1. 低填方系指低于80cm的填方。
2. 低填方深度由原地面算起，其他深度均由路槽底算起。
3. 低填方应符合填方0~80cm深度的压实要求，还应符合由原地面算起0~40cm深度的压实要求。
4. 干旱地区系指年降雨量小于100mm且地下水源稀少的地区；潮湿地区系指年降雨量大于2500mm、年降雨天数大于180天且土的含水量超过最佳含水量5%以上的地区。
5. 黏性土宜采用下限；砂性土宜采用上限。

路基最小压实度（采用轻型压实标准） 表4

填挖类别	深度(cm)	路基最小压实度(m)			
		高级路面	次高级路面	中级路面	低级路面
填方	0~80	0.98	0.95	0.90	0.85
	>80	0.95	0.90	0.85	0.80
低填方、零方及挖方	0~30	0.98	0.95	0.90	0.85

注：1. 用大于25cm的石块填筑路堤且边坡采用干砌，边坡坡度应根据具体情况确定。
2. 浸水部分的路堤边坡坡度应采用1:2。
3. 修筑在地面横坡陡于1:5的山坡上的路堤，应将原地面挖成台阶，其宽度不宜小于1m。
4. 其他要求见《厂矿道路设计规范》GBJ 22-87。

道路用地

厂内道路应根据厂矿企业规模、类型及总体规划或总平面布置的要求，综合考虑确定。

厂外道路路堤两侧边沟、截水沟外边缘（无边沟、截水沟时为路堤或护坡道路坡脚）以外或路堑两侧截水沟外边缘（无截水沟时为路堑坡顶）以外1m的范围内为厂外道路用地范围；在有条件的路段，一级厂外道路3m、二级厂外道路2m的范围内为厂外道路用地范围。高填深挖路段，应根据路基稳定计算确定用地范围。

路面等级

一般路面等级选择 表5

厂外道路		厂内道路	
道路等级	路面等级	道路类别	路面等级
一级	高级路面	主干道和次干道	高级和次高级路面
二级	高级或次高级路面	支道	中级、低级和次高级路面
三级	高级或中级路面	支道	中级、低级和次高级路面
四级及辅助道路	中级或低级路面	车间引道	与其连接的道路相同路面

路面等级及面层类型 表6

路面等级	面层类型
高级路面	水泥混凝土
	沥青混凝土
	热拌沥青碎石
	整齐块石
次高级路面	热拌沥青碎（砾）石
	沥青贯入碎（砾）石
	沥青碎（砾）石表面处治
	半整齐块石
中级路面	沥青灰土表面处治
	泥结碎（砾）石、级配碎（砾）石
	工业废渣及其他材料
	不整齐块石
低级路面	当地材料改善土

路面典型结构组合图式 表7

路面等级	结构组合图式	结构层次	路面材料类型
高级路面		面层	沥青混凝土或热拌沥青碎石
		连接层	冷拌沥青碎石或沥青贯入碎石
		基层	水泥稳定砂砾
		底基层	石灰土或工业废渣或干压碎石
次高级路面		面层	冷拌沥青碎石或沥青贯入碎石
		基层	水泥稳定砂砾
		底基层	石灰土或工业废渣或干压碎石
中级路面		面层	泥结碎石或级配碎石
		基层和底基层	工业废渣或混铺块碎石

注：路面典型结构组合图式的厚度及适用条件见《厂矿道路设计规范》GBJ 22-87。

工业建筑 [25] 总平面及场地设计 / 工业企业铁路设计

概述

工业企业铁路分为准轨铁路和窄轨铁路。准轨铁路轨距为1435mm，常用的窄轨铁路轨距为600mm、762mm和900mm。准轨铁路又分为厂外线和厂内线进行设计，其中：厂外线为由企业编组站至国家铁路网、港口码头、原料基地及厂矿生产单位衔接的工业企业铁路线路；厂内线为企业内部运输的铁路线路。窄轨铁路通常铺设和应用于企业内部铁路或矿山铁路运输。

设计要点

1. 设计时首先根据年运量确定铁路等级，然后进行线路平面、纵断面和横断面设计。

2. 线路平面设计应满足最小曲线半径、两曲线间夹直线最小长度、缓和曲线长度等要求，尽量减小曲线偏角。

3. 线路纵断面设计应满足纵坡度、坡长、坡度代数差及连接竖曲线半径的要求。当需要用足最大坡度时，如平面是小半径曲线或隧道要进行坡度折减。

4. 线路横断面设计应满足道床厚度、路基面宽度、路基边坡、排水等要求，根据横断面设计确定铁路线路用地界限。

5. 车站或装卸场地道岔与道岔连接，应符合连接的技术要求，根据三种道岔配列形式查表或计算确定插入连接短轨长度。

6. 线路进入车间时平面、纵断面应满足建筑限界和运输安全的要求。

工业企业铁路等级

应按工业企业远期或最大设计能力所承担重车方向的年运量划分等级。

厂内、外铁路线路等级　　表1

铁路等级		I		II	III
		A	B		
厂内线路	重车方向年货运量（万t/年）	≥1000	400~1000	150~400	<150
	最大轴重（t） 机车	—	>20	>16	≤16
	最大轴重（t） 车辆	>30	>23	>20	≤20
厂外线路	重车方向年货运量（万t/年）	≥400		150~400	<150

注：1. 铁路等级按运输量与轴重两项中之高者确定。
2. 运营期限不满10年的铁路，按限期使用铁路的规定设计。
3. 本表摘自《钢铁企业总图运输设计规范》GB 50603-2010，并根据《工业企业标准轨距铁路设计规范》GBJ 12-87编制。

工业企业铁路轨道类型

厂内线轨道类型　　表2

铁路等级		I		II	III
		A	B		
钢轨（kg/m）		60	60或50	50或43	50或43
轨枕数量（根/km）	混凝土枕	1760	1680	1600	1440
	木枕	1840	1760	1680	1520
道床厚度（cm）	非渗水土路基	35	30	25	25
	岩石、渗水土路基	30	25	20	20

注：本表摘自《钢铁企业总图运输设计规范》GB 50603-2010。

厂外线正线轨道类型　　表3

选用条件	铁路等级		I		II	III
			A	B		
	年通过总质量密度（Mt·km/km）		≥15	<15~8	<8~4	<4
轨道	钢轨（kg/m）	新轨	50	43	38	≥33
		旧轨	≥50	50	43	38
	轨枕数量（根/km）	预应力混凝土枕（混凝土枕）	1680	1600	1520	1520~1440
		木枕	1760	1680	1600	1520
	道床厚度（cm）	非渗水土路基 面层	20	20	20	15
		非渗水土路基 垫层	20	20	15	15
		岩石、渗水土路基	30	25	25	20

注：1. 选用条件只取其中之一。铁路等级作为选用条件时，I级铁路重车方向年货运量等于或大于10Mt者为I_A，小于10Mt者为I_B。
2. III级铁路轨道如行驶轴重大于18t的机车时，应采用38kg/m钢轨，混凝土枕应用1520根/km。
3. 非渗水土路基宜采用双层道床。只有在垫层材料供应困难，路基无病害情况下，可采用单层道床，其厚度比用砂石道床标准增加5cm。
4. 本表摘自《工业企业标准轨距铁路设计规范》GBJ 12-87。

厂外站线轨道类型　　表4

	铁路等级		I		II	III
			A	B		
到发线	钢轨（kg/m）	新轨	比正线轻一级，但不轻于33kg/m			
		旧轨	与正线同级			
	轨枕数量（根/km）	混凝土枕	1520	1440	1440	1440
		木枕	1600	1520	1440	1440
	道床厚度（cm）	非渗水土路基 无垫层	30	25	25	25
		非渗水土路基 垫层	15	15	15	15
		非渗水土路基 面层	20	15	15	15
		岩石、渗水土路基	25	20	20	20
	铁路等级		I		II	III
			A	B		
调车线、牵出线、机车走行线	钢轨（kg/m）	新轨	43~38	38	38~33	38~33
		旧轨	43	43	43~38	43~38
	轨枕数量（根/km）	混凝土枕	1440			
		木枕				
	道床厚度（cm）	非渗水土路基	25	25	20	20
		岩石、渗水土路基	20	20	20	20

注：本表摘自傅永新，彭学诗，杨欣蓓. 钢铁厂总图运输设计手册. 北京：冶金工业出版社，1996.

厂（场）外铁路布置形式

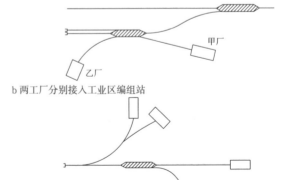

a 工厂与工业区编组站串联布置

b 两工厂分别接入工业区编组站

c 多工厂串并联接入工业区编组站

1 厂（场）外铁路布置形式图

准轨铁路平面设计

1. 厂内线路布置形式

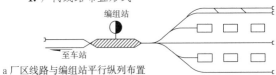

a 厂区线路与编组站平行纵列布置

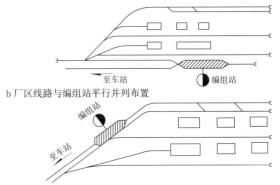

b 厂区线路与编组站平行并列布置

c 厂区线路与编组站呈夹角布置

1 尽头式

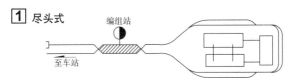

a 厂区主要线路与编组站平行布置

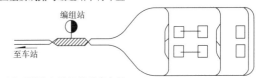

b 厂区主要线路与编组站垂直布置

2 环状式

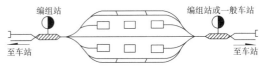

3 贯通式

2. 曲线半径

设计线路平面的曲线半径，应因地制宜，由大到小，合理选用。线路平面的曲线半径，一般宜采用1000m、800m、700m、600m、550m、500m、450m、400m、350m、300m、250m和200m。在特别困难条件下，可采用上列半径间10m整倍数的曲线半径。最小曲线半径应根据铁路等级结合行车速度和地形等条件比选确定，其数值不应小于表1的规定。

厂外线最小曲线半径（单位：m） 表1

铁路等级	一般地段	困难地段
Ⅰ	600	350
Ⅱ	350	300
Ⅲ	250	200

注：1. 在个别情况下，经技术经济比选，可采用小于表1规定的最小曲线半径，但Ⅰ级铁路不得小于300m，Ⅱ级铁路不得小于250m。
2. 本表摘自《工业企业标准轨距铁路设计规范》GBJ 12-87。

厂内线最小曲线半径（单位：m） 表2

铁路等级或线路类别	一般地段	困难地段	特别困难
Ⅰ、Ⅱ	300	200	—
Ⅲ	200	180	—
车间引入线	150[1]		
车站正线或车场一般设在直线上，如必须设曲线	600	400	—
装卸线	直线	500	300[2]
牵出线	直线	600	500[3]
道岔前后连接曲线	大于连接道岔的导曲线半径	—	—

注：1. [1]指机车轴距小于3500mm时120m。
2. [2]指易燃易爆装卸线除外。
3. [3]指仅供调车转线及取送专业的牵出线可200m。
4. 本表摘自傅永新，彭学诗，杨欣蓓.钢铁厂总图运输设计手册.北京：冶金工业出版社，1996。

3. 夹直线长度

两相邻曲线间夹直线的最小长度，应根据铁路等级及地形条件按表3选用。

厂内、厂外线夹直线最小长度（单位：m） 表3

铁路等级	厂外线		厂内线（普车线）	
	一般地段	困难地段	一般地段	困难地段
Ⅰ	50	25	40	20
Ⅱ	45	20	30	15
Ⅲ	40	20	25	15

注：1. 限期使用的铁路可采用Ⅲ级铁路的规定。
2. 站线（到发线、调车线、牵出线及机车走行线）、连接线和其他线，两相邻曲线间夹直线长度不应小于10m。
3. 车间引入线在困难地段，两相邻曲线间夹直线长度不应小于10m。
4. 扩建、改建工程特别困难地段，除正线外，对不设外轨道超高的反向曲线间，可不设夹直线。
5. 本表摘自傅永新，彭学诗，杨欣蓓.钢铁厂总图运输设计手册.北京：冶金工业出版社，1996，并根据《工业企业标准轨距铁路设计规范》GBJ 12-87编制。

4. 缓和曲线

直线与圆曲线间应以缓和曲线连接，其长度按表4选用，有条件时宜采用较长的缓和曲线。

缓和曲线长度 表4

曲线半径(m)	缓和曲线长度（m）					
	Ⅰ级铁路		Ⅱ级铁路		Ⅲ级铁路	
	70(km/h)	60(km/h)	55(km/h)	45(km/h)	40(km/h)	30(km/h)
600	40	30	20	20	20	20
550	40	30	30	20	20	20
500	40	30	30	20	20	20
450	50	40	30	20	20	20
400	50	40	40	30	20	20
350	60	40	40	30	20	20
300	70	50	40	30	20	20
250	—	—	50	40	30	20
200	—	—	—	—	40	20
180	—	—	—	—	40	20
150	—	—	—	—	50	30

注：1. 站场站线（到发线、调车线、牵出线和机车走行线）、连接线和其他线可不设缓和曲线。
2. 本表摘自傅永新，彭学诗，杨欣蓓.钢铁厂总图运输设计手册.北京：冶金工业出版社，1996。

5. 进入建、构筑物前的线路直线段

建、构筑物前平直线段长度（单位：m） 表5

建、构筑物名称	车间、仓库及机车、车辆停放库	灰坑、检查坑及转盘、移车台	装卸场	机车修理库	轨道衡
一般条件	15	6.5	15	机车长度	根据设备技术要求确定
困难条件	2	6.5	2	2	

注：1. 扩建、改建工程在特别困难条件下，曲线可进到建筑物内，但大门宽度应符合曲线上限界接近限界加宽的规定。
2. 本列直线段长度内，纵断面应为平坡段。
3. 本表摘自《钢铁企业总图运输设计规范》GB 50603-2010。

工业建筑 [27] 总平面及场地设计 / 工业企业铁路设计

纵断面设计

1. 线路最大坡度

厂外线的最大坡度，应根据铁路等级、牵引种类、地形条件和运输要求确定，并应考虑与邻接铁路牵引定数相协调。

厂外线路最大坡度　　　　　　　　　　　　　　　　表1

铁路等级	限制坡度（‰）	加力牵引坡度（‰）
	内燃、电力	内燃、电力
Ⅰ	20	30
Ⅱ	25	30
Ⅲ	30	30

注：1. 限制坡度最小值通常为4‰，若小于此值计算的列车牵引质量会很大，但因受到列车起动条件和到发线长度的限制难以实现，且工程投资可能增加。
2. 本表摘自傅永新，彭学诗，杨欣蓓. 钢铁厂总图运输设计手册. 北京：冶金工业出版社，1996.

运输特种货物的线路最大坡度　　　　　　　　　　表2

运输特种货物的线路名称		最大坡度（‰）	
		一般地段	困难地段
装载液体金属车走行线		2.5	5
装载冶金渣车走行线		10	15
热铸锭车走行线		2.5	4
装载液体金属和炉渣车停车线		0	0
翻渣作业停车线	摘机车	0	1.5
	不摘机车	10	15

注：本表摘自傅永新，彭学诗，杨欣蓓. 钢铁厂总图运输设计手册. 北京：冶金工业出版社，1996.

2. 厂外线坡段设置

厂外线纵断面宜设计为较长的坡段。

远期到发线有效长度不足400m时，坡段长度不应小于有效长的一半，但不得小于100m。

下面几种情况坡段长Ⅰ、Ⅱ级铁路可缩短至200m，Ⅲ级及限期使用的铁路可缩短至100m：坡度减缓（或折减）而形成的坡段；缓和坡段；两端货物列车以接近计算速度运行的凸形纵断面的分坡平段；路堑内代替分坡平段的人字坡段；枢纽线路疏解区。相邻坡段宜设计为较小的坡度差。

坡段长度（单位：m）　　　　　　　　　　　　　　表3

远期到发线有效长度	1050	850	750	650	550	450
坡段长度	400	350	300	250	250	200

注：本表摘自傅永新，彭学诗，杨欣蓓. 钢铁厂总图运输设计手册. 北京：冶金工业出版社，1996，并根据《铁路车站及枢纽设计规范》GB 50091-2006编制。

相邻坡段的坡度差限制值　　　　　　　　　　　　表4

选用条件	铁路等级	远期到发线有效长度（m）					
		1050	850	750	650	550	≤450
一般情况下（‰）	Ⅰ	8(5)	10(6)	12(8)	15(10)	18(12)	20(14)
	Ⅱ	10(6)	12(8)	15(10)	18(12)	20(14)	25(16)
	Ⅲ	—	—	18	20	25	25
困难条件下（‰）	Ⅰ	10(6)	12(8)	15(10)	18(12)	20(14)	25(16)
	Ⅱ	12(8)	15(10)	18(12)	20(14)	25(16)	30(18)
	Ⅲ	—	—	20	25	30	30

注：1. 牵引机车功率等于或大于韶山Ⅰ型交流电力机车时，应选用不大于上表中括号内的数值。
2. 限期使用的铁路相邻坡段的坡度差可采用Ⅲ级铁路的规定。
3. 本表摘自傅永新，彭学诗，杨欣蓓. 钢铁厂总图运输设计手册. 北京：冶金工业出版社，1996.

3. 厂外线竖曲线的设置

Ⅰ、Ⅱ级铁路相邻坡段的坡度差大于4‰，Ⅲ级及限期使用的铁路大于5‰时，应以圆曲线型竖曲线连接。竖曲线半径在Ⅰ、Ⅱ级铁路应为5000m，Ⅲ级及限期使用的铁路应为3000m。当相邻坡段的坡度代数差较小时，可不设竖曲线。

竖曲线不应与缓和曲线重叠，也不应与道岔重叠。

4. 厂内线纵坡设置

厂内线最大坡度，应根据铁路等级、牵引种类、地形条件、生产工艺要求及牵引定数等因素确定，必要时应经比选确定。

厂内线路最大坡度　　　　　　　　　　　　　　　　表5

铁路等级或名称	牵引种类	线路坡度范围或最大坡度(‰)	
		一般地段	困难地段
Ⅰ	内燃、电力	20	25
Ⅱ、Ⅲ	内燃、电力	25	30
站线	—	0	1.5
牵出线（面向调车场下坡）	—	0~2.5	0~2.5
装卸线	—	0	1.5
液体槽车、液体金属、熔渣罐车停车线	—	0	0
翻渣作业停车线	摘机车	0	1.5
	不摘机车	10	15
轨道衡线、转盘线	—	0	0
灰坑线、检修线、机车车辆停车线	—	0	0
三角线	尽端部分	5	5
	其他部分	15	20

注：1. 表列坡度系各种列车运行线路的最大坡度。
2. 普车线最大坡度，包括各种坡度折减值。
3. 有路网列车通过的线路，其最大坡度应不超过连接路网线路的限制坡度。
4. 冶车线条件特殊困难时，热铸锭车脱模后线路最大坡度可为6‰；液体金属车走行线，经试验有可靠依据时，可大于5‰。
5. 所有坡道上的线路，均应保证列车起动。
6. 坡道牵出线的坡度，按计算确定。
7. 三角线坡度，不包括曲线折减值。
8. 站线在扩建、改建工程特别困难的地段，可采用2.5‰。
9. 本表摘自傅永新，彭学诗，杨欣蓓. 钢铁厂总图运输设计手册. 北京：冶金工业出版社，1996，并根据《钢铁企业总图运输设计规范》GB 50603-2010编制。

厂内线路坡段长度及竖曲线半径（单位：m）　　　表6

铁路等级	坡段长度	设竖曲线的坡度代数差（‰）	竖曲线半径
Ⅰ	列车长/2	4	5000
Ⅱ	100	5	3000
Ⅲ	75	6	2000

注：1. 困难地段的坡段长度，可按本列数值的80%设置。
2. 本表摘自傅永新，彭学诗，杨欣蓓. 钢铁厂总图运输设计手册. 北京：冶金工业出版社，1996.

竖曲线起讫点至某些建筑物的距离（单位：m）　　表7

车库、内有轨道的仓库大门、转盘及移车台边缘		≥30
装、卸料起点		≥15
洗车沟、灰坑、检查坑端部		≥6.5
轨道衡两端	一般情况下	≥15
	有大组车连续称重且地势不受限制时	≥50

注：本表摘自傅永新，彭学诗，杨欣蓓. 钢铁厂总图运输设计手册. 北京：冶金工业出版社，1996.

5. 站坪坡度

车站应设在平道上。设在坡道上时，坡度不超过1.5‰。困难条件下按表8规定选用。

站坪坡度　　　　　　　　　　　　　　　　　　　表8

中间站（‰）		道岔咽喉区（‰）			乘降所（‰）	
困难条件	特别困难条件	一般条件	困难条件	有解体编组作业	一般条件	困难条件
不大于2.5	不大于6[①]	同站坪	限坡减2[②]	不大于2.5	8	起动坡度

注：1. ①指特别困难条件下，有充分依据时，不办理调车、甩车或摘机等作业的中间站。
2. ②指减坡后的坡度不得大于10‰。
3. 本表摘自傅永新，彭学诗，杨欣蓓. 钢铁厂总图运输设计手册. 北京：冶金工业出版社，1996.

铁路线路路基横断面

1. 路基横断面形式

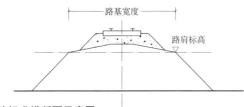

[1] 铁路标准横断面示意图

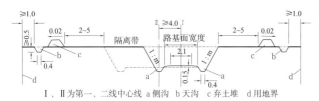

[2] 有弃土堆路堑横断面图（单位：m）
Ⅰ、Ⅱ为第一、二线中心线 a 侧沟 b 天沟 c 弃土堆 d 用地界

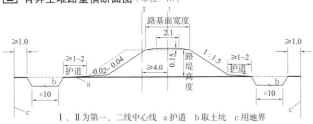

[3] 有取土坑路堤横断面图（单位：m）
Ⅰ、Ⅱ为第一、二线中心线 a 护道 b 取土坑 c 用地界

2. 路基面宽度

区间路基面宽度与形状：区间路基面宽度应根据铁路等级、远期采用的轨道类型、道床标准、路基面形式、路肩宽度和线路间距、线路曲线半径计算（一般可查表）确定。

厂外线、新建铁路的区间直线路基面宽度见表1。

除正线、调车运行的联络线和牵出线以外的其他线路单线路基面宽度见表2。

厂外线（单线）区间直线路基面宽度（单位：m）　　表1

铁路等级		非渗水土			岩石、渗水土		
		道床厚度	路基面宽度		道床厚度	路基面宽度	
			路堤	路堑		路堤	路堑
Ⅰ	A	0.40	6.2	5.8	0.30	5.6	5.2
	B	0.40	6.2	5.8	0.25	5.4	5.0
Ⅱ		0.35	5.6	5.6	0.25	4.9	4.9
Ⅲ		0.30	5.4	5.4	0.20	4.8	4.8

注：1. Ⅰ级铁路重车方向年货运量大于或等于10Mt时采用I_A值，小于10Mt时采用I_B值。
2. 路堑自线路中心沿轨枕底部水平至路堑边坡的距离，一边不应小于3.5m（曲线地段系指曲线外侧），另一边不应小于2.8m。
3. 表中的非渗水土系指黏性土（细粒土和黏砂、粉砂）、碎石类土（含细黏土大于或等于15%）、砂类土（岩块、粗粒土）。
4. 年平均降水量大于400mm地区的易风化泥质岩类，应按非渗水土考虑。
5. 限期使用铁路的路基面宽度，可根据采用的轨道类型而定，并应保持其路肩宽度不小于0.3m。
6. 本表摘自傅永新，彭学诗，杨欣蓓. 钢铁厂总图运输设计手册. 北京：冶金工业出版社，1996。

其他线路单线路基面宽度（单位：m）　　表2

道床厚度	非渗水土	岩石、渗水土	道床厚度	非渗水土	岩石、渗水土
0.25	5.2	4.8	0.20	5.0	4.7

注：本表摘自傅永新，彭学诗，杨欣蓓. 钢铁厂总图运输设计手册. 北京：冶金工业出版社，1996。

厂内线直线段单线路基面宽度（单位：m）　　表3

铁路等级	非渗水土			岩石、渗水土		
	道床厚度(cm)	路基面宽度		道床厚度(cm)	路基面宽度	
		路堤	路堑		路堤	路堑
I_A	35	6.0	5.7	30	5.6	5.2
I_B	30	5.9	5.5	25	5.4	5.0
Ⅱ	25	5.6	5.3	20	5.2	4.8
Ⅲ	25	5.3	5.3	20	4.8	4.8

注：1. 路堑自线路中心沿轨枕底面水平至路堑边坡的距离，一侧不应小于3.5m（曲线段系指曲线外侧），另一侧不应小于2.8m。
2. 当采用暗道床时，其路基宽度在道床顶面水平上，由线路中心至道床槽边缘，或至纵向排水槽边缘的距离，不得小于2m。
3. 本表摘自《钢铁企业总图运输设计规范》GB 50603—2010。

3. 曲线段路基加宽

厂外线曲线路基外侧加宽值（单位：m）　　表4

铁路等级	曲线半径	加宽值	铁路等级	曲线半径	加宽值
Ⅰ	400及以下	0.4	Ⅱ	400及以下	0.3
	400以上至450	0.3		400以上至450	0.2
	450以上至700	0.2		450以上至1200	0.1
	700以上至3000	0.1	Ⅲ	300及以下	0.3
				300以上至450	0.2
				450以上至1200	0.1

注：1. 曲线路基的外侧加宽，应在缓和曲线范围内递减，当无缓和曲线时，则应在曲线外轨超高的递减范围内递减。
2. 本表摘自傅永新，彭学诗，杨欣蓓. 钢铁厂总图运输设计手册. 北京：冶金工业出版社，1996。

厂内线曲线路基外侧加宽值（单位：m）　　表5

铁路等级	曲线半径	加宽值
Ⅰ	<200	0.3
	200～400	0.2
	401～1000	0.1
Ⅱ	≤400	0.2
Ⅲ	≤400	0.1

注：本表摘自《钢铁企业总图运输设计规范》GB 50603—2010。

4. 路肩、路堤、路堑的设置

路肩宽度（单位：m）　　表6

线别与路基形式		铁路等级			线别与路基形式		铁路等级		
		Ⅰ级	Ⅱ级	Ⅲ级			Ⅰ级	Ⅱ级	Ⅲ级
厂外线	路堤	0.6	0.4	0.4	厂内线	路堤	0.6	0.6	0.4
	路堑	0.4	0.4	0.4		路堑	0.4	0.4	0.4

注：本表摘自傅永新，彭学诗，杨欣蓓. 钢铁厂总图运输设计手册. 北京：冶金工业出版社，1996。

路堤边坡坡度　　表7

填料种类	路堤边坡高度（m）			路堤边坡坡度		
	全部高度	上部高度	下部高度	全部坡度	上部坡度	下部坡度
一般细粒土	20	8	12	—	1:1.5	1:1.75
漂石土、卵石土、碎石土、粗粒土（细砂、粉砂、黏砂除外）	20	12	—	—	1:1.5	1:1.75
硬块石	8	—	—	1:1.3	—	—
	20	—	—	1:1.5	—	—

注：1. 用大于25cm不易风化硬块石，边坡采用干砌者，其边坡坡度根据具体情况确定。
2. 本表摘自傅永新，彭学诗，杨欣蓓. 钢铁厂总图运输设计手册. 北京：冶金工业出版社，1996。

路堑边坡坡度　　表8

土石名称	边坡坡度	土石名称	边坡坡度
一般均质黏土、砂黏土、黏砂土	1:1～1:1.5	碎石或角砾土、卵石或圆砾土	胶结和密实 1:0.5～1:1.1
中密以上的粗砂、中砂、砾砂	1:1～1:1.75		中密 1:1～1:1.5
黄土	新黄土(Q_3、Q_4) 1:0.5～1:1.25	岩石	1:0.1～1:1.1
	老黄土(Q_2、Q_1) 1:0.3～1:0.75		

注：1. 黄土路堑边坡垂直高度等于或小于12m时，可采用一个坡度到顶；当边坡垂直高度大于12m时，可采用阶梯式，中部设平台，阶梯高度宜为8～12m。
2. 本表摘自傅永新，彭学诗，杨欣蓓. 钢铁厂总图运输设计手册. 北京：冶金工业出版社，1996。

工业建筑 [29] 总平面及场地设计 / 铁路与道路交叉·铁路限界

铁路与道路交叉

铁路与道路交叉宜设计正交，必须斜交时，交叉角不应小于45°。厂内线路如受地形限制，交叉角可适当减小。

铁路与道路平面交叉时应设置道口。道口应设在瞭望条件良好的地点。铁路与道路平交道口视距不得小于表1数值。

当道口不符合上述要求或交通量较大时应设看守。

铁路与道路平交道口视距　表1

铁路等级及分类	行车速度（km/h）	视距（m）	
		火车	道路机动车辆
Ⅰ	70	800	270
Ⅱ	55	700	230
Ⅲ级及限期使用的铁路	40	400	180
调车运行的联络线	30	300	150
	20	150	100

注：本表摘自傅永新，彭学诗，杨欣蓓. 钢铁厂总图运输设计手册. 北京：冶金工业出版社，1996。

道口平台长与铺面宽（单位：m）　表2

城市道路		1～4级公路		乡村道路			
				通行机动车辆		通行非机动车辆	
平台长度	铺面宽度	平台长度	铺面宽度	平台长度	铺面宽度	平台长度	铺面宽度
20	与路面同宽	16	与路基同宽	13	4.5	10	1.5～3.0

注：1. 道口两侧的道路平台长度从钢轨外侧算起。道口铺面原则上应与道路路面宽度相同，可采用木质铺面板、整齐石块铺面板、钢筋混凝土板、钢板铺面板。
2. 本表摘自傅永新，彭学诗，杨欣蓓. 钢铁厂总图运输设计手册. 北京：冶金工业出版社，1996。

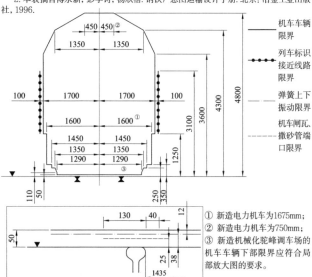

1 机车车辆限界图

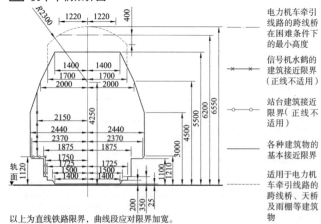

以上为直线铁路限界，曲线段应对限界加宽。

2 建筑接近限界图

两相邻线路中心线间的距离（单位：m）　表3

线路名称及说明		线路间距
复线区间	一般条件/困难条件	4.5/4.5
站内正线、到发线、调车线、梯线及其与之相邻线间		5.0
相邻两线只有一条线需通行超限货车的线间	线间设有高柱信号机	5.0
	线间设有水鹤	5.2
货物线与相邻线间	有装卸作业	>15.0
	无装卸作业	>6.5
换装线间	线间无高出轨面1100mm以上建、构筑物和设备	3.6
站修线与相邻线间	一般条件	7.0
	困难条件	6.5
牵出线与其相邻线间	有调车人员作业的一侧	6.5
	无调车人员作业的一侧	5.0
线间设有接触网塔式柱的线路间		6.5
相邻车场间或6～8条线路的相邻线群间		6.5

注：1. 表中困难条件，系指扩建、改建工程受场地条件限制，不能按正常要求布置线路的情况。
2. 准轨铁路与762mm窄轨铁路，货物直接换装的线路间距，当两辆车底板在同一水平面时为3.2m；当两辆车底板不在同一水平面时，采用人工换装货物为3.2m，采用起重机吊装笨重货物为3.6m。
3. 在曲线段应，另由曲线上建筑接近限界加宽的规定加宽。
4. 本表摘自傅永新，彭学诗，杨欣蓓. 钢铁厂总图运输设计手册. 北京：冶金工业出版社，1996，并根据《钢铁企业总图运输设计规范》GB 50603-2010编制。

厂内线直线段中心线至建、构筑物或设备的距离　表4

项目情况		高出轨面的距离（mm）	至线路中心线的距离（mm）
立交桥柱、天桥柱、胶带机、通廊支架立柱、管道支架立柱、桥式起重机立柱等边缘		>1100	2440
雨棚边缘（不包括雨棚立柱）	至正线和超限货车进入的线路	1100～3000	2440
	至超限货车不进入的线路	1120～3850	2000
改建确有困难时的信号机边缘	至正线	>1100	2100
	至站线	>1100	1950
接触网、电力照明和通信等杆柱边缘	杆柱位于正线和其他线路的一侧（下列两种情况除外）	>1100	2440
	杆柱位于站场最外侧线路的外侧		3000
	杆柱位于牵出线和梯线有调车人员作业一侧	>1100	3500
普通货物站台（站台面高出轨面1100及以下）		≤1100	1750
车库门、转车盘、洗车架、洗罐线、机车走行线上建筑物边缘		>1120	2000
正对线路无出口的房屋和平行于线路的围墙的凸出部分边缘	位于线路有调车人员作业一侧	一般情况	5000
		困难情况	3500
	位于线路无调车人员作业一侧	≤3000	3000
正对线路有出口的房屋边缘	出口处有平行于线路的防护栅栏	≤3000	5000
	出口处无平行于线路的防护栅栏		6000
调车线路间的制动员室（正对线路无出口）的边缘			2440
扳道房、道岔清扫房（正对线路无出口）的边缘		≤3000	3500
铁路进入的围墙和栅栏大门边缘			3200
铁路进入的工业厂房大门边缘（当有调车作业通过时）		—	2600
跨线式装车仓库等建、构筑物边缘	无调车作业一侧	<5000	2000
	有调车作业一侧		2440

注：1. 建、构筑物和设备至线路中心线的距离，在表中规定的高出轨面的距离范围以外，不应小于现行建筑接近限界规定的距离。
2. 在旅客站台上，柱类至线路中心线的距离不得小于3250mm，建筑物至线路中心线的距离不得小于3750mm。
3. 本表摘自《钢铁企业总图运输设计规范》GB 50603-2010。

机车、货车的技术参数

电力机车主要技术特征[1] 表1

项目	机型		
	韶山1（SS1）	韶山3（SS3）	韶山4（SS4）
车轴排列	3_0-3_0	C_0-C_0	$2(B_0-B_0)$
构造速度（km/h）	93.5	100	120
通过最小曲线半径/限速 [m/(km/h)]	125/5	125/5	125/5
机车总重（t）	138	138	184
平均轴重（t）	23	23	23
车体长度（mm）	20368	21680	2×16416
车体宽度（mm）	3100	3100	3100
落弓时受电弓至轨面高度（mm）	4740	4740	4680
全轴距（mm）	15000	15800	11200

内燃机车主要技术参数[1] 表2

项目	内燃机车				
	东风	东风4（货）	东风4B	东风5	东风7
用途	货运	货运	货运	调机	调机
构造速度（km/h）	100	100	100	80	80
计算重量、粘着重量（kN）	1240	1350	1350	1350	1350
最低计算速度（km/h）	18	20	21.6	9.2	12.7
最大计算牵引力（kN）	194	308	330.5	310.5	310.5
机车全长（m）	17	21.1	21.1	18.8	18.8
轴式	C_0-C_0	C_0-C_0	C_0-C_0	C_0-C_0	C_0-C_0
通过最小半径（m）	145	145	145	100	100

货车基本技术参数[1] 表3

车型		自重（t）	载重（t）	长度（mm）	容积（m³）	尺寸（mm）
棚车	P_8	18.0	40.0	13100	68.5	12200、2400、2000（长、宽、高）
	P_{15}	22.6	60.0	16442	123.6	15470、2850、2840（长、宽、高）
敞车	C_5	16.5	40.0	11300	47.8	10270、2770、1700（长、宽、高）
	C_{65}	19.3	60.0	13942	75.0	13000、2900、2000（长、宽、高）
平车	N_4	20.0	40.0	13408	35.9	—
	N_6	18.0	60.0	13908	35.0	12420×2770（长×宽）
矿石车	K_{16}	33.8	95.0	14000	45.0	12920×2900（长×宽）
	K_{18}	22.0	60.0	13942	63	
轻油罐车	G_6	26.4	50.0	11900	30.5	9578×2600（长×宽）
保温车	B_{17}	40.0~42.0	40.0	17932	78.0	15500、2524、2000（长、宽、高）
守车	S_{10}	14.0	—	10896		3190×4445（宽×高）

铁路道岔及连接

1. 常用道岔主要尺寸

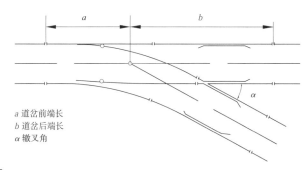

a 道岔前端长
b 道岔后端长
α 辙叉角

1 普通单开道岔图

常用单开道岔主要尺寸[1]（单位：mm） 表4

辙叉号	轨型（kg/m）	道岔全长L	道岔前端长a	道岔后端长b	辙叉角α	沿线路中心线导曲线半径R
6	50	18485	8491	9994	9°27'44"	110000
7	60	22967	10897	12070	8°07'48"	150000
7	50/43	22967	10897	12070	8°07'48"	150000
9	60	29569	13839	15730	6°20'25"	180000
9	50	28848	13839	15009	6°20'25"	180000

2. 道岔与道岔连接

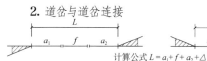 

计算公式 $L=a_1+f+a_2+\Delta$
在基线同侧或异侧布置两对向单开道岔。Δ—轨缝宽度。

2 Ⅰ类道岔配列图

Ⅰ类道岔配列图中插入钢轨f的最小长度[1]（单位：m） 表5

线别	铁路等级	f值		
		有正规列车同时通过两侧线时		无正规列车同时通过两侧线时
		一般情况	困难情况	
正线	Ⅰ	12.5	6.25	6.25
	Ⅱ、Ⅲ	6.25	6.25	6.25
到发线	Ⅰ	6.25	6.25	0
	Ⅱ、Ⅲ	4.50	4.50	0
其他站线	Ⅰ、Ⅱ、Ⅲ	0	0	0

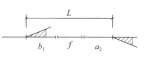 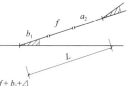

计算公式 $L=a_2+f+b_1+\Delta$
在基线异侧顺向布置两单开道岔；Δ—轨缝宽度。

3 Ⅱ类道岔配列图

Ⅱ类道岔配列图中插入钢轨f的最小长度[1]（单位：m） 表6

线别	f值	
	木岔枕道岔	混凝土岔枕道岔
正线直向通过速度≥120km/h	12.5	6.25
正线直向通过速度≥120km/h	6.25	
到发线	4.50	
其他站线	0	

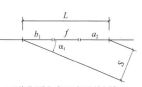 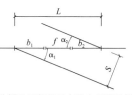

a 两道岔顺向布置在基线同侧　　b 两道岔辙叉尾部相对布置在基线异侧

计算公式 $L=S/\sin\alpha_{min}$
两岔心距离由以上公式计算确定。

4 Ⅲ类道岔配列图

3. 道岔与圆曲线间的连接

5 道岔与圆曲线连接示意图

道岔与其连接曲线间夹直线g最小长度 表7

道岔前后圆曲线半径R（m）	轨距加宽值（mm）	岔前夹直线最小长度（m）	岔后夹直线最小长度（m）
R≥350	0	0	2
350>R≥300	5	2	4
R<300	15	5	7

[1] 傅永新、彭学诗，杨欣蓓．钢铁厂总图运输设计手册．北京：冶金工业出版社，1996．

车站线路有效长

线路有效长的起止范围:警冲标,道岔的尖轨始端(无轨道电路时)或道岔基本轨接头处的钢轨绝缘节(有轨道电路时),出站信号机或调车信号机,车档(尽头式线路),车辆减速器。

$$L_{有效} = n \times l_{车辆} + l_{机车} + l_{守车} + l_{附}$$

式中:$L_{有效}$——线路有效长(m);
　　n——车辆数(辆);
　　$l_{车辆}$——车辆平均长度(m);
　　$l_{机车}$——机车长度(m);
　　$l_{守车}$——守车长度,无守车时不计(m);
　　$l_{附}$——停车安全距离,到发线和牵出线30m,其他线为10~20m。

线路的标准有效长度,一般采用1050m、850m、750m、650m、550m、450m、400m、350m、300m、250m及200m。若车站较小,可采用表1所述长度。

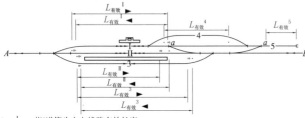

$L_{有效}^1$:指I道箭头方向线路有效长度;
其他线路有效长度含义同上,无箭头时线路有效长度与运行方向无关。

a 单线无轨道电路车站

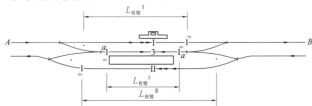

$L_{有效}^1$:指I道线路运行方向有效长度;其他线路有效长度含义同上。

b 复线轨道电路车站

1 线路有效长度示意图

厂内小站线路有效长度确定　　　　　　　　　　表1

线路类别	有效长
牵出线	与$L_{有效}$一致,编解作业较少时,为$L_{有效}/2$;但至少为$l_{机车} + l_{车列} + 10$m
货物装卸线	按货运量、货物品种、作业性质、取送车方式及一次装卸车数量等条件确定
三角形尽头线	≥$l_{机车}$+10m;单机转向时,不宜小于35m
转车盘尽头线	从转车盘边缘至车档不应小于5m
集结编组线与集结编发线	部分线路:$l_{列车} + l_{列车} \times 20\%$;其余线路可以较短

注:1. $L_{有效}$—到发线有效长;$l_{机车}$—机车长度;$l_{车列}$—车列长度;$l_{列车}$—列车长度。
2. 本表摘自傅永新,彭学诗,杨欣蓓.钢铁厂总图运输设计手册.北京:冶金工业出版社,1996.

窄轨铁路

窄轨铁路设计应采用600mm、762mm、900mm三种轨距,同一企业铁路,轨距宜统一,同类设备型号宜一致。

窄轨铁路等级　　　　　　　　　　表2

线路类别	铁路等级	单线重车方向年运量(万t/年)		
		铁路轨距900mm	铁路轨距762mm	铁路轨距600mm
厂(场)外运输	I	>250	200~150	—
	II	250~150	150~50	50~30
	III	<150	<30	
厂(场)内运输或移动线路	—	不分等级		

注:本表摘自《工业企业总平面设计规范》GB 50187-2012。

窄轨正线轨道类型　　　　　　　　　　表3

轨距(mm)	铁路等级	线别	机车车辆轴重(t)	钢轨类型(kg/m)	轨枕类型	轨枕数量(根/km)	道床厚度(cm)	
							非渗水土路基	岩石、渗水土路基
600	I、II	正线	5~3	22~15	混凝土枕或I、II型木枕	1700~1600	20~15	15
		站线				1600~1500	15	15
762	I	正线	10	30	混凝土枕或I型木枕	1800	25	20
		站线				1700	20	15
	II	正线	10~7	30~22	混凝土枕或I型木枕	1800~1700	25	20
		站线				1700~1600	20	15
	III	正线	≤7	22	混凝土枕或II型木枕	1700	20	15
		站线				1600	15	15
900	I	正线	≥10	≥30	混凝土枕或I、II型木枕	1800~1600	25	20
		站线				1700~1520	20	15
	II	正线	10~7	30~22	混凝土枕或II型木枕	1800~1700	25	20
		站线				1700~1600	20	15
	III	正线	≤7	22	混凝土枕或II、III型木枕	1700~1600	25~20	20~15
		站线				1600~1500	20~15	15

注:1. 表中轨枕数量计算所依据的每节钢轨长度,大于24kg/m的钢轨为12.5m,其他钢轨为10m。
2. 本表摘自《钢铁企业总图运输设计规范》GB 50603-2010。

窄轨铁路最小平曲线半径(单位:m)　　　表4

铁路名称或等级		最小平曲线半径		
		固定轴距≤2.0m		固定轴距2.1~3.2m
		铁路轨距600mm	铁路轨距762mm、900mm	铁路轨距762mm、900mm
区间线路	I	—	100	120
	II	50	80	100
	III	30	60	80
车站	有调车作业	100	200	250
	无调车作业	80	150	200
厂(场)内或移动线路		不小于固定轴距的10倍		不小于固定轴距的20倍

注:1. 区间线路及车站在特别困难条件下的地段可按表中规定降低一级。
2. 本表摘自《工业企业总平面设计规范》GB 50187-2012。

窄轨铁路最大纵坡　　　　　　　　　　表5

线路名称		最大纵坡	
		铁路轨距600mm	铁路轨距762mm、900mm
区间线路	I		12
	II	12	15
	III	15	18
车站	有摘挂钩作业	5	4
	无摘挂钩作业	8	6
厂(场)内或移动线路		空车线10、重车线7	

注:本表摘自《工业企业总平面设计规范》GB 50187-2012。

铁路线路中心线至建筑物之间最小间距(单位:m)　　表6

线路中心线至建筑物外墙面或凸出部分	铁路轨距600mm	铁路轨距762mm、900mm
靠线侧无出口时	2.0	2.5
靠线侧有出口时	5.0	5.5
房屋出口与铁路间有栅栏时	4.0	4.5
企业场地围墙	3.5	3.5
公(道)路边缘	3.0	3.0

注:1. 城市型道路自路面边缘算起,公路型自路肩边缘或排水沟边缘算起。
2. 煤仓、煤台、站台、仓库、色灯信号机、水鹤支柱等,按建筑限界要求。
3. 本表摘自《工业企业总平面设计规范》GB 50187-2012。

环境保护总体要求

1. 建设项目的总图布置应满足相关行业的环保设计规范、规定和规程，以符合设计规范、保障安全生产、工艺流程合理、节约建设工程投资、方便检修和考虑发展、注重环境质量为原则。

2. 产生有毒有害气体、粉尘、烟雾、恶臭、噪声等物质或因素的建设项目厂址与居民生活区、学校、医院等敏感保护目标之间，应保持必要的卫生防护距离。卫生防护距离是无组织排放源所在的生产单元的边界与居住区之间的最小直线距离。

大气环境

1. 有大气污染的企业选址应位于环境空气敏感区常年最小频率风向的上风方位，总图布置在满足主体工程生产需要的前提下，宜将污染危害最大的设施布置在远离非污染设施的地段，合理地确定其余设施的相应位置，尽可能避免互相影响。

2. 主要烟囱（排气筒）、火炬设施、有毒有害原料和成品的贮存设施，装卸站、污水处理站及废物焚烧装置等，宜布置在厂区常年或夏季主导风向的下风侧。

3. 不宜把厂区各污染源配置在与最大频率风向一致的直线上，以减少各污染源的叠加影响。

4. 原则上厂房主要朝向宜南北向。对于产生大气污染，平面布置呈L形、冂形的厂房，其开口部分应位于夏季主导风向的迎风面，而各翼的纵轴与主导风向呈0°～45°夹角范围之内，防止其散发的有害物污染厂区。

5. 洁净厂房与交通干道之间的距离宜大于50m。

1 冂形、L形厂房方位与风向

水环境

1. 工业废水和生活污水排入城市排水系统时，其水质应符合排入城镇下水道的水质标准的要求；排入地表水时，应满足相关排放标准要求。

2. 输送有毒有害或含有腐蚀性物质的废水沟渠、地下管线检查井等，必须采取防渗漏和防腐蚀措施。

3. 在生活饮用水源地、名胜区水体、重要渔业水体和其他有特殊经济文化价值的水体的保护区内，不得新建排污口。

4. 在海洋自然保护区、重要渔业水域、海滨风景名胜区和其他需要特殊保护的区域内，不得新建排污口。

5. 禁止企事业单位利用渗井、渗坑、裂隙和溶洞，排放、倾倒含有毒污染物的废水、含病原体的污水和其他废弃物。

噪声

总平面布置应综合考虑声学因素，合理规划并利用地形建筑物等阻挡噪声传播。合理分隔吵闹区和安静区，避免或减少高噪声设备对安静区的影响，对于大的噪声源，不宜布置在靠近厂界的地带。

固体废弃物

1. 在自然保护区、风景名胜区、饮用水水源保护区、基本农田保护区和其他需要特殊保护的区域内，禁止建设工业固体废物集中贮存、处置的设施、场所和生活垃圾填埋场。

2. 放射性物品储存库应布置在人员活动稀少的地带。

行业准入条件等规定项目选址与敏感目标之间的距离（单位：m） 表1

行业	与城市规划区边界距离	与敏感目标距离
电石行业	≥2000	≥1000
铝行业	大中城市及其近郊不宜建设	≥1000
氯碱（烧碱、聚氯乙烯）行业	≥2000	≥1000
铬盐行业	≥2000	≥1000
铅锌行业	大中城市及其近郊不宜建设	≥1000
锡行业	大中城市及其近郊不宜建设	≥1000
电解金属锰行业	大中城市及其近郊不宜建设	≥1000
危险化学品经营企业（门店/大中型仓库）		≥500/≥1000
危险废物填埋场		≥800
危险废物焚烧厂		≥1000
一般工业废物处置场		≥500
畜禽养殖场		≥500

注：敏感目标指风景名胜区、自然保护区、生态功能保护区、饮用水水源保护区、文化遗产保护区、居民集聚区、学校、医院、疗养地和食品、药品、电子、精密制造产品等对环境要求较高的企业。

电视塔电磁辐射卫生防护距离标准（单位：m） 表2

发射机总功率（kW）	10	30	60	90
天线架设高度（m）	50	100	700	1000	1200
	100	400	500	900	1000
	200	300	400	800	900
	300	200	300	700	800

注：本表摘自《电视塔电磁辐射卫生防护距离标准》GB 9175-88。

以噪声污染为主的工业企业卫生防护距离标准 表3

厂名		规模	声源强度[dB（A）]	卫生防护距离（m）
纺织	棉纺织厂		100~105	100
	棉纺织厂①	≥5万锭	90~95	50
	织布厂②	—	96~108	100
	毛巾厂③		95~100	100
机械	制钉厂		100~105	100
	标准件厂		95~105	100
	专用汽车改装厂	中型	95~110	200
	拖拉机厂	中型	100~112	200
	汽轮机厂	中型	100~118	300
	机床制造厂④	中型	95~105	100
	钢丝绳厂	中型	95~100	100
	铁路机车车辆厂	大型	100~120	300
	风机厂	—	100~118	300
	锻造厂⑤	中型	95~110	200
		小型	90~100	100
	轧钢⑥		95~110	300
轻工	印刷厂	—	85~90	50
	面粉厂⑦ 多层厂	大、中型	90~105	200
	面粉厂⑦ 单层厂	小型	85~100	100
	木器厂		90~100	100
	型煤加工厂⑧		80~90	50
	型煤加工厂⑨		80~100	200

注：1. ①指含5万锭以下的中小型工厂、车间以及空调机房的外墙与外门窗，具有20dB（A）以上隔声量的大中型棉纺织厂，下设织布车间的棉纺厂。
2. ②、③指车间、空调机房的外墙与外门、窗具有20分贝以上的隔声量时，可缩小50m。
3. ④指小机床生产企业。
4. ⑤指不装气锤或只用0.5t以下气锤。
5. ⑥指不设炼钢车间的轧钢厂。
6. ⑦当设计为全密封空调厂房、围护结构及门、窗具有20分贝以上的隔声量时，应降为100m。
7. ⑧指设有原煤及黏土等添加剂的综合型煤加工厂。
8. ⑨指干燥煤及黏土粉碎作业的型煤加工厂。
9. 本表摘自《以噪声污染为主的工业企业卫生防护距离标准》GB 18083-2000。

卫生防护距离标准（单位：m） 表1

企业类型	规模	近五年平均风速(m/s) <2	2~4	>4	标准出处
纸浆制造业	<30万t/年	800	600	500	GB 11654.1-2012
	≥30万t/年	900	800	600	
氯丁橡胶厂		1800	1600	1400	GB 11655.6-2012
铜冶炼厂（密闭鼓风炉）		1000	800	600	GB 11657-1989
聚氯乙烯制造	<30万t/年	900	800	700	GB 11655.1-2012
	≥30万t/年	1200	1000	800	
铅蓄电池厂	<10万kVA	600	400	300	GB 11659-1989
	≥10万kVA	800	500	400	
炼铁厂		1400	1200	1000	GB 11660-1989
焦化厂	<1000千t/年	900	800	700	GB 11661-2012
	1000~3000千t/年	100	900	800	
	>3000千t/年	1200	1000	900	
烧结厂		700	600	500	GB 11662-2012
烧碱制造业	<300千t/年	900	700	600	GB 18071.1-2012
	≥300千t/年	1200	1000	900	
硫酸制造业	<500千t/年	400	300	200	GB 18071.3-2012
	≥500千t/年	500	400	300	
硫化碱制造业	<50千t/年	1000	900	800	GB 18071.6-2012
	≥50千t/年	1200	1000	900	
黄磷制造业	<50千t/年	900	800	700	GB 18071.7-2012
	≥50千t/年	1200	1000	900	
氢氟酸制造业	<20千t/年	200	200	100	GB 18071.8-2012
钙镁磷肥制造业	<20万t/年	800	700	600	GB 11666.2-2012
	≥20万t/年	900	800	700	
过磷酸钙制造业	<20万t/年	600	500	400	
	≥20万t/年	800	700	600	
氮肥制造业	<30万t/年	900	800	500	GB 11666.1-2012
	≥30万t/年	1200	800	600	
石油加工业	≤8000千t/年	900	800	700	GB 8195-2011
	>8000千t/年	1200	1000	900	
硫化钠厂		600	500	400	无标准号
煤制气厂	贮存量 <100t/天	2000	—	—	GB/T 17222-1998
	100~300t/天	—	3000	—	
	>300t/天	—	—	4000	
水泥制造业	熟料<5000t/天	400	300	200	GB 18068.1-2012
	熟料≥5000t/天	500	400	300	
石灰制造业	<200千t/年	400	300	200	GB 18068.2-2012
	≥200千t/年	500	400	300	
石棉制品业	<1000t/年	400	300	200	GB 18068.3-2012
	≥1000t/年	500	400	300	
石墨碳素制品业	≤30千t/年	800	700	600	GB 18068.4-2012
	>30千t/年	1000	800	700	
油漆厂		700	600	500	GB 18070-2000
氯碱厂	<1万t/年	800	600	400	GB 18071-2000
	<1万t/年	1000	800	600	
塑料厂	≤1000t/年	100			GB 18072-2000
汽车制造业	<1万辆/年	300	200	100	GB 18075.1-2012
	1~10万辆/年	400	300	200	
	>10万辆/年				
石灰制造业	<200t/年	400	300	200	GB 18068.2-2012
	≥200t/年	500	400	300	
石棉制品业	<1000t/年	400	300	200	GB 18077-2000
	≥1000t/年	500	400	300	
内燃机车厂		400	300	200	GB 18074-2000
石棉制品业	<1000t/年	400	300	200	GB 18077-2000
	≥1000t/年	500	400	300	

卫生防护距离标准（单位：m） 续表

企业类型	规模	近五年平均风速(m/s) <2	2~4	>4	标准出处
屠宰及肉类(畜类)加工业	≤50万头/年	400	300	200	GB 18078.1-2012
	>50,≤100万头/年	600	400	300	
	>100万头/年	700	500	400	
屠宰及肉类(禽类)加工业	≤2万只/年	500	300		GB 18078.1-2012
	>2,≤4万只/年	600	400		
	>4万只/年	700	500		
动物胶制造业	<5000t/年	300	200		GB 18079-2012
	≥5000t/年	400	300	200	
棉、化纤纺织及印染精加工业	≤6亿m/年	50			GB 18080-2012
	>6亿m/年	250	50		
火葬场	≤4000具	500	400	300	GB 18081-2000
	>4000具	700	600	500	
皮革、毛	<100万标张/年	500	400	300	GB 18082.1-2012
	≥100万标张/年	600	500	400	

石油化工装置（设施）与居住区之间卫生防护距离（单位：m） 表2

厂名	产量（万t/年）	装置（设施）分类①	装置（设施）名称	近五年平均风速（m/s） <2	2~4	>4
炼油	≤800	一	酸性水汽提、硫磺回收、碱渣处理、废渣处理	900	700	600
		二	延迟焦化、氧化沥青、酚精制、糠醛精制、污水处理场②	700	500	400
	>800	一	酸性水汽提、硫磺回收、碱渣处理、废渣处理	1200	800	700
		二	延迟焦化、氧化沥青、酚精制、糠醛精制、污水处理场	900	700	600
化工	30≤乙烯≤60	一	丙烯腈醇、甲氨、DMF	1200	900	700
		二	乙烯裂解（SM技术）污水处理场、"三废"处理设施	900	600	500
		三	乙烯裂解（LUMMS技术）氯乙烯、聚乙烯、聚氯乙烯、乙二醇、橡胶（溶液丁苯—低顺）	500	300	200
合纤	20<涤纶≤60	一	氧化装置	900	900	700
	涤纶<20			700	700	600
	腈纶<10	一	合成装置	600	600	500
			聚合及纺丝装置	700(800③)	600(800③)	500(800③)
	锦纶6≤3		合成、聚合及纺丝装置	500	500	400
	锦纶66≤5		成盐装置	500	500	400
化肥	合成氨≥30	一	合成氨、尿素	700	600	500

注：1.①指装置分类：一类为排毒系数较大；二类为排毒系数中等；三类为排毒系数较小。
2.②指全封闭式污水处理场的卫生防护距离可减少60%，部分封闭式的可减少30%。
3.③指二甲基甲酰胺纺丝工艺的卫生防护距离。
4.本表摘自《石油化工企业卫生防护距离》SH 3093-1999。

设计要点

单层厂房有适应性强及适用范围广的特点，适于工艺过程为水平布置的、平面运输量大、使用重型设备的高大厂房和连续生产的多跨大面积厂房。

1. 了解生产工艺特点和建设地区条件，符合生产要求，便于生产发展，技术先进适用、经济合理、方便施工。
2. 按生产工艺特征，满足生产运输、消防、车流、人流交通的要求，做到安全、便捷，合理组织厂房平面和空间。
3. 按生产和运输设备布置、操作检修要求及经济性决定空间尺度，选择柱网和结构形式。力求厂房体型简单，构件种类少。
4. 按生产的火灾危险性进行厂房的防火安全设计。
5. 按生产要求、生产者心理和生理卫生要求，结合气候条件布置采光、通风口，选择天窗形式，防止过度日晒，避免厂房过热和眩光。使厂房有良好的采光通风条件。
6. 合理利用厂房内外空间布置生活辅助用房，安排各种管线、风口、操作平台、联系走道和各种安全设施。
7. 对生产环境有特殊要求或生产过程对环境有污染及生产过程有爆炸危险等，危害人体、影响设备和建筑安全时，应采取有效处理措施。
8. 对厂区建筑群体、特构、道路、绿化应有统一的景观设计，对厂房体型、立面、色彩等应根据使用功能、结构形式、建筑材料作必要的建筑艺术处理，使其具有特色，并与全厂的景观相协调，形成良好的工厂建筑环境。

设计所需工艺、公用专业资料　　　　　　　　　　　　表1

类别	内容
产品	主要技术特点、体积、重量、数量、贮存、危险性和运输方式、与厂房布置的关系
设备	主要设备特性、外形尺寸、重量、操作方式、布置方式、安装及检修运输，需要的空间与其他设备的联系，对环境的要求和影响，相应的基础和特殊构筑物，起重运输设备类型、起重量、数量、适用范围、与厂房有关的尺寸和关系，吊车的工作制、上吊车的位置、是否设检修点，对安全走道的要求
工艺	工艺布置发展方案、车间、物流、工序工段划分及相互关系、安全出入口及通道；生产特征、火灾危险分类、采光等级、卫生级别分级、噪声级等
环境	生产对厂房采光通风、温湿度、洁净度、振动控制、噪声控制、电磁屏蔽等的要求
有害因素	生产过程是否产生振动、冲击、高噪声、电磁波、射线、易燃、易爆、高温、烟尘、粉尘、水及蒸气、化学侵蚀介质、有毒液体或气体等各种有害因素的程度，对环境和厂房建筑结构的影响，需相应处理的要求
公用系统	动力、电、给排水、供暖、通风、空调、三废治理等公用系统各种管线在车间的位置，所需面积和标高（包括平台、支架、走道等）
人员总图	工人、技术人员、管理人员的数量、性别、班次、受生产污染的程度，车间在总图上的位置，根据生产工艺要求确定厂房朝向，与其他部门的联系，车间远期发展或分期建设计划

厂房改建

1. 常见厂房改建方式：①抬高厂房；②露天跨加屋盖；③局部扩大柱距；④提高吊车等级；⑤增设天窗；⑥改善生产环境，改造围护结构，增加空调或洁净设施；⑦改进厂房不合理布局。
2. 厂房改建要点：①全面收集厂房建设过程及现状资料；②鉴定原厂房结构及地基承载力；③分析工艺要求，尽量避免改动原主体结构，从工艺、设备着手采取特殊措施。经过技术经济论证及验算，合理确定厂房改建方案；④与施工单位结合，正确选择施工方案。

厂房扩建

在第一期建设时应考虑分期建设，并预作发展处理。
1. 相邻发展处的结构应预留构件或作沉降处理。
2. 相邻发展的边跨应做天窗，考虑扩建后的通风采光。
3. 相邻发展的边墙应考虑便于扩建时拆除的措施。
4. 特构复杂的重大设备，扩建时宜保持不动。

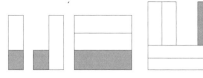

□ 原建　■ 扩建

1 厂房扩建方式

单层厂房平面形式　　　　　　　　　　　　　　　表2

厂房柱网示意	建筑特征	适用车间
	平行跨或纵横跨组成的厂房，当为解决自然通风和采光需要时，可在中部设置露天吊车跨、空跨或天井	大型加工装配车间、生产过程中散发大量余热或各种有害介质的车间、需要利用自然通风的大面积厂房
	单跨、双跨或厅式厂房，便于利用自然通风和采光	冷加工车间、热加工车间、生产工艺产生烟尘的厂房
	一般单向多跨柱网、大柱网或网格式柱网厂房部分轻工业生产线，可用天窗解决采光和通风，设备布置和生产运输方便	冷加工车间联合厂房。当有局部散发余热或有害介质的工部时，这类工部应靠外墙布置，并与其他工部隔开

柱网及高度选定

1. 符合生产使用及生产发展灵活调整的要求。
2. 符合《厂房建筑模数协调标准》的规定。
3. 工艺有特殊要求的厂房，或按标准模数在技术经济上显著不合理的厂房，可根据实际情况选择柱网。
4. 按照有关的规范规定，设置伸缩缝、沉降缝、防震缝。
5. 在技术经济合理的基础上，避免设置纵横跨和高低跨。
6. 多跨厂房当高度差≤1.2m时，不宜设高低跨。不采暖多跨厂房当高跨侧仅有一个低跨，且高度差≤1.8m时，也不宜设高低跨。若因取消高低跨而必须增设天窗时可以例外。

单层厂房轮廓尺寸　　　　　　　　　　　　　　　表3

厂房高度（m）（地面至柱顶）	厂房跨度（m）							起重运送设备（t）
	6	9	12	18	24	30	36	
3.0~3.9	○	○	○					无起重设备或有悬挂起重设备，其起重设备在5t以下的厂房
4.2~4.5	○	○	○					
4.8~5.1	○	○	○	○				
5.4~5.7	○	○	○	○				
6.0~6.3		○	○	○	○			
6.6~6.9			○	○				
7.2				○				
7.8				○				
8.4				○	○			5、8、10、12.50
9.6				○	○	○		5、8、10、12.50、16、20
10.8				○	○	○		5、8、10、12.50、16、20、32
12.0				○	○	○	○	8、10、12.50、16、20、32、50
13.2~14.4					○	○	○	8、10、12.50、16、20、32、50
15.8~18.0						○	○	20、32、50

工业建筑 [35] 单层厂房 / 空间布局

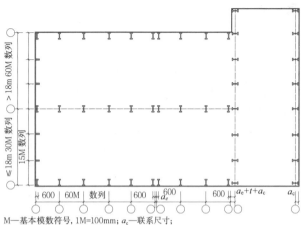

M—基本模数符号，1M=100mm；a_c—联系尺寸；
a_e—伸缩缝或防震缝宽度；t—墙体（或上部封墙）厚度。

1 柱网模数示意图

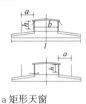

1. 适用于天然采光和自然通风，常用跨度 b：6m、9m、12m。b/l：0.3~0.5。
2. 天窗常用高度：1.2~3.6m，其采光系数见表1。
3. 通风天窗 a/h 值：1.1~1.5，几种天窗局部阻力系数 ζ 如下：

有窗扇 $a/h=1.5$		开敞式 $a/h=1.5$	
中悬窗开启80°	上悬窗开启45°	大挑檐45°	挡雨板10°
4.2	9.2	5.2	3.9

a 矩形天窗

适用于各种屋盖结构天然采光，布置灵活，形式多样。但需注意直射阳光引起过热和眩光。
b 平天窗

适用于天然采光。
c 锯齿形天窗

适用于热加工车间自然通风，宜做开敞式。ζ 值低于矩形天窗。图示天窗 ζ 值=3.84。
d 天井式天窗

适用于东西向厂房采光和通风。
e 横向天窗

2 天窗基本形式

常用矩形天窗采光系数表（长度单位：m；采光系数单位：C%） 表1

d_c/b	h	h_x	h_x/b	k_g	$h_c=1.5$			$h_c=1.8$			$h_c=2.4$			$h_c=3.6$			
					A_c/A_d	C_d	$\bar{C}$	A_c/A_d	C_d	$\bar{C}$	A_c/A_d	C_d	$\bar{C}$	A_c/A_d	C_d	$\bar{C}$	
12	4.2	5.5	0.43	1.02			3.41			4.05	本表根据《工业企业采光设计标准》GB 5003-91 的规定计算。计算公式：$\bar{C}=C_d \cdot K_y \cdot K_p \cdot K_g \cdot K_d \cdot K_f$；$C_d$=天窗洞口采光系数；$K_y$—一总透光系数；$K_p$—反光系数；$K_g$—高跨比系数；$K_d$—挡风板系数；$A_c/A_g$—窗地比			
	6.0	7.0	0.58	0.96	0.25 (1/4)	5.3	3.21	0.3 (1/3.3)	6.3	3.81							
	7.8	8.8	0.73	0.86			2.87			3.41							
	9.6	10.6	0.88	0.8			2.67			3.18							
18	6.0	9.0	0.5	1						3.28							
	7.2	18	0.6	0.95						3.11							
	9.6	12.6	0.7	0.9	0.2 (1/5)	4.3		0.26 (1/3.8)	5.2	2.95							
	10.8	13.8	0.77	0.89						2.90							
	12.0	15.0	0.83	0.81						2.65							
24	7.8	10.8	0.45	1.03						2.79				4.15			
	9.6	12.6	0.53	0.99				0.2 (1/5)	4.3	2.68	0.33 (1/3)	6.4	3.99				
	10.8	13.8	0.58	0.96						2.60			3.87				
	12.0	15.0	0.63	0.94						2.55			3.79				
	14.4	17.4	0.73	0.89						2.41			3.59				
30	8.4	11.4	0.38	1.08									3.47				
	10.8	13.8	0.46	1.02									3.23				
	13.2	16.2	0.54	0.98							0.24 (1/4.2)	5.1	3.15				
	15.6	18.6	0.62	0.94									3.02				
	18.0	21.0	0.70	0.90									2.89				

计算条件：按Ⅲ类气候，单层钢窗、钢化玻璃，污染程度一般，钢筋混凝土屋架，无挡风板，$\bar{\rho}=0.3$，$K_p=1.4$，$K_f=1.2$，厂房跨度3以上，厂房长度>$8h_x$。

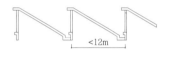
示意简图

车间架空管道最小敷设净距表（单位：m） 表2

管线名称	给水排水管		热力管		非燃气管		氧气管		燃气管		燃油管		乙炔管	
	平行	交叉	平行	交叉	平行	交叉	平行	交叉	平行	交叉	平行	交叉	平行	交叉
给水排水管道	—	—	0.1	0.1	0.15	0.1	0.25	0.1	0.25	0.1	0.25	0.1	0.25	0.25
热力管道	0.1	0.1	—	—	0.15	0.1	0.5	0.25	0.5	0.25	0.5	0.25	0.5	0.25
非燃气体管道	0.1	0.1	0.1	0.1	—	—	0.25	0.1	0.25	0.1	0.15	0.1	0.25	0.25
氧气管道	0.25	0.1	0.25	0.1	0.25	0.1	—	—	0.5	0.25	0.5	0.3	0.25	0.25
燃气管道	0.25	0.1	0.25	0.25	0.25	0.1	0.5	0.25	—	—	0.5	0.25	0.5	0.25
燃油管道	0.15	0.1	0.15	0.25	0.15	0.1	0.5	0.3	0.5	0.1	—	—	0.5	0.25
乙炔管道	0.25	0.25	0.25	0.25	0.25	0.25	0.5	0.25	0.5	0.25	0.25	0.25	—	—
滑触线	1.0	0.5	1.0	0.5	1.0	0.5	1.5	0.5	1.5	0.5	1.5	0.5	3.0	0.5
裸导线	1.0	0.5	1.0	0.5	1.0	0.5	1.5	0.5	1.5	0.5	1.5	0.5	3.0	0.5
绝缘导线、电缆	0.2	0.1	0.3	0.2	0.3	0.2	0.3	0.3	0.3	0.3	0.3	0.3	1.0	0.5
穿有导线的电气管														
插接母线、悬挂干线	0.2	0.2	1.0	0.5	1.0	0.5	2.0	0.5	2.0	0.5	2.0	0.5	3.0	1.0
非防爆插座、配电箱等	0.1	0.1	0.1	0.1	0.1	0.1	1.5	0.5	1.5	0.5	1.5	0.5	3.0	1.0

注：1. 本表数据为最小安全净距，管道敷设设计时，还需考虑安装、检修所需距离。
2. 管道的识别色和识别符号应符合国家标准《工业管道的基本识别色、识别符号和安全标识》GB 7231-2003 的规定。

屋架与管道尺寸（单位：mm） 表3

简图	a	b	c	b	c
	1000	550	700	400	500
	1500	825	1050	600	750
	2000	1100	1400	800	1000
	2000	1375	1750	1200	1250

3 管道在桁架空间排列示例

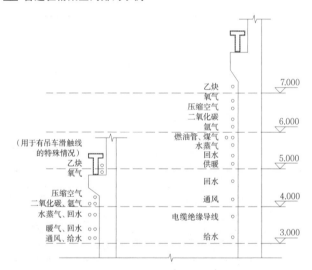

用组合柱时，管道可布置在柱支空间。

4 管道沿柱排列次序（单位：m）

吊车工作制 表4

吊车运转时间率 JC			
轻级	中级	重级	特重级
15%	25%	40%	60%

注：1. 重级、特重级吊车厂房必须设双面安全走道，并在两端山墙处连通。
2. 中级吊车厂房可以设单侧安全走道。

车辆行驶相应的宽度（单位：m） 表5

通行车辆	通道宽	门洞，宽×高
火车车辆、重型汽车	4.0~4.5	4.2×5.1~4.5×5.1
卡车、标注轨平车	3.0~3.5	3.6×3.0~4.2×3.6
电瓶车、叉车、窄轨平车	2.0~2.5	3.0×3.0~3.3×3.6
0.5t叉车、双轮手推车	1.5~1.8	1.8×2.4~2.4×2.4
小型搬运车、人行	1.0~1.5	1.0×2.1~1.5×2.1

注：1. 通过特殊工件的门洞宽=工件宽+2×300mm。
2. 使用有轨运输的厂房通道布置必须注意引出线处理。

单层厂房常用的结构形式

在满足生产和使用的前提下，综合考虑技术经济条件，合理选用厂房的结构形式。一般常用的形式可分为：

1. 排架结构厂房承重柱与屋架或屋面梁铰接连接。

砖混结构厂房：砖或钢筋混凝土柱，钢木屋架、钢筋混凝土组合屋架或屋面梁。柱距4~6m，跨度≤15m。

钢筋混凝土柱厂房：承重柱可用矩形、工字形、双肢柱、钢与钢筋混凝土的混合柱，屋面结构可选用钢筋混凝土屋架或屋面梁、预应力混凝土屋架或屋面梁，在某些情况下，也可采用钢屋架，一般柱距6~12m，跨度12~30m。

钢结构厂房：钢柱、钢屋架，柱距一般为12m，跨度大于30m。

2. 刚架结构厂房承重柱与屋面梁刚结连接，一般形式有钢筋混凝土门式刚架、锯齿形刚架。

3. 板架合一结构：屋面与屋面承重结构合为一体，常用的形式有双T板、单T板、V形折板、马鞍形壳板等，跨度为6~24m。

4. 空间结构：屋面体系为空间结构体系，一般单层工业厂房常用的有壳体结构、网架结构。

a 单跨钢木屋架厂房　　b 多跨钢木屋架厂房

c 钢筋混凝土组合屋架厂房

适用于无吊车厂房或吊车起重量≤3t的中小型厂房。

1 砖混结构

a 单跨厂房　　b 不等高多跨厂房

c 等高多跨厂房

适用于跨度≤15m的厂房，屋面梁可用于悬挂吊车≤2t的厂房。

2 屋面梁结构

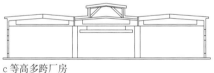

a 单跨厂房　　b 带有露天跨厂房

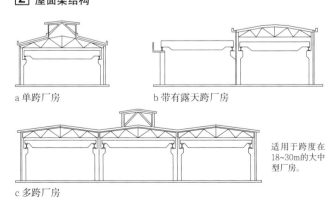

c 多跨厂房

适用于跨度在18~30m的大中型厂房。

3 屋架结构

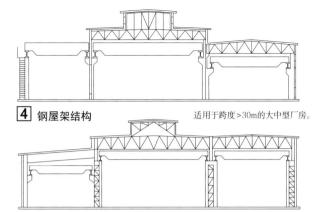

4 钢屋架结构

适用于跨度>30m的大中型厂房。

a 多跨钢结构厂房

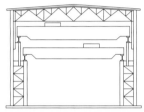

b 单跨钢结构厂房

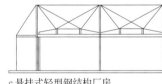

c 悬挂式轻型钢结构厂房

1. a、b适用于柱距>12m、吊车起重量≥200t的重型厂房。
2. c适用于大面积的无吊车厂房，其特点：制作安装简单，节省钢材。

5 钢结构

　　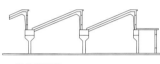

a 门式刚架　　b 锯齿形刚架

6 刚架结构

适用于无吊车、跨度≤18m地基条件良好的中小型厂房。

　　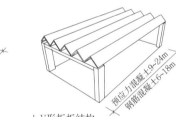

a 双T板结构　　b V形折板结构

7 板架合一结构

　　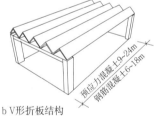

薄壳结构适用于跨度12~36m无吊车厂房。可利用拱度作采光窗。

a 双曲扁壳结构　　b 劈锥壳结构

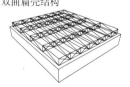　　

适用于平面为矩形周边支承的厂房，跨度18~30m。

一般适用于平面为矩形周边支承或多点支承的厂房。跨度18~36m。

c 平行桁架系网架　　d 四角锥体网架

8 空间结构

工业建筑 [37] 单层厂房 / 结构选型

单层工业厂房结构选型

各类构件各具特点，应根据具体情况合理选择。

1. 小型厂房采用砖混结构或钢筋混凝土结构。
2. 中型厂房采用钢筋混凝土结构或预应力混凝土结构。
3. 大型厂房采用钢筋混凝土结构、预应力混凝土结构或部分钢结构的混合结构。
4. 部分大型厂房或生产工艺有特殊要求的车间或跨间，可采用全钢结构。如设有壁行吊车、直接承受辐射热的车间。
5. 对具有腐蚀性介质和空气湿度较大的厂房，应优先采用钢筋混凝土结构。

主要构件

屋面承重结构　　　　　　　　　　　　　　　　表1

构件	构件简图	适用范围
木屋架	$l=12\sim15m$	1.屋架跨度≤15m，柱距4m；2.受热辐射后屋架表面温度小于50℃，室内湿度不大者
钢木屋架	$l=12\sim18m$	1.屋架跨度12~18m；2.柱距4m；3.受热辐射后屋架表面温度小于50℃，室内湿度不大者
钢筋混凝土屋面梁	9~12m；9~12m；12~18m	1.间距6m；2.跨度9~12m，可用钢筋混凝土屋面梁；3.跨度15m宜采用预应力混凝土屋面梁，有困难时也可采用钢筋混凝土屋面梁；4.跨度18m应采用预应力钢筋混凝土屋面梁；5.跨度12~15m，有悬挂吊车或有≥1t锻锤或其他振动设备，宜采用预应力混凝土屋面梁
钢筋混凝土屋架	18m；$l=15\sim18m$	1.间距6m；2.跨度≥18m应采用预应力钢筋混凝土屋架；3.跨度18m在不具备预应力钢筋混凝土施工条件时可采用钢筋混凝土屋架
钢屋架		1.经过技术经济比较，综合效益好时，可采用钢屋架；2.下列情况应采用钢屋架：（1）跨度≥36m；（2）生产设备振动影响大的车间，如≥5t锤、≥17t造型机、≥1600t水压机等；（3）炼钢车间的主厂房；（4）有≥5的悬链或悬挂吊车的厂房；3.支承在钢柱或钢托架上的屋架宜采用钢屋架

托架　　　　　　　　　　　　　　　　　　　　表2

构件	构件简图	适用范围
预应力混凝土托架	12m 三角形托架；12m 折线形托架	柱距12m，屋架间距6m时

天窗架　　　　　　　　　　　　　　　　　　　表3

构件	构件简图	适用范围
钢筋混凝土天窗架	6~9m 门型天窗；12m 三块拼装天窗	1.使用钢筋混凝土屋架的厂房；2.有侵蚀性介质和室内空气湿度较大的车间；3.抗震设防烈度≤7度
钢天窗架	6~12m 三铰式装天窗；9~12m 三支点式天窗	1.优先使用于地震区；2.支承于钢屋架上的天窗

吊车梁结构　　　　　　　　　　　　　　　　　表4

构件	构件简图	适用范围
钢筋混凝土吊车梁	6.0m	1.跨度≤6m时；2.吊车起重量：当中轻级工作制≤30/5t，重级工作制≤20/5t
预应力混凝土吊车梁	等高吊车梁；鱼腹式吊车梁	1.柱距6m时，中级工作制吊车起重量≤150/20t、重级工作制≤100/20t；2.柱距≥12m，中级工作制吊车起重量≤100/20t，重级工作制吊车起重量≤75t
钢吊车梁	桁架式钢吊车梁	1.下列情况优先采用：（1）吊车起重量较大或有振动设备的重型厂房；（2）钢柱厂房或有硬钩吊车时。2.桁架式吊车梁适应吊车重量较轻时

柱　　　　　　　　　　　　　　　　　　　　　表5

构件	构件简图	适用范围
钢筋混凝土柱	矩形柱　工形柱；斜腹杆双肢柱　平腹杆双肢柱	1.柱截面高度h≤600mm时，采用矩形柱；2.柱截面高度600<h≤1200mm时，宜采用工形柱；3.柱截面高度1200mm<h≤1400mm时，可采用双肢柱或工形柱；4.柱截面高度≥1600mm时，宜采用双肢柱；5.当有较大水平荷载或有抗震设防要求时，视柱高宜采用斜腹杆双肢柱或工形柱
钢-钢筋混凝土组合柱	上柱钢柱　上柱钢柱	柱高较高，自重较重，采用钢筋混凝土柱施工吊装有困难时
钢柱	边柱　中柱　双层吊车柱	1.下列情况应采用钢柱：（1）柱距≥12m的高大的重型厂房；（2）设有壁行吊车；（3）直接承受间歇性辐射热影响者如电炉、加热炉等跨间。2.生产有特殊要求或经过技术经济比较，认为合理的也可采用钢柱

设计要点

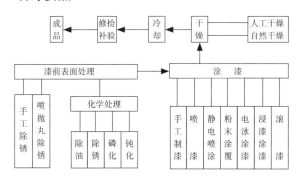

1 涂漆车间生产的工艺流程

1. 涂漆车间的建筑设计应与工艺设备、电气装置、通风净化设施、消防设施等协调配合，符合涂装作业安全国家标准。厂房防火、防爆和安全疏散等应符合建筑设计防火规范。

2. 涂漆作业生产的火灾危险性分类见表1。

涂漆作业生产的火灾危险性分类　　表1

涂料种类	生产火灾危险性分类
含各种有机溶剂涂料	甲
粉末涂料	乙
水性涂料、乳胶涂料	丙

3. 涂漆车间厂房的耐火等级应为一、二级。

4. 甲、乙类涂漆车间宜设在单独的厂房内，当设在联合厂房内时应靠外墙，并以防火墙与其他车间隔开。因工艺要求不能设防火墙时，应有分隔措施，在临近易燃挥发气体地区6m以内，不允许有明火和产生火花的装置。

5. 丁、戊类生产厂房中油漆作业面积与厂房或防火分区面积的比例小于10%，且发生事故时有防止火灾蔓延的措施，该厂房的火灾危险性可按丁、戊类确定。如采用封闭喷漆工艺，有自动报警和负压排风设施后，其面积的比例可放宽至20%（油漆作业面积的计算为：喷漆室和烘干室的面积之和）。

6. 油漆材料库和油漆配制室应布置在靠外墙的房间内。用防火墙及顶板与其他部分隔开。并按建筑设计防火规范的要求复核外墙门窗泄压面积（泄压面积宜采用房间体积的0.05）。

7. 涂漆车间厂房采光设计按《工业企业采光设计标准》GB 50033-2013规定，采光等级为Ⅲ级。

8. 对涂漆环境要求高的高质量涂漆（如小轿车涂漆），按工艺要求确定厂房空气洁净度和温湿度要求。一般可按洁净厂房设计规范1万级至10万级设计。

9. 漆前表面处理采用化学法处理时，使用的溶液对建筑物有液相及气相腐蚀。应根据工艺所采用的溶液性质按工业建筑防腐蚀设计规范对建筑构件作防护处理，并处理好地面排水。

实例

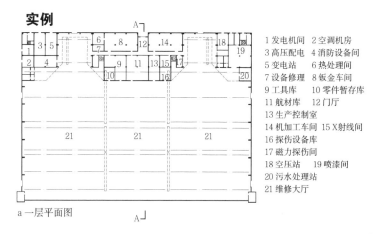

1 发电机间　2 空调机房
3 高压配电　4 消防设备间
5 变电站　　6 热处理间
7 设备修理　8 钣金车间
9 工具库　　10 零件暂存库
11 航材库　　12 门厅
13 生产控制室
14 机加工车间　15 X射线间
16 探伤设备库
17 磁力探伤间
18 空压站　19 喷漆间
20 污水处理站
21 维修大厅

a 一层平面图

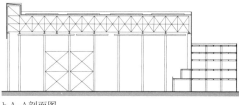

b A-A剖面图

特点：油漆在密闭的、有通风及漆雾处理装置的喷漆室内进行。干燥在密闭的、有废气催化燃烧装置的烘干室内进行。喷漆室和烘干室的面积小于厂房面积10%。故整个厂房为一个防火分区，油漆车间可不设隔墙与其他部分隔开。

2 浦东维修机库

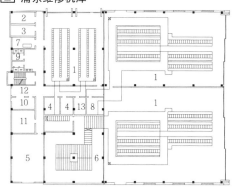

1 喷漆间　2 调漆间
3 漆料库　4 更衣室
5 变配电室　6 通风室
7 工具间　8 控制室
9 厕所　　10 值班室
11 休息室　12 门厅
13 材料库

3 景德镇某机械喷漆厂房一层平面图

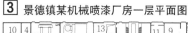

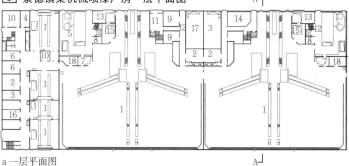

a 一层平面图

1 喷漆间　2 调漆间
3 漆料库　4 变配电室
5 通风室　6 工具间
7 控制室　8 动力室
9 库房　　10 办公室
11 门厅　　12 走廊
13 产品接收间　14 制车间
15 零部件存放　16 材料库
17 样板制造间　18 设备存放室

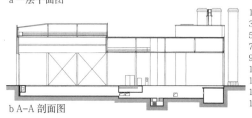

b A-A剖面图

特点：飞机的漆前表面处理、涂漆、干燥均直接在喷漆厂房进行。生产的火灾危险性为甲级。厂房的耐火等级为一级。顶部设非燃烧保温顶棚，顶棚内正压送风。管道、送风口、灯具等均在顶棚内。厂房外形按照飞机外形设计成高低跨形式，合理压缩了空间，降低了造价，节约了能源。大门采用悬挑导向横梁，取代传统的门库做法。

4 天津A320喷漆机库

工业建筑 [39] 单层厂房／机械厂热加工车间

工艺流程

机械制造厂的热加工车间指各类铸造车间、锻造车间、热处理车间。

1. 铸造车间（或专业铸造厂）

按铸造金属的类别可分为铸钢、铸铁、有色金属铸造。

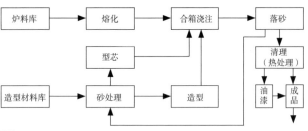

[1] 铸造生产的基本工艺流程

2. 锻造车间（或专业锻造厂）

按锻造的主要工艺设备可分为自由锻、模锻、特种锻造。

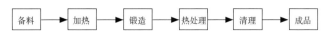

[2] 锻造生产的基本工艺流程

3. 热处理车间

按热处理的性质可分为第一热处理和第二热处理。

第一热处理：主要是毛坯及大型焊接件的热处理，一般与铸造车间、锻造车间布置在一起。

第二热处理：是对经过机械加工的零件、焊接件、刀具模具等的热处理。通常与加工车间布置在一起或设单独厂房。

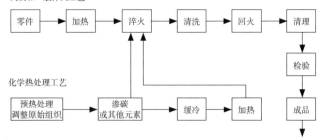

[3] 热处理工艺流程

车间组成　　　　　　　　　　　　　　　　　　表1

车间	生产工部	仓库	辅助工部
铸造	熔化、造型、制芯、合箱、浇注、清理、热处理、底漆、砂处理	炉料、型砂、辅助材料盒、横型、芯盒、耐火材料、焦炭、维修备品、成品库	砂准备、旧砂再生、生产准备、型砂试验、修包、机修、电修、控制室、变电室、动力间、通风除尘间、办公、休息室
锻造	备料、锻造、热处理、清理	金属材料、模具、辅助材料、油及酸类物品、成品库	机修、工具模具修理、鼓风机室、高压水泵站（水压机用）、变电室、高频电机室、油冷却、废酸处理
热处理	热处理、氢化间、酸洗、喷砂、高周波淬火、离子镀等	金属材料、辅助材料、成品库	快速实验室、变电室、油冷却地下室、办公、检验

设计要点

1. 铸造、锻造、热处理车间的生产的火灾危险性按《建筑设计防火规范》GB 50016-2014的分类均为丁类。

2. 采光等级按照《工业企业采光设计标准》GB 50033-2013铸造、锻造、热处理车间为Ⅳ级，铸造造型工部为Ⅲ级。

3. 对产生高温、烟尘、粉尘等局部地段必须设机械通风和除尘设备。厂房建筑应具有与通风、排气、吸尘气流活动相适应的平、剖面形式，进风窗的布置应满足夏季进风口的下缘距室内地面高0.3~1.2m，冬季进风口下缘不宜低于4m，应采取防止冷风吹向工作地点的措施。

4. 由于热加工车间内设置有熔炼炉、加热炉、大型生产设备、起重运输设备、各种动力和卫生管道及排烟除尘设备，以及相应的基础、地下构筑物和平台、支架、输送带等上部特构，十分复杂，故设计时应全面统筹安排，妥善处理，以满足施工安装、维修和使用上的要求。

5. 对高噪声设备应按照工业企业噪声控制规范采取隔声、消声、吸声等综合治理，以及隔振、减振措施。

6. 热加工车间劳动条件较差，生产卫生和生活设施应妥善安排。冬季采暖地区生活间与车间之间需设保温通道。

7. 重级工作制吊车应设双侧吊车梁走道板，并在山墙部分连通。设修理吊车平台处的屋架需考虑修理吊车荷重。

8. 铸造车间：铸造生产工艺、运输、动力和卫生系统所需设备和场地复杂。对不同工艺、铸件重量和地质条件，厂房形式可选择单层的或带地下技术层的厂房。单层厂房有庞大的地下室、地坑、地沟、平台、技术夹层。带地下技术层的单层厂房将厂房主要平面提高，下设技术层，可减少地下工程、节约用地、使工艺布置紧凑。但必须设运输坡道，使汽车能直接驶入主要生产工部，并设竖向联系电梯和楼梯。车间布置结合生产规模和地区条件，可设一个或数个厂房内。设计还需注意以下几点：

（1）熔化工部屋面排水应流畅，严防漏水；出钢坑、浇注坑等需严格防水，以避免爆炸事故；

（2）屋面需考虑积灰荷载，设清灰道、落灰道和出灰口；

（3）电弧炉在冶炼过程中产生大量烟尘，应专设排烟除尘系统；也可在正上方设气楼，但应符合排放标准；

（4）冲天炉、电弧炉等高温设备附近的构件应防烤损。

9. 锻造车间

（1）主要生产设备为锻压设备和工业炉，锻压设备有自由锻造液压机、各类锻锤和机械压力机等。锻压设备与相应的加热炉和切边压机等组成一组，其不同的布置方式会影响厂房尺度。设计时应综合考虑。

（2）锻锤冲击振动大，设计中应从锤击减振、厂房结构选型和具体构造上采取减振、防振、控制噪声的措施。

（3）大量辐射热作业点应配合工人操作采取隔热措施。

（4）吊车驾驶室应避免受炉子发热的熏烤。

10. 热处理车间

（1）当高频淬火设备对周围有影响时应设屏蔽室。

（2）热处理车间在联合厂房中时，应有一侧靠外墙。

工艺流程

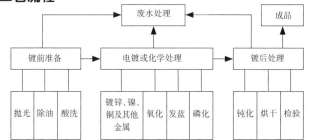

1 电镀生产的基本工艺流程

一般生产程序 表1

生产程序	主要内容
准备	滚光、磨光、抛光、除油、强腐蚀、弱腐蚀、冷水及热水清洗等
电镀	按溶液性质分：酸性、碱性、氧化； 按镀层分：镀铬、镀镍、镀铜等
化学处理	氧化、磷化、钝化等
最后作业	加亮处理、清洗、抛光等

设计要点

1. 电镀车间生产的火灾危险性属于戊类，车间采光设计标准为Ⅲ级。电镀生产过程中散发大量蒸汽和有害介质。应按工业建筑防腐设计规范处理好建筑和构筑物防腐蚀、厂房通风和地面排水。

2. 车间宜布置在地下水的下游，应与喷砂工部、清理工部及木工厂等有大量放出灰尘的车间远离或隔开，与热处理车间，特别是金属库、成品库隔离，应在中央实验室与计量室的下风向。当设在联合厂房中时，应该靠外墙并与其他车间隔开。

3. 厂房的形式可结合具体条件选择单层厂房设地沟、地槽；单层厂房设地下室或双层厂房。

4. 镀槽周围必须设围堤和排水明沟。各种管线均明设，可沿镀槽合理布置，穿过通道时可设加盖板的地沟，地沟排水系统应有可靠的防腐处理。对不同化学成分的废水分别采用明沟或管道排往废水处理间。蒸汽管道应该有保温。

5. 电镀工部和酸洗去油工部的腐蚀情况严重，建筑需要防腐处理。地面要求耐酸、耐碱、不渗水和耐冲击；通风地沟面层抹耐酸砂浆（酸性气体）或水泥砂浆（碱性气体），并应有坡度。墙面必须有防腐措施，需做1.5m高的瓷砖墙裙。基础应考虑防腐处理，并宜适当加深。窗户宜采用耐腐蚀的塑料窗框、窗扇。车间不宜采用钢屋架、刚木屋架或木屋架；钢筋混凝土构件宜采用高标号的，保护层厚度一般比普通钢筋混凝土构件增加10~15mm。

6. 管线穿过墙体或楼板时，宜集中布置。孔洞必须在设计中注明，施工时预留，严防施工完后再凿空。考虑到管线布置变动的可能性，可预留标准孔，对暂时不用的孔先加盖封闭。

7. 厂房必须设天窗，窗扇应有启闭装置，若采用部分百叶窗，应同时有防止飘雨的措施。在有台风的地区，宜设挡风板。

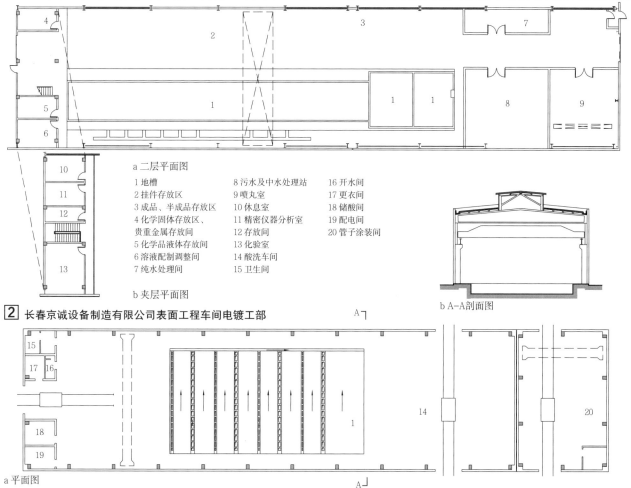

2 长春京诚设备制造有限公司表面工程车间电镀工部

1 地槽
2 挂件存放区
3 成品、半成品存放区
4 化学固体存放区、贵重金属存放间
5 化学品液体存放间
6 溶液配制调整间
7 纯水处理间
8 污水及中水处理站
9 喷丸室
10 休息室
11 精密仪器分析室
12 存放间
13 化验室
14 酸洗车间
15 卫生间
16 开水间
17 更衣间
18 储酸间
19 配电间
20 管子涂装间

a 平面图

3 某核电设备制造工程项目酸洗车间

工业建筑 [41] 单层厂房 / 联合厂房

设计要点

1. 联合厂房优点：节约用地，工程费用省，使用管理方便。设计中需要注意的问题：应解决不同生产的干扰及厂房卫生条件和消防安全。

2. 一般适用于冷加工车间，生产联系密切的产品的生产，要从工艺布置和建筑处理上解决其不利影响。

3. 尽量利用自然通风和天然采光，在不能满足卫生要求时，可辅以机械通风。

4. 生活辅助用房位置应在服务半径内。宜利用厂房内空间，或在适当位置设多层的生活、辅助单元。

5. 厂房内外必须设消防通道，厂房内分区设消防设施。

1 新风机房　　　　12 休息室
2 吸屑机站　　　　13 恒温精测室
3 附件铣头库　　　14 恒温零件缓冲区
4 刀具库　　　　　15 质量部现场办公室
5 加工现场施工室　16 加油料间
6 会议室　　　　　17 涂胶室
7 加工厂　　　　　18 调漆室
8 装配厂　　　　　19 备用间
9 冷冻机房　　　　20 补漆包装发运区
10 磨刀间　　　　　21 更衣室
11 刀具预调室

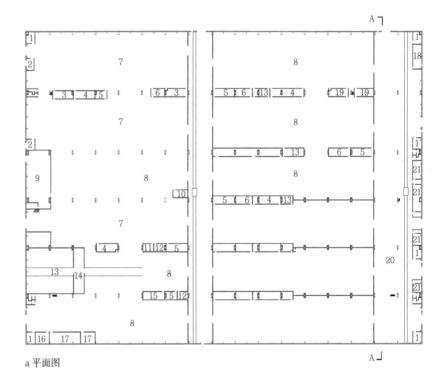

a 平面图

b A-A剖面图

1 北京第一机床厂重型厂房

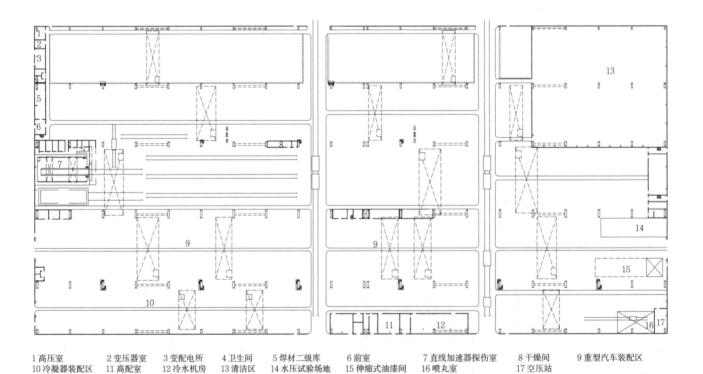

1 高压室　　　　2 变压器室　　　3 变配电所　　　4 卫生间　　　5 焊材二级库　　6 前室　　　　7 直线加速器探伤室　8 干燥间　　　9 重型汽车装配区
10 冷凝器装配区　11 高配室　　　12 冷水机房　　　13 清洁区　　　14 水压试验场地　15 伸缩式油漆间　16 喷丸室　　　　　17 空压站

2 东方电气（广州）重型机器有限公司联合厂房

设计要点

1. 大口径直缝焊管生产流程对车间布置起着重要作用，尽量使原料、轧制、焊接、检测的生产流程与车间的柱距、跨度、剖面合理统一。

2. 焊管车间是多跨度建筑，工艺流程多样，应充分考虑到生产过程中热源和烟气多样化及不同的散热特点，合理布置通风天窗和通风器，以便把烟气滞留区的面积减少。

3. 焊管车间采用天窗采光设计，应以屋顶天窗为主，辅以墙面侧窗采光。选择合理的纵向或横向采光通风天窗，侧窗设计局部可作为进风口，以解决生产中的烟气排放。

4. 焊管生产过程中有很多检测过程，如超声波探伤、X光探伤，粉末探伤、压力探伤等，这些都有特殊的设计要求，必须遵守相应的安全保护规定的要求。

5. 生产过程中的材料运输，有吊车和小车移动，应根据不同的运输工具设置车间的安全通道。其净空尺寸、设置范围、标志颜色都要符合规定。

6. 焊管车间设计应符合《建筑设计防火规定》GB 50016和《钢铁冶金企业设计防火规范》GB 50414的规定。

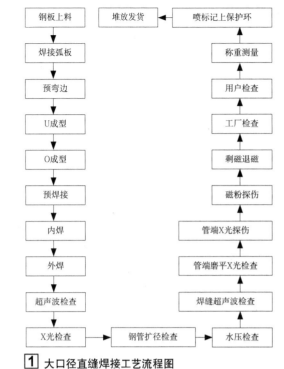

1 大口径直缝焊接工艺流程图

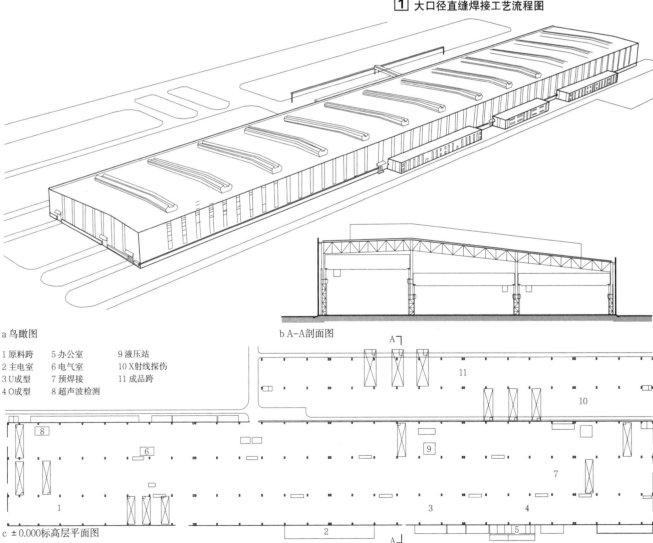

a 鸟瞰图

1 原料跨　5 办公室　9 液压站
2 主电室　6 电气室　10 X射线探伤
3 U成型　7 预焊接　11 成品跨
4 O成型　8 超声波检测

b A-A剖面图

c ±0.000标高层平面图

2 宝山钢铁公司大口径直缝焊接工程

工业建筑 [43] 单层厂房 / 冶金厂电炉炼钢车间

设计要点

1. 车间平剖面设计主要考虑生产中高温、烟尘、立体运输等因素对建筑结构的影响。

（1）靠近高温炉体、钢水、热钢锭及钢渣等处的构件需采用必要的隔热保护措施。

（2）烟尘及有害气体必须尽快排出操作区，但不能因此增加对大气的污染。

（3）除尘设施不能解决屋面积灰时，必须考虑清灰设施，防水层及坡度有利于清灰。

（4）对车间噪声需结合生产设备的改进，按工业企业噪声控制设计规范控制其危害。

（5）炼钢车间为全日制工作，在吊车梁顶标高处必须设检修用安全走道，并与车间端部吊车检修平台相连，形成贯通车间全部吊车走道的通路。其净空尺寸、设置要求、标识颜色等必须遵守相应的安全保护规定。

2. 炼钢车间的高温特点使车间剖面变得非常重要。通风天窗的形式和位置直接影响到高温气流和烟尘的排放。车间对天然采光的要求不高和严重的烟尘，使炼钢车间的天窗主要用于通风，较少采用玻璃窗扇和电动开窗设备。

3. 炼钢操作过程中，出钢及浇注作业对雨水的溅入和屋面的漏雨特别敏感，所以一般不采用内部排水和无组织外部排水方式。对天窗孔口、高侧窗窗扇的材质和开启形式、开启角度、檐口、落水管等都必须精心设计，以免投产后发生爆炸事故。

4. 炼钢车间运输吊装活动频繁，凡可能受到碰撞的结构构件必须采取有效的防护措施。

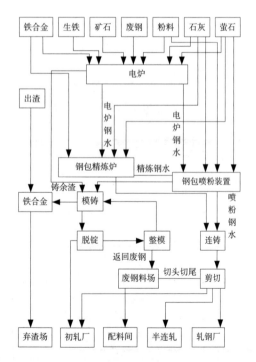

1 电炉炼钢及钢包精炼工程流程图

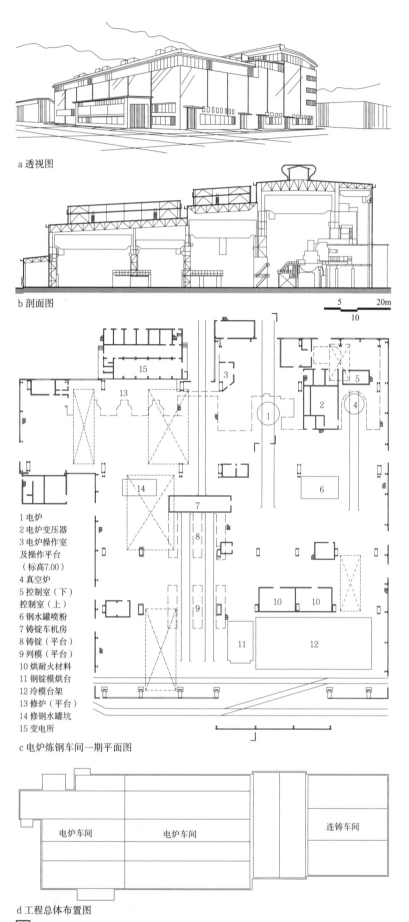

1 电炉
2 电炉变压器
3 电炉操作室及操作平台（标高7.00）
4 真空炉
5 控制室（下）控制室（上）
6 钢水罐喷粉
7 铸锭车机房
8 铸锭（平台）
9 列模（平台）
10 烘耐火材料
11 钢锭模烘台
12 冷模台架
13 修炉（平台）
14 修钢水罐坑
15 变电所

a 透视图
b 剖面图
c 电炉炼钢车间一期平面图
d 工程总体布置图

2 舞阳钢铁公司电炉炼钢车间

设计要点

1. 冷轧钢板车间有多个工艺流程，如冷轧原料、磨辊、酸轧、退火、成品、彩涂等。冷轧车间建筑要求保温、防酸、通风、干净、明亮。

2. 冷轧钢板车间面积大、投资多，必须采用柱距合适、跨度合理的建筑形式和结构形式。

3. 车间设计要考虑到生产过程中的酸雾及热源的特点，合理布置通风器，建筑构件要采取防腐蚀措施。

4. 车间采用天然采光形式，屋顶为采光天窗和采光带，墙面为侧窗。由于冷轧车间各工段对通风及采光的要求不同，因此要选择合理的建筑形式。如酸轧跨要采光通风，酸洗跨要防腐蚀，彩涂跨要干净又要有通风措施。

5. 车间地坪要光洁，酸洗槽要做特殊的防腐设计，成品跨有堆载地面要做重载地面。

6. 不同地段的吊车要设置吊车用安全通道。其净空尺寸、设置范围、标识颜色等均需遵守相应的安全保护规定。

7. 冷轧车间设计应符合消防规范的要求，其中彩涂跨和涂漆间是消防设计的重要部位。

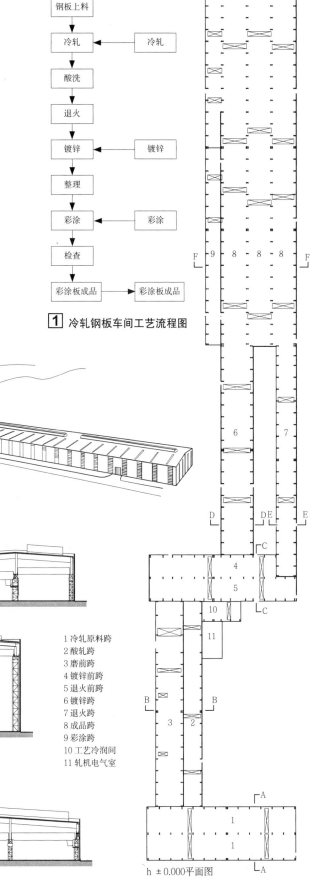

[1] 冷轧钢板车间工艺流程图

a 鸟瞰图
b A-A 剖面图
c B-B 剖面图
d C-C 剖面图
e D-D 剖面图
f E-E 剖面图
g F-F 剖面图
h ±0.000 平面图

1 冷轧原料跨
2 酸轧跨
3 磨前跨
4 镀锌前跨
5 退火前跨
6 镀锌跨
7 退火跨
8 成品跨
9 彩涂跨
10 工艺冷润间
11 轧机电气室

[2] 首钢京唐钢铁联合有限责任公司第一冷轧工程

工业建筑 [45] 单层厂房 / 冶金厂热轧宽厚板车间

设计要点

1. 宽厚板热轧生产工艺流程对车间布置非常重要，应尽量使原料、轧制和成品的生产流程与车间的柱距、跨度、剖面形式统筹考虑。
2. 宽厚板车间面积大、投资多，因此必须采用合理的柱距和跨度，采用合适的结构形式与建筑形式，使之经济合理。
3. 多数宽厚板热轧车间是多跨建筑，因此必须布置好厂房的定位轴线，简化结构构造，加速施工周期。
4. 车间应考虑生产过程中热源的不同散热特点，合理布置通风天窗和通风器，解决好车间内的通风降温问题。
5. 车间设计应考虑天然采光问题，如采用墙面采光带、屋面采光带和采光天窗等。
6. 车间应根据不同的吊车工作制，设置检修吊车用安全通道。其净空尺寸、设置范围、标识颜色均应遵守相应的安全设计规定的要求。
7. 宽厚板热轧车间的消防应遵照《建筑设计防火规范》GB 50016和《钢铁冶金企业设计防火规范》GB 50414的规定。

1 宽厚板热轧工艺流程图

1 板胚库　9 冷床跨
2 钢锭跨　10 蒸发器
3 均热炉跨　11 特厚板跨/热处理跨
4 加热炉跨　12 成品库
5 磨辊跨　13 检验室
6 主轧跨　14 修磨跨
7 电动机室　15 质检跨
8 水处理间

a A-A剖面图
b B-B剖面图
c C-C剖面图
d D-D剖面图
e ±0.000标高层平面图
f 鸟瞰图

2 营口热轧宽厚板工程

设计要点

1. 纺织生产的火灾危险性属于丙类。耐火等级不应低于二级。原棉分级室、回花室和开清棉车间应采用耐火极限不低于2.5h的墙体,并同其他车间分隔。
2. 主要生产车间、实验室采光等级为Ⅱ级,梳并粗、浆纱为Ⅲ级,清棉为Ⅳ级,分级、回花、库房为Ⅴ级。
3. 织布车间应取综合措施将噪声控制在90dB。为减少噪声反射可在屋面下布置吸声体,一般做法参见 3 a、b。
4. 纺织生产要求温湿度稳定,平面一般宜采用成片式联合厂房。围护结构应满足热工要求,切忌产生凝结水。
5. 厂房形式常用锯齿形和无窗形式,柱网尺寸参见表2。
6. 锯齿形天窗朝向宜北偏东 2。天窗高宜大于锯齿进深的1/4。需设擦窗平台,要有防止天窗凝结水下滴的措施。
7. 结构优先选用风道与承重结构相结合的钢筋混凝土结构,避免山墙承重,主厂房南北锯齿形方向可不设伸缩缝。
8. 厂房内表面应平整光洁,以减少棉尘积聚和便于清扫。
9. 纺织机一般直接安装在地坪上,垫层要有足够的强度,面层有较高的平整和清洁要求,操作小道要有一定的弹性。
10. 厂房地下沟道的布置应综合考虑,一般要避开机器基础,可设在通道下,吸棉、排风沟道内壁要求光滑、干燥。

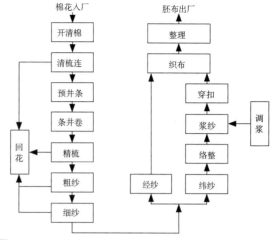

1 纺织生产工艺流程

车间组成及主要生产设备 表1

部门	主要生产车间	主要生产设备
纺部	分级室,清棉、梳并粗(采用清梳联合机时连成一体)、精梳、细纱、筒摇成等车间	开清棉联合机、梳棉机、并条机、粗纱机、细纱机、络筒机、捻线机
织部	络整车间、浆纱车间、穿扣车间、织布车间、整理车间	络筒机、整经机、浆纱机、穿扣机、织布机、验布机、折布机

单层厂房柱网尺寸及高度(单位:m) 表2

厂房形式	柱网		高度
	锯齿方向	大梁方向	
锯齿厂房	7.2、8.4~9.0	9.9、13.5~13.8、15.0、18.0	3.8~4.2
单层钢筋混凝土无窗厂房			4.0~4.5
单层钢结构无窗厂房	7.5~9.0	18.0、22.5、24.0、27.0、30.0、34.0、36.0	4.0~4.5

注:1. 高度指地坪到吊顶或主梁底的距离。
2. 本表摘自《棉纺织工厂设计规范》GB 50481-2009。

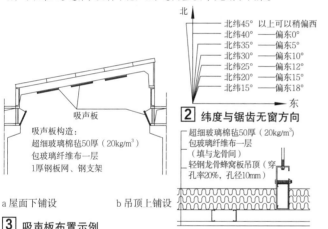

a 屋面下铺设　b 吊顶上铺设

3 吸声板布置示例

实例

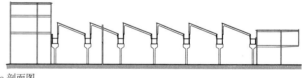

a 剖面图

1 开清棉
2 回花
3 分级
4 滤尘室
5 梳并粗精梳
6 细纱
7 精梳
8 经纱
9 摇成
10 筒并捻
11 络整
12 经轴
13 穿筘
14 浆纱
15 调浆
16 纬纱
17 综筘
18 整理
19 织布
20 实验室
21 空调室
22 变配电

b 平面图

4 南宁棉纺织二分厂生产厂房

工业建筑 [47] 单层厂房 / 纺织厂

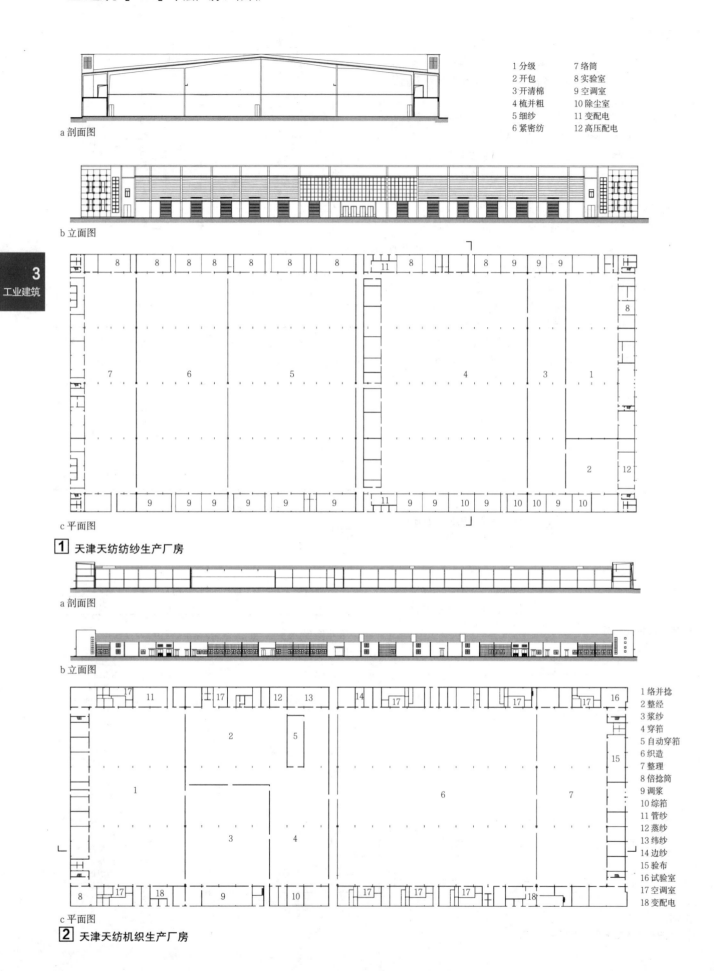

a 剖面图

1 分级　　7 络筒
2 开包　　8 实验室
3 开清棉　9 空调室
4 梳并粗　10 除尘室
5 细纱　　11 变配电
6 紧密纺　12 高压配电

b 立面图

c 平面图

① 天津天纺纺纱生产厂房

a 剖面图

b 立面图

c 平面图

1 络并捻
2 整经
3 浆纱
4 穿筘
5 自动穿筘
6 织造
7 整理
8 倍捻筒
9 调浆
10 综筘
11 管纱
12 蒸纱
13 纬纱
14 边纱
15 验布
16 试验室
17 空调室
18 变配电

② 天津天纺机织生产厂房

设计要点

1. 印染生产的火灾危险性：湿作业属于丁类；干作业属于丙类。烧毛间有明火作业宜与相邻车间隔开。

2. 车间腐蚀性性介质类别见表2，车间采光等级见表3。

3. 印染生产湿度大、温度高且有腐蚀性介质和有害气体散发，厂房设计时应着重处理好通风和防腐蚀，平面布置宜将有同类腐蚀性介质的设备集中布置并与无腐蚀性部分分开，厂房宽度不宜过大，平面形式可以为一形、U形、山形。如采用成片式布置的厂房必须有相应的通风排湿措施。附属房屋的布置应避免紧贴主厂房，可留天井以利通风。

4. 厂房柱网和高度根据机器排列、建筑模数、生产调整的灵活性、地区自然条件和施工条件等因素综合考虑决定。一般厂房跨度可选用12m、14m、18m，柱距为6m。常用柱网为6m×12m、6m×8m。地面至梁底高度5~6m。

5. 围护结构应符合热工要求，防止厂房内表面结露。对结露不可避免的部位应有防止凝结水下滴的措施。

6. 建筑结构内表面应平整光滑，应尽量防止腐蚀介质聚积和便于凝结水收集。结构选型要有利于排出雾气和防止滴水，除严寒地区外，优先采用带排气井的锯齿形或气楼式钢筋混凝土结构。各种构件和构造应按《工业建筑防腐蚀设计规范》GB 50046的要求，采取相应的防腐蚀措施。

7. 排气井筒断面尺寸由实验或计算确定。一般上口400~600mm，下口600~800mm，高1500~2000mm。构造力求简单，内壁光滑，耐腐蚀，使湿热空气迅速排出。调节板开启操作灵活，通常井筒隔板间距不大于3m。井筒内雨水和凝结水可结合建筑结构形式从屋面、擦窗平台或天沟排出。

8. 有腐蚀性介质作用的车间墙面、地面、机槽、沟道等表面应按现行国家标准《工业建筑防腐蚀设计规范》GB 50046的要求进行防护。

生产工艺流程

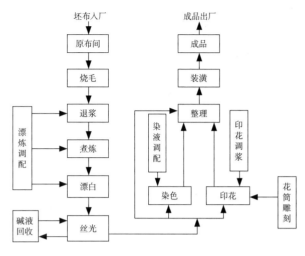

1 印染厂生产工艺流程

车间组成及主要生产设备　　　　　　表1

主要生产车间	主要生产设备
漂炼车间（包括原布间、烧毛间）、染色车间、印花车间（包括染色印花前后处理、染化料调配、烘燥间）、整装车间	烧毛机、漂炼联合机、夹布丝光机、连续轧染机、卷绕机、烘燥机、印花机、拉幅机、验布量布机、打包机

腐蚀性介质类别　表2　　车间采光等级　表3

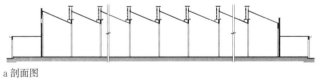

注：本表根据《工业建筑防腐蚀设计规范》GB 50046-2008编制。

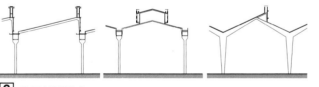

2 常用剖面形式

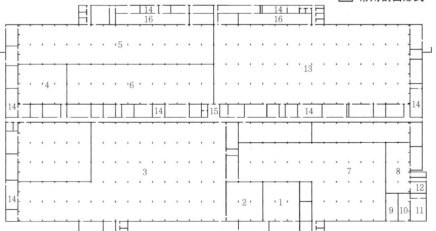

a 剖面图

b 平面图

3 某涤棉印染生产厂房

1 原布
2 烧毛
3 漂炼
4 白布
5 染色
6 树脂整理
7 印花
8 调浆
9 花筒装拆
10 染化料储存
11 制冰
12 重淡化
13 整装
14 辅助用房
15 通道
16 天井

工业建筑 [49] 动力站 / 煤气发生站

动力站构成

动力站包括煤气发生站、压缩空气站、氧气站、乙炔站、制冷站；另有锅炉房、变电站见本册"市政建筑"专题。

煤气发生站及主厂房设计要点

1. 煤气站应位于厂区主要建筑物夏季最小频率风向的上风侧；靠近煤气主要用户，并考虑运煤方便。
2. 煤气站煤场宜与锅炉房等其他用煤设施的煤场合并设计，便于节省占地及使用煤气站的煤屑。
3. 煤气站区域内应设有环形消防通道或回车场。
4. 煤气站的厂房应与煤气用户分开布置，两段式热煤气站可以布置在用户的旁边，应采用防火墙隔开。
5. 煤气站主厂房布置宜单排布置，且将无净化设备的一侧外墙面向夏季盛行风向。
6. 煤气站主厂房操作层宜采用封闭建筑，并设置通往煤气净化设备的平台或热煤气用户的通道。
7. 主厂房底层为封闭建筑时应按设备的最大件设置门洞或安装孔，二层以上的楼层应设吊装孔或安装孔。
8. 主厂房各层安全出口的数目不应少于2个。
9. 主厂房的底层、操作层宜设检修用的其他设施。
10. 主厂房靠净化设备的墙上门窗布置以避开穿墙的煤气管道。
11. 多雨雪地区的露天煤场，宜有部分防雨雪措施。

煤气发生站分类 表1

类别	优点	缺点
两段炉冷煤气站	发热值高，较环保，焦油质量好，输送距离远	主厂房高，占地面积大投资较高
两段炉热煤气站	发热值高，占地面积小	输送距离近，用户要求低，维护工作量大

注：煤气要求就近使用时采用两段炉热煤气站，分散使用时采用两段炉冷煤气站。

煤气发生站组成 表2

	建筑物、构筑物名称	两段炉冷煤气站	两段炉热煤气站
站房部分	主厂房（两段式煤气发生炉间）	○	○
	空气鼓风机间	○	○
	煤气加压站	○	—
辅助部分	化验室	○	○
	控制室、防护站、维修间、配电间整流室	○	选定
循环水系统及污水处理	储水池	○	○
	水泵房、吸水池、冷却塔	○	—
	焦油泵房、焦油池、焦渣池	○	—
	污水处理设施	○	○
供煤及排渣	煤场	○	○
	受煤斗、运煤栈桥、破碎筛分间、灰渣斗等视需要选定		

注：○为需要的建筑物或构造物。

常用两段式煤气发生炉柱网和层高 表3

发生炉型号		φ3m两段式煤气发生炉小推车排灰	φ3m两段式煤气发生炉出渣皮带排灰
单台产气量（Nm³/h）		6000~7000	6000~7000
柱距（m）		8	8
跨度（m）		13	13
层高（m）	一层	6	3.5
	二层	5.5	5
	三层	9.5	6
	四层	4	9
	五层	—	4
总高		25	29

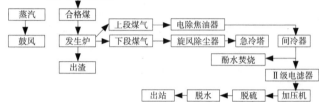

两段炉冷煤气发生站与两段炉热煤气发生站的主要区别在于热煤气发生站产生的煤气经过粗净化后就直接送用户使用，没有后续的再处理（除尘、脱硫、回收焦油）以及加压输送等步骤。

1 煤气发生站工艺流程

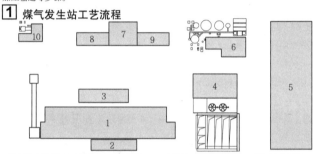

1 煤气站主厂房　2 主控楼　3 净化区　4 水泵房　5 煤场　6 煤气脱硫设施
7 配电室　8 鼓风机室　9 加压机房　10 焦油池及酚水焚烧设施

2 两段炉冷煤气发生站平面布置

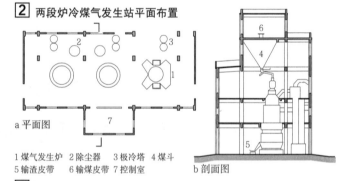

1 煤气发生炉　2 除尘器　3 极冷塔　4 煤斗
5 输渣皮带　6 输煤皮带　7 控制室

a 平面图　　b 剖面图

3 两段煤气站主厂房

煤气发生站面积（单位：m²） 表4

发生炉型号	台数	煤气种类	参考总建筑面积	参考占地面积	煤厂面积	煤气发生站建筑物组成（所有下列各项均有主厂房、空气鼓风间、化验间）
φ1.5	2	烟煤热煤气	250~300	600~700	120	—
φ1.5带搅拌	2	烟煤热煤气	300~350	600~700	120	—
φ2.0	2	烟煤热煤气	330~400	900~1100	160	—
φ2.0	2	无烟煤冷煤气	500~600	5000~6000	800	排送机间、防护、维修、整流、泵房、生活间、污水处理
φ2.4	2	烟煤热煤气	400~600	1200~1500	400	防护、维修、生活间
φ2.4 WG	2	无烟煤冷煤气	900~1100	6000~8000	1500	排送机间、防护、维修、泵房、生活间、污水处理、运煤栈桥
φ3.0 13	2	烟煤热煤气	1000~1200	5000~7000	2000	防护、维修、生活间
φ3.0 13	3	烟煤热煤气	2000~2200	15000~20000	4000	排送机间、防护、仪表、控制、变配电、整流、维修、生活间、污水处理、运煤栈桥
φ3.0 WG	2	无烟煤冷煤气	1500~1700	6000~8000	2000	排送机间、防护、控制、电工、生活间
φ3.0 两段炉	2	烟煤两段冷煤气	2500~3000	7000~10000	3000	排送机间、防护、仪表、控制、变配电、整流、维修、水泵房、酚水焚烧、运煤栈桥等

注：煤场面积应根据用煤量、煤种、供应情况而定。φ1.5、φ2.0及φ2.4热煤气站煤场在煤气旁边，未计入道路在内。

鼓风机间和煤气加压机间设计要点

1. 鼓风机间和煤气加压机间的安全出口数目不应小于2个，当建筑物面积小于150m²时可设1个。
2. 单层操作层的一个出口，应能通过设备的最大部件，双层建筑的操作层应有吊装孔。
3. 操作层应有通风良好带观察窗的隔声值班室。
4. 靠煤气总管的墙上，门窗布置应避开穿墙的煤气管道。
5. 应考虑减噪，可用吸声、隔声等方法来控制噪声。
6. 应有一个主要通道及修理时放置部件的位置，净距不小于2m，一般通道不小于1.5m。通向室外的门应向外开。
7. 厂房底层高度不得低于3m，操作层最低高度见表1。

煤气加压机选用表　　表1

煤气加压机型号	鼓风机间跨度(m)	煤气加压机间跨度(m)	单梁手动吊车容量(t)	吊车轨顶最低标高(m)	煤气加压机外形尺寸(长×宽×高)(m)
A130-1.048	7.5~9	4.5~6	2	4.5	1205×840×860
A180-1.096	9	6	2	4.5	1100×1421×1265
A1000-1.245	9	6	2~3	5	1566×1320×1280
A1110-1.076	9	6	2~3	5	1790×1130×1480
A1250-1.27	9	6~7.5	5	5.5	1534×1830×1900
A1300-1.09	9	6~7.5	5	5.5	1380×1680×1900
A1400-1.13/1.09	12	9	5	5.5	2070×2400×2460
A1500-1.23	12	9	5	5.5	1830×2030×2140
A1700-1.17	12	9	5	6	2080×2960×2330

室外煤气净化设备

1. 室外煤气净化设备包括水封、煤气除尘器、洗涤塔、间接冷却器等。
2. 室外煤气净化设备平台，宽度不应小于0.8m，护栏高度不应低于1.2m，栏杆底部应设护板，高度不低于150mm，平台地面考虑防滑，上平台采用斜爬梯。
3. 室外煤气净化设备平台，应设有不少于两个安全出口，但长度不大于15m的平台，可设一个出口。平台通往地面的扶梯和通往相邻平台或厂房的走道，均可作为安全出口。由平台上最远工作地点至安全出口的距离，不应超过25m。

煤气发生站防火防爆要求　　表2

建筑物或场所名称	建筑防火防爆要求			电气防爆和火灾危险性等级	
	爆炸危险	火灾危险	耐火等级	爆炸危险场所	火灾危险场所
主厂房	无	乙类	二级	—	—
主厂房（贮煤层封闭建筑且煤气有可能从加煤机漏入贮煤斗时）	有	乙类	二级	2区	—
贮煤层半敞开或煤气不可能从加煤机漏入贮煤斗	无	丙类	二级	5	22区
鼓风机间	无	丁类	二级	—	22区
煤气加压机	有	乙类	二级	2区	—
煤气管道排水器间	有	乙类	二级	2区	—
焦油泵房、焦油库	—	—	—	2区	—
煤气净化设备区	—	—	—	2区	—
煤场	无	—	—	—	23区
受煤斗室、破碎筛分室、运煤皮带设廊	无	丙类	—	—	22区

注：有爆炸危险厂房的泄压面积与厂房体积比值（m²/m³）宜采用0.05~0.22，体积超过1000m³的建筑，如采用上述比值有困难时，可适当降低，但不宜小于0.03。面积超过2000m²的建筑应分隔防火分区。

煤气发生站防火要点

1. 煤气站主厂房、煤气管道排水器室应属于乙类生产厂房，其耐火等级不应低于二级。主厂房各层安全出口的数目不应少于2个。
2. 氧化验室和使用氧气的在线仪表控制室等，均应设置氧浓度检测装置，必要时进行富氧报警。
3. 当煤气设备及煤气管道采用水封隔离煤气时，其水封高度应按现行国家标准《工业企业煤气安全规程》GB 6222有关规定执行。
4. 加煤机与贮煤斗相连且为封闭建筑的主厂房贮煤层、煤气排送机间、煤气管道排水器室，属于有爆炸危险的厂房，应采取泄压措施。其泄压面积应符合现行国家标准《建筑设计防火规范》GB 50016的规定。
5. 发生炉煤气系统的露天设备之间的间距及与其所属厂房的间距，可根据保证工艺流程畅通、靠近布置的原则确定。露天设备间的距离不宜小于2.0m，露天设备与其所属厂房的距离不宜小于3.0m。

鼓风机间和煤气加压机间布置

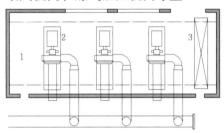

1 鼓风机间
2 空气鼓风机
3 梁式吊车
4 加压机间
5 空气加压机

1 鼓风机间平面布置

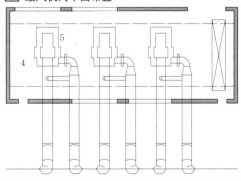

2 加压机间平面布置

地面材料选择表　　表3

房间及场地名称	面层材料			附注
	混凝土	水泥	水磨石	
主厂房（一层）	○	●	—	有坡向水沟的坡度
主厂房（楼层）	○	●	—	
鼓风机室、煤气加压机室			○	
整流间、仪表间、化验室、防护站、控制室			○	宜避免潮湿、振动、粉尘、噪声的影响，水磨石墙裙1.2m高
电工间		○		
维修间		○		
室外煤气净化设备区	○			
煤场	○			有排水设施

注：○一般标准，●较高标准。

工业建筑 [51] 动力站 / 煤气发生站

煤气发生站荷载采用表　　　　　　　　　　　　表1

序号	荷载分类		标准荷载（kg/cm² 或 kg）	附注
1	主厂房（φ3.0–13型）		—	—
	底层地面均布荷载		500	大设备不能通行处
			2500	大设备能通行处
	操作层均布荷载集中荷载		500	
			2000	每根梁跨中均考虑此集中荷载，但不传递
	特殊悬挂荷载		按工艺资料	—
	煤气发生炉贮煤斗上运煤通廊均布荷载		300	
2	鼓风机间及煤气压缩机间操作层		500	双层布置时按工艺资料
3	运煤栈桥均布荷载		200	皮带头尾架按资料
4	破碎及筛分间		—	
	地面均布荷载		200	破碎机及筛煤机安装及动力荷载按资料
	楼面均布荷载		500	
5	中控室、化验室		300	
6	室外净化设备操作平台		200	特殊情况按工艺资料

注：荷载按耐火砖堆放0.6m考虑，两段炉荷载为1000kg/m³或按工艺资料。

循环水系统建筑物和构造物　　　　　　　　　　表2

名称	说明
水泵房	设有单轨电葫芦。当装有消防水泵时，屋盖采用非燃烧体，焦油泵单设水泵房
冷却塔	冷却塔一般为钢筋混凝土结构
吸水池	吸水池紧靠水泵房，设栏杆
沉淀池	一般设散水坡（1~1.5m），设栏杆，池中渣一般通过抓斗清除
调节池	沉淀池旁可设调节池，用于意外时的调节作用
焦油池	结构同沉淀池，需有保温顶板。旁边可设焦渣池
水沟	坡度≤6‰，水沟上设盖板。水沟形式根据沟宽可采取阶梯式，以便清理
酚水池	结构类似焦油池，设置在酚水焚烧室旁
水封溢流水池	结构类似焦油池

注：吸水池、沉淀池、调节池、焦油池及水沟的顶标高必须高出地面一定高度，不得小于150mm，避免雨水流入。

污水处理

污水处理的建筑物有水泵房、化验室、风机间、加药间、污泥脱水间等。

两段炉冷煤气的下段煤气洗涤水可用净化器加絮凝剂，将水中泥浆洗出排入泥浆池，用泵打至脱水机，水流入吸水池回用。

煤气发生站实例

循环水及焦油系统

两段炉冷煤气发生站一般配有较大型的水处理系统。包括净环水、浊环水、水封溢流循环水系统及焦油回收系统等几部分。

净环水系统主要供给煤气站间接冷却器使用，主要包括循环水池、水泵等。

浊环水系统供煤气炉急冷塔使用，回水不仅水温升高，而且水质受到煤气粉尘的污染，包括浊环水泵、平流沉淀池、吸水池等。

净环水及浊环水系统一般合并一处建设，共用一个水泵房，水池各自建设但紧靠在一起。

水封溢流循环水系统是煤气水封溢流水，一般采取在两段式煤气发生炉主厂房附近设水池水泵循环使用，包括循环水池、循环水泵等设施。

焦油回收系统可回收经电除尘器除下的焦油，包括焦油池、焦油泵等设施。

酚水焚烧系统是用于处理间冷器的冷凝水（又叫酚水，是有毒的物质），主要包括锅炉、烟囱、酚水池、酚水焚烧房等设施。

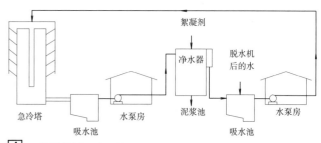

1 两段炉热循环水系统

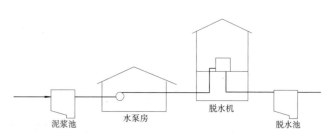

2 两段炉冷煤气水处理系统

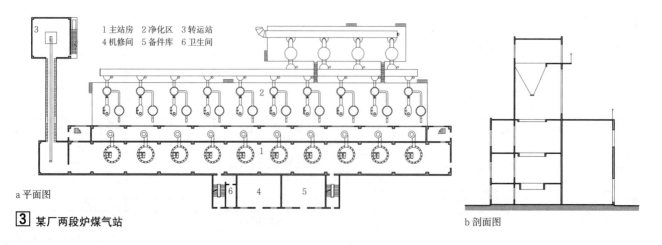

1 主站房　2 净化区　3 转运站
4 机修间　5 备件库　6 卫生间

a 平面图　　　　　　　　　　　　b 剖面图

3 某厂两段炉煤气站

设计要点

1. 无油润滑或不喷油的螺杆式压缩空气站火灾危险性分类为戊类,耐火等级为二级;有油润滑的压缩空气站为丁类,耐火等级为二级。

2. 压缩空气站的布置宜靠近用气负荷中心;便于供电、供水;有扩建的可能性;避免靠近散发爆炸性、腐蚀性和有毒气体以及粉尘等有害物的场所,并位于上述场所全年风向最小频率的下风侧;与有噪声、振动防护要求场所的间距,应符合国家现行有关标准规范的规定。

3. 机器间内设备和辅助间的布置,以及与机器间毗连的其他建筑物的布置,不宜影响机器间的自然通风和采光。

4. 压缩空气贮存罐宜布置在室外、机器间的北面。立式储气罐与机器间外墙的净距不应小于1m,不宜影响采光和通风。

5. 压缩空气站宜为独立建筑物。压缩空气站与其他建筑物毗连或设在其内时,宜用墙隔开,空气压缩机宜靠外墙布置。设在多层建筑内的空气压缩机,宜布置在底层。

6. 空气压缩机组宜单排布置。机器间通道的宽度,应根据设备操作、拆装和运输的需要确定,其净距满足有关规范要求。

7. 单台排气量≥20m³/min的空气压缩机且总安装容量≥60m³/min的压缩空气站,宜设检修用起重设备,其起重能力应按空气压缩机组检修的最重部件确定。

8. 压缩空气站机器间屋架下弦或梁底的高度,应符合设备拆装起吊和通风的要求,其净高不宜小于4m。夏季气候炎热地区,机器间跨度大于9m时,宜设天窗。

9. 机器间宜采用水磨石地面,墙的内表面应抹灰刷白。

10. 压缩空气站的冷却水应循环使用,循环水系统可单独设置或与全厂循环水设施统一考虑。

11. 压缩空气站机器间的采暖温度不宜低于15℃,非工作时间机器间的温度不宜低于5℃。

类型

目前工程中常用的压缩空气站类型较多,如活塞式、螺杆式及离心式等。本专题叙述的仅为常用的低压、中小容量的螺杆式压缩空气站及离心式压缩空气站。

组成

压缩空气站主要生产车间为机器间。辅助间的设置需根据工厂的水、电供应情况、机修体制以及生活设施标准确定,一般设有变压器室、电气室、控制室、机修间、水泵间、备品备件间、卫生间等。

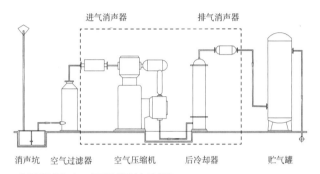

1. 当采用消声坑时,一般不再采用进气消声器。
2. 虚线框内为室内设备。

1 压缩空气站工艺流程

压缩空气站机器间建筑尺寸表 表1

压缩机排气量 (m³/min)	柱距 (mm)	跨度 (mm)	屋架下弦标高 (mm)	起重机 轨顶标高 (mm)	起重机 起重量 (t)
3、6	3000	6000	4000	—	—
10、20	4000	9000	5000	悬挂	2
40、60	6000	12000	~6500	5500	3
100	6000	12000	~7500	6500	5

一般用喷油螺杆式空气压缩机组性能参数表 表2

电动机功率 (kW)	工程容积流量 (m³/min) 额定排气压力 0.7MPa	额定排气压力 0.8MPa	额定排气压力 1.0MPa	额定排气压力 1.25MPa	外形尺寸(长×宽×高) (mm)	重量 (kg)
37	6.2	5.9	5.6	4.5	1500×1100×1400	850
55	9.8	9.1	8.7	7.2	1800×1200×1650	1370
90	16.5	15.3	14.4	12.6	2074×1600×1900	2710
132	24.6	23.1	21.6	18.1	2074×1600×1900	2850
160	30.2	28.1	26.7	22.6	3270×1600×1900	3120
200	36.6	34	31	27.2	4000×1930×2146	4355
250	43.6	40.8	39.1	34.1	4000×1930×2146	5034
300	53.2	49.9	46.1	44.3	4000×1930×2146	6815
350	60.7	56.9	53.2	50.2	4000×1930×2146	7545

注:1. 表中数值仅为参考,以各设备厂家资料为准。
2. 表中排气压力为表压。
3. 电动机功率37kW机组冷却为风冷,其余机型为风冷或水冷。

常用离心式空气压缩机组性能参数表 表3

性能参数	排气量(m³/min)				
	27~52	52~91	91~140	140~250	250~360
排气压力(MPa)	0.45~1.0				
电动机功率(kW)	130~2400				
外形尺寸(长×宽×高)	2550×2550×1900	4350×2100×2100	4650×2100×2215	5200×2150×2350	5800×2300×2549
重量(kg)	3400	7500	9000	11000	17500

注:表中数值仅为参考,以各设备厂家资料为准。

工业建筑 [53] 动力站 / 压缩空气站

总平面布置

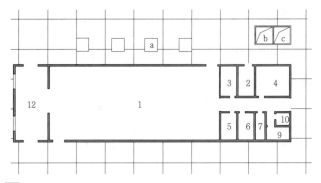
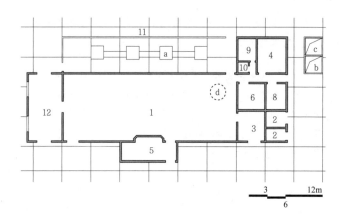

[1] 总产量160~400m³/min压缩空气站（两种布置形式）

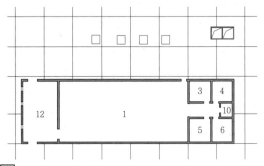

[2] 总产量40~80m³/min压缩空气站

[3] 总产量9~18m³/min压缩空气站

a 贮气罐　b 热水池
c 冷水池　d 冷却塔

1 机器间　2 变电间　3 配电室
4 水泵间　5 值班室　6 贮藏室
7 油料间　8 办公室　9 更衣室
10 厕所　11 栅栏　12 扩建区
冷却塔安装在水池上或水泵间屋顶上。

实例

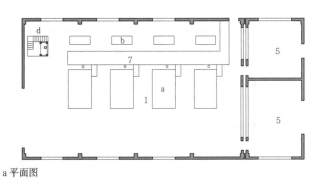
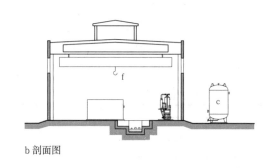

a 平面图　　　　　　　b 剖面图

[4] 4×40m³/min喷油螺杆水冷式压缩空气站

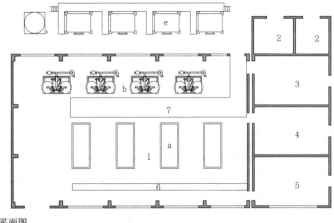
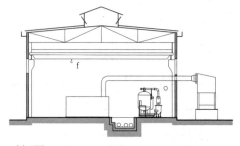

1 机器间　2 变电间　3 控制室　　a 空压机　b 干燥机
4 低压配电间　5 高压配电间　　　c 贮气罐　d 废油收集箱
6 电缆沟　7 管沟　　　　　　　　e 吸气过滤器　f 起重机

a 平面图　　　　　　　b 剖面图

[5] 4×170m³/min离心式压缩空气站

氧气站的组成和分类

氧气站是指在一定区域范围内，根据不同情况组合制氧站房、充氧站房，以及其他有关建筑物和构筑物的统称。按照空分设备工艺流程产氧方式，可分为内压缩、外压缩两种。按工艺设备操作压力分为全低压、中压、高压流程。目前的空分设备大部分为全低压流程，中、高压流程已很少使用。

汇流排间、气化站房用于集中供氧。液化系统压缩机间可液化富裕的氧、氮，减少放散损失，其布置类似氧气站压缩机房站房。

氧气站的组成 表1

组成	房间名称
主要生产车间	压缩机间、辅助间、调压站间、液体泵间；充瓶间、空瓶间、实瓶间、修瓶间等
辅助生产间	变电所（间）、配电间、压缩机启动间、控制间、水处理泵房、分析间等
生活间	更衣室、休息室、会议室、厕所等

6000Nm³/h空分设备（外压缩） 表2

名称	外形尺寸（mm）	设备重量（t）
空压机（国产杭氧）	8500×5600×7300	84
立式纯化器（两台）	φ3600×7300（单台）	12（单台）（另有填料13）
氧压机	12600×5400×7300	75
分馏塔	9500×5600×52000	455
300m³液氧储槽（立式珠光砂充氮绝热）	φ9800×6000	90
吊车	跨距19.5m，起升高度大钩12m，小钩14m，轻级工作制度	29

10000Nm³/h空分设备（外压缩） 表3

名称	外形尺寸（mm）	设备重量（t）
空压机（进口ATLAS）	9500×6300×5400	65.6
卧式纯化器	φ3500×5954（单台，布置高度9000）	15（单台）（另有填料40）
氧压机	12600×5400×7300	82
氮压机	10000×4700×4000	17
50m³立式真空粉末绝热液氧储罐	φ3420×11100，0.8MPa	23（另有液体）
400m³球罐（Q345正火）	φ9200×11100，3.0MPa	101
400m³球罐	φ9200×11100，2.5MPa	95
吊车	跨距19.5m，起升高度大钩12m，小钩14m；轮压18.7t，中级工作制度	27

15000Nm³/h空分设备（内压缩） 表4

名称	外形尺寸（mm）	设备重量（t）
空压机（进口cooper）	8600×4600	62
卧式纯化器	φ3500×9200（单台，布置高度9000）	18（单台）（另有填料28）
空气增压机	8100×6400	36.5
氮压机	5800×2400	15
分馏塔	12000×7800×57100	430（另有液体及珠光砂）
平底圆柱形珠光砂绝热立式液体储罐400m³	φ10300×13140	120（另有液体）
100m³立式真空粉末绝热液氧储罐	φ3024×19850，0.2MPa	45（另有液体）
650m³球罐（16MnR）56mm	φ10700×13000，3.0MPa	173
20/5吊车	跨距19.5m，起升高度大钩12m，小钩14m，轮压18.7t，中级工作制度	27

15000Nm³/h空分设备（外压缩） 表5

名称	外形尺寸（mm）	设备重量（t）
空压机（杭氧）	12500×6400	104
卧式纯化器	φ3500×9200（单台，布置高度9000）	18（单台）（另有填料28）
氧压机	13000×8000×10000	90
氮压机（英格索兰）	6600×2600×4000	90
分馏塔	12000×7800×56500	430（另有液体及珠光砂）
100m³卧式真空粉末绝热液氧储罐（寿命15年）	φ3500×17110，1.0MPa；高度约6000m	46（另有液体）
400m³球罐（16MnDR-20℃以下材质）	φ9200×11000，3.0MPa	112
30/5吊车	跨距22.5m，中级工作制度	40

20000Nm³/h空分设备（内压缩） 表6

名称	外形尺寸（mm）	设备重量（t）
空压机（卡麦隆）	12000×5000×7100	81
卧式纯化器	φ3500×9200（单台，布置高度9000）	34（另有填料）
空气增压机（卡麦隆）	8000×5000	46.5
氮压机（杭氧）	8000×3000	72.6
分馏塔	7800×14400×59300	520（另有液体及珠光砂）
30/5吊车	跨距19.5m，A3	36

35000Nm³/h空分设备（内压缩） 表7

名称	外形尺寸（mm）	设备重量（t）
空压机（西门子）	13500×6800×9000	182
卧式纯化器	φ4100×14000×8000	43（另有填料）
空气增压机	11000×6300×7300	128
低压氮压机（出口0.9，英格索兰）	6900×3600×5000	40.25
中压氮压机（出口2.6，英格索兰）	8300×3500×5000	45
分馏塔	18900×18500×66000	420（另有液体及珠光砂）
立式圆柱形平底自支承拱顶双壁槽2000m³	φ16900×17200	465（另有液体）
立式圆柱形平底自支承拱顶双壁槽1200m³	φ13700×17000	350
1000m³球罐<材质：07MnCrMoVR（调质）>50mm	φ12300×16000，3.0MPa	210
1000m³球罐<材质：07MnCrMoVR（调质）>42mm	φ12300×16000，2.5MPa	180
32/5吊车	跨距22.5m，轻工作级别	46.8

40000Nm³/h空分设备（外压缩） 表8

名称	外形尺寸（mm）	设备重量（t）
空压机（MAN）	15500×5700×10000	182
卧式纯化器	φ4200×16400×8000	52（另有填料）
低压氧压机（0.61）	8500×5600×10000	—
中压氧压机（2.94）	12000×5600×10000	90
低压氮压机（0.8）ATLAS	—	28
中压氮压机（2.9）ATLAS	—	28
分馏塔	21000×20000×65000	985
32/5吊车	跨距22.5m，A5	46.8

60000Nm³/h空分设备（外压缩） 表9

名称	外形尺寸（mm）	设备重量（t）
空压机	16000×12000×10300	282.75
卧式纯化器	φ4200×26000×8000	43（另有填料103）
氧压机	16000×7600×9600	130
低压氮压机（出口0.9，英格索兰）	6400×3200×5000	42.3
中压氮压机（出口2.6，ATLAS）	6000×3400×5000	45
分馏塔	17800×13000×56000	1277.6
1000m³球罐（材质：15MnNbR）50mm	φ12300×16000，3.0MPa	210

工业建筑 [55] 动力站 / 氧气站

平面布置

1. 制氧站房的布置

生活和辅助房间布置在机器间的一端，利于采光、通风和发展。

2. 氧气压缩机间的布置

中大型氧气站，当氧气机台数多于2台时，一般都布置在灌氧站房的相邻边房里，便于操作管理，比较安全。一般设有单轨电葫芦以备检修。氧压机台数2台或以下的小型站可与制氧站房的制氧间合并布置。

3. 充瓶台的布置

充瓶工艺中的管道和容器都是高压的，充瓶台前需设置防护墙，以防止气瓶爆炸。控制阀门和压力仪表等应设置在集中的控制屏上。防护墙用钢筋混凝土制作，转角处可嵌角钢。充瓶台较多时，每6~8排中间留一条通道。

4. 灌氧站房内灌瓶间及空瓶、实瓶间的布置

灌氧工艺属高压氧气系统，其高压氧气管线及灌瓶路线应愈短愈好，氧气瓶的运输方式，除较小的灌氧站房外，可采用机械化和半机械化运输，并应有发展的可能性。按工艺流程可以分为直线布置方式、S形布置方式和Π形布置方式。

直线形布置即气瓶运输时按直线进行。

Π形布置即灌瓶路线呈"Π"形，一般多属小型站房，灌氧与制氧常合建为一个建筑物，一般适用于人工灌氧方式。

S形布置即灌瓶间空实瓶间成纵向布置，运瓶路线呈"S"形，可布置成双面或单面装卸台。

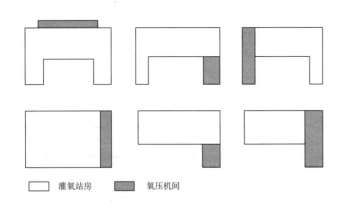

□灌氧站房 ■氧压机间

1 氧气压缩机间布置方式

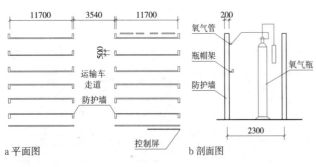

a 平面图　　　　　　　　b 剖面图

2 灌瓶台布置方式

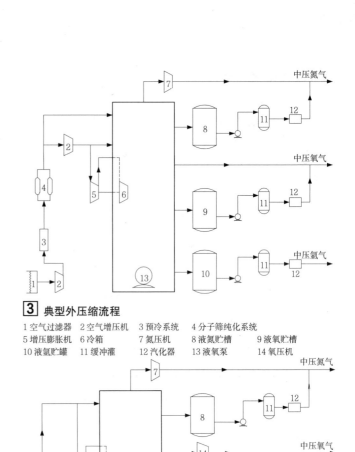

3 典型外压缩流程

1 空气过滤器　2 空气增压机　3 预冷系统　4 分子筛纯化系统
5 增压膨胀机　6 冷箱　7 氮压机　8 液氮贮槽　9 液氧贮槽
10 液氧贮罐　11 缓冲灌　12 汽化器　13 液氧泵　14 氧压机

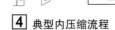

4 典型内压缩流程

5 一般布置方式

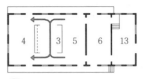

6 S形布置方式

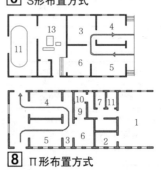

8 Π形布置方式

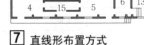

7 直线形布置方式

1 制氧间　2 水泵间　3 变电间
4 实瓶间　5 空瓶间　6 修瓶间
7 办公室　8 生活间　9 贮藏间
10 厕所　11 贮气囊间　12 油漆间
13 氧压机间　14 装卸台　15 防护墙
16 控制屏　17 变电间　18 配电间

设计要点

1. 氧气站生产的火灾危险类别是乙类。氧气遇到油脂易发生火灾爆炸事故。建筑应采取一、二级耐火等级。

2. 氧气站应建于空气清洁地区，并应布置在乙炔站、电石渣堆或散发有害杂质及固体尘埃车间的下风向。

3. 氧气站内的空分设备吸风口与散发乙炔以及其他烃类等有害杂质散发源之间的距离，按环境污染情况以及空分设备的自清除能力，一般为50~500m。

　　氧气站宜靠近最大用户布置，应注意有噪声和振动机组的氧气站建筑对环境或者其他建筑物的影响。

4. 空分站房、充氧站房宜布置成独立建筑物。

5. 当氧气实瓶储存数量小于或等于1700个时，空分站房、充氧站房可以布置在同一座建筑物内，其耐火等级应不低于二级，外围结构不需要采取防爆泄压措施。空分站房与充氧站房布置在同一座建筑物内时，应用耐火极限不低于1.5h的非燃烧体隔墙和丙级防火门隔开，并应通过走道相连。

6. 各主要车间之间，以及与其他房间之间应用耐火极限不低于1.5h的非燃烧隔墙隔开。

7. 氧气站应有较好的自然通风和采光。

8. 氧气站各主要生产间的门窗均应向外开启。主要生产间的压缩机间、空瓶间、实瓶间，应有直通室外的门。

9. 充瓶间、实瓶间的窗玻璃，宜采取涂白漆或者其他防止阳光直射曝晒的措施。

10. 空瓶间、实瓶间应设置宽度为2m，高度高出室外地坪0.4~1.1m的气瓶装卸平台，平台上应非燃烧材料做的雨棚。

11. 柱网布置：压缩机间柱距一般为6m，跨度一般为21m、24m。吊车梁底高度根据设备高度、最高起重件高度和起重吊钩的极限高度确定。

12. 压缩机间的水管道宜布置在地沟内。

13. 压缩机间、辅助间地坪采用硬化地坪。当室内有氧压机时，应采用不发火地坪。室外空气过滤器区域、分子筛区域宜采用硬化地坪。液体储罐区地面宜采用碎石地坪。球罐区宜采用硬化地坪。

14. 氧压机二层宜设防护墙，液体储罐区宜设矮墙。

15. 压缩机厂房内有氧压机时，屋顶应采取通风措施；10kV以下变配电所可与其相邻布置，但与压缩机厂房相邻的墙应采用无门窗洞防火墙隔开。

地面材料选择表　　　　　　　　　　　　　　　　　　表1

房间名称	铁屑混凝土	水泥	水磨石	木块	瓷砖	地面要求
制氧间与压缩机间等		○	○		●	不易起灰尘局部防腐蚀
灌瓶与空瓶实瓶间	○	○		●		耐磨、防滑
检修、贮藏生活、办公		○	●			

注：○一般标准，●较高标准。

实例

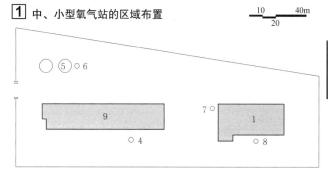

1 中、小型氧气站的区域布置

1 制氧站　2 灌氧站房　3 湿式贮罐　4 缓冲罐　5 环形贮罐　6 立式贮罐
7 消声器　8 液态气体贮罐　9 制氧压氧站房　10 变配电所　11 传达室

2 大型氧气站的区域布置

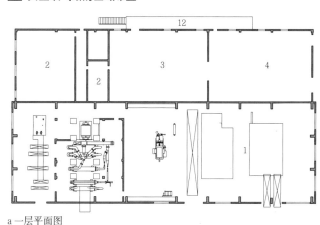

a 一层平面图

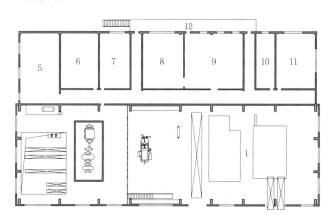

b 二层平面图

1 制氧站房　2 维修间　3 高压配电室　4 低压配电室　5 更衣室　6 化验室
7 变送器室　8 机柜室　9 主控室　10 资料室　11 值班室　12 主控楼平台

3 某大型氧气站

工业建筑 [57] 动力站 / 乙炔站

设计要点

1. 乙炔站按生产的火灾危险性分类为甲类生产，宜独立设置，并宜用敞开或半敞开式的厂房。当气态乙炔站安装容量≤10m³/h时，可与一、二级耐火等级的其他厂房毗连，但应用无门、窗、洞的防火墙隔开。

2. 乙炔站应布置在压缩空气站及氧气站空分设备吸风口的上风向，严禁布置在易被水淹没的地方，管道输送的乙炔站应靠近用户。

3. 有爆炸危险的房间（电石库除外）应考虑设置足够的泄压面积，泄压面积与房间容积的比值宜采用0.22。

4. 有爆炸危险的房间之间的隔墙，其耐火极限应≥1.5h，墙上的门为丙级防火门。有爆炸危险的房间与无爆炸危险的房间之间，应采用耐火极限≥3h的无门、窗、洞的非燃烧体墙隔开。如需连通时，应经由双门斗乙级防火门，通过走道相通。

5. 有爆炸危险的房间宜采用钢筋混凝土柱或有防火保护层的钢柱承重，宜采用框架或排架结构，泄压设施宜采用轻质非燃烧材料制作的屋盖作为泄压面积，易于泄压的门窗、轻质墙体也可以作为泄压面积。顶棚应尽量平整避免死角。门、窗应向外开启。充瓶间和实瓶间的窗玻璃宜涂白色油漆，或采用其他防止阳光直射乙炔气瓶的措施。

6. 有爆炸危险的房间及场所使用的电力装置应符合《爆炸和火灾危险环境电力装置设计规范》GB 50058的有关规定。

7. 有电石粉尘的房间内表面应平整、光滑。电石渣坑及澄清水池应考虑防渗漏措施。

8. 有爆炸危险的房间换气次数每小时应大于3次，并应设置保证换气次数的通风装置。电石粉尘较多的房间应设置除尘装置。充瓶间、实瓶间、空瓶间的散热器应设置隔热挡板。电石库和中间电石库不需供暖。

9. 充瓶间应设置雨淋喷水灭火设备。

乙炔站分类表　　　　　　　　　　　　　　　　　　　　　　　表1

类别		说明
气态乙炔站	中压	发生器的工作压力为0.02~0.15MPa，此类站容量较小，设备简单，操作方便，为单层厂房
	低压	发生器的工作压力为4~8kPa，用水环式压缩机加压到0.02~0.15MPa后管道输送。此类站容量较大，厂房较中压气态站高
溶解乙炔站		气态乙炔经净化、压缩、干燥后灌充至乙炔钢瓶
混合乙炔站		一路净化、压缩、干燥后灌充至乙炔钢瓶，另一路以管道输送

乙炔站各生产间爆炸和火灾危险环境分区表　　　　　　　　　表2

非爆炸危险区	爆炸危险为1区的房间及场所	爆炸危险为2区的房间及场所
值班室、机修间、化验室、电气设备间、澄清水泵间	发生器间、空瓶间、乙炔压缩机间、丙酮库、净化器间、实瓶间、乙炔汇流排间、电石库、乙炔瓶库、充瓶间、电石渣处理间、减压间、电石渣坑、储罐间、露天乙炔储罐、中间电石库、电石渣泵间、电石破碎间	气瓶修理间、干渣堆场

乙炔站主要生产间建筑尺寸表（单位：m）　　　　　　　　　　表3

生产间名称	发生器间			压缩机间	充瓶间
	Q4-10型	YQ-40型	DYF4-120型		
柱距	4, 6	4, 6	4, 6	4, 6	4, 6
跨度	6	8, 9	8, 9	8, 9, 12	12, 15
高度	5	9	7	5	5

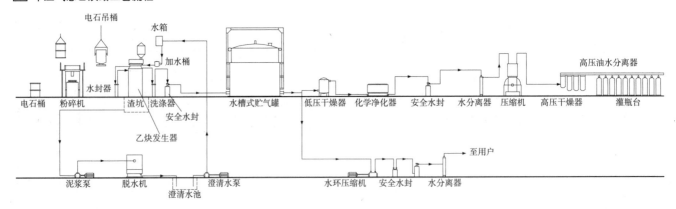

1 中压气态乙炔站工艺流程

2 低压混合乙炔站工艺流程

乙炔发生器规格及性能表　　　　　　　　　　　　　　　　　表4

乙炔发生器型号	发气形式	发气量 (m³/h)	排渣方式	加料方式	加料单轨重量 (kg)	发生器重量 (kg)		外形尺寸 (mm)	
						净重	基础荷重	桶径	高
Q4-10	水入电石式	10	手动	手工	—	980	2000	1208	2690
YQ-20	电石入水式	20	自动	电磁振荡	2000	1725	4500	948	5100
YQ-40	电石入水式	40	自动	气动推料	500~2000	1806	4200	1200	5515
DYF-120	电石入水式	120	自动	手工	—	2759	6700	1816	4630
CF-240	电石入水式	240	自动	电磁振荡	3000	6500	14500	1500	7840

乙炔站 / 动力站 [58] 工业建筑

区域布置

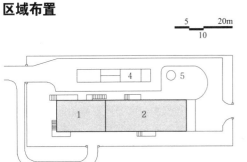

① 某钢铁厂混合乙炔站
（总产量为80m³/h）

② 某机械厂气态乙炔站
（总产量为80m³/h）

③ 东北某机器厂溶解乙炔站
（总产量为80m³/h）

1 制气站房
2 充瓶站房
3 电石库
4 渣坑
5 湿式贮罐
6 锅炉房
7 传达室
8 综合楼
9 厕所
10 烟囱
11 堆煤场

实例

④ 中压气态乙炔站（总产量20m³/h）

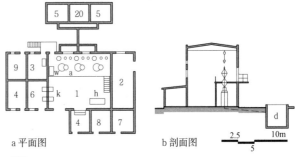

⑤ 低压气态乙炔站（总产量120m³/h）

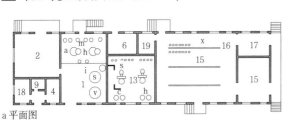

⑥ 低压混合乙炔站（总产量80m³/h）

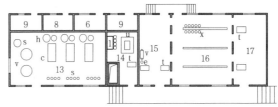

⑦ 罐瓶站房（总产量80m³/h）

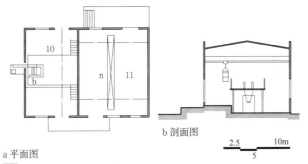

⑧ 电石库（含电石破碎间，25t）

⑨ 电石渣处理站房

1 发生器间	2 中间电石库	3 水泵间	4 值班室	5 电渣石坑
6 电气间	7 化验室	8 更衣室	9 贮藏室	10 电石破碎间
11 电石库	12 渣处理间	13 压缩间	14 气瓶修理间	15 空瓶间
16 灌瓶间	17 实瓶间	18 厕所	19 减压间	20 澄清水池

a 低压乙炔发生器 b 电石破碎机 c 乙炔压缩机 d 澄清水池 e 丙酮灌充台
f 中压乙炔发生器 g 皮带输送机 h 水封器 i 加水桶 j 泥浆台
k 水环压缩机 l 氮气汇流排 m 洗涤器 n 吊车 o 脱水机
p 气瓶式水封槽 q 空气压缩机 r 操作台 s 干燥器 t 磅秤
u 瓶阀拆装机 v 化学净化器 w 高位水箱 x 乙炔灌充台 y 丙酮贮罐

工业建筑 [59] 动力站 / 制冷站

设计要点

1. 制冷站的位置应靠近冷负荷中心，以缩短输送管道，便于供水、供电。压缩式、离心式、螺杆式制冷站应避免布置在乙炔站、煤气站、锅炉房，以及煤、灰堆场等易于散发灰尘和有害气体的建筑物附近。氨制冷机房不应设置在食堂、宿舍、学校、托幼、病房、商店等建筑物附近。

2. 小型制冷站宜设置在建筑物内，对于超高层建筑，可设置在设备层或屋顶。大中型制冷站宜单独建设。氨制冷系统，不宜布置在地下室，且至少有一面靠外墙，并避免西晒；氟利昂制冷系统则不受此限制。

3. 制冷站的防火、防爆等级以制冷工艺的性质确定。用氨作工质的制冷站，属乙类火灾危险性生产建筑，应按二级耐火等级建筑物进行设计。防火、防爆和泄压设施应遵照《建筑设计防火规范》GB 50016执行。

4. 制冷站的生产高度是由设备高度另加安装、检修高度确定，并综合考虑管道、冷却塔的布置。一般净高不低于4m，大中型制冷站净高以6~6.6m为宜。

5. 为操作安全，氨制冷机房的主要操作通道不宜超过12m；超过时应至少设两个直接通向室外的安全出口，其中一个出口的宽度不小于1.5m。

6. 制冷站房间的门、窗应向外开启。氨压缩机间与控制室、值班室应隔开，并设置固定密封观察窗。

7. 为降低噪声危害，可在设备、管道上和建筑物内采取吸声、隔声措施。

8. 制冷站的生产间，应有良好的天然采光和通风，窗地面积比不小于1:6。地下机房应设机械通风设施，必要时设置事故通风设施。氨制冷机房换气次数每小时不小于3次，且应设置事故排风装置，换气次数不小于12次。事故排风机应选用防爆型，并在便于操作的地方设置开关。

9. 设置集中采暖的制冷站、生产间的采暖温度，不宜低于16℃。氨制冷机房内严禁采用明火。

10. 冷凝器安装在室外，一般应有操作平台，炎热地区应考虑遮阳设施。

11. 值班、控制室及生活间可为水磨石地面，其余房间采用水泥或混凝土地面。

12. 直燃吸收式机房的燃气表间或日用油箱间应独立设置，并应在燃气表间或日用油箱间分别独立设置防爆排风机，并设置进风措施。

实例

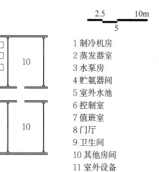

1 制冷机房
2 蒸发器室
3 水泵房
4 贮氨器间
5 室外水池
6 控制室
7 值班室
8 门厅
9 卫生间
10 其他房间
11 室外设备

1 深圳统建楼空调制冷站

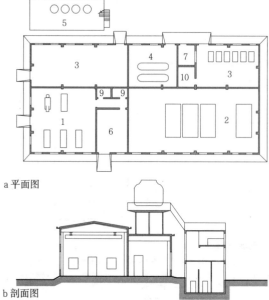

2 北京燕京啤酒厂压缩机组制冷站

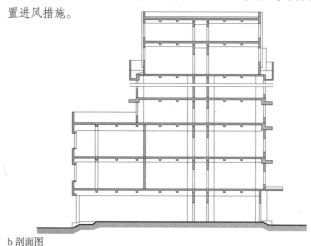

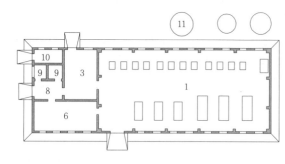

a 平面图

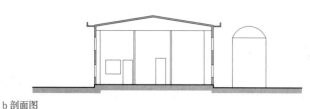

b 剖面图

3 武汉啤酒厂冷水机组制冷站

常用制冷机

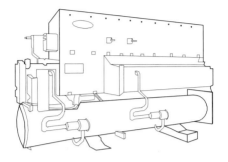
① 30HXC螺杆式冷水机组

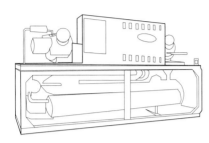
② 30HK活塞式冷水机组

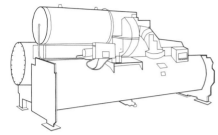
③ 19XR-380V系列离心式冷水机组

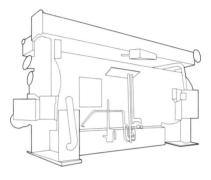
④ 160DJE蒸汽双效型吸收式冷水机组

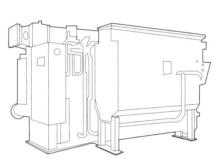
⑤ 16DN直燃型吸收式冷温水机组

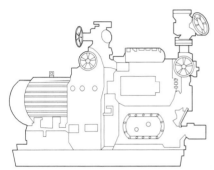
⑥ 125系列氨制冷压缩机组

制冷设备外形尺寸表　　　　表1

设备名称	设备型号	冷媒	制冷量(kW)	外形尺寸(mm) 长	宽	高	运行重量(kg)	设备名称	设备型号	冷媒	制冷量(kW)	外形尺寸(mm) 长	宽	高	运行重量(kg)
30HK活塞式冷水机组	30HK026	R134a	86	1800	740	1100	800	19XR-380V系列离心式冷水机组	19XR3031327CLS	HFC-134a	1055	4172	1707	2073	6442
	30HK036	R134a	115	2580	910	1205	1000		19XR3031336CMS	HFC-134a	1231	4172	1707	2073	6594
	30HK065	R134a	224	2470	885	1470	1530		19XR3031347CNS	HFC-134a	1406	4172	1707	2073	6733
	30HK115	R134a	344	3200	1020	1630	2154		19XR4040356CPS	HFC-134a	1582	4365	1908	2153	7804
	30HK161	R134a	448	3125	940	1929	3120		19XR4141386CQS	HFC-134a	1758	4365	1908	2153	8061
	30HK195	R134a	580	4255	912	1956	4175		19XR5051385CQS	HFC-134a	1934	4460	2054	2137	9143
	30HK225	R134a	694	4255	912	1956	4440		19XR5050447DFS	HFC-134a	2110	4460	2054	2207	9587
	30HK250	R134a	792	4070	1275	2000	5260		19XR5555447DGS	HFC-134a	2285	4980	2054	2207	10325
	30HK280	R134a	895	4070	1275	2000	5620		19XR5555457DHS	HFC-134a	2461	4980	2054	2207	10373
16DJE蒸汽双效型吸收式冷水机组	16DJE6080	水	2909	6924	2380	3000	29000		19XR6565467DHS	HFC-134a	2637	5000	2124	2261	11633
	16DJE6095	水	3489	6940	2590	3185	31000		19XR6565467DJS	HFC-134a	2813	5000	2124	2261	11633
	16DJE6115	水	4069	7030	2920	3535	40000		19XR7071476DJS	HFC-134a	3059	5156	2426	2750	15134
	16DJE6130	水	4653	7030	3098	3737	44000		19XR7070545EHS	HFC-134a	3164	5156	2426	2985	17158
	16DJE6140	水	5233	7135	3249	3972	48500		19XR7070555EKS	HFC-134a	3516	5156	2426	2985	17221
	16DJE6160	水	5814	7135	3468	4155	53000		19XR7071555ELS	HFC-134a	3868	5156	2426	2985	17527
16DN直燃型吸收式冷温水机组	16DN015	水	528	3631	1866	2056	6780		19XR8080585EMS	HFC-134a	4218	5200	2711	3029	20109
	16DN018	水	633	3631	1866	2056	7230		19XR7777595EPS	HFC-134a	4571	5766	2426	2985	19699
	16DN021	水	739	3679	2071	2240	8240		19XR8585595EPS	HFC-134a	4922	5810	2711	3029	21621
	16DN024	水	844	3679	2071	2240	8900		19XR8787505EPS	HFC-134a	5274	5810	2711	3029	22775
	16DN028	水	985	4780	2113	2381	10930	30HXC螺杆式冷水机组	30HXY110	HFC-134a	335	2110	950	1930	2110
	16DN033	水	1161	4780	2113	2381	11650		30HXC130A	HFC-134a	464	3278	980	1816	2617
	16DN036	水	1266	4785	2350	2630	12220		30HXC165A	HFC-134a	580	3278	980	1816	2712
	16DN040	水	1407	4785	2350	2630	13240		30HXC200A	HFC-134a	696	3278	980	1941	3179
	16DN045	水	1583	4867	2493	2820	15060		30HXC250A	HFC-134a	870	3912	1015	2060	4656
	16DN050	水	1758	4867	2493	2820	15800		30HXC300A	HFC-134a	1044	3912	1015	2060	4776
	16DN060	水	2110	5510	2905	3016	23800		30HXC350A	HFC-134a	1218	4521	1015	2112	5553
	16DN066	水	2321	6122	2905	3016	25800		30HXC400A	HFC-134a	1392	4521	1015	2112	5721

工业建筑 [61] 动力站/制冷站

制冷站功能组成

1. 生产间：主要房间为机器间（用于布置制冷机）和辅助设备间。根据不同的制冷设备和制冷站的规模，制冷机和辅助设备可以分开设置，也可以合并在同一生产间内。

2. 辅助间：变电间、配电间、控制间、水泵间、维修间、贮藏间、值班室、办公室和卫生间等。辅助间各房间的设置是根据制冷站的规模所选用的设备类型、水、电的供应情况、机修体制以及生活设施的标准确定。

冷却水系统　　　　　　　　　　　　表1

系统	说明
直流供水系统	系统简单，冷却水经冷却设备后，直接排放。为了节水，一般不采用此种系统
重复使用供水系统	系统比较简单，冷却水可以与其他系统用水重复使用。本系统一般以水温较低的深井水作水源
循环供水系统	系统比较复杂，需设冷却构筑物和泵站等。本系统在冷却水循环使用过程中，只需少量的补充水，节水效果显著。目前，我国大部分制冷站采用这种供水系统

注：循环供水系统大多采用冷却塔，一般设在屋顶上也可设在地面，为储存和调节水量，需设水池，池水深一般1.20~1.50m，水池也可用塔下水盆代替。

制冷站分类　　　　　　　　　　　　表2

类别		说明
压缩式制冷站	活塞压缩式制冷站	常用的制冷工质为氟利昂（R-22，R-407C，R-410A）
	离心压缩式制冷站	常用的制冷工质为氟利昂（R134a，R123，R22）
	螺杆压缩式制冷站	常用的制冷工质为氟利昂（R134a，R410A，R407C），是目前国内使用比较广泛的制冷站
蒸汽喷射制冷站		通常适用于空调冷冻水温度较高的场所
吸收式制冷站		常见的有氨—水吸收式制冷和水—溴化锂溶液吸收式制冷两种，前者用于低温制冷，后者用于空调制冷

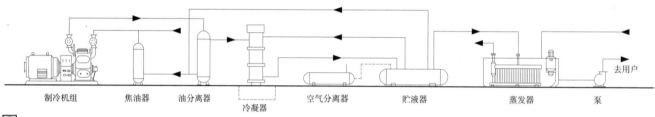

1 冷水机组工艺流程

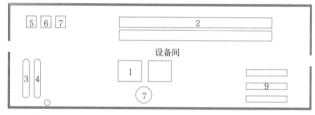

2 氨工艺流程

设备布置间距表　　　　　　　　　　表3

项目	间距
机组与墙之间	≥1.0m
机组与配电柜之间	≥1.5m
机组与机组或其他设备之间	≥1.2m
蒸发器、冷凝器、低温发生器的维修间距	≥蒸发器、冷凝器、低温发生器的长度
机组与其上方的管道、烟道、电缆桥架之间	≥1.0m
主要通道的宽度	≥1.5m

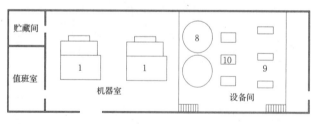

a 氨压缩机制冷

b 离心式压缩制冷

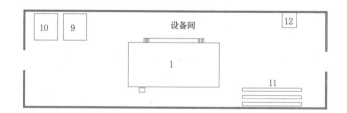

c 溴化锂吸收式制冷

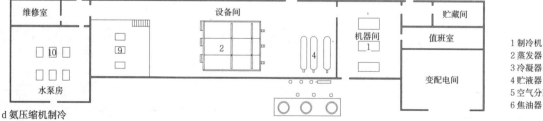

d 氨压缩机制冷

3 工艺设备布置

1 制冷机　　7 油分离器
2 蒸发器　　8 水罐
3 冷凝器　　9 循环泵
4 贮液器　　10 冷却泵
5 空气分离器　11 冷水机组
6 焦油器　　12 溶液池

概念

2层及2层以上，且建筑高度不超过24m的厂房为多层厂房；2层及2层以上且建筑高度超过24m的厂房为高层厂房，多（高）层厂房由生产厂房、生产辅助用房、生产管理用房和生活间组成。

适用范围

1. 适用于生产工艺主要为垂直布置的企业，如制糖、粮食、造纸、玻璃制造等。
2. 需要不同层高操作的生产，如化工厂。
3. 适合生产设备及生产原料较轻、运输量不大的生产，如精密仪表、电子工业、实验等厂房。
4. 适用于建筑用地紧张的地段或城市建设规划需要。
5. 利用生产原料的重力势能自然下落的生产。
6. 建设用地坡度大，不利于单层厂房的布局，为减少土方工程量，可采用多层布局的生产方式。
7. 生产环境有特殊要求的生产，如恒温恒湿、净化洁净、无菌等，多层厂房有利于满足这些环境的要求。

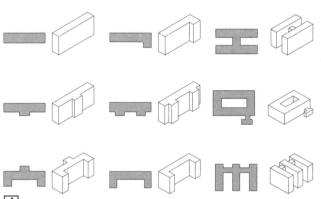

[1] 常见平面形式与建筑体块

多（高）层厂房特点

1. 在不同标高的楼层进行生产，除水平方向外，要重点解决垂直方向的生产联系。
2. 占地面积较少，降低基础工程量，节约土建费用；缩短厂区道路、管线、围墙等长度，节约投资。
3. 厂房采用侧面采光时，进深不宜过大，否则需设人工照明，或采用内院式和凹凸式布置增加采光、通风面积。
4. 屋顶面积小，一般不需设天窗，屋面构造简单，雨雪排除方便，有利于保温和隔热处理。
5. 厂房为梁板柱承重，由于在楼层上布置设备，受结构制约，厂房柱网尺寸较小，不利于工艺设备更新。对所需大荷载、大设备、大振动的生产设备适用性较差；如有需要，应做特殊结构构造处理。
6. 厂房楼层荷载相对较小，对于荷载大、要求大柱网生产以及抗震要求高的生产考虑用钢结构。

生产工艺流程　　　　　　　　　　　　　　　　　表1

	自上而下式	自下而上式	上下往复式
特点	把原料送至最高层后，采用自上而下的生产工艺流程进行加工，最后由底层运出	原料自底层按生产流程逐层向上加工，最后在顶层加工成成品	有上有下的一种混合布置方式，适应不同情况的要求，应用范围较广
适用范围	进行粒状或粉状材料加工的工厂，如面粉加工厂和电池干法密闭调粉楼	轻工业类的手表厂、照相机厂或一些精密仪表厂	适应性较强，是经常采用的布置方式，如印刷厂
图示			

生活辅助空间的布置

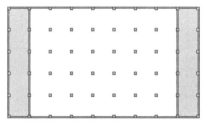

a 生活区布置在生产区两端

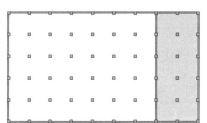

b 生活区布置在生产区一端

这种方式不影响生产区域的采光通风。

[2] 端部式布局

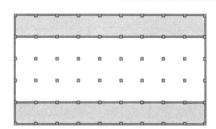

a 生活区布置在生产区两侧

b 生活区布置在生产区的一侧

这种方式影响生产区域的采光通风，对于采光通风需求高的生产不宜采用。

[3] 侧部式布局

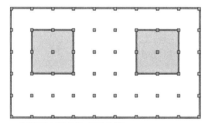

a 生活区布置在生产区内部

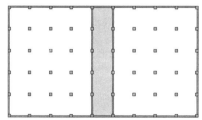

b 生活区内部贯通于生产区

这种方式与生产联系密切；当生产面积较大时，宜采取此种布局方式。

[4] 内部式布局

工业建筑 [63] 多（高）层厂房 / 平面布置原则·组合形式

平面布置原则

1. 保证工艺流程的短捷，尽量避免往返，尤其是上下层间的往返，辅助工段尽量靠近服务对象布置。
2. 在生产工艺允许的情况下，尽量将运输量大、重型吊车、用水量多的生产工段布置在底层。
3. 有特殊要求的工段，由于对生产设备及生产所需环境有严格要求，应尽量分别集中布置，以竖向或水平向的分区方式，达到设备的合理化应用。
4. 按通风采光要求，合理布置各生产工段的流程。对环境有害或危险的工段，尽量集中布置在下风向，以免造成环境污染。若条件允许，应独立分隔布置。
5. 厂房的柱网尺寸除应满足生产需求外，还应具有灵活性，以适应生产工艺发展和变更的需要。
6. 由于生产性质、生产环境要求不同，组合时宜将具有共性的工段作水平和垂直的集中分区布置。
7. 合理布置楼梯间、电梯间、门厅等交通空间和生产辅助用房、办公管理用房、休闲空间等的位置。

不同平面形式的特点　　　　　　　　　　　　　　表1

平面形式	特点	适用范围
单、多层式 [1]	生产空间灵活多变	一层大空间，上层小空间，中庭可通风采光
统间+内通道 [2]	生产空间灵活多变	一层大空间，上层小空间，中庭无通风采光
统间式 [3]	生产在大空间，不设分隔，辅助和交通在厂房中	工艺联系密切，需大空间，有通用性、灵活性，这种布置对生产有利
内通道式 [4]	生产工段需分隔，用内廊连接起来，对有恒温、恒湿、防尘、防振等要求的房间可分别集中	适用于各工段或房间面积不大，生产上有密切联系，又不互相干扰的厂房；不适用于需要大空间、大规模的生产工艺
凹凸式 [5]	利于自然采光、通风	要求自然采光
大进深式 [6]	加大了建筑宽度	生产工段需满足大面积、大空间或高精度的要求
庭院式 [7]	利于自然采光、通风	适用于大平面形式

组合形式

按生产工艺及使用面积的不同，采取平面组合布置。

a 底层平面（大进深式）

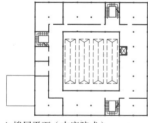
b 楼层平面（内庭院式）

[1] 单层、多层大小面积组合布置

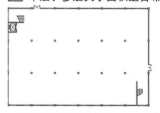
a 底层平面（大进深式）

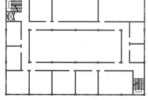
b 楼层平面（内走道式）

[2] 统间式和内通道式组合布置

平面布置的形式

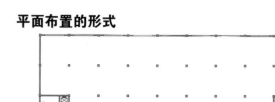
[3] 统间式布置

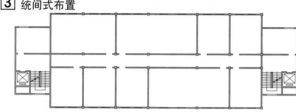
a 两侧房间相同进深

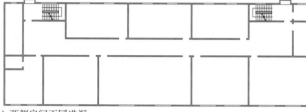
b 两侧房间不同进深

[4] 内通道式布置

[5] 凹凸式布置

a 环状布置通道（通道在外围）

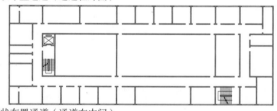
b 环状布置通道（通道在中间）

[6] 大进深式布置

[7] 庭院式布置

楼梯、电梯间的布置原则

1. 楼梯、电梯间位置应结合厂房出入口布置，且与厂区主干路相结合，使其有利于交通、方便运输等需要。
2. 数量和布置应满足有关防火安全疏散的要求。
3. 楼梯、电梯间的位置应保证人、货流的通畅方便，宜设单独的人流及货流出入口，以免造成拥塞。
4. 电梯附近设楼梯及辅助楼梯，保证电梯发生故障时能安全疏散，底层平面宜设直接对外出口。
5. 电梯间前需留出供货物临时堆放的缓冲地段。
6. 在满足生产运输和防火疏散的前提下，位置布置在厂房边侧或相对独立的区段处，保证厂房空间完整性，满足生产空间集中使用、厂房扩建及灵活性的要求。
7. 在满足生产工艺要求的基础上，楼梯、电梯间与生活间、生产车间的位置和楼层高度相协调，同时为厂房的空间组合及立面造型创造良好条件。

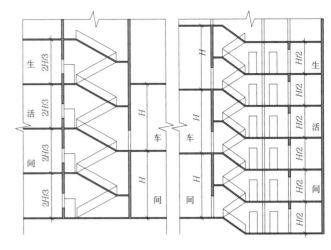

a 生产车间和生活间层高比3:2　　b 生产车间和生活间层高比2:1

1 楼、电梯间，生产车间和生活间的竖向组合

楼梯、电梯间的位置分析　　表1

	厂房端部	厂房中部	厂房外部	连接处
备注	布置有较大的灵活性，不影响厂房的建筑结构，建筑造型易于处理，适于不太长的厂房	距厂房两端都不太远，生活间与垂直交通枢纽可组合在一起，不影响工艺布置以及厂房的采光、通风	整个厂房生产工段开敞、灵活，对结构整体刚度有利，也能适应内廊式平面	交通空间与生产单元连接，便于组织大规模生产，平面布局与整体造型严谨而生动
示意图				

楼梯、电梯间的交通分析

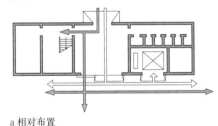

a 相对布置

b 斜对布置

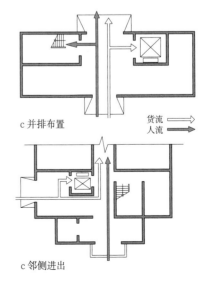

c 并排布置

货流 ⇒
人流 →

2 人货流同门出入

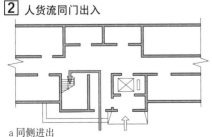

a 同侧进出

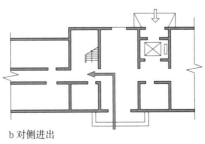

b 对侧进出

c 邻侧进出

3 人货流分门出入

工业建筑 [65] 多（高）层厂房 / 柱网、剖面

影响柱网选择的原因

1. 满足生产工艺和生产设备安装对柱网的要求。
2. 运输设备、生产及生活辅助用房的布置。
3. 结构形式、建筑材料和施工安装条件的要求。
4. 要考虑生产工艺及生产规模多变等因素的要求。
5. 结合地域性特点满足技术经济的合理性要求。

柱网布置的原则

厂房设计中，柱网选择实际上就是要根据工艺上生产所需要的面积和空间，通过技术经济比较来选择主要承重结构方案，并结合实际施工的可行性。同时加强厂房组成构配件的互换及通用性，以提高厂房的综合经济效果。

柱网布置的类型

典型柱网布置类型　　　　　　　　　　　　　　　表1

	等距式柱网	大跨度式柱网
适用	仓库、轻工、仪表、电子等工业厂房中	需大型设备和空间，有特殊需求并需人工照明与机械通风的厂房
备注	便于建筑工业化和生产流水线的更新，用轻质隔墙分隔后，亦可作内廊式布置	厂房构件种类，比等距式多些，不如前者优越，但有时能满足生产工艺，合理利用面积
柱网尺寸	跨度一般≥9m（d≥9m，L≥7m）	跨度一般≥12m（d≥12m，L≥18m）
图例		

剖面设计形式

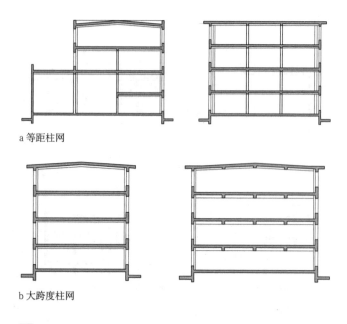

a 等距柱网

b 大跨度柱网

1 剖面设计常见形式

层数

多层厂房的层数主要取决于生产工艺、城市规划、建筑场地、结构形式和经济效益等因素。目前，国内6~7层的多层厂房已属常见，经济层数是4~5层。

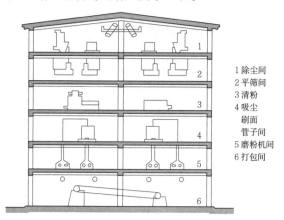

1 除尘间
2 平筛间
3 清粉
4 吸尘
　刷面
　管子间
5 磨粉机间
6 打包间

2 多层面粉厂（面粉制造对层数的影响）

影响层高的因素

1. 满足生产、运输设备的需要。一般在生产工艺允许的情况下，可把一些重量重、体积大和运输量繁重的设备布置在底层。当设备特别高大时，可把局部楼层抬高来满足要求。
2. 厂房内部功能划分不同，有生产空间、辅助空间和交通空间等，不同功能有着相应的层高要求。
3. 为满足采光和通风的要求，一般采用双面侧窗的方式。当厂房宽度过大时，必须提高侧窗的高度，以此来增加采光及通风量，相应地要增加建筑层高来满足要求。
4. 设备管道高度的需求。当管道数量和种类较多又复杂时，可采用吊顶或将局部设备放在地下，以及把管道集中布置在技术夹层的措施。应根据管道高度、检修操作空间高度，相应地提高厂房层高，同时要保证剩余高度依然能满足生产及生活辅助空间的高度要求。
5. 满足工艺的基础上从经济角度分析层高的影响。

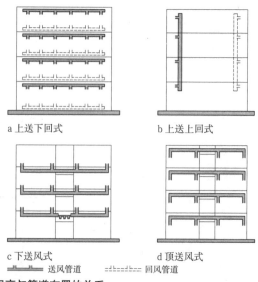

a 上送下回式　　　　b 上送上回式

c 下送风式　　　　　d 顶送风式

　送风管道　　　　　回风管道

3 层高与管道布置的关系

钢筋混凝土结构

耐久性、耐火性、刚性、整体性好,节约钢材;但自重比较大,施工周期长,补强维修困难。

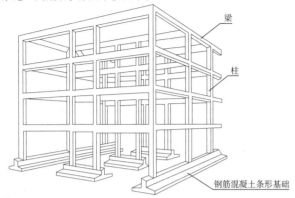

[1] 框架结构中混凝土基础、柱、梁

钢结构

特点:强度高、重量轻、材质均匀、塑性韧性好,具有良好的加工性能和焊接性能,耐热;易腐蚀、耐火性差、单体材料造价略高。

1. 型钢。可重复使用、施工周期短,用于跨度20m左右多层厂房楼面较经济。
2. 桁架。外形简单流畅,稳固性能好,工艺相对网架简单;整体性不如网架。用于跨度30m左右多层厂房屋面较经济。
3. 网架。充分发挥材料强度,刚度和整体性好,抗震性好,结构美观;但制作工艺较桁架复杂。

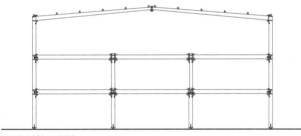

a 型钢结构示意图

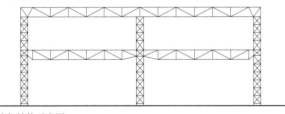

b 桁架结构示意图

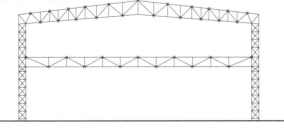

c 网架结构示意图

[2] 钢结构示意图

钢与混凝土组合结构构件

充分发挥钢材抗拉强度高、混凝土抗压强度高的优点,弥补各自的缺点,将两种材料进行优化组合。

1. 组合梁:通过钢梁和混凝土翼缘板之间设置剪力连接件,使之成为一个整体共同工作,亦称组合梁。
2. 组合板:是指压型钢板不仅作为混凝土楼板的永久性模板,而且作为下部受力钢筋参与楼板的受力计算,与混凝土一起共同工作形成组合板[3]a。
3. 组合桁架:在钢桁架上弦焊接钢筋或带头栓钉的连接件,再灌注钢筋混凝土板而形成组合桁架[3]b。
4. 组合柱:型钢混凝土柱特点:钢骨架埋入钢筋混凝土中的一种新型的结构形式,增强柱子的强度及刚度;钢管混凝土特点:把混凝土灌入钢管中并捣实以加强组合体的强度和刚度,见[3]c。

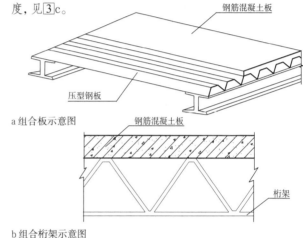

a 组合板示意图

b 组合桁架示意图

型钢混凝土柱

钢管混凝土柱

c 常见组合柱

[3] 组合结构示意图

结构体系选型、经济跨度及基础形式

1. 多层厂房结构体系选型应按荷载、跨度、地震、吊车、温度、地质条件、腐蚀等因素综合考虑。
2. 各种结构体系适用跨度,括号内为经济跨度:
钢筋混凝土:8~16m(10~14m);
型钢:14~24m(15~18m);
桁架:24~40m(28~34m);
网架:40~60m(45~50m)。
3. 多层厂房基础多采用柱下独立基础、条形基础、十字形基础。如场地土质条件较差可采用筏基础或桩基础。

工业建筑 [67] 多（高）层厂房 / 多层通用厂房

概念

适用于多种工艺生产流程，生产空间可变性强，灵活通用性强，可单独销售或出租的厂房。

适用范围

1. 适用于投产时间短、生产周期短的生产。
2. 适用于生产规模不大、生产设备重量小的生产。
3. 生产过程中对环境污染较小。
4. 生产中对水、电、气供应的要求简单。
5. 适合租赁生产和工业地产销售。
6. 对远期生产工艺有调整及改变的需要。
7. 可适合同一厂房内多种不同工艺的生产需求。

设计要点

1. 满足不同厂家需要的多种单元类型，单元面积一般为500~2000m²。各单元设有或预留独立垂直交通空间，可满足各自生产要求。
2. 尽量选用较大的柱距、跨度及层高，有利于生产的灵活布置及改进。柱距不宜小于9m，层高不宜小于4.2m，结构荷载统一。
3. 厂房内部只做简单装修，厂家租用或购买后，可根据自己需要进行做二次装修。
4. 厂房对地面、楼面的荷载有明确的限制要求；生产设备重量轻，生产中产生的振动小。
5. 对水电供应要求简单。厂房内各单元留有水、电、气接口，并分户计量。其他动力设施、空调、通信、网络等由厂家自行装设。
6. 各单元宜有生产面积5%左右的配套空间用于布置生产辅助功能用房，如独立的生产辅助空间、生产管理空间、卫浴空间等。
7. 有完整的消防设施，若厂房出租或出售后，无论如何分隔，仍要满足人员疏散和消防给水等方面的防火要求。
8. 厂房周围应有停车场地、站台等设施。一、二层可作仓库或停车场。
9. 厂房与厂房之间的间距宜适当加大，以便于后续改造，以及厂房自身的通风等。
10. 在厂区整体规划设计中，应考虑区域功能的相对独立性，方便日后单独区域使用。

单元平面形式

平面形式示例

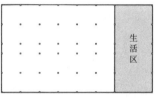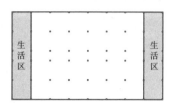

每段约为500~2000m²，可分段出租或出售。

1 一段式

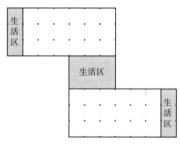

每层约1000~2000m²，少数厂房可为5000m²，可分层出租或出售。

2 分段式

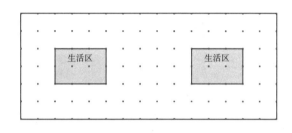

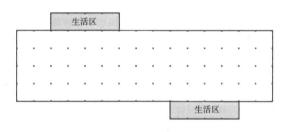

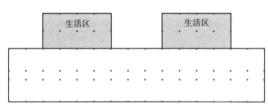

每单元约为500~2000m²，可分层或分单元出租或出售。

3 大单元并列式

单元平面形式　　　　　　　　　　　　　　　　　　　　　　　　　　　表1

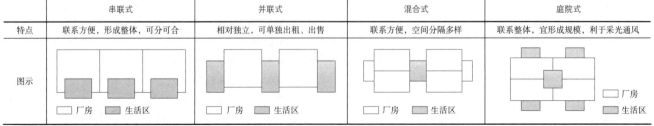

特点	串联式	并联式	混合式	庭院式
	联系方便，形成整体，可分可合	相对独立，可单独出租、出售	联系方便，空间分隔多样	联系整体，宜形成规模，利于采光通风

形体与立面设计影响因素

1. 生产工艺、生产规模及生产设备特点的不同，会形成不同的平面和剖面，影响厂房的整体造型。
2. 不同的企业文化、产品特点，对厂房外部形态产生影响。
3. 不同的结构形式和外部材料，对厂房立面造型产生影响。

形体与立面设计的原则

1. 建筑形体及立面应反映生产工艺特征，厂房外部形象应反映建筑内部空间及功能的组合特点。
2. 利用建筑结构形式和外部围护材料的特点来设计形体及立面。
3. 建筑形体与立面应与一定的经济条件相适应。
4. 建筑形体与立面应符合建筑美学的原则。
5. 建筑设计应表现企业文化，同时也要结合产品特点进行综合考虑。
6. 建筑的体型及立面风格要结合地域及文化的精神，并且要彰显现代工业建筑的时代特征。

立面设计方法

立面设计的常用方法示例　　　　　　　　　　　　　　表1

类型	图示	备注
横向划分		以横向带形窗作为装饰
竖向划分		以竖向带形窗作为装饰
混合划分		竖向和水平装饰构件穿插组合
建筑与设备结合		外露设备和建筑一体化
结构构件外露		以外露的结构构件作为立面装饰
企业文化		造型和立面突出企业形象和产品特征

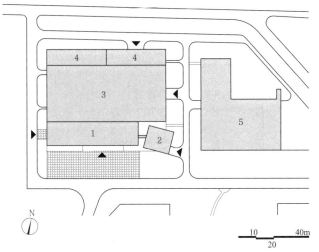

a 总平面示意图　　1 生活区　2 娱乐休闲区　3 主厂房
　　　　　　　　　4 库房　　5 科研楼

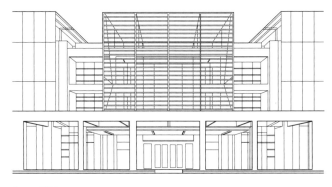

b 入口设计

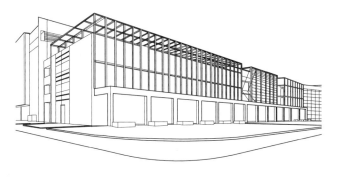

c 立面图一

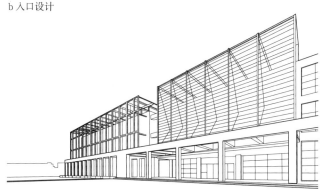

d 立面图二

1 西安某综合实验厂房

名称	主要技术指标	设计时间	厂房的设计理念遵循生产工艺原则。立面形式多样化、光线可调、选材合理，注重与周围环境的结合，从而突出了工业建筑所特有的独特气质
西安某综合实验厂房	建筑面积24410m²	2003	

工业建筑 [69] 多（高）层厂房/井塔建筑

概述

井塔是矿井工业场地地面上的重要塔式建筑物之一，是矿井竖向运输的主要建筑，是矿井生产的主要环节。其特点是所有与提升有关的系统布置在一个建筑物内，使用方便灵活，保温性好，主要用于北方寒冷地区，后期维护简单。

井塔建筑设计应紧密围绕工艺专业的提升要求，以及其他相关辅助系统的布置要求进行。

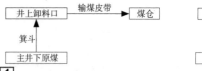

[1] 主、副井井塔的主要工艺流程

井塔组成

井塔主要由主提升系统、提升辅助系统(如供配电、通风、空气加热等)、地面辅助运输系统以及竖向交通系统组成。主提升系统布置在井塔的中央；提升大厅布置在井塔的最上层；供电系统布置在井塔的中间层；地面辅助运输系统布置在井塔的最下层；竖向交通系统布置在井塔的边部。

井塔结构形式

井塔结构形式要根据平面布局、高度、工艺设备布置、矿井通风方式、气候、地震烈度和地基条件、服务年限、材料供应、经济、施工技术与工期等来确定。一般井塔结构形式有钢筋混凝土箱形结构、圆筒形结构、箱框结构以及钢结构。

井塔竖向布置

井塔竖向布置首先是根据提升机主轮中心标高、设备尺寸确定提升大厅层高及井塔总高度，然后根据导向轮、防过卷装置、提升容器的安装、检修或更换时的进出方式、管道系统、电控设备的要求等进行导向轮层、防撞梁层、检修以及其他辅助运输方面的布置。在此基础上，对竖向交通运输系统根据使用及消防要求再进行布置。

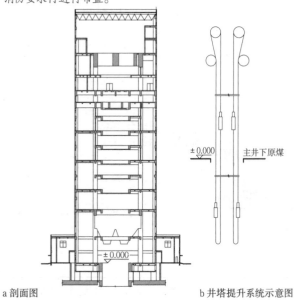

a 剖面图　　b 井塔提升系统示意图

[2] 井塔双提升机主轮轴中心高度组成示意图

井塔平面布置

井塔各层平面布置，首先应满足各种工艺设备的要求合理布置，同时考虑竖向布置、井筒位置、垂直交通、吊装孔等因素。提升机大厅位于井塔顶部，满足工艺要求同时应考虑提升设备的安装、检修场地。井塔其他各层，特别是井口平面层，这样才能从整体上获得协调布局。建筑防火设计应满足相关防火设计规范要求。

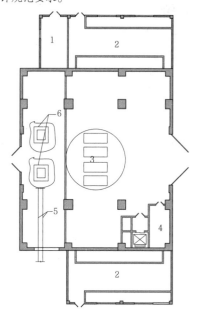

1 配电室
2 空气加热室
3 井筒
4 电梯、楼梯间
5 输煤皮带
6 煤仓

[3] 井塔双提升机井口面组成示意图

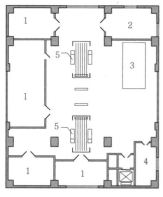

1 配电室
2 变压器室
3 吊装孔
4 电梯、楼梯间
5 导向轮装置

[4] 井塔双提升导向轮层布置图

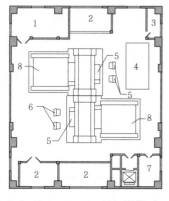

1 配电室
2 控制室
3 卫生间
4 吊装孔
5 提升设备
6 液压站
7 楼梯间
8 电机设备

[5] 井塔双提升提升大厅层布置图

实例/多(高)层厂房 [70] 工业建筑

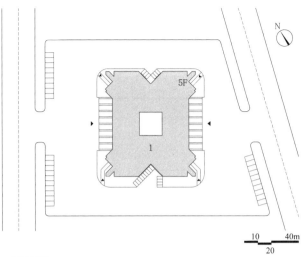

a 总平面图

1 厂房　　　　　　8 车间办公
2 货运周转台　　　9 排风机房
3 成品卸货平台结合器　10 消防空调机房
4 货车位　　　　　11 消防水池
5 卸货平台　　　　12 泵房
6 电梯厅　　　　　13 高低压配电室
7 天井花园　　　　14 消防中心

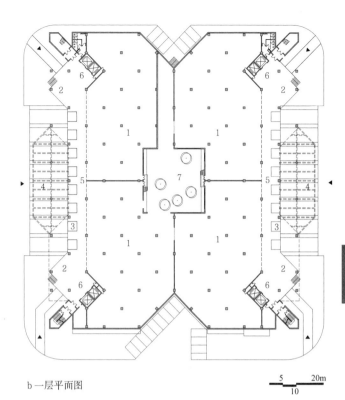

b 一层平面图

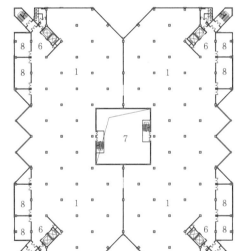

c 标准层平面图

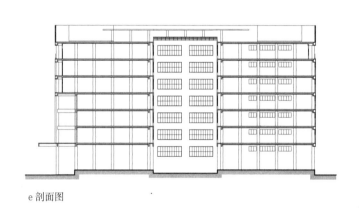

e 剖面图

d 地下层平面图

f 透视图

1 中国高科深圳工业园

名称	主要技术指标	设计时间	设计单位	建筑采用回字形总体布局，对外体现出完整的形象，在内部自成一体，形成宜人、内敛、私密的内部空间，多层通用厂房设计基于通用性、灵活性、大空间、大柱网，满足使用要求
中国高科深圳工业园	建筑面积46276.m²	2004	北京市建筑设计研究院有限公司	

工业建筑 [71] 多（高）层厂房 / 实例

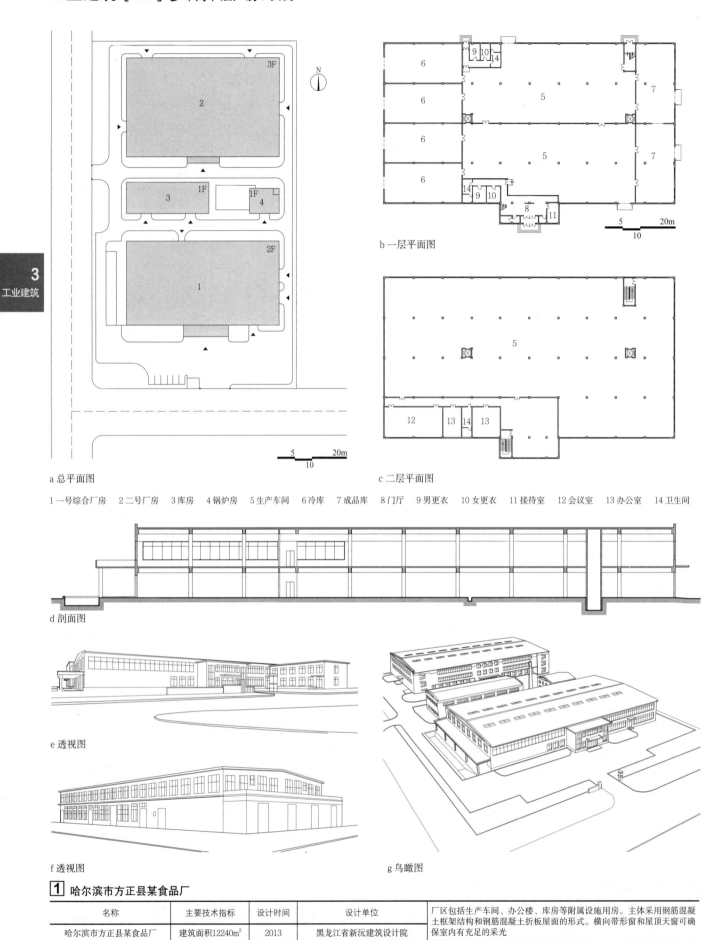

a 总平面图

1 一号综合厂房　2 二号厂房　3 库房　4 锅炉房　5 生产车间　6 冷库　7 成品库　8 门厅　9 男更衣　10 女更衣　11 接待室　12 会议室　13 办公室　14 卫生间

b 一层平面图

c 二层平面图

d 剖面图

e 透视图

f 透视图

g 鸟瞰图

1 哈尔滨市方正县某食品厂

名称	主要技术指标	设计时间	设计单位	厂区包括生产车间、办公楼、库房等附属设施用房。主体采用钢筋混凝土框架结构和钢筋混凝土折板屋面的形式。横向带形窗和屋顶天窗可确保室内有充足的采光
哈尔滨市方正县某食品厂	建筑面积12240m²	2013	黑龙江省新沅建筑设计院	

实例 / 多（高）层厂房 [72] **工业建筑**

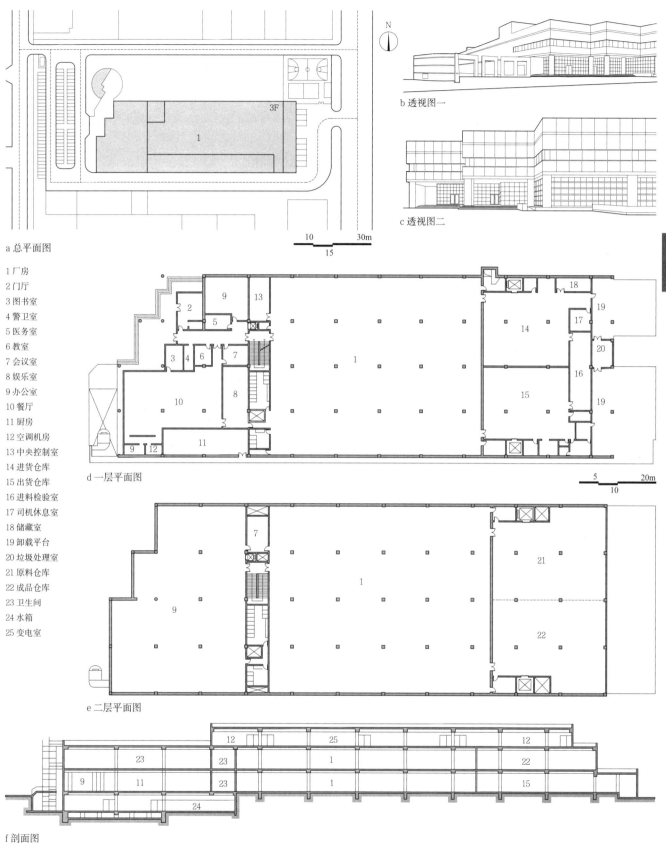

a 总平面图
b 透视图一
c 透视图二
d 一层平面图
e 二层平面图
f 剖面图

1 厂房
2 门厅
3 图书室
4 警卫室
5 医务室
6 教室
7 会议室
8 娱乐室
9 办公室
10 餐厅
11 厨房
12 空调机房
13 中央控制室
14 进货仓库
15 出货仓库
16 进料检验室
17 司机休息室
18 储藏室
19 卸载平台
20 垃圾处理室
21 原料仓库
22 成品仓库
23 卫生间
24 水箱
25 变电室

1 摩托罗拉电子公司

名称	主要技术指标	设计时间	设计单位	
摩托罗拉电子公司	建筑面积7036.1m²	1987	薛昭信建筑事务所	厂房分为3个区：行政办公区、生产区、仓库及用房等，厂房采用钢筋混凝土框架结构。在建筑造型上，建筑使用简洁的白色和蓝色，强调了高科技的简洁明快，立柱后面的格状窗带凸显东方韵味

洁净厂房

洁净厂房是指应用洁净技术实现控制生产环境空气中的含尘浓度、含菌浓度、温度、湿度与压力,以达到所要求的洁净度与其他环境参数的空间或区域。

洁净厂房主要可分为:

1. 工业洁净厂房,主要控制生产环境含尘浓度,用于军事、宇航、电子工业、精密仪表加工等领域;

2. 生物洁净厂房,主要控制生产环境中含菌浓度,用于医疗卫生、药品、生物制品、食品、化妆品制造等领域。

生物洁净室和工业洁净室的差异　　　　　　　　　表1

生物洁净室	工业洁净室
需控制微粒、微生物的污染,室内需要定期灭菌,内装修材料及设备应能承受药物的腐蚀	控制微粒污染,内装修及设备以不产生尘为原则,仅需经常擦抹以防止积尘
人员和设备需经吹淋、清洗、消毒、灭菌方可进入	人员和设备经吹淋或纯水清洗后进入
需经48h细菌培养,才能测定空气的含菌浓度,不能得到瞬时值	室内空气含尘浓度可连续检测、自动记录
需除去的微生物粒径较大,可采用HEAP过滤器(高效)	需除去的是≥0.1~0.5μm的尘埃粒子,高洁净度洁净室需用ULAP过滤器(超高效)
室内污染源主要是人体发菌	室内污染源主要是人体发尘

技术要求

1. 洁净厂房生产环境的设计应根据生产工艺的要求,控制空气中飘游的微尘粒子、浮游菌,控制沉降菌,且能防止微尘粒子及菌类的产生。

2. 能按照生产工艺的需求,实现对室内的温度和湿度精确控制。

3. 洁净室(区)与非洁净室(区)、不同洁净度等级或产品生产工艺性质不同的洁净室(区)之间,应保持一定的正压或负压,并且能通过技术措施实现压差的调节和控制。

4. 应能将生产过程中使用或产生的各种酸性、碱性、有机溶剂、一般气体、特殊气体、有毒有害气体等排出,防止影响正常生产及生命、财产安全。

5. 洁净厂房外围护结构应具备保温、隔热、气密、防火、防潮、防结露的特性,内部维护结构应具备气密、防火、硬质、光滑、不积尘的特点。

6. 能控制、导出、耗散对工艺生产、人体及环境安全有重大影响的静电效应。

7. 能屏蔽对各种电气、通信等设备、自动控制系统、易燃易爆环境及人体健康产生影响的电磁干扰。

8. 能满足各种精密设备(仪器、仪表)工作运行对微振动的控制要求。

9. 采取隔声、吸声等降噪措施,符合《工业企业噪声控制设计规范》GBJ 87的相关技术要求。

10. 在维护结构、动力系统等各方面采取节能技术措施。

洁净厂房的组成

洁净厂房一般包括洁净生产区(洁净区)、洁净辅助区、办公管理区、设备用房区。

洁净辅助区包括人员净化用房、物料净化用房和部分生活用房等。

办公管理区包括办公、会议、值班、管理和休息室等。

设备用房区包括净化空调系统用房间、电气用房、高纯水纯气用房、冷热设备用房等四类用房。

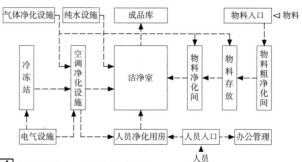

1 洁净厂房的主要组成示意图

洁净室的组成

洁净生产区(洁净室)由下列各项系统所组成:

1. 空间维护系统:包括防静电墙体、吊顶、地板,密闭门窗、回风夹道、技术夹层、夹道、竖井等。

2. 建筑净化设备:包括空气吹淋室、传递窗、洁净电梯、气闸室、洁净工作台、生物安全柜、层流罩、余压阀等。

3. 净化空调系统:包括空气过滤器、新风处理机组、净化循环机组、离心或轴流风机、风机过滤机组(FFU)、管道等。

4. 动力及能源系统。

5. 工艺管线。

洁净厂房设计原则

洁净厂房设计是一项相关专业综合完成的设计技术,它与一般工业厂房设计有类似之处,也有自身的特点。洁净厂房设计时应遵循的总体原则如下。

1. 首先根据洁净室拟生产产品的门类、品种或使用情况,确定设计洁净室的控制对象及技术要求。

2. 洁净室设计中涉及的各专业设计均应采取妥善、可靠的技术措施,减少或防止室内产尘,滋生微生物,减少或阻止将微粒、微生物或可能会造成交叉污染的物料带入室内,确保洁净室内所必须的空气洁净度。

3. 洁净室的设计应做到顺应工艺流程,合理选择设备和装置,尽力实现人流、物流顺畅短捷,动能输送简短合理,空间布置分配得当,实现可靠、经济运行的洁净厂房。

4. 不同空气洁净度等级的洁净室(区)之间联系频繁时,应采取防止污染的措施。

5. 洁净厂房的设计必须符合消防、安全等国家有关标准、规范,确保实现洁净厂房安全运行。

6. 洁净厂房的设计应尽可能地考虑灵活性,以便将来进行技术改造,适应产品换代或设备更新的要求。

空气洁净度等级

空气洁净度等级是洁净室及洁净区内空气中某种粒径的悬浮粒子或微生物最大浓度限值，以等级序数N命名。

洁净度等级 表1

空气洁净度等级N	大于或等于表中粒径的最大浓度限值（pc/m³）					
	0.1 μm	0.2 μm	0.3 μm	0.5 μm	1 μm	5 μm
1	10	2				
2	100	24	10	4		
3	1000	237	102	35	8	
4	10000	2370	1020	352	83	
5	100000	23700	10200	3520	832	29
6	1000000	237000	102000	35200	8320	293
7				352000	83200	2930
8				3520000	832000	29300
9				8320000		293000

注：本表摘自《洁净厂房设计规范》GB 50073-2013。

洁净度等级（医药工业洁净厂房） 表2

空气洁净度等级	悬浮粒子最大允许数（个/m³）		微生物最大允许数	
	≥0.5 μm	≥5 μm	浮游菌（cfu/m³）	沉降菌（cfu/皿）
100	3500	0	5	1
10000	350000	2000	100	3
100000	3500000	20000	500	10
300000	10500000	60000	—	15

注：本表摘自《医药工业洁净厂房设计规范》GB 50457-2008。

不同标准的洁净室（区）空气洁净度等级对应关系 表3

国内及国际ISO标准	Class 1	Class 2	Class 3	Class 4	Class 5	Class 6	Class 7	Class 8
美国联邦标准209E			Class 1	Class 10	Class 100	Class 1000	Class 10000	Class 100000

各类电子产品生产对空气洁净度等级的要求 表4

产品、工序		空气洁净度等级	控制粒径（μm）
半导体材料	拉单晶	6~8	0.5
	切、磨、抛	5~7	0.3~0.5
	清洗	4~6	0.3~0.5
	外延	4~6	0.3~0.5
芯片制造	氧化、扩散、清洗、刻蚀、薄膜、离子注入、CMP	2~5	0.1~0.5
	光刻	1~5	0.1~0.3
	检测	3~6	0.2~0.5
	设备区	6~8	0.3~0.5
封装	划片、键合	5~7	0.3~0.5
	封装	6~8	0.3~0.5
TFT-LCD	阵列板（薄膜、光刻、刻蚀、剥离）	2~5	0.2~0.3
	成盒（涂复、摩擦、液晶注入、切割、磨边）	3~6	0.2~0.3
	模块	4~6	0.3~0.5
	彩膜板（C/F）	2~5	0.2~0.3
	STN、LCD	6~7（局部5级）	0.3~0.5
印制版的照相、制版、干膜		7~8	0.5

注：本表摘自《洁净厂房设计规范》GB 50073-2013。

空气净化系统

洁净厂房空气净化的主要任务是根据各种产品的生产工艺、不同工序、各类房间的空气洁净度等级需要，采取空气过滤技术措施，将洁净室内空气中悬浮的粒状或化学分子污染物质降低到允许的浓度以下。

空气净化系统一般采用由初效、中效、高效（或亚高效）空气过滤器组成的三级过滤。

送入洁净室的清洁空气，主要是靠在送风系统的各部位设置不同性能的空气过滤器，用以除去空气中的悬浮颗粒和微生物。对需要去除空气中浓度极微的化学污染物或分子污染物的生产，如大规模集成电路、生物制品的生产等，还需在洁净室的送分系统中增设各种类型的化学过滤器、吸附过滤器、吸收装置等。

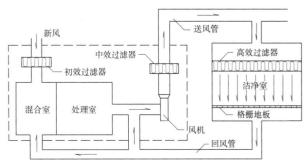

1 空气净化系统

空气过滤器分类 表5

类别	过滤主要对象粒径（μm）	计数效率（%）（对≥0.3μm粒径尘埃）	相对其他效率（%）	动阻力（mm水柱）	其他
初效	>10	<20	计重效率40~90	<3	阻挡新风携带10μm以上沉降微粒，达初净化要求
中效	1~10	20~90	比色效率45~98	<10	阻挡1~10μm悬浮性微粒，达中净化要求
亚高效	<5	90~99.9	—	<15	过滤送风中含量最多的1μm以下的亚微米级微粒，达高(超)净化要求
高效	<1	>99.9		<25	

空气中主要污染物质的净化方法 表6

污染物质类别	主要净化方法
悬浮颗粒	过滤法、洗涤分离法、静电沉积法、重力沉降法、离心力和惯性力分离法
细菌等微生物	过滤法、紫外线杀菌法、消毒剂喷雾法、加热灭菌法、臭氧杀菌法、焚烧法
有害气体、化学污染物	吸附法、吸收法、过滤法、焚烧法、催化氧化法等

某微电子洁净室净化空调实例 表7

洁净度等级ISO等级	气流流型	平均风速（m/s）	单位面积送风量[m³/(m²·h)]	应用实例
2	U	0.3~0.5	—	光刻、半导体工艺区
3	U	0.3~0.5	—	工作区、半导体工艺区
4	U	0.3~0.5	—	工作区、多层掩膜工艺、密盘制造、半导体服务区、动力区
5	U	0.2~0.5	—	
6	M	0.1~0.3	—	动力区、多层工艺、半导体服务区
	N或M	—	70~160	
7	N或M	—	30~70	服务区、表面处理
8	N或M	—	10~20	服务区

洁净室气流流型

洁净室气流流型是指洁净室室内空气的流动形态和分布。分为单向流、非单向流及混合流。

单向流：沿单一方向呈平行流线并且横断面上风速一致的气流。包括垂直单向流和水平单向流。

非单向流：送风气流通过引导，与洁净区内部空气混合后的气流。

混合流：单向流和非单向流组合的气流。

洁净室气流流型应根据各洁净室(区)空气洁净度等级和产品工艺特点的不同要求选用。空气洁净度等级为1~5级时，应采用单向流或混合流；空气洁净度等级为6~9级时，宜采用非单向流；

应对洁净室内空气的流动形态和分布进行合理的设计，尽可能避免或减少涡流，减少二次气流，有利于迅速有效地排除污染物；尽量限制和减少室内污染源散发的尘和菌的扩散，维持室内生产环境所要求的空气洁净度等级；兼顾维持室内的温、湿度及工作人员的舒适要求。

洁净室工作区的气流流速应满足生产工艺和工作人员健康的要求。

洁净室(区)所需的满足空气洁净度等级的洁净送风量和气流流型，宜按下表计算。

洁净送风量(静态)和气流流型　　表1

空气洁净度等级	气流流型	平均风速(m/s)	换气次数(次/人)
1~5	单向流或混合流	0.2~0.45	—
6	非单向流	—	50~60
7	非单向流	—	15~25
8~9	非单向流	—	10~15

注：换气次数适用于层高小于4.0m的洁净室。室内人员少、热源少时，宜采用下限值。

微环境装置

洁净室形式的选择应综合生产工艺要求、节约能源、减少投资和降低运行费用等因素确定，对空气洁净度净度要求严格时，宜采用微环境等形式。

微环境：将产品生产过程与操作人员、污染物进行严格分隔的隔离空间。

1. 当生产工艺或设备对空气洁净度等级、温度、相对湿度有较高要求，且所控区域不大时，宜采用微环境装置；
2. 微环境装置宜与生产工艺设备配套；
3. 在不影响工艺操作的前提下，应具有可靠的密闭性，内外表面应平整、光滑；
4. 围挡构造、材料的选用应方便生产操作。

洁净室内各种设施的布置

1. 单向流洁净室内不宜布置洁净工作台；非单向流洁净室的回风口宜远离洁净工作台。
2. 需排风的工艺设备宜布置在洁净室下风侧。
3. 有发热设备时，应采取措施减少热气流对气流分布的影响。
4. 余压阀宜布置在洁净气流的下风侧。

气流流型及特点

1. 单向流方式一般用于空气洁净度等级为1级至5级的洁净室，在医药生产、医院、电子、大规模集成电路等工程中应用广泛。送回风方式一般有侧送侧回、上送侧回、上送下回等。

洁净厂房垂直单向流洁净室的空间，应包括活动地板以下的下技术夹层、洁净生产层和吊顶以上的上技术夹层。

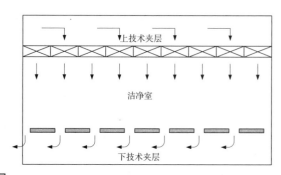

1 单向流流型及单向流洁净室

2. 非单向流方式一般用于空气洁净度等级为6级至9级的洁净室，根据高效过滤器及回风口的安装方式不同，气流组织分为上送侧下回、侧送侧回、上送上回，其中上送侧下回的方式最为常用。

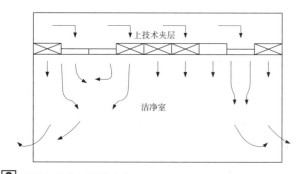

2 非单向流流型及其洁净室

3. 混合流洁净室的一般形式是整个洁净室为非单向气流流型(洁净度等级为6~7级)，在需要空气洁净度严格(5级及以上)的区域上方采用单向流流型的洁净措施，防止周围相对较差的空气环境影响局部的高洁净度。

各种空气洁净度等级的电子工业洁净厂房宜采用混合流洁净室，以利节约能源、减少投资和降低运行费用。

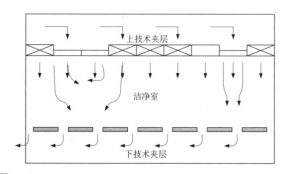

3 混合流流型及其洁净室

洁净厂房的选址

1. 应选在自然环境及气象条件好,空气湿润、含尘浓度低的地区,地形、地物、地貌造成的小气候要有利于建筑节能;不宜选在干旱、少雨、多风沙的地区。
2. 厂址应位于不受洪水、潮水或内涝威胁的地带。
3. 应远离铁路、码头、飞机场、交通要道以及散发大量粉尘和有害气体或化学污染物的工厂、贮仓、堆场等有严重空气污染、振动或噪声干扰或强电磁场的区域。

不能远离严重空气污染源时,则应位于全年最小频率风向下风侧。

4. 在厂区内应布置在环境清洁、污染物少、人流和物流不穿越或少穿越的地段。
5. 对于兼有微振控制要求的洁净厂房的位置选择,应实际测定周围现有振源的振动影响,并应与精密设备、精密仪器仪表容许振动值分析比较后确定。
6. 洁净厂房净化空调系统的新风口与城市交通干道之间的距离(相邻侧边沿)宜大于50m。

Ⅰ—严重污染区;Ⅱ—较重污染区;Ⅲ—轻污染区。

① 烟囱污染分区模式图

1 洁净厂房 2 冷冻站 3 变电所
4 氢氧瓶库 5 汽车库 6 锅炉房、烟囱
7 硅器件车间 8 氢氮站 9 金工车库
10 办公 11 宿舍 12 食堂
洁净厂房位于Ⅰ、Ⅱ、Ⅲ污染区之外。

② 某仪器元件厂厂址选择

总平面布置原则

1. 按生产工艺及其对净化等级的要求,将建筑分类分区布置,明确划分为洁净、一般生产区与污染区。联系密切的洁净厂房,必要时可用密封走廊连接,减少人员自室外带入的尘粒。
2. 洁净厂房应布置在环境清洁、人流及物流不穿越或少穿越的地段;离厂区内交通频繁道路较远处;远离锅炉房等对大气污染较重的设施或采取必要的技术措施。
3. 洁净厂房在规范、标准规定允许的前提下,尽量按组合式、大体量的综合性厂房布置,既方便管理,又节约能耗。
4. 洁净厂房厂区内道路应选用整体性能好、发尘量少的材料铺砌,通常采用沥青路面。
5. 洁净厂房厂区内应尽可能减少或不得有裸土地面,所有裸土应种植草坪、铺砌卵石等。
6. 厂区内绿化树种应选用不产生花絮、绒毛、粉尘等对大气有不良影响的树种;生产药品的洁净厂房周围不得种植有花粉的树木、花草,以防止花粉污染和昆虫影响。

洁净厂房主要尘源及污染途径表   表1

来源	污染途径	对应措施
外部尘源	1.工作人员通过人身、鞋帽、衣物、化妆品涂敷等带入; 2.空调净化系统将未经有效过滤的空气(包括管道剥落形成的积尘)送入; 3.通过建筑物门窗管道等缝隙渗入; 4.随材料、工具、图纸等带入; 5.由各种气体、液体管道引入	1.采取人身净化措施,设计合理净化程序; 2.采取相应的空气净化措施,选用不起尘材料覆风管; 3.通过合理构造设计,获得良好气密性; 4.采取物料净化措施,设计合理物净程序; 5.采取水和气体的净化与纯化,采用不起尘材料做管道或容器
内部尘源	1.生产过程中产生灰尘和污染物; 2.平面布置和气流组织不当,造成洁污气流相互干扰,室内积尘的二次飞扬; 3.建筑围护结构(地面、墙面、顶棚等)表面剥落或门窗五金的锈蚀、磨损; 4.由于人的操作、活动而排泄的皮屑、汗水等的污染; 5.生产设备的机械运动产生的尘粒; 6.室内家具的表面、棱角磨损与油漆剥落产生的尘粒	1.革新生产工艺或采取密封措施; 2.按洁净度与正压分区原则进行平面组合,选择合理的气流组织形式; 3.选择符合要求的建筑材料及配件、施工做法; 4.合理组织生产流线,严格操作规程,减少不必要的流动,穿越洁净工作服; 5.改进设备、家具设计,加强管理,严格执行室内卫生制度

绿化植物的功能   表2

生物功能	绿化植物能调节环境的温湿度,有利于室外空间的净化,相应地减轻了空调净化系统的负担; 植物能制造大量新鲜氧气,吸收二氧化碳、氟化氢、氯气等有害气体,能创造有益的生态环境; 绿化植物能净化空气,对大气中尘埃有明显的阻挡、过滤、吸附作用,能减少空气中菌量,一些植物能分泌一种杀菌素而具有一定杀菌能力
物理功能	绿化植物可作为空间围护,以分隔平面与空间; 它能遮阳隔热,减少室内温度波动,并节约冷负荷。同时,绿化植物还有减声减噪的作用
心理功能	绿化植物包含着丰富的形象美、色彩美、芳香美和风韵美,能调节人的神经系统,使紧张和疲劳得以缓和与消除

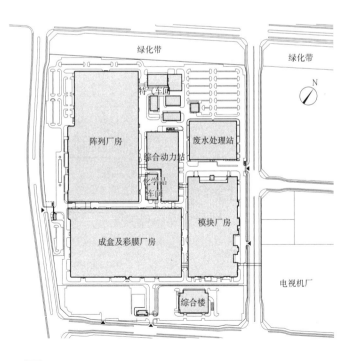

③ 某液晶显示器件厂总体布置图

平面布置原则

1. 平面布置应满足产品生产工艺和空气洁净度等级的要求，做到人流、物流的路线简捷、设备布置紧凑，并符合有关的消防安全、卫生规定。
2. 安排好洁净生产区、洁净用辅助间、管理区、公用动力设备区的相应关系，尽可能减少洁净室面积。
3. 将洁净室按洁净度等级分级集中设置。洁净度要求高的洁净室应布置在人流量最少处。
4. 生产工艺或生产设备有特殊要求时，宜分隔为单独的房间；生产过程中排放腐蚀性气体的生产设备或生产工序应分类、集中布置或与其他生产房间分隔。
5. 人员与物料出入口应分开设置，各自紧邻洁净区布置。内部人流、货流的污、净交通线路应避免往返交叉重叠。
6. 平面布局要同时考虑大型工艺设备的运输、安装、维修的运输路线，预留相应尺寸的设备运输通道及出入口。

布置的灵活性

洁净厂房设计时应考虑：建筑平面尺寸与剖面高度变化的灵活性、走线接管的灵活性、净化级别的灵活性。

1. 结构形式：不宜用砖混承重结构，宜用框架结构或大跨度钢筋混凝土柱网钢屋架，钢屋架的结构高度内可布置管线。
2. 剖面形式：洁净室的净高从严控制，但层高不宜太低。上部技术夹层宜用轻质有改变空间高度可能的软吊顶。下部设回风格栅地板、回风地沟或回风夹道等。
3. 构配件侧重于轻质材料，隔墙等宜用装配形式。
4. 洁净区的一侧（端）可留作洁净区的发展用。

建筑平面组合形式

洁净厂房建筑平面组合形式常采用贴邻、块状、围合等组合方式，根据每个洁净厂房不同的工艺生产需求，利用不同的跨度、高度和柱网来组织空间。在具体平面布置时要考虑下列情况：

1. 洁净室与一般生产用房分区集中布置

对于洁净厂房来说，有洁净度要求的生产往往仅为部分工序或者部分部件与产品，厂房内部往往兼有一般生产和有洁净度要求的生产。对兼有一般生产和洁净生产的综合性厂房，在考虑其平面布局和构造处理时，应合理组织人流、物流运输及消防疏散线路，避免一般生产对洁净生产带来不利的影响。

2. 洁净室及其辅助设施（公用、动力设施）的布置

空气调节与净化、水与气体的净化，以及电气控制的用室是净化生产的重要辅助部分。这些机房的规模、设备特征、机房位置及其空气循环与分配系统的安排，在很大程度上影响着厂房建筑的空间组合与尺度。在设计前期考虑平面布置时，需要解决好它们同生产工艺相互间的布局关系，以取得使用和经济上的良好效果。

3. 保证洁净室围护结构的气密性，避免厂房的变形缝穿过洁净区

为了保证洁净室围护结构的气密性（不透气性），避免产生裂隙，除须注意围护结构的选材和构造处理外，首先应使主体结构具有抗地震、控制温度变形和避免地基不均匀沉陷的良好性能。尽量使洁净车间部分的主体结构受力均匀，并且应避免厂房的变形缝穿过洁净区。

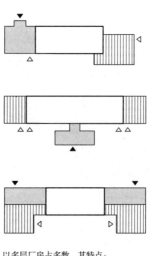

以多层厂房占多数，其特点：
1. 建筑占地少，有较好的建筑体形；
2. 可直接或间接采光；
3. 由于进深受到限制，平面灵活性差，各层之间产生相互干扰；
4. 管道走向较复杂。

a 窄矩形平面

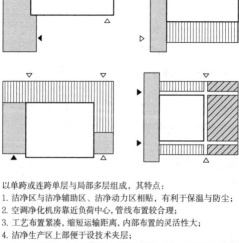

以单跨或连跨单层与局部多层组成，其特点：
1. 洁净区与洁净辅助区、洁净动力区相贴，有利于保温及防尘；
2. 空调净化机房靠近负荷中心，管线布置较合理；
3. 工艺布置紧凑，缩短运输距离，内部布置的灵活性大；
4. 洁净生产区上部便于设技术夹层；
5. 占地相对较大，厂房内部得不到自然采光，防火疏散要妥善处理。

b 宽矩形平面

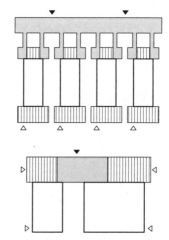

由几幢窄形单层与多层相连组合而成：
1. 可直接或间接采光；
2. 内部没有柱子，工艺布置方便灵活；
3. 有利于改建或分期扩建，相互不干扰；
4. 因外形复杂，占地面积大，外墙面积大，不利于保温、节能及防尘。

c 梳形平面

□ 洁净生产区　▨ 洁净辅助区　▦ 洁净动力区　▧ 非洁净生产区　▲ 主要入口　△ 次要入口

1 洁净厂房平面形式

剖面及空间设计

洁净厂房的剖面和空间形式主要取决于：

1. 生产设备及操作需要的基本空间尺寸。生产设备、物料运输系统应根据产品生产工艺要求布置，并应做到有效、灵活和操作方便。
2. 净化气流组织的形式。
3. 净化技术及辅助设施的布局。
4. 管线走向及隐蔽方式。各类管线的空间布置应满足生产工艺、安全间距和维修要求。

洁净室的高度应以净高控制，净高以100mm为基本模数。在满足生产、气流组织及人的生理要求前提下，应尽量降低净高，以减少换气量，降低能耗和建设投资。

剖面设计时应按各种管线截面、走向、标高等，相应考虑技术夹道、技术竖井、技术夹层和轻型吊顶的位置。

技术夹层高度应根据具体工程要求确定。

空调机房及管线布置

洁净厂房内管线一般包括：

1. 净化空调系统的送回风风管；
2. 酸、碱、有机、有毒等排风系统风管；
3. 消防排烟系统的排烟风管；
4. 给水系统的压力管道，如一般自来水、工艺冷却水、纯水及超纯水、中低温冷冻水、消防水等管道系统；
5. 排水系统的重力管道，包括污水、工艺冷却水、冷冻水的回水、化学品（酸、碱、有机溶剂等）废液的排放管道等；
6. 特种及大宗气体、压缩空气、真空系统配管；
7. 电力、电信、自控、照明、消防等电气系统线缆及桥架。

各种管线布置应尽量简短，减少冷热量和电能损耗。

技术夹层、技术夹道

洁净厂房的技术夹层、技术夹道的设置大体可分为下列几种方式。

1. 设有上技术夹层、下技术夹层的洁净厂房

这种形式常常用于集成电路的芯片生产或TFT-LCD生产用洁净厂房。这种形式的洁净厂房，一般规模较大，产品生产工艺连续性强、自动化程度高，常常是全部或部分采用产品生产过程的自动化传输装置，所以在进行建筑平面、空间布局和构造设计时，应与工艺设计、公用动力工程设计密切配合，充分满足产品生产工艺需要、自动化传输要求和各种公用动力设施的安装、维护要求，做出满足需要、方便运行管理的建筑设计。

在单向流洁净室内进行生产工艺设备、操作程序、人员流动路线和物料传输布置时，应采取避免发生气流干扰和交叉污染的措施。

2. 设有技术夹层、技术夹道的洁净厂房

这种形式可用于各类电子产品生产的洁净厂房，在洁净室（区）吊顶上部的技术夹层或洁净室（区）一侧或两侧的技术夹道，主要用于安装空气过滤器、灯具、风管和各种公用动力管线，这种设置形式，属于非单向流洁净室。

穿越楼层的竖向管线需暗敷时，宜设置技术竖井，技术竖井的形式、尺寸和构造应满足风管、管线的安装、检修和防火要求。当采用轻质构造顶棚做技术夹层时，夹层内宜设检修通道。

3. 管线组织

设计人员需要从管线布局的合理、生产使用的方便与安全、对洁净气流的影响、观瞻的整齐、检修的便利等等方面着眼，在总体方案设计阶段对于各种管线的敷设进行统筹安排，并采取不同程度的隐蔽措施。

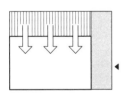
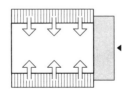
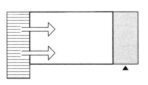
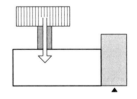

管道联系短捷，系统划分较灵活，减少洁净区外墙面，对防尘恒温有利，但机房的振动与噪声对洁净区的影响较大，应进行技术处理。

a 机房紧贴洁净区

振动与噪声对洁净区影响较小，但洁净区平面很长时风压不易均匀，当风量大而系统较多时，管道交叉，技术夹层高度增大。

b 机房紧靠洁净区窄端

机房的风管通过管廊与洁净区相连，机房的振动与噪声对洁净区影响小，该形式增加管道长度，系统较多时管道布置困难。

c 机房与洁净区脱开

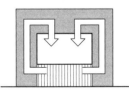
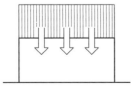
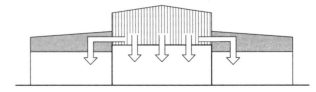

该形式可减少管道长度，系统划分具有较大灵活性，亦节省用地，但机房的振动与噪声应进行技术处理。

d 机房布置在洁净区的下方或顶上

图例：洁净生产区 ｜ 洁净辅助区 ｜ 空调净化机房 ｜ 技术夹层或夹道 ｜ ▲ 主要入口

[1] 空调净化机房位置

人员净化

人员净化用室包括雨具存放间、换鞋室、存外衣室、盥洗室、洁净工作服、管理室和空气吹淋室等。淋浴室、厕所、休息室等生活用室，以及工作服清洗间和干燥间等其他用室，可根据需要设置。

1. 人员净化设施可集中设置或分散设置。多层厂房可采用集中换鞋、分层更衣或全部集中的方式。人员净化路线应简捷、流畅，避免往返和交叉。

2. 人员净化用房入口的朝向避开常年主导风向或设置门斗；通过空气吹淋室进入洁净区的位置宜适中，以方便分散人流；空气吹淋室一侧应设旁通门。

3. 存放外衣和洁净工作服的用房要分别设置，衣柜均按在册人数每人设一柜；洁净工作服室应有一定的空气净化要求。

4. 如设置洁净工作服的清洗和干燥间，其位置宜在洁净工作服之前，并应有相应的洁净要求。

5. 盥洗室应设烘干设备，水龙头不宜用手启闭，其数量按最大班每10人设1个。

6. 厕所应设前室并不得设在洁净区内；当采用层流洁净灭菌卫生间时可设在洁净区内。

7. 单人空气吹淋室按最大班人数每30人设1台，人员较多时可设通道式空气吹淋室。

人员净化用室面积指标

人员净化用室的建筑面积按我国现行《工业企业设计卫生标准》GBZ1规定，可按洁净区的在册人数平均4～6m²/人计算。这与不同空气洁净度等级和工作人员数量有关。

人员净化用室面积参考指标（单位：m²/人） 表1

洁净度等级	人数		
	<10人	10～30人	>30人
5	6.80	5.60	4.40
6～8	5.90～4.90	4.50～3.65	3.10～2.40

物料净化

洁净室的物料及设备进入口应独立设置，并应根据设备及物料的特征、性质、形状等设置净化用房及净物设施。一般包括传递窗、风淋室、气闸室等。

1. 物料出入口应与人流出入口分开布置，以避免与人流路线干扰和交叉。

2. 物料在洁净区内的流线要顺应工艺流程并短捷。

3. 物净设施包括物料出入口及物料净化（一般由粗净化和精净化组成）两部分。

4. 粗净化间（如套间、准备间等）的室内环境无需净化，可布置于非洁净区内，用作精净化的清洗间室内环境需要一定的洁净度，宜设于洁净区内或与其毗邻，以便通过气闸或传递窗进入洁净区。

5. 物净出入口兼作安全疏散口时，其位置选择应与其他出入口的布置作统筹安排，以利均匀分布人流。

6. 对大型设备安装、维修进行运输，需设安装检修口。

人员净化程序

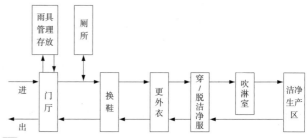

1 工业洁净厂房人员净化程序

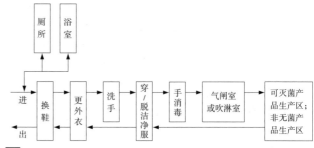

2 生物洁净厂房（非无菌产品、可灭菌产品）人员净化程序

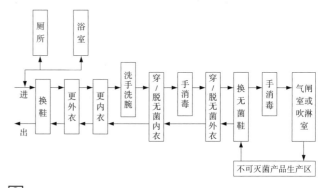

3 生物洁净厂房（不可灭菌产品）人员净化程序

物料净化程序

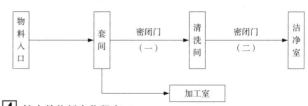

4 较大件物料净化程序

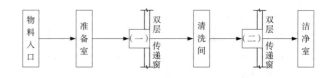

5 小件物料净化程序

火灾特点及生产的危险性分类

1. 空间密闭，围护结构气密。火灾发生后，因燃烧不完全，烟量特大，使室内能见度大大降低，令人窒息昏厥，对于疏散和扑救极为不利。

当厂房外墙无窗时，室内发生的火灾往往一时不容易被外界发现，发现后也不容易选定扑救突破口。

2. 由于电子产品工艺的连续性或生产过程的自动化传输设备的需要，洁净室不能按防火分区要求进行分隔。

3. 建筑内部平面布置曲折，洁净区对外的总出入口少。各生产用室因洁净度分区以及生产流程等需要，内部区划分隔复杂，工作人员平时出入要通过迂回的路线，增加了疏散路线上的障碍，延长了安全疏散的距离和时间。

4. 若干洁净室都通过风管彼此串通，当火灾发生，特别是火势初起未被发现而又继续送风的情况下，风管成为烟、火迅速外窜，殃及其余房间的主要通道。

5. 室内的装修及管道的保温层等如使用高分子合成材料，在燃烧中会产生浓烟，散发毒气。

6. 某些生产使用易燃易爆物质，火灾危险性高。例如：甲醇、甲苯、丙酮、丁酮、乙酸乙酯、甲烷、二氯甲烷、硅烷、异丙醇、氢等，都是甲、乙类易燃易爆物质。

7. 此外，洁净厂房内往往有不少极为精密贵重的设备，建筑投资十分昂贵，一旦失火，损失极大。

生产的火灾危险性分类举例　　　　　　　　　　　　　　表1

生产类别	举例
甲	磁带涂布烘干工段； 有丁酮、丙酮、异丙醇等易燃化学品的储存、分配间； 有可燃/有毒气体的储存、分配间
乙	印制线路板厂的贴膜曝光间、检验修版间； 彩色荧光粉的蓝粉着色间
丙	半导体器件、集成电路工厂的外延间[①]、化学气相沉积间[①]、清洗间[①]； 液晶显示器件工厂的CVD间、显影、刻蚀间、模块装配间、彩膜生产间； 计算机房记录数据的磁盘贮存间； 彩色荧光粉的生粉制造间； 荫罩厂（制版）的曝光间、显影间、涂胶间； 磁带装配工段； 集成电路工厂的氧化、扩散间、光刻间、离子注入间、封装间
丁	电真空显示器件工厂的装配车间、涂屏车间、荫罩加工车间、屏加工车间[②]； 半导体器件、集成电路工厂的拉单晶间、蒸发、溅射、芯片贴片间； 液晶显示器件工厂的溅射间、彩膜检验间； 光纤预制棒工厂的MCVD、OVD沉积间、火抛光、芯棒烧缩及拉伸间、光纤拉丝区； 彩色荧光粉厂的蓝粉、绿粉、红粉制造间
戊	半导体器件、集成电路工厂的切片间、磨片间、抛光间； 光纤、光缆工厂的光纤筛选、检验区、光缆生产线

注：1. ①表中房间在设备密闭性良好，并设有气体或可燃蒸汽报警装置和灭火装置时，应按丙类设防，否则仍应按甲类设防。
　　2. ②屏锥加工车间中低熔点玻璃配制和低熔点玻璃涂复间面积超过本层或防火分区总面积5%时，生产类别应为乙类。
　　3. 光缆外皮采用发泡塑料时，该生产线应为丙类。

防火

1. 鉴于洁净厂房内生产上的火灾危险性以及洁净厂房不利防火的因素，分析洁净厂房火灾实例可以发现，严格控制建筑物的耐火等级十分必要。《洁净厂房设计规范》GB 50073将洁净厂房耐火等级定为二级及二级以上，才能与厂房、设备等建设投资以及生产的重要性相适应。

2. 在一个防火分区内的综合性厂房，其洁净生产与一般生产区域之间应设置不燃烧体隔断措施。隔墙及其相应顶棚的耐火极限不应低于1h，隔墙上的门窗耐火极限不应低于0.6h。穿隔墙或顶棚的管线周围空隙应采用防火或耐火材料紧密填堵。

3. 洁净室内部装修应采用不燃性材料和难燃性材料，洁净室的顶棚和壁板（包括夹芯材料）应为不燃烧体，且不得采用有机复合材料。

4. 洁净室内钢结构防火涂料应满足钢结构防腐与防火设计要求，不影响洁净度，减少化学污染。

洁净厂房的耐火等级、层数和防火分区的最大允许建筑面积　表2

生产类别	厂房的耐火等级	最多允许层数	每个防火分区的最大允许建筑面积（m²）			
			单层厂房	多层厂房	高层厂房	地下、半地下厂房
甲	一、二级	宜为单层	3000	2000	—	—
乙	一、二级	宜为单层	3000	2000	—	—
丙	一级	不限	不限	6000	3000	500
	二级	不限	8000	4000	2000	500
丁	一、二级	不限	不限	不限	4000	1000
戊	一、二级	不限	不限	不限	6000	1000

安全疏散

洁净厂房的安全疏散设施主要包括：安全出口、疏散楼梯、走道和门等；《洁净厂房设计规范》GB 50073规定洁净厂房的安全出口的设置，应符合下列规定。

1. 每一生产层、每个防火分区或每一洁净室的安全出口数目，应符合现行国家标准《洁净厂房设计规范》GB 50073中相关规定。

2. 安全出口应分散布置，并应设有明显的疏散标识；安全疏散距离应符合现行国家标准《建筑设计防火规范》GB 50016的规定。

3. 丙类生产的电子洁净厂房，在关键生产设备自带火灾报警和灭火装置以及回风气流中设有灵敏度严于0.01%obs/m的高灵敏度早期火灾报警探测系统后，安全疏散距离可按工艺需要确定，但不得大于第2款规定的安全疏散距离的1.5倍。

4. 对于玻璃基板尺寸大于1500mm×1850mm的TFT-LCD厂房，且洁净生产区人员密度小于0.02人/m²，其疏散距离可按工艺需要确定，但不得大于120m。

洁净厂房内任一点到最近安全出口的距离（单位：m）　表3

生产类别	耐火等级	单层厂房	多层厂房	高层厂房	地下、半地下厂房
甲	一、二级	30	25	—	—
乙	一、二级	75	50	30	—
丙	一、二级	80	60	40	30
丁	一、二级	不限	不限	50	45
戊	一、二级	不限	不限	75	60

工业建筑 [81] 洁净厂房/微振控制

微振控制

洁净厂房的微振控制设施的设计应分阶段进行,包括设计、施工和投产等各阶段的微振动测试、厂房建筑结构微振控制设计、动力设备隔振设计和精密仪器设备隔振设计等。

1. 总平面布置时,应核实相邻厂房、建筑物或构筑物对精密设备、仪器的振动影响。

2. 设有精密设备、仪器的洁净厂房,其建筑基础构造、结构选型、隔振缝的设置、洁净室装修等应按微振控制要求设计。

3. 对设有精密设备、仪器的洁净室(区)有振动影响的动力设备及其管道,应采取主动隔振措施。

4. 洁净室(区)内精密设备、仪器,经测试确认受到周围振动影响时,应采取被动隔振措施。

隔振措施分类　　　　　　　　　　　　　　　　　　　　表2

类别	含义与措施	隔振效果
屏障隔振	在土层中设置隔振沟或板桩墙以减弱振动波的传播	甚微
大块式基础隔振	设备安装于大质量基础上,以减弱设备本身振动(积极隔振)或外界传来的振动影响(消极隔振)	甚微
隔振元件隔振	将隔振元件置于设备和支承物之间,以吸收振动能量,应用于积极隔振和消极隔振。 1. 隔振材料——软木板、海绵乳胶板、酚醛树脂玻璃纤维板、毛毡、泡沫塑料等; 2. 橡胶隔振器; 3. 金属弹簧隔振器; 4. 空气弹簧隔振器、带有高度调整阀的空气弹簧隔振装置、空气弹簧隔振台及系列化	1.用于隔振要求不高的情况; 2.较好效果; 3.较好效果; 4.能获得很好的隔振效果

精密仪器、设备容许振动值举例　　　　　　　　　　　表1

序号	精密仪器设备名称	振动位移(μm)	振动速度(mm/s)
1	每毫米刻3600线以上的光栅刻线机	—	0.01
2	每毫米刻2400线以上的光栅刻线机	—	0.02
3	每毫米刻1800线的光栅刻线机、自控激光光波比长仪及光栅刻线检刻机、80万倍电子显微镜、精度0.03μm光波干涉孔径测量仪、14万倍扫描电镜、精度0.02μm柯氏干涉仪、精度0.01μm双管乌氏光管测角仪	—	0.03
4	每毫米刻1200线的光栅刻线机、6万倍显微镜、▽14光洁度干涉显微镜、▽13光洁度测量仪、光导纤维拉丝机、胶片和相纸挤压涂布机、声表面波器件制版机	1.5	0.05
5	每毫米刻600线的光栅刻线机、立式金相显微镜、AC4型检流计、0.2μm分光镜(测角仪)、高精度机床装配台、超微粒干板涂布机	—	0.10
6	精度1μm的立式(卧式)光学比较仪、投影光学仪、测量计	—	0.20

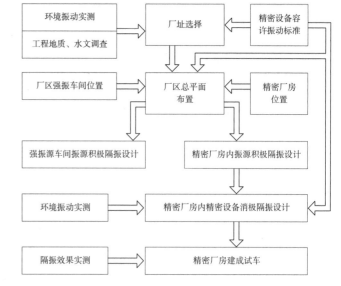

4 振动控制设计程序

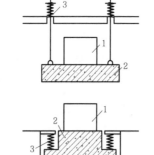

1 支撑式隔振　　**2** 悬挂式隔振

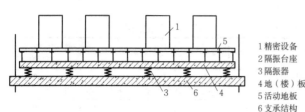

1 精密设备
2 隔振台座
3 隔振器
4 地(楼)板
5 活动地板
6 支承结构

3 地(楼)板整体式隔振

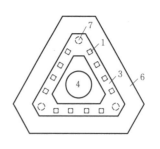

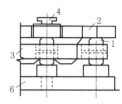

1 空气弹簧隔振器
2 第二层台座
3 台座
4 陀螺仪测试台
5 空穴
6 基础
7 倾斜校正系统

5 隔振台构造

洁净室内部装修特点

1. 洁净厂房的建筑围护结构和室内装修用材料,不可避免地会在温度和湿度变化时引起变形,为确保洁净室(区)内的洁净环境,减少微尘产生、积聚,应选用气密性良好,且在温度、湿度变化时变形小的材料。并应重视接缝的密封、施工安装与维修的方便。

2. 洁净室(区)内,某些电子产品会因化学污染物在产品表面沉积影响产品质量或在后续生产过程中发生化学反应,造成次品以至废品,所以在洁净室(区)内,为防止化学污染,不得采用释放对电子产品品质有影响物质的装饰材料及其密封材料。

3. 洁净室围护结构力求简洁,室内构配件应尽量减少凹凸面和缝隙。阴阳角做成圆角。

4. 洁净室内应选用气密性好,且在温湿度变化及振动作用下变形小,与基层结合良好的材料。材料表面应质地坚密、光滑、不起尘,不易积聚静电。

5. 洁净室内所用的水、气、电等管线及各种设备箱、指示标识均应暗装,并在其穿越围护结构处应密封。

6. 室内装修宜采用装配化的材料和构造。

洁净室地面

1. 洁净室的地面,经常受到人、设备和器具的冲击和摩擦,从而容易产生尘粒和积尘。地面应符合平整、耐磨、抗冲击、不易发尘、易除尘清扫、不易积聚静电、避免眩光、有舒适感等要求。

2. 应采取措施,防止地面受温度变化或地基沉陷而引起的开裂。

3. 地面垫层宜配筋,潮湿地区垫层应做防潮构造。

4. 踢脚、墙裙应与墙面平或比墙面凹入。地面与踢脚的阴角应做成圆弧。

5. 建筑风道和回风地沟的内表面装修标准,应与整个送、回风系统相适应,内壁应光滑并易于除尘清扫。

6. 所有环氧地面平整度要求2m靠尺检测误差不大于2mm。

地面材料选择表　　　　　　　　　　　　　表1

材料面层	洁净度等级				洁净区走道	人员净化室	备注
	5	6	7	8			
现浇高级水磨石			√	√	√	√	①
聚氯乙烯塑料卷材	√	√	√	√	√	√	
半硬质聚氯乙烯塑料板			√	√	√	√	
聚氨基甲酸酯涂料		√	√	√	√	√	
环氧树脂砂浆、胶泥	√	√	√	√			耐腐蚀
聚酯树脂砂浆、胶泥	√	√	√	√			耐腐蚀耐氢氟酸
聚氨酯胶泥	√	√	√	√			
瓷砖						√	
铸铝、工程塑料格栅	√						②

注:1. ①嵌条需考虑工艺生产的要求,如彩色显像管厂的洁净室严禁使用铜材制品。
　　2. ②适用于垂直层流洁净室地面或回风地沟面板。
　　3. 技术夹道用高级水磨石。

架空地板

1. 使用于垂直层流洁净室地面或回风地沟面板,格栅地板由支承结构、格栅面板组成。

2. 为增强通风效果,应减少格栅板下支承结构的阻挡面积,宜用无横梁的独立支脚。

3. 格栅面板材料及构造要求:
(1)达到板面承受荷载的要求;
(2)在满足行走和使用方便的同时,应满足回风及过滤的功能,板面通常穿孔面积为40%~60%;
(3)板面应光洁、耐磨、平整无挠曲,不易起尘;
(4)装卸轻便、便于初效过滤器更换。

4. 通风地板下面的空间作为回风静压箱,其表面装修材料同样要求不开裂、防湿、防霉、便利清扫与施工、难燃或不燃、不易积蓄静电。

5. 高架地板尺寸通常为600mm×600mm,面板必须平顺均且不变形,面贴高压PVC导电地砖,厚度2mm以上。

 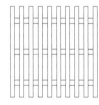 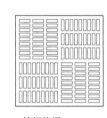

a 塑料贴面铸铝地板　　b 金属-ABS组合格栅　　c 铸铝格栅
(开孔率25%)　　　　(开孔率60%~70%)　　(开孔率53%~60%)

1 格栅面板

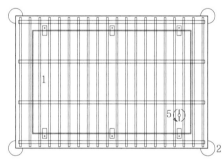 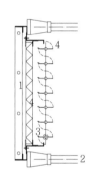

1 浮铺格栅　2 活动支脚　3 初效过滤器　4 调节叶片　5 调节叶片手柄

2 可调节叶片的过滤格栅板

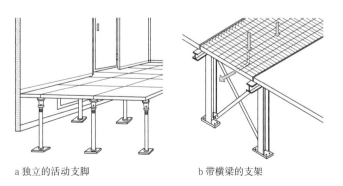

a 独立的活动支脚　　　　　　　b 带横梁的支架

3 格栅面板与活动支脚组合形式

洁净室金属壁板

洁净室墙板和顶棚基本上均采用轻质壁板构造，如夹芯彩钢板、玻璃板、无机复合材料钢塑板等。其中夹芯彩钢板应用广泛，其夹芯材料有多种材料和构造，如岩棉、铝蜂窝、双层石膏板、无机复合材料等。

1. 金属壁板应满足以下要求

（1）金属壁板的钢板厚度不小于0.5±0.03mm，与整体充填材料粘贴牢，无空鼓、脱层和断裂。

（2）金属壁板的内部充填材料应为不燃烧体，且不得采用有机复合材料。

（3）金属壁板表面应平整、光滑、色泽一致，不得有翘曲、裂纹和缺损；并不得产生霉变，不产尘。金属壁板的面膜应完好无损（撕膜前）。

2. 金属壁板规格

板厚（b）：常用厚度50~100mm。

板宽：1150mm、950mm、1180mm、980mm。

3. 金属壁板施工要求

（1）支撑和加强龙骨架应位置正确，与墙面、地面、加强部位连接牢固。龙骨架及各种金属件均应作防腐防锈处理。

（2）金属面板与骨架的连接应留够面板间热胀冷缩的量。金属面板背面应贴绝热层，与骨架之间应有导静电措施。

（3）金属夹芯板不宜在现场开洞。板上各类洞口的位置应正确，套割方正、边缘整齐，对其中的填充材料的切割边缘应封严，用密封材料嵌缝，用密封胶均匀密封。

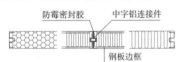

1 金属壁板连接方式一

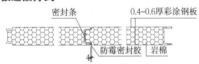

2 金属壁板连接方式二

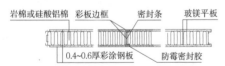

3 金属壁板连接方式三

洁净室墙板

1. 洁净室的墙壁在人体高度范围内存在承受摩擦和撞击的机会。墙面材料应采用硬度较大、表面坚实光滑、耐磨不易起尘、易于清洁的材料。

2. 水平层流洁净室的墙壁上有送风及回风功能要求，它由金属细孔板、高（初）效过滤器、安装过滤器的金属骨架、多叶调节阀等组成送（回）风夹墙。其设计与安装质量将直接影响室内空气洁净度。

3. 洁净室不宜采用砌筑墙抹灰墙面，当必须采用时宜干燥作业，抹灰应采用高级抹灰标准。墙面抹灰后应刷涂料面层，并应选用难燃、不开裂、耐清洗、表面光滑、不易吸水变质发霉的涂料。

4. 凡墙壁与墙壁及顶棚交接之阴角应做成圆弧。

5. 各种管线穿越墙壁均应预留洞口或预埋套管，不得在安装管线时现凿，管线与墙洞或套管之间的空隙应严加密封。

洁净室顶棚

1. 顶棚是洁净室的主要组成部分，它们随气流组织、照明布置、送风装置和结构形式的不同而有不同的做法。一般可分为带有送风功能的顶棚和不带有送风功能的顶棚两种。

2. 洁净室顶棚结构材料分为硬顶及轻型吊顶。顶棚底面需布置与安装高效过滤器送风口、照明灯具、烟感灭火器等，各种管线均需蔽在顶棚内，设计时应统一规划布置，满足各专业要求。垂直层流洁净室的顶棚主要是送风口，送风口是洁净室建筑设计的重点部分。

3. 顶棚应有足够的刚度以免下垂，在材料与构造选择上应选择表面整体性好、不易开裂和脱落掉灰的材料。当顶棚上作为技术夹层时应考虑各种荷载及架空走道。

4. 为保持洁净室内正压和防止尘粒掺入，顶棚密封极为重要。轻型吊顶为确保顶棚气密性，面板宜采用双层，上下层的拼接缝应错位布置并用胶带或压条密封。

5. 洁净室中顶棚是防火的薄弱环节。吊顶材料应为非燃烧体，其耐火极限不宜小于0.25h。

6. 垂直层流式顶棚满顶送风时，其高效过滤器送风口的面积有时可达顶棚面积的80%左右，这样就会给灯具布置带来一定的困难，它要同时解决送风系统与采光系统的功能要求，既要保持其气密性能，又要处理好送风系统中各部件的安装。

隔墙板、吊顶板选用表   表1

墙板名称	板厚（mm）	玻镁平板厚度（mm）	芯材	耐火极限	燃烧性能
彩钢岩棉复合夹芯板	50	—	岩棉板，密度120kg/m³	0.98h	不燃烧体
彩钢铝蜂窝复合夹芯板	50	—	铝蜂窝	0.40h	不燃烧体
彩钢玻镁岩棉复合夹芯板	50	6	岩棉板，密度120kg/m³	1.45h	不燃烧体
彩钢玻镁岩棉+硅酸铝棉复合夹芯板	50	5	硅酸铝棉，密度180kg/m³	2h	不燃烧体
彩钢玻镁岩棉+硅酸铝棉复合夹芯板	100	10	20厚硅酸铝棉（密度180kg/m³）+岩棉板（密度120kg/m³）	3h	不燃烧体
彩钢玻镁铝芯复合夹芯板	50	6	铝蜂窝	0.82h	不燃烧体
彩钢玻镁格栅复合夹芯板	50	3	3厚玻镁格栅70×70	0.65h	不燃烧体

注：适用于洁净度等级1~9级，耐火时间仅供参考。

装修及构造 / 洁净厂房 [84] 工业建筑

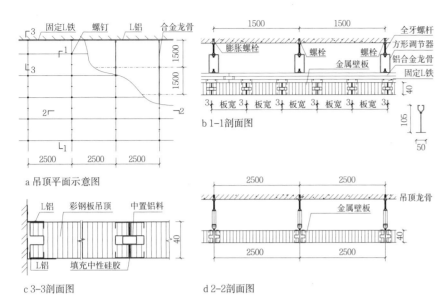

1 暗架铝合金型材连接吊顶

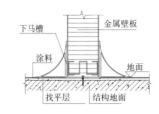

a 涂料靠壁板带弧度收边

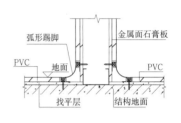

b PVC板靠壁板带弧度收边

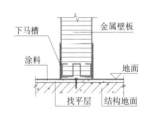

c 涂料靠壁板收边

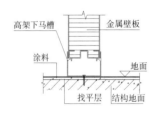

d 高架铝合金壁板收边

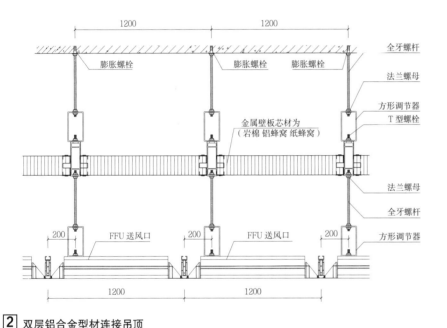

2 双层铝合金型材连接吊顶

4 墙体与地面交接处收边构造

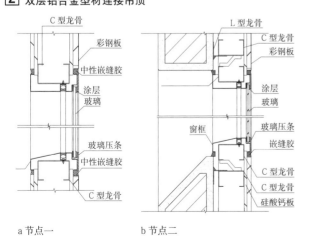

a 节点一　　b 节点二

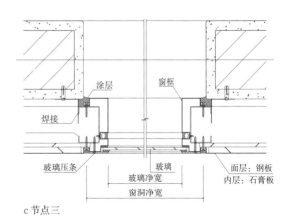

c 节点三

3 参观窗节点详图

447

工业建筑 [85] 洁净厂房 / 装修及构造

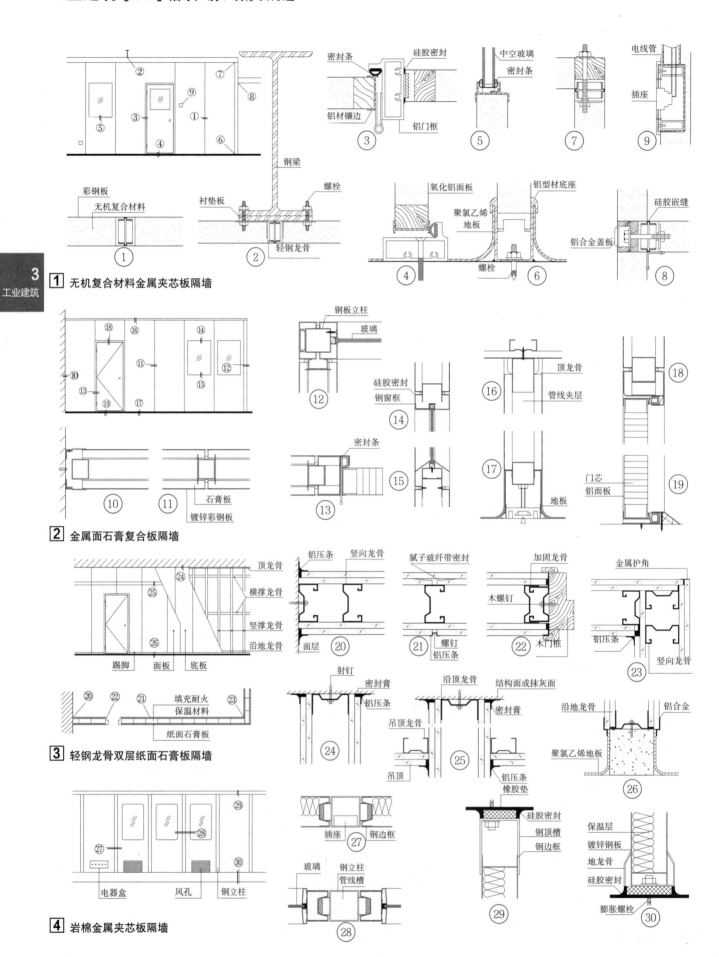

装修及构造 / 洁净厂房 [86] 工业建筑

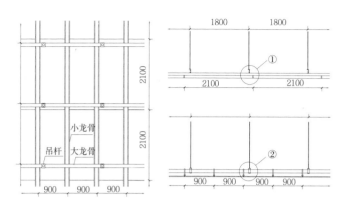

[1] 铝蜂窝金属夹芯吊顶板

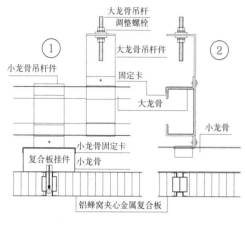

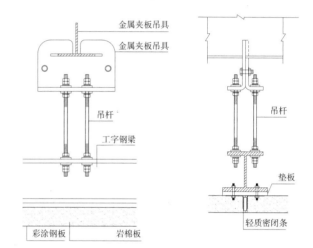

[2] 岩棉金属夹芯吊顶板

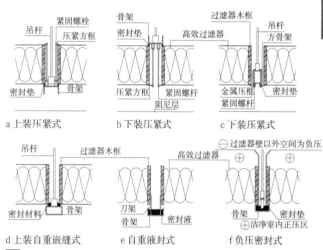

[4] 高效过滤器安装形式

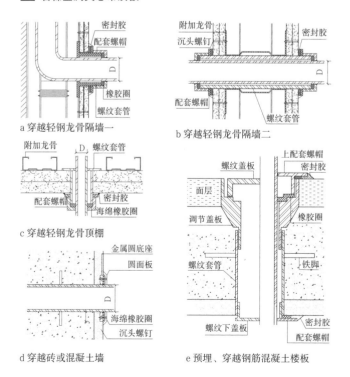

[3] 管道穿越墙、顶棚、楼板的密封

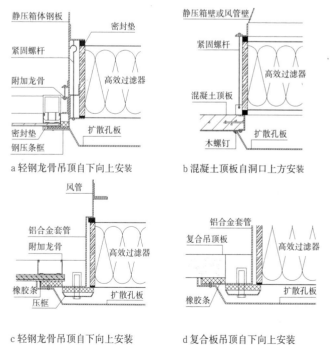

[5] 高效过滤器与顶棚结合

449

工业建筑 [87] 洁净厂房 / 实例

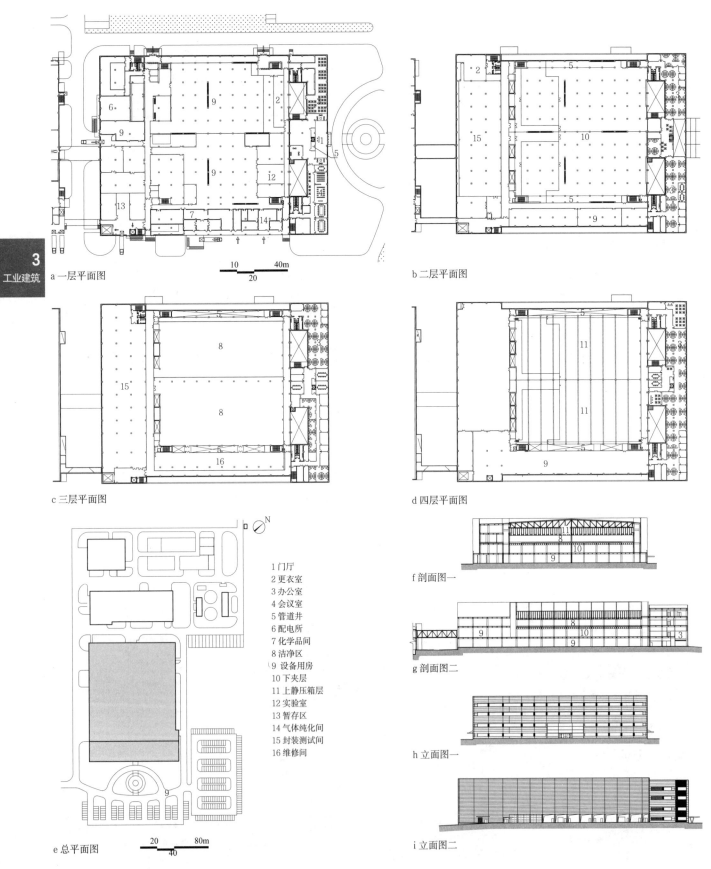

a 一层平面图
b 二层平面图
c 三层平面图
d 四层平面图
e 总平面图
f 剖面图一
g 剖面图二
h 立面图一
i 立面图二

1 门厅
2 更衣室
3 办公室
4 会议室
5 管道井
6 配电所
7 化学品间
8 洁净区
9 设备用房
10 下夹层
11 上静压箱层
12 实验室
13 暂存区
14 气体纯化间
15 封装测试间
16 维修间

1 大功率半导体器件IGBT产业化基地项目

名称	主要技术指标	设计时间	设计单位	本项目为大功率半导体器件IGBT生产厂房，洁净室位于三层，一层为设备用房，二层为洁净下夹层。办公及动力支持区位于厂房东西两侧。主厂房通过管廊、连廊与综合动力站连接
大功率半导体器件IGBT产业化基地项目	建筑面积26500m²	2010	世源科技工程有限公司	

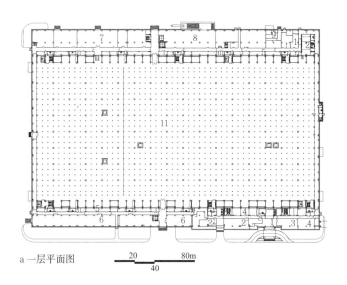

a 一层平面图

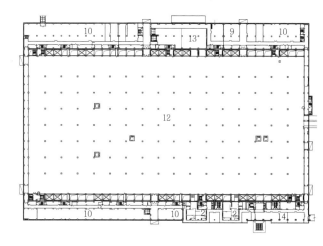

b 二层平面图

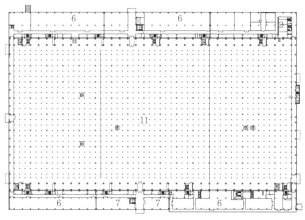

c 三层平面图

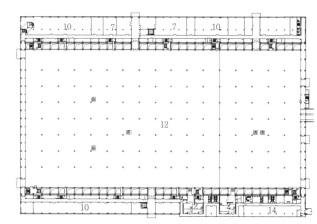

d 四层平面图

1 门厅　　2 更衣室　　3 展厅　　4 会议室　　5 管道井　　6 配电所
7 备件间　8 玻璃供应间　9 设备用房　10 空调机房　11 下夹层　12 洁净区
13 玻璃投入间　14 办公室

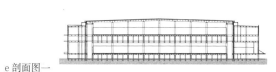

e 剖面图一

f 剖面图二

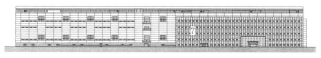

g 立面图

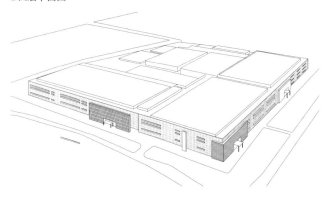

h 透视图一

i 透视图二

1 第8代薄膜晶体管液晶显示器件（TFT-LCD）项目

名称	主要技术指标	设计时间	设计单位	
第8代薄膜晶体管液晶显示器件（TFT-LCD）项目	建筑面积857569m²	2011	世源科技工程有限公司	该项目为薄膜晶体管液晶显示器件高科技厂房，洁净室位于厂房中心，周边为动力辅助支持区及管理办公区。设计以大面积的超平金属板墙为底，配以玻璃幕墙呼应，简单的实虚对比，表现现代高科技企业形象

工业建筑 [89] 厂前区及服务性建筑 / 设计要点及布局

概述

厂前区是工业企业厂区的重要组成部分。功能主要是为生产指挥管理及服务；形式上是厂内厂外联络的纽带；空间环境是人—机环境必要的过渡。随着近年来现代化工业的大力发展，社会文化的不断进步，工业企业厂区发生了巨大变化，对厂前区建筑的内容和布局提出了更新的要求。厂前区不仅是行政办公、后勤服务等功能的综合载体，同时也代表着生产企业的重要外在形象和内在品质。目前典型厂前区大致包括以下几部分功能。

1. 工厂出入口：工厂大门、门卫、值班室、收发室等；
2. 办公培训：行政办公、培训、会议等；
3. 展示洽谈：产品展销、售后服务等；
4. 综合服务：餐饮、存更衣、浴室、住宿等；
5. 研发检测：实验、技术研发、检测等；
6. 交通服务设施：机动车场库、非机动车场库。

在具体设计过程中，厂前区及建筑设计方案可以根据工厂的类型、规模、实力等条件进行调整，将相似的功能进行合并或细分，以满足实际工程的需要。

设计要点

1. 厂前区位置应考虑生产区工艺流线分布，方便使用，同时避开污染区域，使建筑物有较好的通风和采光条件。
2. 厂前区行政办公建筑宜面向城市主要道路，充分展示企业形象，并与厂区内部环境紧密结合，成为城市与厂区的良好过渡体。
3. 建筑物造型、立面、色彩等设计中，在符合城市规划要求的同时，还应与厂区自身融为一体，满足厂区内部形象统一，做到简洁大方，经济美观。
4. 应妥善处理厂前区周边道路、停车场、绿化景观等设施，营造一个环境优美、舒适的人性化区域。
5. 设计中应充分考虑可持续发展，做到节能、科技、绿色、环保，对于需要分期建设投产的厂区，要结合其自身的生产要求，还应保证厂前区建设与生产区域合理衔接。
6. 在厂前区内部建筑物功能关系上，应做到功能分区明晰，总体布局合理，生产管理方便，流线设计上应保证人流、物流合理分开，管控流程便捷顺畅。

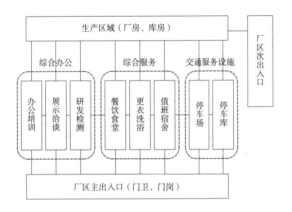

1 厂前区主要功能组成示意图

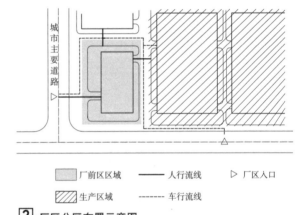

2 厂区分区布置示意图

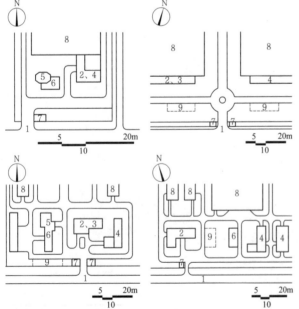

3 厂前区建筑布置实例

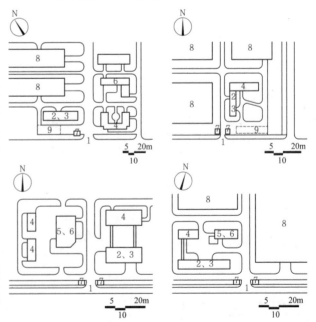

1 主出入口 2 办公楼 3 展览厅 4 研发楼
5 浴室 6 食堂 7 门卫 8 生产区 9 停车场

概述

厂区出入口分主入口、次入口、人行出入口、货运出入口以及铁路出入口等，其具体设置功能由工业企业的规模、性质而定。出入口是整个厂区的交通枢纽，同时也担负着保安、传达、接待等作用，其形象直接体现着企业的文化与品质。

1. 工厂出入口是厂区的门户，在建筑物的造型、选材、色彩等方面，应符合城市规划的要求，同时力求简洁大方、经济美观，有企业的特色和标识性。
2. 流线宜人车分流设计，当有特别安全警备要求时，应设置人行、车辆检查通道；同时在出入口处设置人员集散场地及车辆回转空间。
3. 主要出入口规模应根据厂区规模、性质而定，主次出入口分开设置，同时满足消防、规划、城市交通等要求。
4. 厂区主出入口宜结合绿化景观布置，营造出优美、适宜的人—机过渡环境。

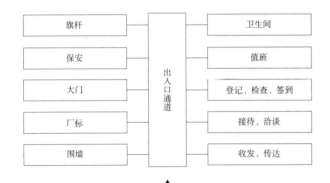

1 出入口的组成

厂区出入口的平面尺度

厂区出入口尺度应根据企业规模以及厂区内外道路宽度来确定。

厂区出入口尺度　　　　　　　　　　　　　　　表1

出入口类别	企业规模	最小宽度（m）			出入口与道路相接的内边缘最小转弯半径（m）	
		Ⅰ类企业	Ⅱ类企业	Ⅲ类企业		
车流主入口	大型	≥9.0	≥7.0	≥6.0	载重40~60t平板挂车	18
	中型	≥7.0	≥6.0	≥6.0		
	小型	≥6.0	≥4.5	≥4.5		
车流次入口	大型	≥7.0	≥6.0	≥4.5	载重15~25t平板挂车	15
	中型	≥6.0	≥4.5	≥4.5		
	小型	≥4.5	≥4.5	≥3.5		
人流入口	大、中、小型	单股人流≥1.5				

注：1. 本表摘自《工业企业总平面设计规范》GB 50187-2012。
　　2. 各类企业划分如下：
　　Ⅰ类企业——大型联合企业、钢铁厂、港口等；
　　Ⅱ类企业——重型机械（包括冶金矿山机械、发电设备、重型机床等）、有色冶炼、炼油、化工、橡胶、造船、机车车辆、汽车和拖拉机制造厂等；
　　Ⅲ类企业——轻工、纺织、仪表、电子、火力发电、建材、食品、一般机械邮电器材、制药、耐火材料、林产（工业）、选矿、商业仓库、露天矿山机修场地及矿井井口场地等。

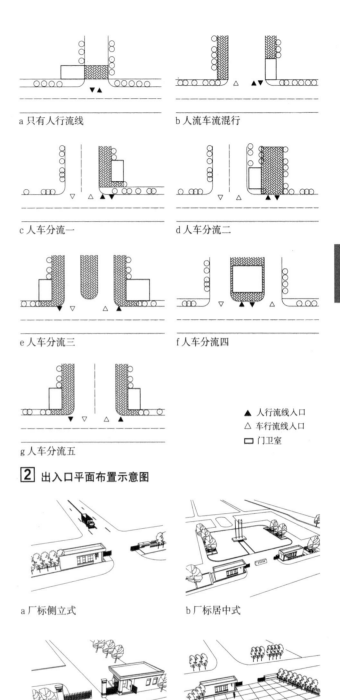

2 出入口平面布置示意图

3 出入口形式

大门

厂区大门分为车行大门和人行大门；开门方式包括平开大门、电动悬臂平移大门、推拉大门、伸缩大门、折叠大门、旋转人行门及汽车道闸。

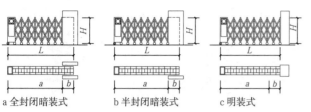

a 全封闭暗装式　　b 半封闭暗装式　　c 明装式

1 伸缩门类

伸缩门尺寸表　　　　　　　　　　　　　　　　表1

H\L	1200	1500	1800	2100	2400	缩合长度b
3600	SM3612	SM3615	SM3618	SM3621	SM3624	1050
4200	SM4212	SM4215	SM4218	SM4221	SM4224	1110
4800	SM4812	SM4815	SM4818	SM4821	SM4824	1230
5400	SM5412	SM5415	SM5418	SM5421	SM5424	1350
6000	SM6012	SM6015	SM6018	SM6021	SM6024	1470
7500	SM7512	SM7515	SM7518	SM7521	SM7524	1710
9000	SM9012	SM9015	SM9018	SM9021	SM9024	1950
10500	SM10512	SM10515	SM10518	SM10521	SM10524	2190
12000	SM12012	SM12015	SM12018	SM12021	SM12024	2490
15000	SM15012	SM15015	SM15018	SM15021	SM15024	2970

注：1. 本表摘自《围墙大门》15J001。
2. a—门洞有效宽度，b—门体缩合后长度，H—门体高度，L—门体展开后总长度（图示见 1），SM—伸缩门。
3. 伸缩大门分为手动及电动两种形式，可采用有轨型和无轨型。

推拉门尺寸表　　　　　　　　　　　　　　　　表2

L\H	1500	1800	2100	2400
3000	TM3015D	TM3018D	TM3021D	TM3024D
3600	TM3615D	TM3618D	TM3621D	TM3624D
4200	TM4215D	TM4218D	TM4221D	TM4224D
4800	TM4815D	TM4818D	TM4821D	TM4824D
5400	TM5415D	TM5418D	TM5421D	TM5424D
6000	TM6015D	TM6018D	TM6021D	TM6024D
	TM6015S	TM6018S	TM6021S	TM6024S
6600	TM6615D	TM6618D	TM6621D	TM6624D
	TM6615S	TM6618S	TM6621S	TM6624S
7200	TM7215D	TM7218D	TM7221D	TM7224D
	TM7215S	TM7218S	TM7221S	TM7224S
8400	TM8415D	TM8418D	TM8421D	TM8424D
	TM8415S	TM8418S	TM8421S	TM8424S
9600	TM9615S	TM9618S	TM9621S	TM9624S
12000	TM12015S	TM12018S	TM12021S	TM12024S
14400	TM14415S	TM14418S	TM14421S	TM14424S

注：1. 本表摘自《围墙大门》15J001。
2. H—门体高度，L—门体长度，S—双向推拉，D—单向推拉，TM—推拉门。
3. 推拉大门分为手动及电动两种形式。

2 推拉门类

围墙

厂区围墙分为外围墙和内围墙，外围墙应根据城市规划要求、生产要求及安全防护要求设计；内围墙应根据区域分隔要求及安全防护要求设计。

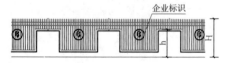

H—围墙总高度；
h—栏板高度；
$H/h \approx 1.3$。

3 某企业围墙尺度实例

厂标

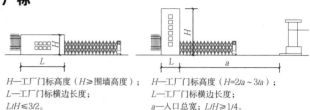

H—工厂门标高度（$H \geq$ 围墙高度）；　　H—工厂门标高度（$H=2la \sim 3la$）；
L—工厂门标横边长度；　　　　　　　　　L—工厂门标横边长度；
$L/H \leq 3/2$。　　　　　　　　　　　　　　a—入口总宽度；$L/H \geq 1/4$。

4 侧置厂标

H—工厂门标高度（$H \geq$ 伸缩门高度）；　L—工厂门标横边长度；
$H/L \geq 1/4$。

5 中置厂标

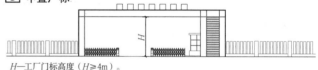

H—工厂门标高度（$H \geq 4m$）。

6 上置厂标

电子汽车衡

汽车衡俗称地磅，是大宗货物计量的主要称重设备，为越来越多的企业所选用，多置于厂区出入口位置。

各型号电子汽车衡参数　　　　　　　　　　　　表3

型号规格	最大称量(t)	承载面尺寸(m×m)	适用车型
SCS-10	10	3×7	单桥车或翻斗双桥车
SCS-20	20	3×7	
SCS-30	30	3×7	
	30	3×12	单桥、双桥、长双桥车
SCS-50	50	3.4×14	单桥、双桥、长双桥、短拖挂车
SCS-60	60	3.4×16	单桥、双桥、长双桥、长拖挂车
	60	3.4×18	长双桥、长拖挂、粉煤灰罐车
SCS-80	80	3.4×18	
SCS-100	100	3.4×18	

注：SCS—电子汽车衡系列。

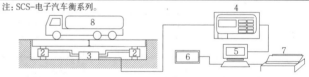

1 称台　2 传感器　3 接线　4 显示仪表　5 计算机　6 显示屏
7 打印机　8 载重汽车

7 电子汽车衡系统

旗杆

旗面旗杆尺寸对应表　　　　表4

旗面长度a(m)	旗面高度b(m)	旗面下垂长度h(m)	旗杆高度H(m)
2.88	1.92	3.46	9.60
2.40	1.60	2.88	8.64
1.92	1.28	2.30	6.90
1.44	0.96	1.73	5.19
0.96	0.64	1.55	4.65

注：企业一般为3~5根旗杆，主旗杆高于其他旗杆。

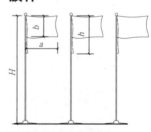

8 旗杆尺寸示意图

工厂出入口 / 厂前区及服务性建筑 [92] 工业建筑

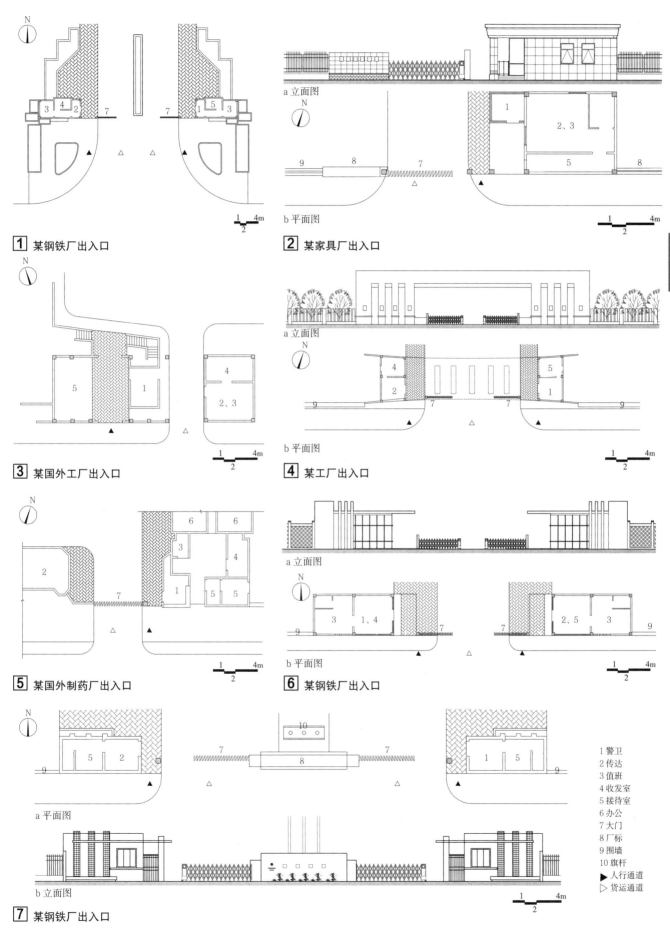

1 某钢铁厂出入口
2 某家具厂出入口
3 某国外工厂出入口
4 某工厂出入口
5 某国外制药厂出入口
6 某钢铁厂出入口
7 某钢铁厂出入口

1 警卫
2 传达
3 值班
4 收发室
5 接待室
6 办公
7 大门
8 厂标
9 围墙
10 旗杆
▶ 人行通道
▷ 货运通道

工业建筑 [93] 厂前区及服务性建筑 / 综合办公楼

概述

综合办公楼主要包括行政办公、产品展示及服务、培训会议、检测实验等几个部分。平面布置上，各部分之间应分区清晰、流线合理。其建筑面积的计算和控制,可依据具体使用人数参照民用建筑相关章节选用。

当所需面积较少时，也可与餐饮食堂、更衣洗浴合并建设。

设计要点

1. 办公用房应合理分隔，尽量采用灵活隔间，并满足特殊用房的温湿度、采光、通风及其他使用功能要求。
2. 平面布置上，各部分功能之间应分区清晰、流线合理。
3. 建筑物造型、色彩等设计中，在符合城市规划要求的同时，还应与厂区自身融为一体，满足厂区内部形象统一的要求，做到简洁大方，经济美观。
4. 综合办公楼宜面向城市主要道路，充分展示企业形象。

办公建筑面积参考指标　　　　　　　　　　表1

职员总数（人）	1500以下	1500~3000	3001~5000	5000以上
建筑面积指标（m²/人）	2.4	2.4~2.2	2.2~2.0	2.0

注：1. 本表摘自《机械工业厂房建筑设计规范》GB 50681-2011。
　　2. 本表面积指标适用于单栋办公楼。
　　3. 使用办公室建筑的人数按占全厂职工的比率的13.4%计。

会议报告厅建筑面积参考指标　　　　　　　表2

座位数（人）	50座以下	50~100	100~200	200座以上
建筑面积指标（m²/人）	1.0	0.9~1.0	0.8~0.9	0.7~0.8

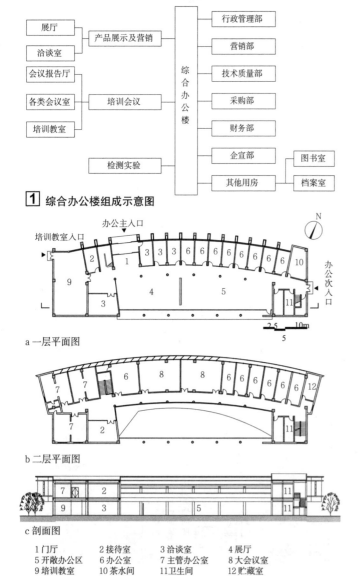

1 综合办公楼组成示意图

2 某厂前区综合办公楼一
1门厅　2接待室　3洽谈室　4展厅
5开敞办公区　6办公室　7主管办公室　8大会议室
9培训教室　10茶水间　11卫生间　12贮藏室

a 一层平面图

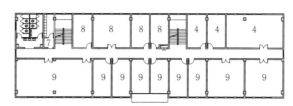

b 二层平面图

1门厅　2洽谈室　3值班室　4会议室　5销售部
6杂物间　7开水间　8财务室　9办公室

3 某厂前区综合办公楼二

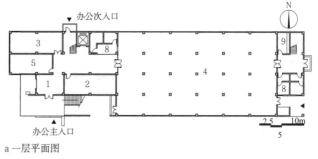

a 一层平面图

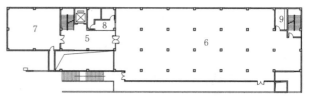

b 二层平面图

1门厅　2接待室　3洽谈室　4展厅　5休息室
6开敞办公　7会议室　8卫生间　9茶水间

4 某厂前区综合办公楼三

概述

工厂生产服务用房包括卫生用房（厕所、浴室、更/存衣室、盥洗室以及在特殊工作、工种或岗位设置的洗衣室）、生活室（休息室、就餐场所）、妇女卫生室；应根据工业企业生产特点、实际需要和使用原则设置服务用房，并应符合相应的卫生标准要求。

设计要点

1. 生产服务用房布置应结合总图及车间合理选择，并应符合生产工艺流程的规定。
2. 应有良好的采光与通风环境，避开有害物质、病原体、高温、振动源等职业性有害因素的影响。建筑物装修设计应易于清扫，卫生设备便于使用。
3. 应根据厂房的卫生特征及等级设置相应功能房间。
4. 当设于地下室时，需考虑排水、防潮、通风、采光等方面问题。
5. 生产服务用房的位置宜上下对应，管线垂直布置。宜与楼电梯间、竖井等公共房间集中设置，合成一个单元设计。

生产服务用房功能组成

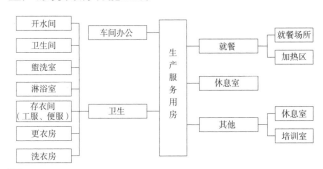

1 工厂生活服务用房的功能组成

车间卫生特征分级与其他生产服务用房的关系　　表1

车间卫生等级	生产过程卫生特征	浴室设置	便服、工作服存放
1级	易经皮肤吸收引起中毒的剧毒物质（如有机磷农药、三硝基甲苯、四乙铅等）；处理传染性材料、动物原料等	应设置车间浴室	便服、工作服应分开存放
2级	极易经皮肤吸收或有恶臭的物质或高毒物质（如丙烯腈、吡啶、苯酚等）；严重污染全身或对皮肤有刺激的粉尘（如炭黑、玻璃棉等）；高温作业、井下作业	应设置车间浴室	便服、工作服应分柜存放
3级	其他有毒物；一般粉尘（如棉尘等）；体力劳动强度III级或IV级	宜在车间附近或厂区设置集中浴室	便服、工作服应分层存放
4级	不接触有毒物质或粉末，不污染或轻度污染身体（如仪表、金属冷加工、机械加工等）；一般粉尘（如棉尘等）；体力劳动强度III级或IV级	可在厂区或居住区设置集中浴室	工作服存放处可与休息室合并

注：1. 本表摘自《工业企业设计卫生标准》GBZ 1-2015。
　　2. III级指冬季工作地点的供暖温度≥14℃；IV级指冬季工作地点的供暖温度≥12℃。

布局形式

1. 毗连式。与厂房连接方便；可设于厂房端头、侧面、嵌入两相邻厂房以及在多层厂房中错层布置。设计时需考虑厂房被遮挡一侧的采光通风。
2. 厂房内部。与厂房联系紧密，充分利用厂房空间。可以嵌入厂房空余区域设置；也可架空设置；或者设置在地下室或半地下室。
3. 独立式综合服务楼。

a 毗连式　　　　b 厂房内部　　　　c 独立式

2 生产服务用房布置形式

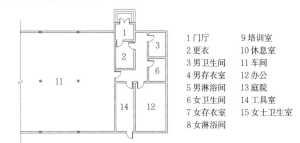

1 门厅　　9 培训室
2 更衣　　10 休息室
3 男卫生间　11 车间
4 男存衣室　12 办公
5 男淋浴间　13 庭院
6 女卫生间　14 工具室
7 女存衣室　15 女士卫生室
8 女淋浴间

3 某厂房生产服务用房

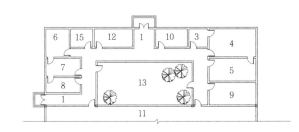

4 某厂房带庭院生产服务用房

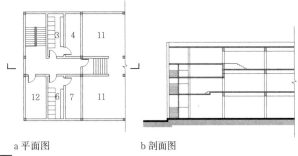

a 平面图　　　　b 剖面图

5 某厂房错层布置生产服务用房

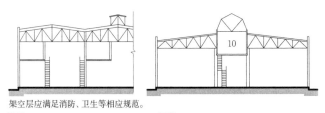

架空层应满足消防/卫生等相应规范。

6 架空生产服务用房一　　**7** 架空生产服务用房二

工业建筑 [95] 厂前区及服务性建筑 / 生产服务用房

综合服务楼

结合更存衣室、餐厅、休息室等功能空间,可统筹规划和建造一综合性服务建筑,即综合服务楼。

综合服务用房采光通风好,便于使用,其位置常设在厂区主要出入口的附近。当厂区面积较大,所需服务人员位置超出其最大服务半径时,可在厂区内部酌情增设。

综合服务楼为综合性建筑,其各部分功能之间应分区明确、连接紧密、使用顺畅,同时还要能够相对独立运行,方便管理与控制。

存衣室

存衣室和存衣设备应根据生产放散毒害程度和使用人数设置。存衣设备可根据需要选择不同形式的衣柜。

存衣室可根据不同生产方式设置,对于生产方式为不放散有害气体和粉尘、只污染手臂、放散辐射热及对流热的生产,工作服和便服可放在一起;对于生产方式为污染全身、放散有害气体、粉尘和处理有感染危险材料的生产,以及为保证产品质量而有特殊卫生要求的生产,工作服与便服应分开存放。

根据生产需要(如产生湿气大的地下作业等),可设工作服干燥室,其面积按实际需要确定。

存衣柜应尽量垂直于窗口布置,以利采光通风。

存衣柜建筑面积参考指标 表2

存衣设备 参考指标	单层衣柜	双层衣柜	三层衣柜
建筑面积指标 (m²/人)	1.50	1.00	0.75

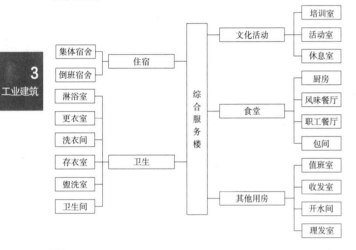

1 综合服务楼的组成

职工食堂

职工食堂主要分为普通食堂和民族食堂。如果与综合办公楼合建或毗邻时,一般有公共餐厅、小餐厅、包房,供办公楼职员使用。厨房种类可分为加工、备餐和外送制作的多功能厨房等。

职工食堂应设置于生产区域区或综合楼的下风向部分,厨房后勤出入口处宜设置杂物院。职工餐厅的建筑面积,应根据服务的职工人数确定。

职工食堂建筑面积参考指标 表1

食堂组成 参考指标	餐厅	配餐间	厨房	生活用房	合计
建筑面积指标 (m²/人)	0.6	0.05	0.4	0.05	1.1

洗衣房

洗衣房包括洗衣区、烘干区、熨烫区和贮藏区。

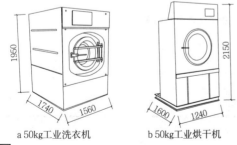

2 洗衣房设备示意图

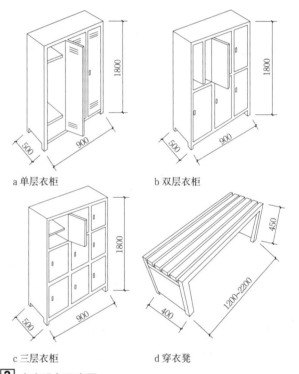

3 存衣设备示意图

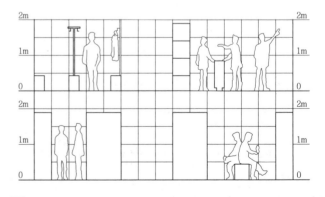

4 存衣室活动范围示意图

盥洗室

1. 普通工种按男女比例、使用人数、卫生标准来确定。特殊工种除上述要求外,对于产生显著毒害和污染严重的车间,其水龙头数目按服务人数每20~30人设1个。一般生产按每31~40人设1个。
2. 盥洗室可独立设置,也可结合卫生间设置。
3. 盥洗室盥洗设备包括洗手池、洗污槽和工具清洗池。

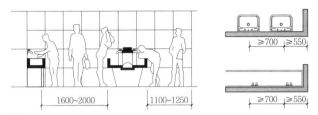

[1] 盥洗设备间距示意图

淋浴室

浴室的建筑面积,宜按每套淋浴器5.0m²计算确定。淋浴室内一般按4~6个淋浴器设1具盥洗器。淋浴器的数量可按下表确定。

每个淋浴器设计使用人数　　　　　　　　　　　表1

车间卫生特征级别	1级	2级	3级	4级
人数	3	6	9	12

注:本表摘自《工业企业设计卫生标准》GBZ 1-2015。

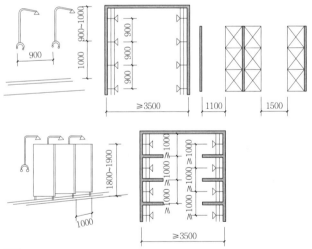

[2] 淋浴器布置图

更衣室

更衣室为浴室配套用房,宜与存衣室分开设置,更衣柜数量可根据淋浴室的喷头数量确定,一般为喷头数量的1.5~2倍为宜。

更衣室的面积应大小适中,宜有通风换气设施,家具布置应考虑通行使用的方便。

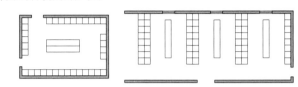

[3] 更衣室衣柜布置

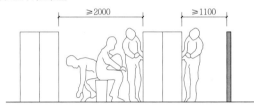

[4] 更衣柜间距

卫生间

卫生间宜与盥洗室、更衣室结合设置,方便盥洗和淋浴的职工同时使用。车间内的卫生间宜采用水冲式蹲便器,同时应设洗手池、洗污池。

洁具数量指标参考　　　　　　　　　　　表2

洁具种类		洁具服务人数(人)	
		<100	>100
男	大便器	25人/个	>100每增50人增设1个
	小便器	25人/个	>100每增50人增设1个
女	大便器	10人/个	>100每增30人增设1个

注:本表所列指标参考《工业企业设计卫生标准》GBZ 1-2015而制定。

妇女卫生室

人数最多班组女工大于100人的工业企业应设妇女卫生室。

妇女卫生室由等候间和处理间组成。等候间应设洗手设备和洗涤池。处理间内应设温水箱及冲洗器。冲洗器的数量应经计算确定。人数最多班组女工人数为100~200人时,应设1具,大于200人时可增设1具,之后每增加200人增设1具。人数最多班组女工人数为40~100人的工业企业,可设置简易的温水箱及冲洗器。女工室宜设冰箱等冷藏设备。

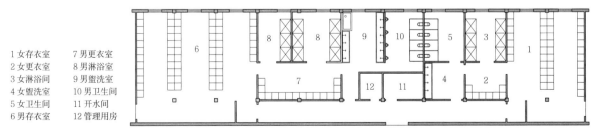

1 女存衣室　　7 男更衣室
2 女更衣室　　8 男淋浴室
3 女淋浴间　　9 男盥洗室
4 女盥洗室　　10 男卫生间
5 女卫生间　　11 开水间
6 男存衣室　　12 管理用房

[5] 盥洗室、卫生间、存衣室、更衣室、淋浴室综合布置图

工业建筑 [97] 厂前区及服务性建筑 / 生产服务用房

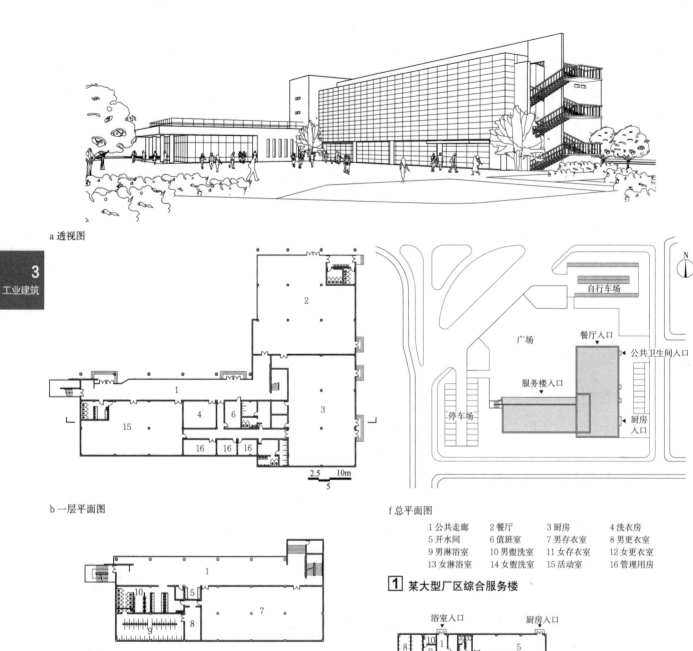

a 透视图

b 一层平面图

c 二层平面图

d 三层平面图

e 剖面图

f 总平面图

1 公共走廊	2 餐厅	3 厨房	4 洗衣房
5 开水间	6 值班室	7 男存衣室	8 男更衣室
9 男淋浴室	10 男盥洗室	11 女存衣室	12 女更衣室
13 女淋浴室	14 女盥洗室	15 活动室	16 管理用房

1 某大型厂区综合服务楼

a 一层平面图

b 二层平面图

1 门厅	2 办公室	3 餐厅	4 包房
5 厨房	6 男更衣室	7 男更衣室	8 男淋浴室
9 女更衣室	10 女淋浴室	11 会议室	12 储藏室

2 某小型厂前区综合办公、服务楼

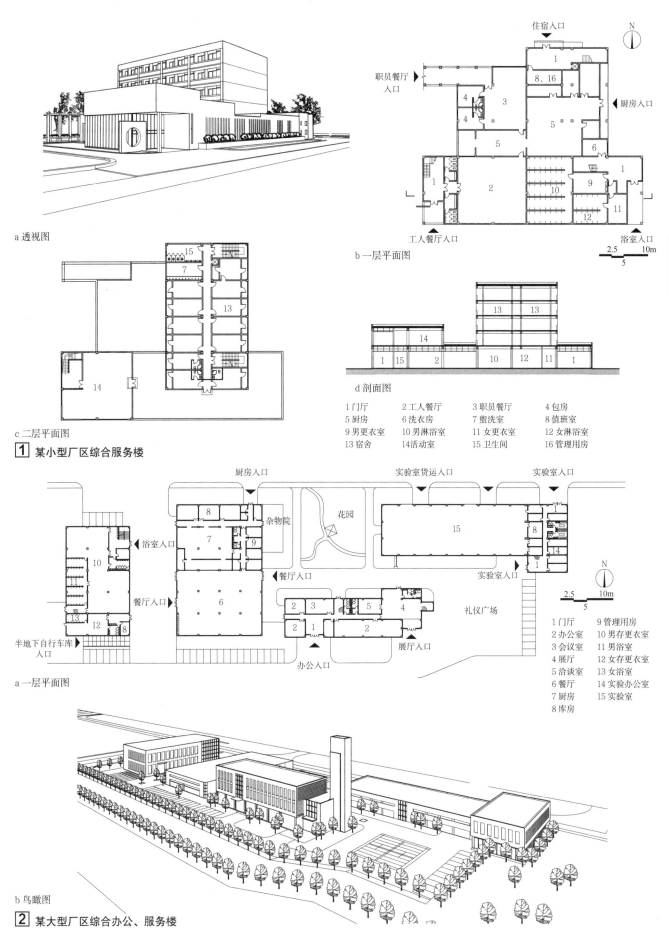

工业建筑 [99] 厂前区及服务性建筑 / 煤矿企业浴室、灯房及任务交代室联合建筑

概述

浴室、灯房及任务交代室联合建筑是煤矿企业具有特殊用途且较为重要的地面附属设施,它要满足矿工上下井更衣、洗浴及任务交待、保健急救等主要功能的需求。为了有利生产、便于管理,矿井任务交代室、浴室、矿灯、自救器室及保健急救站等宜组成联合建筑。

联合建筑的设计应符合下列规定:①各部分应功能分区明确且有一定的相互联系;②应根据使用功能和功能流程合理布局,避免人流过于集中和交叉。

总建筑面积控制指标   表1

矿井年设计生产能力(Mt/年)	3.0及以下	3.0~6.0	6.0~10.0	10.0以上
浴室、灯房及任务交代室联合建筑(m^2)	≤6000	≤8000	≤9000	≤10000

注:参照《煤矿矿井建筑结构设计规范》GB 50592-2010。

总体布置原则

浴室、灯房及任务交代室联合建筑位于矿井工业场地内,应靠近升降人员的井口。其布局应功能分区合理,交通组织顺畅,上井、下井线路清楚,布置紧凑。根据场地情况,总体布局的类型有以下两种:①分散式:由若干单幢建筑物组成,浴室、井口等候室、矿灯房等与区队任务交代室之间通过人行地道或走廊相连接;②集中式:根据功能分区组成联合多层建筑,浴室及矿灯房等部分位于一层、二层,且不宜超过三层;区队任务交代室位于上部。

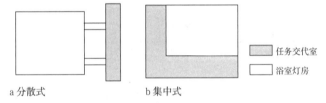

1 总体布局类型
a 分散式　　b 集中式

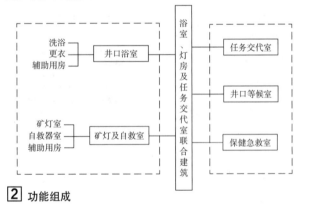

2 功能组成

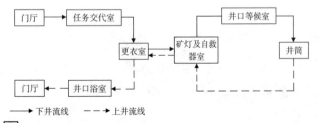

→ 下井流线　　--→ 上井流线

3 流线分析

分项设施建筑面积指标   表2

名称		指标	备注
任务交代室(m^2/区或队)		150~210	按矿井设计生产区(队)数计,人数多的区(队)取大值,人数少的区(队)取小值
井口浴室	浴室(m^2/人)	1.0~1.2	入浴人数按大班原煤生产人员数(包括选煤厂生产最大班人数)的1.35倍计算;女入浴人数按入浴人数的10%计算
	更衣室(m^2/人)	1.5~1.8	更衣柜数量按原煤生产人员在籍人数(包括选煤厂生产人数)的1.3倍计算(井下工人每人2个,井上人员每人1个)
	辅助用房(m^2/人)	0.4~0.45	按原煤生产人员在籍人数计
	来宾浴室(含更衣)(m^2)	500~750	根据实际情况调整
矿灯及自救器室	矿灯室(m^2/人)	0.13~0.14	按原煤生产人员在籍人数的1.50倍计
	自救器室(m^2/人)	0.13~0.14	按原煤生产人员在籍人数的1.50倍计
井口等候室(m^2/人)		0.8~1.0	按大班原煤生产人员数的0.9倍计,计算面积小于120m^2时取120m^2
保健急救站(m^2)		150~200	与井口浴室合建
门诊(m^2)		200~300	离医院较远的矿井设门诊,可与井口浴室合建

使用功能   表3

分项设施	使用功能
任务交代室	用于两级管理的区队管理人员办公和组织安排生产任务时用,由区队办公室、区队会议室、区队材料库等组成
井口浴室	矿工下井之前先到更衣室更换工作服,脱入井服、再入浴室洗浴
矿灯及自救器室	管理、存放、收发、检修矿灯及自救器
保健急救站	主要是监察全矿职工健康,处理日常小病和一般轻外伤,积极参加抢救大工伤
井口等候室	为井下上班人员短时间等候服务用

设计要点

1. 任务交代室:各大矿井大体都设有综采区(队)、综掘区(队)、普采区(队)、普掘区(队)、机电区(队)、通风安全区(队)、提升运输区(队)等,每区队设办公室1~2间,设小型工具材料库2~3间,设可容纳该区队人数的会议室1间。

2. 井口浴室:井口浴室由洗浴更衣和辅助用房三部分组成。①浴室:男浴采用淋浴、池浴两种入浴方式,其中池浴入浴人数占40%;女浴室全部采用淋浴。②更衣室:内设有更衣柜,更衣柜可按家庭服和工作服同室分开存放或分室存放设计。③辅助用房:包括太阳灯室、洗衣房、强淋走廊、饮水室、管理室、储藏室、厕所和联系厅廊等。太阳灯室和洗衣房涉及矿工健康和劳动保护,必须得到充分保证。洗衣房内有大型洗衣设备和烘干设备,常位于一层。二层及以上工作服更衣室内应设有脏衣物投放系统,输送和收集工作服至一层洗衣房。

3. 矿灯房和自救器室:自救器室与矿灯房宜合建且应避位于浴室下方,内应设有检修室。矿灯房和自救器室管理方式有两种:一种是专责收发管理方式,即用灯人凭灯牌到指定窗口领灯和自救器,下班时交灯和自救器并领回灯牌;另外一种是自我维护方式,即用灯人自行进入矿灯房和自救器室,交灯时将矿灯旋至充电位置,上锁后离开。

4. 保健站:保健急救站是矿井创伤急救的第一级急救机构,应设急诊抢救室并装备急救器材和药品。在不建矿井医院或矿井医院又较远时,保健急救站应有二级急救机构(矿井医院)的急救功能。

煤矿企业浴室、灯房及任务交代室联合建筑 / 厂前区及服务性建筑 [100] 工业建筑

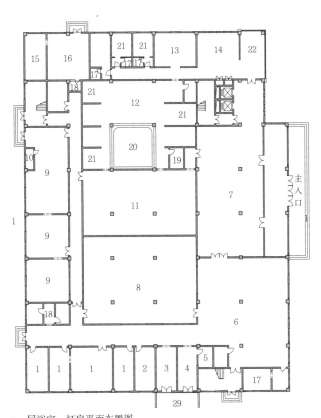

a 一层浴室、灯房平面布置图

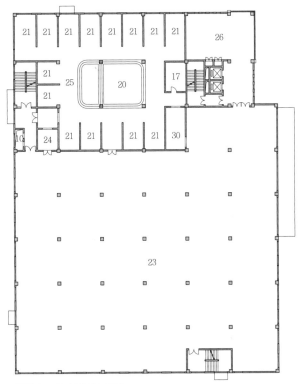

b 二层浴室、灯房平面布置图

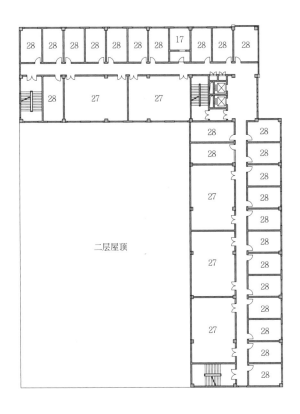

c 三至六层区队会议室、区队办公室平面布置图

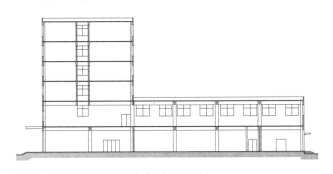

d 浴室、灯房及任务交代室联合建筑剖面示意图

1 保健站	11 干部更衣室	21 洗浴区
2 束管机房	12 干部浴室	22 换鞋区
3 上井通道	13 贵宾更衣室	23 职工更衣室
4 下井通道	14 贵宾浴室	24 太阳灯走廊
5 检身房	15 女宾浴室	25 职工浴室
6 井口检查室	16 女宾更衣室	26 休息厅
7 入口大厅	17 男卫生间	27 区队会议室
8 矿灯及自救器室	18 女卫生间	28 区队办公室
9 洗衣房、整理、发放	19 泵房	29 井筒
10 脏衣收集	20 冲浪浴池	30 强淋走廊

1 某矿井浴室、灯房及任务交代室联合建筑

名称	结构类型	主要技术指标	设计时间	设计单位
某矿井浴室、灯房及任务交待室联合建筑	主体6层，局部2层，钢筋混凝土框架结构	建筑面积1.2万m²	2013	中煤西安设计工程有限责任公司

一层为贵宾浴室及更衣休息室、干部浴室及更衣休息室、女宾浴室及更衣室、矿灯及自救器室、井口等候室等。考虑男宾、女宾人流分开，女宾设有单独的出入口，保证了女宾洗浴的独立性。洗衣房、保健急救站设有单独出入口，便于使用。二层为职工浴室及更衣室；三至六层为区队会议室及区队办公室

工业建筑 [101] 厂前区及服务性建筑 / 矿山安全生产、灾害事故应急救援中心

概述

我国煤矿矿层埋藏较深、赋存条件复杂，复杂的地质条件导致了有毒有害气体、煤尘、透水、火灾、顶板等灾害频发。《矿山救护规程》AQ 1008规定，矿山企业均应设立矿山救护队，地方政府或矿山企业，应根据本区域矿山灾害、矿山规模、企业分布等情况，合理划分救护服务区域，组建矿山救护大队或矿山救护中队。《矿山救护规程》规定，矿山企业均应设立矿山救护队，地方政府或矿山企业，应根据本区域矿山灾害、矿山规模、企业分布等情况，合理划分救护服务区域，组建矿山救护大队或矿山救护中队。

主要功能与任务

矿山应急救援中心（或矿山救护大队）主要承担区域内各种矿山事故及相关灾害的应急救援任务，并具备应急救援高层次的人才、技术、装备储备以及培训演练等功能。

矿山应急救援中心是处理和抢救矿井火灾、水灾、瓦斯与煤尘爆炸、瓦斯突出与喷出、火药爆破炮烟中毒等矿山灾害的职业性、技术性、军事化的专业队伍。

救援中心主要功能　　　　　　　　　　　　　　　表1

一	能够承担区域煤炭基地内特别重大和复杂矿山事故的应急救援任务
二	具备矿山事故应急救援的人才、技术、装备、物资储备，提供应急救援与培训、演练和承办大型综合性救援技术比武和其他竞赛活动的功能
三	能够实现信息化管理、指令接收和下达、现场音视频传输、指挥决策、总结评估功能
四	具备安全仪器、仪表检验功能
五	根据具体矿区生产项目情况兼备消防灭火功能

建设规模与内容

矿山应急救援中心（矿山救护大队）由总部和1~2个救护中队组成，其他中队设置在各矿井。救援中心人员编制及技术装备均按照《矿山救护规程》AQ 1008中的相关规定配置。

1. 组织机构与人员编制：矿山救援中心由指挥员、技术人员、管理人员及队员组成。①矿山救护大队由2个以上中队组成，包括直属中队。②矿山救护中队由3个以上小队组成，是独立作战的基层单位。③矿山救护小队由9人以上组成，是执行作战任务的最小战斗集团。

矿山救护大队人员配备表　　　　　　　　　　　　表2

序号	人员组成	数量（人）	备注
1	指挥员	6	
2	技术人员	2	
3	科室管理人员	9~12	5个科室
4	司机	3~6	
	合计	20~26	

注：本表参考《矿山救护规程》AQ 1008-2007编制。

矿山救护直属中队（每个中队）人员配备表　　　　表3

序号	人员组成	数量（人）	备注
1	指挥员	3	
2	技术人员	1	
3	作战队员	3×9=27	设3个小队
4	维修人员	3	仪器维修
	合计	34	

注：本表参考《矿山救护规程》AQ 1008-2007编制。

2. 救援装备与设施：配置的大型、关键装备主要包括交通运输及吊装、侦测搜寻、灭火与有害气体排放、排水、钻掘与支护、仿真模拟演练、通信指挥和信息采集处理设备等8类专用装备。

矿山救护大队、中队及小队、个人装备及技术装备标准均按照《矿山救护规程》AQ 1008配置，配备以下装备和器材：个人防护装备；处理各类矿山灾害事故的专业设备与器材；气体检测分析仪器、温度、风量检测仪表；通信器材及信息采集与处理设备；医疗急救器材；训练器材；交通运输类。

救援设备表　　　　　　　　　　　　　　　　　　表4

序号	装备类	装备名称	用途
1	交通运输及吊装	指挥车（具有应急报警装置及导航功能）、气体化验车、大型载重汽车、救援宿营车、器材装备专用车、野外餐饮车	用于处理特别重大、复杂矿山事故时，将救援人员和各类救援装备快速运达灾区，开展救援，为救灾现场提供电力、照明等后勤保障，必要时安装排水装备，同时为救援人员野外生活提供饮食和休息场所，每个中队配置3辆矿山救护车
2	侦测搜寻	热成像仪、便携式爆炸三角形测定仪、远距离灾区环境侦测系统、生命探测仪等	用于井下灾区环境侦查，搜寻遇险遇难人员，同时保障救援人员自身安全，可超前远距离侦测灾区各种气体、温度、压力、风速等参数，拍摄灾区环境状况。如顶板、巷道坍塌状况，摸清矿井发生灾害的地质结构如断层、含水构造、熔岩、碉体等
3	灭火与有害气体排放	高压脉冲、高倍数泡沫灭火装置和灾区有毒有害气体智能排放系统	主要用于井下发生火灾时有效地控制火势，或在瓦斯突出或火灾事故时，对灾区积聚的有毒有害气体进行及时、有效、安全的排放
4	排水	各类离心式排水救灾装备、矿用排沙潜水泵、各种流量扬程的矿用潜水泵及排水泵配套附属	用于矿井发生水灾事故时的抢险排水及排沙
5	钻掘与支护	井下快速成套支护装备、救生钻机电磁波无线随钻测仪、大型钻机及各类切割机等	主要用于快速打通救生通道，为被困人员提供给养，并及时将被困人员救出
6	仿真模拟演练	主要包括多功能灾区仿真模拟与演练评价系统	通过仿真模拟事故现场的严峻环境，人为设置测试条件，从生理、心理、技巧等方面对井下救援队员进行培训演练，可同步分析、智能化评价其应急处置能力，有效提升矿山救援人员的实战能力
7	通信系统	包括井下无线宽带救灾通信系统、救援指挥信息平台终端等	实现救援指令接收和信息报送，同时在事故现场利用卫星、网络等多种手段，将井下灾区和事故现场音视频图像、各类信息资料收集并传送到各级安全生产应急平台，供救援指挥部、国家安全监管总局领导决策指挥
8	检测仪器	主要包括对救灾现场有害气体进行检测与分析的设备	及时检测出救灾现场有害气体的各种成分信息，能给予救援行动有力的支持

矿山应急救援中心用房功能主要包括下列7类。

主要功能用房组成　　　　　　　　　　　　　　　表5

序号	分类	主要功能
1	行政管理	办公室、会议室、学习室、管理室、资料档案室
2	生活福利	食堂、浴室、宿舍
3	技术业务	接警值班室、值班休息室、仪器着装室、化验室、救援调度指挥系统
4	训练	演习训练巷道、仿真模拟训练室、体能训练、活动室、室外训练运动场地、体能拓展训练场地
5	仓储	救援物资设备、器材存放、救援车辆存放库等
6	辅助设施	氧气充填室、设备器材修理室等，给排水、供暖、供配电等配套设施用房
7	培训中心	教室、实验室、学员住宿及其他辅助用房

设计要点

总平面设计：①场区力求平面布置紧凑，将功能联系密切、相近的用房联建；②场内各单项工程布置功能分区明确、合理；③保证救援车辆路线通畅短捷，便于快速出动；④注意场区的环境保护和美化、绿化，为队员提供一个良好的工作、训练和生活环境。

救援中心占地及建筑面积等参照《煤炭工程项目建设用地指标》中相关指标，并根据矿区实际情况确定，目前国家级矿山救援中心占地面积约在5~15hm²。

平面布置方式

矿山应急救援中心行政管理、技术业务、餐饮、洗浴、住宿类及培训等用房可采用集中式布置或分散式布置。

集中式布置时应符合：①救护大队与中队各功能用房应明确分区并有一定的联系；②建筑平面设计应根据使用功能和作业流程合理布置，并应避免人流过于集中和交叉。

分散式布置应注意各类功能用房联系方便，布置紧凑，节约用地。

设计内容

1. 行政管理、技术业务类用房

行政管理用房规模按照使用人员数量确定，人均建筑面积参考指标：22~24m^2/人；技术业务类用房规模主要按照设备种类及型号设计，同时考虑使用人数。

2. 生活福利类用房

（1）食堂规模按照就餐人数确定，面积指标参照《饮食建筑设计规范》JGJ 64。

（2）浴室包括洗浴间、更衣室及管理室等用房。规模按照救援中心队员人数确定，一般洗浴间0.8~1.0m^2/人，更衣室1.05~1.25m^2/人，辅助用房0.5m^2/人。

（3）宿舍规模按照救援队员人数确定，可参照《宿舍建筑设计规范》JGJ 36设计。人均建筑面积参考指标：18~20m^2/人。

3. 仓储类用房

（1）救援物资装备库主要储存用于处理矿山、地质等灾害事故的大型灭火、爆炸、排水、破拆、采空区塌陷、通信等专用救援物资及设备，为事故救援提供设备和物资保障。库房规模及起吊设备按照设备器材品种、质量及外形尺寸等参数设计。

（2）救援车辆存放库主要用于停放及检修各类救援专用车辆（救援直升机），库房规模按照配置车辆型号及外形尺寸设计。

4. 辅助设施用房

（1）氧气充填室是用于给氧气呼吸器灌充高压氧气的场所。

（2）设备器材修理及供水、供暖、配电等其他辅助配套设施。

5. 培训中心用房

培训中心主要为区域内救护队员定期业务培训提供教室、实验室、资料室、图书室等教学用房；还包括教师、学员住宿、餐饮用房，管理及其他辅助用房。培训中心规模按照区域内救护队数量或按照企业实际情况确定。

6. 训练类用房

（1）室内体能综合训练室是为救护队员提供体能训练的场所，它是技术、战术训练和顺利完成抢险救援任务的重要基础设施。规模可按照标准篮球场或其他球类场地设计，并配置其他健身训练器材。

（2）仿真模拟训练室训练系统由主训练室、体能训练测试室、急救训练室、控制室、准备室等组成。

仿真模拟训练室主要功能及目的　　　　表1

序号	主要功能	目的
1	烟热模拟训练系统，可模拟灾难现场的真实情景	训练救援人员正确使用防护器材及消防器材，提高专业技能，增强其实战能力
2	多功能灾区仿真模拟与演练评价系统，通过计算机虚拟现场，营造出逼真的灾害环境	可对救援人员生理参数、心理承受能力及装备使用情况进行测试和评价

（3）演习训练巷道是模拟矿井巷道、硐室的重要基础训练设施，演习训练巷道内设有可模拟井下各种事故发生的智能化模拟训练系统。巷道断面尺寸按照矿井各种巷道实际尺寸设计。训练巷道一般设计为地下式，入口设于地面，通过一段斜巷进入位于地面以下的巷道主体部分。

应急救援中心还需设置室外训练场地，可设置400m（或根据用地情况确定）标准跑道及体能训练场地。同时为队员提供室外训练场所。

演习训练巷道主要功能　　　　表2

序号	主要功能	目的
1	瓦斯、煤尘爆炸演示与救援	提供接近事故现场"真实状况"的训练场所，提高救援人员的日常训练水平和对灾害事故的适应能力
2	瓦斯燃烧、火灾事故演示与救援	
3	水灾、泥石流事故演示与救援	
4	冒顶事故演示与救援	
5	高温浓烟演习与救援	
6	井筒救援	
7	梯形巷道一般技术操作	
8	浓烟环境下的小队侦察	
9	局部反风、全矿井反风	

训练巷道实例

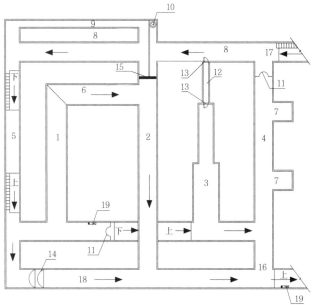

1 采煤工作面运道　　2 采煤工作面风道　　3 掘进巷道
4 异型面巷道　　　　5 水灾模拟演习巷道　　6 采煤工作面
7 硐室　　　　　　　8 总进风巷　　　　　9 矮巷
10 煤气罐　　　　　11 调节风门　　　　　12 应急风道
13 应急门　　　　　14 永久风门　　　　　15 岩石密闭火灾训练墙
16 出口　　　　　　17 入口　　　　　　　18 总回风巷
19 风机及开关

1 演习训练巷道地下平面图

工业建筑 [103] 厂前区及服务性建筑 / 矿山安全生产、灾害事故应急救援中心

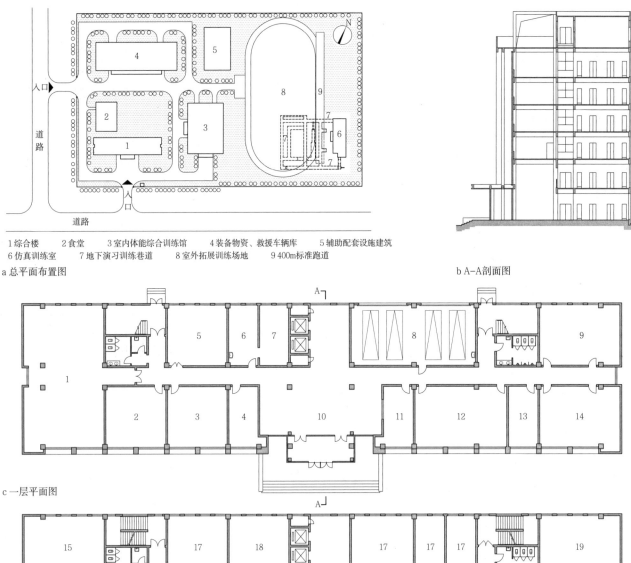

1 综合楼　2 食堂　3 室内体能综合训练馆　4 装备物资、救援车辆库　5 辅助配套设施建筑
6 仿真训练室　7 地下演习训练巷道　8 室外拓展训练场地　9 400m标准跑道

a 总平面布置图　　　　　　　　　　　　　　　　　　　　　　　　　b A-A剖面图

c 一层平面图

d 二层平面图

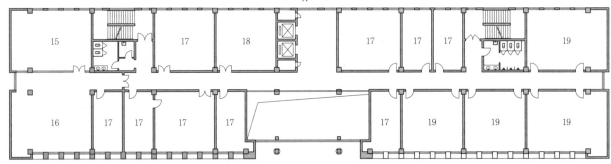

e 三、四层平面图　　　　　　　　　　　　f 五、六层平面图

1 多功能厅　2 财务室　3 司机值班室　4 接待室　5 修理室　6 矿灯充电室　7 车库　8 值班宿舍　9 门厅　10 电话值班　11 仪器着装室
12 中队值班室　13 中队学习室　14 会议室　15 指挥调度室　16 办公室　17 计算机房　18 小队学习室　19 教室　20 教师休息室

1 某矿山应急救援中心

名称	主要技术指标	设计时间	设计单位	设2个救护中队，按照《矿山救护规程》标准配置救护队技术装备及救护员个人装备。建筑包括行政管理、指挥调度、业务学习、着装仪器用房、餐饮、洗浴、住宿类用房，培训用房等
某矿山应急救援中心	总建筑面积15200m²，占地6.0hm²	2013	中煤西安设计工程有限责任公司	

工业建筑构造概述

1. 工业建筑设计首先应满足生产工艺要求，工业建筑的构造设计既要满足工艺要求，又要体现简约、美观、适用、施工方便、便于维修的特点。

2. 工业生产技术发展迅速，生产体制变革和产品更新换代频繁，厂房在向大型化和微型化两极发展；同时普遍要求在使用上具有更大的灵活性，以利发展和扩建，并便于运输机具的设置和改装。

3. 工业建筑屋面造型多变。为适应建筑工业化的要求，工业建筑扩大了柱网尺寸和平面参数，厂房跨度大、跨数多造成厂房屋面面积大，屋面防水、排水构造复杂，多跨屋面多采用虹吸内排水1，以保证屋面排水的效率。为保证通风，屋面常设通风器，简化了以往的天窗构造2。

4. 厂房的结构形式和墙体材料向高强、轻型和配套化发展，多数厂房墙体采用轻质外挂墙体或填充墙体，减轻了结构的荷载，并采用柔性节点处理。

5. 工业生产工艺智能化程度越来越高，由劳动密集型向智能集约型转化，操作工人远离机器设备，厂房室内热环境只需满足生产工艺要求即可。

工业建筑构造设计要点

1. 屋顶材料易采用轻型复合材料，减少了屋面构造层次，减轻屋面荷载，同时便于维修替换。

2. 地面面层种类较多。为适应厂房的改扩建灵活多变的要求，厂房的楼面、地面荷载的适应范围应扩大，以满足不同生产在温度、湿度、洁净度、无菌、耐腐蚀、防辐射、防静电等方面的要求。

3. 单层厂房承重外墙。对于跨度、高度、荷载都不大的厂房，可采用墙体承重结构，承重外墙设基础，并设置壁柱加强稳定性。

4. 单层厂房非承重外墙。宜采用排架结构承重，填充墙外墙自重一般由基础梁、连系梁承担3，外墙只起围护作用。

5. 多层厂房外墙多为非承重墙，一般由框架梁支撑墙体重量，采用砌块、砖填充或各种材料的大型板材墙外挂。为保证房外墙具有足够的刚度和稳定性，需设圈梁、构造柱和拉结锚固等加强措施。

6. 对于炎热地区厂房、高温车间、生产过程产生有害气体的车间，为了获得良好的自然通风，以利迅速排出烟尘、热量和有害气体，需采用开敞式外墙。

7. 大跨、多跨厂房，尽可能保证自然采光，当侧窗采光不能满足要求时需要设置采光天窗，天窗应同时兼顾采光和通风要求。

8. 单层厂房中，除有特殊工艺要求的厂房采用钢筋混凝土骨架结构承重，其余大多数厂房或地震烈度高的地区的厂房宜采用钢骨架承重。

9. 为适应生产规模不断扩大的要求，多层工业厂房日渐增加，除独立的厂房外，多家工厂共用一幢厂房的"工业大厦"已出现。

屋面排水与通风

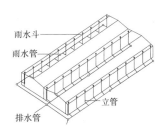

a 重力排水系统

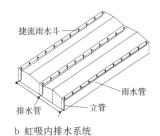

b 虹吸内排水系统

1 工业建筑常用排水方式示意

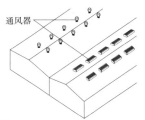

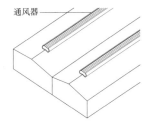

2 工业建筑成品屋面通风器示意

工业建筑外墙

墙体是用来分隔、围护空间的重要组成部分，厂房外墙按受力、材料及构造可分为以下几种，详见表1。

厂房外墙分类　　　　　　　　　　　　　　　　　　　　　表1

分类	名称及适用
按受力情况分	承重墙（单层厂房用），非承重墙（墙体无基础，框架填充墙（墙体荷载由框架梁承担，常用在多层厂房），外挂墙板及幕墙
按材料及构造方式分 — 砌体墙	烧结砖墙、砌块墙
按材料及构造方式分 — 板材墙	压型钢板（单层板、单层复合板、双层复合板）
	轻型混凝土板（单一材料墙板）
	大型混凝土预制板（单一材料墙板、复合材料墙板）

墙体与主体结构的关系

非承重的围护墙通常不做墙身基础，下部墙身通过基础梁将荷载传至柱下基础；上部墙身支承在连系梁上，连系梁将荷载通过柱子传至基础。

a 外墙支撑于基础梁上（高度≤15m）

b 连系梁上部外墙支撑于连系梁上（高度>15m）

3 砌体墙与主体结构的关系

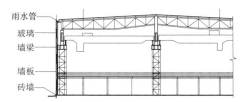

4 板材外墙与主体结构的关系

工业建筑 [105] 构造 / 墙体

砌体墙

砌体墙与屋面板及柱的拉结　　表1

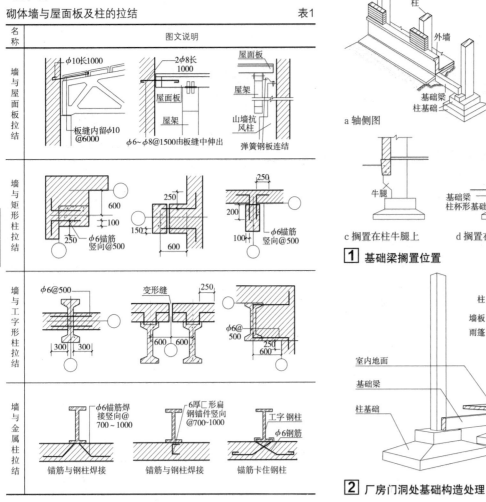

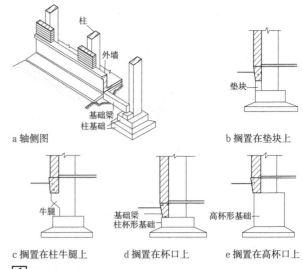

1 基础梁搁置位置

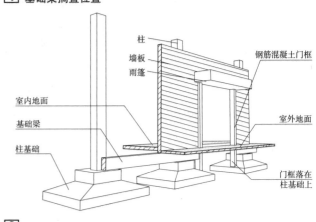

2 厂房门洞处基础构造处理

多层厂房框架结构填墙

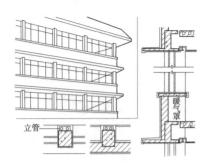

3 墙部分在柱外侧（水平划分）

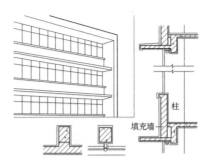

4 墙全部在柱外侧（水平划分）

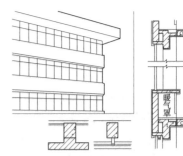

5 墙在柱外侧（水平划分）

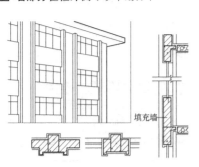

6 墙在柱中间（垂直划分）

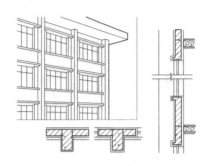

7 墙在柱内平齐（垂直划分）

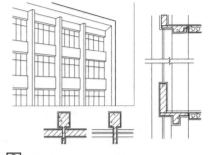

8 墙在柱外侧（垂直划分）

压型钢板墙板

压型钢板墙板类型 表1

名称	材料组成	类型
单层板	以彩色涂层钢板或镀锌钢板为原材，经辊压冷弯的围护板材	高波板（波高>70mm）
		低波板（波高≤70mm）
复合板	以檩条、墙梁或专用固定支架作为墙板支撑骨架，骨架外侧设单层压型钢板外墙板，内侧设装饰板，内外板之间设保温及隔热系统	单层压型钢板复合保温墙体
		双层压型钢板复合保温墙体
夹芯板	将涂层钢板及底板与保温芯材通过粘接剂（或发泡）复合而成的保温复合围护板材	硬质聚氨酯芯材板［$\lambda<0.033W/(m\cdot K)$，体积质量$\geq 30kg/m^3$］
		聚苯乙烯芯材板［$\lambda<0.041W/(m\cdot K)$，体积质量$\geq 15kg/m^3$］
		岩棉芯材板［$\lambda\leq 0.038W/(m\cdot K)$，体积质量$\geq 100kg/m^3$］

单层板

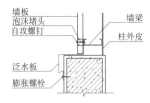

1 外墙处构造

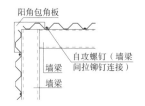

2 阳角处构造

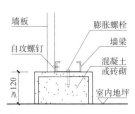

3 内墙墙角处构造

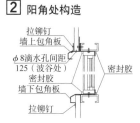

4 窗口处构造

复合板—单层压型钢板复合墙

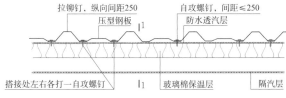

5 单层压型钢板复合保温墙体（竖向排板）构造

复合板—双层压型钢板复合墙

双层压型钢板复合保温墙体构造 表2

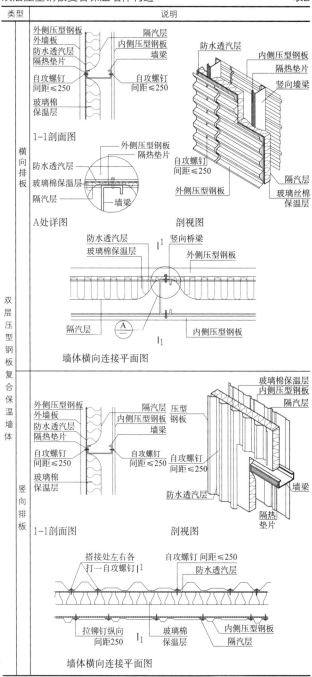

夹芯板

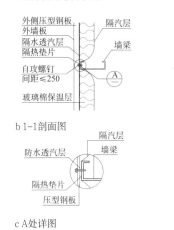

6 承插型夹芯板板型

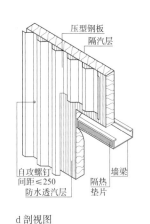

7 夹芯板横向排板构造

钢骨架轻型轻骨料混凝土外墙板

1. 规格：长度为4480mm、4780mm、5380mm、5980mm、7480mm、8980mm六种；宽度为1480mm。板边高为140mm、220mm、240mm。
2. 适用范围：非地震区及抗震设防烈度≤8度地区的工业与民用建筑，高度不超过20m的工业建筑，是装配在钢结构或混凝土结构上的非承重外墙围护挂板。
3. 芯板厚度：钢骨架轻型外墙板芯板标准厚度120mm，节能厚度要求参照表1。
   钢骨架轻型外墙板构造层次见 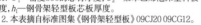、。

钢骨架轻型外墙板的热工性能指标　表1

分类	δ_1 (mm)	δ_2 (mm)	h_1 (mm)	传热系数 [W/(m²·K)]
无附加保温层系统	70	—	120	0.62
	90	—	140	0.55
	110	—	160	0.49
有附加保温层系统	—	40	120	0.47
	—	50	120	0.43
	—	60	120	0.39

注:1. δ_1—密度300的芯材厚度，δ_2—聚苯乙烯泡沫塑料板厚度，h_1—钢骨架轻型板芯板厚度。
2. 本表摘自标准图集《钢骨架轻型板》09CJ20 09CG12。

1 无附加保温层构造　　2 有附加保温层构造　　3 女儿墙墙身剖面详图

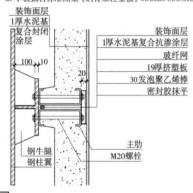

4 外墙板水平缝纵剖面构造

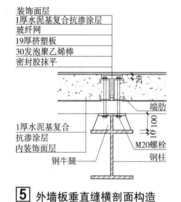

5 外墙板垂直缝横剖面构造

6 窗口纵剖面构造

大型混凝土墙板

1. 规格：长度为4500mm、6000mm、7500mm、12000mm四种；宽度为900mm、1200mm、1500mm、1800mm四种。板厚度为160~240mm。
2. 类型：按板材的材料和构造方式分，墙板有单一材料墙板和复合材料墙板。按墙板在围护墙中的位置分有一般墙板、山尖板、勒脚板、女儿墙板、窗框板、窗下板、窗上板、檐下板等。
3. 与柱的连接方式：分为柔性连接和刚性连接。柔性连接是指通过连接件将墙板与柱连接。刚性连接是利用短型钢将墙板和柱内的预埋铁件焊接使板柱固定。

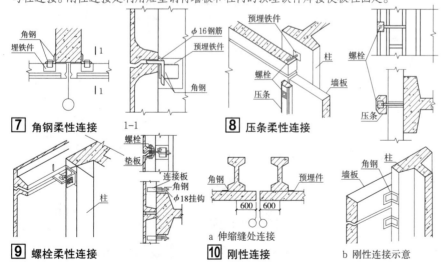

7 角钢柔性连接　　8 压条柔性连接

9 螺栓柔性连接　　10 刚性连接　　b 刚性连接示意

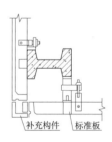

a 加补充构件的柔性连接

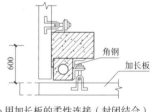

b 用加长板的柔性连接（封闭结合）

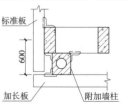

c 用加长板的刚性连接（非封闭结合）

11 转角板连接

开敞外墙

开敞外墙通常采用挡雨板或遮阳板局部或全部代替厂房的外墙。挡雨板通常采用悬挑方式,挡雨板的出挑长度与垂直距离应根据飘雨角(飘雨角即雨点滴落方向与水平线的夹角,一般情况下可按45°设置)及日照、通风等因素确定。

开敞式外墙挡雨板(遮阳板)的材料可采用水泥石棉瓦、金属板等。

挡雨板规格 表1

悬挑长度b(mm) \ 柱距a(mm)	4500	6000	7500	9000
1200	DB1245-X DB1245A-X	DB1260-X DB1260A-X	DB1275-X DB1275A-X	DB1290-X DB1290A-X
1500	DB1545-X DB1545A-X	DB1560-X DB1560A-X	DB1575-X DB1575A-X	DB1590-X DB1590A-X
1800	DB1845-X DB1845A-X	DB1860-X DB1860A-X	DB1875-X DB1875A-X	DB1890-X DB1890A-X
2100	DB2145-X DB2145A-X	DB2160-X DB2160A-X	DB2175-X DB2175A-X	DB2190-X DB2190A-X

注:1. 本表摘自国家建筑标准图集《挡雨板及栈台雨棚》06J106。
2. 表中挡雨板适用于一般工业建筑外墙开敞式设计以及抗震设防烈度低于和等于8度的地区;最高挡雨板距地面≤15m。

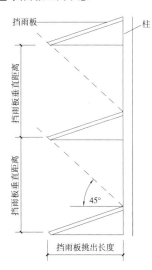

1 挡雨板立面示意

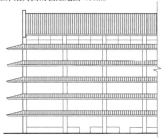

2 飘雨角示意

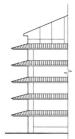

a 挡雨板装饰构件详图一

b 挡雨板装饰构件详图二
注:本图中各数据见表2、表3。

3 挡雨板装饰构件详图

挡雨板装饰构件详图一 表2

悬挑长度b(mm)	B(mm)	H(mm)	R1(mm)	R2(mm)
1500	800	500	850	100
1800	850	550	1050	112
2100	900	600	1250	125

挡雨板装饰构件详图二 表3

悬挑长b(mm)	B(mm)	H(mm)	B1(mm)	R1(mm)	R2(mm)
1500	800	500	250	850	150
1800	850	550	300	1050	170
2100	900	600	350	1250	190

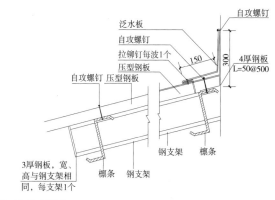

a 挡雨板构造详图一

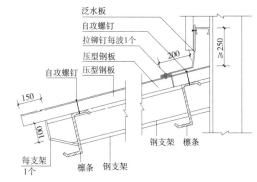

b 挡雨板构造详图二

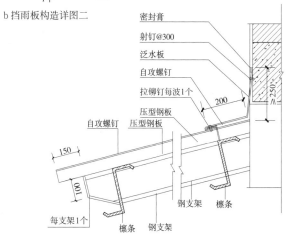

c 挡雨板构造详图三

4 挡雨板构造详图

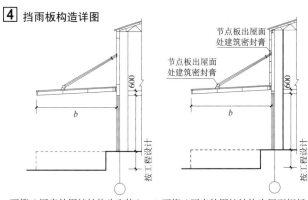

a 雨篷(厂房外围护结构为砌体) b 雨篷(厂房外围护结构为压型钢板)

5 栈台雨篷剖面图

工业建筑 [109] 构造 / 屋面

厂房屋面体系

厂房屋面根据屋面构造可分为有檩体系和无檩体系。

1. 有檩体系：由搁置在屋架上的檩条支承小型屋面板构成的。小型屋面板的长度为檩条的间距。这种体系构件尺寸小、重量轻、施工方便，但构件数量较多，施工周期长。

2. 无檩体系：将大型屋面板直接搁置在屋架上，无檩体系的构件尺寸大，构件型号少，有利于工业化施工。

大型屋面板的长度是柱子的间距，多为6m及6m以上。

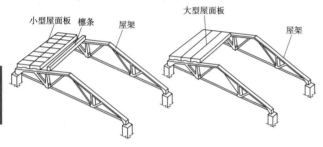

① 有檩体系　　② 无檩体系

压型钢板结构性能

板的挠度与跨度比符合限制参数　　表1

板类型		挠度与跨度比限制
单层板、复合板	屋面坡度<5%	1/300
	屋面坡度≥5%	1/250
夹芯板	硬质聚氨酯夹芯板	1/200
	聚苯乙烯夹芯板	1/250
	岩棉夹芯板	1/250

单层压型钢板复合保温屋面构造

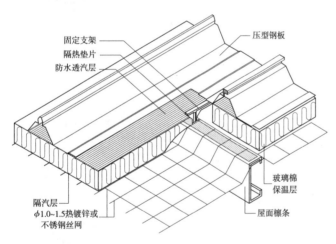

a 单层压型钢板复合保温屋面构造示意

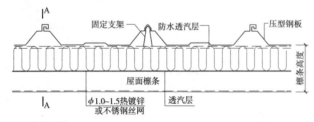

b 屋面横向连接

③ 单层压型钢板复合保温屋面构造

压型钢板型屋面板类型及构造

1. 屋面板类型：单层压型钢板、复合压型钢板、钢骨架轻型屋面板。

2. 压型钢板屋面板适用范围：抗震设防烈度≤9度的地区，当建筑物内有振动设备时，应依照国家相关标准及规程规定增设相应减振措施。

屋面坡度宜≥5%，在积雪厚度较大及腐蚀环境中，屋面坡度宜≥8%，压型钢板波高<50mm时，其屋面坡度应适当加大。

3. 压型钢板纵向连接：压型钢板的纵向搭接应位于檩条或墙梁处，两块板均应伸至支承构件上。

搭接长度：高波屋面板为350mm；屋面坡度≤10%的低波屋面板为250mm，屋面坡度>10%的低波屋面板为200mm；墙板均为120mm。屋面搭接时，板缝间需设通长密封胶带。

4. 压型钢板横向连接：压型钢板的横向搭接方向宜与主导风向一致，搭接不小于一个波。搭接部位设通长密封胶带。

压型钢板防火性能

燃烧性能　　表2

板类型	燃烧性能
单层压型钢板	耐火极限15min
夹芯板	硬质聚氨酯夹芯板：B1级建筑材料
	聚苯乙烯夹芯板：阻燃型（ZR），氧指数≥30%
	岩棉夹芯板：厚度<80mm，耐火极限≥60min
	岩棉夹芯板：厚度<80mm，耐火极限≥30min

压型钢板热工性能

夹芯板导热系数　　表3

板类型	导热系数[W/(m·K)]
硬质聚氨酯夹芯板	≤0.033
聚苯乙烯夹芯板	≤0.041
岩棉夹芯板	≤0.038

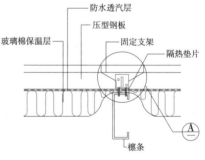

c A-A剖面图

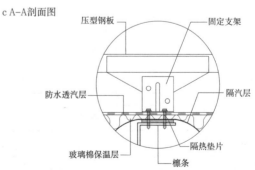

d A节点构造图

双层压型钢板复合保温屋面构造

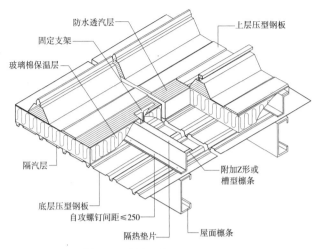

a 双层压型钢板复合保温屋面构造示意

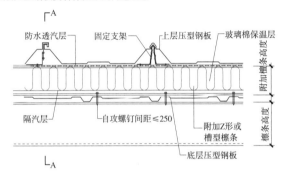

b 屋面横向连接

[1] 双层压型钢板复合保温屋面（檩条露明型）构造

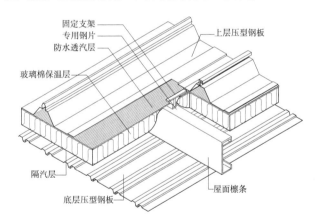

a 双层压型钢板复合保温屋面构造示意

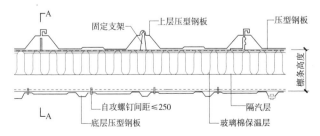

b 屋面横向连接

[2] 双层压型钢板复合保温屋面（檩条暗藏型）构造

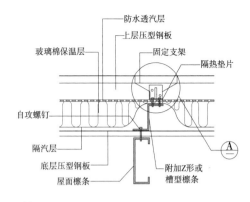

c A-A剖面

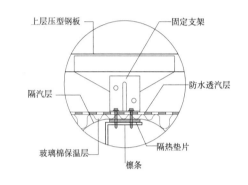

d A节点构造图

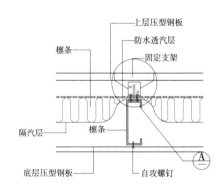

c A-A剖面图

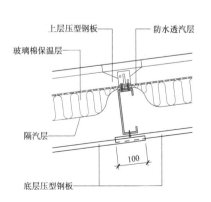

d A节点构造图

双层压型钢板复合保温屋面构造

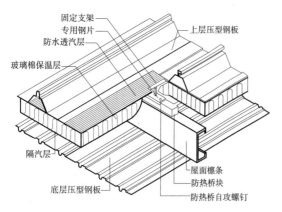

a 压型钢板复合保温屋面防热桥构造示意

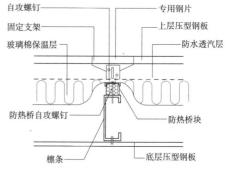

b A-A剖面图

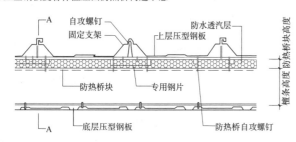

c 屋面横向连接

1 压型钢板复合保温屋面防热桥构造

防热桥自攻螺钉性能指标　表1

直径	5.5mm
长度	55~65mm
抗拔能力	≥500kg

防热桥块性能指标　表2

材质	硬质挤塑聚苯板
断面性状	矩形
断面尺寸	视具体工程确定
导热系数	≤0.0289W/(m·K)
抗压强度	≥500kN/m²

钢骨架轻型屋面板

1. 规格：长度为4480mm、5980mm、7480mm、8980mm；宽度为1180mm、1480mm、2380mm、2980mm；板边高为140mm、160mm、180mm、200mm、220mm、240mm、260mm、280mm、300mm。

2. 芯板厚度：厚度h_1取值可根据节能要求参照表4。

3. 适用范围：①非地震区及抗震设防烈度≤8度(0.2g)地区的环境类别为一类的，无侵蚀性介质的工业与民用建筑；②室内年平均湿度≤75%，构件表面温度≤100℃的工业与民用建筑；③屋顶排架结构的各类支撑按有檩体系布置。

钢骨架轻型屋面板荷载等级　表3

荷载等级	1级	2级
允许外加荷载组合标准值Qk (kN/m²)	1.2 (1.0)	1.9
允许外加均布荷载基本组合设计值Qk (kN/m²)	1.54 (1.3)	2.4

注：括弧内数值为标志板≥3000mm的荷载等级值，不包括板自重。

钢骨架轻型屋面板的热工性能　表4

分类	屋面构造	δ_1 (mm)	δ_2 (mm)	h_1 (mm)	传热系数 [W/(m·K)]
无附加保温层系统	1.防水层 2.1:3水泥砂浆找平层 3.密度500的芯材 4.密度300的芯材 5.密度500的芯材	50	100		0.75
		70	120		0.62
		90	140		0.55
		110	160		0.49
有附加保温层系统	1.防水层 2.1:3水泥砂浆找平层 3.聚苯乙烯泡沫塑料板 4.密度500的芯材 5.密度300的芯材 6.密度500的芯材	40		100	0.57
		50			0.43
		60			0.39
		70			0.33

a 无附加钢骨架屋面构造

b 有附加保温钢骨架屋面构造

2 钢骨架屋面构造

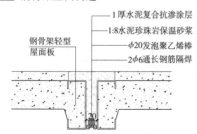

a 屋面板主肋剖面构造

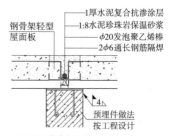

b 网架板主肋剖面构造　　c 屋面板端肋剖面构造

3 钢骨架轻型大型屋面板接缝剖面构造图

钢骨架轻型屋面板构造

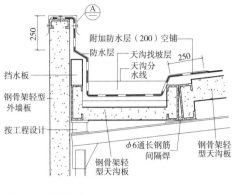

a 内天沟女儿墙构造图一

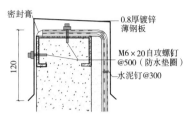

b A节点构造图

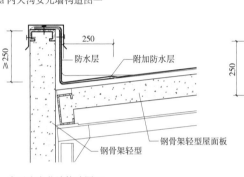

c 内天沟女儿墙构造图二　　　　d 内天沟女儿墙构造图三

1 钢骨架轻型屋面板内天沟女儿墙节点详图

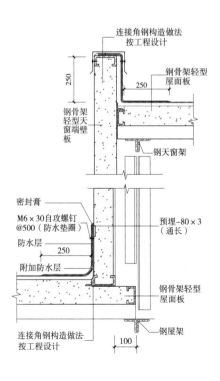

4 钢骨架轻型屋面板天窗侧板图

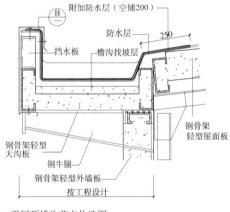

a 平屋顶檐沟节点构造图　　　　b B节点构造图

2 钢骨架轻型屋面板平屋顶檐沟节点详图

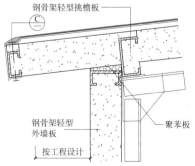

a 平屋顶挑檐节点构造图

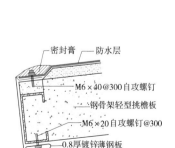

b C节点构造图

3 钢骨架轻型屋面板平屋顶挑檐沟节点详图

5 钢骨架轻型屋面板天窗端壁板图

工业建筑 [113] 构造/地面

综述

工业厂房地面承受的荷载较大，要求具有抵抗各种破坏作用的能力，并能满足生产使用的要求。例如：生产精密仪器和仪表的车间，地面要求防尘，易于清洁；在生产中有爆炸危险的车间，地面应不致因摩擦撞击而产生火花；有化学侵蚀的车间，地面应有足够的抗腐蚀性；生产中要求防水防潮的车间，地面应有足够的防水性能等。

组成

地面的基本层次由地基、垫层和面层组成，见表1。当基本层次不能满足使用要求或构造要求时，还需增加一些其他层次，如结合层、找平层、防水（潮）层、保温层和防腐蚀层等。

工业厂房地面的组成   表1

名称	功能要求	构造
地基	坚实，具有足够的承载力	一般做法是先铺灰土层，或干铺碎石层，或干铺泥结碎石层，压实
垫层	承受地面的荷载，将荷载传给地面基层	垫层有刚性、柔性之分。当地面承受的荷载较大，且不允许垫层变形或裂隙，或有蚀性介质，或有大量水的作用时，采用刚性垫层，材料有混凝土、钢筋混凝土。当地面有大冲击、剧烈振动作用，或储放笨重材料（有时伴有高温），采用柔性垫层，材料有砂、碎石、矿渣、灰土、三合土等。垫层厚度根据作用在地面上的荷载经计算确定，常见垫层最小厚度选择见表2
面层	受各种物理和化学作用	根据工业生产的使用要求选择地面面层，地面的名称按面层的材料名称而定。面层选择见表3

垫层最小厚度选择   表2

垫层名称	材料强度等级或配合比	厚度（mm）
混凝土	≥C10	60
四合土	1:1:6:12（水泥:石灰膏:砂:碎砖）	80
三合土	1:3:6（熟化石灰:砂:碎砖）	100
灰土	3:7或2:8（熟化石灰:黏性土）	100
砂、炉渣、碎（卵）石	—	60
矿渣	—	80

地面类型与面材选择

地面面层的选择   表3

对垫层的要求	面层材料	适用范围
机动车行驶、受坚硬物体磨损	混凝土、铁屑水泥、粗石	车行通道、仓库、钢绳车间等
10kg以内的坚硬物体对地面产生冲击	混凝土、块石、缸砖	机械加工车间、金属结构车间
50kg以上的坚硬物体对地面产生冲击	矿渣、碎石、素土	铸造、锻压、冲压、废钢处理等
受高温作用地段（500℃）	矿渣、凸缘铸铁板、素土	铸造车间的熔体浇注工段、轧钢车间加热和轧机工段、玻璃制品工段
有水和其他中性液体作用地段	混凝土、水磨石、木板	选矿车间、造纸车间
有防爆要求	菱苦土、木砖沥青砂浆	精苯车间、氢气车间、火药仓库
由酸性介质作用	耐酸陶瓷、聚氯乙烯塑料	硫酸车间的净化、硝酸车间的吸收浓缩
由碱性介质作用	耐碱沥青混凝土、陶板	纯碱车间、液氨车间、碱熔炉工段
不导电地面	石油沥青混凝土、聚氯乙烯塑料	电解车间
高度清洁要求	水磨石、陶板、马赛克、拼花木地板、聚氯乙烯塑料、涂料	光学精密机械、仪器仪表、钟表、电信器材装配

菱苦土地面配合比   表4

面层特征		较为耐磨车间	坚硬耐磨车间	底层
适用地段				
配合比（重量比）	菱苦土	1	1	1
	锯末	0.26	0.16	1.06
	砂	0.82	0.49	0
	滑石粉	0.60	0.38	0
	矿物颜料	适量	适量	0
氯化镁溶液比重		1.20	1.24	1.14

按面层材料名称划分的地面类型   表5

地面名称	材料与构造	特点	适用范围
水泥砂浆地面	地面构造同民用建筑，当要求更耐磨时，在水泥砂浆中加入铁屑，为铁屑水泥砂浆地面，厚度为35mm	水泥砂浆地面承受的荷载较小，只能承受一定机械作用，耐磨能力不强，易起灰	适用于一般的金工、装配、机修、工具、焊接等车间
水磨石地面	使用中要求面层不发生火花时，其石子材料应采用以金属或石料撞击时不发生火花的石灰石、大理石或其他石料	水磨石地面有较高的承载能力，耐磨、不起灰、不渗水	适用于精密机床车间、食品车间、计量室、试验室
混凝土地面	C20混凝土预制成板块，表面作光平面或格纹面，上铺60mm厚的砂垫层；现浇混凝土面层一般有60mm厚C15混凝土和40mm厚C20细石混凝土做法，垫层采用三合土或低标号混凝土。面层加厚到120~150mm可不设垫层。为防止混凝土收缩开裂，混凝土面层在施工时应分仓设缝，一般缝距（纵、横）为12m	不适用于有酸类腐蚀性的车间。制作耐碱混凝土地面时，碎石、卵石和砂应用密实的石灰石类的石料或碱性的冶炼矿渣做成	适用于金工、机械装配、机修、工具、油漆车间
沥青砂浆及沥青混凝土地面	面层需做在混凝土垫层上，为了便于粘结，混凝土垫层上涂刷冷底子油一道。地面厚度为20~30mm。沥青混凝土是在填料中按比例加入碎石或卵石，粒径不得超过面层分层铺设厚度的2/3，沥青混凝土地面的面层厚度为40~50mm。采用两层构造做法时总厚度为70mm	所用沥青为建筑石油沥青或道路石油沥青。沥青砂浆是将粉状骨料及砂预热后与已熔的沥青拌合而成。沥青砂浆和沥青混凝土温度敏感性大，易老化、变形，不宜用于有机溶剂（如苯、甲苯、煤油、汽油等）的车间	适用于工具室、干炼站、蓄电池室、电镀车间
水玻璃混凝土地面	以水玻璃为胶结剂，氟硅酸钠为硬化剂，耐酸粉料（辉绿岩粉、石英粉）、耐酸砂子及耐酸石子为粗细骨料按一定比例调制而成。抗渗性不良的地面需设置隔离层，以防液体渗透。水玻璃混凝土不能与未经处理的普通水泥砂浆、混凝土直接接触，混凝土垫层上涂沥青或铺卷材做隔离层	水玻璃混凝土地面具有良好的耐酸稳定性，适用于耐浓酸和强氧化酸；整体性好，机械强度高，耐热性能好；但对碱性介质和氢氟酸渗性差，施工受气候的影响较大	在耐酸防腐工程中应用很广泛，也用在有酸作用的生产车间或仓库
菱苦土地面	菱苦土地面是用苛性菱镁矿、锯末、砂（或石屑）和氯化镁水溶液的拌合物铺设而成。面层做在混凝土垫层上，有双层和单层两种构造。双层的上层厚度一般为8~10mm，下层厚度为12~15mm。单层的厚度为12~15mm。菱苦土地面配合比见表4	菱苦土地面具有弹性、保温、不发生火花和不起灰优点。车间地面中走磨损不多的地段可不掺软性菱苦土，有清洁、弹性或防爆要求的地段及磨损较多的地段宜用掺砂的硬性菱苦土	适用于精密生产、装配、纺纱、织布车间、计量站、校验室。有水或各种液体存留及地面温度处于35℃以上的地段不宜用

整体地面   表6

名称	构造	特点	适用范围
单层整体地面（面层和垫层为一层的）	地面垫层由夯实的黏土、灰土、碎石（砖）、三合土或碎、砾石等直接铺设在地基上而成	材料来源较多，价格低廉，施工方便，构造简单，耐高温，破坏后容易修补	高温车间，如钢坯库
多层整体地面	地面垫层由夯实的黏土、灰土、碎石（砖）、三合土或碎、砾石等直接铺设在地基上而成。面层材料：沥青砂浆、沥青混凝土、水玻璃混凝土、菱苦土等	面层厚度较薄，以便节约面层材料；加大垫层厚度以满足承载力要求	见表4
地坪涂料	水性地坪涂料（后页表1）	过氯乙烯地面涂料，H80—环氧地面涂料，氯—偏共聚乳液地面涂料，聚乙烯醇缩甲醛水泥地面涂料，亚克力休闲场地坪涂料	不起灰，无有害挥发物，干净无尘。耐强烈的机械冲击，耐磨损，能长期经受叉车车辆的辗轧，即使局部损坏也容易维修	适用于食品、医药、机械工业机床、仪器、仪表等工业车间
	油性地坪涂料	环氧树脂地坪涂料、聚氨酯树脂地坪涂料、不饱和聚酯树脂地坪涂料、水晶地坪涂料、聚脲弹性地坪涂料	耐油性好，耐各种化学介质的腐蚀	

各类型地面特点及构造

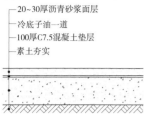
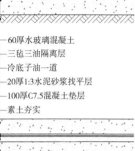

1 整体地面构造

水性地坪涂料特点和适用范围　表1

名称	特点	适用范围
过氯乙烯地面涂料	耐老化和防水性能好,漆膜干燥快（2小时）,有一定的硬度、附着力好、耐磨、抗冲击,色彩丰富,漆膜干燥后无刺激味	适用于工业厂房、车间和精密机房的耐磨、耐油、耐腐蚀地面及地下室、卫生间的防水装饰地面
H80—环氧地面涂料	耐腐蚀性能良好,涂层坚硬,耐磨且有一定韧性,涂层与水泥基层粘接力强,耐油、耐水、耐热、不起尘,可涂刷成各式图案	
氯—偏共聚乳液地面涂料	以氯乙烯共聚乳液为基料,加入填料、颜料、无味、快干、不燃、易施工。涂层坚固光滑,有良好的防潮、防霉、耐酸、耐碱性和化学稳定性。可仿制木地板、花卉图案、大理石、瓷砖地面	
聚乙烯醇缩甲醛水泥地面涂料（又称777水性地面涂料）	无毒、不燃,涂层与水泥基层结合紧固,干燥快、耐磨、耐水、不起砂、不裂缝,可以在潮湿的水泥基层上涂刷,施工方便,光洁美观	适用于建筑、住宅以及一般的实验室、办公室、新旧水泥地面装饰

块材、板材地面特点、构造和适用范围　表2

名称	特点	构造	适用范围
砖、石地面（表3）	造价低、耐腐蚀	分普通地面和耐腐蚀地面	适用于承受振动和较大荷载的车间
混凝土板地面	经济	用C20混凝土预制成板块,60mm厚的砂垫层	适用于车间的预留设备或人行道等位置
瓷砖及陶板地面	耐酸碱、易清洁	构造同民用建筑	适用于蓄电池室、电镀车间、染色车间、尿素车间
金属地面[4]	耐磨损、耐高温	铸铁板常浇铸成带凸纹或带孔的形式以防滑,铸铁板地面有砂垫层和混凝土垫层两种做法。垫层应先打毛并清刷干净后铺设结合层及面层,水泥浆由孔挤出并保证铸铁板的平整	适用于有较高平整和清洁要求的地面。在承受高温及有冲击作用部位的地面,常采用铸铁板地面
塑料地面	易清洁、经济	常做成300mm×300mm的小块地板,用粘结剂拼花对缝粘贴。聚氯乙烯塑料地毯是软质卷材,可直接干铺在地面上	适用于洁净要求高且无其他特殊要求的场所

砖、石地面特点及构造　表3

名称	特点	构造
块石或石板地面[2]	地面较粗糙,耐磨损,可承受振动和较大荷载	一般荷载情况下,在填土层上铺60mm厚的密实砂垫层;当载较大时,块石或石板需用水泥砂浆砌在120或150mm厚的C7.5混凝土垫层上,块石或石板间均用水泥砂浆填缝
耐腐蚀块石地面	耐腐蚀,根据腐蚀介质选用石材,天然石材中花岗石、石英石、玄武岩等耐酸性好,石灰石、白云石、大理石等耐碱性较好	耐酸块石之间用沥青胶泥、环氧胶泥或硫磺胶泥填案,这种块石地面均做在普通混凝土垫层上,必要时,还应设二毡三油隔离层
砖地面[3]	施工简单、造价低。做耐腐蚀地面时,需经沥青浸渍,浸渍深度不小于15mm	通常将砖侧砌,采用60mm厚的砂垫层,砖缝间用沥青水泥砂浆勾缝。沥青浸渍砖用沥青砂浆砌筑于混凝土垫层上

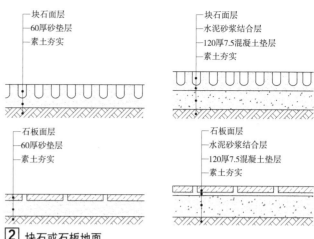

2 块石或石板地面

a 平铺普通黏土砖　　b 侧铺普通黏土砖

c 正铺大阶砖　　d 斜铺大阶砖

3 黏土砖地面

正面　　反面

- 30~35厚防滑铸铁板
- 30~50厚1:3砂浆
- 混凝土垫层
- 灰土层或混凝土楼板

规格：30×298×298, 35×498×498,铸铁板表面做防滑处理。

a 铸铁地面

- 1.5厚带锚脚钢板层
- 30~50厚1:3水泥砂浆
- 混凝土垫层
- 灰土层或混凝土楼板

利用六边形和冲凿出的锚脚互相咬合,稳定性良好,能防止位移。

b 钢板地面

- 6厚带孔铸铁板面层
- 35厚1:2水泥砂浆
- 混凝土垫层
- 灰土层或混凝土楼板

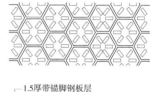

规格：298×298×6,安装时,垫层应先打毛并清刷干净后铺设结合层及面层,水泥浆由孔挤出并保证铸铁板平整。

c 带孔铸铁地面

- 面层内置25×(1.5~3.5)蜂房状钢带
- 30~50厚1:3水泥砂浆
- 混凝土垫层
- 灰土层或混凝土楼板

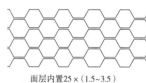

面层内配置蜂房状钢带孔径100~300浇注细石混凝土或沥青砂浆,适用于重物滚动或受垂直荷载的工业建筑地面。

d 钢带地面

4 金属地面

工业建筑 [115] 构造/地面

塑料地面与特殊功能地面

塑料地面类型及特点　　　　　　　　　　　　　　　　　　　　　表1

类型	主要材料	施工要点
软质聚氯乙烯塑料毡粘贴地面	由聚氯乙烯树脂、增塑剂、稳定剂、填充剂、颜料等组成的热塑料性塑料制品；规格：厚1~6（常用3厚），宽800~1240，长12000~20000；粘合剂：专用地面粘合剂	1.清理基层及找平，按设计要求弹线；2.满刮基层处理剂一遍（由地毡厂供应）；3.塑料毡背面，基层表面满涂粘结剂；4.粘结塑料毡地板，板块切割成V形缝；5.三角形塑料焊条用电热焊枪焊缝；6.用砂袋均匀加压24小时或焊压平整，赶出气泡；7.毡表面擦上光蜡
塑料地板革（可干铺）		1.清理基层及找平，按房间尺寸和设计要求排料编号（由中心向四周并排）；2.将整幅地板革平铺于地面上，四周与墙面间留伸缩余地
半硬质塑料地板	由聚氯乙烯共聚树脂、填充剂、增塑剂、稳定剂、颜料等组成；规格：厚1~2；粘合剂：专用地面粘合剂	1.清理基层及找平，按房间尺寸和设计要求排料编号（由中心向四周并排）；2.塑料毡背面、基层地面满涂粘结剂，待不粘手时才进行粘贴，胶迹可用松节油擦净；3.干养护24小时（不需要加压）
现浇无缝环氧沥青塑料地板	环氧沥青塑料砂浆配合比环氧沥青漆：二乙二胺：填充料（石英粉、石英砂）为100:33：(400~500)	1.清理基层及找平；2.刷底子油（环氧沥青胶液）；3.3厚环氧沥青塑料砂浆压光；4.刮无色环氧树脂腻子三道，打磨；5.刮有色面漆腻子三道，打磨；6.刷有色面漆二道，打蜡

注：地面粘合剂由生产厂家配套供应。

特殊功能地面的材料与构造　　　　　　　　　　　　　　　　　表2

名称	材料与构造
耐油地面	1.在较密实的普通混凝土中，掺入三氯化铁混合剂，以提高混凝土的抗渗性；2.长期接触矿物油制品的楼地面材料要求：水泥采用泌水性小的硅酸盐水泥，集料采用粒径5~40mm的碎石，粒径≤5mm的中砂
不发火花地面	1.分不发火屑料类（不发火花混凝土、砂浆、水磨石、沥青砂浆、沥青混凝土，厚度一般为30）、木质类（所用钉子不得外露）、橡皮类、菱苦土类、塑料类；2.水泥采用32.5、42.5、52.5的普通硅酸盐水泥，粗细骨料采用以硫酸钙为主要成分，具有不发火性能的大理石、白云石或熔烧均匀的石灰石、白云石砂粒或玄武岩、辉绿岩石的黏土砖块。需经试验验证不发火后，破碎分级级配材料，不得混有其他石渣或杂质，并经吸铁石检查。石渣粒径≤20mm，石砂粒径为0.15~5mm，粉料为与骨料相同的石粉末，填充料为6~7%级石棉纤维、石棉粉或木粉；3.不发火地面应防止因物体坠落而引起的冲击爆炸；4.不发火地面面层的施工需待各种设备管线铺设完毕，以及设备基础浇捣完毕或预留后方可进行
防潮防水地面	1.刚度较好的现浇混凝土地面用合成高分子防水涂料（JS、聚氨酯等）或聚合物防水砂浆防水；2.有振动和面积较大的厂房预制板楼地面用防水卷材（SBS等）；3.现浇结构板的防水层宜直接做在结构板面，预制楼板和不平整的楼面采用1:2水泥砂浆找平后再做防水层；4.有防水要求的区域，四周应采用现浇混凝土翻边挡水，高出地面150mm；5.有机材料面上一面宜用30mm厚碎石混凝土找平找坡，起到压实防水层和地坪面砖铺贴的作用；6.聚合物防水砂浆不用找平层。聚合物防水砂浆防水层上可以直接做地面砖

地面细部构造

地面细部构造包括地面缩缝、分格缝、排水沟、地沟、散水及明沟和坡道。

1. 缩缝、分格缝

当采用混凝土作垫层时，垫层应设置纵向、横向缩缝。纵向缩缝根据要求采用平头缝或企口缝，其间距一般为3~6m；横向缩缝宜采用假缝，其间距为6~12m。

在混凝土垫层上做细石混凝土面层时，其面层应设分格缝，分格缝应与垫层的缩缝对齐；如果采用沥青类面层或块料面层时，其面层可不设缝；设有隔离层的水玻璃混凝土、耐碱混凝土面层的分格缝可不与垫层的缩缝对齐。

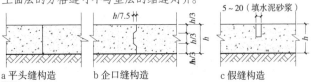

a 平头缝构造　　b 企口缝构造　　c 假缝构造

1 缩缝、分格缝

地面的接缝　　　　　　　　　　　　　　　　　　　　　　　表3

名称	设置位置和适用条件	构造
变形缝	地面变形缝位置与建筑结构的变形缝处理一致，贯穿地面各构造层。在一般地面与振动大的设备（如锻锤、破碎机等）的基础之间应设变形缝；在承受荷载相差较大的两地段间也应设置变形缝	变形缝的宽度为20~30mm，用沥青砂浆或沥青胶泥填缝。若面层为块料时，面层不再留缝。设有分格缝的大面积混凝土作垫层的地面，不另设地面伸缩缝。在地面承受荷载较大，经常有冲击、磨损、车辆通过频繁或强烈机械作用的地面边缘，必须用角钢或钢板焊成护边
交界缝	两种不同材料的地面，强度不同，接缝处易破坏，设交界缝	在交界处垫层中预埋钢筋焊接角钢嵌边或用混凝土预制板加固。铺设铁轨时，在距铁轨两侧不小于850mm的位置用板、块材地面。轨顶应与地面相平
地面与墙间的接缝	地面与墙间的接缝处均设踢脚线，有水冲洗的车间需做墙裙	厂房踢脚线高度不应小于150mm，有腐蚀介质及水冲洗的车间，踢脚线的高度应为200~300mm，和地面一次施工以减少缝隙。设有隔离层的地面，隔离层应延伸至踢脚线的高度

2. 排水沟、地沟

在地面范围内常设有排水沟和通行各种管道的地沟。当室内水量不大时，可采用排水明沟，沟底需做垫坡，其坡度为0.5%~1%，沟边则采用边堵构造方法。室内水量大或有污染性时，应用有盖板的排水沟或管道排水。敷设管线的地沟沟壁多用砖砌，考虑土的侧压力，其厚度一般不小于240mm。要求防水时，沟壁及沟底均应做防水处理。沟深及沟宽根据敷设及检修管线的要求确定。盖板应根据地面荷载不同制成配筋预制板。

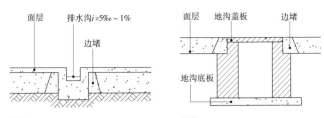

2 排水沟构造　　　　**3** 地沟构造

3. 散水及明沟

室外的散水或明沟，与民用建筑一样，主要是排除外墙四周雨水，起保护墙脚地基及基础的作用。

4. 坡道

厂房出入口，为便利各种车辆通行，在门外侧须设置坡道，其材料常采用混凝土。坡道宽度较门口两边各大500mm，坡度为5%~10%，若采用大于10%的坡度，其面层应做防滑齿槽。

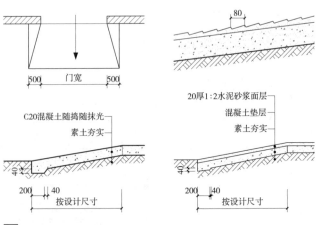

4 入口坡道构造

概述

工业厂房的大门主要供日常车辆和人流通行,可人力平开的门在紧急状态下作疏散用。门的位置与数量要根据车间内部的通道布置和安全疏散要求进行设置。一般门的尺寸应比装满货物的车辆宽600~1000mm,高400~600mm。

不同运输车辆常用大门洞口尺寸　　　　　表1

运输工具＼洞口宽(mm)	2100	2100	3000	3300	3600	3900	4200 4500	洞口高(mm)
矿车	■							2100
电瓶车		■						2400
轻型卡车			■					2700
中型卡车				■				3000
重型卡车					■			2900
汽车起重机						■		4200
火车							■	5100 5400

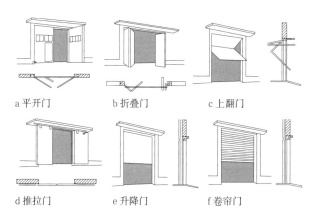

a 平开门　　b 折叠门　　c 上翻门
d 推拉门　　e 升降门　　f 卷帘门

① 大门类型

厂房大门构造

平开门:指合页(铰链)装于门侧面、向内或向外开启的门。有单开门和双开门。由门扇、门框及五金零件组成。当门洞宽度大于3m时,应采用钢筋混凝土门框。当门洞宽度小于2.4m时,可采用砖砌门框。

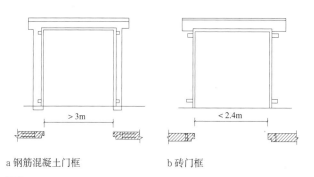

a 钢筋混凝土门框　　b 砖门框

② 平开门构造

推拉门:由门扇、上导轨、滑轮、导饼(或下导轨)和门框组成。推拉门按门扇的支撑方式分为上挂式和下滑式两种。如果采用玻璃或银镜做门芯,一般要用5mm厚的。

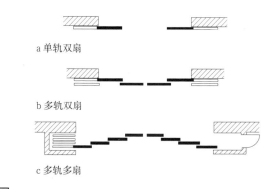

a 单轨双扇

b 多轨双扇

c 多轨多扇

③ 推拉门布置形式

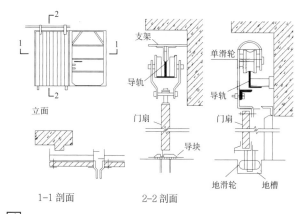

1-1 剖面　　　　　2-2 剖面

④ 上悬式推拉门构造

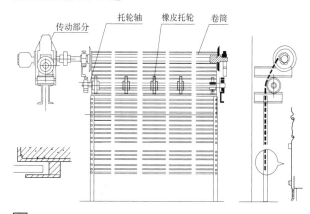

⑤ 电动卷帘门构造

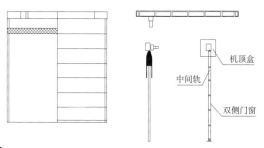

⑥ 柔性提升门

工业建筑 [117] 构造 / 飞机库大门

概述

飞机库大门适用于工业与民用建筑，如民用、军用飞机库大门以及工业厂矿、仓储、造船企业等建筑用门。常用机库大门形式有SDM上叠式飞机库门、TM推拉式飞机库门、CZM侧转式飞机库门。

SDM上叠式飞机库门

上叠式飞机库门主要由门体、下过梁、钢绳、滑轮、传动装置部件、限位部件、活动立柱、左右侧导轨、保距带、布帘固定架、布帘等部件组成。

上叠式飞机库门，适合在潮湿、粉尘、温度很高或极低的环境中使用，每樘门应单独进行设计以满足机库抗风、尺寸等要求，适用于大尺寸和不规则门，如机库门、航天发射架大门、不规则吊车门、露天矿大型机械保养车间大门、矿井塔大门、造船厂大门等。

主要技术参数　　　　　　　　　　　　　　　表1

SDM上叠式飞机库门		技术参数
洞口尺寸	宽度B（mm）	36000～180000
	高度A（mm）	6000～20400
洞口上沿预留尺寸（mm）		≥1000
洞口侧边预留尺寸（mm）		≥300
电压（V）/频率（Hz）		380/50
功率（kW）		5.5～15
起动电流（A）		100～250
运行速度（r/min）		4～5
温度范围（℃）		-35～+70
门扇重量（kg/m²）		15～25
门扇厚度（mm）		550

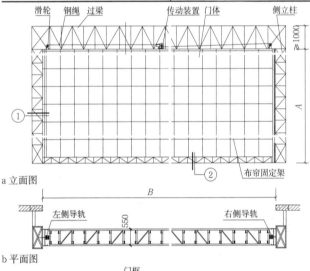

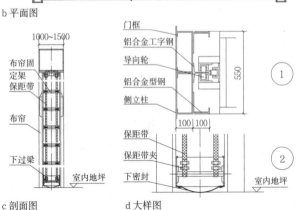

1 SDM上叠式飞机库单扇门

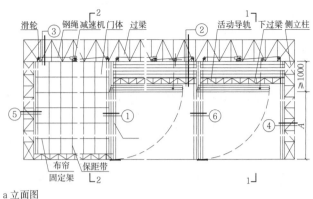

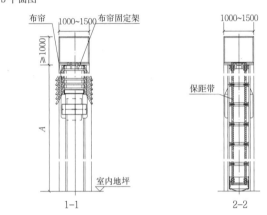

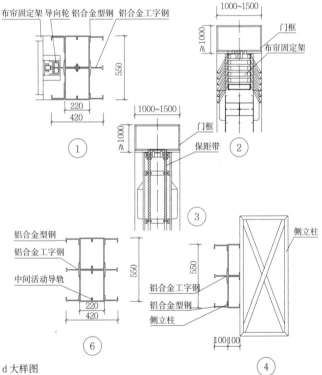

2 SDM上叠式飞机库多扇组合门

TM推拉式飞机库门

推拉式飞机库门采用下承重、下导向结构,大门开启后重叠在门洞两侧,关闭时呈阶梯形,依次关闭到位,主要适用于机库及大型车间用门。

TM推拉式飞机库门主要由门扇、行走轮、导向轮、上导轨、下导轨、电源滑触线、驱动装置、控制系统、密封件等组成。

主要技术参数　　　　　　　　　　　　　　　　　　　表1

TM推拉式飞机库门		技术参数
洞口尺寸	宽度B（mm）	42000~120000
	高度A（mm）	16000~24000
洞口上沿预留尺寸（mm）		≥1700
洞口侧边预留尺寸（mm）		≥门扇宽+600
电压（V）/频率（Hz）		380/50
功率（kW）		1.5~3
起动电流（A）		20~55
运行速度（r/min）		6~9
门扇重量（kg/m²）		50~80
门扇厚度（mm）		200~530

CZM侧转式飞机库门

侧转式飞机库门采用下承重、多门扇侧转运行结构,开启后,门扇分别运转到门洞两侧边,具有结构紧凑、外形美观、隔热保温、运行可靠的特点。主要适用于中、小型飞机库用门。

大门主要由门扇、上导向轮、下导向轮、上导轨、下导轨、传动部件、控制系统等部分组成。大门工作时,由两个开门机通过传动部件带动两个门扇运行,从而实现门扇启闭。

主要技术参数　　　　　　　　　　　　　　　　　　　表2

CZM侧转式飞机库门		技术参数
洞口尺寸	宽度B（mm）	2100~30000
	高度A（mm）	600~8100
洞口上沿预留尺寸（mm）		300
洞口侧边预留尺寸（mm）		1600
电压（V）/频率（Hz）		380/50
功率（kW）		2×1.1~2
起动电流（A）		20~35
运行速度（r/min）		12
门扇重量（kg/m²）		35
门扇厚度（mm）		40~100

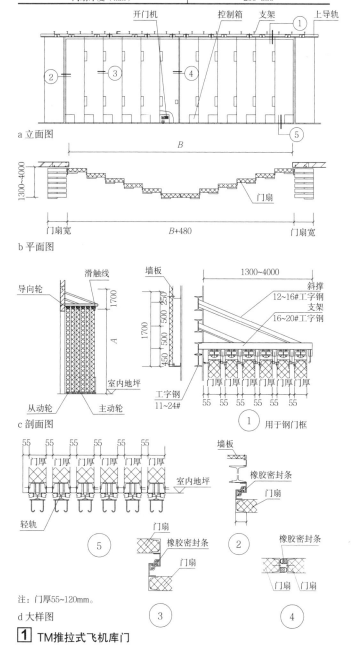

① TM推拉式飞机库门

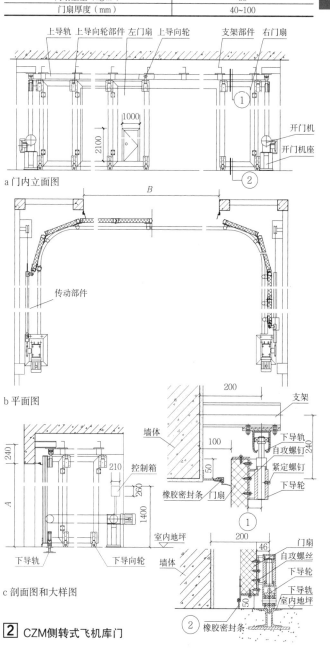

② CZM侧转式飞机库门

工业建筑 [119] 构造/侧窗·侧窗开窗机

侧窗

工业厂房侧窗面积大，多采用拼框组合窗，不仅要满足采光和通风的要求，还应满足与生产工艺有关的一些特殊要求。有爆炸危险的厂房，侧窗应便于泄压；恒温、恒湿和洁净的厂房，侧窗应有足够的保温、隔热性能等。

侧窗的组合构造

在钢组合窗中，需采用拼框构件来联系相邻的基本窗，以加强窗的整体刚度和稳定性。两个基本窗左右拼接，称为横向拼框；两个基本窗上下拼接，称为竖向拼框。横向拼接时加竖梃，竖向拼接时加横档。

工业厂房侧窗与民用建筑窗户的材料、开启方式等基本相同，但由于面积较大，往往需进行拼樘组合。

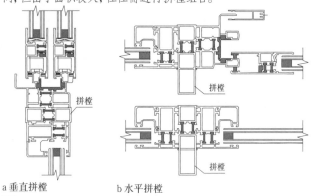

a 垂直拼樘　　　b 水平拼樘

1 断桥铝合金窗拼樘构造

横档、竖梃与窗洞的连接方式

横档、竖梃的两端均需伸入窗洞四周墙体内，并用细石混凝土填实空隙，或与墙、柱上的预埋件焊牢。

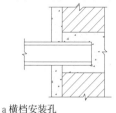 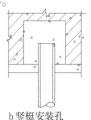

a 横档安装孔　　　b 竖梃安装孔

2 钢窗横档、竖梃安装

侧窗开窗机

厂房侧窗高度和宽度较大，窗的开关常借助于开窗机，有手动和电动两种形式。常用的手动侧窗开窗机如 3 所示。

侧窗开窗机按照开关器的支杆形式分为齿条开关器和支杆开关器；开窗机的安装位置分单面出轴和双面出轴形式。

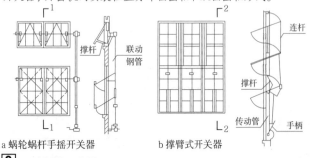

a 蜗轮蜗杆手摇开关器　　　b 撑臂式开关器

3 手动侧窗开关器

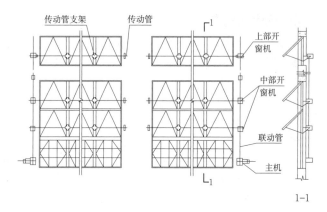

4 KC2-1ⅡD 单面出轴中悬窗（撑杆）电动开窗机立面布置图

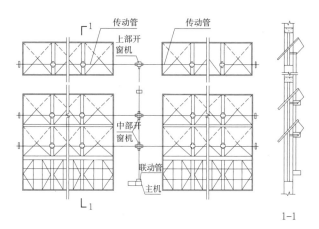

5 KC2-2ⅡS 双面出轴中悬窗（撑杆）电动开窗机立面布置图

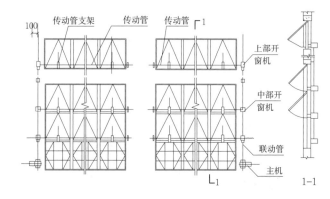

6 KC2-1ⅠD 单面出轴上悬窗（齿条）电动开窗机立面布置图

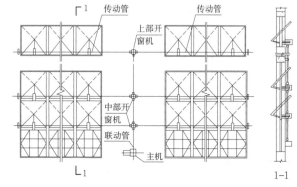

7 KC2-2ⅠS 双面出轴中悬窗（齿条）电动开窗机立面布置图

概述

天窗是在厂房跨度较大时,解决中部位置天然采光和自然通风的顶部构件。根据其作用和功能,可分为以采光为主的天窗,如矩形、锯齿形(用量已逐渐减少)、三角形、M形及平天窗等形式;以通风为主的天窗,如矩形通风天窗、下沉式通风天窗(包括井式、横向下沉式和纵向下沉式)。

天窗类型、简图、特点及适用范围　　　　　表1

类型	简图	特点及适用范围
矩形天窗	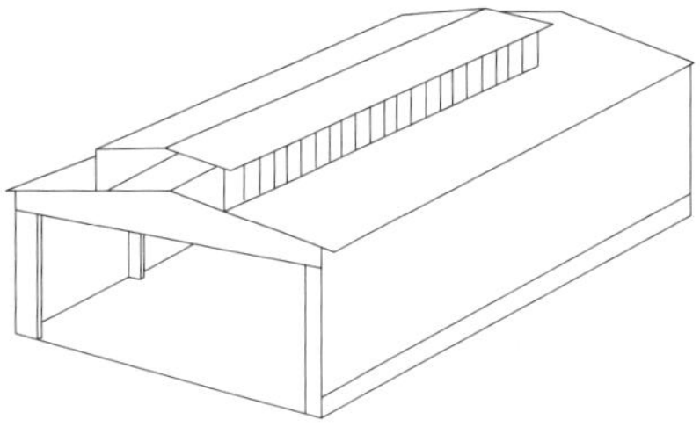	特点:采光效率低,横向均匀性比较差,有少量直射阳光;热压差比较大,满足一般的换气。 用途:多用于冷加工车间
平天窗(采光罩)	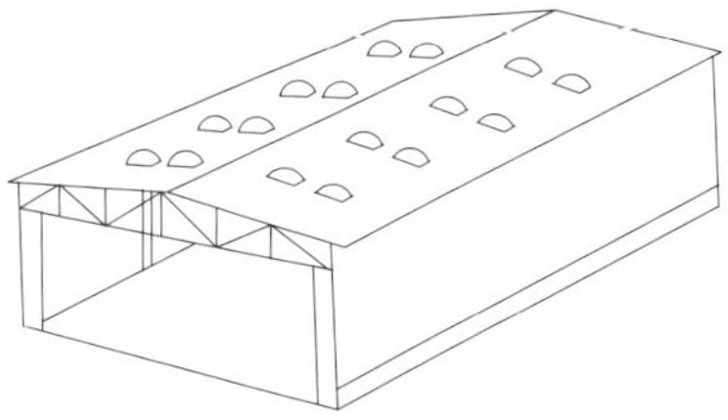	特点:可在厂房任一屋面板上设置采光口。采光效率较矩形天窗高2~3倍,均匀性好,布置灵活,构造简单,施工方便,造价低;通风效果较差;注意解决眩光、热辐射及通风问题。 用途:适用于一般冷加工车间或公共建筑
平天窗(采光板)	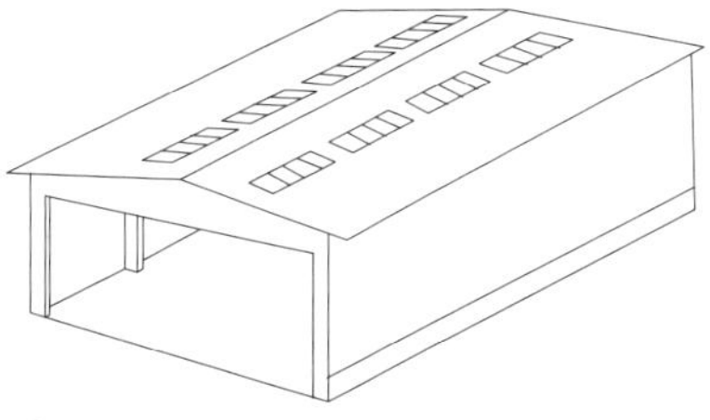	特点:沿厂房屋面纵向形成采光口。采光效率较矩形天窗高2~3倍,均匀性好,布置灵活,构造简单,施工方便,造价低;通风效果较差;注意解决眩光、热辐射及通风问题。 用途:适用于一般冷加工车间或公共建筑
平天窗(采光带)	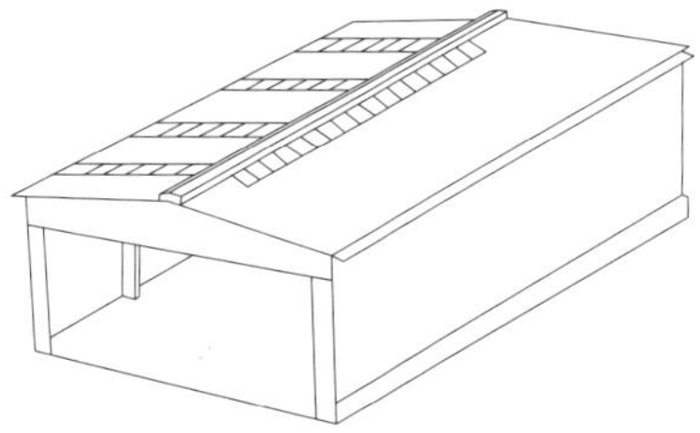	特点:可沿厂房屋面形成纵向或横向采光口。采光效率较矩形天窗高2~3倍,均匀性好,布置灵活,构造简单,施工方便,造价低;通风效果较差;注意解决眩光、热辐射及通风问题。 用途:适用于一般冷加工车间或公共建筑

天窗类型、简图、特点及适用范围　　　　　续表

类型	简图	特点及适用范围
锯齿形天窗	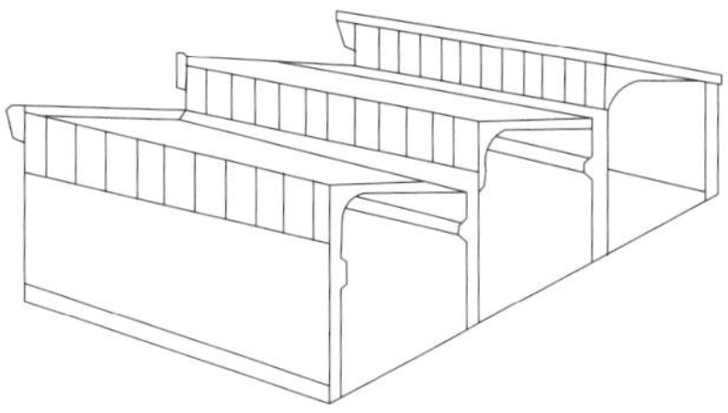	特点:采光窗一般朝北向设置,利用漫射光采光,采光比较均匀、稳定,反射光效果良好。采光效果较矩形天窗高15%~20%。北向窗口可减少直射光,降低室内温度波动。 用途:适用于对温度、湿度要求较高的纺织类厂房
M形天窗	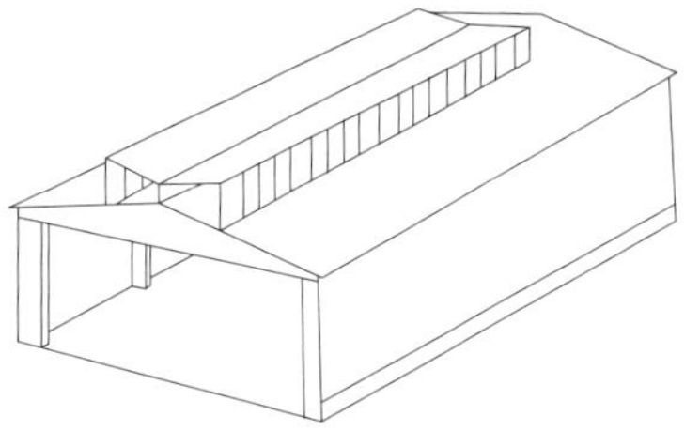	特点:采光比较均匀、稳定,采光、通风效果较矩形天窗有利。天窗屋面需设内排水,构造较复杂。 用途:多用于冷加工车间
矩形通风天窗	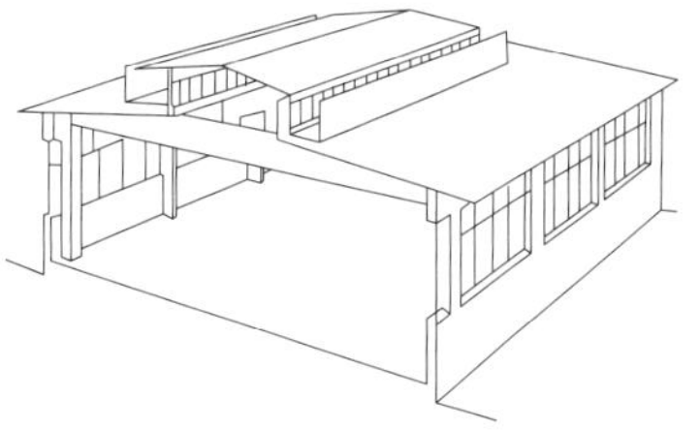	特点:采光效率较低,横向均匀性比较差,有少量直射阳光;比一般天窗的通风效果好;需要在天窗口外加设挡风板防止飘雨,同时加设挡雨设施。 用途:适用于需要通风的热加工车间
横向下沉式天窗	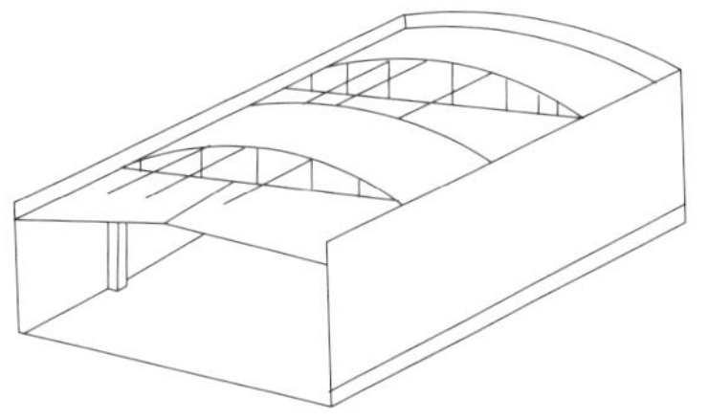	特点:照度均匀,采光效果好,构造较简单,布置灵活;局部阻力系数较大,避雨性能较差。构件类型较多;天窗的屋面刚度较差。注意加强支撑系统。 用途:用于散热量不大,采光要求较高的车间以及东西向布置的车间
纵向下沉式天窗	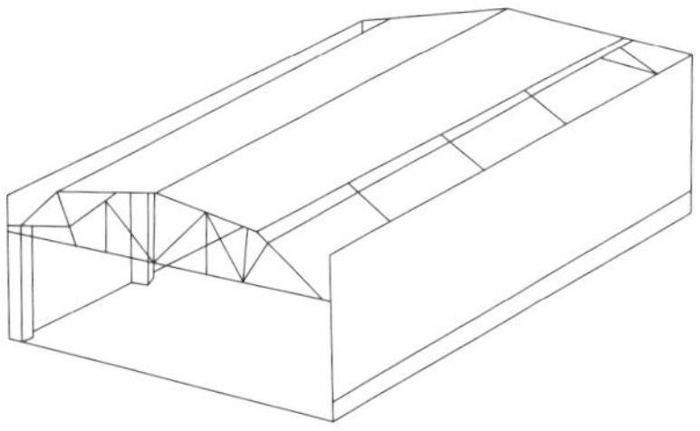	特点:照度系数平均值较大,采光效果较好,局部阻力系数较小,涡流少,排烟较快。 适用于热源集中布置在跨中区域的高温车间

矩形天窗

矩形天窗具有中等的照度，光线均匀，防雨较好，窗扇可开启以兼作通风，故在冷加工车间广泛应用。缺点是构件类型多，自重大，造价高。采光效率较低，横向均匀性比较差，有少量直射阳光。热压差较大，满足一般的换气，多用于冷加工车间。

为获得良好的采光效率，矩形天窗的宽度宜等于厂房跨度L的1/3~1/2，天窗高宽比为0.3左右，相邻两天窗的轴线间距不宜大于工作面至天窗下缘高度的4倍。

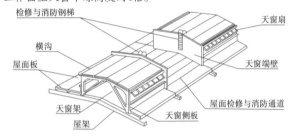

[1] 矩形天窗的组成

天窗架

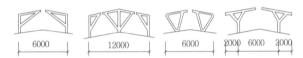

[2] 钢筋混凝土组合天窗架

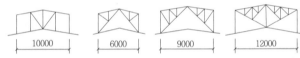

[3] 钢天窗架

常用钢筋混凝土天窗架尺寸（单位：mm）　　　　表1

天窗架形式	Π形					W形	
天窗架跨度	6000		9000			6000	
天窗扇高度	1200	1500	2×900	2×900	2×1200	1200	1500
天窗架高度	2070	2370	2670	2670	3270	1950	2250

天窗端壁

钢筋混凝土端壁板用于钢筋混凝土屋架，可根据天窗的跨度不同由2块或3块拼装而成。端壁板及天窗架与屋架上弦的连接均通过预埋件焊接，端壁板下部与屋面板相接处要做泛水，需要保温的厂房一般在端壁板内侧加设保温层。

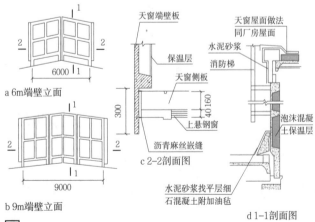

[4] 钢筋混凝土天窗端壁构造

天窗扇

矩形天窗设置天窗扇的作用主要是为了采光、通风和挡雨。常用的类型有钢制和木制两种。

上悬式钢天窗扇防雨性能较好，由于最大开启角度为45°，故通风功能较差。上悬式钢天窗扇有通长式和分段式两种布置方式，开启扇与天窗端壁以及扇与扇之间均需设置固定扇，以起竖框的作用。

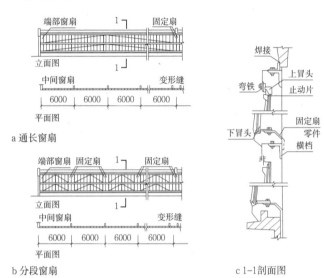

[5] 上悬钢天窗扇

天窗屋顶及檐口构造

天窗屋顶多采用无组织排水的带挑檐屋面板，挑出长度300~500mm，如[6]所示。采用有组织排水时，可用带檐沟的屋面板，或用焊在天窗架上钢牛腿支承的天沟板排水，或用固定在檐口板上的金属天沟排水，如[7]所示。

天窗侧板

为防止雨水溅入厂房积和雪影响天窗采光及开启，在天窗扇下方设置侧板，一般高出屋面板不少于300mm，积雪较深地区可采用500mm。

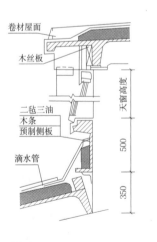

[6] 无组织排水天窗檐口及天窗侧板

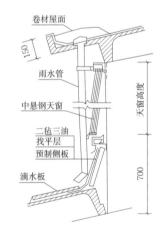

[7] 有组织排水天窗檐口及天窗侧板

平天窗

平天窗采光效率高,布置灵活,构造简单,适应性强。但应注意避免眩光,做好玻璃的安全防护,及时清理积尘,选用合适的通风措施。它适用于一般冷加工车间。

平天窗的类型有采光罩、采光板、采光带三种。采光罩是在屋面板的孔洞上设置锥形、弧形透光材料。采光板是在屋面板的孔洞上设置平板透光材料。采光带是在屋面的通长(横向或纵向)孔洞上设置平板透光材料。

平天窗的作用主要是采光,若需兼作自然通风时,有以下几种方式:①采光板或采光罩的窗扇做成能开启和关闭的形式;②带通风百页的采光罩;③组合式通风采光罩,它是在两个采光罩之间设挡风板,两个采光罩之间的垂直口是开敞的,并设有挡雨板,既可通风,又可防雨;④在南方炎热地区,可采用平天窗结合通风屋脊进行通风的方式。

平天窗的类型

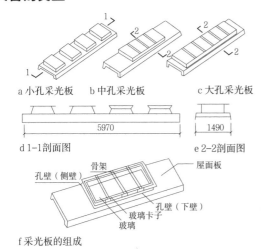

1 采光板

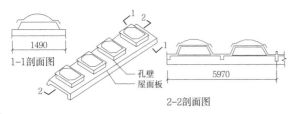

2 采光罩

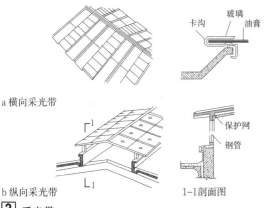

3 采光带

平天窗井壁构造

井壁是平天窗采光口四周凸起的边框,应高出屋面150~250mm,并做泛水构造。井壁的形式有垂直和倾斜两种。大小相同的采光口,倾斜井壁采光较好。井壁的材料大多采用钢筋混凝土预制或整浇,也可用薄钢板或玻璃纤维、塑料等。

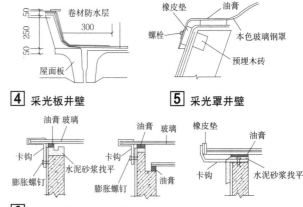

6 平天窗井壁防水构造

平天窗玻璃安装

平天窗两块玻璃的搭接固定处设横档,起支撑和固定玻璃的作用。横档大多采用金属型材制作,其截面形式有⊥形、↓形和山形。沿屋面坡度方向最好用整块玻璃,利于防水,若有接缝,应将玻璃上下搭接,搭接长度不小于100mm,并用Z形镀锌卡子固定。

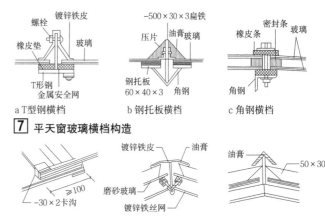

7 平天窗玻璃横档构造

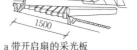

8 玻璃上下搭接构造　9 采光屋脊处构造

采光和通风结合处理

平天窗既可采光,又可通风。一是采用开启的采光板或采光罩;二是在两个采光罩相对的侧面做百叶,在百叶两侧加挡风板,构成一个通风井。

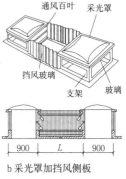

10 平天窗采光和通风构造

工业建筑 [123] 构造 / 天窗

矩形通风天窗概述

矩形通风天窗由矩形天窗及其两侧的挡风板构成。矩形通风天窗多用于热加工车间。除有保温要求的厂房外，矩形通风天窗一般不设天窗扇，仅在进风口处设置挡风板，能提高通风效率。除寒冷地区采暖的车间外，其窗口开敞，不装设窗扇，为了防止飘雨，需设置挡雨设施。

1 矩形通风天窗工作原理　　2 矩形通风天窗组成

矩形通风天窗构造

挡风板由面板和支架两部分组成。支架有立柱式和悬挑式两种构造形式。立柱式挡风板受力合理，但挡风板与天窗之间的距离受屋面板排列限制，防水处理较复杂；悬挑式挡风板布置灵活，但增加了天窗架的荷载，对抗震不利。

直立柱式　　斜立柱式　　直悬挑式　　斜悬挑式

3 支架形式

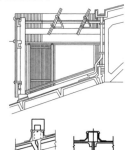 

a 立柱式挡风板构造　　b 悬挑式挡风板构造

4 挡风板类型、构造

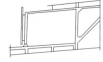 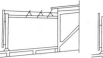

a 大挑檐挡雨　　b 水平口设挡雨片　　c 水平口设挡雨片

5 挡雨设施构造

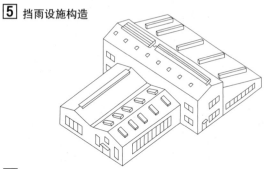

6 通风天窗屋面布置形式

其他通风天窗

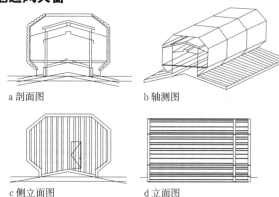

a 剖面图　　　　　　　b 轴测图

c 侧立面图　　　　　　d 立面图

7 弧形（折线）通风天窗

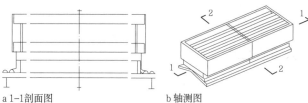

a 1-1 剖面图　　　　　b 轴测图

c 2-2 剖面图　　　　　d 立面图

8 薄型通风天窗

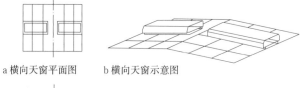

a 横向天窗平面图　　b 横向天窗示意图

c 屋脊天窗平面图　　d 屋脊天窗示意图

9 通风天窗与钢板基座关系示意图

a 剖面图　　　b 立面图　　　c 轴测图

10 通风帽平面图立面图透视图

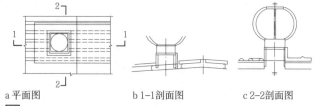

a 平面图　　　b 1-1 剖面图　　　c 2-2 剖面图

11 通风帽与压型钢板、夹芯板屋面安装图

天窗开窗机概述

天窗开窗机由电动减速机，开关器，控制箱及五金配件等组成，采用齿条支杆形式开启。根据天窗形式不同，可分为上悬天窗（统长型和分段型）电动开窗机和中悬天窗电动开窗机。

上、中悬天窗参数表　　　　　　　　　　　表1

天窗开启扇高度 (mm)	齿条长度 (mm)	开启角度 (°)	开启极限长度 (m)
900	1000	0~60	60
1200	1300	0~60	48
1500	1600	0~55	36

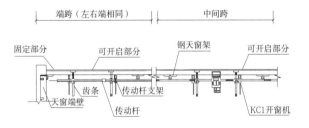

a 平面图

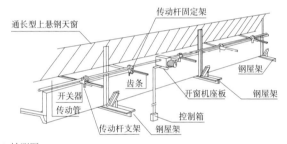

b 轴测图

1 通长型上悬天窗电动开窗机

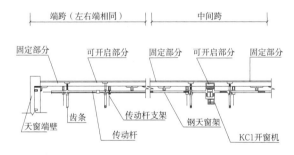

a 平面图

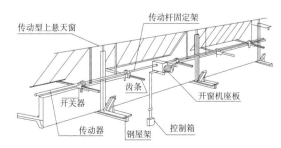

b 轴测图

2 分段型上悬钢天窗开窗机平面布置图

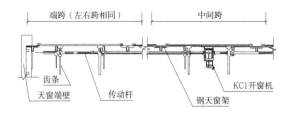

a 平面图

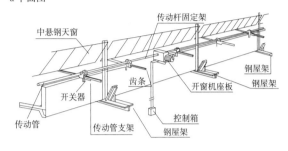

b 轴测图

3 中悬钢天窗开窗机平面布置图

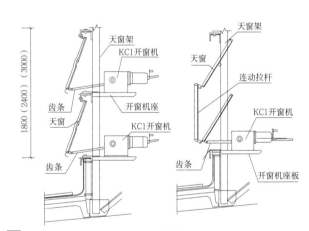

4 上悬天窗电动开窗机详图　　**5** 中悬天窗电动开窗机详图

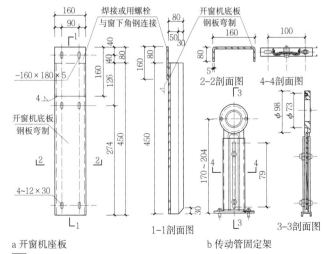

a 开窗机座板　　　　　　　　b 传动管固定架

6 开窗机座板及传动管固定架详图

工业建筑 [125] 构造 / 保温门·防射线门

保温门

保温门要求门扇具有一定的热阻值，门缝需密闭处理，在门扇两层面板间填以轻质、疏松的材料（如玻璃棉、矿棉、软等）。

门缝密闭处理对门的隔声、保温以及防尘等使用要求有很大影响，通常采用的措施是在门缝内粘贴填缝材料，填缝材料应具有足够的弹性和压缩性，如橡胶管、海绵橡胶条、羊毛毡条等。

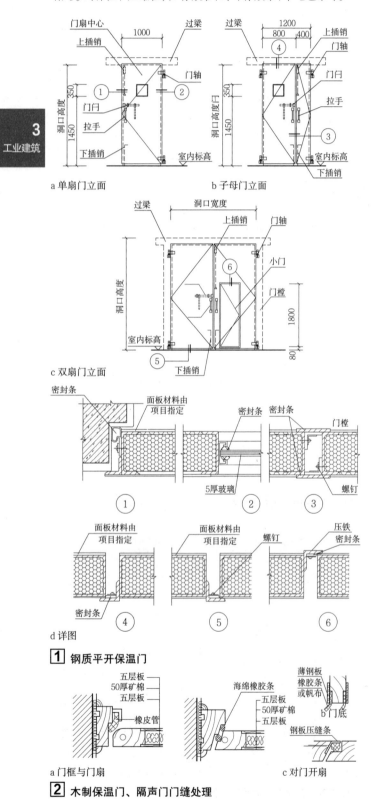

a 单扇门立面
b 子母门立面
c 双扇门立面
d 详图

1 钢质平开保温门

a 门框与门扇　　c 对门开扇

2 木制保温门、隔声门门缝处理

防射线门

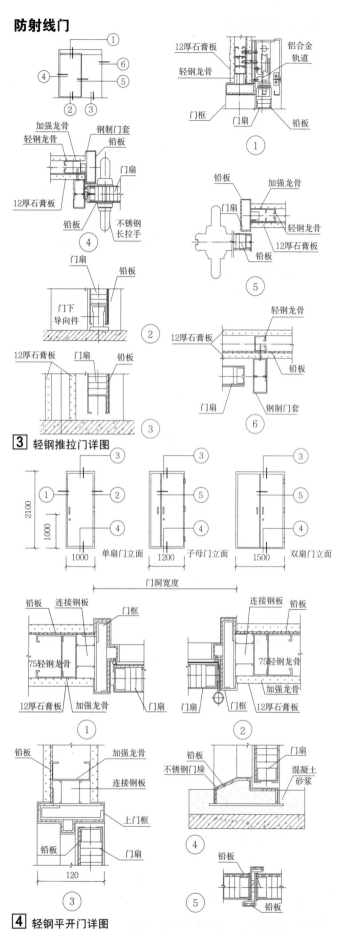

3 轻钢推拉门详图

单扇门立面　　子母门立面　　双扇门立面

4 轻钢平开门详图

吊车工作制等级与工作级别

吊车是按其工作的繁重程度来分级的,国家标准《起重机设计规范》GB/T 3811-2008是参照国际标准《起重机械分级》的原则,划分起重机工作级别。在考虑吊车繁重程度时,区分了吊车的利用次数和荷载大小两种因素,按吊车荷载达到其额定值的频繁程度分成4个载荷状态(轻级、中级、重级、特重级),根据使用等级U和载荷状态,确定吊车的工作级别,共分8个级别(A1~A8)作为吊车设计的依据。

吊车的使用等级 表1

使用等级	总工作循环数 C_T ($\times 10^4$次)	使用频繁程度
U_0	$C_T \leq 1.60$	很少使用
U_1	$1.60 < C_T \leq 3.20$	
U_2	$3.20 < C_T \leq 6.30$	
U_3	$6.30 < C_T \leq 12.5$	
U_4	$12.5 < C_T \leq 25.0$	不频繁使用
U_5	$25.0 < C_T \leq 50.0$	中等频繁使用
U_6	$50.0 < C_T \leq 100$	较频繁使用
U_7	$100 < C_T \leq 200$	频繁使用
U_8	$200 < C_T \leq 400$	特别频繁使用
U_9	$400 < C_T$	

常用吊车整机工作级别 表2

载荷状态	名义载荷谱系数 K_P	使用等级									
		U_0	U_1	U_2	U_3	U_4	U_5	U_6	U_7	U_8	U_9
Q_1	0.125			A1	A2	A3	A4	A5	A6	A7	A8
Q_2	0.25		A1	A2	A3	A4	A5	A6	A7	A8	
Q_3	0.50	A1	A2	A3	A4	A5	A6	A7	A8		
Q_4	1.00	A2	A3	A4	A5	A6	A7	A8			

注:Q_1—轻,代表极少吊运安全工作载荷,经常吊运较轻载荷;
　Q_2—中,代表较少吊运安全工作载荷,经常吊运中等载荷;
　Q_3—重,代表较多吊运安全工作载荷,经常吊运重载荷;
　Q_4—特重,代表经常吊运接近安全工作载荷的载荷。

常用吊车的工作级别和工作制参考资料 表3

工作级别	工作制	吊车种类举例
A1~A3	轻级	1.安装、维修用的电动梁式吊车; 2.手动梁式吊车; 3.电站用软钩桥式吊车
A4~A5	中级	1.生产用的电动梁式吊车; 2.机械加工、锻造、冲压、钣焊、装配、铸工(砂箱库、制芯、清理、粗加工)车间用的软钩桥式吊车
A6~A7	重级	1.繁重工作车间、仓库用的软钩桥式吊车; 2.机械铸工(造型、浇注、合箱、落砂)车间用的软钩桥式吊车; 3.冶金用普通软钩桥式吊车; 4.间断工作的电磁、抓斗桥式吊车
A8	特重级	1.冶金专用(如脱锭、夹钳、料耙、锻造、淬火等)桥式吊车; 2.连续工作的电磁、抓斗桥式吊车

吊车梁检修走道板

吊车梁走道板又称安全走道板,为维修吊车轨道和检修吊车而设。一般由支架、走道板及栏杆组成。走道板沿吊车梁顶面铺设。走道板一般采用钢筋混凝土板或防滑钢板。栏杆可用角钢或钢管做。走道板在适当部位应设上人孔及钢梯。

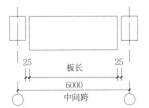
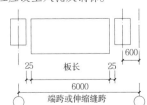

[1] 板长与柱宽关系

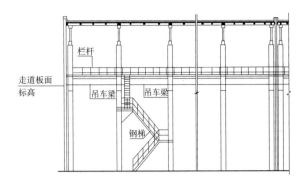

[2] 吊车梁检修走道板示意图

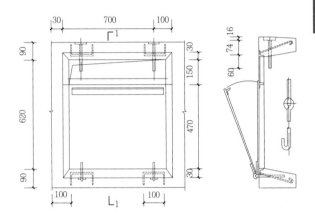

a 正视图　　　　　　　b 1-1剖面图

[3] 人孔钢盖板详图

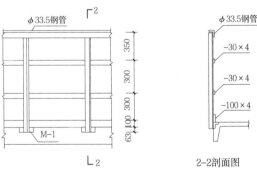

2-2剖面图

[4] 钢管栏杆详图

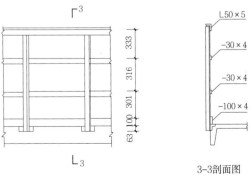

3-3剖面图

[5] 角钢栏杆详图

工业建筑 [127] 构造 / 吊车钢梯

概述

吊车钢梯是供从室内地坪至吊车驾驶室使用的钢梯，驾驶室的边距吊车梁中心线之间的距离为1.1m；梯宽为600mm，柱距为6.0m。

中柱和边柱上吊车斜钢梯是由T3（59°）和钢平台DTP组合的，分段高度为4.8m，绕柱上吊车斜钢梯分为两种类型：T2（73°）及T3（59°），分段高为4.8m、4.6m和2.8m。

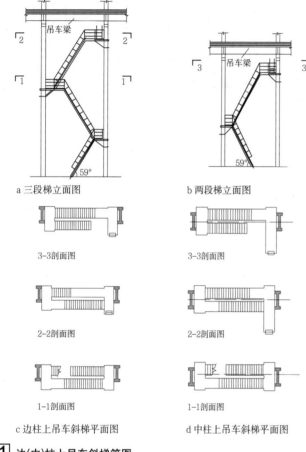

1 边(中)柱上吊车斜梯简图

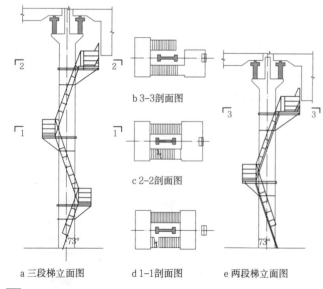

2 绕柱上吊车斜梯简图

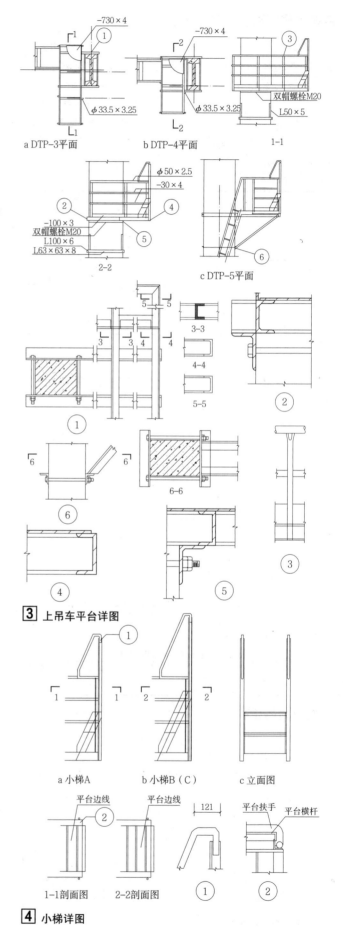

3 上吊车平台详图

4 小梯详图

基本概念

在工业生产过程中，建筑结构的某些部位经常受到化学介质的作用而逐渐破坏。各种介质对材料所产生的破坏作用，通常称为腐蚀。工业建筑防腐蚀设计应以预防为主。

腐蚀性分级

腐蚀性介质按其存在形态可分为气态介质、液态介质和固态介质；各种介质应按其性质、含量和环境条件划分类别。生产部位的腐蚀性介质类别，应根据生产条件确定。各种介质对建筑材料长期作用下的腐蚀性，可分为强腐蚀、中腐蚀、弱腐蚀、微腐蚀四个等级。

同一形态的多种介质同时作用同一部位时，腐蚀性等级应取最高者。环境相对湿度宜采用工程所在地区年平均相对湿度值或构配件所处部位的实际相对湿度。

当固态介质有可能被溶解或易溶盐作用于室外构配件时，腐蚀性等级应按液态介质对建筑材料的腐蚀性等级确定。

常温下气体介质、液体介质、固体介质对建筑材料的腐蚀等级按表1~表3确定。

气态介质对建筑材料的腐蚀性等级　　表1

介质类别	介质名称	介质含量（mg/m³）	环境相对湿度（%）	钢筋混凝土、预应力混凝土	水泥砂浆、素混凝土	普通碳钢	烧结砖砌体	木	铝
Q1	氯	1.00~5.00	>75	强	弱	强	弱	弱	强
			60~75	中	弱	中	弱	微	中
			<60	弱	微	中	微	微	中
Q2		0.10~1.00	>75	中	微	中	微	微	中
			60~75	弱	微	中	微	微	中
			<60	微	微	弱	微	微	弱

注：本表摘自《工业建筑防腐蚀设计规范》GB 50046-2008。

液态介质对建筑材料的腐蚀性等级　　表2

介质类别	介质名称	pH值或浓度	钢筋混凝土、预应力混凝土	水泥砂浆、素混凝土	烧结砖砌体
Y1	无机酸 硫酸、盐酸、硝酸、铬酸、磷酸、各种酸洗液、电镀液、电解液、酸性水（pH值）	<4.0	强	强	强
Y2		4.0~5.0	中	中	中
Y3		5.0~6.5	弱	弱	弱
Y4	氢氟酸（%）	≥2	强	强	强

注：本表摘自《工业建筑防腐蚀设计规范》GB 50046-2008。

固态介质对建筑材料的腐蚀性等级　　表3

介质类别	溶解性	吸湿性	介质名称	环境相对湿度（%）	钢筋混凝土、预应力混凝土	水泥砂浆、素混凝土	普通碳钢	烧结砖砌体
G1	难溶	—	硅酸铝、磷酸钙、钙、钡、铅的碳酸盐和硫酸盐，镁、铁、铬、铝、硅的氧化物和氢氧化物	>75	弱	微	弱	微
				60~75	微	微	弱	微
				<60	微	微	微	微

注：本表摘自《工业建筑防腐蚀设计规范》GB 50046-2008。

材料的耐腐蚀性能

常用耐腐蚀块材、塑料、聚合物水泥砂浆、沥青类、水玻璃类材料和弹性嵌缝材料的耐腐蚀性能，宜按表4确定。

树脂类材料的耐腐蚀性能，宜按表5确定。

材料的耐腐蚀性能　　表4

介质名称	花岗岩	耐酸砖	硬聚氯乙烯板	氯丁胶乳水泥砂浆	聚丙烯酸酯乳液水泥砂浆	环氧乳液水泥砂浆	沥青类材料	水玻璃类材料	氯磺化聚乙烯胶泥
硫酸（%）	耐	耐	≤70 耐	不耐	≤2 尚耐	≤10 尚耐	≤50 耐	耐	≤40 耐
盐酸（%）	耐	耐	耐	≤2 尚耐	≤5 尚耐	≤10 尚耐	≤20 耐	不耐	≤20 耐
硝酸（%）	耐	耐	≤50 耐	不耐	≤5 尚耐	≤5 尚耐	≤10 耐	耐	≤15 耐
醋酸（%）	耐	耐	≤60 耐	不耐	≤5 尚耐	≤10 尚耐	≤40 耐	不耐	—
铬酸（%）	耐	耐	≤50 耐	不耐	≤5 尚耐	≤5 尚耐	≤5 耐	耐	耐
氢氟酸（%）	不耐	不耐	≤40 耐	≤2 尚耐	≤5 尚耐	≤5 尚耐	不耐	不耐	≤15 耐
氢氧化钠	≤30 耐	耐	≤20 耐	≤20 耐	≤30 耐	≤25 耐	耐	不耐	≤15 耐
碳酸钠	耐	耐	耐	耐	耐	耐	耐	不耐	耐
氨水	耐	耐	耐	耐	耐	耐	耐	不耐	耐
尿素	耐	耐	耐	耐	耐	耐	耐	不耐	耐
氯化铵	耐	耐	耐	尚耐	耐	耐	耐	尚耐	耐
硝酸铵	耐	耐	耐	尚耐	耐	耐	耐	尚耐	耐

注：本表摘自《工业建筑防腐蚀设计规范》GB 50046-2008。

树脂类材料的耐腐蚀性能　　表5

介质名称	环氧类材料	酚醛类材料	不饱和聚酯类材料 双酚A型	不饱和聚酯类材料 邻苯型	不饱和聚酯类材料 间苯型	不饱和聚酯类材料 二甲苯型	乙烯基酯类材料	糠醇糠醛型呋喃类材料
硫酸（%）	≤60 耐	≤70 耐	≤70 耐	≤50 耐	≤50 耐	≤70 耐	≤70 耐	≤60 耐
盐酸（%）	≤31 耐	耐	耐	≤20 耐	≤31 耐	≤31 耐	耐	≤20 耐
醋酸（%）	≤10 耐	≤40 耐	≤30 耐	≤40 耐	≤40 耐	≤40 耐	≤40 耐	≤20 耐
铬酸（%）	≤10 尚耐	≤20 耐	≤20 耐	≤5 耐	≤10 耐	≤20 耐	≤20 耐	≤5 耐
氢氟酸（%）	≤5 尚耐	≤40 耐	≤40 耐	≤30 耐	≤30 耐	≤30 耐	≤30 耐	≤20 耐
氢氧化钠	耐	不耐	尚耐	耐	耐	耐	耐	耐
碳酸钠	耐	尚耐	≤20 耐	尚耐	尚耐	耐	耐	耐
氨水	耐	不耐	不耐	不耐	不耐	不耐	耐	尚耐
尿素	耐	耐	耐	耐	耐	耐	耐	耐
氯化铵	耐	耐	耐	耐	耐	耐	耐	耐
硝酸铵	耐	耐	耐	耐	耐	耐	耐	耐
硫酸钠	耐	尚耐	尚耐	耐	耐	耐	耐	耐

注：本表摘自《工业建筑防腐蚀设计规范》GB 50046-2008。

基础防腐蚀

基础的腐蚀因素包括地下水和土壤的侵蚀性;生产中侵蚀性液体沿地面渗入地下的污染;工业污水管或检查井中酸性污水的渗漏;杂散电流漏入地下引起对金属的电化学腐蚀等酸性介质渗入土壤,对基础造成腐蚀。

1. 基础材料的选择

受液相腐蚀建筑物的基础材料,应采用毛石混凝土、素混凝土或钢筋混凝土;钢筋混凝土的强度等级不应低于C20,毛石混凝土和素混凝土的强度等级不应低于C15。

2. 基础材料的选择基础埋置深度的要求

（1）当地面上有较多的硫酸、氢氧化钠、硫酸钠等液体作用时,基础的埋置深度不宜小于1.5m。

（2）基础附近有腐蚀性液体的贮槽或地坑时,基础底面宜低于其底面。

3. 基础材料的选择基础、基础梁的防护。

基础与垫层的防护要求　　　　　　　　　　　表1

腐蚀性等级	垫层材料	普通水泥混凝土基础的表面防护
强	耐腐蚀材料	1.环氧沥青或聚氨酯沥青涂层,厚度500μm; 2.聚合物水泥砂浆,厚度10mm; 3.玻璃鳞片涂层,厚度300μm; 4.环氧沥青贴玻璃布,厚度1mm
中	耐腐蚀材料	1.沥青冷底子油两遍,沥青胶泥涂层,厚度500μm; 2.聚合物水泥砂浆,厚度5mm; 3.环氧沥青或聚氨酯沥青涂层,厚度300μm
弱	混凝土C20,厚度100mm	1.不做表面防护; 2.沥青冷底子油两遍,沥青胶泥涂层,厚度300μm; 3.聚合物水泥浆两遍

注:本表摘自《工业建筑防腐蚀设计规范》GB 50048-2008。

基础梁的防护　　　　　　　　　　　　　表2

腐蚀性等级	普通水泥混凝土基础梁的表面防护
强	1.环氧沥青、聚氨酯沥青贴玻璃布,厚度≥1mm; 2.树脂玻璃鳞片涂层,厚度≥500μm; 3.聚合物水泥砂浆,厚度≥15mm
中	1.环氧沥青或聚氨酯沥青涂层,厚度≥500μm; 2.聚合物水泥砂浆,厚度≥10mm; 3.树脂玻璃鳞片涂层,厚度≥300μm
弱	1.环氧沥青或聚氨酯沥青涂层,厚度≥300μm; 2.聚合物水泥砂浆,厚度≥5mm; 3.聚合物水泥浆两遍

注:本表摘自《工业建筑防腐蚀设计规范》GB 50048-2008。

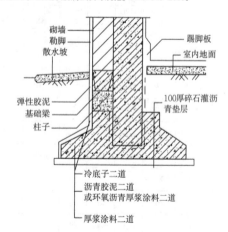

1 基础、基础梁的防护

楼地面防腐蚀

地面的面层材料,除受到腐蚀性介质的作用外,还会受到各种机械磨损或冲击作用。各种面层材料都具有各自的特性。水玻璃混凝土虽然耐酸性能好,机械强度较高,亦耐较高温度,但不耐氢氟酸,不耐碱性介质,抗渗性差,耐水性亦欠佳。树脂类材料面层,具有耐中等浓度的酸、耐碱、致密、强度高等优点,但不耐浓酸、不耐高温、对有些介质不耐腐蚀;软聚氯乙烯面层,耐中等浓度的酸、耐碱、耐水,但耐磨性差,不耐冲击、易老化等。因此要根据腐蚀介质正确选择面层材料。楼地面的防护作用主要是防止腐蚀性介质对楼地面的腐蚀,对楼板和基础等下层结构起保护作用。

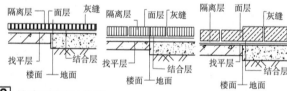

2 楼地面防腐蚀构造

地面面层材料

应根据腐蚀性介质的类别、性质、浓度以及对建筑结构材料的腐蚀性等级,结合施工、维修和生产过程中的各种要求选用。

1. 整体面层、块材、灰缝材料,应对介质具有耐腐蚀性能。

2. 大型设备、检修频繁、冲击磨损作用的部位,应采用厚度不小于60mm的块材面层、树脂细石混凝土等整体面层。设备较小、检修不频繁和有小型运输工具行走的部位,可采用厚度不小于20mm的块材面层、树脂砂浆等整体面层。磨损作用的部位,采用树脂自流平涂料或防腐蚀耐磨涂料等整体面层。

3. 树脂砂浆、树脂细石混凝土、涂料等整体面层,宜用于室内。

4. 面层材料应满足使用环境的温度要求;树脂砂浆、树脂细石混凝土等整体面层,不得用于有明火作用的部位。

地面面层材料选择　　　　　　　　　　　表3

块材面层				整体面层					
块材		灰缝							
耐酸砖	耐酸石材	水玻璃胶泥或砂浆	树脂胶泥或砂浆	沥青胶泥	聚合物水泥砂浆	水玻璃细石混凝土	树脂砂浆	沥青砂浆	树脂自流平涂料、防腐蚀耐磨涂料	聚合物水泥砂浆	密实混凝土

地面面层的厚度　　　　　　　　　　　表4

名称		厚度(mm)	名称	厚度(mm)
耐酸石材	用于底层	30~100	树脂砂浆	4~8
	用于楼层	20~60	树脂细石混凝土	30~50
耐酸砖		20~65	水玻璃混凝土	60~80
防腐蚀耐磨涂料		0.5~1	沥青砂浆	40~50
树脂自流平涂料		1~2(无隔离层)	聚合物水泥砂浆	20
		2~3(含隔离层厚度)	密实混凝土	60~80

地面隔离层的设置

以下地面应设置隔离层：①腐蚀性介质作用且经常冲洗的地面；②强、中介作用且经常冲洗的地面；③大量易溶盐类介质作用且腐蚀性等级为强、中时；④受氯离子介质作用的楼层地面和苛性碱作用的底层地面；⑤水玻璃混凝土、水玻璃砂浆面层。

块材面层的结合层材料　　　　　　　　　　　　　　　表1

块材		灰缝材料	结合层材料
耐酸砖	厚度≤30mm	耐酸砂浆	同灰缝材料
耐酸石材	厚度>30mm	水玻璃胶泥或砂浆	水玻璃砂浆
		聚合物水泥砂浆	聚合物水泥砂浆
		树脂胶泥	酸性介质作用时，采用水玻璃砂浆或树脂砂浆
			酸碱介质交替作用时，采用树脂砂浆或聚合物水泥砂浆

地面隔离层的材料

当面层厚度小于30mm且结合层为刚性材料时，隔离层不应选用具有柔性的材料，如沥青砂浆、沥青胶泥等，而宜采用高聚物改性沥青防水卷材。树脂砂浆、树脂细石混凝土、树脂自流平涂料等整体面层和采用树脂胶泥或砂浆砌筑的块材面层，其隔离层应采用树脂玻璃钢。

设备基础的防护

设备基础应高出地面面层不小于100mm。设备基础的地上部分，应根据介质的腐蚀性等级、设备安装、检修和使用要求，结合基础的形式及大小等因素，选择防腐蚀材料和构造。基础的防护面层宜与地面一致。泵基础宜采用整体的或大块石材等耐冲击、抗震动的面层材料。液态介质作用较多的设备基础，其基础顶面及四周地面宜采取集液、排液措施。设备基础锚固螺栓孔的灌浆材料，应局部或全部采用耐腐蚀材料。

基础材料的选择应符合下列规定：
1. 设备基础应采用素混凝土、钢筋混凝土或毛石混凝土；
2. 素混凝土和毛石混凝土的强度等级不应低于C25；
3. 钢筋混凝土的混凝土强度等级宜符合规范的要求。

地沟和地坑的防护

1. 地沟和地坑的材料应采用混凝土或钢筋混凝土。
2. 基础不得兼作地沟和地坑的底板和侧壁。
3. 管沟不应兼作排水沟。
4. 地沟和地坑的底面应坡向集水坑或地漏。地沟底面的纵向坡度宜为0.5%～1%；地坑底面的坡度不宜小于2%。
5. 当有地下水或滞水作用时，地沟和地坑的外侧应设置防水层；当位于潮湿土中时，应设置防潮层。
6. 排水沟和集水坑的面层材料和构造，应满足清污工作的要求。排水沟和集水坑应设置隔离层，并与地面隔离层连成整体；当地面无隔离层时，排水沟的隔离层伸入地面面层下的宽度不应小于500mm。
7. 排水沟宜采用明沟。沟宽超过300mm时，应设置耐腐蚀的箅子板或沟盖板。
8. 地下排风沟应根据作用介质的性质及作用条件设防，内表面可选用涂料、玻璃钢或其他面层防护。
9. 地沟穿越厂房基础时，基础应预留洞孔，地沟应设置耐腐蚀的密封盖板。

表面防护

当地面需经常冲洗或堆放腐蚀固态介质时，墙、柱面应设置墙裙，其面层材料的选用应符合下列要求：①腐蚀性介质为酸性时，宜采用玻璃钢、玻璃鳞片涂层、树脂砂浆或耐腐蚀块材；②腐蚀性介质为碱性或中性时，宜采用聚合物水泥砂浆、玻璃钢或防腐蚀涂层；③孔洞周围的边梁和板受到液态介质作用时，宜设置玻璃钢或玻璃鳞片涂层；④厂房围护结构设计应防止结露，不可避免结露的部位应加强防护。

在气态和固态粉尘介质作用下，钢筋混凝土结构和
预应力混凝土结构的表面防护　　　　　　　　　　　表2

防护层设计使用年限(a)	强腐蚀	中腐蚀	弱腐蚀
10～15	防腐蚀涂层，厚度≥240μm	防腐蚀涂层，厚度≥200μm	防腐蚀涂层，厚度≥160μm
5～10	防腐蚀涂层，厚度≥200μm	防腐蚀涂层，厚度≥160μm	1.防腐蚀涂层，厚度120μm 2.聚合物水泥砂浆两遍 3.普通内外墙涂料两遍
2～5	防腐蚀涂层，厚度≥160μm	1.防腐蚀涂层，厚度120μm 2.聚合物水泥砂浆两遍 3.普通内外墙涂料两遍	不做表面防护

在气态和固态粉尘介质作用下，钢结构的表面防护　　表3

防护层设计使用年限(a)	防腐蚀涂层最小厚度(μm)		
	强腐蚀	中腐蚀	弱腐蚀
10～15	320	280	240
5～10	280	240	200
2～5	240	200	160

在气态和固态介质作用下，砌体的表面防护　　　　　表4

防护层设计使用年限(a)	防腐蚀涂层最小厚度(μm)		
	强腐蚀	中腐蚀	弱腐蚀
10～15	320	280	240
5～10	280	240	200
2～5	240	200	160

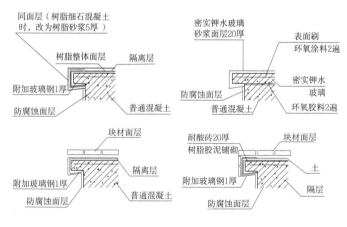

1 设备基础防腐蚀构造

储槽、污水处理池

1. 储槽、污水处理池即常温、常压下储存或处理腐蚀性液态介质的钢筋混凝土储槽和污水处理池（以下简称槽、池）。

2. 储槽的槽体设计原则：
（1）槽体应采用现浇钢筋混凝土；
（2）槽体不应设置伸缩缝；
（3）槽体宜采用条形或环形基础架空设置，当工艺要求布置在地下时，宜设置在地坑内；
（4）容积大于100m³的矩形储槽宜分格。

3. 污水处理池的池体宜采用现浇钢筋混凝土。池体不宜设置伸缩缝，必须设置时，构造应严密，应满足防腐蚀和变形的要求。

4. 储槽、污水处理池的钢筋混凝土设计还应符合下列规定：
（1）混凝土抗渗等级不应低于S8；
（2）侧壁和底板厚度不应小于200mm；
（3）受力钢筋直径不宜小于10mm，间距不大于200mm，钢筋的保护层厚度不应小于35mm。

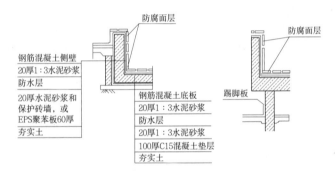

a 地下式   b 地上式一

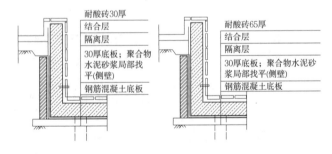

c 地上式二   d 地上式三

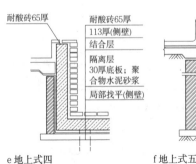

e 地上式四   f 地上式五

1 槽、池构造详图

储槽、池表面防护措施

1. 块材宜采用厚度不小于30mm的耐酸砖和耐酸石材。砌筑材料可采用树脂类、水玻璃类材料，不得采用沥青类材料。

2. 水玻璃混凝土应采用密实型，其厚度不应小于80mm。

3. 玻璃钢的增强材料应采用毡或毡、布复合。贴布前，应先涂刷封底料，然后满刮树脂腻子（厚度0.5~1.0mm）。衬布后，应在表面上涂刷树脂面料两遍。

4. 采用块材、水玻璃混凝土衬里时，应设玻璃钢隔离层（毡或布不少于2层，厚度不小于1.5mm）。

5. 采用玻璃钢或涂料防护的槽、池，在受冲刷和磨损的部位宜增设块材或树脂砂浆层。

6. 污水处理池伸缩缝构造应满足防腐蚀和变形的要求。

槽、池的内表面防护措施　　　　　　　　　　　表1

腐蚀性等级	侧壁和池底		钢筋混凝土顶盖的底面
	储槽	污水处理池	
强	1.块材 2.水玻璃混凝土 3.玻璃钢 （厚度≥5mm）	1.块材 2.玻璃钢 （厚度≥3mm）	1.玻璃钢 （厚度≥3mm） 2.玻璃鳞片胶泥 （厚度≥2mm）
中	1.块材 2.玻璃钢 （厚度≥3mm）	1.玻璃钢 （厚度≥2mm） 2.玻璃鳞片胶泥 （厚度≥2mm） 3.聚合物水泥砂浆 （厚度20mm）	1.玻璃鳞片胶泥 （厚度≥2mm） 2.玻璃鳞片涂层 （厚度≥250μm） 3.厚浆型防腐蚀涂层 （厚度≥300μm）
弱	1.玻璃鳞片胶泥 （厚度≥2mm） 2.聚合物水泥砂浆 （厚度20mm）	1.玻璃鳞片涂层 （厚度≥250μm） 2.厚浆型防腐蚀涂层 （厚度≥300μm） 3.聚合物水泥砂浆 （厚度10mm）	防腐蚀涂层 （厚度≥200μm）

其他技术要求：槽、池与土壤接触的表面，应设置防水层。管道出入口宜设置在槽、池顶部。当确需在侧壁设置时，必须预埋耐腐蚀的套管；套管与管道间的缝隙应采用耐腐蚀材料填封。腐蚀性等级为强时，储槽的栏杆和池内的爬梯、支架等，宜采用玻璃钢型材或耐腐蚀的金属制作。当衬里施工过程中可能产生有害气体时，槽、池顶盖宜采用装配式或设置不少于两个供施工通风用的孔洞。

防腐蚀涂料

1. 用于酸性介质环境时，宜选用氯化橡胶、聚氨酯、环氧、聚氯乙烯、高氯化聚乙烯、氯磺化聚乙烯、环氧沥青、聚氨酯沥青和丙烯酸环氧树脂等；用于弱酸性介质环境时，可选用醇酸涂料。

2. 用于碱性介质环境时，宜选用环氧涂料，也可选用上面所列的其他涂料，但不得采用醇酸涂料。

3. 用于室外环境时，可选用氯化橡胶、脂肪族聚氨酯、氯磺化聚乙烯、高氯化聚乙烯、聚氯乙烯、丙烯酸聚氨酯树脂和醇酸涂料，不应选用环氧、环氧沥青、聚氨酯沥青和芳香族聚氨酯涂料。

4. 用于地下工程时，宜采用环氧沥青、聚氨酯沥青。

5. 对涂层的耐磨、耐久和抗渗性能有较高要求时，宜选用玻璃鳞片涂料。

电磁屏蔽与射线防护

电磁屏蔽全室采用钢板无缝联接，防止双向干扰，达到屏蔽目的。一般用于科研、实验、医疗和生产等有电磁辐射源的建筑。射线防护主要是针对人对X射线设防，工业建筑以产品探伤为主。防护材料为铅板，铅板厚度依射线强度经过计算之后确定。防射线门有多种开启方式：平开门、手动推拉门和电动推拉门。

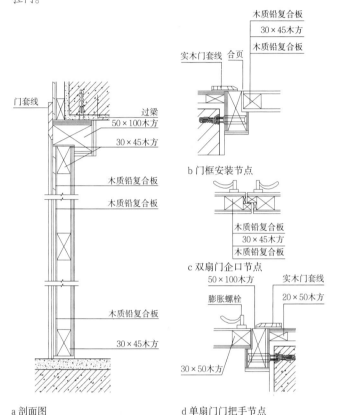

1 X射线平开防护门详图

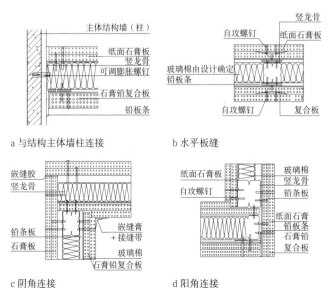

2 石膏铅复合板防护墙详图

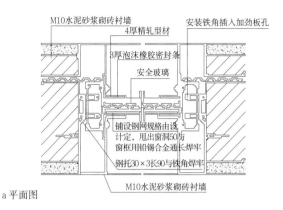

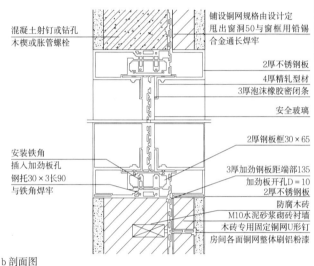

3 防电磁屏蔽窗节点详图

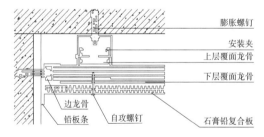

4 通墙体连接

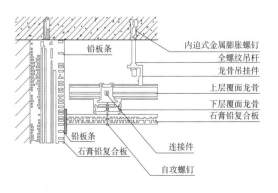

5 石膏铅复合板吊顶构造详图

市政建筑 [1] 城镇供水工程 / 基本内容

定义与分类

给水工程是指将原水经过水质处理后,按需要将制成水供应至各用户的工程总体,也称作给水系统。由取水设施、输水设施、水质处理设施和成品水供配设施所组成。

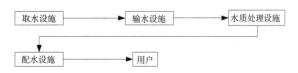

1 城镇给水系统示意图

给水工程常见分类方法　　表1

分类方法	给水工程分类
按水源种类	地表水给水、地下水给水
按加压方式	重力给水、压力给水、混合给水
按管网形制	统一给水、区域给水、分质给水、分压给水、分区给水
按给水目的	生活给水、生产给水、消防给水
按服务对象	城镇给水、乡村给水、工业给水

给水工程建设规模类别

根据国家现行的《城市给水工程项目建设标准》(2009年版),给水工程项目建设规模划分为三级,在《城市给水工程项目建设用地指标》(2009年版)中划分为三类。

给水工程项目建设规模　　表2

一级（Ⅰ类）	30~50万m³/d
二级（Ⅱ类）	10~30万m³/d
三级（Ⅲ类）	5~10万m³/d

注:1. 以上规模类别含下限值,不含上限值;Ⅰ类规模含上限值。
    2. 本表摘自《城市给水工程项目建设标准》建标120-2009。

城镇给水厂工艺流程

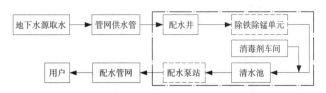

虚线框内为可选单元;点划线框内为给水厂范围;消毒剂一般用Cl_2、ClO_2、O_3等。

2 地下水给水厂工艺流程图

地下水给水厂的基本组成　　表3

生产性建（构）筑物	配水井、除铁除锰滤池、消毒剂车间（氯库及加氯间）、清水池、配水泵站（二级泵房）、变配电间等
辅助及附属建（构）筑物及各类管道	与地表水厂相似但量较小,可参照地表水水厂

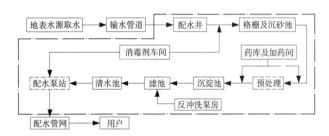

虚线框内为可选单元;点划线框内为给水厂范围;消毒剂一般用Cl_2、ClO_2、O_3等。

3 地表水给水厂预处理+常规处理工艺流程图

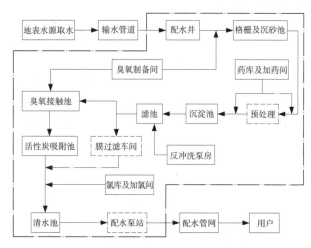

虚线框内为可选单元;点划线框内为给水厂范围。

4 地表水给水厂预处理+常规处理+深度处理工艺流程图

地表水给水厂的基本组成　　表4

生产性建（构）筑物	主要有配水井、预沉池、沉淀池（澄清池）、滤池、臭氧接触池、活性炭吸附池、膜过滤车间、清水池、臭氧制备间、氯库及加氯间、药库及加药间、反冲洗泵房、配水泵站（二级泵房）、变配电间、排泥泵房、污泥均质池、污泥浓缩池、污泥脱水间、回用水处理设施、厂区排水泵房等
辅助及附属建（构）筑物	主要有综合办公室、化验室、维修车间、材料仓库、危险品仓库、值班宿舍、职工食堂、锅炉房、浴室、车库、露天堆场、围墙和门卫等
各类管道及设施	工艺、药剂、污泥、给水、污水、雨水、绿化、消防、供热等管道（或管沟）、电缆管沟、防洪沟渠及其配套设施等

厂址选择的要求　　表5

项目	要求
面积	水厂用地面积应满足工艺流程、交通运输、辅助生产、生产管理及生活要求,并预留扩建用地
外形与地形	外形应尽可能简单,矩形场地长宽比一般控制在1:1.5之内较经济合理; 地形应有利于建、构筑物布置、交通运输与场地排水,一般情况下,自然地形坡度不大于5‰,丘陵坡地不大于40‰,山区水厂不大于60‰
气象	考虑高温、高湿、云雾、风沙和雷击地区对生产、生活的不良影响; 考虑冰冻线对建、构筑物基础和地下管线敷设的影响
水文地质	了解地下水深度及地下水对建、构筑物基础有无侵蚀性
工程地质	应避开地震断层,和地震烈度高于9度地区;泥石流、滑坡、流沙、溶洞等危害地段,以及较厚的Ⅲ级自重湿陷性黄土、新近堆积黄土、一级膨胀土等地质恶劣区域; 应避开具有开采价值的矿藏区、采空区,以及古井、古墓、坑穴密集地区
交通运输	运输路线应最短、方便、工程量小,且经济合理
水源与安全	靠近取水点,一般应居于该区江河上游处或湖泊、水库内水质较好区域,并符合水质标准要求; 避免受洪水威胁,水厂地面应高于最高洪水位0.5m以上; 便于排放污水、冲洗水
能源供应	靠近热、电供应地点,所需电力、热力应有可靠来源; 自建锅炉房和燃气站时,宜靠近燃料供应地,燃烧介质应符合要求,并备有储煤、渣场地
安全防护	水厂与周边企业、居住区,以及建、构筑物之间,必须满足现行安全、卫生、环保等有关规定
其他	厂址地下如有古墓遗址或地上有古建筑物、古文物时,应征得有关部门的处理意见; 避免将厂址选择在建筑物密集、高压输电线路与工程管道通过地区; 在地震基本烈度高于7度地区建厂时,应选择对抗震有利的土壤分布区建厂; 厂址不应选择在不能确保安全的水库下游与防洪堤附近

新建水厂的基础资料收集

1. 了解水源地情况、水质标准、水厂的建设规模、场地周边情况以及当地的城市总体规划和给水专业规划。
2. 了解当地规划、环保、消防等部门对水厂的意见。
3. 当地土地管理部门对新建水厂用地范围的批准文件。

新建水厂基础资料收集要求　　　　　　　　　　　　　表1

项目	要求
地形	地理位置地形图：比例尺1:25000或1:50000。 区域位置地形图：比例尺1:5000或1:10000，等高线为1~5m。 厂址地形图：比例尺1:500、1:1000或1:2000，等高距为0.25~1m。 厂外工程地形图：厂外铁路、道路、给水、排水管线、热力管线、输电线路等带状地形图，比例尺1:500~1:2000
气象	气温和湿度：各年逐月平均最高、最低及平均气温及各年逐月极端最高、最低气温。各年逐月平均最低最小相对、绝对湿度及采暖期日数（温度在+5℃以下）及历年最大冻土深度。 降水量：当地采用的雨量计算公式及历年和逐月的平均、最大、最小降雨量。一昼夜、一小时、10分钟最大强度降雨量。一次暴雨持续时间、一次大雨量，以及连续最长降雨天数。初、终雪日期、积雪深度、积雪密度。 风：历年各风向频率（全年、夏季、冬季）、静风频率、风玫瑰图。历年的年、季、月平均及最大风速、风力。风的特殊情况，风暴、大风情况及原因，山区小气候风向变化情况
地面水	河流：各年逐月一遇最大、最小、平均流量及相应水位。实测或调查的最高洪水位，防洪标准，洪水淹没范围，河道冲淤变化及漂浮物。 水库：水库主要技术经济指标：水位（正常蓄水位、死水位、设计洪水位、核准洪水位等），库容（总库容、死库容、有效库容），灌溉面积。水库调节功能，其他工业用水要求。 滨海：历史最高、最低潮水位，最大波浪高，近岸海流资料（实测数据）
地下水	水井或钻孔位置、标高，水文地质剖面图及涌水量，静止水位标高等
交通运输	铁路：邻近的铁路、车站位置，至厂区距离。 公路：进厂道路连接位置、里程、标高、专用线走向，沿线地形、地质情况，占地面积，筑路材料来源。 水运：可建码头地点及地形、地物有关资料
地质	区域地质：地貌类型，地质构造，地层的成因及年代等。 土壤类别、性质，地基土特性、土层法结冻深度。 不良地质现象，如滑坡、岩溶、沉陷、崩塌、膨胀土、盐渍土等调查观测资料，人为地表破坏现象，地下古墓、人工边坡变形等。 地震地质：建厂地震基本烈度及厂址附近断裂构造等。 水文地质：水质分析资料，地下水对建、构筑物基础的侵蚀性
供电	供电电源等级、位置及其与厂区的距离。 可能供电量、供电电压、电源回路数、短路参数、保护要求、补偿方式、计费方式
电信	厂区附近利用已有设备（电话、电报及各种信号设备）的可能性。 线路敷设方式（架空或电缆）及其长度
能源供应	热力：可能供给的热源，及其热媒参数，热量。接管点的坐标、标高、管径及其至厂区的距离与线路走向。 燃气：供应地点至厂区的距离，接管点坐标、标高与线路走向等
施工条件	施工场地的可能位置，面积大小，地形、地物等情况。 地方建筑材料，砖、瓦、灰、砂、石产量，混凝土制品产量、规格。 现有铁路、公路、水运及通信设施的情况及利用的可能性。 施工水、用电、用地可提供的地点、距离、数量及可靠性
邻近地区概况	工业布局与城镇规划。 邻近企业现有状况、名称、所属单位、规模、产品、职工人数等。 水厂生产所用原料与生产加工、供销、运输等情况。 各企业相对位置及邻近企业与水厂在生产、生活等方面协作的可能性。 居民点的位置、现有居住面积、人口和主要职业及主要特点。 现有文化福利设施的位置、规模、面积及发展规划及利用的可能性。 现有市政设施状况和发展计划。 粮食与经济作物种类、种植面积、土地面积。 利用污水作为灌溉、养殖和其他用途的可能性。 城乡行政区划，居住用地，公共绿地，交通运输用地，仓库用地，文教卫生用地。 水面及不宜修建地区（沼泽地等），农田、菜地等面积及范围
环保及其他	当地环保部门对选址及建厂的要求、意见。 邻近区域有何特殊要求，如对经济作物、水产物及生态的影响等。 建厂区域文物情况与保护范围及当地文物部门对选址、建厂的要求、意见。 建厂区域有何特殊建、构筑物，如机场、电台、电视转播、雷达导航、天文观测，以及重要的军事设施等。 上述建、构筑物与水厂相对关系，相互有无影响。 少数民族地区建厂，应了解少数民族的风俗习惯。 上阶段设计（咨询、规划）的批复或论证意见

改、扩建水厂基础资料收集

1. 了解原水厂简况：建厂时间、水源地情况、水质标准、原有建（构）筑物、建筑物面积、规章制度、设备和人员配备，与其他企业协作情况。
2. 了解水厂改、扩建内容及当地规划、环保、消防等部门对水厂改、扩建的意见。
3. 当地土地管理部门对水厂改、扩建所需用地范围的批准文件。
4. 调查原水厂现状，了解原水厂内建、构筑物，设备等的生产、使用情况，以及改、扩建的可能性
5. 收集与改、扩建有关的、全部的原始资料，以及原有设计图纸和文件，如图纸、资料缺乏或与现状不符，则需重新进行测量与搜集。

改、扩建水厂基础资料收集要求　　　　　　　　　　　表2

项目	要求
总图运输	1.区域位置图：水厂位置，水厂与周边相邻企业、单位、居住区之间的距离。 2.总平面布置图：生产工艺流程，建、构筑物布置，交通运输，建筑系数，道路横断面等。 3.竖向布置图：水厂内所有建、构筑物、道路、各处地面标高，全厂场地现有排水情况。 4.管道综合图：水厂内所有管道的坐标、标高、管径、管材，与城市管线系统连接点的位置。 5.建设场地地形图：比例尺要求与原有总平面布置图比例尺要求相同。 6.水厂所用坐标、标高系统及其与城市坐标、标高系统的关系。 7.各类车辆车库的设备布置图及工艺设备情况，人员编制，工作制度。 8.仓库建筑面积、结构、起重运输设备的情况。车库内储存材料的品种数量、储存面积和高度，储存方法和储存时间
土建	1.车间的建筑布置图：说明车间面积的利用情况，吊车数量及载重，现有建筑物改、扩建的可能性。 2.生产建筑物的结构情况，各结构部分有无腐损现象，车间主要结构部分的计算书。 3.生产建筑物地下构筑物的调查。 4.水厂内生活用房和辅助建筑物的现状和使用情况。 5.生产建筑物、辅助建筑物生产类别和耐火等级。 6.扩建场地的地基承载力、地下水深度，水的物理、化学和细菌分析，对建筑物有无蚀性等
供电电信	1.供电： 原有电气设备的安装容量及负荷情况。 各生产建筑物电气设备的性质、情况及水厂照明系统的情况。 水厂供电系统（架空或电缆）、变电所位置图及变电所平、剖面图。 2.电信： 电话总机房及其他电信设备用房的平、剖面图。 电信线路总平面图：注明电信网的位置
给水排水	1.生产建筑物内给水、排水管道布置图 2.给水水源（地面水、地下水）的情况及生产、生活、绿化用水量。 3.厂内给水系统和现有给水建、构筑物的情况。 4.生产建筑物生产废水的特性、排水量、是否需要处理以及排放方式。 5.污水、雨水排放地点的情况
暖通	生产建筑物内供暖通风设备及管道布置图
动力供应	1.热力： 锅炉房的建筑、结构和设备布置图以及扩建可能性。 燃料供应情况及生产建筑物内热力管道布置图。 2.燃气： 燃气站的建筑、结构和设备布置图以及扩建可能性及燃料供应、冷却水供应和现有构筑物等情况。 燃气管道总平面图及生产建筑物内燃气管道布置图
其他	1.堆场： 现有堆场的位置（距相邻企业、居住区的距离、方位等）。 现有堆场的容量、可使用年限及材料的运输与堆放方式。 新堆场的位置、容量、可使用年限。 2.污水处理厂： 现有污水处理厂的位置（距相邻企业、居住区的距离、方位等）。 现有污水处理厂的处理量、处理水平、是否达到排放标准。 3.居住区： 现有居住区的位置、距水厂的距离、方位等。 现有居住区住宅建筑现状，建筑形式，居民人数。 文化福利公共建筑的现状，建筑形式，容纳人与使用情况及扩建可能性。 4.绿化： 当地规划、环保、卫生部门对绿地定额与卫生防护林带的要求。 当地绿化地树种、花卉、草坪

市政建筑 [3] 城镇供水工程 / 总平面布置

建筑总平面布置

1. 厂区出入口布置：应处理好厂区出入口与场外道路的衔接关系，应就近接驳，避免长距离连通。厂区用地面积较大时，宜设2个出入口。

2. 厂区功能分区：以满足工艺流程要求为前提，功能分区明确，生产区、生活区、维修区之间宜以道路、绿化带进行分隔，做到动静分区、洁污分区。对噪声较大构筑物、建筑物应采取隔声降噪措施。

3. 厂区道路布置：道路框架应清晰，布置合理，交通便捷顺畅，满足厂区出入，以及厂区生产、生活和维修的要求。

4. 建筑物朝向：南北向或接近南北向布置较理想。

5. 宜留有生产性和生产辅助性构筑物的扩建用地。

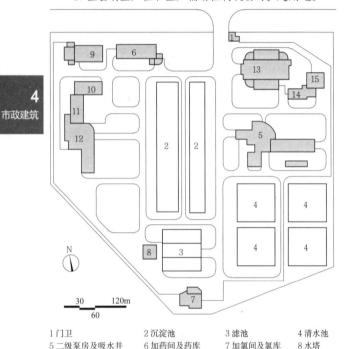

1 门卫　　　2 沉淀池　　　3 滤池　　　4 清水池
5 二级泵房及吸水井　6 加药间及药库　7 加氯间及氯库　8 水塔
9 排水池及泵房　10 仓库　　　11 车库　　　12 维修车间
13 综合楼　　14 餐厅　　　15 厨房

① 某给水厂工艺总平面布置示例

水厂用地构成

城镇供水厂分净水厂、配水厂、泵站。水厂用地包括生产设施用地，以及辅助生产、生产管理和生活设施用地两类。

1. 地表水净水厂生产设施主要包括：预处理设施、投药、混合、絮凝、沉淀、过滤、提升泵房、活性炭过滤、消毒、二级泵房、清水池、污泥处理构筑物、供电及变电设施等。

2. 地下水水质较好，一般由配水厂直接供原水时，其生产设施主要包括：消毒设施、二级泵房、清水池、供电及变电设施等。需要去除铁、锰、氟等元素的地下水，应增加净水用地。

3. 净水厂、配水厂辅助生产、生产管理和生活设施主要包括：生产控制、化验、维修、仓库、车库、食堂、供热、交通运输、安全保卫、管理设施等。

4. 泵站主要包括：泵房、配套设施、必需的生产管理与生活设施。

5. 净水厂的辅助生产、生活管理和生活设施用地面积，应以保证生产正常运行管理和环境需要为原则，严格控制用地面积。一般不宜超过水厂总用地的5%~15%。

6. 净水厂、配水厂绿地率不宜小于20%。

净水厂、配水厂用地面积指标（单位：hm²）　　　表1

水厂类型 \ 规模	I类（30万~50万m³/d）	II类（10万~30万m³/d）	III类（5万~10万m³/d）
常规处理水厂	8.40~11.00	3.50~8.40	2.05~3.50
配水厂	4.50~5.00	2.00~4.50	1.50~2.00
预处理+常规处理厂	9.30~12.50	3.90~9.30	2.30~3.90
常规处理厂+深度处理厂	9.90~13.00	4.20~9.90	2.50~4.20
预处理+常规处理+深度处理水厂	10.80~14.50	4.50~10.80	2.70~4.50

注：1. 表中的用地面积为水厂围墙内所有设施的用地面积，包括绿化、道路等用地，但未包括高浊度水预沉淀用地。
2. 建设规模大的取上限，规模小的取下限，中间规模应采用内插法确定。
3. 建设用地面积为控制的上限，实际使用中不应大于表中的限值。
4. 预处理采用生物预处理形式控制用地面积，其他工艺形式宜适当降低。
5. 深度处理采用臭氧生物活性炭工艺控制用地面积，其他工艺形式宜适当降低。
6. 表中除配水厂外，净水厂的控制用地面积均包括生产废水及排泥水处理的用地。
7. 本表摘自《城市生活垃圾处理和给水与污水处理工程项目建设用地指标》（建标[2005]157号）。

泵站建设用地　　　表2

规模	I类（30万~50万m³/d）	II类（10万~30万m³/d）	III类（5万~10万m³/d）
面积	5500~8000m²	3500~5500m²	2500~3500m²

注：1. 表中的面积为泵站围墙以内，包括整个流程中的构筑物和附属建筑物、附属设施等的用地面积。
2. 小于III类规模的泵站，用地面积可参照III类规模的用地面积控制。
3. 泵站有水量调节水池时，可按实际增加建设用地。
4. 本表摘自《城市生活垃圾处理和给水与污水处理工程项目建设用地指标》（建标[2005]157号）。

城镇供水厂功能分区

1. 生产区：生产区是水厂布置的核心，除按上述系统流程布置要求外，尚需对有关辅助生产构筑物进行合理安排。加药间应尽量靠近投加点，一般可设在沉淀池附近，形成相对完整的加药区。冲洗泵房和鼓风机房宜靠近滤池布置，以减少管线长度和便于操作管理。

2. 生活区（厂前区）：将办公楼（或办公用房）、值班宿舍、食堂、锅炉房等建筑物组合为一区。生活区应布置在靠近厂区主入口附近，便于对外联系。生活区宜布置于厂区所在地主导风向的上侧。化验室可设在生产区，也可设在生活区综合楼（综合办公用房）内。

3. 维修区：将维修车间、仓库、泥木工场及仓库组合为一个区。

4. 为远期扩建留有余地：净水构筑物一般可逐组扩建，但二级泵房、加药间及部分辅助设施不宜过多分组，总平面布置应考虑远期净水构筑物扩建后的整体性。

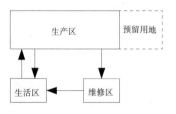

② 功能分区示意图

建筑竖向布置

1. 高程布置

水厂的高程布置应根据厂址地形、地质条件、周围环境以及进水水位标高确定。

2. 竖向布置方式

(1) 平坡式：厂区地形平坦，总坡度一般不大于3%（不宜超过5%）。

(2) 台阶式：厂区地形不平坦，总坡度大于8%。

(3) 混合式：厂区地形复杂。

3. 厂区地表雨水的收集利用和排除方式

(1) 干旱少雨地区宜设置地表雨水收集系统（蓄水池及泵房），用于绿化灌溉。

(2) 排除方式：暗管、明沟、道路和地面（水厂占地面积较小）等。

4. 土方平衡

水厂总体布置时，应力求节约土方工程量，减少基建投资。在山区建厂，除结合地形采用台阶式场地布置，还应考虑少挖石方（开挖石方需进行爆破作业，工期长、费用高）。大型水厂的土方工程宜按期分区，在挖、填平衡的基础上考虑全场的总平衡。应将基础、地下管沟施工的土方量和填方的松土系数估计在内。

道路布置

1. 道路框架清晰，布置合理，交通便捷顺畅，满足厂区出入，以及厂区生产、生活和维修的要求。
2. 水厂应设置通向各构筑物和附属建筑物的道路。
3. 大型水厂设双车道，中、小水厂可采用单车道。主要车行道的宽度：单车道为3.5m，双车道为6.0m，支道和车间引道不小于3.0m。
4. 车行道尽头处和材料装卸处应根据需要设置回车场。
5. 车行道转弯半径为6~10m。

厂区绿化景观设计

1. 根据厂区功能分区，道路布置，以及建、构筑物的分布情况采用不同的绿化方式，形成点、线、面结合的绿化景观。
2. 无围护结构的水处理构筑物四周不应种植落叶乔木，宜种植常绿灌木、草坪等。
3. 绿化种植应满足各类植物与管沟、管线之间的距离要求。
4. 严寒和寒冷地区东西向道路绿地宜选择落叶乔、灌木，南北向道路宜选择常绿乔灌木。
5. 应考虑远期、近期发展需要，春夏秋冬四季变迁，尽量保持四季绿化的景色常新及季相变化。
6. 厂区内的水景及建筑小品的布置应依地块、地形条件采用不同形式，营造宜人的景观环境。

围墙

1. 围墙形式：实体（砖砌体）围墙、通透（钢栏杆）围墙、高绿篱等。

2. 一般视供水厂周边环境条件确定围墙形式：毗邻城市道路、城市公共绿地、城市公园宜采用通透围墙；毗邻企业、单位及农田宜采用实体围墙。

3. 水厂地面与厂外地面有较大高差时，围墙下部应设置挡土墙、护坡。厂区地形变化较大，竖向布置坡度较大时，围墙应逐段跌落，并绘出外视立面图。

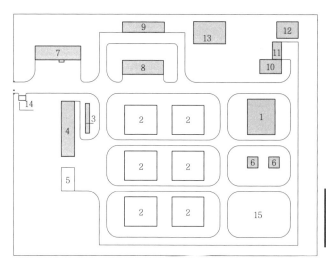

1 净化间	2 清水池	3 吸水井	4 综合泵房	5 滤料堆场
6 回收水泵房	7 反冲洗水塔	8 加药间	9 加氯间	10 综合楼
11 食堂	12 辅助建筑	13 锅炉房	14 门卫	15 预留用地

1 给水厂总平面布置图一

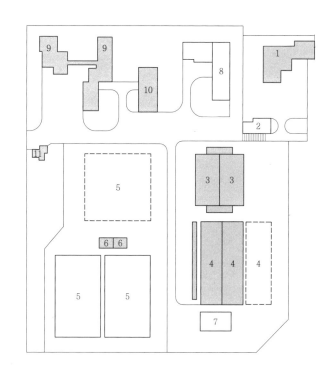

1 加氯间	2 快滤池	3 出水泵房	4 加药间
5 沉淀池	6 控制室	7 反冲洗回收池	8 污泥浓缩池
9 办公楼	10 维修车间	11 污泥脱水车间	

2 给水厂总平面布置图二

市政建筑 [5] 城镇供水工程 / 总平面布置

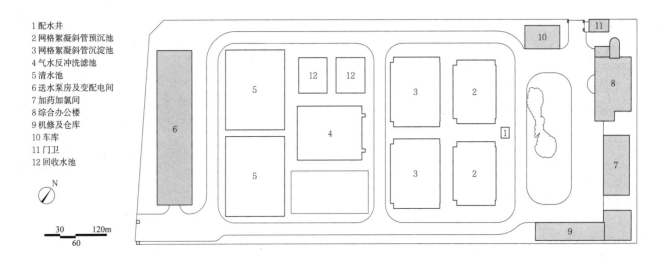

1 配水井
2 网格絮凝斜管预沉池
3 网格絮凝斜管沉淀池
4 气水反冲洗滤池
5 清水池
6 送水泵房及变配电间
7 加药加氯间
8 综合办公楼
9 机修及仓库
10 车库
11 门卫
12 回收水池

[1] 给水厂总平面布置图一

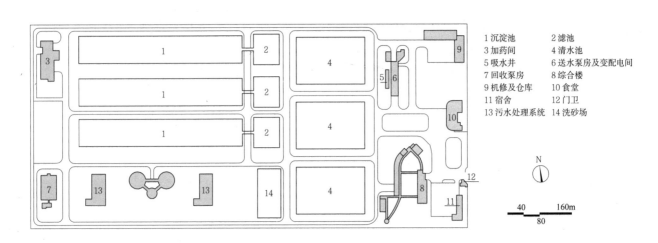

1 沉淀池　2 滤池
3 加药间　4 清水池
5 吸水井　6 送水泵房及变配电间
7 回收泵房　8 综合楼
9 机修及仓库　10 食堂
11 宿舍　12 门卫
13 污水处理系统　14 洗砂场

[2] 给水厂总平面布置图二

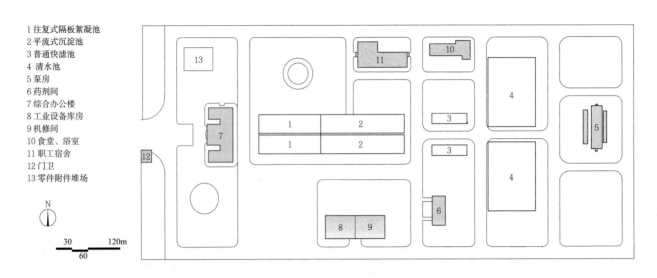

1 往复式隔板絮凝池
2 平流式沉淀池
3 普通快滤池
4 清水池
5 泵房
6 药剂间
7 综合办公楼
8 工业设备库房
9 机修间
10 食堂、浴室
11 职工宿舍
12 门卫
13 零件附件堆场

[3] 给水厂总平面布置图三

泵房

1. 泵房按照布置形式分为地面式（小型水厂采用）、地下式（大、中型水厂采用）。按照其使用功能分为：深井泵房、提升泵房和送水泵房。
2. 剖面设计：泵房层高应按水泵机组高度、管路及附件的安装高度、泵房结构形式、起重设备形制及起吊高度、泵房与吸水池等相互的高差、建筑物内泵房所处位置的层高、设备的安装和检修高度等确定。

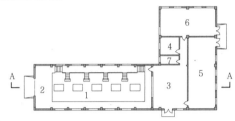

a 平面图

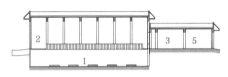

b A-A 剖面图

| 1 泵房 | 2 平台 | 3 值班控制室 | 4 休息室 |
| 5 低压配电室 | 6 高压配电室 | 7 卫生间 | |

1 某送水泵房布置图

变、配电室

1. 大型水厂内的大型变电室一般由当地供电部门负责设计、施工和安装。
2. 变配电室一般包含变压器室、高压配电室、低压配电室、电容器室、控制室、值班室、厕所等。
3. 变配电室，不得布置在甲、乙类厂房内或贴邻，以及设置在爆炸性气体、粉尘环境的危险区域内。
4. 布置在其他建筑内的变配电室，不应设在厕所、浴室、厨房或其他经常积水场所的正下方，当与上述场所贴邻时，相邻隔墙应采取无渗漏、结露的防水措施；当变配电室设在地下室时，应采取可靠的防水措施。

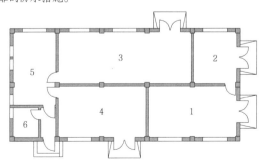

| 1 柴油发电机室 | 2 储油室 | 3 低压配电室 |
| 4 高压配电室 | 5 值班室 | 6 卫生间 |

2 某变配电室平面布置图

加药间

1. 布置原则：靠近加药点，设置在通风良好的地段。
2. 室内必须安置通风设备以及保障工作人员卫生安全的劳动保护措施。
3. 结构形式：框架、砌体结构。
4. 平面设计：由加药间、药库、值班更衣室组成。有条件宜设卫生间。加药间的地坪应有排水坡度。
5. 剖面设计：应满足工艺设备、室内构筑物（加药池、混药罐等）净高，工作人员操作高度，以及电动葫芦起吊高度要求。
6. 药剂仓库及加药间应根据具体情况，设置计量工具和搬运设备。

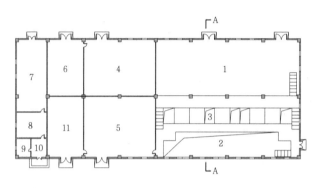

a 平面图

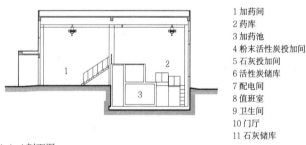

b A-A 剖面图

1 加药间	2 药库	3 加药池
4 粉末活性炭投加间	5 石灰投加间	6 活性炭储库
7 配电间	8 值班室	9 卫生间
10 门厅	11 石灰储库	

3 某加药间布置图

1 低压配电室	2 高压配电室	3 控制室	4 走廊
5 女卫生间	6 男卫生间	7 加药间	8 药库
9 漏氯吸收间	10 加氯间	11 氯库	

4 某加药间、加氯间组合平面布置图

市政建筑 [7] 城镇供水工程 / 生产建筑物

加氯间

1. 加氯间分液氯加氯间和次氯酸钠加氯间两种。
2. 结构形式：分框架结构和砌体结构。
3. 平面设计：液氯加氯间由氯瓶库、漏氯吸收间、加氯间、值班室及卫生间组成；次氯酸钠加氯间由氯酸钠库、盐酸库、加氯间、值班室及卫生间组成。
4. 剖面设计：应满足工艺设备净高及工作人员操作高度要求。

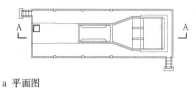

a 平面图

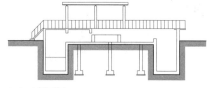

b A-A 剖面图

3 某紫外线消毒间布置图

滤池间

严寒和部分寒冷地区水厂内滤池必须建造滤池间。

结构形式：大中型一般采用大空间结构，周边设钢筋混凝土柱，屋盖一般采用钢网架。小型一般采用钢筋混凝土框架结构、轻钢结构。

平面设计：平面形状依滤池平面形状定，一般为矩形。

剖面设计：滤池间池顶至屋面（钢网架为网架下弦）不宜小于滤池间池间短边跨度的1/3~1/2。

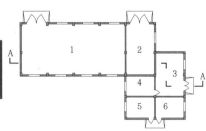

a 平面图

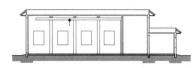

b A-A 剖面图

| 1 氯库 | 2 中和室 | 3 加氯间 |
| 4 蒸发器室 | 5 配电室 | 6 值班室 |

1 加氯间布置示例一

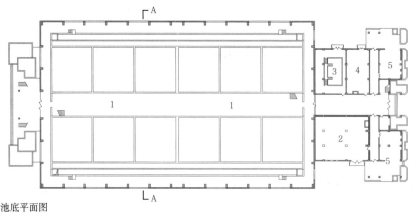

a 池底平面图

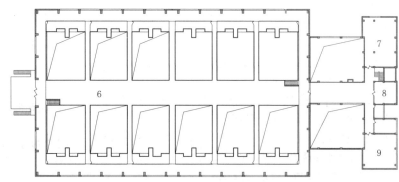

b 池顶平面图

a 平面图

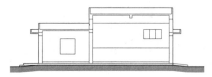

b A-A 剖面图

1 氯库　2 加氯间
3 配电室　4 值班室

2 加氯间布置示例二

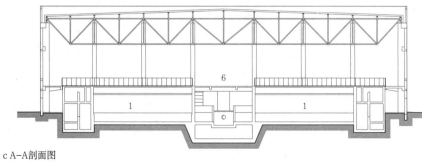

c A-A 剖面图

1 滤池　2 鼓风机房　3 反冲洗泵房　4 配电室　5 仓储、仓库
6 滤池操作平台　7 值班室　8 办公室　9 休息室

4 某滤池间布置图

沉淀池间

严寒和部分寒冷地区水厂内沉淀池必须建造沉淀池间。

1. 结构形式：大中型一般采用大空间结构，周边设钢筋混凝土柱，屋盖一般采用钢网架。小型一般采用钢筋混凝土框架结构、轻钢结构或砌体结构。
2. 平面设计：平面形状依沉淀池平面形状定，一般为矩形。
3. 剖面设计：沉淀池池顶至屋面（钢网架为网架下弦）不宜小于沉淀池间短边跨度的1/3~1/2。

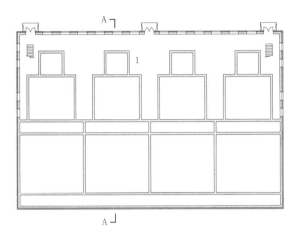

a 池底平面图

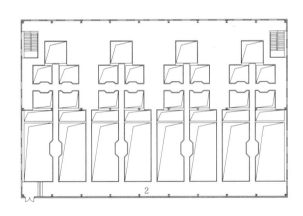

b 池顶平面图

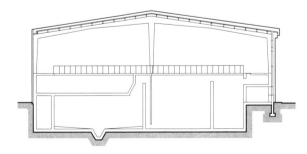

c A—A剖面图

1 高密度沉淀池　2 操作平台

[1] 沉淀池间布置示例

综合池间

根据工艺流程的需要，将沉淀池、滤池等水处理设施共建于一个空间内。

结构形式：大中型一般采用大空间结构，周边设钢筋混凝土柱，屋盖一般采用钢网架。小型一般采用钢筋混凝土框架结构、轻钢结构等。

平面设计：平面形状依综合池平面形状定，一般为矩形。

剖面设计：综合池池顶至屋面（钢网架为网架下弦）不宜小于综合池间短边跨度的1/3~1/2。

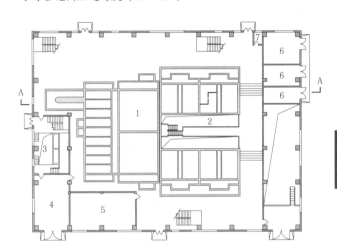

a 池底平面图

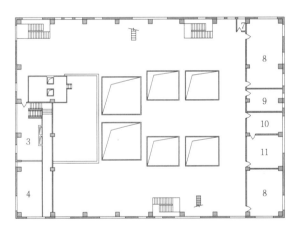

b 池顶平面图

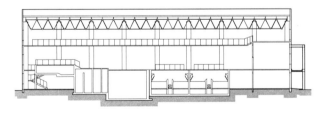

c A—A剖面图

1 沉淀池　2 滤池　3 投药间　4 药剂仓库　5 储气罐间　6 辅助用房
7 卫生间　8 储物间　9 配电室　10 值班室　11 控制室

[2] 综合池间布置示例

市政建筑 [9] 城镇供水工程 / 生产建筑物

鼓风机房

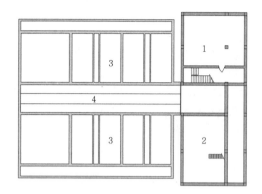

a 鼓风机房、滤池地下组合平面图

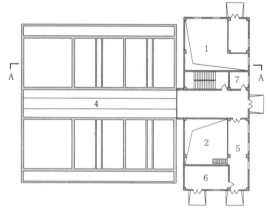

b 鼓风机房、滤池局部地上组合平面图

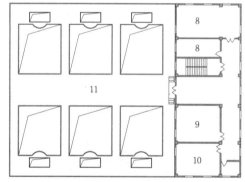

c 鼓风机房、滤池池顶局部二层组合平面图

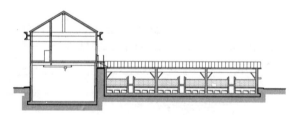

d A-A剖面图

1 鼓风机房　　2 反冲洗设备间　　3 滤池　　4 走道
5 走廊　　　　6 配电室　　　　　7 卫生间　8 办公室
9 控制室　　　10 值班室　　　　　11 平台

1 鼓风机房布置示例

反冲洗设备间

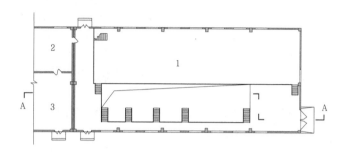

a 水泵房、高低压配电室平面图

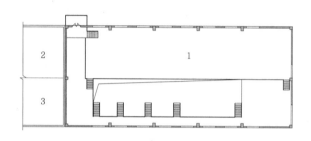

b 中间标高平面图

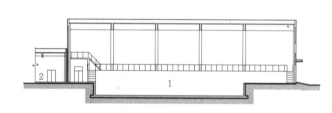

c A-A剖面图

1 反冲洗泵房　　2 高压配电室　　3 低压配电室

2 反冲洗设备间布置示例一

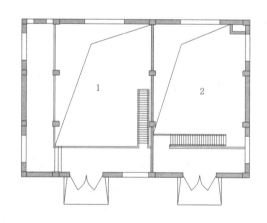

1 反冲洗泵房　　2 风机房

3 反冲洗设备间布置示例二

附属建筑布置原则

1. 一般规定：给水厂的附属建筑应根据总体布局,结合厂址环境、地形、气象和地质等条件进行布置,布置方案应达到经济合理、安全适用、方便施工和管理等要求。

2. 给水厂生产管理用房、行政办公用房、化验室和宿舍组成的综合楼,其建筑系数可按55%~65%选用,其他附属建筑的建筑系数宜符合下表的规定。

3. 表1、表3~表6中数据仅供参考。

附属建筑建筑系数规定　　　　　　　　　　　　　　　表1

建筑物名称	建筑系数
仓库、机修间	80%~90%
食堂（包括厨房）	70%~80%
浴室、锅炉房	75%~85%
传达室	75%~85%

建筑与建设用地

1. 净（配）水厂、泵站的附属建筑的建筑标准,应根据城市性质、周边环境及建设规模条件等确定。生产建筑物应与附属建筑物的建筑标准一致,不宜进行特殊的装修。

2. 净（配）水厂辅助生产、行政管理、生活服务设施建筑,在满足使用功能和安全生产的条件下,宜集中布置。

净（配）水厂附属设施建筑面积指标　　　　　　　　　表2

建设规模		Ⅰ类 （30万~50万m³/d）	Ⅱ类 （10万~30万m³/d）	Ⅲ类 （5万~10万m³/d）
常规处理水厂	辅助生产用房	1100~1725	920~1100	665~920
	管理用房	770~1090	645~770	470~645
	生活设施用房	425~630	345~425	250~345
	合计	2295~3445	1910~2295	1385~1910
配水厂	辅助生产用房	900~1200	640~900	520~640
	管理用房	320~400	245~320	215~245
	生活设施用房	280~300	215~280	185~215
	合计	1500~1900	1100~1500	920~1100

注：1. 建设规模大的取上限,建设规模小的取下限,中间规模可采用内插法确定。
2. 建设规模大于50万m³/d的项目,参照Ⅰ类规模上限并宜适当降低单位水量附属设施建筑面积指标来确定。
3. 辅助生产用房主要包括：维修、仓库、车库、化验、控制室等。
4. 管理用房主要包括生产管理、行政管理、传达室等。
5. 本表数据来源《给排水项目建设标准》（建标120-2009）。

生产管理及行政办公用房

生产管理及行政办公用房包括：计划室、技术室、技术资料室、财务室、劳动工资室、会议室、活动室、调度室和医务室等。

生产管理用房使用面积（单位：m²）　　　　　　　　　表3

水厂规模 （万m³/d）	地表水厂	地下水厂
0.50~2	100~150	80~120
2.0~5.0	150~210	120~150
5.0~10.0	210~300	150~180
10.0~20.0	300~350	180~250
20.0~50.0	350~400	250~300

注：1. 1.5万m³/d规模以上水厂已考虑有活动室面积。
2. 表中未包括厕所、贮藏室面积。
3. 行政办公用房：办公室、打字室、资料室、档案室和接待室等。行政办公用房宜与生产管理用房联建,用房面积人均5.8~6.5m²。

宿舍

1. 水厂内部可以设置值班宿舍,单身宿舍和家属宿舍（住宅）应尽可能设于厂区之外。

2. 值班宿舍是中、夜班工人临时休息用房,宿舍面积可按4.0m²/人考虑。住宿人数宜按职工总人数的45%~55%计算。

3. 单身宿舍面积按照5m²/人,人数按照给水厂定员人数的35%~45%。

4. 值班宿舍可附建于综合楼内,也可贴建于食堂一侧。

餐厅

给水厂食堂包括餐厅和厨房（备餐、操作、贮藏、冷藏、烘烤、办公及更衣用房等）。

餐厅厨房使用面积表　　　　　　　　　　　　　　　　表4

水厂规模 （万m³/d）	地表水厂 （人/m²）	地下水厂 （人/m²）
0.5~2.0	2.6~2.4	同地表水厂
2.0~5.0	2.4~2.2	
5.0~10.0	2.2~2.0	
10.0~20.0	2.0~1.9	
20.0~50.0	1.9~1.8	

注：1. 就餐人员按最大班人数计。
2. 餐厨比可按4:6或5:5采用。
3. 给水厂规模小于0.5万m³/d时,可以酌情增加,规模大于5万m³/d时,面积定额可以适当减少。

化验室

化验室需根据常规水质分析项目的需要,以及给水厂规模确定配置标准。化验室（一般设置于办公楼内部）一般由理化分析室、毒物检验室、生物检验室（包括无菌室）、加热室、天平室、仪器室、药品贮藏室（包括毒品室）、办公室和更衣室组成。

化验室使用面积和人员配备表　　　　　　　　　　　　表5

水厂规模 （万m³/d）	地表水厂		地下水厂	
	面积	人数	面积	人数
0.5~2.0	60~90	2~4	30~60	1~3
2.0~5.0	90~110	4~5	60~80	3~4
5.0~10	110~160	5~6	80~100	4~5
10~20	160~180	6~8	100~120	5~7
20~50	180~220	8~10	120~150	7~10

注：1. 化验室指一级化验,不包括车间班组化验。
2. 设有原子吸收、气相色谱仪等大型仪器配备的化验室,其面积可酌情增加。

车库

车库的面积应根据运输车辆的种类和数量确定。一般4.0t货车可按32m²/辆采用；2.0t货车可按22m²/辆采用；小汽车可按18m²/辆采用。超过3辆汽车的车库,可设司机休息室、工具间和储油间。

车库使用面积表　　　　　　　　　　　　　　　　　　表6

水厂规模 （万m³/d）	地表水厂 （m²）	地下水厂 （m²）
0.5~2.0	50~100	40~80
2.0~5.0	100~150	80~100
5.0~10.0	150~200	100~150
10.0~20.0	200~250	150~200
20.0~50.0	250~300	200~250

维修车间

维修车间一般包括机修间、电修间、水表修理间和泥木工间。

1. 机修间：

（1）机修间主要维修水厂范围内的水泵、电动机、阀门、管道、水处理机械设备及零星修理项目。

（2）维修类型分中、小修两类。中修以修理部件为主；小修以修理零件为主。

2. 电修间：电修间主要维修全厂的电气设备、常用电气仪表及照明装置等。

3. 泥木工间：规模在2.0万m³/d以上的水厂可考虑少量的泥木工。

4. 水表修理间：当地无水表修理能力，且规模在10万m³/d以下的给水厂，视需要可考虑设置水表修理间。

地表水厂机修间使用面积与人员配备表　　　表1

水厂规模（万m³/d）	小型机修间		
	车间面积（m²）	辅助面积（m²）	人数（人）
0.5~2.0	50~70	25~35	2~5
2.0~5.0	70~100	35~45	5~7
5.0~10.0	100~120	45~60	7~9
10.0~20.0	120~150	60~70	9~10
20.0~50.0	150~190	70~90	10~12

水厂规模（万m³/d）	中型机修间		
	车间面积（m²）	辅助面积（m²）	人数（人）
0.5~2.0	70~80	25~35	4~6
2.0~5.0	80~110	35~45	6~8
5.0~10.0	110~130	45~60	8~10
10.0~20.0	130~160	60~70	10~11
20.0~50.0	160~200	70~90	11~13

地下水厂机修间使用面积与人员配备表　　　表2

水厂规模（万m³/d）	小型机修间		
	车间面积（m²）	辅助面积（m²）	人数（人）
0.5~2.0	40~60	20~30	2~5
2.0~5.0	60~90	30~40	5~6
5.0~10.0	90~100	40~50	6~7
10.0~20.0	100~150	50~60	7~8
20.0~50.0	130~160	60~80	8~10

水厂规模（万m³/d）	中型机修间		
	车间面积（m²）	辅助面积（m²）	人数（人）
0.5~2.0	60~70	20~30	3~6
2.0~5.0	70~100	30~40	6~7
5.0~10.0	100~120	40~50	7~8
10.0~20.0	120~140	50~60	8~10
20.0~50.0	140~180	60~70	10~12

注：1. 修理类型应按水厂规模、公司有无机修和当地机修协作条件等因素，综合考虑决定。
2. 辅助面积指工具间、备品库、男女更衣室、卫生间、休息室和办公室的总面积。给水厂规模小于10×10⁴m³/d。
3. 根据维修需要，车间外可设置冷作工棚，其面积可按车间面积的20%~40%考虑。

电修间使用面积与人员配备表　　　表3

水厂规模（万m³/d）	地表水厂		地下水厂	
	面积（m²）	人数（人）	面积（m²）	人数（人）
0.5~2.0	20~25	2~3	20~30	2~4
2.0~5.0	25~30	3~4	30~40	4~5
5.0~10.0	30~40	4~6	40~50	5~7
10.0~20.0	40~50	4~6	50~60	7~10
20.0~50.0	50~60	6~7	60~70	10~12

注：电修间不考虑大型自动化仪表和设备的检修。

泥木工间使用面积和人员配备表　　　表4

水厂规模（万m³/d）	地表水厂		地下水厂	
	面积（m²）	人数（人）	面积（m²）	人数（人）
2.0~5.0	20~35	1~2	20~25	1~2
5.0~10.0	35~45	2~3	25~30	1~2
10.0~20.0	45~60	3~4	30~40	2~3
20.0~50.0	60~80	4~8	40~60	3~5

水表修理间使用面积与人员配备表　　　表5

水厂规模（万m³/d）	面积（m²）	人数（人）
0.5~2.0	20~30	2
2.0~5.0	30~40	2~3
5.0~10.0	40~50	3~4

注：1. 本表适用于地表水和地下水水厂。
2. 10万m³/d规模以上的水厂，应在公司内考虑解决水表修理问题。

浴室及锅炉房

男、女淋浴室使用面积表　　　表6

水厂规模（万m³/d）	地表水厂（m²）	地下水厂（m²）
0.5~2.0	20~40	15~25
2.0~5.0	40~50	25~35
5.0~10.0	50~60	35~45
10.0~20.0	60~70	45~55
20.0~50.0	70~80	55~65

注：1. 女工比例可按水厂定员人数的1/2~1/3考虑。
2. 锅炉房的面积可按锅炉的型号、规格、容量来确定。

传达室

传达室可根据水厂规模大小分成1~3间（传达室、值班室、接待室等）。

传达室使用面积表　　　表7

水厂规模（万m³/d）	地表水厂（m²）	地下水厂（m²）
0.5~2.0	15~20	
2.0~5.0	15~20	
5.0~10.0	20~25	同地表水厂
10.0~20.0	25~35	
20.0~50.0	25~35	

仓库

水厂仓库用于存放管配件、水泵电机、电气设备、五金工具、劳保用品和其他杂品等，不包括净水药剂的贮存。仓库可集中或分散设置。

仓库使用面积表　　　表8

水厂规模（万m³/d）	地表水厂（m²）	地下水厂（m²）
0.5~2.0	50~100	40~80
2.0~5.0	100~150	80~100
5.0~10.0	150~200	100~150
10.0~20.0	200~250	150~200
20.0~50.0	250~300	200~250

注：表中已包括仓库管理人员的办公面积，其面积一般采用10~12m²。

露天堆场等

管配件堆场，水厂中一般应设管配件露天堆场。

露天堆场使用面积表　　　表9

水厂规模（万m³/d）	地表水厂（m²）	地下水厂（m²）
0.5~2.0	30~50	
2.0~5.0	50~80	
5.0~10.0	80~100	同地表水厂
10.0~20.0	100~200	
20.0~50.0	200~250	

实例 / 城镇供水工程 [12] 市政建筑

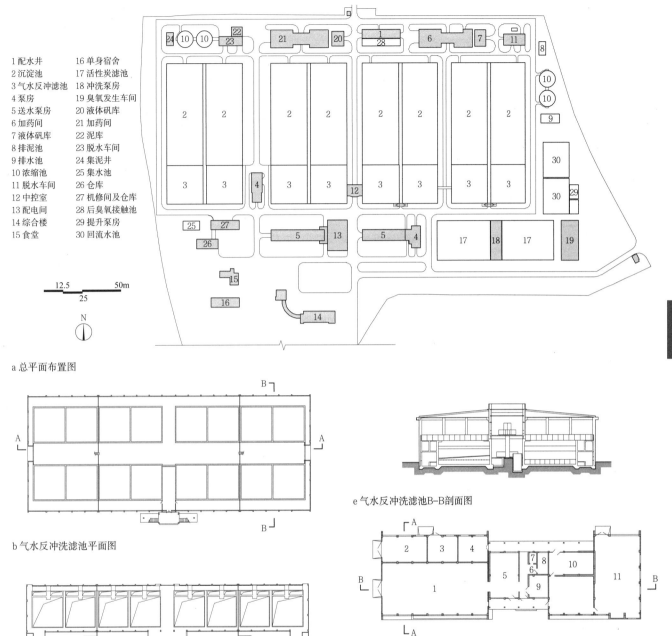

1 配水井
2 沉淀池
3 气水反冲滤池
4 泵房
5 送水泵房
6 加药间
7 液体矾库
8 排泥池
9 排水池
10 浓缩池
11 脱水车间
12 中控室
13 配电间
14 综合楼
15 食堂
16 单身宿舍
17 活性炭滤池
18 冲洗泵房
19 臭氧发生车间
20 液体矾库
21 加药间
22 泥库
23 脱水车间
24 集泥井
25 集水池
26 仓库
27 机修间及仓库
28 后臭氧接触池
29 提升泵房
30 回流水池

a 总平面布置图

b 气水反冲洗滤池平面图

c 气水反冲洗滤池标高1.500m平面图

d 气水反冲洗滤池A-A剖面图

e 气水反冲洗滤池B-B剖面图

f 加药间平面图

1 氯库
2 氯气中和室
3 仓库
4 工具间
5 加氯间
6 走廊
7 卫生间
8 仪表室
9 控制室
10 助凝剂室
11 加矾间

g 加药间A-A剖面图

h 加药间B-B剖面图

 南海市第二水厂

名称	日供水能力	用地面积	设计单位
南海市第二水厂	100万m³	约274.3亩	中国市政工程中南设计研究总院有限公司

市政建筑 [13] 城镇供水工程 / 实例

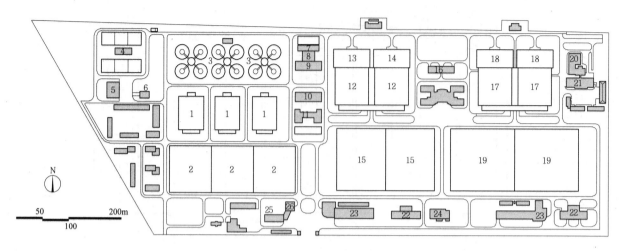

a 总平面布置图

1 一期滤池	2 一期清水池	3 加速澄清池	4 污泥泵房	5 脱水机房	6 配电楼
7 药库	8 加药间	9 加氯间	10 炭再生车间	11 回流泵房	12 二期滤池
13 2A系列改造工程	14 2B系列改造工程	15 二期清水池	16 回流泵房	17 三期滤池（3B）	18 三期絮凝沉淀池
19 三期清水池	20 加药间	21 加氯间	22 110kV变电站	23 配水泵房及加氯间	24 锅炉房
25 综合办公楼	26 中控室				

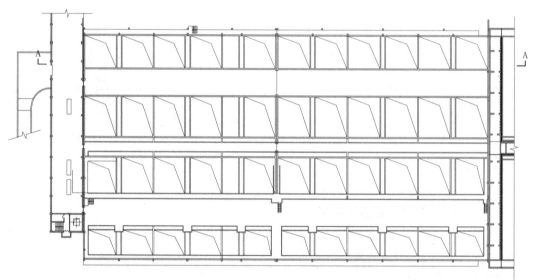

b 炭滤池平面图

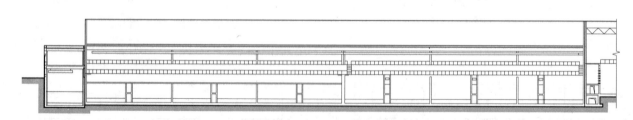

c 炭滤池A-A剖面图

1 北京市第九水厂

名称	日供水能力	用地面积	设计单位
北京市第九水厂	150万m³	约630.54亩	北京市市政工程设计研究总院有限公司

实例 / 城镇供水工程 [14] 市政建筑

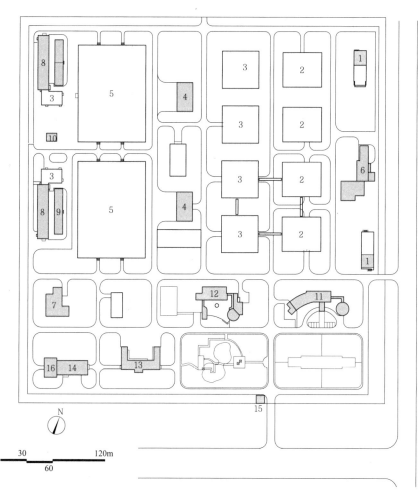

a 总平面布置图

1 格栅间及沉砂池　　2 泥渣回流增效澄清池　　3 气水反冲洗滤池　　4 反冲洗设备间
5 清水池　　　　　　6 加氯投药间　　　　　　7 污泥脱水机房　　　8 二级泵房及变配电间
9 吸水井　　　　　　10 发电机房及储油间　　　11 综合办公大楼　　　12 宿舍及食堂
13 车库仓库　　　　　14 锅炉房　　　　　　　　15 传达室及大门　　　16 煤堆场

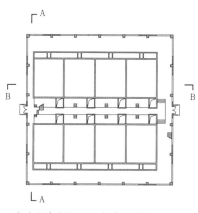

e 气水反冲滤池0.750m标高平面图

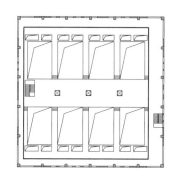

f 气水反冲滤池4.150m标高平面图

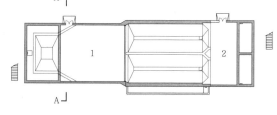

b 格栅间及沉砂池4.150m标高平面图

1 管廊间
2 储物间
3 控制室
4 格栅间
5 杂物处
6 沉砂池
7 平台

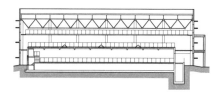

g 气水反冲滤池A-A剖面图

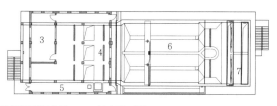

c 格栅间及沉砂池7.550m标高平面图

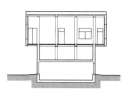

d 格栅间及沉砂池A-A剖面图

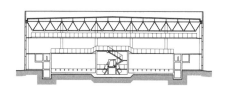

h 气水反冲滤池B-B剖面图

1 乌鲁木齐市甘泉堡工业园净水工程

名称	日供水能力	用地面积	设计单位
乌鲁木齐市甘泉堡工业园净水工程	40万m³	约271.13亩	中国市政工程西北设计研究院有限公司

市政建筑 [15] 城镇供水工程 / 实例

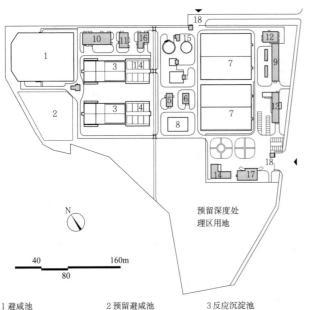

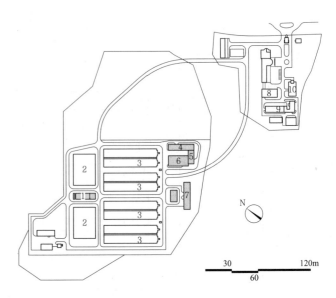

1 避咸池　　　　　　2 预留避咸池　　　　3 反应沉淀池
4 气水反冲洗滤池　　5 鼓风机房　　　　　6 反冲洗水泵房
7 清水池　　　　　　8 UV消毒池　　　　　9 变配电间及送水泵房
10 加氯间　　　　　　11 加药间　　　　　　12 变配电间
13 机修间及车库　　　14 休息室及食堂　　　15 污泥投配泵房
16 脱水机房　　　　　17 综合楼　　　　　　18 大门及门卫

a 总平面布置图

1 配水井　　　　　　2 折板反应、平流沉淀池　3 气水反冲洗滤池
4 反冲洗泵房　　　　5 送水泵房　　　　　6 加药间
7 液体矾库　　　　　8 排泥池　　　　　　9 排水池
10 浓缩池

a 总平面布置图

b 变配电间及送水泵房-5.000m标高平面图

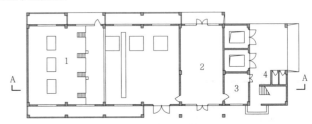

1 反冲洗泵房　2 低压配电室　3 PLC值班室　4 卫生间

b 反冲洗泵及鼓风机房2号变配电间一层平面图

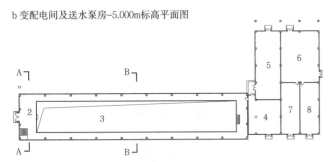

c 变配电间及送水泵房正负零标高平面图

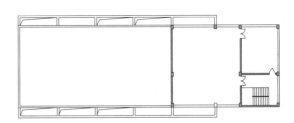

c 反冲洗泵及鼓风机房2号变配电间二层平面图

1 地下泵房
2 门厅
3 回廊
4 控制室
5 0.4kV开关柜室
6 10kV开关柜室
7 10kV电容器室
8 变频器室

d 变配电间及送水泵房A-A、B-B剖面图

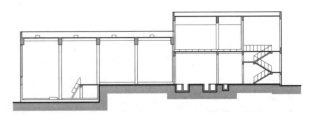

d 反冲洗泵及鼓风机房2号变配电间A-A剖面图

1 长乐市东区水厂EPC工程

名称	日供水能力	用地面积	设计单位
长乐市东区水厂EPC工程	30万m³	约273.3亩	中国市政工程西北设计研究院有限公司

2 宁波市东钱湖水厂

名称	日供水能力	用地面积	设计单位
宁波市东钱湖水厂	50万m³	约227.85亩	中国市政工程西南设计研究总院有限公司

实例 / 城镇供水工程 [16] 市政建筑

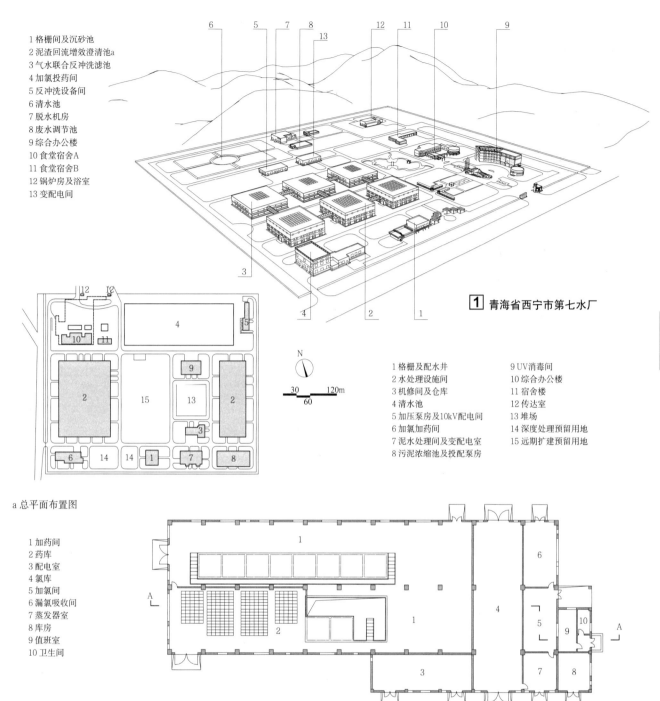

1 格栅间及沉砂池
2 泥渣回流增效澄清池a
3 气水联合反冲洗滤池
4 加氯投药间
5 反冲洗设备间
6 清水池
7 脱水机房
8 废水调节池
9 综合办公楼
10 食堂宿舍A
11 食堂宿舍B
12 锅炉房及浴室
13 变配电间

[1] 青海省西宁市第七水厂

1 格栅及配水井　　　9 UV消毒间
2 水处理设施间　　　10 综合办公楼
3 机修间及仓库　　　11 宿舍楼
4 清水池　　　　　　12 传达室
5 加压泵房及10kV配电间　13 堆场
6 加氯加药间　　　　14 深度处理预留用地
7 泥水处理间及变配电室　15 远期扩建预留用地
8 污泥浓缩池及投配泵房

a 总平面布置图

1 加药间
2 药库
3 配电室
4 氯库
5 加氯间
6 漏氯吸收间
7 蒸发器室
8 库房
9 值班室
10 卫生间

b 加氯加药间平面图

c 加氯加药间A-A剖面图

[2] 兰州市水源地建设工程——彭家坪净水厂

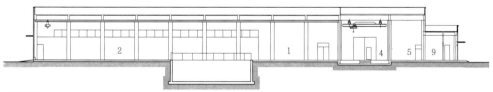

名称	日供水能力	用地面积	设计单位
兰州市水源地建设工程——彭家坪净水厂	100万m³	约214.32亩	中国市政工程西北设计研究院有限公司

市政建筑 [17] 城镇污水处理工程 / 基本内容

城镇污水处理工程

城镇污水处理工程，是指采用各种技术与手段，将城镇生活污水和工业污水中所含的污染物质分离去除、回收利用，或将其转化为无害物质，使水得到净化的系统工程。

污水处理厂与污水提升泵站是城镇污水处理系统工程中建构筑物最集中的部位。污水处理厂由一系列污水处理构筑物与相应的辅助建筑物组合而成；污水提升泵站由污水提升泵房与相应的辅助建筑物组合而成。

城镇污水处理级别

现代污水处理技术，按处理程度划分，可分为一级、二级和深度处理，其工艺区分见表1。

城镇污水处理级别　　　　　　　　　　　　　　　　表1

一级处理	二级处理	深度处理
以沉淀为主体的处理工艺	以生物处理为主体的处理工艺	进一步去除二级处理不能完全去除的污染物的处理工艺

注：本表摘自《城市生活垃圾处理和给水与污水处理工程项目建设用地指标》（建标[2005]157号）。

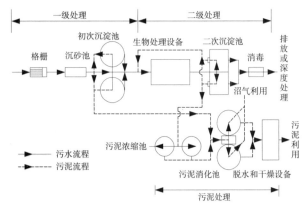

[1] 城镇污水处理级别图示

城镇污水建设规模（以污水处理量计）　　　　　　表2

Ⅰ类	Ⅱ类	Ⅲ类	Ⅳ类	Ⅴ类
50万~100万m³/d	20万~50万m³/d	10万~20万m³/d	5万~10万m³/d	1万~5万m³/d

注：1. Ⅰ类规模含上、下限值，其他规模含下限值不含上限值。
2. 本表摘自《城市生活垃圾处理和给水与污水处理工程项目建设用地指标》（建标[2005]157号）。

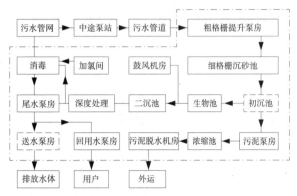

虚线框为可选单元；点划线框内为污水厂范围；采用SBR工艺时无二沉池，采用表面曝气设备时无鼓风机房。

[2] 城镇污水处理的典型工艺流程图

用地构成

1. 污水处理厂用地构成

包括污水和污泥处理的生产设施、辅助生产设施和管理及生活设施用地。

根据国家现行的《城市污水处理工程项目建设标准》（建标[2001]77号）和《城市生活垃圾处理和给水与污水处理工程项目建设用地指标》（建标[2005]157号），城镇污水处理工程建设规模分为5类，见表3。

污水处理厂的生产管理及辅助生产区用地面积应在满足污水处理厂正常运行管理和管理区环境要求的条件下，严格控制用地规模，一般不宜超过污水处理厂总用地的20%。

污水处理厂的厂区绿地率不宜小于30%。

污水处理工程建设用地指标　　　　　　　　　　　表3

建设规模	建设用地指标 [m²/(m³·d)]		
	一级污水厂	二级污水厂	深度处理
Ⅰ类	—	0.50~0.40	—
Ⅱ类	0.30~0.20	0.60~0.50	0.20~0.15
Ⅲ类	0.40~0.30	0.70~0.60	0.25~0.20
Ⅳ类	0.45~0.40	0.85~0.70	0.35~0.25
Ⅴ类	0.55~0.45	1.20~0.85	0.40~0.35

注：1. 本表摘自《城市污水处理工程项目建设标准》（建标[2001]77号）。
2. 建设规模大的取下限，规模小的取上限，中间规模应采用内插法确定。
3. 表中深度处理的用地指标是在污水二级处理的基础上增加的用地；深度处理工艺按提升泵房、絮凝、沉淀（澄清）、过滤、消毒、送水泵房等常规流程考虑；当二级污水厂出水满足特定回用要求或仅需某几个净化单元时，深度处理用地应根据实际情况降低。

污水处理厂主要生产、生活设施　　　　　　　　　表4

处理级别	主要生产、生活设施
一级污水处理厂	除渣、污水提升、沉砂、沉淀、消毒及出水排放设施、污泥储存和提升、污泥浓缩、污泥厌氧消化系统、污泥脱水和污泥处置设施等，强化一级处理时可增加投药等设施
二级污水处理厂	泵房、沉砂、初次沉淀、曝气、生物处理、二次沉淀及污泥提升、浓缩、消化、脱水及沼气利用等设施
污水深度处理厂	混合、絮凝、沉淀（澄清）、过滤等设施
污水厂生产管理及生活设施	办公、食堂、锅炉房、浴室、值班宿舍、绿化、安全保卫等设施

注：本表摘自《城市生活垃圾处理和给水与污水处理工程项目建设用地指标》（建标[2005]157号）。

2. 泵站用地构成

包括泵房及设备、变配电、控制系统、通信及必要的生产管理与生活设施用地。

泵房：土建部分宜按远期规模建设，水泵机组可按近期水量配置。

生产管理与生活设施：包括值班室、宿舍、食堂等。

泵站建设用地指标（单位：m²）　　　　　　　　　表5

建设规模	Ⅰ类	Ⅱ类	Ⅲ类	Ⅳ类	Ⅴ类
用地指标	2700~4700	2000~2700	1500~2000	1000~1500	550~1000

注：1. 本表摘自《城市污水处理工程项目建设标准》（建标[2001]77号）。
2. 表中指标为泵站外墙以内，包括整个流程中的构筑物和附属建筑物、附属设施等的用地面积；小于Ⅴ类规模的泵站用地面积参照Ⅴ类规模指标。

选址

1. 厂址的选择应结合城镇总体规划，考虑远景发展，留有充分的扩建余地。

2. 污水处理厂与规划居住区或公共建筑群的卫生防护距离应根据当地具体情况，与有关环境保护部门协商确定。

3. 污水处理厂应位于城镇集中供水水源的下游。

4. 污水处理厂的选址应考虑交通运输、水电供应、水文地质等条件。

5. 泵站宜靠近排水系统需要提升的管段。

6. 泵站宜设计成单独的建筑物。为了减少臭味、噪声的污染，应结合当地的环境条件，与住房和公共建筑保持必要的距离。

7. 应少占农田或不占良田，且便于农田灌溉和消纳污泥。

8. 应设在城镇和工厂夏季主导风向的下方。

9. 应设在地形有适当坡度的城镇下游地区，使污水有自流的可能，以节约动力消耗。

10. 选择地势较低的位置，以便减少挖深，但不得位于可能发生积水或受洪水威胁的地段。

11. 具有良好的工程地质条件。

12. 有利于保护环境，应尽量远离风景游览区和自然保护区，不污染水源，有利于三废处理，并符合现行环境保护法。

厂址选择的要求 表1

项目	要求
面积	污水处理厂用地面积应满足工艺流程、交通运输、辅助生产、生产管理及生活要求，并预留扩建用地
外形与地形	外形应尽可能简单，矩形场地长宽比一般控制在1:1.5之内，这样较为经济合理。地形应有利于建、构筑物布置，交通运输及场地排水，一般情况下，自然地形坡度宜不大于5‰，丘陵坡地不大于40‰，山区不大于60‰
气象	考虑高温、高湿、云雾、风沙和雷击地区对生产、生活的不良影响；考虑冰冻线对建、构筑物基础和地下管线敷设的影响
工程地质	应避开地震断层和地震烈度高于9度地震区，以及泥石流、滑坡、流沙、溶洞等危害地段。应避开具有开采价值的矿藏区、采空区，以及古井、古墓、坑穴密集地区；场地地基承载力一般不应低于0.1MPa
交通运输	根据污水处理厂生产所需物料及污泥量，合理确定运输方式及运输路线
排水	避免汛期受洪水威胁，污水处理厂地面应高于最高洪水位0.5m以上
能源供应	靠近热、电供应地点，所需电力、热力应有可靠来源；自建锅炉房和燃气站的，宜靠近燃料供应地，燃烧介质应符合要求，并备有储煤、渣场地
施工条件	了解当地及外来建筑材料的供应情况、产量、价格，尽可能利用当地的建筑材料；了解施工期间的水、电、劳动力的供应条件，以及当地施工力量、技术水平、建筑机械数量、起重能力等
安全防护	污水处理厂与周边企业、居住区，以及建、构筑物之间，必须满足现行安全、卫生、环保各项有关规定
其他	厂址地下如有古墓遗址或地上有古建物、古文物时，应征得有关部门的处理意见；避免将厂址选择在建筑物密集、高压电线路与工程管道通过地区；在地震基本烈度高于7度地区建厂时，应选择对抗震有利的土壤分布区建厂；厂址不应选择在不能确保安全的水库下游及防洪堤附近

新建污水处理厂基础资料收集

基础资料的收集 表2

项目	要求
地形	区域位置地形图：比例尺1:5000和1:10000，等高距为1~5m；厂址地形图：比例尺1:500、1:1000或1:2000，等高距为0.25~1m；厂外工程地形图：厂外铁路、道路、供水、排水管线、热力管线、输电线路等带状地形图，比例尺1:500~1:2000
气象	各年逐月平均最高、最低及平均温度；各年逐月极端最高、最低气温；严寒期日数（温度在-10℃以下）；采暖期日数（温度在+5℃以下）；历年最大冻土深度；最热月份平均温度及相对湿度；当地采用的雨量计算公式；历年各风向频率（全年、夏季、冬季）、静风频率、风玫瑰图
供电	供电电源位置及其与厂区的距离；可能供电量、供电电压、电源回路数、线路敷设方式（架空或电缆）及其长度；最低功率因数要求；单相短路电流最大值；对污水处理厂机电保护及整定时间的要求；场外输电线路设计、施工分工
交通运输	邻近的公路或市政道路至厂区出入口的连接位置、距离、标高
地质	建厂地区地质图、剖面图、柱状图，地质构造及新地质构造活动迹象，对建厂的稳定性、适应性作出评价；建厂区土壤类别、性质，地基土容许承载力，土层冻结深度等；建厂区地震基本烈度；建厂区水文地质构造，地下水主要类型；水质分析资料，地下水对建、构筑物基础的侵蚀性
能源供应	可能供给的热源，接管点的坐标、标高、管径及其至厂区的距离
邻近地区概况	邻近企业现有状况、名称、所属单位、规模；居民点的位置；现有市政设施状况和发展计划；消防设施的情况；利用回用水作为灌溉、养育和其他用途的可能性；厂址范围内，建、构筑物类型及数量，高压输电线路、坟墓、渠道、树林等数量
环保及其他	当地环保部门对选址及建厂的要求、意见；建厂区域有何特殊建、构筑物，与污水处理厂相对关系，相互有无影响；少数民族地区建厂，应了解少数民族的风俗习惯

改、扩建污水处理厂基础资料收集

1. 了解污水处理厂改、扩建内容及当地规划、环保、消防等部门对污水处理厂改、扩建的意见。

2. 当地土地管理部门对污水处理厂改、扩建所需用地范围的批准文件。

3. 调查原污水处理厂现状，了解原污水处理厂内建、构筑物、设备等的生产、使用情况，以及改、扩建的可能性。

基础资料的收集 表3

项目	要求
总图运输	总平面布置图：生产工艺流程，建、构筑物布置，交通运输，建筑系数，道路横断面等；竖向布置图：污水处理厂内所有建、构筑物、道路、各处场地标高，全厂场地现有排水情况；扩建场地地形图：比例应与原总平面布置图比例相同，应标明污水处理厂所用坐标、标高系统及其与城市坐标、标高系统的关系
土建	生产建筑物的建筑布置图，现有建筑物改、扩建的可能性；生产建筑物地下构筑物的调查；污水处理厂内生活用房和辅助建筑物的现状和使用情况；生产建筑、辅助建筑物生产类别及耐火等级
供电	原有的主要电力系统图；原有用电设备的安装容量及负荷；各生产建筑物电气设备的性质及情况；污水处理厂照明系统的情况；污水处理厂供电电缆（架空或电缆）及变电所位置图；变电所平、剖面图及设备规格；改、扩建用电量取得供电部门的同意文件
给水排水	厂区给水排水管网平面布置图；厂区给水、排水管网纵断面图；生产建筑物内给水、排水管道布置图；给水水源（地面水、地下水）的情况；生产、生活、绿化用水量；厂区内给水系统和现有给水建、构筑物的情况及设备规格；污水、雨水排放地点的情况；厂内排水系统和现有排水构筑物的情况及设备规格
暖通	现有采暖通风设备数量、型号、规格、特性等情况；现有采暖通风管系统、敷设形式、管径、空气量、冷热负荷等；生产建筑物内采暖通风设备及管道布置图；注明热力管道的入口及设备的布置位置等
其他	应有利于城市和其他企业在科技、信息、修理、公用设施、交通运输、综合利用和生活福利等方面的协作

市政建筑 [19] 城镇污水处理工程 / 总平面布置

总平面布置

1. 应明确功能分区，生产区、生活区以及维修区之间以道路、绿化带进行分隔，做到动静分区、洁污分区。污泥及物料运输应另设侧门，就近进出厂，避免影响厂区环境卫生，并防止噪声干扰。对噪声较大的构筑物应采取隔声降噪措施。

2. 根据功能分区进行清晰的道路框架布置，有明确的空间导向性，使厂内交通便捷顺畅。厂区出入口与厂外城市道路连接宜直接顺畅，形成良好的出入口环境。

3. 道路类别分为：主干道、次干道、支道及人行道。

4. 道路的主要技术条件：道路宽度、转弯半径、道路类型、最大最小纵坡等（表1）。

道路的主要技术条件   表1

道路类别	道路宽度（m）	转弯半径（m）	最大纵坡	最小纵坡
主干道	单行道≥4.0 双行道≥7.0	≥9.0	5%~8%	
次干道	≥4.0	≥6.0	5%~8%	0.2%
支道	≥4.0	≥6.0	5%~11%	
人行道	≥1.5	—	2%~3%	

注：本表数据为参考数据。

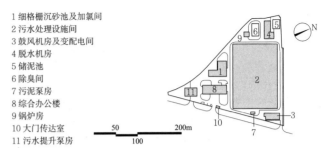

1 细格栅沉砂池及加氯间
2 污水处理设施间
3 鼓风机房及变配电间
4 脱水机房
5 储泥池
6 除臭间
7 污泥泵房
8 综合办公楼
9 锅炉房
10 大门传达室
11 污水提升泵房

2 兰州市盐场污水处理厂总平面布置图

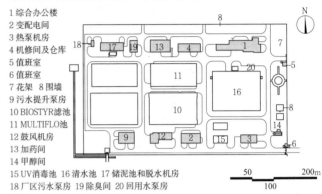

1 综合办公楼
2 变配电间
3 热泵机房
4 机修间及仓库
5 值班室
6 值班室
7 花架   8 围墙
9 污水提升泵房
10 BIOSTYR滤池
11 MULTIFLO池
12 鼓风机房
13 加药间
14 甲醇间
15 UV消毒池   16 清水池   17 储泥池和脱水机房
18 厂区污水泵房   19 除臭间   20 回用水泵房

3 乌鲁木齐市河东中水深度处理厂总平面布置图

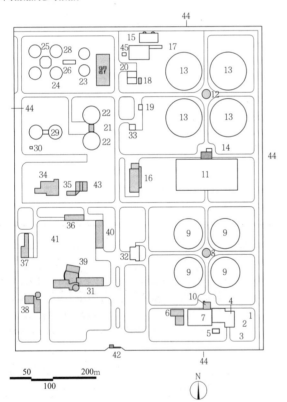

1 进水控制井   2 巴氏计量槽   3 粗细格栅间   4 沉砂池   5 油脂曝气池   6 生物除臭间
7 A段吸附曝气池   8 中间沉淀池配水井   9 中间沉淀池
10 A段污泥回流泵房及剩余污泥泵房   11 B段曝气池   12 二次沉淀池配水井
13 二次沉淀池   14 B段污泥回流泵房及剩余污泥泵房   15 UV消毒池
16 鼓风机房   17 出厂计量槽   18 加氯间   19 厂区污水泵房   20 厂区回用水站
21 污泥投配泵房   22 一级污泥浓缩池   23 二级污泥浓缩池   24 污泥中温消化池
25 沼气控制室   26 污泥曝气池   27 污泥脱水机房   28 污泥堆放场   29 沼气贮柜
30 沼气火炬   31 综合办公楼   32 锅炉房   33 1号变配电间   34 2号变配电间   35 花房   36 仓库   37 车库   38 食堂   39 值班宿舍   40 机修间   41 活动场地   42 大门
43 淋浴室   44 围墙   45 绿化送水泵房

1 乌鲁木齐市河东污水处理厂总平面布置图

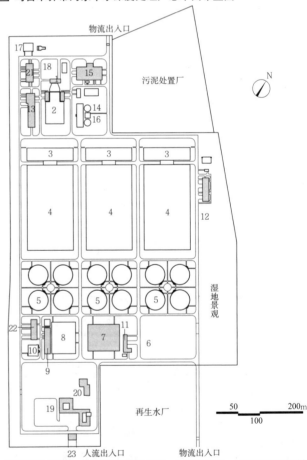

1 粗格栅及进水泵房   2 细格栅及曝气沉砂池   3 初次沉淀池   4 生物池及污泥泵房
5 二次沉淀池及配水井   6 中间提升泵房   7 高效沉淀池   8 深床滤池
9 滤池反冲洗设备间   10 紫外线消毒渠   11 加药间及储药池   12 甲醇投加间
13 鼓风机   14 污泥均质池   15 污泥浓缩脱水机房   16 初沉污泥水解池及水解污泥浓缩池   17 出水泵房   18 生物除臭滤池   19 综合楼   20 辅助用房   21 35kV变电站
22 出水水质分析间   23 传达室

4 津沽污水处理厂总平面布置图

格栅间

1. 格栅间是安装格栅的房间，一般设在污水渠道、泵房集水井的进口处或污水处理厂的前端部。
2. 格栅间必须设置工作台，台面应高出栅前最高设计水位0.5m。工作台上应有安全防护和冲洗设施。
3. 格栅间工作台两侧过道宽度≥0.7m。工作台正面过道宽度：人工清洗≥1.2m，机械清洗≥1.5m。
4. 格栅间必须考虑良好的通风措施。
5. 格栅间内应设起重设备，以便于格栅及其他设备的安装、检修及栅渣的日常清除。
6. 常见结构形式：框排架、钢筋混凝土框架结构。

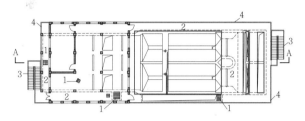

a 平面图

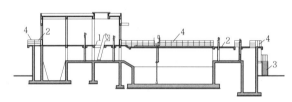

b A-A剖面图

1 预留洞　2 走道板　3 楼梯　4 栏杆

1 半露天格栅间示例

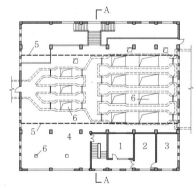

a 平面图

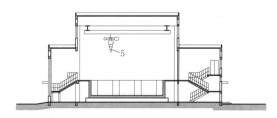

b A-A剖面图

1 值班室　2 工具间　3 空调机房　4 粗细格栅间　5 吊车　6 预留洞

2 室内格栅间示例

污泥脱水机房

1. 污泥脱水机房为安装污泥脱水和干燥设备的房间，由脱水机房、附属生产用房和污泥棚组成。
2. 常见结构形式：钢筋混凝土框架。

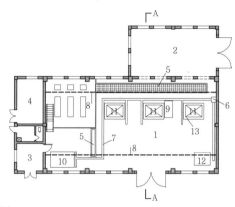

a 平面图

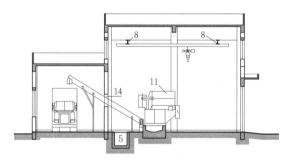

b A-A剖面图

1 脱水机房　2 泥棚　3 药库　4 控制室　5 管沟　6 集水坑　7 排水明沟　8 吊车轨道　9 倾斜式无轴螺旋输送机机坑　10 絮凝剂制备装置基础　11 浓缩脱水机　12 水箱　13 浓缩脱水机设备基础　14 预留螺旋输送机洞口

3 污泥脱水机房示例

污泥消化控制室

1. 污泥消化控制室为污水厂中的二级处理设施。
2. 常见结构形式：钢筋混凝土框架、砌体结构。

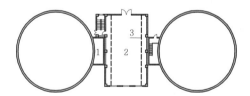

a 平面图

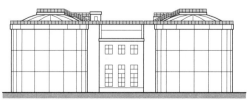

b 立面图

1 管道间　2 热交换器间　3 吊车轨道

4 污泥消化控制室示例

市政建筑 [21] 城镇污水处理工程 / 生产建筑物

生物反应池

1. 生物反应池一般由几种处理功能的池体组合而成。
2. 在池体的走道板及楼梯处需设置栏杆。

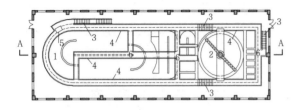

a 平面图

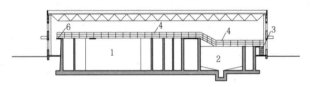

b A-A 剖面图
1 氧化沟 2 终沉池 3 楼梯 4 栏杆 5 预留洞 6 走道板

1 室内氧化沟示例

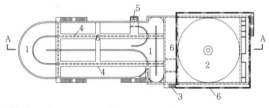

a 平面图

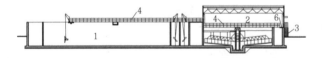

b A-A 剖面图
1 氧化沟 2 终沉池 3 楼梯 4 栏杆 5 预留洞 6 走道板

2 半露天氧化沟示例

鼓风机房

1. 鼓风机房的设计，一般可参照泵房的设计，但机组基础间距应不小于1.5m。
2. 鼓风机房内外应采取必要的防噪声措施，要分别符合《工业企业噪声卫生标准》GB 18083和《声环境质量标准》GB 3096的相关规定。
3. 每台风机均应设单独基础，且不与机房基础连接。
4. 鼓风机房一般包括值班室、配电室、工具室和必要的配套公用设施（小型机房可与其他建筑合并考虑）。值班室应有隔声措施，并设有机房主要工况的指示或报警装置。
5. 鼓风机的进风口应有净化装置。进风口应高出地面2m左右，可设四面为百叶窗的进风箱。进风管的内壁应有防腐涂层，进风道内壁应光洁。
6. 常见结构形式：框排架、钢筋混凝土框架。

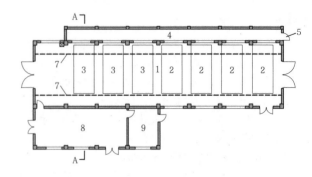

a 平面图

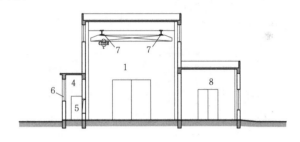

b A-A 剖面图
1 鼓风机房 2 鼓风机设备及基础 3 预留鼓风机设备 4 进风廊道 5 隔声门
6 进风百叶 7 吊车轨道 8 配电间 9 值班室

3 鼓风机房示例

加药间

1. 加药间为投加污水处理化学药剂的房间，由泵房、药液池及药库组成。
2. 常见结构形式：钢筋混凝土框架、砌体结构。

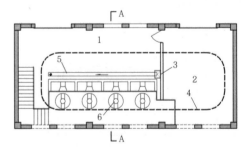

a 平面图

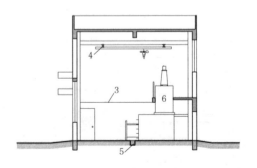

b A-A 剖面图
1 加药间 2 药剂仓库 3 矮隔墙 4 吊车轨道 5 排水明沟 6 溶药搅拌罐

4 加药间示例

加氯间或消毒间

1. 加氯间或消毒间为污水处理厂内的消毒设施用房,分为液氯加氯间、氯酸钠加氯间和紫外线消毒间。
2. 液氯加氯间:由氯库和加氯间组成,生产火灾危险性分类为乙类。
3. 氯酸钠加氯间:由氯酸钠储备间、盐酸储备间、二氧化氯发生器间和二氧化氯消毒间组成。生产火灾危险性分类为甲类。
4. 紫外线消毒间:内设紫外线消毒设备。
5. 常见结构形式:钢筋混凝土框架、轻钢结构。

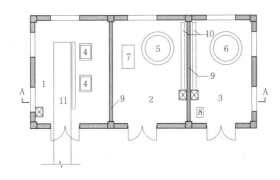

a 平面图

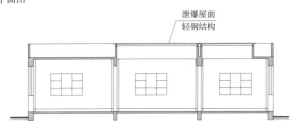

b A-A 剖面图

1 二氧化氯消毒间　2 氯酸钠储备间　3 盐酸储备间　4 二氧化氯发生器
5 氯酸钠储罐　6 盐酸储罐　7 化料器　8 卸酸泵　9 防爆墙
10 排水明沟　11 加氯管沟

1 二氧化氯消毒间示例

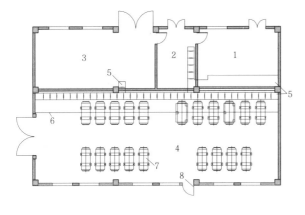

1 加氯间　2 预留蒸发器间　3 漏氯吸收中和间　4 氯库
5 氯吸收地沟　6 电动起重机　7 氯瓶　8 逃生门

2 液氯消毒间平面布置示例

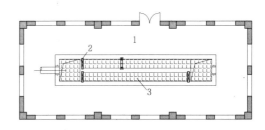

1 紫外线消毒间　2 紫外线消毒模块　3 超越渠道

3 紫外线消毒间示例

污水提升泵房(站)

1. 泵站一般由泵房、配电间、操作控制室和辅助房间等四部分组成。
2. 泵房基本形式:包括平面形式和剖面形式。平面形式有矩形、圆形和特殊形式;剖面形式有地面式、半地下式或地下式。
3. 主泵房门窗应根据泵房内通风、采暖和采光的需要合理布置。严寒地区应采用双层玻璃窗。阳面窗户宜有遮阳设施。
4. 主泵房电动机层地面宜铺设地砖。中控室、微机室和通信室宜采用防静电地板。
5. 噪声控制:主泵房电动机层值班地点允许噪声标准不得大于85dB(A),中控室、微机室和通信室允许噪声标准不得大于65dB(A)。
6. 常见结构形式:排架、框排架、框架、轻钢结构。

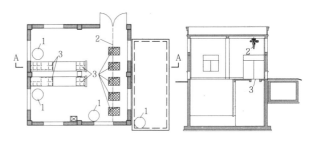

a 平面图　　　　　　　　b A-A 剖面图

1 人孔　2 吊车　3 预留洞

4 矩形提升泵房示例

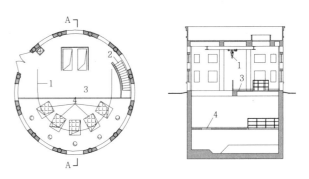

a 平面图　　　　　　　　b A-A 剖面图

1 吊车　2 钢梯　3 平台　4 预留洞

5 圆形提升泵房示例

市政建筑 [23] 城镇污水处理工程 / 辅助生产用房

维修间

1. 维修间一般包括机修间、电修间和泥木工间。
2. 机修间使用面积与定员见表1。
3. 辅助面积指工具间、备品间、男女更衣室、卫生间和办公室的总面积。污水处理厂规模小于$5×10^4m^3/d$时,可不设置办公室。
4. 机修间可设置冷工作棚,其面积可按车间面积的30%~50%计算。
5. 小修的机修间面积可按表1的下限值酌减。
6. 电修间使用面积与定员见表2。
7. 泥木工间使用面积与定员见表3。

机修间使用面积与定员表　　　　　　　　　　　　　表1

项目	建设规模(万m³/d)	0.5~2	2~5	5~10	10~50
一级厂	车间面积(m²)	50~70	70~90	90~120	120~150
	辅助面积(m²)	30~40	30~40	40~60	60~70
	定员(人)	3~4	4~6	6~8	8~10
二级厂	车间面积(m²)	60~90	90~120	120~150	150~180
	辅助面积(m²)	30~40	40~60	60~70	70~80
	定员(人)	4~6	6~8	8~12	12~18

注:本表摘自《城镇污水处理厂附属建筑和附属设备设计标准》CJJ 31-89。

电修间使用面积与定员表　　　　　　　　　　　　　表2

建设规模(万m³/d)	一级厂 面积(m²)	一级厂 定员(人)	二级厂 面积(m²)	二级厂 定员(人)
0.5~2	15	2	20~30	2~3
2~5	15	2~3	30~40	3~5
5~10	20	3~5	40~50	5~8
10~50	20	5~8	50~70	8~14

注:本表摘自《城镇污水处理厂附属建筑和附属设备设计标准》CJJ 31-89。

泥木工间使用面积与定员表　　　　　　　　　　　　　表3

建设规模(万m³/d)	一级厂 面积(m²)	一级厂 定员(人)	二级厂 面积(m²)	二级厂 定员(人)
5~10	30~40	2~3	40~50	3~5
10~50	40~70	3~5	50~100	5~8

注:本表摘自《城镇污水处理厂附属建筑和附属设备设计标准》CJJ 31-89。

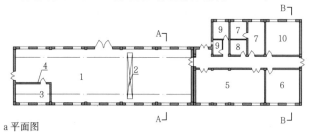

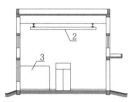

a 平面图　　b A-A剖面图　　c B-B剖面图

1 机修间　2 电动起重机　3 工具间　4 矮隔墙　5 电修车间
6 泥木工间　7 办公室　8 更衣室　9 卫生间　10 绿化间

[1] 维修间示例

仓库

仓库使用面积表　　　　　　　　　　　　　表4

建设规模(万m³/d)	二级厂仓库总面积(m²)	建设规模(万m³/d)	二级厂仓库总面积(m²)
0.5~2	60~100	5~10	150~200
2~5	100~150	10~50	200~400

注:1. 本表摘自《城镇污水处理厂附属建筑和附属设备设计标准》CJJ 31-89。
　　2. 一级厂的仓库面积可按表4的下限值采用。

车库

1. 车库一般由停车间、检修坑、工具间和休息室组成。面积可根据车辆配备数量确定。一般4.0t货车$32m^2$/辆,2.0t货车$22m^2$/辆,小汽车$18m^2$/辆。
2. 超过3辆车的车库,可设司机休息室、工具间和储油间。

化验室

1. 化验室一般由水分析室、泥分析室、BOD分析室、气体分析室、生物室、天平室、仪器室、储藏室(包括毒品室)、办公室和更衣室组成。化验室不应布置于西向、西南向房间。
2. 化验室使用面积和定员见表5(一级厂定员可按表的下限值采用)。

化验室使用面积和定员表　　　　　　　　　　　　　表5

建设规模(万m³/d)	面积(m²) 一级厂	面积(m²) 二级厂	定员(人) 二级厂
0.5~2	70~100	85~140	2~3
2~5	100~120	140~200	3~5
5~10	120~180	200~280	5~7
10~50	180~250	280~380	7~15

注:本表摘自《城镇污水处理厂附属建筑和附属设备设计标准》CJJ 31-89。

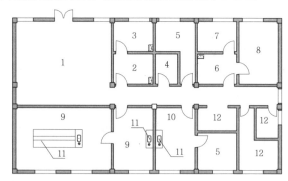

1 门厅　2 天平室　3 仪器室　4 药剂室　5 办公室　6 更衣室　7 细菌室
8 细菌培养室　9 水质分析室　10 加热间　11 成品实验台　12 卫生间

[2] 化验室平面示例

管配件堆棚

管配件堆棚面积表　　　　　　　　　　　　　表6

建设规模(万m³/d)	面积(m²)	建设规模(万m³/d)	面积(m²)
0.5~2	30~50	5~10	80~100
2~5	50~80	10~50	100~250

注:本表摘自《城镇污水处理厂附属建筑和附属设备设计标准》CJJ 31-89。

管理用房

1. 管理用房包括生产管理用房、行政办公用房、传达室。
2. 生产管理用房包括计划室、技术室、调度室、劳动工资室、财会室、技术资料室和活动室等。
3. 一级厂的生产管理用房面积宜按表1的下限值采用。
4. 行政办公用房包括办公室、打字室、资料室和接待室等。行政办公用房宜与生产管理用房等联建,并应与污水处理厂区环境协调。
5. 行政办公用房,每人(即每一编制定员)平均面积 $5.8 \sim 6.5 m^2$。
6. 生产管理用房、行政办公用房、化验室和宿舍等组建成的综合楼,其建筑系数可按55%~65%选用。
7. 生产管理用房使用面积见表1。
8. 传达室可根据需要分为1~3间(收发和休息等)。
9. 传达室使用面积见表2。

生产管理用房使用面积表　　　　　　　　　　　　　　表1

建设规模 (万m³/d)	二级厂生产管理用房 总面积(m²)	建设规模 (万m³/d)	二级厂生产管理用房 总面积(m²)
0.5~2	80~170	5~10	220~300
2~5	170~220	10~50	300~480

注:本表摘自《城镇污水处理厂附属建筑和附属设备设计标准》CJJ 31-89。

传达室使用面积表　　　　　　　　　　　　　　　　表2

建设规模(万m³/d)	面积(m²)	建设规模(万m³/d)	面积(m²)
0.5~2	15~20	5~10	20~25
2~5	15~20	10~50	25~35

注:本表摘自《城镇污水处理厂附属建筑和附属设备设计标准》CJJ 31-89。

食堂

1. 食堂包括餐厅和厨房(烧火、操作、储藏、冷藏、烘烤、办公和更衣用房等)。
2. 就餐人员宜按最大班人数计(即当班的生产人员加上白班的生产辅助人员和管理人员)。
3. 如食堂兼作会场时,餐厅面积可适当增加。
4. 寒冷地区可增设菜窖。
5. 食堂就餐人员使用面积见表3。

食堂就餐人员面积定额表　　　　　　　　　　　　　表3

建设规模 (万m³/d)	面积定额 (m²/人)	建设规模 (万m³/d)	面积定额 (m²/人)
0.5~2	2.6~2.4	5~10	2.2~2.0
2~5	2.4~2.2	10~50	2.0~1.8

注:本表摘自《城镇污水处理厂附属建筑和附属设备设计标准》CJJ 31-89。

浴室

1. 男女浴室的总面积(包括淋浴间、盥洗间、更衣室、厕所等)宜按表4采用。
2. 一级厂的浴室面积可按表4下限值采用。
3. 浴室使用面积见表4。

浴室使用面积表　　　　　　　　　　　　　　　　表4

建设规模 (万m³/d)	二级厂浴室面积 (m²)	建设规模 (万m³/d)	面积定额 (m²/人)
0.5~2	25~50	5~10	120~140
2~5	5~120	10~50	140~150

注:本表摘自《城镇污水处理厂附属建筑和附属设备设计标准》CJJ 31-89。

宿舍

1. 宿舍包括值班宿舍和单身宿舍。
2. 值班宿舍是中、夜班工人临时休息用房。其面积宜按 $4m^2$/人考虑,宿舍人数可按值班总人数的45%~55%采用。
3. 单身宿舍是指常住在厂内的单身男女职工住房,其面积可按 $5m^2$/人考虑。宿舍人数宜按污水处理厂定员人数的35%~45%考虑。

1 厨房　　2 主食库　　3 副食库
4 备餐间　5 餐厅　　　6 连廊
7 男浴室　8 男更衣室　9 女浴室
10 女更衣室　11 管理间　12 锅炉房
13 值班室　14 水处理间　15 库房
16 机修间

1 生活设施用房组合平面图

污水处理厂附属设施建筑面积指标(单位:m²)　　　　　　　　　　　表5

规　模		I类	II类	III类	IV类	V类
一级污水厂	辅助生产用房	1420~1645	1155~1420	950~1155	680~950	485~680
	管理用房	1320~1835	1025~1320	815~1025	510~815	385~510
	生活设施用房	890~1035	685~890	545~685	390~545	285~390
	合　计	3630~4515	2865~3630	2310~2865	1580~2310	1155~1580
二级污水厂	辅助生产用房	1835~2200	1510~1835	1185~1510	940~1185	495~940
	管理用房	1765~2490	1095~1765	870~1095	695~870	410~695
	生活设施用房	1000~1295	850~1000	610~850	535~610	320~535
	合　计	4600~5985	3455~4600	2665~3455	2170~2665	1225~2170

注:本表摘自《城市污水处理工程项目建设标准》(建标[2001]77号)。

市政建筑 [25] 城镇污水处理工程 / 实例

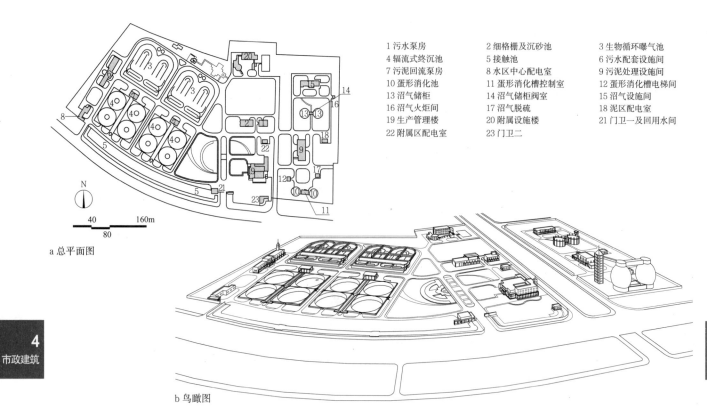

1 污水泵房　　　　2 细格栅及沉砂池　　　3 生物循环曝气池
4 辐流式终沉池　　5 接触池　　　　　　　6 污水配套设施间
7 污泥回流泵房　　8 水区中心配电室　　　9 污泥处理设施间
10 蛋形消化池　　 11 蛋形消化槽控制室　 12 蛋形消化槽电梯间
13 沼气储柜　　　 14 沼气储柜阀室　　　 15 沼气设施间
16 沼气火炬间　　 17 沼气脱硫　　　　　 18 泥区配电室
19 生产管理楼　　 20 附属设施楼　　　　 21 门卫一及回用水间
22 附属区配电室　 23 门卫二

a 总平面图

b 鸟瞰图

1 兰州市七里河、安宁区污水处理厂

名称	主要技术指标	设计时间	设计单位
兰州市七里河、安宁区污水处理厂	已建成处理能力为20万m³/d	2005	中国市政工程西北设计研究院有限公司

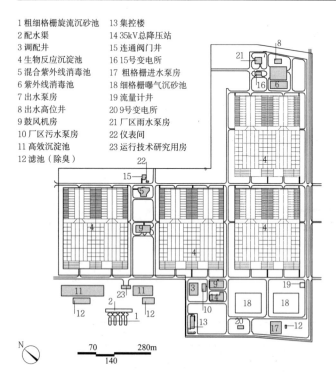

1 粗细格栅旋流沉砂池　　13 集控楼
2 配水渠　　　　　　　　14 35kV总降压站
3 调配井　　　　　　　　15 连通阀门井
4 生物反应沉淀池　　　　16 15号变电所
5 混合紫外线消毒池　　　17 粗格栅进水泵房
6 紫外线消毒池　　　　　18 细格栅曝气沉砂池
7 出水泵房　　　　　　　19 流量计井
8 出水高位井　　　　　　20 9号变电所
9 鼓风机房　　　　　　　21 厂区雨水泵房
10 厂区污水泵房　　　　 22 仪表间
11 高效沉淀池　　　　　 23 运行技术研究用房
12 滤池（除臭）

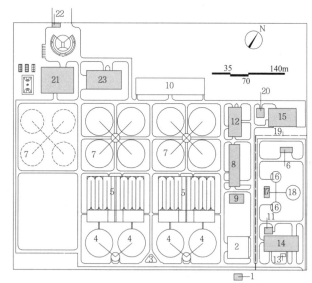

1 粗格栅及进水泵房　2 细格栅及曝气沉砂池　3 配水井　　　　4 初级沉淀池
5 AAO生物池　　　　6 沼气柜　　　　　　　7 二级沉淀池　　8 鼓风机房
9 污泥泵房　　　　　10 接触消毒池　　　　　11 污泥投配车间　12 加药间
13 厂区污水泵房　　 14 污泥脱水车间　　　　15 排水泵房　　　16 消化池
17 消化池控制室　　 18 沼气锅炉房　　　　　19 消化区隔离墙　20 回用水处理车间
21 综合楼　　　　　 22 门卫　　　　　　　　23 机修间仓库及车库

2 上海市白龙港污水处理厂

名称	主要技术指标	设计时间	设计单位
上海市白龙港污水处理厂	规划处理能力为350万m³/d，已建成处理能力为280万m³/d	2007	上海市政工程设计研究总院（集团）有限公司

3 武汉市三金潭污水处理厂

名称	主要技术指标	设计时间	设计单位
武汉市三金潭污水处理厂	规划处理能力40万m³/d	2007	中国市政工程中南设计研究院有限公司

实例 / 城镇污水处理工程 [26] 市政建筑

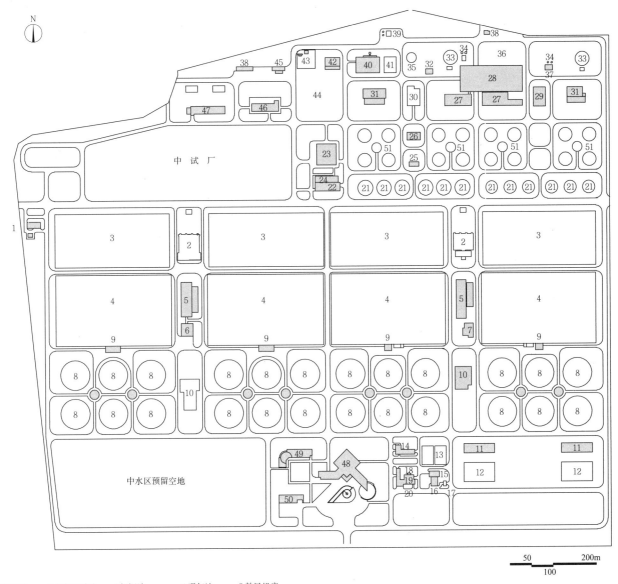

1 农灌泵房　2 曝气沉砂池　3 初沉池　4 曝气池　5 鼓风机房
6 污水区控制室　7 水区控制室　8 二沉池　9 回流污泥泵房
10 总变电所　11 加氯间　12 接触池　13 清水池　14 泵房
15 反冲洗泵房　16 滤池　17 堆砂棚　18 加药间　19 反应池
20 沉淀池　21 浓缩池　22 总进水泵房　23 格栅间　24 栅渣压榨间
25 配电室　26 沼气压缩机房　27 污泥脱水机房　28 污泥储运棚
29 泥区控制室　30 污泥处理区　31 沼气发电机房　32 沼气增压机房
33 湿式气柜　34 脱硫塔　35 球罐　36 污泥堆置场　37 碱液室泵房
38 附属用房　39 废气燃烧器　40 锅炉房　41 堆煤场　42 汽修间
43 加油站　44 停车场　45 冲洗间　46 机修车库　47 仓库
48 综合楼　49 单身宿舍　50 车库　51 消化池

1 北京市高碑店污水处理厂

名称	主要技术指标	设计时间	设计单位
北京市高碑店污水处理厂	建设规模100万m³/d	1996	北京市市政工程设计研究总院有限公司

本工程采用厌氧、缺氧、好氧（AAO）工艺，并首次在国内应用渐减曝气工艺，达到良好的生物脱氮效果，节省电耗；污泥处理采用中温厌氧二级消化工艺，产生沼气并综合利用。深度处理后的污水再生回用，出水用于热电厂、工业区及市政杂用等。项目分二期建设，一、二期工程分别于1993年和1999年竣工通水。获得首届中国土木工程詹天佑奖

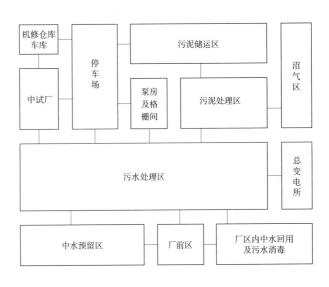

2 北京市高碑店污水处理厂功能分区图

市政建筑 [27] 城镇污水处理工程 / 实例

1 粗格栅间
2 进水泵房
3 细格栅及旋流沉砂池
4 初沉池
5 初沉污泥泵井及配水井
6 门卫
7 曝气池
8 鼓风机房
9 二沉池及配水井
10 锅炉房
11 接触池
12 中水处理车间
13 水区除磷池
14 浓缩脱水机房
15 消化池及控制塔
16 车库
17 污泥堆置棚
18 沼气柜
19 沼气锅炉房
20 宿舍及浴室
21 总变电所及泥区控制室
22 水区变电及中控室
23 低压配电室
24 维修间及仓库
25 办公楼

1 进水泵房
2 细格栅及沉砂池
3 初次沉淀池及溢流井
4 AAO反应池及污泥 泵房
5 二次沉淀池
6 加氯接触池
7 加氯间、加药间
8 除磷池
9 污泥浓缩池及配泥井
10 污泥浓缩机房
11 巴氏计量槽
12 污泥均质池
13 污泥消化池
14 消化池操作楼
15 湿污泥池
16 电动鼓风机房
17 沼气鼓风机房
18 污泥脱水机房
19 储气柜
20 污泥气脱硫塔
21 单身宿舍
22 变配电间
23 110kV总降站
24 综合楼
25 机修车间
26 食堂及浴室
27 仓库
28 车库
29 门卫

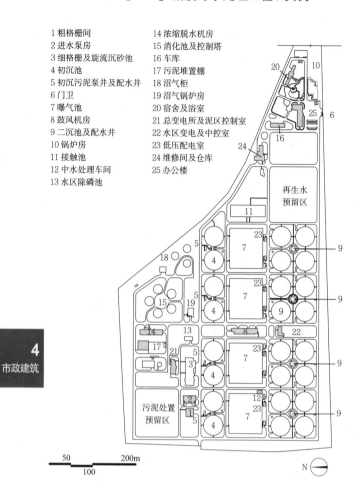

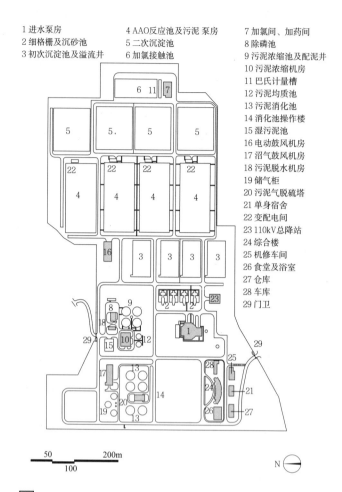

1 北京市小红门污水处理厂

名称	主要技术指标	设计时间	设计单位
北京市小红门污水处理厂	日处理污水量60万m³/d	2003	北京市市政工程设计研究总院有限公司

污水处理采用厌氧、缺氧、好氧（AAO）工艺，而为了污水资源再利用，厂内建小型中水处理车间，规模为1500m³/d，主要用于生产、生活杂用水。2010年获得第十届中国土木工程詹天佑奖。

2 重庆市鸡冠石污水处理厂

名称	主要技术指标	设计时间	设计单位
重庆市鸡冠石污水处理厂	规模为60万m³/d	2002	上海市政工程设计研究总院（集团）有限公司

本工程是世界银行和日本协力银行共同贷款的三峡库区水环境治理和水质保障的重大市政工程，采用自主研发的多模式AAO脱氮除磷工艺，达到国家一级B标准，为防止水体富营养化，采用后置投加化学除磷设施，总磷达到一级A标准。

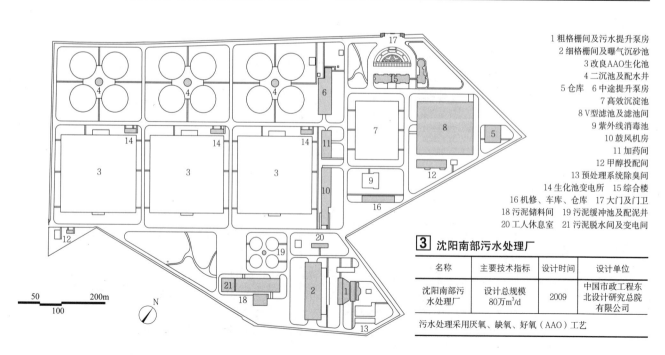

1 粗格栅间及污水提升泵房
2 细格栅间及曝气沉砂池
3 改良AAO生化池
4 二沉池及配水井
5 仓库 6 中途提升泵房
7 高效沉淀池
8 V型滤池及滤池间
9 紫外线消毒池
10 鼓风机房
11 加药间
12 甲醇投配间
13 预处理系统除臭间
14 生化池变电所 15 综合楼
16 机修、车库、仓库 17 大门及门卫
18 污泥储料间 19 污泥缓冲池及配泥井
20 工人休息室 21 污泥脱水间及变电间

3 沈阳南部污水处理厂

名称	主要技术指标	设计时间	设计单位
沈阳南部污水处理厂	设计总规模80万m³/d	2009	中国市政工程东北设计研究总院有限公司

污水处理采用厌氧、缺氧、好氧（AAO）工艺

实例/城镇污水处理工程[28] **市政建筑**

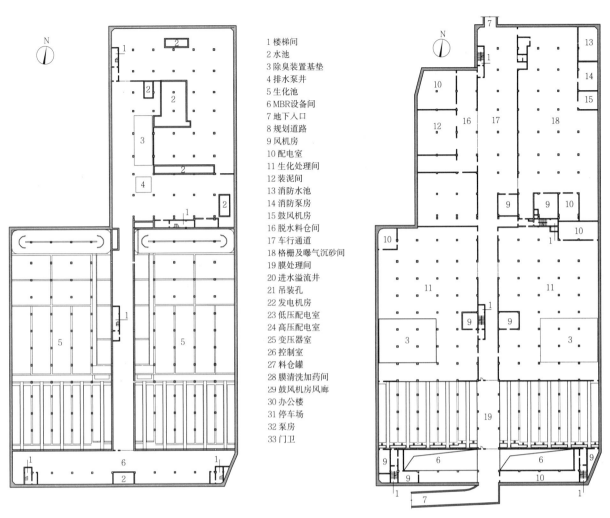

1 楼梯间
2 水池
3 除臭装置基垫
4 排水泵井
5 生化池
6 MBR设备间
7 地下入口
8 规划道路
9 风机房
10 配电室
11 生化处理间
12 装泥间
13 消防水池
14 消防泵房
15 鼓风机房
16 脱水料仓间
17 车行通道
18 格栅及曝气沉砂间
19 膜处理间
20 进水溢流井
21 吊装孔
22 发电机房
23 低压配电室
24 高压配电室
25 变压器室
26 控制室
27 料仓罐
28 膜清洗加药间
29 鼓风机房风廊
30 办公楼
31 停车场
32 泵房
33 门卫

a 地下二层平面图

b 地下一层平面图

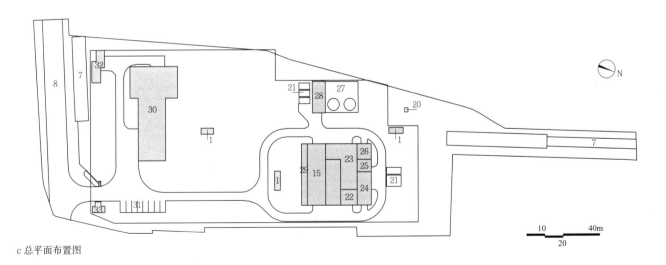

c 总平面布置图

1 广州市京溪污水处理厂

名称	主要技术指标	设计时间	设计单位	污水处理采用膜生物反应器（MBR）处理工艺。整厂处理工艺设备采用"地下全埋式"，分2层，深20m，是国内单位水量占地面积最小的污水处理厂，仅相当于传统工艺正常占地面积的十分之一
广州市京溪污水处理厂	设计总规模10万m^3/d	2009	广州市市政工程设计研究总院	

市政建筑 [29] 城镇供热工程 / 基本内容

供热系统

城镇供热系统是将其他形式的能源（矿物燃料、核能、工业余热等）转换为热能，或直接采用地热、太阳能等天然热能，通过蒸汽、热水等介质，沿着热网输送到热用户，由热源、供热管网、热用户三部分组成，其基本类型有城镇供热厂供热系统、热电厂供热系统、余热利用系统、多热源供热系统等。

1. 热用户是指从供热系统获得热能的用热系统，它可能是一个或多个区域，在这个或这些区域内，可以有数个企业、单个建筑物、数个民用建筑和公共建筑。

2. 供热管网是由热源向热用户输送和分配供热介质的管道系统，除供热管道外，大型管网尚设有中继泵站和热力站。

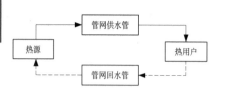

[1] 供热系统流程图

供热厂基本组成

城镇供热厂由生产用房、附属设施用房、各类管道和设施构成，主要包括下列内容。

1. 生产用房主要指直接与生产有关的建筑物，包括锅炉房（也称主厂房）、煤库、输煤廊、中转楼、斗式提升间、水泵间、水处理间、鼓风机房、引风机房、变配电室、地磅房、输渣廊、渣库、除灰用房、脱硝泵房、脱硫用房、蓄（消防）水池及泵房、调压站、油库、罗茨风机房、换热间等。

2. 附属设施用房：①辅助生产用房主要包括维修、仓库、车库等；②管理用房主要包括生产管理、行政管理办公室以及传达室等，不包含热网运行管理、收费等的办公用房；③生活设施用房主要包括食堂、浴室、值班宿舍等。

3. 各类管道和设施主要包括工艺、药剂、供水、回水、给水、污水、雨水、绿化、消防等管道（或管沟）、电缆管沟、防洪沟渠及其他配套设置等。

当供热厂工艺流程不同时，生产设施的内容也不同。能够由社会化条件解决的附属设施，如大型维修、交通运输、绿化、保安、试验等均不应再设置。对改建、扩建的工程项目，应充分利用原有的设施。

供热厂建设规模分类　　　　　　　　　　　　表1

燃料种类	供热厂类别	蒸汽锅炉（t/h）		热水锅炉（MW）		供热面积（万m²）
		单台容量	总容量	单台容量	总容量	
燃煤燃气	I类	20	80	14	56	112
	II类	35	140	29	116	232
	III类	75	300	58（70）	232（280）	464（560）
	IV类			116	464	928

注：1. 供热厂的建设规模与表中不一致时，可参照相近容量的供热厂规模选用。
　　2. 综合热指标按500W/m²计算。

热源工艺流程

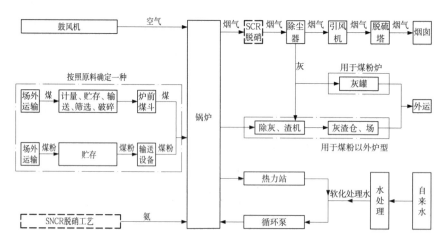

虚线框内为可选单元。

[2] 燃煤热源系统图

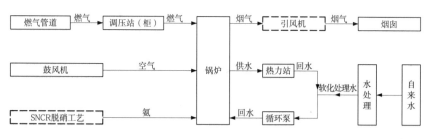

虚线框内为可选单元。

[3] 燃气热源系统图

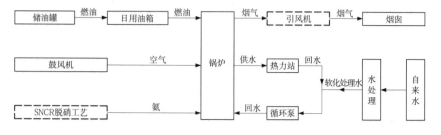

虚线框内为可选单元。

[4] 燃油热源系统图

新建供热厂基础资料收集　表1

项目	要求
热负荷资料	1.供热介质及参数要求； 2.生产、采暖、通风、生活小时最大及小时平均用热量； 3.相邻单位协作供热资料； 4.建设单位用热发展情况
交通运输	1.铁路：邻近的铁路线，车站位置，至厂区距离； 2.进厂道路连接位置、里程、标高、专用线走向，沿线地形、地质情况，占地面积，筑路材料来源； 3.水运：通航河流系统，通航里程，航道宽度、深度，通航最大船只吨位与吃水深度，航运价格，通航时间，枯水期通航情况，航运发展规划。现有码头地点，装卸设施能力，码头利用可能性。可建码头地点及地形、地物等有关资料
气象资料	1.气温和温度： 各年逐月平均最高、最低及平均温度； 各年逐月极端最高、最低气温； 各年逐月最高最低最小相对、绝对湿度； 严寒期日数（温度在-10℃以下）； 采暖期日数（温度在+5℃以下）； 历年最大冻土深度，最热月份平均温度及相对湿度。 2.降水量： 当地采用的雨量计算公式。历年和逐月的平均、最大、最小降雨量。一昼夜、一小时、10分钟最大强度降雨量。一次暴雨持续时间，最大雨量，以及连续最长降雨天数。初、终雪日期，积雪日期，积雪深度，积雪密度。 3.风： 历年各风向频率（全年、夏季、冬季），静风频率，风玫瑰图； 历年的年、季、月平均及最大风速，风力； 风的特殊情况，风暴、大风情况及原因，山区小气候风向变化情况。 4.气压： 历年逐月最高、最低平均气压；历年最热3个月气压的平均值
燃料供应资料	1.燃煤： 可能的来源，收集有关煤矿的储量、产量、供应点的燃煤煤质资料，提出煤质分析报告。供应地点至厂区的距离。 2.燃气： 可能供应的燃气量、压力、发热量及其化学分析。 供应地点至厂区的距离，接管点坐标、标高。 3.燃油： 可能供应的燃油量、产量、发热量及其化学分析。通过管道供应的还应确定管道压力。供应地点至厂区的距离
水质资料	1.城市供水管网：可能供应的水量、压力及水质分析报告； 2.供应地点至厂区的距离，接管点坐标、标高
灰渣处理及排水资料	1.可能协作进行灰渣利用企业的现有状况、名称、所属单位、规模、运输距离等。 2.污水排放资料，雨水排放资料
供电资料	1.供电电源位置及其与厂区的距离； 2.可能供电量、供电电压、电源回路数、线路敷设方式（架空或电缆）及其长度，最低功率因数要求； 3.对供热厂机电保护及整定时间的要求； 4.场外输电线路设计、施工分工
地质资料	1.区域地质：建厂地区地质图、剖面图、柱状图，地质构造及新地质构造活动迹象，对建厂的稳定性、适应性作出评价。地貌类型、地质构造、地层的成因及年代等。 2.工程地质：厂区土壤类别、性质，地基容许承载力，土层冻结深度等。物理地质现象，如滑坡、岩溶、沉陷、崩塌等调查观测资料，人为地表破坏现象，地下古墓、人工边坡变形等。 3.地震地质：建厂区地震基本烈度，历史地震资料，震速，震源，厂址附近断裂构造的活动性等。 4.水文地质：建厂区水文地质构造，构筑物基础的侵蚀性
地形资料	1.地理位置地形图：比例尺1:25000或1:50000； 2.区域位置地形图：比例尺1:5000或1:10000，等高距为1~5m； 3.厂址地形图：比例尺1:500、1:1000或1:2000，等高距为0.25~1m； 4.厂外工程地形图：管线带状地形图，比例尺1:500~1:2000
施工条件	1.施工场地的可能位置，面积大小、地形、地物等情况； 2.地方建筑材料，如砖、瓦、砂、石、水泥、石子产量、规格，混凝土制品产量、规格； 3.现有铁路、公路、水运及通信设施的情况及利用的可能性； 4.当地现有的施工力量及技术水平，建筑机械数量，劳动力来源、人数及生活安排； 5.施工用水、用电、用地可提供的地点、距离、数量及可靠性
规划概况	1.工业布局与城镇规划； 2.供热专项规划
环保及其他	1.当地环保部门对选址及建厂的要求、意见； 2.建厂区域文物，动、植物自然保护区情况及保护范围； 3.建厂地区有何特建、构筑物，如机场、电台、电视播播、雷达导航、天文观测，以及重要的军事设施等； 4.少数民族地区建厂，应了解少数民族的风俗习惯
设备材料资料	1.锅炉机组资料（主要技术参数、型号、规格、外形尺寸及价格等）； 2.辅助设备资料（风机、水泵等设备的图纸、技术参数及价格等）； 3.材料（当地保温材料、管材、钢材等）

改、扩建供热厂基础资料收集　表2

项目	要求
总图运输	1.区域位置图： 供热厂位置，供热厂与周边相邻企业、单位、居住区之间的距离。供热厂内各种管线和交通道路与供热厂外的连接情况。 2.总平面布置图： 生产工艺流程，建、构筑物布置，交通运输，建筑系数，道路横断面等。 3.竖向布置图： 供热厂内所有建、构筑物、道路、各处场地标高，全厂场地现有排水情况。 4.管道综合图： 供热厂内所有管道的坐标、标高、管径、管材，与城市管线系统连接点的位置。 5.扩建场地地形图： 比例尺要求与原有总平面布置图比例尺要求相同。 6.供热厂所用坐标、标高系统及其与城市坐标、标高系统的关系。 7.各类车辆车库的设备布置图及工艺设备情况、人员编制、工作制度。 8.仓库建筑面积、结构、起重运输设备的情况。车库内储存材料的品种数量、储存面积和高度，储存方法和储存时间
土建	1.车间的建筑布置图：说明车间面积的利用情况，吊车数量及载重，现有建筑改、扩建的可能性。 2.生产建筑物的结构情况，各结构部分有无腐损现象，车间主要结构部分的计算资料。 3.生产建筑物地下构筑物的调查。 4.供热厂内生活用房和辅助建筑物的现状及使用情况。 5.生产建筑物、辅助建筑物生产类别及耐火等级。 6.扩建场地的地基承载力，地下水深度，水的物理、化学分析，对建筑物有无腐蚀性等
供电电信	1.原有的主要电力系统图，与厂外电源连接的说明，短路电流及接地电流的资料，计费方式与电价。 2.原有用电设备的安装容量及负荷。 3.各生产建筑物电气设备的性质及容量。 4.供热厂照明系统的情况。 5.供热厂供电系统（架空或电缆）及变电所位置图：注明高低压线路。 6.变电所平、剖面图及设备规格。 7.供热厂内原有的电信设备情况
给水排水	1.厂区给水排水管网平面布置图 注明给水、排水的管道，建、构筑物，管径、管材，消火栓、阀门井、下水井等位置。 2.生产建筑物内给水、排水管道布置图 注明给水、排水、热水管路的位置，安装高度、埋深、坡度、管径、管材。 3.给水水源或储水池水量和水压是否满足扩（改）建后生产、生活及消防要求。 4.生产、生活、绿化用水量。 5.厂区内给水系统和现有给水建、构筑物的情况及设备规格。 6.生产建筑物生产废水的特性、排水量，是否需要处理以及排放方式。 7.污水、雨水排放地点的情况
暖通	1.现有的供暖通风设备数量、型号、规格、特性等情况； 2.生产建筑物内供暖通风设备及管道布置图，注明热力管道的入口及设备的布置位置等
燃料供应	1.燃煤： 现有煤源、煤质、供应量、供应点位置及运输距离等。现有的主要煤供应系统及每供热季（月、日、小时）平均、最大耗煤量。现有煤供应系统的建筑、结构和设备布置图以及扩建可能性。现有煤供应系统主要建（构）筑物的详细图纸。 2.燃气： 现有供应系统及其负荷情况。燃气调压站的建筑、结构和设备布置图以及扩建可能性。燃气管道总平面图：注明管道的位置、管径、标高、敷设方法、使用情况和现状。生产建筑物内燃气管道布置图：注明管道位置、标高、管径。 3.燃油： 现有供应系统及其负荷情况。贮油系统的设施和设备布置图以及扩建可能性。燃油管道总平面图：注明管道的位置、管径、标高、敷设方法、使用情况和现状。生产建筑物内燃油管道布置图：注明管道位置、标高、管径
其他	1.堆场、库棚： 现有堆场的位置（距相邻企业、居住区的距离、方位等）。现有堆场的容量，可用年限。物料的运输与堆排方式。 2.污水处理： 现有污水处理及循环利用系统的位置（距相邻企业、居住区的距离、方位等）。现有污水处理及循环利用系统的处理量、处理水平，是否达到排放标准。扩建可能性。 3.灰渣利用： 现有协作进行灰渣利用企业的状况、名称、所属单位、规模、位置等。现有协作进行灰渣利用企业的处理量、处理水平，是否满足环保要求。现有协作进行灰渣利用企业是否有增容的可能性。 4.绿化： 当地规划、环保、卫生部门对绿地定额与卫生防护林带的要求。当地绿化用树种、花卉、草坪

选址原则

1. 应符合城市总体规划、城市供热规划和国家现行安全、环境保护、防火、卫生的相关规定。
2. 供热距离应经济合理，宜靠近热负荷中心，并且便于多热源联网。
3. 全年运行的供热厂，宜位于居住区和主要环境保护区全年最小频率风向的上风侧；季节运行的供热厂，宜位于运行季节最大频率风向的下风侧。
4. 应有可靠自来水、电、燃料供应和污水排放条件，并且便于燃料和灰渣的贮运。
5. 周围应具有扩建余地和便于施工的场所。
6. 应有较好的地形、地质条件，有利于给、排水与供配电的布置。
7. 采用煤粉锅炉的锅炉房，不应设置在居民区、风景名胜区和其他主要环境保护区内；采用循环流化床锅炉的锅炉房，不宜设置在居民区。

总平面设计要点

1. 供热厂用地宜分期、分批征用。综合优化，尽量减少全厂生产、生活和施工用地面积。
2. 总平面布置应根据工艺流程和自然条件，力求分区明确、方便生产、紧凑合理、节省用地、减少土石方量、排水良好，并与厂区周围地形、地物和规划的建筑群体相协调。
3. 总体布置应以锅炉间为中心，各工艺专业合理、有机地联系在一起，处理好总体与局部、近期与远期、平面与竖向、地上与地下、物流与人流、运行与施工、内部与外部的关系，综合各种因素统筹安排，合理规划全厂建（构）筑物的位置。
4. 锅炉房、储煤场、灰渣场、燃气调压站以及其他建、构筑物之间的间距，均应符合国家现行燃气、防火、卫生标准的相关规定。
5. 厂区功能分区：以满足工艺流程要求为前提，功能分区明确，各区之间宜以道路、绿化带进行分隔，做到动静分区、洁污分区；对噪声较大的构筑物、建筑物应采取隔声降噪措施。
6. 确定锅炉房、煤场、灰场等建、构筑物位置。进行锅炉房区域内道路、专用线及绿化设计。
7. 主要建筑物的方位宜结合日照、自然通风和天然采光等因素确定。

竖向设计

场地高程根据厂址地形、地质条件、周围环境确定。当场地高程低于场外道路或洪水淹没线时，应有可靠的防洪排涝措施。用地自然坡度小于5%时，宜为平坡式；用地自然坡度大于8%时，宜为台阶式；用地自然坡度为5%～8%时，宜为混合式。场地排水方式可采用暗管、明沟、道路和地面（水厂占地面积较小）等。干旱少雨地区宜设置地表雨水收集系统，用于绿化灌溉。供热厂总体布置时，应力求节约土方工程量，减少基建投资。土方计算时应将基础、地下管沟施工的土方量和填方的松土系数估计在内。在山区建厂，除结合地形采用台阶式场地布置，还应考虑少挖石方。

交通运输

1. 各生产区域之间应设道路进行合理的分隔，锅炉房四周应设环形道路，储煤场四周宜设置环形通道。热源厂区域内的道路宜为环形；当道路采用尽端布置时，应在道路尽端设置回车场。
2. 联系厂内外的主要运输线路，在满足生产工艺流程的条件下，应力求运输通畅，运距短捷，避免不必要的迂回。宜做到人车分流，保证交通安全。
3. 厂区出入口位置应使厂内外联系方便，宜使人流与物流分开，主要入口宜设在厂区的固定端一侧。应注意厂区出入口与场外道路的衔接关系，应就近接驳，避免长距离连通。
4. 在满足厂内运输的条件下，尽量减少道路面积。
5. 应符合消防、卫生、防震和防爆等规范的要求。

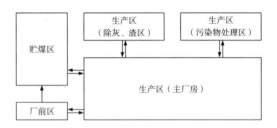

1 燃煤热源厂总平面功能分区图

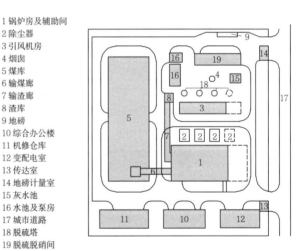

1 锅炉房及辅助间
2 除尘器
3 引风机房
4 烟囱
5 煤库
6 输煤廊
7 输渣廊
8 渣库
9 地磅
10 综合办公楼
11 机修仓库
12 变配电室
13 传达室
14 地磅计量室
15 灰水池
16 水池及泵房
17 城市道路
18 脱硫塔
19 脱硫脱硝间

2 燃煤热源厂总平面示例

建筑物门、窗设计

1. 进车门的净高、净宽不宜小于3.3m。
2. 高压配电室、仓库的侧窗应采用高窗（窗底部距室外地面不应小于1.8m）。
3. 锅炉房控制室观察窗应采用具有抗爆能力的安全玻璃。
4. 配电室长度超过7.0m，应设两个疏散门。高压配电室的内门应向相邻房间开启，并应采用乙级防火门。配电室的外门应采用丙级防火门。
5. 严寒地区供热厂内生产建筑物外窗宜采用双层窗。

厂区绿化原则

1. 绿化布置应以改善厂内生态环境及景观条件为前提，但不应妨碍生产工艺布置及其他生产要求。
2. 绿化树种应对有害气体、烟尘有较强的吸附性。
3. 贮煤场与其他建筑物之间应布置绿化带。
4. 发出较强噪声的厂房周围，布置隔声的绿化带。
5. 危险品库周围，不应种植油性植物。
6. 精密仪表间及有空气吸入口的车间、化验室周围，不应种植散布花絮的植物。
7. 主干道、行政管理区、生活区应重点绿化，生产区域边界宜绿化。
8. 绿化区应以常绿树种为主，适当种植落叶乔、灌木及草坪，并考虑绿化树种的季相变化。

建筑物防爆

有爆炸危险的甲、乙类生产厂房（如闪点低于28℃的油泵房、天然气调压站及罗茨风机房等），建筑布置、结构形式以及建筑构造等均应符合《建筑设计防火规范》GB 50016的相关规定。

1. 结构形式：采用钢筋混凝土框架、轻钢结构，厂房宜采用敞开或半敞开式。
2. 泄压面积：锅炉间按占地面积的1/10设泄压面积，其余按照爆炸危险物质的类别计算确定，当房间的长径比大于3时，宜分段计算。
3. 泄压设施：应采用轻质屋盖作为泄压面积，易于泄压的门、窗、轻质墙体等也可作为泄压面积。泄压面积应靠近爆炸部位并合理布置，同时，泄压面不可面对人员密集部位和主要交通道路。
4. 建筑物的地面应采用不发火花的地面，对易于积存可燃粉尘、纤维的厂房，所有内表面均要求平整、光滑、便于清扫。
5. 有爆炸危险的甲、乙类生产厂房，应设置防感应雷设施，避免因雷击引发爆炸造成伤亡事故。

围墙

1. 围墙形式：实体（砖砌体）围墙、通透（钢栏杆）围墙、高绿篱等。
2. 一般视供热厂周边环境条件确定围墙形式：毗邻城市道路、城市公共绿地、城市公园宜采用通透围墙；毗邻企业、单位及农田宜采用实体围墙。
3. 供热厂地面与厂外地面有较大高差时，围墙下部应设置挡土墙、护坡。供热厂地形变化较大，竖向布置坡度较大时，围墙应逐段跌落，并绘出外视立面图。

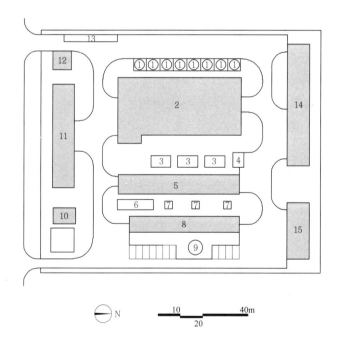

1 煤粉仓	2 锅炉房及辅助间	3 布袋除尘器
4 灰库	5 引风机及空压机房	6 脱硫事故池
7 脱硫塔	8 脱硫脱硝用房	9 烟囱
10 消防水池及泵房	11 综合办公楼	12 门卫及计量
13 地磅	14 高低压配电室	15 机修仓库

1 热源厂总平面图示例（煤粉炉）

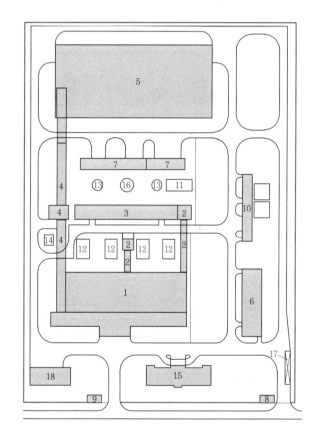

1 锅炉房及辅助间	2 渣廊及渣库	3 引风机房
4 输煤廊及破碎楼	5 煤库	6 变配电室
7 脱硫用房	8 门卫一	9 门卫二
10 消防水池及泵房	11 脱硫事故池	12 布袋除尘器
13 脱硫塔	14 灰水池	15 办公楼
16 烟囱	17 地磅	18 机修仓库

2 热源厂总平面图示例（链条炉）

市政建筑 [33] 城镇供热工程 / 总平面布置

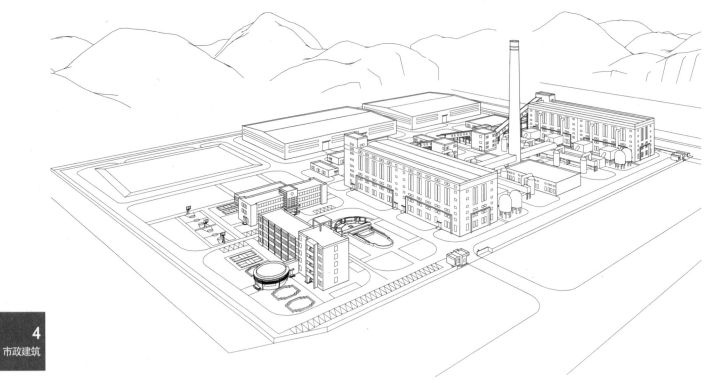

a 鸟瞰图

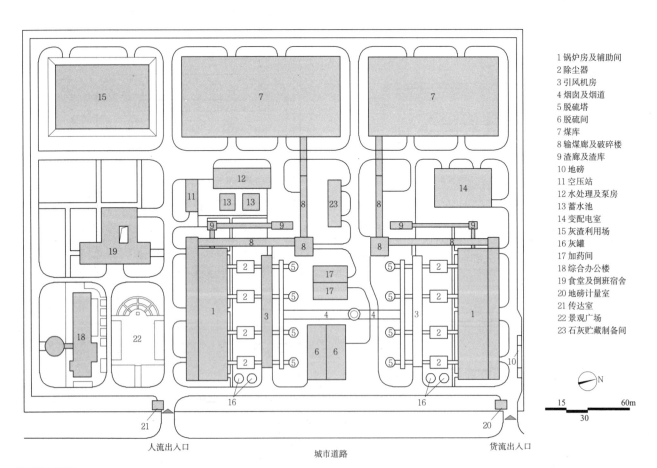

b 总平面布置图

1 锅炉房及辅助间
2 除尘器
3 引风机房
4 烟囱及烟道
5 脱硫塔
6 脱硫间
7 煤库
8 输煤廊及破碎楼
9 渣廊及渣库
10 地磅
11 空压站
12 水处理及泵房
13 蓄水池
14 变配电室
15 灰渣利用场
16 灰罐
17 加药间
18 综合办公楼
19 食堂及倒班宿舍
20 地磅计量室
21 传达室
22 景观广场
23 石灰贮藏制备间

[1] 某热源厂（4台112MW热水锅炉，预留4台）

锅炉房设计要点

1. 平面布置应满足工艺流程要求，水平及垂直交通联系应便捷顺畅。面向城市道路或企业主干道的建筑物造型和立面设计应满足城市规划和企业总体规划的要求。

2. 输煤间、运煤廊、贮油间、油泵间和油加热间等贴邻锅炉房布置时，应设置防火墙与其他房间隔开。

3. 锅炉间通向室外的门应向外开启，锅炉间内工作室及生活间的门应向锅炉间开启。

4. 锅炉房固定端应设通至各层的楼梯间。

5. 锅炉间应至少有2个安全出口，当锅炉前端总宽度不超过12m且面积不超过200m²时，锅炉房可以只设1个安全出口。

6. 煤粉锅炉的输煤部分与锅炉房及附属部分应采取防火分隔和防爆措施。

7. 锅炉房应考虑扩建的可能性，锅炉间屋面最高位置宜设排烟装置。

8. 锅炉房底层、运转层和除氧层楼面，宜设排水坡度和采取相应的排水措施。

9. 控制室净高不宜小于3.0m，控制室与锅炉房之间应采取隔热、防尘和隔声措施。

10. 锅炉房外墙应预留设备的安装孔洞，对4台以上双层布置的锅炉房，宜在运转层适当位置设吊装孔。

锅炉设备布置

锅炉设备的布置，与锅炉设备结构形式、辅助设备配置方式，以及建筑物的结构形式有关，一般按下列方式进行布置：

1. 锅炉中心线与厂房柱中心线重合布置，见 1 a；
2. 锅炉中心线与厂房柱中心线重合布置，见 1 b；
3. 锅炉中心线与厂房柱距中心线偏心等距布置，见 1 c。

锅炉房柱网应符合建筑模数，当其跨度＜18m时，一般采用3m的倍数；当跨度＞18m时，一般应采用6m的倍数。当工艺布置上有特殊要求时，也可采用21m或27m的跨度，柱距一般采用6m或3m的倍数。

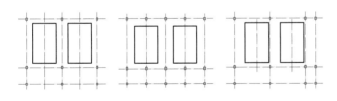

a 与柱距中心线重合　　b 与柱中心线重合　　c 与柱距中心线偏心

1 锅炉布置示意图

锅炉与建筑物的净　　　　　　　　　　　　　　　　表1

单台锅炉容量		炉前（m）		锅炉两侧和后部通道（m）
蒸汽锅炉（t/h）	热水锅炉（MW）	燃煤锅炉	燃气（油）锅炉	
1~4	0.7~2.8	3.00	2.50	0.8
6~20	4.2~14	4.00	3.00	1.50
≥35	≥29	5.00	4.00	1.80

锅炉房生活间面积指标　　　　　　　　　　　　　　表2

生活间及其面积		锅炉容量(t/h)			
		2~6	8~16	20~25	≥80
办公室（m²）		—	—	20	25
值班室、休息室（m²）		12	15	20	25
化验室（m²）		—	15	25	2×25
更衣室（m²）		—	—	15	15
浴室	淋浴器数量（个）	—	1	2	3
	浴池数量（个）	—	—	1	1
厕所数量（个）		1	1	2	2

注：本表摘自李善化，康慧等.实用集中供热手册.北京：中国电力出版社，2006.

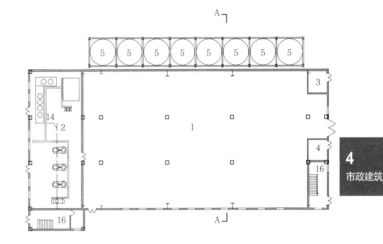

a 一层平面图

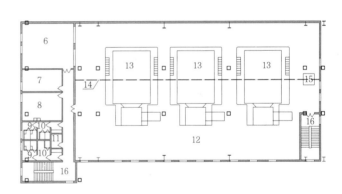

b 二层平面图

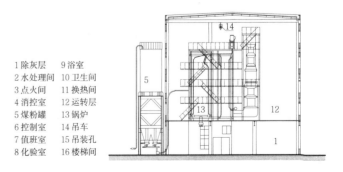

1 除灰层　　9 浴室
2 水处理间　10 卫生间
3 点火间　　11 换热间
4 消控室　　12 运转层
5 煤粉罐　　13 锅炉
6 控制室　　14 吊车
7 值班室　　15 吊装孔
8 化验室　　16 楼梯间

c A-A剖面图

2 锅炉房布置示意图

市政建筑 [35] 城镇供热工程 / 锅炉房

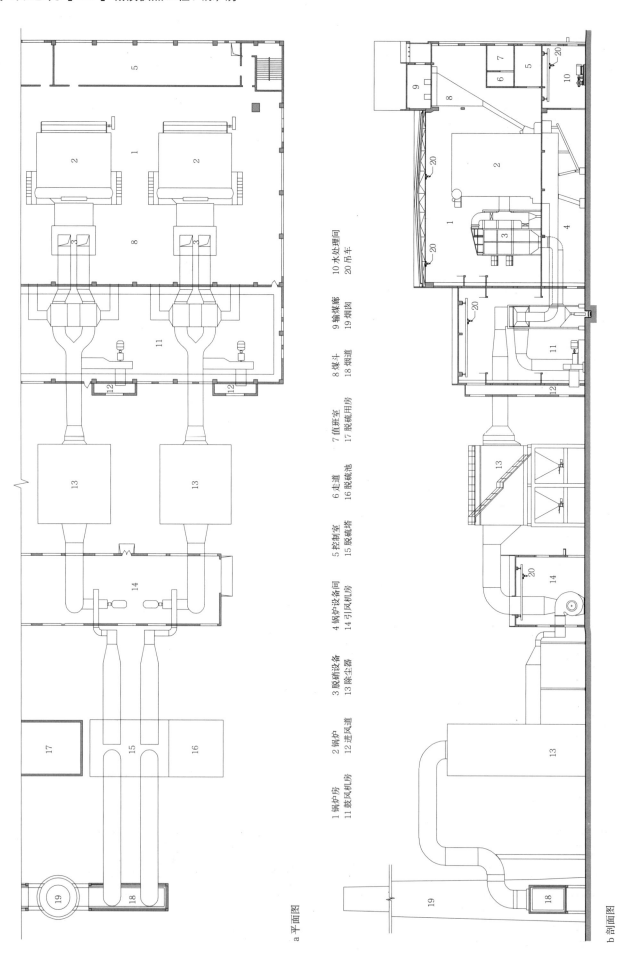

1 锅炉房　2 锅炉　3 脱硝设备　4 锅炉设备间　5 控制室　6 走道　7 值班室　8 煤斗　9 输煤廊　10 水处理间
11 鼓风机房　12 进风道　13 除尘器　14 引风机房　15 脱硫塔　16 脱硫池　17 脱硫用房　18 烟道　19 烟囱　20 吊车

a 平面图
b 剖面图

1 某燃煤锅炉房流程图（链条炉）

燃油、燃气锅炉房布置要求

1. 燃油、燃气锅炉房布置应考虑易燃易爆问题，各建筑物、构筑物的间距应符合相关标准、规范的规定，并满足安装、运行和检修的要求。

2. 燃油、燃气锅炉房与相邻辅助间之间的隔墙应为防火墙，隔墙上开设的门应为甲级防火门，控制室与锅炉操作面之间设置的大玻璃观察窗，应采用抗爆固定窗。

3. 燃气调压间属甲类厂房，其耐火等级不应低于二级，并且与相邻房间的隔墙应为无门窗洞口的防火墙，厚度不应小于240mm（宜设置防爆墙）。燃气调压间的门窗玻璃应采用安全玻璃。地面应采用不发生火花地面。

4. 锅炉房配套的油库区、燃气调压站与交通要道、民用建筑、可燃或高温车间的距离满足规范要求。

5. 严禁将采用液化石油气或相对密度≥0.75气体燃料的锅炉设在地下室或半地下室。

6. 燃油锅炉房室内油箱应安装在单独房间内，地面应为防油地面，房门设门槛。室内油箱总储量：重油不超过5m³；轻柴油不超过1m³。

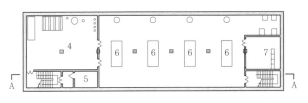

a 地下平面图

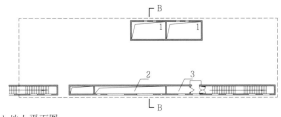

b 地上平面图

c A-A 剖面图

d B-B 剖面图

1 泄爆孔　　5 计量间
2 进风孔　　6 锅炉
3 卫浴　　　7 控制室
4 辅助间　　8 采光顶

1 地下燃气锅炉房示例

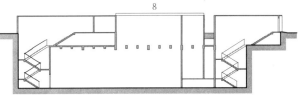

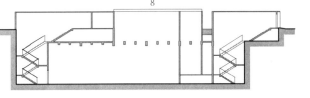

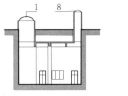

a ±0.00m标高平面图

b 6.00m标高平面

c A-A 剖面图

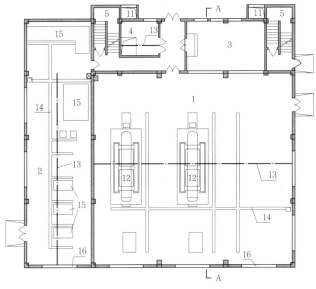

1 锅炉间　2 水处理间　3 控制室　4 机修间　5 楼梯间　6 更衣室　7 化验室　8 办公室　9 卫浴
10 走廊　11 进风孔　12 锅炉　13 吊车　14 排水沟　15 设备基础　16 安装预留洞

2 地上燃气锅炉房示例

市政建筑 [37] 城镇供热工程 / 辅助生产用房

风机房、烟道、烟囱

　　风机房是鼓风机房、引风机房的统称，依气候条件和工艺需要，贴邻锅炉房或单独布置。风机房应采取有效隔声降噪措施，层高应根据结构形式、起重设备及起吊高度确定。

　　烟道的布置力求平直，有较好的气密性和空气动力特性，水平烟道应采取排出积水的措施，并便于人员通行。适当位置应设不小于500mm×700mm的清扫口。

　　烟囱与其他建筑的间距应根据地基及基础类型确定。烟囱高度按项目"环评报告"确定。烟道和烟囱应采取有效的防腐措施。

变配电室（站）

　　1. 变配电室（站）一般包含变压器室、高压配电室、低压配电室、电容器室、控制室、值班室、厕所等。

　　2. Ⅳ类燃煤供热厂内的大型变电室（站）一般由当地供电部门设计。

　　3. 供热厂内的变配电室，根据工艺需要可贴邻锅炉房或单独布置，不得布置在甲、乙类厂房内或贴邻，严禁设置在爆炸性气体、粉尘环境的爆炸危险区域内。

　　4. 布置在其他建筑内的变配电室，不应设在厕所、浴室、厨房或其他经常积水场所的正下方，当与上述场所贴邻时，相邻隔墙应采取防止渗漏、结露的措施。变配电室设在地下室时，应采取可靠防水措施。

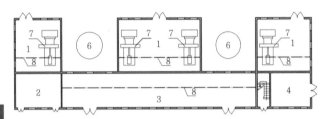

a 一层平面图

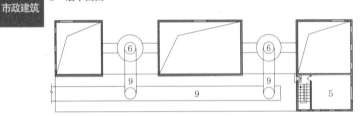

b 二层平面图

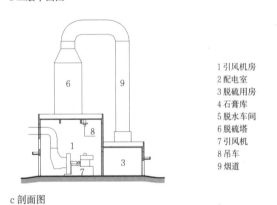

c 剖面图

1 引风机房
2 配电室
3 脱硫用房
4 石膏库
5 脱水车间
6 脱硫塔
7 引风机
8 吊车
9 烟道

1 综合式风机房及烟道

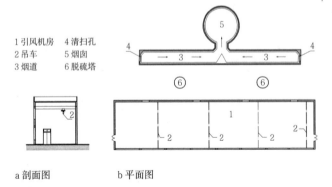

1 引风机房　4 清扫孔
2 吊车　　　5 烟囱
3 烟道　　　6 脱硫塔

a 剖面图　　b 平面图

2 独立式风机房及烟道

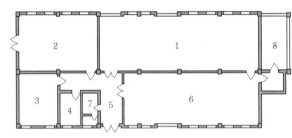

a 独立式配电室一

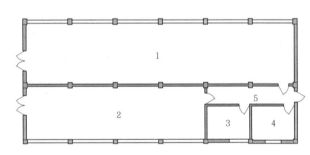

b 独立式配电室二

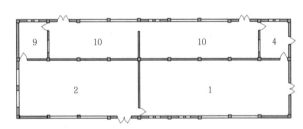

c 独立式配电室三

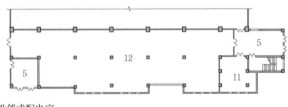

d 毗邻式配电室

1 低压配电室	2 高压配电室	3 控制室
4 值班室	5 门厅走廊	6 控制柜室
7 卫生间	8 地磅计量室	9 直流屏
10 变频器室	11 工具间	12 配电室

3 配电室分类示意图

输送廊道及转运楼

1. 采用轻钢或框架结构，地下部分为钢筋混凝土结构。采用普通胶带的输送廊道倾角不大于：灰渣22°，原煤16°，破碎后的细煤18°。
2. 输煤廊道不得作为疏散通道，出入口位置应合理，疏散距离应满足规范要求。
3. 输送带交接处应注意输送设备的起吊高度，廊下适当位置应按工艺要求设置输送带紧固件。
4. 底部临空位置应采取保温措施，地下部分应采取防水措施，当顶板位于种植土或道路下方时，防水等级应为一级，种植部位下部应设耐穿刺层。
5. 输送廊过长或改变方向时，需设置转运楼。转运楼除满足运行、吊装、检修的功能外，还应满足防火、疏散要求。
6. 输送廊采用钢结构时，钢构件的耐火极限应满足规范要求。

渣库

一层地面应设坡度坡向排水明沟和集水坑，湿陷性黄土地区的地面宜设防水层。当小型渣库不设灰渣斗时，下部墙体为挡墙，挡墙厚度及做法由结构专业计算确定；采用汽车运输的渣库，灰渣斗排出口与地面的净高不小于2.3m。门的位置和大小应方便运渣车辆出入，外门应为保温门。二层应考虑起吊设施。

严寒地区的渣库应有防冻措施，灰渣斗排出口宜设解冻装置。

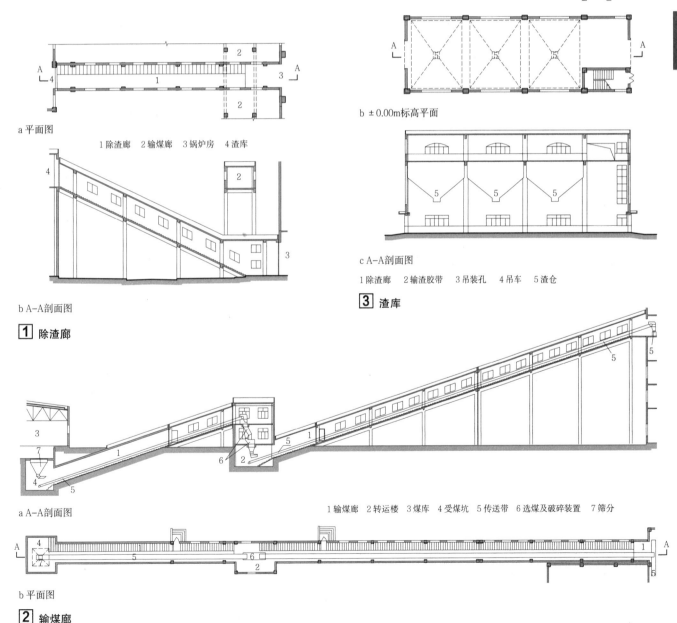

a 平面图

1 除渣廊 2 输煤廊 3 锅炉房 4 渣库

b A-A 剖面图

[1] 除渣廊

a 12.00m标高平面

b ±0.00m标高平面

c A-A剖面图

1 除渣廊 2 输渣胶带 3 吊装孔 4 吊车 5 渣仓

[3] 渣库

a A-A剖面图

1 输煤廊 2 转运楼 3 煤库 4 受煤坑 5 传送带 6 选煤及破碎装置 7 筛分

b 平面图

[2] 输煤廊

市政建筑 [39] 城镇供热工程 / 辅助生产用房

煤库

1. 煤库应根据供煤、运输方式,合理确定在热源厂内的位置。煤库与建筑物、构筑物的间距应满足规范要求,大于1500m² 的煤库应设环形消防车道,困难时可沿两个长边设置消防车道。

2. 储煤量由工艺专业计算确定,平面一般采用矩形,也有采用异形或球形的。常用屋面形式为钢筋混凝土、预制混凝土(或钢)屋架、钢梁、金属拱、网架等。

3. 煤库地面应采取排水措施,室外地面以下的部分(包括受煤坑、与输煤廊连接部位等)应采取可靠的防水、排水措施。供车辆通行的室内坡道坡度不宜大于10%,并应采取防滑措施。

4. 挡煤墙顶部宜设消防和巡视平台,室外应设置到达平台的钢梯。

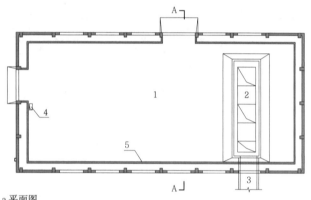

1 煤库　　5 挡煤墙
2 受煤坑
3 输煤廊
4 集水坑

1 煤库示例一

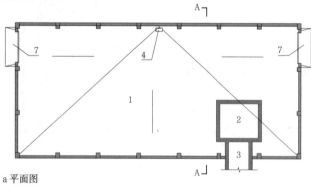

1 煤库　　5 屋面
2 受煤坑　6 采光带
3 输煤廊　7 坡道
4 集水坑

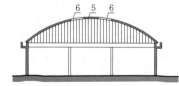

2 煤库示例二

斗式提升间

斗式提升间地下部分采用钢筋混凝土结构,地上部分采用框架结构,进煤间两侧以及受煤斗与提升机之间的墙体应采用挡煤墙,进煤门洞高度不宜低于6m。

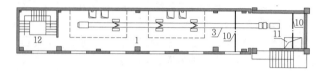

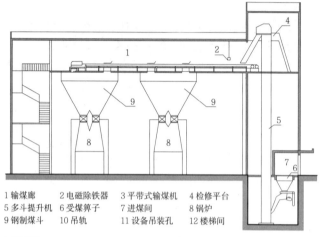

1 输煤廊　　2 电磁除铁器　3 平带式输煤机　4 检修平台
5 多斗提升机　6 受煤箅子　　7 进煤间　　　　8 锅炉
9 钢制煤斗　10 吊轨　　　　11 设备吊装孔　　12 楼梯间

b 剖面图

3 斗式提升间示例

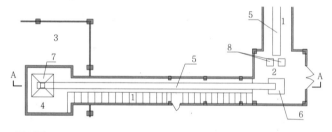

1 输煤廊　2 转运楼　　　3 煤库
4 受煤坑　5 传送带　　　6 选煤及破碎装置
7 筛分　　8 多斗提升机

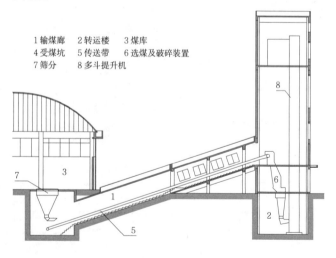

b A-A剖面图

4 斗式提升间及输煤廊示例

水处理间

小型供热厂内的水处理间与锅炉房合建,大型热源厂宜独立设置。水处理间应设置起重设备。

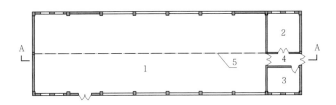

a 平面图

b A-A剖面图

1 水处理间　　2 化验室　　3 值班室
4 走廊　　　　5 吊车

1 水处理间示例

蓄水池及泵房

当城市供水管网不能满足供热厂的水压和供水量要求时,供热厂内应设蓄水池,蓄水量应满足厂内生产、生活和消防水量的要求。蓄水池和泵房一般设在地下。

a A-A剖面图

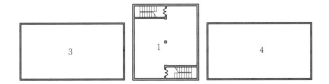

b 地下平面图

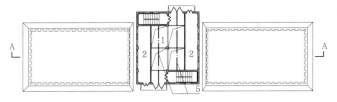

c 地上平面图

1 泵房　2 工具间　3 蓄水池　4 消防水池　5 吊车

2 水池及泵房示例

脱硝泵房

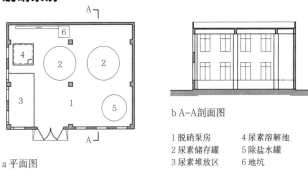

a 平面图　　　b A-A剖面图

1 脱硝泵房　　4 尿素溶解池
2 尿素储存罐　5 除盐水罐
3 尿素堆放区　6 地坑

3 脱硝泵房示例一

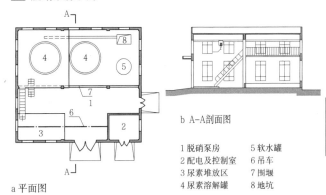

a 平面图　　　b A-A剖面图

1 脱硝泵房　　5 软水罐
2 配电及控制室　6 吊车
3 尿素堆放区　7 围堰
4 尿素溶解罐　8 地坑

4 脱硝泵房示例二

除灰用房

用于水力除灰工艺。严寒地区封闭时需要通风防雾,结构形式采用框排架结构。地面和平台宜设坡度坡向水池,门的位置和大小应方便运渣车辆出入,外门为保温门。

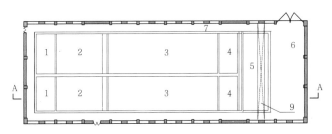

a 平面图

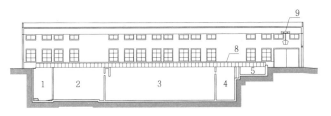

b A-A剖面图

1 清水池　　2 过滤池　　3 沉淀池　　4 再生池　　5 脱水池
6 出渣平台　7 平台　　　8 平台栏杆　9 吊车

5 除灰用房示例

市政建筑 [41] 城镇供热工程 / 辅助生产用房

建筑标准

供热厂的建筑标准应遵循安全实用、经济合理、因地制宜的原则，根据供热厂规模、建筑物用途、建筑场地条件等需要确定，建筑物和构筑物的建筑效果应与周围环境相协调。供热厂生产建筑物的面积，应根据设备、管道布置、工艺流程及运行、维护检修进行合理布置。建筑面积可参考表1所列指标。

供热厂建筑面积参考指标　　　　　　　　　　　　　　表1

燃料种类	供热厂类别	生产用房面积（m²）	附属设施用房面积（m²）	合计（m²）	单位建筑面积（m²/MW）	容积率
燃煤	Ⅰ类	≤5000	≤1800	≤6800	≤121	0.4~0.6
	Ⅱ类	≤9000	≤2600	≤11600	≤100	
	Ⅲ类	≤13000	≤3200	≤16200	≤70	
	Ⅳ类	≤19000	≤4300	≤23300	≤50	
燃气	Ⅰ类	≤1100	≤600	≤1700	≤30	0.5~0.6
	Ⅱ类	≤1600	≤1000	≤2600	≤22	
	Ⅲ类	≤3300	≤1600	≤4900	≤21	
	Ⅳ类	≤6800	≤2400	≤9200	≤20	

1. 附属设施用房的设置应坚持社会化服务的原则。除生产和生活所必需的，或不能由社会化条件解决的之外，应少建或不建附属设施用房。Ⅲ类和Ⅳ类燃煤供热厂宜单独设置综合楼。

2. 生产管理用房包括计划室、技术室、技术资料室、财务室、会议室、中控室、活动室、调度室和医务室等。行政办公用房包括办公室、打字室、资料室、档案室和接待室等。行政办公用房宜与生产管理用房联建，用房面积人均5.8~6.5m²。

3. 生活用房和辅助生产用房应根据当地的社会化程度酌情考虑。中小城市宜设置备品、备件仓库，以方便储存一定数量且不能迅速供货的关键设备。

4. 传达室：一般由门卫室、值班室和卫生间组成，Ⅳ类燃煤供热厂宜增设一间接待室。

5. 生产管理用房和部分生活设施用房（食堂、浴室、宿舍等）应进行节能设计，生产管理用房、生活用房还应进行无障碍设计。

煤、渣堆场

应布置在区域内主要建（构）筑物的常年主导风向的下风侧，面积由工艺专业计算确定，地面表面应坚固平整，并应采取设置排水坡度，以及防止污染周边场地的截流沟等措施。堆场应采取防风抑尘措施，用地面积允许时，采用乔、灌木搭配的绿化隔离带；用地面积局促时，采用防风抑尘网。

堆煤场四周宜设置环形消防车道，若煤场面积较小时，可布置成尽端式，尽端处应设回车道。堆煤场与周围建筑物的防火间距应满足规范要求。

地磅（地磅房）

用于对各种原料（煤、石灰等）和灰渣的计量，一般设在生产区出入口附近。地磅的计量室可以设在附近的门卫或其他建筑内。

调压站

1. 调压站布置：应布置在变电站、配电站常年主导风向的下风侧，以及散发火花、灼热物质车间常年主导风向的上风侧，应避开交通要道，靠近锅炉房布置在有围护的露天场地上或地上独立的建、构筑物内，不应设置在地下建、构筑物内。当调压装置设在锅炉房单层毗连建筑物内、锅炉房辅助间顶层房间内、锅炉房的专用房间内时，应符合国家的卫生标准、环保标准、防火规定和安全规程中的相关规定。

2. 设计要点：结构形式宜采用框架、轻钢结构，耐火等级不低于二级，室内净高不低于3.5m，外窗底宜距离室外地面2m以上，门的下部可做成通风百叶形式。并按规范要求设置泄压面积。

调压站与其他建筑物、构筑物水平净距（单位：m）　　表2

设置形式	调压装置入口燃气压力级制	建筑物外墙面	重要公共建筑、一类高层民用建筑	铁路（中心线）	城镇道路	公共电力变配电柜
地上单独建筑	高压（A）	18.0	30.0	25.0	5.0	6.0
	高压（B）	13.0	25.0	20.0	4.0	6.0
	次高压（A）	9.0	18.0	15.0	3.0	4.0
	次高压（B）	6.0	12.0	10.0	3.0	4.0
	中压（A）	6.0	12.0	10.0	2.0	4.0
	中压（B）	6.0	12.0	10.0	2.0	4.0
调压柜	次高压（A）	7.0	14.0	12.0	2.0	4.0
	次高压（B）	4.0	8.0	8.0	2.0	4.0
	中压（A）	4.0	8.0	8.0	1.0	4.0
	中压（B）	4.0	8.0	8.0	1.0	4.0
地下单独建筑	中压（A）	3.0	6.0	6.0	—	3.0
	中压（B）	3.0	6.0	6.0	—	3.0
地下调压箱	中压（A）	3.0	6.0	6.0	—	3.0
	中压（B）	3.0	6.0	6.0	—	3.0

注：1. 当调压装置露天设置时，则指距离装置的边缘。
2. 当建筑物（含重要公共建筑）的某外墙为无门、窗洞口的实体墙，且建筑物耐火等级不低于二级，燃气进口压力级别为中压A或中压B的调压柜一侧或两侧（非平行），可贴靠上述外墙设置。
3. 当达不到上表净距要求时，采取有效措施，可适当缩小净距。
4. 本表摘自《城镇燃气设计规范》GB 50028-2006。

油库

1. 油库分为贮油区、卸油区，辅助生产区及行政管理区。

2. 油库的设置应符合国家现行的有关安全、环境保护、防火和卫生的相关规定。

水、煤化验室

1. 水、煤化验室一般附设在锅炉房或办公楼（办公用房）内，建筑面积根据化验内容确定，层高同普通办公室。化验室的墙面应为白色、不反光，窗户宜防尘，化验台应有洗涤设施，化验场地应做防尘、防噪处理。

2. 化验室应布置在锅炉房附近的建筑物内，应避免西、西南朝向，应具备自然通风、采光等条件，不应布置在振动源和有飞尘的场所附近。

3. 化验室的净高一般为3.3~3.6m，地面以上1.2m范围应做墙裙。

4. 化验室内设有化验台、天平台、工作台、办公桌、药品柜、试剂架、化验盆及支架等洗涤用具等。

定义

热力站是指用来转换热介质种类,改变供热介质参数,分配、控制及计量供给热用户热量的设施。

中继泵站是指热水热网中设置中继泵的设施,它可以设在供水网路上,也可以设置在回水网路上。

选址

1. 热力站位置应靠近供热区域中心或热负荷最集中区的中心,中继泵站选址应通过工艺和用地、道路通行等建设条件综合确定。

2. 热力站的数量与规模应通过技术经济比较确定,供热半径不宜大于0.5km。

3. 站房设置应符合国家的卫生和环保标准、防火规定及安全规程中的相关规定。站房内应具有良好的采光和通风条件。

组成

热力站包括换热间、控制室等,见 [2]。中继泵站包括泵房、高低压配电间、水处理间、控制室等。有人值守的站房,还应考虑值班室和生活附属用房(休息室、卫生间等)。远离城市的中继泵站应设置食堂、宿舍、运动场地等生活设施,以及库房、维修等附属设施。

设计要点

1. 当设备的噪声较大时,应加大与周围建筑物的距离,或采取降低噪声的措施。如果贴邻民用建筑物或设置在其首层或地下室时,不宜设在有安静要求的房间上面、下面和贴邻。

2. 热力站设备间的门应向外开启,除热网设计水温小于100℃外,当站房长度大于12m时应设2个出入口。蒸汽热力站均应设置2个出入口。多层站房应考虑用于设备垂直搬运的安装孔。

3. 建筑层高除考虑通风、采光等因素之外,还应考虑起重设备高度、安装和检修所需高度。

4. 设备用房的面积应保证设备运行操作和维修拆卸的需要。

5. 位置较高且经常需要人员操作的设备处,应设置操作平台、扶梯和防护栏杆等。

6. 设备用房的室内墙面宜做墙裙,可不吊顶;值班室、控制室等办公用房可设吊顶。

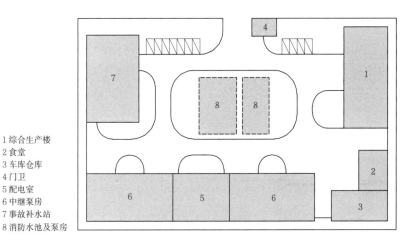

1 综合生产楼
2 食堂
3 车库仓库
4 门卫
5 配电室
6 中继泵房
7 事故补水站
8 消防水池及泵房

[1] 中继泵站总图

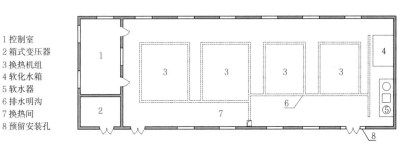

1 控制室
2 箱式变压器
3 换热机组
4 软化水箱
5 软水器
6 排水明沟
7 换热间
8 预留安装孔

[2] 热力站

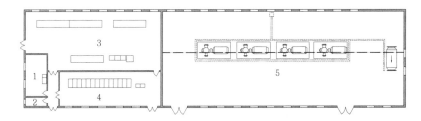

1 控制室 2 卫生间 3 低压配电室 4 高压配电室 5 中继泵房

[3] 中继泵站

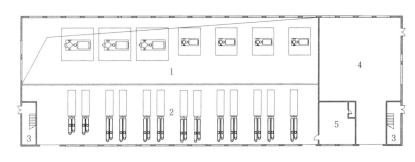

1 水泵间 2 换热间 3 楼梯间 4 水箱间 5 值班室

[4] 隔压泵站

市政建筑 [43] 城镇供热工程 / 实例

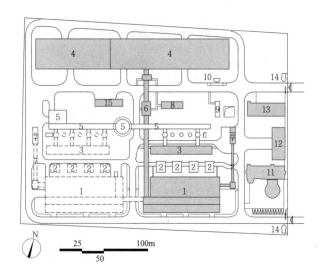

1 锅炉房　2 除尘器　3 引风机室　4 干煤棚　5 烟囱、烟道及脱硫设备间
6 备煤系统　7 除渣系统　8 输煤控制室　9 给水泵房及蓄水池　10 地磅房
11 综合楼　12 食堂　13 机修楼　14 传达室及大门　15 车库及值班室

a 总平面布置图

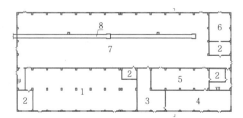

b 锅炉房±0.00m标高平面图

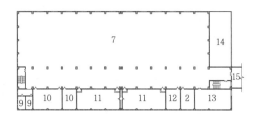

c 锅炉房6.00m标高平面图

d 锅炉房22.00m标高平面图

1 水处理间　10 化验室
2 值班室　11 控制室
3 变压器室　12 办公室
4 高压配电室　13 库房
5 低压配电室　14 屋面
6 配电室　15 连廊
7 锅炉间　16 上煤层
8 渣沟　17 输煤廊
9 卫生间

e 锅炉房剖面图

1 呼和浩特市辛家营热源厂

名称	呼和浩特市辛家营热源厂	供热面积	1250万m²
设计单位	中国市政工程华北设计研究总院有限公司	用地面积	约7.967hm²
规模	4台84MW燃煤热水锅炉（2013年）	建筑面积	38615m²

1 主厂房
2 引风机间
3 环保附属用房（上设置烟道）
4 污泥处理房
5 水泵房
6 煤库
7 转运站
8 输煤栈桥
9 渣库
10 尿素间
11 输渣栈桥
12 烟囱
13 辅助楼
14 变配电室
15 磅房、门卫
16 汽车磅
17 门卫

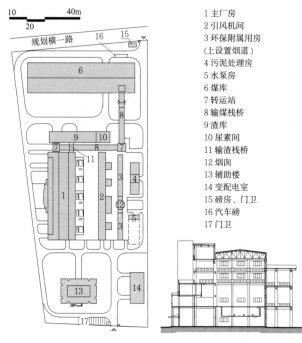

a 总平面布置图　　e 锅炉房剖面图

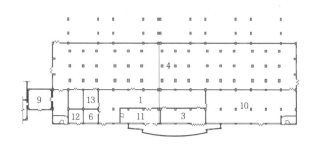

b 锅炉房±0.00m标高平面图

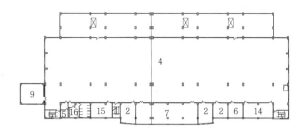

c 锅炉房7.00m标高平面图

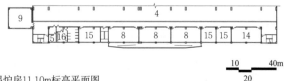

d 锅炉房11.10m标高平面图

1 水处理间　2 值班室　3 配电室　4 锅炉间　5 卫生间　6 化验室
7 控制室　8 办公室　9 库房　10 循环泵房　11 门厅　12 机房
13 储药间　14 小会议室　15 休息室　16 浴室

2 大兴新城康庄供热厂

名称	大兴新城康庄供热厂	用地面积	约4.135hm²
设计单位	北京市煤气热力工程设计院有限公司	建筑面积	20390m²
规模	5台70MW燃煤热水锅炉（2013年）		

实例 / 城镇供热工程 [44] 市政建筑

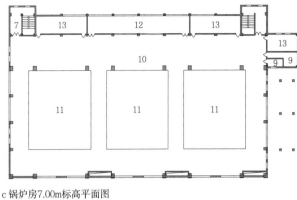

c 锅炉房7.00m标高平面图

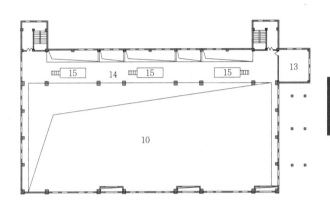

d 锅炉房14.00m标高平面图

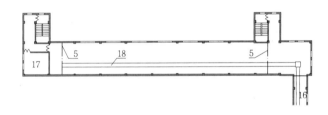

e 锅炉房24.60m标高平面图

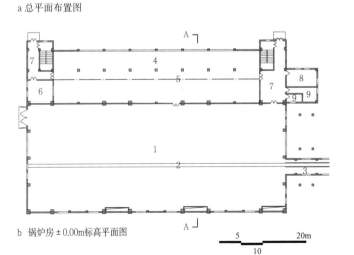

1 锅炉房　2 除尘器　3 引风机房　4 烟囱、烟道　5 转运楼　6 干煤棚
7 输煤廊　8 煤场　9 渣廊　10 渣场　11 地磅　12 门卫、磅房
13 门卫　14 配电室　15 综合办公楼　16 车库、仓库及机修　17 城市道路

a 总平面布置图

b 锅炉房±0.00m标高平面图

f 锅炉房A-A剖面图

1 设备间　2 渣沟　3 渣廊　4 水处理间　5 吊车　6 值班室
7 门厅　8 化验室　9 卫生间　10 锅炉间　11 锅炉　12 控制室
13 办公室　14 操作平台　15 钢平台　16 输煤廊　17 水箱间　18 输煤胶带

[1] 定西市新城区集中供热工程

名称	规模	用地面积	供热面积	建筑面积	设计单位
定西市新城区集中供热工程	3台58MW燃煤热水锅炉（2011）	约3.90hm²	330万m²	10300m²	中国市政工程西北设计研究院有限公司

539

市政建筑 [45] 城镇供热工程 / 实例

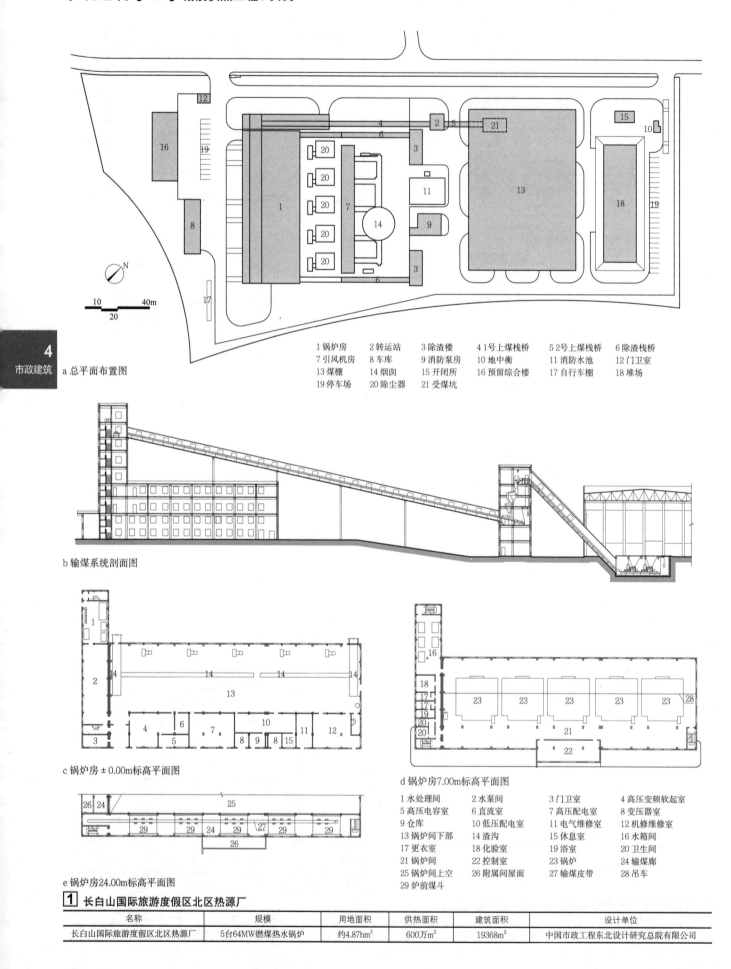

a 总平面布置图

1 锅炉房	2 转运站	3 除渣楼	4 1号上煤栈桥	5 2号上煤栈桥	6 除渣栈桥
7 引风机房	8 车库	9 消防泵房	10 地中衡	11 消防水池	12 门卫室
13 煤棚	14 烟囱	15 开闭所	16 预留综合楼	17 自行车棚	18 堆场
19 停车场	20 除尘器	21 受煤坑			

b 输煤系统剖面图

c 锅炉房±0.00m标高平面图

d 锅炉房7.00m标高平面图

1 水处理间	2 水泵间	3 门卫室	4 高压变频软起室
5 高压电容室	6 直流室	7 高压配电室	8 变压器室
9 仓库	10 低压配电室	11 电气维修室	12 机修维修室
13 锅炉房下部	14 渣沟	15 休息室	16 水箱间
17 更衣室	18 化验室	19 浴室	20 卫生间
21 锅炉	22 控制室	23 锅炉	24 输煤廊
25 锅炉房上空	26 附属间屋面	27 输煤皮带	28 吊车
29 炉前煤斗			

e 锅炉房24.00m标高平面图

1 长白山国际旅游度假区北区热源厂

名称	规模	用地面积	供热面积	建筑面积	设计单位
长白山国际旅游度假区北区热源厂	5台64MW燃煤热水锅炉	约4.87hm²	600万m²	19368m²	中国市政工程东北设计研究总院有限公司

实例 / 城镇供热工程 [46] 市政建筑

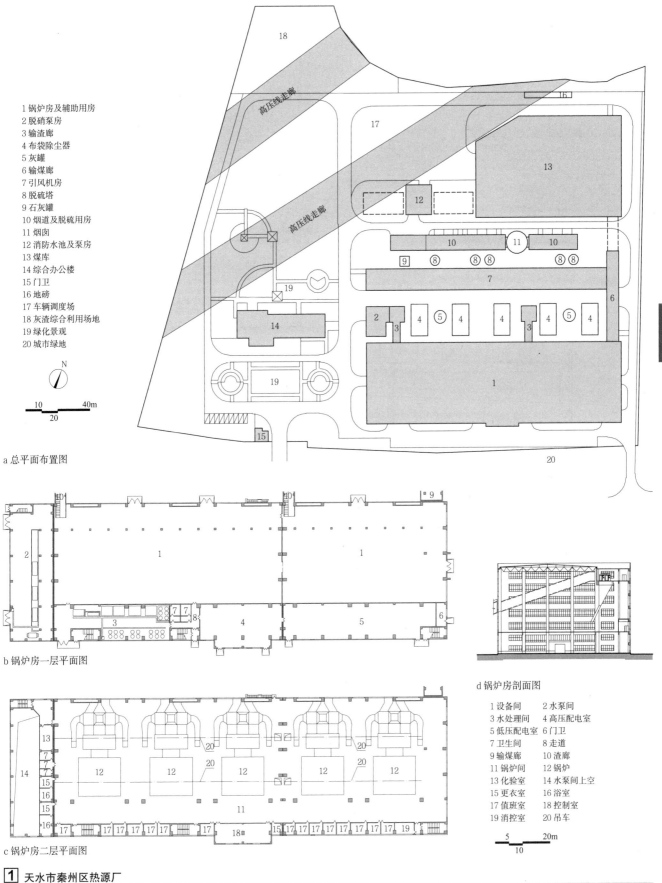

1 锅炉房及辅助用房
2 脱硝泵房
3 输渣廊
4 布袋除尘器
5 灰罐
6 输煤廊
7 引风机房
8 脱硫塔
9 石灰罐
10 烟道及脱硫用房
11 烟囱
12 消防水池及泵房
13 煤库
14 综合办公楼
15 门卫
16 地磅
17 车辆调度场
18 灰渣综合利用场地
19 绿化景观
20 城市绿地

a 总平面布置图

b 锅炉房一层平面图

c 锅炉房二层平面图

d 锅炉房剖面图

1 设备间　　2 水泵间
3 水处理间　4 高压配电室
5 低压配电室 6 门卫
7 卫生间　　8 走道
9 输煤廊　　10 渣廊
11 锅炉间　　12 锅炉
13 化验室　　14 水泵间上空
15 更衣室　　16 浴室
17 值班室　　18 控制室
19 消控室　　20 吊车

1 天水市秦州区热源厂

名称	规模	用地面积	建筑面积	设计单位
天水市秦州区热源厂工程	5台112MW燃煤热水锅炉	约6.76hm²	30756m²	中国市政工程西北设计研究院有限公司

市政建筑 [47] 城镇供热工程 / 实例

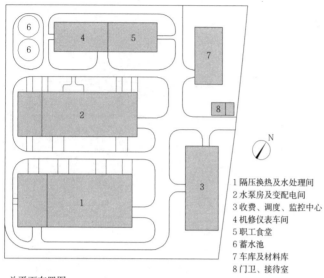

1 隔压换热及水处理间
2 水泵房及变配电间
3 收费、调度、监控中心
4 机修仪表车间
5 职工食堂
6 蓄水池
7 车库及材料库
8 门卫、接待室

a 总平面布置图

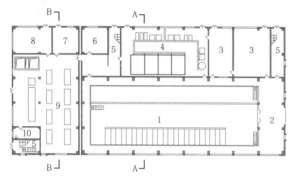

b 隔压换热及水处理间一层平面图

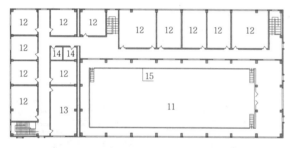

c 隔压换热及水处理间二层平面图

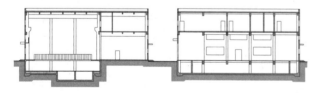

d A-A 剖面图　　e B-B 剖面图

1 隔压换热间　2 操作平台　3 值班室
4 水箱间　　　5 楼梯间　　6 水处理间值班室
7 电气室　　　8 水泵间　　9 水处理设备间
10 化验室　　　11 隔压换热间上空　12 办公室
13 会议室　　　14 卫生间　　15 栏杆

1 乌鲁木齐市南区热网工程隔压换热站

名称	乌鲁木齐市南区热网工程隔压换热站
设计单位	北京市煤气热力工程设计院有限公司

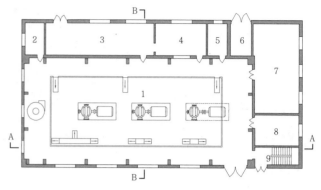

a 中继泵站平面图

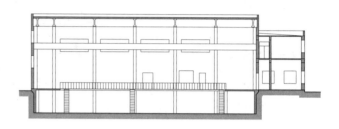

b 中继泵站A-A剖面图

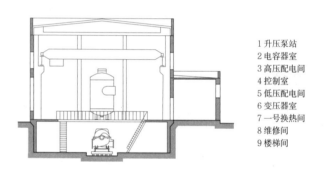

1 升压泵站
2 电容器室
3 高压配电间
4 控制室
5 低压配电间
6 变压器室
7 一号换热间
8 维修间
9 楼梯间

c 中继泵站B-B剖面图

2 通化市三期扩建供热工程

名称	通化市三期扩建供热工程
设计单位	中国市政工程东北设计研究院

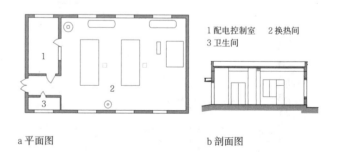

1 配电控制室　2 换热间
3 卫生间

a 平面图　　　b 剖面图

3 珲春市河南新区区域集中供热项目

名称	珲春市河南新区区域集中供热项目
设计单位	中国市政工程东北设计研究院

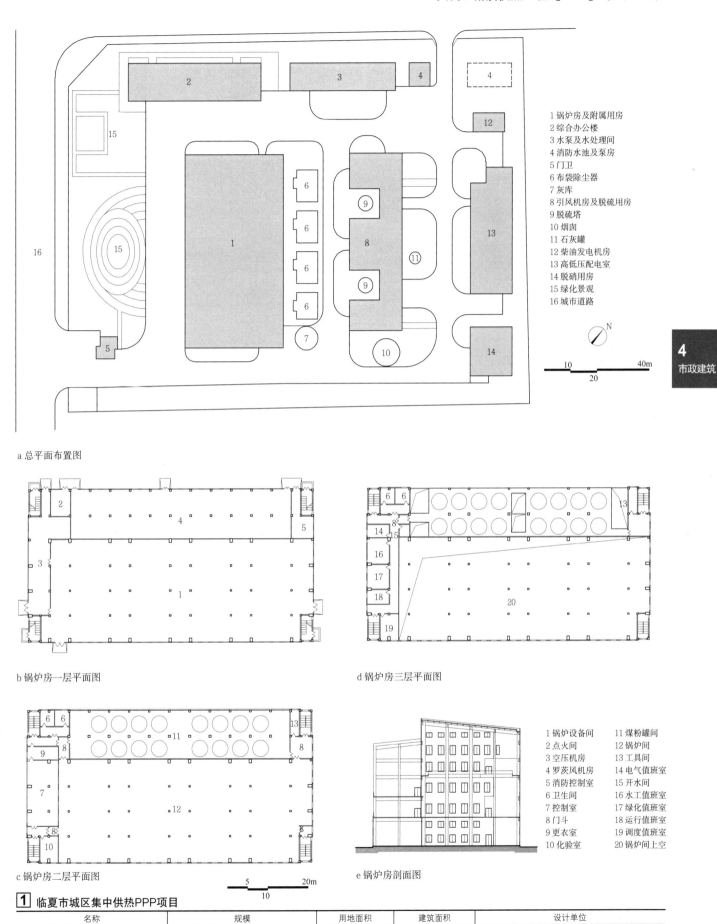

市政建筑 [49] 城镇供热工程 / 实例

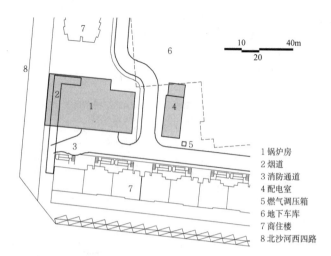

1 锅炉房
2 烟道
3 消防通道
4 配电室
5 燃气调压箱
6 地下车库
7 商住楼
8 北沙河西四路

a 总平面布置图

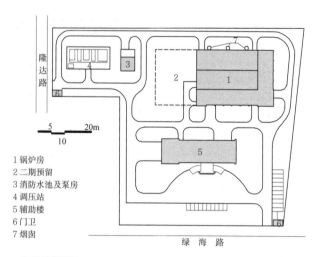

1 锅炉房
2 二期预留
3 消防水池及泵房
4 调压站
5 辅助楼
6 门卫
7 烟囱

a 总平面布置图

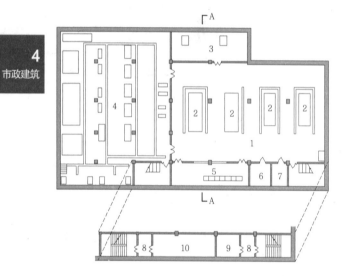

b 锅炉房地下平面图

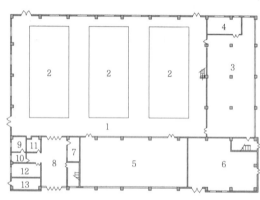

b 锅炉房一层平面图

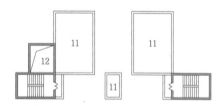

c 锅炉房地上平面图

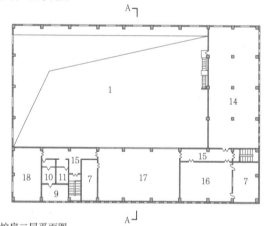

c 锅炉房二层平面图

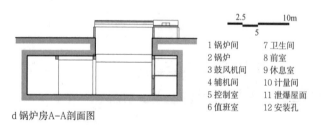

1 锅炉间　7 卫生间
2 锅炉　　8 前室
3 鼓风机间 9 休息室
4 辅机间　10 计量间
5 控制室　11 泄爆屋面
6 值班室　12 安装孔

d 锅炉房A-A剖面图

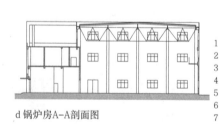

1 锅炉间　10 更衣室
2 锅炉　　11 厕所
3 水泵间　12 库房
4 空压机间 13 管道间
5 风机间　14 水处理间
6 低压配电室 15 走道
7 值班室　16 高压配电室
8 门厅　　17 控制室
9 浴室　　18 计量间

d 锅炉房A-A剖面图

1 地下燃气锅炉房

名称	沙河高教园住宅一期供热锅炉房
设计单位	北京市煤气热力工程设计院有限公司
规模	2台12.6MW+2台7MW燃气热水锅炉

2 地上燃气锅炉房

名称	大兴区庞各庄镇热源厂	用地面积	约3.03hm²
设计单位	北京市煤气热力工程设计院有限公司	建筑面积	5352m²
规模	3台58MW燃气热水锅炉		

功能

变电站也称为变电所，是电力系统中变换电压、接受和分配电能、控制电力流向和调整电压的电力设施。一般将大型变电所（35kV以上）称为变电站，10kV以下的变电所由于离用电户最近，称为用户变电所或变配电室。

类型

变电站按照电压等级可分为超高压（1000kV、750kV、500kV）变电站、高压（330kV、220kV、110kV、35kV）变电站和中压（10kV）变电所。

按其在电网中的作用可分为枢纽变电站、区域变电站、终端变电站、用户变电站、专用变电站（如工矿变电站和铁路变电站）等。

按其土建形式可分为全户外式、全户内式、半户内式和地下式。半户内式变电站一般将二次电压侧各设备置于户内，而将电力变压器、一次电压侧各设备置于户外；也可将电力变压器置于户外，其余设备均置于户内。

各电压等级变电站的结构形式　　　　　　　　　表1

变电站电压等级	用途	结构形式	备注
1000kV、750kV、500kV	枢纽变电站	全户外式	—
330kV、220kV	枢纽变电站区域变电站	全户外式、半户内式	—
110kV、35kV	终端变电站用户变电站	全户外式、半户内式、户内式	若地上无合适场地，经技术经济比较后可采用地下式
10kV	用户变电所	户内式、建筑附建式、箱式	若采用建筑附建式，宜置于建筑首层和地下一层

变电站主要设备和用地面积指标

变电站的主要设备有：馈线（进线、出线）和母线，隔离开关（接地开关），断路器，电力变压器（主变），电压互感器TV（PT），电流互感器TA（CT），防雷保护装置和调度通信装置等，有的变电站还有无功补偿设备。

电力变压器是变电站的核心设备，起变换电压的作用。变电站的主变台数常为2~3台，一般不超过4台。

35kV及以上电压等级变电站的面积指标可按表2选取。

10kV变电所是供配电网络末端最靠近用户的变配电设备，宜按照"小容量、多布点"原则设置。按其结构形式可分为独立式、建筑附建式和箱式（也称组合式）。其建筑面积、土建形式等与变压器台数和设备尺寸有关。变压器台数宜为两台，单台容量不宜超过1000kVA，用地面积一般十几至百余平方米。当用地紧张或选址困难时，可采用箱式变电所，占地面积约10m²。

35~500kV变电站用地面积指标　　　　　　　　　表2

序号	变压等级（kV）一次电压/二次电压	主变压器容量（MVA）/台（组）数	土建形式和用地面积（m²）		
			全户外式	半户外式	户内式
1	500/220	750~1500/2~4	25000~75000	12000~60000	10500~40000
2	330/220及330/110	120~360/2~4	22000~45000	8000~30000	4000~20000
3	220/110(66、35)	120~240/2~4	6000~30000	5000~12000	2000~8000
4	110(66)/10	20~63/2~4	2000~5500	1500~5000	800~4500
5	35/10	5.6~31.5/2~3	2000~3500	1000~2600	500~2000

注：1. 有关特高压变电站、换流站等设施建设用地，宜根据规划需求控制。此指标未包括厂区周围防护距离或绿化带用地，不含生活用地。
　　2. 表中数据摘自《城市电力规划规范》GB/T 50293—2014。

变电站选址要求和供电半径

1. 应置于城市边缘或外围，便于进出线。对于用电量大、负荷高度集中的城市中心高电力负荷密度区，经技术经济论证后，可由220kV或更高电压的电源变电站深入负荷中心供电。

2. 应避开易燃易爆设施，避开大气严重污染地段。

3. 应满足防洪、抗震等要求。220kV及以上变电站站址标高应高于当地百年一遇洪水水位，35~110kV变电站站址标高应高于当地五十年一遇洪水水位。变电站站址应有良好的工程地质条件，避开断层、滑坡、塌陷区等地段。

4. 不得布置在国家重点保护文化遗址或重要矿藏地区，并考虑对邻近风景名胜区、军事设施、通信设施、机场等的影响。

各电压等级变电站的合理供电半径可按表3选取。

各电压等级变电站的供电半径　　　　　　　　　表3

变电站电压等级（kV）	500	330	220	110	35	10
二次侧电压（kV）	330、220	220、110	110、35、10	35、10	10	0.4
合理供电半径（km）	200~300	100~200	50~100	15~50	5~15	0.25~8

总平面布置要求

1. 变电站总平面布置应尽量规整，并使站内工艺布置合理，功能分区明确，交通便利，节约用地。根据系统负荷发展要求，留有扩建余地。

2. 站区总平面宜将近期建设的建（构）筑物集中布置，以利分期建设和节约用地。城市地下（户内）变电站土建工程可按最终规模一次建设。

3. 变电站的主要生产及辅助（附属）建筑宜集中或联合布置。当与换流站合并建设时，可根据辅助（附属）建筑的性质、使用功能要求分类集中或联合布置在站前区。

4. 在兼顾出线规划顺畅、工艺布置合理的前提下，变电站应结合自然地形布置，尽量减少土（石）方量。当站区地形高差较大时，可采用台阶式布置。

5. 城市地下（户内）变电站与站外相邻建筑物之间应留有消防通道，消防车道的净宽度和净高度要满足《建筑设计防火规范》GB 50016的相关规定。

6. 扩建、改建的变电站宜充分利用原有建（构）筑物和设施，尽量减少拆迁，避免施工对已建设施的影响。

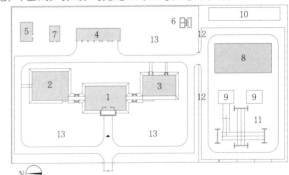

1 生产办公楼　2 宿舍　3 食堂　4 生产辅助用房　5 生活消防水泵房　6 污废水处理装置　7 油品库　8 电源综合配电室　9 主变压器　10 无功补偿装置　11 进线构架　12 围栅　13 铺地及绿化

[1] 某110kV变电站总平面布局图

市政建筑 [51] 变电站

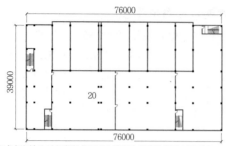

全户内式变电站地下室应考虑地下电缆层和相关设备的布置要求。
a −4.000m层平面布置图

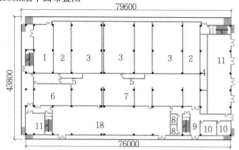

首层应根据主变压器的台数和容量，合理布局变压器间，以及散热器间、电容器室、限抗器室、110kV开关室、进出线电缆竖井和通风廊道等设备用房。同时宜考虑设置值班室、卫生间等辅助用房。
b ±0.000m层平面布置图

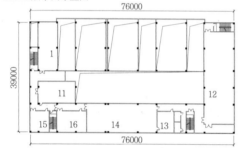

本层宜设置蓄电池室、二次设备室、计算机控制室、110kV GIS室等功能用房。
c 5.000m层平面布置图

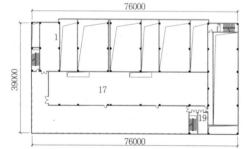

d 10.000m层平面布置图

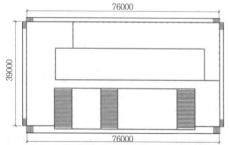

屋面应合理布置防雷装置、屋顶风机等设备，还应注意做好防渗漏设计。
e 屋顶平面布置图

1 某220kV全户内式终端变电站

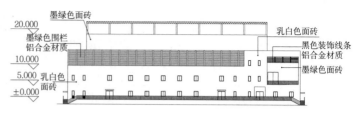

f 正立面图

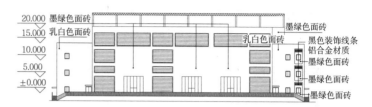

g 背立面图

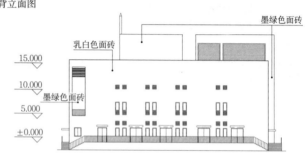

h 左立面图

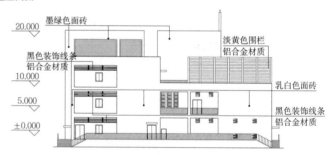

全户内式变电站的外立面应简洁明快，外形规整，颜色不宜过于厚重，建筑风貌与周边环境相协调。
i 右立面图

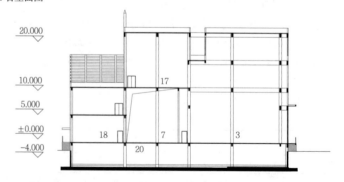

全户内式变电站的层高布置应考虑各电气设备和通风散热对净空的要求。
j 剖面图

1 电容器室	2 散热器间	3 变电器间	4 110kV电缆竖井及通风廊道
5 220kV电缆竖井及通风廊道	6 接地电阻接地成套装置室	7 限抗器室	
8 卫生间	9 门厅	10 值班室	11 并抗器室	12 110kV GIS室
13 计算机室	14 二次设备室	15 工具间	16 蓄电池室	17 220kV GIS室
18 10kV开关室及站用变电室	19 水泵房	20 地下室	

概述

1. 天然气门站是长输管线终点配气站，也是城市接收站，具有净化、调压、储存等功能。储配站不仅具备调峰功能，同时还具有调压功能。单一的天然气储配站很少，工程上往往通过在门站增加储气和加压的系统来实现储气调峰功能。

2. 门站是燃气经过长输管道输送到达下游系统的第一个工程设施。当城镇有两个或以上门站时，储配站宜与门站合建；当只有一个门站时，储配站宜根据燃气输配系统具体情况与门站均衡布置。

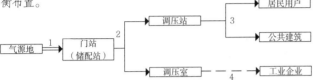

1 高压输线管　2 高—中压管道　3 中低压管道　4 用户专用管道

[1] 天然气供应系统示意图

选址原则

1. 站址选择应符合城市、镇总体规划要求，并得到有关主管部门的批准。

2. 站址应结合长输管线走向、燃气负荷分布、城镇布局等因素确定。

3. 门站应位于城镇边缘，四周空旷，并按照规范留有一定的安全距离；同时应避免废水和漏气对农业、渔业的污染。

4. 应具有适宜的地形、工程地质、供电、给排水和通信等条件；避免布置在容易被洪水淹灌的地区。

5. 应避开油库、铁路枢纽站、飞机场等重要目标。

6. 应少占农田、节约用地，并应注意与城市景观等协调。

7. 结合城市燃气远景发展规划，站址应留有发展余地。

天然气门站布置

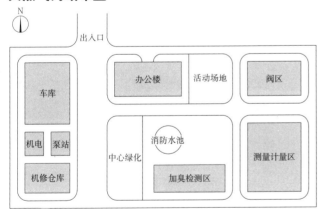

天然气门站站内包括阀区、调压站（室）废液处理区、仪表维修间、消防池（房）、办公（值班）室，有的还配有锅炉房、应急发电机房等。站内应建有通信、办公和生活设施，以及配备车库和必需的交通工具。

[2] 天然气门站平面布置示意图

天然气门站用地面积指标　　表1

设计接收能力（万m³/h）	≤5	10	50	100	150	200
用地面积（m²）	5000	6000~8000	8000~10000	10000~12000	11000~13000	12000~15000

注：1. 当设计接收能力与表中数值不同时，宜采用内插法确定用地面积。
2. 本表数据摘自《城镇燃气设计规范》GB 50028-2006。

燃气储配站布置

城镇天然气气源通过其他运输方式而不是长输管线，或只有一个门站时，需要单独设置燃气储配站。当城市供气量处于低峰负荷时，气源来的燃气经分离器分离后直接进入储气罐；城市用气量处于高峰负荷时，储气罐中的燃气则利用罐内压力输出，经调压器和流量计量后送入城市管网。

压缩天然气储配站的用地面积可按表2选取。

压缩天然气储配站用地指标　　表2

储罐容积（m³）	≤4500	4500~10000	10000~50000
用地面积（m²）	2000	2000~3000	3000~8000

注：本表数据摘自《城镇燃气规划规范》GB/T 51098-2015。

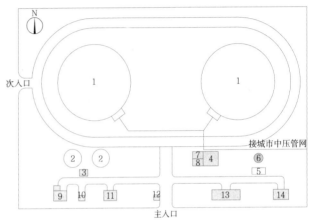

1 储气罐　　2 消防水池　　3 消防水泵房　　4 压缩机室　　5 循环水池
6 循环泵房　7 配电室　　　8 控制室　　　　9 锅炉房　　　10 食堂
11 办公室　12 门卫　　　　13 维修车间　　14 变配室

总平面宜采用分区布置，即分为生产区（包括储罐区、调压计量区、加压区等）和辅助区。站内的各建构筑物之间以及与站外建构筑物之间的防火间距，应符合现行国家标准《建筑设计防火规范》GB 50016和《石油化工企业设计防火规范》GB 50160的有关规定。站内建筑物的耐火等级不应低于现行国家标准《建筑设计防火规范》"二级"的规定。

站内露天工艺装置区边缘距明火或散发火花地点不应小于20m，距办公、生活建筑不应小于18m，围墙不应小于10m，与站内生产建筑的间距按工艺要求确定。储配站生产区应设置环形消防车通道，消防车通道宽度不应小于4m。

[3] 储配站平面布局示意图

储配站设计要点

储配站内的储气罐与站内的建、构筑物的防火间距应符合表3的规定。储配站内建、构筑物的耐火等级不应低于二级。

储罐的承重支架应进行耐火处理，使其耐火极限不低于115小时。

压缩机房、仪表室等易发生爆炸的区域，应设置防爆泄压构件，以满足泄压比。

储配站内储气罐的防火间距（单位：m）　　表3

储气罐总容积（m³）	≤1000	1000~10000	10000~50000	50000~200000	>200000
明火、散发火花地点	20	25	30	35	40
调压室、压缩机室、计量室	10	12	15	20	25
控制室、变配电室、汽车库等辅助建筑	12	15	20	25	30
机修间、燃气锅炉房	15	20	25	30	35
办公、生活建筑	18	20	25	30	35
消防泵房、消防水池取水口	20	20	20	20	20
站内道路（路边）	10	10	10	10	10
围墙	15	15	15	15	18

注：本表数据摘自《城镇燃气设计规范》GB 50028-2006。

市政建筑 [53] 燃气调压站

概述

燃气调压站是在城市燃气管网中起调压和稳压作用的设施，其主要设备是调压器。建筑形式可为地上独立式或地下式。

选址原则

1. 调压站供气半径以0.5km为宜，当用户分布较散或供气区域狭长时，可考虑适当加大供气半径。
2. 调压站应尽量布置在负荷中心，或靠近大用户。
3. 调压站应避开人流量大的地区，并尽量减少对景观环境的影响。
4. 调压站布局时应保证必要的防护距离。
5. 调压站为二级防火建筑，与周围建筑物、构筑物的安全净距见表1。

储气罐与站内的建、构筑物的水平间距（单位：m） 表1

设置形式	调压装置入口燃气压力级别	建筑物外墙面	重要公共建筑物	铁路（中心线）	城镇道路	公共电力变配电柜
地上单独建筑	高压(A)	18	30	25	5	6
	高压(B)	13	25	20	4	6
	次高压(A)	9	18	15	3	4
	次高压(B)	6	12	10	3	4
	中压(A)	6	12	10	2	4
	中压(B)	6	12	10	2	4
调压柜	次高压(A)	7	14	12	2	4
	次高压(B)	4	8	8	2	4
	中压(A)	4	8	8	1	4
	中压(B)	4	8	8	1	4
地下单独建筑	中压(A)	3	6	6	—	3
	中压(B)	3	6	6	—	3

注：本表数据摘自《城镇燃气设计规范》GB 50028-2006。

工艺流程

1. 单通道调压站

单通道调压站的工艺流程如 1 所示。此系统正常运行时，入口燃气经进口阀门及过滤器进入调压器，调压后的燃气经流量计及出口阀门送到管网。当维修时，可关闭进出口阀门，打开旁通阀，燃气由旁通管流出。当调压器出口压力过高时，安全阀启动，安全阀需手动复位。

2. 并联通道调压站

并联通道调压站的工艺流程，如 2 所示。主调压器4的给定出口压力略高于备用调压器8的给定出口压力，所以正常工作时，备用调压器8呈关闭状态。当正常工作的主调压器4发生故障时，使出口压力增加到超过允许范围，通过主子线供应的燃气被主调压器所附带的安全切断阀自动切断，致使出口压力降低，备用调压器8自行启动正常工作。

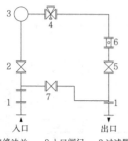

1 绝缘法兰　2 入口阀门　3 过滤器
4 带安全阀的调压器　5 出口阀门
6 流量计　7 旁通阀

1 单通道调压室流程图

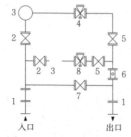

1 绝缘法兰　2 入口阀门　3 过滤器
4 正常工作主调压器　5 出口阀门
6 流量计　7 旁通阀　8 备用调压器

2 并联通道调压室流程图

调压器室的设计要点

调压室一般为地上独立建筑物，建筑面积15～40m²。如受条件限制，也可以是半地下或地下构筑物。当自然条件和周围环境许可时，调压设备可以露天布置，但应设围墙。

1. 地上调压站的建筑设计要求

建筑物耐火等级不应低于二级；调压室与毗连房间之间应用实体隔墙隔开；调压室应采取自然通风措施，换气次数每小时不应小于2次；无人值守的燃气调压室电气防爆等级应符合现行国家标准《爆炸和火灾危险环境电力装置设计规范》GB 50058"Ⅰ区"设计的规定；室内的地面应采用撞击时不会产生火花的材料；调压室应有泄压措施；调压室的门、窗应向外开启，窗应设防护栏和防护网；重要调压站宜设保护围墙。

2. 地下调压站的建筑设计要求

室内净高不应低于2m；宜采用混凝土整体浇筑结构；必须采取防水措施；在寒冷地区应采取防寒措施；调压室顶盖上必须设置两个呈对角位置的人孔，孔盖应能防止地表水浸入；室内地面应采用撞击时不产生火花的材料，并应在一侧人孔下的地坪设置集水坑。

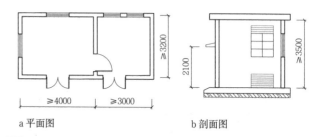

a 平面图　　　　b 剖面图

3 非供暖区某调压站（DN150）

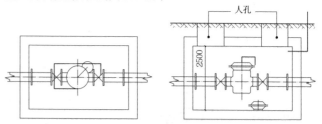

4 地下调压站（雷诺式）布置示意图

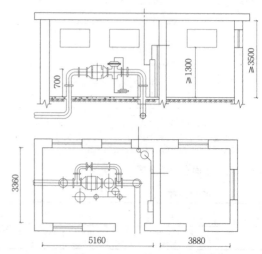

5 供暖地区调压站（雷诺式调压器）布置示意图

功能

为减少垃圾清运过程的运输费用,在垃圾产地(或集中地点)至垃圾处理场之间需设置垃圾转运站,也称垃圾中转站。收集垃圾后,换装至大型或其他运费较低的运载工具,运往垃圾处理场。密闭式垃圾压缩转运站可以大大降低运输量,同时减少环境污染。

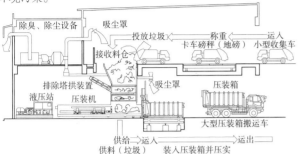

1 垃圾转运站工艺流程图

选址要求

1. 应符合城市总体规划和城市环境卫生行业规划的要求,宜选在靠近服务区域的中心或垃圾产量最多的地方。
2. 垃圾转运站应处于交通方便的位置,在具有铁路及水运便利条件的地方,当运输距离较远时,宜设置铁路及水路运输垃圾转运站。
3. 垃圾转运站不宜设置在交通量大的立交或平交路口。
4. 不宜设置在大型商场、影院院出入口等繁华地段,若必须选址于此类地段时,应对转运站进出通道的结构与形式进行优化或完善。
5. 不宜邻近学校、餐饮店等群众日常生活聚集场所。

垃圾转运车

转运站建筑与垃圾转运车的类型和尺寸有关。常见的垃圾转运车有密闭式和对接式,尺寸和载重量见 2 。

载重量:2800kg
车型尺寸(长×宽×高):
5960×1890×2180

载重量:495kg
车型尺寸(长×宽×高):
3950×1860×1480

载重量:2580kg
车型尺寸(长×宽×高):
6695×2300×2350

a 密闭式垃圾转运车

载重量:6500kg
车型尺寸(长×宽×高):
7060×3050×2500

载重量:3600kg
车型尺寸(长×宽×高):
5915×2380×2600

载重量:4500kg
车型尺寸(长×宽×高):
7220×2480×3100

b 对接式垃圾转运车

载重量:1230kg
车型尺寸(长×宽×高):
6530×2050×2400

载重量:7600kg
车型尺寸(长×宽×高):
6590×2090×2500

载重量:60000kg
车型尺寸(长×宽×高):
8585×2350×2860

c 压缩式垃圾转运车

2 常见垃圾转运车

规模设置与用地指标

垃圾转运站可按其转运能力划分为大、中、小型三大类,或Ⅰ、Ⅱ、Ⅲ、Ⅳ、Ⅴ五小类。新建的不同规模转运站的用地指标应符合表1的规定。

采用小型机动车运送垃圾时,转运站服务半径宜为3km以内,农村地区可合理增大运距;采用中型机动车运送垃圾时,可根据实际情况扩大服务半径。服务半径10~15km或运输距离超过20km,需设大中型转运站。

转运站主要用地指标和防护距离　　　　　　　　　　表1

类型		设计转运量(t/d)	用地面积(m²)	与相邻建筑间隔(m)	绿化隔离带宽度(m)
大型	Ⅰ类	1000~3000	15000~30000	≥30	≥20
	Ⅱ类	450~1000	10000~15000	≥20	≥15
中型	Ⅲ类	150~450	4000~10000	≥15	≥8
小型	Ⅳ类	50~150	1000~4000	≥10	≥5
	Ⅴ类	≤50	≤1000	≥8	≥5

注:1. 本表摘自《生活垃圾转运站技术规范》CJJ/T 47-2016。
2. 表内用地不含区域性专用停车场、专用加油站和垃圾分类、资源回收、环保教育展示等其他功能用地。
3. 乡镇建设的小型转运站,用地面积可上浮10%~20%。

总平面布置

1. 一般原则

垃圾转运站的总体布局应依据其规模、类型,综合工艺要求及技术路线确定。总平面布置应流程合理、布置紧凑,便于转运作业,有效抑制污染。同时,应利用地形、地貌等自然条件进行工艺布置。竖向设计应结合原有地形进行雨污水导排。

2. 布置要点

(1)垃圾转运站垃圾出入口应分开设置。
(2)办公区应与转运车间分离。
(3)转运站行政办公与生活服务设施用地面积宜为总用地面积的5%~8%。
(4)垃圾转运站应预留停车场,也可与环卫停车场合建。
(5)站内宜设置车辆循环通道或采用双车道及回车场;垃圾收集车与转运车的行车路线应尽量避免交叉。站内主要通道宽度不小于4m,大型转运站的主要通道宽度应适当加大。
(6)转运站的绿化率应为20%~30%,中型以上转运站可取大值;当地处绿化隔离带区域时,绿化率指标可取下限值。
(7)大型转运站可设置专用加油站。
(8)大型转运站宜设置机修车间,其他规模转运站可根据具体情况和实际需求考虑设置机修室。
(9)中小型转运站可根据需要设置附属式公厕,且宜与环卫作息点、工具房等环卫设施合建在一起。

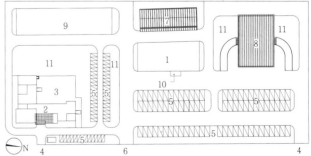

1 垃圾分选区　2 办公楼　3 活动场地　4 次入口　5 停车区　6 主入口
7 修车、洗车区　8 垃圾转运车间　9 专用加油区　10 地磅　11 绿化带

3 某大型垃圾转运站总平面图

市政建筑 [55] 垃圾转运站

转运车间设计要点

1. 转运车间是垃圾转运站的主体建筑，转运车间及卸、装料工位宜布置在场区内远离场前区建筑物的一侧。
2. 转运车间建筑宜造型简洁，色调明快，立面风格与周边建筑和环境相协调。
3. 建筑结构形式宜采用框架结构，同时应满足垃圾转运工艺及配套设备的安装、拆换与维护的要求。
4. 转运车间内外卸、装料工位应满足车辆回车要求；转运车间空间与面积均应满足车辆倾卸作业要求。
5. 转运车间应结合垃圾压实设备合理设计，尤其要满足设备对建筑净高的要求。
6. 转运车间应设计安装便于启闭的卷帘闸门，设置非敞开式通风口。车间内的辅助用房应单独设置门。
7. 转运车间地面和内墙面1.5m以下应做防腐处理，且应便于清洗。
8. 转运车间宜采用侧窗天然采光。采光设计应符合现行国家标准《建筑采光设计标准》GB 50033的有关规定。
9. 转运车间的消防设计和防雷设计应符合相关国家标准的有关规定。

设备与设施要求

1. 垃圾转运工艺应根据垃圾收集、运输、处理的要求及当地特点确定。
2. 转运站的转运单元数不应小于2，以保持转运作业的连续性或事故状态下的转运能力。
3. 机械设备及配套车辆的工作能力应按日有效运行时间和高峰期垃圾量综合考虑，并应与转运站及转运单元的设计规模（t/d）相匹配。
4. 应保证垃圾转运作业对污染实施有效控制或在相对密闭的状态下进行。垃圾卸料、转运作业区应强化密闭措施；应配置通风、降尘、除臭系统，并保持该系统与车辆卸料动作联动。大、中型转运站应设置独立的抽排风/除臭系统。
5. 垃圾卸料、转运作业区应设置车辆作业指示标牌、烟火管制提示、有毒有害气体提示等安全标识。填装、起吊、倒车等工位的相关设施、设备上应设置警示标识和(或)报警装置。
6. 机械设备的旋转件应设置防护罩，启闭装置应设置警示标识。
7. 转运站内应设置垃圾称重计量装置；计量设备宜选用动态汽车衡。
8. 应设置积污坑或沉沙井等设施，以收集生产作业过程产生的污水；同时应采取有效的污水处理或排放措施。
9. 转运站应配置必要的监控设备和通信设施；大型转运站应配备闭路监视系统、交通信号系统及电话/对讲系统等现场控制系统；有条件的可设置中央控制系统和信息化管理系统。
10. 转运站火灾危险性类别应属丁类，其灭火器配置应按轻危险级考虑；对于具有分类收集及预处理功能综合型转运站的可回收物储存间(室)等存放易燃物品的设施，火灾危险性类别应为丙类，其灭火器配置应按中危险级考虑。

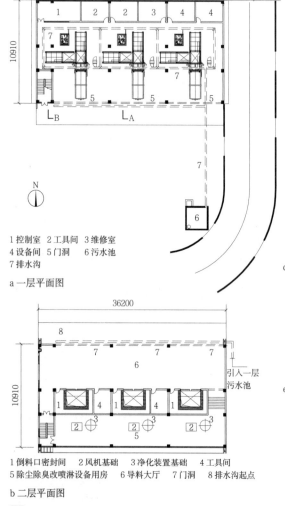

1 控制室　2 工具间　3 维修室
4 设备间　5 门洞　6 污水池
7 排水沟

a 一层平面图

1 倒料口密封间　2 风机基础　3 净化装置基础　4 工具间
5 除尘除臭改喷淋设备用房　6 导料大厅　7 门洞　8 排水沟起点

b 二层平面图

1 某转运车间

c 北立面图　　d 东立面图

e 南立面图　　f 西立面图

g A-A 剖面图　　h B-B 剖面图

概述

公共厕所分为固定式和活动式两种类别，固定式公共厕所包括独立式和附属式。本章研究对象为独立式公共厕所。

独立式公共厕所是指不依附于其他建筑物的固定式公共厕所。

规划原则

1. 公共厕所的选址：

选择公厕修建位置要明显、易找，便于粪便排入城市排水系统或便于机械抽运。

2. 公共厕所的用地范围：

距公厕外墙皮3m以内空地为公共厕所用地范围，如确因条件限制不能满足上述要求时，亦可靠近其他房屋修建。

3. 城市中应设置公共厕所的场所：

(1) 广场和主要交通干路两侧；
(2) 车站、码头、展览馆等公共建筑附近；
(3) 风景名胜古迹游览区、公园、市场、大型停车场、体育场（馆）附近及其他公共场所；
(4) 新建住宅区及老居民区。

4. 公共厕所设置标准（表1）：

不同城市用地类别公共厕所设置标准　　表1

城市用地类别	设置密度（座/km²）	设置间距（m）	建筑面积（m²/座）	用地面积（m²/座）	备注
居住用地	3~5	500~800	30~60	60~100	旧城区宜取密度的高限，新区宜取密度的低限
公共设施用地	4~11	300~500	50~120	80~170	人流密集区取高限密度、下限间距；人流稀疏区取低限密度、上限间距。商业用地宜取高限密度、下限间距。其他公共设施用地宜取中、低限密度，中、上限间距
工业用地仓储用地	1~2	800~1000	30	60	

注：1. 其他城市用地的公共厕所设置可按：
(1) 结合周边用地和道路类型综合考虑，若沿路设置，可按以下间距：主干路、次干路、有辅道的快速路：500~800m；支路、有人行道的快速路：800~1000m。
(2) 建筑面积根据服务人数确定。
(3) 用地面积根据建筑面积按照相应比例确定。
2. 用地面积不包含与相邻建筑物间的绿化隔离带用地。
3. 本表摘自《城市环境卫生设施规范》GB 50337-2003。

设计原则

1. 公共厕所的设计应以人为本，符合文明、卫生、方便、安全、节能原则。
2. 公共厕所外观和色彩设计应与环境协调。
3. 公共厕所的平面设计应进行功能分区，合理布置卫生洁具和洁具的使用空间，并应充分考虑无障碍通道和无障碍设施的配置。

分类

独立式公共厕所按周边环境和建筑设计要求分为一类、二类、三类，涉外单位可高于一类标准（表2）。

公共厕所分类及要求　　表2

类别	一类	二类	三类
设置区域	商业区、重要公共设施、重要交通客运设施、公共绿地及其他环境要求高的区域	城市主、次干路及行人交通量较大的道路沿线	其他街道
平面布置	大便间、小便间与洗手间应分区设置	大便间、小便间与洗手间宜分区设置；洗手间男女可共用	大便间、小便间宜分区设置；洗手间男女可共用
管理间（m²）	>6	4~6	<4；视条件需要设置
第三卫生间	有	视条件定	无
厕位面积指标（m²/位）	5~7	3~4.9	2~2.9
室内顶棚	防潮耐腐蚀材料吊顶	涂料或吊顶	涂料
室内墙面	贴面砖到顶	贴面砖到顶	贴面砖到1.5m或水泥抹面
清洁池	有，不暴露	有，不暴露	有
供暖	北方地区有	北方地区有	视条件需要设置或有防冻措施
空调（电扇）	空调（南方地区有，北方地区视条件定）	空调或电扇（南方地区有，北方地区视条件定）	电扇（南方地区有，北方地区视条件定）
大便厕位（m）	宽度：1.00~1.20 深度：内开1.50 外开1.30	宽度：0.90~1.00 深度：内开1.40 外开1.20	宽度：0.85~0.90 深度：内开1.40 外开1.20
大便厕位隔断板及门距地面高度（m）	1.80	1.80	1.50
坐、蹲便器	高档	中档	普通
小便器	半挂	半挂	不锈钢或瓷砖小便槽
便器冲洗设备	自动感应或人工冲便装置	自动感应或人工冲便装置	手动阀、脚踏阀、集中水箱自控冲水
无障碍厕位	有	有	有
无障碍小便厕位	有	有	有
无障碍厕所呼叫器	有	有	无
无障碍通道	有	有	视条件定
小便站位间距（m）	0.8	0.7	无
小便站位隔板（宽×高，m）	0.4×0.8	0.4×0.8	视需要定
儿童小便器	有	有	无
坐、蹲便扶手	有	有	无
厕位挂钩	有	有	无
手纸架	有	有	无
坐、蹲位废纸容器	有	有	有
洗手盆	有	有	有
儿童洗手盆	有	有	无
洗手液盒	有	有	无
烘手机	有	视需要定	无
面镜	有	有	无
除臭措施	有	有	有

注：1. 二类、三类分别为设置区域的最低标准。
2. 本表摘自《城市公共厕所设计标准》CJJ 14-2016。

总体要求

1. **室内净高：** 公共厕所室内净高不宜小于3.5m（设天窗时可适当降低）；室内地坪标高应高于室外地坪0.15m。
2. **通风及采光：** 公共厕所的建筑通风、采光面积与地面面积比应不小于1:8，如外墙侧窗采光面积不能满足要求时可增设天窗，南方可增设地窗。
3. **窗台高度：** 单层公共厕所窗台距室内地坪最小高度为1.80m；多层公共厕所上层窗台距楼面最小高度为1.50m。
4. 公共厕所应设置工具间，工具间面积为1~2m²。
5. **多层布局：** 男士小便间和无障碍厕位应设在底层。

市政建筑 [57] 公共厕所 / 设计要求

平面功能布局

公共厕所平面功能布局包括：主要功能区和辅助功能区。

主要功能区：包括男性如厕空间、女性如厕空间、盥洗室和专用厕所。

辅助功能区：包括管理间、工具间、入口门厅、小卖部、母婴室和公共休憩空间。

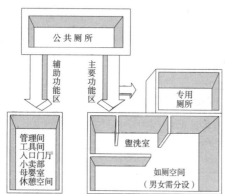

1 功能区构成示意图 ❶

平面设计要求

1. 入口大门应能双向开启。
2. 主要功能区宜将大便区、小便区、盥洗室分区设置。
3. 每个大便器应有一个独立的厕位间。
4. 当男、女厕所厕位分别超过20个时应设双出入口。
5. 厕所间：用于大小便、洗漱并安装了相应卫生洁具的房间，其平面净尺寸宜符合表1的规定，设计时应尽可能采用建筑模数尺寸。
6. 厕所内应分设男、女通道，在男、女进门处应设视线屏蔽。视线屏蔽设计中利用通道的设置来阻挡视线，可将该通道分为两种：全屏蔽通道和半屏蔽通道。全屏蔽通道是指厕所门外任意位置均不能看到厕所内任何设施 2 ；半屏蔽通道是指不能看到如厕空间设施，但能看到盥洗室设施。一类厕所应采用全屏蔽设计。

厕所间平面净尺寸（单位：mm） 表1

洁具数量	宽度	进深	备用尺寸
三件洁具	1200, 1500, 1800, 2100	1500, 1800, 2100, 2400, 2700	$n \times 100$ ($n \geq 9$)
二件洁具	1200, 1500, 1800	1500, 1800, 2100, 2400	
一件洁具	900, 1200	1200, 1500, 1800	

注：本表摘自《城市公共厕所设计标准》CJJ 14-2016。

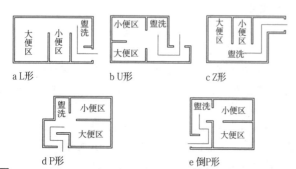

2 全屏蔽通道的五种形式 ❶

卫生设施的设置

1. 男女厕位的比例

（1）在人流集中的场所，女厕所与男厕所（含小便站位）的比例不应小于2∶1。

（2）在其他场所，男女厕位比例可按下式计算：$R=1.5w/m$，其中，R为女厕位数与男厕位数的比值；w为女性如厕测算人数，m为男性如厕测算人数。

2. 男女厕位的数量

（1）公共场所公共厕所厕位服务人数应符合表2的规定。

（2）公共厕所男女厕位（坐位、蹲位和站位）与其数量宜符合表3和表4的规定。

3. 公共厕所的男女厕所间应至少设1个无障碍厕位。

4. 固定式公厕应根据厕位数设置洗手盆，洗手盆数量设置要求应符合表5的规定。

5. 公共厕所应至少设置1个清洁池。

6. 一类固定式公共厕所及二级及以上医院的公共厕所应设置第三卫生间。

公共场所公共厕所厕位服务人数（单位：人/厕位·天） 表2

公共场所	厕位服务人数	
	男	女
广场、街道	500	350
车站、码头	150	100
公园	200	130
体育场外	150	100
海滨活动场所	60	40

注：本表摘自《城市公共厕所设计标准》CJJ 14-2016。

男厕位及数量 表3

男厕位总数（个）	坐位（个）	蹲位（个）	站位（个）
1	0	1	0
2	0	1	1
3	1	1	1
4	1	1	2
5~10	1	2~4	2~5
11~20	2	4~9	5~9
21~30	3	9~13	9~14

注：1. 本表摘自《城市公共厕所设计标准》CJJ 14-2016。
2. 表中厕位不含无障碍厕位。

女厕位及数量 表4

女厕位总数（个）	坐位（个）	蹲位（个）
1	0	1
2	1	1
3~6	1	2~5
7~10	2	5~8
11~20	3	8~17
21~30	4	17~26

注：1. 本表摘自《城市公共厕所设计标准》CJJ 14-2016。
2. 表中厕位不含无障碍厕位。

洗手盆数量设置要求 表5

厕位数（个）	洗手盆数（个）	备注
4以下	1	1. 男女厕所宜分别计算，分别设置；
5~8	2	
9~21	每增4个厕位增设1个	2. 当女厕所洗手盆数n≥5时，实际设置数N应按下式计算：$N=0.8n$
22以上	每增5个厕位增设1个	

注：1. 本表摘自《城市公共厕所设计标准》CJJ 14-2016。
2. 洗手盆为1个时可不设儿童洗手盆。

❶ 参考：建设部标准定额研究所.公共厕所设计导则.北京：中国建筑工业出版社，2008：78-81.

第三卫生间

第三卫生间是用于协助老、幼及行动不便者使用的厕所间。

第三卫生间应符合以下6条规定：

①位置宜靠近公共厕所入口，应方便行动不便者进入，轮椅回转直径不应小于1.50m；②内部设施宜包括成人坐便器、成人洗手盆、多功能台、安全抓杆、挂衣钩和呼叫器、儿童坐便器、儿童洗手盆、儿童安全座椅；③使用面积不应小于6.5m²；④地面应防滑、不积水；⑤成人坐便器、洗手盆、多功能台、安全抓杆、挂衣钩、呼叫按钮的设置应符合现行国家标准《无障碍设计规范》GB 50763的有关规定；⑥多功能台和儿童安全座椅应可折叠并设有安全带，儿童安全座椅长度为280mm，宽度宜为260mm，高度宜为500mm，离地高度宜为400mm。

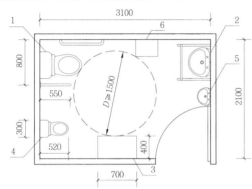

1 成人坐便器　2 成人洗手盆　3 可折叠的多功能台　4 儿童坐便器
5 儿童洗手盆　6 可折叠的儿童安全座椅

1 第三卫生间平面布置图❶

卫生洁具的平面布置

1. 公共厕所卫生洁具的使用空间应符合表1的要求。

2. 通道空间是进入某一洁具而不影响其他洁具使用者所需要的空间。通道空间宽度不应小于600mm。

3. 在洁具可能出现的每种组合形式中，一个洁具占用另外一个相邻洁具使用空间，重叠最大部分可以增加到100mm。平面组合可根据这一规定的数据设置。

4. 组合洗手盆相邻洁具空间应不小于65mm。

5. 在厕位隔间和厕所间内，应为人体的出入、转身提供必要的无障碍圆形空间，其空间直径应为450mm。

6. 在有坐便器的厕所间内设置洗手器具洁具时，厕所间的尺寸由洁具的安装、门的宽度和开启方式来决定。450mm的无障碍圆形空间不应被重叠使用空间占据。

7. 火车站、机场和购物中心宜在厕位隔间内提供900mm×350mm的行李放置区，行李放置区不应占据坐便器的使用空间。

8. 厕所间内走道宽度与厕位的布置形式有关。厕位的布置形式可分为单排和双排式两类。单排式是指一组厕位同方向布置，组内所有厕位的门朝同一方向；双排式是指一组厕位成对的相向布置，组内每个厕位的门朝对面厕位的门。厕内单排位外开门走道宽度宜为1300mm，不应小于1000mm；双排厕位外开门走道宽度宜为1500~2100mm；单组单排和双排内开门走道宽度均不得小于600mm。

❶摘自《城市公共厕所设计标准》CJJ 14—2016。

常用卫生洁具平面尺寸及使用空间要求　表1

洁具	平面尺寸（mm）	使用空间（宽×进深）（mm）
洗手盆	500×400	800×600
坐便器（低位、整体水箱）	700×500	800×600
蹲便器	800×500	800×600
卫生间便盆（靠墙式或悬挂式）	600×400	800×600
碗形小便器	400×400	700×500
水槽（桶清洁工用）	500×400	800×800
烘手器	400×300	650×600

注：1. 本表摘自《城市公共厕所设计标准》CJJ 14—2016。
2. 使用空间是指除了洁具占用的空间，使用者在使用时所需空间及日常清洁和维护所需空间。

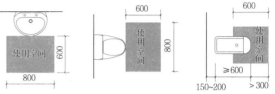

a 洗手盆人体使用空间　　b 坐便器人体使用空间　　c 蹲便器人体使用空间

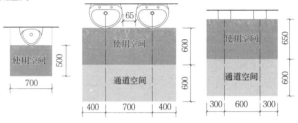

d 小便器人体使用空间　　e 组合式洗手盆人体使用空间　　f 烘手器人体使用空间

2 卫生洁具人体使用空间❶

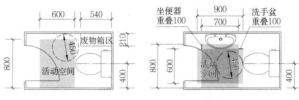

a 坐便器厕所间　　　　b 洁具平面组合使用空间重叠

3 内开门厕所间人体活动空间图❶

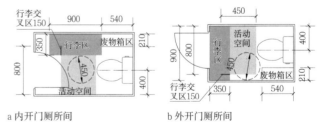

a 内开门厕所间　　　　b 外开门厕所间

4 坐便器带行李区厕所间人体活动图❶

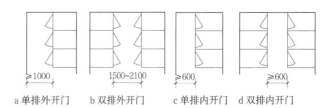

a 单排外开门　b 双排外开门　c 单排内开门　d 双排内开门

5 厕所间内走道宽度

通风

公共厕所通风一般分为自然通风、通风道通风和机械通风三种（表1）。

公共厕所通风类型   表1

类型	总体原则	技术策略
自然通风	厕所通风要优先考虑自然通风	尽量使厕所朝向纵轴垂直于夏季主导风向，同时综合考虑防止太阳辐射以及夏季暴雨的袭击
		优先考虑开设天窗，天窗的位置设在气流的负压区（1中轴线2位置）；为了避免出现空气倒灌现象，应在天窗外侧加设挡风板2。挡风板的高度不超过天窗檐口高度，离天窗距离$L = (1.1～1.5)h$为宜，挡风墙与开启面50～100mm，便于清理灰尘和积雪
		增大窗开启角度，改善厕所内的通风环境
		加大挑檐宽度导风入室
		应设通气管
通风道通风	公厕窗数量少、尺寸小或者不能设天窗时，应在公厕室内拐角处或者无设通风墙上增设通风道	夹皮墙通风道砌法3
		角甬道风道砌法4
		墙内埋管通风道砌法（墙厚大于240mm，通风管直径大于100mm）
机械通风	自然通风不能满足要求时应增设机械通风	通风量的计算根据厕位数以坐位、蹲位不小于40m³/h，站位不小于20m³/h，通风频率5次/h
		采用排风扇时，应将排风扇安在室内上部，外墙底部和门的下部留进风口，使空气良好对流

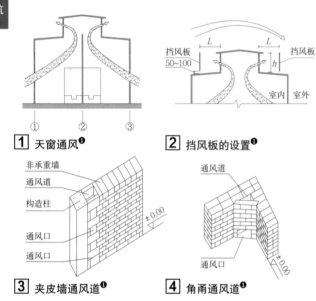

1 天窗通风❶　　2 挡风板的设置❶

3 夹皮墙通风道❶　　4 角甬通风道❶

照明

1. 公共厕所采用合理的空间布局方式，最大化地利用自然光线，并配备人造灯光照明系统。根据《建筑照明设计标准》GB 50034的有关规定，公厕照明强度不低于75lx。

2. 为节约能量，公厕照明应使用PIR感应系统，自动开启或关闭电灯。

水处理

1. 节水

采用节能、节水的洁具、设备和设施；中水回用，开发循环水，将污水处理、净化，利用循环水冲便。

2. 污水处理

排入市政下水道系统；使用净化槽（或化粪池）及土地处置法；建立粪便污水处理厂集中处理。

粪水处理

1. 公共厕所粪水排放方式优先采用直接排入市政污水管道的方式，其次采用经化粪池发酵沉淀后排入市政污水管道的方式。

2. 当不具备排入市政污水管道的条件时，应采用设贮粪池由粪车抽吸的排放方式。

3. 化粪池和贮粪池的设置要求：

（1）设置在人们不经常停留、活动之处，并应靠近道路以方便抽粪车抽吸；

（2）要求距离地下取水构筑物不得小于30cm，化粪池壁据其他建筑物外墙不宜小于5m，并不得影响建筑物基础（受条件限制时，在不影响建筑物基础的情况下，可酌情减少）；

（3）化粪池采用不透水材料建造，检查井、吸粪口要高出地面，以防雨水倾入；

（4）四壁和池底应做防水处理，池盖必须坚固（可能行车的位置）；

（5）化粪池要做好防臭构造和措施，保证室内卫生环境。

生态节能

1. 公厕建筑应体现生态节能建筑特色，利用太阳能解决冬季采暖、夏季降温问题。

2. 利用沼气发酵技术使得粪便达到无公害和资源化。

3. 生态公厕与普通公厕相比有三个特点：
①地下用沼气代替普通化粪池；②屋顶覆土种植果木花草和蔬菜；③墙体立面进行垂直绿化。

4. 生态公厕的类型见表2。

生态公厕的类型   表2

类型	分类	原理与组成
太阳能公厕		对建筑外墙进行保温，并把向阳墙做成集热墙，解决冬季供暖问题
免水冲洗厕所	无水打包型	其核心由可生物降解膜制成的包装袋、机械装置和储便桶三部分组成，将粪便集中打包处理
	免水生物处理制肥型	其核心是安装了一个生化反应器，反应器中有可定期补充的生物填料，降解粪便为有机肥，再次使用
循环水冲洗厕所	尿液单独处理	单独收集尿液，加入药剂去除异味后，回用于冲洗厕所
	粪尿混合处理	利用微生物的新陈代谢以及物理化学作用，完成对粪尿污染物的降解，最终转化为CO_2和水，再生出的清洁水回用于冲洗厕所或排入环境

卫生设备安装

1. 城市公共厕所的卫生设备安装时，严禁给水管道与排水管道直接连接。

2. 严禁采用再生水作为洗手盆的水源。

无障碍设计

1. 公共厕所要考虑无障碍设施的建设，应在设计和建设公共厕所的同时设计无障碍设施。

2. 无障碍厕位或无障碍专用厕所的设计应符合现行国家标准《无障碍设计规范》GB 50763的有关规定。

3. 公共厕所无障碍设计具体参照本资料集第8分册"无障碍设计"专题。

---

❶ 柴晓利，秦峰. 公厕设计与施工. 北京：化学工业出版社，2006.

概述

1. 消防站是保护城市消防安全的公共消防设施。建筑内部停放不同类型的消防车辆，储藏消防设施，同时驻有消防队员。
2. 消防站按照服务的区域可以分为一级消防站、二级消防站、特勤消防站；也可以根据服务的特殊单位分为水上消防站、航空消防站。
3. 消防站建设项目由房屋建筑、场地、人员配备等构成。房屋建筑包括：业务用房、辅助用房及其他附属用房。场地包括：业务训练区、体能训练区及其他活动区。消防站的装备由消防车辆（艇、直升机）、灭火器材、抢险救援器材、消防人员防护器材、通信器材、训练器材，以及营具和公众消防宣传教育设施等组成。

选址要求

消防站选址遵循"统一规划，分类建设，位置适中，便于出动"的原则。

1. 消防站设在辖区内适中位置。
2. 消防站设在临街地段。
3. 消防站尽量不要设在综合性建筑物中。

总平面布置原则

1. 消防站主体建筑距人员密集的公共场所不应小于50m。
2. 消防站场地周边有生产、贮存危险化学品单位时，消防站场地应设置在该单位常年主导风向的上风或侧风处，其边界距上述危险部位一般不宜小于200m，距危险化学品的输送管道不得小于35m。
3. 消防车主出入口处的城市道路两侧宜设置可控交通信号灯、标识标线或隔离设施等，30m以内的路段应设置禁止停车标识。
4. 消防站的大门应朝向城市道路。消防站车库与消防站大门朝向一致时，车库门至道路红线的距离不应小于25m，朝向不一致时，应满足大型消防车出动时转弯半径的要求（普通消防车的转弯半径为9m）。当临近城市快速干道时，消防站场地与城市干道之间宜设置绿化隔离带。
5. 消防支（大）队与消防中队集中布置时，两者宜以院落的形式相对独立布置，或采用两栋楼并列，以连廊的形式连接。两部分宜分别设置出入口，不宜采用同楼上下叠加的布置形式。
6. 有条件的地区，可将执勤楼、训练区、休闲区分区设计，宜结合雕塑等警营文化设施营造和谐的警营气氛。场地条件允许时，可结合景观、道路设置室外消防水池。
7. 营区建设应与营区文化环境相互融合，根据场地条件及地域特点建设荣誉墙、雕塑、休闲吧、休息亭及文化回廊等文化设施。
8. 消防站不应设在综合性建筑物中。在特殊情况下，设于综合性建筑物中的消防站应有独立的功能分区，独立的交通，独立的场地及出入口。
9. 消防站备勤室一般设置在二层及二层以下，不得设置在四层及四层以上。
10. 执勤楼宜采用坐南朝北的布置形式，战士宿舍应朝向南向，确保战士宿舍的日照与采光。

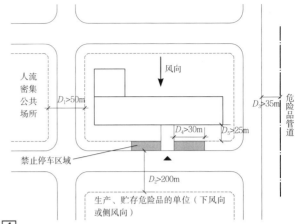

1 消防站总平面布局示意图

消防站用房面积（单位：m²）　　　　　　　　　　　表1

房屋类别	名称	消防站类别		
		普通消防站		特勤消防站
		一级普通消防站	二级普通消防站	
业务用房	消防车库	540~720	270~450	810~1080
	通信室	30	30	40
	体能训练室	50~100	40~80	80~120
	训练塔	120	120	210
	执勤器材库	50~120	40~80	100~180
	训练器材库	20~40	20	30~60
	被装营具库	40~60	30~40	40~60
	清洗室、烘干室、呼吸器充气室	40~80	30~50	60~100
	器材维修间	20	10	20
	灭火救援研讨、电脑室	40~60	30~50	40~80
	图书阅览室	20~60	20	40~60
	会议室	40~90	30~60	70~140
	俱乐部	50~110	40~70	90~140
	公众消防宣传教育用房	60~120	40~80	70~140
	干部备勤室	50~100	40~80	80~160
	消防员备勤室	150~240	70~120	240~340
辅助用房	财务室	18	18	18
	餐厅、厨房	90~100	60~80	140~160
	家属探亲用房	60	40	80
	浴室	80~110	70~110	130~150
	医务室	18	18	23
	心理辅导室	18	18	23
	晾衣室（场）	30	20	30
	贮藏室	40	30	40~60
	盥洗室	40~55	20~30	40~70
	理发室	10	10	20
	设备用房（配电室、锅炉房、空调机房）	20	20	20
	油料库	20	20	20
	其他	20	10	30~50
	合计	1600~2365	1120~1580	2440~3400

注：本表摘自《城市消防站设计规范》GB 51054-2014。

室外训练场地面积（单位：m²）　　　　　　　　　　　表2

消防站类别	普通消防站		特勤消防站
	一级普通消防站	二级普通消防站	
面积	2000	1500	2800

注：有条件的消防站，应设置宽度大于或等于15m，长度宜为150m的训练场地。

市政建筑 [61] 消防站 / 总平面布置

总平面功能示意

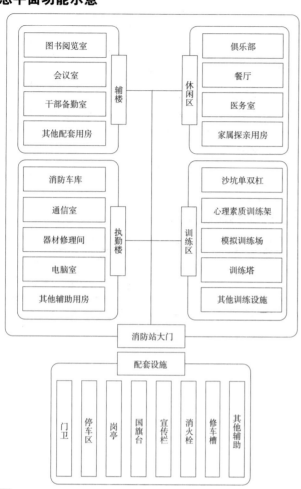

1 消防站总平面功能示意图

总平面示例

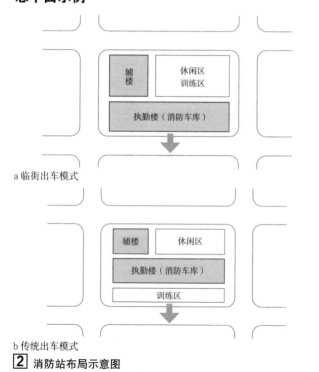

a 临街出车模式

b 传统出车模式

2 消防站布局示意图

1 门卫　2 人员出入口　3 车辆出入口　4 停车位　5 岗亭　6 国旗台　7 宣传栏
8 消火栓　9 修车槽　10 执勤楼　11 辅楼　12 辅楼出入口　13 通道
14 沙坑单双杠　15 心理素质训练架　16 模拟训练场　17 训练塔　18 跑道
a 消防站平面图一

1 门卫　2 人员出入口　3 车辆出入口　4 停车位　5 岗亭　6 国旗台　7 宣传栏
8 消火栓　9 修车槽　10 执勤楼　11 辅楼　12 辅楼出入口　13 通道
14 沙坑单双杠　15 心理素质训练架　16 模拟训练场　17 训练塔　18 跑道
b 消防站平面图二

1 门卫　2 人员出入口　3 车辆出入口　4 停车位　5 岗亭　6 国旗台　7 宣传栏
8 消火栓　9 修车槽　10 执勤楼　11 辅楼　12 辅楼出入口　13 通道
14 沙坑单双杠　15 心理素质训练架　16 模拟训练场　17 训练塔
c 消防站平面图三

3 总平面布局示例

备勤室

1. 备勤室应有通往车库的直接通道,通道净宽不应小于2.0m。
2. 备勤室单个房间床位数不宜超过8个,条件许可的情况下,宜在消防员备勤室设置独立的卫生间。
3. 备勤室单个房间床位布置尺寸应符合下列规定:
   (1) 两个单床长边之间的距离不应小于0.60m;
   (2) 两床床头之间的距离不应小于0.10m;
   (3) 两排床或床与墙之间的走道宽度不应小于1.20m。
4. 消防员备勤室应以班为单位,设置独立桌椅及衣柜,床位不宜一字排开。

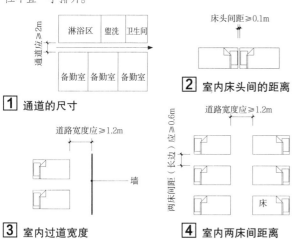

1 通道的尺寸
2 室内床头间的距离
3 室内过道宽度
4 室内两床间距离

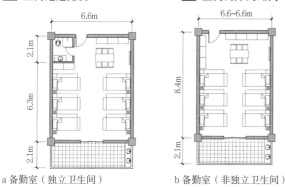

a 备勤室(独立卫生间)　　b 备勤室(非独立卫生间)

5 备勤室设置独立卫生间与非独立卫生间的尺寸示例

训练塔

1. 训练塔宜设在靠近训练场地尽端的部位。
2. 训练塔层数不应少于6层,特勤消防站和辖区内高层建筑物较多时,可增加训练塔层数。
3. 训练塔层高应为3.5m,首层层高应从室外地面算起。
4. 训练塔应设有净宽不小于0.7m的内楼梯。每层内侧应设宽度不小于1.5m的平台,顶层应设楼板。
5. 训练塔正面的窗口每层不应少于两个,窗口距塔边水平距离不应小于0.65m,窗间墙的宽度不应小于1.0m。
6. 训练塔窗口的尺寸为1.2m×1.8m,窗台板距该层地面的高度(含窗台板高度)应为0.8m。
7. 训练塔的窗台上应设有可更换的木质窗台板,窗台板宽度应为0.4m,窗台板突出前塔壁0.05m。训练塔塔壁上应设置木质垫板。
8. 训练塔宜设置室外消防梯。消防梯应通至训练塔顶,宜离地面3m高处设起,宽度不宜小于0.5m。
9. 训练塔顶部应设置绳索救援安全保护滑轮、安全钩、缓降器固定装置和绳索。
10. 训练塔应设置攀登墙角,并应安装避雷线、落水管。
11. 训练塔应设置绳索训练的固定锚点。锚点可以是梁、柱、楼梯栏杆或预埋的金属件。接触安全绳的部位宜采用木质材料。
12. 钢结构训练塔塔体材料应选用热镀锌材料或进行热喷涂等防锈、防腐处理。
13. 训练塔的正面应设置不小于50m×8m的训练跑道。
14. 有条件的地区,训练塔可建有模拟防盗门、卷帘门、防盗门网、电梯升降井、烟热训练室、低压配电室等训练设施,还可设置18m×18m的登高车操作场。

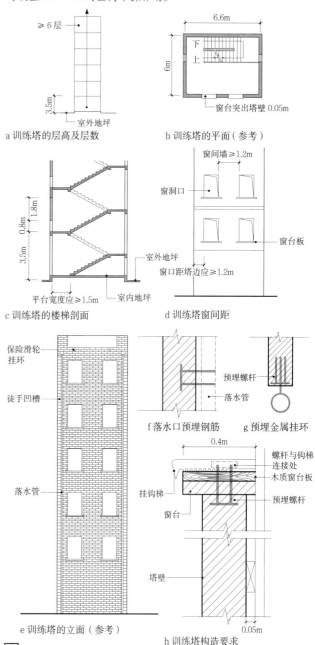

a 训练塔的层高及层数　　b 训练塔的平面(参考)
c 训练塔的楼梯剖面　　d 训练塔窗间距
e 训练塔的立面(参考)
f 落水口预埋钢筋　　g 预埋金属挂环
h 训练塔构造要求

6 训练塔的设计要求

市政建筑 [63] 消防站 / 消防车库

消防车库

1. 车库内消防车外缘之间的净距不应小于2.0m。
2. 消防车外缘至边墙、柱子表面的距离不应小于1.0m。
3. 消防车外缘至后墙表面的距离不应小于2.5m。
4. 消防车外缘至前门垛的距离不应小于1.0m。
5. 车库的净高不应小于4.5m，且不应小于所配最大车高加0.3m。
6. 消防车库门应按每个车位独立设置，门的宽度不应小于3.5m，高度不应小于4.3m。
7. 消防车库应设置1个修理间和1个检修地沟。修理间应用防火隔墙、防火门与其他部位隔开，且不宜靠近通信室。

消防车库作为整座消防站建筑的核心，柱网及层高对其余房间的尺寸起决定性作用。消防车的宽度和长度基本决定平面柱网的开间和深度，根据《城市消防站设计规范》GB 51054-2014的要求，消防站车与车间距≤2m，车两侧与柱（墙）表面≤1m、车后侧与墙表面≤2.5m。

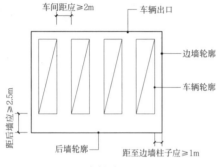

a 车库平面要求

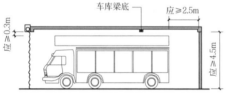

b 车库剖面要求

1 消防车库要求

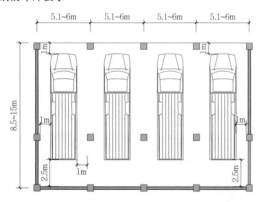

2 普通消防车库平面布置示意图

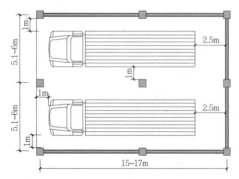

3 特勤消防车库平面布置示意图

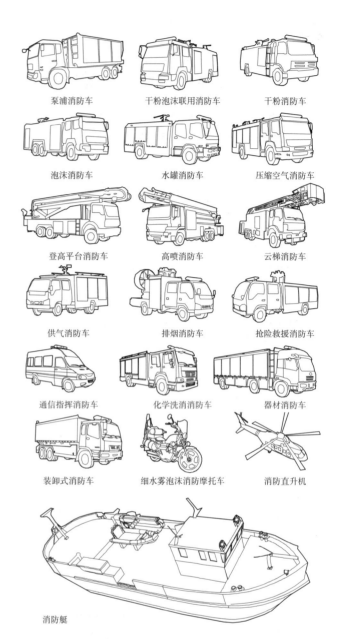

4 现有消防交通工具示例

目前国内除了以上诸多类型的消防车、船飞机等交通工具外，还有：专用于飞机失事火灾扑救的机场救援消防车；夜间发电照明用的照明消防车；公安、司法和消防系统特殊用途的勘察消防车；安装有大容量贮水罐的供水消防车，作为火场供水的后援车辆；专给火场输送补给泡沫液的供液消防车；配备担架、氧气呼吸器等医疗用品、急救设备的救护消防车；装备影视、录放音响进行防火宣传的宣传消防车；安装有高倍泡沫发生装置的高倍泡沫消防车。

国内部分消防车尺寸和重量　　表1

车型	长（m）	宽（m）	高（m）	重量（t）
101m登高平台消防车	16.3	2.50	4.00	62
78m登高平台消防车	15.90	2.50	3.90	50
68m登高平台消防车	13.80	2.50	3.90	41
55m直臂云梯消防车	12.00	2.50	3.95	30
33m高喷消防车	11.00	2.50	3.90	30
载液量18t重型罐类消防车	12.00	2.50	3.88	41
载液量3.5t中型罐类消防车	8.00	2.50	2.90	20
载液量3t轻型罐类消防车	6.65	2.20	3.17	10

注：本表摘自《汽车客运站级别划分和建设要求》JT/T 200-2004，并根据《交通客运站建筑设计规范》JGJ/T 60-2012编制。

实例 / 消防站 [64] 市政建筑

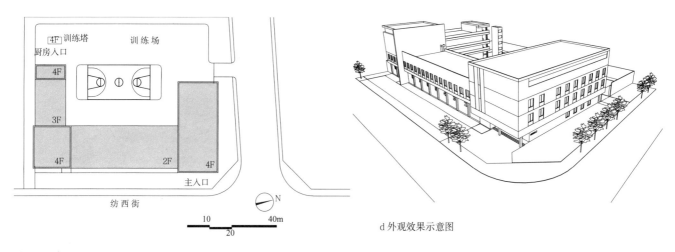

a 总平面示意图

d 外观效果示意图

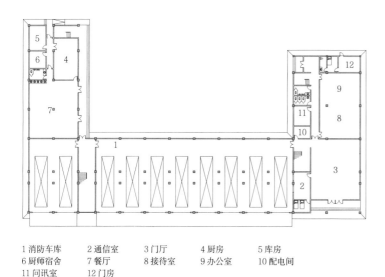

1 消防车库　2 通信室　3 门厅　4 厨房　5 库房
6 厨师宿舍　7 餐厅　8 接待室　9 办公室　10 配电间
11 问讯室　12 门房

b 一层平面图

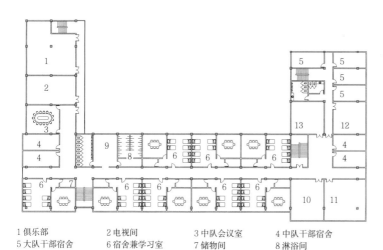

1 俱乐部　　　　2 电视间　　　　3 中队会议室　　4 中队干部宿舍
5 大队干部宿舍　6 宿舍兼学习室　7 储物间　　　　8 淋浴间
9 水房　　　　　10 办公室　　　 11 荣誉室　　　 12 档案室
13 灭火研讨室/电脑室

c 二层平面图

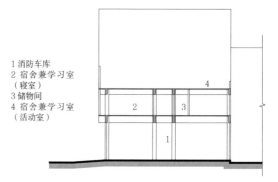

1 消防车库
2 宿舍兼学习室
　（寝室）
3 储物间
4 宿舍兼学习室
　（活动室）

e 剖面示意图一

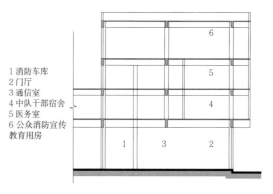

1 消防车库
2 门厅
3 通信室
4 中队干部宿舍
5 医务室
6 公众消防宣传
　教育用房

f 剖面示意图二

1 西安某消防站

名称	主要技术指标	类别	设计时间
西安某消防站	建筑面积6760m², 平均层数4层, 消防车位10辆, 总用地面积1hm², 建筑基地面积2119.2m², 道路广场面积3397.4m², 建筑密度30.2%, 容积率0.96, 绿地率21.3%	特勤	2009

该建筑采用U字形布局模式，主入口面向城市主要道路，次入口接消防站内院，采用框架结构，室内空间大小分隔满足各种功能的需求。在颜色上使用单一颜色，局部地方点缀以红色，着重突出消防站的特殊功能

注：以上指标不含训练塔及活动晾衣房，训练塔建筑面积约70m²。

市政建筑 [65] 消防站 / 实例

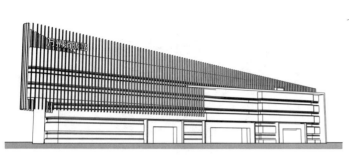

a 外观效果示意图

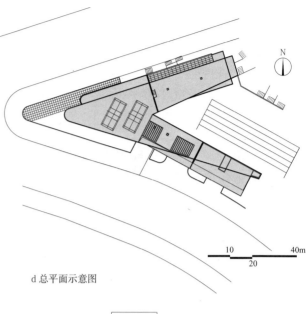

d 总平面示意图

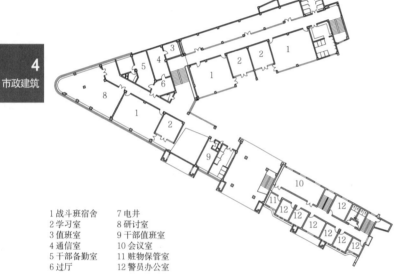

1 战斗班宿舍　7 电井
2 学习室　　　8 研讨室
3 值班室　　　9 干部值班室
4 通信室　　　10 会议室
5 干部备勤室　11 赃物保管室
6 过厅　　　　12 警员办公室

b 一层平面图

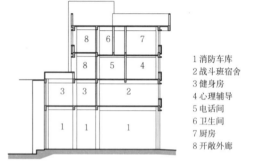

1 消防车库　　5 电话间
2 战斗班宿舍　6 卫生间
3 健身房　　　7 厨房
4 心理辅导　　8 开敞外廊

e 剖面示意图一

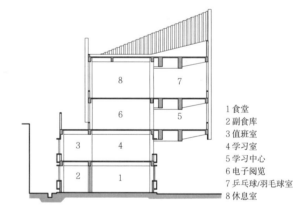

1 食堂　　　　5 学习中心
2 副食库　　　6 电子阅览
3 值班室　　　7 乒乓球/羽毛球室
4 学习室　　　8 休息室

f 剖面示意图二

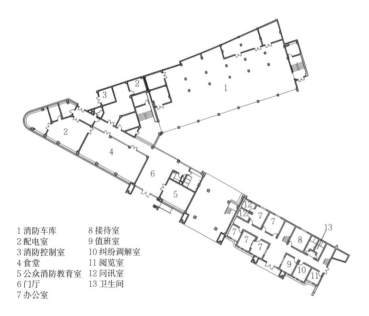

1 消防车库　　8 接待室
2 配电室　　　9 值班室
3 消防控制室　10 纠纷调解室
4 食堂　　　　11 阅览室
5 公众消防教育室 12 问讯室
6 门厅　　　　13 卫生间
7 办公室

c 二层平面图

1 重庆某消防站

名称	主要技术指标	类别	设计时间
重庆某消防站	建筑面积5411m²，平均层数5层，消防车位5辆，总用地面积0.43hm²，建筑密度37.2%，绿地面积1024m²，建筑基地面积1757.4m²，容积率1.2，绿地率24%	特勤	2012

该建筑采用V字形的布局模式，主入口面向城市主要道路，次入口接消防站内部路。建筑采用框架结构，因地就势，其背后（西北侧）设计有0.5m高的混凝土挡墙。在颜色上以白色和红色为主，着重突出消防站的特殊功能。

注：以上指标不含训练塔及活动晾衣房，训练塔建筑面积约170m²。

附录一 第7分册编写分工

编委会主任：朱小地、刘克成
　　副主任：邵韦平、刘杰、许迎新、李岳岩

编委会办公室主任：方志萍、刘江峰、张娟、冯璐、张天琪

项目		编写单位	编写专家
1 交通建筑	主编单位	北京市建筑设计研究院有限公司	主编：邵韦平 副主编： 王晓群、郭建祥、李敏、李春舫
	联合主编单位	华东建筑集团股份有限公司	
	参编单位	大连市建筑设计研究院有限公司、 中交水运规划设计院有限公司、 中国中元国际工程有限公司、 中国民航机场建设总公司、 中南建筑设计院股份有限公司、 中铁第四勘察设计院集团有限公司、 北京市市政工程设计研究总院有限公司、 北京市轨道交通设计研究院有限公司、 北京交科公路勘察设计研究院有限公司、 北京建筑大学建筑与城市规划学院、 北京城建设计发展集团股份有限公司、 西安建筑科技大学建筑学院、 悉地国际设计顾问（深圳）有限公司、 清华大学建筑设计研究院有限公司、 深圳怡丰自动化科技有限公司	
交通建筑总论	主编单位	北京市建筑设计研究院有限公司	主编：邵韦平
总论		北京市建筑设计研究院有限公司	邵韦平、李树栋、黄墨
公路客运站	主编单位	北京市建筑设计研究院有限公司	主编：刘晓征
概述·规模测算		北京市建筑设计研究院有限公司	刘晓征、方志萍
总体规划·站型选择			
车、人流线及站前区设计			
功能布局与进站厅			
站主体设计			
站台雨棚、落客区、驻车场、辅助区及引导信息系统设计			
实例			
铁路旅客车站	主编单位	中南建筑设计院股份有限公司	主编：李春舫
概述		中南建筑设计院股份有限公司	李春舫、 唐文胜、熊伟
设计原则与基本房间组成		中南建筑设计院股份有限公司	李春舫、程飞、徐陈壮
站房规模		中铁第四勘察设计院集团有限公司	盛晖、马小红、余文彬
总体流线分析		中南建筑设计院股份有限公司	唐文胜、熊伟
总体规划		西安建筑科技大学建筑学院、 中南建筑设计院股份有限公司	陈静、李小龙、 王力、陈琨
换乘交通规划		西安建筑科技大学建筑学院、 中南建筑设计院股份有限公司	陈静、程飞、 徐陈壮
车站广场		中南建筑设计院股份有限公司	李春舫、程飞、王力
接驳道桥·高架桥		中南建筑设计院股份有限公司	王力、程飞
站房功能流线		华东建筑集团股份有限公司华东建筑设计研究总院	章菊新、刘尚飞
进站集散厅		北京市建筑设计研究院有限公司	焦力、李晓冉
售票厅			
候车区			
出站集散厅		华东建筑集团股份有限公司华东建筑设计研究总院	章菊新、刘尚飞
客运作业用房·设备用房·行包房		中铁第四勘察设计院集团有限公司	盛晖、余文彬、黄智勤
商业服务用房		中南建筑设计院股份有限公司	李春舫、张继

项目		编写单位	编写专家
站场		中铁第四勘察设计院集团有限公司	盛晖、马小红、余文彬
站场跨线设施·站台雨棚		中铁第四勘察设计院集团有限公司	盛晖、马小红、余文彬
结构·设备		北京市建筑设计研究院有限公司	焦力、李晓冉
综合防灾·无障碍设计		华东建筑集团股份有限公司华东建筑设计研究总院	陈雷、刘尚飞
室内环境·室内装饰		中南建筑设计院股份有限公司	李春舫、程飞、王力
引导标识与商业广告		北京市建筑设计研究院有限公司	焦力、李晓冉
列车编组		中铁第四勘察设计院集团有限公司	余文彬
实例1		中铁第四勘察设计院集团有限公司	盛晖、刘云强、黄咏梅
实例2		北京市建筑设计研究院有限公司、中铁第四勘察设计院集团有限公司	焦力、李晓冉、盛晖、陈学民
实例3		中国建筑设计院有限公司	李维纳
实例4		华东建筑集团股份有限公司华东建筑设计研究总院	陈雷、华绚
实例5		中南建筑设计院股份有限公司	王力、陈琨、徐陈壮
实例6		中铁第四勘察设计院集团有限公司	盛晖、张燕镭、沈学军
实例7		中铁第四勘察设计院集团有限公司、中南建筑设计院股份有限公司	盛晖、刘云强、唐文胜、熊伟
实例8		中南建筑设计院股份有限公司	程飞、陈琨、徐陈壮
实例9		华东建筑集团股份有限公司华东建筑设计研究总院、北京市建筑设计研究院有限公司	章菊新、刘尚飞、焦力、刘晓征、李晓冉
实例10		中南建筑设计院股份有限公司	陈琨、徐陈壮
实例11		中南建筑设计院股份有限公司	唐文胜、万倩
实例12		中南建筑设计院股份有限公司	陈琨、徐陈壮
港口客运站	主编单位	大连市建筑设计研究院有限公司	主编：乔松年
概述		华东建筑集团股份有限公司上海建筑设计研究院有限公司	庞均薇
规划设计·总平面设计		华东建筑集团股份有限公司上海建筑设计研究院有限公司	庞均薇、邓置宇
站前广场			
国内航线站房区		大连市建筑设计研究院有限公司	乔松年、夏云峰
国际航线站房区		中交水运规划设计院有限公司	钟诚
客运、货运滚装码头			
辅助设计		大连市建筑设计研究院有限公司	周立安
实例		大连市建筑设计研究院有限公司、华东建筑集团股份有限公司上海建筑设计研究院有限公司	乔松年、夏云峰、邓置宇、周永华
民用机场	主编单位	北京市建筑设计研究院有限公司	主编：王晓群
概述		中国民航机场建设总公司	孙伟、李杰
总体规划			
飞行区规划			
机坪布局			
航站楼构型		中国民航机场建设总公司	孙伟、田韧
陆侧交通		北京市建筑设计研究院有限公司、北京市市政工程设计研究总院有限公司	李树栋、李巍
交通换乘中心·机场宾馆·冷源和热源供应中心		华东建筑集团股份有限公司华东建筑设计研究总院	郭建祥、夏崴、陆燕、王瑞
航站楼指标测算		北京市建筑设计研究院有限公司	王晓群、田晶
航站楼功能流程设计		北京市建筑设计研究院有限公司	王晓群、李树栋
航站楼流程参数			
航站楼剖面设计			
办票大厅			
安检区		北京市建筑设计研究院有限公司	王晓群、毛文清
国际联检区			
候机厅·卫生间		北京市建筑设计研究院有限公司	王晓群、李树栋
登机桥		北京市建筑设计研究院有限公司	王晓群、毛文清

项目		编写单位	编写专家
行李提取大厅和迎客大厅		北京市建筑设计研究院有限公司	王晓群、李树栋
行李系统		北京市建筑设计研究院有限公司、中国中元国际工程有限公司	李树栋、王捷
行李处理机房·旅客捷运			
标识系统		北京市建筑设计研究院有限公司	王晓群、田晶
航站楼商业服务设施		华东建筑集团股份有限公司华东建筑设计研究总院	郭建祥、张宏波、夏崴、陈晓维
航站楼贵宾服务设施		华东建筑集团股份有限公司华东建筑设计研究总院	郭建祥、张宏波、夏崴、阳旭
无障碍设计和室内环境设计		华东建筑集团股份有限公司华东建筑设计研究总院	郭建祥、夏崴、张宏波、阳旭
防火和防灾		华东建筑集团股份有限公司华东建筑设计研究总院	陆燕、张嗣栋、周健、张宏波
机电专业设计·结构专业设计		华东建筑集团股份有限公司华东建筑设计研究总院	陆燕、张耀康、陈新、吴文芳
塔台		中国民航机场建设总公司	孙伟、田韧
实例1		北京市建筑设计研究院有限公司	李树栋、任广璨
实例2		北京市建筑设计研究院有限公司	李树栋、黄墨
实例3		北京市建筑设计研究院有限公司	李树栋、任广璨
实例4		华东建筑集团股份有限公司华东建筑设计研究总院	郭建祥、夏崴、王寅璞、阳旭
实例5		华东建筑集团股份有限公司华东建筑设计研究总院	郭建祥、夏崴、阳旭、汪园、王文婷
实例6		北京市建筑设计研究院有限公司	李树栋、黄墨
实例7		北京市建筑设计研究院有限公司	李树栋、任广璨
实例8		北京市建筑设计研究院有限公司	李树栋、黄墨
实例9~10		北京市建筑设计研究院有限公司	李树栋、任广璨
实例11		北京市建筑设计研究院有限公司	李树栋、黄墨
实例12		北京市建筑设计研究院有限公司	李树栋、任广璨
实例13		华东建筑集团股份有限公司华东建筑设计研究总院	郭建祥、夏崴、阳旭
实例14~16		北京市建筑设计研究院有限公司	李树栋、赵阳
城市轨道交通	主编单位	北京城建设计发展集团股份有限公司、北京市轨道交通设计研究院有限公司	主编：李敏、沈绶章、曹宗豪
定义与分类		北京城建设计发展集团股份有限公司、北京市轨道交通设计研究院有限公司	曹宗豪、高楠、刘明
常用车辆		北京城建设计发展集团股份有限公司	郭泽阔
线网与站位		北京城建设计发展集团股份有限公司	贺鹏
车站概述		北京城建设计发展集团股份有限公司	曹宗豪、高楠
车站形式及选择			
车站结构选型		北京城建设计发展集团股份有限公司	曹宗豪
车站规模与乘客流线		北京城建设计发展集团股份有限公司	高灵芝
车站站厅		北京城建设计发展集团股份有限公司	曹宗豪
车站站台			
车站空间及剖面		北京城建设计发展集团股份有限公司	高灵芝
车站管理和设备用房		北京市轨道交通设计研究院有限公司	邱蓉
车站附属建筑		北京城建设计发展集团股份有限公司、北京市轨道交通设计研究院有限公司	曹宗豪、于海霞
换乘车站		北京城建设计发展集团股份有限公司、北京市轨道交通设计研究院有限公司	曹宗豪、张继菁
地下空间综合开发一体化		北京城建设计发展集团股份有限公司、北京市轨道交通设计研究院有限公司	曹宗豪、刘明
车站环境		北京城建设计发展集团股份有限公司、北京市轨道交通设计研究院有限公司	沈绶章、刘明
车站装饰		北京城建设计发展集团股份有限公司、北京市轨道交通设计研究院有限公司	赵亮、刘明
车站防灾		北京市轨道交通设计研究院有限公司	张继菁

项目		编写单位	编写专家
指挥控制中心		北京城建设计发展集团股份有限公司	郑飞霞
综合车辆基地		北京城建设计发展集团股份有限公司	崔屹
实例		北京城建设计发展集团股份有限公司	曹宗豪、高楠、朱新北
综合客运交通枢纽	主编单位	华东建筑集团股份有限公司华东建筑设计研究总院	主编：郭建祥
定义与分类		华东建筑集团股份有限公司华东建筑设计研究总院、 北京市市政工程设计研究总院有限公司	郭建祥、夏威、 赵新华
选址及规划要点		华东建筑集团股份有限公司华东建筑设计研究总院	郭建祥、夏威、阳旭
设施布局·客流预测		华东建筑集团股份有限公司华东建筑设计研究总院、 北京市市政工程设计研究总院有限公司	郭建祥、夏威、 赵新华、高翔
客运车流组织		北京市市政工程设计研究总院有限公司	赵新华、高翔
客运人流组织		北京市市政工程设计研究总院有限公司、 华东建筑集团股份有限公司华东建筑设计研究总院	赵新华、高翔、 郭建祥、夏威、胡实、沈爽之
换乘空间1		北京城建设计发展集团股份有限公司、 华东建筑集团股份有限公司华东建筑设计研究总院、 北京市市政工程设计研究总院有限公司	金路、卢齐南、牛彤 郭建祥、夏威、 赵新华
换乘空间2		北京城建设计发展集团股份有限公司、 华东建筑集团股份有限公司华东建筑设计研究总院、 北京市市政工程设计研究总院有限公司	金路、卢齐南、牛彤 郭建祥、夏威、王岱琳、 赵新华
换乘空间3		北京城建设计发展集团股份有限公司、 华东建筑集团股份有限公司华东建筑设计研究总院、 北京市市政工程设计研究总院有限公司	金路、卢齐南、 郭建祥、夏威、郭芳、 赵新华
标识系统整合·系统防灾·控制管理中心		华东建筑集团股份有限公司华东建筑设计研究总院、 北京城建设计发展集团股份有限公司	郭建祥、夏威、周健、 金路、卢齐南
实例1 实例2		华东建筑集团股份有限公司华东建筑设计研究总院	郭建祥、夏威、阳旭、赵欣雯、 杨柳
实例3		北京市市政工程设计研究总院有限公司	马珂、顾伟
实例4		华东建筑集团股份有限公司华东建筑设计研究总院	郭建祥、夏威、阳旭、来洁人、 张启龙
实例5		北京城建设计发展集团股份有限公司	张建蔚、胡小雨、夏梦丽、牛彤
实例6		北京城建设计发展集团股份有限公司	卢齐南、牛彤
实例7		北京市市政工程设计研究总院有限公司	马珂、郝珊珊
实例8		北京市市政工程设计研究总院有限公司	马珂、郝珊珊
实例9		华东建筑集团股份有限公司华东建筑设计研究总院	郭建祥、夏威、许师师、陈巧萌
实例10 实例11		北京市市政工程设计研究总院有限公司	郝珊珊、顾伟
停车场库	主编单位	北京市建筑设计研究院有限公司	主编：王哲
概述		北京市建筑设计研究院有限公司	王哲、杨翊楠
机动车场库		北京市建筑设计研究院有限公司、 北京建筑大学建筑与城市规划学院	王哲、杨翊楠、 马英
机动车库1~4		北京市建筑设计研究院有限公司	王哲、杨翊楠
机动车库5~8		北京市建筑设计研究院有限公司、 悉地国际设计顾问（深圳）有限公司	王哲、杨翊楠、 钱平、李秉渊
机械车库1		北京城建设计发展集团股份有限公司、 深圳怡丰自动化科技有限公司、 北京建筑大学建筑与城市规划学院	刘阳、 李文涛、 马英、李雯
机械车库2~4		北京城建设计发展集团股份有限公司、 深圳怡丰自动化科技有限公司	刘阳、张立超、 李文涛
机动车停车场1		北京建筑大学建筑与城市规划学院	马英、晁军、李雯

项目		编写单位	编写专家
机动车停车场2		北京建筑大学建筑与城市规划学院	马英、俞天琦、王晨曦
非机动车停车场库		清华大学建筑设计研究院有限公司	姚红梅、王宇婧
机动车基本尺寸1		北京建筑大学建筑与城市规划学院	马英、姜雪薇、晁军
机动车基本尺寸2		北京建筑大学建筑与城市规划学院	马英、俞天琦、宋晓梦
实例1~11		悉地国际设计顾问（深圳）有限公司、北京市建筑设计研究院有限公司	钱平、李秉渊、柏啸天、王哲、杨翊楠
实例12~14		北京城建设计发展集团股份有限公司、深圳怡丰自动化科技有限公司	刘阳、张立超、李文涛
实例15		北京建筑大学建筑与城市规划学院	马英、李雯、姜雪薇
实例16		北京建筑大学建筑与城市规划学院	马英、李雯、王晨曦
实例17		清华大学建筑设计研究院有限公司	姚红梅、王宇婧
高速公路服务设施及收费天棚	主编单位	北京交科公路勘察设计研究院有限公司	主编：谢海明
服务设施		北京交科公路勘察设计研究院有限公司	谢海明、王静、李晓伟、翟凤娇、徐寅
收费天棚		北京交科公路勘察设计研究院有限公司	干小东、李楠
公交车站	主编单位	北京市市政工程设计研究总院有限公司	主编：赵新华
概述		北京市市政工程设计研究总院有限公司	赵新华、高翔、马珂、顾伟、郝珊珊、刘亚珊
中途站			
枢纽站			
首末站·出租车站			
快速公交车站			
站台			
实例			
2 物流建筑	主编单位	中国中元国际工程有限公司	主编：霍丽芙 副主编：颜骅、袁波、赵京成、肖院花
	联合主编单位	华东建筑集团股份有限公司	
	参编单位	中交第三航务工程勘察设计院有限公司、中国五洲工程设计集团有限公司、中国铁路设计集团有限公司、华商国际工程有限公司、交通运输部公路科学研究院	
概述	主编单位	中国中元国际工程有限公司	主编：霍丽芙
定义·分类·等级划分		中国中元国际工程有限公司	霍丽芙
通用设计要求	主编单位	中国中元国际工程有限公司	主编：赵京成、杨丰
功能与建筑组成		中国中元国际工程有限公司	肖院花、刘静祎、吕红伟
设计要点·面积、容积计算·存储、作业划分		中国中元国际工程有限公司	霍丽芙、赵京成、杨丰
建筑形式		中国中元国际工程有限公司	赵京成、杨丰、刘静祎、吕红伟
建筑空间尺度·门窗		中国中元国际工程有限公司	赵京成、杨丰、刘静祎
站台·通道·地面		中国中元国际工程有限公司	杨丰、刘静祎、吕红伟
建筑安全		中国中元国际工程有限公司	霍丽芙、刘静祎
节能环保		中国中元国际工程有限公司	杨丰、肖院花、刘静祎
消防1		中国中元国际工程有限公司	霍丽芙、杨丰、肖院花、刘静祎
消防2		中国中元国际工程有限公司、华东建筑集团股份有限公司华东都市建筑设计研究总院	霍丽芙、肖院花、刘静祎、颜骅
消防3		中国中元国际工程有限公司	霍丽芙、肖院花、刘静祎
口岸货物监管设施1		中国中元国际工程有限公司	霍丽芙、杨丰、刘静祎
口岸货物监管设施2		中国中元国际工程有限公司	霍丽芙、赵京成、刘静祎
总平面与规划	主编单位	中国中元国际工程有限公司	主编：蒋清
场地选择		中国中元国际工程有限公司	蒋清
总平面设计		中国中元国际工程有限公司	蒋清、高长发
围网·卡口		中国中元国际工程有限公司	蒋清
竖向设计1		中国中元国际工程有限公司	蒋清、高长发
竖向设计2		中国中元国际工程有限公司	蒋清
道路与停车		中国中元国际工程有限公司	蒋清、高长发

项目		编写单位	编写专家
物流园规划1~3		中国中元国际工程有限公司	蒋清、刘佳
物流园规划4		中国中元国际工程有限公司	蒋清
物流园规划5		中国中元国际工程有限公司	蒋清、刘佳
实例1		中国中元国际工程有限公司	蒋清
实例2		中国中元国际工程有限公司	蒋清、刘佳
港口物流	主编单位	中交第三航务工程勘察设计院有限公司	主编：李浩
分类与功能		中交第三航务工程勘察设计院有限公司	李浩、林碧香
总平面设计			
建筑设计			
内陆海关监管点			
集装箱堆场			
实例			
公路物流	主编单位	交通运输部公路科学研究院	主编：耿蕤
概述		交通运输部公路科学研究院	耿蕤
总平面布置		交通运输部公路科学研究院	耿蕤
库（棚）设施		交通运输部公路科学研究院	张世华
场地设施			
场地设施•生产辅助和生活服务设施		交通运输部公路科学研究院	陈秀东
实例1		交通运输部公路科学研究院	路琦
实例2~3		交通运输部公路科学研究院	石凌
铁路物流	主编单位	中国中元国际工程有限公司	主编：施春燕
概述及设计要点		中国铁路设计集团有限公司、中国中元国际工程有限公司	曾祥根、刘静祎
线路布局、竖向及接轨形式			
集装箱货场		中国铁路设计集团有限公司、中国中元国际工程有限公司	曾祥根、王立强、刘静祎
散货货场			
实例		中国中元国际工程有限公司	施春燕、靳丹
航空物流	主编单位	中国中元国际工程有限公司	主编：沈利华
概述		中国中元国际工程有限公司	沈利华
航空货运站			
航空快件与邮件转运站		中国中元国际工程有限公司	沈利华
航空物流园			
实例1~3		中国中元国际工程有限公司	刘尚春
实例4~6		中国中元国际工程有限公司	邢美芳
交易型物流建筑	主编单位	华东建筑集团股份有限公司华东都市建筑设计研究总院	主编：颜骅
定义		华东建筑集团股份有限公司华东都市建筑设计研究总院	颜骅、孙峰、曹梦思
规模控制•选址		华东建筑集团股份有限公司华东都市建筑设计研究总院	颜骅、曹梦思、刘伟杰
总体设计原则•功能区构成		华东建筑集团股份有限公司华东都市建筑设计研究总院	颜骅、孙峰
总体交通组织		华东建筑集团股份有限公司华东都市建筑设计研究总院	颜骅、章卓、禹超瑾
总体布局•主入口布局		华东建筑集团股份有限公司华东都市建筑设计研究总院	颜骅、孙峰、李平
总体布置实例1~2		华东建筑集团股份有限公司华东都市建筑设计研究总院	颜骅、胡佳宁、曹梦思
总体布置实例3		华东建筑集团股份有限公司华东都市建筑设计研究总院	颜骅、孙峰、刘伟杰
总体布置实例4		华东建筑集团股份有限公司华东都市建筑设计研究总院	颜骅、沈黄荣、李平
总体布置实例5		华东建筑集团股份有限公司华东都市建筑设计研究总院	颜骅、顾绍东
总体布置实例6		华东建筑集团股份有限公司华东都市建筑设计研究总院	颜骅、曹小恒、刘学真

项目	编写单位	编写专家
常见类型	华东建筑集团股份有限公司华东都市建筑设计研究总院	颜骅、禹超瑾、章卓、曹梦思
常见类型实例	华东建筑集团股份有限公司华东都市建筑设计研究总院	颜骅、曹小恒、刘学真
社会物流服务　　主编单位	中国中元国际工程有限公司、华商国际工程有限公司	主编：袁波、赵彤宇
概述	中国中元国际工程有限公司	袁波、弥珊
货物代理型1~2	中国中元国际工程有限公司	袁波、弥珊
货物代理型3	中国中元国际工程有限公司	袁波、弥珊、李杨
综合服务型1	中国中元国际工程有限公司	袁波、刘尚春、李杨
综合服务型2	中国中元国际工程有限公司	袁波、刘尚春
综合服务型3	华东建筑集团股份有限公司上海建筑设计研究院有限公司	颜骅、钟瑜、何晟
综合服务型4	中国中元国际工程有限公司	袁波、刘尚春
商品物流中心1	华商国际工程有限公司	赵彤宇、徐琪
商品物流中心2	华商国际工程有限公司	徐琪
商品物流中心3	中国中元国际工程有限公司	袁波、刘尚春
物资储备库　　主编单位	华商国际工程有限公司、中国中元国际工程有限公司	主编：赵彤宇、袁波
定义与分类•建筑标准•综合物质储备库•棉花储备库	华商国际工程有限公司	赵彤宇、徐琪
糖储备库•粮食储备库•粮食筒仓	华商国际工程有限公司	赵彤宇、徐琪
应急物资储备库	中国中元国际工程有限公司	袁波、白露露
实例1	华商国际工程有限公司	徐琪、白文荟
实例2	中国中元国际工程有限公司	袁波、周慧秀
实例3~4	中国中元国际工程有限公司	袁波、白露露
专自用物流建筑　　主编单位	中国中元国际工程有限公司、中国五洲工程设计集团有限公司	主编：陈卫国、董霄龙、朱为振
概述	中国中元国际工程有限公司	陈卫国
设计要点	中国中元国际工程有限公司	陈卫国
机械电子类1	中国中元国际工程有限公司	吕红伟、陈卫国
机械电子类2	中国中元国际工程有限公司	吕红伟、靳丹
机械电子类3	中国中元国际工程有限公司	陈卫国、靳丹
机械电子类4	中国中元国际工程有限公司	靳丹、陈卫国
企业自用小型油化库（非危险品）	中国中元国际工程有限公司	陈卫国、安家惠、靳丹
烟草物流　　主编单位	中国五洲工程设计集团有限公司	主编：董霄龙、朱为振
烟草物流	中国五洲工程设计集团有限公司	朱为振、刘宏澍、曹虎、李正刚、王烨晨
冷链物流建筑　　主编单位	华商国际工程有限公司	主编：赵彤宇
概述与工艺流程	华商国际工程有限公司	赵彤宇、徐琪
冷库		
制冷间•冰库•冻结间•制冷机房		
实例		
行业危险物品存储　　主编单位	中国中元国际工程有限公司	主编：陈卫国
概述	中国中元国际工程有限公司	陈卫国、吕红伟
设计要点		
化学危险品安全储存规定	中国中元国际工程有限公司	陈卫国、安家惠、吕红伟
化学危险品库1	中国中元国际工程有限公司	陈卫国、周慧秀
化学危险品实例2~3	中国中元国际工程有限公司	陈卫国、安家惠、周慧秀
民用爆炸危险品存储　　主编单位	中国五洲工程设计集团有限公司	主编：闫磊、朱景来
概述•小型库	中国五洲工程设计集团有限公司	朱景来、李正刚、王烨晨
小型库		
地面库		
烟花爆竹库		
洞库		
覆土库		

项目		编写单位	编写专家
立体库	主编单位	中国中元国际工程有限公司	主编：李志辉
概述		中国中元国际工程有限公司	李志辉、刘新力、阎路辉、吕红伟
货架形式		中国中元国际工程有限公司	刘新力、阎路辉
货架及安装要求		中国中元国际工程有限公司	李志辉、刘新力
高架仓库设计要点		中国中元国际工程有限公司	李志辉、刘新力
实例1~2		中国中元国际工程有限公司	刘新力、阎路辉
实例3		中国中元国际工程有限公司	肖院花、刘新力
管理与支持服务	主编单位	中国中元国际工程有限公司	主编：赵京成、刘静祎
概述		中国中元国际工程有限公司	赵京成、刘静祎
建筑设计·实例			
实例1~4		中国中元国际工程有限公司	赵京成、王治
常用资料	主编单位	中国中元国际工程有限公司	主编：肖院花
危险物品储藏温湿度及消防方法		中国中元国际工程有限公司	肖院花、吕红伟
危险化学品临界量·重大危险源辨识		中国中元国际工程有限公司	肖院花
物料堆积		中国中元国际工程有限公司	肖院花、吕红伟
货物重量换算·集装器标准规格		中国中元国际工程有限公司	肖院花
常用货运车辆		中国中元国际工程有限公司	肖院花、刘静祎
常用搬运车辆		中国中元国际工程有限公司	肖院花
常用起重机			
3 工业建筑	主编单位	西安建筑科技大学建筑学院	主编：万杰 副主编：王长刚、李大为、晁阳
	联合主编单位	中国中元国际工程有限公司、 哈尔滨工业大学建筑学院	
	参编单位	中冶京诚工程技术有限公司、 中国电子工程设计院、 中国昆仑工程有限公司、 中国京冶工程技术有限公司、 中国航空规划设计研究总院有限公司、 中铁华东指挥部、 中煤西安设计工程有限责任公司、 北京市工业设计研究院、 西安建筑科技大学土木工程学院、 西安建筑科技大学环境与市政工程学院、 泰康上海地产公司设计部	
总论	主编单位	西安建筑科技大学建筑学院	主编：万杰
概述·设计原则·分类·采光设计		西安建筑科技大学建筑学院	万杰、刘玉川
防火设计			
工业园区	主编单位	西安建筑科技大学建筑学院	主编：段德罡
定义·发展演变·类型·选址		西安建筑科技大学建筑学院	段德罡、黄梅、代冠军、菅泓博、刘慧敏
功能组成·规划布局			
规划布局			
旧工业区改造			
厂址选择	主编单位	北京市工业设计研究院	主编：杨秀
		北京市工业设计研究院	杨秀、杨建军
总平面及场地设计	主编单位	西安建筑科技大学土木工程学院	主编：王秋平
厂区总平面布置		西安建筑科技大学土木工程学院	张琦
厂区竖向设计			
厂区管线综合			
绿化布置		西安建筑科技大学土木工程学院	林宇凡
工业企业道路设计			
工业企业铁路设计		西安建筑科技大学土木工程学院	王秋平
铁路与道路交叉·铁路限界			
机车、货车车辆技术参数·铁路道岔及连接			
车站线路有效长·窄轨铁路			

项目		编写单位	编写专家
环境保护		西安建筑科技大学环境与市政工程学院	舒麒麟
单层厂房	主编单位	中国中元国际工程有限公司	主编：王长刚
设计要点		中国中元国际工程有限公司	王长刚、刘路、王鹏智
空间布局			
结构形式			
结构选型			
机械厂涂装车间			
机械厂热加工车间			
机械厂电镀车间			
联合厂房			
冶金厂大口径直缝焊管车间		中冶京诚工程技术有限公司	乐嘉龙、曹宁、徐楚元
冶金厂电炉炼钢车间		中冶京诚工程技术有限公司	乐嘉龙、曹宁、耿宝钢
冶金厂冷轧钢板车间		中冶京诚工程技术有限公司	乐嘉龙、曹宁、陈钢
冶金厂热轧宽厚板车间		中冶京诚工程技术有限公司	乐嘉龙、耿宝钢、李跃军
纺织厂		中国昆仑工程有限公司	孙春梅
印染厂			
动力站	主编单位	中冶京诚工程技术有限公司	主编：乐嘉龙
煤气发生站1		中国航空规划设计研究总院有限公司	曹宁、乐嘉龙
煤气发生站2		中国航空规划设计研究总院有限公司	曹宁、耿宝钢
煤气发生站3		中冶京诚工程技术有限公司	乐嘉龙、王宏
压缩空气站1		中冶京诚工程技术有限公司	张艳、王宏
压缩空气站2		中冶京诚工程技术有限公司	张艳、林洋
氧气站1		泰康上海地产公司设计部	周晓苓、淘子明
氧气站2		中铁华东指挥部	顾蔚文、淘子明
氧气站3		中冶京诚工程技术有限公司	淘子明、周晓苓
乙炔站1		中冶京诚工程技术有限公司	乐嘉龙、顾蔚文
乙炔站2		中冶京诚工程技术有限公司	耿宝钢、林洋
制冷站1		中国航空规划设计研究总院有限公司	曹宁、彭巍
制冷站2		中冶京诚工程技术有限公司	林洋、彭巍、彭君义
制冷站3		中冶京诚工程技术有限公司	乐嘉龙、彭巍、彭君义
多（高）层厂房	主编单位	哈尔滨工业大学建筑学院	主编：李大为、孙清军
概述		哈尔滨工业大学建筑学院	李大为、孙清军、张蕾
平面布置原则·组合形式		哈尔滨工业大学建筑学院	李大为、孙清军、张文超
楼梯、电梯间		哈尔滨工业大学建筑学院	李大为、孙清军、张蕾
柱网、剖面		哈尔滨工业大学建筑学院	李大为、孙清军、唐晶
结构形式及特点		哈尔滨工业大学建筑学院	李大为、孙清军、包祎
多层通用厂房		哈尔滨工业大学建筑学院	李大为、孙清军、李建东
形象设计		哈尔滨工业大学建筑学院	李大为、孙清军、张蕾
井塔建筑		中煤西安设计工程有限责任公司	王志杰、邹永春、李胜利、田亚珍
实例1		哈尔滨工业大学建筑学院	李大为、孙清军、唐晶
实例2		哈尔滨工业大学建筑学院	李大为、孙清军、张文超
实例3		哈尔滨工业大学建筑学院	李大为、孙清军、张蕾
洁净厂房	主编单位	中国电子工程设计院	主编：娄宇、晁阳
概述		中国电子工程设计院	晁阳、孔辰琛
净化基本原理			
总平面设计			
建筑平面和空间布置			
人员、物料净化			
防火与疏散			
微振控制			
装修及构造		中国电子工程设计院	晁阳、丛晓军、于维超、孔辰琛

项目		编写单位	编写专家
实例		中国电子工程设计院	晁阳、孔辰琛
厂前区及服务性建筑	主编单位	中国京冶工程技术有限公司	主编：蔡昭昀
设计要点及布局		中国京冶工程技术有限公司	蔡昭昀、高杰、邬齐、张嘉、张博、彭鹏
工厂出入口			
综合办公楼			
生产服务用房			
煤矿企业浴室、灯房及任务交代室联合建筑		中煤西安设计工程有限责任公司	郑雷、姜浩静、任江林
矿山安全生产、灾害事故应急救援中心		中煤西安设计工程有限责任公司	郑雷、马亮、牛丽娜、何青峰
构造	主编单位	西安建筑科技大学建筑学院	主编：万杰
概述		西安建筑科技大学建筑学院	何梅、宁志海
墙体			
屋面			
地面		西安建筑科技大学建筑学院	岳鹏
大门		西安建筑科技大学建筑学院	万杰、胡小琲
飞机库大门			
侧窗·侧窗开窗机		西安建筑科技大学建筑学院	万杰、张媛
天窗		西安建筑科技大学建筑学院	万杰、王振华
天窗开窗机		西安建筑科技大学建筑学院	万杰、张媛
保温门·防射线门			
吊车轨道·吊车走道板		西安建筑科技大学建筑学院	万杰、刘阿敏
吊车钢梯			
防腐蚀		西安建筑科技大学建筑学院	万杰、杜宇
电磁屏蔽与射线防护			
4 市政建筑	主编单位	西安建筑科技大学建筑学院	主编：李祥平 副主编：陈东、吴小虎
	联合主编单位	中国市政工程西北设计研究院有限公司	
	参编单位	西安建大规划设计研究院、西安建筑科技大学建筑设计研究院	
城镇供水工程	主编单位	中国市政工程西北设计研究院有限公司	主编：陈东
基本内容		中国市政工程西北设计研究院有限公司	陈东、李鹏、唐伟波
基础资料收集			
总平面布置			
生产建筑物			
附属建筑物			
实例			
城镇污水处理工程	主编单位	中国市政工程西北设计研究院有限公司	主编：吴小胜
基本内容		中国市政工程西北设计研究院有限公司	吴小胜、张欣、王亚辉
选址及基础资料收集			
总平面布置			
生产建筑物			
辅助生产用房			
管理及生活设施用房			
实例			
城镇供热工程	主编单位	中国市政工程西北设计研究院有限公司	主编：王安兴

项目	编写单位		编写专家
基本内容		中国市政工程西北设计研究院有限公司	王安兴、李金梅、郑艳辉、高东虎
基础资料收集			
选址与总平面布置			
总平面布置			
锅炉房			
辅助生产用房			
热力站与中继泵站			
实例			
变电站	主编单位	西安建筑科技大学建筑学院	主编：吴小虎
变电站		西安建筑科技大学建筑学院	吴小虎、刘昊、罗宝坤
天然气门站、燃气储备站、燃气调压站	主编单位	西安建筑科技大学建筑学院	主编：吴小虎
天然气门站和燃气储配站		西安建筑科技大学建筑学院	吴小虎、徐才亮、黄锦慧
燃气调压站			
垃圾转运站	主编单位	西安建筑科技大学建筑设计研究院	主编：许懿
垃圾转运站		西安建筑科技大学建筑学院	王安平、金鑫、何佩濂
公共厕所	主编单位	西安建筑科技大学建筑学院	主编：师晓静
概述		西安建筑科技大学建筑学院	师晓静、李建红
设计要求			
技术措施			
消防站	主编单位	西安建筑科技大学建筑学院	主编：蔡忠原
概述		西安建筑科技大学建筑学院	蔡忠原、李小龙
总平面布置			
备勤室·训练塔		西安建筑科技大学建筑学院	蔡忠原、吴迪
消防车库			
实例		西安建筑科技大学建筑学院	蔡忠原、王瑾

附录二 第7分册审稿专家及实例初审专家

审稿专家（以姓氏笔画为序）

交通建筑

大 纲 审 稿 专 家： 马　泷　马国馨　朱嘉禄　刘永德　刘晓钟　杨　光　何玉如
谷葆初　赵鸿珊　费　麟　聂大华　黄星元　董立新　管式勤

第一轮审稿专家： 马　泷　马国馨　马侃生　卢齐南　朱嘉禄　刘晓钟　关　欣
杨　光　杨新苗　陈　雄　周　勇　周铁征　郑　刚　赵鸿珊
俞加康　聂大华　黄秋平　彭灿云　董立新

第二轮审稿专家： 马　泷　马国馨　马侃生　卢齐南　朱嘉禄　刘晓钟　关　欣
杨　光　杨新苗　陈　雄　周　勇　周铁征　赵鸿珊　俞加康
聂大华　黄秋平　董立新

物流建筑

大 纲 审 稿 专 家： 马国馨　刘永德　李　浩　何玉如　谷葆初　武申申　费　麟
唐　琼　黄星元　寇怡军

第一轮审稿专家： 李国仪　杨建军　武申申　胡祖忠　唐　琼

第二轮审稿专家： 田　冰　白文荟　吴延因　宋　扬　赵习习　夏战锋　曹亮功

工业建筑

大 纲 审 稿 专 家： 马国馨　刘永德　何玉如　谷葆初　费　麟　黄星元

第一轮审稿专家： 刘永德　谷葆初　单　樑　费　麟　黄星元

市政建筑

大 纲 审 稿 专 家： 马国馨　王小文　刘永德　吴志湘　何玉如　谷葆初　张树平
郑海波　费　麟　姚成开　黄星元

第一轮审稿专家： 张明立　陈晓晖　周　磊

第二轮审稿专家： 张明立　陈晓晖　周　磊

实例初审专家（以姓氏笔画为序）

万　杰　王晓群　朱嘉禄　刘　杰　李春舫　邵韦平　夏　崴　高　翔　霍丽芙

附录三 《建筑设计资料集》（第三版）实例提供核心单位[1]

（以首字笔画为序）

- gad浙江绿城建筑设计有限公司
- 大连万达集团股份有限公司
- 大连市建筑设计研究院有限公司
- 大连理工大学建筑与艺术学院
- 大舍建筑设计事务所
- 万科地产
- 上海市园林设计院有限公司
- 上海复旦规划建筑设计研究院有限公司
- 上海联创建筑设计有限公司
- 山东同圆设计集团有限公司
- 山东建大建筑规划设计研究院
- 山东建筑大学建筑城规学院
- 山东省建筑设计研究院
- 山西省建筑设计研究院
- 广东省建筑设计研究院
- 马建国际建筑设计顾问有限公司
- 天津大学建筑设计规划研究总院
- 天津大学建筑学院
- 天津市天友建筑设计股份有限公司
- 天津市建筑设计院
- 天津华汇工程建筑设计有限公司
- 云南省设计院集团
- 中国中元国际工程有限公司
- 中国市政工程西北设计研究院有限公司
- 中国建筑上海设计研究院有限公司
- 中国建筑东北设计研究院有限公司
- 中国建筑西北设计研究院有限公司
- 中国建筑西南设计研究院有限公司
- 中国建筑设计院有限公司
- 中国建筑技术集团有限公司
- 中国建筑标准设计研究院有限公司
- 中南建筑设计院股份有限公司
- 中科院建筑设计研究院有限公司
- 中联筑境建筑设计有限公司
- 中衡设计集团股份有限公司
- 龙湖地产
- 东南大学建筑设计研究院有限公司
- 东南大学建筑学院
- 北京中联环建文建筑设计有限公司
- 北京世纪安泰建筑工程设计有限公司
- 北京艾迪尔建筑装饰工程股份有限公司
- 北京东方华太建筑设计工程有限责任公司
- 北京市建筑设计研究院有限公司
- 北京清华同衡规划设计研究院有限公司
- 北京墨臣建筑设计事务所
- 四川省建筑设计研究院
- 吉林建筑大学设计研究院
- 西安建筑科技大学建筑设计研究院
- 西安建筑科技大学建筑学院
- 同济大学建筑与城市规划学院
- 同济大学建筑设计研究院（集团）有限公司
- 华中科技大学建筑与城市规划设计研究院
- 华中科技大学建筑与城市规划学院
- 华东建筑集团股份有限公司
- 华东建筑集团股份有限公司上海建筑设计研究院有限公司
- 华东建筑集团股份有限公司华东建筑设计研究总院
- 华东建筑集团股份有限公司华东都市建筑设计研究总院
- 华南理工大学建筑设计研究院
- 华南理工大学建筑学院
- 安徽省建筑设计研究院有限责任公司
- 苏州设计研究院股份有限公司
- 苏州科大城市规划设计研究院有限公司
- 苏州科技大学建筑与城市规划学院
- 建设综合勘察研究设计院有限公司
- 陕西省建筑设计研究院有限责任公司
- 南京大学建筑与城市规划学院
- 南京大学建筑规划设计研究院有限公司
- 南京长江都市建筑设计股份有限公司
- 哈尔滨工业大学建筑设计研究院
- 哈尔滨工业大学建筑学院
- 香港华艺设计顾问（深圳）有限公司
- 重庆大学建筑设计研究院有限公司
- 重庆大学建筑城规学院
- 重庆市设计院
- 总装备部工程设计研究总院
- 铁道第三勘察设计院集团有限公司
- 浙江大学建筑设计研究院有限公司
- 浙江中设工程设计有限公司
- 浙江现代建筑设计研究院有限公司
- 悉地国际设计顾问有限公司
- 清华大学建筑设计研究院有限公司
- 清华大学建筑学院
- 深圳市欧博工程设计顾问有限公司
- 深圳市建筑设计研究总院有限公司
- 深圳市建筑科学研究院股份有限公司
- 筑博设计（集团）股份有限公司
- 湖南大学设计研究院有限公司
- 湖南大学建筑学院
- 湖南省建筑设计院
- 福建省建筑设计研究院

[1] 名单包括总编委会发函邀请的参加2012年8月24日《建筑设计资料集》（第三版）实例提供核心单位会议并提交资料的单位，以及总编委会定向发函征集实例的单位。

后 记

  《建筑设计资料集》是20世纪两代建筑师创造的经典和传奇。第一版第1、2册编写于1960～1964年国民经济调整时期，原建筑工程部北京工业建筑设计院的建筑师们当时设计项目少，像做设计一样潜心于编书，以令人惊叹的手迹，为后世创造了"天书"这一经典品牌。第二版诞生于改革开放之初，在原建设部的领导下，由原建设部设计局和中国建筑工业出版社牵头，组织国内五六十家著名高校、设计院编写而成，为指引我国的设计实践作出了重要贡献。

  第二版资料集出版发行一二十年，由于内容缺失、资料陈旧、数据过时，已经无法满足行业发展需要和广大读者的需求，急需重新组织编写。

  重编经典，无疑是巨大的挑战。在过去的半个世纪里，"天书"伴随着几代建筑人的工作和成长，成为他们职业生涯记忆的一部分。他们对这部经典著作怀有很深的情感，并寄托了很高的期许。惟有超越经典，才是对经典最好的致敬。

  与前两版资料相对匮乏相比，重编第三版正处于信息爆炸的年代。如何在数字化变革、资料越来越广泛的时代背景下，使新版资料集焕发出新的生命力，是第三版编写成败的关键。

  为此，新版资料集进行了全新的定位：既是一部建筑行业大型工具书，又是一部"百科全书"；不仅编得全，还要编得好，达到大型工具书"资料全，方便查，查得到"的要求；内容不仅系统权威，还要检索方便，使读者翻开就能找到答案。

  第三版编写工作启动于2010年，那时正处于建筑行业快速发展的阶段，各编写单位和编写专家工作任务都很繁忙，无法全身心投入编写工作。在资料集编写任务重、要求高、各单位人手紧的情况下，总编委会和各主编单位进行了最广泛的行业发动，组建了两百余家单位、三千余名专家的编写队伍。人海战术的优点是编写任务容易完成，不至于因个别单位或专家掉队而使编写任务中途夭折。即使个别单位和个人无法胜任，也能很快找到其他单位和专家接手。人海战术的缺点是由于组织能力不足，容易出现进度拖拖拉拉、水平参差不齐的情况，而多位不同单位专家同时从事一个专题的编写，体例和内容也容易出现不一致或衔接不上的情况。

  几千人的编写组织工作，难度巨大，工作量也呈几何数增加。总编委会为此专门制定了详细的编写组织方案，明确了编写目标、组织架构和工作计划，并通过"分册主编—专题主编—章节主编"三级责任制度，使编写组织工作落实到每一页、每一个人。

  总编委会为统一编写思想、编写体例，几乎用尽了一切办法，先后开发和建立了网络编写服务平台、短信群发平台、电话会议平台、微信交流平台，以解决编写组织工作中的信息和文件发布问题，以及同一章节里不同城市和单位的编写专家之间的交流沟通问题。

  2012年8月，总编委会办公室编写了《建筑设计资料集（第三版）编写手册》，在书中详细介绍了新版资料集的编写方针和目标、工具书的特性和写法、大纲编写定位和编写原则、制版和绘图要求、样张实例，以指导广大参编专家编写新版资料集。2016年5月，出版了《建筑设计资料集（第三版）绘图标准及编写名单》，通过平、立、剖等不同图纸的画法和线型线宽等细致规定，以及版面中字体字号、图表关系等要求，统一了全书的绘图和版面标准，彻底解决了如何从前两版的手工制图排版向第三版的计算机制图排版转换，以及如何统一不同编写专家绘图和排版风格的问题。

总编委会还多次组织总编委会、大纲研讨会、催稿会、审稿会和结题会，通过与各主要编写专家面对面的交流，及时解决编写中的困难，督促落实书稿编写进度，统一编写思想和编写要求。

为确保书稿质量、体例形式、绘图版面都达到"天书"的标准，总编委会一方面组织几百名审稿专家对各章节的专业问题进行审查，另一方面由总编委会办公室对各章节编写体例、编写方法、文字表述、版面表达、绘图质量等进行审核，并组织各章节编写专家进行修改完善。

为使新版资料集入选实例具有典型性、广泛性和先进性，总编委会还在行业组织优秀实例征集和初审，确保了资料集入选实例的高质量和高水准。

新版资料集作为重要的行业工具书，在组织过程中得到了全行业的响应，如果没有全行业的共同奋斗，没有全国同行们的支持和奉献，如此浩大的工程根本无法完成，这部巨著也将无法面世。

感谢住房和城乡建设部、国家新闻出版广电总局对新版资料集编写工作的重视和支持。住房和城乡建设部将以新版资料集出版为研究成果的"建筑设计基础研究"列入部科学技术项目计划，国家新闻出版广电总局批准《建筑设计资料集》（第三版）为国家重点图书出版规划项目，增值服务平台"建筑设计资料库"为"新闻出版改革发展项目库"入库项目。

感谢在2010年新版资料集编写组织工作启动时，中国建筑学会时任理事长宋春华先生、秘书长周畅先生的组织发起，感谢中国建筑工业出版社时任社长王珮云先生、总编辑沈元勤先生的倡导动议；感谢中国建筑设计院有限公司等6家国内知名设计单位和清华大学建筑学院等8所知名高校时任的主要领导，投入大量人力、物力和财力，切实承担起各分册主编单位的职责。

感谢所有专题、章节主编和编写专家多年来的艰辛付出和不懈努力，他们对书稿的反复修改和一再打磨，使新版资料集最终成型；感谢所有审稿专家对大纲和内容一丝不苟的审查，他们使新版资料集避免了很多结构性的错漏和原则性的谬误。

感谢所有参编单位和实例提供单位的积极参与和大力支持，以及为新版资料集所作的贡献。

感谢衡阳市人民政府、衡阳市城乡规划局、衡阳市规划设计院为2013年10月底衡阳审稿会议所作的贡献。这次会议是整套书编写过程中非常重要的时间节点，不仅会前全部初稿收齐，而且200多名编写专家和审稿专家进行了两天封闭式审稿，为后续修改完善工作奠定了基础。

感谢北京市建筑设计研究院有限公司副总建筑师刘杰女士承接并组织绘图标准的编制任务，感谢北京市建筑设计研究院有限公司王哲、李树栋、刘晓征、方志萍、杨翊楠、任广璨、黄墨制定总绘图标准，感谢华南理工大学建筑设计研究院丘建发、刘骁制定规划总平面图绘图标准。

感谢中国建筑工业出版社王伯扬、李根华编审出版前对全套图书的最终审核和把关。

在此过程中，需要感谢的人还有很多。他们在联系编写单位、编写专家和审稿专家，或收集实例、修改图纸、制版印刷等方面，都给予了新版资料集极大的支持，在此一并表示感谢。

鉴于内容体系过于庞杂，以及编者的水平、经验有限，新版资料集难免有疏漏和错误之处，敬请读者谅解，并恳请提出宝贵意见，以便今后补充和修订。

《建筑设计资料集》（第三版）总编委会办公室

2017年5月23日